Schülerduden Länder – Städte – Kontinente

Rechtschreibung und Wortkunde
Ein Rechtschreibwörterbuch für die Sekundarstufe I

Grammatik
Eine Sprachlehre mit Übungen und Lösungen

Bedeutungswörterbuch
Ein Lernwörterbuch mit Bedeutungsangaben und Anwendungsbeispielen zur kreativen Wortschatzerweiterung

Fremdwörterbuch
Ein Nachschlagewerk nicht nur für die Schule

Wörterbuch Englisch
Mit einem deutsch-englischen und einem englisch-deutschen Teil

Lateinisch-Deutsch
Wortschatz für den modernen Lateinunterricht

Kunst
Von der Felsmalerei bis zur Fotografie, von Dürer bis Dix

Musik
Bach und Beatles, gregorianischer Gesang und Hip-Hop

Literatur
Von der Tragödie bis zum Computertext, von Sophokles bis Süskind: die Literatur in ihrer ganzen Vielseitigkeit

Chemie
Von der ersten Chemiestunde bis zum Abiturwissen

Physik
Quarks & Co.: Begriffe und Methoden der Physik

Biologie
Die gesamte Schulbiologie aktuell und zuverlässig

Sexualität
Umfassende Informationen zur Sexualität des Menschen

Länder – Städte – Kontinente
Das Lexikon zur Länderkunde: grundlegendes Erdkundewissen für alle Gelegenheiten

Geografie
Erdbeben, Klimazonen, Strukturwandel: die allgemeine Geografie und ihre Nachbarwissenschaften

Geschichte
Von der Hügelgräberkultur bis zum Hitlerputsch, von der Res publica bis zum Zwei-plus-vier-Vertrag

Wirtschaft
Das Einmaleins der Marktwirtschaft für Schule und Berufsausbildung

Politik und Gesellschaft
Ein zuverlässiges Nachschlagewerk zu Fragen der aktuellen Politik in Zeitung, Fernsehen und Internet

Philosophie
»Logik des Herzens« und kategorischer Imperativ: die wichtigsten Modelle und Schulen

Religion und Ethik
Die Glaubenswelten der Weltreligionen und die Grundbegriffe der Ethik

Psychologie
Das Grundwissen der Psychologie und ihrer Nachbarwissenschaften

Informatik
Algorithmen und Zufallsgenerator: das Informationszentrum für Anfänger und Fortgeschrittene

Mathematik I
5.–10. Schuljahr: das Grundwissen umfassend und verständlich erklärt

Mathematik II
11.–13. Schuljahr: das Abiturwissen zum gezielten Nachschlagen und Wiederholen

Schülerduden

Länder – Städte – Kontinente

2., neu bearbeitete Auflage
Herausgegeben und bearbeitet
von der Redaktion Schule und Lernen

Dudenverlag
Mannheim · Leipzig · Wien · Zürich

Bibliografische Information der Deutschen Bibliothek
Die Deutsche Bibliothek verzeichnet diese Publikation in der Deutschen Nationalbibliografie; detaillierte bibliografische Daten sind im Internet über http://dnb.ddb.de abrufbar.

D C B A

1. Auflage erschienen unter dem Titel »Erdkunde I«

Redaktionelle Leitung Dipl.-Phys. Martin Bergmann, Annika Renker M.A.
Redaktion Michael Venhoff M.A., Dipl.-Geogr. Ellen Astor
Bildredaktion Manfred Brocks
Text Christa Becker, Lars Günther, Dr. Günter Kirchberg
Kartografie Dipl.-Ing. (FH) Jörg Radtke

Herstellung Annette Scheerer
Umschlaggestaltung Sven Rauska
Umschlagabbildungen Bibliographisches Institut & F.A. Brockhaus AG, Mannheim: Karte Amazonas; Corbis, London und Düsseldorf: Sydney – Oper und Stadtsilhouette; MEV Verlag, Augsburg: Dom Sankt Peter und Maria, Köln, Kolosseum Rom, Beduinen, Saudi-Arabien; picture-alliance/akg-images, Frankfurt am Main: Arc de Triomphe, Paris

Satz und Grafik Birgit Bödeker und Guido Wessel, Dortmund
Druck und Bindung aprinta, Wemding
Printed in Germany
ISBN 3-411-71052-7

Welche Länder gehören zu Kaukasien? Wie viele Einwohner hat Kiel und wovon lebt die Stadt? Wie lang ist der Colorado und wo fließt er genau? Wer kennt eine Millionenstadt mit X? Wie heißen die zehn größten Inseln, wie die zehn größten Städte der Erde? Der vorliegende »Schülerduden Länder – Städte – Kontinente« ist ein Erdkundelexikon, das sich solchen und ähnlichen Fragen widmet. Faktenreich gibt er Auskunft zu Flüssen, Bergen, Städten, Ländern, Kontinenten und vielem anderen mehr, was sich auf Landkarten oder einem Globus finden lässt. Damit stellt er Schülerinnen und Schülern der Sekundarstufen I und II alle notwendigen länderkundlichen Informationen für den Erdkundeunterricht zur Verfügung. Zusammen mit dem »Schülerduden – Geografie« verbindet er sich zu einem umfassenden Nachschlagewerk für alle Aspekte der Erdkunde und ist eine nützliche Hilfe und ausführliche Wissensquelle nicht nur für Schüler, sondern auch für Eltern, Lehrerinnen und Lehrer, Studierende und alle geografisch Interessierten.

Gegenstand des Bandes ist die ganze Erde. Alle Kontinente haben einen Artikel, der die physischen Gegebenheiten, die Bevölkerungszusammensetzung und die Wirtschaft behandelt und darüber hinaus einen prägnanten historischen Abriss bietet. Alle 193 Staaten werden vorgestellt, ebenfalls gegliedert nach Naturraum, Bevölkerung, Wirtschaft und Verkehr und ergänzt um einen Abschnitt Staat und Politik, der die Verfassungssituation im Innern und die Beziehungen nach außen erläutert. Kerndaten eines jeden Staates und seine geografische Lage werden durch einen besonderen Infokasten vermittelt. Daneben gibt es eine Vielzahl thematischer Karten, die Aspekte wie die Wirtschaftsstruktur eines Landes oder das enorme Ausmaß des Ostafrikanischen Grabensystems verdeutlichen. Farbige Fotos vermitteln einen visuellen Eindruck von den im Text vorgestellten Orten und der große Kartenteil in der Mitte des Buches zeigt die genaue Lage vieler der behandelten Begriffe.

Bei der Auswahl von Städten, Flüssen, Seen usw. hat sich die Redaktion von Größe und Bedeutung, Bekanntheit und Besonderheit sowie einer vorsichtigen Betonung des deutschsprachigen Raumes leiten lassen – so wurden etwa alle deutschen Städte mit mehr als 200 000 Einwohnern aufgenommen.

Mit einem grünen Rand sind die »Blickpunkte« gekennzeichnet, ausgewählte Artikel zu zentralen und besonders interessanten Ländern oder Themen, die auch ihren festen Platz in den Lehrplänen der

Bundesländer haben. Staaten wie China, die USA, Österreich, die Schweiz und natürlich Deutschland sowie viele weitere Länder werden besonders ausführlich mit tiefer gehenden Texten, Karten und Bildern vorgestellt. Aber auch Stichwörter wie der Sahel oder die Polargebiete gehören zu den »Blickpunkten«. Diese ausführlichen Beiträge laden ein zum Lesen, Mit- und Weiterdenken und schließen jeweils mit Tipps, Webadressen und Literaturempfehlungen ab.

Auf den Lexikonteil folgt ein Anhang mit Rekorden wie den längsten Flüssen, den größten Seen oder den höchsten Häusern. Ein Verzeichnis weiterführender Literatur beschließt den Band.

Benutzungshinweise: Die fett gedruckten Hauptstichwörter sind alphabetisch geordnet. Die Betonung eines Stichworts ist durch einen untergesetzten Strich (betonter langer Vokal) oder einen untergesetzten Punkt (betonter kurzer Vokal) gekennzeichnet. Aussprachehinweise werden in der international gebräuchlichen Lautschrift angegeben. Die Alphabetisierung ordnet Umlaute wie die einfachen Vokale ein, also ä wie a, ö wie o usw. Mehrteilige Stichwörter werden ohne Rücksicht auf Wortgrenzen durchalphabetisiert, sodass sich z. B. folgende Reihenfolge ergibt: **Großes Barriereriff, Großes Becken, Große Seen.**

Gibt es für einen Begriff mehrere Bezeichnungen, so werden diese nach dem Stichwort in runden Klammern aufgeführt, z. B. **Den Haag** (ʻs-Gravenhage). Orte oder Regionen, die keinen eigenen Eintrag besitzen, aber in engem Zusammenhang mit einem anderen Stichwort stehen und einen hohen Bedeutungsgrad haben, sind als Unterstichwörter halbfett hervorgehoben, z. B. **Spreewald** unter **Spree**. Der Verweispfeil (↑) besagt, dass ein Begriff unter einem anderen Stichwort behandelt wird oder dass ergänzende Informationen in einem anderen Artikel zu finden sind. Die im Text verwendeten Abkürzungen sind am Ende des Bandes mit ihren Auflösungen zusammengestellt.

Wir freuen uns, wenn es uns mit dem »Schülerduden Länder – Städte – Kontinente« gelungen ist, ein Nachschlagewerk vorzulegen, das das Interesse für die Welt und die Faszination der Geografie weckt und wach hält. Für Anregungen und Kritik sind wir immer dankbar.

Redaktion Schule und Lernen

A

Aachen: kreisfreie Stadt und Verwaltungssitz des Kreises A. in Nordrhein-Westfalen. Die Stadt liegt nahe der belgischen und niederländischen Grenze (in einer ↑Euregio) an den nördlichen Ausläufern des Hohen Venn. A. hat 247 700 Einwohner, ist ein Bahnknotenpunkt und hat Maschinenbau, Textil-, Gummi-, Glas-, elektrotechnische Industrie, Stahlbau und Süßwarenherstellung (u. a. Aachener Printen). Die Stadt, Sitz der Rheinisch-Westfälischen Technischen Hochschule, verleiht alljährlich den Karlspreis, eine Auszeichnung für Engagement in der europäischen Einigungsbewegung.
A. hieß als römischer Badeort Aquae Granni – es ist bis heute mit seinen heißen, schwefelhaltigen Kochsalzquellen ein bedeutendes Heilbad. Karl der Grosse errichtete in A. die für 769 bezeugte Pfalz, Keimzelle des berühmten Münsters mit der um 800 geweihten Pfalzkapelle. Ein weiteres bedeutendes Bauwerk ist das gotische Rathaus (1333–76).

Abruzzen: ↑Apennin.

Aconcagua: mit 6 959 m höchster Berg des amerikanischen Doppelkontinents. Der aus vulkanischem Gesteinsmaterial aufgebaute, in den Anden Argentiniens gelegene Berg besitzt fünf Hanggletscher.

Admiralty Inlet: längster Fjord der Erde, der den NO von ↑Baffin Island, der größten Insel des Kanadisch-Arktischen Archipels zerteilt. Der A. I. ist rd. 370 km lang und an seiner Öffnung zum Lancastersund 32 km breit. An seinem Ostufer liegt Arctic Bay, eine der größeren Dauersiedlungen des kanadischen Inuit-Territoriums Nunavut.

Afarsenke: bis zu –155 m tiefe Senke in Djibouti, Eritrea und Äthiopien. Die damit tiefste Stelle des afrikanischen Kontinents liegt im Kreuzungsbereich des ↑Ostafrikanischen Grabensystems. Die Senke wird von einer flachen Halbwüste eingenommen, die überwiegend aus Salztonebenen und Salzseen besteht, darunter der Assalsee.

Afghanistan: Staat in Asien, grenzt im W an Iran, im N an Turkmenistan, Usbekistan und Tadschikistan, im O und S an Pakistan und am Ostende des Wakhanzipfels, eines schmalen Korridors zw. Pakistan und Tadschikistan, an China.

(amtlich Paschto: De Afganistan Islami Dawlat, Dari Dowlat-e Eslami-ye Afganestan, dt. Islamischer Staat Afghanistan)
Fläche: 652 225 km^2
Einwohner: 27,997 Mio.
Hauptstadt: Kabul
Verwaltungsgliederung: 31 Provinzen
Amtssprache: Paschto und Dari (Neupersisch)
Währung: 1 Afghani (Af) = 100 Puls (Pl)
Zeitzone: MEZ + 3 $\frac{1}{2}$ Stunden
Kfz-Kennzeichen: AFG

Landesnatur: Der zentrale ↑Hindukusch, der sich überwiegend aus 2 000 bis 3 000 m hohen Ebenen mit Gipfeln über 7 000 m zusammensetzt, teilt A. in eine Nord- und eine Südregion. Im N hat A. Anteil am Tiefland von Turan, im S dehnen sich Wüstenbecken mit zahlreichen Salzsümpfen aus. Im Wakhan reicht A. in den ↑Pamir hinein. Der Hochgebirgscharakter, der zwei Drittel des Landes prägt, ist ein natürliches Hindernis für die Landesentwicklung.

Das Klima ist kontinental. Im Sommer werden oft 40 °C erreicht, im Winter bis zu –25 °C. Die Niederschläge sind gering, Steppen und Wüstensteppen überwiegen. Nur der O erhält sommerliche Monsunregen und ist daher bewaldet. Die für die Bewässerung wichtigen Flüsse, z.B. Helmand und Hari Rud, entspringen in Zentralasien und versickern überwiegend in abflusslosen Becken oder münden in Endseen.

Bevölkerung: Knapp 50 % der Einwohner sind Paschtunen, die v.a. im S und SO leben. Die Tadschiken (20 %) sind über das ganze Land verstreut, mongolische Hazara (9 %) siedeln überwiegend im Hindukusch. Turksprachige Gruppen (12 %) sind Turkmenen, Usbeken, Kirgisen, Kisilbasch, Belutschen u.a. Die größten Städte sind Kabul, Kandahar, Herat, Mazar-i-Sharif und Kunduz.

Der Bürgerkrieg von 1978 bis 2001 prägt das Land noch immer. Der ohnehin niedrige Anteil der städtischen Bevölkerung verringerte sich durch die Flucht der Bürger aus den umkämpften Städten in ländliche Regionen oder ins benachbarte Ausland. Zw. 2,5 und 3 Mio. Flüchtlinge sind mittlerweile wieder zurückgekehrt. Das Bildungswesen leidet noch unter den Folgen des Krieges.

Rund 85 % der Bevölkerung gehören zur sunnitischen Richtung des Islam. Die Hazara und die Kisilbasch sind überwiegend Schiiten. Der Islam ist Staatsreligion.

Wirtschaft und Verkehr: A. gehört zu den ärmsten Ländern der Welt. Durch den Bürgerkrieg sind die Infrastruktur und die Produktionsanlagen weitgehend zerstört. Mehr als zwei Drittel der Erwerbstätigen arbeiten in der Landwirtschaft. Kennzeichnend sind Bewässerungsfeldbau (allerdings sind viele der Bewässerungssysteme zerstört, was zu einer Versalzung der Böden führt) und Oasenwirtschaft in den Tälern und Becken sowie die extensiv genutzten Weiden. Hauptagrarerzeugnisse sind Getreide, Baumwolle, Zuckerrohr, Obst, ferner Mandeln, Nüsse und Pistazien. Im Grenzgebiet zu Pakistan wird verstärkt Mohn angebaut (Drogenproduktion und Handel). Wichtig ist die überwiegend nomadische Viehhaltung (Schafe, Ziegen, Karakulschafe).

Von den Bodenschätzen werden bisher Steinkohle, Steinsalz, Erdgas, Lapislazuli (bedeutendster Fundort der Erde), Baryt und Talk ausgebeutet; weitere Bodenschätze (v.a. Erdöl, Eisen und Kupfer) sind noch ungenügend erschlossen. Die Industrie ist noch wenig entwickelt (Textil-, Zement-, chemische Industrie und Lebensmittelindustrie); es dominiert das Handwerk (Teppich-, Schmuckwarenherstellung). Hauptausfuhrprodukte sind Erdgas, Obst, Baumwolle und Wolle. Haupthandelspartner sind Japan, China und Singapur. Da Eisenbahnen fehlen, sind Straßen und Luftlinien die Hauptträger des Verkehrs.

Staat und Politik: Nach der Verfassung vom 26. 1. 2004 ist A. eine Präsidialrepublik mit einem direkt gewählten Präsidenten. Eine Militäraktion unter Führung der USA machte dem ultraislamistischen Talibanregime wegen dessen Unterstützung des internationalen Terrorismus im November 2001 ein Ende. Trotz der ausländischen Militärpräsenz kommt es immer wieder zu Angriffen der noch im Untergrund operierenden Milizen auf militärische und zivile Ziele.

Afrika: mit rd. 30 Mio. km² zweitgrößter Kontinent, der etwa ein Fünftel der Landmasse der Erde einnimmt. Der Name geht auf die Römer zurück, die das Land um Karthago im heutigen Tunesien nach dem Stamm der Afri Africa nannten; später wurde die Bezeichnung auf den ganzen Kontinent ausgedehnt.

Naturraum

A. erstreckt sich über 8 000 km von N nach S und über 7 600 km von W nach O. Die Küste ist schwach gegliedert; ihr sind nur wenige Inseln vorgelagert. Einzige große Insel ist ↑Madagaskar im SO.

A

Von Europa wird A. durch das Mittelmeerbecken getrennt. Mit Asien hängt es an der Landenge von Suez unmittelbar zusammen; im Übrigen ist es durch den Graben des ↑ Roten Meeres von ihm getrennt.

Das *Relief* wird weitgehend von Plateaus und Tafelländern bestimmt, die im S und O im Mittel über 1 000 m ansteigen. Die Hälfte der Fläche liegt unter 500 m. Die Küsten sind meist Steilküsten, besonders im N und S. In den Tropen wird die Küste häufig von Mangrove und vorgelagerten Korallenriffen geprägt, sonst ist sie flach und sandig mit starker Brandung. Abgesehen vom geologisch jungen ↑ Atlas (bis 4 165 m), besteht A. aus einem alten Sockel, der von flachen Schwellen in Becken gegliedert wird. An kleinere, abflusslose Becken der ↑ Sahara schließen sich im Sudan Niger-, Tschad- und Weißnilbecken an, in Mittelafrika das riesige Kongobecken, im S das Kalaharibecken, das im SO von einem alten Gebirgssystem (in den Drakensbergen bis 3 482 m) umgeben ist. Den O vom Roten Meer bis zum ↑ Sambesi durchzieht das ↑ Ostafrikanische Grabensystem mit Tanganjika- und Njassasee; es ist von Vulkanen begleitet, darunter mit ↑ Kilimandscharo (5 895 m) und Mount ↑ Kenia (5 199 m) die höchsten Berge des Kontinents.

Das größte Binnengewässer ist der ↑ Victoriasee im Osten; zu den abflusslosen Binnenseen gehört der ↑ Tschadsee. Die Flüsse der Winterregengebiete (Atlasländer, südwestliches A.) führen periodisch Wasser, in den Wüsten gibt es nur episodisch durchflossene Täler (Wadis). In abflusslosen Becken bilden sich durch die hohe Verdunstung ausgedehnte Salzpfannen (Schotts, Sebchas). Im tropischen Feuchtgebiet entwickelten sich mächtige Ströme, die mit Katarakten und Wasserfällen die Beckenränder durchbrechen: Dazu zählen der ↑ Nil, mit 6 671 km der längste Fluss der Erde, ↑ Kongo, ↑ Niger und Sambesi.

Infolge seiner Lage beiderseits des Äquators zeigt A. die *Klima- und Vegetationszonen* in nahezu idealtypischer Anordnung. Die äquatoriale Tropenzone mit Regen zu allen Jahreszeiten weist Regenwald auf (Guineabucht, nördliches Kongobecken), der in den letzten 30 Jahren durch Rodungen stark dezimiert wurde. Nördlich und südlich schließen sich Zonen mit zwei Regenzeiten an, getrennt durch eine kurze Sommer- und eine lange Wintertrockenzeit. Hier herrschen Savannen vor, zunächst Feuchtsavanne mit immergrünen Bäumen und Hochgrasfluren. Zu den Randtropen hin (Sudanzone, Sambesihochland) vereinigen sich beide Regenzeiten zu einer einzigen (im Sommer), die mit wachsendem Abstand vom Äquator immer geringere Niederschlagsmengen bringt. Es folgen Trocken-, dann Dornstrauchsavannen, die in der Sahelzone schließlich in die subtropischen Trockengebiete der Sahara und im Süden in die ↑ Namib mit nur noch episodischen Niederschlägen übergehen. Nord- und Südküste weisen Mittelmeerklima auf.

Afrika: Eine Karawane zieht durch die Sahara im Norden Afrikas, die größte Wüste der Welt.

A

Afrika

Land	Fläche in km²	Einwohner in 1 000	Hauptstadt
Ägypten	1 001 449	66 372	Kairo
Algerien	2 381 741	31 120	Algier
Angola	1 246 700	13 121	Luanda
Äquatorialguinea	28 051	482	Malabo
Äthiopien	1 130 139	67 218	Addis Abeba
Benin	112 622	6 552	Porto Novo
Botswana	581 730	1 712	Gaborone
Burkina Faso	274 200	11 831	Ouagadougou
Burundi	27 834	7 071	Bujumbura
Djibouti	23 200	693	Djibouti
Elfenbeinküste	322 463	16 513	Yamoussoukro
Eritrea	121 143	4 297	Asmara
Gabun	267 667	1 315	Libreville
Gambia	11 295	1389	Banjul
Ghana	238 537	20 271	Accra
Guinea	245 857	7 744	Conakry
Guinea-Bissau	36 125	1 447	Bissau
Kamerun	475 442	15 769	Yaoundé
Kap Verde	4 033	458	Praia
Kenia	582 646	31 345	Nairobi
Komoren	1 862	568	Moroni
Kongo, Demokratische Republik	2 344 885	51 580	Kinshasa
Kongo, Republik	342 000	3 657	Brazzaville
Lesotho	30 355	1 777	Maseru
Liberia	111 369	3 295	Monrovia
Libyen	1 759 540	5 448	Tripolis
Madagaskar	587 041	16 437	Antananarivo
Malawi	118 484	10 743	Lilongwe
Mali	1 240 192	11 374	Bamako
Marokko	458 730	29 641	Rabat
Mauretanien	1 030 700	2 785	Nouakchott
Mauritius	2 040	1 212	Port Louis
Moçambique	801 590	18 438	Maputo
Namibia	824 292	1 985	Windhuk
Niger	1 267 000	11 425	Niamey
Nigeria	923 768	132 785	Abuja
Ruanda	26 338	8 163	Kigali
Sambia	752 614	10 244	Lusaka

A

Afrika

Land	Fläche in km²	Einwohner in 1 000	Hauptstadt
São Tomé und Príncipe	1 001	154	São Tomé
Senegal	196 192	10 007	Dakar
Seychellen	455	84	Victoria
Sierra Leone	71 740	5 235	Freetown
Simbabwe	390 757	13 001	Harare
Somalia	637 657	9 319	Mogadischu
Südafrika	1 219 090	45 345	Tshwane
Sudan	2 505 813	32 791	Khartum
Swasiland	17 364	1 088	Mbabane
Tansania	945 087	35 181	Dodoma
Togo	56 785	4 760	Lomé
Tschad	1 284 000	8 341	N'Djamena
Tunesien	163 610	9 781	Tunis
Uganda	241 038	24 600	Kampala
Zentralafrikanische Republik	622 984	3 820	Bangui

Bevölkerung

Völker: A. ist das Kerngebiet der dunkelhäutigen Negriden. Sie stellen im Gebiet südlich der Sahara (↑Schwarzafrika) den größten Bevölkerungsanteil, wo außer zugewanderten Europäern und Asiaten (bzw. deren Nachkommen) noch kleinere, nicht eigentlich negride Gruppen siedeln. Dazu gehören die Pygmäen und die Khoisan (Hottentotten und Buschleute). Die Entstehung dieser Sondergruppen, zu denen auch die Äthiopiden Nordostafrikas gehören, ist nicht restlos geklärt, aber es gibt keine Hinweise auf außerafrikanische Entstehung und Einwanderung.

In Nordafrika (Weißafrika) überwiegen die hellhäutigen (europiden) Araber und Berber. In den südlichen Ländern des Kontinents, v.a. in der Republik Südafrika und in Namibia, spielen Weiße europäischer Abstammung als Minderheit eine überaus große, bis vor kurzer Zeit die entscheidende Rolle in Politik und Wirtschaft. Asiaten (besonders Inder) leben in den südöstlichen Gebieten.

Die afrikanischen Völker werden meist nach ihren *Sprachen* gegliedert. Diese lassen sich in vier große Sprachstämme oder Bereiche einteilen: 1) kongokordofanische oder nigritische Sprachen mit den Zweigen Niger-Kongo-Sprachen und kordofanische Sprachen – hierzu gehört auch die sehr große Gruppe der Bantusprachen; 2) die nilosaharanischen Sprachen mit den saharanischen Sprachen – zur östlichen Untereinheit dieses Stammes zählen besonders die nubischen Sprachen und die nilotischen Sprachen; 3) die hamitosemitischen Sprachen (oder afroasiatischen Sprachen) mit den Berbersprachen, den kuschitischen Sprachen, den tschadischen Sprachen, den semitischen Sprachen Äthiopiens (z.B. Amharisch) und den diversen Formen des Arabischen; 4) Khoisan-Sprachen in Südwest- und Südafrika; gemeinsames phonetisches Merkmal sind die Schnalzlaute.

Bei den *Religionen* ragen Christentum und Islam heraus. Der Islam dominiert von Nordafrika bis zu den Ländern des Sahel und in den Staaten Ostafrikas. Aus-

A

nahmen sind Eritrea und Äthiopien, stark christlich geprägte Länder, sowie einige Gebiete Ägyptens, in denen die ebenfalls zu den Christen zählenden Kopten die Mehrheit stellen. Besonders stark vertreten ist das Christentum in den Staaten an der Westküste südlich des Sahel. Viele Afrikaner pflegen althergebrachte Traditionen (meist sog. Naturreligionen) und Kulte; so stammt der Wodu (auch: Voodoo) aus Westafrika und hat bis heute in Benin viele Anhänger. Teilweise haben sich diese traditionellen Kulte und ihre Riten mit den großen Religionen vermischt.
Die *Bevölkerungsdichte* variiert sehr stark: Weite Gebiete sind menschenleer (z.B. Sahara), andere (Industrie- und Bergbauzentren, Küstenstädte, Niltal) sind übervölkert. Das Bevölkerungswachstum ist außerordentlich hoch. Hatte A. 1950 noch 222 Mio. Einwohner, so waren es 2004 bereits rd. 800 Mio. Das Wachstum ist in den Städten schwächer als auf dem Land, wo allerdings vier Fünftel der Afrikaner leben. Der Anteil A. an der Weltbevölkerung liegt bei etwa 13 %.
Der *Lebensstandard* ist im globalen Vergleich gesehen der niedrigste. Von einigen Ausnahmen abgesehen (insbesondere Länder in Nord- und Südafrika) sind die Menschen in außergewöhnlich starkem Maße von Hunger, Krankheit (höchste AIDS-Rate der Welt) und Krieg (v.a. Bürgerkriege) bedroht, die z.T. zu großen Flüchtlingswellen führen.

Wirtschaft und Verkehr

A. ist weitgehend agrarisch strukturiert. Haupterzeugnisse der *Landwirtschaft* sind Erdnüsse, Bananen, Kakao, Palmöl, Sisal, Kaffee und Baumwolle. A. ist reich an Bodenschätzen. So werden in der Republik Südafrika, in Namibia, Sambia, Simbabwe und der Demokratischen Republik Kongo z.B. Gold, Diamanten, Platinmetalle, Antimon, Kupfer, Mangan und Chrom abgebaut. Bedeutende Erdölvorkommen werden in Nigeria, Algerien und Libyen ausgebeutet. Neben den landwirtschaftlichen und Bergbauerzeugnissen werden auch Edelhölzer ausgeführt. Haupthandelspartner sind die EU-Staaten und die USA. Aus diesen Ländern werden Fertigprodukte eingeführt. Die Handelssalden sind meist negativ und die Schuldenhöhe in den meisten Ländern ist in den letzten Jahren gestiegen: Die Preise für Rohstoffe und landwirtschaftliche Güter sind global gefallen, Industrieprodukte haben sich hingegen verteuert.
Bisher ist es nicht gelungen, ein gesamtafrikanisches *Verkehrsnetz* aufzubauen, das über leistungsfähige Transkontinentalverbindungen verfügt. Eisenbahnnetze bestehen nur in Nord- und Südafrika; das Straßennetz ist überwiegend weitmaschig, wird aber ausgebaut. Große Bedeutung hat der Luftverkehr, daneben im Binnenverkehr die Fluss- und Küstenschifffahrt.

Geschichte

A. gilt als Wiege der Menschheit. In Kenia gefundene Knochenreste werden auf ein Alter von 3,9 bis 4,2 Mio. Jahre datiert. Aus A. (Olduvaischlucht in Tansania) stammen auch die ältesten Zeugnisse für das Auftreten des Menschen (aus Kiesel gefertigte Geräte).
Während sich seit dem 7./5. Jt. v. Chr. im S und O Jäger- und Fischerstämme z.T. bis in die Gegenwart halten konnten (z.B. Buschleute), bildeten sich im N vom 6. bis ins 3. Jt. auf Grund der günstigeren Lebensbedingungen verschiedene neolithische *Kulturgruppen*. Der Teil nördlich der Sahara gehörte im Altertum zum Bereich der mittelmeerischen Kultur, zu deren Entwicklung Ägypten (eine der ältesten Hochkulturen der Menschheit, ab etwa 3000 v. Chr.), die Phöniker (ab 800), Rom (v.a. ab dem 3. Jh. v. Chr.) und später Byzanz beitrugen. Zw. 639 und dem Beginn des 8. Jh. eroberten die Araber ganz Nordafrika und machten es zum Bestandteil des islamischen Herrschaftsbereiches.

Afrikanische Reiche: Weitere bedeutende Reiche bestanden in Nubien (ab etwa 2000 v. Chr.), die Verbindungen zu Ägypten hatten. Das äthiopische Reich von Aksum erlebte im 4. Jh. n. Chr. seine Blütezeit, als es zu einem der ersten christlichen Reiche der Welt wurde. Im Zentralsudan ist die Geschichte des Reiches von Kanem-Bornu am bekanntesten (Höhepunkt im 13. Jh.). Am Niger entstand wohl seit dem 4. Jh. n. Chr. das Reich Gana (Blüte im 9. Jh.); ihm folgten im 11. Jh. das Reich Mali und im 15. Jh. das Reich Songhai. Im Hinterland der westafrikanischen Küste bildeten sich neue Staaten wie Aschanti, Dahome, Yoruba und Benin, die die europäischen Handelsniederlassungen mit Sklaven belieferten. Im zentralen A., dem Siedlungsland der Bantu, bestanden im 15./16. Jh. drei Machtzentren: das Kongoreich, das Reich des Monomotapa im heutigen Simbabwe und die Himastaaten im Zwischenseengebiet.

In der zweiten Hälfte des 19. Jh. begann die massive *Kolonialisierung* des Kontinents durch die europäischen Mächte. Portugal, Großbritannien, Belgien, Frankreich, Italien und Deutschland eroberten, besetzten oder erwarben v. a. ab den 1870er-Jahren weite Gebiete. Grundsätze für die Aufteilung A. wurden auf der Berliner Konferenz (1884/85) festgelegt. Als dominierende Mächte kristallisierten sich Frankreich (West- und Zentralafrika) und Großbritannien (Ost- und Südafrika) heraus.

Nach dem Zweiten Weltkrieg begann die Auflösung des Kolonialbesitzes und die Länder A. wurden nach und nach unabhängig. In vielen Fällen (z. B. Loslösung Algeriens von Frankreich) ging dieser Prozess mit erheblichen Konflikten bzw. Befreiungskriegen einher.

Neuere Geschichte: 1963 wurde die Organisation der Afrikanischen Einheit (OAU) gegründet, ein Staatenbund, dem fast alle Länder A. angehören.

In vielen Ländern wurden die Kolonialregime von Diktaturen abgelöst. Während des Kalten Krieges war A. eines der heißen Schlachtfelder (z. B. Stellvertreterkrieg in Angola). Nach 1989/90 kam es auch in A. zu einer Demokratisierungswelle, die u. a. in der Abschaffung der Apartheid in Südafrika gipfelte. Dennoch sind Putsche und Revolten, die in lang andauernde Bürgerkriege münden, und Massaker oder Pogrome (z. B. Ruanda 1994: 1 Mio. Tote) sehr häufig. Eine tiefere Ursache sind die willkürlichen Grenzziehungen der Kolonialzeit, die zu schwierigen ethnischen oder religiösen Konstellationen geführt haben. Ein weiteres Problem ist die in vielen Staaten verbreitete Korruption auf allen Ebenen. Und schließlich haben die meisten Länder kaum eine Möglichkeit, ihr mitunter großes wirtschaftliches Potenzial zur eigenen Entwicklung zu nutzen, da wegen der extremen Verschuldung gegenüber den Industrienationen kein Anfangskapital zur Verfügung steht bzw. multinationale Konzerne viele Länder indirekt kontrollieren (z. B. Nigeria). (Karte: siehe S. 232)

AFTA, Abk. für **A**SEAN **F**ree **T**rade **A**rea: ↑ASEAN.

Ägypten: siehe S. 14.

Ahvenanmaa: ↑Ålandinseln.

AKP-Staaten (Lomé-Staaten): diejenigen Länder **A**frikas, der **K**aribik und des **P**azifiks, die das Lomé-Abkommen über die entwicklungspolitische Zusammenarbeit mit der EU unterzeichnet haben. In Lomé, der Hauptstadt Togos, wurde der erste Vertrag am 25. 2. 1975 zw. der damaligen EG und 46 AKP-Staaten abgeschlossen. Wegen der festgelegten Laufzeit von fünf Jahren folgten 1979 (58 AKP-Staaten), 1984 (65 AKP-Staaten) und 1989 (69 AKP-Staaten) weitere Abkommen. Letzteres wurde auf zehn Jahre verlängert. Am 23. 6. 2000 wurde Lomé V unterzeichnet (EU und 77 AKP-Staaten).

Wichtige Inhalte der einzelnen Lomé-Abkommen sind:

1) freier Zugang für rund 99 % der Erzeugnisse der AKP-Staaten auf den

▶ *Fortsetzung auf S. 18*

Wer an Ägypten denkt, verbindet damit meist bestimmte Bilder: endlose Wüste, unterbrochen vom schmalen, fruchtbaren Tal des ↑Nil, die gewaltigen Pyramiden und vielleicht noch ↑Kairo, das ungebändigt wachsende Herz des Landes. Ägypten ist in vielerlei Hinsicht reich und dennoch gehört es zu den Entwicklungsländern. Ein zentrales Problem Ägyptens ist das starke Bevölkerungswachstum und die geringe zur Verfügung stehende landwirtschaftliche Nutzfläche.

Ägypten

(amtlich arabisch Djumhurijjat Misr al-Arabijja, dt. Arabische Republik Ägypten)
Fläche: 1 001 449 km²
Einwohner: 66,372 Mio.
Hauptstadt: Kairo
Verwaltungsgliederung: 26 Governorate
Amtssprache: Arabisch
Währung: 1 Ägyptisches Pfund (ägyptisches £) = 100 Piaster (PT)
Zeitzone: MEZ + 1 Stunde
Kfz-Kennzeichen: ET

Der Nil – die Lebensader Ägyptens

Ägypten liegt im NO Afrikas und greift mit der Halbinsel Sinai nach Asien über. Mit einer N-S-Ausdehnung von etwa 1 000 km liegt es im Bereich des Nördlichen Wendekreises, die O-W-Achse ist mit rd. 1 250 km etwas größer. Westlich des Niltals erstreckt sich das Tafelland der Libyschen Wüste mit einer durchschnittlichen Höhe von 1 000 m. Einzelne Senken liegen unter Meeresniveau wie die Kattarasenke (bis –137 m). Im O breitet sich die Arabische Wüste aus, die in einer steilen, über 1 000 m hohen Stufe zum ↑Roten Meer abfällt. Die ebenfalls wüstenhafte Halbinsel Sinai (im Djebel Katherin 2 637 m) gehört geografisch bereits zu Vorderasien.
Das Land liegt im trockenheißen Passatbereich der nördlichen Subtropen, es herrscht das ausgeprägte Wüsten- und Halbwüstenklima der Saharazone. Die Sommer sind heiß und trocken, die Winter mild mit geringen Niederschlägen im N. Die mittlere Januartemperatur beträgt z. B. in ↑Kairo 13 °C, das Julimittel 28 °C bei jährlich 24 mm Niederschlag.
Der Nil ist mit 6 671 km der längste Fluss der Erde. Mit seiner starken Wasserführung gelingt es ihm, in Ägypten die Wüstenzone auf einer Strecke von etwa 1 550 km zu durchqueren. Er gehört zu den sog. Fremdlingsflüssen: Ströme, deren Wasser aus anderen Klimaregionen stammt. Der Weiße Nil kommt aus Zentralafrika mit seinen ganzjährig hohen Niederschlägen, der Blaue Nil und der Atbara aus dem Äthiopischen Hochland mit seinen sommerlichen Monsunregen. Seit der Zeit der Pharaonen nutzen die Menschen diesen Wassersegen. Von August bis Oktober ließen v. a. die Hochwasser des Blauen Nil und des Atbara den Wasserspiegel ansteigen, sodass der Fluss früher das gesamte Tal überflutete. Diese sog. Nilschwelle war nicht nur für die Bewässerung wichtig, sie brachte auch fruchtbaren Schlamm, der sich auf den Feldern absetzen konnte. Das Leben in dieser Flussoase war bestimmt vom Rhythmus der Überschwemmung, des Anbaus und der Brachezeit.

Kampf gegen die Launen des Nil

Schon vor 5 000 Jahren versuchten die Menschen, mehr als eine Ernte zu erzielen und auch höher gelegene Felder zu bebauen. Dazu waren planmäßige Bewässerungsanlagen erforderlich, durch die das Wasserangebot des Nilhochwassers länger und auch in größerer Entfernung genutzt werden konnte. Es wurden Becken angelegt, Kanäle ausgehoben, Schöpfwerke errichtet und Dämme

gebaut. Dennoch blieb die große Abhängigkeit von der Nilschwelle. War sie zu niedrig, führte der Fluss also zu wenig Wasser, so waren schwere Hungersnöte die Folge.
Um diese Abhängigkeit zu verringern und um die landwirtschaftliche Nutzfläche vergrößern zu können, begann Ägypten 1960 mit einem Jahrhundertwerk: dem Bau des Hochdamms Sadd al-Ali südlich von Assuan. Mit einer Höhe von 111 m und mit 5 km Länge staut der Assuanhochdamm das Nilwasser. Es entstand der bis zu 183 m tiefe Nassersee, der mit einer Wasserfläche von etwa 6 000 km^2 mehr als zehnmal so groß wie der Bodensee ist. Der Damm wurde im Jahr 1971 fertig gestellt, das Auffüllen des Sees dauerte nahezu zehn Jahre.

kraftwerk liefert mittels zwölf Turbinen etwa 10 Mrd. kWh Strom jährlich, um die Bevölkerung und die Industrie zu versorgen.
Neben diesen Vorteilen ergaben sich aber auch manche unerwünschte Folgen. Mit der Stabilisierung des Wasserstands im Nil und mit der ganzjährigen Bewässerung erhöhte sich der Grundwasserstand im Niltal und im Nildelta. Wegen der hohen Verdunstung drohen die Böden zu versalzen, wodurch die Hektarerträge sinken und auch landwirtschaftliche Nutzfläche verloren geht. Um Vernässungen und Salzausblühungen zu unterbinden, müssten Hunderte von Kilometern eines Dränagesystems gebaut werden. Ein anderes Problem entsteht durch den Nilschlamm: Er setzt sich jetzt überwiegend im Nassersee ab

Gedeih und Verderb des Landes sind vom Nil, dem längsten Fluss der Erde, abhängig. Er sichert die Bewässerung und dient als Transportweg.

Dieser Damm ermöglicht die ganzjährige Bewässerung, sodass bis zu drei Ernten pro Jahr erzielt werden können. Zudem konnten das Bewässerungsland und die Anbaufläche um mehr als ein Viertel erweitert werden; v. a. im Delta des Nil wurde die landwirtschaftliche Nutzfläche erheblich ausgedehnt. Die Bewässerung ermöglicht selbst in trockenen Jahren den Sommeranbau von Baumwolle, Hirse, Ölfrüchten und Gemüse. Durch die gleichmäßige Wasserführung des Nil ist jetzt auch eine geregelte Schifffahrt auf dem Fluss möglich. Das mit dem Staudamm verbundene Wasser-

und verschlammt dort die Turbinen. Zugleich fehlen die in ihm enthaltenen Mineralien auf den Feldern, die mit teurem Kunstdünger versorgt werden müssen.
Der Traum, dass es nach dem Bau des Sadd al-Ali nur noch »fette Jahre« geben würde, ging also nicht in Erfüllung. Dennoch hat der Staudamm wesentlich zur wirtschaftlichen Entwicklung Ägyptens beigetragen.

■ Ägypten – ein Entwicklungsland

Ägypten ist ein Land alter Kulturtradition. Es gehört außerdem zu den reicheren Ländern Afrikas. Dennoch lebt ein

Drittel der Bevölkerung unterhalb der Armutsgrenze und die Verarmung breitet sich weiter aus.

Wirtschaftliches Rückgrat des Landes ist die Landwirtschaft. Etwa ein Drittel der Bevölkerung ist im Agrarsektor beschäftigt, er trägt mit 16 % zum Bruttoinlandsprodukt bei. Trotzdem muss Ägypten in erheblichem Maß Nahrungsmittel importieren, v. a. Weizen und Fleisch. Die Anbaufläche reicht zur Eigenversorgung nicht mehr aus, obwohl selbst die Randzonen des Nildeltas und Teile der Wüste mittlerweile dank Bewässerung genutzt werden können.

Ägypten – Wirtschaft

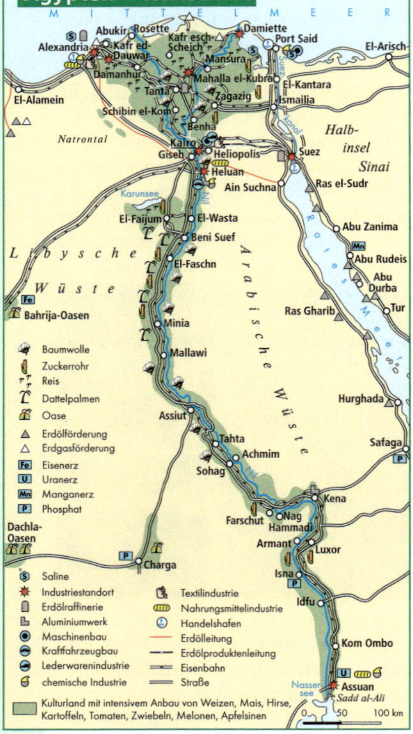

Dabei konnte Ägypten bis 1974 in erheblichem Maß Nahrungsmittel ausführen, und seither wurde die Produktion noch gesteigert. Der Grund für das heutige hohe Defizit besteht v. a. in der starken Bevölkerungszunahme (siehe Tab.). Mit einer Wachstumsrate von etwa 2 % nimmt die Bevölkerung jährlich um über 1,2 Mio. Einwohner zu, was alle Erfolge der Neulandgewinnung und intensiveren Bewirtschaftung zunichte macht. Die Nutzfläche ist bei den gegebenen Naturbedingungen nicht in gleichem Maß steigerbar.

Neues Land soll Zukunft sichern

Ein weiteres Problem ist die Bevölkerungskonzentration. Das gesamte Kultur- und Siedlungsland nimmt nur 3,5 % der Staatsfläche ein. Heute drängen sich mehr als 60 Mio. Einwohner auf 35 000 km^2 Fläche. Allein im Großraum Kairo leben rd. 16 Mio. Menschen, ein Viertel der ägyptischen Bevölkerung, viele unter unerträglichen Bedingungen. Die fehlenden Erwerbsmöglichkeiten auf dem Land treiben die Bevölkerung in die Städte. Inzwischen wohnen etwa 45 % der Ägypter in Städten (neben Kairo v. a. in Alexandria und Giseh), wo sie durch regelmäßige oder gelegentliche Arbeit in Industrie, Handel und Dienstleistungen mehr Zukunftsperspektiven sehen. Dieser Verstädterungsprozess vernichtet wertvolles Ackerland, weil auch er sich auf die landwirtschaftlich so notwendige Nilachse konzentriert.

Die ägyptische Regierung ist darum bemüht, die Landnutzung konsequent umzugestalten. Zum einen wurden am Rand des Nildeltas Entlastungsstädte in der Wüste errichtet, die auch industrielle Arbeitsplätze bieten. Eine wirkungsvolle Entlastung des Bevölkerungsdrucks in der Region Kairo ist damit aber noch nicht erreicht worden. Zum anderen versucht man, Menschen aus dem überfüllten Niltal in anderen Landesteilen anzusiedeln. Dazu gehört das Projekt »Neues Tal«: In der westlich des Niltals verlaufenden Senke mit den Schwerpunkten in den Oasen Charga und Dachla wurde seit Ende der 1950-er Jahre

Agrarland erschlossen, indem man mit Tiefbrunnen die fossilen Wasserreserven nutzt, die tief unter der Wüste liegen. Auch bei diesem zunächst sehr erfolgreichen Projekt gab es bald erhebliche technische und finanzielle Probleme. Insbesondere die hohe Verdunstung führte dazu, dass man binnen weniger Jahre zahlreiche versalzte Flächen wieder aufgeben musste. 1997 wurde ein Anschlussprojekt gestartet: Mit einer riesigen Pumpstation (300 m^3 Nilwasser pro Sekunde) soll Wasser vom Nassersee über den 800 km langen Tuskakanal in das Gebiet des Neuen Tals geleitet werden, um weitere Anbaufläche zu gewinnen und neue Städte und Industriestandorte zu bauen. Dieses New Nile Valley Project ist allerdings ökologisch und wirtschaftlich sehr umstritten.

Auch die industriellen Möglichkeiten Ägyptens sind begrenzt. Immerhin steht mit der heimischen Baumwolle ein Rohstoff zur Verfügung, der auch für den Export eine große Bedeutung hat. Das Land verfügt zudem über ausreichende Energiereserven – Erdöl und Erdölprodukte machen sogar über die Hälfte der Exporterlöse aus. Ein anderer wichtiger Wirtschaftsfaktor ist der Suezkanal. Obwohl er für große Öltanker nicht geeignet ist, hat er doch für die internationale Schifffahrt eine große Bedeutung. Für Ägypten ist er durch die Nutzungsgebühren ein wichtiger Devisenbringer. Noch größere Deviseneinnahmen bringt der Tourismus. Die Kulturschätze der Pharaonenzeit sowie die Bauwerke und Kunstschätze des Islam und des Christentums machen Ägypten zu einem besonders für Bildungsreisende attraktiven Land. Dazu kommt der Bade- und Tauchtourismus am Roten Meer. Allerdings ist der Tourismus keine stabile Wirtschaftsgröße, denn er ist sehr anfällig für politische Spannungen.

Mit Ablauf des Jahres 1998 hat Ägypten ein 1990 mit dem Internationalen Währungsfonds vereinbartes Strukturanpassungsabkommen beendet. Es wurden u.a. Staatsbetriebe privatisiert sowie Subventionen für Lebensmittel und Dienstleistungen abgebaut. Im Gegenzug wurden Ägypten erhebliche Auslandsschulden erlassen. Das Programm zeigt wirtschaftlich positive Auswirkungen: Das Bruttoinlandsprodukt wächst erheblich stärker als die Bevölkerungszahl, auch das Pro-Kopf-Einkommen hat sich deutlich erhöht. ■

Ägypten – Einwohnerdichte

	1960	1976	1990	2002
Bevölkerung (in 1 000)	20 330	36 627	52 069	66,372
Einw. je km^2 Gesamtfläche	20,4	36,7	53,0	66,3
Einw. je km^2 Kultur- und Siedlungsfläche	577,7	1 040,9	1 479,5	1 896,3

Gute Informationen über Ägypten bieten folgende Web-Adressen:
www.dse.de/za/lis/aegypten
www.aegypten-online.de
www.aegypteninfo.de

Büttner, Friedemann und Klostermeier, Inge: *Ägypten.* München (Beck) 1991. ■ Ibrahim, Fouad N.: *Ägypten. Eine geographische Landeskunde.* Darmstadt (Wissenschaftliche Buchgesellschaft) 1996. ■ Jansen, U.: *Ägypten. Bevölkerungsprobleme und Möglichkeiten der Erweiterung der Ernährungsbasis.* in: Zeitschrift für den Erdkundeunterricht 1997, H. 11, S. 411–421 u. H. 12, S. 451–456. ■ Meyer, G.: *Tourismus in Ägypten. Entwicklung und Perspektiven im Schatten der Nahostpolitik.* in: Geographische Rundschau, Jg. 48, 1996, H. 10, S. 582–588. ■ Meyer, Günter: *Toshka – Megaprojekt zur Eroberung der Wüste Ägyptens.* in: Praxis Geographie 2001, Jg. 31, H. 7–8.

A

◄ Fortsetzung von S. 13 Europäischen Binnenmarkt, ausgenommen Produkte, die Gegenstand der europäischen Agrarmarktordnungen sind;
2) Leistung von Ausgleichszahlungen zur Stabilisierung der Exporterlöse für Agrarerzeugnisse;
3) teilweiser Ausgleich für Exporterlösausfälle bei bestimmten mineralischen Rohstoffen;
4) Industriekooperation und Förderung von Direktinvestitionen, Unterstützung bei Industrialisierungsvorhaben (v. a. in Klein- und Mittelbetrieben);
5) Hilfen für die landwirtschaftliche Kooperation und Förderung der ländlichen Entwicklung;
6) Strukturanpassungshilfe auf den Gebieten Haushaltskonsolidierung sowie Gesundheits- und Bildungswesen, Umweltschutz, Ernährungssicherung, Bevölkerungsentwicklung, Demokratisierung, Wettbewerbsfähigkeit und Armutsbekämpfung.

Ålandinseln ['o-] (finnisch Ahvenanmaa): Inselgruppe mit Tausenden von Inseln und Schären am Südende des Bottnischen Meerbusens. Der finnische Verwaltungsbezirk mit autonomem Status (Hauptort: Mariehamn) umfasst 1 552 km^2 und hat 25 300 Einwohner, die fast alle schwedischer Abstammung sind. Die Å. sind seit dem Mittelalter verwaltungsmäßig mit Finnland verbunden. Amts- und Schulsprache ist Schwedisch.Landwirtschaft und Fremdenverkehr sind wichtige Wirtschaftsbereiche.

Alaska: nördlichster und größter Bundesstaat der USA, 1,7 Mio. km^2, 648 800 Einwohner; Hauptstadt ist Juneau. A. bildet den nordwestlichen Abschluss des amerikanischen Doppelkontinents. Zw. der vergletscherten Alaskakette im S, im Mount ↑McKinley 6 194 m hoch, und der Brookskette im N fließt der Yukon in einem großen Becken nach W zum ↑Beringmeer. Das Klima ist im Innern kontinental mit niedrigen Wintertemperaturen, an der West- und Südküste gemäßigt und regenreich. 35 % der Staatsfläche nehmen Wälder ein. Im N (Tundra) taut der Dauerfrostboden nur oberflächlich auf. Von der Bevölkerung wohnen rd. 60 % in Städten, etwa 16 % aller Einwohner sind Inuit bzw. Indianer.
Wirtschaft und Verkehr: Hauptwirtschaftszweige sind Erdöl- und Erdgasförderung, Fischfang (Lachs, Kabeljau), Holzwirtschaft (Zellulosefabriken), Pelzgewinnung und Tourismus. Bedeutende Bodenschätze sind Gold, Eisen-, Chrom-, Blei- und Kupfererz sowie reiche Kohlenlager. Das 1968 an der Prudhoe Bay am Nordpolarmeer entdeckte Erdöl wird seit 1977 gefördert und durch eine rd. 1 300 km lange Pipeline zum eisfreien Hafen Valdez an der Südküste gepumpt. Eine Gaspipeline transportiert Erdgas von der Prudhoe Bay durch Kanada in die USA.
Dem Verkehr nach S dient der 1942 errichtete Alaska Highway, der bis zur kanadischen Stadt Dawson Creek führt. Flug- und Schiffsrouten führen über Seattle. Im Innern gibt es rd. 900 Flugplätze; den wichtigsten Hafen und Flughafen besitzt Anchorage.
Geschichte: A. wurde 1741 von VITUS JONASSEN BERING (1680–1741) entdeckt und 1867 von Russland für 7,2 Mio. US-Dollar an die USA verkauft. 1959 wurde es deren 49. Bundesstaat.

Albanien: Staat an der Westküste der Balkanhalbinsel, grenzt im NW und NO an Serbien und Montenegro, im O an Makedonien, im S an Griechenland und im W an das Adriatische Meer.
Landesnatur: Die Nordalbanischen Alpen (im Jezercë bis 2 694 m) grenzen im N an Montenegro. Im S schließen sich Kalksteinmassive an. Niederalbanien, ein Hügelland, wird von diesen Gebirgen umschlossen und geht meerwärts in die Küstenebene über.
In den Gebirgen des N und O herrscht kontinentales, im Hügelland und im Küstengebiet mediterranes Klima. In ↑Tirana beträgt das Januarmittel 7 °C, im Juli werden durchschnittlich 25 °C

verzeichnet. Es fallen rd. 1 000 mm Jahresniederschlag.
43 % der Landesfläche tragen Wälder. Das früher sumpfige Küstengebiet ist überwiegend trocken gelegt und dient dem Reisanbau. Hauptfluss ist der 285 km lange Drin. Der Skutarisee (390 km², davon 148 km² albanisch) ist Grenzsee zu Montenegro, der Ohridsee (367 km², davon 119 km² albanisch) zu Makedonien und der Prespasee (285 km²) zu Makedonien und Griechenland.

Albanien

(amtlich albanisch Republika e Shqipërisë)
Fläche: 28 748 km²
Einwohner: 3,150 Mio.
Hauptstadt: Tirana
Verwaltungsgliederung: 36 Bezirke
Amtssprache: Albanisch
Währung: 1 Lek = 100 Quindarka
Zeitzone: MEZ
Kfz-Kennzeichen: AL

Bevölkerung: Fast 97 % der Bevölkerung sind Albaner. Die dichteste Besiedlung findet sich im Hügelland. Größte Städte sind neben Tirana die Hafenstadt Durrës, Elbasan, Shkodër, Vlorë und Korçë. Seit 1990 besteht eine allgemeine zehnjährige Schulpflicht. Rd. 70 % der Albaner sind Sunniten, etwa 30 % Christen (20 % Orthodoxe, 10 % Katholiken).
Wirtschaft und Verkehr: Nach dem Nationaleinkommen zählt A. zu den ärmsten Ländern Europas. Seit 1990 wird die bis dahin streng zentralistisch geleitete Planwirtschaft liberalisiert. 1991 brach eine schwere, bis heute anhaltende Wirtschaftskrise aus.
Haupterwerbszweig ist die Landwirtschaft. Die bis 1990 weitgehend durch Genossenschaften und Staatsgüter bewirtschaftete Anbaufläche ist größtenteils privatisiert worden. Der Devisen bringende Bergbau ist weitgehend zum Erliegen gekommen. Wichtigste Bodenschätze des Landes sind Erdöl, Chrom, Kupfer-, Eisen- und Nickelerz sowie Erdgas und Braunkohle. Neben der Schwerindustrie wurden besonders die chemische, die Textil- sowie die Baustoffindustrie entwickelt.
Das Straßennetz ist sehr dünnmaschig (7 900 km, davon 2 900 km asphaltiert). Das Schienennetz umfasst 670 km. Die Haupthäfen liegen bei Durrës und Vlorë. Tirana verfügt über einen internationalen Flughafen (Rinas).
Staat und Politik: Nach der am 22. 11. 1998 durch Referendum gebilligten Verfassung ist A. eine Republik mit einem vom Parlament auf fünf Jahre gewählten Präsidenten als Staatsoberhaupt.
Der UNO gehört A. seit 1955 an, blieb aber in Europa auf Grund der Entscheidung der früheren Machthaber bis in die 1990er-Jahre isoliert. Die Wirtschaftskrise hat mehrfach zu Massenfluchten von Albanern (v. a. nach Italien) und zahlreichen Erhebungen geführt. Im Rahmen des Kosovokonflikts stationierte die UNO eine Friedenstruppe in A., die die Kosovoalbaner unterstützt.

Albertsee: nördlichster See des Zentralafrikanischen Grabens, der zum ↑Ostafrikanischen Grabensystem gehört. Der 618 m hoch gelegene, 5 340 km² große und bis 48 m tiefe A. liegt in Uganda und der Demokratischen Republik Kongo. Bis 1997 wurde er auch als Mobutu-Sese-Seko-See bezeichnet. Er ist sehr fischreich. Hauptzuflüsse sind der Semliki und der Victoria-Nil. Der Abfluss erfolgt über den Albert-Nil (↑Nil).

Algerien: Staat in Afrika, grenzt im NW an Marokko, im äußersten W an die ↑Westsahara, im SW an Mauretanien und Mali, im SO an Niger, im O an Libyen und Tunesien.
Landesnatur: A. reicht von der westlichen Mittelmeerküste bis in die zentrale ↑Sahara. Nordalgerien gliedert sich zonal in

A

A

die Küstenebene am Mittelmeer und den anschließenden Tell-Atlas mit mehreren, bis 2 308 m hohen Gebirgsketten

(amtlich arabisch Al-Djumhurijja al-Djazairijja al-Dimukratijja ash-Shabijja, dt. Demokratische Volksrepublik Algerien)
Fläche: 2 381 741 km²
Einwohner: 31,320 Mio.
Hauptstadt: Algier
Verwaltungsgliederung: 48 Provinzen (Wilajat)
Amtssprache: Arabisch
Währung: 1 Algerischer Dinar (DA) = 100 Centimes (CT)
Zeitzone: MEZ
Kfz-Kennzeichen: DZ

und Becken sowie in das Hochland der Schotts (800–1 000 m) und den bis 2 328 m hohen Sahara-Atlas. Südalgerien umfasst den algerischen Anteil an der Sahara, der rd. 80 % der Staatsfläche ausmacht. Er besitzt ausgedehnte Dünen- (Großer Westlicher Erg, Großer Östlicher Erg), Feinkies- (Serire) und Felsschuttgebiete (Hammadas), im Ahaggar auch ein ausgedehntes Hochgebirge. Hier liegt der Tahat, mit 2 918 m der höchste Berg des Landes.
Das Klima in den küstennahen Gebieten ist mediterran. Hier fallen pro Jahr 500 bis 1 000 mm Niederschlag. In dieser Region fließen die meisten Flüsse. Nach S nimmt die Regenmenge dramatisch ab und tendiert in der Sahara gegen Null.
Im N gibt es vereinzelt Wälder, vorwiegend mediterrane Laub- und Nadelbäume. Nach S nimmt der Anteil von Strauch- und Grasvegetation zu. Die Wüsten sind bis auf wenige Oasen vegetationslos.

Bevölkerung: In Nordalgerien siedeln 95 % der Bevölkerung, die sich aus Arabern (etwa 80 %) und Berbern (knapp 20 %) sowie einer kleinen europäischen Minderheit zusammensetzt. Über die Hälfte der Menschen lebt in Städten. 99 % der Einwohner sind Muslime. 40 % der über zehnjährigen Algerier sind Analphabeten, obwohl es eine neunjährige allgemeine Schulpflicht gibt.
Wirtschaft und Verkehr: Nur etwa 18 % der Landesfläche sind landwirtschaftlich nutzbar (3 % Äcker und Gärten, 15 % Steppenweiden). Es werden Frühgemüse, Getreide, Wein, Ölbäume und Südfrüchte sowie in den Oasen Dattelpalmen angebaut. Bei der Viehzucht dominieren Schafe und Ziegen. Ein wichtiger Zweig der Forstwirtschaft ist die Korkgewinnung.
Bei den Bodenschätzen haben Erdöl und Erdgas die größte Bedeutung. Allein die Reserven an Erdgas werden auf etwa 3 800 Mrd. m³ geschätzt. Von der Sahara, wo die Hauptvorkommen liegen, führen mehrere Pipelines zu den Mittelmeerhäfen. Weitere Bergbauprodukte sind Phosphate, Eisen-, Zink-, Blei- und Kupfererz sowie Quecksilber, Uranerz, Kieselgur und Schwerspat. Die Vorkommen an Mangan, Antimon, Bauxit, Wolfram und Zinn sind noch nicht erschlossen.
A. ist einer der wichtigsten Industriestaaten der arabischen Welt. Das Wirtschaftssystem wird von einem starken Staatssektor geprägt, der 80 % der Industrieproduktion erwirtschaftet. Der bedeutendste Industriezweig ist die staatlich kontrollierte Erdöl- und Erdgaswirtschaft. Arzew und Skikda sind Hauptzentren der petrochemischen Industrie mit Erdölraffinerien, Erdgasverflüssigungsanlagen und Düngemittelfabriken. Auf der Grundlage einer kapitalintensiven Eisen- und Stahlindustrie wurden vielfältige Metall verarbeitende Unternehmen gegründet (z. B. Walz- und Hüttenwerke, Waggonfabrik). Weitere wichtige Wirtschaftsbereiche sind Bau-,

Nahrungs- und Genussmittelindustrie, Holz- und Papier- sowie Textil- und Bekleidungsindustrie sowie das Kunsthandwerk.
Hauptausfuhrgüter sind Erdöl und Erdgas (95% des Exportvolumens) sowie Phosphate und Eisenerz, Wein, Zitrusfrüchte und Datteln. Haupthandelspartner sind Frankreich, Deutschland, Italien und die USA.

Islamique du Salut, FIS) abzeichnete, wurde sie verboten und die Wahlen wurden annulliert. Es begann ein blutiger Bürgerkrieg, der bis Ende der 1990er-Jahre rd. 100 000 Todesopfer forderte, überwiegend auf dem Land lebende Zivilisten. 1999 begann eine Phase der Versöhnung zw. der Regierung und den islamistischen Gruppen, die zu einem Rückgang der Gewalt führte.

Algerien – Wirtschaft

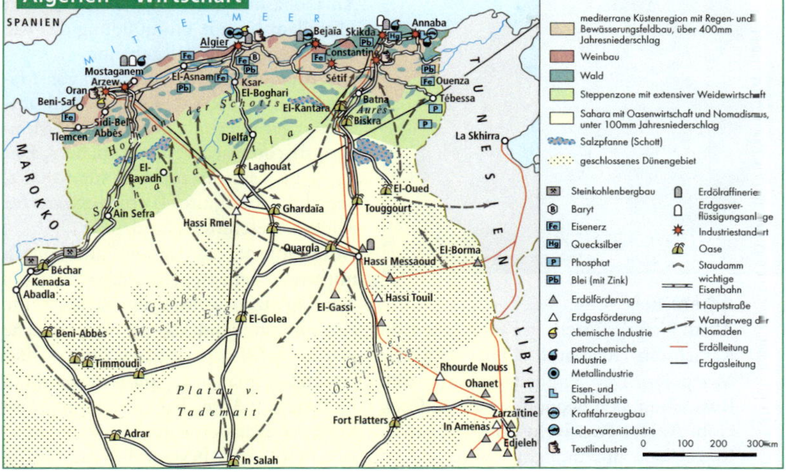

Im industrialisierten N sind das Bahn- und das Straßennetz gut ausgebaut. Bedeutende Häfen haben Algier, Annaba (v.a. für Phosphate und Eisenerz), Oran (v.a. für Agrarerzeugnisse) sowie Arzew und Bejaïa (v.a. für Erdöl und Erdgas). Über internationale Flughäfen verfügen Algier, Oran, Annaba, Constantine und Tlemcen.
Staat und Politik: Nach der Verfassung vom 7. 12. 1996 ist A. eine präsidiale Republik. Staatsoberhaupt, Oberbefehlshaber der Streitkräfte und Verteidigungsminister ist der mit umfassenden Machtbefugnissen ausgestattete Präsident.
A. gehört seit seiner Unabhängigkeit von Frankreich 1962 zur UNO. Als sich Ende 1992 ein Wahlsieg der fundamentalistischen Islamischen Heilsfront (Front

Allgäu: Landschaft in Bayern, Baden-Württemberg und Österreich. Das A. umfasst das Voralpengebiet zw. Lech und ↑Bodensee, ein Berg- und Hügelland, sowie die Allgäuer Alpen, ein Teil der nördlichen Kalkalpen. Die höchsten Berge sind der Große Krottenkopf (2 657 m), die Mädelegabel (2 645 m) und der Hochvogel (2 593 m). Wälder und Wiesen, zahlreiche kleine Seen, Weiher und Moore bestimmen das Landschaftsbild des A.; ergiebige Niederschläge (über 1 000 mm im Jahr) prägen das Klima.
Hauptwirtschaftszweige sind Grünlandwirtschaft mit Vieh- und Milchwirtschaft. Große Bedeutung hat der Fremdenverkehr (zahlreiche Heilbäder, Luftkurorte und Wintersportgemeinden,

u.a. im Kleinen Walsertal). In größeren Orten gibt es auch Leinen- und Baumwollspinnereien sowie Betriebe der feinmechanischen Industrie. Hauptorte sind Kempten (Allgäu) mit Butter- und Käsebörse, Oberstdorf und Sonthofen.

Amazonas – Einzugsgebiet

Alpen: siehe S. 24.

Altai: Gebirgssystem in Zentralasien (in Kasachstan, Russland, China und der Mongolei). Der A. gliedert sich in den Russischen, den Mongolischen und den Gobi-A. Der **Russische Altai,** der nach Kasachstan hineinreicht, wird im W vom Irtysch, im O vom Westlichen Sajan und im N vom Westsibirischen Tiefland begrenzt. Er wird von isoliert liegenden Hochflächen, bewaldeten Mittelgebirgszügen (1 500–2 500 m) und weiten, oft abgeschlossenen Hochtalbecken geprägt. Nur im Zentrum und O erheben sich vergletscherte Hochgebirgsketten (z.B. die Katun- oder die Tschujakette). Höchster Berg ist mit 4 506 m der Belucha. Am vergletscherten Gebirgsstock des Tabyn-Bogdo-Ola zweigt der rd. 1 000 km lange, bis 4 362 m hohe **Mongolische Altai** ab. Kennzeichnend ist eine zunehmende Trockenheit. Seine südöstliche Fortsetzung ist der rd. 500 km lange, im Ich-Bogdo-Ola bis 3 957 m hohe **Gobialtai,** mit vorherrschender Wüstensteppen- und Wüstenvegetation.

Amazonas: mit einer Länge von rd. 6 500 km größter Strom Südamerikas und nach dem ↑Nil zweitlängster Fluss der Erde. Mit einem Einzugsbereich von 7 Mio. km^2 besitzt der A. das größte Stromgebiet aller Flüsse. Er entsteht aus den von den Anden kommenden Quellflüssen Marañón, Huallaga sowie Ucayali und durchfließt bis zu seiner Mündung das überwiegend zu Brasilien gehörende, von Regenwald dominierte Amazonastiefland (↑Amazonien). Der Mittellauf bis zur Einmündung des Río Negro wird Solimões genannt.

Die Breite des A. ist unterhalb von Manaus (außer bei Óbidos: 1,8 km) nirgends geringer als 5 km. Der Mündungstrichter ist bis zu 250 km breit. Der A. ist bis Manaus aufwärts für 5 000-t-Seeschiffe, bis Iquitos (Peru) aufwärts für 3 000-t-Seeschiffe befahrbar.

Amazonien: das riesige, größtenteils mit tropischem Regenwald bedeckte, in der Regenzeit weithin überschwemmte Amazonastiefland, das mit einer Fläche von etwa 5,8 Mio. km^2 ein Drittel Südamerikas umfasst. A. gehört größtenteils zu Brasilien; Anteil haben außerdem Kolumbien, Ecuador, Peru und Bolivien.

Die *Bevölkerung* bestand bis zum 19. Jh. fast ausschließlich aus Amazonasindianern. Heute leben in A. noch etwa 200 000 von ihnen, gegliedert in etwa 100 Stämme, vorwiegend in Reservationen. Die Entdeckung und Ausbeutung der *Bodenschätze* (riesige Eisenerzvorkommen im Bergland von Carajás, Zinn, Gold-, Erdöl- und Bauxitlagerstätten) drängte die Indianer mehr und mehr zurück.

Neben der traditionellen *Landwirtschaft,* die auf häufigem Flächenwechsel beruht (shifting cultivation), begannen Siedler aus den Städten im O mit Brandrodungen. Die Asche düngt den Boden, doch werden die Nährstoffe durch die sehr hohen, häufigen Niederschläge rasch wieder ausgespült, wobei der Boden erodiert. Riesige Flächen sind auf diese Weise dauerhaft zerstört worden. Die

Auswirkungen sind global, da die Pflanzen des Regenwalds maßgeblich zur weltweiten Sauerstoffproduktion beitragen und damit auch den CO_2-Gehalt der Atmosphäre verringern. Rd. 5 bis 10 % der Regenwaldfläche sind bisher vernichtet worden.

Die Anlage eines leistungsfähigen *Verkehrssystems* zur Erschließung A. scheiterte bisher an den schwierigen natürlichen Bedingungen. Unter großem Aufwand wurde ab 1970 die Transamazônica gebaut, die durch das südliche A. verläuft. Der Straßenbau hatte ebenfalls großflächige Zerstörungen zur Folge und lockte 10 000 Siedler in das Gebiet, die es meist nach kurzer Zeit wieder verließen, später auch extensive Rinderzucht betreibende Großgrundbesitzer. Teile der Fernstraße sind heute kaum benutzbar, weil wild wuchernde Pflanzen und Regengüsse die Trasse zerstören. Auch die nördlichen Straßensysteme Perimetral Norte sowie die Süd-Nord-Fernstraßen Cuiabá–Santarém und Pôrto Velho–Manaus sind nur mit hohem Kapitaleinsatz zu erhalten.

Amerika: Doppelkontinent, der die beiden Erdteile ↑Nordamerika und ↑Südamerika umfasst, die durch die Land- und Inselbrücke ↑Mittelamerikas miteinander verbunden sind. Der Name A. taucht erstmals auf einer Weltkarte des Kartografen Martin Waldseemüller 1507 auf. Er benannte den Kontinent nach Amerigo Vespucci, einem italienischen Seefahrer, der Mittel- und Südamerika um 1500 erkundete und erkannte, dass es sich nicht um Indien handelte, wie es der Entdecker Christoph Kolumbus vermutet hatte, sondern um einen neuen Erdteil.

Amsterdam: Hauptstadt der Niederlande, an der Mündung der Amstel in das Ijsselmeer gelegen, mit 736 600 Einwohnern. Es ist durch den Nordseekanal mit dem Meer, durch den A.-Rhein-Kanal mit dem Hinterland verbunden. A. ist einer der bedeutendsten Industriestandorte der Niederlande (chemische Werke, Büromaschinen- und Maschinenbau, Metallindustrie, Flugzeug- und Fahrzeugbau, elektrotechnische Industrie, Druckereien, Diamantschleifereien) sowie ein bedeutender Handels- und Stapelplatz. Die Stadt verfügt über einen großen See- und Binnenhafen sowie den internationalen Flughafen Schiphol.

Im 14./15. Jh. erlebte A. einen wirtschaftlichen Aufstieg durch den Ostseehandel (Mitglied der Hanse), im 17. Jh. war es die führende Handelsstadt Europas. Aus dieser Zeit stammen der Königliche Palast, früher Rathaus (17. Jh.), die Oude Kerk (14., 16. Jh.) und die Nieuwe Kerk (Ende 14. Jh. begonnen). Die Altstadt ist durch Grachten geprägt (»Venedig des Nordens«). Mit dem Rijksmuseum und dem Städtischen (Stedelijk) Museum beherbergt A. als kulturelles Zentrum der Niederlande zwei Museen von internationalem Rang.

Amsterdam: Blick auf die Oude Schans, eine der Grachten der niederländischen Hauptstadt, mit dem Montelbaanstoren.

Amudarja: 2 540 km langer Fluss in Mittelasien (Tadschikistan, Turkmenistan, Usbekistan), dessen Quellflüsse im Hindukusch und im ↑Pamir entspringen. Der A. war bis vor einigen Jahrzehnten zusammen mit dem ↑Syrdarja der wichtigste Zufluss des ↑Aralsees. Seit den 1950er-Jahren wird dem A. zunehmend Wasser für den Bewässerungsfeldbau (v. a. Baumwolle) entnommen; er speist auch wesentlich den oberhalb

► Fortsetzung auf S. 27

Die Alpen sind Europas größtes und höchstes Gebirge. Die meisten Menschen verbinden mit den Alpen Gipfelfluren, Berglandwirtschaft, Skifahren und Wandern sowie vielleicht Probleme mit dem Transitverkehr. Tatsächlich ist diese Landschaft weit vielfältiger und reichhaltiger. Sie ist ein bedeutender mitteleuropäischer Natur- und Kulturraum, in dem rd. 13 Mio. Menschen leben.

Hochgebirge im Herzen Europas

Die Alpen erstrecken sich in einem 1200 km langen und 150 bis 250 km breiten Bogen vom Golf von Genua bis zum Ungarischen Tiefland. Sie trennen dadurch die Apenninen-Halbinsel vom europäischen Rumpf. Sieben Staaten haben Anteil an den Alpen: Deutschland, Frankreich, Italien, Liechtenstein, Österreich, Schweiz und Slowenien.

Die Hochgebirgslandschaft ist in lange Bergketten und Täler aufgegliedert, wobei sich letztere nach O weiten. Die Ostalpen sind niedriger als die Westalpen und große Beckenlandschaften greifen weit in das Alpeninnere hinein. In den Westalpen sind die Gebirgsketten enger gebündelt, hier finden sich auch die höchsten Gipfel. Mit 4810 m ist der ↑Montblanc der höchste Berg Europas.

Die Alpen bilden in ihrem Zentralteil die Wasserscheide zw. Nordsee und Mittelmeer, im Ostteil, etwa östlich des Arlbergs, zw. Schwarzem Meer und Mittelmeer. Sie sind außerdem eine Klimascheide, denn sie trennen das klimatisch rauere Mitteleuropa vom mediterranen S. Der Alpenwall verhindert weitgehend den Transport von Kaltluftmassen aus dem N in den S – und umgekehrt.

Raum mit vielen Gesichtern

Die Alpen sind ein erdgeschichtlich junges Faltengebirge, das seine Struktur im Wesentlichen in der Kreidezeit vor rd. 100 Mio. Jahren und im Tertiär, insbesondere vor etwa 40 Mio. Jahren, erhalten hat. Die heutigen Oberflächenformen sind aber weitgehend ein Ergebnis des Quartärs mit seinen Vereisungen. Faltungen und Überschiebungen kennzeichnen das Gebirge. Treibende Kraft waren die tektonischen Vorgänge im Erduntergrund: In der Kollisionszone zw. Afrikanischer Platte und Europäischer Platte stapelten sich die Erdschichten zu den Alpen.

Die Alpen sind das formenreichste Gebirge Europas. Sie verdanken dies der Mannigfaltigkeit ihrer Gesteine und der umgestaltenden Wirkung der Eiszeiten, in der durch mächtige Gletscherströme die Täler und Pässe ausgeweitet wurden.

Die Ortlergruppe in Südtirol, Italien, erreicht im Ortler eine Höhe von 3899 m über dem Meeresspiegel.

Am Alpenrand bildeten sich tiefe Talseen, z. B. Bodensee, Vierwaldstätter See und die oberitalienischen Seen. Im Alpenvorland wurden mächtige Moränen aufgeschüttet, die z. T. Seebecken wie Chiemsee oder Gardasee umschließen.

Typisch für die Alpen ist ferner der Stufenbau der Hochtäler mit ihrem Wechsel von engen Klammen und breiten Becken sowie den Wasserfällen an der Einmündung von Nebentälern ins Haupttal. Steilwandige Hangnischen, sog. Kare, die oft kleine Seen im Gipfelbezirk aufweisen, sind häufig. Die einst mächtigen Gletscher haben sich zurückentwickelt. Heute sind nur noch die inneren und höchsten Teile der Alpen vergletschert. Dies sind etwa 3 200 km², was rd. 1,5 % der Gesamtfläche des Gebirges entspricht. Der größte Gletscher ist der Große Aletschgletscher.

Die Alpen haben trotz ihrer Ausdehnung und Höhe keinen trennenden Charakter. Die charakteristischen großen und breiten Längstäler sind durch Quertäler und niedrige Pässe miteinander und mit dem Vorland verbunden, sodass die Alpen siedlungs- und verkehrsfreundlicher sind als andere Hochgebirge der Erde.

Klima, Höhenstufen und Nutzung

Das Klima in den Alpen ist uneinheitlich. West- und Nordrand liegen im Bereich der Westwindzone und erhalten während des ganzen Jahres hohe Niederschlagsmengen. Der S wird von Ausläufern des winterfeuchten Mittelmeerklimas bestimmt, nach O erfolgt ein allmählicher Übergang zu kontinentaleren Klimabereichen. Die West-, Nord- und Südränder haben durch ihre Luvlage z. T. höhere Niederschläge als das Vorland, die Tal- und Beckenlandschaften im Inneren sind trockener. Mit steigender Höhe nimmt die Temperatur etwa um 0,7 °C je 100 m ab, zugleich verkürzt sich die Vegetationsperiode im Frühjahr und im Herbst um je eine Woche.

Dementsprechend sind deutliche Höhenstufen der natürlichen Vegetation ausgeprägt. Auf die Laubwaldzone in Höhen zw. 800 und 1 000 m folgt die Nadelwaldzone. Oberhalb der Waldgrenze in 1 500 bis 2 200 m schließt sich die Zone des Krummholzes an. Darüber erstrecken sich die Almen und Matten und schließlich folgt die Fels- und Gesteinsschutt-Stufe. Die Schneegrenze liegt in den Randgebieten der Alpen zw. 2 500 und 2 600 m, im Inneren zw. 2 800 und 3 100 m. In den Westalpen reichen einzelne Gletscher bis in die besiedelten Gebiete herab.

Die landwirtschaftliche Nutzung in den Alpen hat sich im letzten Jahrhundert grundlegend verändert. Ursprünglich basierte sie v. a. auf dem Getreideanbau, der nicht nur die breiten Talböden nutzte, sondern in günstigen Lagen vereinzelt bis in 2 000 m Höhe reichte. Heute ist er – besonders in den Becken und im S – großflächig von Sonderkulturen, v. a. Obst und Wein abgelöst, die bessere Erlöse erzielen. Daneben hat die Viehwirtschaft eine große Bedeutung: Talwiesen, Rodungsflächen in den Waldzonen und v. a. die natürlichen Grasflächen der Matten sind die Grundlage der auch heute noch wichtigen Almwirtschaft. Bäuerliche Dauersiedlungen reichen bis in 1 500 m Höhe, die nur im Sommer besiedelten Almen liegen 800 bis 1 000 m höher.

Nur wenig mehr als ein Viertel des Alpenraums kann dauerhaft besiedelt werden. Weite Teile der Alpen sind heute landwirtschaftliche Problemgebiete, weil sie ungünstige Produktionsbedingungen bieten. Dies gilt besonders für die Bergbauernhöfe, von denen schon viele auf Grund der Standortnachteile – Klima, Relief, kleine Parzellen, fehlende Verkehrsanbindung – aufgegeben werden mussten. Heute wird das Überleben von Höfen mit staatlichen Hilfen gefördert, auch um damit die Pflege der Landschaft sicherzustellen.

Der wirtschaftliche Strukturwandel

Die Industrialisierung in Europa bedeutete für die Alpenregion eine wirtschaftliche Schwächung. Nicht nur die Landwirtschaft wurde reduziert, auch der traditionelle Erzbergbau sowie das damit verbundene Handwerk und Gewerbe gingen zurück. Von der industriellen Entwicklung profitierten nur bestimmte Alpenräume, v. a. gut erreichbare Tallagen. Hier entwickelten sich manche Dörfer zu Städten mit Fabriken und Eisenbahnanschluss.

Nach dem Zweiten Weltkrieg setzten neue Entwicklungen ein. Verbesserte Straßen führten zu einer Aufwertung der Alpenstädte, zudem kam es in gut erreichbaren Tälern wegen der dort vorhandenen Arbeitskräfte zu einem neuerlichen Industrialisierungsschub. Zu einem immer bedeutenderen Wirtschaftsfaktor wurde der Fremdenverkehr, der auch zahlreiche zuvor strukturschwache Täler erfasste.

Die Kitzbüheler Alpen in Österreich gehören zur Schieferzone des Gebirges.

Seit etwa 1980 vergrößern sich im Rahmen des Übergangs zur Dienstleistungsgesellschaft die Wachstumsregionen weiter, während die ländlichen Gebiete, die nicht vom Tourismus belebt werden, zurückbleiben.

■ Die Zukunft der Alpen

Von größter wirtschaftlicher Bedeutung ist der ganzjährige Fremdenverkehr mit jährlich 150 Mio. Hotelgästen, der sich in den letzten Jahrzehnten zum Massentourismus internationaler Prägung entwickelt hat. 13 500 Aufstiegshilfen und 130 000 Skipistenkilometer machen die Alpen zum größten Wintersportgebiet der Erde. Die ökonomische Abhängigkeit mancher Regionen vom Fremdenverkehr ist riskant. Zudem bedroht die z. T. maßlose Erschließung das ökologische Gleichgewicht und damit den Naturraum, der die Grundlage des Tourismus darstellt. Muren, Hochwasserkatastrophen und Lawinen sind oftmals durch menschliche Eingriffe verursacht. Hier sind Schutzmaßnahmen erforderlich, aber auch eine behutsamere, umweltverträgliche und nachhaltige Weiterentwicklung.

Ein anderes Problem ist der ständig steigende Transitverkehr durch die Alpen. Zur Verringerung der Belastungen soll der Güterverkehr zunehmend von der Straße auf die Schiene verlagert werden. Sowohl Österreich als auch die Schweiz planen zudem den Bau weiterer Basistunnels. Um eine ökonomisch, sozial und ökologisch ausgewogene Entwicklung des Alpenraums zu erreichen, wurde 1991 zw. den sieben Alpenländern eine »Alpenkonvention« beschlossen. Dieser völkerrechtliche Rahmenvertrag legt Ziele und Maßnahmen für eine verantwortungsvolle Nutzung des Alpenraums fest. Der Schutz der Alpen und ihrer Kulturlandschaften soll besser in die künftige Wirtschaftsentwicklung integriert werden, um sie für ihre Bewohner als Lebensraum zu erhalten. ■

Die Internationale Alpenschutzkommission CIPRA mit Sitz in Schaan (Liechtenstein) setzt sich für die Erhaltung des Natur- und Kulturerbes im Alpenraum ein und gibt in zahlreichen Veranstaltungen und Publikationen darüber Auskunft: www. cipra.de

Empfehlenswerte Internetadressen sind auch:

www.alpenforschung.de

www.alpenverein.de

www.argealp.at

BÄTZING, WERNER: *Die Alpen. Geschichte und Zukunft einer europäischen Kulturlandschaft.* München (Beck) 2003. ■ BIRKENHAUER, JOSEF: *Die Alpen – gefährdeter Lebensraum im Gebirge.* Köln (Anlis) ²1996 ■ MATTHIEU, JON: *Geschichte der Alpen: 1500–1900. Umwelt, Entwicklung, Gesellschaft.* Wien (Böhlau) 1998.

◀ *Fortsetzung von S. 23* von Kerki abzweigenden, 1 445 km langen **Karakumkanal.** Nur in extrem niederschlagsreichen Jahren erreicht der A. noch den Aralsee. In der Regel versickert er in den Wüsten Turans (Karakum und Kysylkum).

Amur (Heilungkiang, chinesisch Heilong Jiang): Strom in Ostasien. Der 2 824 km lange A. bildet auf rd. 2 000 km die Grenze zw. Russland und China. Er entsteht aus den Quellflüssen Schilka und Argun und mündet in den Tatarensund (Ochotskisches Meer). Die Schifffahrt wird durch die von November bis Anfang Mai dauernde Eisbedeckung und Sandbänke behindert.

Anden: ↑Kordilleren.

Andengemeinschaft (span. **C**omunidad **A**ndina de **N**aciones, CAN): wirtschaftlich orientierter Verbund lateinamerikanischer Staaten, hieß bis 1996 **Andenpakt.** Die A. wurde 1969 von Bolivien, Chile (1976 ausgetreten), Kolumbien, Ecuador, Peru gegründet. 1973 trat Venezuela bei. Ziele sind Liberalisierung des Handels, Bildung einer Zollunion, Harmonisierung der Wirtschafts- und Sozialpolitik sowie gemeinsame industrielle Planung. Im Andenabkommen vom Mai 1991 vereinbarten die fünf Mitgliedstaaten die Bildung einer Freihandelszone als Vorstufe für einen gemeinsamen Markt (**M**ercado **C**omún **A**ndino, MCA) sowie die Zusammenarbeit im Kampf gegen Drogenhandel und Geldwäsche.

Für Entscheidungen ist eine Zweidrittelmehrheit in der Kommission, dem zentralen Organ, notwendig, in die jedes Land einen Vertreter mit einer Stimme entsendet.

Andorra: Kleinstaat in den östlichen Pyrenäen, zw. Spanien und Frankreich.

Landesnatur: Kerngebiet ist das Talbecken von A. la Vella (800–1 100 m hoch gelegen), das durch das Valiratal mit der spanischen Stadt Seo de Urgel und über einen 2 408 m hohen Pass, den Port d'Envalira, mit dem französischen Ariègetal verbunden ist. Kühle Winter und warme Sommer bestimmen das Klima.

Andorra

(amtlich katalanisch Principat d'Andorra, dt. Fürstentum Andorra)
Fläche: 468 km²
Einwohner: 68 000
Hauptstadt: Andorra la Vella
Amtssprache: Katalanisch
Währung: 1 Euro (EUR, €) = 100 Cents (c)
Zeitzone: MEZ
Kfz-Kennzeichen: AND

Bevölkerung: Nur knapp 37 % der Bevölkerung sind Katalanisch sprechende Andorraner. Größte Volksgruppe sind mit 40 % die Spanier, weitere 10 % sind Portugiesen und 6 % Franzosen. 95 % der Einwohner sind Katholiken. Viele Franzosen und Spanier haben aus Steuergründen in A. ihren Zweitwohnsitz.

Wirtschaft und Verkehr: Haupterwerbszweige sind der Fremdenverkehr und der Handel mit zollfreien Waren. Mit Frankreich und Spanien bestehen günstige Zollabkommen. Außerdem haben in A. viele Banken ihren Sitz. Schaf-, Pferde- und Rinderzucht, die Energiewirtschaft (Wasserkraftwerke ermöglichen den Export von Strom nach Spanien) und die Tabakindustrie haben Bedeutung. Die insgesamt sieben Täler sind durch Straßen verbunden.

Staat und Politik: Nach der Verfassung vom 4. 5. 1993 ist A. ein souveränes Fürstentum, de facto aber eine parlamentarische Demokratie. Als Staatsoberhaupt mit repräsentativer Funktion fungieren der Präsident von Frankreich und der spanische Bischof von Urgel (Co-

Fürsten) – ein Konstrukt, das seit 1278 besteht. 1993 ist A. der UNO, 1994 dem Europarat beigetreten.

Angola: Staat im südwestlichen Afrika, grenzt im N und NO an die Demokratische Republik Kongo, im O an Sambia und im S an Namibia. An der Atlantikküste liegt an der Grenze zur Republik Kongo die Exklave Cabinda.

Angola

(amtlich portugiesisch República de Angola)
Fläche: 1 246 700 km²
Einwohner: 13,121 Mio.
Hauptstadt: Luanda
Verwaltungsgliederung: 18 Provinzen
Amtssprache: Portugiesisch
Währung: 1 Neuer Kwanza (Kzr) = 100 Lwei
Zeitzone: MEZ
Kfz-Kennzeichen: ANG

Landesnatur: Größter Landschaftsraum ist die von den Flüssen Cuanza, Kunene, Cubango/Okanango u. a. zerschnittene, 1 000 bis 1 800 m hoch gelegene Hochfläche. Im Serra Moco werden 2 620 m erreicht. Die Hochfläche fällt im W in Terrassen steil zum 30 bis 100 km breiten Küstensaum ab. Das Klima ist tropisch; die Temperaturen sind im Innern durch die Höhenlage, im Küstengebiet durch den Benguelastrom gemildert. In Luanda bewegen sich die Wintertemperaturen um 20 °C, im Sommer sind es durchschnittlich 26/27 °C. Im N herrscht Feucht-, im S Trockensavanne vor, die im SO in Dornsavanne (↑ Kalahari) und im SW in Wüste (↑ Namib) übergeht.

Bevölkerung: Die Bevölkerung gliedert sich in etwa 120 Bantu-Ethnien. Im S und SO gibt es vereinzelt Gruppen von Buschleuten und Pygmäen. 65 % der Einwohner leben in ländlichen Gebieten. Es herrscht allgemeine Schulpflicht: Rd. 60 % der Kinder besuchen eine vierjährige Grundschule. Die Analphabetenquote beträgt 58 %. Etwa 90 % der Bevölkerung sind Christen, zwei Drittel davon Katholiken. Traditionelle Religionen bzw. ihre Riten sind weit verbreitet.

Wirtschaft und Verkehr: Potenziell zählt A. mit seinen günstigen Voraussetzungen für die Landwirtschaft, reichen Bodenschätzen und Energiereserven zu den reichsten Ländern Afrikas, doch hat der im Jahr der Unabhängigkeit von Portugal (1975) ausgebrochene Bürgerkrieg die Wirtschaft nachhaltig zerrüttet. Der überwiegende Teil der Bevölkerung lebt von der Landwirtschaft. Nur 2 % der Staatsfläche werden landwirtschaftlich genutzt, obwohl fast 15 % gewinnbringend bebaut werden könnten. Ein Grund für die relativ zurückhaltende Inwertsetzung ist das Minenproblem: Mehr als 10 Mio. Landminen werden im Boden A. vermutet. Kaffee ist das wichtigste Agrarprodukt. Der Anbau für die Eigenversorgung umfasst u. a. Mais, Hülsenfrüchte und Bataten.

Wichtigste Bodenschätze sind Erdöl und Diamanten sowie Eisenerz. Daneben sind Vorkommen von Mangan-, Kupfer- und Uranerz sowie Phosphaten bekannt. Das Wasserkraftpotenzial ist sehr groß – am Abfall der Hochebene zur Küste gibt es zahlreiche Wasserfälle und Stromschnellen.

Die Industrie ist weitgehend verstaatlicht. Die größte Bedeutung haben die Verarbeitung von landwirtschaftlichen Erzeugnissen und von Bodenschätzen (u. a. Ölpressen, Zuckerraffinerien, Fabriken für die Tabak-, Baumwoll- und Fischverarbeitung, Düngemittelwerke, Erdölraffinerien) sowie die Textil- und die Papierindustrie. Exportiert werden v. a. Erdöl, Erdgas, Erdölprodukte, Diamanten und Kaffee. Die USA und die EU-Länder (besonders Spanien, Frank-

reich und Portugal) sind die wichtigsten Handelspartner.
Das Eisenbahnnetz hat eine Länge von 2 952 km, davon entfallen 1 348 km auf die Hauptstrecke der Benguelabahn. Die wichtigsten Seehäfen besitzen Luanda, Lobito, Namibe und Cabinda (Erdölhafen). Luanda hat einen internationalen Flughafen.
Staat und Politik: Nach der mehrfach (zuletzt 1995) revidierten Verfassung von 1975 ist A. eine präsidiale Republik mit Mehrparteiensystem. Staatsoberhaupt ist der alle fünf Jahre direkt gewählte Präsident, der über weitgehende Vollmachten verfügt und die Regierung unter Vorsitz des Ministerpräsidenten ernennt.
Im Bürgerkrieg waren der União Nacional para Independência Total de A. (UNITA) und der Movimento Popular de Libertação de A. (MPLA) Hauptgegner. Der früher marxistische MPLA gewann 1992 die freien Wahlen, der einstmals westlich orientierte und von Südafrika militärisch unterstützte UNITA eröffnete 1997 erneut die Kämpfe. Die UNO, der A. seit 1976 angehört, unterbrach 1999 vorübergehend alle Friedensbemühungen. 2002 gaben Teile der UNITA-Kämpfer ihre Waffen ab.
Ankara: Hauptstadt der Türkei. Die im nördlichen Inneranatolien, in Höhen zw. 800 und 1 200 m gelegene Stadt hat 3,2 Mio. Einwohner. Wirtschaftliche Bedeutung haben Nahrungsmittel-, Textil- und Baustoffindustrie sowie der Maschinenbau.
Die Stadt wird von einer alten, auf einem Felskegel stehenden Zitadelle (wahrscheinlich 7. und 9. Jh.) überragt. In beherrschender Lage befindet sich das Atatürk-Mausoleum.
Antarktis: ↑ Polargebiete. (Karte: siehe S. 239)
Antigua und Barbuda [engl. æn'ti:gə, ba:'budə]: Inselstaat im Karibischen Meer, umfasst die Antilleninseln Antigua (280 km²), Barbuda (161 km²) und Redonda (1 km², unbewohnt).
Landesnatur: Die Inseln sind vulkanischen Ursprungs, großenteils mit Kalken überdeckt und von Korallenriffen umgeben. Höchster Berg ist der Boggy Peak auf Antigua mit 403 m. Das Klima ist tropisch mit 22 bis 30 °C im Jahresmittel und Niederschlägen von etwa 1 000 mm, die v. a. im Sommer fallen.

Antigua und Barbuda

(amtlich engl. Antigua and Barbuda)
Fläche: 442 km²
Einwohner: 69 000
Hauptstadt: Saint John's
Amtssprache: Englisch
Währung: 1 Ostkaribischer Dollar (EC$) = 100 Cents
Zeitzone: MEZ – 5 Stunden
Kfz-Kennzeichen: AG

Bevölkerung: Etwa 95 % der Einwohner sind Nachkommen schwarzafrikanischer Sklaven. Die meisten sind Anglikaner, rd. ein Viertel Katholiken. Wachsende Bedeutung haben die Rastafarier. Mehr als die Hälfte der Menschen lebt in der Hauptstadt.
Wirtschaft und Verkehr: Wirtschaftliche Grundlagen sind der wachsende Fremdenverkehr sowie die Entwicklung zum Offshore-Finanzzentrum. In der Landwirtschaft überwiegt die Gemüse- und Obstproduktion. Hergestellt werden Lebensmittel, Elektrogeräte, Textilien und Möbel. Bedeutendste Handelspartner sind die USA und die ↑ CARICOM-Länder. Wichtigste Verkehrseinrichtungen sind neben dem Straßennetz der Tiefseehafen in Saint John's (für Kreuzfahrtschiffe) und der internationale Flughafen Coolidge auf Antigua.
Staat und Politik: Nach der Verfassung von 1981 ist A. u. B. eine konstitutionelle Monarchie im Commonwealth. Staats-

A

oberhaupt ist der brit. Monarch. Regierungschef ist der Premierminister, der dem Parlament verantwortlich ist.

Antillen: zusammenfassende Bezeichnung für die Inselwelt ↑Mittelamerikas (außer den ↑Bahamas) im Karibischen Meer. Die A. umfassen im N die **Großen Antillen** (Kuba, Jamaika, Hispaniola [mit Haiti und der Dominikanischen Republik], Puerto Rico), östlich und südlich davon liegen die **Kleinen Antillen** mit den Inseln über dem Winde (Virgin Islands bis Trinidad) und den Inseln unter dem Winde (Aruba bis Isla de Margarita, vor der Küste Venezuelas).

Die großen Inseln sind vorwiegend gebirgig, z.T. mit tätigen Vulkanen wie dem Montagne Pelée auf Martinique. Das Klima ist tropisch mit häufigen Wirbelstürmen. Die Bevölkerung besteht überwiegend aus Schwarzen, Mulatten, Indern und Weißen. Die Indianer sind fast ausgerottet. Die Landwirtschaft und ihre Produkte sind bedeutend (Zucker, Kaffee, Tabak, Früchte, Baumwolle, Gewürze, Farbhölzer). Hauptdevisenbringer der meisten Länder ist jedoch der Fremdenverkehr.

Aomen: ↑Macau.

Apennin (auch Apenninen): das Italien südlich der Ebene des ↑Po durchziehende, 1 500 km lange und bis zu 100 km breite Gebirge. Der A., Hauptwasser- und wichtige Klimascheide, beginnt am Ligurischen Golf, zieht sich von dort zur adriatischen Küste nach O und biegt an ihr nach SO um, wo er in den verkarsteten **Abruzzen** seine größte Höhe erreicht (Gran Sasso d'Italia, 2 914 m). Anschließend verläuft er in südliche Richtung, erreicht wieder die Westseite der italienischen Halbinsel und endet an der kalabrischen Halbinsel.

Die Höhen zeigen wenig wechselnde, sanfte Formen, nur in den Abruzzen sind die Berge wild zerklüftet. Im Klima unterscheidet sich der A. vom übrigen Italien durch geringere Wärme, schärfere Temperaturgegensätze und größere Niederschlagsmengen (bis 2 000 mm pro Jahr). Die Pflanzenwelt zeigt nur Reste des natürlichen Waldkleids (Buchen, Nadelhölzer), sonst Sträucher und Grasland.

Appalachen (engl. Appalachian Mountains): Gebirgssystem im O Nordamerikas. Die A. reichen von Neufundland (Kanada) bis Alabama (USA), sind rd. 2 600 km lang, 200 bis 300 km breit und im Mount Mitchell bis zu 2 037 m hoch. Die Hudson-Mohawk-Furche trennt die nördlichen von den südlichen A. Die südlichen A. gliedern sich in die Appalachen-Plateaus, das Alleghenygebirge, die Blue Ridge und das Piedmontplateau, die durch mehrere Längstalzonen (z.B. Great Valley) voneinander getrennt sind. Die A. haben überwiegend Mittelgebirgscharakter und sind außerordentlich waldreich. Obwohl vom Durchschnittseinkommen und vom Lebensstandard eine der ärmsten Regionen der USA haben die A. volkswirtschaftlich wegen ihrer Bodenschätze große Bedeutung. Kohle und Eisenerz werden hier seit dem 19. Jh. gefördert, in jüngerer Vergangenheit kam Erdöl hinzu.

Äquatorialguinea: Staat in Westafrika, am Golf von Guinea, grenzt im N an Kamerun, im O und S an Gabun. Außerdem gehören zu Ä. die Inseln Bioko (früher Fernando Póo), Pagalu, Corisco, Elobey Grande und Elobey Chico.

Landesnatur: Die festländische Region Mbini (früher: Río Muni) umfasst eine breite Küstenebene, die nach O zu einem Bergland (bis 1 200 m hoch) ansteigt. Die Inseln im Golf von Guinea gehören zur Vulkankette der Kamerunlinie, die auf Bioko im Pico Santa Isabel 3 008 m erreicht. Das Klima ist tropisch mit hohen Temperaturen, hoher Luftfeuchtigkeit und häufigen, ergiebigen Niederschlägen. Tropischer Regenwald ist weit verbreitet. Die festländische Küste ist reich an Mangrove.

Bevölkerung: Die Bevölkerung setzt sich zu 80 % aus Bantuvölkern (v.a. Fang) zusammen. Fast alle Einwohner sind Katholiken. Es besteht eine achtjährige allgemeine Schulpflicht vom 6. bis 14. Lebensjahr. Jeder Zweite ist Analphabet. 47 % der Menschen leben in Städten.

Äquatorialguinea

(amtlich span. República de Guinea Ecuatorial)
Fläche: 28 051 km²
Einwohner: 482 000
Hauptstadt: Malabo
Verwaltungsgliederung: 2 Regionen mit 7 Provinzen
Amtssprache: Spanisch
Währung: 1 CFA-Franc = 100 Centimes
Zeitzone: MEZ
Kfz-Kennzeichen: GQ

Wirtschaft und Verkehr: Ä. gehört zu den ärmsten Staaten Afrikas. Der Anbau von Kakao (v. a. auf Bioko) und Kaffee sowie die Gewinnung von tropischen Edelhölzern in Mbini sind die wichtigsten Wirtschaftsbereiche. Vorwiegend zur Selbstversorgung werden Maniok, Bataten, Bananen, Kokosnüsse und Ölbäume kultiviert. Bedeutendster Handelspartner ist Spanien. Das Straßennetz ist relativ dicht, aber in einem schlechten Zustand. Wichtigster Seehafen ist Bata. Internationale Flughäfen liegen bei Malabo und Bata.
Staat und Politik: Seit seiner Unabhängigkeit von Spanien 1968 gehört Ä. der UNO an. Nach der Verfassung vom 4. 12. 1991 ist der mit weitgehenden Vollmachten ausgestattete Präsident das Staatsoberhaupt der Republik. Trotz Einführung des Mehrparteiensystems 1991 wird die Opposition durch das Wahlrecht benachteiligt.

Arabien: rund 3,5 Mio. km² große, im westlichen Asien gelegene Halbinsel, die fast ausschließlich von Arabern bewohnt wird. A. ist von Afrika durch das ↑Rote Meer, von den anatolisch-iranischen Gebirgen durch eine lang gestreckte Senkungszone (Persischer Golf, Mesopotamien) getrennt.
Nach S steigt die Landschaft bis auf 3 760 m an und bricht steil zum Roten Meer hin ab. Nach NO zu senkt sie sich langsam ab. Große Senken und Mulden sind Sandwüste, v. a. die Wüste **Nefud** im NW und die **Große Arabische Wüste** (Rub al-Chali) im SO. Weit verbreitet sind eintönige Basaltblockfelder jungvulkanischer Ergüsse. Klimatisch gehört A. zum Trockengürtel der Alten Welt. Nur der N und die Gebirge von Oman erhalten (nach O zu abnehmend) spärlichen Winterregen, der S (Jemen) etwas reichlichere Sommerregen. An den Küsten herrscht hohe Luftfeuchtigkeit. Im Inneren sind die Wärmeschwankungen zw. Sommer und Winter sowie zw. Tag und Nacht erheblich.
Staatlich gliedert sich A. in Saudi-Arabien, Jemen, Oman, die Vereinigten Arabischen Emirate, Katar, Kuwait und den im Persischen Golf gelegenen Inselstaat Bahrain. Im N haben Irak und Jordanien Anteil an A.
Die Arabische Halbinsel ist dünn besiedelt (10 Ew. pro km²). Ihre wirtschaftliche Bedeutung liegt in dem Reichtum an Erdöl- und Erdgaslagerstätten. Feldbau in den wenigen Oasen sowie Viehhaltung spielen nur eine geringe Rolle.
Geschichte: In A. entstand im 7. Jh. der Islam durch den Religionsstifter MOHAMMED (570–632), der die Nomadenstämme der Halbinsel auch politisch einte. Mit ↑Mekka und ↑Medina befinden sich die bedeutendsten unter den heiligen Orten des Islam in A. Im 16. Jh. begann mit der Ankunft der Portugiesen, gefolgt von Osmanen, Franzosen und Briten die Zeit der Kolonialherrschaft. Zw. den 1930er-Jahren, als Irak und Saudi-Arabien unabhängig wurden, und 1971 (Vereinigte Arabische Emirate) entstand die heutige staatliche Gliederung.

A

Aralsee: abflussloser See im Tiefland von Turan, in Kasachstan und Usbekistan. Er wird von ↑Amudarja und ↑Syrdarja gespeist, die den See jedoch nur noch in feuchten Jahren erreichen, ansonsten in der Wüste versickern. Der ursprünglich viertgrößte See der Erde (1975 noch 54 400 km²) war durch rigorosen Wasserentzug für Bewässerungszwecke, v. a. durch die Abzweigung durch den Karakumkanal nach Turkmenistan, schon bis 1999 auf eine Fläche von 28 500 km² geschrumpft und in einen großen und einen kleinen A. geteilt.

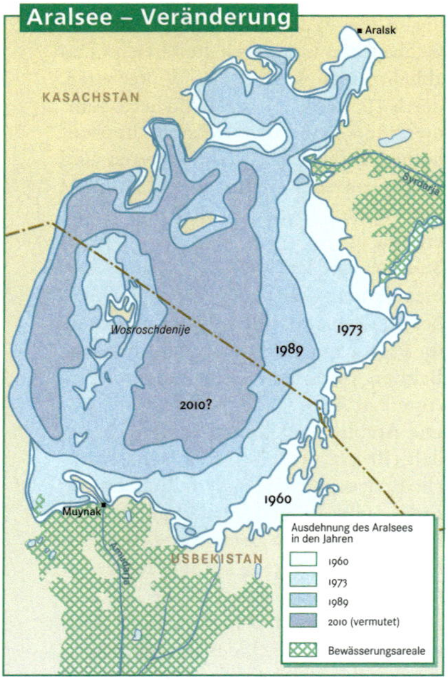

Aralsee – Veränderung

Der Salzgehalt beträgt heute etwa 36 ‰ und liegt damit mehr als dreimal so hoch wie um 1950. Die früher bedeutenden Fischbestände sind verschwunden; der See ist ökologisch nahezu tot. Die auf Fischerei und Fischverarbeitung beruhende Wirtschaft der Region ist zusammengebrochen. Viele frühere Hafenstädte (z. B. Aralsk, Muynak) sind heute Wüstenstädte.

Argentinien: zweitgrößter Staat Südamerikas, grenzt im N an Bolivien und Paraguay, im O an Brasilien und Uruguay, südlich des Río de la Plata an den Atlantischen Ozean sowie im W an Chile. A. erhebt Anspruch auf die ↑Falklandinseln sowie andere südatlantische Inseln (Südgeorgien, Süd-Shetland-, Süd-Sandwich- und Süd-Orkney-Inseln), die sich in britischem Besitz befinden.

Landesnatur: A. hat eine N-S-Erstreckung von rd. 3 700 km. Die maximale O-W-Ausdehnung beträgt 1 577 km.

Historisches und wirtschaftliches Kerngebiet ist das fruchtbare Tiefland der ↑Pampa am unteren ↑Paraná und am Río de la Plata, eine Ebene mit weiten Grasfluren, die nach N allmählich in die subtropischen Trockenwald- und Buschsavannen des ↑Gran Chaco übergehen. In das Tiefland zw. den sumpfigen Stromauen von Paraná und Uruguay (»Zwischenstromland«) reichen im NO bewaldete Ausläufer des Brasilianischen Berglands. Südlich des Colorado schließt sich an die Pampa das bis auf 1 500 m ansteigende, von dürftiger Steppe bedeckte Hochland Patagoniens an, das mit buchtenreicher, felsiger Steilküste zum Meer abfällt. Im W hat A. Anteil an den Anden. Der ↑Aconcagua ist mit 6 959 m der höchste Berg. Den Anden vorgelagert sind als einzelne isolierte Bergzüge die pampinen Sierren (bis 2 883 m). Zw. den Ketten der Anden erstrecken sich im N wüstenhafte Hochgebirgsbecken (Puna).

Der längste Fluss ist mit 3 700 km der Paraná, der zusammen mit dem aus Brasilien kommenden Paraguay (2 500 km) und einigen anderen Flüssen ein riesiges Flusssystem bildet.

Das Klima ist im größten Teil des Landes warm gemäßigt, im N subtropisch, im Chaco heiß und im S trocken kühl. Buenos Aires hat im Januar eine durchschnittliche Temperatur von 24 °C, im Juli von 10 °C. Jährlich fallen rd. 1 000 mm Niederschlag.

Bevölkerung: Die Einwohner sind auf Grund der starken Einwanderung seit etwa 1850 (bis 1970 über 9 Mio.) zu fast 90 % europäischer Abstammung (bes. aus Spanien, Italien und Deutschland).

Argentinien

(amtlich span. República Argentina)
Fläche: 2 780 403 km²
Einwohner: 36,48 Mio.
Hauptstadt: Buenos Aires
Verwaltungsgliederung: 22 Provinzen, ein Bundesdistrikt, ein Nationalterritorium
Amtssprache: Spanisch
Währung: 1 Argentinischer Peso (arg$) = 100 Centavos (c)
Zeitzone: MEZ – 4 Stunden
Kfz-Kennzeichen: RA

Kleinere Gruppen von Indianern (rd. 35 000) leben im Chaco und in Patagonien. Etwa 90 % der Argentinier siedeln in Städten; allein die Agglomeration ↑Buenos Aires vereint etwa 35 % der Gesamtbevölkerung auf sich. Allgemeine Schulpflicht besteht vom 6. bis 14. Lebensjahr. A. hat mit 3,5 % eine der niedrigsten Analphabetenraten Lateinamerikas, wobei es allerdings erhebliche Unterschiede zw. den Großstädten und dem ländlichen Raum gibt. 91 % der Bevölkerung sind Katholiken, 2,5 % Protestanten.

Wirtschaft und Verkehr: A. wird zu den Schwellenländern gezählt – das Bruttosozialprodukt pro Kopf ist das höchste in Lateinamerika. Trotz grundsätzlich marktwirtschaftlicher Ausrichtung hat der Staat wichtige Zweige (Kohle, Stahl, Erdöl, Transportwesen) unter Kontrolle. A. verfügt über eine stark mechanisierte Landwirtschaft und eine sich rasch entwickelnde Industrie. Die Landwirtschaft, die rd. 65 % der Gesamtfläche nutzt, erbringt rd. 10 % des Bruttoinlandsprodukts, erwirtschaftet jedoch mit ihren Produkten über die Hälfte der Exporteinnahmen und ist so der Hauptdevisenbringer. Der größte Teil der landwirtschaftlichen Betriebsflächen ist Eigentum nur weniger Familien. Kerngebiet ist die Pampa. Haupterzeugnisse sind Weizen, Mais, Sorghum, ferner Leinsamen, Sonnenblumenkerne, Erdnüsse, Zuckerrohr, Gemüse, Zitrusfrüchte, Obst, Wein, Tabak und Matetee. A. ist trotz abnehmender Tendenz einer der größten Fleischproduzenten (Rinder, Schafe) der Erde. Dauerwiesen und -weiden nehmen 51 % der Landesfläche ein. Die Schafzucht konzentriert sich v. a. auf Patagonien.

Die Forstwirtschaft – Wald (meist Trocken- und Buschwald) nimmt 21 % der Landesfläche ein – ist von geringer Bedeutung. Aus dem Quebrachobaum wird der Gerbstoff Tannin gewonnen. Der Fischfang (Küsten- und Hochseefischerei) wird immer wichtiger. Der Bergbau fördert Erdöl (nahezu Selbstversorgung), Erdgas, Steinkohle, ferner Eisen- und Kupfererz.

Die Industrie, die besonders im Großraum Buenos Aires konzentriert ist, erbringt rd. 30 % des Bruttoinlandsprodukts. Eigene Produkte decken den Konsumgüterbedarf des Landes ab. Der Schwerpunkt liegt auf der Verarbeitung von Agrarprodukten (Gefrierfleisch- und Zuckerfabriken, Getreide- und Ölmühlen, Textilindustrie). Die Stahlerzeugung nahm beträchtlich zu. Die junge chemische Industrie (in Rosario) und die Kfz-Industrie (Córdoba) gewinnen immer mehr an Bedeutung.

Hauptausfuhrprodukte sind landwirtschaftliche Erzeugnisse. Die wichtigsten Handelspartner sind die USA, Brasilien, Deutschland, die Niederlande, Italien und Bolivien. Das Land erholt sich nur langsam von einer andauernden wirtschaftlichen Talfahrt.

A

Über zwei transandine Strecken ist A. mit dem chilenischen Eisenbahnnetz verbunden. Der Paraná ist der wichtigste Binnenschifffahrtsweg und für Hochseeschiffe bis Rosario, z. T. auch bis Santa Fe befahrbar. Die größten Seehäfen haben Buenos Aires, La Plata und Rosario. Der wichtigste internationale Flughafen ist der von Buenos Aires.

Argentinien: Regenwald im kühlgemäßigten Klima Patagoniens. Diese Landschaft nimmt den Süden Argentiniens ein.

Staat und Politik: Nach der Verfassung von 1994 ist A. eine föderalistische Präsidialdemokratie. Staatsoberhaupt und Regierungschef ist der auf vier Jahre direkt gewählte Präsident.
A. gehörte zu den Gründungsmitgliedern der ↑UNO (1945) und des ↑Mercosur (1991). 1982 unterlag es Großbritannien in einem kurzen Krieg um die Falklandinseln. Das politische System ist nicht sehr stabil.

Arktis: ↑Polargebiete. (Karte: siehe S. 238)

Ärmelkanal: die Verbindung von Atlantischem Ozean und Nordsee zw. der frz. Nord- und der engl. Südküste. Der Ä. ist im Mittel 50 m tief, an der engsten Stelle, zw. Dover und Calais, 32 km und an der weitesten Stelle, dem Übergang zum Atlantik, 180 km breit. Im Ä. liegen mehrere Inseln (Wight, ↑Kanalinseln). Der Ä. gehört zu den verkehrsreichsten Seeschifffahrtsstraßen der Welt.
1986 wurde zw. Frankreich und Großbritannien der Bau eines Eisenbahntunnels zw. Fréthun (bei Calais) und Cheriton (bei Folkestone) vereinbart. Der **Eurotunnel** wurde 1994 eröffnet. Er besteht aus drei separaten, parallel verlaufenden Röhren, jeweils eine für den Zugverkehr in eine Richtung und eine weitere als Servicetunnel. Im Vergleich mit der Fähre spart der Eurotunnel Passagieren und Gütern 35 Minuten bei der Überwindung des Ä.; seine Länge beträgt 50,45 km.

Armenien: Binnenstaat in Südwestasien, grenzt im N an Georgien, im O an Aserbaidschan, im S an Iran, im SW und im W an die Türkei. Im SW schiebt sich die aserbaidschanische Exklave Naxçıvan in den Grenzraum ein.
Landesnatur: A. ist ein stark durch Erdbeben gefährdetes, im Mittel 1 800 m hoch gelegenes Bergland in Transkaukasien (↑Kaukasus). Es umfasst im N die Gebirgsketten des Kleinen Kaukasus, die von einem dichten Netz tief eingeschnittener Täler durchzogen sind. Der größere Landesteil wird vom nordöstlichen Ararathochland (im Aragaz 4 090 m) eingenommen. Das Hochland gliedert sich in einzelne Becken, z. B. das Becken des 1 900 m hoch gelegenen und 1 244 km² großen Sewansees. Im SW hat A. Anteil an der tief eingesenkten Araratebene am Grenzfluss Araks.
In der subtropischen Zone gelegen, ist das Klima der Täler und Vorgebirge durch trockene, heiße Sommer und kalte, schneearme Winter gekennzeichnet. Erewan hat ein Julimittel von 25 °C, der Durchschnittswert im Januar liegt bei –5 °C und es werden rd. 300 mm Jahresniederschlag verzeichnet. Auf den Hochebenen und in mittleren Höhenlagen ist es gemäßigt (Julimittel 18 °C,

Januarmittel –2 bis –8 °C bei hoher Schneedecke, 600 bis 800 mm Jahresniederschlag).

Das Gebirgsland bis etwa 1 800 m hat überwiegend Halbwüsten- und Steppenvegetation. 13 % der Landesfläche sind von lichten Kiefern-, Buchen-, Eichen- und Wacholderwäldern bedeckt.

Bevölkerung: Mehr als 95 % sind Armenier. Größte Minderheiten sind Kurden (1,7 %) und Russen (1,6 %). Fast alle Aserbaidschaner (früher 2,6 %) sind seit dem Krieg mit Aserbaidschan (1992–94) vertrieben worden. Mehr als ein Drittel der Einwohner lebt in Erewan; ebenfalls dicht besiedelt sind die Flusstäler und die Becken. Die Armenier sind Christen: Sie gehören der armenischen Kirche an, die um 300 gegründet wurde und damit die älteste Nationalkirche der Welt ist. Es besteht eine zehnjährige Schulpflicht.

Armenien

(amtlich armenisch Hayastani Hanrapetut'yun, dt. Republik Armenien)
Fläche: 29 800 km²
Einwohner: 3,068 Mio.
Hauptstadt: Erewan
Verwaltungsgliederung: 11 Provinzen
Amtssprache: Armenisch
Währung: 1 Dram (ARD) = 100 Luma (Lm)
Zeitzone: MEZ + 3 Stunden
Kfz-Kennzeichen: ARM

Wirtschaft und Verkehr: Alle Wirtschaftsbereiche sind noch vom Krieg mit Aserbaidschan und vom Zusammenbruch der Märkte des Ostblocks betroffen. Probleme bereitet auch die Umstellung von der Plan- zur Marktwirtschaft.

Knapp 40 % der landwirtschaftlichen Nutzfläche sind Ackerland, das zum größten Teil bewässert wird. Hauptagrargebiete sind die Araratebene und das Becken von Erewan. Bis in Höhenlagen von 900 m werden Baumwolle, Reis, Tabak, Wein und Obst angebaut, bis maximal 2 300 m Getreide. Neben Schaf- wird auch Rinderzucht betrieben. Es gibt kaum Bodenschätze. In der Industrie überwiegt der Maschinenbau, gefolgt von der chemischen und Buntmetallindustrie. Die Nahrungsmittelindustrie ist auf die Verarbeitung von Wein, Südfrüchten und Gemüse, die Leichtindustrie auf Wollerzeugnisse und Schuhe ausgerichtet. Haupthandelspartner sind Russland, Turkmenistan, Iran und Belgien. In Erewan befindet sich ein internationaler Flughafen.

Staat und Politik: A. ist nach der Verfassung von 1995 eine Präsidialrepublik. Staatsoberhaupt ist der für fünf Jahre direkt gewählte Präsident.

A. trat 1991 der ↑GUS bei, ist seit 1994 Mitglied der NATO-Initiative »Partnerschaft für den Frieden« und schloss 1996 einen Partnerschaftsvertrag mit der ↑EU. Seit dem Jahr 1999 führt die Regierung mit Aserbaidschan einen Dialog über Bergkarabach, eine Autonome Region in Aserbaidschan, die mehrheitlich von Armeniern bewohnt wird und Auslöser für den Krieg mit dem benachbarten Aserbaidschan war.

ASEAN, Abk. für **A**ssociation of **S**outh **E**ast **A**sian **N**ations: Die Vereinigung südostasiatischer Staaten wurde 1967 von Indonesien, Malaysia, den Philippinen, Singapur und Thailand gegründet. 1984 traten Brunei, 1995 Vietnam, 1997 Birma und Laos, 1999 Kambodscha bei; Papua-Neuguinea hat Beobachterstatus. Sitz der Organisation ist ↑Jakarta.

Ziel der Vereinigung ist die Förderung der wirtschaftlichen und sozialen Entwicklung sowie der politischen Stabilität in Südostasien. 1992 beschlossen die Regierungschefs der Mitgliedstaaten den Zusammenschluss zur **Asiatischen Freihandelszone** (AFTA), die seit 2002 für die sechs wirtschaftlich fortgeschrittensten Staaten in Kraft getreten ist.

A

Aserbaidschan: Staat in Südwestasien, grenzt im W an Armenien, im NW an Georgien, im N an Russland, im O an das Kaspische Meer und im S an Iran. Zu A. gehört als Exklave, durch armenisches Gebiet getrennt, die Autonome Republik Naxçıvan. Innerhalb von A. liegt das von Armenien beanspruchte und seit 1994 weitgehend besetzte Gebiet Bergkarabach.

Aserbaidschan

(amtlich aserbaidschanisch Azärbaycan Respublikası, dt. Aserbaidschanische Republik)
Fläche: 86 600 km²
Einwohner: 8,172 Mio.
Hauptstadt: Baku
Verwaltungsgliederung: 65 Provinzen, 9 kreisfreie Städte, Autonome Region Bergkarabach, Autonome Republik Naxçıvan
Amtssprache: Aserbaidschanisch (Aseri)
Währung: 1 Aserbaidschan-Manat (A. M.) = 100 Gepik (G)
Zeitzone: MEZ + 3 Stunden
Kfz-Kennzeichen: AZ

Landesnatur: A. liegt im östlichen Teil Transkaukasiens (↑Kaukasus); rd. die Hälfte des Landes ist gebirgig. Es erstreckt sich vom Großen Kaukasus im N bis ins Ararathochland im SW und zum Ufer des ↑Kaspischen Meeres im Osten. Kernland sind das Kuratal und die Kura-Araks-Niederung, die sich zum Kaspischen Meer öffnet, sowie die Halbinsel Apscheron. Im N umfasst A. den östlichen Haupt- und Seitenkamm des Großen Kaukasus (bis 4 466 m) sowie Teile des Kleinen Kaukasus mit dem vulkanischen Hochland von Karabach. Der südliche Zipfel der Kura-Araks-Niederung, die Länkäranniederung, wird vom Talyschgebirge begrenzt, das bis in iranisches Staatsgebiet hineinreicht.
Das Klima ist subtropisch. In den Niederungen beträgt das Julimittel 25 bis 27 °C, im Januar sind es 0 bis 6 °C. Der Niederschlag liegt meist unter 300 mm im Jahr; Ausnahme ist die Länkäranniederung mit 1 100 bis 1 800 mm. Steppen- und Wüstenvegetation überwiegen, Eichen-, Buchen- und Kastanienwälder bedecken weniger als 13 % der Fläche.
Bevölkerung: Der 1988 ausgebrochene Bürgerkrieg um Bergkarabach und der Krieg mit Armenien (1992–94) haben die ethnische Struktur stark verändert. Genaue Zahlen gibt es noch nicht. Der Anteil von Aserbaidschanern, die sich selbst als Aseri bezeichnen und die ein mit den Türken eng verwandtes Volk sind, wird auf 85 % geschätzt, der der Armenier ist wahrscheinlich von fast 6 % auf etwa 2 % zurückgegangen. Etwa 4 % der Bevölkerung sind Russen, 9 % gehören anderen Minderheiten an (z. B. Lesgier, Ukrainer). Besonders dicht besiedelt sind die Halbinsel Apscheron um Baku sowie die Länkäranniederung. 65 % der Bevölkerung sind schiitische, 35 % sunnitische Muslime. Es besteht eine zehnjährige Grundschulpflicht.
Wirtschaft und Verkehr: Die Wirtschaftslage ist durch Bürgerkrieg und Krieg, den Zusammenbruch des Ostblocks und die Einführung der Marktwirtschaft beeinträchtigt worden.
Etwa die Hälfte der Landesfläche ist landwirtschaftlich nutzbar, 30 % davon sind Ackerland (zu 70 % Bewässerungsfeldbau). Hauptanbauprodukte sind Baumwolle, Weizen, Reis, Gemüse, Tabak und Wein, in der Länkäranniederung Zitrusfrüchte und Tee. Maulbeerbaumkulturen sind die Grundlage der traditionellen Seidenraupenzucht.
Wichtigster Wirtschaftszweig ist die Erdölindustrie. Seit 1871 wird bei Baku Erdöl gefördert, seit 1949 werden die untermeerischen Erdöl- und Erdgaslagerstätten im Kaspischen Meer ausgebeutet. A. ist seit Mitte der 1990er-Jahre

ein wichtiger Vertragspartner für westliche Ölkonsortien. Es ist eines der Länder, durch die das Pipelinenetz vom Kaspischen Meer zum Mittelmeer führen soll. Weitere Bodenschätze sind Eisen-, Kupfer-, Molybdän- u.a. Erze. In der Industrie überwiegen Petrochemie, Metallerzeugung, Maschinenbau, die traditionelle Baumwoll-, Seiden-, Teppich- sowie die Nahrungs- und Genussmittelindustrie. Haupthandelspartner sind Iran und Russland. Bei Baku liegt ein internationaler Flughafen.

Staat und Politik: Nach der am 12. 11. 1995 per Referendum verabschiedeten Verfassung ist A. eine Präsidialrepublik. Staatsoberhaupt mit weitgehenden exekutiven Vollmachten ist der auf fünf Jahre direkt gewählte Präsident.

A. gehört seit 1991 zur ↑GUS (Aussetzung der Mitgliedschaft 1992/93) und trat 1994 der NATO-Initiative »Partnerschaft für den Frieden bei«. 1999 begannen Gespräche mit Armenien über Bergkarabach.

Asien: Die zum Schutz des Chinesischen Reichs gegen nördliche Grenzvölker errichtete Chinesische Mauer zieht sich über 6 250 km durch China.

Asien: mit 44,4 Mio. km² der größte und mit über 3,8 Mrd. Einwohnern der bevölkerungsreichste Erdteil. A. umfasst einschließlich seiner Inseln 33% der Landfläche der Erde; 70% der Erdbewohner sind Asiaten. Zusammen mit Europa bildet A. die Landmasse Eurasien.

■ Landesnatur

Gegen Europa wird A. durch das Gebirge und den Fluss ↑Ural, das ↑Kaspische Meer, die Manytschniederung im N des Kaukasus, das ↑Schwarze Meer, den ↑Bosporus, das Marmarameer, die Dardanellen und das Ägäische Meer abgegrenzt. Von Afrika wird es durch den ↑Suezkanal und das ↑Rote Meer, von Amerika durch die ↑Beringstraße und von Australien unter Einschluss des Malaiischen Archipels durch eine östlich der Molukken und Timors gedachte Linie getrennt. Die O-W-Erstreckung beträgt rd. 11 000 km. Von N nach S werden bis zu 8 500 km erreicht.

Im S und O ist die *Küste* stark gegliedert. Große, teils riesige Halbinseln sind Kleinasien, ↑Arabien, Vorderindien, Hinterindien, Korea, Kamtschatka und die Tschuktschenhalbinsel. Große *Inseln* und Inselbögen sind v.a. im O (Japan und Aleuten) sowie im SO (Philippinen, Malaiische Inseln) zu finden. Das *Relief* wird im N im Wesentlichen durch die Sibirische Tafel (↑Sibirien) geprägt. Im Inneren des Festlands liegen die ausgedehntesten Hochländer der Erde: das ↑Tarimbecken, die Dsungarei, das Hochland der Mongolei und schließlich das rd. 4 000 m hoch gelegene Hochland von ↑Tibet. Die die Hochländer nach W und S begrenzenden Randgebirge tragen die höchsten Gipfel der Erde, den Mount ↑Everest im ↑Himalaja und den ↑K2 im Karakorum, dem am stärksten vergletscherten Gebirge der Erde. Die Gebirge gehören zu dem Zug junger Faltengebirge, die im W Europas (Pyrenäen) ihren Ausgang nehmen und den gesamten eurasischen Kontinent in meh-

A

Asien

Land	Fläche in km²	Einwohner in 1 000	Hauptstadt
Afghanistan	652 225	27 997	Kabul
Armenien	29 800	3 068	Jerewan
Aserbaidschan	86 600	8 172	Baku
Bahrain	707	698	Menama
Bangladesh	147 570	135 684	Dhaka
Bhutan	47 000	851	Thimphu
Birma	676 578	48 786	Rangun
Brunei	5 765	351	Bandar Seri Begawan
China	9 600 000	1 287 626	Peking
Georgien	69 700	5 177	Tiflis
Indien	3 287 263	1 048 641	Neu-Delhi
Indonesien	1 912 988	211 716	Jakarta
Irak	438 317	24 174	Bagdad
Iran	1 648 000	65 540	Teheran
Israel	20 991	6 566	Jerusalem
Japan	377 855	127 150	Tokio
Jemen	527 968	18 601	Sanaa
Jordanien	89 342	5 171	Amman
Kambodscha	181 035	12 487	Phnom Penh
Kasachstan	2 717 300	14 875	Astana
Katar	11 437	610	Doha
Kirgistan	198 500	5 004	Bischkek
Korea (Nord-Korea)	122 762	22 489	Pjöngjang
Korea (Süd-Korea)	99 263	47 640	Seoul
Kuwait	17 818	2 328	Kuwait
Laos	236 800	5 530	Vientiane
Libanon	10 452	4 441	Beirut
Malaysia	329 758	24305	Kuala Lumpur
Malediven	298	287	Male
Mongolei	1 566 500	2 449	Ulan-Bator
Nepal	147 181	24 125	Kathmandu
Oman	309 500	2 538	Maskat
Osttimor	14 847	780	Dili
Pakistan	796 095	144 902	Islamabad
Philippinen	300 000	79 944	Manila
Saudi-Arabien	2 240 000	21 886	Riad
Singapur	648	4 164	Singapur
Sri Lanka	65 610	18 968	Colombo

Asien

Land	Fläche in km²	Einwohner in 1 000	Hauptstadt
Syrien	185 180	16 986	Damaskus
Tadschikistan	143 100	6 265	Duschanbe
Taiwan	36 182	22 521	Taipeh
Thailand	513 115	61 613	Bangkok
Türkei	779 452	69 626	Ankara
Turkmenistan	488 100	4 793	Aschchabad
Usbekistan	447 400	25 271	Taschkent
Vereinigte Arabische Emirate	83 600	3 218	Abu Dhabi
Vietnam	331 114	80 424	Hanoi
Zypern	9 251	765	Nikosia

reren Bogen durchziehen. Den NW Asiens nehmen Tiefländer, z.B. Turan und Westsibirien, sowie Tafelländer, wie die Arabische Halbinsel und Vorderindien, ein.

Die großen *Flüsse* im N sind die ein System bildenden ↑Ob und Irtysch sowie die ↑Lena und der Jenissej, die alle zum Nordpolarmeer fließen. Zum Pazifik entwässern im O ↑Amur, Hwangho und ↑Jangtsekiang, zum Indischen Ozean im S die großen Ströme ↑Ganges, ↑Brahmaputra und Indus. Im W bilden ↑Euphrat und ↑Tigris eine weite Schwemmlandebene und münden in den Persischen Golf. Ein großer Teil Innerasiens und weite Gebiete Vorderasiens sind ohne Abfluss zum Weltmeer; die Flüsse fließen zum Kaspischen Meer, zum ↑Aralsee oder zu anderen Binnengewässern oder sie verdunsten bzw. enden in Salzsümpfen wie der Tarim, mit 2 137 km der längste Fluss Innerasiens, der im ↑Tarimbecken versickert. Neben den erwähnten Binnenmeeren und Seen ist v. a. der ↑Baikalsee als tiefster und bei weitem wasserreichster Süßwassersee der Erde eine Besonderheit.

Durch die enorme Ausdehnung und die stark wechselnden Höhenlagen weist A. eine Vielzahl an *Klimazonen* auf. In weiten Teilen ist das Klima kontinental mit großen täglichen und jahreszeitlichen Temperaturschwankungen, in Ostsibirien mit äußerster Winterkälte – dort liegt bei Oimjakon mit Temperaturen unter –70 °C der Kältepol der Nordhalbkugel – und mäßig warmem Sommer, auf der Arabischen Halbinsel und in Mittelasien mit heißem Sommer und großer Trockenheit. Im mäßig feuchten Vorderasien herrscht Mittelmeerklima. Die südlichen und südöstlichen Randgebiete stehen unter dem Einfluss des Monsuns, mit Wechsel von Regen- und Trockenzeit und an der Regenseite der Gebirge hohen Niederschlagsmengen. Der regenreichste Ort der Erde, ↑Cherrapunji in Nordostindien, hat Niederschläge von mehr als 10 000 mm im Jahresmittel. Die Südspitze Hinterindiens, Ceylon und die Malaiischen Inseln haben heißes, immerfeuchtes Tropenklima.

Entsprechend vielfältig sind die *Vegetationszonen.* Entlang der Küste des Nordpolarmeers erstreckt sich die bis 1 000 km breite Tundra, eine Steppe, in der nur Moose, Flechten und Zwergsträucher wachsen. Sie geht südwärts in den von Sümpfen und Gebirgstundra durchsetzten Gürtel des sibirischen Nadelwalds (Taiga) über. Vorderasien und Mittelasien sind mit Ausnahme der Gebirge und Küsten von Steppen, Salzsteppen und Wüsten mit Fluss- und Grundwasseroasen bedeckt. In Südasien und Ostasien wechseln Steppen und Buschland mit zur Regenzeit grünen Laub- und

A

Mischwäldern, in den heißfeuchten Tropengebieten herrschen im äußersten S immergrüne Regenwälder vor.

Bevölkerung

A. ist die Heimat und das Hauptsiedelgebiet der Mongoliden, die in zahlreiche Völker gegliedert sind. Von W und SW her reichen Europide weit nach A. hinein. Daneben gibt es Reste älterer Siedlungsschichten, z.B. der Wedda in Indien und der Ainu in Nordjapan, letztere wahrscheinlich Nachkommen von in vorgeschichtlicher Zeit nach O gezogenen Europiden. Die Herkunft der kleinwüchsigen, dunkelhäutigen Negritos, die weite Teile S- und Südostasiens besiedelt hatten, ist ungeklärt – eine Verwandtschaft mit afrikanischen Völkern wird heute ausgeschlossen.

Asien: Arbeiterinnen auf einem Reisfeld in Thailand. Reis gehört zu den wichtigsten Grundnahrungsmitteln Asiens.

A. ist das Ursprungsland aller großen *Religionen.* Dominierend sind Islam, Hinduismus, Buddhismus und Konfuzianismus, z.T. in starker gegenseitiger Durchmischung. Allgemein lassen sich sechs große Kulturprovinzen unterscheiden, die jeweils unter dem Einfluss einer Hochkultur und einer Religion entstanden sind: die vorderasiatisch-islamische, indisch-hinduistische, chinesisch-konfuzianische, malaiisch-islamische, südostasiatisch-südbuddhistische und die zentralasiatisch-nordbuddhistische Kulturprovinz.

Die bedeutendsten *Sprachenfamilien und -gruppen* sind die indogermanischen Sprachen, die malaiopolynesischen Sprachen und die Turksprachen. Aber auch hier ist das Bild äußerst differenziert: Allein in Indien wird die Zahl der lebenden Sprachen auf 150 geschätzt.

Die *Bevölkerungsdichte* nimmt im Allgemeinen von N nach S und von W nach O zu. Mit Indien und China liegen in A. die beiden einzigen Länder, die mehr als 1 Mrd. Einwohner haben. Auch Japan, Teile Indonesiens und anderer Staaten Südostasiens sind außerordentlich dicht bevölkert. Der *Lebensstandard* ist sehr uneinheitlich. Es gibt extrem arme Regionen wie die meisten Staaten des indischen Subkontinents (besonders Bangladesch) und sehr wohlhabende Länder wie Japan oder die Vereinigten Arabischen Emirate. Aber auch innerhalb der Länder ist das Wohlstandsgefälle oft sehr ausgeprägt: Teile Indiens – wie die Regionen um die Hightechzentren ↑Bangalore und ↑Bombay – sind verhältnismäßig wohlhabend, der N in Japan ist hingegen relativ arm.

Wirtschaft und Verkehr

Die *Landwirtschaft* ist in vielen Regionen gut entwickelt. In den trockenen Gebieten Inner- und Mittelasiens wird intensiver Bewässerungsfeldbau betrieben (Getreide, Baumwolle). In den subtropischen und tropischen Regionen ist die Vielfalt an Erzeugnissen besonders groß. Wichtigste Grundnahrungsmittel sind Reis, Geflügel und Fisch sowie diverse Gemüse. A. ist der größte Produzent und Verbraucher von Tee.

Die Vielfalt an *Bodenschätzen* ist ebenfalls groß. Die arabischen Länder sowie die Anrainer des Kaspischen Meers besitzen mit Abstand die größten Erdölreserven. Sibiriens Ressourcen an Erdöl und Erdgas sowie Erzen sind vermutlich noch nicht einmal annähernd erfasst worden. Probleme bei der Entdeckung und Erschließung bereiten hier wie in Süd- und teilweise auch in Südostasien fehlendes Knowhow und Kapital.

Die *Industrie* hat sich in vielen Ländern in den letzten Jahrzehnten entwickelt. Herausragende Beispiele sind die ↑Tigerstaaten Süd- und Südostasiens (Singapur, Südkorea, Taiwan und das seit 1999 wieder zu China gehörende ↑Hongkong) sowie die jungen Tiger (u. a. Indonesien, Malaysia, Thailand). Trotz der sog. Asienkrise (1997/98), die die Volkswirtschaften schwer getroffen hat, gehören diese Länder zu den aufstrebenden Industrienationen. Japan ist bereits seit dem Ende des 19. Jh. einer der führenden Staaten der Welt im Industriebereich. Indien macht partiell einen Wandel durch, der sich in der Entstehung einer Reihe von Hightechindustrien zeigt. Einen besonders rasanten Wirtschaftsaufschwung verzeichnet China.

Das *Verkehrssystem* ist in den entwickelten Regionen gut bis exzellent ausgebaut. In weiten Teilen des Kontinents sind die Verbindungen jedoch bedingt durch Relief und Klima schlecht. Die Mobilität der Menschen ist insgesamt wesentlich geringer ausgeprägt als in den Ländern Europas oder Nordamerikas. Große Bedeutung in den dicht besiedelten Ländern Süd- und Südostasiens haben nach wie vor die Fluss- und die Küstenschifffahrt zum Transport von Gütern und Personen.

Geschichte

Altertum: Von Ägypten und Kreta abgesehen sind alle frühen Hochkulturen in Asien entstanden. In den sumerischen Städten entstand vor etwa 5 000 Jahren die erste Schrift. Die Menschen der Harappakultur am Indus, die sich nur etwas später entwickelte, waren Meister der architektonischen Verwendung von Ziegelsteinen und in der künstlerischen Darstellung von Tieren.

Reiche: Die genauen Anfänge der chinesischen Kultur liegen im Dunkeln. Durchgängig aber ist die staatliche Tradition seit 221 v. Chr. – damit ist China von allen heute existierenden Staaten der bei weitem älteste. Große Reiche entstanden auch in Japan und mehrfach in Indien, Indonesien und anderen Regionen Südostasiens. Zahlreich sind die z. T. gigantischen Zeugnisse dieser untergegangenen Hochkulturen, z. B. der Tempel von Borobodur in Indonesien oder Angkor Vat in Kambodscha. Eine Besonderheit war im 13. Jh. das Reich des mongolischen Eroberers DSCHINGIS KHAN. Es reichte vom Pazifik bis ans Mittelmeer und war damit das größte Imperium der Weltgeschichte.

Kolonisierung: Vom 16. bis 18. Jh. beschränkten sich die Europäer (zuerst Portugiesen, dann Niederländer, Engländer und Franzosen) in A. auf die Anlage von Stützpunkten. Erst Ende des 18. Jh. begannen sie, größere Gebiete in Besitz zu nehmen. Nach rund 100 Jahren war ganz A. von den europäischen Mächten wirtschaftlich und großenteils auch politisch abhängig. Großbritannien beherrschte Ende des 19. Jh. den indischen Subkontinent, Belutschistan, Birma, Singapur, Nordborneo und Hongkong. Frankreich eroberte in der zweiten Hälfte des 19. Jh. Indochina – die Niederlande Indonesien. Russland, das bis Mitte des 17. Jh. durch Sibirien an den Pazifik vorgestoßen war, nahm Persien Nordaserbaidschan (1813) und Armenien (1828) ab sowie China die Amur-Provinz (1858/60) und unterwarf in Zentralasien die turkmenischen Khanate (1864–73). Japan als einzige asiatische Kolonialmacht gliederte Formosa (1894) und Korea (1910) seinem Reich ein. Die USA übernahmen 1898 die Philippinen von Spanien.

A

Neueste Zeit: Nach dem Zweiten Weltkrieg begann die Entkolonisierung, die z. T. mit Kriegen einherging wie in Indonesien und in Indochina. Die großen Kriege, der Koreakrieg (1950–53) und der Vietnamkrieg (»amerikanische Phase« 1964–73/75), standen im Zusammenhang mit dem Kalten Krieg. Daneben wurde und wird eine Vielzahl von Regionalkonflikten kriegerisch ausgetragen. Dazu gehören die vier Israelisch-Arabischen Kriege (1948/49, 1956, 1967, 1973), der Golfkrieg zw. Iran und Irak (1980–88) und die drei Indisch-Pakistanischen Kriege (1947–49, 1962, 1971/72); dieser immer wieder aufflammende Konflikt ist seit 1999 besonders brisant, da beide Kontrahenten über Atomwaffen verfügen (Indien wahrscheinlich schon seit 1975).

Eine ganz A. umfassende Einigungsbewegung im politischen oder wirtschaftlichen Sinn gibt es nicht. Die Bündnisse oder Organisationen sind regional orientiert, wie z.B. die ↑ASEAN oder der 1981 gegründete, sicherheits- wie wirtschaftpolitisch orientierte Golfrat (Mitglieder: Bahrain, Katar, Kuwait, Oman, Saudi-Arabien, Vereinigte Arabische Emirate). (Karte: siehe S. 228)

Athen: Hauptstadt von Griechenland. A. hat rd. 746 000 Einwohner, der Großraum, einschließlich Piräus, umfasst mehr als 3 Mio. Die Stadt liegt 5 km vom Meer entfernt und wird von den Türkenbergen (bis 338 m) durchzogen, zu denen auch die Erhebung der Akropolis mit den berühmten Tempeln gehört. A. ist das wichtigste Finanz- und Wirtschaftszentrum Griechenlands (v. a. Textil- und chemische Industrie, Erdölraffinerie, Werften) und ist mit dem großen Hafen von Piräus durch Schnellstraßen und Bahnen verbunden. Seit 2001 ist der internationale Flughafen Eleftherios Venizelos im O von Athen bei Spata in Betrieb. A. ist auch das kulturelle Zentrum des Landes mit Universität, Technischer Hochschule, Museen (National-, Byzantinisches, Akropolismuseum u. a.) und als Sitz des Metropoliten Zentrum der griechisch-orthodoxen Staatskirche.

Im Altertum war A. die Hauptstadt von Attika. Ältester Teil der Stadt sind die Bauten der Akropolis, um die sich die Stadt ausbreitete, die wie der Burg- und Tempelberg reich an historisch bedeutsamen Bauwerken ist.

Äthiopien: Binnenstaat in Nordostafrika, grenzt im NO an Eritrea, im O und SO an Djibouti und Somalia, im S an Kenia und im W an die Republik Sudan.

Landesnatur: Ä. ist das höchstgelegene Land Afrikas: 50 % seiner Fläche liegen höher als 1 200 m, mehr als 25 % über 1 800 m. Der Äthiopische Graben, der zum ↑Ostafrikanischen Grabensystem gehört und im Kobar Sink bis auf −116 m abfällt, teilt Ä. in das Äthiopische Hochland mit dem 4 620 m hohen Ras Da-

Athen: Die meisten Bauten auf der 156 m hohen Akropolis wurden ab 447 v. Chr. errichtet.

schan im W und das nach SO geneigte Somalihochland. In den Grabenzonen ist die vulkanische Tätigkeit noch nicht erloschen. In den von mächtigen Basaltdecken überlagerten Hochländern haben sich die wasserreichen Flüsse (Atbara, Blauer Nil, Omo u.a.) in tiefen cañonartigen Tälern eingeschnitten. Im Äthiopischen Graben liegt eine Reihe von ab-

Äthiopien

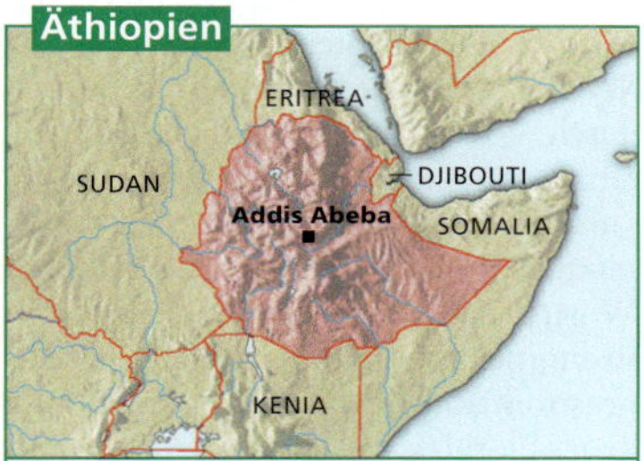

(amharisch Ityopia)
Fläche: 1 130 139 km²
Einwohner: 67,218 Mio.
Hauptstadt: Addis Abeba
Verwaltungsgliederung: 9 Regionen, Hauptstadt mit Sonderstatus
Amtssprache: Amharisch
Währung: 1 Birr (Br) = 100 Cents (ct.)
Zeitzone: MEZ + 2 Stunden
Kfz-Kennzeichen: ETH

flusslosen Seen, von denen der Tanasee mit 3 630 km² der größte ist.
Im tropischen Klimabereich gelegen ergeben sich Unterschiede aus den großen Höhendifferenzen. Bis 1 500 m beträgt die Mitteltemperatur 27 °C und es fallen weniger als 500 mm Niederschlag pro Jahr. Die Vegetation bestimmen Dorn- und Trockensavanne. Bis 2 400 m sinkt die Temperatur auf 22 °C, die Regenmenge steigt auf 1 000 mm und die natürliche Vegetation wäre Bergwald, der allerdings meist Kulturland weichen musste. Oberhalb von 3 900 m ist bei 16 °C und 1 800 mm Jahresniederschlag Höhengrasland bestimmend.
Bevölkerung: Die im Hochland lebenden Amhara, Tigre und Gurage (zusammen rd. 40 %) sowie Tigrinja und Harari sprechen semitische Sprachen und sind überwiegend Angehörige der äthiopisch-orthodoxen Kirche – Ä. war im Jahr 350 der zweite Staat der Welt (nach Armenien), in dem das Christentum Staatsreligion wurde. Die Oromo (Galla; 35 %), Sidamo, Somal, Danakil und Bedja sprechen kuschitische Sprachen und bekennen sich vorwiegend zum Islam (insgesamt rd. 45 %). Negride Gruppen leben vorwiegend im S des Landes. Die Falascha (rd. 25 000 »schwarze Juden«) wurden fast alle 1984/85 und 1991 nach Israel ausgesiedelt. Die allgemeine Schulpflicht konnte nicht überall durchgesetzt werden, doch verringerte sich die Analphabetenrate von 96 % (1950) auf rd. 60 % (2000).
Wirtschaft und Verkehr: Die durch zahlreiche Bürgerkriege geschwächte Wirtschaft wurde durch den 1998 ausgebrochenen Krieg mit Eritrea weiter zerrüttet. Wichtigster Sektor ist die Landwirtschaft, jedoch führen durch Dürren verursachte Ernteausfälle häufig zu Hungerkatastrophen. Größte Bedeutung hat der Anbau von Kaffee (zwei Drittel des Ausfuhrwerts), für den Export werden in geringen Mengen auch Obst, Gemüse, Zuckerrohr, für den Eigenbedarf Getreide (besonders die Hirseart Teff), Hülsenfrüchte und Ölsaaten sowie die Bananenpflanze Ensete angepflanzt. Trotz großer Viehbestände spielt die nomadisch betriebene Viehhaltung eine untergeordnete Rolle.
Die Bodenschätze (Gold, Platin, Nickel, Kupfer, Zink, Kali- und Steinsalz) sind noch wenig erschlossen und werden nur in kleinem Umfang abgebaut. Die Industrie (überwiegend in Addis Abeba konzentriert) ist von geringer Bedeutung. Der Außenhandel erfolgt überwiegend über den Hafen Djibouti. Das Straßennetz ist grobmaschig; die 782 km lange Eisenbahnlinie Addis Abeba–Djibouti ist durch die Kriege teilweise zerstört worden. Addis Abeba hat einen internationalen Flughafen.
Staat und Politik: Nach der Verfassung vom 7. 5. 1995 ist Ä. eine parlamentari-

sche Republik mit bundesstaatlicher Ordnung; den verschiedenen ethnischen Gruppen wird weitgehende Autonomie gewährt.

Ä. gehört seit 1945 zur UNO. 1993 endete ein Bürgerkrieg mit der Abspaltung Eritreas. 1998 kam es mit dem neuen Nachbarn zum Krieg, den Ä. 2000 gewann. Nicht nur die Kriegsfolgen belasten das Land: So müssen trotz immer drohender Ernteausfälle rd. 115 000 Flüchtlinge aus dem Sudan und Somalia versorgt werden.

Athos: der höchste Berg (2 033 m) auf Ajion Oros, der östlichsten Halbinsel der Chalkidike in Nordgriechenland. Der Berg war namengebend für die Mönchsrepublik A., die die 336 km² große Halbinsel einnimmt. Seit dem 9. Jh. siedeln hier orthodoxe Mönche. Anfang des 21. Jh. lebten inkl. Laien rd. 3 000 Menschen in den 20 Großklöstern. Die griechische Verfassung von 1975 sichert der Mönchsrepublik Autonomie zu. Die Mönchsregierung residiert in Karyä. Zutritt zu A. haben ausschließlich männliche Lebewesen – ob Tier oder Mensch. Den Touristen, die sich dort in begrenzter Zahl aufhalten dürfen, ist jede Form der Dokumentation untersagt – es dürfen keine Kameras oder Tonbänder mitgeführt werden.

Atlantischer Ozean (Atlantik): der zw. Europa und Afrika im O und Amerika im W gelegene Teil des Weltmeers, mit 84,11 Mio. km² nach dem Pazifischen Ozean der zweitgrößte Ozean. Mit den Neben- und Randmeeren (Nordpolarmeer, Europäisches Nordmeer, Europäisches und Amerikanisches Mittelmeer, Nord-, Ostsee, Hudsonbai und Sankt-Lorenz-Golf) ist der A. O. 106,57 Mio. km² groß, enthält 350,91 Mrd. km³ Wasser, bedeckt über 15 % der Erdoberfläche und hat eine mittlere Tiefe von 3 293 m. Die größte Tiefe wurde mit 9 219 m in der Milwaukeetiefe im Puerto-Rico-Graben gemessen.

Ein zusammenhängendes unterseeisches Gebirge **(Mittelatlantischer Rücken)** durchzieht den A. O. vom Nordpolarmeer bis 50° südl. Br. und gliedert ihn mit einigen Querrücken in große Tiefseebecken. Der Mittelatlantische Rücken ist Teil des Mittelozeanischen Rückens, der das Weltmeer auf einer Länge von mehr als 60 000 km durchzieht. Er markiert eine sog. Spreizungszone: Kontinentalplatten driften hier auseinander, Magma steigt auf und es bildet sich neues Gestein.

Warme und kalte *Strömungen* werden durch Winde, unterschiedliche Wassertemperaturen und -salzgehalte verursacht. Die wichtigsten warmen Strömungen sind der von den Passaten nach W getriebene Nord- und Südäquatorialstrom, der zw. beiden rückläufige Guineastrom und der aus dem Antillen- und dem Floridastrom entstehende Golfstrom mit nordöstlicher Richtung. Kalte Polarströme sind im N der Labrador- und der Ostgrönlandstrom, im S der Falkland- und der Benguelastrom.

Der A. O. ist besonders in den kälteren Teilen fischreich (u. a. Kabeljau, Hering, Schellfisch). Offshore-Bohrungen haben Erdöl- und Erdgasfelder unter dem Schelf erschlossen. Im überseeischen Weltfrachtverkehr ist der A. O. wichtiger Verkehrsträger.

Atlas: Faltengebirgssystem in Nordwestafrika, das sich in fünf Gebirge gliedert: An der marokkanischen Mittelmeerküste liegt der Rif-Atlas, in Zentralmarokko der Mittlere A., südlich davon erstreckt sich der Hohe A., der im Djebel Toubkal 4 165 m erreicht. Im N von Algerien verläuft küstenparallel der Tell-Atlas. Die südlichste Gebirgskette ist der Sahara-Atlas. Zwischen Tell-Atlas und Sahara-Atlas liegt das Hochland der Schotts, ein aus Salzpfannen und Salztonebenen bestehendes Gebiet, das von Nomaden als Weidegebiet genutzt wird. Im N des A. herrscht Mittelmeerklima, das nach S in das Trockenklima der ↑ Sahara übergeht. In den Bergen bestimmt Viehhaltung, in den Tälern Bewässerungsfeldbau die landwirtschaftliche

Nutzung. Der **Antiatlas** im S von Marokko gehört nicht zum A.: Er ist geologisch wesentlich älter und zählt als Randgebirge der Sahara zum afrikanischen Block.

Ätna: mit zurzeit 3 350 m der höchste Vulkan Europas, an der Ostküste Siziliens gelegen. Der Ä. ist aktiv: Kein anderer Vulkan ist in historischer Zeit so oft ausgebrochen wie er. Diese Dauertätigkeit hat den Ä. für die Forschung besonders interessant gemacht und daher wurde knapp 200 m unter dem Gipfel ein vulkanologisches Observatorium errichtet. Die Ausbrüche sind vergleichsweise ungefährlich, da der Ä. zu den Basaltvulkanen gehört, die durch Lavafontänen beständig ihren Drucküberschuss abgeben, sodass sich kein Magmapfropfen bilden kann, der zu einer explosiven Eruption führen könnte. Charakteristisch sind die vielen Nebenkrater an den Flanken, die auf kleinere Ausbrüche zum Druckabbau zurückgehen. Der letzte größere Ausbruch des Vulkans fand 2002 statt.

Die Berechenbarkeit des Vulkans kommt der Landwirtschaft entgegen, die die mit äußerst fruchtbarem Boden bedeckten Hänge bis in Höhen von 1 400 m nutzt. Für den Fremdenverkehr ist der Ä. durch eine Straße und eine Seilbahn erschlossen.

Augsburg: kreisfreie Stadt in Bayern. Die 489 m hoch an der Mündung der Wertach in den Lech gelegene Stadt hat 259 200 Einwohner. A. ist eine der führenden süddeutschen Industrie- und Handelsstädte und Sitz vieler Behörden, u. a. Verwaltungssitz des Regierungsbezirks Schwaben und des Landkreises A. Es gibt eine Universität sowie Hoch- und Fachschulen, die Deutsche Barockgalerie, eine Freilichtoper und das Marionettentheater »Augsburger Puppenkiste«. Die Industrie ist breit gefächert (v. a. Maschinen- und Fahrzeugbau, Papier-, Textil-, Elektro-, Lederwaren- und Büromaschinenindustrie, Druckereien).

An die Blüte A. in der Zeit der Fugger und Welser erinnern die Renaissancehäuser der Maximilianstraße, die Fuggerei, eine 1516 gegründete, noch heute bestehende Siedlung, und das Rathaus von ELIAS HOLL (1615–20).

Ätna: Die Satellitenaufnahme zeigt die Temperaturverhältnisse des ständig aktiven Vulkans mit seinen vielen Nebenkratern. Rot bedeutet höhere, blau geringere Temperaturen.

Australien: Staat, der einen großen Teil der Landmasse ↑Ozeaniens umfasst, u. a. den ebenfalls A. genannten, kleinsten Kontinent der Erde. Daneben gehören ↑Tasmanien, die Furneaux Islands, die Hunter Islands, King Island, die Inseln in der Torresstraße im N, die Inseln vor der australischen Westküste und als Außengebiete u. a. Norfolk und Christmas Island, Macquarie und Cocos Islands sowie die Heard und McDonald Islands zum Bundesstaat.

Landesnatur

Die *Küsten* sind wenig gegliedert, nur die Große Australische Bucht im S und der Carpentariagolf im N greifen tief ins Land ein. Auf den Halbinseln im N und S, im SW und SO besitzt A. Riaküsten, tief ins Land reichende, aus ehemaligen Flussmündungen entstandene Buchten, die meist ausgezeichnete Naturhäfen

A

(amtlich engl. Commonwealth of Australia, dt. Australischer Bund)
Fläche: 7 682 300 km²
Einwohner: 19,663 Mio.
Hauptstadt: Canberra
Verwaltungsgliederung: 6 Bundesstaaten, 2 Territorien
Amtssprache: Englisch
Währung: 1 Australischer Dollar ($A) = 100 Cents (c)
Zeitzone: MEZ + 7, 8 ½ und 9 Stunden
Kfz-Kennzeichen: AUS

sind. Vor der Nordostküste erstreckt sich das der Schifffahrt hinderliche ↑Große Barriereriff, das als größtes Korallenriff der Erde eine berühmte Attraktion ist.
Relief: A. ist ein Land der Weite und Gleichförmigkeit mit geringen Höhenunterschieden. Es gliedert sich in die parallel zur Ostküste verlaufende ↑Great Dividing Range (im ↑Mount Kosciusko 2 230 m) und das westlich vorgelagerte Australische Tiefland mit der Murray-Darling-Senke. Die Mitte und den W des Erdteils nimmt der Australische Schild ein, von Mittelgebirgen durchsetzte weite Tafelländer.
Rd. 60 % der Landesfläche sind abflusslos. Der bedeutendste *Fluss* ist der ↑Murray im SW (2 570 km). Der ↑Darling, einer seiner Nebenflüsse ist 2 720 km lang, fällt häufig trocken. Der Wasserstand der meisten Seen, z. B. des ↑Eyresees, schwankt wegen der Trockenzeiten stark, viele trocknen sogar periodisch aus und bilden Salzpfannen. Die große Wasserarmut des Kontinents wird durch artesische Wasservorkommen, die v. a. im Outback genannten Zentrum A. liegen, gemildert.
Klima: Die Temperaturen liegen im tropischen N um 30 °C, im subtropischen S zw. 15 °C im Winter und 25 °C im Sommer. Tasmanien gehört zum gemäßigten Bereich. Durch den jahreszeitlichen Wechsel sind ausgeprägte Regen- und Trockenzeiten bestimmend – im N fallen mehr als 1 500 mm pro Jahr, im S rd. 1 100 mm, im Gebirge bis zu 3 500 mm. Außerordentlich trocken ist das Innere mit weniger als 200 mm Niederschlag.
Die *Vegetation* bildet mit der Tasmaniens ein eigenes australisches Florenreich. Den tropischen Regenwäldern im N und NO schließen sich Baum-, Busch- und Grassavannen an. Charakteristische Pflanzenarten sind Eukalyptus, Flaschenbaum, Grasbaum, Kasuarine, Akazie und Spinifex. Auch die *Tierwelt* weist

Australien: Die Skyline von Surfers Paradise, Hauptort der Gold Coast in Queensland. 40 km weißer Sandstrand hat die Region an der Ostküste zum größten australischen Tourismuszentrum für Badeurlaub gemacht.

eigene Formen auf (Beutel-, Kloakentiere).

Bevölkerung

Die meisten Australier sind Nachkommen europäischer, zu 95 % britischer Einwanderer. Die Zahl der größtenteils in Reservaten im Landesinnern lebenden Ureinwohner (Aborigines), die A. vor rd. 50 000 Jahren besiedelt haben, beträgt knapp 350 000. Die meisten von ihnen sind Mischlinge.

Bevölkerungsverteilung: Mit 2,6 Ew./km² im Schnitt ist die Bevölkerungsdichte eine der niedrigsten der Welt. Regional ist die Verteilung außerordentlich unterschiedlich. 90 % der Einwohner leben in Städten, besonders im SO und O des Kontinents, wo südlich der Linie Newcastle–Adelaide über 90 % der Bevölkerung konzentriert sind. Die größten Städte des Landes sind ↑Sydney, ↑Melbourne, ↑Brisbane, ↑Perth und Adelaide. Das *Schulwesen* ist staatlich oder wird vom Staat unterstützt; Schulpflicht besteht vom 6. bis 15. Lebensjahr.

Religionen: 70 % der Bevölkerung sind Christen (davon 27 % Katholiken, 22 % Anglikaner). Viele Einwohner sind konfessionslos oder machen keine Angaben. Die Aborigines pflegen z. T. Naturkulte.

Wirtschaft und Verkehr

A. hat eine entwickelte Industrie und eine bedeutsame, hoch mechanisierte *Landwirtschaft.* Letztere nutzt rd. 65 % der Landesfläche, wegen fehlenden Wassers größtenteils weidewirtschaftlich durch Schaf- und Rinderzucht. Für den intensiven Bewässerungsfeldbau werden nur etwa 4 % genutzt. Wichtigste Produkte sind Weizen, Zuckerrohr, Baumwolle, Gerste und Roggen. Obwohl sie nur 3 % des Bruttoinlandspro-

Australien – Wirtschaft

A

dukts erwirtschaftet, ist die Landwirtschaft neben dem aufstrebenden Bergbausektor wichtigster Wirtschaftszweig. Sie beliefert die Industrie mit Ausgangsstoffen und ist zu einem Drittel am Exportwert beteiligt. A. ist einer der führenden Anbieter von Getreide, dominiert bei Lamm- und Rindfleisch und trägt etwa ein Viertel zur Weltproduktion von Schafwolle bei. Zunehmende Bedeutung gewinnt der Weinbau.

Der *Bergbau* hat ebenfalls einen Anteil von einem Drittel am Export. A. ist einer der größten Produzenten und Exporteure von Uran, Diamanten, Opalen, Erdöl, Erdgas, Eisenerz, Bauxit, Kupfer, Blei, Zink und Nickel. Daneben werden Gold, Silber und Kohle gefördert. Rd. die Hälfte der australischen Mineralexporte geht auf den japanischen Markt. In der *Industrie* sind Eisen- und Stahlerzeugung bestimmend. Weitere Industriezweige sind Fahrzeug- und Maschinenbau, Nahrungsmittel-, chemische und Elektroindustrie. Die wichtigsten Handelspartner sind Japan, die EU-Länder, die USA und Neuseeland.

Verkehr: Am dichtesten ist das Verkehrsnetz im SO des Landes. Es besteht eine durchgängige Eisenbahnverbindung von der West- zur Ostküste (Perth–Sydney). In den extrem dünn besiedelten Gebieten von A. (Zentralaustralien und Westaustralien) herrscht der Luftverkehr vor (rd. 450 Landeplätze). Es gibt zahlreiche internationale Flughäfen und Seehäfen, u.a. bei Sydney und Melbourne.

Ayers Rock: Der Berg aus rotem Sandstein ist ein Heiligtum der Aborigines.

■ Staat und Politik

Nach der *Verfassung* von 1901 ist A. eine bundesstaatliche parlamentarische Monarchie innerhalb des Commonwealth; Staatsoberhaupt ist der britische Monarch, vertreten durch einen Generalgouverneur. Das Kabinett unter Vorsitz des Premierministers, der dem Parlament verantwortlich ist, pro forma aber vom Generalgouverneur der britischen Krone ernannt wird, bildet die Regierung. Am 6. 11. 1999 scheiterte ein Referendum, das die vollständige Loslösung von Großbritannien und die Ausrufung einer Republik zum Ziel hatte.

A. gehörte 1945 zu den Gründungsmitgliedern der UNO. In der Einwanderungspolitik wurde im Jahr 1956 die »White Australia Policy« aufgegeben, die im Prinzip ausschließlich Weißen die Einbürgerung erlaubte. Die Konflikte mit den *Aborigines*, die bei der Landnahme der europäischen Einwanderer ähnlich wie die Indianer in Amerika einem Völkermord zum Opfer fielen, dauern an. Die Ureinwohner kämpfen um ihre Landrechte – im Kern gilt noch immer der Grundsatz, dass A. bis zur Ankunft der Weißen im 18. Jh. niemandem gehört habe und die Landnahme damit rechtens war. (Karte: siehe S. 230)

Ayers Rock ['eəz-] (Uluru): Berg im Innern Australiens, in der Nähe von Alice Springs gelegen. Mit einer Höhe von 867 m, 3,6 km Länge und rd. 2 km Breite ist der A.R. der größte Inselberg der Welt. Er besteht aus rotem Sandstein, der 335 m aus der Ebene aufragt. Bei Sonnenaufgang bzw. -untergang bietet der A. R. ein faszinierendes Farbenspiel.

Für die Aborigines ist der Berg ebenso wie eine etwa 30 km westlich gelegene Gruppe von Inselbergen, die Olgas (Kata Tjuta) ein mythischer Ort. Über Jahrtausende haben die Ureinwohner den A. R. mit Felszeichnungen bedeckt, die ständig gepflegt werden. 1985 wurde der A. R. Organisationen der Aborigines übereignet. Da die Regierung das Gebiet, inzwischen ein Nationalpark, für 99 Jahre pachten durfte, haben die zahlreichen Touristen weiter Zutritt.

Azoren: Inselgruppe im Atlantischen Ozean. Die etwa 1 600 km westlich von Lissabon liegenden A. bilden eine 2 247 km^2 große autonome Region Portugals mit 242 100 Einwohnern; Hauptstadt ist Ponta Delgada. Die A. sind vulkanischen Ursprungs. Die neun größeren Inseln ordnen sich auf dem ↑Mittelatlantischen Rücken in drei Gruppen an; im O die Hauptinsel São Miguel und Santa Maria, in der Mitte Terceira, Graciosa, São Jorge, Pico und Faial, im NW Flores und Corvo. Ihre Vulkane ragen bis 2 345 m (Alto de Pico) auf und sind z. T. bis heute tätig. Die geothermische Energie wird zum Stromgewinn genutzt. Das Klima ist ozeanisch mild, sommertrocken und winterfeucht mit stürmischen Winden. Haupterwerb sind Landwirtschaft und Fremdenverkehr. Angebaut werden u. a. Zitrusfrüchte, Weizen, Mais, Zuckerrüben, Zuckerrohr und Tabak.

B

Baden-Württemberg: Land im SW der Bundesrepublik Deutschland. B.-W. grenzt im N an Hessen, im N und O an Bayern, im S an die Schweiz und im W an Rheinland-Pfalz sowie Frankreich. Es hat eine Fläche von 35 752 km^2 und 10,639 Mio. Einwohner; seine Hauptstadt ist Stuttgart.

Landesnatur: B.-W. umfasst Teile der Oberrheinebene mit dem Kaiserstuhl, den ↑Schwarzwald mit dem 1 493 m hohen Feldberg, den Kraichgau, den südlichen ↑Odenwald und die ↑Schwäbische Alb. Im S zw. ↑Bodensee und Iller hat B.-W. Anteil am Alpenvorland (↑Allgäu). Fruchtbare Hochflächen und bewaldete Höhen liegen beiderseits des 367 km langen Neckars und seiner Seitentäler. Hauptflüsse sind ↑Rhein, ↑Donau und Neckar. Das Klima wird von hohen Niederschlagsmengen in den Gebirgen (über 2 000 mm pro Jahr) und außergewöhnlich milden Temperaturen in der Oberrheinebene geprägt. Dort beträgt das Julimittel 19 °C.

Bevölkerung: Die Einwohner sind im S schwäbisch-alemannisch und im N fränkisch, wobei in der ehemaligen Kurpfalz Pfälzisch, im Tauberland und in Hohenlohe Ostfränkisch gesprochen wird. Jeweils etwa 47 % der Bevölkerung sind katholisch bzw. evangelisch. Neben der Hauptstadt Stuttgart sind ↑Mannheim, ↑Karlsruhe, Freiburg im Breisgau, ↑Heidelberg, Heilbronn und ↑Ulm Großstädte mit mehr als 100 000 Einwohnern.

Wirtschaft und Verkehr: B.-W. ist das am stärksten industrialisierte Bundesland. Neben bedeutenden Großunternehmen dominieren mittelständische Betriebe. Wichtigste Branchen sind Maschinenbau, Fahrzeugbau, Elektrotechnik, chemische, Metall verarbeitende, Kunststoff- und Textilindustrie sowie Holzindustrie, besonders im Schwarzwald. Wasserkraftwerke, wie z. B. am Hochrhein, tragen zur Energieversorgung bei. Das Land verfügt kaum über Bodenschätze. Mineralquellen wie in Baden-Baden, Bad Mergentheim oder Bad Wildbad sind ein bedeutender Fremdenverkehrsfaktor.

Etwa 41 % der Gesamtfläche werden landwirtschaftlich genutzt. 40 % davon sind Dauergrünland – daher überwiegt die Milcherzeugung und -verarbeitung, u. a. im Allgäu und im Schwarzwald. Im Ackerbau herrschen Futterpflanzen vor. Ansonsten wird besonders Weizen, im Schwarzwald Hafer und Roggen, angebaut. In klimabegünstigten Räumen, wie im Neckartal und in seinen Nebentälern, am Bodensee und in der Oberrheinebene, sind Wein-, Obst- und Tabakanbau, bei Schwetzingen auch Spargelanbau vertreten.

Verkehrsmäßig ist B.-W. gut erschlossen. Für einen weiteren Ausbau wirken sich die natürlichen Hindernisse, v. a. die Schwäbische Alb und der Schwarzwald, nachteilig aus. Der Binnenschifffahrt stehen der begradigte Rhein ab Rheinfelden und der ab Plochingen schiffbare Neckar zur Verfügung. Bedeutende Binnenhäfen besitzen Karlsruhe, Mannheim und Heilbronn. Stuttgart hat einen internationalen Flughafen.

Staat und Politik: Das Land B.-W. wurde nach der Volksabstimmung vom 6. 12. 1951 aus den Ländern Württemberg-Baden, Württemberg-Hohenzollern sowie Baden gebildet. Eine zweite Volksabstimmung am 7. 6. 1970 bestätigte die Neubildung. Nach der Verfassung vom 19. 11. 1953 übt der Landtag (128 Abgeordnete, für fünf Jahre gewählt) die Legislative aus. Er wählt den Ministerpräsidenten, der die Regierung beruft. Die Verfassung eröffnet die Möglichkeit, einzelne Gesetze durch Volksbegehren und -entscheid zu beschließen.

Baffin Island ['bæfin 'aılənd]: mit 507 451 km² die größte Insel im Kanadisch-Arktischen Archipel. Sie ist überwiegend gebirgig, bis 2 600 m hoch und stark vergletschert. Außerhalb der Gletscher bestimmt Tundrenvegetation das Landschaftsbild. Die Küste wird von Schären und Fjorden geprägt, darunter der ↑ Admiralty Inlet, der größte Fjord der Erde. Die Insel gehört zum 1999 gegründeten Inuit-Territorium Nunavut und hat rd. 4 000 Einwohner, die v. a. im SO leben. Benannt wurde die Insel nach William Baffin (1584–1622).

Bagdad [iranisch »Gottesgeschenk«]: Hauptstadt von Irak. B. liegt am ↑ Tigris, hat 5,77 Mio. Einwohner und ist das größte Wirtschaftszentrum des Landes. Der Dienstleistungssektor ist bestimmend. B. ist als Haltepunkt der Bagdadbahn und mit seinem internationalen Flughafen ein Verkehrsknotenpunkt sowie mit fünf Universitäten das bedeutendste Kulturzentrum des Irak. Die Altstadt mit der Zitadelle und dem Abbasidenpalast zeugt von der Blütezeit: B. war ab 762 Hauptstadt des Kalifenreiches. Die Goldene Moschee in der Vorstadt Kadhimain ist ein bedeutender Wallfahrtsort schiitischer Muslime.

Bahamas: Inselstaat im Atlantischen Ozean nördlich von Kuba. Er umfasst etwa 700 Inseln, von denen 29 bewohnt sind, und 2 400 Riffe (Cays).

Landesnatur: Die Bahamainseln erstrecken sich über rd. 1 000 km in einem Bogen von der Südostküste Floridas bis zur Nordwestküste Haitis. Sie sind die von Korallen umgebenen Gipfel alter, aus einer Meerestiefe von 3 000 bis 4 000 m aufragender Gebirge. Das Klima ist ozeanisch-subtropisch. Die Tagesdurchschnittstemperaturen liegen zw. 21 °C und 27 °C. Die meisten Wälder sind abgeholzt und Savannen gewichen.

Bahamas

(amtlich engl. The Commonwealth of the Bahamas)
Fläche: 13 878 km²
Einwohner: 314 000
Hauptstadt: Nassau
Amtssprache: Englisch
Währung: 1 Bahama-Dollar (B$) = 100 Cents (c)
Zeitzone: MEZ – 6 Stunden
Kfz-Kennzeichen: BS

Bevölkerung: 72 % der Einwohner sind Schwarze, überwiegend Nachkommen westafrikanischer Sklaven. 14 % sind

Mulatten und 14% Weiße, v.a. Nachkommen britischer Einwanderer. Etwa 50% der Bevölkerung sind Protestanten, 16% Anglikaner und 16% Katholiken. Insbesondere durch Zuwanderung ist die Einwohnerzahl in den letzten 20 Jahren um 45% gestiegen, dennoch sind die B. mit 23 Ew./km² dünn besiedelt. Zwei Drittel der Menschen leben auf der Hauptinsel New Providence, auf der auch die Hauptstadt Nassau liegt. Seit 1965 besteht allgemeine Schulpflicht vom 5. bis 14. Lebensjahr.

Wirtschaft und Verkehr: Der Fremdenverkehr erbringt über die Hälfte des Bruttoinlandprodukts und beschäftigt über 30% der Erwerbstätigen. Weitgehende Steuerfreiheit und vorteilhafte Bankgesetze begünstigen die Ansiedlung von Banken und ausländischen Unternehmen, v.a. in der Industriezone von Freeport. Die Landwirtschaft kann den Eigenbedarf nicht decken. Exporte erwirtschaftet die Fischerei. Häfen haben neben Freeport, Matthew Town und Nassau, internationale Flughäfen Nassau und Freeport. Haupthandelspartner sind die USA und die EU-Länder.

Staat und Politik: Die B. sind nach der Verfassung von 1973 eine parlamentarische Monarchie im Commonwealth. Staatsoberhaupt ist der britische Monarch, vertreten durch den Generalgouverneur. Die eigentliche Regierung wird vom frei gewählten Parlament ernannt. Seit 1973, dem Jahr der Unabhängigkeit von Großbritannien, sind die B. Mitglied der UNO.

Bahrain [bax'raın]: Inselstaat im Persischen Golf, vor der Ostküste der Arabischen Halbinsel gelegen.

Landesnatur: B. besteht aus 36 Inseln, wobei die Hauptinsel mit 578 km² ebenfalls B. heißt. In ihrem Zentrum liegt mit 135 m der höchste Punkt. Es herrscht Wüstenklima mit Niederschlägen von durchschnittlich 80 mm im Jahr. Die Landschaft ist nahezu vegetationslos.

Bevölkerung: Besiedelt sind neben B. nur die 21 km² große Insel Muharrak sowie Umm Nasan (19 km²) und Sitra (14 km²). Die Bahrainer sind überwiegend Araber. 38% der Bevölkerung sind Ausländer, v.a. Gastarbeiter aus Südasien und Iran. Über 85% der Bevölkerung sind Muslime, davon rd. 60% Schiiten und 40% Sunniten.

(amtlich arabisch Al-Mamlaka al-Bahrain, dt. Königreich Bahrain)
Fläche: 707 km²
Einwohner: 698 000
Hauptstadt: Menama
Amtssprache: Arabisch
Währung: 1 Bahrain-Dinar (BD) = 1 000 Fils
Zeitzone: MEZ + 3 Stunden
Kfz-Kennzeichen: BRN

Wirtschaft und Verkehr: Ein Ende der 1932 aufgenommenen Erdölförderung ist wegen der schwindenden Vorräte in den nächsten Jahren zu erwarten. Die Regierung hat daher große Investitionen getätigt, um die Abhängigkeit vom Rohölexport zu reduzieren. Eine Erdölraffinerie, eine Aluminiumhütte, petrochemische Industrie und Betriebe der Metallindustrie wurden angesiedelt. Tourismus und Finanzwesen wurden ebenfalls ausgebaut. Die Elektrizitäts- und Meerwasserentsalzungsanlagen arbeiten mit Erdgas, das noch reichlich vorhanden ist.

Der Landwirtschaft stehen lediglich 1000 ha zur Verfügung. Sie produziert Gemüse, Eier, Geflügel, Milch und Obst. Die Hauptinsel ist mit Sitra und Muharrak durch Brücken verbunden. Von Umm Nasan führt ein Straßendamm nach Saudi-Arabien, das neben Großbritannien, den USA und der Republik Korea Haupthandelspartner ist. Ein internationaler Flughafen besteht auf Muharrak.

Staat und Politik: 1971 entließ Großbritannien das Protektorat in die Unabhängigkeit. Die Verfassung von 1973 wurde 2002 geändert und verwandelte das Emirat in eine konstitutionelle Monarchie. Staatsoberhaupt ist der König. Die Legislative liegt beim Zweikammerparlament.

B. gehört seit 1971 zur UNO und war 1981 Gründungsmitglied des Golfrates.

Baikalsee: mit 1 637 m tiefster See der Erde. Er liegt in Ostsibirien, Russland, in einer Höhe von 455 m. Nach dem Kaspischen Meer ist der 31 500 km^2 große B. Asiens zweitgrößtes Binnengewässer. Etwa ein Fünftel des freien Süßwassers – also exklusive des in den Polkappen gebundenen Wassers – ist im B. enthalten. Im See liegen mehrere Inseln, die größte ist mit 730 km^2 die Insel Olchow, deren Berge bis auf 1 276 m aufragen. Hauptzuflüsse sind Obere Angara, Bargusin und Selenga, einziger Abfluss ist die Angara, an der in rd. 65 km Entfernung Irkutsk, die größte Stadt der Region, liegt. Bedeutendste Einnahmequellen der am B. lebenden Menschen sind der Fischfang und die Fischverarbeitung, insbesondere von Omul und Großem Ölfisch.

Den B. umgeben hohe, bewaldete Gebirge, im NW das Baikalgebirge (bis 2 572 m hoch). Das Klima wird durch den See gemäßigt: Die Sommer sind warm, die Winter allerdings so kalt, dass der B. zufriert.

Am und in dem durch tektonische Bewegungen in einem Grabenbruch entstandenen See gibt es eine Reihe von Tieren, die nur hier vorkommen. Ein Beispiel ist die Baikalrobbe, die neben der Saimaarobbe in Finnland die einzige Süßwasserrobbe der Erde ist. Der B. und das ihn umgebende Gebiet wurden zum Nationalpark erklärt.

Balchaschsee: abflussloser, fischreicher Steppensee im SO Kasachstans. Er liegt in einer Höhe von 340 m, ist 605 km lang und zw. 19 und 71 km breit. Seit der Aufstauung des einzigen Zuflusses, des Ili bei Almaty, ist der Wasserstand um 2 m gesunken und beträgt nun im Mittel nur noch 6 m. Die Ausdehnung des Sees schwankt zw. 17 000 und 22 000 km^2, da die Verdunstung im Sommer sehr groß ist. Im Winter friert der B. oft zu.

Balearen: gebirgige Inselgruppe im westlichen Mittelmeer. Die B. bilden eine autonome Region Spaniens, haben eine Fläche von 5 014 km^2 und 842 000 Einwohner, die überwiegend eine katalanische Mundart sprechen. Hauptstadt der B. ist Palma de Mallorca.

Die Inselgruppe umfasst Mallorca (3 684 km^2), Menorca (683 km^2), Ibiza (568 km^2) und Formentera (115 km^2) sowie Cabrera und mehrere kleine Felseninseln. Milde Temperaturen um 10 °C im Winter und angenehme 24 °C bis 26 °C im Sommer kennzeichnen das Klima und haben den Tourismus zum Haupterwerbszweig der Bewohner werden lassen.

Die Landwirtschaft betreibt viel Bewässerungsfeldbau und umfasst Zitrus-, Tomaten- und Fruchtbaumkulturen, darunter Mandeln, Aprikosen, Oliven und Johannisbrot, sowie Weinbau, Haferanbau und Schweinemast.

Bali: westlichste der Kleinen Sundainseln. Die zu Indonesien gehörende Provinz B. ist 5 501 km^2 groß und von Java durch die nur 2,5 km breite Balistraße getrennt. Auf der Insel leben 3,15 Mio. Einwohner. Die Hauptstadt ist Denpasar.

B. ist überwiegend vulkanischen Ursprungs mit vier großen Massiven im O. Höchster Berg ist mit 3 142 m der Agung. Den W prägen tief eingeschnittene Gebirgsketten, den S eine Ebene.

Die Wirtschaft bestimmt v. a. der intensive Reisanbau, daneben in immer stärkerem Umfang der Fremdenverkehr. Als einzige Provinz Indonesiens ist B. mehrheitlich von Hindus bewohnt, deren Religion die eigenständige Kultur der Insel prägt.

Bạlkan [türkisch »Gebirge«]: Gebirgszug auf der Balkanhalbinsel. Er erstreckt sich in einem geschwungenen, 600 km langen und bis zu 50 km breiten Bogen vom Timok in Jugoslawien bis zum Schwarzen Meer. Höchster Berg ist der Botew mit 2 376 m. Der B. fällt im S steil zum Maritzabecken ab und geht im N allmählich in das bulgarische Tiefland über. Holz- und Weidewirtschaft sowie der Abbau von Steinkohle, Eisen-, Blei-, Kupfer- und Zinkerz bestimmen die Wirtschaft.

Bạltikum: seit Ende des 19. Jh. Bezeichnung für die historischen Landschaften Livland, Estland und Kurland als Provinz des Russischen Reiches. Später bezeichnet der Begriff das Gebiet der baltischen Staaten Lettland und Estland sowie im weiteren Sinn auch Litauen.

Bangalore ['bæŋgəlɔ:]: Hauptstadt des indischen Bundesstaates Karnataka, im Hochland von Dekhan gelegen. Das aus einem 1537 gegründeten Fort entstandene B. hat heute 4,29 Mio. Einwohner und ist mit seinen Universitäten und anderen Hochschulen eines der Bildungszentren Indiens. Außerdem ist B. Standort vieler Hightechfirmen wie Flugzeugwerke, elektrotechnische Industrie und Kommunikationsmittelhersteller. Wegen seiner Softwarefirmen ist B., das »indische Silicon Valley«, im Computerbereich in Indien führend und die am schnellsten wachsende Metropole Südasiens.

Bạngkok: Hauptstadt von Thailand. B. liegt am Menam, oberhalb seiner Mündung in den Golf von Thailand. Es hat 6,32 Mio. Einwohner und ist das Wirtschafts- und mit seinen Hochschulen auch das Bildungszentrum Thailands.
B. hat einen internationalen Flughafen und sein Hafen kann von Seeschiffen angelaufen werden. Rund 400 Tempelanlagen, darunter der Wat Phra Keo mit dem Smaragd-Buddha, Regierungsgebäude wie der Königspalast, buddhistische Klöster und Pagoden prägen das Stadtbild. Das Stadtgebiet wird von Kanälen, den sog. Klongs, durchzogen, von denen viele aus hygienischen Gründen zugeschüttet werden mussten. Die Entwässerung des tief liegenden und ständig weiter absinkenden Stadtgebietes ist dadurch gestört und es kommt häufig zu Überschwemmungen.
B. ist seit 1787 Königsresidenz und Hauptstadt. Thon Buri wurde 1971 eingemeindet.

Banglad̦esh: Staat in Südasien. B. grenzt im S an den Golf von Bengalen, im W, N und O an Indien und im SO an Birma.

Bangladesh

(amtlich Bengali: Gana Prajatantri Bangladesh, dt. Volksrepublik Bangladesh)
Fläche: 147 570 km²
Einwohner: 135,684 Mio.
Hauptstadt: Dhaka
Verwaltungsgliederung: 6 Provinzen
Amtssprache: Bengali
Währung: 1 Taka (Tk.) = 100 Poisha (ps.)
Zeitzone: MEZ + 5 Stunden
Kfz-Kennzeichen: BD

Landesnatur: B. nimmt den östlichen Teil des fruchtbaren Tieflandes Bengalen ein. Kernlandschaft ist das Deltagebiet von ↑Ganges und ↑Brahmaputra, in dem 70 % der Bevölkerung leben. Der SO besteht aus Hügel- und Bergland mit dem 1 230 m hohen Keokradong.
Das Klima ist sehr ausgeglichen. Das Januarmittel liegt um 19 °C, das Julimittel um 28 °C. Die jährlichen Niederschläge sind mit 3 000 bis 5 000 mm sehr hoch, nur im W sind sie mit 1 500 mm niedriger. Das zeitliche Zusammentreffen von Monsunregen, der von Mai bis September auftritt, dem Anschwellen der gro-

ßen Flüsse, die das Schmelzwasser vom ↑Himalaja abtransportieren und tropischen Wirbelstürmen im Küstenbereich führt häufig zu Überschwemmungskatastrophen, die Abertausende Todesopfer fordern, die Ernte vernichten und sogar Landflächen wegreißen. Ein verspätetes Einsetzen des Monsuns hat dagegen schwerste Dürreschäden zur Folge.

Die natürliche Vegetation ist fast überall verschwunden. In den Bergen des SO gibt es noch Regenwälder, im Tiefland einige Trockenwälder und im Deltagebiet ausgedehnte Mangroven, v.a. im SW, in den Sundarbans.

Bevölkerung: Über 95% der Einwohner sind Bengalen. Minderheiten sind u.a. die Bihari und die Santal, 1947 aus dem benachbarten indischen Bundesstaat Westbengalen ausgewanderte Muslime und deren Nachkommen, sowie Angehörige verschiedener Bergstämme in den Grenzgebieten gegen Birma.

Mit über 920 Ew./km^2 weist B. die größte Bevölkerungsdichte aller Flächenstaaten der Erde auf. Die Bevölkerungszahl nimmt pro Jahr um 2,1% zu – damit hat sich das Wachstum in den letzten Jahrzehnten knapp halbiert. 26% der Bevölkerung leben in Städten. Es besteht keine allgemeine Schulpflicht und die Analphabetenquote beträgt rd. 62%. 87% der Bevölkerung sind Muslime, wobei die Sunniten überwiegen, und 12% Hindus.

Wirtschaft und Verkehr: Die Zwänge dichter Besiedlung, der Mangel an Bodenschätzen, von Erdgas im NO abgesehen, die unterentwickelte Infrastruktur sowie häufige Naturkatastrophen sind die Haupthemmnisse für die wirtschaftliche Entwicklung.

Haupterwerbszweig ist die Landwirtschaft. Auf 80% der Anbaufläche wird Reis angebaut, weitere Produkte sind Weizen, Hülsen- und Ölfrüchte, Jute, Tabak und im Hügelland Tee. Wegen Überflutungen und Dürren besteht eine hohe Importabhängigkeit des Landes bei Nahrungsmitteln.

In der Industrie dominieren Nahrungsmittel- und Textilindustrie. Führende Industriestadt ist Chittagong, u.a. mit Stahlwerk, Erdölraffinerie und Schiffbau. Ausgeführt werden v.a. Textilwaren, Garnelen, Fisch, Häute und Felle sowie Tee. Haupthandelspartner sind die EU-Länder, USA, Japan und Singapur.

Das Binnenwasserstraßennetz ist sehr dicht ausgebaut. Zweitwichtigster Verkehrsträger ist die Eisenbahn. Lückenhaft und in schlechtem Zustand ist das Straßennetz. Seehäfen haben Chittagong und das am Rand der Sundarbans gelegene Mongla, internationale Flughäfen Dhaka und Chittagong.

Staat und Politik: Nach der Verfassungsänderung von 1991 ist B. eine parlamentarische Republik. Staatsoberhaupt ist der vom Parlament gewählte Präsident, Regierungschef der Premierminister.

1971/72 gelang B. mithilfe Indiens die Loslösung von Pakistan, mit dem es seit 1947 zusammen einen Staat gebildet hatte. Seit 1974 gehört B. zur UNO. Korruption, Terrorismus fundamentalistischer Muslime und Machtkämpfe innerhalb der gesellschaftlichen Elite kennzeichnen die Innenpolitik und hemmen die Entwicklung des Landes.

Barbados: Staat im Karibischen Meer, die östlichste Insel der Kleinen ↑Antillen.

Landesnatur: Die Insel besteht aus Kalk- und Sandstein. Das überwiegend ebene Land steigt nach NO an und erreicht im Mount Hillaby 340 m. Im S und W erstrecken sich Sandstrände. Das Klima ist tropisch, mit einer Regenzeit von August bis November. Während dieser Zeit können Wirbelstürme auftreten. Die jährliche Durchschnittstemperatur beträgt 26°C, der jährliche Niederschlag 1250 bis 1750 mm. Der Regenwald ist dem Kulturland gewichen.

Bevölkerung: Die Einwohner sind zu rd. 80% Schwarze und zu 16% Mulatten. Die anglikanische Kirche ist mit einem Anteil von 40% an der Bevölkerung die größte Konfession. Allgemeine Schulpflicht besteht vom 5. bis 14. Lebensjahr.

Die Analphabetenquote liegt unter 5 %. *Wirtschaft und Verkehr:* Prägend ist neben dem Anbau von Nahrungspflanzen und Baumwolle trotz ungünstiger Weltmarktverhältnisse der exportorientierte Zuckerrohranbau auf großen Plantagen im N. Auch die Krabbenfischer arbeiten für den Export.

Barbados

Fläche: 430 km²
Einwohner: 269 000
Hauptstadt: Bridgetown
Amtssprache: Englisch
Währung: 1 Barbados-Dollar (BDS$) = 100 Cents (c)
Zeitzone: MEZ – 5 Stunden
Kfz-Kennzeichen: BDS

Die Industrie verarbeitet das Zuckerrohr und stellt außerdem Lederwaren und Textilien her. In Bridgetown eröffnete 1961 ein Tiefwasserhafen; dort wurden eine Erdölraffinerie sowie ein Betrieb der Elektroteilmontage angesiedelt. Zunehmende Bedeutung gewinnen Fremdenverkehr, v. a. Kreuzfahrttourismus, und Offshore-Firmen, darunter auch Banken.

Das Verkehrsnetz erschließt die Insel gut. Bei Seawell liegt ein internationaler Flughafen.

Staat und Politik: Seit der Unabhängigkeit von Großbritannien 1966 gehört B. der UNO an und ist nach der Verfassung vom 30. 11. 1966 eine parlamentarische Monarchie im Commonwealth. Staatsoberhaupt ist der britische Monarch, vertreten durch einen Generalgouverneur. Die eigentliche Regierung liegt in der Hand des Premierministers, der dem gewählten Parlament verantwortlich ist.

Basel: mit 165 100 Einwohnern nach Zürich und Genf drittgrößte Stadt der Schweiz. B. liegt am Rhein und ist ein Handels- und Dienstleistungszentrum sowie ein wichtiger Industriestandort. Bedeutend sind chemisch-pharmazeutische, Nahrungsmittel- und Metallindustrie sowie Druckereien und Verlage. B. hat einen großen Rheinhafen und mit Basel-Mulhouse, das bereits in Frankreich liegt, einen internationalen Flughafen. Mit Universität, zahlreichen Bildungseinrichtungen und bedeutenden Museen ist B. auch ein Kulturzentrum.

1501 trat B. der Eidgenossenschaft bei. Viele Patrizier- und Zunfthäuser aus dem 15./16. Jh. zeugen vom Wohlstand der Bürger zu dieser Zeit. Berühmt ist die am Montag nach Aschermittwoch mit dem »Morgenstreich« beginnende Basler Fasnacht.

Baskenland: am Golf von Biscaya in Spanien und Frankreich liegendes Siedlungsgebiet der Basken, einem Volk ungeklärter Herkunft mit eigener Sprache. Das **spanische Baskenland** bildet seit 1979 die autonome Region Baskenland. Es ist 7 261 km² groß und hat 2,1 Mio. Einwohner, von denen 700 000 Basken sind. Die Hauptstadt ist Vitoria.

Das **französische Baskenland** entspricht dem westlichen Teil des Départements Pyrénées-Atlantiques. Es hat eine Größe von 17 700 km² mit ca. 100 000 baskischen Einwohnern.

Besonders in Spanien ist die baskische Unabhängigkeitsbewegung stark. Die 1959 gegründete Untergrundbewegung ETA (**E**uskadi **T**a **A**zkatasuna, dt. Baskenland und Freiheit) kämpft mit terroristischen Mitteln, die bislang mehr als 800 Todesopfer gefordert haben, für einen eigenen Baskenstaat.

Bayerischer Wald: waldreiches Mittelgebirge im O Bayerns. Der B. W. oder Vordere Wald ist ein Teil des ↑Böhmerwaldes und erreicht im Einödriegel 1 121 m. Zunehmend schließt die Bezeichnung B. W. heute auch den Hinteren Wald bis zur tschechischen Grenze

B

ein, der im Großen Arber bis zu 1 456 m hoch ist. Als Nationalpark B. W. ist das 130 km² große Gebiet von Rachel und Lusen ausgewiesen, der übrige B. W. ist weitgehend Naturpark.

Bayern: Land mit dem Status eines Freistaates im S Deutschlands. B. grenzt im N an Thüringen und Sachsen, im NO an die Tschechische Republik, im SO und S an Österreich sowie im W an Baden-Württemberg und Hessen. Mit 70 549 km² ist B. das flächenmäßig größte deutsche Bundesland und hat mit 12,423 Mio. Einwohnern nach Nordrhein-Westfalen die zweithöchste Bevölkerungszahl; Hauptstadt ist München.

Bayern: Das an der Salzach gelegene Burghausen in Oberbayern hat die größte Burganlage Deutschlands und war von 1255 bis 1504 Sitz der Herzöge von Niederbayern.

Landesnatur: B. hat im S Anteil an den Nördlichen Kalkalpen mit Deutschlands höchstem Berg, der 2 962 m hohen ↑Zugspitze. Ihnen schließt sich nördlich das Alpenvorland an, ein Moränengebiet mit Seen, u. a. Ammer-, Chiem- und Starnbergersee. Bis zur Donau erstreckt sich ein fruchtbares Hügelland, das von moorigen Niederungen und Schotterflächen unterbrochen wird. Das Mittelgebirgsland nördlich der Donau umfasst im O den ↑Bayerischen Wald, den Oberpfälzer Wald, das ↑Fichtelgebirge und den Frankenwald. Im N hat B. Anteil am waldreichen ↑Spessart und der ↑Rhön. Dazwischen liegt eine Gebirgslandschaft mit Frankenhöhe, Steigerwald, Hassbergen und ↑Fränkischer Alb.

Den größten Teil von B. entwässert die Donau mit ihren Nebenflüssen, den NW das System des Mains. Ein Drittel der Landesfläche ist bewaldet, v. a. die Gebirge. Das Klima weist mit relativ kalten Wintern und z. T. heißen Sommern schon kontinentale Züge auf.

Bevölkerung: Die ursprünglichen Bevölkerungsgruppen sind im N vorwiegend die Franken, im S die Baiern und im SW die Schwaben. Die Struktur veränderte sich nach dem Zweiten Weltkrieg durch den Zustrom von 2,4 Mio. Heimatvertriebenen und Flüchtlingen.

Große Gebiete wie die Oberpfalz und Niederbayern sind dünn besiedelt; Ballungsgebiete gibt es um die Großstädte ↑München, ↑Augsburg, ↑Regensburg, Erlangen, ↑Nürnberg und Würzburg. 62,7 % der Bevölkerung sind katholisch, 26,1 % evangelisch.

Wirtschaft und Verkehr: Die Industrie hat seit 1949 die Land- und Forstwirtschaft von der ersten Stelle verdrängt. Zentren der Großindustrie sind München, Augsburg, der Raum Nürnberg-Fürth-Erlangen, Ingolstadt und Regensburg. Dort werden Straßen-, Raum- sowie Luftfahrzeuge gebaut und auch andere Bereiche des Maschinenbaus sowie die Elektrotechnik und Elektronik und die chemische Industrie sind stark vertreten. Bedeutend sind außerdem die Textil- und Bekleidungsindustrie sowie die Nahrungsmittelindustrie. Bodenschätze gibt es wenig. Nur Salz, Grafit, Kaolin sowie etwas Erdöl und Erdgas werden gefördert. Wasserkraftwerke erzeugen rd. 17 % des Stroms.

B. hat mit 48 % die größte landwirtschaftliche Nutzfläche unter den Bundesländern. Hauptkulturen sind Weizen, Gerste, Hackfrüchte, Sonderkulturen Hopfen und Wein. Ertragreichster Zweig ist die Viehwirtschaft, besonders im Alpenvorland; B. ist führend in der Erzeugung von Milchprodukten. Der Fremdenverkehr ist bedeutend.

Das Eisenbahn- und das Straßennetz erschließen B. sehr gut. Wichtige Wasser-

straßen sind der Main, der ab Bamberg für Schiffe bis 1 350 t schiffbar ist, die Donau, die ab Kelheim nutzbar ist, und der die beiden Flüsse verbindende Main-Donau-Kanal, wodurch der ↑Rhein-Main-Donau-Großschifffahrtsweg gebildet wird. In Deggendorf besteht ein Freihafen. Internationale Flughäfen besitzen München und Nürnberg.
Staat und Politik: Das Staatswesen hat seine Wurzeln im Mittelalter. Zw. 1806 und 1918 war B. Königreich. Der heutige Freistaat B. wurde durch die Verfassung vom 2. 12. 1946 ins Leben gerufen. Der Landtag, der aus 180 Abgeordneten besteht, wählt den Ministerpräsidenten, der die Regierung beruft. Gesetze können außer vom Landtag auch durch Volksentscheid beschlossen werden.

Beirut: Hauptstadt des Libanon. B. liegt auf einer Halbinsel an der Mittelmeerküste und am Fuß des Libanongebirges. Die Stadt, die seit dem 14. Jh. v. Chr. bezeugt ist, hat etwa 2,1 Mio. Einwohner und ist mit Bildungseinrichtungen, Museen und Bischofssitzen das kulturelle und religiöse Zentrum des Libanon. Bis der Bürgerkrieg (1975–90) im Libanon große Teile der Stadt zerstörte und das Wirtschaftsleben zum Erliegen brachte, war B. war als Überseehafen, als Handelsplatz und Finanzzentrum eine der wirtschaftlich bedeutendsten Städte Vorderasiens. Nach 1990 begann der rasche Wiederaufbau zu einer modernen Metropole.

Belfast: Hauptstadt von ↑Nordirland. B. liegt an der Mündung des Lagan in die Irische See, hat einen großen Seehafen und 284 400 Einwohner. Wirtschaftlich sind u. a. die Erdölraffinierung, der Schiff- und der Flugzeugbau, die Tabak-, Textil- und Lebensmittelindustrie bedeutend. B. ist anglikanischer sowie katholischer Bischofssitz und mit seiner Universität, Museen, Theatern und Oper kulturelles Zentrum.
Im 17./18. Jh. entwickelte sich B. zur Handelsmetropole. 1920, als die Bildung des Freistaates Irland feststand, wurde es Sitz der Verwaltungsbehörden Nordirlands, das Teil Großbritanniens blieb. Die Stadt ist ein Kristallisationspunkt des Nordirlandkonfliktes. Die anglikanischen und katholischen Einwohner leben voneinander separiert in eigenen Vierteln.

Belgien: Staat in Westeuropa. B. grenzt im NW an die Nordsee, im N an die Niederlande, im O an Deutschland, im SO an Luxemburg, im S und W an Frankreich.
Landesnatur: Hinter der rd. 65 km langen Nordseeküste erstreckt sich das Niederbelgien genannte flandrische Tiefland. Landeinwärts folgen hinter einem bis 30 m hohen Dünenzug ein schmaler Marschensaum und die Geest, ein welliges bis hügeliges Gelände. In Mittelbelgien schließen sich die von der Schelde und ihren Nebenflüssen entwässerten, 80 bis 200 m hoch liegenden Ebenen an, die mit fruchtbarem Löss bedeckt sind. Hochbelgien, das Gebiet südlich von Sambre und Maas, wird von den im Botrange bis zu 694 m aufragenden Ardennen und ihrem Vorland eingenommen.

Belgien

(amtlich niederländisch Koninkrijk België, frz. Royaume de Belgique, dt. Königreich Belgien)
Fläche: 30 528 km²
Einwohner: 10,33 Mio.
Hauptstadt: Brüssel
Verwaltungsgliederung: 2 Regionen mit 10 Provinzen, 1 Hauptstadtregion
Amtssprachen: Niederländisch, Französisch, Deutsch
Währung: 1 Euro (EU, €) = 100 Cents (c)
Zeitzone: MEZ
Kfz-Kennzeichen: B

B

Das Klima ist ozeanisch: wintermild, sommerkühl und feucht. In Brüssel beträgt die mittlere Januartemperatur 2 °C, im Juli sind es durchschnittlich 17 °C. An rd. 200 Regentagen fallen mehr als 800 mm Niederschlag. Laubwald prägt nur noch Teile der Ardennen. Sonst überwiegen neben dem Kulturland Heidegebiete und Kiefernwälder, die durch Wiederaufforstung entstanden sind.

Belgien – Religionen, Sprachen

Bevölkerung: 57 % der Einwohner leben im flämischen N, rd. 33 % im wallonischen Süden. Auf die deutschsprachige Bevölkerung, die im Gebiet von Eupen und Sankt Vith wohnt, entfällt ein Anteil von 0,7 % der Gesamtbevölkerung. Die Region Brüssel mit rd. 10 % der Landeseinwohner liegt im flämischen Gebiet, ist aber zweisprachig.

Die Bevölkerungsdichte ist in den Ardennen relativ dünn, im Maastal und in Flandern sehr hoch. Mehr als 100 000 Einwohner haben neben Brüssel Antwerpen, Gent, Charleroi, Lüttich, Brügge und Namur.

Rund 80 % der Bevölkerung sind Katholiken, 3,4 % Muslime. Allgemeine Schulpflicht besteht vom 6. bis 16. Lebensjahr. Schulen werden von den Gemeinden und in starkem Maße der katholischen Kirche unter Staatsaufsicht unterhalten.

Wirtschaft und Verkehr: Wichtigster Wirtschaftszweig ist die verarbeitende, stark exportorientierte Industrie, die besonders in den dicht bevölkerten flämischen Landesteilen im N konzentriert ist. Dazu gehören Eisen- und Stahlindustrie, Metall verarbeitende, feinmechanische, optische, elektrotechnische Industrie, Maschinen- und Fahrzeugbau, Glas-, Textil-, chemische, petrochemische, pharmazeutische, Baustoff-, Papier-, Schuh-, Nahrungsmittel- und Genussmittelindustrie sowie die v.a. in Antwerpen konzentrierten Diamantschleifereien.

Das Land ist rohstoffarm, bedeutend sind lediglich die Kohlevorkommen. Sie waren die Grundlage der wallonischen Industriegebiete, die sich von Lüttich über Charleroi bis zur französischen Grenze hinziehen. Seit Mitte der 1970er-Jahre wurde die wallonische Wirtschaft durch die Schließung von Steinkohlenbergwerken geschwächt und verlor gegenüber der aufstrebenden Wirtschaft Flanderns an Bedeutung.

Die in ihren Hektarerträgen hoch entwickelte Landwirtschaft deckt rd. 60 % des Nahrungsmittelbedarfs des Landes, beschäftigt aber weniger als 2 % der Erwerbstätigen und erbringt kaum mehr als 1 % des Bruttoinlandsprodukts. Angebaut werden Getreide, Kartoffeln, Futter- und Zuckerrüben, Flachs und Gemüse. Bedeutend sind außerdem die Obstkulturen sowie die Rinder- und die Schweinezucht. Es gibt viele Unterglaskulturen, die auch im Winter mit ihren Produkten die Märkte Europas beliefern, z.B. mit Tomaten.

Hauptausfuhrgüter sind Eisen- und Stahlwaren, Maschinen, Textilien, chemische Erzeugnisse, Nahrungs- und Genussmittel, importiert werden v.a. Maschinen, Transportmittel, chemische Erzeugnisse, industrielle Rohstoffe, Erdöl und Erdölprodukte. Haupthandelspartner sind die Niederlande, Deutschland, Frankreich, Großbritannien und die USA.

Das Verkehrsnetz ist das dichteste unter den Flächenstaaten der Welt. Es gibt rd. 3 400 km Eisenbahnstrecken, 1 670 km Autobahnen, 12 740 km Staatsstraßen, 1 569 km Binnenwasserwege. Größter Seehafen ist Antwerpen; weitere Seehäfen bestehen in Zeebrugge, Ostende und Gent. Internationale Flughäfen haben Brüssel, Antwerpen, Lüttich, Charleroi und Ostende.

Staat und Politik: Nach der Verfassung vom 7. 2. 1831 (mehrfach geändert) ist B. eine konstitutionelle Monarchie. Staatsoberhaupt ist der König. Die eigentliche Regierung wird von einem Premierminister geführt, der dem frei gewählten Parlament verantwortlich ist.

Seit dem Föderalisierungsgesetz von 1980 ist B. ein Bundesstaat, der sich in drei Regionen (Flandern, Wallonien, Brüssel), drei Gemeinschaften (die flämisch-, die französisch- und die deutschsprachige) sowie vier Sprachgebiete gliedert. Die Gemeinschaften und Regionen verfügen über eigene legislative und exekutive Körperschaften. Die Regionen dürfen selbst Steuern erheben, den Sozialbereich regeln und sogar Verträge mit Drittstaaten schließen. Die Reformen sollen den Jahrhunderte währenden »Sprachenstreit«, den z. T. auch gewaltsam ausgetragenen Konflikt der Flamen und Wallonen entschärfen.

Seit 1945 gehört B. zur UNO. Es trat 1948 der Zoll- und Handelsunion Benelux, 1949 der NATO und 1957 der EWG bei. 1960/62 entließ es mit Belgisch-Kongo, Ruanda und Burundi seine letzten Kolonien in die Unabhängigkeit. B. gehört zur Euro-Zone.

Belgrad: Hauptstadt ↑Serbien und Montenegros. B. liegt an der Mündung der Save in die ↑Donau und hat etwa 1,28 Mio. Einwohner. Es ist mit seinen Betrieben der Schwer- und der Leichtindustrie wirtschaftliches Zentrum des Landes und mit dem Donauhafen wie dem internationalen Flughafen ein bedeutender Verkehrsknotenpunkt. B. ist außerdem Sitz des Patriarchen der serbisch-orthodoxen Kirche sowie eines katholischen Erzbischofs. Es hat zwei Universitäten.

Die seit römischer Zeit bezeugte Siedlung war ab 1842 Hauptstadt des de facto unabhängigen Serbien und ab 1919 des entstehenden Jugoslawien.

Belize [bəˈliːz, beˈlise]: Staat in Zentralamerika. B. liegt an der Ostküste der Halbinsel Yucatán, grenzt im O an das Karibische Meer, im N an Mexiko, im W und S an Guatemala.

Landesnatur: B. hat Anteil am von Sümpfen durchsetzten karibischen Küstentiefland. Der lagunenreichen Küste sind viele Inseln und Korallenriffe vorgelagert. Im S ragen die Maya Mountains bis 1 122 m auf. Die Halbinsel Yucatán wird von einem Kalkhügelland eingenommen.

Das Klima ist im N mit 1 300 mm Niederschlag subtropisch, im S mit mehr als 4 500 mm pro Jahr tropisch. Durch den Einfluss des Nordostpassats gibt es eine Trockenzeit von Januar bis Mai. Im Landesinnern erstreckt sich tropischer Regenwald.

Bevölkerung: 44 % der Einwohner sind Mestizen, 11 % Indianer, vorwiegend Maya, 30 % Kreolen und 7 % Garifunas, die sog. Schwarzen Kariben, indianisch-

Belize

Fläche: 22 965 km²
Einwohner: 253 000
Hauptstadt: Belmopan
Verwaltungsgliederung: 6 Distrikte
Amtssprache: Englisch
Währung: 1 Belize-Dollar (Bz$) = 100 Cents (c)
Zeitzone: MEZ –7 Stunden
Kfz-Kennzeichen: BH

B

negride Mischlinge. Weitere 4 % der Bevölkerung sind Weiße, v. a. Briten und Portugiesen.
Die allgemeine Schulpflicht beträgt acht Jahre, wird aber häufig nicht befolgt. Rd. 62 % der Einwohner sind Katholiken und 28 % Protestanten (v. a. Anglikaner).
Wirtschaft und Verkehr: Von der exportorientierten Landwirtschaft, die vorwiegend als Plantagenwirtschaft betrieben wird, lebt rd. ein Drittel der Bevölkerung. Exportiert werden v. a. Zucker sowie Zitrusfrüchte, Bananen, Fische, Schalentiere und Mahagoni. Der mäßig ausgebaute Tourismus konzentriert sich auf Naturparks und die Maya-Ruinen. Das Landesinnere ist verkehrsmäßig wenig erschlossen. Der internationale Flughafen liegt nordwestlich von der Hafenstadt Belize.
Staat und Politik: Seit B. (bis 1973 Britisch-Honduras) 1981 von Großbritannien unabhängig wurde, ist es Mitglied der UNO und nach der Verfassung vom 21. 9. 1981 eine parlamentarische Monarchie im Commonwealth. Staatsoberhaupt ist der britische Monarch, vertreten durch einen Generalgouverneur. Die eigentliche Regierung wird von einem Premierminister geführt, der vom gewählten Parlament bestimmt wird.
Benin: Staat in Westafrika. B. grenzt im S an den Golf von Guinea, im W an Togo, im NW an Burkina Faso, im NO an Niger und im O an Nigeria.
Landesnatur: B. erstreckt sich von der Bucht von B. 670 km nach N bis zum Fluss ↑ Niger. An die tropisch-feuchte, 115 km lange Lagunenküste mit sandigen Nehrungen schließt sich eine breite Küstenebene an, die von stark gelichteten Feuchtwäldern mit Ölpalmbeständen bedeckt ist.
Das schon zu den wechselfeuchten Tropen zählende Innere ist ein Tafelland, im S mit Feuchtsavanne, im trockeneren N mit Busch- und Dornsavanne. Es wird im W vom bis zu 800 m aufragenden Togo-Atakora-Gebirge begrenzt. Im N hat B. Anteil am Nigerbecken.

Bevölkerung: Die Bevölkerung gliedert sich in rd. 60 Ethnien, u. a. Fon, Adja, Yoruba, Bariba und Fulbe. Allgemeine Schulpflicht besteht vom sechsten bis zwölften Lebensjahr, doch rd. 65 % der Einwohner sind Analphabeten.

Benin

(amtlich frz. République du Bénin)
Fläche: 112 622 km²
Einwohner: 6,55 Mio.
Hauptstadt: Porto Novo
Verwaltungsgliederung: 12 Départements
Amtssprache: Französisch
Währung: CFA-Franc
Zeitzone: MEZ
Kfz-Kennzeichen: DY

60 % der Bevölkerung sind Anhänger von Naturreligionen, etwa 20 % Christen, 15 % Muslime. Der Wodu-Kult, der aus dem Gebiet des heutigen B. stammt, ist weit verbreitet.
Wirtschaft und Verkehr: Haupterwerbsquelle ist die Landwirtschaft, die rd. 60 % der Erwerbstätigen beschäftigt und knapp die Hälfte des Bruttoinlandsprodukts erbringt. Angebaut werden zum Eigenbedarf v. a. Jamswurzeln, Maniok, Mais, Hirse, Erdnüsse und Reis. Exportiert werden besonders Baumwolle, Palmöl, Kaffee und Kakao.
Die Industrie beschränkt sich auf Ölmühlen, Baumwollentkernungsanlagen, Zement- sowie Zuckerfabriken und Textilbetriebe. An Bodenschätzen werden Erdölvorkommen vor der Küste ausgebeutet. Cotonou hat einen internationalen Flughafen.
Staat und Politik: Seit seiner Unabhängigkeit von Frankreich 1960 gehört B. (bis 1975 Dahomey) zur UNO. Nach

der Verfassung vom 2.12. 1990 ist B. eine Präsidialrepublik. Staatsoberhaupt und Regierungschef ist der mit umfassenden Vollmachten ausgestattete Präsident.

Berlin: siehe S. 62.

Beringmeer [nach dem dänischen Entdecker in russischen Diensten VITUS JONASSEN BERING, 1680–1741]: nördlichstes Randmeer des Pazifischen Ozeans. Es umfasst die 2,32 Mio. km² große Wasserfläche zw. der ostsibirischen Küste, Alaska, den Aleuten und den Kommandeurinseln. Sein nördlicher Ausgang, die nur 85 bis 100 km breite, 50 bis 90 m tiefe **Beringstraße** zw. Kap Deschnjow (Asien) und Kap Prince of Wales (Nordamerika), führt ins Nordpolarmeer. Über eine hier in der letzten Eiszeit bestehende Landbrücke kamen wohl die ersten Menschen nach Nordamerika.

Bermudas (Bermudainseln): Inselgruppe im Atlantischen Ozean. Die B. liegen 920 km östlich vom zu den USA gehörenden Kap Hatteras. Sie sind britische Kronkolonie. Die etwa 360 Inseln haben eine Landfläche von 53 km² und 62 100 Einwohner. Knapp zwei Drittel der Bevölkerung sind Schwarze und Mulatten. Hauptinsel ist Great Bermuda (39 km²) mit der Hauptstadt Hamilton. Die von einer der nördlichsten Gruppen lebender Korallenriffe umgebenen B. haben keine Fließgewässer, aber eine Reihe von wassergefüllten Karsthöhlen. Das Klima ist mild.

Grundlage der Wirtschaft ist der ganzjährige Fremdenverkehr. Auf Saint David's Island liegt ein internationaler Flughafen. Wegen der Steuerfreiheit haben zahlreiche Versicherungsgesellschaften und Offshore-Banken auf den B. ihren Sitz.

Bern: Hauptstadt der Schweiz. B. liegt im Tal der Aare und hat 122 700 Einwohner. Bedeutend für die schweizerische Wirtschaft sind die in B. ansässigen Betriebe des Maschinen-, Apparate- und Fahrzeugbaus, der grafischen, Metall-, Nahrungsmittel-, Textil- und chemischen Industrie. Daneben prägen v.a. der Verwaltungs- und der Dienstleistungssektor die Wirtschaft. B. hat eine Universität.

Die eng gebaute, in einer Flussschlinge liegende Altstadt – B. wurde 1191 von den Zähringern gegründet – hat mit ihren Lauben, alten Brunnen und Türmen, z.B. dem Zeitglockenturm und Käfigturm, und ihren barocken Zunft- und Bürgerhäusern den Charakter einer wohlhabenden Bürgerstadt bewahrt. Seit 1353 gehört B. zur Eidgenossenschaft.

Bethlehem: Stadt im Westjordanland. B. liegt etwa 10 km südlich von ↑Jerusalem und hat rd. 30 000 Einwohner.

Die Stadt ist einer der bedeutendsten Wallfahrtsorte für Juden, Muslime und Christen: Nach der Bibel ist es die Heimat Davids und der Geburtsort Jesu. Über der als Geburtsstätte geltenden Grotte ließ der römische Kaiser KONSTANTIN DER GROSSE 326 bis 335 die fünfschiffige Geburtskirche erbauen (unter JUSTINIAN um 540 erneuert). Die bedeutendste Einnahmequelle ist der Fremdenverkehr.

Bhutan: Staat an der Südabdachung des östlichen Himalaja. B. grenzt im N an

Bhutan

(amtlich Dzongkha: Druk Yul [»Drachenreich«], dt. Königreich Bhutan)
Fläche: 47 000 km²
Einwohner: 851 000
Hauptstadt: Thimphu
Amtssprache: Dzongkha
Währung: 1 Ngultrum (NU, Nu.) = 100 Chhetrum (CH, Ch.)
Zeitzone: MEZ + 4 ½ Stunden
Kfz-Kennzeichen: BHT

▶ *Fortsetzung auf S. 64*

Mit 3,388 Mio. Einwohnern ist Berlin die bei weitem bevölkerungsreichste Stadt Deutschlands. Hier leben mehr Menschen als in den beiden nächstgrößeren Städten Hamburg und München zusammen. Berlin ist außerdem die alte und die neue Hauptstadt des Landes. Derzeit erlebt sie immer noch einen tief greifenden Wandel, der sich aus der Vereinigung der jahrzehntelang geteilten Stadt, aus dem Zusammenwachsen mit dem Umland und aus dem Regierungsumzug von Bonn nach Berlin ergibt.

Die begehbare, gläserne Kuppel des Reichstags entstand nach einem Entwurf des britischen Architekten Sir Norman Foster.

Ende der Teilung – Chance auf Normalität

Berlin gehörte in den ersten Jahrzehnten des 20. Jh. zu den bedeutendsten und attraktivsten Städten der Welt. Diese Anziehungskraft war mit dem Ende des Zweiten Weltkriegs, als die Stadt in Trümmern lag, verloren. Es begann ein mehr als 40 Jahre währender politischer und geografischer Ausnahmezustand. Aus der Reichshauptstadt entwickelten sich zwei weitgehend voneinander abgeschottete Städte mit jeweils eigenen Versorgungs- und Verwaltungseinrichtungen. Der Westteil der Stadt lag inmitten der DDR und war auf Unterstützung durch die Bundesrepublik angewiesen. 1961 wurde Westberlin durch die Mauer von seinem Umland völlig abgeschnitten. Im Bereich des Kurfürstendamms entstand ein neues Stadtzentrum. Der Ostteil Berlins wurde als Hauptstadt der DDR zum »Schaufenster des Sozialismus«. Die historische Stadtmitte um den Alexanderplatz wurde völlig umgestaltet.

Der Fall der Mauer 1989 und die deutsche Wiedervereinigung 1990 ermöglichten eine neue Entwicklung hin zu einem »normalen« Ballungsraum, aber auch hin zu einer Weltstadt. Der Ausbau und die Gestaltung dieser Stadt sind eine große Herausforderung. Es geht v. a. darum, den West- und den Ostteil zusammenwachsen zu lassen und sinnvoll mit dem brandenburgischen Umland zu verbinden. Berlin wird deshalb für viele Jahre die größte Baustelle Europas bleiben.

Wirtschaft im Wandel

Berlin ist die größte deutsche Industriestadt. Dominierende Industriezweige sind Elektrotechnik und Elektronik, der Geräte-, Maschinen- und Fahrzeugbau sowie die Nahrungs- und Genussmittelindustrie. Nach der Vereinigung kam es jedoch zu einem deutlichen Rückgang der Industrieproduktion und der Zahl der im produzierenden Sektor Beschäftigten. Die Ursachen dieser Deindustrialisierung sind vielfältig: Im Westteil waren es v. a. der Wegfall der staatlichen Berlinförderung und die Betriebsverlagerungen in das Umland; im Ostteil machten die meisten Betriebe rasch Pleite, weil sie mit veralteten Maschinen und Produktionstechniken nicht wettbewerbsfähig waren.

Als Folge sinkt in Berlin sowohl die Zahl der Erwerbstätigen als auch die der Einwohner. Perspektiven bietet allerdings der Dienstleistungssektor: So entstehen zahlreiche neue Gewerbeparks mit wirtschaftsnahen Dienstleistungen in den Servicebereichen Umwelt, Sanierung, Elektronik und Kommunikationstechnologie. Außerdem werden moderne und attraktive Einkaufszentren gebaut, die oft mit Freizeit- und Kulturangeboten verbunden werden.

In diesem Zusammenhang ist auch das Projekt »Potsdamer Platz/Leipziger Platz« zu sehen. Diesen früher zentralen Stadtbereich haben Kriegsschäden, Grenzziehung und Mauerbau in ein riesiges Brachland verwandelt. Jetzt entstand hier mit Kapital aus der Privatwirtschaft ein multifunktionelles neues Zentrum mit Büros, Geschäften und Wohnungen. Durch das Nebeneinander von Einzelhandel, Gastronomie, Hotels und Freizeiteinrichtungen soll das Einkaufen zum Erlebnis und die Innenstadt auch nach Geschäftsschluss wieder lebendig werden.

■ Auf dem Weg zur Hauptstadt

Im Juni 1991 traf der Bundestag die Entscheidung, den Sitz von Parlament und Regierung nach Berlin zu verlegen. 1996 folgte auch der Bundesrat mit einem entsprechenden Beschluss. Damit wurde an die frühere Hauptstadtfunktion Berlins angeknüpft. Für die Stadt war das nicht nur mit einem Bedeutungsgewinn verbunden, sondern es ergaben sich auch wichtige Impulse für die künftige Stadtentwicklung.

In der Mitte der Stadt, v. a. am Rande des Tiergartens, am Brandenburger Tor und im Bereich der Wilhelmstraße entstand das neue Regierungsviertel. Viele der Gebäude wurden neu gebaut, andere aufwändig renoviert. Im Reichstag wurde der Plenarsaal des Deutschen Bundestages eingerichtet. Mit seiner weithin sichtbaren neuen Kuppel von Sir Norman Foster ist der Bau zu einem Anziehungspunkt und Wahrzeichen geworden. Der Pariser Platz, die Straße Unter den Linden und die Gegend südlich des Tiergartens sind begehrte Standorte für Botschaften, Parteizentralen, Lobbyisten und internationale Unternehmen.

■ Berlin verändert das Umland

Das Projekt Berlin wird im Rahmen der Gesamtregion Berlin und Brandenburg gestaltet. Wegen der günstigen Bodenpreise und umfangreicher Fördermaßnahmen haben zahlreiche Firmen ihre Produktionsstätten und Großlager in das brandenburgische Umland verlegt. Nach dem Wegfall von Teilung und Mauer wächst die Wirtschaft in diesem »Speckgürtel«. Die Zahl der Bewohner nimmt zu und mit ihnen entstehen neue große Einkaufs- und Dienstleistungszentren.

Die neue Hauptstadt entwickelt sich so zum Kern einer großen, aus vielen Zellen bestehenden Stadtregion. Der Versuch, Berlin und Brandenburg zu einem gemeinsamen Bundesland zusammenzuschließen, scheiterte jedoch 1996 bei einer Volksbefragung am Veto der Bevölkerung. Seit dem Jahr 1998 gibt es dennoch rechtliche Grundlagen für eine länderübergreifende Entwicklungsplanung und für die Raumordnung.

Informationen über Berlin vermittelt die Berlin Tourismus Marketing GmbH. Sie organisiert auch Programme, bucht Zimmer und reserviert Eintrittskarten. Telefon: 030/250025
E-Mail-Adresse: Information@btm.de
Internet: www.berlin.de
Einer der Höhepunkte eines Berlinbesuches dürfte der Besuch des Deutschen Bundestages im Reichstagsgebäude sein, das täglich von 8.00 Uhr bis 24.00 Uhr geöffnet ist. Die Dachterrasse und die Glaskuppel sind über den Westeingang (Freitreppe) für alle Besucher zugänglich.

Besetzky, Horst u. a.: *Das Berlin-Lexikon.* München (dtv) 2002. ■ Hoffmann, Hansjoachim: *Berlin. Eine politische Länderkunde.* Opladen (Leske + Budrich) [2]2001. ■ Schulz, M.: *Das neue Zentrum von Berlin.* in: Geographische Rundschau, Jg. 52 2000, H. 7/8, S. 27–32. ■ Winteroll, Michael: *Die Geschichte Berlins.* Berlin (Nicolai'sche Verlagsbuchhandlung) 2004.

B

◄ Fortsetzung von S. 61 China (↑Tibet), im O, S und W an Indien.

Landesnatur: B. besitzt ausgesprochenen Hochgebirgscharakter. Im Bereich des Hohen Himalaja erheben sich vergletscherte Gipfel. Höchster Berg ist der Kula Kangri mit 7 554 m. Der südlich anschließende Vorderhimalaja mit Höhen zw. 2 000 und 5 000 m wird von breiten, von N nach S verlaufenden Tälern durchzogen, die die Hauptsiedlungsräume sind. Über die bis 1 500 m hohen Siwalikketten und eine bis 600 m hohe, vorgelagerte Hügelzone fällt das Land zum Duars ab, der Teil des Ganges-Brahmaputra-Tieflandes ist.

B. hat Monsunklima. Die Niederschlagsmengen erreichen bis zu 5 000 mm im Jahr. In den Gebirgstälern fallen 500 bis 700 mm. Im Duars ist es warm mit Jahresmittelwerten zw. 17 °C im Januar und 28 °C im Juli. In Thimphu, das in 2 600 m Höhe liegt, schwanken die Monatswerte zw. 0 °C und 15 °C. Im Duars dominiert Monsunwald, im Gebirge Laub- und Nadelwald.

Bevölkerung: 60 % der Bevölkerung sind Bhutija tibetischer Herkunft, 25 % gehören nepalesischen Volksgruppen an, im S leben auch indische Einwanderer. Es besteht keine allgemeine Schulpflicht. Knapp 70 % der Bevölkerung sind Anhänger des lamaistischen Buddhismus, etwa 25 % des Hinduismus und etwa 5 % des sunnitischen Islam.

Wirtschaft und Verkehr: Der wichtigste Sektor der Wirtschaft ist die Landwirtschaft mit Reis- und Weizenanbau, Obstkulturen und Viehzucht. Neben dem traditionellen Handwerk, v. a. Weberei, Silberschmiedekunst und Holzverarbeitung, gibt es nur kleine Industriebetriebe. Wichtige Deviseneinnahmen erbringen der Verkauf von Briefmarken und der Tourismus. Das Straßennetz erschließt und verbindet die Täler.

Staat und Politik: B. stand bis 1971 unter indischem Protektorat. Seitdem ist es ein unabhängiges Königreich und UNO-Mitglied. Staatsoberhaupt und Regierungschef ist der König.

Bielefeld: kreisfreie Stadt in Nordrhein-Westfalen. B. liegt am Nordostrand des Teutoburger Waldes und hat 324 800 Einwohner. Textil- und Bekleidungsindustrie, Maschinenbau, Fahrradproduktion, Nahrungsmittel- und chemische Industrie bestimmen den produzierenden Sektor. Seit 1969 ist B. Universitätsstadt. Im Stadtteil Bethel liegen die Bodelschwingh'schen Anstalten.

Birma: Staat im NW Hinterindiens. B. wird von China im N und NO, von Laos und Thailand im O, von Bangladesh, Indien und dem Golf von Bengalen im W und von der Andamanensee im S begrenzt. Im S hat B. Anteil an der Halbinsel Malakka bis hin zum Isthmus von Kra.

Birma

(birmanisch Myanmar, engl. Burma, amtlich birmanisch Pyidaungsu Myanmar Naingngandaw, dt. Union Myanmar)
Fläche: 676 578 km²
Einwohner: 48,79 Mio.
Hauptstadt: Rangun (Yangon)
Verwaltungsgliederung: 7 Staaten, 7 Provinzen
Amtssprache: Birmanisch
Währung: 1 Kyat (K) = 100 Pyas (P)
Zeitzone: MEZ + 5 ½ Stunden
Kfz-Kennzeichen: MYA

Landesnatur: Kerngebiet ist das von Hügel- und kleinen Gebirgsregionen durchsetzte, rd. 1 100 km lange Becken mit dem Stromgebiet des rd. 2 000 km langen Irawadi und seines etwa 800 km langen Nebenflusses Chindwin. Der Irawadi mündet in einem 47 000 km² großen

Delta in die Andamanensee. Die bis 3 826 m hohen westbirmanischen Randgebirge schließen das Land gegen Indien ab. Den O nimmt das 2 600 m erreichende Shanhochland ein. Im äußersten S, auf der Halbinsel Malakka, erhebt sich das Tenasserimgebirge, das in B. bis auf 2 073 m aufragt. Dort ist der Merguiarchipel mit rd. 900 Inseln der Küste vorgelagert.

Es herrscht tropisches Monsunklima mit sommerlichen Niederschlägen und winterlicher Trockenheit. Die Landesteile mit Niederschlägen über 2 000 mm pro Jahr sind mit tropischem Regen- oder Bergwald bedeckt. Monsunwald dominiert in den Gebieten mit 2 000 bis 1 000 mm Niederschlag; Busch- und Grasland, im N auch Trockensteppe im Innern, prägt die Gebiete, in denen weniger als 1 000 mm Regen jährlich niedergehen. Insgesamt nehmen Wälder rd. 50 % der Fläche ein.

Bevölkerung: 69 % der Einwohner gehören zu den Birmanen. 8,5 % sind Shan, 6,2 % Karen – beide Minderheiten sind mit den Tai verwandt. 5 % gehören zu den muslimischen Rohingya, 2,4 % zu den Khmervölkern der Mon und Kachin und 2,2 % sind Chin, ein altmongolisches Volk.

85 % der Einwohner sind Buddhisten. Der Anteil der Stadtbevölkerung ist mit 28 % außerordentlich gering. Die nächstgrößeren Städte nach der Millionenmetropole Rangun (Yangon) sind Mandalay mit rd. 533 000 und Moulmein (Mawlamyine) mit 220 000 Einwohnern. Schulpflicht herrscht vom sechsten bis zehnten Lebensjahr. Die Analphabetenquote beträgt rd. 15 %.

Wirtschaft und Verkehr: B. steht in der Weltskala der Pro-Kopf-Einkommen am unteren Ende. Die Auseinandersetzung zw. Militärjunta und Demokratiebewegung und die Bürgerkriege etwa zw. Zentralmacht und den Karen verhindern eine wirtschaftliche Konsolidierung.

Bedeutendster Wirtschaftszweig ist die Landwirtschaft. Im Deltatiefland des Irawadi werden besonders Reis und Zuckerrohr, in den trockeneren Gebieten Erdnüsse, Baumwolle, Jute, Tabak, im Küstenland westlich des Tenasserimgebirges Kautschuk angebaut. Im Dreiländereck mit Laos und Thailand floriert der illegale Opiumanbau.

Die Wälder liefern Teak- u. a. Harthölzer. B. hat reiche Bodenschätze, die nur z. T. ausgebeutet werden: Erdöl, Zinn, Wolfram, Kupfer, Antimon, Blei, Zink, Eisen, Nickel, Silber, Steinkohle und Edelsteine (u. a. Saphire, Rubine, Jade). Die gering entwickelte Industrie erzeugt Erdölprodukte, Baustoffe, Nahrungsmittel, Textilien, Möbel und chemische Erzeugnisse. Reis ist das wichtigste Exportprodukt, gefolgt von Teakholz, Kautschuk, Jute und Bergbauprodukten. Haupthandelspartner sind Japan, die EU-Länder, Singapur und China.

Das Land wird durch Straßen, Binnengewässer und die Eisenbahn relativ gut erschlossen. Haupthafen ist Rangun, das bei Mingaladon auch einen internationalen Flughafen besitzt.

Staat und Politik: Laut Verfassung von 1974 ist B. eine Republik, seit einem Putsch 1988 herrscht de facto eine Militärjunta. Staatsoberhaupt und Regierungschef ist der Vorsitzende des State Peace and Development Council, einem aus Militärs bestehenden Gremium.

B. gehört seit seiner Unabhängigkeit von Großbritannien 1948 der UNO an. 1997 wurde es trotz scharfer Proteste (z. B. von EU und USA) in die ASEAN aufgenommen.

Bochum: kreisfreie Stadt in Nordrhein-Westfalen. B. liegt am Hellweg, zw. Emscher und Ruhr. Es hat 388 900 Einwohner. Bis 1973 dominierte der Steinkohlenbergbau, heute sind es die Automobilproduktion sowie die Eisen- und Metallverarbeitung, ferner Nahrungs- und Genussmittelindustrie, besonders Brauereien, im 1975 eingegliederten Wattenscheid auch Bekleidungsindustrie. B. ist seit 1965 Sitz der Ruhr-Universität.

B

Bodensee [nach der karolingischen Pfalz Bodman]: mit 571,5 km² der größte und tiefste deutsche See, wobei kleinere Anteile des Gewässers zur Schweiz und zu Österreich gehören. Der B. erstreckt sich am Nordfuß der Alpen in einer Höhe von 395 m. Er wird vom ↑Rhein durchflossen.

Das Hauptbecken, der Obersee, ist 63,5 km lang, bis 14 km breit und erreicht eine Tiefe von 254 m. Im W liegen zwei Teilseen, die durch den Bodanrücken voneinander getrennt sind, der Untersee und der Überlinger See. Hafenorte sind Lindau, Konstanz, Friedrichshafen, Rorschach (Schweiz) und Bregenz (Österreich). Reichenau und Mainau sind die größten Inseln. Der B. ist wichtig für die Trinkwasserversorgung, besonders im Großraum Stuttgart. Der Fischbestand ist bedeutend. Das milde Klima begünstigt den Anbau von Obst und Frühgemüse. Haupteinnahmequelle ist der Fremdenverkehr.

Bodensee: Der alte Kern der Kreisstadt Lindau liegt auf einer ufernahen Insel, die Neustadt auf dem Festland. Vom Lindauer Hafen aus gibt es Schiffsverbindungen zur Blumeninsel Mainau.

Böhmerwald: das bayerisch-böhmische Waldgebirge, ein stark abgetragenes Mittelgebirge. Der B. erstreckt sich über 250 km von der Wondrebsenke im NW bis zum Hohenfurther Sattel im SO. Auf seiner ganzen Länge verläuft die Staatsgrenze der Tschechischen Republik zu Deutschland, im SO zu Österreich. Eine Tiefenzone trennt den Nordteil, den weniger als 900 m hohen Oberpfälzer Wald, vom restlichen Teil. Längs der Donau im SW liegt der ↑Bayerische Wald, der auch Vorderer Wald genannt wird. Der Hintere Wald (tschechisch Šumava), der eigentliche B., weist fast geschlossene Waldbedeckung auf.

Der höchste Berg auf tschechischer Seite ist der Kubany mit 1 362 m, auf deutscher Seite der 1 456 m hohe Große Arber. Das Gebirge entwässert durch Waldnaab, Schwarzach, Regen und Ilz nach SW zur Donau und durch die Moldau nach NO zur Elbe.

In der Wirtschaft des strukturarmen Gebietes spielt die Nutzholzgewinnung heute nur noch eine geringe Rolle. Die Glasindustrie ist vorwiegend auf den Hinteren Wald beschränkt. Der Abbau von Grafit, Feldspat, Flussspat und Quarz geht ebenfalls zurück. Ein wichtiger Wirtschaftsfaktor ist der Fremdenverkehr. Der B. hat zahlreiche Naturschutzgebiete und zwei Nationalparks.

Bolivien: Binnenstaat in Südamerika. Er grenzt im N und O an Brasilien, im SO an Paraguay, im S an Argentinien und im W an Chile und Peru.

Landesnatur: Die beiden Hauptketten der Anden im W, die bis zu 6 427 m hohe Ost- und die 6 438 m erreichende Westkordillere schließen ein 3 000 bis 4 000 m hoch gelegenes Hochland ein. Es wird als Altiplano bezeichnet und bildet mit ↑Titicacasee und ↑Poopósee ein abflussloses Becken.

Das Klima ist trocken mit gemäßigten Temperaturen. In La Paz beträgt die mittlere Monatstemperatur zw. 10 °C und 18 °C. Nach S lassen die Niederschläge immer stärker nach: Die baumlose Hochlandsteppe, die Puna, wird zu einer Hochlandwüste mit großen Salzpfannen. Vom Ostabfall der Anden, dem durch die Quellflüsse des Amazonas- und La-Plata-Systems tief zertalten Bolivianischen Bergland, geht B. in das östliche Tiefland über. Im S reicht es bis in das trockenheiße Buschland des ↑Gran

Chaco, im N bis in das feuchtheiße Randgebiet ↑Amazoniens mit Regenwald.

(amtlich span. República de Bolivia)
Fläche: 1 098 581 km²
Einwohner: 8,81 Mio.
Hauptstadt: Sucre
Regierungssitz: La Paz
Verwaltungsgliederung: 9 Departamentos
Amtssprache: Spanisch, Ketschua, Aimara
Währung: 1 Boliviano (Bs) = 100 Centavos (c.)
Zeitzone: MEZ – 5 Stunden
Kfz-Kennzeichen: BOL

Die längsten Flüsse sind der Beni mit 1 600 km und der Madre de Díos mit 1 100 km Länge, die beide zum Amazonas-System gehören.

Bevölkerung: Rd. 42 % der Bolivianer sind Hochlandindianer, 25 % Ketschua und 17 % Aimara, wobei indianische Interessenvertretungen allerdings von einem Indianeranteil von über 70 % ausgehen. 30 % gelten als Mestizen, etwa 15 % sind Weiße, meist spanischer Herkunft und die herrschende Oberschicht. Außerdem leben in B. 3 % Schwarze und eine kleine Minderheit Tieflandindianer, die Guaraní.

Vier Fünftel aller Einwohner siedeln in der gemäßigten Temperaturzone oberhalb von 3 000 m auf weniger als einem Drittel der Landesfläche. Das wirtschaftlich wenig entwickelte Tiefland im N und O ist sehr dünn besiedelt. Zwei Drittel der Bolivianer sind Städter. Die größten Städte sind La Paz, Santa Cruz de Sierra, Cochabamba und El Alto.

Die allgemeine Schulpflicht vom sechsten bis zwölften Lebensjahr wird von etwa 85 % der Kinder wahrgenommen. Die Analphabetenquote liegt bei rd. 15 %. Über 90 % der Bevölkerung sind römisch-katholisch.

Wirtschaft und Verkehr: Trotz der Bodenschätze, Wälder und der verfügbaren Wasserkraft ist B. ein Entwicklungsland. Auf dem Altiplano und im Bolivianischen Bergland gibt es große Erzvorkommen, u. a. Zinn, Blei, Zink, Kupfer, Eisen, Antimon, Wolfram und Wismut. Die Andenrandzone im SO ist reich an Erdöl und Erdgas. Die Ausfuhr dieser Rohstoffe macht 80 % des Exports aus, aber ein Gros der Einnahmen muss zur Tilgung der hohen Auslandsschulden verwendet werden.

Die Landwirtschaft deckt wegen mangelnder Effektivität nicht den Eigenbedarf. Im östlichen Tiefland werden Rinder und Schafe gezüchtet sowie Kaffee, Zuckerrohr und Baumwolle angebaut. Auf dem Altiplano sind Getreide, Kartoffeln und Quinoa bestimmend. Der illegale Kokaanbau ist wegen der Interventionen der USA rückläufig, dennoch verfügt B. über die größte Anbaufläche und nimmt nach Kolumbien und Peru noch immer den Rang des drittgrößten Produzenten ein.

Die Industrie erzeugt v. a. Konsumgüter für den heimischen Bedarf. Daneben sind Metallverhüttung, Erdölraffinerien und chemische Industrie bedeutend. Haupthandelspartner sind Argentinien, Brasilien, USA und die EU-Länder.

Die Eisenbahn verbindet B. mit den chilenischen Ausfuhrhäfen, mit Peru, Brasilien und Argentinien. B. hat einen vertraglich geregelten Zugang zum ↑Paraguay und ↑Paraná und kann den von Argentinien eingeräumten Freihafen bei Rosario am Atlantischen Ozean benutzen. Internationale Flughäfen haben La Paz und Santa Cruz.

Staat und Politik: Nach der Verfassung aus dem Jahr 1967 ist B. eine Präsidialrepublik. Staatsoberhaupt und Regierungschef ist der für fünf Jahre direkt gewählte Präsident.

B. gehörte 1945 zu den Gründungsmitgliedern der UNO und ist seit 1995 mit dem Mercosur assoziiert.

Bombay ['bɔmbeɪ] (Mumbai): Hauptstadt des indischen Bundesstaates Maharashtra und mit knapp 12 Mio. Einwohnern die größte Stadt Indiens. B. liegt auf einer Insel, die mit dem Festland durch Straßen- und Bahndämme verbunden ist. B. hat den größten Hafen des Landes, einen internationalen Flughafen und ist eine der wichtigsten Industriestädte Indiens. B. ist das Zentrum der indischen Baumwollindustrie, hat Werften und Erdölraffinerien, zahlreiche chemische Werke, Automobilindustrie, Maschinenbau und Elektroindustrie. B. ist führend in der indischen Filmindustrie und nach ↑Bangalore zweitwichtigstes Computer- und Hightechzentrum des Landes. Seit 1857 ist es Universitätsstadt. Das Stadtbild prägen zahlreiche Bauten im Kolonialstil.

B. besteht mindestens seit dem 2. Jh. n. Chr. 1534 wurde B. von den Portugiesen erworben. 1661 fiel es an England und wurde ab 1668 von der Ostindischen Kompanie beherrscht, die Bombay zum Handelsmittelpunkt machte.

Bọnn: kreisfreie Stadt in Nordrhein-Westfalen. B. liegt am Rhein, zw. Ville und Siebengebirge und hat 308 900 Einwohner. Wirtschaftlich bestimmend ist der Verwaltungs- und Dienstleistungssektor. B. war von 1949 bis 1990 Hauptstadt der Bundesrepublik Deutschland und bis 1999 Regierungssitz. Neben ↑Berlin ist B. Amtssitz des Bundespräsidenten und einer Reihe von Bundesbehörden.

In der Industrie dominieren Leichtmetall-, Keramik- und chemisch-pharmazeutische Betriebe sowie Kunststoffindustrie und Druckereien. Mit Universität, Max-Planck-Instituten für Radioastronomie und Mathematik sowie Museen wie dem Haus der Geschichte der Bundesrepublik Deutschland ist das aus einem römischen Kastell hervorgegangene B. eine wichtige Kulturstadt.

Bọrneo (indonesisch Kalimantan): größte der Großen Sundainseln im Malaiischen Archipel. Von den 754 770 km² gehören zu Indonesien 550 848 km², zu Malaysia 198 157 km² (Sarawak, Sabah) und zu Brunei 5 765 km².

Das Landesinnere ist gebirgig und steigt im Kinabalu bis auf 4 101 m an. B. ist reich an tropischem Regenwald, dem Lebensraum des Orang-Utans. Weite Teile im SO und W werden allerdings häufig durch schwerste Waldbrände, zuletzt 1997/98, dezimiert, und sind auch nach Brandrodung von Alang-Alang-Grasfluren bedeckt; an den Küsten dominiert Mangrove. Die Bevölkerung (rd. 13 Mio.) besteht v. a. aus Altmalaien im Innern, den Dayak, aus Jungmalaien an den Küsten und chinesischen Einwanderern im W. B ist reich an Bodenschätzen: Erdöl im O und NW, Gold, Steinkohle und Diamanten.

Bọsnien und Herzegowina: Staat in Südosteuropa. Er gliedert sich in den nördlichen Landesteil Bosnien und den südlichen Teil Herzegowina mit dem Hauptort Mostar, grenzt im S, W und N

Bosnien und Herzegowina

(amtlich Republika Bosna i Hercegovina)
Fläche: 51 129 km²
Einwohner: 4,11 Mio.
Hauptstadt: Sarajevo
Verwaltungsgliederung: 2 staatliche Einheiten (Entitäten), gemeinsam verwaltete Hauptstadt
Amtssprache: Bosnisch, Kroatisch, Serbisch
Währung: Konvertible Mark (KM)
Zeitzone: MEZ
Kfz-Kennzeichen: BIH

B

Bosnien und Herzegowina – Ethnische Gliederung

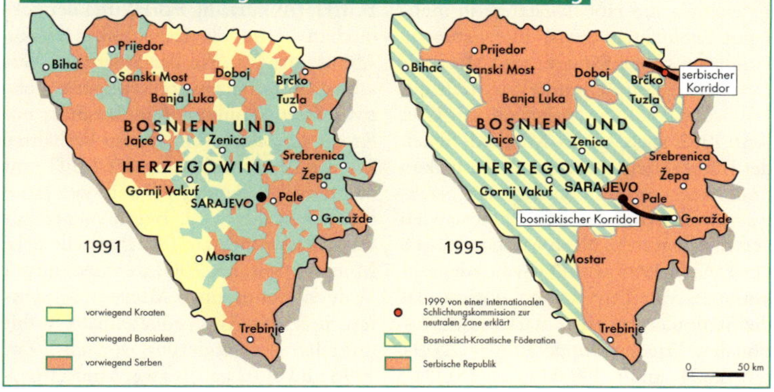

an Kroatien und im O bzw. SO an Serbien und Montenegro.

Landesnatur: Mit Ausnahme des Anteils an der Saveniederung im N, dem fruchtbaren Acker- und Obstbauland Posavina, wird B. u. H. vom Dinarischen Gebirge eingenommen, das überwiegend stark mit Laub-, Misch- und Nadelwald bedeckt ist. Im S und SW bestimmt waldarmer Karst (verwitterter stark kalkhaltiger Boden) die Landschaft. Die Gebirgsstöcke erreichen hier im Maglić-Massiv auf der Grenze zu Serbien und Montenegro 2 386 m. Es gibt zahlreiche, um 1 700 m hoch gelegene Hochflächen, in die große Becken, sog. Poljen, eingesenkt sind.

Der Zugang zum Adriatischen Meer besteht aus einem schmalen Küstenstreifen von 20 km Breite. In den gebirgigen Landesteilen herrscht vorwiegend ein gemäßigt kontinentales Klima. Das Januarmittel liegt um 0 °C, das Julimittel um 21 °C und es fallen etwa 1 000 mm Jahresniederschlag. Im S und zur Adriaküste hin nehmen mediterrane Einflüsse, auch in der Vegetation, zu.

Bevölkerung: In B. u. H. leben muslimische Bosniaken, orthodoxe Serben und römisch-katholische Kroaten sowie Angehörige nationaler Minderheiten wie Albaner, Slowenen, Montenegriner, Roma u. a. Die Bevölkerungsverteilung hat sich durch die vom Bürgerkrieg (1992–95) ausgelösten Massenvertreibungen und Zwangsumsiedlungen stark geändert; verlässliche Zahlen liegen nicht vor. Die Zahl der Flüchtlinge, die noch immer außerhalb von B. u. H. leben, wird auf 142 000 geschätzt.

Die städtische Bevölkerung umfasst ca. 40 %. Neben der Hauptstadt Sarajevo sind Tuzla und Bihać Städte mit mehr als 200 000 Einwohnern. Allgemeine Schulpflicht besteht vom 7. bis 15. Lebensjahr.

Wirtschaft und Verkehr: Der Bürgerkrieg hat die Wirtschaft ruiniert und viele Produktionsstätten zerstört. B. u. H. war zuvor ein Industrieland mit starker Eisen- und Stahlindustrie sowie einem ausgeprägten Maschinenbausektor. Auch der Agrarsektor war bedeutend und das Land ist reich an Bodenschätzen.

Im Bosnischen Erzgebirge, das zum Dinarischen Gebirge gehört, gibt es große Eisenerz- und Braunkohlelagerstätten sowie Vorkommen von Bauxit, Silber-, Chrom-, Mangan- und Bleierz. Angebaut werden v. a. Weizen, Mais, Tabak, Kartoffeln, Zuckerrüben, Obst und Wein. Wichtig sind außerdem Viehzucht, v. a. die Schafhaltung in den Karstgebieten, und Holzgewinnung. Die Landarbeit wird durch Millionen Minen gefährdet.

Verkehrsleitlinie ist das Neretvatal, das als einziges die Hochkarstzone in mehreren Schluchten quert. Internationale Flughäfen haben Sarajevo und Mostar.

Staat und Politik: Unmittelbar nach der Loslösung von Jugoslawien am 3. 3. 1992 (seit 1992 auch UNO-Mitglied) brach der Bürgerkrieg zw. Kroaten, Bosniaken und Serben aus, in den auch die Nachbarstaaten Kroatien und Jugoslawien verwickelt waren. Nach Militärschlägen der NATO 1995 wurde das Friedensabkommen von Dayton geschlossen, das die Stationierung einer starken internationalen Friedenstruppe unter UNO-, seit 2004 unter EU-Mandat (SFOR) festschrieb.

Das Abkommen definiert Verfassungsgrundsätze, nach denen B. u. H. eine unabhängige, demokratische, föderative Republik ist, die aus zwei relativ eigenständigen Gebietseinheiten besteht, der Bosniakisch-Kroatischen Föderation B. u. H. (Abkürzung FBiH) und der Serbischen Republik (Republika Srpska, Abkürzung RS). An der Spitze des Gesamtstaates steht ein dreiköpfiges kollektives Staatspräsidium (ein Bosniak, ein Kroate und ein Serbe), das im Verhältnis 2:1 von der Bevölkerung der FBiH und der Bevölkerung der RS auf zwei Jahre direkt gewählt wird. Beim Vorsitz gilt das Rotationsprinzip (Wechsel alle acht Monate). Seit den 2002 durchgeführten Wahlen gibt es einen Ministerpräsidenten, den das Abgeordnetenhaus wählt und der der Regierung vorsteht. Zw. 1998 und 2002 gab es zwei Ministerpräsidenten. Das Abgeordnetenhaus mit seinen 42, alle vier Jahre direkt gewählten Mitgliedern (28 aus der FBiH, 14 aus der RS) und die Kammer der Völker (fünf Bosniaken, fünf Serben, fünf Kroaten, auf vier Jahre gewählt) bilden das Parlament.

Bosporus: Meerenge zw. Europa und Asien. Der B. verbindet das Schwarze Meer mit dem Marmarameer, einem Teilmeer des Mittelmeeres. Er ist 31 km lang, 660 bis 3 000 m breit und 30 bis 120 m tief.

Die Ufer sind im N kahl oder mit Buschwerk bestanden; nach S folgen Fischerdörfer, Villenorte, Paläste und Burgen. Am Südausgang liegt die Bucht Goldenes Horn mit der Metropole ↑Istanbul, die überwiegend auf europäischer Seite liegt, mit dem Stadtteil Üsküdar aber auch einen Teil des asiatischen Ufers einnimmt. Bei Istanbul wird der B. von zwei Hängebrücken überspannt.

Bosporus – Lage

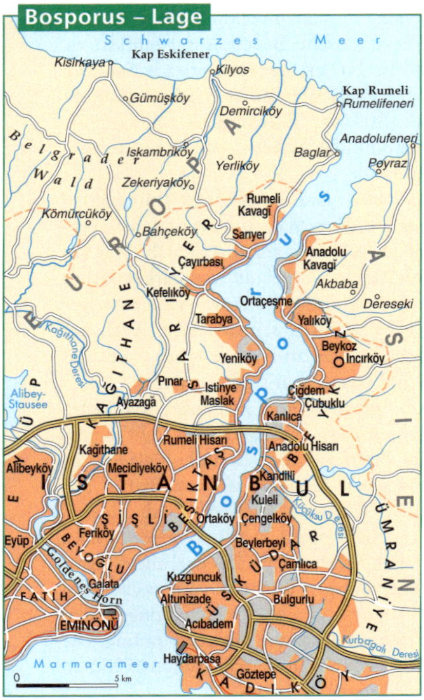

Boston: Hauptstadt des Bundesstaates Massachusetts, USA. B. liegt an der Massachusetts Bay am Atlantischen Ozean und hat 589 300 Einwohner. Die Metropolitan Area, also der Großraum B., zählt rd. 3 Mio. Menschen.

Mit Hafen und internationalem Flughafen ist B. eine bedeutende Handelsstadt und mit Schiffbau, Lebensmittel-, Bekleidungsindustrie und Metallverarbeitung Industriestadt. Es gibt vier Universitäten und im benachbarten Cambridge die Harvard University sowie das Massachusetts Institute of Technology, zwei der renommiertesten Hochschulen der Welt. Die Stadtbibliothek ist eine der größten Bibliotheken der USA. 1897 wurde in B. die erste U-Bahn in den USA gebaut.

Botswana: Staat im südlichen Afrika. Er grenzt im W und N an Namibia, im NO an Simbabwe, punktuell auch an Sambia sowie im SO und S an die Republik Südafrika.

Botswana

(amtlich engl. Republic of Botswana)
Fläche: 581 730 km²
Einwohner: 1,71 Mio.
Hauptstadt: Gaborone
Verwaltungsgliederung: 11 Distrikte
Amtssprache: Tswana und Englisch
Währung: 1 Pula (P) = 100 Thebe (t)
Zeitzone: MEZ + 1 Stunde
Kfz-Kennzeichen: RB

Landesnatur: B. ist größtenteils eine weite, nach innen fallende, in 900 bis 1 100 m Höhe liegende Ebene zw. den Flüssen Sambesi im N und dem Limpopo sowie dem Molopo im Süden. Im SW bestimmen die Sanddünen der ↑Kalahari die Landschaft. Im N liegen das Okawangobecken mit dem riesigen Binnendelta und seinen ausgedehnten Sümpfen sowie die Salzpfannen des Makarikaribeckens und des Ngamisees.

Das Klima weist wegen der Binnenlage große tages- und jahreszeitliche Temperaturschwankungen auf. Das Julimittel beträgt 15° C, im Januar sind es 25 °C. Die Niederschlagsmengen sind gering. Nur der Südostrand erhält etwa 500 mm im Jahr. Die Regenzeit dauert von November bis April.

Bevölkerung: Fast 95 % der Einwohner sind Bantu, überwiegend Tswana. Die meisten Menschen hängen Naturreligionen an, etwa 30 % bekennen sich auch zum Christentum. Der überwiegende Teil der Einwohner lebt im SO. Das größte Problem des Landes liegt im Gesundheitswesen: 38 % der Bevölkerung sind mit dem Aidsvirus infiziert.

Wirtschaft und Verkehr: B. zählt zu den wirtschaftlich stärkeren Staaten Afrikas. Besonders bedeutsam ist die Förderung von Diamanten: B. ist der zweitgrößte Diamantenexporteur der Welt. Die Steine machen 75 % des Exportvolumens aus. Daneben werden Nickel, Kupfer und Kohle gefördert.

Als Erwerbszweig für die Einwohner ist die Landwirtschaft am wichtigsten, die 45 % der Arbeitskräfte beschäftigt. 76 % der landwirtschaftlichen Nutzfläche sind Weideland für Rinderzucht.

Wichtigste Handelspartner sind die Republik Südafrika und Großbritannien. Das Eisenbahnnetz ist 971 km lang, die Strecke von Mafikeng (Republik Südafrika) nach Bulawayo (Simbabwe) durchquert das Land. Neben Straßen dienen mehrere Flughäfen dem Inlandverkehr. Gaborone hat einen internationalen Flughafen.

Staat und Politik: Nach der Verfassung vom 30. 9. 1966 ist B. eine präsidiale Republik. Staatsoberhaupt und Regierungschef ist der für fünf Jahre direkt gewählte Präsident.

Seitdem B. 1966 von Großbritannien die Unabhängigkeit erhielt, ist es Mitglied der UNO. Mit Namibia besteht ein Territorialkonflikt um den Caprivizipfel, einen schmalen Streifen Land, der zu Namibia gehört.

Brahmaputra [indisch »Sohn des Brahma«]: mit 3 000 km Länge einer der Hauptströme Südasiens. Er entsteht in 5 600 m Höhe an den nördlichen Abhängen des ↑Himalaja in Südtibet aus drei Quellflüssen, fließt als Yarlung

B

Zangbo Jiang (chinesisch) bzw. Tsangpo (tibetisch) 1 250 km nach O, biegt als Dihang (chinesisch) nach S um und durchbricht die Himalajaketten. Als B. fließt er in der Ebene von Assam nach W, dann nach S und mündet in den Unterlauf des ↑Ganges, mit dem er ein 44 000 km² großes Delta in Bengalen, also in Indien und Bangladesh, bildet. Durch die starke Abholzung im Himalaja führt der B. in vielen Jahren erheblich mehr Wasser als früher. Daraus resultieren oft katastrophal verlaufende Überschwemmungen in seinem Unterlauf, von denen v. a. Bangladesh betroffen ist.

Brandenburg: Land im O der Bundesrepublik Deutschland. Es grenzt im W und SW an Sachsen-Anhalt, im äußersten NW an Niedersachsen, im N an Mecklenburg-Vorpommern, im S an Sachsen und im O mit Lausitzer Neiße und Oder an Polen. Inmitten von B. liegt das Land Berlin. B. ist mit 29 477 km² das größte der neuen Bundesländer und hat 2,57 Mio. Einwohner. Die Hauptstadt ist Potsdam.

Landesnatur: B. liegt im Bereich des Norddeutschen Tieflandes. Im N erstreckt sich ein schmaler Streifen des Baltischen Landrückens, der 153 m erreicht, mit dem südöstlichen Ausläufer der Mecklenburger Seenplatte. Nach S schließt sich die Prignitz an, eine flachwellige, waldarme Heidelandschaft. Zwischen Havel und der Oderniederung liegt der südliche Teil der Uckermark mit der wald- und seenreichen Schorfheide. Im SW und S erheben sich Fläming (201 m) und Lausitzer Grenzwall (↑Lausitz).

Das Zentrum von B. wird von Tälern durchzogen, die von W nach O verlaufen. Es sind Urstromtäler, durch die in den Eiszeiten Schmelzwasser abgelaufen ist. Heute fließen in ihnen die z. T. seenartig erweiterten Flüsse Havel, ↑Spree, Rhin, Dahme und ↑Elbe, z. T. haben sich ausgedehnte Feuchtgebiete gebildet: Rhinluch, Havelländische Luch, Spreewald und Oderbruch.

Das Klima weist nach O hin zunehmend kontinentale Züge auf. In Potsdam liegt das Januarmittel bei –1 °C, im Juli sind es über 18 °C. Der durchschnittliche Jahresniederschlag liegt bei 590 mm. 35 % der Landesfläche sind bewaldet.

Bevölkerung: Die Bevölkerungsdichte ist mit 88 Ew./km² nach der von Mecklenburg-Vorpommern die zweitniedrigste Deutschlands. Neben der deutschstämmigen Bevölkerung lebt im S in der Niederlausitz (↑Lausitz) die nationale Minderheit der Sorben mit schätzungsweise 20 000 Angehörigen. Knapp ein Drittel der Brandenburger bekennt sich zum christlichen Glauben, überwiegend sind es Protestanten. Neben Potsdam sind ↑Cottbus, Brandenburg an der Havel und Frankfurt (Oder) weitere große Städte.

Wirtschaft: Seit der Wiedervereinigung 1990 ist eine Umstrukturierung der Wirtschaft im Gang, die u. a. jeden dritten Arbeitsplatz kostete. Die Landwirtschaft ist nach wie vor bedeutend. Angebaut werden v. a. Weizen, Roggen, Kartoffeln und Zuckerrüben, in den Feuchtgebieten sind Obst und Gemüse sowie die Grünlandwirtschaft mit Rinderzucht dominierend.

Wichtigstes Industriegebiet ist die Stadtrandzone von Berlin, der sog. Speckgürtel, mit Eisenmetallurgie, Maschinen-, E-Lok-Bau sowie Elektrotechnik und Elektronik. In der Niederlausitz entwickelte sich seit 1952 die Braunkohlenindustrie mit großen Tagebauen, Großkraftwerken und chemischer Industrie, die zu schwersten Umweltbelastungen führte. Herkömmliche Industriezweige sind hier die Textil- und Glasindustrie.

Eisenbahnlinien und Fernverkehrsstraßen (einschließlich Autobahnen als Teil des Europastraßennetzes) ziehen sternförmig durch B. nach Berlin. Oder, Spree, Havel und Elbe sind schiffbar und durch Oder-Havel-, Oder-Spree- und Elbe-Havel-Kanal verbunden. Bedeutendster Binnenhafen ist Königs Wusterhausen.

Staat und Politik: Am 3. 10. 1990 wurde das Land B. als Bundesland der Bundesrepublik Deutschland wieder errichtet. Nach der am 14. 6. 1992 durch Volksentscheid in Kraft gesetzten Verfassung übt der Landtag (89 Abgeordnete, für fünf Jahre gewählt) die Legislative aus. Er wählt den Ministerpräsidenten, der der Regierung vorsteht. Die Verfassung sieht eine direkte Bürgerbeteiligung vor. So lehnten die Brandenburger im Gegensatz zu den Berlinern in einer Volksabstimmung am 5. 5. 1996 die geplante Fusion mit Berlin ab.

Brasília: Hauptstadt Brasiliens und als Bundesdistrikt 5 822 km² groß. B. liegt in einer Höhe von 1 060 m im Hochland von Goiás, 950 km vom Atlantischen Ozean entfernt. Es hat 2,04 Mio. Einwohner.

B. ist eine geplante Siedlung, deren Zweck die Erschließung des brasilianischen Hinterlandes ist. LÚCIO COSTA (1902–97) entwarf den Grundriss, der aus einer 13 km langen parabelförmigen Hauptverkehrsachse und einer senkrecht dazu verlaufenden kreuzungsfreien Monumentalachse besteht. OSCAR NIEMEYER (*1907) schuf die bedeutendsten repräsentativen Gebäude. Mit dem Bau wurde 1957 begonnen, 1960 wurde B. Hauptstadt, 1962 Universitätsstadt und Erzbischofssitz. Zur Sicherung der Wasser- und Energieversorgung wurde ein 40 km² großer Stausee angelegt. Der Zustrom nach B. hält an, aber mehr als zwei Drittel der Bevölkerung leben in ungeplant wachsenden Elendsvierteln.

Brasilien: siehe S. 74.

Bratislava (Preßburg): seit 1993 Hauptstadt der Slowakischen Republik. B. liegt links der ↑Donau, am Fuß der Kleinen ↑Karpaten und hat 428 100 Einwohner. Die petrochemische Industrie, der Maschinenbau, die Papier-, Baustoff- und Nahrungsmittelindustrie sind bedeutend. Es gibt einen Hafen und einen internationalen Flughafen. B. ist außerdem Universitätsstadt. Von 1526 bis 1784 war B. Haupt- und bis 1848 Krönungsstadt des habsburgischen Ungarn, kam 1919 an die Tschechoslowakei und war meist Hauptstadt des slowakischen Teilstaates.

Braunschweig: kreisfreie Stadt und Hauptstadt des Regierungsbezirks B., in Niedersachsen an der Oker gelegen. B. hat 245 400 Einwohner. Industrie, Bildungssektor und Forschung sind stark ausgeprägt: Es gibt u. a. Anlagen-, Fahrzeug- und Maschinenbau, chemische, elektrotechnische, elektronische, feinmechanische und optische Industrie, eine Technische Universität, das Luftfahrt-Bundesamt, die Biologische Bundesanstalt für Land- und Forstwirtschaft, die Deutsche Forschungsanstalt für Luft- und Raumfahrt und das Fraunhofer-Institut für Holzforschung. B. besitzt einen Hafen und einen Regionalflughafen. 1031 zuerst erwähnt, war B. Residenz HEINRICHS DES LÖWEN (1129–95). Vor seiner Burg steht das berühmte Löwenstandbild. Von 1753 bis 1918 war B. Hauptstadt des Landes Braunschweig-Wolfenbüttel.

Bremen: als Freie Hansestadt B. das kleinste Land der Bundesrepublik Deutschland mit 404 km². Es umfasst die Städte B. mit 543 000 Einwohnern und Bremerhaven mit 119 100 Einwohner. Die beiden Städte sind durch niedersächsisches Gebiet voneinander getrennt.

Landesnatur: Im Norddeutschen Tiefland gelegen, erstreckt sich B. beiderseits der ↑Weser. Der Untergrund ist sandig. Das Klima wird von feuchten Westwinden geprägt, die im Jahr durchschnittlich 715 mm Niederschlag bringen. Die mittlere Januartemperatur liegt etwas unter 1 °C, im Juli sind es 17 °C.

Bevölkerung: Mit 1 638 Ew./km² ist das Bundesland dicht besiedelt. Etwa 82 % der Bevölkerung sind evangelisch, rd. 10 % katholisch.

Wirtschaft und Verkehr: Grundlage sind die Häfen von Bremerhaven bzw. B., die nach dem Hamburger Hafen die

▶ *Fortsetzung auf S. 77*

Brasilien ist das fünftgrößte Land der Welt und umfasst nahezu die Hälfte der Fläche Südamerikas. Bis heute gelten große Teile Brasiliens als unerschlossen. Dem dicht besiedelten und industrialisierten SO stehen menschenleere Räume gegenüber. Brasilien ist sowohl ein moderner Industriestaat als auch ein Entwicklungsland.

Brasilien

(amtlich portugiesisch República Federativa do Brasil, dt. Föderative Republik Brasilien)
Fläche: 8 547 404 km²
Einwohner: 174,49 Mio.
Hauptstadt: Brasília
Verwaltungsgliederung: 26 Bundesstaaten, 1 Hauptstadtdistrikt
Amtssprache: Portugiesisch
Währung: 1 Real (R$) = 100 Centavos
Zeitzone: MEZ – 4 bis – 6 Stunden
Kfz-Kennzeichen: BR

Naturgeografisches Potenzial

Den größten Teil nimmt das Brasilianische Bergland ein – ein Berg- und Tafelland von durchschnittlich 1 000 m Höhe, das steil zur Küste am Atlantischen Ozean abbricht. Im NW schließt sich das bis 1 300 km breite Amazonasbecken an, ein Tiefland, das sich nur an wenigen Stellen über 150 m erhebt. Diese Landschaft wird vom ↑Amazonas geprägt, dem wasserreichsten Strom der Erde. Der höchste Berg Brasiliens ist der Neblina mit 3 014 m. Er liegt im brasilianischen Anteil des Berglandes von Guayana, das sich nördlich des Amazonasbeckens erstreckt.

Brasilien ist klimatisch überwiegend ein tropisches Land mit Abstufungen vom innertropischen Äquatorialklima im N über das Klima der wechselfeuchten Tropen bis zum subtropischen Klima im S. Die brasilianische Ostküste erhält durch den Südostpassat ganzjährig Niederschläge. Die im Regenschatten liegenden Binnengebiete sind z. T. sehr trocken und von Dürren bedroht. Im Amazonasbecken und am östlichen Gebirgsrand prägen tropische Regenwälder die Vegetation, im inneren Bergland die Campos genannten Savannen mit Galeriewäldern sowie lichte Buschwälder.

Brasilien besitzt große Vorkommen aller wichtigen Bodenschätze. Die vielen Stromschnellen und Wasserfälle bilden ein großes Wasserkraftpotenzial, behindern jedoch die Schifffahrt.

Bevölkerungsverteilung und soziale Gegensätze

Vor allem im Amazonasgebiet leben etwa 300 000 Indios, überwiegend in kleinen Gemeinschaften. Ihre Kultur gilt als massiv bedroht. Die Weißen stellen mit etwa 54 % die größte Bevölkerungsgruppe. Im S des Landes erreicht ihr Anteil 85 %. Sie sind überwiegend europäischer Herkunft, Nachkommen der portugiesischen Kolonialherren oder von italienischen, spanischen oder deutschen Einwanderern. Die 11 % Schwarzen sind Nachfahren von etwa 3,6 Mio. afrikanischen Sklaven. Rassenprobleme gibt es kaum, die ethnischen Grenzen sind fließend. Ein Drittel der Bevölkerung sind Mischlinge.

Inzwischen leben mehr als vier Fünftel der Brasilianer in Städten. Im 20. Jh. ist es zu einer massiven Abwanderung von Einwohnern des armen NO in die wirtschaftlich entwickelten Gebiete des SO gekommen. Dieser Zustrom ließ die Elendsviertel, die sog. Favelas, in den Großstädten stark anwachsen. Nicht zuletzt wegen der wachsenden Landflucht beschloss die Regierung, das Hinterland stärker zu erschließen – ein Beispiel ist die Gründung der Hauptstadt ↑Brasília. Die Armut großer Bevölkerungsschichten und die weit verbreitete Unterernährung sind die dringendsten sozialen

Probleme des Landes. Einer kleinen, wirtschaftlich starken Oberschicht steht eine breite besitzlose Masse gegenüber. In den Großstadtregionen stoßen die sozialen Gegensätze besonders krass aufeinander.

Amazonien – gefährdeter Reichtum

↑Amazonien ist das größte auf dem Festland gelegene Ökosystem der Erde: Hier befindet sich das gewaltigste Flusssystem mit riesigen Süßwasservorräten, hier entsteht fast die Hälfte des durch Bäume produzierten Sauerstoffs und hier hat sich die wohl artenreichste Pflanzen- und Tierwelt entwickelt. Indianische Völker nutzten diesen Reichtum seit Jahrtausenden für ihre Versorgung, ohne ihn zu gefährden.

Mit der Gewinnung von Kautschuk begann jedoch in der Mitte des 18. Jh. die wirtschaftliche Ausbeutung des Regenwaldes. Vom Bau der 5 600 km langen Transamazônica ab 1970 wurde eine dauerhaft dichtere Besiedlung und eine wirtschaftliche Erschließung Amazoniens erwartet. Tatsächlich ist dieses ehrgeizige Ziel gescheitert: Die mühsam gewonnenen Ackerbauflächen ermöglichten nur wenige Jahre lang gute Ernten. Die Böden sind wegen der hohen Niederschläge arm an Nähr- und Mineralstoffen. Die Fruchtbarkeit des Regen-

Brasilien – Wirtschaft

waldes beruht darauf, dass laufend Pflanzen absterben und durch ihre Verwitterung eine dünne, aber fruchtbare Humusschicht hervorbringen. Ist das Pflanzenkleid entfernt, wird die Auswaschung dramatisch verstärkt.

Die Wasserfälle des Rio Iguaçu liegen an der Grenze zu Argentinien und Paraguay. 60 bis 80 m tief stürzt das Wasser auf einer Breite von fast 4 km in einen Canyon.

■ Brasilien, ein Schwellenland

Brasilien, ein Land mit großen natürlichen Reichtümern, gehört zu den am stärksten industrialisierten Ländern Südamerikas und gilt als typisches Land an der Schwelle vom Entwicklungs- zum Industrieland. Der Anteil der Landwirtschaft am brasilianischen BIP hat zwar deutlich abgenommen, aber dennoch hat sie große wirtschaftliche Bedeutung: Brasilien ist z.B. mit einem Drittel der Welterzeugung der wichtigste Kaffeeproduzent. Bei Sojabohnen und Sojaprodukten zählt Brasilien zu den führenden Anbietern. Die Industrie konnte auf einer Reihe positiver Grundlagen aufbauen. Zu nennen sind v.a. der starke Agrarsektor, der viele Ausgangsstoffe zur Weiterverarbeitung bereitstellt, die reichlich zur Verfügung stehende Wasserkraft und damit billige Energie – ein Beispiel ist das Großkraftwerk Itaipú am ↑Paraná mit 14 000 MW – und die breite Palette an Bodenschätzen. Die Eisenerzlagerstätten des Eisernen Vierecks im S des Staates Minas Gerais und jene der Serra dos Carajás im südöstlichen Amazonien gehören zu den reichsten der Erde. Beachtlich sind auch die Mangan-, Zinn- und Bauxitlagerstätten.

Heute sind die Wachstumsindustrien insbesondere der Fahrzeug- und Maschinenbau, die Elektrotechnik und Metallverarbeitung sowie die chemische Industrie. Brasilien ist inzwischen der führende Eisen- und Stahlproduzent und auch einer der größten Kraftfahrzeughersteller unter allen Ländern, die nicht zu den Industriestaaten gehören.

Die derzeitige Wirtschaftslage ist jedoch schlecht. Zunehmende Arbeitslosigkeit, hohe Inflationsraten und wachsende Defizite im Staatshaushalt sind ihre Kennzeichen. Die Auslandsverschuldung hat sich stark erhöht, die Zahlungsverpflichtungen aus Umschuldungsabkommen konnten z.T. nicht erfüllt werden. Trotz Reformen kam es 1998/99 zu einem Aktien- und Währungseinbruch: Die sog. Brasilienkrise gefährdete die Wirtschaft ganz Südamerikas.

Nützliche Webadressen sind:
www.brasilien.de
www.brasil-web.de/brasil
www.kippenhan.net/brasil/brasilien.htm

BRÜMMER, AXEL u.a.: *Amazonien. Eine Reise zum grünen Mittelpunkt der Erde.* München (Bruckmann) 2000. ■ KOHLHEPP, GERD: *Amazonien.* Köln (Aulis) 1987. ■ SCHACHT, S.: *Brasilien zwischen sozialen und ökologischen Problemen.* in: Praxis Geographie, Jg. 25 1995, H. 11, S. 4–10. ■ WÖHLCKE, MANFRED: *Brasilien. Diagnose einer Krise.* München (Beck) 2002.

◀ Fortsetzung von S. 73 wichtigsten deutschen Häfen sind. Es gibt viele Reedereien und eine Wertpapierbörse. Gehandelt wird v. a. mit Baumwolle, Tabak, Kaffee und Tee. Ein bedeutendes Umschlagsgut sind Automobile. Die Industrie ist breit gefächert und umfasst nahezu alle Branchen. Der Fremdenverkehr ist bedeutend. B. ist mit seinen Bauwerken, u. a. mit dem Dom aus dem 11. Jh., dem Gildehaus (1537–94) und dem Rathaus (1405–10, Umbau im 17. Jh.), sowie mit seinen Museen wie dem Überseemuseum ein Anziehungspunkt für Touristen.
Staat und Politik: Als Teil der US-amerikanischen Besatzungszone wurde B. 1947 Land. Nach der Verfassung vom 21. 10. 1947 liegt die Legislative bei der Bürgerschaft, die aus 83 auf vier Jahre gewählten Abgeordneten besteht. Die Bürgerschaft bestimmt den Senat, also die Regierung, und den Regierungschef, den Präsidenten des Senats. Der Präsident ist zugleich Erster Bürgermeister der Stadtgemeinde Bremen.

Brisbane: Haupt- und Hafenstadt des ostaustralischen Bundesstaates Queensland. B. liegt am gleichnamigen Fluss, 28 km vom Pazifischen Ozean entfernt. Als Großraum hat es 1,65 Mio. Einwohner. B. entstand 1824 als Sträflingslager, wurde 1842 zur Besiedlung freigegeben und ist heute eine bedeutende Handels- und Industriestadt mit florierendem Fremdenverkehr. Es besitzt einen internationalen Flughafen.

Brunei: Staat in Südostasien. B. liegt an der Nordwestküste ↑Borneos, ist vom malaysischen Gliedstaat Sarawak umgeben und in zwei Landesteile getrennt.
Landesnatur: Beide Landesteile liegen größtenteils in der Küstenebene. Mehrere kleine Flüsse durchziehen das Land und bilden im Küstenbereich sumpfige Mündungen. Landeinwärts werden in der Crocker Range Höhen von bis zu 1 850 m erreicht. B. hat äquatoriales Regenklima mit einer Durchschnittstemperatur um 27 °C und einem Jahresniederschlag von 3 500 mm im Tiefland. 90 % des Landes sind mit tropischem Regenwald bedeckt.
Bevölkerung: Rd. 76 % sind Malaien, 15 % Chinesen, 6 % Iban u. a. Ureinwohner, 8 % Gastarbeiter aus verschiedenen Ländern. Der Islam ist Staatsreligion. Bildungs- und Gesundheitssystem stehen kostenlos zur Verfügung und sind von hohem Niveau.

Brunei

(amtlich malaiisch Negara Brunei Darussalam, dt. Brunei, Heimstatt des Friedens)
Fläche: 5 765 km^2
Einwohner: 351 000
Hauptstadt: Bandar Seri Begawan
Amtssprache: Malaiisch
Währung: 1 Brunei-Dollar (BR$) = 100 Cents (¢)
Zeitzone: MEZ + 7 Stunden
Kfz-Kennzeichen: BRU

Wirtschaft und Verkehr: Grundlage der Wirtschaft und Haupteinnahmequelle des Landes sind die Erdöl- und Erdgasvorkommen, deren Nutzung B. zu einem der reichsten Staaten der Erde machen. Erdöl und Erdgas machen über 90 % der Exporterlöse aus. Das Gros geht nach Japan. Für die Einwohner herrscht Steuerfreiheit.
Von den landwirtschaftlichen Produkten werden Kautschuk und Pfeffer, ferner Holz exportiert. Das Straßennetz ist gut ausgebaut. 1973 wurde der Tiefseehafen Muara, 1974 der internationale Flughafen bei Bandar Seri Begawan eröffnet.
Staat und Politik: B. wurde am 1. 1. 1984 von Großbritannien unabhängig und ist seitdem Mitglied der UNO und der ASEAN. Die Verfassung von 1959 definiert B. als unabhängiges Sultanat. Der

Sultan ist als absoluter Herrscher Staatsoberhaupt, Regierungschef und Gesetzgeber.

Brụssel (flämisch Brussel, frz. Bruxelles): Haupt- und Residenzstadt Belgiens. B. liegt an der Senne und hat 134 000 Einwohner. Es bildet mit 18 umgebenden Gemeinden die zweisprachige Region B., die 162 km² groß ist und 978 400 Einwohner hat.

Die Stadt ist mit zwei Universitäten ein Bildungszentrum und besitzt eine breit gefächerte Industrie. Größere Bedeutung haben aber Verwaltung und Dienstleistung. B. ist u.a. Sitz der belgischen Regierung, des ständigen Generalsekretariats der Benelux-Länder, der EU-Kommission, des Hauptquartiers der NATO und der Europäischen Atomgemeinschaft EURATOM. Es gibt eine U-Bahn, einen Hafen und einen internationalen Flughafen.

Das Ende des 10. Jh. entstandene B. war im Hoch- und Spätmittelalter eine der mächtigsten Städte Europas. Es ist überaus reich an bedeutenden Bauten aus allen Epochen. Dazu zählen das Rathaus (ab 1402), die Galeries Saint Hubert (1847) sowie die Wahrzeichen Manneken Pis (ab 1388 bezeugt) und das Atomium (1958).

Bụdapest: Hauptstadt von Ungarn. B. liegt an der Donau in der Ungarischen Tiefebene und hat 1,74 Mio. Einwohner. Es ist Verwaltungs-, Wirtschafts-, Verkehrs- und kulturelles Zentrum Ungarns. Die Stadt hat sechs Universitäten, einen Donauhafen und einen internationalen Flughafen. Etwa 40 % der ungarischen Industrieproduktion kommen aus B. Nach ↑London hat B. die zweitälteste U-Bahn Europas (1896). Die Stadt besitzt außerdem 123 erschlossene Thermalquellen.

B. besteht aus zwei Teilen. Rechts der Donau liegt an den Hängen der Kalkberge Buda mit der Burg, der gotischen Matthias-(Krönungs-)Kirche, dem alten Rathaus und vielen Regierungsgebäuden auf dem 150 m hohen Burgberg und der Fischerbastei (neuromanische Anlage, 1901–05) am Steilhang zur Donau. Links des 260 bis 635 m breiten Flusses breitet sich Pest aus. Die Altstadt mit Burgviertel und Uferzone ist reich an Baudenkmälern, darunter viele, meist jüngere Prachtbauten wie das Parlament, die Sankt-Stephans-Kirche oder die Nationalgalerie. Aus dem Klassizismus stammt das einheitliche Stadtbild mit großzügig angelegten Ring- und Radialstraßen und größeren Grünflächen.

Die beiden Stadtteile waren ursprünglich eigenständig und wurden um 1247 gegründet. 1872 wurden Buda und Pest zur heutigen Metropole vereinigt.

Bu̲enos Aires [span. »gute Lüfte«]: Hauptstadt von Argentinien. B. A. liegt am Südwestufer des 45 km breiten Río de la Plata und hat 2,78 Mio. Einwohner. Im Großraum siedeln 13,8 Mio. Menschen. Die Stadt besitzt einen modernen Hafen und im 33 km entfernten Ezeiza einen internationalen Flughafen. B. A. ist Sitz der großen Aus- und Einfuhrfirmen und einer v.a. während des Zweiten Weltkrieges sprunghaft entwickelten Industrie. Rd. zwei Drittel aller Industriebetriebe Argentiniens sind hier ansässig. Mit mehreren Universitäten und Akademien, Museen, Erzbistum u.a. Einrichtungen ist B. A. auch Bildungs- und Kulturzentrum.

Von 1776 bis 1810 war B. A. Hauptstadt des span. Vizekönigreichs Río de la Plata und ist seit 1880 Hauptstadt von Argentinien.

Bụkarest: Hauptstadt von Rumänien. B. liegt an der Dîmbovita im Donautiefland und hat 1,92 Mio. Einwohner. Mit Universität und als Sitz des Patriarchen der rumänisch-orthodoxen Kirche sowie eines katholischen Erzbischofs ist es das kulturelle und geistige Zentrum des Landes. Außerdem ist es die wichtigste Industriestadt. Es gibt Maschinen-, Fahrzeugbau, Metallverarbeitung, elektrotechnische und elektronische Industrie, chemische, pharmazeutische, Lebensmittel- und Textilindustrie.

1861 wurde B. Hauptstadt des vereinigten Rumänien. Es erlitt im Zweiten Weltkrieg und durch ein Erdbeben 1977 schwere Zerstörungen. Während des diktatorischen Regimes unter NICOLAE CEAUSESCU (1918–89) wurden große Teile der Altstadt von B. für die Errichtung eines »sozialistischen Zentrums« abgerissen.

Bulgarien: Staat im SO Europas. B. umfasst einen großen Teil der östlichen Balkanhalbinsel südlich der Donau, grenzt im N an Rumänien, im O an das Schwarze Meer, im SO an die Türkei, im S an Griechenland sowie im W an Makedonien und Serbien und Montenegro.

Bulgarien

(amtlich bulgarisch Republika Balgarija)
Fläche: 110 917 km²
Einwohner: 7,97 Mio.
Hauptstadt: Sofia
Verwaltungsgliederung: 8 Regionen und der Hauptstadtdistrikt
Amtssprache: Bulgarisch
Währung: 1 Lew (Lw)= 100 Stotinki (St)
Zeitzone: MEZ + 1 Stunde
Kfz-Kennzeichen: BG

Landesnatur: Das Land wird von W nach O vom ↑Balkan durchzogen. Die höchste Erhebung ist der Botew mit 2 376 m. Nach N geht das Gebirge allmählich in das Tafelland mit Vorbalkan und Donauhügelland über und fällt zur Donau, zur Dobrudscha und nach S steil zur Maritzaebene ab. Im SW und S erhebt sich die Thrakische Masse, die sich in Rila-, Pirin- und Rhodopegebirge gliedert.

Die Küste im O ist steil und nur durch wenige Flussmündungsbuchten gegliedert. Hauptflüsse sind die Donau, die 514 km lange Maritza und die 408 km lange Struma.

B. liegt im Übergangsbereich vom Mittelmeerklima zum osteuropäischen Kontinentalklima. Die Sommer sind heiß und trocken, die Winter kalt oder kühlregnerisch. Das Julimittel in Sofia beträgt 21 °C, das Januarmittel –2 °C. Ein milderes Klima herrscht an der Schwarzmeerküste. Im S ist mediterrane Vegetation bestimmend, im N sind es Laub- und Nadelwälder. Ein Drittel von B. ist bewaldet.

Bevölkerung: Bulgaren stellen 85,8 % der Einwohner, Türken 9,7 % und Roma 3,4 %. Mehr als zwei Drittel der Bevölkerung leben in Städten. Größere Ballungsräume sind nach der Hauptstadt Sofia Plowdiw und Warna.

Allgemeine Schulpflicht besteht vom 6. bis zum 16. Lebensjahr. Die Mehrzahl der Bevölkerung sind orthodoxe Christen, v. a. Mitglieder der bulgarisch-orthodoxen Kirche, deren Anteil rd. 70 % beträgt. Muslime machen etwa 10 % der Bevölkerung aus.

Wirtschaft und Verkehr: Das Land befindet sich im Umstrukturierungsprozess von der Plan- zur Marktwirtschaft und durchlebte in den 1990er-Jahren eine schwere Rezession. 2002 war ein Großteil der Wirtschaft privatisiert.

Die Landwirtschaft wird v. a. vom Ackerbau geprägt. Groß ist der Anteil an Sonderkulturen, u. a. Sonnenblumen, Baumwolle, Tomaten, Paprika, Reis, Wein, Tabak, Lavendel sowie Rosen zur Gewinnung von Rosenöl. Viehzucht wird besonders im Gebirge betrieben.

Die Bedeutung des Bergbaus ist rückläufig. Gefördert werden neben Braunkohle, Eisen-, Blei-, Zink-, Kupfer- und Silbererzen auch Erdöl und Erdgas, v. a. im N und an der Schwarzmeerküste. Wichtigste Industriezweige sind Maschinenbau und Metallverarbeitung, ferner elektronische, elektrotechnische, chemische und Textilindustrie. Ausgebaut werden Nahrungs- und Genussmit-

telindustrie. Eine Rolle spielen auch Glas- und Keramikindustrie sowie die Holzverarbeitung.
Der Tourismus ist besonders an der Schwarzmeerküste mit ihren Thermal- und Seebädern bedeutend. Exportiert werden v. a. Agrarerzeugnisse, Nichteisenmetalle, Leder- und Textilwaren.

Bulgarien: In den Rhodopen ist der in Europa selten vorkommende Braunbär beheimatet.

Haupthandelspartner sind die EU-Länder, Russland und die Türkei.
Eisenbahn- und Straßennetz sind gut ausgebaut. Die Binnenschifffahrt beschränkt sich auf die Donau. Wichtigste Seehäfen sind Warna und Burgas. Internationale Flughäfen haben Sofia, Plowdiw, Warna und Burgas.
Staat und Politik: Nach der Verfassung vom 12. 7. 1991 ist B. eine parlamentarische Republik. Staatsoberhaupt ist der Präsident, Regierungschef der vom frei gewählten Parlament bestimmte Ministerpräsident.
B. trat 1955 der UNO bei. Im selben Jahr wurde es Mitglied des Warschauer Pakts, der sich 1991 auflöste.

Burgenland: Bundesland im O Österreichs. Das B. hat eine Fläche von 3 966 km² und 277 300 Einwohner. Es grenzt im W und NW an Niederösterreich, im NO an die Slowakei, im O an Ungarn, im S an Slowenien und im SW an die Steiermark. Hauptstadt von B. ist Eisenstadt.
Eine nur 4 km breite Einengung westlich der ungarischen Stadt Sopron scheidet das B. in zwei Teile: Der S ist ein waldreiches Berg- und Hügelland mit Obst- und Weinbau. Im Günser Gebirge wird im Geschriebenstein eine Höhe von 884 m erreicht. Im N erstreckt sich eine fruchtbare Ebene um den Neusiedler See, im NW fließt die 180 km lange Leitha und es erhebt sich das Leithagebirge. Das Klima ist kontinental geprägt mit heiß-trockenen Sommern und schneearmen kalten Wintern.
Neben der zu 90 % deutschsprachigen Bevölkerung gibt es 7 % Kroaten und 3 % Ungarn.
Das B. ist vorwiegend Agrarland. Angebaut werden Weizen, Roggen, Mais, Futterpflanzen und Zuckerrüben. Bedeutend sind ferner der Weinbau und der auf die Versorgung von Wien ausgerichtete Obst- und Gemüseanbau. Wichtig sind außerdem die Nahrungs- und Genussmittel-, Textil-, Schmuckstein- und Elektroindustrie, der Maschinenbau und die chemische Industrie sowie der Fremdenverkehr, v. a. am Neusiedler See.

Burkina Faso: Binnenstaat in Westafrika. Er grenzt im W und N an Mali, im NO an Niger, im SO an Benin und im S

Burkina Faso

(amtlich frz. République Démocratique du Burkina Faso, bis 1984 Obervolta)
Fläche: 274 200 km²
Einwohner: 11,8 Mio.
Hauptstadt: Ouagadougou
Verwaltungsgliederung: 45 Provinzen
Amtssprache: Französisch
Währung: CFA-Franc
Zeitzone: MEZ – 1 Stunde
Kfz-Kennzeichen: BF

an die Staaten Togo, Ghana und die Republik Elfenbeinküste.

Landesnatur: B. F. liegt in der Landschaft Sudan, der N ragt in die Sahelzone. Weite Teile nimmt ein 250 bis 350 m hoch gelegenes Plateau ein, das von einzeln stehenden Bergen überragt wird. Größere Höhenunterschiede gibt es im SW, wo das bis zu 749 m hohe Sikasso-Sandsteinplateau in einer mächtigen, steilen Stufe nach S abbricht.

Der einzige ganzjährig Wasser führende Fluss ist der Schwarze Volta. Der S und der zentrale Teil haben wechselfeuchtes Tropenklima mit 800 bis 1 300 mm Jahresniederschlag Die Durchschnittstemperaturen liegen zw. 25 °C und 32 °C, auch im N, der jedoch ein Trockenklima mit extrem wenig Regen besitzt. Die Feuchtsavanne im S geht nach N in Trocken- und Dornstrauchsavanne über.

Bevölkerung: Von den etwa 60 Ethnien sind die sudaniden Mosi mit knapp 50 % Anteil an der Gesamtbevölkerung die größte. Weitere größere Gruppen sind Fulbe, Tuareg, Mande und Bobo. Der N ist sehr dünn besiedelt. Einzige weitere Großstadt neben Ouagadougou ist Bobo-Dioulasso.

Das Schulsystem ist nach französischem Vorbild aufgebaut, dennoch ist der Anteil an Analphabeten mit knapp 80 % der Bevölkerung sehr hoch.

Etwa 44 % sind Muslime, 12 % Christen. Auch Mitglieder dieser beiden Religionen hängen häufig noch Naturreligionen an, deren Kulte insgesamt etwa 50 % der Bevölkerung pflegen.

Wirtschaft und Verkehr: B. F. ist ein Agrarland. Die Mehrheit der Bevölkerung ist in landwirtschaftlichen Familienbetrieben tätig. Für den Eigenbedarf werden Hirse, Mais, Reis, Süßkartoffeln und Hülsenfrüchte angebaut, für den Export v. a. Baumwolle, Sesam, Erdnüsse und Tabak. Bei der Viehzucht dominiert die Rinderhaltung. Die Bodenschätze werden bisher wenig genutzt. Es gibt Vorkommen an Mangan, Gold, Zink, Titan, Vanadium und Phosphat.

Die Industrie ist wenig entwickelt und verarbeitet v. a. landwirtschaftliche Produkte. Wichtigster Industriestandort und Haupthandelsplatz ist Bobo-Dioulasso. Haupthandelspartner sind Frankreich u. a. EU-Staaten sowie die Republik Elfenbeinküste. Das Straßen- und Wegenetz ist in einem schlechten Zustand. Wichtigste Eisenbahnverbindung ist die Strecke Ouagadougou–Abidjan (Elfenbeinküste). Internationale Flughäfen liegen bei Ouagadougou und Bobo-Dioulasso.

Staat und Politik: Seit der Unabhängigkeit von Frankreich 1960 gehört B. F. zur UNO. Diktaturen bestimmten bis zur Demokratisierung 1991 die Politik. Nach der Verfassung vom 2. 6. 1991 (1997 geändert) ist B. F. eine präsidiale Republik mit Mehrparteiensystem. Staatsoberhaupt und Regierungschef ist der auf sieben Jahre gewählte Präsident.

Burundi: Binnenstaat in Ostafrika. B. grenzt im O und SO an Tansania, im W an die Demokratische Republik Kongo und im N an Ruanda.

Burundi

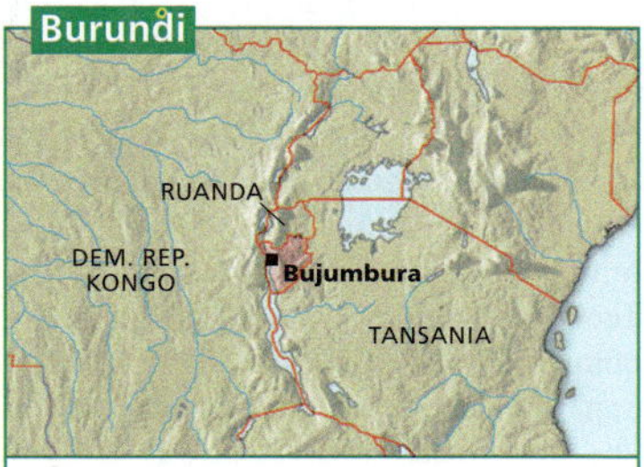

(amtlich Rundi: Republika y'Uburundi)
Fläche: 27 834 km²
Einwohner: 7,07 Mio.
Hauptstadt: Bujumbura
Amtssprache: Rundi und Französisch
Währung: 1 Burundi-Franc (F. Bu.) = 100 Centimes
Zeitzone: MEZ + 1 Stunde
Kfz-Kennzeichen: BU

Landesnatur: B. liegt im ostafrikanischen Zwischenseengebiet, am Nordostende des ↑Tanganjikasees. Im W gehen die ausgedehnten, stark zerschnittenen, rd.

C

1 500 m hoch liegenden Ebenen in einen bis zu 2 670 m aufragenden Gebirgszug über, der steil zum Zentralafrikanischen Graben (↑Ostafrikanisches Grabensystem) mit dem Tanganjikasee abfällt.
Das Klima ist tropisch. Die mittleren Temperaturen liegen zw. 23 °C und 25 °C, der Jahresniederschlag beträgt 1 000 bis 1 400 mm. In den feuchteren Gebieten tritt stellenweise Nebelwald auf, sonst ist Feuchtsavanne, die als Weideland genutzt wird, weit verbreitet.
Bevölkerung: B. ist einer der kleinsten, aber am dichtesten besiedelten Staaten Afrikas. 83 % der Bevölkerung sind Hutu, ein zu den Bantu zählendes Volk. 16 % gehören den Tutsi an, die zu den Äthiopiden gehören. Zwischen Hutu und Tutsi herrschen extreme Konflikte, die sich häufig in Bürgerkriegen (zuletzt ab 1993) entladen.
Allgemeine Schulpflicht besteht vom sechsten bis zwölften Lebensjahr. Die Analphabetenquote beträgt 55 %. Etwa zwei Drittel der Bevölkerung sind Katholiken. Muslime und Protestanten sind die größte Minderheit. Mindestens 40 % der Menschen hängen daneben auch traditionellen Naturreligionen an.
Wirtschaft und Verkehr: Die Landwirtschaft beschäftigt rd. 90 % der Erwerbstätigen und erbringt über 90 % des Ausfuhrwertes. Zum Export werden Kaffee, Tee und Baumwolle, zur Eigenversorgung v. a. Mais, Bananen, Maniok, Bohnen, Süßkartoffeln und Reis angebaut.
Die Bodenschätze, u. a. Nickel- und Vanadiumerze, werden kaum genutzt. Die Industrie ist wenig entwickelt. Das Straßennetz ist grobmaschig und in schlechtem Zustand. Eisenbahnstrecken gibt es nicht. Bujumbura hat einen internationalen Flughafen.
Staat und Politik: Seit seiner Unabhängigkeit von Belgien 1962 gehört B. zur UNO. 1993 brach der bis heute anhaltende Bürgerkrieg zw. Tutsi und Hutu aus. Das 2004 ausgehandelte Friedensabkommen wird nicht immer eingehalten. Nach der Übergangsverfassung von 1998 ist B. eine präsidiale Republik.

C

Canberra: Hauptstadt von Australien. C. liegt im SO Australiens in einer Höhe von rd. 600 m und hat 321 300 Einwohner. Die 1913 gegründete Stadt besitzt eine Universität und ist Sitz eines katholischen und eines anglikanischen Erzbischofs. Die Wirtschaft beruht auf Verwaltung und Dienstleistung; der Fremdenverkehr gewinnt an Bedeutung. C. hat einen internationalen Flughafen.
CARICOM, Abk. für **Cari**bbean **Com**munity, dt. Karibische Gemeinschaft: Zusammenschluss von 14 Staaten bzw. Territorien des karibischen Raums zur Koordinierung der Außenpolitik und der Kooperation in den Bereichen Gesundheit und Soziales, Erziehung, Kultur und Sport, Wissenschaft und Technik. Gründungsmitglieder waren 1973 Barbados, Guyana, Jamaika, Trinidad und Tobago. In den folgenden Jahren traten Antigua und Barbuda, Bahamas, Belize, Dominica, Grenada, Montserrat, Saint Kitts and Nevis, Saint Lucia, Saint Vincent und die Grenadinen sowie Surinam bei. Das Sekretariat der Organisation ist in Georgetown in Guyana. Zur wirtschaftlichen Integration wurde der **Karibische Gemeinsame Markt** (engl. **C**aribbean **C**ommon **M**arket, CCM) gebildet.
Celẹbes (indonesisch Sulawesi): eine der Großen Sundainseln, gehört zu Indonesien. Kern der 189 216 km² großen Insel ist ein stark zerschnittenes, bis 3 458 m hohes Bergland. Im N, NO, SO und S ragen vier Halbinseln weit ins Meer hinaus und umfassen große Buchten. Die etwa 11 Mio. Einwohner leben überwiegend auf der Süd- und auf der Nordosthalbinsel. C. ist noch etwa zur Hälfte von Wald bedeckt. Rund 5 % werden landwirtschaftlich genutzt. Neben Mais werden Kokospalmen (Ausfuhr

von Kopra), Kaffee, Gewürze und Tabak angebaut. Daneben sind die Holzgewinnung und der Abbau von Nickelerz bedeutend.

Chemnitz: kreisfreie Stadt in Sachsen, am Fuß des Erzgebirges gelegen. C. hat (2000) 252 600 Einwohner. Damit ist die Bevölkerung innerhalb weniger Jahre um 60 000 Menschen zurückgegangen. Hintergrund ist die Schwäche der Fahrzeugbau-, Textil- und chemischen Industrie seit dem Ende der sozialistischen Planwirtschaft 1989/90. Die Stadt hat eine Technische Universität.

C. entstand im 12. Jh.; im Zweiten Weltkrieg wurden weite Teile zerstört, viele Sehenswürdigkeiten sind jedoch wieder aufgebaut (u. a. Altes Rathaus, 15. Jh.). Von 1953–90 hieß C. Karl-Marx-Stadt.

Cherrapunji [tʃerəˈpundʒiː]: Ort in den Khasibergen im nordöstlichen Indien. C. liegt in einer Höhe von 1 314 m und ist der »Regenpol« der Erde. Im Durchschnitt fallen hier pro Jahr 10 870 mm Niederschlag. Das Jahresmaximum liegt bei 22 987 mm.

Chicago: mit 2,886 Mio. Einwohnern nach New York und Los Angeles die drittgrößte Stadt der USA. Im Großraum C. leben rd. 8,5 Mio. Menschen. Die Stadt, die im 19. Jh. entstand, liegt im Bundesstaat Illinois, am Südwestufer des Michigansees, in einer Höhe von 179 m.

C. ist eines der größten Handelszentren der Welt. Es hat den bedeutendsten Getreidemarkt der USA und einen der größten Binnenhäfen der Erde. Der Hafen ist über die ↑ Großen Seen und den ↑ Sankt-Lorenz-Strom mit dem Atlantischen Ozean verbunden und kann von großen Seeschiffen angelaufen werden. Der Flughafen O'Hare ist mit mehr als 70 Mio. Passagieren pro Jahr der am stärksten genutzte Flughafen der Welt.

Die Industrie ist breit gefächert. Herausragend sind der Landmaschinenbau, die Elektronik-, Konsumgüter- und Leichtindustrie. Die einst bedeutenden Viehhöfe und Schlachthäuser wurden bis 1971 weitgehend geschlossen. Es gibt mehrere Universitäten und ein Atomforschungszentrum. In C. wurde 1942 der erste Kernreaktor der Welt getestet. 1884/85 entstand in C. mit dem Home Insurance Building eines der ersten Hochhäuser (in Skelettbauweise). Das Stadtbild wird von Wolkenkratzern geprägt. Berühmt sind u. a. das 337 m hohe John Hancock Center und der 443 m hohe Sears Tower. 1893 und 1933/34 fanden in C. Weltausstellungen statt.

Chiemsee: mit 80 km² der größte See Bayerns. Er liegt im Alpenvorland, in einer Höhe von 518 m. Die Region um den C. ist ein bedeutendes Fremdenverkehrsgebiet. Der See ist bis zu 74 m tief. Hauptzufluss ist die Tiroler Ache, die in einem Delta in den C. mündet. Abfluss ist die Alz, ein Nebenfluss des Inn. Im W des C. liegen die Herreninsel und die Fraueninsel, die beide seit dem Mittelalter besiedelt sind, sowie die unbewohnte Krautinsel. Auf der Herreninsel ist das Schloss Herrenchiemsee, auf der Fraueninsel die Abtei Frauenchiemsee ein Anziehungspunkt für Touristen.

Chile: Staat im SW Südamerikas. Er grenzt im N an Peru, im NO an Bolivien

Chile

(amtlich span. República de Chile)
Fläche: 756 096 km²
Einwohner: 15,589 Mio.
Hauptstadt: Santiago
Verwaltungsgliederung: 12 Regionen und Hauptstadtregion
Amtssprache: Spanisch
Währung: 1 Chilenischer Peso (chil$) = 100 Centavos
Zeitzone: MEZ –5 Stunden
Kfz-Kennzeichen: RCH

C

und im O an Argentinien. Zum chilenischen Hoheitsgebiet gehören außerdem die südpazifischen Inseln Juan Fernández, San Félix, San Ambrosio, Sala y Gómez und die ↑ Osterinsel. Außerdem beansprucht C. ein 1,25 Mio. km^2 großes Gebiet in der Antarktis.

Landesnatur: C. erstreckt sich entlang der Westküste Südamerikas als ein 4 300 km langer, aber nur 90 bis 445 km breiter Streifen. Parallel zur Küste verlaufen im W die Küstenkordillere und im O die Hochkordillere, die beide zu den Anden, dem Südteil der ↑ Kordillere gehören. Die Küstenkordillere erreicht etwa 2 000 m Höhe, die Hochkordillere im Llullaillaco 6 723 m. Zw. den Gebirgsketten liegen im N der Altiplano, ein wüstenhaftes Hochland mit der Atacama-Salzpfanne, in Mittelchile die Senke des Großen Längstals. Im S löst sich die Küstenkordillere in gebirgige Inseln auf. Die Hochkordillere wird von zahlreichen Fjorden tief eingeschnitten. Im äußersten S hat C. Anteil an ↑ Feuerland. Von dieser Grundgliederung ausgehend unterscheidet man in C. von N nach S folgende Landschaftsräume:

1) den Großen Norden, der bis zum Río Huasco reicht und im Wesentlichen das weite Wüstenland der Atacama umfasst;

2) den Kleinen Norden bis zum Río Aconcagua, wo Hochkordillere und Küstengebirge unmittelbar aneinander grenzen;

3) Zentralchile oder Mittelchile bis zur Wasserscheide zw. Río Bío-Bío und Río Imperial mit dem von Hochkordillere und Küstengebirge eingefassten Chilenischen Längstal;

4) den Kleinen Süden bis zum Golf von Ancud und der Insel Chiloé mit der noch heute von Araukanern bewohnten Frontera im N und der Chilenischen Schweiz im S;

5) den Großen Süden, der die Patagonische Kordillere mitsamt vorgelagerten Halbinseln und Inseln (Westpatagonien) sowie Teile Ostpatagoniens und des Feuerlandarchipels umfasst.

Viele Regionen, v. a. Mittelchile, werden häufig von Erdbeben erschüttert. Es gibt etwa 100 aktive Vulkane. Die Flüsse sind kurz. Sie entspringen in den Gebirgen und fließen nach W zum Pazifischen Ozean. Im S liegt eine Reihe größerer Seen. Da sich C. über 39 Breitengrade hinweg erstreckt, gibt es eine Vielzahl von Klimazonen. Den N prägt die Wüstenzone, in der trotz extrem geringer Niederschläge häufig Nebel auftritt. Er wird durch den kalten Humboldtstrom, eine Meeresströmung im Pazifischen Ozean, erzeugt. Im nördlichen Mittelchile herrscht subtropisches Klima mit Winterregen, weiter südlich folgt eine gemäßigte Klimazone. Südchile wird von reichen ganzjährigen Niederschlägen, kalten Wintern und kühlen Sommern geprägt.

Gemäß den Klimazonen folgen von N nach S Wüsten- bzw. Halbwüstenvegetation, mediterrane Pflanzenarten und Laub- und Nadelwälder aufeinander.

Bevölkerung: Über 90 % der Einwohner sind Mestizen, fast 7 % gehören zu den Indios. Rund 2 % sind Weiße, davon etwa 100 000 Deutschstämmige, die sich im S bei Valdívia konzentrieren. Zwei Drittel der Einwohner leben in Mittelchile, der N und S sind dünn besiedelt. Die größten Ballungsräume bilden die Stadtregionen Groß-Santiago, Concepción, Vina del Mar und Valparaíso. Insgesamt leben 85 % der Chilenen in Städten. Allgemeine Schulpflicht besteht vom 7. bis zum 15. Lebensjahr. Es gibt kaum Analphabeten. Über 75 % der Einwohner sind Katholiken, etwa 15 % Protestanten.

Wirtschaft und Verkehr: C. zählt zu den Schwellenländern. Eckpfeiler ist der Bergbau. Das Land ist der größte Kupferförderer, deckt 40 % des Weltbedarfs und verfügt über ein Viertel der Weltreserven. Weitere bedeutende Bergbauprodukte sind Molybdän, Gold, Silber, Eisenerz, Erdöl, Steinkohle und Salpeter bzw. Jod – C. deckt bei Jod fast den gesamten Weltbedarf. Bedeutende Industriezweige sind chemische, Kfz- und elektrotechnische Industrie sowie die Metallverarbeitung.

Die Landwirtschaft nutzt etwa 25 % des Landes, ein Viertel der Nutzfläche ist Ackerland. Das bedeutendste Anbaugebiet ist das Große Längstal. Hauptanbauprodukte sind Weizen, Mais, Kartoffeln, Hülsenfrüchte und Reis. Für den Export wird verstärkt Obst angebaut, insbesondere Äpfel, Weintrauben und Zitrusfrüchte sowie auch Gemüse. Die Viehwirtschaft kann den Bedarf an Fleisch und Molkereiprodukten nicht decken. Rund 7 Mio. Schafe liefern hochwertige Wolle. Der Fischreichtum des Humboldtstroms und eine auf 200 Seemeilen ausgedehnte Fischereischutzzone begünstigen die Fischerei.

Antofagasta, Iquique, Valparaíso, San Antonio, Talcahuano/San Vicente und Punta Arenas sind bedeutende Häfen, über die Export und Import abgewickelt werden. Wichtigste Handelspartner sind die USA, Japan, Deutschland, Brasilien und Großbritannien. Das Eisenbahnnetz ist in den stark besiedelten Räumen ebenso wie das Straßennetz gut ausgebaut. Im N und S gibt es dagegen große Lücken. In Santiago befindet sich der größte internationale Flughafen.

Staat und Politik: C., das 1945 zu den Gründungsmitgliedern der UNO zählte, ist eine Präsidialrepublik. Die Verfassung von 1981 war bis zum Ende der Militärdiktatur von AUGUSTO PINOCHET UGARTE (*1915, regierte 1973–90) außer Kraft. Staatsoberhaupt und Regierungschef ist der für sechs Jahre direkt gewählte Präsident. Die Abgeordnetenkammer und der Senat werden alle vier bzw. acht Jahre gewählt und bilden zusammen das Parlament.

China: siehe S. 86.

Chişinău (russisch Kischinjow): Hauptstadt Moldawiens. C. hat 662 400 Einwohner. Neben einer Universität hat C. weitere sechs Hochschulen. Hauptindustriezweige sind Nahrungsmittel-, Tabak-, Textil-, elektrotechnische und Metallindustrie sowie Maschinenbau. In C. gibt es außerdem einen internationalen Flughafen.

Colorado: mit 2 334 km längster Fluss im W der USA. Er entspringt im Bundesstaat C. in den ↑Rocky Mountains, durchfließt die Gebirgsketten der ↑Kordilleren und durchschneidet das Coloradoplateau in gewaltigen Schluchten. Eine davon ist der ↑Grand Canyon. In Mexiko mündet der C. in den Golf von Kalifornien. Der Fluss ist an vielen Stellen aufgestaut. Durch den 1931–36 errichteten Hoover Dam ist der **Lake Mead** entstanden, mit einem Fassungsvermögen von 38 547 Mio. m^3 der wasserreichste Stausee der USA.

Columbia: wasserreicher, rd. 2 000 km langer Fluss im W Nordamerikas. Er entspringt in den kanadischen ↑Rocky Mountains und mündet etwa 200 km südlich von Seattle in den Pazifischen Ozean. Der C. ist an zahlreichen Stellen aufgestaut und mit seiner Wasserkraft für die Energiegewinnung wichtig.

Costa Rica: Staat in Zentralamerika. Er grenzt im N an Nicaragua, im O an das Karibische Meer, im SO an Panama und im W an den Pazifik.

Landesnatur: C. R. wird von NW nach SO von den ↑Kordilleren durchzogen.

Costa Rica

(amtlich span. República de Costa Rica)
Fläche: 51 100 km²
Einwohner: 3,942 Mio.
Hauptstadt: San José
Verwaltungsgliederung: 7 Provinzen
Amtssprache: Spanisch
Währung: 1 Costa-Rica-Colón (₡) = 100 Céntimos (c)
Zeitzone: MEZ – 7 Stunden
Kfz-Kennzeichen: CR

► *Fortsetzung auf S. 90*

China ist nach Russland, Kanada und den USA der viertgrößte Staat der Erde und umfasst weite Teile Zentral- und Ostasiens. In der Großen Ebene Pekings entstand vor mindestens 3 500 Jahren eine Hochkultur und seit 221 v. Chr., als das Kaiserreich China gegründet wurde, besteht bis heute eine ununterbrochene Linie staatlicher Tradition.

(amtlich chinesisch Zhonghua Renmin Gongheguo, dt. Volksrepublik China)
Fläche: 9 600 000 km²
Einwohner: 1 288 Mio.
Hauptstadt: Peking
Verwaltungsgliederung: 22 Provinzen, 5 autonome Gebiete und 4 regierungsunmittelbare Städte
Amtssprache: Chinesisch
Währung: 1 Renminbi ¥uan (RMB.¥) = 10 Jiao = 100 Fen
Zeitzone: MEZ +7 Stunden
Kfz-Kennzeichen: VRC

Seit alters her nennen die Chinesen ihr Land »Ching-Kuo«, d. h. sie sehen es als Reich der Mitte. Heute ist dieses China eine kommunistisch regierte Volksrepublik und der bevölkerungsreichste Staat der Welt: Jeder fünfte Mensch ist ein Chinese. Der Staat befindet sich zudem inmitten eines atemberaubenden Übergangs von der Agrar- in die moderne Industriegesellschaft.

Landschaftliche Vielfalt, natürlicher Reichtum

Vom Relief her ist China ein Gebirgsland: Zwei Drittel des Landes liegen höher als 1 000 m. Es lassen sich drei große Landschaftsräume unterscheiden, die zur Küste abfallende Stufen bilden: Im W stellt das Hochland von ↑Tibet zw. Kunlun Shan im N und ↑Himalaja im S mit einer mittleren Höhe von 4 000 m die höchste Stufe dar. Hier entspringen die bedeutenden Ströme Chinas: der ↑Jangtsekiang und der auch als Gelber Fluss bezeichnete ↑Hwangho. Im N und O folgt die zweite Stufe mit Höhen zw. 1 000 und 2 000 m. Sie umfasst im N die abflusslosen Hochbecken und die Hochländer Zentralasiens, u. a. das ↑Tarimbecken mit der Wüste ↑Takla Makan und der Dsungarei, die durch den ↑Tienshan getrennt werden, sowie das Hochland der Inneren Mongolei. Nach O erstrecken sich die Lössbergländer der Provinzen Shaanxi und Shanxi, südlich des Gebirges das oft als »Rotes Becken« bezeichnete Sichuanbecken und das verkarstete Yunnan-Guizhou-Plateau. Die niedrigste Landstaffel umfasst die Bergländer im SO sowie die ausgedehnten Tieflandsgebiete Ostchinas. Sie werden von den beiden gewaltigen Strömen durchquert: dem Hwangho im N und dem Jangtsekiang in Mittelchina. Diese Ströme zeigen – wie die meisten chinesischen Flüsse – große Wasserstandsschwankungen, die durch Stauseen und Dämme reguliert werden.

Wegen der großen N-S-Erstreckung von ca. 4 500 km und der gewaltigen Höhenunterschiede kommen in China fast alle Klimate der Erde vor. Das Land reicht von den heißfeuchten Randtropen im S bis in die gemäßigte Zone mit winterkaltem Klima im N und in das Schneeklima der Hochgebirge in Tibet. Nach den Niederschlagsverhältnissen lässt sich China in zwei Großregionen einteilen: ein feuchter O und ein trockener W. Die Grenze bildet etwa die 400-mm-Niederschlagslinie. Östlich davon ist Regenfeldbau möglich, westlich von ihr herrschen nomadische Viehwirtschaft und Bewässerungswirtschaft vor und es gibt weite Wüstenareale. Die Ursachen für diese klimatische Zweiteilung liegen im Relief und in den von O kommenden Monsunwinden.

China ist reich an Bodenschätzen, es kommen fast alle nutzbaren Mineralien und Energierohstoffe vor. Erst in jüngerer Zeit werden diese Lagerstätten systematisch erfasst und erschlossen. Das Land hat die größte Steinkohleförderung der Welt, sie deckt über 70 % des eigenen Verbrauchs. Der mit zunehmender Industrieentwicklung gestiegene Bedarf an Elektroenergie kann jedoch bereits seit Mitte der 1970er-Jahre nicht mehr voll gedeckt werden.

■ Aufstieg zur Wirtschaftsmacht

Die Machtübernahme der Kommunistischen Partei Chinas im Jahr 1949 brachte eine tief greifende Änderung der Sozialstruktur und des Wirtschaftssystems. Mit der Enteignung von Grundbesitzern, der Kollektivierung von Landwirtschaft und Dienstleistungen sowie der Verstaatlichung der wichtigsten Industrien, des Handels und der Banken wurden die Eigentums- und Produktionsverhältnisse entscheidend verändert. China kapselte sich zudem politisch und wirtschaftlich von der übrigen Welt, insbesondere den westlichen Länder, ab. Mehrfache sprunghafte Änderungen der Wirtschaftspolitik lösten große Versorgungsschwierigkeiten aus, um 1960 sogar eine schwere Hungersnot mit Millionen von Todesopfern.

Erst ab etwa 1978 setzte eine Liberalisierung der Wirtschaft ein, für die insbesondere Deng Xiaoping (1904–97) eintrat. Neben der staatlichen Planung und den Staatsunternehmen wurde schrittweise ein nicht staatlicher, marktorientierter Sektor zugelassen. Im Bereich der Landwirtschaft ist diese verdeckte Privatisierung am weitesten vorangeschritten: Statt Kollektivbetrieben gibt es heute weithin Pachtwirtschaft durch Familien auf kollektiveigenem Boden. Nur ein Teil der Produktion

China – Wirtschaft

muss noch an staatliche Ankaufsstellen abgeliefert werden. Auch im Handel wurde privatwirtschaftliche Initiative zugelassen.

Zu den entscheidenden Triebkräften für den Wandel der Wirtschaftsordnung gehört die wirtschaftliche Öffnung, die die

Bizarre Turmkarstfelsen charakterisieren die Landschaft bei Guilin in Südchina.

Binnenwirtschaft zu Reformen zwang. Inzwischen wird der wirtschaftliche und technologische Austausch mit dem Ausland gefördert, z. B. durch die Gründung chinesisch-ausländischer Gemeinschaftsunternehmen. Der Aufbau exportorientierter Sonderwirtschaftszonen und die Öffnung vieler Küstenstädte seit 1980 trugen dazu bei, Chinas Wirtschaft mit der Weltwirtschaft zu verflechten. In den letzten Jahren haben sich bei über 20 000 chinesischen Unternehmen ausländische Firmen beteiligt.

Die wirtschaftlichen Erfolge sind offensichtlich. Seit Beginn der Wirtschaftsreformen 1978 ist die chinesische Volkswirtschaft jährlich durchschnittlich um über 9 % gewachsen, in manchen Jahren war die Zuwachsrate sogar zweistellig. Es kam zu einer weitreichenden Modernisierung der Wirtschaft, zu einer stürmischen Zunahme der Produktivität und zu einer erheblichen Verbesserung der Versorgungslage. Am auffälligsten sind die Veränderungen in den Städten, deren Erscheinungsbild sich mit einem unglaublichen Tempo verändert.

Markt ohne Freiheit

Das nun seit über einem Jahrzehnt zu beobachtende chinesische Wirtschaftswunder hat offiziell die »sozialistische Marktwirtschaft« zum Ziel, ein Slogan, den die politische Führung aufgebracht hat, um den Spagat zw. Markt und kommunistischer Einparteiendiktatur zu verschleiern. An die Stelle der staatlichen Produktion und Zuteilung von Gütern sind allmählich offenere Märkte und freie Preise getreten. Im Industriesektor sind sowohl private als auch kollektive Unternehmen tätig, z. T. auch mit Auslandskapital. Zugleich bekräftigte die Kommunistische Partei Chinas ihren Führungsanspruch und hat nach wie vor den dominierenden Einfluss auf Gesellschaft und Wirtschaft. Diese Zweigleisigkeit hat es China bisher erlaubt, gesamtwirtschaftliche Einbrüche wie im nachsozialistischen Osteuropa oder in der ehemaligen UdSSR zu vermeiden – der Preis ist gleichwohl hoch, wie das Massaker auf dem Platz des himmlischen Friedens in Peking gezeigt hat, bei dem am 4. 6. 1989 Panzer das Feuer auf Demonstranten eröffneten.

Die Herausforderungen der Gegenwart

Chinas rasches wirtschaftliches Wachstum wird von tief greifenden Problemen begleitet. Die boomende Entwicklung konzentriert sich v. a. auf die bevölkerungsreiche ostchinesische Küstenregion. Hier gibt es einen großen Zuwachs an Arbeitsplätzen, hier liegen sowohl die Einkommen als auch die Lebensbedingungen deutlich über dem nationalen Durchschnitt. Damit verstärken sich das schon naturräumlich und historisch angelegte Gefälle von Ost- nach Zentral- und Westchina sowie die Stadt-Land-Gegensätze. Schätzungen gehen davon aus, dass fast ein Drittel der Gesamtbevölkerung unterhalb der Armutsgrenze lebt und sich die Ärmeren besonders in den abgelegenen ländlichen Gebieten konzentrieren. Seit den 1980er-Jahren kommt es zu einem ständig wachsenden Strom ländlicher Arbeitskräfte in die Städte der Küstenprovinzen. Diese Wanderarbeiter finden hier oft menschenunwürdige Arbeits- und Lebensbedingungen vor, aber die in der Heimat fehlenden Verdienstmöglichkeiten lassen ihnen keine andere Wahl.

Zugleich ergeben sich Probleme der sozialen Stabilität. Viele Menschen wurden sehr rasch aus ihrem traditionellen Lebensumfeld gerissen, sie finden sich in den neuen gesellschaftlichen und ökonomischen Verhältnissen nicht zurecht. Zur Entwurzelung trägt für viele die durch Massenentlassungen bei den Staatsbetrieben verursachte Arbeitslosigkeit gepaart mit der mangelhaften sozialen Absicherung bei. Das starke Wirtschaftswachstum wurde mit hoher Inflation erkauft, die diese Bevölkerungsgruppen besonders trifft. Auf der anderen Seite gibt es die Gewinner, v. a. die Angehörigen der städtischen Mittelschicht, denen die Wirtschaftsreformen zu einer sprunghaften Steigerung des Lebensstandards verholfen haben.

■ Bevölkerungswachstum und Umweltprobleme

Zu den Problemen Chinas gehören auch Bevölkerungswachstum und -verteilung. Der jährliche Zuwachs beträgt derzeit 1,2 %. Das klingt gering, aber es handelt sich dabei um rd. 13 Mio. Menschen. Eine strenge Familienplanung, insbesondere die rücksichtslose Durchsetzung der »Ein-Kind-Familie«, soll das Wachstum mindern. Diese Regelung gilt übrigens nicht für die zahlreichen Minderheiten in China. Die Bevölkerungsverteilung ist sehr ungleichmäßig: Über 90 % der Bewohner leben im östlichen China auf rd. 60 % der Gesamtfläche.

Auch Chinas Umweltprobleme haben sich mit der schnellen industriellen Entwicklung verschärft. Der Ausstoß an Schadstoffen und die Belastung der Gewässer haben erheblich zugenommen. Mit radikalen und ökologisch bedenklichen Eingriffen in die Natur werden rücksichtslos wirtschaftliche Ziele verfolgt. Ein prägnantes Beispiel ist der Bau des Drei-Schluchten-Staudamms am mittleren Jangtsekiang, der den größten Stausee der Welt hervorbrachte, durch den aber Zehntausende Quadratkilometer Land überschwemmt wurden und Millionen Menschen ihre Heimat verloren. Das sprunghafte Stadtwachstum beeinträchtigt besonders die Umwelt durch Luft- und Gewässerverschmutzung, unzureichende Abfallbeseitigung und Verkehrslärm. Nur zögernd nehmen Staat und Wirtschaft sich dieser Missstände an.

Zu den politischen Problemen in China gehört außer der Unterdrückung der Menschenrechte eine allgemeine Zerfallstendenz: Tibet wird mit Gewalt die Unabhängigkeit verwehrt, im W erstarkt der Fundamentalismus und die reichen Ostprovinzen rücken von den ärmeren Gebieten ab.

Folgende Web-Adressen bieten weitere Informationen:
www.chinafokus.de
www.chinalink.de
www.chinaweb.de

Das große China-Lexikon. Geschichte, Geographie, Gesellschaft, Politik, Wirtschaft, Bildung, Wissenschaft, Kultur; hg. von BRUNHILD STAIGER u. a. Hamburg (Institut für Asienkunde) 2003. ■ *Die Volksrepublik China,* hg. von der BUNDESZENTRALE FÜR POLITISCHE BILDUNG. München 1997 ■ *China – Wirtschaftsmacht der Zukunft.* Braunschweig (Westermann) 1996. ■ *Länderbericht China. Geschichte, Politik, Wirtschaft, Gesellschaft, Kultur,* hg. von BRUNHILD STAIGER. Darmstadt (Primus) 2000. ■ *Provinzportraits der VR China. Geographie, Wirtschaft, Gesellschaft,* Beiträge von RENATE KRIEG u. a. Hamburg (Institut für Asienkunde) [2]1998. ■ WEGGEL, O.: *China.* München (Beck) [5]2002.

◀ Fortsetzung von S. 85 Der höchste Berg ist mit 3 819 m der Chirripó Grande. Nördlich und östlich der Gebirgsketten erstreckt sich ein teilweise sumpfiges Tiefland, das ein Fünftel der Fläche des Landes einnimmt. Im S geht das Gebirge in ein flaches Hochbecken über: Diese Meseta Central oder Valle Central genannte Ebene liegt in Höhen von 1 100 bis 1 500 m. Die karibische Küste (mit Lagunen und Mangrove) ist wenig, die pazifische reicher gegliedert, v. a. durch die Halbinseln Nicoya und Osa.

Das Klima ist tropisch. An der karibischen Seite fallen bis zu 6 000 mm Regen jährlich, an der karibischen sind es 2 000 bis 3 000 mm. Entsprechend dominiert immergrüner Regenwald bzw. regengrüner Trocken- und Feuchtwald die Vegetation.

Bevölkerung: Als einziges Land Zentralamerikas hat C. R. eine fast ausschließlich weiße Bevölkerung. Die Menschen sind überwiegend spanischer Herkunft. 7 % sind Mestizen. Das Valle Central ist mit seinem günstigen Klima und fruchtbaren Böden Hauptsiedlungsgebiet: Auf 5 % der Landesfläche leben zwei Drittel der Bevölkerung. Etwa die Hälfte der Menschen siedelt in Städten. In der Hauptstadt San José lebt jeder zehnte Costaricaner.

Es herrscht allgemeine Schulpflicht vom sechsten bis zwölften Lebensjahr. Der Unterricht ist kostenlos. Es gibt kaum Analphabetismus. Der Katholizismus ist Staatsreligion. Zu ihm bekennen sich über 90 % der Einwohner.

Wirtschaft und Verkehr: Die Landwirtschaft baut für den Export Kaffee, Bananen, Kakao, Manilahanf und Zuckerrohr an. Zur Selbstversorgung werden Mais, Reis, Bohnen und Maniok kultiviert. Der Waldbestand ist durch die intensive landwirtschaftliche Nutzung auf weniger als ein Drittel der Landesfläche geschrumpft. Der Fischreichtum wird noch kaum genutzt. An Bodenschätzen werden Bauxit und etwas Gold und Silber gefördert. Die Industrie ist wenig entwickelt und stellt bislang hauptsächlich Nahrungsmittel und Verbrauchsgüter her. Haupthandelspartner sind die USA, Japan, Guatemala und die EU-Länder.

Der sehr stark ökologisch ausgerichtete Tourismus hat in den Naturschutzparks, die 16 % der Landesfläche ausmachen, gute Voraussetzungen. Das Straßennetz ist das dichteste Zentralamerikas, allerdings sind viele Straßen nicht befestigt und können bei Starkregen rasch unbefahrbar werden. Haupthäfen sind Limón an der karibischen und Puntarenas sowie Caldera an der pazifischen Küste. Die Hauptstadt San José hat einen internationalen Flughafen.

Staat und Politik: Das Land gehörte 1945 zu den Gründungsmitgliedern der UNO. Nach der Verfassung vom 7. 11. 1949 ist es eine Präsidialrepublik. Staatsoberhaupt und Regierungschef ist der für vier Jahre direkt gewählte Präsident. Das Parlament wird ebenfalls alle vier Jahre gewählt. Es besteht Wahlpflicht ab 18 Jahren.

Cotopaxi: mit 5 897 m einer der höchsten tätigen Vulkane der Erde. Er liegt in Ecuador, in der Nähe der Hauptstadt Quito. Seit dem 16. Jh. sind Ausbrüche überliefert. Die letzten großen Eruptionen fanden in den Jahren 1903 und 1928 statt.

Cottbus: kreisfreie Stadt in Brandenburg und Hauptort der Niederlausitz. C. liegt an der Spree, am Rand des Spreewaldes und hat 103 800 Einwohner. Maschinen- und Anlagenbau sowie der Abbau von Braunkohle im Umland sind neben Verwaltung und Dienstleistung die wichtigsten Erwerbszweige. Seit 1991 hat C. eine Technische Universität. Mit dem Wendischen Haus und einem Museum ist es der kulturelle Mittelpunkt der Niederlausitzer Sorben. In der Nähe der im 12. Jh. entstandenen Stadt liegt Schloss Branitz (1772) mit dem von HERMANN FÜRST VON PÜCKLER-MUSKAU (1785–1871) gestalteten Landschaftspark.

D

Dallas: Stadt im N des Bundesstaats Texas in den USA. D., Mittelpunkt eines großen Erdöl- und Erdgasgebiets, hat 1,21 Mio. Einwohner und ist damit nach ↑Houston die zweitgrößte texanische Stadt. Außerdem hat die Stadt einen der größten Baumwollmärkte der Erde und ist eines der bedeutenden Finanz-, Versicherungs-, Handels- und mit zwei Universitäten auch Bildungszentren im SW der USA. Mehrere Erdölgesellschaften haben hier ihren Sitz, ebenso Firmen der Modebranche, der elektronischen und der Raumfahrtindustrie sowie des Fahrzeugbaus. Mit drei Flughäfen ist D. eine Drehscheibe im nationalen und internationalen Luftverkehr. Das Stadtbild wird von überwiegend in den 1960er-Jahren entstandenen Wolkenkratzern geprägt. Am 22. 11. 1963 wurde der amerikanische Präsident JOHN F. KENNEDY in D. das Opfer eines Attentats.

Damaskus: Hauptstadt von Syrien. D. liegt in einer Flussoase am Osthang des Antilibanon. Es hat 2,2 Mio. Einwohner und ist eines der bedeutendsten nationalen und religiösen Zentren des Orients: Es gibt rd. 75 Moscheen, darunter die Omaijaden-Moschee (8. Jh.), außerdem residieren mehrere Bischöfe und Patriarchen in der Universitätsstadt. In der Industrie sind Textil-, Schuh- und Zementproduktion bestimmend. Das Kunsthandwerk ist für seine Woll-, Brokat- und Seidenweberei z. B. Damast und die Herstellung der Damaszener Klingen berühmt. D. hat einen internationalen Flughafen und ist ein wichtiger Verkehrsknotenpunkt zw. Aleppo, der größten syrischen Stadt, ↑Bagdad, ↑Mekka, ↑Beirut, Haifa und Sur. Die mindestens 4 500 Jahre alte Stadt war im 7. und 8. Jh. n. Chr. Sitz des Kalifen.

Dänemark: Staat in Nordeuropa. Bis auf die gemeinsame Landgrenze mit Deutschland im S ist D. als Halbinsel- und Inselstaat allseitig von Wasser umgeben. Im W stößt das Land an die Nordsee, im NW und NO an Skagerrak bzw. Kattegatt. Der östliche Landesteil liegt in der westlichen Ostsee. Zum Staatsgebiet gehören auch die ↑Färöer und ↑Grönland, die sich beide selbst regieren.

Landesnatur: D. umfasst die Halbinsel Jütland und etwa 480 Inseln, von denen rd. 100 bewohnt sind; die größten sind Seeland, Fünen, Langeland, Møn, Læsø und Bornholm. Als Brücke zw. Mitteleuropa und ↑Skandinavien sowie als Schranke zw. Nord- und Ostsee hat D. große verkehrspolitische Bedeutung. Zw. Jütland, das im N im Kap Skagen endet, den großen Inseln und Südschweden führen drei Meeresstraßen, der Kleine und der Große Belt und der Sund (Øresund), in die Ostsee. D. ist landschaftlich in großen Teilen eine Fortsetzung des Norddeutschen Tieflands. Landschaftsprägend war v. a. die letzte Eiszeit. Im W liegen die von Geestinseln durchsetzten flachen jütländischen Heidegebiete, im O die stärker geformten Grundmoränenlandschaften mit fruchtbarem Lehmhügelland.

Dänemark

(amtlich dänisch Kongeriget Danmark, dt. Königreich Dänemark)
Fläche: 43 094 km²
Einwohner: 5,374 Mio.
Hauptstadt: Kopenhagen
Verwaltungsgliederung: 14 Amtsbezirke (Amtskommuner) und 2 Stadtbezirke
Amtssprache: Dänisch
Währung: 1 Dänische Krone (dkr) = 100 Øre
Zeitzone: MEZ
Kfz-Kennzeichen: DK

D

An die Watten- und Marschküste des südwestlichen Jütland schließt sich eine Ausgleichsküste mit dünenbesetzten Nehrungen an. Fester Untergrund (Kreidekalk) tritt nur an wenigen Stellen, z.B. an der Küste von Møn, zutage. Die Küsten der Inseln haben vielfach Boddencharakter. An der Ostküste Jütlands setzt sich die norddeutsche Fördenküste mit guten Naturhäfen nach N fort. Nur auf Bornholm tritt das Grundgebirge zutage. Die höchste Erhebung D. liegt mit 173 m in Ostjütland. Längster Fluss des Landes ist die Gudenå mit 158 km.

Dänemark: Die alten Häuser und Straßencafés des Viertels Nyhavn sind ein Anziehungspunkt für die zahlreichen Touristen, die alljährlich die dänische Hauptstadt Kopenhagen besuchen.

D. hat Seeklima mit kühlen Sommern und milden Wintern (mittlere Temperaturen im Sommer um 16 bis 18 °C, im Winter um 0 °C. Die Niederschlagsmengen liegen im W Jütlands bei etwa 800 mm, auf Bornholm bei 450 mm jährlich.

D. gehört noch der Region der mitteleuropäischen Laubwälder an. Jedoch sind nur 12 % des Landes bewaldet. Dünen, Heideflächen, Hochmoore und Seen nehmen 5 % ein. Fast 70 % der Landesfläche werden landwirtschaftlich und gärtnerisch genutzt.

Bevölkerung: Die Bewohner sind fast ausschließlich Dänen. Die deutschsprachige Minderheit (mit besonderen politischen Rechten und eigener Vertretung im Parlament) in Südjütland (Nordschleswig) wird auf knapp 20 000 Menschen geschätzt. Die Bevölkerungsdichte beträgt rd. 125 Ew./km^2. Mehr als 85 % aller Dänen leben in städtischen Siedlungen, mehr als ein Drittel davon in und um ↑ Kopenhagen. Weitere Großstädte sind Århus, Odense und Ålborg. Rd. 85 % der Bevölkerung gehören der evangelisch-lutherischen Staatskirche an.

Wirtschaft und Verkehr: Die landwirtschaftliche Nutzung verlagert sich vom Hackfruchtanbau zum Getreidebau (Gerste und Weizen). Eine zunehmende Rolle spielen Gärtnereiprodukte (Blumen und Zierpflanzen). Die Viehwirtschaft (besonders Schweine-, aber auch Rinder- und Geflügelhaltung) erbringt rd. 45 %, Milchprodukte und Eier 24 % des Gesamtwerts der landwirtschaftlichen Erzeugung. Fischfang wird v.a. in der Nordsee betrieben und erwirtschaftet hohe Ausfuhrüberschüsse. Seit 1972 fördert D. vor der Nordseeküste Erdöl. Seit 1984 besteht eine Erdgasproduktion mit allerdings geringen Erträgen.

Die Industrie konzentriert sich auf traditionelle Bereiche, v.a. Nahrungs- und Genussmittelherstellung (Konserven, Zucker, Margarine, Schokolade, Bier u.a. alkoholische Getränke), aber auch Eisen- und Metallverarbeitung (Maschinen- und Schiffbau), Textil- und Bekleidungs-, Möbel- und chemische Industrie (v.a. Düngemittel und Pharmazeutika). Wichtigster Industriestandort ist der Ballungsraum Kopenhagen. Haupthandelspartner sind die Bundesrepublik Deutschland, Schweden, Großbritannien, die USA und Norwegen.

Das Verkehrsnetz ist sehr gut ausgebaut. Brücken verbinden Jütland mit Fünen sowie Seeland mit Falster und Lolland. Seit 1998 besteht ein rd. 18 km langes System von Brücken und Tunnels zw. Fünen und Seeland. Die Tunnel- und

Brückenverbindung über den Sund nach Schweden ist 2000 eröffnet worden. Die wichtigsten Fährstrecken verbinden D. mit Deutschland über den Fehmarnbelt (Vogelfluglinie) und von Gedser nach Rostock. Haupthafen und Mittelpunkt des Luftverkehrs ist Kopenhagen. Weitere wichtige Häfen haben Århus, Frederikshavn und Esbjerg.

Im Fremdenverkehr spielen besonders die Dünengebiete und Inseln Westjütlands, die Hauptstadt Kopenhagen und die klimatisch begünstigte Insel Bornholm in der Ostsee eine Rolle. Die meisten Gäste kommen aus Schweden und Deutschland.

Staat und Politik: Nach der Verfassung vom 5. 6. 1953 ist D. eine Erbmonarchie mit parlamentarisch-demokratischer Regierungsform. Staatsoberhaupt und formal oberster Inhaber der Exekutive ist der König. Die Legislative liegt beim König (formale Mitwirkung) und beim Einkammerparlament, dem Folketing.

D., das 1945 Mitbegründer der UNO war und sich 1949 dem Europarat und der NATO anschloss, war 1952 Gründungsmitglied des Nordischen Rats. 1960 trat es der EFTA bei und ist seit 1973 Mitglied der EG. In einem ersten Referendum (Juni 1992) stimmte die Bevölkerung gegen, nach Gewährung von Ausnahmeregelungen für D. in einer zweiten Abstimmung (Mai 1993) für die Maastrichter Verträge. Das Verhältnis D. zur EU blieb auch in den folgenden Jahren in der innenpolitischen Diskussion. Im Mai 1998 billigte die Bevölkerung in einem Referendum den Amsterdamer EU-Vertrag.

Dạnzig (polnisch Gdańsk): polnische Hafenstadt an der Ostsee, Hauptstadt der Woiwodschaft Pommern. D. liegt an der Danziger Bucht und hat 461 300 Einwohner. Es bildet mit Zoppot (Sopot) und Gdingen (Gdynia) einen Ballungsraum. Wichtige Industrien sind Maschinenbau, chemische, elektrotechnische, Nahrungsmittel-, Papier- und Textilindustrie. Die traditionsreiche Werft wurde 1997 geschlossen. Mit Nationalmuseum, Oper und Philharmonie besitzt die Bischofsstadt auch hohen kulturellen Rang. D. hat einen internationalen Flughafen.

Nach beinahe vollständiger Zerstörung im Zweiten Weltkrieg wurde die Altstadt mit ihren historischen Gebäuden aus dem Mittelalter aufwändig restauriert. Zw. dem 13. und 16. Jh. war D. eine der führenden Handelsstädte an der Ostsee.

Darling: mit 2 720 km der längste Fluss Australiens. Er ist allerdings nicht so bedeutend wie der ↑Murray, dessen rechter Nebenfluss er ist, denn der etwas kürzere Murray transportiert sehr viel mehr Wasser und trocknet auch nicht so regelmäßig aus. Der D. entspringt in der ↑Great Dividing Range und mündet bei Wentworth in den Murray.

Death Valley (Tal des Todes): eine etwa 25 km breite und 225 km lange Senke im US-Bundesstaat ↑Kalifornien. Es liegt überwiegend unterhalb des Meeresspiegels und ist mit maximal –86 m der tiefste Punkt Nordamerikas. Es herrscht Wüstenklima. Die Temperaturen erreichen tagsüber oft mehr als 50 °C. Nachts hingegen kann es zu Frost kommen. Pro Jahr fallen weniger als 40 mm Niederschlag. Wegen seiner faszinierenden verwitterten Felsformationen ist das D. V. ein beliebtes Touristenziel und als National Monument außerdem unter Schutz gestellt.

Das D. V. gehört zum **Großen Becken** (Great Basin), einer etwa 500 000 km² großen Beckenlandschaft zw. den ↑Rocky Mountains im O und den pazifischen Kettengebirgen im amerikanischen Westen.

Delhi: Stadt in Nordindien mit 9,82 Mio. Einwohnern, deren südlicher Stadtteil Neu-Delhi die Hauptstadt Indiens ist. Das 1 483 km² große Unionsterritorium D. hat 13,78 Mio. Einwohner. D. liegt am Westrand des Doab, des flachen Zwischenstromlandes zw. ↑Ganges und Yamuna. Die Stadt hat vier Universitäten und ist nach ↑Bombay und ↑Kalkutta das drittgrößte Industriezentrum Indiens. Bedeutend sind v.a. die Textil- und Gummiwerke sowie chemische und Schwerindustrie, der Fahrzeugbau, die Metallverarbeitung und die Konsumgüterindustrie.

D. entstand zw. dem 5. und 3. Jh. v. Chr. und ist seit dem 12. Jh. eine der bedeutendsten Städte des indischen Subkontinents. Davon zeugen u. a. die Jama-Masjid-Moschee (1644–58), eine der größten Moscheen der Erde, und die Rote Burg (1639–48) mit prächtigen Palästen und Moscheen. Neu-Delhi hingegen ist eine 1911 von der britischen Kolonialmacht angelegte Stadt.

Den Haag (amtlich niederländisch 's-Gravenhage): Residenzstadt sowie Regierungs- und Parlamentssitz der Niederlande. D. H. liegt zw. den Mündungen des Alten Rheins und der Nieuwe Maas und reicht mit seinem Stadtteil Scheveningen bis an die Nordsee. Es hat 457 700 Einwohner. In der Industrie sind Maschinen- und Fahrradbau, Metall-, Möbel-, elektrotechnische, Kunststoff-, pharmazeutische und Nahrungsmittelbetriebe sowie Unternehmen der grafischen Industrie bestimmend. Außerdem ist D. H. ein Verwaltungs-, Dienstleistungs- und Kulturzentrum sowie für den internationalen Kunsthandel bedeutend. Es ist Sitz des höchsten niederländischen Gerichts, des Internationalen Gerichtshofs und des Ständigen Schiedsgerichtshofs.

Detroit: Stadt im US-Bundesstaat Michigan. D. liegt am gleichnamigen Fluss und hat 925 000 Einwohner. Im Großraum D. leben etwa 4,46 Mio. Menschen. Von den großen Ballungszentren haben D. und Washington den höchsten Anteil an schwarzen Bürgern.

D. ist eines der größten Zentren der Automobilindustrie; u. a. haben General Motors, der größte Industriekomplex der Welt, und Ford hier ihre Firmensitze. Daneben gibt es große Werke der chemischen Industrie sowie des Maschinen- und Gerätebaus. Der Fluss D. ist Teil des Sankt-Lorenz-Seewegs. Über ihn hat D. einen Hochseeanschluss zum Abtransport der Autos und Heranführung von Roh- und Ausgangsstoffen. D. ist auch ein Kulturzentrum, da die großen Industrien sehr viele Stiftungen im kulturellen Bereich unterhalten.

Deutschland: siehe S. 96.

Djibouti: Staat in Nordostafrika. D. liegt westlich des Bab el-Mandeb, einer Meerenge zw. dem ↑Roten Meer und dem Golf von Aden. Es grenzt im N an Eritrea, im W und SW an Äthiopien und im SO an Somalia.

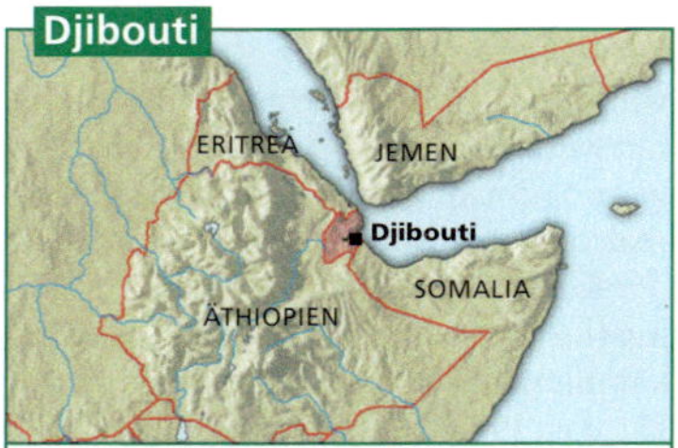

(amtlich arabisch Djumhurijja Djibuti, amtlich frz. République de Djibouti)
Fläche: 23 200 km^2
Einwohner: 693 000
Hauptstadt: Djibouti
Amtssprache: Arabisch und Französisch
Währung: 1 Djibouti-Franc (FD) = 100 Centimes (c)
Zeitzone: MEZ +2 Stunden
Kfz-Kennzeichen: DJI

Landesnatur: D. hat Anteil an der ↑Afarsenke, die auch Danakilsenke genannt wird. Hier liegt eine Reihe von Salzseen. Der größte ist mit rd. 500 km^2 der Assalsee. Im N erheben sich die vulkanischen Danakilberge, die bis 1 775 m aufragen.

Von der Arabischen Halbinsel im NW weht ein trocken-heißer, staubhaltiger Wind nach D., das mit Jahresdurchschnittstemperaturen um die 30 °C eines der heißesten Länder der Welt ist. Die Tagestemperaturen übersteigen im Sommer oft 55 °C. Bei Jahresniederschlägen von weniger als 130 mm sind weite Teile vegetationslose Vollwüste oder nur spärlich bewachsene Halbwüste.

Bevölkerung: Über 95 % der Einwohner sind Muslime. Die Afar im N und W machen 40 %, die Issa und andere Somalstämme in den übrigen Landesteilen 50 % der Bevölkerung aus. Ferner gibt es Europäer und Araber. D. hat keine Schulpflicht. Die Analphabetenquote wird auf 54 % geschätzt. Mehr als 80 % der Einwohner leben in Städten. Außer der Hauptstadt, die ebenfalls D. heißt, gibt es nur Kleinstädte.

Wirtschaft und Verkehr: Die Haupteinnahmen des Staats stammen aus dem Transitverkehr auf der Eisenbahnlinie von Addis Abeba zum Hochseehafen D. Außerdem ist die Hauptstadt, die einen internationalen Flughafen hat, dank der stabilen Währung ein Bankenzentrum. Nur 2 % der Landesfläche sind für den Anbau geeignet, knapp 11 % dienen als wenig fruchtbares Weideland. Es gibt fast keine Industrie.

Staat und Politik: Nach der Verfassung von 1992 ist D. eine präsidiale Republik. Staatsoberhaupt ist der mit weitgehenden Machtbefugnissen ausgestattete Präsident. Die Regierung führt der Ministerpräsident. Seit der Unabhängigkeit von Frankreich 1977 ist D. Mitglied der UNO.

Dnjẹpr (ukrainisch Dnipro, weißrussisch Dnjapro): mit 2 200 km nach ↑Wolga und ↑Donau drittlängster Fluss Europas. Er entspringt am Südhang der Waldaihöhen nordwestlich von Moskau, durchfließt Weißrussland und die Ukraine und mündet in den Dnjepr-Bug-Liman, einen großen Strandsee des Schwarzen Meers. Zusammen mit seinen großen Nebenflüssen – Beresina, Pripjet, Ingulez von rechts, Sosch, Desna und Samara von links – hat er ein Einzugsgebiet von mehr als 500 000 km².

Der D. ist sehr wasserreich und seine starke Strömung wird von zahlreichen Kraftwerken genutzt. An vielen Stellen ist er aufgestaut. Der größte Stausee ist mit 2 155 km² der Kachowkaer Stausee in der Ukraine. 1 990 km sind schiffbar und mindestens acht Monate lang eisfrei.

Dnjẹstr (rumänisch Nistru, ukrainisch Dnister): 1 352 km langer Fluss in der Ukraine und in Moldawien. Er entspringt in den Waldkarpaten und mündet mit dem Dnjestr-Liman, einem großen Strandsee, in das Schwarze Meer. Der D. ist v. a. mit seinen Wasserkraftwerken und als Binnenwasserweg wirtschaftlich bedeutend.

In Moldawien liegt zw. D. und der Grenze gegen die Ukraine **Transnistrien,** ein Gebiet, das auch Dnjestr-Region genannt wird. Seit 1924, als hier die zur UdSSR gehörende Moldauische Sozialistische Sowjetrepublik entstand, nimmt die Region eine Sonderrolle ein. Die meisten der 630 000 Einwohner in dem rd. 6 000 km² großen Gebiet sind Russen und Ukrainer, knapp 40 % sind Moldawier. 1991/92 kam es zu einem Bürgerkrieg, als sich Transnistrien von Moldawien loslösen wollte. Es erhielt 1997 Autonomie.

Dominica: Staat im Bereich der Westindischen Inseln, der die gleichnamige Insel der Kleinen ↑Antillen einnimmt.

Landesnatur: D. ist die zweitgrößte der Windward Islands und liegt zw. ↑Guadeloupe im N und ↑Martinique im S.

Dominica

(amtlich engl. Commonwealth of Dominica)
Fläche: 751 km²
Einwohner: 72 000
Hauptstadt: Roseau
Amtssprache: Englisch
Währung: 1 Ostkaribischer Dollar (EC$) = 100 Cents (ct.)
Zeitzone: MEZ –5 Stunden
Kfz-Kennzeichen: WD

▶ *Fortsetzung auf S. 101*

Seit dem Ende des 19. Jh. ist Deutschland eine der führenden Industrie- und Handelsnationen der Welt und hat große wirtschaftliche und politische Bedeutung. In der Rangliste bei den Pro-Kopf-Einkommen gehört Deutschland zu den ersten zehn Ländern. Seit dem Beitritt der Länder der Deutschen Demokratischen Republik (DDR) zur Bundesrepublik am 3. 10. 1990 ist es nach Russland das bevölkerungsreichste Land in Europa, flächenmäßig nimmt es den sechsten Rang ein. Seine Lage im Zentrum Europas hat mit dazu beigetragen, dass es – zusammen mit Frankreich – eine führende Rolle im europäischen Integrationsprozess übernahm.

Deutschland

(amtlich Bundesrepublik Deutschland)
Fläche: 357 027 km²
Einwohner: 82,495 Mio.
Hauptstadt: Berlin
Verwaltungsgliederung: 16 Bundesländer
Amtssprache: Deutsch
Währung: 1 Euro (EU, €) = 100 Cents (c)
Zeitzone: MEZ
Kfz-Kennzeichen: D

Der Naturraum

Deutschland liegt in Mitteleuropa. Im N bildet die ↑Nordsee eine natürliche Grenze, im S sind es die ↑Alpen. Die maximale O-W-Ausdehnung beträgt 640 km, von N nach S sind es 876 km.

Das *Norddeutsche Tiefland* reicht von der Nord- und Ostseeküste bis weit in die Mitte Deutschlands und greift mit der Niederrheinischen Bucht und mit der Westfälischen Bucht sowie mit der Leipziger Tieflandsbucht tief in die Mittelgebirge ein. Zu Norddeutschland gehören auch die den Küsten vorgelagerten Inseln. Die Landschaftsformen des Norddeutschen Tieflandes sind von den Eiszeiten geprägt. Die Ebenen werden durch weite Sandflächen, niedrige Landrücken, Fluss- und Seemarschen und Seenplatten gegliedert.

Der Nördliche Landrücken, ein Endmoränenzug mit Ablagerungen der letzten Kaltzeit, verläuft vom östlichen Schleswig-Holstein bis nach Polen. Jenseits des Elbe-Urstromtals, einem breiten Tal, durch das während der letzten Eiszeit die Gletscher entwässerten, liegt der Südliche Landrücken mit Ablagerungen der älteren Eiszeiten. Er erreicht in der ↑Lüneburger Heide und im Fläming seine größten Höhen. Im S begleitet eine fruchtbare, aus Lössaufwehungen bestehende Bördenzone den nördlichen Fuß der Mittelgebirge.

Die *Mittelgebirgsschwelle* besteht aus zahlreichen Gebirgen mittlerer Höhe, die aus Gesteinen unterschiedlicher Erdzeitalter aufgebaut sind. Sie werden durch Senken und Flussniederungen voneinander getrennt. Das abwechslungsreiche Relief liegt überwiegend zw. 200 und 1 000 m. Die höchsten Berge in dieser Landschaft sind der Feldberg im Schwarzwald mit 1 493 m, der 1 214 m hohe Fichtelberg im Erzgebirge und der Brocken im Harz mit 1 142 m. Die Schwäbische und Fränkische Alb und der Bayerische Wald grenzen das Mittelgebirge nach S ab.

Eine Besonderheit stellt das 30 bis 50 km breite Oberrheinische Tiefland dar. Umrahmt von Schweizer Jura, Schwarzwald und Vogesen, Pfälzer Wald und Odenwald sowie dem Rheinischen Schiefergebirge verdankt es seine Entstehung einem Grabenbruch, einer Absenkung während des Tertiärs, die wahrscheinlich im Zusammenhang mit der Entstehung der Alpen steht.

Das *Alpenvorland* ist eine von Tertiärsedimenten gefüllte Senke. Sie reicht von

der Donau bis zu den Alpen und erreicht eine Höhe von 300 bis 800 m. Landschaftsprägend ist – wie im Norddeutschen Tiefland – die Überdeckung mit eiszeitlichen Ablagerungen. Die zahlreichen Seen werden häufig von Endmoränen umgeben, beispielsweise der Ammersee oder der Chiemsee.
An den *Alpen* hat Deutschland nur einen geringen Anteil. Mit den Bayerischen Alpen reichen die nördlichen Kalkalpen in den S Deutschlands hinein. Die ↑Zugspitze ist mit 2 962 m die höchste Erhebung des Landes.
Klimatisch liegt Deutschland in der gemäßigten Klimazone und damit zw. dem maritimen Klima Westeuropas und dem Kontinentalklima Osteuropas. Westliche Winde bringen genügend Feuchtigkeit vom Ozean, Niederschläge fallen zu allen Jahreszeiten. Die Temperaturen erreichen im Juli ein Maximum und im Januar den tiefsten Stand.

Wirtschaftsräume im Wandel

Die *Landwirtschaft* trägt zwar nur einen geringen Anteil zum BIP bei, dennoch ist sie – neben der Forstwirtschaft – weithin landschaftsbestimmend. Einen Kernpunkt stellt die Erzeugung tierischer Veredelungsprodukte dar (v. a. Milch- und Fleischproduktion).
Die Agrarregionen sind ausgesprochen vielfältig: Im Norddeutschen Tiefland herrschen Mischbetriebe mit einer breiten Palette von Agrarprodukten und mit Rinder- oder Schweinezucht vor, in den Mittelgebirgen und im ↑Allgäu liegt der Schwerpunkt auf der Viehwirtschaft, in den Börden dominieren Getreide- und Zuckerrübenanbau. In klimatisch begünstigten Lagen werden auch Sonderkulturen wie Wein, Spargel, Tabak oder Hopfen angebaut. Insgesamt steht die deutsche Landwirtschaft unter hohem Konkurrenzdruck v. a. aus anderen EU-Staaten, was zu Modernisierung und Erhöhung der Produktivität zwingt. Viele kleinere Familienbetriebe müssen deshalb ihren Hof aufgeben. In den östlichen Bundesländern sind die Betriebe deutlich größer, da sie aus den staatlichen Produktionsgenossenschaften der DDR hervorgegangen sind.

Rügen in der Ostsee ist die größte deutsche Insel. Ihr Wahrzeichen ist die Steilküste aus weißem Kreidefels.

Die *deutsche Industrie* liegt in vielen Produktbereichen weltweit auf vorderen Plätzen, z. B. in der Metallherstellung, in der chemischen Industrie und mit elektrotechnischen Produkten. Auch beim Maschinen- und Kraftfahrzeugbau gehört Deutschland zur Weltspitze. Diese Plätze nimmt Deutschland ein, obwohl es ein rohstoffarmes Land ist. Bedeutende Rohstoffvorkommen gibt es lediglich von Braunkohle, Steinkohle und Salzen. In der Niederrheinischen Bucht und der Leipziger Tieflandsbucht sowie in der Niederlausitz sind große, im Tagebau abbaubare Braunkohlenlager. Die Steinkohlenvorkommen im Rheinisch-Westfälischen Industriegebiet, im Aachener Raum und im Saarrevier sind nur mit hohem technischen Aufwand und staatlicher Subventionierung zu fördern. Der Standortnachteil Rohstoffmangel wird durch hohe Produktivität in den Betrieben, durch Erfindergeist und durch hohe Produktqualität mehr als ausgeglichen.
In der regionalen wie auch in der sektoralen Entwicklung weist die deutsche Industrie erhebliche Unterschiede auf. Bis

Deutschland – Wirtschaft

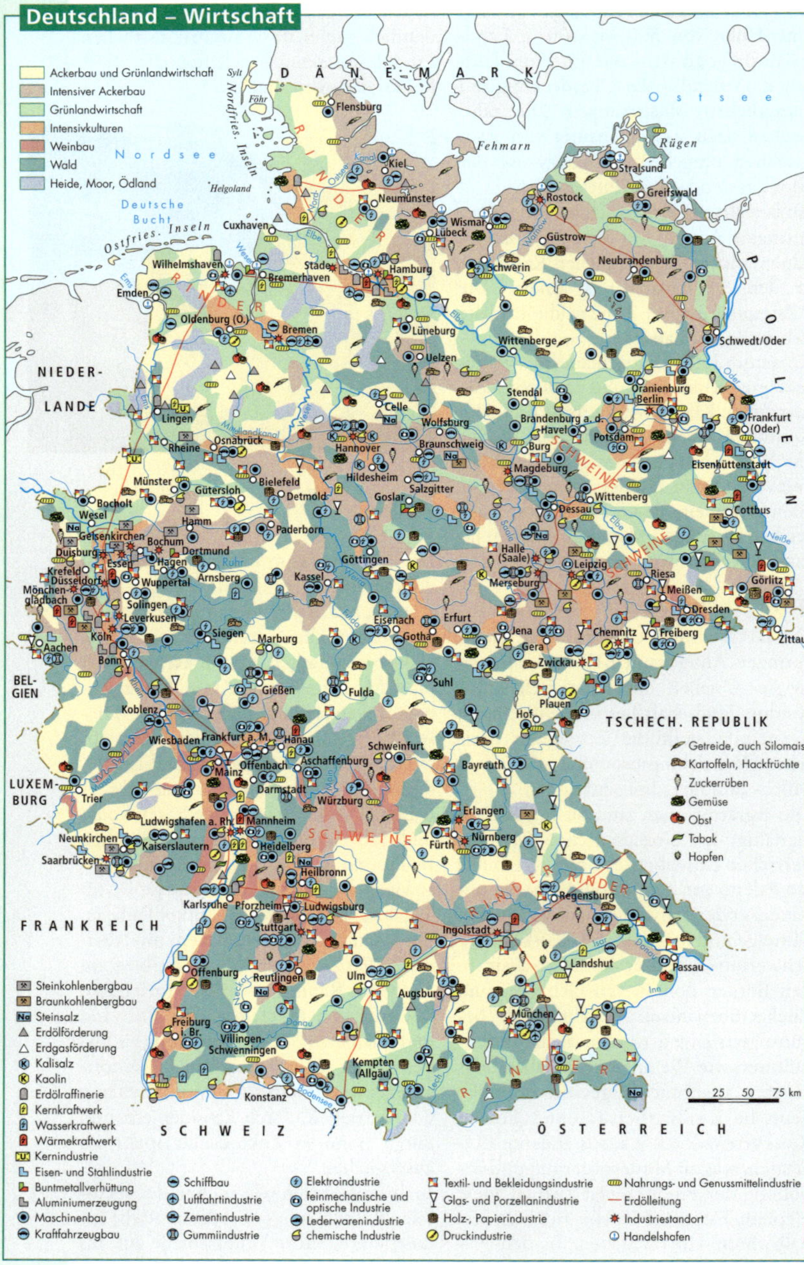

zur Mitte des 20. Jh. waren die traditionellen Zentren des Bergbaus und der Schwerindustrie die Gunsträume: das Ruhrgebiet, der Raum Hannover Braunschweig-Salzgitter sowie die Schiffbau- und Handelszentren Hamburg, Bremen und Rostock. Seit den 1960er-Jahren entwickelten sich dagegen die Verdichtungsräume Rhein-Main, Rhein-Neckar, München, Nürnberg-Erlangen und Stuttgart deutlich schneller. Sie waren oder wurden Standorte der wachstumsstarken Industriezweige Chemie, Elektrotechnik, Elektronik, Maschinenbau und Straßenfahrzeugbau. Auch Hightechunternehmen sind in Süddeutschland deutlich stärker vertreten, insbesondere im Raum München. Allerdings hat Deutschland in manchen Sektoren dieses Bereichs den Anschluss an die Weltspitze verloren, z. B. in der Computerindustrie. Die norddeutschen Küstenländer Schleswig-Holstein und Niedersachsen – ausgenommen die Agglomerationen Hannover, Hamburg, Bremen – entwickelten sich nur noch unterdurchschnittlich. Im ↑ Ruhrgebiet kam es zu einer nahezu vollständigen Umstrukturierung: Kohle und Stahl haben ihre führende Stellung zugunsten eines vielseitigen verarbeitenden Gewerbes und einer wachsenden Dienstleistungsbranche verloren.
Die industriellen Zentren der DDR waren der Großraum Berlin und das Dreieck Halle–Leipzig–Dresden mit den großen Braunkohlenlagerstätten. Nach der Vereinigung waren viele privatisierte Betriebe nicht mehr wettbewerbsfähig, zudem fiel mit dem Zusammenbrechen des Ostblocks der frühere Absatzmarkt weg. Viele Firmen wurden stillgelegt, was zur hohen Arbeitslosigkeit in den neuen Ländern beitrug. Inzwischen gibt es durchaus wieder viele neue erfolgreiche Unternehmen. Die chemische Industrie ist besonders in Sachsen konzentriert, der Maschinenbau in Magdeburg, in Sachsen und Berlin, der Fahrzeugbau in Eisenach und Zwickau. Werke der elektrotechnisch-elektronischen Industrie befinden sich z. B. in Berlin und Dresden, optische Industrien u. a. in Jena und Erfurt.
Der *Dienstleistungssektor* in Deutschland beschäftigt heute etwa zwei Drittel aller Erwerbstätigen. Der hohe Lebensstandard der Bevölkerung hat die Nachfrage nach Dienstleistungen aller Art erheblich gesteigert. Nichtproduzierendes Handwerk, Handel, Banken und Versicherungen, der Tourismus- und der Verkehrssektor, neuerdings v. a. auch die Informationstechnologie, sind ständig weiter wachsende Wirtschaftszweige mit hoher Wertschöpfung für die deutsche Volkswirtschaft.

Internationale Verflechtungen

Der Export hochwertiger Produkte ist die Basis für den Erfolg der deutschen Industrie, obwohl fast alle Rohstoffe importiert werden müssen. Nach dem Welthandelsanteil liegt Deutschland hinter den USA und vor Japan an zweiter Stelle. Mehr als die Hälfte aller Importe und Exporte entfallen auf die Staaten der EU, davon allein 10 % auf den Nachbarn Frankreich. Weitere wichtige Handelspartner sind die USA, Japan, die Schweiz und die Tigerstaaten.
Im Rahmen der Globalisierung der Wirtschaft investieren heute viele deutsche Betriebe verstärkt im Ausland, um die hohen Arbeitskosten in der Bundesrepublik zu vermeiden. Ausweichstandorte sind v. a. Großbritannien, Frankreich und die USA, aber in wachsendem Maße auch Polen, Ungarn, Tschechien und außereuropäische Billiglohnländer, v. a. in Asien. Die Kapitalzuflüsse aus dem Ausland für Investitionen in Deutschland sind dagegen stark zurückgegangen. Die Auswirkungen dieser Entwicklung sind auf dem Arbeitsmarkt in Deutschland zu sehen: Seit den 1980er-Jahren hat die Arbeitslosigkeit beständig zugenommen und lag Anfang der 2000er-Jahre bei knapp fünf Millionen Arbeitslosen.

Die wirtschaftliche Verflechtung der Bundesrepublik und ihre zentrale Stellung in Europa bestimmen auch ihre Rolle in der ↑EU. Neben der politischen Bedeutung dieses Zusammenschlusses öffnete er der deutschen Wirtschaft Absatzgebiete ohne handelspolitische Einschränkungen. Andererseits bedeutet diese Mitgliedschaft auch, dass Deutschland sich Entscheidungen der EU-Kommission in Brüssel unterordnen muss. So müssen Subventionen für Betriebe oder Standorte genehmigt werden.

Veränderte Bevölkerungsstruktur

Die Bevölkerungszahl in Deutschland steigt nur noch durch Zuwanderungsüberschuss oder durch den Wechsel der Staatsangehörigkeit. Die Geburtenrate ist eine der niedrigsten in Europa. Knapp 9% der Gesamtbevölkerung sind Ausländer, davon etwa 26% Türken, knapp 13% kommen aus Ländern des ehemaligen Jugoslawien und 8% sind Italiener. Viele dieser Ausländer bzw. deren Vorfahren kamen als Gastarbeiter nach Deutschland, andere sind Flüchtlinge. Der hohe Ausländeranteil ist nicht zuletzt eine Folge des – trotz der Novellierung von 1999 – relativ altmodischen Staatsbürgerschaftsgesetzes. In anderen europäischen Ländern und erst recht in den USA gibt es scheinbar weniger »Ausländer«, da sie die jeweilige Staatsbürgerschaft angenommen haben.

Die Bevölkerung ist unterschiedlich verteilt, v.a. bedingt durch das Wachstum der wirtschaftlichen und städtischen Ballungsgebiete. Besonders die Großstädte haben nach dem Zweiten Weltkrieg ein sehr starkes Wachstum erfahren; erst in der jüngsten Gegenwart sind hier fast überall Bevölkerungsverluste zu verzeichnen, verursacht durch Abwanderung in die Stadtrandgebiete.

Alles über Deutschland, was sich in Zahlen ausdrücken lässt, hat das Statistische Bundesamt in Wiesbaden zu bieten: Gustav-Stresemann-Ring 11, 65189 Wiesbaden; Tel.: 0611 751; Internet: www.destatis.de

Nie war es in Deutschland kälter als am Funtensee im Berchtesgadener Land am 25. Januar 2000: Das Thermometer fiel auf –45,8 °C. Solche und ähnliche Rekorde – wie überhaupt alles rund um Wetter und Klima – erfährt man beim Deutschen Wetterdienst in Offenbach: 069 80620; www.dwd.de.

Wie spannend Geschichte sein kann, vermittelt ein ganz besonderes Museum in Bonn. Das Haus der Geschichte an der Willy Brandt-Allee 14 (0228 91650; www.hdg.de) führt den Besucher durch die Jahre seit dem Ende des Zweiten Weltkriegs. Zu den Ausstellungsstücken gehören Besonderheiten wie der Mercedes 300, mit dem Konrad Adenauer, der erste Bundeskanzler, durch Deutschland und Europa reiste. Geöffnet ist das Museum Dienstags bis Sonntags von 9.00 bis 19.00 Uhr, der Eintritt ist frei.

www.cia.gov/cia/publications/factbook/geos/gm.html
www.bafa.de
www.bmwa.bund.de

Der große Deutschland-Atlas, hg. von FLORIAN BELLNUSS u.a. Gütersloh (Bertelsmann) 2003. ■ *Deutschland,* hg. von KARL ECKART. Gotha (Klett-Perthes) 2001. ■ ECKART, KARL: *Agrargeographie Deutschlands.* Gotha (Klett-Perthes) 1998. ■ *Die Deutschen im 20. Jahrhundert,* hg. von EDGAR WOLFRUM. Darmstadt (Primus) 2004. ■ *Nationalatlas Bundesrepublik Deutschland,* hg. von INSTITUT FÜR LÄNDERKUNDE, LEIPZIG. Heidelberg (Spektrum Akademischer Verlag 2000. ■ *Physische Geographie Deutschlands,* hg. von HERBERT LIEDTKE und JOACHIM MARCINEK. Gotha (Klett-Perthes) [2]1995. ■ *Wirtschaftsgeographie Deutschlands,* hg. von ELMAR KULKE. Gotha (Pertes) 1998. ■ GROS, JÜRGEN und GLAAB, MANUELA: *Faktenlexikon Deutschland. Geschichte, Gesellschaft,Politik, Wirtschaft, Kultur.* München (Heyne) 1999.

◀ *Fortsetzung von S. 95* Die Insel ist vulkanischen Ursprungs und gebirgig. Höchster Berg ist mit 1 447 m der Morne Diablotin.

Das Klima ist randtropisch. Die mittleren Monatstemperaturen liegen zw. 25 °C und 32 °C. Pro Jahr fallen durchschnittlich 1 800 mm Regen an der Küste und bis zu 6 500 mm im Landesinnern. Tropischer Regenwald bedeckt 50 % der Fläche. Zw. Juni und Oktober können Hurrikane auftreten.

Bevölkerung: Etwa 90 % der Einwohner sind Schwarze. Hinzu kommen Mulatten, Kreolen und wenige Europäer. Etwa 1 500 Kariben, die Indianer der Inselwelt, leben in einem Reservat an der Ostküste. Neben dem Englischen ist ein Kreol des Französischen, das in der Karibik häufige sog. Patois, weit verbreitet. Mehr als 90 % der Bevölkerung sind Christen, vier Fünftel davon Katholiken.

Wirtschaft und Verkehr: Wichtigster Wirtschaftszweig ist trotz eng begrenzter Anbaufläche die Landwirtschaft, die für den Export Bananen, Zitrusfrüchte, Kokospalmen, Vanille u. a. kultiviert. Die schwach entwickelte Industrie verarbeitet überwiegend landwirtschaftliche Ausgangsstoffe. Seit wenigen Jahren spielt auch der Fremdenverkehr eine Rolle. Das Straßennetz ist wenig entwickelt. Wichtig für den Außenhandel ist der Tiefwasserhafen bei Roseau. Im NO der Insel gibt es einen internationalen Flughafen bei Marigot.

Staat und Politik: 1978 wurde D. von Großbritannien unabhängig und Mitglied der UNO. Nach der im selben Jahr in Kraft getretenen Verfassung ist D. eine parlamentarische Republik mit Mehrparteiensystem im Commonwealth. Staatsoberhaupt und Regierungschef ist der alle fünf Jahre vom Parlament gewählte Präsident.

Dominikanische Republik: Staat, der den O der zu den Großen ↑ Antillen gehörenden Insel Hispaniola einnimmt. Die einzige Landgrenze besteht im W gegen Haiti.

Landesnatur: Die D. R. umfasst etwa zwei Drittel von Hispaniola. Fünf Gebirgszüge mit dazwischen liegenden Senken durchziehen die D. R. von NW nach SO. Das mittlere Gebirge ist die Cordillera Central, in der mit dem 3 175 m hohen Pico Duarte die höchste Erhebung der Westindischen Inseln liegt. Im S erstreckt sich die Küstenebene mit der Hauptstadt Santo Domingo.

Dominikanische Republik

(amtlich span. República Dominicana)
Fläche: 48 442 km²
Einwohner: 8,613 Mio.
Hauptstadt: Santo Domingo
Amtssprache: Spanisch
Währung: 1 Dominikanischer Peso (dom$) = 100 Centavos (cts)
Zeitzone: MEZ –5 Stunden
Kfz-Kennzeichen: DOM

Das Passatklima wird durch den Wechsel einer winterlichen Trocken- mit einer sommerlichen Regenzeit gekennzeichnet. Im Gebirge fallen regional mehr als 2 000 mm Regen, in der Ebene rd. 600 mm. Zwischen Mai und September können Hurrikane auftreten. 2004 wurde das Land im Spätsommer von vier Wirbelstürmen heimgesucht. Die mittleren Monatstemperaturen liegen zw. 24 °C und 27 °C. Die Vegetation wird je nach Niederschlagsmenge von Trocken- und Dornstrauchvegetation, sommergrünem Bergwald, Nebelwald oder Regenwald geprägt.

Bevölkerung: Etwa 70 % der Einwohner sind Mulatten, je 15 % Weiße bzw. Schwarze. Im S, im Hauptstadtdistrikt, leben auf rd. 2,5 % der Fläche mehr als 30 % der Gesamtbevölkerung. Der An-

D

teil der Stadtbevölkerung nimmt rasch zu und beträgt etwa 66%. Neben Santo Domingo sind Santiago, La Romana und San Pedro de Macoris Großstädte.

Allgemeine Schulpflicht besteht vom 7. bis 14. Lebensjahr. Sie wird nur z.T. befolgt. Die Analphabetenquote liegt bei etwa 16%. Die Bevölkerung ist zu rd. 90% katholisch.

Wirtschaft und Verkehr: Zuckerrohranbau, Bergbau und Tourismus bilden die wirtschaftliche Grundlage der zu den Entwicklungsländern zählenden D.R. Auf die Landwirtschaft entfallen 12% des Bruttoinlandprodukts und 70% des Exportwerts. Sie nutzt drei Viertel der Gesamtfläche, etwa die Hälfte davon ist in den Händen weniger Großgrundbesitzer konzentriert oder in Staatsbesitz. Neben dem Zuckerrohranbau wird die Kaffee-, Kakao-, Bananen-, Tabak- und Sisalerzeugung ausgebaut. Die Plantagenwirtschaft ist trotz schwerster Umweltschäden bestimmend.

Der Bergbau fördert v.a. Nickel, Silber, Gold und Eisenerz. Haupthandelspartner sind die USA, Venezuela und Mexiko. Die D.R. entwickelte sich in den 1990er-Jahren innerhalb der Karibik zu einem der wichtigsten Ziele des Massentourismus, besonders für Nordamerikaner und Deutsche.

Das Land verfügt über ein gut ausgebautes Straßennetz. Die Eisenbahn dient nur dem Güterverkehr. Wichtigste Häfen sind Santo Domingo, Río Haina und La Romana an der Südküste sowie Puerto Plata an der Nordküste. Internationale Flughäfen haben Santo Domingo, Puerta Plata und Punta Cana.

Staat und Politik: Nach der Verfassung von 1966 ist die D.R. eine Präsidialrepublik. Staatsoberhaupt und Regierungschef ist der für vier Jahre direkt gewählte Präsident. Im Jahr 1945 gehörte die D.R. zu den Gründungsmitgliedern der UNO.

Don: 1 870 km langer Fluss im europäischen Russland. Der D. entspringt auf der Mittelrussischen Platte, südöstlich von Tula. Unterhalb von Rostow mündet er mit einem 340 km² großen Delta in das Asowsche Meer, ein Randmeer des Schwarzen Meers. Im Mittellauf ist der D. zum Zimljansker Stausee gestaut. Der See ist rd. 302 km lang und bis zu 38 km breit. Hier zweigt der 97 km lange Wolga-Don-Schifffahrtskanal ab, der den über fast 1 300 km schiffbaren D. mit der ↑Wolga und damit mit dem ↑Kaspischen Meer verbindet.

Donau: mit 2 850 km, davon 647 km in Deutschland, nach der ↑Wolga zweitlängster Fluss Europas. Anliegerstaaten sind auch Österreich, die Slowakei, Ungarn, Serbien und Montenegro, Kroatien, Rumänien, Bulgarien und die Ukraine.

Donau: Der Fluss trennte die beiden Städte Buda und Pest seit ihrer Entstehung im 13. Jh.; sie wurden erst 1872 zu Budapest vereinigt.

Verlauf: Die D. entspringt auf der Ostseite des südlichen Schwarzwalds mit den Quellbächen Brigach und Breg, die sich bei Donaueschingen vereinigen. Bei Immendingen und Fridingen verliert sie durch Versickerung im klüftigen Kalk Wasser zur Radolfzeller Aach und damit zum ↑Rhein. Sie durchbricht die ↑Schwäbische Alb und fließt von Sigmaringen an zw. dem Alpenvorland im S sowie der Schwäbischen und Fränkischen Alb und dem Bayerischen Wald im N. Bei Passau verlässt sie Deutschland, durchbricht in der Wachau das Böhmische Massiv und erreicht bei Wien das Wiener Becken und bei Bratislava (Preßburg) das Kleine Ungarische

Tiefland. 1996 wurde zw. Wien und Hainburg der Nationalpark Donauauen eingerichtet.

Nach Verlassen des Ungarischen Mittelgebirges durchfließt sie unterhalb von Budapest das Große Ungarische Tiefland (Alföld). Im Eisernen Tor durchbricht die D. die Südkarpaten und das Serbische Erzgebirge, anschließend durchfließt sie das rumänische Tiefland (Walachei) in breiter, sumpf- und seenreicher Aue (Balta) am Rand der bulgarischen Tafel und die Dobrudscha. Bei Galaţi wendet sie sich nach O und mündet mit einem 4 300 km^2 großen, sumpfigen Delta (Naturreservat) und drei Hauptarmen, dem Kilija-, Sulina- und Sankt-Georgs-Arm, ins Schwarze Meer.

Die wichtigsten Nebenflüsse sind von rechts: aus den ↑Alpen Iller, Lech, Isar, Inn, Enns, Drau und Save, aus den Balkangebirgen v. a. die Morawa; von links: Altmühl, Naab und Regen, die March aus Mähren, aus den ↑Karpaten v. a. die Theiß, in Ungarn der Alt und kurz vor dem Delta Sereth und Pruth. Ihr Einzugsgebiet umfasst etwa 817 000 km^2. Bei Passau ist die D. 200 m, bei Wien 300 m und bei Galaţi 900 m breit.

Die D. ist eine wichtige Wasserstraße; über 2 500 km sind schiffbar. Die Verbindung zur Nordsee stellt der Main-Donau-Kanal (Teil des ↑Rhein-Main-Donau-Großschifffahrtsweges) her. Seit 1984 besteht durch den 64,2 km langen **Donau-Schwarzmeer-Kanal** eine direkte Verbindung mit dem rumänischenHafen Constanţa.

Dorpat (estnisch Tartu): Stadt in Estland. D. liegt westlich des Peipussees und hat 101 200 Einwohner. Die Universitätsstadt ist neben ↑Tallinn das wichtigste wirtschaftliche und kulturelle Zentrum des Landes. Im produzierenden Sektor sind Maschinen- und Apparatebau, Nahrungsmittel- und Leichtindustrie stark entwickelt.

Die um 1030 erstmals erwähnte Stadt wurde 1775 durch einen Brand fast vollständig zerstört. Ihr Wiederaufbau im klassizistischen Stil – z. B. das Hauptgebäude der Universität – prägt bis heute das Stadtbild.

Dortmund: kreisfreie Stadt in Nordrhein-Westfalen. D. liegt an der oberen Emscher, im östlichen Teil des ↑Ruhrgebiets und ist mit 590 800 Einwohnern die größte Stadt Westfalens. Im produzierenden Sektor sind Eisen- und Stahlwerke, Maschinen- und Brückenbau, Brauereien und in zunehmendem Maß elektrotechnische Industrie bestimmend. Außerdem wurde der Handel durch den 1899 eröffneten Dortmund-Ems-Kanal mit seinem großen Hafen in D. stark gefördert. Wegen des Bedeutungsverlustes der Schwerindustrie befindet sich der Dienstleistungssektor (u. a. im Technologiezentrum) in starker Entwicklung.

D. entstand im 9. Jh. und war im Mittelalter eine wichtige Handelsstadt. Nach Jahrhunderten relativer Bedeutungslosigkeit wurde die Stadt im 19. Jh. durch die Schwerindustrie eine der größten deutschen Industriestädte. Seit 1969 ist D. außerdem Universitätsstadt.

Dresden: August der Starke ließ in seiner Residenzstadt zwischen 1711 und 1728 den Zwinger errichten, eine großzügige Barockanlage.

Dresden: Hauptstadt des Bundeslandes Sachsen und kreisfreie Stadt. D. liegt in geschützter Beckenlage beiderseits der Elbe und hat 480 200 Einwohner. D. hat v. a. elektrotechnische (Mikroelektro-

D

nik), Maschinenbau- Textil-, Möbel-, Druck- und Nahrungsmittelindustrie. Die Stadt besitzt einen Elbhafen und einen internationalen Flughafen.
D. wurde 1206/16 gegründet. Als Residenz der Wettiner (1485–1918) entwickelte sich die Stadt besonders unter August II., dem Starken, zu einem weltbekannten kulturellen Mittelpunkt. Am 13./14. 2. 1945 wurde D. von amerikanischen und britischen Bombern stark zerstört (mindestens 35 000 Tote). Bis zu dem Luftangriff galt D. als eine der schönsten deutschen Städte (Elbflorenz). Viele Bauwerke wurden oder werden (Frauenkirche) wieder hergestellt. Die bedeutendsten Bauten und Anlagen sind das aus dem 16. Jh. stammende Schloss mit der Hofkirche, der Theaterplatz mit Semperoper, der Zwinger und die Brühl'schen Terrassen am Elbufer.

Dublin: Hauptstadt der Republik Irland und mit 495 100 Einwohnern deren größte Stadt. D. liegt an der Mündung des Liffey in die Dublin Bay der Irischen See und ist der Haupthafen des Landes. Die Stadt hat auch einen internationalen Flughafen. D. ist Sitz eines anglikanischen und eines katholischen Erzbischofs sowie mit drei Universitäten und wissenschaftlichen Akademien kulturelles Zentrum Irlands.
Die Industrie erzeugt v. a. Verbrauchsgüter, Nahrungs- und Genussmittel. Seit Mitte der 1990er-Jahre ist die Softwareindustrie von wachsender Bedeutung, da viele US-Firmen in D. Zweigniederlassungen zur Bedienung des europäischen Markts gegründet haben.
Das Stadtbild ist seit Dublins Blütezeit, dem 18. Jh., von breit angelegten Straßen, Parks, Wohnhäusern und öffentlichen Gebäuden im georgianischen Stil geprägt. Dazu gehören u. a. das Alte Rathaus, der Parlamentssitz Leinster House und Four Courts, wo der Oberste Gerichtshof tagt.

Duisburg: kreisfreie Stadt in Nordrhein-Westfalen. D. liegt am rechten Rheinufer beiderseits der Mündung der Ruhr, von der hier der Rhein-Herne-Kanal abzweigt. Die Universitätsstadt hat 508 700 Einwohner.
Der Rhein-Ruhr-Hafen D. ist die größte Binnenhafenanlage der Welt. Ein Teil des Hafens ist Zollfreihafen. Durch die exzellente Anbindung an die Wasserstraßen Richtung Nordsee, Süddeutschland und das ↑ Ruhrgebiet, die einen günstigen Massenguttransport ermöglicht, und die nahen Steinkohlevorkommen haben sich seit dem 19. Jh. v. a. Betriebe der Schwerindustrie angesiedelt: Hütten- und Walzwerke, Eisen und Stahl verarbeitende Industrie, Schiffbau, Erdöl-, chemische, Papier- und Nahrungsmittelindustrie. Infolge der Krise der Eisen- und Stahlindustrie hat der Dienstleistungssektor an Bedeutung gewonnen. Einige der Industrieruinen dienen heute als Freilichtmuseen (z. B. das ehemalige Hüttenwerk in Meiderich) und fördern den Fremdenverkehr.

Düsseldorf: Hauptstadt des Bundeslandes Nordrhein-Westfalen. D. liegt am Rhein zw. Köln und Duisburg. Es hat 571 900 Einwohner. Neben seiner Bedeutung als Industriestandort mit sehr breiter Produktpalette und Messestadt ist es mit Universität, Kunstakademie, Oper, Schauspielhaus, zahlreichen anderen Theatern und seinen Museen eine bedeutende Kulturstadt. D. hat einen großen Rheinhafen, einen Flughafen und ist Schnittpunkt vieler Autobahnen. Großzügige Park- und Stadtanlagen bestimmen das Stadtbild. Ein berühmtes Beispiel ist die Königsallee (»Kö«). Die im Zweiten Weltkrieg stark zerstörte Altstadt wurde wieder aufgebaut. Die architektonisch bedeutenden Bauten reichen vom Hochmittelalter – z. B. Stiftskirche Sankt Lambertus – über das Barock (Schloss Jägerhof, 18. Jh.) bis hin zur Moderne (Dreischeibenhaus, 1957–60, Landtag, 1988, und Stadttor, 1998/99). Im Rheinpark Bilk erhebt sich der 234,20 m hohe Fernsehturm. D. erhielt 1288 Stadtrechte und war seit Ende des 15. Jh. Residenzstadt.

E

E

Ebro: 910 km langer Fluss in Nordostspanien. Er entspringt im Kantabrischen Gebirge und durchfließt das Ebrobecken, wo er seine Hauptnebenflüsse aufnimmt. Anschließend durchschneidet der E. das Katalonische Bergland und mündet ins Mittelmeer. Bei Amposta beginnt das aus Flugsand und Sumpf bestehende Delta. Insgesamt umfasst sein Einzugsgebiet 83 500 km². Wegen unregelmäßiger Wasserführung und starker Wasserentnahme zu Bewässerungszwecken ist der E. kaum schiffbar.

Ecuador: Staat im NW Südamerikas. E. erstreckt sich beiderseits des Äquators. Es grenzt im W an den Pazifik, im N an Kolumbien, im O und S an Peru. Zu E. gehören auch die ↑ Galápagosinseln.

Ecuador

(amtlich span. República del Ecuador)
Fläche: 272 045 km²
Einwohner: 12,818 Mio.
Hauptstadt: Quito
Verwaltungsgliederung: 21 Provinzen
Amtssprache: Spanisch
Währung: 1 US-Dollar (US-$) = 100 Cents (c)
Zeitzone: MEZ – 6 Stunden
Kfz-Kennzeichen: EC

Landesnatur: E. gliedert sich in drei Landschaftszonen. Im W entlang der Küste des Pazifiks erstreckt sich die Costa, ein 50 bis 160 km breites Tiefland, das von einem bis 700 m hohen Küstengebirge durchzogen wird. Im N der Costa ist das Klima feuchtheiß, im S trocken.

Das Zentrum des Landes bildet die Andenregion. Diese Sierra genannte Landschaft besteht aus zwei 3 000 bis 6 000 m hohen, parallel verlaufenden Bergketten mit z. T. tätigen Vulkanen. Der höchste Berg ist der Chimborazo mit 6 267 m. Zw. den beiden Kordilleren ist das Hochland durch quer laufende Bergzüge in einzelne, etwa 2 600 m hoch gelegene Becken geteilt. Hier liegen die Hauptsiedlungsgebiete des Landes. Bei kühlgemäßigtem Klima gibt es eine bis zu neun Monaten dauernde Trockenzeit.

Das östliche, Oriente genannte Tiefland im Stromgebiet des ↑ Amazonas ist mit tropischem Regenwald bedeckt und kaum erschlossen.

Bevölkerung: Die größten Bevölkerungsgruppen mit je 40 % sind die Mestizen und die Indianer. Schwarze und Mulatten machen jeweils 5 % aus. Sie konzentrieren sich im Küstentiefland. Die Weißen haben einen Anteil von 10 % und leben überwiegend in den Städten. Sie bilden die Oberschicht. Mehr als 60 % der Einwohner des Landes mit der höchsten Bevölkerungsdichte Südamerikas leben in Städten. Die größten Städte sind Quito, Guayaquil und Cuenca.

Die allgemeine Schulpflicht vom 6. bis 14. Lebensjahr ist nur z. T. verwirklicht. Etwa 10 % der Bevölkerung sind Analphabeten. 93 % der Ecuadorianer sind Katholiken.

Wirtschaft und Verkehr: Die traditionell agrarisch geprägte Wirtschaftsstruktur änderte sich grundlegend durch den starken Ausbau von Erdölförderung, -verarbeitung und -export in den 1970er- und 1980er-Jahren. Das seit 1972 im N von Oriente geförderte Erdöl wird über eine 504 km lange Pipeline zur Küste transportiert. Die Vorkommen an Gold sowie Eisen- und Kupfererz sind bisher nur teilweise erschlossen, doch soll ihre Förderung forciert werden.

Zweitwichtigster Wirtschaftszweig ist die Landwirtschaft. Auf Plantagen im Küstenland werden Bananen, Kaffee, Kakao und Zuckerrohr für den Export.

E

angebaut, im Hochland für den Eigenbedarf Getreide, Kartoffeln und Gemüse. Außerdem wird Rinder-, Schaf- und Schweinezucht betrieben. Reiche Fischgründe liegen im Bereich des Humboldtstroms und um die Galápagosinseln. Wichtig für den Export ist die Krabbenzucht.
Die Industrialisierung, bisher v. a. durch Kapital- und Rohstoffmangel, unzureichende Infrastruktur und ungenügende Kaufkraft erschwert, wird von Regierungsseite vorangetrieben. Hohe Priorität hat dabei der Ausbau der chemischen Industrie und der Metallproduktion. Haupthandelspartner sind die USA. Wichtigster Verkehrsträger ist das gut ausgebaute Straßennetz mit der von N nach S durch die Sierra verlaufenden, 1 392 km langen, Carretera Panamericana. Der Schienenverkehr wurde 1995 eingestellt. Größter Seehafen ist Guayaquil. Internationale Flughäfen gibt es in Guayaquil und Quito.
Staat und Politik: Nach der Verfassung von 1979 ist Ecuador eine Präsidialrepublik. Staatsoberhaupt und Regierungschef ist der für fünf Jahre direkt gewählte Präsident.
Das Land gehörte 1945 zu den Gründungsmitgliedern der UNO. Der 1995 ausgebrochene bewaffnete Konflikt zw. E. und Peru um ein Gebiet im S der Region Oriente, in dem Erdölvorkommen vermutet wurden, konnte im Oktober 1998 mit einem Friedensvertrag beigelegt werden.

EFTA, Abk. für **E**uropean **F**ree **T**rade **A**ssociation: am 4. 1. 1960 als Reaktion auf die EWG (↑ EU) gegründete und am 3. 5. 1960 in Kraft getretene Europäische Freihandelsassoziation. Gründungsmitglieder waren Dänemark, Großbritannien, Norwegen, Österreich, Portugal, Schweden und Schweiz. 1973 traten Großbritannien und Dänemark, 1986 Portugal sowie 1995 Finnland, das 1985 beigetreten war, Österreich und Schweden der EG beziehungsweise EU bei und schieden aus der EFTA aus. Heutige Mitglieder sind das 1970 aufgenommene Island, Liechtenstein, das 1991 beitrat, Norwegen und die Schweiz.

Eifel: der linksrheinische Teil des ↑ Rheinischen Schiefergebirges zw. Mosel und Kölner Bucht. Das Hochland (400–600 m) wird von flachen Bergrücken durchzogen (Hohes Venn, Schnee-Eifel oder Schneifel, Kondelwald), die Randlandschaften im S und O von tief eingeschnittenen Tälern. Der höchste Berg ist die Hohe Acht mit 747 m. Die Hauptflüsse in der Eifel, die zur Mosel fließen, sind Kyll, Lieser, Alf und Elz. Zum Rhein fließen Ahr, Brohl und Nette.

Eifel: Mehr als 200 Burgen gibt es in der Eifel. Burg Eltz bei Münstermaifeld ist eine der besterhaltenen Burgen des Mittelalters.

Weite Teile der Eifel sind vulkanisch geprägt. Davon zeugen z. B. die meist mit Wasser gefüllten Maare – durch vulkanische Gasexplosionen entstandene Vertiefungen – sowie die hoch aufragenden Basaltkuppen und der häufig anzutreffende Tuff, ein Auswurfprodukt. Wirtschaftliche Bedeutung haben neben den Basalten u. a. der Bimsstein und die Mineralwasservorkommen. Im Ahrtal und an der Mosel gibt es Weinbau. Ein besonderer Anziehungspunkt für Touristen ist die Rennstrecke Nürburgring.

Elbe (tschechisch Labe): einer der Hauptströme Mitteleuropas und mit 1 165 km nach dem ↑ Rhein der längste und verkehrsreichste Fluss der Bundesrepublik Deutschland. Ihr Einzugsgebiet umfasst 144 000 km².

Die E. entspringt im Riesengebirge in der Tschechischen Republik in einer Höhe von rd. 1 500 m. Ihre zahlreichen Quellbäche vereinigen sich bei Spindlermühle. Der Fluss folgt der Südabdachung des Riesengebirges, durchfließt das Böhmische Becken und durchbricht das Böhmische Mittelgebirge sowie das ↑Elbsandsteingebirge. Nach dem Dresdner Becken durchquert er die Lausitzer Granitplatte und das Norddeutsche Flachland, bis er schließlich bei Cuxhaven in die Nordsee mündet.

In Hamburg beginnt der über 100 km lange Mündungstrichter der E., die Unterelbe, in der sich die Meeresgezeiten bis Geesthacht bemerkbar machen.

Wichtige Nebenflüsse sind Moldau, Eger, Mulde und Saale sowie Iser, Schwarze Elster und Havel. Staustufen machen die E. bis Kolín und über die Moldau bis Prag schiffbar. Für Hochseeschiffe ist der Fluss bis Hamburg befahrbar. Über ihre Nebenflüsse und verschiedene Kanäle ist die E. mit der ↑Spree, der ↑Oder, dem Rhein und dem ↑Ruhrgebiet sowie mit der Ostsee verbunden.

Durch Vertrag vom 8. 10. 1990 zw. der Tschechoslowakei, Deutschland und der EG wurde wegen der hohen Schadstoffbelastung des Flusses eine internationale Elbschutzkommission eingerichtet. 1990 wurde das UNESCO-Biosphärenreservat Mittlere E. geschaffen.

Elbrus: höchster Berg des ↑Kaukasus. Der E. ist ein stark vergletscherter Vulkan und liegt im asiatischen Teil Russlands. Er hat einen Doppelgipfel: Der westliche erreicht eine Höhe von 5 642 m, der östliche 5 621 m. Bis 1984, als sich die Quellen in Gipfelnähe auf 20 °C erwärmten und eine deutliche Steigerung des Chlorgehalts im Wasser festgestellt wurde, galt der Vulkan als erloschen.

Elbsandsteingebirge: vorwiegend aus Kreidesandsteinen aufgebautes Bergland zw. ↑Erzgebirge und Lausitzer Bergland. Der westliche Teil des E. gehört zu Deutschland, der östliche zur Tschechischen Republik. Bizarr geformte Felswände und -türme ragen bis 100 m und höher auf. Die Bastei genannte Felsformation in Sachsen beispielsweise fällt 194 m tief zur Elbe ab. In rd. 350 m Höhe breiten sich überwiegend bewaldete Hochflächen aus, die von inselartigen Tafelbergen überragt werden. Der Hohe Schneeberg in Böhmen ist mit 721 m der höchste Berg des E. Im O finden sich mit Laubwald bestandene Basaltkuppen.

Das deutsche Gebiet beiderseits des Elbdurchbruchs wird **Sächsische Schweiz** genannt. Es steht seit 1956 unter Landschaftsschutz und ist seit 1990 Nationalpark.

Elfenbeinküste: Staat in Westafrika. E. grenzt im S an den Golf von Guinea, im W an Liberia und Guinea, im N an Mali sowie Burkina Faso und im O an Ghana.

Elfenbeinküste

(amtlich frz. République de Côte d'Ivoire)
Fläche: 322 463 km^2
Einwohner: 16,513 Mio.
Hauptstadt: Yamoussoukro
Regierungssitz: Abidjan
Verwaltungsgliederung: 58 Départements in 19 Regionen
Amtssprache: Französisch
Währung: 1 CFA-Franc = 100 Centimes
Zeitzone: MEZ – 1 Stunde
Kfz-Kennzeichen: CI

Landesnatur: Das Land ist eine zum Golf von Guinea hin geneigte, leicht gewellte Ebene, auf der die großen Flüsse Cavally, Sassandra, Bandama und Komoé zum Atlantik fließen. Im NW hat E. Anteil am Guineahochland mit dem 1 752 m hohen Nimba.

E

Das Klima ist im S tropisch-feucht mit fast ganzjährigen Niederschlägen von insgesamt rd. 2 000 mm und hohen Temperaturen. Nach N nehmen die jahreszeitlichen Temperaturunterschiede zu. Die Niederschläge gehen auf etwa 1100 mm zurück und fallen in einer Regenzeit, die von Juni bis Oktober dauert.

Auf die 550 km lange, von Mangrove geprägte Küste folgt ein 150 bis 300 km breiter Regenwaldgürtel. Nach N schließen sich Feuchtsavanne und Trockensavanne an.

Bevölkerung: Die Bevölkerung setzt sich aus etwa 60 Ethnien zusammen. Im Zentrum und im SO leben Baule – mit einem Anteil von 23 % die größte Bevölkerungsgruppe – und Agni, im SW Kru, im NW Malinke, Dan und Guru. Der N wird v. a. von den Senufo bewohnt, der S von gemischten Volksgruppen. Im ganzen Land verstreut leben die Dyula, deren Sprache weitgehend als Verkehrssprache benutzt wird. Über 25 % der Bevölkerung sind Ausländer, die meisten von ihnen Wanderarbeiter aus den Nachbarländern. Abidjan, Bouaké, Yamoussoukro, Daloa und Korhogo sind die größten Städte.

In E. besteht eine sechsjährige Schulpflicht. Der Unterricht an den staatlichen Schulen ist kostenlos. Unterrichts- und Amtssprache ist Französisch. 46 % der Einwohner über 15 Jahre sind Analphabeten.

Etwa 40 % der Bevölkerung sind Anhänger von Naturreligionen, 20 % sind Christen und 35 % Muslime. Viele Muslime und Christen üben ebenfalls Kulte der Naturreligionen aus.

Wirtschaft und Verkehr: Seit der Unabhängigkeit des Landes von Frankreich 1960 hat sich die Industrie stark entwickelt. Wichtigste Bereiche sind Nahrungsmittel-, Textil-, Baustoff-, Düngemittel- und Erdöl verarbeitende Industrie. Ausgebeutet werden Diamantenvorkommen und die Erdölfelder im Schelfgebiet vor Abidjan.

Dennoch ist die Landwirtschaft weiterhin der Hauptwirtschaftszweig. Hauptsächlich für den Export bestimmt sind Kakao, Kaffee, Baumwolle, Bananen, Kautschuk und Ölpalmprodukte. Importiert werden Nahrungsmittel, Konsumgüter und technische Ausrüstungen. Haupthandelspartner sind Frankreich u. a. EU-Länder sowie die USA.

Das Verkehrsnetz ist gut ausgebaut. E. ist ein wichtiges Transitland, besonders für den überseeischen Warenverkehr von Mali und Burkina Faso. Beide Nachbarländer sind über Eisenbahnstrecken mit den Häfen in Abidjan und San Pedro verbunden. Der internationale Flughafen Port Bouët liegt bei Abidjan.

Staat und Politik: Seit der Unabhängigkeit von Frankreich 1960 ist E. Mitglied der UNO. Nach der Verfassung von 1960, die mehrfach geändert wurde, ist es eine Präsidialrepublik. Seit 1990 sind unterschiedliche Parteien zugelassen. Staatsoberhaupt und oberster Inhaber der Exekutive ist der Präsident.

Im Dezember 1999 setzte das Militär durch den ersten Putsch seit Bestehen des Staates den Präsidenten ab und übernahm die Macht. 2002 brach ein Bürgerkrieg zw. dem muslimisch geprägten Norden und dem weitgehend christlichen Süden aus, der 2003 mit einer De-Facto-Teilung des Landes endete.

El Salvador: kleinstes Land Zentralamerikas. E. S. liegt am Pazifk. Landgrenzen bestehen zu Guatemala im W sowie im N und O zu Honduras.

Landesnatur: E. S. ist bis auf einen feuchtheißen Küstenstreifen fruchtbares Hügel- und Gebirgsland. Das Innere, ein 400 bis 500 m hohes Plateau mit Grasfluren und Seen, wird von zwei parallel zur Küste verlaufenden Gebirgszügen begrenzt. Der 2 381 m hohe Santa Ana ist der höchste Berg des Landes und einer von 14 z. T. noch tätigen Vulkanen.

Die mittlere Jahrestemperatur des wechselfeuchten tropischen Klimas liegt bei 27 °C. Die höchsten Niederschläge fallen zw. Mai und Oktober. Pro Jahr gehen

rd. 1 800 mm nieder. Die Gebirgsregionen weisen ein gemäßigtes Klima auf.
Bevölkerung: Rd. 90 % der Bevölkerung sind Mestizen. Indios und Weiße sind die größten Minderheiten. Das jährliche Bevölkerungswachstum in dem am dichtesten besiedelten Land Zentralamerikas liegt bei 1,6 %. Größte Städte sind San Salvador, Soyapango, Santa Ana, San Miguel und Nueva San Salvador. Es besteht eine neunjährige allgemeine Schulpflicht, der Unterricht ist kostenlos. Die Analphabetenquote beträgt dennoch 27 %. Etwa 92 % der Bevölkerung sind Katholiken.

El Salvador

(amtlich span. República de El Salvador)
Fläche: 21 041 km²
Einwohner: 6,417 Mio.
Hauptstadt: San Salvador
Verwaltungsgliederung: 14 Departamentos
Amtssprache: Spanisch
Währung: 1 El-Salvador-Colón = 100 Centavos
Zeitzone: MEZ – 7 Stunden
Kfz-Kennzeichen: ES

Wirtschaft und Verkehr: Der wichtigste Wirtschaftszweig ist die Landwirtschaft, die 50 bis 60 % der Exporterlöse erwirtschaftet. Ausgeführt werden v. a. Kaffee, Baumwolle und Zuckerrohr, für die Selbstversorgung werden u. a. Mais, Reis, Bohnen und Hirse angebaut. In den Savannen wird Viehzucht betrieben. Die Forstwirtschaft von E. S. ist weltgrößter Produzent von Perubalsam. Die Fischwirtschaft hat sich auf Krustentiere spezialisiert.
Neben Guatemala ist E. S. das industriell am weitesten entwickelte Land Zentralamerikas. Klein- und Mittelbetriebe verarbeiten heimische Rohstoffe und Halbwaren. Starken Zuwachs verzeichnet die Textilindustrie in Freihandelszonen. Wichtigste Handelspartner sind die USA, Guatemala und Deutschland.
Das Straßen- und das Schienennetz sind gut ausgebaut. Haupthäfen sind Acajutla und Cutuco. Ein internationaler Flughafen liegt bei San Salvador.
Staat und Politik: Nach der Verfassung von 1983 ist El Salvador eine Präsidialrepublik. Staatsoberhaupt und Regierungschef ist der für fünf Jahre direkt gewählte Präsident.
Nach der Machtübernahme durch eine Militärjunta begann 1979 ein blutiger Bürgerkrieg gegen die linksgerichtete Frente Farabundo Marti para la Liberación Nacional (FMLN). Internationale Bemühungen führten am 16. 1. 1992 zu einem Friedensabkommen.

Elsass (frz. Alsace): Landschaft und Region in Ostfrankreich westlich des Oberrheins. Das E. nimmt eine Fläche von 8 280 km² ein und hat rd. 1,77 Mio. Einwohner. Hauptstadt und wirtschaftliches Zentrum ist Straßburg.
Das E. erstreckt sich zw. ↑ Pfälzerwald und Schweizer Jura über die Oberrheinebene bis auf den Kamm der Vogesen, im NW über die Zaberner Senke bis zur Saar. Im S bildet das Hügelland des Sundgaus den Übergang zum Schweizer Jura und zur Burgundischen Pforte. Hauptflüsse sind Ill, Moder und Zorn. Höchste Erhebung des E. ist der Große Belchen in den Vogesen mit 1 424 m.
Die Bevölkerung besteht überwiegend aus Elsässern. Neben dem Französischen ist seit 1993 auch Deutsch als Unterrichts-, Amts- und Bildungssprache zugelassen.
In der klimatisch begünstigten Rheinebene werden v. a. Weizen, Tabak, Hopfen, Gemüse und Obst angebaut, im Hügelland auch Wein. Die Industrieproduktion konzentriert sich v. a. auf Maschinen, Papier und Schuhe. Wichtigste Bodenschätze sind die Kalivorkommen

E

bei Mühlhausen. Ein bedeutender Wirtschaftszweig ist der Fremdenverkehr.
Als Durchgangsland besitzt das E. ein dichtes Eisenbahn- und Straßennetz. Wichtigster Handelsplatz ist Straßburg, das über einen Rheinhafen verfügt.

Ems: Fluss im Norddeutschen Tiefland. Die E. ist 371 km lang und auf 238 km schiffbar. Sie entspringt in der Senne, am Südrand des Teutoburger Waldes, durchfließt das Münsterland und mündet bei Emden in den Dollart. Hase und Leda sind ihre wichtigsten Nebenflüsse. Die 5,5 km breite Mündung in die Nordsee wird durch die Insel Borkum in die Oster- und die Westerems geteilt. Streckenweise ist der Flusslauf in den Dortmund-Ems-Kanal einbezogen.

Erfurt: Hauptstadt des Bundeslandes Thüringen. E. liegt im Thüringer Becken an der Gera. Die kreisfreie Stadt hat 200 000 Einwohner. E. hat einen ausgeprägten Verwaltungs- und Dienstleistungssektor. Die Industrie wird von Büromaschinen- und Werkzeugmaschinenbau, elektrotechnischer, elektronischer, optischer und Bekleidungsindustrie bestimmt. Von besonderer Bedeutung ist der Erwerbsgartenbau mit Spezialisierung auf Blumen- und Samenzucht.
Im Mittelalter war E. eine der bedeutendsten und bevölkerungsstärksten deutschen Städte. Die Stadt wird überragt vom Dom aus dem 15. Jh. und der dreitürmigen Severikirche (um 1278 bis um 1400). Die 1379 gegründete und 1816 geschlossene Universität nahm im Jahr 1999 als Eliteuniversität wieder den Lehrbetrieb auf.

Eritrea: Staat in Nordostafrika. E. grenzt im O an das ↑ Rote Meer, im SO an Djibouti, im S an Äthiopien und im W sowie NW an die Republik Sudan.
Landesnatur: Der Küste vorgelagert ist die Inselgruppe Dahlak. Die südliche Küstenebene ist ein Teil der ↑ Afarsenke. Landeinwärts steigt das Land zum äthiopischen Hochland an und erreicht Höhen von mehr als 2 600 m. In der niederschlagsarmen Küstenebene herrscht feuchtheißes Klima mit hohen Temperaturen. Im Hochland werden angenehmere Werte erreicht. In Asmara liegen die mittleren Monatstemperaturen zw. 15 °C und 18 °C.

Eritrea

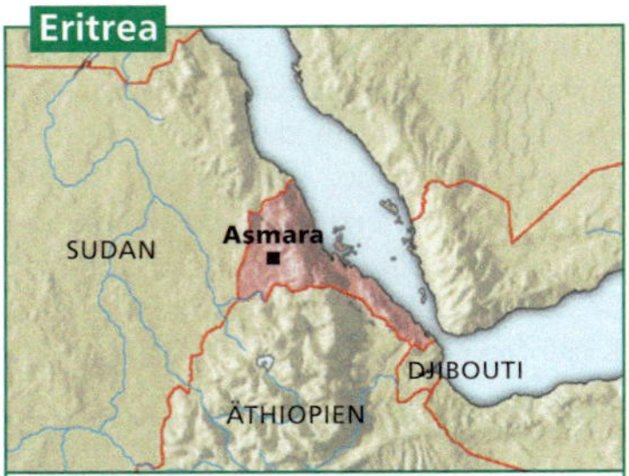

Fläche: 121 143 km²
Einwohner: 4,297 Mio.
Hauptstadt: Asmara
Verwaltungsgliederung: 10 Provinzen
Amtssprachen: Tigrinja und Arabisch
Währung: 1 Nakfa (Nfa) = 100 Cents (ct.)
Zeitzone: MEZ + 2 Stunden
Kfz-Kennzeichen: ER

Bevölkerung: Die Tigrinja, Tigre, Amhara, Kunama und Saho siedeln im Hochland. Der SO wird von dem Hirtenvolk der Afar bewohnt. Im Küstengebiet und an der Grenze zum Sudan leben Araber. Jeweils rd. 50 % der Bevölkerung sind sunnitische Muslime und koptische Christen. Es besteht keine Schulpflicht, der Unterricht ist kostenfrei.
Wirtschaft und Verkehr: E. gehört zu den ärmsten Ländern der Erde. Angebaut werden Mais, Weizen, Hirse und Tef (eine Süßgrasart), Kaffee, Baumwolle und Tabak. Im SO herrscht Nomadenwirtschaft vor. Neben Erdöl und Erdgas wird auch Gold gefördert. Traditionelle Industriezweige sind Glas-, Zement-, Schuh- und Konservenindustrie.
Straßen und die einzige Eisenbahnlinie wurden im Bürgerkrieg (1961–91) stark beschädigt und sind bis heute nur teilweise instand gesetzt. Nahe der Hauptstadt liegt der internationale Flughafen.
Staat und Politik: Seit 1993 ist E. ein sou-

veräner Staat. Zuvor gehörte es zu Äthiopien. Nach der noch nicht legitimisierten Verfassung von 1997 ist E. eine Präsidialrepublik. Staatsoberhaupt ist der mit weitgehenden Vollmachten ausgestattete Präsident.
Die Beziehungen zum Nachbarn Äthiopien sind sehr gespannt. Nachdem es im Grenzgebiet mehrfach zu Auseinandersetzungen gekommen war, brach 1998 ein Krieg aus, den Äthiopien 2000 gewann.

Erzgebirge: Mittelgebirge am Nordwestrand des Böhmischen Beckens, über dessen Kamm die deutsch-tschechische Grenze verläuft. Das E. erstreckt sich vom Elster- bis zum ↑Elbsandsteingebirge. Es ist rd. 130 km lang und etwa 35 km breit. Höchste Erhebungen sind auf deutscher Seite der Fichtelberg mit 1 214 m, auf tschechischer Seite der Keilberg mit 1 244 m. Das Klima ist in den Höhenlagen rau und sehr feucht. Die einst dichten Fichtenwälder sind durch Schadstoffimmissionen aus tschechischen Braunkohlekraftwerken inzwischen stark geschädigt.
Der namengebende Silber-, Blei-, Zinn-, Kobalt- und Eisenerzbergbau wurde im 17. Jh. allmählich eingestellt. Wirtschaftliche Bedeutung haben heute Papier- und Zellstoffherstellung, Textil- und Metallwarenindustrie sowie der Fremdenverkehr. Große Teile des E. sind Naturpark.

Essen: kreisfreie Stadt im Bundesland Nordrhein-Westfalen. E. hat 585 500 Einwohner und liegt inmitten des Ruhrgebiets. Die Stadt erstreckt sich vom hügeligen Gelände beiderseits der Ruhr im S über die nach N abfallende Hellwegebene bis über den Rhein-Herne-Kanal und an die Emscher.
Der wirtschaftliche Schwerpunkt der früher durch Kohleförderung und Eisenerzeugung geprägten Stadt liegt heute in Handel und Dienstleistungen sowie Lehre und Forschung. Außerdem ist E. Zentrum der Energiewirtschaft und Sitz vieler bedeutender Wirtschaftsunternehmen. Am Rhein-Herne-Kanal befinden sich ein Stadthafen und vier Industriehäfen.
Kulturelle Sehenswürdigkeiten sind u. a. das Museum Folkwang und die Villa Hügel der Unternehmerfamilie Krupp. Darüber hinaus gibt es zahlreiche Zeugnisse der Industriearchitektur.

Estland: Staat in Nordosteuropa. E. grenzt im W an die Rigaer Bucht, im N an den Finnischen Meerbusen, im O an Russland und im S an Lettland.

Estland

(amtlich estnisch Eesti Vabariik, dt. Republik Estland)
Fläche: 45 227 km²
Einwohner: 1,358 Mio.
Hauptstadt: Tallinn (Reval)
Verwaltungsgliederung: 15 Regionen und 6 republiksunmittelbare Städte
Amtssprache: Estnisch
Währung: 1 Estnische Krone (ekr) = 100 Senti
Zeitzone: OEZ
Kfz-Kennzeichen: EST

Landesnatur: E. liegt im NW der Osteuropäischen Ebene und umfasst das nördliche ↑Baltikum. Mehr als 90 % der durch Gletscher geformten, teils flachen, teils hügeligen Oberfläche liegen unterhalb von 100 m. Über 20 % der Fläche bestehen aus Sumpfland. Daneben gibt es viele Seen. Der größte See ist der 2 670 km² umfassende Peipussee, durch den die Grenze zu Russland verläuft.
Die im SO liegenden Erhebungen sind Endmoränen. Sie steigen bis auf 318 m an. Der buchtenreichen Küste sind etwa 1 520 Inseln vorgelagert. Die größten sind Saaremaa (Ösel), Hiiumaa (Dagö),

E

Muhu (Moon) und Vormsi (Worms). Die Küste fällt überwiegend steil zum Finnischen Meerbusen ab.
Das Klima ist v. a. in Küstennähe maritim und mäßigt die im Landesinneren kontinental heißen Sommer und kalten Winter. In ↑Tallinn werden im Januar durchschnittlich –5 °C, im Juli 16 °C gemessen. Die jährliche mittlere Niederschlagsmenge liegt zw. 500 mm im S und 700 mm im N. Etwa 35 % der Gesamtfläche sind bewaldet und v. a. mit Kiefern, Fichten und Birken bestanden. In E. gibt es vier Naturschutzgebiete und einen Nationalpark.
Bevölkerung: Rd. zwei Drittel der Bevölkerung sind Esten, fast 30 % Russen. Seit 1990 hat die Einwohnerzahl insgesamt abgenommen, da viele Russen wieder in ihre ursprüngliche Heimat zurückgekehrt sind.
E. ist der am dünnsten besiedelte baltische Staat. Etwa drei Viertel der Esten leben in städtischen Siedlungen. Die größten Städte sind Tallinn, Tartu (Dorpat) und Narva, das fast ausschließlich von Russen bewohnt wird.
Die meisten Gläubigen gehören der evangelisch-lutherischen und der methodistischen Kirche an, etwa 20 % der orthodoxen Kirche. Das Schulwesen ist gut ausgebaut. Es besteht eine neunjährige Schulpflicht.
Wirtschaft und Verkehr: Wichtigster Wirtschaftszweig ist die Landwirtschaft. Angebaut werden v. a. Kartoffeln, Futterpflanzen, Getreide und Flachs. Daneben findet man Milchvieh- und Schweinezucht sowie Schaf- und Geflügelhaltung. Ein Drittel der Industrieproduktion entfällt auf die Nahrungsmittelindustrie, v. a. auf Milch-, Fleisch- und Fischverarbeitung. Große Bedeutung hat auch die Hochseefischerei.
Die mächtigen Ölschiefervorkommen im NO sind die wichtigste einheimische Energiequelle, z. T. bilden sie auch die Grundlage großer chemischer Betriebe. Wichtige Bereiche sind der Bau elektro-, rundfunktechnischer und elektronischer Anlagen, der Maschinen- und Schiffbau, die Holzverarbeitung, Baumwoll-, Leder- und Papierindustrie. Ausgeführt werden Baumwollgewebe, Nahrungsmittel, Elektrogeräte und Textilien, eingeführt Roh- und Brennstoffe, Maschinen, Industrieanlagen sowie Fahrzeuge. Haupthandelspartner sind Finnland, Russland, Deutschland, Schweden und die Niederlande.
E. verfügt über ein dichtes Verkehrsnetz. 80 % des Außenhandels werden über den Hochseehafen Tallinn abgewickelt. Hier befindet sich auch der bedeutendste internationale Flughafen.
Staat und Politik: Nach der am 28. 6. 1992 durch ein Referendum gebilligten Verfassung ist E. eine unabhängige Republik mit parlamentarischem Regierungssystem. Der mit weitreichenden Befugnissen ausgestattete Präsident ist Staatsoberhaupt und oberster Befehlshaber der Streitkräfte.
Am 17. 9. 1991 wurde E., das zuvor zur UdSSR gehört hatte, als souveräner Staat in die UNO aufgenommen. 1993 wurde es Mitglied des Europarats, trat 1994 dem NATO-Programm Partnerschaft für den Frieden bei und schloss 1995 mit der EG ein Assoziierungsabkommen. Im November 1999 trat E. der WTO bei, am 29. 3. 2004 der NATO. Seit 1. 5. 2004 ist E. EU-Mitglied.

EU: ↑Europäische Union S. 118.

Euphrat (arabisch Al-Furat, türkisch Fırat): der größte Strom Vorderasiens, mit dem Murat 3 380 km lang. Der E. entsteht aus den Quellflüssen Karasu (Westlicher E.) und Murat (Östlicher E.) im Hochland Ostanatoliens in der Türkei, durchbricht den östlichen ↑Taurus, quert das syrisch-irakische Tafelland, umschließt mit dem ↑Tigris das weite unterirakische Tiefland (Mesopotamien) und vereinigt sich mit ihm zum Schatt el-Arab, der in den Persischen Golf mündet. Der E. wird intensiv zur Bewässerung und Energiegewinnung genutzt. Die größten Stauseen sind der Atatürkstausee in der Türkei, der rd.

49 Mrd. m^3 Wasser speichert, und der Assadsee in Syrien mit etwa 40 Mrd. m^3. 1988 wurde der Thartharkanal, der Euphrat und Tigris bei ↑Bagdad verbindet, fertig gestellt.

Euregio, Abk. für **Eu**ropäische **Regio**n: grenzüberschreitende Zusammenarbeit kommunaler Körperschaften in Grenzregionen Europas. Die Zahl der E. beträgt zurzeit etwa 70. Die Schwerpunkte liegen im wirtschaftlichen, sozialen und kulturellen Bereich. Viele dieser Zusammenschlüsse sind in der Arbeitsgemeinschaft Europäischer Grenzregionen (AGEG) organisiert.

1958 wurde als eine der ersten die deutsch-niederländische EUREGIO gegründet. In ihr arbeiten 149 deutsche und niederländische Gemeinden, Städte und Kreise zusammen. Dazu gehören in Niedersachsen etwa die Landkreise Grafschaft Bentheim und Osnabrück sowie in Nordrhein-Westfalen u. a. die Kreise Borken, Steinfurt und Warendorf. Auf der niederländischen Seite sind u. a. die Regionen Achterhoeck (Provinz Gelderland) und Twente (Provinz Overijssel) sowie die Gemeinde Coevorden (Provinz Drenthe) beteiligt. Sitz dieser EUREGIO ist zusammen mit dem niederländischen Enschede Gronau in Westfalen. Die Grenzregion umfasst eine Fläche von rd. 13 000 km^2 mit etwa 3,2 Mio. Menschen.

Höchstes politisches Organ ist der 1978 konstituierte EUREGIO-Rat. Er wird von den lokalen Parlamenten der angeschlossenen Mitgliedskörperschaften gewählt. Der EUREGIO-Rat beurteilt Vorschläge, beschließt über vorgelegte Projekte und äußert sich zu Entwicklungen im Grenzgebiet. Zurzeit setzt sich das Gremium aus 82 Mitgliedern zusammen.

Der Vorstand ist u. a. zuständig für die Vorbereitung der Beschlüsse der Mitgliederversammlung. Außerdem obliegen ihm Vorbereitung und Durchführung der Beschlüsse des EUREGIO-Rates. Er hat 12 Mitglieder. In den Arbeitskreisen schließlich sind die unterschiedlichsten Verbände, Organisationen, Instanzen und Vereine von deutscher und niederländischer Seite vertreten. Jeder Arbeitskreis ist für einen bestimmten Teilbereich der grenzübergreifenden Zusammenarbeit zuständig. Die Mozer-Kommisssion ist die älteste Arbeitsgruppe der EUREGIO. Sie wurde 1971 als sozial-kultureller Arbeitskreis gegründet. Sie organisiert z. B. Jugendcamps und Musikfreizeiten, Sportfeste und Meisterschaften und veranstaltet gemeinsame Projekttage von niederländischen und deutschen Schulen.

Europa: mit einer Fläche von rd. 10,5 Mio. km^2 nach Australien der kleinste Erdteil, aber mit rd. 740 Mio. Einwohnern nach Asien der bevölkerungsreichste. E. bildet mit Asien die Landmasse Eurasien, an der es einen Anteil von etwa 20 % hat. Obwohl es eigentlich eine im W dieser Landmasse liegende, stark gegliederte Halbinsel ist, wird E. aufgrund seiner kulturellen und historischen Rolle als selbstständiger Erdteil betrachtet.

Der Name des Kontinents leitet sich wahrscheinlich von einer Figur der griechischen Mythologie ab: E. war die Schwester des Kadmos, die Tochter des phönizischen Königs Agenor und eine Geliebte des Zeus.

Naturraum

Grenzen gegen Asien im O sind Fluss und Gebirge ↑Ural, das ↑Kaspische Meer und die Manytschniederung im N des ↑Kaukasus. Von Vorderasien im S bzw. SO und Afrika trennen E. das ↑Schwarze Meer, der ↑Bosporus, das Marmarameer, die Dardanellen, das Mittelmeer und die Straße von ↑Gibraltar. Im W und NW bildet der Atlantische Ozean die Grenze. Auf Inseln entfallen etwa 7 % der Landfläche; die größten sind Großbritannien, Island und Irland. Größte Halbinseln sind die Skandinavische, die Iberische, die Apennin- und die Balkanhalbinsel.

E

Europa

Land	Fläche in km²	Einwohner in 1 000	Hauptstadt
Albanien	28 748	3 150	Tirana
Andorra	468	68	Andorra la Vella
Belgien	30 528	10 333	Brüssel
Bosnien und Herzegowina	51 129	4 112	Sarajevo
Bulgarien	110 917	7 965	Sofia
Dänemark	43 094	5 374	Kopenhagen
Deutschland	357 027	82 495	Berlin
Estland	45 227	1 358	Tallinn
Finnland	338 145	5 199	Helsinki
Frankreich	543 965	59 485	Paris
Griechenland	131 957	10 631	Athen
Großbritannien und Nordirland	242 910	59 229	London
Irland	70 273	3 920	Dublin
Island	103 000	284	Reykjavík
Italien	301 341	57 690	Rom
Kroatien	56 538	4 465	Zagreb
Lettland	64 589	2 338	Riga
Liechtenstein	160	33	Vaduz
Litauen	65 301	3 469	Vilnius
Luxemburg	2 586	444	Luxemburg
Makedonien	25 713	2 038	Skopje
Malta	316	397	Valletta
Moldawien	33 740	4 255	Chişinău
Monaco	1,95	32	Monaco
Niederlande	41 526	16 144	Amsterdam
Norwegen	323 758	4 538	Oslo
Österreich	83 858	8 048	Wien
Polen	312 685	38 626	Warschau
Portugal	92 389	10 177	Lissabon
Rumänien	238 391	22 300	Bukarest
Russland (inkl. asiatischem Teil)	17 075 400	144 071	Moskau
San Marino	60,6	28	San Marino
Schweden	449 964	8 924	Stockholm
Schweiz	41 285	7 290	Bern
Serbien und Montenegro	102 173	8 160	Belgrad
Slowakische Republik	49 034	5 379	Bratislava (Preßburg)
Slowenien	20 256	1 964	Ljubljana

Europa

Land	Fläche in km²	Einwohner in 1 000	Hauptstadt
Spanien	504 782	40 917	Madrid
Tschechische Republik	78 866	10 210	Prag
Ukraine	603 700	48 717	Kiew
Ungarn	93 030	10 159	Budapest
Vatikanstadt	0,44	0,90	–
Weißrussland	207 595	9 925	Minsk

Das *Relief* wird westlich des Uralgebirges von einem breiten Tiefland geprägt, der Osteuropäischen Ebene, die ohne scharfe Grenze in das mitteleuropäische, an Ost- und Nordsee angrenzende Tiefland übergeht, das keilförmig bis nach Nordfrankreich reicht. ↑Skandinavien wird von den fast 2 500 m hohen Skanden durchzogen, einem sehr alten Gebirge der Kaledonischen Gebirgsbildungsphasen, das sich in den Höhenzügen der Britischen Inseln fortsetzt. Den Landschaftscharakter im SO Skandinaviens bestimmen Ebenen und Mittelgebirge. Mittel- und Westeuropa sind reich an Mittelgebirgen (unter 2 000 m), Reste weitaus höherer Massive aus der Variskischen Gebirgsbildungsphase. Im S begrenzt diesen Landschaftsraum ein Zug junger Gebirge, deren Auffaltung überwiegend noch nicht abgeschlossen ist: Vom Atlantischen Ozean bis zum Schwarzen Meer folgen die Pyrenäen, die ↑Alpen mit dem 4 810 m hohen ↑Montblanc, dem höchsten Berg E., die ↑Karpaten und der ↑Balkan aufeinander. In Südeuropa sind jungvulkanische Bildungen häufig, u. a. ↑Vesuv, ↑Ätna, Liparische Inseln und Santorin.

Der längste *Fluss* ist mit 3 531 km die ↑Wolga, die in das Kaspische Meer mündet, gefolgt von der ↑Donau mit 2 850 km, die zum Schwarzen Meer fließt. Bedeutende Zuflüsse des Mittelmeers sind ↑Po, ↑Rhone und ↑Ebro, der Ostsee ↑Weichsel und ↑Oder, der Nordsee ↑Elbe, ↑Rhein und Themse (346 km) und des offenen Atlantischen Ozeans ↑Loire, Duero (895 km) und ↑Tajo. *Seen* sind besonders im N von E. zahlreich, die größten sind ↑Ladoga- und ↑Onegasee.

Das *Klima* wird überwiegend durch die Lage im Westwindgürtel der gemäßigten Breiten geprägt. Nur der hohe N mit seinem arktischen Klima und der äußerste SO an der unteren Wolga, wo sommerheißes Kontinentalklima herrscht, weichen stark ab. Infolge warmer Meeresströme, v. a. den Ausläufern des Golfstroms, und der vorherrschenden Westwinde hat E. ein milderes Klima als es seiner geografischen Breitenlage entsprechen würde.

Drei umfangreiche Luftdrucksysteme steuern das Klima: das Islandtief, das Azorenhoch und das jahreszeitlich wechselnde Druckgebiet über Asien: Hier bildet sich im Sommer ein Wärmetief und im Winter ein ausgedehntes Kältehoch. In Südeuropa ist der Sommer heiß und trocken, in den nördlicheren Lagen fallen im Sommer die meisten Niederschläge. In Nord- und Osteuropa erhöhen sich landeinwärts die jahreszeitlichen Gegensätze.

Die *Vegetation* wird durch die Wärmezunahme von N nach S und den Übergang von ozeanischem zu kontinentalem Klima von W nach O bestimmt. Im nördlichsten Teil E., in den Hochlagen der Skanden und in Island herrscht Tundra mit Moosen, Flechten und Zwergstrauchheiden vor. Darauf folgt südwärts von Finnland und Nordrussland bis zu den Gebirgen Südeuropas ein breiter

E

Waldgürtel, im N vorwiegend Nadelwälder, in Mitteleuropa und Westeuropa Laub- und Mischwälder, die durch Kulturland stark auf die Gebirge und unfruchtbare Böden zurückgedrängt worden sind. Der S Osteuropas von der unteren Donau bis zur unteren Wolga gehört zum pontischen Steppengebiet, das bis zum Schwarzen Meer, dem Kaukasus und der Halbwüste der Kaspischen Senke reicht. Die Hochgebirge tragen über der Waldgrenze, die zw. 1 000 m und 2 500 m liegt, alpine Gehölze und Matten. Im Mittelmeerraum sind die immergrünen hartlaubigen Eichen- und Kiefernwälder weitgehend durch Macchien und Gariden (Garrigue) ersetzt.

Bevölkerung

E. ist die Heimat der Europiden. Die *Einwohnerzahl* stieg von 100 Mio. um 1650, über 403 Mio. (1900) auf 730 Mio. (2002). Die bevölkerungsreichsten Staaten sind – abgesehen vom bikontinentalen Russland – Deutschland, Italien, Großbritannien, Frankreich und Ukraine. Mit einer mittleren *Bevölkerungsdichte* von etwa 70 Ew. pro km^2 ist E. der am dichtesten besiedelte Kontinent. Sehr dünn besiedelten Ländern wie Island mit 3 Ew. pro km^2 stehen dicht besiedelte wie die Niederlande (rd. 390 pro km^2) oder Malta mit über 1 200 Ew. pro km^2 gegenüber. Weit über die Hälfte der Bevölkerung lebt in Städten.

In E. werden heute über 60, überwiegend indogermanische *Sprachen* gesprochen. Rd. 35 % der Bevölkerung sprechen slawische Sprachen, rd. 30 % germanische Sprachen und 27 % romanische Sprachen. Seltene Sprachen sind die keltischen Sprachen (Bretonisch, Irisch, Schottisch-Gälisch, Walisisch), die baltischen Sprachen (Lettisch, Litauisch), Neugriechisch, Albanisch, die uralischen Sprachen (Estnisch, Finnisch, Lappisch, Ungarisch), Maltesisch und Turksprachen. Eine Sonderrolle spielt das Baskische, dessen Ursprung ebenso wie die Herkunft der Bewohner des ↑Baskenlands noch immer ungeklärt ist. Weitere Sprachen ohne regionalen Schwerpunkt sind das Jiddische und das Romani, die Sprache der Zigeuner.

Der *Lebensstandard* ist trotz beträchtlicher regionaler Unterschiede außerordentlich hoch. Die weit entwickelten Länder West-, Nord-, Mittel- und teilweise auch Südeuropas gehören zu den reichsten der Welt. Moldawien und Albanien dagegen sind verhältnismäßig arm. In keiner Region ist die Grundversorgung der Bevölkerung gefährdet – Ausnahmen bilden zumindest zeitweise die von Kriegen betroffenen Nachfolgestaaten des ehemaligen Jugoslawien. Bei den *Religionen* ist das Christentum bestimmend. Über 80 % der Bevölkerung gehören christlichen Kirchen an: 50 % sind Katholiken, 16,5 % Protestanten, 7 % Orthodoxe und 6,5 % Anglikaner. Mehr als 18 Mio. Europäer sind Muslime, 2,2 Mio. jüdischen Glaubens, 500 000 Hindus.

Wirtschaft und Verkehr

Die *Landwirtschaft* hat einen beachtlichen Anteil an der Welterzeugung, so bei Getreide, Kartoffeln, Wein, Oliven, Milch und Eiern. Nordrussland, Finnland und Schweden liefern Holz. Das Klima Südeuropas gestattet den Anbau subtropischer Kulturpflanzen. Der Anteil der landwirtschaftlichen Nutzfläche an der Landfläche Europas – Russland nicht berücksichtigt – beträgt über 50 %. Die Vorkommen an *Bodenschätzen* sind groß: Gefördert werden u. a. Steinkohle, Braunkohle, Eisenerz, Kalisalze, Quecksilber, Bauxit, Schwefelkies, Blei, Zink, Nickel und weitere NE-Metalle, Erdöl und Erdgas. Die Kohle- und die Eisenerzförderung wurde in jüngster Zeit aus Rentabilitätsgründen, insbesondere wegen der Konkurrenz durch Billiganbieter, eingeschränkt.

E. ist neben Nordamerika und Ostasien das wichtigste *Industriezentrum* der Erde; alle Industriezweige sind hoch entwickelt, wobei es ein überaus deutliches

W-O-Gefälle gibt. Die Reformstaaten des ehemaligen Ostblocks rangieren auf einem wesentlich niedrigeren Niveau als die Weststaaten. Die wirtschaftliche Zusammenarbeit wurde gefördert durch die Europäische Wirtschaftsgemeinschaft (EWG, ↑EU) und die Europäische Freihandelsassoziation (↑EFTA).
Die *Verkehrsverbindungen* sind hervorragend. Westeuropa verfügt über das dichteste Schienennetz der Erde. Der Straßenverkehr ist der überragende Verkehrsträger, besonders in Westeuropa. Die Flüsse Rhein, Weser, Elbe, Oder u. a. bilden mit den verbindenden Kanälen wie dem Mittellandkanal oder dem Elbeseitenkanal das dichte mitteleuropäische Binnenwassernetz. Der Rhein-Main-Donau-Kanal bringt den Anschluss an das südosteuropäische Wasserstraßensystem. Hauptflughäfen haben ↑London, ↑Paris, ↑Frankfurt am Main, ↑Zürich und ↑Moskau.

Geschichte

Frühzeit und Altertum: Spätestens seit der Altsteinzeit war E. besiedelt. In der mittleren Steinzeit waren Neandertaler bestimmend; während der letzten Eiszeit entstanden vor etwa 30 000 Jahren berühmte Höhlenmalereien (u. a. Altamira, Lascaux, Chauvet). Erste Hochkulturen waren die minoische auf ↑Kreta (ab 3000 v. Chr.) und die ihr nachfolgende mykenische Kultur im ägäischen Raum (ab 1400 v. Chr.). In der Antike dominierte zunächst der griechische Kulturkreis, später der römische, wobei das weite Teile E. beherrschende Römische Reich stark vom Hellenismus geprägt war. In der Spätantike (ab dem 4. Jh. n. Chr.) wurde das Christentum mehr und mehr zum bestimmenden Kulturelement. Die aus dem N und O kommenden Germanen bedrängten das Römische Reich und zerstörten schließlich 476 das Westreich.
Mittelalter: Ab dem 8. Jh. konkurrierten das Frankenreich unter den Karolingern (800: Kaiserkrönung KARLS DES GROSSEN in Rom) und das Byzantinische Reich (Ostteil des Römischen Reichs) um die Vormachtstellung. Auf der Iberischen Halbinsel existierten bis ins Spätmittelalter hinein (1492: Eroberung Granadas) maurische Staaten. Mit der Kaiserkrönung von OTTO I. 962 begann die eigentliche Geschichte des mittelalterlichen deutschen Kaiserreiches, das als Heiliges Römisches Reich Deutscher Nation bis 1806 existierte. Bis ins 14. Jh. hinein war es der mächtigste Staat in E., wobei seine Geschichte seit dem 11. Jh. von Auseinandersetzungen mit dem Papsttum geprägt war (u. a. Investiturstreit). Im W des Kontinents waren die Konflikte zw. England und Frankreich bestimmend (u. a. Hundertjähriger Krieg 1337/39–1453).
Frühe Neuzeit: Mit der Entstehung des Protestantismus im 16. Jh. wurde die Kaisergewalt zugunsten lokaler Herrscher und konkurrierender Mächte (Frankreich, England) nachhaltig geschwächt. Im Dreißigjährigen Krieg (1618–48) stieg Frankreich zum mächtigsten Staat auf dem Kontinent auf, England orientierte sich mehr und mehr nach Übersee. Ein tiefer Einschnitt für die Geschichte E. wie der Welt war die Französische Revolution (1789), die das bis dahin bestimmende Königtum als Herrschaftsform schwächte.
Neuzeit: Im 19. Jh. begann mit der einsetzenden Industrialisierung (in England schon seit etwa 1780, in Westeuropa, zunächst v. a. Belgien, ab 1830) der Aufstieg des Bürgertums. Die großen Nationalstaaten entstanden, zuletzt Italien (1859/61) und Deutschland (1870/71). Gemessen an den vorherigen Jahrhunderten war das 19. Jh. für E. sehr friedlich. Dennoch stauten sich insbesondere am Ende des Jahrhunderts mehr und mehr Konflikte auf, die sich im Ersten Weltkrieg (1914–18) entluden, den Deutschland und Österreich-Ungarn entzündeten. Der Zweite Weltkrieg mit seinen weit über 50 Mio. Todesopfern und den rassistisch motivierten, von

► *Fortsetzung auf S. 122*

Die Europäische Union (EU) ist durch den am 1. 11. 1993 in Kraft getretenen Vertrag von Maastricht entstanden, der die Europäische Gemeinschaft, die EG, in die EU verwandelte. Zu diesem Zeitpunkt gehörten Belgien, Dänemark, Deutschland, Frankreich, Griechenland, Großbritannien, Italien, Irland, Luxemburg, Niederlande, Portugal und Spanien zu diesem »Europa der zwölf«, aus dem mit dem Beitritt von Finnland, Österreich und Schweden am 1. 1. 1995 das »Europa der fünfzehn« wurde. Am 1. 5. 2004 traten zehn neue Staaten der EU bei: Estland, Lettland, Litauen, Malta, Polen, die Slowakei, Slowenien, die Tschechische Republik, Ungarn und Zypern.

Sitz des Europaparlaments ist Straßburg. Das zentrale Louise-Weiss-Haus des modernen Gebäudekomplexes beherbergt auch den Plenarsaal.

Kontinent der Unterschiede

Europa ist zwar nicht der bevölkerungsreichste Kontinent, aber seine Bevölkerungsdichte ist vergleichsweise hoch. So leben in der EU rd. 115 Menschen pro Quadratkilometer, mehr als viermal so viele wie in den USA. Der im globalen Maßstab sehr hohe Lebensstandard wird durch eine hochmoderne Wirtschaft getragen. Damit einher gehen eine hohe Nutzungs- und Verkehrsdichte aber auch viele Eingriffe in die Natur. Unberührte Landschaften gibt es kaum noch. Ein besonderes Kennzeichen Europas ist seine Vielfalt. Das gilt für die Naturlandschaften ebenso wie für die Bevölkerungsverteilung, die nationalen Kulturen oder die Staaten. Innerhalb der EU gibt es auch erhebliche Unterschiede in der Wirtschaftsausstattung und -kraft. Selbst innerhalb der einzelnen Staaten sind die Divergenzen z. T. extrem. Die Uneinheitlichkeit der Bevölkerung wird noch verstärkt durch Wanderungsbewegungen innerhalb Europas und von Einwanderungsbewegungen etwa der Migration aus ehemaligem Kolonialbesitz oder der Zuwanderung von Aussiedlern, Flüchtlingen und Asyl Suchenden.

Ein besonderes Problem beim Zusammenwachsen Europas ist die Vielfalt der Völker und Sprachen. Sie besteht trotz der gemeinsamen Zugehörigkeit zum Abendland und damit zum charakteristischen »Dreiklang« der europäischen Kultur: Der christliche Glaube prägte das Wertesystem, das griechische Denken bestimmt weithin die philosophische Weltsicht und das römische Recht wirkt nach wie vor in den Rechtsvorstellungen und in den Regeln des Zusammenlebens fort. In diesem Sinn ist Europa auch ein »Kulturerdteil«, denn diese Aspekte haben im Lauf der Geschichte weite Teile der Welt geprägt.

Der Weg zur EU

Die Europabewegung hat sich trotz dieser Vielfalt die Schaffung eines gemeinsamen Europas zum Ziel gesetzt. Damit ist kein einheitliches Europa gemeint, denn die kulturelle und gesellschaftliche Vielfalt soll gewahrt bleiben. Hauptanliegen der Europabewegung war lange Zeit die Friedenssicherung in dem von den Weltkriegen besonders erschütterten Kontinent. Hinzu kam die wirtschaftliche und politische Zusammenarbeit, die letztlich auch dazu dienen soll, dass alle Beteiligten Vorteile aus der gemeinsamen Politik ziehen. Ziel ist aber auch hier nicht der Einheitsstaat, sondern ein Europa mit föderativen Strukturen, in denen Raum für die jeweiligen Besonderheiten bleiben soll.

Nach dem Zweiten Weltkrieg begann der Einigungsprozess mit der Zusammenarbeit zw. Frankreich, der Bundesrepublik Deutschland, Italien und den Benelux-Staaten. Sie begründeten 1951 die Europäische Gemeinschaft für Kohle und Stahl (EGKS), die sog. Montanunion. 1957 wurde daraus mit den Römischen Verträgen die Europäische Wirtschaftsgemeinschaft (EWG) und 1958 kam die Europäische Atomgemeinschaft (EURATOM) hinzu. Durch Zusammenlegung dieser drei Teilgemeinschaften entstand 1967 die Europäische Gemeinschaft (EG). Im Zentrum stand das Ziel eines gemeinsamen Binnenmarktes, in dem sich das Wirtschaftsgeschehen nach weitgehend einheitlichen Regeln und gleichen Bedingungen abspielt: freie Grenzen für Waren, Personen, Dienstleistungen und Kapital.

Der wirtschaftliche Aspekt wurde durch den Maastrichter Vertrag, der 1992 geschlossen wurde, um die politische Komponente bereichert. Von nun an gab es drei Säulen, die Europa tragen sollen: Grundlage ist die um eine Wirtschafts- und Währungsunion ergänzte EG, die erste Säule. Die Gemeinsame Außen- und Sicherheitspolitik (GASP) bildet die zweite Säule und die Zusammenarbeit der einzelnen Mitgliedsstaaten in den Bereichen Justiz und Inneres formiert die dritte Säule.

Die Entwicklung vollzog sich allerdings nicht gradlinig. 1960, neun Jahre nachdem die sechs Gründerstaaten die EGKS ins Leben gerufen hatten, entstand mit der Europäischen Freihandelsassoziation, der ↑EFTA, ein zweiter Zusammenschluss europäischer Länder, der sich als Alternative zur EG verstand. Die EG, bzw. EWG konnte jedoch auf Kosten der EFTA wachsen. Dänemark und Großbritannien traten im Jahr 1973 von der EFTA zur EWG über, außerdem wurde Irland Mitglied. 1981 entschloss sich Griechenland zum Beitritt zur EG, 1986 war es Spanien und im selben Jahr verließ Portugal die EFTA zugunsten der EG. 1995 schließlich wechselten Finnland, Österreich und Schweden die Seiten.

Nach dem Zusammenbruch des Ostblocks in den Jahren 1989 bis 1991 stellte sich die Frage nach den Grenzen der EG neu. Bis dahin war die EG bzw. EWG ein Zusammenschluss westlich orientierter Staaten, also solcher, die der NATO und den USA zumindest nahestanden. Die 1990er-Jahre waren von ersten Erweiterungsüberlegungen Richtung O geprägt und Ende 2000 wurde auf dem EU-Gipfel in Nizza konkret über die Verwandlung der EU nach dem Beitritt von acht Reformstaaten sowie Malta und Zypern nachgedacht, die nach nur fünf Jahren realisiert wurde – aus dem »Europa der fünfzehn« wurde ein »Europa der fünfundzwanzig«.

Landwirtschaft und Agrarpolitik

Die bekannteste, aber auch die am meisten kritisierte Gemeinschaftspolitik der EU-Länder betrifft die gemeinsame Agrarpolitik (GAP). Es ist gelungen, die Produktivität in der Landwirtschaft zu steigern, die Versorgung der europäischen Verbraucher zu angemessenen Preisen zu sichern und die Märkte von den Schwankungen der Erntemengen und der Weltmarktpreise unabhängiger zu machen.

Instrument dazu sind die Agrarmarktordnungen, Regelungen, mit denen versucht wird, den EG-Binnenmarkt vom Weltmarkt abzugrenzen, Angebot und Nachfrage auf dem Binnenmarkt auszugleichen und die Preise zu stabilisieren.

Solche Marktordnungen bestehen u.a. für Getreide, Fleisch und Milch. Der Schutz vor dem Weltmarkt erfolgt durch Zölle. Beim Export werden Ausfuhrerstattungen gewährt. Falls ein Teil der Ware auf dem Binnenmarkt zu einem bestimmten Preis nicht abgesetzt werden kann, kaufen staatliche Stellen die Ware zu einem vorher festgelegten Preis (»Intervention«). Die intervenierte Ware wird entweder wieder in den Binnenmarkt zurückgegeben oder exportiert.
Diese Agrarmarktordnungen führen z.T. zu Überproduktion, die auf Kosten der EG vernichtet bzw. eingelagert und später billiger abgesetzt werden muss. Schlagworte hierzu sind der »Milchsee« und der »Butterberg«.
1992 einigten sich die Landwirtschaftsminister der EG auf eine Reform der gemeinsamen Agrarpolitik. Kernpunkt ist, die bisher mengenbezogenen Agrarsubventionen auf direkte Einkommenshilfen an die europäischen Landwirte umzustellen. Die Aufkaufpreise für landwirtschaftliche Produkte wurden gesenkt und die Ausgleichszahlungen für die Bauern an weitere Flächenstilllegungen gebunden. Damit sollen die Überproduktion eingedämmt und die Preise an das meist niedrigere Weltmarktniveau herangeführt werden.

Auch künftig müssen noch viele Landwirte in der EU ihren Betrieb aufgeben, weil sie wegen ungünstiger natürlicher Verhältnisse oder wegen zu geringer Größe ihrer Nutzflächen nicht konkurrenzfähig sind.
Ein weiterer Nachteil dieser Politik besteht darin, dass nur effektivste Wirtschaftsweisen überlebensfähig sind. Eine der indirekten Auswirkungen ist die nicht artgerechte Haltung von Vieh, die möglicherweise mit dafür verantwortlich ist, dass es zum Ausbruch von BSE, dem sog. Rinderwahnsinn kam. Auch die Harmonisierung von Abwehrmaßnahmen gegen die Ausbreitung der Infektionskrankheit innerhalb der EU funktionierte nicht hinreichend.

■ Regionale Wirtschaftsentwicklung

Von der zunehmenden Realisierung des Europäischen Binnenmarktes werden die zentral gelegenen, ohnehin wachstumsstarken und hoch entwickelten Regionen der EU in besonderem Maß profitieren. Die größten Integrationsgewinne werden in zwei Verdichtungszonen im Kernbereich der EU erwartet.
Die erste Verdichtungszone erstreckt sich von Südengland über die Niederlande, den Rhein-Main- und Rhein-Neckar-Raum bis nach Norditalien. In diesem Gebiet liegen Großstadtregionen wie London, Frankfurt am Main, Stuttgart, München und Mailand, aber auch Altindustriezonen wie Manchester/Liverpool oder das Ruhrgebiet. Dieses gekrümmte Entwicklungsband wird auch als die »Blaue Banane« bezeichnet.
Die zweite, jüngere und weniger ausgeprägte Entwicklungszone reicht vom östlichen Spanien über das südliche Frankreich bis zur Adria. Hier verfügen eine Reihe von Stadtregionen wie Barcelona, Lyon-Grenoble und Nizza über Standortfaktoren, die für Hightechbetriebe wichtig sind, z.B. universitäre Forschungseinrichtungen, qualifizierte Arbeitskräfte, ein attraktives Kultur- und Freizeitangebot usw.

Unverändert Problemzonen bleiben v.a. die peripheren, meist landwirtschaftlich geprägten Regionen in der EU wie weite Teile Portugals, Süd- und Zentralspanien, Süditalien und Griechenland sowie Teile Irlands. Hinzu kommen die wirtschaftlich schwächeren osteuropäischen Staaten sowie Malta und Zypern. ■

Das Europaparlament hat drei Arbeitsorte: Brüssel, Luxemburg und Straßburg. An allen drei Orten sind Besucher herzlich willkommen. Über Besuche in Brüssel und Luxemburg informiert der Besucherdienst:
Rue Wiertz - Wierzstraat, B-1047 Brüssel, Fax 0032 22843530.
Informationen zu Straßburg gibt es in der Außenstelle des Europaparlamentes: B. P. 1024, F-67070 Strasbourg Cedex, Fax 0033 388175184. Außer einem Besuch des Plenums gibt es Videovorführungen, Gespräche mit Beamten vor Ort und nach Verabredung auch mit Europaparlamentariern.
Im Internet ist das Parlament unter www.europarl.de.int zu finden, u. a. mit Informationen zu Schüleraustauschprogrammen und einer Vermittlung von Praktikumsstellen aller Art.

europa.eu.int/index_de.htm
epp.eurostat.cec.eu.int/portal
www.eu-kommission.de/html

Beichelt, Timm: *Die Europäische Union nach der Osterweiterung.* Stuttgart (Utb) 2004. ■ *Europahandbuch 2005, bearbeitet von* Gerhard Schumann-Hitzler u.a. Köln (Heymann) 2005. ■ Schleg, Nicole u.a.: *Knaurs Handbuch Europa.* München (Droemer/Knaur) 2004. ■ *TaschenAtlas Europäische Union.* Leipzig (Klett) 2004. ■ *Handlexikon der Europäischen Union, hg. von* Wolfgang W. Mickel. Köln (Omniaverlag) [3]2002. ■ *Europäische Union, hg. von der* Bundeszentrale für politische Bildung. Neudruck München (Franzis) 2003.

F

◀ *Fortsetzung von S. 117* Deutschland begangenen Völkermorden war der bis heute letzte große Krieg in E. Nach 1945 prägte für viereinhalb Jahrzehnte der Kalte Krieg die Politik. Der Eiserne Vorhang, die Trennlinie zw. O und W, verlief mitten durch den Kontinent. Mit dem Fall der Berliner Mauer (8./9. 11. 1989) und dem Zusammenbruch der Sowjetunion (21./25. 12. 1991) setzte sich die im W nach 1945 begonnene Demokratisierung auch im O des Kontinents fort. Viele der sog. Reformstaaten sind der aus der EG hervorgegangenen ↑EU (Maastrichter Vertrag, am 1. 1. 1993 in Kraft getreten) beigetreten. Die EU zeichnet sich als Klammer eines föderativen E. ab. (Karte siehe S. 226)

Everest, Mount (tibetisch Chomolungma, nepalesisch Sagarmatha): höchster Berg der Erde. Der M. E. liegt im Osthimalaja an der Grenze zwischen Nepal und China (Tibet). Amerikanische Wissenschaftler ermittelten 1999 durch eine Satellitenvermessung eine Höhe von 8 850 m. Die Neuvermessung von 1992 hatte eine Höhe von 8 846 m ergeben. Das Bergmassiv ist während des ganzen Jahres mit Schnee bedeckt und Nährgebiet für vier bedeutende Gletscher. Die Schneegrenze liegt bei rd. 5 800 m.

Die ersten Versuche, den M. E. zu besteigen, wurden bereits 1922 unternommen. Doch erst am 29. 5. 1953 erreichten der Neuseeländer EDMUND P. HILLARY und der Sherpa TENZING NORGAY zum ersten Mal den Gipfel. REINHOLD MESSNER und PETER HABELER bestiegen am 8. 5. 1978 den M. E. ohne Sauerstoffgeräte. Und am 20. 8. 1980 bezwang REINHOLD MESSNER den Berg erstmals im Alleingang.

Eyresee ['ɛə-]: meist ausgetrocknete, abflusslose Salzpfanne in Südaustralien. Der 8 000 bis 15 000 km² große See liegt 12 m unter dem Meeresspiegel und ist damit die tiefste Stelle Australiens. Er füllt sich nur selten und dann auch nur teilweise mit Wasser. Der See ist nach dem britischen Australienforscher EDWARD J. EYRE (1815–1901) benannt, der ihn 1840 entdeckte.

F

Fa̩lklandinseln (Malwinen): Inselgruppe im Atlantischen Ozean. Die F. liegen rd. 600 km östlich der Südküste Argentiniens, haben 2 491 Einwohner und umfassen eine Fläche von 12 173 km². Sie gehören seit 1833 als Kronkolonie zu Großbritannien. Hauptort ist Stanley auf Ostfalkland mit 2 000 Einwohnern.

Ost- und Westfalkland, die beiden Hauptinseln, sind durch den 20 km breiten Falklandsund voneinander getrennt. Die Landschaft ist überwiegend eben. Auf Westfalkland erreicht der Mount Adam 705 m. Die Küsten sind stark gegliedert. Es herrscht hochozeanisches und nebelreiches Klima mit milden Wintern und kühlen Sommern. Schafzucht und Fischerei sind die einzigen bedeutenden Erwerbszweige. Ausgeführt werden Wolle und Häute.

Argentinien erhebt seit dem 19. Jh. Anspruch auf die Inseln. Als argentinische Truppen 1982 die F. besetzten, kam es zum Falklandkrieg mit Großbritannien, in dem Argentinien unterlag.

Far<u>ö</u>er: zu Dänemark gehörende Inselgruppe im Nordatlantik. Die F. liegen zw. Schottland und Island. Von den 25 Felseninseln und zahlreichen Schären mit einer Fläche von insgesamt 1 399 km² sind 17 von 47 000 Menschen bewohnt. Die größte Insel ist Streymoy mit der Hauptstadt Tórshavn, in der etwa 12 400 Menschen leben.

Das Klima ist mild und sehr feucht. Moore und Heide bestimmen das Landschaftsbild. Die Küsten sind durch Fjorde stark gegliedert.

Die färöische Sprache ist eng mit dem Isländischen verwandt. Sie ist neben dem Dänischen Amtssprache. Haupterwerbszweig, noch vor der früher dominierenden Schafzucht, ist die Fischerei, v. a. auf Dorsch und Hering.

Feuerland: große, stark vergletscherte Insel an der Südspitze Südamerikas, die vom Festland durch die Magellanstraße getrennt ist. F. umfasst eine Fläche von 47 000 km^2. Zusammen mit den zahlreichen umliegenden Inseln und Schären bildet F. den **Feuerlandarchipel**, der 73 746 km^2 groß ist und mehr als 140 000 Einwohner hat. Der Name F. geht auf Indianerfeuer zurück, die Fernão de Magalhães (»Magellan«) nachts aufleuchten sah, als er die Insel im Jahr 1520 entdeckte.
Der westliche Teil von F. und die Inseln südlich des Beaglekanals, zu denen auch die Hoorninsel mit dem ↑Kap Hoorn gehört, sind Teil von Chile. Der östliche Teil und die anderen Inseln gehören zu Argentinien.
Die größte Stadt der Region ist das argentinische Ushuaia. Mit seinen rd. 30 000 Einwohnern gilt es als südlichste ständig bewohnte Stadt der Welt. Die Volksgruppe der Ureinwohner gilt seit den 1980er-Jahren als ausgestorben. Die mittlere Temperatur im Juli beträgt 2 °C. Im Januar werden durchschnittlich 10 °C gemessen. Die Niederschlagsmenge liegt bei 700 mm pro Jahr.
Im SW von F. erstreckt sich die stark vergletscherte Hauptkordillere. Im Cerro Yogan erreicht sie 2 469 m. Im O bestimmt flaches Grasland, das Schafen als Weide dient, die Landschaft. Wichtigster Erwerbszweig sind die Erdöl- und die Erdgasförderung.
Fichtelgebirge: Mittelgebirge in Oberfranken im Bundesland Bayern. Das F. grenzt im NO an die Tschechische Republik, im NW an den Frankenwald, im N an das Vogtland und das Elstergebirge. Im SO trennt die Naab-Wondreb-Senke das F. vom Oberpfälzer Wald.
Die höheren Erhebungen wie der Schneeberg mit 1 051 m oder der Ochsenkopf mit 1 024 m bilden bewaldete Höhenzüge, zu denen im S auch der Steinwald gehört. Sie umschließen ein flachwelliges, nach NO sich abflachendes, dichter besiedeltes inneres Hochland. Zwischen Schneeberg und Ochsenkopf befinden sich das Naturschutzgebiet Fichtelsee-Hochmoor und der Fichtelsee.
Wegen des rauen niederschlagsreichen Klimas beschränkt sich die Landwirtschaft auf den Anbau von Roggen, Gerste, Kartoffeln und Viehwirtschaft. Wirtschaftlich bedeutend sind daneben Porzellan-, Stein-, Speckstein- und Textilindustrie sowie der Fremdenverkehr.
Fidschi: Inselstaat im Südwestpazifik. Die rd. 360 Inseln, von denen 105 bewohnt sind, liegen zw. Melanesien und Polynesien. Außerdem gehört zu F. auch die fast 400 km nordwestlich liegende Insel Rotuma.

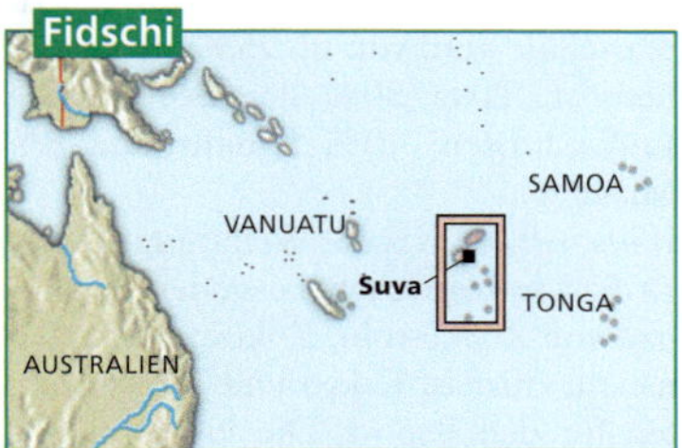

(amtlich engl. Republic of Fiji, fidschianisch Na Matanitu ko Viti)
Fläche: 18 333 km^2
Einwohner: 823 000
Hauptstadt: Suva
Verwaltungsgliederung: 14 Provinzen
Amtssprachen: Englisch, Fidschianisch
Währung: 1 Fidschi-Dollar ($F)
= 100 Cents (c)
Zeitzone: MEZ + 11 Stunden
Kfz-Kennzeichen: FJI

Landesnatur: Die größeren Inseln, Viti Levu, Vanua Levu und Taveuni, bestehen aus relativ alten Gesteinen, die von jungen Vulkankegeln überragt werden. Auf Viti Levu erreicht der Mount Victoria 1 323 m. Die kleineren Inseln sind im Wesentlichen aus Korallenkalk aufgebaut und ragen nur wenige Meter aus dem Meer heraus.
Das Klima ist tropisch. Die mittleren Monatstemperaturen liegen zw. 23 °C und 30 °C. Jährlich fallen etwa 2 000 mm

F

Regen, an den Hängen der Berge können mehr als 5 000 mm erreicht werden. Dort gedeiht tropischer Regenwald. In den trockeneren Regionen dominiert Savanne, an den Küsten häufig Mangrove.
Bevölkerung: Die Fidschianer, die rd. 50 % der Einwohner von F. ausmachen, sind nach Rasse und Sprache Melanesier, jedoch mit polynesischer Kultur. Sie leben in traditionellen Dorfgemeinschaften und stellen die Landbesitzer. Zweitgrößte Bevölkerungsgruppe sind mit 44 % die Inder, die von der britischen Kolonialmacht als Plantagenarbeiter herbeigeholt worden waren und heute meist selbstständige Bauern und Händler sind. Es besteht keine allgemeine Schulpflicht, aber die siebenjährige Primarschule wird von rd. 95 % der Kinder besucht. Etwa 50 % der Bevölkerung sind Christen, 40 % Hindus und 8 % Muslime.
Wirtschaft und Verkehr: Wichtigster Zweig ist die Landwirtschaft, besonders der Anbau von Zuckerrohr, Kokospalmen, Bananen, Ananas, Kakao und Zitrusfrüchten für den Export. Die Fischereiwirtschaft wird mit japanischer Hilfe ausgebaut. Von Bedeutung sind die Nahrungsmittelindustrie, der Abbau von Gold und Manganerz sowie zunehmend der Fremdenverkehr. Das Straßennetz ist gut ausgebaut. Nadi und Nausori sind internationale Flughäfen auf Viti Levu. Ein sehr wichtiger Verkehrsträger ist die Schifffahrt. Suva besitzt den größten Hafen.
Staat und Politik: 1998 trat eine neue demokratische Verfassung in Kraft. Staatsoberhaupt ist der Präsident, Regierungschef der Ministerpräsident, der das Vertrauen des frei gewählten Parlaments benötigt.
Seit der Unabhängigkeit von Großbritannien 1970, als F. UNO-Mitglied wurde, haben die Konflikte zw. Indern und Fidschianern zugenommen. 1987 und 2000 putschte das Militär jeweils gegen Regierungen von indischstämmigen Politikern.

Finnland: Staat in Nordeuropa, der zu einem Drittel nördlich des Polarkreises (↑ Lappland) liegt. F. grenzt im W an den Bottnischen Meerbusen, im NW an Schweden, im N an Norwegen, im O an Russland und im S an den Finnischen Meerbusen. Zu F. gehören die 40 km vor der schwedischen Küste in der Ostsee gelegenen ↑ Ålandinseln.
Landesnatur: Die Eiszeiten haben eine Landschaft von Seen, Moränenzügen und Findlingsblöcken hinterlassen. Besonders reich an Seen ist der S des Landes: Die Finnische Seenplatte zählt etwa 55 000 Gewässer. Die größten Seen sind der Saimaa mit 1 460 km² gefolgt vom Päijänne mit 1 090 km². Längster Fluss ist der Kemijoki, der im nördlichen Lappland entspringt und nach 520 km bei Kemi in den Bottnischen Meerbusen mündet.

Finnland

(amtlich finnisch Suomen Tasavalta, Kurzform Suomi, schwedisch Republiken Finland)
Fläche: 338 145 km²
Einwohner: 5,199 Mio.
Hauptstadt: Helsinki
Verwaltungsgliederung: 6 Provinzen
Amtssprachen: Finnisch, Schwedisch
Währung: 1 Euro (EUR, €) = 100 Cents (c)
Zeitzone: OEZ
Kfz-Kennzeichen: FIN

Der Bottnische Meerbusen im W und der Finnische Meerbusen im S sind die größten der zahlreichen Buchten, die die finnische Küste gliedern. Der Küste sind, besonders im S, rd. 33 000 Inseln und Schären vorgelagert.

Nach N steigt das Gelände vom Flachland zum Hügelland an, wobei Moore und Sümpfe zunehmen. Die höchsten Höhen werden in Lappland im NW erreicht. Dort ragt der Haltiatunturi auf 1 328 m auf.

Das Klima ist kontinental und besitzt einige subpolare Züge wie z. B. die Mitternachtssonne im Sommer Die Temperaturen sind aufgrund häufiger Westwinde, die verhältnismäßig warme Luftmassen heranführen, für so hohe Breitengrade gemäßigt. Die Winter sind kalt und schneereich. Helsinki hat ein Februarmittel von –7 °C, im N des Landes werden sogar –12 °C erreicht. Die Sommer sind hingegen relativ trocken und warm. Die mittlere Julitemperatur in Helsinki liegt bei 17 °C und auch im hohen N werden noch 13 °C erreicht. Die gegen Jahresende beginnende Vereisung der Küstengewässer schreitet im Hochwinter meist rasch voran, sodass vom Jahresanfang bis Mitte März eine Eisbrücke die Ålandinseln mit Südwestfinnland verbindet.

F. ist das waldreichste Land Europas: 68 % der Landesfläche sind mit Wäldern bedeckt (überwiegend Fichte, Kiefer, Birke und Erle). Im äußersten N herrscht Tundrenvegetation vor.

Bevölkerung: 93 % der Einwohner sind Finnen, die Schweden sind mit knapp 6 % die größte Minderheit. Sie leben v. a. auf den Ålandinseln, in Südwestfinnland und in Österbotten. In Finnisch-Lappland leben knapp 1 800 Lappen (Samen). Die Bevölkerungsdichte beträgt im Durchschnitt 15 Ew./km². Im N und in der Mitte des Landes liegt der tatsächliche Wert weit darunter. Im Süden sind die größten Städte neben Helsinki, Espoo, Tampere und Turku. 70 % der Einwohner leben in Städten.

Allgemeine Schulpflicht besteht vom 7. bis 16. Lebensjahr. Die neunjährige Gesamtschulzeit umfasst eine erste Stufe von sechs Jahren für alle Schüler und eine differenzierte zweite Stufe mit berufsvorbereitenden und allgemein bildenden Formen. Rd. 85 % der Bevölkerung gehören der Finnisch-Evangelisch-Lutherischen Kirche an. 12 % der Bevölkerung sind konfessionslos.

Finnland: Ein See in Lappland. Die meisten der rund 55 000 Seen Finnlands liegen im Süden des Landes.

Wirtschaft und Verkehr: Ackerbaulich genutzt werden nur 7,5 % der Landesfläche. Kleinbetriebe überwiegen, die v. a. Kartoffeln, Futterrüben, Hafer, Gerste und Weizen anbauen. Wichtigster Zweig der Landwirtschaft ist aber die Milchwirtschaft. Im N werden Rentier- und Pelztierzucht betrieben. Forstwirtschaftlich genutzt werden die ausgedehnten Wälder. An Bodenschätzen verfügt F. über Vorkommen an Eisen-, Kupfer-, Nickel-, Zink-, Chrom-, Titan-, Blei-, Vanadium- und Kobalterzen sowie über Pyrit, Selen, Asbest und Torf.

In der Industrie dominieren die Holzverarbeitung, v. a. mit Papier, Zellstoff und Möbel produzierenden Betrieben, und die Metallindustrie, insbesondere Erzverhüttung, Metallverarbeitung, Maschinen-, Fahrzeug- und Schiffbau. Ein Wachstumssektor sind elektrotechnische Betriebe und Hersteller moderner Kommunikationsmittel (u. a. Handys). Qualität und Design aus F. werden besonders bei Konsum- und Luxusartikeln geschätzt. Der Fremdenverkehr spielt wirtschaftlich eine wichtige Rolle, v. a. im Raum Helsinki und in den Seengebieten. Die bedeutendsten Handelspart-

F

ner sind für F. die Länder der EU und der EFTA, die USA, Russland, Litauen, Lettland und Estland.

Das Schienennetz ist gut ausgebaut und benutzt die russische Breitspur. Das Straßennetz ist besonders im S sehr dicht. Wichtig für den Holztransport sind die vielfach durch Kanäle verbundenen Seen. Über den 46 km langen Saimaakanal ist ein Teil Südostfinnlands mit Russland verbunden. Große Seehäfen besitzen Helsinki, Naantali, Kotka, Hamina und Rauma. Der wichtigste internationale Flughafen ist der von Helsinki.

Staat und Politik: Nach der Verfassung vom 17. 7. 1919 (stark revidiert 2000) ist F. eine parlamentarische Republik mit Elementen eines Präsidialsystems. Staatsoberhaupt und oberster Träger der Exekutive ist der vom Volk auf sechs Jahre gewählte Präsident. Er beruft die Regierung, die vom Ministerpräsidenten geführt wird.

Seit 1955 ist F. Mitglied der UNO. 1986 trat es der EFTA bei und wechselte 1995 zur EU. Es gehört zur Eurozone. Bündnispolitisch blieb F. auch nach dem Ende des Kalten Kriegs neutral und ist in vielen internationalen Konflikten ein bedeutender Vermittler.

Florẹnz: Stadt in Italien, Hauptstadt der Provinz F. und der Region Toskana. F. liegt beiderseits des Arno westlich des ↑Apennin und hat 352 900 Einwohner. Es ist eine bedeutende Industriestadt, aber wirtschaftlich dominiert der Fremdenverkehr. F. gilt mit seinem aus dem Mittelalter und v. a. der Renaissance stammenden Stadtbild und mit seinen Museen wie den Galerien der Uffizien und jenen des Palazzo Pitti als eine der bedeutendsten Kulturmetropolen der Welt. Weltberühmte Künstler wie FRA ANGELICO (1401/02–55) und MICHELANGELO (1475–1564) haben hier gewirkt, DANTE ALIGHIERI (1265–1321) wurde in F. geboren. Wahrzeichen der Stadt ist der Dom (1296–1436) mit seiner gewaltigen Kuppel von FILIPPO BRUNELLESCHI.

F. ging aus einer im 2. Jh. v. Chr. gegründeten römischen Siedlung hervor und stieg im 12. Jh. zu einer der mächtigsten Städte Italiens auf. Unter den Medici, die ab 1434 herrschten, war es einer der bedeutendsten Stadtstaaten Europas. Von 1865 bis 1871 war F. Hauptstadt Italiens.

Flo̲rida: südöstlichster Staat der USA. F. hat eine Fläche von 170 314 km² und 17,02 Mio. Einwohner. Hauptstadt ist Tallahassee.

Der Staat umfasst die gleichnamige, rd. 650 km lange Halbinsel F. sowie einen Küstenstreifen am Golf von Mexiko. Das Land ist sehr flach, nur den N durchzieht ein etwa 100 m hohes, seenreiches Hügelland. Die Golfküste ist reich an Buchten und Haffs. Im S liegen der rd. 1 800 km² große Okeechobee-See und das Sumpfgebiet der Everglades. Die Südspitze setzt sich in der Koralleninselkette Florida Keys fort. Das Klima ist subtropisch, wintermild und wintertrocken, im äußersten S sogar tropisch. Häufig treten Hurrikane auf.

Dank der Klimagunst wird F. gerne als Altersruhesitz gewählt. Die Einwohnerzahl hat seit 1980 um mehr als ein Drittel zugenommen. Vergnügungsparks wie »Walt Disney World« und das »EPCOT Center«, der Everglades Nationalpark, das Raumfahrtzentrum Cape Canaveral sowie die Badeorte ↑Miami und Palm Beach ziehen Touristen an. Wirtschaftlich bedeutend sind auch die Landwirtschaft, v. a. Kulturen an Zitrus- und Südfrüchten, sowie die Industrie mit vielen Betrieben in Wachstumsbranchen wie der Elektrotechnik, der Telekommunikation und der Raumfahrt- und Luftfahrtindustrie.

Frạnkfurt am Main: kreisfreie Stadt in Hessen, beiderseits des Mains gelegen. Die Stadt hat 643 700 Einwohner und ist v. a. als wichtigster Börsen-, Finanz- und Bankenplatz in Deutschland bekannt. Bedeutend ist auch die Industrie: F. a. M. ist einer der wichtigsten dt. Standorte produzierender Betriebe nahezu aller Branchen. Der internationale Flughafen

Rhein-Main gehört zu den zehn größten der Welt und hat nach Heathrow bei London das zweithöchste Passagieraufkommen in Europa. Auf dem Messegelände in F. a. M. findet alljährlich im Herbst die internationale Buchmesse statt, die weltweit bedeutendste Literaturmesse.

F. a. M. geht auf eine römische Siedlung zurück und ist seit dem Mittelalter eine der wichtigsten Städte Europas. Davon zeugen u. a. der gotische Dom (13./14. Jh.) sowie der in seiner Fassade wiederhergestellte Römer (1405). Heute ist F. a. M. die einzige deutsche Stadt mit einer Skyline, geprägt von Bankenhochhäusern (u. a. Europas höchstes Gebäude mit 259 m) und dem 331 m hohen Fernmeldeturm.

Fränkische Alb: Mittelgebirge im bayerischen Teil Frankens. Die aus Kalken und Dolomiten aufgebaute F. A. wird durch das **Nördlinger Ries**, einen im Durchschnitt rd. 20 bis 24 km weiten, durch einen Meteoriteneinschlag entstandenen Kessel, von der Schwäbischen Alb getrennt. Der Poppberg ist mit 657 m der höchste Punkt. Im Zentrum des nördlichen Teils der F. A. liegt die verkarstete Felslandschaft der **Fränkischen Schweiz,** im südlichen Teil durchbricht die ↑ Donau das Gebirge zw. Weltenburg und Kelheim.

Frankreich: siehe S. 128.

Französisch-Guayana: französisches Überseedépartement (Guyane Française), an der Nordostküste Südamerikas gelegen. Es grenzt im W an Surinam, im O und S an Brasilien. F.-G. umfasst 83 534 km² und hat 157 200 Einwohner. Hauptstadt ist Cayenne.

Am Atlantischen Ozean erstreckt sich eine bis zu 40 km breite Küstenebene, der die Îles du Salut, zu denen die ehemalige Sträflingskolonie Teufelsinsel gehört, vorgelagert sind. Das Landesinnere gehört zum Bergland von Guayana, das hier Höhen von rd. 700 m erreicht. Es wird von vielen Flüssen zerschnitten. Das Klima ist tropisch und mit Niederschlägen von über 3 000 mm sehr feucht. Etwa 90 % der Fläche sind von tropischem Regenwald bedeckt, an der Küste ist Mangrove verbreitet.

Mehr als die Hälfte der Bevölkerung, die vorwiegend aus Kreolen, Schwarzen und Asiaten besteht, lebt in der Hauptstadt. Rund 90 % der Einwohner sind römisch-katholisch.

In der Wirtschaft spielen neben dem Anbau für den Eigenbedarf lediglich der Zuckerrohranbau, die Krabbenfischerei sowie der Holzeinschlag eine Rolle, v. a. als Devisenbringer. Bodenschätze wie Bauxit und Gold werden wegen der geringen Erschließung noch wenig genutzt. Nordwestlich von Cayenne entstand ab 1967 Kourou, Sitz des französischen Raumforschungszentrums und einer Raketenabschussbasis, von der u. a. die Ariane-Raketen des europäischen Raumfahrtprogramms starten.

Französisch-Polynesien: französisches Überseeterritorium (Polynésie Française) in Polynesien im östlichen Pazifischen Ozean. Zu F.-P. gehören die Gesellschafts- und Marquesas-, die Tuamotu-, Tubuai- und Gambierinseln. Es sind über 100 Inseln, die sich über eine Meeresfläche von rd. 5 Mio. km² verteilen. Ihre Landfläche beträgt 4 167 km², die Einwohnerzahl 245 400. Hauptstadt ist Papeete auf ↑ Tahiti.

Etwa 65 % der Bevölkerung sind Polynesier, 30 % Europäer oder Europolynesier und 5 % Chinesen. Die Wirtschaft ist agrarisch strukturiert. Hauptexportgüter der überwiegend vulkanischen Inseln sind Kopra, Kokosöl, Perlmutt, Vanille und Kaffee. Der Fremdenverkehr gewinnt zunehmend an Bedeutung.

Fudschijama (Fuji, Fujisan, Fudschisan, Fujiyama): kegelförmiger Vulkan und mit 3 776 m höchster Berg Japans. Er liegt auf der japanischen Hauptinsel Honshū, im SW der Ebene von Tokio. Sein Krater ist rd. 600 m breit und 150 m tief. Der Schichtvulkan hat einen nahezu idealtypischen Aufbau. In Japan gilt er als heiliger Berg und ist eines der

► *Fortsetzung auf S. 131*

Nach Russland und der Ukraine ist Frankreich das drittgrößte Land in Europa. Es ist eine der wichtigsten Wirtschaftsnationen der Welt und spielt auch im europäischen Einigungsprozess eine der führenden Rollen.

Frankreich

(frz. La France, amtlich République Française; dt. Französische Republik)
Fläche: 543 965 km²
Einwohner: 59,485 Mio.
Hauptstadt: Paris
Verwaltungsgliederung: 96 Départements in 22 Regionen
Amtssprache: Französisch
Währung: 1 Euro (EUR, €) = 100 Cents (c)
Zeitzone: MEZ
Kfz-Kennzeichen: F

Frankreichs Raumstrukturen

Zu Frankreich gehört nicht nur das Gebiet im W der europäischen Landmasse, sondern auch die Insel ↑Korsika. Außerdem besitzt das Land zahlreiche Überseegebiete, deren Fläche zusammengenommen sogar größer als die des Mutterlandes ist. Es sind Überreste des französischen Kolonialreiches, das bis zur Mitte des 20. Jh. weite Regionen in Afrika, Südostasien, Mittel- und Südamerika und Ozeanien umfasste. Einige dieser Gebiete wie ↑Guadeloupe oder ↑Französisch-Guayana sind Überseedépartements und haben damit dieselben Rechte wie die Départements im Mutterland. Andere wie ↑Französisch-Polynesien oder ↑Neukaledonien sind Gebiete mit beschränkter Selbstverwaltung.

Das europäische Festland-Frankreich ist klar gegliedert: Kernraum ist das Pariser Becken, ein Schichtstufenland, das über die niedrige Schwelle von Poitou mit dem Aquitanischen Becken um Bordeaux in Verbindung steht. Westlich der Linie Biarritz-Luxemburg prägen – von Senken und Flusstälern abgesehen – Mittel- und Hochgebirge das Landschaftsbild, v. a. das weitgestreckte ↑Zentralmassiv, die Pyrenäen an der Grenze zu Spanien und die französischen Alpen, die mit dem 4 810 m hohen Montblanc den höchsten Gipfel Europas haben. Im W ragt die Halbinsel Bretagne mit dem Armorikanischen Gebirge in den Atlantik hinein. Nordöstlich der Alpen schließen sich der französische Jura, die Vogesen und die Ardennen an. Über Seine, Loire, Garonne und Rhone wird Frankreich nach N, W und S entwässert. Die Reliefgestaltung macht das Land auf der Westseite sehr offen. Entsprechend prägt atlantisches Klima mit Niederschlägen zu allen Jahreszeiten weite Teile des Landes. Der S und SO gehört hingegen zur mediterranen Klimazone mit sehr heißen, trockenen Sommern und milden, feuchten Wintern.

Die Beckenlandschaften sind die wirtschaftlichen Kerngebiete Frankreichs. Die Mittel- und Hochgebirgsräume sind dagegen eher Räume mit wirtschaftlichen Entwicklungsproblemen. Ohnehin ist die Wirtschaft – wie die Politik und die Verwaltung – sehr stark zentralisiert: Trotz großer Kraftanstrengungen in den letzten Jahrzehnten, zu einer weniger zentralistischen Struktur zu gelangen, bleibt der Großraum Paris alles überstrahlender Mittelpunkt.

Die Bevölkerung

Mit etwa 109 Einwohnern/km² hat Frankreich eine für europäische Verhältnisse eher geringe Bevölkerungsdichte. Diesen Eindruck vermitteln auch die ländlichen und gebirgigen Gegenden, die durchweg dünn besiedelt sind. Andererseits lebt fast jeder fünfte Franzose im Großraum Paris. Hier wohnen und arbeiten rd. 11 Mio. Menschen. Auch

Marseille und Lyon sind Zentren mit jeweils mehr als 1 Mio. Einwohnern. Der große Anteil der städtischen Bevölkerung (76 %) geht auf die vielen Groß- und Mittelstädte zurück.
Ein beträchtlicher Teil der Franzosen bzw. ihrer Vorfahren sind im Ausland geboren. Nur etwa 70 % der Bevölkerung sind nach ihrer sprachlichen Herkunft Franzosen. Trotzdem weist Frankreichs Statistik nur einen Ausländeranteil von 6,4 % aus – zum Vergleich: In Deutschland liegt er bei 9 %. Dies hängt zum einen mit der Zuwanderung aus den ehemaligen Kolonialgebieten oder aus dem bis 1963 zum Mutterland gehörenden Algerien zusammen; diese Zuwanderer gelten als französische Staatsbürger. Zum anderen hat Frankreich ein sehr liberales Einbürgerungsrecht. In den Städten, insbesondere im S Frankreichs und in Paris, sind eigene Stadtviertel entstanden, in denen Menschen leben, die aus einem Herkunftsland bzw. einer Herkunftsregion kommen. Dadurch sind starke soziale Spannungen entstanden und rechtsextreme Parteien haben in Frankreich ein großes Wählerpotential.

Frankreich als Wirtschaftsnation

Frankreich ist ein hoch entwickelter Industriestaat mit einem hohen Lebens-

standard. In den letzten 40 Jahren hat das Land in wirtschaftlicher Hinsicht einen tief greifenden Wandel erlebt, der mit einer gründlichen Modernisierung und mit erheblichen Strukturveränderungen einherging. Heute ist Frankreich weltweit die fünftstärkste Wirtschaftsmacht und der viertgrößte Exporteur.

Dinan liegt in der Bretagne am Beginn des Mündungstrichters der Rance.

Die *Landwirtschaft* hat bei den guten naturräumlichen Voraussetzungen eine führende Stellung im EU-Raum und trägt rd. 20 % zur Gesamtproduktion der EU bei. Weltweit ist das Land nach den USA der zweitgrößte Nahrungsmittelexporteur. An der Spitze steht die Erzeugung von Getreide, Zucker, Molkereiprodukten, Wein und Fleisch.

Zu den traditionellen Schwerpunkten der *Industrie* gehören die Bereiche Eisen und Stahl, Aluminium und Chemie. Heute haben auch einige Branchen der Spitzentechnologie Weltbedeutung, z.B. die Kernenergietechnik, der Bau von Hochgeschwindigkeitszügen und die Flug- und Raumfahrtindustrie.

Der *Dienstleistungsbereich* nimmt auch in Frankreich stetig an Bedeutung zu und trägt zurzeit ca. 72 % zum BIP bei. Traditionell höchst bedeutend sind das Banken- und Finanzwesen sowie die Tourismusbranche – mit rd. 70 Mio. Besuchern aus dem Ausland ist Frankreich international das beliebteste Reiseziel.

■ Frankreich und Europa

Frankreich spielte im europäischen Einigungsprozess von Anfang an eine herausragende Rolle. Die Idee, dass nur durch die wirtschaftliche Kooperation die Jahrhunderte alten Gegensätze und Konflikte in Europa beendet werden können, geht u.a. auf ROBERT SCHUMAN zurück, der von 1948 bis 1953 französischer Außenminister war und mit der Montanunion 1951 den Grundstein für die heutige EU legte. Eine besondere Bedeutung spielte und spielt die deutsch-französische Partnerschaft: Die Achse Paris-Berlin gilt als einer der Motoren der Europabewegung. ■

Der deutsche Kanzler Konrad Adenauer und der französische Präsident Charles de Gaulle unterschrieben 1963 den Elysée-Vertrag, der den Beginn der deutsch-französischen Freundschaft markierte. Die beiden betagten Politiker dachten auch an die Jugend, an die Völkerverständigung – und begründeten das deutsch-französische Jugendwerk.
DFJW, Molkenmarkt 1–3, 10179 Berlin; Tel.: 030 2887570; www.ofaj.org
Das Angebot ist enorm: Schüleraustausch zur Unterstützung des Sprachunterrichts und die Förderung von Reisen sind nur ein kleiner Ausschnitt.

www.frankreich.de
www.frankreich-info.de
www.outre-mer.gouv.fr

GOSSER, ALFRED: *Wie anders ist Frankreich?* München (Beck) 2005. ■ *Länderbericht Frankreich, hg. von* MARIE-LUISE CHRISTADLER und HENRIK UTERWEDDE. Opladen (Leske + Budrich) 1999. ■ LÜSEBRINK, HANS-JÜRGEN: *Einführung in die Landeskunde Frankreichs.* Stuttgart (Metzler) 2003. ■ PLETSCH, ALFRED: *Frankreich. Geographie, Geschichte, Wirtschaft, Politik.* Darmstadt (Wissenschaftliche Buchgesellschaft) 2003.

◀ *Fortsetzung von S. 127* nationalen Wahrzeichen. Auf dem Kraterrand stehen Tempel, Herbergen, eine meteorologische und eine Radarstation. Der letzte Ausbruch fand 1707 statt. Zu Füßen des Berges liegen fünf Seen, die wie der F. Teil eines Nationalparks sind.

Fundybai ['fʌndɪ-]: 275 km lange und rd. 80 km breite Bucht des Atlantischen Ozeans im SO Kanadas. Die F. liegt zw. den Küsten von New Brunswick und Nova Scotia. Die F. hat die stärksten Gezeiten der Erde. Bei Normalflut sind es 14 m, bei Springflut erreicht der Tidenhub sogar 21 m; ein Gezeitenkraftwerk ist geplant. Die starken und sehr rasch vonstatten gehenden Gezeitenwechsel erschweren die Schifffahrt. Haupthafen in der F. ist Saint John.

G

Gabun: Staat im westlichen Zentralafrika. G. grenzt im W an den Golf von Guinea, im N an Äquatorialguinea und Kamerun sowie im O und S an die Republik Kongo.

Gabun

(amtlich frz. République Gabonaise)
Fläche: 267 667 km²
Einwohner: 1,315 Mio.
Hauptstadt: Libreville
Verwaltungsgliederung: 9 Provinzen
Amtssprache: Französisch
Währung: 1 CFA-Franc = 100 Centimes
Zeitzone: MEZ
Kfz-Kennzeichen: G

Landesnatur: Der etwa 200 km breite Küstenstreifen ist mit Mangrove und Savannenvegetation bedeckt. Der südliche Küstenteil ist eine wenig gegliederte Nehrungsküste, während im N das weit ins Meer vorspringende Kap Lopez und der 80 km lange und bis 16 km breite Mündungstrichter des Flusses Gabun gute Hafenmöglichkeiten schaffen.

Das Landesinnere wird von einem bis über 1 000 m hohen Bergland eingenommen. Der tropische Regenwald ist nahezu abgeholzt und Berg- sowie Galeriewäldern gewichen. Hier ist das Einzugsgebiet zahlreicher Flüsse, darunter der 1 200 km lange Ogowe mit seinen Nebenflüssen.

Das Klima ist tropisch mit zwei Regenzeiten. Die Niederschlagsmengen liegen zw. 1 600 und 3 000 mm. Die Trockenzeit dauert von Mitte Mai bis Mitte September.

Bevölkerung: Es gibt etwa 40 ethnische Gruppen. Die meisten gehören zu den Bantu wie die Fang mit einem Bevölkerungsanteil von etwa 30 % oder die Eschira mit 25 %. 10 % der Einwohner sind Ausländer, rd. 12 000 Franzosen. Pygmäen haben einen Anteil von 1 %.

Allgemeine Schulpflicht besteht vom 6. bis 16. Lebensjahr. Die Einschulungsquote beträgt fast 100 %. Dennoch sind 38 % der Bevölkerung über 16 Jahre Analphabeten. Über 60 % der Bevölkerung sind Christen, 30 % Anhänger traditioneller afrikanischer Religionen, weitere 5 % Muslime.

Wirtschaft und Verkehr: G. ist reich an Bodenschätzen. Größte Bedeutung hat die Förderung von Erdöl, das an der Küste und auf dem Schelf um Port-Gentil vorkommt. Erdöl und Erdölprodukte erbringen rd. 40 % der Staatseinnahmen und 80 % der Exporterlöse. Dazu kommen die Erdgasförderung sowie der Abbau von Mangan-, Uran- und Eisenerzen sowie Gold. Die einst wichtige Holzgewinnung ist stark rückläufig.

Die verarbeitende Industrie ist wenig entwickelt. Bedeutung haben Erdölverarbeitung, Nahrungs- und Genussmittelindustrie, Holzverarbeitung und Baustoffindustrie.

Die Landwirtschaft dient v. a. der Eigenversorgung. Angebaut werden Zuckerrohr, Maniok, Jamswurzeln, Kochbananen, Mais und Reis. Dennoch muss über die Hälfte der Nahrungsgüter importiert werden. Für den Export werden Kakao, Kaffee und Erdnüsse sowie Ölpalmen kultiviert.

Das Straßennetz ist weitmaschig und in einem schlechten Zustand. Die Eisenbahn transportiert v. a. Schwergut. Bedeutung hat die Binnenschifffahrt auf dem Ogowe. Hochseehäfen sind Libreville-Owendo und Port-Gentil. Internationale Flughäfen haben Libreville, Port-Gentil und Franceville.

Staat und Politik: Seit seiner Unabhängigkeit von Frankreich 1960 ist G. Mitglied der UNO. Nach der Verfassung von 1991 ist G. eine Präsidialrepublik mit Mehrparteiensystem. Staatsoberhaupt ist der für sieben Jahre direkt gewählte Präsident, der die Regierung unter Vorsitz des Premierministers ernennt.

Galápagosinseln: zu Ecuador gehörende vulkanische Inselgruppe im Pazifischen Ozean. Die G. liegen 1 000 km östlich der Küste Ecuadors. Es sind 13 größere und 17 kleinere Inseln mit einer Fläche von insgesamt 7 812 km². Die größte Insel ist mit 4 275 km² Isabela, das auch Albemarle genannt wird. Hauptort ist Puerto Baquerizo auf San Cristóbal. Auf den G. leben etwa 13 200 Menschen.

Das durch die Lage am Äquator bestimmte Klima wird durch den Einfluss des kalten Humboldtstroms gemildert. Die Tier- und Pflanzenwelt zeichnet sich besonders durch endemische Arten aus. Typische Vertreter sind Riesenschildkröten, Meerechsen, Drusenkopf, Seebären, Pinguine und der Darwinfink. 1835 studierte Charles Robert Darwin die Tierwelt der G. und erhielt wesentliche Anregungen für seine Abstammungslehre. Seit 1934 stehen die G. unter Naturschutz. 1959 wurden rund 90 % der Fläche zum Nationalpark erklärt. Ein Problem sind die vielen verwildert lebenden Haustiere, die das ökologische Gleichgewicht auf den G. erheblich stören.

Gambia: Staat in Westafrika. G. grenzt im W an den Atlantischen Ozean und ist ansonsten vollständig vom Staatsgebiet Senegals umschlossen.

Gambia

(amtlich engl. Republic of the Gambia)
Fläche: 11 295 km²
Einwohner: 1,389 Mio.
Hauptstadt: Banjul
Amtssprache: Englisch
Währung: 1 Dalasi (D) = 100 Bututs (b)
Zeitzone: WEZ
Kfz-Kennzeichen: WAG

Landesnatur: G. ist der kleinste Staat des afrikanischen Festlands. Es erstreckt sich beiderseits des Flusses Gambia über 375 km von O nach W und ist bis etwa 50 km breit. Das Klima des Tieflandes ist randtropisch mit einer Regenzeit. Im Mündungsgebiet des Gambia gibt es ausgedehnte Sümpfe mit Mangrove, landeinwärts folgen Regenwald und – bei abnehmenden Niederschlagsmengen – Savannen.

Bevölkerung: Etwa 80 % der Einwohner gehören sudanischen Stämmen an, v. a. Mandingo, Fulbe und Wolof. Mehr als 90 % sind Muslime, 4 % Christen. Die Pflege von Kulten traditioneller afrikanischer Religionen geht immer mehr zurück. Es gibt keine Schulpflicht für die sechsjährige Grundschule. Die Analphabetenquote liegt bei über 70 %.

Wirtschaft und Verkehr: Dominierend ist die Landwirtschaft in kleinbäuerlichen Betrieben. Für den Eigenbedarf werden

v. a. Hirse, Reis und Maniok angebaut. Erdnüsse sind das Hauptexportgut. Außer Erdnussverarbeitung gibt es wenig Industrie. Bedeutend sind der Tourismus sowie die Küsten- und Flussfischerei. Wichtige Handelspartner sind Senegal und die EU-Staaten.

Das Straßennetz erschließt das Land hinreichend. Eine Eisenbahn fehlt. Hauptverkehrsader ist der Fluss Gambia, der von Seeschiffen 200 km landeinwärts befahren werden kann. Banjul hat einen Hochseehafen. Internationaler Flughafen ist Yundum.

Staat und Politik: Seit seiner Unabhängigkeit von Großbritannien 1965 gehört G. zur UNO. Nach der durch Referendum angenommenen Verfassung von 1996 ist es eine Präsidialrepublik. Staatsoberhaupt und Regierungschef ist der mit weitreichenden Befugnissen ausgestattete Präsident.

Ganges: Hauptstrom im N Vorderindiens. Der rd. 2 700 km lange G. entspringt im Himalaja, durchströmt mit geringem Gefälle in starken Windungen die fruchtbare und dicht besiedelte Gangesebene und bildet in Bengalen zusammen mit dem ↑Brahmaputra das rd. 56 000 km² große Gangesdelta. Auf seinem Weg zur Mündung in den Golf von Bengalen nimmt er u. a. Yamuna, Ghaghara, Kosi und Son auf. Er ist bis Allahabad, rd. 500 km südöstlich von Delhi, schiffbar, für Seeschiffe bis ↑Kalkutta.

Durch umfangreiche Wasserentnahme für den Bewässerungsfeldbau wurde die Wasserführung sehr verringert. Zusätzlicher Wassermangel tritt in der Trockenzeit auf, da sich im Einzugsgebiet im Himalaja, bedingt durch die verstärkte Abholzung, die Wasserspeicherkapazität für Monsunregen verringert hat. Die verminderte Speicherkapazität führt andererseits zu starker Wasserführung während der Regenzeit und sehr häufig zu katastrophalen Überschwemmungen. Der G. ist der heilige Strom der Hindu. Bedeutende Pilgerstätten sind u. a. Allahabad und Varanasi.

Gdańsk [gdaısk]: ↑Danzig.

Gelber Fluss: ↑Hwangho.

Gelsenkirchen: kreisfreie Stadt in Nordrhein-Westfalen. G. liegt an der Emscher und am Rhein-Herne-Kanal im ↑Ruhrgebiet. Es hat 274 900 Einwohner. G. ist u. a. Sitz der Fachhochschule für öffentliche Verwaltung, des Hygieneinstituts des Ruhrgebiets und vieler Bergbaubehörden.

Der Dienstleistungssektor gewinnt an Bedeutung, aber noch immer sind Steinkohlenbergbau, Eisen- und Stahlerzeugung sowie die Mineralölverarbeitung und die chemische Industrie starke Wirtschaftsfaktoren. Am Rhein-Herne-Kanal liegen mehrere Häfen.

Genf: Hauptstadt des gleichnamigen schweizerischen Kantons. G. liegt beiderseits des Ausflusses der Rhone aus dem Genfer See und hat 177 500 Einwohner. Als geistiger Mittelpunkt der französischsprachigen Schweiz hat G. eine Universität, das Institut Batelle für angewandte Forschung und mehrere höhere Fachschulen. Es ist Sitz vieler internationaler Organisationen u. a. des europäischen Zentrums der UNO und verschiedener ihrer Unterorganisationen wie der ↑WTO sowie dem Roten Kreuz. Nordwestlich liegt mit CERN eine der bedeutendsten Forschungsstätten für Teilchenphysik. Bei Cointrin befindet sich ein internationaler Flughafen.

Wirtschaftlich dominieren Bank-, Handels-, Verkehrs- und Fremdenverkehrssektor. Die Industrie umfasst v. a. Maschinenbau, Uhrenfabrikation, chemische und grafische Betriebe, Bekleidungs-, Nahrungs- und Genussmittelindustrie.

Das Stadtbild im Kern wird von zahlreichen Kirchen wie der Kathedrale Saint-Pierre aus dem 12./13. Jh. sowie prachtvollen Bürgerhäusern aus dem 15. bis 18. Jh. geprägt. Sie zeugen vom Reichtum der Stadt seit dem Mittelalter.

Georgien: Staat in Südwestasien. Das Land grenzt im W ans Schwarze Meer, im N an Russland, im O und SO an Aser-

G

baidschan, im S an Armenien und im SW an die Türkei. Zu G. gehören die Autonome Republik Abchasien (im NW), die Autonome Republik Adscharien (im SW) sowie das Autonome Gebiet Südossetien (im N).

Georgien

(amtlich georgisch Sakartwelos Respublika, dt. Republik Georgien)
Fläche: 69 700 km²
Einwohner: 5,177 Mio.
Hauptstadt: Tiflis (Tbilissi)
Verwaltungsgliederung: 70 Kreise und kreisfreie Städte; ferner Autonome Republik Abchasien, Autonome Republik Adscharien, Autonomes Gebiet Südossetien
Amtssprache: Georgisch
Währung: 1 Lari (GEL) = 100 Tetri
Zeitzone: MEZ + 3 Stunden
Kfz-Kennzeichen: GE

Landesnatur: G. ist ein Gebirgsland; etwa 50 % liegen höher als 1 000 m. Im N erstrecken sich der vergletscherte Hauptgebirgskamm des Großen ↑Kaukasus (im Schara 5 068 m) und seine Südabdachung, im S breiten sich die westlichen Rücken des Kleinen Kaukasus und Randteile des vulkanisch geprägten Ararathochlandes aus. Dazwischen befinden sich im W die zum Schwarzen Meer geöffnete Kolchis und weiter östlich die transkaukasische Senke.
Das Klima ist im Bereich der Kolchis feucht-subtropisch (300–800 mm Jahresniederschlag, Januarmittel 4 °C, Julischnitt 30 °C). Nach O nimmt die Kontinentalität und somit die Trockenheit zu. Im Großen und Kleinen Kaukasus fallen an den Westhängen bis zu 3 000 mm Niederschlag pro Jahr. Im Winter sind im Hochgebirge Temperaturen unter –40 °C häufig.
Etwa 25 % der Landesfläche sind mit Wald bedeckt. Die Waldgrenze liegt im Großen Kaukasus bei 2 800 m, im Kleinen Kaukasus bei 3 500 m. Steppe, heute weitgehend in Kulturland verwandelt, bedeckt weite Teile der Becken- und Senkungszone.
Bevölkerung: Der Anteil der Georgier (Eigenbezeichnung Kartweli) liegt bei mehr als 70 %, gefolgt von Armeniern (8 %), Russen und Aserbaidschanern (jeweils 6 %), Osseten (3,1 %) sowie weiteren Minderheiten. Die Georgier gehören der georgisch-orthodoxen Kirche an, die seit 1990 wieder eine herausgehobene Stellung im Staat hat. Spannungen ergeben sich mit den nach Unabhängigkeit bzw. Autonomie strebenden muslimischen Abchasen und den Adscharen, die ethnisch Georgier, aber muslimischen Glaubens sind. Die Südosseten sind zwar wie die Georgier Orthodoxe, wollen sich aber mit dem zu Russland gehörenden Nordossetien vereinen.
Am dichtesten besiedelt sind der S und O der Kolchis und der Küstenstreifen am Schwarzen Meer. 61 % der Bevölkerung leben in Städten.
Wirtschaft und Verkehr: Der 1990 ausgebrochene Bürgerkrieg zw. Georgiern und den Minderheiten zerrüttete die Wirtschaft und verzögerte Reformen. Der Niedergang der Industrie machte die Landwirtschaft zum wichtigsten Wirtschaftssektor. 43 % der Landesfläche sind landwirtschaftlich nutzbar. Wichtigste Anbauprodukte sind Wein, Zitrusfrüchte, Obst, Tee, Gemüse, Tabak, Mais, Weizen, Baumwolle und Sonnenblumen. Die Maulbeerbaumkulturen sind Grundlage einer Seidenraupenzucht. Rinderzucht wird v. a. in den ebenen, Schafhaltung in den gebirgigen Landesteilen betrieben. Nahrungs- und Genussmittelindustrie (Spirituosen, Tabakwaren, Obstkonserven) sowie die Textilindustrie sind die wichtigsten Industriezweige. Bedeutende Bodenschätze sind Steinkohle, Mangan-, Zink- und Eisenerze, Erdöl und -gas. Wichtigste

Handelspartner sind Russland, die Türkei, Aserbaidschan und Armenien. Das Eisenbahnnetz ist 1 583 km lang, das Straßennetz 21 000 km. Haupthäfen sind Batumi, Poti und Suchumi. Tiflis hat einen internationalen Flughafen.

Staat und Politik: Nach der am 17.10.1995 in Kraft getretenen Verfassung ist G. eine Präsidialrepublik mit einem alle fünf Jahre direkt gewählten Staatspräsidenten als Staatsoberhaupt. Er ernennt die von einem Ministerpräsidenten geführte Regierung. Das Parlament muss der Ministerernennung zustimmen.

G. gehört seit 1993 zur GUS, unterzeichnete 1994 die NATO-Initiative Partnerschaft für den Frieden, schloss 1996 ein Partnerschaftsabkommen mit der EU und trat 1999 dem Europarat bei. 1995/96 wurden Verträge mit Russland über militärische Kooperation unterzeichnet (u. a. Stationierungsrecht für russische Truppen). Die inneren Auseinandersetzungen flammen immer wieder auf, nachdem Abchasien und Südossetien 1992 einseitig ihre Unabhängigkeit erklärt hatten

Gha̲na: Staat in Westafrika. Er grenzt im W an die Republik Elfenbeinküste, im N an Burkina Faso, im O an Togo und im S an den Golf von Guinea.

Ghana

(amtlich engl. Republic of Ghana)
Fläche: 238 537 km²
Einwohner: 20,271 Mio.
Hauptstadt: Accra
Verwaltungsgliederung: 10 Regionen
Amtssprache: Englisch
Währung: 1 Cedi (¢) = 100 Pesewas (p)
Zeitzone: WEZ
Kfz-Kennzeichen: GH

Landesnatur: An die 535 km lange, wenig gegliederte Küste – nur im O gibt es einige Lagunen – schließt sich eine 30 bis 60 km breite Küstenebene an. Weiter landeinwärts folgt ein von zahlreichen Tälern zerschnittenes Hochland, das in der Ashantischwelle bis 788 m ansteigt. Nach N geht es zum Becken des mittleren Volta über, das in 150 m bis 300 m Höhe liegt.

Der 1 600 km lange Volta ist der Hauptstrom des Landes. Im Unterlauf ist er durch den Akosombodamm zum Voltasee aufgestaut, der mit 8 482 km² einer der größten Stauseen der Welt ist. Der S hat feuchtheißes Klima mit zwei Regenzeiten und wird durch Küstensavanne, tropischen Regenwald und Feuchtwald geprägt. Im N überwiegt bei nur einer Regenzeit Trockensavanne.

Bevölkerung: Die größte Stammesgruppe sind mit einem Anteil von 52 % die Akan, zu denen u. a. die Stämme der Fanti und Ashanti gehören. 16 % machen die Mosi und 12 % die Dagomba aus, die v. a. im N siedeln, gefolgt von den Ewe im S mit 12 % und weiteren kleinen Minderheiten. Etwa 2 Mio. Ghanaer leben im Ausland.

Zur städtischen Bevölkerung gehören 36 % der Einwohner. Neben der Hauptstadt Accra sind Kumasi, Tamale, Tema und Sekondi-Takoradi Großstädte mit mehr als 100 000 Einwohnern. Allgemeine Schulpflicht besteht vom sechsten bis zwölften Lebensjahr, doch beträgt die Analphabetenquote rd. 35 %. Über 60 % der Bevölkerung sind Christen, insbesondere im S, etwa 20 % bekennen sich zu afrikanischen Religionen und 16 % sind sunnitische Muslime, v. a. im Norden des Landes.

Wirtschaft und Verkehr: Grundlage ist die Landwirtschaft, die mit Forstwirtschaft und Fischerei 40 % des Bruttoinlandprodukts und etwa 50 % der Exporterlöse erbringt. Zur Selbstversorgung werden Mais, Hirse, Maniok, Jamswurzeln, Zuckerrohr, Reis, Erdnüsse, Gemüse und Bananen angebaut. Den Export domi-

G

niert im Agrarbereich der Kakao mit einem Drittel vom Gesamtanteil. Die Viehhaltung reicht zur Versorgung nicht aus: Zwei Drittel des benötigten Fleisches müssen importiert werden.
Von den reichen Bodenschätzen werden Gold, Diamanten, Mangan und Bauxit abgebaut. Gold ist der wichtigste Exportartikel überhaupt. Die Industrie umfasst Holzverarbeitung sowie Textil- und Nahrungsmittelindustrie. In Tema arbeiten eine Erdölraffinerie und eine Aluminiumhütte. Elektrische Energie liefert v. a. das Kraftwerk am Akosombodamm, das einen Stromüberschuss produziert, der exportiert wird. Haupthandelspartner sind Deutschland, Großbritannien, die USA und die Niederlande.
Das Verkehrsnetz ist im S und SW gut

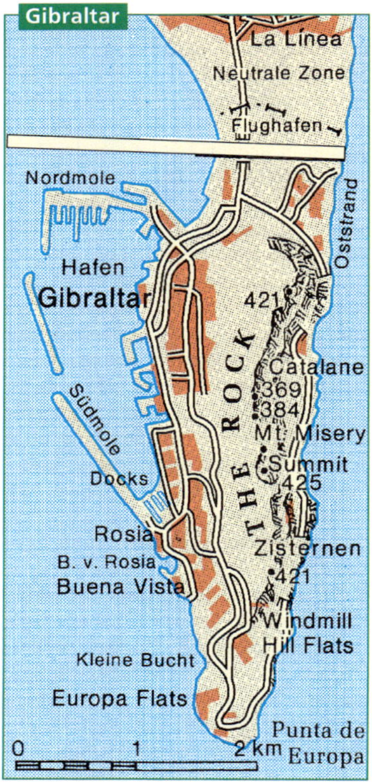

ausgebaut. Der N ist wenig erschlossen. Der Export geht über den Hafen von Takoradi, der hervorragend an die Kakao-, Holz- und Bergbauzentren angeschlossen ist. Die Einfuhrgüter nehmen vorwiegend den Weg über Tema, das gute Verbindungen zu den Industriezentren hat. Accra hat bei Kotoka einen internationalen Flughafen.
Staat und Politik: Seit seiner Unabhängigkeit von Großbritannien 1957 ist G. Mitglied der UNO. Diktaturen prägten die Geschichte. In den 1990er-Jahren begann ein langsamer Demokratisierungsprozess. 1992 wurde per Referendum eine Verfassung angenommen, die 1993 in Kraft trat. Danach ist G. eine Präsidialrepublik mit Mehrparteiensystem. Staatsoberhaupt und Regierungschef ist der direkt gewählte Präsident.

Gibraltar: Halbinsel an der Südspitze der Iberischen Halbinsel. G. liegt am Osteingang der strategisch wichtigen **Straße von Gibraltar**, einer 14 bis 44 km breiten und 60 km langen Meerenge zw. Europa und Afrika. Die 6,5 km^2 große Halbinsel, auf der etwa 29 500 Menschen leben, ist britische Kronkolonie. G. besteht aus einem großen Felsen aus Kalkstein, der sich bis auf 425 m erhebt. Er ist durch eine 800 m breite Landenge mit dem Festland verbunden. An den Felshängen lebt als einzige wilde Affenart Europas der Magot.
Auf der Westseite liegt die Stadt G. mit Kriegs- und Handelshafen, Erdöl- und Verbrauchsgüterindustrie. Über 50 % der Erwerbstätigen stehen in zivilen und militärischen Diensten der britischen und der NATO-Marine- und Luftstreitkräfte. Spanien fordert die Rückgabe der Halbinsel, die seit 1704 von Großbritannien kontrolliert wird.

Gobi [mongolisch Wüste] (chinesisch Shamo): trockene Beckenlandschaft in Zentralasien. Die G. nimmt Teile des Staates Mongolei sowie des zu China gehörenden autonomen Gebiets Innere Mongolei ein. Die W-O-Erstreckung beträgt rund 2 000 km, die mittlere

Höhenlage 1000 m. Das Klima ist extrem kontinental: Die Winter sind lang und Temperaturen unter –30° C häufig. Die Sommer sind kurz und sehr heiß. Die Niederschläge liegen überwiegend unter 100 mm pro Jahr. Kernwüsten erstrecken sich im SW, der Osten ist feuchter und steppenhaft. Hier betreibt die aus Mongolen bestehende Bevölkerung nomadische Viehzucht.

Grand Canyon: Der Grand Canyon National Park zählt zum UNESCO-Weltnaturerbe.

Gobialtai: ↑Altai.

Gran Chaco [-'tʃako]: Großlandschaft im zentralen Südamerika. Der G. C. ist eine fast 800 000 km² umfassende Ebene, die in Höhen zw. 100 und 400 m liegt. Sie erstreckt sich zw. dem aus ↑Paraguay und ↑Paraná bestehenden Flusssystem im O und den Anden im W. Argentinien, Bolivien und Paraguay haben Anteil an dieser Landschaft.

Das Klima ist überwiegend subtropisch. Im Sommer können die häufigen Starkregen zu Überschwemmungen führen. Die Parklandschaft im O geht nach N und W in Trockenwald und Dornbuschsavanne über. Der G. C. ist dünn besiedelt, u. a. von den früher nomadisch lebenden Chacoindianern, die heute meist Landarbeiter sind. Es werden Forstwirtschaft (Gewinnung von Tannin), Rinderhaltung und Baumwollanbau betrieben. Im bolivianischen Teil wird außerdem Erdöl gefördert.

Grand Canyon: eine der Schluchten, die der ↑Colorado in das weite Coloradoplateau im W der USA geschnitten hat. Der G. C. ist rd. 350 km lang, bis zu 1800 m tief und zw. 6 und 29 km breit. Er ist eine der bekanntesten Naturattraktionen der USA; ein Teil im Bundesstaat Arizona ist als Grand Canyon National Park seit 1908/19 unter besonderen Schutz gestellt. Der Nordhang des G. C. ist z. T. bewaldet. Weite Abschnitte sind wüstenhaft kahl, in anderen finden sich typische Gewächse der Trockengebiete wie Kakteen und Agaven.

Die im G. C. aufgeschlossene Gesteinsfolge, die in vielen Braun-, Gelb- und Rottönen schimmert, reicht vom Präkambrium, als die Erdkruste entstand, bis zum Perm, das vor etwa 250 Mio. Jahren endete. In diese Gesteinsschichten hat sich der Colorado tief hineingeschnitten und den Fels stark zerklüftet. Durch das Wasser, den häufig starken Wind und die großen Tag-Nacht-Temperaturunterschiede wird die Erosion des Gesteins rasch vorangetrieben.

Graz: Hauptstadt des Bundeslandes ↑Steiermark und mit 226 200 Einwohnern nach Wien die zweitgrößte Stadt von Österreich. G. liegt beiderseits der Mur am Rand des Grazer Beckens in einer Höhenlage von 353 m. Mit der Universität, der technischen Universität, der Hochschule für Musik und darstellende Kunst und den zahlreichen Museen ist G. ein wichtiges Kulturzentrum. Es ist auch die bedeutendste Industriestadt der Steiermark.

G. war im Spätmittelalter Residenz der leopoldinischen Linie der Habsburger. Es gibt viele Kirchen und Renaissancegebäude, u. a. den Dom (1438–62) und das Landhaus (16. Jh.).

Great Dividing Range ['greɪt di'vaɪdɪŋ 'reɪnʒ]: Gebirge im O Australiens. Es erstreckt sich in einem weiten Bogen über

3 000 km von der Halbinsel Kap York im N bis in den Raum Melbourne im S von Australien. Ein Teilgebirge sind die Australischen Alpen mit dem Mount ↑Kosciusko, der mit 2 230 m der höchste Berg des Landes ist. Mit regional über 3 500 mm werden in der G. D. R. die größten Niederschlagsmengen Australiens verzeichnet. Viele große Flüsse wie der ↑Murray oder der Darling entspringen in dem Gebirge.

Great Plains ['greɪt 'pleɪnz]: Hochebenen östlich der ↑Rocky Mountains in Nordamerika. Im W werden sie vom Kanadischen Schild, vom Zentralen Tiefland um die ↑Großen Seen sowie vom Mississippi-Tiefland begrenzt. Im S reichen die G. P. bis an das Tiefland der Golfküste sowie an die südkalifornischen bzw. nordmexikanischen Kettengebirge.

Die G. P. erstrecken sich im W in einer Höhe von rd. 1 500 m und fallen nach O bis auf etwa 200 m ab. Der Abfall geschieht sehr langsam und gleichmäßig, mit bloßem Auge ist er nur an wenigen Stellen zu erkennen.

Das Klima ist kontinental mit heißen Sommern und kalten Wintern. Das Julimittel beträgt zw. 22° C im N und 28° C im S. Die mittleren Temperaturen im Januar liegen bei –13° C und 3° C. Extremwerte im Winter von weniger als –20° C sind auch im S möglich. Im Winter treten häufig Schneestürme, die Blizzards, auf, im S bilden sich Tornados.

Die G. P. waren ursprünglich wahrscheinlich teilweise bewaldet, aber bereits in präkolumbischer Zeit überwiegend ein weites Grasland. In diesen Prärien lebten die Bisons in Herden von vielen tausend Tieren.

Heute sind die G. P. einer der landwirtschaftlichen Kernräume nicht nur von Nordamerika, sondern der Welt. Im O und im Zentrum wird vorwiegend Getreideanbau betrieben, ferner Obstanbau, Milchviehwirtschaft und Geflügelzucht. Die Böden sind hervorragend, z. T. sind es Schwarzerden, also die fruchtbarsten Böden überhaupt. Die Ernten sind so ergiebig, dass die USA und Kanada die größten Getreideexporteure sind. Nach W gewinnt die extensive Weidewirtschaft an Bedeutung, bevorzugt die Haltung von Rindern. Daneben werden in den G. P. Erdöl und Erdgas gefördert sowie Kohle abgebaut.

Grenada: Staat, der aus mehreren Antilleninseln im Bereich der ↑Westindischen Inseln besteht. Er umfasst die Hauptinsel G. sowie die südlichen Grenadinen.

Landesnatur: Die Inseln sind Teil des inneren, vulkanischen Bogens der Ostkaribik. Die 305 km^2 große Hauptinsel G. ist gebirgig und erreicht im Mount Saint Catherine 840 m. Die südlichen Grenadinen, deren größte mit 32 km^2 Carriacou ist, sind überwiegend von Hügelland geprägt.

Fläche: 344 km^2
Einwohner: 102 000
Hauptstadt: Saint George's
Amtssprache: Englisch
Währung: 1 Ostkaribischer Dollar (EC$) = 100 Cents (c)
Zeitzone: MEZ – 5 Stunden
Kfz-Kennzeichen: WG

Das tropische Klima steht unter dem Einfluss des Nordostpassats. Auf der Hauptinsel gehen zw. 1 500 und 5 000 mm Regen pro Jahr nieder. Der einst dominierende tropische Regenwald ist überwiegend gerodet worden.

Bevölkerung: 82 % der Bevölkerung sind Schwarze, 13 % Mulatten und 3 % Nachfahren indischer Kontraktarbeiter, die im 19. Jh. angeworben wurden. Die meisten

Einwohner sind Katholiken. Die Schulen sind kostenlos; es besteht Schulpflicht vom 6. bis zum 14. Lebensjahr. Die Analphabetenquote liegt unter 10 %.
Wirtschaft und Verkehr: Das tropische Klima begünstigt den exportorientierten Anbau von Bananen, Kakao, Kokospalmen und Muskatnüssen sowie von Zuckerrohr. Haupthandelspartner sind Großbritannien und die USA. Daneben ist der Tourismus bedeutend. In der Industrie dominieren Betriebe der Nahrungsmittelverarbeitung, insbesondere Fisch verarbeitende Betriebe. Außerdem werden elektronische Bauteile montiert. Die Hauptinsel ist durch Straßen gut erschlossen. Haupthafen von G. ist Saint George's, in dessen Nähe der internationale Flughafen Point Salines liegt.
Staat und Politik: Seit der Unabhängigkeit von Großbritannien 1974 ist G. Mitglied der UNO. Nach der im selben Jahr in Kraft getretenen Verfassung ist das Land eine parlamentarische Monarchie im Commonwealth. Staatsoberhaupt ist der britische Monarch, vertreten durch den Generalgouverneur. Die Regierung führt der vom Parlament gewählte Premierminister.

Griechenland: Staat in Südosteuropa. G. grenzt im NW an Albanien und Makedonien, im N an Bulgarien, im NO an den europäischen Teil der Türkei. Im O liegen einige der Ägäischen Inseln dicht vor der asiatischen Küste der Türkei. Im S reicht der griechische Inselbogen weit ins Mittelmeer hinein.

Landesnatur

G. umfasst den südlichen Teil der Balkanhalbinsel mit der Peloponnes, der größten griechischen Halbinsel, die de facto eine Insel ist, seit 1893 der Kanal von Korinth fertig gestellt wurde. Ferner gehören zu G. die Ionischen Inseln, die Inseln des Ägäischen Meeres (Sporaden, Kykladen, die der kleinasiatischen Küste vorgelagerten Inseln außer Imroz und Bozca Ada, die zur Türkei gehören), der Dodekanes mit ↑Rhodos sowie die südägäische Inselgruppe (u.a. ↑Kreta). Der Halbinsel- und Inselstaat hat rund 15 000 km Küsten – davon 4 100 km Festlandsküsten – die meist felsig und reich an Buchten sind.

Griechenland

(neugriechisch Ellas, amtlich Elliniki Dimokratia, dt. Griechische Republik oder Hellenische Republik)
Fläche: 131 957 km²
Einwohner: 10,631 Mio.
Hauptstadt: Athen
Verwaltungsgliederung: 10 Regionen, Mönchsrepublik Athos
Amtssprache: Neugriechisch
Währung: 1 Euro (EUR, €) = 100 Cents (c)
Zeitzone: MEZ + 1 Stunde
Kfz-Kennzeichen: GR

Das *Relief* ist überwiegend gebirgig. Drei Viertel des Landesinneren des Festlands, der Peloponnes und der meisten Inseln sind Berge und Beckenlandschaften. Im N finden sich hohe Gebirgszüge und nach Trockenlegung fruchtbare Ebenen wie Thrakien, Makedonien und Thessalien. In Nordwestgriechenland liegt Epirus, eine abgeschiedene gebirgige Landschaft, die von Thessalien durch das bis 2 637 m hohe Pindosgebirge getrennt wird. Das Gebirgssystem setzt sich in den Gebirgen der Peloponnes bis nach Kreta fort. Der nördlich des thessalischen Beckens gelegene Olymp ist mit 2 917 m der höchste Berg des Landes.
Die Gebirge gehören zum Alpen-Himalaja-Gebirgszug, einer viele tausend Kilometer langen Kette aus Gebirgen, in denen *Erdbeben* sehr häufig sind. G. war zuletzt 1999 betroffen, als es in ↑Athen zu zwei schweren Beben kam.

G

Wardar, Struma, Maritza und Aliakmon sind die bedeutendsten *Flüsse*. Viele von ihnen sind zu Stauseen aufgestaut. Das *Klima* ist mediterran mit heißen, trockenen Sommern und milden, feuchten Wintern. Die westlichen Gebiete, v.a. die Westhänge der Gebirge, erhalten mit deutlich über 1 000 mm jährlich wesentlich mehr Niederschläge als die im O: Hier sinkt der Wert auf unter 400 mm. In den Gebirgen fällt im Winter Schnee. Die *Vegetation* ist vielgestaltig. Immergrüne mediterrane Hartlaubvegetation ist auf die Küsten und Tiefländer beschränkt. Daran schließen sich bis rund 2 000 m Höhe Laubmischwälder, in höheren Lagen auch Nadelwälder an, darüber folgen alpine Matten. Schon seit der Antike wurden die ursprünglichen Wälder durch Umwandlung in Kulturland, Beweidung und Holzentnahme weitgehend zerstört. Macchie und Garrigue haben die Wälder abgelöst.

Griechenland: Auf kaum zugänglichen Felsen in Thessalien wurden die griechisch-orthodoxen Meteora-Klöster errichtet.

Bevölkerung

Rund 98 % der Einwohner des Landes sind Griechen bzw. gräzisierte Minderheiten. Außerdem leben in G. Makedonier, Türken und Pomaken (islamische Bulgaren), Albaner und Roma. Knapp 98 % der Bevölkerung gehören der griechisch-orthodoxen Kirche an.

Die *Bevölkerungsdichte* beträgt 81 Ew. pro km^2. Am dichtesten besiedelt sind die Becken- und Küstenlandschaften sowie einige Inseln. 60 % der Einwohner le-ben in Städten, über ein Drittel der Gesamtbevölkerung bewohnt die Region Athen-Piräus.

Gewichtige Veränderungen haben *Emigration* und Remigration (Rückwanderung) bewirkt. Vor 1900 hat die massive Auswanderung nach Übersee begonnen. Seit 1945 verließen über eine Million Griechen ihre Heimat auf Dauer – v.a. mit den Zielen Nordamerika und Australien – oder auf Zeit, etwa als Gastarbeiter in Deutschland.

Es besteht eine neunjährige *Schulpflicht* vom 7. bis zum 15. Lebensjahr. Den Pflichtschulbereich bilden die sechsjährige Primarschule und das dreijährige Gymnasium (Sekundarstufe I). Darauf baut das Lyzeum auf (drei Jahre; Sekundarstufe II), das zur Hochschulreife führt.

Wirtschaft und Verkehr

Etwa 22 % der Gesamtfläche dienen heute dem *Ackerbau*, weitere 40 % werden als Weiden genutzt. Wichtigste Anbauerzeugnisse sind Weizen, Gerste, Mais, Baumwolle, Zuckerrüben, Oliven, Weintrauben, Tabak, Tomaten und Obst, v. a. Zitrusfrüchte. Daneben hat die *Viehwirtschaft*, auf den Bergweiden auch als Fernweidewirtschaft betrieben, Bedeutung für die Eigenversorgung. Gehalten werden Rinder, Schafe und Ziegen. 70 % aller landwirtschaftlichen Betriebe bewirtschaften weniger als 5 ha.

Die *Forstwirtschaft* ist wegen geringen Bestands unbedeutend. Nur 20 % des Landes werden von Wald oder Busch bedeckt. Fast 90 % des Nutzholzbedarfs müssen eingeführt werden. Die Harzgewinnung hat Bedeutung, da Harz für die Herstellung von Retsina, einem geharzten Weißwein, benötigt wird. Auch die Fischerei kann den heimischen Bedarf nicht decken. Sauerstoffarme Küstengewässer und Jahrzehnte währende Überfischung haben die Bestände dezimiert.

In der *Industrie* haben neben der Verarbeitung landwirtschaftlicher Produkte Textilindustrie, chemische Industrie, Metallindustrie, Schiffbau und Mineralölverarbeitung große Bedeutung. Hauptstandorte der Industrie sind der Ballungsraum Athen-Piräus, Saloniki im NO, Patras sowie einige Mittelstädte auf Euböa und in Thessalien.

Die wichtigsten Erzeugnisse des *Bergbaus* sind Braunkohle, Bauxit und Magnesit. Erdöl und Erdgas werden seit 1981 gefördert. Der Energiebedarf des Landes wird zu 40 % aus eigenen Quellen gedeckt, davon über 30 % aus Braunkohlebeständen.

Der *Außenhandel* zeigt seit langem einen beträchtlichen Einfuhrüberschuss, der z. T. durch Erlöse aus dem Fremdenverkehr und durch Geldüberweisungen griechischer Gastarbeiter ausgeglichen werden kann. Der Fremdenverkehr ist v. a. für die wenig entwickelten Räume wie die Peloponnes und die Inseln außerordentlich bedeutend. Jährlich besuchen etwa 12 Mio. Touristen das Land. Importiert werden v. a. Erdöl, Maschinen, Fahrzeuge sowie Nahrungsmittel, exportiert Textilien und Bekleidung, Erdölprodukte, Obst, Eisen, Stahl, Aluminium und Tabak. Haupthandelspartner sind die Länder der EU, Japan und die USA.

Der *Verkehrsausbau* wird durch die natürlichen Gegebenheiten, insbesondere die Gebirge und die Trennung der Landmassen durch das Meer, erschwert. Das Eisenbahnnetz ist weitmaschig, das Straßensystem schlecht ausgebaut. G. ist eines der bedeutendsten Schifffahrtsländer der Erde. Eine große Rolle spielen hier sowohl die Küstenschifffahrt als auch der Überseeverkehr, der viele Deviseneinnahmen bringt. Die wichtigsten Häfen haben Piräus, Saloniki und Volos. Der 2001 eröffnete größte internationale Flughafen Eleftherios Venizelos liegt in Spata bei Athen. Weitere internationale Flughäfen haben Saloniki, Heraklion auf Kreta, Korfu und Rhodos.

■ Staat und Politik

Nach der zuletzt im April 2001 revidierten Verfassung vom 11. 6. 1975 ist G. eine parlamentarische Republik mit präsidialen Elementen. Staatsoberhaupt ist der vom Parlament auf fünf Jahre gewählte Präsident. Er ist Oberbefehlshaber der Streitkräfte, ernennt den Ministerpräsidenten sowie auf dessen Vorschlag die übrigen Mitglieder des Kabinetts. Die Regierung kann durch ein Misstrauensvotum des Parlaments gestürzt werden. Das Parlament, die Nationalversammlung, umfasst bis zu 300 Abgeordnete, die für vier Jahre gewählt werden. – Eine politische Sonderrolle spielt die Mönchsrepublik ↑ Athos.

G. trat 1945 der UNO und 1952 der NATO bei, verließ das Bündnis aber 1974 wegen des Zypernkonflikts mit der Türkei. 1980 wurde G. wieder aufgenommen und trat 1981 der EG bei. Der anhaltende Konflikt mit der Türkei, bei dem es v. a. um Territorialfragen wie den Besitz vermuteter Erdöl- und Erdgasvorkommen in der Ägäis geht, hat mehrfach fast zum Krieg geführt. 1999 trat nach dem katastrophalen Erdbeben in der Türkei und den Beben in Athen eine gewisse Entspannung ein.

Grönland [dänisch »grünes Land«] (eskimoisch Kalaallit Nunaat, dänisch Grønland): mit 2 175 600 km² größte Insel der Erde. G. wird geografisch zum arktischen Nordamerika gerechnet, völkerrechtlich ist es ein autonomer Bestandteil des Königreichs Dänemark. 56 200 Menschen leben auf der Insel, die zu mehr als 80 % ganzjährig von Eis bedeckt ist. Hauptstadt ist Nuuk (dänisch Godthåb).

Der eisfreie Raum liegt überwiegend in der Nähe der Küste. Hier erheben sich hohe Randgebirge, die im O im Gunn-

G

bjørns Fjeld bis zu 3 700 m aufsteigen. Das Inlandeis erreicht eine Stärke von 3 400 m. Im N und W ragen Gletscher bis an die Küste heran; durch davon abbrechendes Eis entstehen Eisberge.

Grönland – Höhenkarte

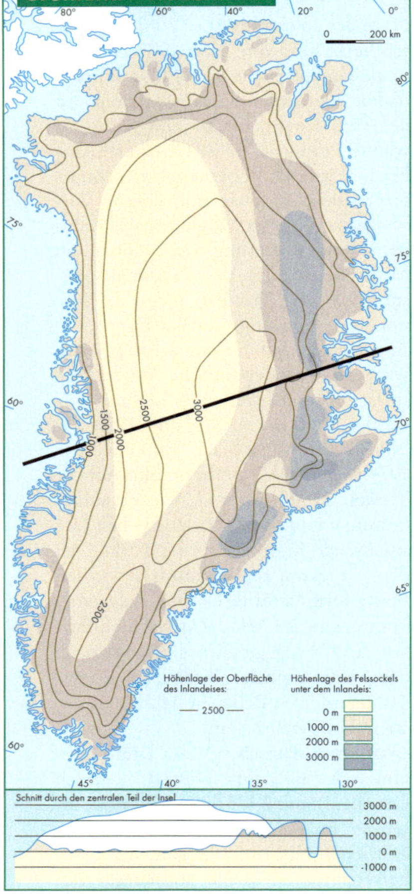

Im Bereich des Inlandeises und im N sind die Temperaturverhältnisse polar: Selbst im Sommer liegt der Durchschnitt nicht über 0° C. Der S hat milderes Klima mit Julitemperaturen um 7° C und einem Februarmittel von etwa –8° C. Fisch- und Robbenfang sind noch immer die Haupterwerbsquellen. Der Bergbau gewinnt aber beständig an Bedeutung. Unter dem Inlandeis werden große Vorkommen an Erdöl, Kupfer, Gold und anderen wertvollen Rohstoffen vermutet. Die damit verbundenen hervorragenden Zukunftsperspektiven für G. haben die Unabhängigkeitsbewegung auf der Insel nachhaltig gestärkt.

Großbritannien und Nordirland: Staat in Nordwesteuropa. Er umfasst England, Wales, Schottland und ↑ Nordirland. Die einzige Landgrenze ist die Nordirlands gegen die Republik Irland. Zu G. u. N. gehören ferner 13 abhängige Territorien (Overseas Territories) in nahezu allen Regionen der Erde – sie sind Überbleibsel des britischen Kolonialreiches. Die britischen ↑ Kanalinseln und die Insel Man (Crown Dependencies) gehören staatsrechtlich nicht zum Vereinigten Königreich. Sie unterstehen direkt dem britischen Monarchen, der Krone, und gehören auch nicht zur EU.

Landesnatur

Der von Nordsee, Atlantischem Ozean, Irischer See und ↑ Ärmelkanal umgebene Inselstaat vor der nordwestlichen Küste des europäischen Festlands umfasst außer der Insel Großbritannien v. a. die Inseln Wight im S, Anglesey in der Irischen See, die Scilly-Inseln im SW, die Hebriden im NW, die Orkney- und die Shetlandinseln im N sowie den nordöstlichen Teil der Insel Irland.

Die Hauptinsel misst fast 1 000 km von N nach S, ihre O-W-Ausdehnung übertrifft nur selten 500 km. Die *Küste* ist durch zahlreiche Buchten und Mündungstrichter sowie Fjorde (Firth) im N gegliedert.

Den mittleren, südlichen und östlichen Teil der Insel Großbritannien nimmt **England** ein. Sein *Relief* weist zwei Grundstrukturen auf. Zu den Hochlanden (weniger als 1 000 m) zählen die seenreichen Cumbrian Mountains, die Cheviot Hills, das Penninische Gebirge sowie Cornwall und Teile von Devon mit Dartmoor und Exmoor. Das eigentliche Kernland ist das aus jüngeren Schichten bestehende Schichtstufenland. Es erstreckt sich im N von den Cotswold Hills bis zu den North York Moors, umfasst die Chiltern Hills, die Lincoln Wolds und die York Wolds. Südlich von ↑London gehören dazu die North Downs und die South Downs, tiefer gelegene Landschaften, deren Entstehung im Zusammenhang mit der Aufwölbung des Weald steht. Das über 1 000 m hohe Bergland von **Wales** springt als breite Halbinsel nach W vor.

Den N der Britischen Insel bildet das überwiegend gebirgige **Schottland,** das im Hochland, den Grampians, mit dem 1 343 m hohen Ben Nevis den höchsten Gipfel des Landes erreicht.

Vorwiegend von Berg- und Hügelland wird Nordirland eingenommen. In seinem Zentrum liegt der Lough Neagh, mit 396 km² der größte *See* von G. u. N. Die längsten *Flüsse* sind der Severn mit 354 km, die Themse mit 346 km und der 270 km lange Trent.

Das *Klima* ist ausgeprägt ozeanisch mit milden Wintern und kühlen Sommern. Beeinflusst vom Nordatlantischen Strom gliedert sich G. u. N. in eine trockenwarme Osthälfte und eine feucht gemäßigte Westhälfte. Die mittlere Julitemperatur in Belfast beträgt 15 °C, in London 18 °C. Das Januarmittel liegt in beiden Regionen bei 4 °C. In Wales gibt es Gebiete mit mehr als 4 000 mm Niederschlag im Jahr; im trockeneren O sind es weniger als 1 000 mm.

Die hohe Luftfeuchtigkeit, besonders im Winter, ist die Hauptursache der häufigen Nebelbildung. Typisch ist ein leichter Nebel, aus dem sich aber durch den Einfluss von topografischer Lage, hoher Luftverschmutzung u. a. lokal ein dichter Nebel entwickeln kann.

G. u. N. gehört zur *Vegetationszone* des europäischen Laubwaldgebietes mit Marschen, die in den Fens, einer Landschaft Ostenglands, besonders verbreitet sind, sowie Hoch- und Niedermooren. Unter- und oberhalb der natürlichen Waldgrenze zw. 300 m und 600 m erstrecken sich Bergheiden, zu deren Ausbreitung der Mensch durch Waldvernichtung wesentlich beigetragen hat. Heute sind nur noch 10 % der Landfläche mit Wald bedeckt, weitere 20 % entfallen auf Heiden und Moore. Ein großer Teil der Agrarlandschaft wird von Einhegungen geprägt, die das Bild der typischen englischen Heckenlandschaften bestimmen.

Großbritannien und Nordirland

(amtlich engl. United Kingdom of Great Britain and Northern Ireland, dt. Vereinigtes Königreich von Großbritannien und Nordirland)
Fläche: 242 910 km²
Einwohner: 59,229 Mio.
Hauptstadt: London
Verwaltungsgliederung: 34 Grafschaften, 34 Unitary Authorities, 6 Metropolitan Counties und Greater London in England, 22 Local Counties in Wales, 32 Unitary Authorities in Schottland, 26 Distrikte in Nordirland und weitere direkt der Krone unterstellte Gebiete
Amtssprache: Englisch
Währung: 1 Pfund Sterling (£) = 100 New Pence (p)
Zeitzone: WEZ
Kfz-Kennzeichen: GB

Bevölkerung

Den größten Anteil an der Bevölkerung haben die Engländer mit mehr als 80 %, gefolgt von den Schotten mit knapp 10 %, den britischen Iren mit 4,2 % sowie den Walisern mit rd. 2 %.

Die Zahl der seit Kriegsende aus den Ländern des Commonwealth *Eingewan-*

G

derten und deren Nachkommen beträgt mehr als 3 Mio. Die mit Abstand größten ethnischen Minderheiten bilden die mehr als 940 000 Inder, gefolgt von den etwa 670 000 Pakistanern und den aus den ehemaligen Kolonien in der Karibik eingewanderten rd. 500 000 Schwarzen (Black Caribbeans). Die meisten Angehörigen von ethnischen Minderheiten leben in den großen urbanen Verdichtungsräumen, insbesondere in London.
Neben der Amtssprache Englisch haben regionale *Sprachen* eine wenn auch schwindende Bedeutung. Jeder fünfte Walise spricht Walisisch, die schottische Form des Gälischen ist noch weniger gebräuchlich.

Großbritannien: Das waldarme Bergland der schottischen Highlands wird von Heiden und Mooren dominiert.

Die *Einwohnerdichte* beträgt im Schnitt fast 250 Ew. pro km^2. Die tatsächliche Verteilung ist sehr unterschiedlich. Eine stark verstädterte Zone sehr hoher Bevölkerungsdichte verläuft vom Raum London in nordwestlicher Richtung über die Metropolitan County West Midlands zu den Metropolitan Counties Merseyside – u.a. mit Liverpool – bis hin zu Greater Manchester. Seit 1960 ist eine starke Bevölkerungszunahme im Umland von Greater London zu verzeichnen. Auch die Südküste bzw. Südwestengland verzeichnet Wanderungsgewinne: Sie ist bevorzugter Wohnort älterer wohlhabender Bevölkerungsgruppen. Wales, Cornwall und die größten Teile Schottlands und Nordirlands sind sehr dünn besiedelt.

Zur anglikanischen *Kirche*, der Staatskirche in England, gehören 57 % der Bevölkerung, 14 % sind Mitglieder anderer protestantischer Kirchen, 11 % sind Katholiken, die v.a. in Nordirland und Schottland leben.
Es besteht allgemeine Schulpflicht vom 5. bis zum 16. Lebensjahr. An die Primarschulen, die bis zum 11. Lebensjahr reichen, schließen sich die Sekundarschulen an. Es sind meist Gesamtschulen (Comprehensive Schools), die den überwiegenden Teil der Sekundarschüler erfassen und seit 1976 Regelschulen sind, in Nordirland v.a. die Grammarschools.

Wirtschaft und Verkehr

Die *Landwirtschaft* ist sehr produktiv. Sie deckt rund 75 % des Bedarfs an inländisch produzierbaren Erzeugnissen. Zentren des Getreideanbaus sind die östlichen Teile Mittelenglands und Schottlands; Zuckerrüben werden vorwiegend in Ostengland und Lincolnshire angebaut. Der Gartenbau wird intensiv betrieben. In Kent ist der Obstanbau bestimmend, im übrigen Südengland überwiegt Gemüse. Drei Fünftel der Vollerwerbsbetriebe befassen sich mit Milchwirtschaft und Viehhaltung, insbesondere von Rindern und Schafen. Diese Betriebe sind zum größten Teil im W angesiedelt. Die durch die 1985 erstmals aufgetretene Rinderseuche BSE ausgelöste Krise scheint überwunden. Schweine- und Geflügelhaltung findet man vorwiegend im S und O des Landes. Die *Fischereiwirtschaft* ist v.a. an der Südwestküste und an der Ostküste zwischen Humber und Moray Firth in Schottland konzentriert. Die Fangmengen (rd. 800 000 t Fisch jährlich) der ehemals führenden Fischereination sind rückläufig.
Der *Bergbau* bzw. die Förderung von Rohstoffen ist traditionell sehr bedeutend. Der Steinkohlenabbau ist stark rückläufig, die 1975 aufgenommene Erdölförderung in der Nordsee hat hingegen stark zugenommen – seit 1980 kann der britische Erdölbedarf durch die ein-

heimische Förderung gedeckt werden. Erdgas wird seit 1967 gefördert. Auch hier ist G. u. N. Selbstversorger. Außerdem werden Bleierz, Steinsalz, Kaolin, Flussspat und Gips in größerem Umfang abgebaut.

Die verarbeitende *Industrie* beschäftigt knapp 30 % der Erwerbstätigen. Die wichtigsten Gebiete der Eisen- und Stahlerzeugung sind Wales, Humberside, Yorkshire, Nordengland und Mittelschottland. Die Nichteisenmetall-

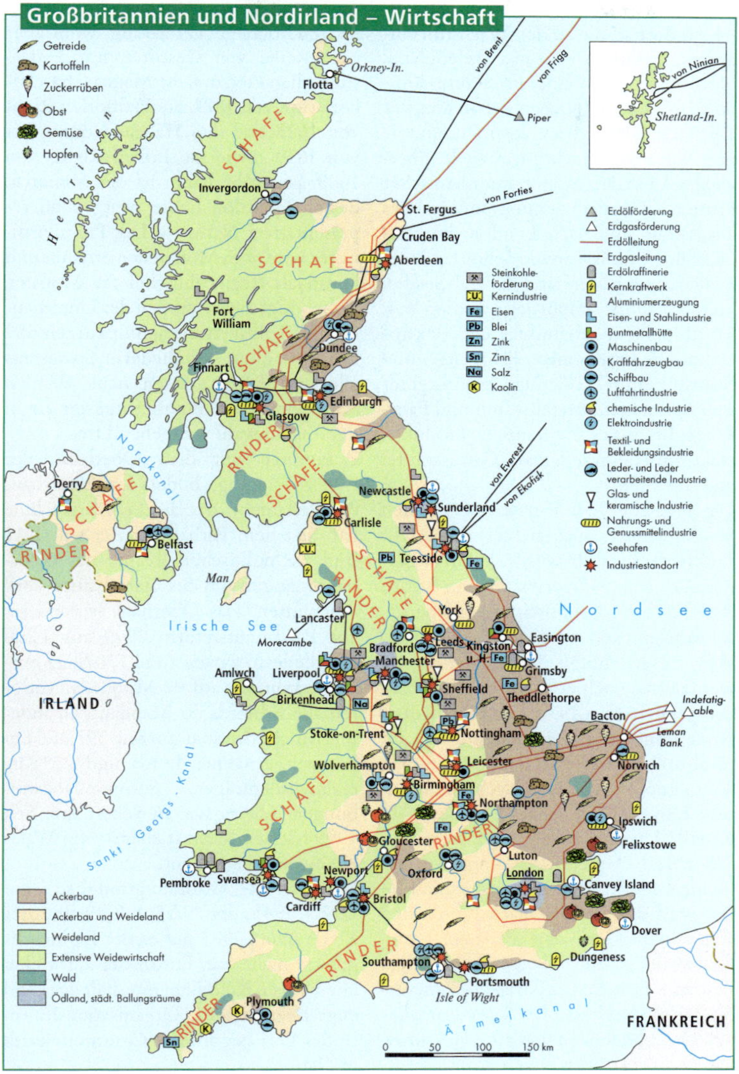

Großbritannien und Nordirland – Wirtschaft

industrie gehört zu den größten in Europa. Der Maschinenbau hat für den Export große Bedeutung. Der Flugzeug- und Fahrzeugbau – v. a. von Nutzfahrzeugen – ist im Raum London, in Liverpool, Oxford und Mittelschottland konzentriert, der elektrotechnische und der elektronische Zweig sowie die chemische Industrie, die zu den Wachstumsindustrien gehören, v. a. in Nordengland, Nordwestengland und im Raum London. In Schottland haben sich in jüngster Zeit viele Betriebe aus dem Computer- und Softwarebereich angesiedelt, überwiegend Filialen großer amerikanischer Firmen. Hauptanziehungspunkte des Tourismus sind nach London die Süd- und Südwestküste sowie Schottland.

Haupthandelspartner sind die EU-Staaten und die USA. Importiert werden v. a. Maschinenbau-, chemische und elektrotechnische Erzeugnisse, Fahrzeuge, und Nahrungsmittel. Wichtige Ausfuhrgüter sind Maschinen, Metallwaren und Fahrzeuge, Brennstoffe, chemische Produkte, elektronische Erzeugnisse, Genussmittel und Textilien.

Das britische *Verkehrssystem* ist auf den Straßenverkehr ausgerichtet. Es besteht Linksverkehr. 1993 wurde die Privatisierung der seit 1947 verstaatlichten British Rail beschlossen. Unwirtschaftliche Eisenbahnstrecken wurden stillgelegt. Vom ausgedehnten Netz der Kanäle werden nur noch etwa 400 km gewerblich genutzt. G. u. N. besitzt eine bedeutende Handelsflotte. Die wichtigsten der rund 300 Seehäfen sind London sowie Southampton, Milford Haven und Medway, Dover (Personenverkehr über den Kanal), Liverpool und Manchester; in Schottland Greenock, Glasgow und Grangemouth. Zwischen Larne und Belfast wird der Verkehr nach Nordirland abgewickelt. Für den Personen- und Kraftverkehr mit dem europäischen Festland bestehen zahlreiche Fährverbindungen und seit 1994 der Eurotunnel. Der Londoner Flughafen Heathrow hat das höchste Passagieraufkommen aller europäischen Flughäfen. Weitere bedeutende Flughäfen sind Gatwick, Stanstead, Luton, Manchester, Glasgow, Aberdeen und Belfast.

Staat und Politik

G. u. N. ist eine parlamentarische Erbmonarchie (Haus Windsor). Es gibt keine geschriebene Verfassung, wohl aber eine Reihe von Gesetzen mit Verfassungscharakter, u. a. die Magna Charta libertatum von 1215, die Petition of Right von 1628 und den Habeas Corpus Act von 1679 sowie die Bill of Rights von 1689. Staatsoberhaupt ist der Monarch, dessen Funktion heute weitgehend repräsentativer Natur ist. Der Premierminister wird vom Monarchen ernannt und beruft als Regierungschef die Minister. Er benötigt das Vertrauen des Unterhauses, der Volksvertretung mit zurzeit 659 frei gewählten Mitgliedern. Spätestens alle fünf Jahre müssen neue Wahlen stattfinden. Der Premierminister ist in der Terminwahl weitgehend frei.

Zusammen mit dem Oberhaus, der Adelsvertretung, bildet das Unterhaus das Parlament, das die Legislative inne hat. Seit dem Parliament Act von 1911 sind die politischen Rechte des Oberhauses zugunsten des Unterhauses stark beschnitten. Das Oberhaus bestand bis zur Parlamentsreform 1999 aus 1 200 Mitgliedern, wovon rund 770 Sitze erblich waren. Bis auf 92 Mitglieder verloren alle Erblords ihr Mandat. Die anderen Mitglieder sind zurzeit 597 auf Lebenszeit ernannte Lords und 26 Kirchenwürdenträger. Autonomiebestrebungen gibt es v. a. in Schottland. Seit 1999 hat der Teilstaat ebenso wie Wales ein eigenes Parlament.

G. u. N. ist Gründungsmitglied der UNO 1945, der NATO 1949 und der EFTA 1960. 1973 trat es der EG bei. Es gehört nicht zur Eurozone. Zu vielen ehemaligen Kolonien unterhält das Land enge Beziehungen: Organisationsforum ist das 1931 gegründete Commonwealth of Nations.

G

Große Antillen: ↑ Antillen.

Große Arabische Wüste: ↑ Arabien.

Großes Barriereriff : längstes lebendes Korallenriff der Erde. Das G. B. liegt vor der Küste des Bundesstaates Queensland im nordöstlichen Teil von Australien. Es reicht vom südlichen Wendekreis bis vor die Mündung des Fly River auf Neuguinea. Damit ist es über 2 000 km lang und bedeckt eine Meeresfläche von 200 000 km². Seit 1983 steht der überwiegende Teil des G. B. unter Naturschutz.

Großes Barriereriff: Das größte lebende Korallenriff der Erde erstreckt sich auf einer Länge von rund 2 000 km vor der Nordostküste Australiens.

Das aus verschiedenen Rifftypen aufgebaute Korallenriff ist eines der wichtigsten Touristenziele Australiens. Auf Green Island besteht ein Unterwasserobservatorium mit Museum und Aquarium. Im Großen Barriereriff kommen 4 000 Weichtier-, über 450 Korallen-, 1 500 Fisch-, 6 Schildkröten- und 24 Vogelarten vor.

Die Meeresverschmutzung, nicht zuletzt durch den wachsenden Tourismus hervorgerufen, und wahrscheinlich die zunehmende UV-Strahlung infolge des Schwundes der Ozonschicht bedrohen das G. B. Immer häufiger kommt es zu einem sich immer weiter ausdehnenden Absterben der Korallen.

Großes Becken: ↑ Death Valley.

Große Seen: Seensystem im NO Nordamerikas, das mit 245 000 km² die größte Binnenwasserfläche der Erde ist. Zu den G. S. gehören neben einigen kleineren Gewässern der Obere See (82 414 km²), der Huron- (59 596 km²), der Michigan- (58 016 km²), der Erie- (25 745 km²) und der Ontariosee (19 529 km²). Alle Seen sind durch Flüsse bzw. Kanäle miteinander verbunden. Über den ↑ Sankt-Lorenz-Strom, der aus dem Ontariosee führt, haben die Seen Anschluss an den Atlantik. Über Kanäle und den Mississippi eröffnet sich der Zugang zum Golf von Mexiko.

Zwei Drittel der Fläche der G. S. gehören zu den USA, ein Drittel zu Kanada. Sie liegen überwiegend im zentralen Tiefland Nordamerikas. Im W reichen sie in die ↑ Great Plains hinein, im N grenzen sie an den Kanadischen Schild.

Die Seen sind mindestens acht Monate im Jahr schiffbar und können von Schiffen aller Größen befahren werden. Das Gebiet um die G. S. ist einer der bedeutendsten Wirtschaftsräume der Welt. Die Besiedlung ist insgesamt dicht und ballt sich bei ↑ Chicago, ↑ Detroit, Toronto, Milwaukee und Cleveland zu Großstädten mit mehr als 500 000 Einwohnern.

Guadeloupe [-gwad'lup]: französisches Überseedépartement, das die gleichnamige Inselgruppe der nördlichen Kleinen ↑ Antillen umfasst. Die Inselgruppe nimmt eine Fläche von 1 705 km² ein. Die Hauptinsel G. ist 1 513 km² groß. Es ist eine Doppelinsel, die aus der gebirgigen, bewaldeten Insel Basse-Terre im W und der flachen, kahlen Insel Grande-Terre im O besteht. Auf Basse-Terre liegt die gleichnamige Hauptstadt und dort erhebt sich der 1 467 m hohe tätige Vulkan Soufrière.

Die Bevölkerung ist überwiegend afrikanischer Abstammung und lebt vom Anbau und der Verarbeitung von Zucker-

G

rohr, Bananen und Gemüse. Der Fremdenverkehr gewinnt an Bedeutung. Pointe-à-Pitre ist Haupthafen und hat einen internationalen Flughafen.

Guam: ↑ Marianen.

Guatemala: Staat in Zentralamerika, zw. Pazifik und Karibischem Meer gelegen. G. grenzt im W und N an Mexiko, im NO an Belize sowie im SO an Honduras und El Salvador.

Guatemala

(amtlich span. República de Guatemala)
Fläche: 108 889 km^2
Einwohner: 11,992 Mio.
Hauptstadt: Guatemala
Verwaltungsgliederung: 22 Departamentos
Amtssprache: Spanisch
Währung: 1 Quetzal (Q) = 100 Centavos (cts)
Zeitzone: MEZ –7Stunden
Kfz-Kennzeichen: GCA

Landesnatur: G. ist überwiegend ein Gebirgsland. Im nordwestlichen Zentrum liegen die bis zu 3 800 m hohen Altos Cuchumatanes, ebenso ein Teil der ↑ Kordilleren wie die Sierra Madre, die sich aus Kettengebirgen, weiten Bergflächen und Hochflächen zusammensetzt. Am Abfall zur 30 bis 50 km breiten Küstenebene liegt längs einer erdbebenreichen Bruchzone eine Reihe von z. T. noch aktiven Vulkanen. Die höchsten sind der Tajumulco mit 4 210 m und der Tacaná mit 4 064 m. Im N, im sog. Petén, hat G. Anteil an der seenreichen Hügellandschaft der Halbinsel Yucatán, im O am karibischen Küstentiefland.

Das Klima ist tropisch mit einer Regenzeit von Mai bis November. Die mittleren Jahrestemperaturen nehmen von 25° C bis 30 °C im Tiefland auf 18° C bis 20 °C im mittleren Hochland ab. Der N erhält bis zu 4 000 mm Niederschlag pro Jahr und ist von immerfeuchtem Regenwald, z. T. auch von Kiefernsavannen bedeckt. Die luvseitigen Gebirge tragen tropischen Berg- und Nebelwald, im trockeneren Binnenhochland treten Eichen-Kiefern-Mischwälder und Savannen auf. Das pazifische Küstentiefland wird im W von tropischem Feucht- und im O von Trockenwald eingenommen.

Bevölkerung: G. ist das einzige Land Zentralamerikas mit überwiegend indianischer Bevölkerung. Rd. 60 % sind Indios (Indígenas), v. a. Quiché und Cakchiquel, und 30 % Mestizen (Ladinos).

Der N und das karibische Küstentiefland sind dünn besiedelt, Hauptsiedlungsraum ist das südliche Hochland mit der Hauptstadt G., in der jeder neunte Einwohner lebt. Allgemeine Schulpflicht besteht vom 7. bis 14. Lebensjahr. Der Unterricht ist unentgeltlich. Die Analphabetenquote liegt bei 45 %. Die Einwohner sind zu 75 % Katholiken und zu 25 % Protestanten.

Wirtschaft und Verkehr: G. gehört zu den industriell am weitesten entwickelten Ländern Zentralamerikas, obwohl auch hier der Agrarbereich dominiert. Rund 30 % der Gesamtfläche werden landwirtschaftlich genutzt. Für den Eigenbedarf werden v. a. Mais, Bohnen und Reis angebaut. Einige wenige Großbetriebe, von denen viele zu Konzernen in den USA gehören, liefern den größten Teil der Exportgüter. G. ist der größte Kaffeeproduzent Zentralamerikas. Daneben haben Baumwolle, Rohrzucker, Kardamom sowie Bananen große Bedeutung. Im karibischen Küstenland wird extensive Rinderhaltung betrieben.

Die Wälder werden kaum genutzt. Wichtig ist aber der im Petén gesammelte Chicle, der Saft des Sapotillbaums, der als Rohstoff für die Kaugummiindustrie der USA dient.

Noch relativ wenig ausgebeutet werden die Bodenschätze, u. a. Blei, Zink,

G

Chrom und Kupfer. Seit 1975 wird Erdöl gefördert und exportiert. Die Industrie stellt v. a. Nahrungsmittel, Getränke und Textilien her. 70 % der Industriebetriebe befinden sich in der Hauptstadt. Der Fremdenverkehr spielt eine wachsende Rolle. Anziehungspunkte sind v. a. die Zeugnisse der Maya-Kultur.

Das Straßensystem erschließt die wichtigsten Regionen. Die Carretera Interamericana durchzieht das Hochland, parallel zu ihr verläuft die Carretera Pacifica im pazifischen Tiefland. Wichtigste Häfen sind Puerto Quetzal bei San José und der Fischereihafen Champerico am Pazifik sowie Santo Tomás de Castilla bei Puerto Barrios an der karibischen Küste. Nahe der Hauptstadt liegt der internationale Flughafen Aurora.

Staat und Politik: G. war 1945 Gründungsmitglied der UNO. Wie in vielen Ländern Zentralamerikas prägten auch in G. Bürgerkriege die jüngste Geschichte. Der Konflikt zw. rechtsgerichteten Regierungen und linken Guerilleros in G. dauerte von 1960 bis 1996 und kostete fast 200 000 Menschen das Leben. Die Gräueltaten beider Bürgerkriegsparteien werden zurzeit aufgearbeitet.

Nach der Verfassung von 1986 ist G. eine Präsidialrepublik mit Mehrparteiensystem. Staatsoberhaupt und Regierungschef ist der für vier Jahre direkt gewählte Präsident.

Guinea: Staat in Westafrika. G. grenzt im NW an Guinea-Bissau, im N an Senegal und Mali, im SO an die Republik Elfenbeinküste, im S an Liberia sowie Sierra Leone und im W an den Atlantischen Ozean.

Landesnatur: Die 300 km lange Küstenebene ist 50 bis 90 km breit. Zum Landesinnern steigt das Land zum Fouta-Djalon-Hochland an und erreicht bis zu 1 500 m. Hier entspringen zahlreiche Flüsse, darunter ↑Niger, Senegal und Gambia. Im O erhebt sich das Mandingplateau und im SO die bis zu 1 752 m hohen Nimbaberge.

G. liegt im Bereich der wechselfeuchten Tropen mit einer Regenzeit, die etwa von April bis Oktober dauert. Neben Mangrove bedecken Regen- und Feuchtwälder weite Teile des Landes. Im N und NO ist Trockensavanne bestimmend.

(amtlich frz. République de Guinée)
Fläche: 245 857 km²
Einwohner: 7,744 Mio.
Hauptstadt: Conakry
Verwaltungsgliederung: 4 Großregionen, 1 Hauptstadtdistrikt
Amtssprache: Französisch
Währung: 1 Guinea-Franc (F.G.) = 100 Cauris
Zeitzone: WEZ
Kfz-Kennzeichen: RG

Bevölkerung: Die größten ethnischen Gruppen sind die Fulbe und die Malinke mit je 30 %. Die Hauptstadt Conakry ist die einzige Großstadt. Trotz der allgemeinen Schulpflicht vom 7. bis 13. Lebensjahr beträgt die Analphabetenrate 76 %. Etwa 90 % der Bevölkerung sind Muslime.

Wirtschaft und Verkehr: G. ist reich an mineralischen Rohstoffen und der Bergbau ist mit rd. 90 % der Exporterlöse der wichtigste Wirtschaftszweig. Haupthandelspartner ist Frankreich. Abgebaut werden v. a. Bauxit, Eisenerz, Diamanten, Erdöl, Uranerz sowie Gold. Die Industrie ist kaum entwickelt.

Die Mehrheit der Bevölkerung lebt vom Anbau von Reis, Hirse, Mais und Maniok zur Eigenversorgung. Exportiert werden Kaffee, Ananas, Bananen und Erdnüsse. Viehwirtschaft wird v. a. in den

G

tsetsefreien Trockensavannen betrieben. Der Fischfang liegt überwiegend in der Hand ausländischer Unternehmen.

Das Straßennetz erschließt das Land nur unzureichend. Das Hauptverkehrsmittel sind die Eisenbahnen. Conakry besitzt einen der größten Seehäfen Westafrikas und einen internationalen Flughafen.

Staat und Politik: Seit der Unabhängigkeit von Frankreich 1958 gehört G. zur UNO. Nach der 1991 in Kraft getretenen Verfassung ist das Land eine Präsidialrepublik. Staatsoberhaupt und Regierungschef ist der auf sieben Jahre direkt gewählte Präsident.

Guinea-Bissau: Staat in Westafrika. Er grenzt im N an Senegal, im O und S an Guinea und im W an den Atlantischen Ozean, in dem die zu G.-B. gehörenden Bissagosinseln liegen.

Guinea-Bissau

(amtlich portugiesisch República da Guiné-Bissau)
Fläche: 36 125 km^2
Einwohner: 1,447 Mio.
Hauptstadt: Bissau
Verwaltungsgliederung: 8 Regionen, 1 Hauptstadtregion
Amtssprache: Portugiesisch
Währung: CFA-Franc
Zeitzone: WEZ
Kfz-Kennzeichen: GNB

Landesnatur: Die 160 km lange Küste von G.-B. wird durch zahlreiche, tief ins Landesinnere reichende Mündungstrichter der wasserreichen Flüsse geprägt, die das Land durchziehen. Während der von Mai bis November dauernden Regenzeit kommt es in der Küstenebene häufig zu Überschwemmungen. Mangroven und Regenwälder prägen die Küstenzone des tropischen Landes ebenso wie die 60 Bissagosinseln. Nach O, wo das Land bis auf rd. 300 m ansteigt, erfolgt der Übergang zur Feuchtsavanne.

Bevölkerung: Die Balante und die Fulbe sind mit 25 % bzw. 20 % die größten Ethnien unter den rd. 25 Völkern, die in G.-B. leben. Es herrscht allgemeine Schulpflicht vom 8. bis 13. Lebensjahr, dennoch können etwa zwei Drittel der Einwohner nicht lesen und schreiben. 54 % der Bevölkerung gehören Naturreligionen an, 38 % sind Muslime und 8 % Christen.

Wirtschaft und Verkehr: Obwohl das Land reich an Bodenschätzen ist, werden diese kaum genutzt. Es dominieren Fischerei und Landwirtschaft. Für den Eigenbedarf werden besonders Reis, Mais, Bohnen, Süßkartoffeln und Maniok angebaut. Erdnüsse, Palmöl, Kokos- und Cashewnüsse gehen in den Export. Die Industrie beschränkt sich auf die Verarbeitung von Nahrungsmitteln.

Haupthandelspartner ist Portugal. Das Straßen- und Wasserwegenetz ist noch wenig ausgebaut; Haupthafen ist Bissau, in dessen Nähe der internationale Flughafen Bissalanca liegt.

Staat und Politik: Mit dem Ende der portugiesischen Kolonialherrschaft 1974 wurde G.-B. Mitglied der UNO. Ein 1998 ausgebrochener Bürgerkrieg konnte 1999 durch eine westafrikanische Friedenstruppe beendet werden. Nach der im selben Jahr in Kraft getretenen Verfassung ist das Land noch immer eine Präsidialrepublik, doch sind die Machtbefugnisse des Präsidenten zugunsten des Regierungschefs und des Parlaments beschnitten worden.

GUS, Abkürzung für **G**emeinschaft **U**nabhängiger **S**taaten: wenig strukturierter Staatenbund, der im Wesentlichen die Nachfolgestaaten der UdSSR umfasst. Am 8. 12. 1991 wurde er von Russland, Ukraine und Weißrussland durch das Abkommen von Minsk gegründet. Noch im selben Jahr traten mit Armenien, Aserbaidschan, Kasachstan, Kirgistan,

Moldawien, Tadschikistan, Turkmenistan und Usbekistan acht weitere ehemalige Sowjetrepubliken bei, 1994 auch Georgien. Einzig die baltischen Staaten Estland, Lettland und Litauen lehnten den Beitritt ab.

Die GUS übernahm als Nachfolgeorganisation der UdSSR deren völkerrechtliche Verbindlichkeiten, insbesondere diejenigen, die sich aus den internationalen Abrüstungsverträgen ergaben. Das wichtigste Organ ist der Rat der Staatsoberhäupter. Der Plan eines engeren Staatenbundes, der z.B. eine gemeinsame Militärpolitik und ein gemeinsames Oberkommando zumindest über die strategischen Waffen umfassen sollte, scheiterte.

Nationale und wirtschaftlich-politische Spannungen zw. einzelnen Republiken bewirkten eine zunehmende Instabilität der Gemeinschaft. Zur Eindämmung nationaler Konflikte wurde im März 1992 die Aufstellung einer GUS-Friedenstruppe beschlossen. Im Mai 1992 vereinbarten Russland, Armenien, Kasachstan, Tadschikistan, Turkmenistan und Usbekistan einen militärischen Beistandspakt. 1993 wurde ein Rahmenabkommen über die Schaffung einer Wirtschaftsunion geschlossen.

Seit 1996 verstärkt sich die Zusammenarbeit zw. einigen Staaten, was die GUS weiter entwertete: So bildeten Russland, Weißrussland, Kasachstan und Kirgistan die **Gemeinschaft Integrierter Staaten,** GIS. Am 2. 4. 1997 unterzeichneten die Präsidenten Russlands und Weißrusslands einen Unionsvertrag, den bisher engsten Vertrag zw. zwei Nachfolgestaaten der UdSSR.

Guyana: Staat im nördlichen Südamerika. G. grenzt im N an den Atlantischen Ozean, im O an Surinam, im S und SW an Brasilien und im W an Venezuela.

Landesnatur: Im Landesinnern erhebt sich das Bergland von Guayana, das hier im Roraima 2 810 m erreicht. Die bis 70 km breite Küstenebene liegt z. T. unter dem Meeresspiegel, sodass sie durch Deiche geschützt werden muss. Hier ist das Hauptanbau- und -siedlungsgebiet des Landes. Der längste der zahlreichen Flüsse ist der Essequibo mit 1 100 km.

Das Klima ist tropisch mit jährlichen Niederschlägen von 2 000 bis 3 000 mm, die in zwei Regenzeiten niedergehen. Rund 70 % der Fläche sind von tropischem Regenwald bedeckt.

Guyana

(amtlich engl. Cooperative Republic of Guyana)
Fläche: 214 969 km²
Einwohner: 766 000
Hauptstadt: Georgetown
Verwaltungsgliederung: 10 Regionen
Amtssprache: Englisch
Währung: 1 Guyana-Dollar (G$) = 100 Cents (¢)
Zeitzone: MEZ – 5 Stunden
Kfz-Kennzeichen: GUY

Bevölkerung: Etwa 50 % der Einwohner sind Nachkommen von Indern, die nach der Aufhebung der Sklaverei als Plantagenarbeiter einwanderten. Schwarze haben einen Anteil von etwa 36 %, Mulatten von 11 %. Restgruppen der indianischen Urbevölkerung leben v. a. im Landesinnern. Etwa 54 % der Einwohner sind Christen, 33 % Hindus und 8 % Muslime.

Allgemeine Schulpflicht besteht vom 6. bis 15. Lebensjahr. Der Unterricht an den staatlichen Schulen ist unentgeltlich. Die Analphabetenquote liegt unter 5 %.

Wirtschaft und Verkehr: Der Staat kontrolliert weite Bereiche der Wirtschaft, obwohl seit 1986 verstärkt privatisiert wird. Hauptwirtschaftszweige sind die Landwirtschaft und der Bauxitabbau. Zucker-

rohr, Reis, Kokospalmen, Orangen sowie tropische Früchte und Gemüse sind die wichtigsten Anbauprodukte.
In der Industrie dominieren die Bauxitaufbereitung und Zuckerrohrverarbeitung. Wichtigste Ausfuhrgüter sind neben Bauxit und Tonerde Zucker und Reis. Haupthandelspartner sind die USA, Großbritannien, Trinidad und Tobago sowie Japan.
Das Straßennetz ist nur im Küstenbereich gut ausgebaut; die Verbindung mit dem Landesinnern erfolgt v. a. über die Flüsse. Die wenigen Eisenbahnlinien dienen dem Gütertransport. Die wichtigsten Seehäfen sind New Amsterdam und Georgetown, das auch einen internationalen Flughafen hat.
Staat und Politik: G., das ehemalige Britisch-Guayana, gehört seit seiner Unabhängigkeit von Großbritannien 1966 zur UNO. Nach der Verfassung von 1980 ist G. eine Präsidialrepublik mit Mehrparteiensystem. Staatsoberhaupt und Regierungschef ist der auf fünf Jahre gewählte Präsident.

H

Hagen: kreisfreie Stadt in Nordrhein-Westfalen. H. liegt am Nordrand des Sauerlandes und hat 201 100 Einwohner. Neben der Fernuniversität ist dort auch eine Abteilung der Märkischen Fachhochschule angesiedelt. Das Osthaus-Museum zeigt v. a. Gemälde des Expressionismus. Außerdem gibt es in H. das Westfälische Freilichtmuseum und technische Kulturdenkmale im Kaltwalzmuseum. Die Industrie konzentriert sich auf Papier und Backwaren, die Herstellung von Batterien sowie die Metallverarbeitung.
Der Ort wurde um 1000 erstmals erwähnt und erhielt 1746 das Stadtrecht. Zahlreiche Bürgerhäuser im Jugendstil prägen das Stadtbild.

Haiti: Staat im Bereich der Westindischen Inseln. H. umfasst den westlichen Teil der Insel Hispaniola und grenzt im O an die Dominikanische Republik.

Haiti

(amtlich frz. République d'Haïti, kreolisch Repíblík Dayti)
Fläche: 27 750 km²
Einwohner: 8,286 Mio.
Hauptstadt: Port-au-Prince
Verwaltungsgliederung: 9 Départements
Amtssprachen: Französisch und Kreolisch
Währung: 1 Gourde (Gde.) = 100 Centimes (cts.)
Zeitzone: MEZ – 6 Stunden
Kfz-Kennzeichen: RH

Landesnatur: H. ist durch vier Gebirgszüge gegliedert, die Becken und Ebenen umschließen. Die höchste Erhebung mit 2 680 m ist der Pic de la Selle im SO des Landes. Das Klima ist tropisch. Der Hauptteil des Jahresniederschlags fällt im Sommer. Die Trockengebiete sind mit Sukkulenten – Wasser speichernden Pflanzen – und Dornsträuchern bestanden. Der immergrüne Regen- und Bergwald der höheren Regionen geht in regengrünen Feucht- und Trockenwald über, dieser in die Feucht- und Trockensavanne.
Bevölkerung: Etwa ein Drittel der Bevölkerung sind Mulatten, rd. zwei Drittel Schwarze. In Städten leben nur etwa 36 % der Haitianer. Allgemeine Schulpflicht besteht zw. dem sechsten und zwölften Lebensjahr. Die Analphabetenquote von 43 % zählt zu den höchsten Lateinamerikas. In ländlichen Gebieten beträgt sie bis zu rd. 80 %.
Offiziell sind etwa 80 % der Bevölkerung katholisch und rd. 19 % protestantisch. Die eigentliche Volksreligion ist jedoch der Wodukult.

Wirtschaft und Verkehr: H. ist ein Agrarstaat. Etwa zwei Drittel der Erwerbstätigen arbeiten in der Landwirtschaft. Für den Eigenbedarf werden Mais, Reis, Bataten, Maniok, Bohnen u.a. angebaut. Großbetriebe in den Küstenebenen verarbeiten Zucker, Sisal und Baumwolle für den Export. Hauptexportgut des Landes ist Kaffee.
Die umfangreichen Rohstoffvorkommen werden kaum genutzt. Die Industrie beschränkt sich auf die Weiterverarbeitung von importierten Halbfertigwaren der Bekleidungs-, Spielzeug- und Elektronikbranche.
H. ist verkehrsmäßig schlecht erschlossen. Die letzte Eisenbahnlinie wurde 1990 stillgelegt. Wichtigste Häfen sind Cap Haïtien und Port-au-Prince. Dort befindet sich auch ein internationaler Flughafen.
Staat und Politik: H. gehört seit 1945 zur UNO. Nach der Verfassung vom 28.4. 1987 ist H. eine Präsidialrepublik. Staatsoberhaupt und oberster Inhaber der Exekutive ist der für fünf Jahre direkt gewählte Präsident.
Die politischen Verhältnisse in H. werden vom Machtkampf zw. den beiden wichtigsten Parteien Organisation du Peuple en Lutte (OPL) und Fanmi Lavalas (FL) bestimmt. Nach einem Putsch 1991 intervenierten die USA und besetzten 1994 Teile des Landes. 1996 wurden die amerikanischen Truppen durch eine UN-Friedenstruppe ersetzt, die den Demokratisierungsprozess unterstützen soll.

Halle (Saale): kreisfreie Stadt in Sachsen-Anhalt. H. liegt im NW der Leipziger Tieflandsbucht an der Saale und hat 239 400 Einwohner. Die Stadt ist Sitz der Martin-Luther-Universität H.-Wittenberg. Außerdem sind in H. die Deutsche Akademie der Naturforscher »Leopoldina«, eine Hochschule für Kunst und Design sowie weitere Bildungs- und Forschungsinstitute angesiedelt. Händelhaus und Händelfestspiele erinnern an den Komponisten GEORG FRIEDRICH HÄNDEL (1658–1759), der in H. geboren wurde. Schwerpunkte der Industrie sind Maschinen-, Fahrzeug- und Waggonbau sowie Lebensmittel- und Druckindustrie. Die Stadt besitzt einen Hafen an der Saale.
Zu den Sehenswürdigkeiten von H. gehören das mittelalterliche Rathaus, die Moritzkirche aus dem 14. bis 16. Jh., die Moritzburg vom 15./16. Jh., der im 13. Jh. erbaute Dom und der Marktplatz mit der viertürmigen Marktkirche und dem spätgotischen Roten Turm. An der Saale liegt Burg Giebichenstein.

Halligen: die kleinen Inseln ohne Winterdeiche im nordfriesischen Wattenmeer vor der Westküste von Schleswig-Holstein. Auf den insgesamt 2 281 ha großen H. Gröde-Appelland, Habel, Hamburger Hallig, Hooge, Norderoog, Nordmarsch-Langeneß, Nordstrandischmoor, Oland, Süderoog und Südfall leben 350 Menschen. Die H. sind Teil des Marschlandes, das durch Schlickablagerungen entstand. Bei Sturmfluten werden sie ganz oder teilweise überflutet. Die Siedlungen liegen auf künstlich aufgeschütteten Wurten. Ihre Bewohner leben v.a. von Milchviehwirtschaft und Fremdenverkehr.

Hamburg: Bundesland (Stadtstaat) im N der Bundesrepublik Deutschland. Die Freie und Hansestadt H. liegt an der Niederelbe und hat mit der Insel Neuwerk in der Elbmündung eine Fläche von 755 km², wovon 61 km² Wasserflächen sind. Die 1,729 Mio. Einwohner verteilen sich auf die sieben Stadtbezirke H.-Mitte, Altona, Eimsbüttel, H.-Nord, Wandsbek, Bergedorf und Harburg.
Landesnatur: H. liegt an der Einmündung von Alster und Bille in die Niederelbe. Der Fluss, der 110 km unterhalb der Stadt in die Nordsee mündet, unterliegt noch Ebbe und Flut. H. hat Anteil an drei Naturräumen: an der südholsteinischen Geest, die zw. Blankenese und Bergedorf steil zur Elbe abfällt, am überwiegend von Flussmarschen erfüllten Urstromtal der Niederelbe und im S mit den Har-

H

burger Bergen am Endmoränengebiet der Schwarzen Berge.
Bebaut sind v. a. die Gebiete nördlich der Elbe. Südlich der Norderelbe liegen die Industrie- und Hafengebiete. Der Hafen ist ein offener Tidehafen. Er erstreckt sich über die ganze Breite des Stroms. Die großen Elbbrücken am oberen Ende des Hafens und zwei Elbtunnel für Fußgänger und Fahrzeuge dienen der Bewältigung des ständig wachsenden Verkehrs.

Hamburg: Das Museumsschiff »Cap San Diego« liegt an der weißen Überseebrücke, an der früher die großen Passagierdampfer von und nach Amerika anlegten. Links sieht man die U 3, die als schönste Bahnstrecke Hamburgs gilt, weil sie direkt am Hafen entlangführt.

Bevölkerung: Die höchste Einwohnerzahl mit 1,857 Mio. erreichte H. 1964. Niedrige Geburtenraten und Abwanderung ließen dann die Zahl sinken. 41 % der Bevölkerung gehören der evangelischen Kirche an, 10 % der katholischen und 3 % anderen christlichen Kirchen. 4 % sind Muslime.
Wirtschaft und Verkehr: H. hat als Handels-, Verkehrs- und Dienstleistungszentrum überregionale, z. T. weltweite Bedeutung und zählt zu den wichtigsten Industriestandorten in Deutschland. Es ist Sitz von über 3 000 Import- und Exportfirmen sowie 95 Generalkonsulaten. H. ist ein wichtiger Banken- und Versicherungsplatz und eine von Deutschlands führenden Medienstädten. Bedeutend sind auch der Seefischmarkt, Blumen-, Gemüse- und Obstgroßmärkte.
In den letzten Jahrzehnten siedelten sich in H. zukunftsträchtige Industriebranchen an, u. a. zivile Luftfahrtindustrie, Elektronik-, feinmechanische und optische Industrie sowie Maschinenbau. Weitere wichtige Zweige sind die Mineralölverarbeitung, die chemische Industrie sowie Nahrungs- und Genussmittelindustrie. Dagegen geht die Bedeutung der ansässigen Schiffbau- und Reparaturwerften zurück.
H. ist, gemessen am Seegüterumschlag, der größte Seehafen in Deutschland und der drittgrößte in Europa. Mit dem Containerzentrum gehört H. zu den sieben größten Containerhäfen der Erde. Binnenwasserstraßen verbinden die Stadt mit dem Hinterland und der Ostsee. H. ist der größte Eisenbahnknotenpunkt im nördlichen Europa. Die Stadt verfügt über ein dichtes S- und U-Bahnnetz und einen internationalen Flughafen in Fuhlsbüttel.
Staat und Politik: Nach der Verfassung vom 6. 6. 1952 liegt die Legislative bei der Bürgerschaft. Die 121 auf vier Jahre gewählten Abgeordneten wählen die Regierung (Senat). Der Senat wählt aus seiner Mitte den Präsidenten, den Ersten Bürgermeister, der zugleich den Rang eines Ministerpräsidenten hat. Er besitzt ein Vetorecht gegenüber von der Bürgerschaft beschlossenen Gesetzen.

Hannover: Hauptstadt des Bundeslandes Niedersachsen. H. zählt 517 300 Einwohner. Die Stadt liegt am Südrand der Norddeutschen Tiefebene an der Leine und am Mittellandkanal. Die Ausläufer des Weserberglandes grenzen an das Stadtgebiet.
H. ist Sitz verschiedener Forschungseinrichtungen. Neben der Universität hat H. Medizinische und Tierärztliche Hochschulen, eine Hochschule für Musik und Theater sowie zwei Fachhochschulen. Wichtige Industriezweige sind Maschinen- und Fahrzeugbau, Gummiindustrie, Nahrungs- und Ge-

nussmittel-, elektrotechnische und elektronische sowie chemische Industrie. In der Messestadt finden u.a. regelmäßig Hannovermesse und CeBiT statt. Im Jahr 2000 war H. Schauplatz der Weltausstellung EXPO 2000. H. besitzt einen internationalen Flughafen und vier Häfen am Mittellandkanal.

Mittelpunkt der Altstadt ist der Marktplatz mit der Marktkirche aus dem 14. Jh. und dem Alten Rathaus aus dem 15. Jh. Eine weitere Sehenswürdigkeit ist die berühmte barocke Gartenanlage am Schloss Herrenhausen.

Hanoi: Hauptstadt von Vietnam. H. liegt im Tongkingdelta am Roten Fluss. Es erstreckt sich über 921 km² und hat 2,842 Mio. Einwohner. Neben der Universität und zwei Hochschulen haben in H. eine Kunstakademie und eine Militärakademie ihren Sitz. Hauptindustrien sind der Maschinenbau, Gummi-, Nahrungsmittel-, Textil- und chemische Industrie. Ein Flusshafen und ein internationaler Flughafen machen H. zu einem Verkehrsknotenpunkt des Landes.

Die Stadt ist um 200 v. Chr. entstanden. Bedeutende Bauten sind u.a. die Ein-Pfeiler-Pagode der Göttin Quan-Am aus dem 11. Jh. als Nationalheiligtum und der dem Konfuzius geweihte Tempel der Literatur von 1070.

Harz: nördlichstes deutsches Mittelgebirge. Der H. ist etwa 90 km lang und 30 km breit. Höchste Erhebung ist der Brocken mit 1 142 m. Der H. fällt in einer steilen Randstufe nach N ab und hat nach SO eine allmähliche Abdachung. Das Gebirge gliedert sich in Oberharz und Unterharz.

Der Oberharz ist eine Hochfläche in rd. 600 m Höhe, über die sich das Bergland des Brockenmassivs erhebt. Er wird von einem dichten Gewässernetz durchzogen und ist v.a. mit Fichtenwäldern bestanden. Der Unterharz im SO liegt in 350 bis 500 m Höhe im Regenschatten des Brockens. Sein östlicher Gebirgsrand ist von Flüssen stark zerschnitten. Auf den weiten Hochflächen finden sich überwiegend Misch- und Laubwälder. Bei der Besiedlung spielte der heute bedeutungslos gewordene Abbau von Silber, Blei, Kupfer, Zinkerzen und Schwerspat eine entscheidende Rolle. Haupteinnahmequelle der Bevölkerung ist heute der Fremdenverkehr. Anziehungspunkte sind die schmalspurige Brockenbahn sowie der 1990 in Sachsen-Anhalt eingerichtete Nationalpark Hochharz und der 1994 in Niedersachsen gegründete Nationalpark Harz.

Hawaii [ha'vaı, ha'vaii, engl. hə'wa:i:]: Inselgruppe im zentralen Nordpazifik und (seit 1959) 50. Bundesstaat der USA. Die H.-Inseln haben eine Landfläche von 16 760 km² und 1,258 Mio. Einwohner. Die Hauptstadt Honolulu liegt auf Oahu, neben H., Kauai, Molokai und Maui eine der Hauptinseln des insgesamt mehr als 120 Inseln umfassenden Archipels.

Die Inseln werden vielfach von Korallen geprägt, sind aber vulkanischen Ursprungs. Heute noch aktiv sind der Mauna Loa und der Kilauea. Auf der Insel H. erhebt sich der Mauna Kea, der eigentlich der höchste Berg der Erde ist: Aus einer Tiefe von 5 400 m unter dem Meeresspiegel ragt er 4 205 m über die Meeresoberfläche auf und ist damit in seiner Gesamtheit höher als der Mount ↑Everest. Der Nationalpark Vulkane von H. wurde von der UNESCO zum Weltnaturerbe erklärt.

Das Klima ist tropisch mild und ausgeglichen mit einer Jahresdurchschnittstemperatur von 24 °C.

Die Bevölkerung besteht aus Weißen, die meist aus den übrigen Staaten der USA zugewandert sind, Japanern, Filipinos, polynesischen Hawaiianern, Chinesen u.a. Wichtigste Wirtschaftssektoren sind der Tourismus und der Anbau von tropischen Kulturpflanzen sowie die Fischerei.

Heidelberg: Stadt in Baden-Württemberg. H. liegt am Austritt des Neckars aus dem ↑Odenwald in die Oberrheinebene und hat 142 600 Einwohner. Es ist

Sitz der 1386 gegründeten Ruprecht-Karls-Universität sowie mehrerer Hochschulen und Forschungsinstitute wie dem Deutschen Krebsforschungszen-

Heidelberg: Blick über den Neckar auf die Karl-Theodor-Brücke; im Hintergrund ist das Schloss zu erkennen.

trum und mehreren Max-Planck-Instituten. Wichtigste Industriezweige sind Textil-, Elektro-, Fahrzeug- und Maschinenbau-, Zement-, Tabak-, chemische und Kunststoffindustrie. H. ist Sitz des Hauptquartiers der Heerestruppen der USA in Europa und der Kommandobehörde Joint Headquarter Center (früher LANDCENT) der NATO.

Anziehungspunkte für Touristen in der aus einer Römersiedlung hervorgegangenen Stadt sind neben dem Renaissanceschloss u.a. die spätgotische Heiliggeistkirche aus dem 15. Jh., das Renais-

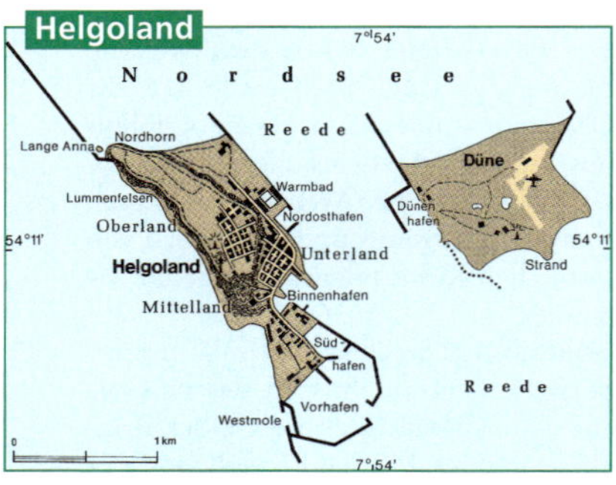

sancehaus »Zum Ritter« (1592), die Alte Universität (1712) und die Alte Brücke mit Neckartor (1786–88).

Heilong Jiang [-dʒjaŋ]: ↑Amur.

Helgoland: Insel in der Deutschen Bucht. H. gehört zu Schleswig-Holstein und umfasst eine Fläche von 1,07 km² mit 1 650 Einwohnern. H. gliedert sich in das Oberland – eine bis zu 61 m hohe Felseninsel aus Buntsandstein –, das an der Südseite künstlich vorgeschüttete Unterland sowie eine bis 1720 mit der Hauptinsel zusammenhängende Düneninsel, die »Düne« genannt wird. Den Kliffkanten des Oberlandes vorgelagert ist ein einzelner Felsturm, die Lange Anna. H. ist Seeheilbad und beliebtes Ziel von Tagesausflügen. Der Tourismus ist der wichtigste Erwerbszweig.

1714 fiel die vorher zu Schleswig gehörende Insel an Dänemark, das es seinerseits 1814 an Großbritannien abtreten musste. Im Helgoland-Sansibar-Vertrag von 1890 gab Großbritannien H. und ein Gebiet in Namibia an das Deutsche Reich ab, das dafür die britische Oberhoheit über Sansibar und Witu anerkannte. Im Zweiten Weltkrieg stark zerstört, mussten auf britischen Befehl 1947 alle Helgoländer die Insel verlassen, die als Übungsgelände für Luftangriffe diente. 1952 übergaben die Briten H. der Bundesrepublik Deutschland.

Helsinki: Hauptstadt von Finnland. H. liegt auf einer in den Finnischen Meerbusen ragenden Landzunge und hat 559 300 Einwohner. Neben der 1828 gegründeten Universität gibt es mehrere Hochschulen.

In dem wichtigsten Industriestandort Finnlands gibt es u.a. Papierindustrie, Maschinenbau, Holz- und Metallverarbeitung, chemische Industrie, Werften, Elektro-, Bekleidungs- und Nahrungsmittelindustrie. Der Hafen ist v.a. für die Einfuhr und den Passagierverkehr von Bedeutung. H. verfügt außerdem über einen internationalen Flughafen.

Das Bild der »weißen Stadt des Nordens« bestimmen architektonisch herausragende klassizistische, neoklassizistische und moderne Bauwerke. Dem Zentrum im SO vorgelagert sind die Ruinen der Festung Suomenlinna (1748–72), die 1991 zum UNESCO-Weltkulturerbe erklärt wurde.

Hẹssen: Bundesland im Zentrum der Bundesrepublik Deutschland. H. grenzt im N an Niedersachsen, im W an Nordrhein-Westfalen und Rheinland-Pfalz, im S an Baden-Württemberg und Bayern und im O an Thüringen. Es nimmt eine Fläche von 21 115 km^2 ein und hat 6,089 Mio. Einwohner. Seine Hauptstadt ist Wiesbaden.

Landesnatur: Mit ↑Taunus, Hohem ↑Westerwald, Rothaargebirge und Gladenbacher Bergland gehört der W zum ↑Rheinischen Schiefergebirge. Nach NO und O schließt das reich bewaldete Hessische Bergland an. Der ↑Vogelsberg ist das größte zusammenhängende Gebiet vulkanischer Gesteine in Mitteleuropa. Die höchste Erhebung ist die Wasserkuppe mit 950 m. Sie liegt in der ↑Rhön. Im S hat H. Anteil an der Oberrheinischen Tiefebene, ↑Odenwald und ↑Spessart. Zw. ↑Wiesbaden und Rüdesheim erstreckt sich der Rheingau.

Über dem Kellerwald, dem Vogelsberg und der Rhön verläuft die Wasserscheide zw. dem hessischen Einzugsgebiet der Weser und dem des Rheins. Main und Lahn münden in den Rhein, die Fulda entwässert zur Weser, genauso wie die Werra, die den äußersten NO des Landes durchfließt.

In den Beckenzonen, v. a. an der Bergstraße und im Rheingau, besitzt das Klima kontinentale Züge mit relativ geringen Niederschlägen und höheren Temperaturen. In den höheren Lagen des Rheinischen Schiefergebirges und im Hohen Vogelsberg ist das Klima feuchter und kühler. Die Niederschlagsmenge liegt im Durchschnitt zw. 600 und 800 mm im Jahr, am Vogelsberg und in der Rhön fallen bis zu 1 200 mm.

Bevölkerung: Rd. 30 % der Bevölkerung leben im Rhein-Main-Gebiet. Einziger Ballungsraum Nordhessens ist ↑Kassel. Die Bevölkerung ist zu rd. 47 % evangelisch und zu 29 % katholisch. Die jüdische Religionsgemeinschaft hat etwa 8 800 Mitglieder.

Wirtschaft und Verkehr: Die nach dem ↑Ruhrgebiet größte Industriedichte in Deutschland besitzt das Rhein-Main-Gebiet. Angesiedelt sind chemisch-pharmazeutische Industrie, Maschinen- und Fahrzeugbau, Elektro- und Elektronikindustrie. Um Kassel sind Waggon-, Lokomotiv-, Kraftfahrzeugbau u. a. Industriezweige vertreten. Textil- und Bekleidungsindustrie sind v. a. in Fulda von Bedeutung. In Mittelhessen mit Schwerpunkt Wetzlar herrschen feinmechanisch-optische Industrie, Gießereien und Metall verarbeitende Industrie vor. Offenbach am Main ist Standort der Lederindustrie, Darmstadt und Wiesbaden der chemischen Industrie. Im Dienstleistungssektor dominiert ↑Frankfurt am Main als internationales Finanz-, Handels- und Messezentrum.

37 % der Gesamtfläche werden landwirtschaftlich genutzt. Ackerbau, besonders der Anbau von Weizen und Zuckerrüben, herrscht in den Beckenlandschaften vor. In den Basaltlandschaften ist der Anteil an Dauergrünland besonders hoch. Im Rheingau und an der Bergstraße wird Wein angebaut. Verbreitet ist auch der Anbau von Spargel, Gemüse, Obst und Rosen. 40 % der Fläche werden von Wald bedeckt.

Verkehrsgeografischer Mittelpunkt ist das Rhein-Main-Gebiet, das von einem besonders dichten Autobahnnetz durchzogen ist. Der internationale Flughafen von Frankfurt am Main ist nach London-Heathrow Europas zweitgrößter Passagierflughafen. Die Stadt ist auch ein Eisenbahnknotenpunkt und besitzt den wichtigsten Binnenhafen. Neben Rhein und Main sind auch Weser und z. T. Fulda und Lahn schiffbar.

Staat und Politik: Nach der Verfassung vom 1. 12. 1946 liegt die Legislative beim Landtag. Ihm gehören 110 Abgeordnete an, die für vier Jahre gewählt werden. Das Landesparlament wählt den Ministerpräsidenten, der die Mitglieder des Kabinetts beruft. Die Verfassung räumt der Bevölkerung das Recht ein, über Volksbegehren und -entscheide an der Gesetzgebung teilzunehmen.

Himalaja (Himalaya): mächtigstes und höchstes Gebirge der Erde. Der H. – sein Name kommt aus dem Sanskrit und bedeutet Schneewohnung –grenzt den indischen Subkontinent gegen die Hochländer, Becken und Ebenen Zentralasiens ab. Indien, Pakistan, Nepal, Bhutan und China (u. a. mit Tibet) haben Anteil am H. In einem nach NO offenen, rd. 2 500 km langen Bogen erstreckt er sich vom Durchbruchstal des Indus im W zum Durchbruchstal des Brahmaputra im O. Die Breite des Gebirges liegt zw. 280 km im NW und 150 km im O. Von zehn Achttausendern ist der Mount ↑Everest mit 8 850 m der höchste Berg der Erde.

Geologisch wird der H. zu den jungen Gebirgen gerechnet, die durch die alpidische Faltung entstanden sind. Nach der Theorie der Plattentektonik ist er das Ergebnis der Kollision der Indischen Platte mit der Eurasischen Platte.

Die Hauptkette wird von dem 50 km breiten, vorwiegend aus Granit und Gneis bestehenden Hohen H. gebildet. Seine höchsten Gipfel sind neben dem Mount Everest der Kangchendzönga (8 586 m), Lhotse (8 516 m), Makalu (8 463 m), Dhaulagiri (8 167 m) und Nanga Parbat (8 126 m). Südlich schließt sich der Vorderhimalaja an und an diesen die Siwalikketten, die Vorberge. Vor den Siwalikketten liegt die Ebene des Tarai. In Tibet folgt nördlich des Hohen H. der Transhimalaja.

Klimatisch und landschaftlich bildet der H. die Scheide zw. den Monsungebieten Indiens und den trockenen Hochländern Innerasiens. Der von Mai bis Oktober wehende Südwestmonsun lädt seine ganze Feuchtigkeit auf dem steilen Südhang ab, sodass die kürzere und flachere Nordabdachung nur noch geringe Niederschlagsmengen erhält. Die Schneegrenze liegt auf der Südseite zw. 4 800 und 5 200 m, auf der Nordseite bei rd. 5 500 bis 6 000 m. Es gibt große Gletschergebiete. Bis in eine Höhe von rd. 4 000 m ist Wald zu finden.

An der Südflanke herrschen üppige Berg- und Nebelwälder vor, an der Nordflanke wintertrockene alpine Steppen. Abholzungen führten zu einer starken Entwässerung der Bergregionen und verstärkt zu verheerenden Überschwemmungen v. a. in Bangladesh. Am dichtesten besiedelt sind die fruchtbaren Täler zw. 1 500 und 2 500 m Höhe. Haupterwerbszweige sind Ackerbau und Viehzucht. Gehalten werden v. a. Yaks, Schafe und Ziegen. Der Tourismus hat wachsende Bedeutung für die verhältnismäßig schwach strukturierte Wirtschaft der Region. Ein enormes Problem ist die Erschließung: Als Verkehrsverbindungen dienen fast ausschließlich Saumwege.

Hịndukusch: Hochgebirge in Asien. Der Hauptteil des H. liegt in Afghanistan, ein kleiner Teil reicht nach Pakistan bzw. Tadschikistan hinein. Im O grenzt er an Karakorum und ↑Pamir, im W fächert er sich in zahlreiche Ketten auf. Der Hauptkamm ist stark vergletschert und erreicht im Tirich Mir mit 7 690 m seine größte Höhe. Die Schneegrenze liegt bei 5 200 m. Der westliche und nördliche H. ist trocken, der SO bewaldet. Es werden Kohle, Eisenerz und Lapislazuli abgebaut. Über den Salangpass führt eine asphaltierte Straße von Kabul in den N und NW Afghanistans.

Hiroshima: Hafenstadt auf der größten japanischen Insel Honshū. Die an der Japanischen Inlandsee gelegene Stadt hat 1,114 Mio. Einwohner. Sie ist Sitz einer Universität und mehrerer Hochschulen. Wirtschaftlich bedeutsam sind chemische, Textil-, Maschinen-, Autoindustrie und der Schiffbau. Neben einem Export- und Fischereihafen befindet sich in H. auch ein Flughafen.

Am 6.8. 1945 warfen die USA eine Atombombe auf H. Dieser erste Einsatz einer Nuklearwaffe forderte rd. 200 000 Todesopfer und zerstörte die Stadt zu 80%. An den Kernwaffeneinsatz erinnert u.a. der Atombombendom, die Ruine der Industrie- und Handelskammer, die 1996 von der UNESCO zum Weltkulturerbe erklärt wurde.

Honduras: Staat in Zentralamerika. H. liegt zw. dem Karibischen Meer und dem Pazifischen Ozean. Landgrenzen hat es zu Nicaragua, El Salvador und Guatemala.

Honduras

(amtlich span. República de Honduras)
Fläche: 112 088 km²
Einwohner: 6,797 Mio.
Hauptstadt: Tegucigalpa
Verwaltungsgliederung: 1 Bundesdistrikt und 18 Departamentos
Amtssprache: Spanisch
Währung: 1 Lempira (L) = 100 Centavos (cts.)
Zeitzone: MEZ – 7 Stunden
Kfz-Kennzeichen: HN

Landesnatur: Mit der Fonsecabucht im S grenzt H. an den Pazifik. Den NO nimmt eine breite Küstenebene mit großen Lagunen ein, die Mosquitia. Abgesehen von einigen Flusstälern, besonders des Río Ulúa im NW, ist H. Gebirgsland. Der höchste Berg ist der Cerro Las Minas im W mit 2 849 m. Zw. den Gebirgszügen liegen in 900 bis 1 400 m Höhe Talbecken und Hochebenen. Ihre Böden bestehen aus vulkanischem Gestein und sind sehr fruchtbar.

Das tropische Klima wird vom Nordostpassat beeinflusst. Im Tiefland herrschen feuchtheiße Temperaturen von über 26 °C, in den Höhenlagen sind es zw. 19 °C und 23 °C. Im Sommer wird H. häufig von Hurrikanen heimgesucht. Besonders große Schäden richtete im Herbst 1998 der Hurrikan Mitch an. Der tropische Tieflandregenwald geht in höheren Lagen in Berg- und Nebelwald über. Die niederschlagsärmeren Gebiete sind von Trockenwald und -busch bestanden. In der Mosquitia wachsen v.a. Kiefern und Sumpfpalmen.

Bevölkerung: Etwa 90 % der Bevölkerung sind Mischlinge. Im Tiefland siedeln v.a. Mulatten und Zambos (Mischlinge zwischen Schwarzen und Indianern), im Bergland Mestizen. Sie machen über 80 % der Gesamtbevölkerung aus. Jeweils 5 % sind Indianer und Schwarze. Rd. 54 % der Bevölkerung leben in Städten. Größte Städte sind Tegucigalpa und San Pedro Sula.

Die Schulausbildung besteht aus einer drei- bis sechsjährigen Primarschule und einer drei- bis fünfjährigen Sekundarschule. Die Analphabetenquote liegt dennoch bei rd. 25 %, auf dem Land sogar bei über 50 %. Etwa 85 % der Bevölkerung sind Katholiken, rd. 10 % der Bevölkerung gehören protestantischen Gemeinschaften an.

Wirtschaft und Verkehr: Etwa 35 % der Erwerbstätigen arbeiten in der Landwirtschaft. Angebaut werden neben dem Hauptnahrungsmittel Mais u.a. Bohnen, Hirse und Reis. Für den Export bestimmt sind Kaffee, Tabak und Bananen. Nur wenig genutzt werden die Bodenschätze Gold, Silber, Zink, Antimon, Kupfer und Eisen. Die Industrie verarbeitet meist Erzeugnisse der heimischen Land- und Forstwirtschaft. Wichtigste Handelspartner sind die USA, Deutschland und Japan.

Das Verkehrsnetz ist nur unzureichend entwickelt. Eisenbahnen gibt es nur im N. Weite Gebiete im NO sind verkehrsmäßig noch nicht erschlossen. Internationale Flughäfen gibt es in Tegucigalpa, San Pedro Sula und La Ceiba. Die wichtigsten Seehäfen sind Puerto Cortés an

H

der Karibik- und San Lorenzo an der Pazifikküste.

Staat und Politik: H. gehört seit 1945 zur UNO. Nach der Verfassung von 1982 ist es eine Präsidialrepublik. Staatsoberhaupt und Regierungschef ist der auf vier Jahre direkt gewählte Präsident.

Das In-Kraft-Treten der Verfassung beendete 1982 die Vorherrschaft des Militärs. Seit 1999 sind die Streitkräfte der Kontrolle des Staates unterstellt. Damit ist ihr Einfluss weiter gesunken.

Hongkong (Xianggang): chinesische Sonderverwaltungszone mit innerer Autonomie an der südchinesischen Küste. Auf einer Fläche von 1 095 km² leben 6,708 Mio. Menschen. H. umfasst die durch Straßentunnel mit dem Festland

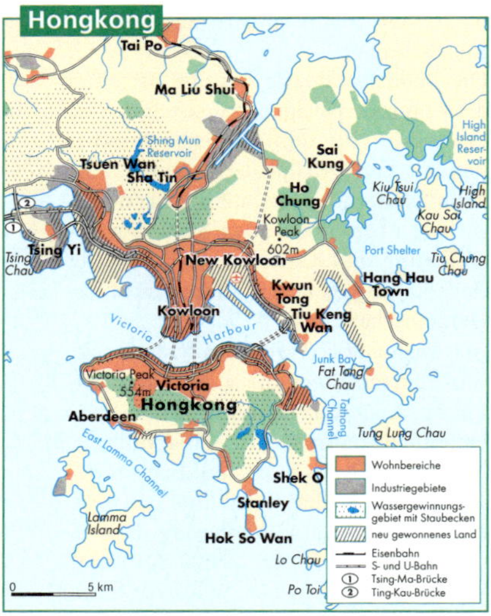

verbundene Insel H., die Halbinsel Kowloon und die New Territories mit dem Hinterland von Kowloon sowie rd. 240 größtenteils unbewohnte Inseln.

Das vorwiegend gebirgige Land mit felsigen Küsten ist in den New Territories bis 958 m, auf der Insel H. bis 551 m hoch. Die ursprünglich bewaldeten Berge sind jetzt v. a. Gras- und Ödland. Der Sommer ist tropisch-schwül, der Winter sonnig und mild. Der mittlere Jahresniederschlag liegt bei 2 200 mm. Im Sommer treten häufig Taifune auf.

95 % der Bevölkerung sind Chinesen. Buddhismus und Daoismus sind die Hauptreligionen.

H. ist eines der weltweit größten Handelszentren und führendes Finanzzentrum in Südostasien. Als britische Kronkolonie und nun als Sonderverwaltungszone wird es zu den ↑Tigerstaaten gerechnet. Hauptindustriezweige sind Textil- und Bekleidungs- sowie Elektronikindustrie, Metall- und Kunststoffverarbeitung. Produziert werden u. a. optische Geräte und Spielwaren. Drittgrößte Devisenquelle ist der Fremdenverkehr. Wichtigste Handelspartner sind die USA, Japan und Deutschland.

Das immense Verkehrsaufkommen wird v. a. durch Busse, Straßen-, Untergrund- und Eisenbahn bewältigt. Im Containerseefrachtverkehr nimmt H. seit 1992 weltweit den ersten Platz ein. 1998 wurde mit dem Großflughafen Chek Lap Kok der zweite internationale Flughafen eröffnet.

Die ehemalige britische Kronkolonie fiel am 1. 7. 1997 an China zurück. Das bestehende Wirtschafts-, Gesellschafts- und Rechtssystem soll für die Dauer von 50 Jahren erhalten bleiben.

Houston: Stadt im Bundesstaat Texas, USA. In der bedeutendsten Hafen-, Industrie- und Handelsstadt an der amerikanischen Golfküste leben rd. 2,01 Mio. Menschen. Sie ist Sitz mehrerer Universitäten und des Texas Medical Center. Als Hauptstandort der amerikanischen Erdölindustrie verfügt H. v. a. über chemische Großindustrie, Stahl verarbeitende und Elektronikindustrie. Durch einen Kanal ist H. mit dem Golf von Mexiko und dem Intracoastal Waterway verbunden, der Anschluss an den Mississippi und damit an das Gebiet der Großen Seen bietet. Der internationale Flughafen wurde 1969 eröffnet.

Die Innenstadt wird von Hochhäusern geprägt. In der Nähe von H. liegt das

Lyndon B. Johnson Space Center, das Kontrollzentrum der NASA für bemannte Weltraumflüge.

Hudsonbai: Binnenmeer in Nordostkanada. Die H. ist mit der James Bay im S, dem Foxebecken im N und der zum Atlantischen Ozean führenden, rd. 800 km langen und 60 bis 240 km breiten Hudsonstraße im NO ein Teil des Arktischen Mittelmeers. In der N-W-Erstreckung erreicht sie 1 500 km und von N nach S misst die H. rd. 830 km. Ihre mittlere Tiefe liegt bei 128 m, ihre größte Tiefe beträgt 259 m.

In die H. münden zahlreiche Flüsse, darunter der Nelson River als Hauptzufluss. Durch die hohe Süßwasserzufuhr ist der Salzgehalt dieses Binnenmeeres, das von Juli bis Oktober schiffbar ist, vergleichsweise gering. Von November bis Juni ist die H. vereist. Kabeljau- und Lachsfang sind sehr ergiebig. Über den Hafen in Churchill wird Weizen ausgeführt. Die Bucht wurde 1610 von dem englischen Seefahrer HENRY HUDSON (um 1550–1611) entdeckt, der außerdem den Hudson River erkundete.

Hunsrück: südwestlicher Teil des Rheinischen Schiefergebirges. Der zw. Mosel und Nahe gelegene H. ist die linksrheinische Fortsetzung des ↑Taunus bis zur Saar. Er gliedert sich in eine Reihe von Rücken: den Schwarzwälder Hochwald mit dem 818 m hohen Erbeskopf, den Osburger Hochwald mit dem 708 m hohen Rösterkopf, den Idarwald, den Soonwald und den Binger Wald.

Die Höhenrücken sind mit Fichten- und Mischwäldern bestanden. Die Hochflächen werden meist landwirtschaftlich genutzt und in den Randtälern an Mosel, Nahe und Rhein werden Wein und Obst angebaut. Neben moderner Industrie finden sich im H. noch die traditionelle Dachschiefergewinnung sowie die Edelsteinschleiferei.

Hwangho ['xvaŋho; chinesisch »Gelber Fluss«] (Huang He): mit 4 845 km nach dem ↑Jangtsekiang der zweitlängste Strom Chinas. Der H. entspringt im NO des Hochlandes von Tibet. In großen Windungen fließt er am Südrand der ↑Gobi und um das Ordosplateau herum in die Große Ebene.

Jährlich nimmt der H. auf seinem Weg durch die Lössprovinzen Gansu, Shaanxi und Shanxi fast 1 Mrd. m^3 Sinkstoffe auf. Sie verleihen dem Fluss eine gelbe Farbe, der er seinen Namen verdankt. Der Schlamm wird in der Großen Ebene abgelagert oder ins Meer gespült. Durch die Schlammfracht liegt der eingedeichte Fluss stellenweise bis zu 10 m über dem benachbarten Land. Er hat wiederholt sein Umland verheerend überschwemmt und seinen Lauf häufig verlegt. Seine Mündung in das Gelbe Meer wechselte zw. nördlich und südlich der Halbinsel Shandong.

Wegen zahlreicher Untiefen ist der H. für die Schifffahrt nur bedingt geeignet. Über den Kaiserkanal besteht Verbindung mit dem Jangtsekiang.

I

Indien: siehe S. 162.

Indischer Ozean: kleinster und jüngster unter den drei Ozeanen der Erde. Der I. O. liegt zw. Asien, Afrika, Australien bzw. Ozeanien und der Antarktis. Mit dem Persischen Golf und dem Roten Meer umfasst er eine Fläche von 74,12 Mio. km^2. Sein Wasservolumen beträgt 284,61 Mrd. km^3.

Ein im Wesentlichen meridional verlaufendes System von Rücken teilt den I. O. in elf Tiefseebecken. Am tiefsten ist er im Sundagraben südlich von ↑Java mit 7 455 m. Die mittlere Tiefe beträgt 3 840 m. Die größten Inseln und Inselgruppen sind Madagaskar, Komoren, Seychellen, Ceylon, Sokotra, Andamanen, Nikobaren, Malediven, Maskarenen und Kerguelen.

Der I. O. liegt überwiegend innerhalb der Tropen und Subtropen. Nur im S reicht er in die gemäßigte und in die subpolare Zone hinein. Durch die

▶ *Fortsetzung auf S. 166*

Der Begriff Indien bezeichnet heute den 1947 unabhängig gewordenen Staat Indische Republik. Zuvor stand dieser Name für den gesamten Raum südlich des ↑Himalaja. Zu dieser auch als Indischer Subkontinent bezeichneten Region gehören neben Indien die Staaten Pakistan, Bangladesh und Sri Lanka. Indien ist das siebtgrößte Land der Welt und hat mit mehr als 1 Mrd. Einwohnern nach China die zweithöchste Bevölkerungszahl.

Indien

(amtlich Hindi: Bharat, engl. Republic of India)
Fläche: 3 287 263 km²
Einwohner: 1 048,641 Mio.
Hauptstadt: Delhi (Neu-Delhi)
Verwaltungsgliederung: 28 Bundesstaaten und 7 Unionsterritorien
Amtssprachen: Hindi; Englisch ist assoziierte Sprache, außerdem 17 anerkannte Regionalsprachen
Währung: 1 Indische Rupie (iR) = 100 Paise (P.)
Zeitzone: MEZ + 4 ½ Stunden
Kfz-Kennzeichen: IND

Naturräumliche Bedingungen

Indien ist landschaftlich dreigeteilt. Im N hat das Land Anteil am *Himalaja,* der die indische Halbinsel vom restlichen Asien abgrenzt. Allerdings gehört keiner der zehn Achttausender zu Indien (der Kangchendzönga liegt auf der Grenze gegen Nepal), dessen höchster Berg der 7 816 m hohe Nanda Devi ist.

Nach S fällt der Himalaja steil zur zweiten Großlandschaft ab, der *nordindischen Ebene,* die überwiegend vom ↑Ganges-↑Brahmaputra-Tiefland eingenommen wird. Beide Ströme sind sehr wasserreich, weil sie sowohl durch Niederschläge als auch durch Schmelzwasser aus dem Himalaja gespeist werden. In Bengalen bilden sie gemeinsam das Ganges-Brahmaputra-Delta, dessen östlicher Teil zu Bangladesh und dessen westlicher Teil zu Indien gehört. Von dem zu Pakistan gehörenden Industiefland greifen nur randliche Teile nach Indien über, der sog. Punjab oder Pandschab.

Die dritte Großlandschaft ist das aus vulkanischen Deckenergüssen aufgebaute *Hochland von Dekhan,* das mehr als die Hälfte der Fläche Indiens einnimmt. Diese Hochfläche neigt sich leicht nach O und wird auf beiden Seiten von Gebirgsketten begrenzt: die höheren Westghats mit der vorgelagerten Malabarküste und die niedrigeren Ostghats mit der Koromandelküste. Im W hat Indien noch Anteil an den Wüstensteppen der Thar, die nach Pakistan hineinreichen.

Das subtropische bis tropische Klima Indiens wird durch die Monsunwinde geprägt. Im Sommer weht der warme SW-Monsun, der über dem Indischen Ozean und dem Arabischen Meer Feuchtigkeit aufgenommen hat. Die ausgeprägte sommerliche Regenzeit bringt rd. 90 % der jährlichen Niederschläge, deren absolute Menge aber regional sehr unterschiedlich ist: Steigungsregen führen v. a. an den Westghats und am Südrand des Himalaja zu hohen Niederschlägen, wogegen z. B. das westliche Dekhan-Hochland im Regenschatten liegt. Im Winter bestimmt der NO-Monsun mit aus Innerasien kommender kühler und trockener Luft das Klima.

Das Bevölkerungsproblem

Das wirtschaftliche und politische Hauptproblem des Landes ist das Bevölkerungswachstum. Derzeit nimmt die Zahl der Menschen jährlich um fast 2,5 % zu – das sind pro Jahr rd. 20 Mio. Menschen. Indien hat damit die höchste absolute Bevölkerungszunahme der Welt. Zwar wird versucht, den hohen Zuwachs mit Aufklärungskampagnen

zur Geburtenkontrolle einzudämmen, aber der Erfolg ist gering. Die verbreitete Armut und die fehlende Altersvorsorge führt viele Menschen dazu, an traditionellen Verhaltensweisen festzuhalten. Mit nahezu 320 Ew. pro km² ist Indien eines der am dichtesten bevölkerten Länder der Welt. Die regionalen Unterschiede sind extrem. Sehr dicht besiedelt sind z.B. die Tiefländer im N und die Küstenebenen Südindiens – hier leben z.T. mehr als 1 000 Ew. pro km².
Kein anderes Land der Welt besitzt eine solche Vielfalt von Völkern, die verschiedenen Rassen, Sprachgruppen und Religionen angehören. In der Verfassung sind 17 Regionalsprachen anerkannt, daneben gibt es etwa 140 weitere Sprachen und mehr als 1 500 Dialekte. Auch alle Weltreligionen sind in Indien vertreten. Die Ursachen für diese Vielfalt liegen in der 5 000-jährigen Kulturgeschichte des indischen Subkontinents.
Das Nebeneinander der ethnischen Gruppen ist nicht immer spannungsfrei. In manchen Regionen, z.B. im Pandschab, ist die Stabilität durch Konflikte zw. den Religionsgruppen gefährdet.

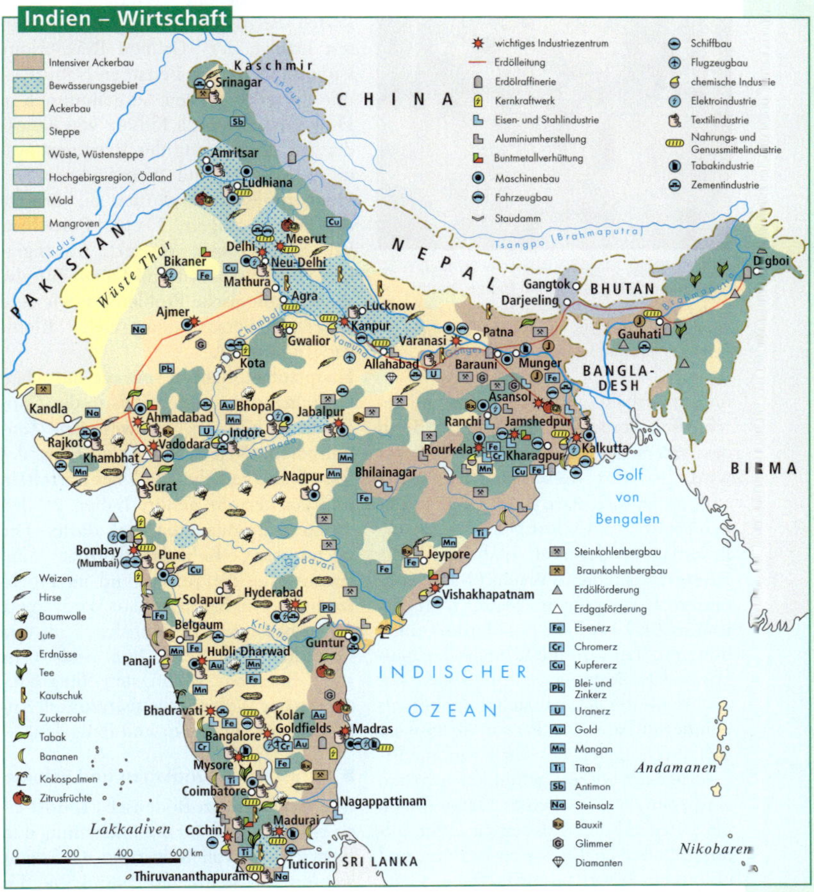

Das Kastenwesen

Etwa 80 % der Inder bekennen sich zum Hinduismus. Diese Religion prägt mit dem Kastenwesen das Gesellschaftssystem in Indien. Die Kastenzugehörigkeit bestimmt Beruf und soziale Stellung jedes Einzelnen von Geburt an. Weil Ehen nur innerhalb derselben Kasten geschlossen werden können und der Beruf des Vaters an den Sohn weitervererbt wird, ist die Gesellschaftshierarchie außerordentlich starr. An der Spitze stehen Priester und Schriftgelehrte, die sog. Brahmanen, darunter traditionell die Krieger, aus denen Fürsten und Grundherren hervorgingen. Dann folgt die Kaufmannskaste, die wiederum einen höheren Status als die Gruppe der Bauern und Handwerker hat. Personen, die außerhalb der Kasten stehen, gelten als »Unberührbare«, als Parias. Sie müssen sich ihren Lebensunterhalt mit niedrigen, als »schmutzig« geltenden Arbeiten verdienen. Noch heute bleibt ihnen überwiegend der Aufstieg zu mehr Bildung, höher qualifizierten Berufen und politischer Betätigung versagt.

Buddhistische Mönche in einem Tempel. Früher einmal Staatsreligion in Indien, hängt dem Buddhismus heute nur noch eine Minderheit an. Rd. 80 % der Bevölkerung bekennen sich zum Hinduismus.

Das Kastenwesen ist v.a. auf dem Land noch immer ein großes Hindernis für die gesellschaftliche Entwicklung, obwohl es offiziell durch die Verfassung abgeschafft wurde.

Land der Dörfer

Fast drei Viertel der indischen Bevölkerung leben auf dem Land in ca. 640 000 Siedlungen. Indien wird deshalb als »ein Land der Dörfer« bezeichnet. Etwa 60 % der Erwerbstätigen arbeiten in der Landwirtschaft, die fast 25 % zum BIP beiträgt. Aus dieser Sicht ist Indien ein ausgesprochenes Agrarland.
Durch die in den 1960er-Jahren erzielten Erfolge der »Grünen Revolution« kann Indien seinen Bedarf an Nahrungsmitteln selbst decken, ausgenommen in Dürrejahren. Durch Einsatz von Kunstdünger, Ausweitung der Bewässerungsmöglichkeiten und Verwendung von Hochertragssorten wurden die Erträge deutlich gesteigert. Dieser Fortschritt hat aber auch eine verstärkte Abhängigkeit von Maschinen und Düngemitteln, große ökologische Probleme sowie eine steigende Verschuldung vieler Kleinbauern bewirkt.
Hauptanbaupflanzen sind die indischen Grundnahrungsmittel: Reis in der Gangesebene, Hirse in Nordwest- und Zentralindien, Weizen im N und Mais, der fast überall gedeiht. Auch bei Kartoffeln und Zuckerrohr gehört Indien zu den größten Produzenten der Erde. Die wichtigsten Industriepflanzen sind Baumwolle, die vorwiegend im Hochland von Dekhan angebaut wird, sowie die insbesondere in Bengalen, Süd- und Ostindien kultivierte Jute. Indien ist auch einer der wichtigsten Teeproduzenten der Welt mit weltberühmten Anbaugebieten in Assam und Bengalen.

Industrie – Grundlagen und Erfolge

Der Reichtum an Bodenschätzen ist eine günstige Basis für die Entstehung und Entwicklung von Industrien. Gefördert werden v.a. Stein- und Braunkohle, Eisen-, Mangan-, Kupfer- und Chromerze sowie Bauxit. Die Vorkommen, insbesondere auf dem nordöstlichen, östlichen und südlichen Dekhan-Plateau, sind oft günstig gelagert, sodass sie im Tagebau gefördert werden können. Auch etwa 70 % des Erdölbedarfs können selbst gedeckt werden.

Zu Beginn der Unabhängigkeit 1947 war das Land industriell noch wenig entwickelt. Die wichtigste Hinterlassenschaft der britischen Kolonialzeit war die Textilindustrie, ansatzweise auch die Schwerindustrie, die während des Zweiten Weltkriegs von den Briten zur Waffenproduktion gefördert worden war. Zu den positiven Nachwirkungen der britischen Kolonialmacht gehört auch das relativ dichte Eisenbahnnetz. Nach der Unabhängigkeit fehlte es dem indischen Staat an Kapital – ein Mangel, der bis heute fortdauert –, an Energie, Facharbeitern und an Knowhow. Mit kräftiger ausländischer Finanzhilfe wurden Schlüsselindustrien wie die Eisen- und Stahlerzeugung im NO des Landes oder die Erdölindustrie in staatlicher Hand ausgebaut. Im privaten Sektor entstanden weiterverarbeitende Industrien und Betriebe der Konsumgüterindustrie.

Seit 1951 werden zur Steuerung der Volkswirtschaft Fünfjahrpläne aufgestellt. Seitdem entwickeln sich Maschinenbau, chemische, besonders petrochemische und weiterverarbeitende Industrie, sodass das Land heute kaum noch auf ausländische Industrieprodukte angewiesen ist und mittlerweile ein rasantes Wirtschaftswachstum aufweist. In Indien werden Satelliten gebaut und mit eigenen Raketen in den Weltraum befördert, außerdem besitzt das Land Atomwaffen.

Eine Sonderentwicklung gab es in ↑Bangalore in Südindien. Hier entstand seit den 1980er-Jahren ein indisches »Silicon Valley«. Grundlage dieser Hightechindustrie sind Englisch sprechende, an indischen Elitehochschulen hervorragend ausgebildete Programmierer und Informatiker, die hier für Löhne, die nach westlichen Maßstäben niedrig sind, Soft- und Hardwarelösungen entwickeln oder für ausländische Firmen Informationen verarbeiten. Bangalore ist heute – neben ↑Bombay und Madras – die Computerhochburg Indiens und die am schnellsten wachsende Stadt des Landes.

■ Indiens Zukunft

Indien gehört zu den 15 größten Industrienationen der Welt und der Anteil an Hightechprodukten nimmt kontinuierlich zu. Für die meisten Inder hat der Wirtschaftsaufschwung aber bisher keine unmittelbare Verbesserung der Lebensbedingungen gebracht. Noch immer leben etwa 25 % der Einwohner unterhalb der Armutsgrenze, v. a. in den Dörfern und in den riesigen Elendsvierteln der Städte. Rund 45 % der Bevölkerung sind Analphabeten. Mehr als 90 % der Erwerbspersonen sind Tagelöhner oder arbeiten ohne feste Beschäftigung als Händler oder Handwerker. ■

Das Indische Fremdenverkehrsamt in Frankfurt am Main bietet eine Fülle von Informationen über das Land und ist gerne bei Reisevorbereitungen behilflich: Basler Straße 46; 60329 Frankfurt am Main; Tel.: 069 2429490; india-tourism.de.

Eine weitere Anlaufstelle ist die Botschaft der Republik Indien:
Pohlstr. 20, 10785 Berlin; Tel.: 030 4853002; www.indianembassy.de.

www.allindia.com
www.sai.uni-heidelberg.de
destination-asien.de/indien
www.censusindia.net

Bronger, Dirk: *Indien.* Gotha (Perthes) 1996. ■ Fritz, martin und Kämpchen, Martin: *Krischna, Rikscha, Internet. Indiens Weg in die Moderne.* München (Beck) 1998. ■ Rothermund, Dietmar: *Geschichte Indiens.* Müchen (Beck) 2002.

◄ *Fortsetzung von S. 161* klimatische Abstufung entstehen starke Zirkularsysteme des Wassers. Ihr jeweiliger Salzgehalt und ihre Temperatur unterscheiden sich stark voneinander. Die Fischerei spielt nur eine geringe Rolle. Der Persische Golf ist durch seine Erdöllagerstätten von großer wirtschaftlicher Bedeutung.

Indonesien: Inselstaat in Südostasien, beiderseits des Äquators. I. umfasst den Hauptteil des Malaiischen Archipels mit insgesamt 13 677 Inseln, von denen 6 044 bewohnt sind. Landgrenzen bestehen auf Borneo zu Malaysia, auf Timor zu Osttimor und auf ↑Neuguinea zu Papua-Neuguinea.

Indonesien

(amtlich Bahasa Indonesia: Republik Indonesia)
Fläche: 1 912 988 km²
Einwohner: 211,716 Mio.
Hauptstadt: Jakarta
Verwaltungsgliederung: 30 Provinzen, einschließlich 3 Sonderbezirke
Amtssprache: Bahasa Indonesia
Währung: 1 Rupiah (Rp.) = 100 Sen (s)
Zeitzone: MEZ + 6, +7 und + 8 Stunden
Kfz-Kennzeichen: RI

Landesnatur: I. umfasst den größten Teil des Malaiischen Archipels mit den Großen Sundainseln ↑Java, ↑Sumatra, ↑Borneo (außer dem NW), ↑Celebes, den Kleinen Sundainseln (↑Bali, Lombok, Sumbawa, Flores, Sumba, Alorinseln, Roti, Timor (außer ↑Osttimor), den Molukken (Morotai, Halmahera, Ternate, Tidore, Bacaninseln, Buru, Ambon, Ceram, Kai-, Tanimbar-, Aruinseln) sowie Papua (früher Irian Jaya), den Westteil Neuguineas.

Die Inseln sind aus steil aufragenden Faltengebirgen aufgebaut. Es gibt über 200 Vulkane, von denen rund 70 tätig sind, darunter der ↑Krakatau. Die höchste Erhebung wird im vergletscherten Zentralgebirge Neuguineas im 5 033 m hohen Gunung Jaya erreicht. Weite Schwemmlandebenen finden sich in Ostsumatra, Südborneo und Nordjava.

Auf Sumatra, Westjava, Borneo, Celebes, den Molukken und in Irian Jaya herrscht tropisch-immerfeuchtes Klima. Die Jahresniederschläge betragen 3 000 bis 4 000 mm, in den Gebirgen sind es z. T. über 6 000 mm. Im O Javas, auf den Kleinen Sundainseln und bis zu den Aruinseln hin ist das Klima tropisch-monsunal, wobei die Niederschlagsmenge auf 2 000 bis 3 000 mm zurückgeht. Die mittlere Jahrestemperatur schwankt in den Flachlandgebieten zw. 26 °C und 27 °C.

Tropischer Regenwald bedeckte ursprünglich über 60 % der Landesfläche. Infolge ungehemmten Holzeinschlages in den letzten zwei Jahrzehnten sowie durch verheerende Waldbrände ist der Regenwald auf Java nahezu ganz verdrängt und kaum zu nutzenden Alang-Alang-Grasfluren gewichen. Auf den anderen Inseln gehen die Regenwälder in den höheren Lagen in Nebelwälder über. In den Tiefebenen Ostsumatras, Borneos und Irian Jayas sind ausgedehnte Moor- und Sumpfwälder (mit Sagopalmen) verbreitet, an den Küsten oft Mangrove.

Die längsten Flüsse sind Kapuas mit 1 100 km und Barito mit 900 km, die beide auf Borneo fließen. Wie viele andere Flüsse des Landes werden sie zur Stromerzeugung und Bewässerung genutzt. Größter Binnensee ist der 1 146 km² große Tobasee auf Nordsumatra.

Bevölkerung: Die Bevölkerung besteht überwiegend aus Indonesiern, ferner Papua auf Neuguinea und Chinesen, v. a. auf Java. Insgesamt gibt es rd. 360 Ethnien und mehr als 250 Regionalsprachen. Etwa 60 % der Bevölkerung leben

auf Java und Madura auf nur 7% der Staatsfläche. Die Überbevölkerung – das jährliche Bevölkerungswachstum beträgt 1,6% – v.a. auf Java hat bereits seit 1905 zu staatlich gelenkter Umsiedlung, der sog. Transmigrasi, auf benachbarte Inseln geführt. Davon waren allein in den Jahren zw. 1979 und 1986 etwa 4,5 Mio. Personen betroffen. Die dabei entstehenden Konflikte zw. Umsiedlern und der eingesessenen Bevölkerung haben sich oft blutig entladen, zuletzt 2001 auf Borneo. Die städtische Bevölkerung von etwa 42% hat durch Landflucht stark zugenommen. I. hat sieben Millionenstädte: ↑Jakarta, Surabaya, Bandung, Medan, Palembang, Semarang und Ujungpandang.
Es besteht sechsjährige allgemeine Schulpflicht – dennoch liegt die Analphabetenquote bei knapp 16%. Der mehrheitlich sunnitische Islam ist die vorherrschende Religion, zu der sich 87% der Indonesier bekennen. Rd. 1,9% sind Hindus, die vorwiegend auf ↑Bali leben: 90% der Inselbevölkerung sind hinduistischen Glaubens. Einheimische Stammesreligionen haben sich behauptet, u.a. bei den Batak in Nordsumatra.
Wirtschaft und Verkehr: Obwohl I. zu den an Bodenschätzen reichsten Ländern der Erde gehört und der industrielle Sektor enorm zugelegt hat, ist der Agrarbereich weiter strukturbestimmend; in ihm arbeiten über 40% der Erwerbstätigen. Hauptanbauprodukt ist Reis. Die Bergvölker betreiben Brandrodungswanderfeldbau. In den exportorientiert arbeitenden Plantagen werden v.a. Kautschuk, Tee, Kaffee, Ölpalmprodukte, Kopra, Zuckerrohr und Chinarinde erzeugt. Für die einheimische Versorgung sind neben Reis auch Maniok, Mais und Gemüse wichtig. Die Viehzucht ist im Gegensatz zur Fischerei unbedeutend. Seit 1985 besteht ein Exportverbot für unbearbeitetes Holz, um den Kahlschlag von Wäldern einzudämmen.
Hauptfördergebiete von Erdöl und Erdgas sind Sumatra, Borneo und Papua. Das geförderte Erdgas wird größtenteils in Flüssiggas umgewandelt und exportiert. Auf Sumatra wird Steinkohle abgebaut, auf Timor und in Papua Kupfererz, auf Bangka und Belitung Zinnerz (weltweit 2. Platz), auf Bintan und Borneo Bauxit und auf Celebes Nickelerz (4. Platz).

Indonesien: Reisfeldterrassen auf Bali; neben dem Reisanbau ist der Tourismus Haupteinnahmequelle der Insel.

Die Industrie beschäftigt 19% der Erwerbstätigen und umfasst Tabakverarbeitung, Kautschukaufbereitung, Zuckerfabriken u.a. landwirtschaftliche Produkte verarbeitende Betriebe, ferner Erdölraffinerien, Papierfabriken, Textil-, Gummi- und chemische Werke. Daneben besteht ein umfangreiches traditionelles Kleingewerbe, u.a. mit Weberei, Färberei, Flechterei, Gold- und Silberschmiedearbeiten sowie anderen Betrieben des Kunsthandwerks. Seit den 1980er-Jahren waren Elektronikindustrie sowie Fahrzeug- und Maschinenbau Wachstumsträger; die Asienkrise 1997/98 hat gerade diese Industrien jedoch erheblich getroffen.
Hauptziele des Tourismus sind Java und Bali. Hauptausfuhrgüter sind Erdöl und Erdgas, Zinn, Kautschuk, Palmöl, Kaffee, Tee, Holzprodukte, Textilien. Importiert werden vorrangig chemische Produkte, Maschinen und Fahrzeuge. Haupthandelspartner sind Japan, die USA, die EU-Länder, Singapur und Australien.

I

Das Eisenbahnnetz ist ebenso wie das Straßennetz gut ausgebaut, v. a. auf Java. Für die Verbindung der weit verstreuten Inseln sind Küstenschifffahrt und Luftverkehr von großer Bedeutung. Hauptseehäfen sind bei Tanjung Priok, Surabaya, Semarang, Belawan Panjang, Palembang und Ujung Pandang. Es gibt zehn internationale Flughäfen, die größten bei Jakarta, Medan (Sumatra) und Denpasar (Bali).

Staat und Politik: Nach der Verfassung von 1945 ist I. eine Präsidialrepublik. Staatsoberhaupt, Regierungschef und Oberbefehlshaber der Streitkräfte ist der mit weitgehenden Befugnissen ausgestattete Präsident.

Seit dem Rücktritt von Präsident KEMUSU SUHARTO 1998 nach 32 Regierungsjahren befindet sich das Land in einer Umbruchsituation. Neben erheblichen Konflikten wie der Osttimor-Krise zeichnet sich eine Demokratisierung ab, so fanden 1999 die ersten freien Parlamentswahlen seit 44 Jahren statt.

Innsbruck: Hauptstadt des österreichischen Bundeslandes Tirol. I. liegt im Inntal und hat 113 400 Einwohner. Im N wird es von den bis zu 2 597 m hohen Kalkwänden des Karwendelgebirges überragt.

Als Handels- und Verkehrszentrum Tirols ist I. Messestadt und wichtiger Kongressort. Die Universität besteht seit 1669. Eine bedeutende Rolle spielt auch der Fremdenverkehr, v. a. der Wintersport dank der olympischen Sportanlagen am Bergisel. Wichtigste Industriezweige sind Textil- und Bekleidungsindustrie, Metall- und Holzverarbeitung sowie Nahrungs- und Genussmittelerzeugung.

Anziehungspunkte in der Altstadt sind u. a. das Goldene Dachl, ein spätgotischer Prunkerker, der barocke Dom, das Alte Rathaus von 1358 mit einem Stadtturm aus dem 14. Jh. und die Hofburg (15. Jh.) mit der Hofkirche, wo sich das Renaissancegrabmal Kaiser Maximilians I. befindet.

Irak: Staat in Vorderasien. Er grenzt im N an die Türkei, im O an Iran, im SO an Kuwait, im S an Saudi-Arabien, im W an Jordanien und im NW an Syrien.

Landesnatur: Im NO hat I. Anteil am ↑Taurus und am Zagrosgebirge, wo der Haji Ibrahim 3 607 m erreicht. Kernraum ist das von ↑Euphrat und ↑Tigris durchflossene Mesopotamien, das sog. Zweistromland. Westlich davon erstreckt sich die Syrische Wüste. In der vom Schatt el-Arab, dem Mündungsstrom von Tigris und Euphrat, durchflossenen Schwemmlandebene Unteriraks finden sich ausgedehnte Schilf- und Seengebiete sowie vegetationslose Salztonebenen. Zwischen mittlerem Euphrat und Tigris herrschen eintönige Kieswüsten und Wüstensteppen vor. Die Gebirge im NO sind reich an Laubwäldern.

Irak

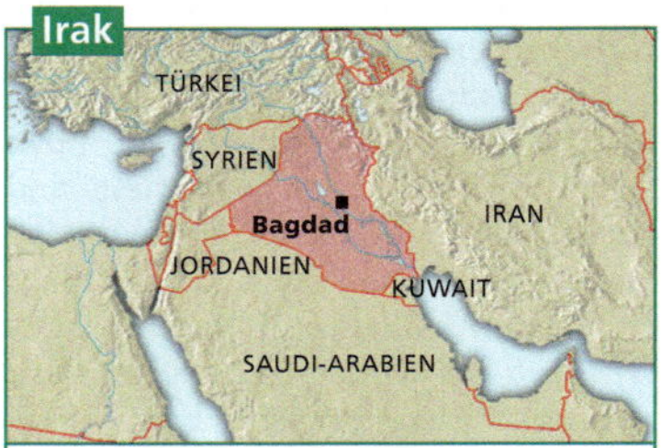

(amtlich arabisch Al-Djumhurijja al-Irakijja, dt. Republik Irak)
Fläche: 438 317 km²
Einwohner: 24,174 Mio.
Hauptstadt: Bagdad
Verwaltungsgliederung: 15 Provinzen, 1 autonome Region der Kurden mit 3 Provinzen
Amtssprache: Arabisch
Währung: 1 Irak-Dinar (ID) = 1 000 Fils
Zeitzone: MEZ + 2 Stunden
Kfz-Kennzeichen: IRQ

Das Klima ist kontinental mit heißen trockenen Sommern (Tageswerte bis zu mehr als 50 °C) und milden bis kalten Wintern. Das Januarmittel beträgt in ↑Bagdad 10 °C, wobei Nachtfröste häufig sind. Die winterlichen Niederschläge nehmen vom NO mit 1200 mm zum

SW mit weniger als 100 mm stark ab. Der Wasserbedarf wird z. T. aus Stauseen gedeckt, größter ist der rd. 2 000 km^2 große Hammarsee.

Bevölkerung: Etwa 80 % der Einwohner sind Araber. Vorwiegend in den nordöstlichen Grenzgebieten leben Kurden, die 15 % der Gesamtbevölkerung ausmachen. Ihnen wurden 1975 Autonomierechte zugestanden, aber seit den 1980er-Jahren waren sie wieder Verfolgungen ausgesetzt. So verübte die irakische Armee u. a. Giftgasangriffe auf kurdische Dörfer während des 1. Golfkrieges (1980–88). Über 96 % der Bevölkerung bekennen sich zum Islam; rd. 62 % von ihnen sind die v. a. in Südirak lebenden Schiiten, die ebenfalls Repressalien ausgesetzt waren.

Fast 80 % der Bevölkerung leben in Städten. Am dichtesten besiedelt sind Mesopotamien und der Unterirak. Allgemeine Schulpflicht besteht vom sechsten bis elften Lebensjahr.

Wirtschaft und Verkehr: Wirtschaftliche Eckpfeiler sind die reichen Erdöllagerstätten (nach Saudi-Arabien die zweitgrößten Erdölreserven der Welt) und das Bewässerungspotenzial von Euphrat und Tigris. Der 1. Golfkrieg gegen den Iran, der durch den Überfall auf Kuwait ausgelöste 2. Golfkrieg (1990/91) und das international verhängte Wirtschaftsembargo sowie der 3. Golfkrieg (2003) haben die Wirtschaft in katastrophalem Ausmaß geschädigt. Im Juni 2003 lief die Erdölförderung wieder an.

Die Landwirtschaft, in der 18 % der Erwerbstätigen arbeiten, nutzt 15 % der Gesamtfläche. Davon wird die Hälfte mit Bewässerung genutzt. Weizen und Gerste sind die wichtigsten Anbaupflanzen, gefolgt von Reis, Mais, Baumwolle, Tabak, Hirse, Sesam und Mungobohnen. Die Bodenversalzung und der Mangel an Produktionsmitteln – wie Düngemittel, Maschinen und Saatgut – haben zu Ernteeinbußen geführt: I. muss in hohem Maß Nahrungsmittel importieren. Infolge unzureichender Futterversorgung ist der Milch- und Fleischertrag der Viehbestände gering. Die wichtigsten Industriezweige sind neben der stark ausgebauten Petrochemie die Nahrungs- und Konsumgüterindustrie sowie die Baustoff-, und die Textilindustrie. Der Außenhandel war durch das internationale Embargo praktisch zum Erliegen gekommen.

Das Eisenbahnnetz ist 2 030 km lang. Die wichtigste Verbindung ist die Bagdadbahn von Basra nach Aleppo in Syrien. Das Straßennetz umfasst 29 000 km, von denen 70 % befestigt sind. Die Seeschifffahrt im Golf mit den großen Häfen bei Basra und Umm Kasr lief nach dem Embargo nur langsam wieder an. Internationale Flughäfen liegen bei Bagdad und Basra.

Staat und Politik: Bis zum Ende des 3. Golfkriegs 2003 war I. nach der provisorischen Verfassung von 1968 eine volksdemokratische Republik mit Präsidialregime. Die Übergangsverfassung vom 8. 3. 2004 sieht eine parlamentarische Republik mit einem dreiköpfigen Präsidentschaftsrat aus einem Präsidenten und zwei Vizepräsidenten vor. Im Juli 2004 wurde eine provisorische Nationalversammlung mit beratender Funktion eingerichtet, die im August 2004 ein Übergangsparlament wählte. Die ersten freien Parlamentswahlen fanden im Januar 2005 statt.

I. gehört seit 1945 zur UNO. 1968 übernahm die nationalistische Baath-Partei die Macht. Von 1979 bis zu seinem 2003 durch US-amerikanische und britische Truppen im 3. Golfkrieg herbeigeführten Sturz übte Präsident SADDAM HUSSEIN eine diktatorische Herrschaft aus. Dem Eingreifen der alliierten Streitkräfte waren jahrelange Auseinandersetzungen um Waffenkontrollen im I. und die Nichteinhaltung zahlreicher UN-Resolutionen vorausgegangen. Nach dem Sturz des Regimes waren die Besatzungstruppen, die irakischen Sicherheitskräfte sowie internationale Hilfsorganisationen, Reporter und im Land

I

tätige Firmen wiederholt bewaffneten Angriffen, Attentaten und Geiselnahmen durch widerständige, vornehmlich islamistische Gruppierungen ausgesetzt. Zur politisch instabilen Lage tragen auch die blutigen Auseinandersetzungen zw. Schiiten und Sunniten sowie ethnischen Minderheiten bei.

Iran: Staat in Vorderasien. Er grenzt im N an Armenien, Aserbaidschan, das ↑Kaspische Meer und Turkmenistan, im O an Afghanistan und Pakistan, im S an den Golf von Oman und an den Persischen Golf, im W an Irak und im NW an die Türkei.

Iran

(amtlich persisch Jomhori-e Islami-e Iran; dt. Islamische Republik Iran)
Fläche: 1 648 000 km²
Einwohner: 65,540 Mio.
Hauptstadt: Teheran
Verwaltungsgliederung: 28 Provinzen
Amtssprache: Persisch
Währung: 1 Rial (Rl.) = 100 Dinars (D.)
Zeitzone: MEZ + 2 Stunden
Kfz-Kennzeichen: IR

Landesnatur: Im NW hat I. Anteil am Ararathochland, an das sich nach SO die Bergketten des Zagrosgebirges anschließen, die bis 4 500 m ansteigen. Im N liegt das Elbursgebirge mit dem 5 671 m hohen Demawend, dem höchsten Gipfel Vorderasiens. Nach O schließt sich der Kopetdag an, ein weiteres, mehr als 3 000 m erreichendes Gebirge. Zw. den Gebirgsketten erstreckt sich das weite Iranische Hochland, das den größten Teil des Landes einnimmt. Es besteht v. a. aus Salzwüsten, der Kawir im N und der Lut im S. Tiefland besitzt Iran nur als schmalen Saum am Kaspischen Meer und am Persischen Golf.

Das Klima ist subtropisch mit starken kontinentalen Zügen. Die Sommer sind sehr heiß – ↑Teheran hat ein Julimittel von 30 °C –, die Winter kalt – Teherans Kälterekord liegt bei –21 °C – mit Schnee und Regen in den nördlichen Randgebirgen und den Hochländern des NW. Der SW erhält Winterregen, das nördliche Tiefland und die Nordflanke des Elbursgebirges haben ganzjährig Niederschläge. Da die Niederschläge überwiegend gering sind, ist das Pflanzenkleid meist dürftig, in den Wüsten fehlt vielerorts jede Vegetation. Die Gebirge sind kahl oder mit Busch bedeckt. Nur am Kaspischen Meer gedeiht Laubwald. Der einzige große Fluss, der 850 km lange Karun, fließt im ebenfalls relativ regenreichen Nordwesten. Dort liegt auch der zw. 4 700 und 6 000 km² große Urmiasee.

Bevölkerung: Rd. die Hälfte der Einwohner sind Perser. Die größten Minderheiten sind die Aserbaidschaner mit 24 %, die im Zagrosgebirge lebenden Luren mit 10 % und die Kurden im NW des Landes mit 8 %. Ferner leben in I. etwa 2 Mio. Flüchtlinge aus Afghanistan und mehr als 200 000 aus Irak.

Etwa 65 % der Einwohner leben in Städten. Neben Teheran gibt es mit Meschhed, Isfahan, Täbris und Schiras vier weitere Millionenstädte. Weite Gebiete im Innern und im SO sind menschenleer oder nur dünn von Nomaden bewohnt. Es besteht allgemeine, achtjährige Schulpflicht. Meist werden aber nur vier Jahre verwirklicht. Die Analphabetenquote liegt bei etwa 25 %.

Der Anteil der Muslime an der Gesamtbevölkerung beträgt 99 %. Zu 90 % sind es Schiiten, etwa 10 % sind Sunniten. Als dem Islam Abtrünnige gelten die rd. 300 000 Bahai, Angehörige einer im 19. Jh. entstandenen Mischreligion aus Christentum, Islam, altpersischen Traditionen u. a. Religionen.

Wirtschaft: Die Landwirtschaft erwirtschaftet etwa ein Zehntel des Bruttoinlandsproduktes und beschäftigt mehr als 20 % der Erwerbstätigen. Ein Drittel des Landes wird genutzt, überwiegend mithilfe von Bewässerung. Angebaut werden v. a. Weizen und Gerste sowie im Kaspi-Tiefland Reis, Tee, Zitrusfrüchte, Tabak und Baumwolle. Zuckerrüben, Weintrauben, mediterrane Baumkulturen und Dattelpalmen werden am Persischen Golf kultiviert. Viehhaltung wird noch zum großen Teil von Nomaden oder Halbnomaden betrieben. Beim Fischfang ist besonders der Stör im Kaspischen Meer bedeutend.

Abgebaut werden Erze und Kohlen, wobei viele Vorkommen aber noch nicht erschlossen sind. Die größte wirtschaftliche Bedeutung haben die Erdölvorkommen. I. ist der fünftgrößte Förderer der Welt. Beim Erdgas liegt das Land an neunter Stelle. Die meisten Erdöl- und Erdgasfelder liegen am SW-Fuß des Zagrosgebirges und am Persischen Golf.

Neben den Raffinerien und chemischen Industrien sind die Eisen- und Stahlindustrie sowie die Textilindustrie bedeutend. Die größte Industrieansiedlung befindet sich im Großraum Teheran, in dem 65 % aller Industrieerzeugnisse produziert werden. Traditionelles Handwerk wie die Teppichknüpferei und Kleingewerbe beschäftigen aber mehr Arbeitskräfte als die Industrie.

Neben Erdöl und Erdölprodukten, die 80 % des Exportwertes ausmachen, werden Erdgas, Teppiche, Baumwolle, Häute, Trockenfrüchte und Erze exportiert. Haupthandelspartner des Landes sind Japan, China, die Türkei und die Staaten der EU.

Das Straßensystem verbindet die Siedlungszentren gut miteinander. Wichtige Häfen sind Bender Abbas, Buschehr und Lingeh im S und Bender Ansali sowie Bender Nowschahr am Kaspischen Meer. Die wichtigsten internationalen Flughäfen liegen bei Teheran, Bender Abbas und Abadan.

Staat und Politik: I. war nie eine Kolonie, aber Großbritannien hatte bis zum Zweiten Weltkrieg großen Einfluss im Land, nach 1945 waren es die USA. Seit der Iranischen Revolution 1979, durch die die Herrschaft des von den USA unterstützten Schahs zu Ende ging, ist I. eine Islamische Republik. Staatsoberhaupt ist der Religionsführer, die Regierung leitet der gewählte Präsident.

Die politisch Führenden in I. waren lange Zeit Vertreter des islamischen Fundamentalismus – der sich gegen die westlichen Staaten, v. a. gegen die USA, richtet – und wollten eine dominierende Rolle in der islamischen Welt einnehmen. Dadurch kam es auch zu Konflikten mit den islamischen Nachbarn, v. a. mit dem Irak, die im 1. Golfkrieg eskalierten (1980–88). Die vom islamischen Wächterrat kontrollierten Parlamentswahlen 2004 endeten mit dem Sieg der proislamischen Konservativen.

Irland: Staat in Nordwesteuropa. Die Republik I. nimmt den größten Teil der Insel I. ein. Im NO grenzt sie an ↑ Nordirland, das zu Großbritannien gehört.

Landesnatur: Ein ausgedehntes, welliges, von Hochmooren durchsetztes zentrales Tiefland mit zahlreichen Seen wird von

Irland

(amtlich irisch Poblacht na h'Éireann, engl. Republic of Ireland)
Fläche: 70 273 km²
Einwohner: 3,920 Mio.
Hauptstadt: Dublin
Verwaltungsgliederung: 4 Provinzen mit 26 Counties und 4 County Boroughs
Amtssprachen: Irisch, Englisch
Währung: 1 Euro (EUR, €) = 100 Cents (c)
Zeitzone: WEZ
Kfz-Kennzeichen: IRL

I

einem Altgebirgsrahmen umgeben. Nur an der Ostküste bei ↑Dublin reicht das zentrale Tiefland bis an die Irische See heran. Im Innern wird es von einzelnen Bergzügen durchsetzt. Der Carrauntoohil im SW erreicht 1 041 m. Die Gebirge im W sind stark verkarstet.

Die Küste ist im SW, W und NW sehr buchtenreich. Den SW prägen tief in den Atlantik vorstoßende Halbinseln und weit ins Landesinnere reichende Buchten. Nur rd. 6 % der Fläche sind mit Wald bedeckt. Längster Fluss ist mit 370 km der Shannon, der einen großen Teil der zentralirischen Ebene entwässert. Unter den Seen ist der Lough Neagh mit einer Fläche von 396 km² der größte der Britischen Inseln.

Das Klima ist ozeanisch mit kühlen Sommern und milden Wintern. Der hohen Niederschlagsmenge von durchschnittlich 1 020 mm pro Jahr verdankt I. seinen Beinamen »Grüne Insel« – weite Teile werden von Grasland oder immergrüner Vegetation geprägt.

Bevölkerung: Die Iren sind überwiegend keltischer Abstammung. Obwohl Irisch erste Amtssprache ist, sprechen es nur knapp 2 % der Bevölkerung als Muttersprache. 29 % der Gesamtbevölkerung leben in der städtischen Agglomeration Dublin.

Etwa 77 % der Iren sind Katholiken, 9,1 % Anglikaner. Es besteht allgemeine Schulpflicht vom 7. bis 15. Lebensjahr.

Wirtschaft und Verkehr: Etwa 63 % der Gesamtfläche werden landwirtschaftlich genutzt. An erster Stelle stehen Rinderhaltung und Schafzucht. Daneben werden Schweine, Ziegen und Geflügel gehalten sowie Pferde gezüchtet. Angebaut werden u. a. Futter-, Brauerei- und Brotgetreide sowie Hackfrüchte.

An Bodenschätzen werden Zink- und Bleierze sowie Silber und Torf (als Brennmaterial) abgebaut. Außerdem gibt es Vorkommen von Lithium, Gold, Wolfram, Schwerspat, Kohle und Uran. Seit 1978 wird vor der Südküste Erdgas gefördert.

Die traditionelle Industrie beruht v. a. auf der Verarbeitung landwirtschaftlicher Produkte. Neben Fleisch- und Fischverarbeitung findet sich die Herstellung von Zucker, Whiskey und Tabakwaren. Weitere Industriezweige sind Schuh- und Textilindustrie. In den letzten Jahren hat sich I. zu einem Zentrum der IT-Branche mit zahlreichen Europazentralen amerikanischer und japanischer Hersteller entwickelt. Vorwiegend für den Export produzieren Maschinen- und Fahrzeugbau, Elektro-, Elektronik-, chemische und pharmazeutische Industrie. Haupthandelspartner sind die EU-Länder, die USA, Schweden und Kanada. Eine bedeutende Rolle spielt der Fremdenverkehr.

Das Straßensystem und das Schienennetz sind gut ausgebaut. Schiffbare Binnenwasserstraßen sind Shannon und Grand Canal. Internationale Flughäfen befinden sich in Dublin, Shannon und Cork. Die wichtigsten Handelshäfen sind Dublin, Waterford, Galway und Cork. Fähren verkehren ab Rosslare, Dun Loaghaire und Cork.

Staat und Politik: Nach der Verfassung von 1937 ist I. eine parlamentarisch-demokratische Republik. Staatsoberhaupt ist der für sieben Jahre direkt gewählte Präsident.

Der seit Ausrufung der Republik I. 1949 bestehende Konflikt um den zu Großbritannien gehörenden Nordteil der Insel wurde mit der Unterzeichnung eines Friedensvertrages am 18. 12. 1998 offiziell beendet. Am 22. 5. 1998 hatten 94,4 % der irischen Bevölkerung für das Abkommen gestimmt. Die Republik I. gibt damit den in der Verfassung verankerten territorialen Anspruch auf Nordirland auf.

Seit 1955 ist I. Mitglied der UNO. 1973 trat I. der EG bei und zählt seit 1. 1. 1999 zu den Teilnehmern der EWU.

Island: Staat im Europäischen Nordmeer. I. umfasst außer der Hauptinsel I. einige kleine Inseln wie die Westmännerinseln, Surtsey und Grímsey.

I

Landesnatur: I. liegt – von der Insel Grímsey abgesehen – südlich des Polarkreises, 330 km von ↑Grönland und 800 km von Skandinavien entfernt. Die Inseln sind vulkanischen Ursprungs. Neben postvulkanischen Erscheinungen – z.B. Solfataren, heißen Quellen und Geysiren – kommt es immer wieder zu Vulkanausbrüchen, die häufig mit Erdbeben einhergehen. Besonders aktiv sind der Helgafell auf Heimaey, der Surtsey, die Askja, der Bárðarbunga unter dem Gletscher Vatnajökull sowie die Hekla.

Island

(amtlich isländisch Lýðveldið Ísland, dt. Republik Island)
Fläche: 103 000 km²
Einwohner: 284 000
Hauptstadt: Reykjavík
Verwaltungsgliederung: 8 Regionen
Amtssprache: Isländisch
Währung: 1 Isländische Krone (ikr) = 100 Aurar (aur.)
Zeitzone: WEZ
Kfz-Kennzeichen: IS

Über der Küstenregion mit Tiefländern erhebt sich eine unbewohnte, 300 bis 800 m hohe Ebene. Sie ist in Stufen gegliedert, über die die meist kurzen Flüsse in großen Wasserfällen herabstürzen. Darüber ragen Gebirgsstöcke und Einzelberge auf. Der höchste Berg ist der 2 119 m hohe Hvannadalshnúkur. Reste des eiszeitlichen Inlandeises, das I. einst vollständig bedeckt hat, sind die zahlreichen Eiskappen und Gletscher, die zusammen rd. 12 300 km² einnehmen. Der Vatnajökull ist mit 8 410 km² der größte Gletscher Europas. Im S prägen breite Aufschüttungsebenen die küstennahe Landschaft, im W, N und O Fjorde.

Ausläufer des Golfstroms bestimmen das Klima. Die Winter sind im Süden mit einem Januarmittel von 0 °C mild, die Sommer mäßig warm. Das Julimittel liegt bei 11 °C. Stürme, Nebel und Regen sind häufig. Die jährliche Niederschlagsmenge beträgt etwa 2 000 mm.

Bevölkerung: Die Bevölkerung besteht fast ausschließlich aus Isländern skandinavischer Abstammung. Über 91 % gehören der evangelisch-lutherischen Isländischen Nationalkirche an, die die Staatskirche ist. Mit einer Bevölkerungsdichte von 2,8 Ew. pro km² ist I. das am dünnsten besiedelte Land Europas. Über die Hälfte der Bevölkerung lebt im Raum ↑Reykjavík. Allgemeine Schulpflicht besteht vom 7. bis 15. Lebensjahr.

Wirtschaft und Verkehr: Wirtschaftliche Eckpfeiler sind Fischfang – v. a. Kabeljau, Dorsch, Rotbarsch, Schellfisch – und die Verarbeitung des Fangs, etwa zu Gefrier-, Salz- oder Stockfisch, die Herstellung von Fischkonserven, von Fischmehl oder Fischöl. Diese Erzeugnisse erbringen 62 % des Exportwerts. Die Fischereigrenze wurde mehrfach, zuletzt 1975 auf 200 Seemeilen, ausgedehnt. Die Landwirtschaft kann nur etwa 22 % der Gesamtfläche nutzen. Es überwiegt Weidewirtschaft. I. ist Selbstversorger bei Fleisch, Milch, Geflügel und Eiern. Große Bedeutung hat die Nutzung von Wasserkraft und geothermischer Energie, v. a. für die Aluminium erzeugende Industrie und die Metallverarbeitung. Daneben sind Nahrungsmittel-, Leder-, Textil-, Möbel- und Wollindustrie vertreten. Auch der Fremdenverkehr hat als Devisenquelle große Bedeutung. Haupthandelspartner sind Großbritannien, die USA, Deutschland, die skandinavischen Länder und die GUS-Staaten.

I. besitzt keine Eisenbahn. Neben ausgedehnter Küstenschifffahrt und dem Straßenverkehr, v. a. im SW, spielt der inländische Luftverkehr eine große Rolle. Internationale Flughäfen haben Keflavík und Reykjavík, das auch den wichtigsten Seehafen besitzt.

Staat und Politik: Nach der Verfassung vom 17.6. 1944 ist der auf vier Jahre direkt gewählte Präsident oberster Inhaber der Exekutive. Er beruft das Kabinett und den Ministerpräsidenten. Das Althing genannte Parlament besteht seit 1991 aus einer Kammer mit 63, auf vier Jahre gewählten Abgeordneten.

I. war 1945 Gründungsmitglied der UNO und 1949 der NATO. Das Land stellte keine Streitkräfte auf, sondern übertrug die Landesverteidigung 1951 den USA. Es gehört seit 1970 zur EFTA. Die Bevölkerung lehnt einen EU-Beitritt ab, v. a. wegen einer befürchteten Einschränkung der Fischereirechte.

Israel: Staat in Vorderasien. I. grenzt im W an das Mittelmeer, im N an Libanon, im äußersten NO an Syrien, im O an Jordanien und im SW an Ägypten. Die Südspitze reicht bis an den Golf von Akaba des Roten Meeres. I. hält Teile des Westjordanlandes, den Gazastreifen und die Golanhöhen besetzt. – Siehe auch ↑Palästinensische Autonomiegebiete.

Israel

(amtlich hebräisch Medinat Jisrael, dt. Staat Israel)
Fläche: 20 991 km²
Einwohner: 6,566 Mio.
Hauptstadt: Jerusalem
Verwaltungsgliederung: 6 Distrikte
Amtssprachen: Hebräisch und Arabisch
Währung: 1 Neuer Schekel (NIS) = 100 Agorot
Zeitzone: MEZ + 1 Stunde
Kfz-Kennzeichen: IL

Landesnatur: Das Land erstreckt sich von N nach S über 400 km. Der S wird von der Wüste Negev eingenommen. Der N gliedert sich in drei Zonen: die Küstenebene, das judäische, samaritanische und galiläische Bergland und der Jordangraben mit dem 400 m unter dem Meeresspiegel liegenden ↑Toten Meer. Höchste Erhebung ist der Hare Meron mit 1 208 m.

I. liegt im Übergangsgebiet vom Mittelmeer- zum Wüstenklima. Die Sommer sind heiß und trocken. Tagestemperaturen um 40° C sind häufig. Die Winter sind mild, im Bergland kühl. Die durchschnittlichen Jahresniederschlagsmengen liegen im N zw. 500 und 700 mm, im S bei 50 mm. Die Vegetation reicht von mediterranen Pflanzengemeinschaften bis zu Wüstenflora. Natürlicher Wald steht nur auf dem Karmel, 95 000 ha wurden aufgeforstet.

Bevölkerung: Staatstragendes Volk sind die Juden. Sie gliedern sich in Vatiqim – die vor der Staatsgründung Eingewanderten –, Olim – die nach der Staatsgründung Eingewanderten – und Sabra – die im Land Geborenen. Die jüdischen Einwanderer kamen zunächst v. a. aus Mittel- und Osteuropa, später aus islamischen Ländern von Nordafrika bis Irak und aus Äthiopien. Ende der 1950er-Jahre setzte eine erneute Einwanderungswelle aus Osteuropa ein. In I. leben auch etwa 1,2 Mio. Araber. Von den 40 000 Beduinen sind nur noch wenige reine Nomaden. Zu den größten Städten gehören ↑Jerusalem, ↑Tel Aviv-Jaffa, Haifa, Holon und Beerscheba.

Vom 5. bis 14. Lebensjahr besteht allgemeine Schulpflicht. Die Unterrichtssprache ist Hebräisch, in arabischen Schulen Arabisch. Neben den öffentlichen Pflichtschulen gibt es staatlich anerkannte religiöse Schulen. 78 % der Bevölkerung des Landes bekennen sich zur jüdischen Religion. 15,3 % der Einwohner sind Muslime, 2,1 % Christen und 1,6 % Drusen.

Wirtschaft und Verkehr: I. besitzt eine leistungsfähige Landwirtschaft. Der Anbau ist v. a. auf die schmale, klimatisch begünstigte Küstenebene und auf die feuchteren nördlichen Landesteile kon-

zentriert. Auch im N der Wüste Negev wurden weite Teile durch Bewässerung nutzbar gemacht. 40% der Fläche sind Naturweiden.
Die ertragreichsten Zweige sind Milchwirtschaft und Geflügelzucht. Wichtigste Exportprodukte sind Frühgemüse, Obst und Blumen. Die bedeutendsten Erzeugnisse des Ackerbaus sind Weizen und Baumwolle. Auf den Obstplantagen gedeihen v.a. Zitrusfrüchte. Der von den jüdischen Landwirten bewirtschaftete Boden ist zu rd. 90% Staatsbesitz. Er wird an die Siedler in Erbpacht abgegeben. 90% der jüdischen Landwirte sind in Kollektivsiedlungen, den Kibbuzim (rückläufig), oder »kooperativen« Dörfern, den Moshavim, organisiert.
An Bodenschätzen werden v.a. Phosphate, Kupfererze, Gips und Mineralsalze des Toten Meeres ausgebeutet. Wichtige Industriezweige sind neben der Baustoff- und chemischen Industrie die Metallverarbeitung, feinmechanische sowie Elektro- und Elektronikindustrie. Herausragende Bedeutung haben die rd. 650 Diamantenschleifereien, in denen mehr als die Hälfte aller Rohdiamanten der Welt bearbeitet werden. Ziele des Fremdenverkehrs sind antike Kulturdenkmäler, Stätten der Bibel, Kreuzfahrerburgen und Badeorte. Wichtigste Handelspartner sind die EU-Länder, die USA, die Schweiz und Japan.
Der größte Teil des Warentransports und Personenverkehrs wird über Straßen abgewickelt. Die Eisenbahn befördert v.a. Massengüter. Bedeutende Häfen sind Haifa und Ashdod am Mittelmeer sowie Elat am Roten Meer. Der internationale Flughafen Ben Gurion liegt südöstlich von Tel Aviv-Jaffa.
Staat und Politik: I. ist eine parlamentarische Republik. Es besitzt keine geschriebene Verfassung, sondern lediglich eine Reihe verabschiedeter Grundgesetze. Staatsoberhaupt ist der vom Parlament auf fünf Jahre gewählte Präsident, der allerdings im Wesentlichen repräsentative Funktionen erfüllt.
Am 14.5. 1948 rief der Jüdische Nationalrat den unabhängigen Staat I. aus. Die Spannungen mit den arabischen Nachbarn, die die Gründung eines jüdischen Staates in Palästina nicht akzeptierten, führten zum 1. Israelisch-Arabischen Krieg 1948/49. Palästinenser flohen zu Hunderttausenden in die Nachbarländer bzw. wurden von den Israelis vertrieben. Die anhaltenden Konflikte eskalierten 1956 im Suezkrieg, 1967 im Sechstagekrieg und 1973 im Jom-Kippur-Krieg. I. konnte diese Kriege für sich entscheiden. 1977 leitete der ägyptische Präsident MOHAMMED ANWAR AS-SADAT (1918–81) einen Annäherungsprozess ein, der 1979 zum ägyptisch-israelischen Friedensvertrag führte. Unter dem Leitwort »Land für Frieden« suchte die israelische Regierung unter ITZHAK RABIN (1922–95) ab 1992 nach einem Ausgleich mit den Palästinensern und mit den arabischen Nachbarstaaten. Wichtigste Ergebnisse des noch nicht abgeschlossenen Friedensprozesses sind das Gaza-Jericho-Abkommen von 1993, der Friedensvertrag mit Jordanien vom 26.10. 1994 sowie die beiden Abkommen von Wye vom 23.10. 1998 und 5.9. 1999. 2000 geriet der Friedensprozess in eine anhaltende und schwere Krise.
Istanbul: mit 8,832 Mio. Einwohnern die größte Stadt der Türkei. Bis 330 n. Chr. hieß die Stadt **Byzanz,** danach bis 1930 **Konstantinopel.**
I. erstreckt sich beiderseits des Südausgangs des ↑Bosporus, der Europa und Asien trennt, und an beiden Ufern des Marmarameers. Die Stadt liegt am Schnittpunkt des Seeweges vom Schwarzen Meer zum Mittelmeer und des Landweges von der Balkanhalbinsel nach Kleinasien. Zum Stadtgebiet gehören auch die der asiatischen Küste vorgelagerten Prinzeninseln im Marmarameer.
Als größter Markt- und Umschlagplatz des Landes ist I. Hauptsitz von Großhandel, Verkehrs- und Bankwesen. Bedeutend sind auch Kleingewerbe und

I

Handel, die z. T in Basaren organisiert sind. Neben Holz-, Textil-, Leder-, Tabak- und Lebensmittelindustrie gibt es Fahrzeug- und Maschinenbau sowie elektrotechnische, chemische, Glas- und Zementindustrie. I. verfügt über Hafenanlagen an Bosporus und Marmarameer sowie über einen internationalen Flughafen. Zwei Hängebrücken mit Spannweiten von 1 074 m bzw. 1 090 m führen über den Bosporus zum asiatischen Teil.

Istanbul: Innenhof der Sultan-Ahmed-Moschee, die als »Blaue Moschee« bekannt ist.

Die historischen Gebäude der Stadt zeugen von der byzantinischen und osmanischen Vergangenheit. Bekannte Bauwerke der Altstadt sind die Hagia Sophia (heutiger Bau aus dem 6. Jh.), die Moscheen SINANS (1489/91–1587/88) und seiner Schüler, darunter die Sultan-Ahmed-Moschee (»Blaue Moschee«) sowie der Sultanspalast (Topkapı-Serail).

Italien: Staat in Südeuropa. Norditalien grenzt im W an Frankreich, im N an die Schweiz und an Österreich, im O an Slowenien. Im S umgibt das Mittelmeer das übrige Staatsgebiet.

Landesnatur

I. umfasst den südlichen Teil des Alpenbogens, die Poebene, die Apenninhalbinsel, die großen Inseln ↑Sardinien und ↑Sizilien sowie mehrere kleinere Inseln. Das *Relief* wird überwiegend von Gebirgen geprägt. Die Landgrenze verläuft, abgesehen von der gegen San Marino, meist auf den wasserscheidenden Kämmen der ↑Alpen, nur die Schweiz reicht mit dem Tessingebiet bis dicht an die Poebene heran. Die Poebene (etwa 46 000 km^2) und die anschließende Ebene Venetiens sind die einzigen großen Flachlandgebiete. Die höchsten Regionen liegen in den Alpen: I. hat Anteil zum Aufstieg von ↑Montblanc (4 810 m, Gipfel in Frankreich) und Monte Rosa (4 634 m, Gipfelpunkt in der Schweiz).

Hauptgebirge ist der ↑Apennin, der die Halbinsel der Länge nach durchzieht und im mittleren Teil (Abruzzen) im Gran Sasso d'Italia 2 912 m erreicht. Der Apennin trennt die breite, reich gegliederte Westseite der Halbinsel von der hafenarmen und schmalen Ostseite.

I. besitzt mehrere, z. T. noch tätige Vulkane (↑Vesuv, ↑Ätna, Stromboli). Erdbeben sind relativ häufig. Unter den *Flüssen* sind ↑Po (652 km), Etsch (410 km), Tiber (405 km) und Arno (241 km) die bedeutendsten. Außer den Alpenrandseen – Lago Maggiore, Comer See und Gardasee, mit 368 km^2 der größte italienische See – hat I. einige Seen in Einbruchsbecken wie den Trasimenischen See (128 km^2) und vulkanische Seen.

In Norditalien vollzieht sich der Übergang vom sommerfeuchten *Klima* Mitteleuropas zum sommertrockenen Mediterranklima Südeuropas. Bei milden Wintern und heißen Sommern ist es gekennzeichnet durch Herbst- und Frühjahrsregen, die südlich von ↑Rom in Winterregen übergehen. Das Julimittel in Rom liegt bei 25 °C, im Januar werden durchschnittlich 7 °C gemessen.

Die *Pflanzenwelt* ist im N und in den Gebirgen, abgesehen von den oberitalienischen Seen, an denen ein besonders mildes, bereits mediterranes Klima herrscht, noch vorwiegend mitteleuropäisch mit Laub- und Nadelwäldern, die aber sehr stark durch Weide- und Buschland verdrängt sind. An der Küste und im S des

Landes herrschen immergrüne Gewächse und Macchie vor.

Bevölkerung

Der Hauptteil der Bevölkerung besteht aus Italienisch sprechenden Italienern. In ↑Südtirol leben mehrheitlich Deutsch sprechende Einwohner und rätoromanische Ladiner, im Aostatal eine Französisch sprechende Minderheit, in Friaul-Julisch-Venetien Slowenisch und Kroatisch sprechende Volksgruppen, im südlichen I. und auf Sizilien Gruppen von Albanern und Griechen, auf Sardinien die Sarden – mit 1,35 Mio. Angehörigen die bei weitem größte dieser Minderheiten – und Katalanen.

Italien

(amtlich Repubblica Italiana)
Fläche: 301 341 km²
Einwohner: 57,690 Mio.
Hauptstadt: Rom
Verwaltungsgliederung: 20 Regionen, 103 Provinzen
Amtssprache: Italienisch (regional Französisch, Deutsch)
Währung: 1 Euro (EUR, €) = 100 Cents (c)
Zeitzone: MEZ
Kfz-Kennzeichen: I

Die Küstengebiete und die Ebenen sind sehr dicht besiedelt, das innere Gebirgsland und Sardinien dagegen nur dünn. Armut, Arbeitslosigkeit und hohe Geburtenüberschüsse im unterentwickelten S waren die Ursache für eine bis Mitte der 1970er-Jahre starke Auswanderung. Binnen 100 Jahren sind über 10 Mio. Italiener emigriert. Ferner besteht bis heute eine starke Binnenwanderung von S nach N, aus den Gebirgen in die Ebene und vom Land in die Stadt. 67 % der Bevölkerung leben in Städten; Millionenstädte sind Rom, Mailand, Neapel und Turin.
Es besteht allgemeine Schulpflicht vom 6. bis 14. Lebensjahr. Die Schulen sind kommunal, kirchlich oder privat. An die fünfjährige Primarschule schließt sich eine dreijährige Mittelschule und das fünfjährige Gymnasium oder eine fachliche Schule an.
Die katholische Kirche war seit den Lateranverträgen von 1929 bis zur Revision des Konkordats 1984 Staatskirche. Ihr gehören 90 % der Bevölkerung an.

Wirtschaft und Verkehr

Prägend ist der Gegensatz zw. industrialisiertem, reichem N und dem ländlichen, ärmeren S, dem ↑Mezzogiorno. Landwirtschaftlich genutzt werden rund 56 % der Fläche, davon 73 % als Acker- und Gartenland, Dauerkulturland und Brachfläche. 27 % sind Wiesen und Weiden. Wälder sowie Macchie nehmen 21 % ein. Wichtige Anbauprodukte sind Weizen, der v. a. in der Poebene kultiviert wird, Reis, Mais, Gerste, Zuckerrüben, Gemüse – v. a. Tomaten –, Obst, Tabak und Oliven. Weinbau ist in fast ganz I. verbreitet – das Land ist größter Weinerzeuger Europas.
Intensive Rinder- und Schweinezucht gibt es in Norditalien. Die Fleischerzeugung reicht jedoch für den Bedarf nicht aus. Die Betriebsstruktur in der Landwirtschaft wird weiterhin von der Realerbteilung, Kleinbetrieben und von den Kleinpachtsystemen bestimmt. Forstwirtschaft und Fischfang decken nicht den Eigenbedarf.
Wichtige Bodenschätze sind die Erdöl- und Erdgasvorkommen, ferner Braunkohle, Eisenerz, Quecksilber und Antimonerz sowie Blei- und Zinkerze. Berühmt ist der bei Carrara abgebaute Marmor.
Großunternehmen der Industrie sind v. a. in Norditalien und in Latium konzentriert. Von großer Bedeutung sind

hier besonders Eisen und Metall verarbeitende Industrie, Elektrotechnik, die chemische Industrie sowie der Kraftfahrzeugbau. Daneben herrschen Kleinbetriebe in der mechanischen, Bekleidungs-, Holz-, Textil-, Nahrungsmittel-, Schuh- und Möbelindustrie vor. Die auch im S umfangreiche Nahrungsmittelindustrie beliefert vorwiegend den inländischen Markt. Berühmt ist das italienische Kunsthandwerk.

Ausgeführt werden v.a. Maschinen, Kraftfahrzeuge, chemische Erzeugnisse, Eisen und Stahl, Schuhe, Strick- und Wirkwaren, Obst und Gemüse, Wein, Liköre, Teig- und Süßwaren; eingeführt werden u.a. Rohöl, Maschinen, Kraftfahrzeuge, Kohle, Schnittholz und Nahrungsmittel. Wichtigste *Handelspartner* sind Deutschland, Frankreich und die USA. Der Fremdenverkehr ist die bedeutendste Devisenquelle. Am häufigs-

Italien – Wirtschaft

ten besucht werden die Badeorte an der oberen Adria mit Venedig sowie Rom und Südtirol.

Verkehr: Das Eisenbahnnetz ist mit rd. 20 000 km ebenso gut ausgebaut wie das Straßensystem mit über 600 000 km Länge. Wichtigste Handelshäfen sind die Erdölimporthäfen bei Genua und Triest, gefolgt von Augusta, Tarent, Porto Foxi, Venedig, Ravenna, Livorno, Neapel, Savona, Syrakus und La Spezia. Der größte Passagierhafen ist Neapel. Die wichtigsten der 24 internationalen Flughäfen sind Rom-Fiumicino, Mailand-Linate und Mailand-Malpensa, Neapel-Capodichino, Turin-Caselle und Venedig-Marco Polo.

■ Staat und Politik

Nach der Verfassung von 1948 ist I. eine parlamentarisch-demokratische Republik. Staatsoberhaupt ist der auf sieben Jahre vom Parlament sowie je drei Vertretern der Regionen indirekt gewählte Präsident. Er ernennt den Ministerpräsidenten, hat das Recht, das Parlament aufzulösen und durch aufschiebendes Veto Einfluss auf die Gesetzgebung zu nehmen. Exekutivorgan ist die dem Parlament verantwortliche Regierung unter Vorsitz des Ministerpräsidenten, der die Richtlinien der Politik bestimmt. Das Zweikammerparlament besteht aus der Abgeordnetenkammer mit 630 für fünf Jahre gewählten Abgeordneten und dem Senat, der sich aus 325 Senatoren zusammensetzt.

Seit der Aufdeckung der Korruptionsaffären der großen italienischen Parteien Anfang der 1990er-Jahre befindet sich die Politik in einer Vertrauenskrise. Daneben haben sich der Neofaschismus und der Separatismus verschärft, was besonders im Erstarken der Lega Nord in Nord- und Mittelitalien zum Ausdruck kommt: Ihr Ziel ist die Abspaltung des N vom armen S oder zumindest die Umwandlung des Staates in eine Föderation. I. war 1949 Gründungsmitglied des Nordatlantikpakts NATO und 1957 der EWG. Seit 1955 gehört es der UNO an und ist Teil der Eurozone.

IWF, Abk. für **I**nternationaler **W**ährungs**f**onds: 1945 aufgrund des Abkommens von Bretton Woods errichtete Sonderorganisation der UNO zur Überwachung des internationalen Währungssystems. Im Jahr 2005 hatte der IWF, der seinen Sitz in Washington hat, 184 Mitgliedsstaaten.

Ziele der Organisation sind u. a. die Förderung der internationalen Zusammenarbeit in der Währungspolitik, die Sicherung geordneter Währungsbeziehungen, die Schaffung eines multilateralen Zahlungssystems und die Beseitigung von Beschränkungen im Devisenverkehr sowie die Kreditgewährung zum Zahlungsbilanzausgleich. Das oberste Gremium ist der Gouverneursrat, aus dem der Interimsausschuss gebildet wird. Die laufenden Geschäfte führt das Exekutivdirektorium, das sich aus 24 Mitgliedern zusammensetzt.

Jedem IWF-Mitglied ist eine Quote zugewiesen, nach der sich sein Anteil am Fonds, sein Stimmrecht, die Höhe seiner ständigen Bareinlagen, seine Verpflichtung zur Kreditgewährung an andere Mitglieder und die Grenze seiner Inanspruchnahme des Fonds bemessen. Den höchsten Stimmenanteil und damit eine Sperrminorität haben die USA.

J

Jakarta: Hauptstadt von Indonesien. J., das bis 1950 **Batavia** hieß, liegt an der westlichen Nordküste ↑Javas. Es erstreckt sich über 590 km² und hat 9,34 Mio. Einwohner.

Neben der Universität gibt es mehrere Hochschulen. J. ist das führende Industriezentrum des Landes. U. a. haben sich Düngemittelindustrie, Kraftfahrzeugmontage, Elektronikindustrie und Schiffbau angesiedelt. Als wichtigster Handelsplatz im Malaiischen Archipel hat J. einen Hafen mit Containerterminal und einen internationalen Flughafen. Das Stadtbild im Innenstadtbereich ist von Bauten geprägt, die während der niederländischen Kolonialzeit entstanden sind, sowie von modernen Hochhausbauten. Batavia war asiatischer Hauptsitz der niederländischen Ostindienkompanie.

Jakutien: Teilrepublik der Russischen Föderation (jakutisch Sacha). J. liegt im NO Sibiriens, umfasst 3 103 200 km² und hat 973 800 Mio. Einwohner. 33 % der Bevölkerung sind Jakuten, 50 % Russen. Hauptstadt ist Jakutsk.

J. erstreckt sich beiderseits der ↑ Lena. Es umfasst das Mittelsibirische Bergland und den NW der Ostsibirischen Gebirge. Das Klima ist extrem kontinental. Der Dauerfrostboden reicht bis in Tiefen von 1 500 m. Rd. 40 % der Fläche sind von Nadelwald, v. a. Lärchen, bedeckt. Zu den reichen Bodenschätzen gehören v. a. Diamanten (95 % der russischen Diamantengewinnung), Steinkohle, Gold, Nichteisenmetalle und Erdgas. Weitere Wirtschaftszweige sind Holzeinschlag und -verarbeitung sowie die Pelztierzucht. Von der Transsibirischen Eisenbahn und der Baikal-Amur-Magistrale führen Stichbahnen in die Bergbaugebiete.

Jamaika: Staat im Karibischen Meer. J. umfasst außer der Hauptinsel J. einige kleine vorgelagerte Inseln.

Landesnatur: Bis auf die teilweise versumpften Küstenebenen besteht die Insel überwiegend aus bis zu 900 m hohen Kalksteinplateaus, die stark verkarstet sind. In den Blue Mountains im O liegen die höchsten Erhebungen. Der Blue Mountain Peak erreicht 2 292 m. Das Klima ist tropisch mit hohen Niederschlagsmengen. Das Jahresmittel liegt zw. 800 und 3 000 mm. Häufig treten Wirbelstürme auf. Die ursprüngliche Vegetation ist nur noch in den mit Regen-, Berg- und Nebelwald bedeckten Blue Mountains erhalten. An den Küsten herrschen Mangroven und Kokospalmen vor.

Bevölkerung: Die Bevölkerung besteht zu rd. 76 % aus Schwarzen und zu etwa 15 % aus Mulatten. Minderheiten sind Inder, Europäer und Chinesen. Vom 7. bis 15. Lebensjahr besteht allgemeine Schulpflicht. Die Mehrheit der Einwohner gehört den über 100 christlichen Religionsgemeinschaften an. Eine Besonderheit sind die Rastafari. Sie sind Anhänger der gleichlautenden afroamerikanischen Religion, die in den 1930er-Jahren in Anknüpfung an Ideen von MARCUS M. GARVEYS entstand. Er predigte die Befreiung der Schwarzen aus ihrer »babylonischen Gefangenschaft« in Amerika. Der Name leitet sich ab von Ras (»Fürst«) Tafari (dem späteren äthiopischen Kaiser HAILE SELASSIE I.), der als unsterblicher »Jah (Gott) Rastafari« verehrt wird.

Jamaika

(amtlich engl. Jamaica)
Fläche: 10 990 km²
Einwohner: 2,617 Mio.
Hauptstadt: Kingston
Verwaltungsgliederung: 14 Bezirke
Amtssprache: Englisch
Währung: 1 Jamaika-Dollar (J$) = 100 Cents (c)
Zeitzone: MEZ – 6 Stunden
Kfz-Kennzeichen: JA

Wirtschaft und Verkehr: J. ist nach Australien und Guinea drittgrößter Bauxitexporteur der Erde. Bauxit wird v. a. zu Tonerde verarbeitet. In der Landwirtschaft arbeiten etwa 13 % der Beschäftigten. Hauptnahrungsmittel sind Jams, Bataten, Reis und Gemüse. Für den Export werden in Großplantagen Zuckerrohr, Bananen, Kakao und Zitrusfrüchte angebaut. Die Zucker- und Melasseherstellung dominiert in der Nahrungsmittelindustrie. Außerdem gibt es Stahl verarbeitende und Erdöl verarbeitende Industrien sowie Textil-, Düngemittel- und Kunststoffindustrie. Wichtigster Devisenbringer ist der Fremdenverkehr. Haupthandelspartner sind die USA, die EU-Länder und Kanada.

Rd. ein Drittel des Eisenbahnnetzes sind Privatbahnen für den Bauxittransport. Das Straßennetz ist mit 16 500 km Länge gut ausgebaut. Wichtigste Häfen sind Kingston, Port Royal und Montego Bay. Internationale Flughäfen liegen bei Kingston und bei Montego Bay.

Staat und Politik: Seit der Unabhängigkeit von Großbritannien 1962 ist J. Mitglied der UNO. Nach der im selben Jahr in Kraft getretenen Verfassung ist es eine parlamentarische Monarchie im Commonwealth. Staatsoberhaupt ist der britische Monarch, der durch den Generalgouverneur vertreten wird. Die Regierung wird von einem durch das frei gewählte Parlament bestimmten Premierminister geführt.

Jangtsekiang: in China fließender und mit rd. 6 000 km längster und wasserreichster Strom Asiens. Er entspringt im Kunlun Shan im NO Tibets, durchbricht im Oberlauf unter dem Namen Jinsha Jiang (Goldsand-Strom) das osttibetische Randgebirge, fließt durch Sichuan und das mittelchinesische Bergland und mündet als breiter Tieflandstrom im NO von ↑Schanghai in das Ostchinesische Meer. Das Stromsystem des J. ist auf rd. 2 800 km schiffbar für Dampfer. In seinem Delta liegt der Hochseehafen von Schanghai.

Seit 1994 ist der umstrittene **Drei-Schluchten-Staudamm** im Bau. 2003 wurde der größte Stausee der Erde zum ersten Mal geflutet. Er soll die Anrainer des J. vor Überflutungen schützen und der Stromversorgung dienen. Andererseits wurden durch den Stausee mehr als 1 500 Ortschaften und rd. 60 000 ha Ackerland überflutet. Mehr als 1 Mio. Menschen mussten zwangsumgesiedelt werden. Auch die Jangtseschluchten, eine der schönsten Flusslandschaften Chinas, werden stark beeinträchtigt.

Japan: siehe S. 182.

Java: kleinste, aber am dichtesten besiedelte der Großen Sundainseln im S Indonesiens im Malaiischen Archipel. Einschließlich der Insel Madura umfasst J. 132 187 km² und hat 121,3 Mio. Einwohner. Hauptstadt ist ↑Jakarta, das gleichzeitig Hauptstadt Indonesiens ist.

J. ist überwiegend gebirgig mit 17 tätigen und zahlreichen erloschenen Vulkanen. Höchste Erhebung ist mit 3 676 m der Semeru. Die Küstenebene im N ist teilweise versumpft. Das Klima ist tropisch. Im W herrscht immergrüner Regenwald vor, im O überwiegt Monsunwald. 23 % der Fläche sind bewaldet.

Angebaut werden u. a. Reis, Mais, Maniok, Sojabohnen und Zuckerrohr, daneben Tee, Kaffee, Tabak, Chinarinde, Kautschuk und Kakao. Im NO wird Erdöl gefördert. Im Zentrum und im O wird Phosphat abgebaut, im SW Gold gewonnen. Die Textilindustrie wurde stark ausgeweitet. Moderne Industrien der Elektronikbranche und des Fahrzeug- und Flugzeugbaus entstanden seit den 1980er-Jahren. Aus niederländischer Kolonialzeit stammen die Grundlagen des gut ausgebauten Straßen- und Schienennetzes.

Jemen: Staat in Vorderasien. J. liegt im SW und S der Arabischen Halbinsel. Im W grenzt es an das ↑Rote Meer, im N an Saudi-Arabien, im O an Oman und im S an den Golf von Aden. Zum Staatsgebiet gehören die Koralleninsel Kamaran im Roten Meer, die vulkanische Insel Perim in der Meerenge Bab el-Mandeb sowie die Inselgruppe Sokotra vor dem Osthorn Afrikas.

Landesnatur: Im W umschließt J. den südwestlichen Hochgebirgskern der Arabischen Halbinsel. Am Roten Meer liegt die schwülheiße Tihama, eine 40 bis 70 km breite, halbwüstenhafte Küstenebene. Ihr folgt mit einem

▶ *Fortsetzung auf S. 185*

Japan, der Inselstaat in Ostasien, war bis vor gut 150 Jahren noch ein agrarisch geprägter, mittelalterlich-feudalistisch strukturierter Staat. Seither hat es sich zu einer modernen Industrienation entwickelt, die heute eine bedeutende Rolle in der Weltwirtschaft und in der internationalen Politik spielt. Japan ist ein Beispiel dafür, dass sich selbst ein Land mit ungünstigen natürlichen Voraussetzungen zu einer modernen Wirtschaftsmacht von Weltrang entwickeln kann.

Japan

(Nippon, amtlich japanisch Nihon Koku)
Fläche: 377 855 km²
Einwohner: 127,150 Mio.
Hauptstadt: Tokio
Verwaltungsgliederung: 47 Präfekturen, darunter 3 Stadtpräfekturen
Amtssprache: Japanisch
Währung: 1 Yen (¥)= 100 Sen
Zeitzone: MEZ + 8 Stunden
Kfz-Kennzeichen: J

Naturräumliches Potenzial

Japan umfasst die vor der asiatischen Festlandküste gelegene Kette aus 3 922 Inseln. Zwischen 45,5 und 24° nördl. Breite hat das Land eine Längserstreckung von über 3 000 km. Die vier Hauptinseln sind Honshū, Hokkaidō, Kyūshū und Shikoku.

Als Teil der zirkumpazifischen Gebirgsbögen liegt die japanische Inselkette zw. der Eurasischen Platte und der Pazifischen Platte – Japan ist mit durchschnittlich 1 450 Beben pro Jahr eines der erdbebenreichsten Länder der Welt. Von mehr als 240 Vulkanen sind derzeit 36 aktiv; zudem gibt es etwa 12 000 heiße Quellen. Neun Kraftwerke nutzen die reichen Reserven an geothermischer Energie.

Die japanischen Inseln sind sehr gebirgig. Der Hauptinselbogen ist die Gipfelreihe eines Gebirgssystems, das aus über 12 000 m Tiefe vom Meeresboden aufsteigt. Mehr als 380 Gipfel liegen über 2 000 m. Höchster Berg ist der Vulkankegel ↑Fudschijama mit 3 776 m. Auch das steile Relief bietet viele Möglichkeiten zur Stromgewinnung, da die Flüsse zwar kurz sind, aber sehr schnell fließen. Die lebhaften Oberflächenformen zergliedern das Land, sodass sich eine charakteristische Kleinkammerung ergibt: Die Niederungen und Becken sind durch Höhenzüge getrennt. Tiefländer treten nur im Bereich der Küste auf, v. a. die dem Pazifischen Ozean zugewandte Seite ist durch größere Küstenebenen und Buchten begünstigt.

Das Klima wird durch den außertropischen Monsun geprägt: Im Sommer herrschen Winde aus S und SW vor, im Winter kommt der Wind vorwiegend aus N und NW. Die Monsunwinde bringen reichlich Niederschläge, im Winter auch Schnee – v. a. auf der dem Festland zugewandten Seite. Im Herbst drohen im SW heftige Taifune. Der S ist subtropisch heiß, der N warm- bis kühlgemäßigt. Für die Landwirtschaft herrschen damit günstige klimatische Bedingungen, in Süd- und Mitteljapan sind mehrere Reisernten im Jahr möglich. Allerdings sind aufgrund der gebirgigen Landesnatur nur 14 % der Gesamtfläche landwirtschaftlich nutzbar.

Im Bereich der japanischen Gewässer treffen kalte und warme Meeresströmungen aufeinander. Der damit zusammenhängende Fischreichtum erklärt, weshalb Japan zu den führenden Fischfangnationen der Erde gehört.

Strategien für den wirtschaftlichen Erfolg

Japan hat seinen steilen Wirtschaftsaufstieg eigentlich nicht trotz, sondern wegen seines Mangels an Raum und an Rohstoffen erreicht. Die heute leistungs- und konkurrenzfähige Industrie beruht auf den menschlichen Ressourcen des bevölkerungsreichen Landes und auf bestimmten Strategien, die sich als sehr erfolgreich erwiesen haben. Dazu gehören in erster Linie:

1) erhebliche Investitionen in Bildung, Ausbildung und berufliche Weiterbildung;

2) enge Bindung der Stammarbeiter an den einzelnen Betrieb, geringer gewerkschaftlicher Einfluss;

3) Beschaffung von Rohstoffen auf dem Weltmarkt zu niedrigen Preisen;

4) Landerschließung großen Ausmaßes durch Aufschüttungen und Aufspülungen an der Küste, um zusätzliche Hafen-, Industrie- und Siedlungsflächen zu gewinnen;

5) räumliche Konzentration in Küsten-Großindustriekomplexen, um ein enges Miteinander von Zulieferern, Weiterverarbeitern und Transporteuren zu ermöglichen;

6) hohe, z. T. mit Verschuldung einhergehende Investitionen in Forschung und Technologieentwicklung;

7) Priorität hochmoderner, zukunftsfähiger Schlüsselindustrien (beispielsweise Mikroelektronik), dabei enges Mitein-

ander von Forschung und Produktentwicklung;
8) kurze Produktionszyklen, d. h. große Bereitschaft, Innovationen aufzunehmen und Produkte zu verbessern oder deren Herstellung zu verbilligen;
9) konkurrenzfähiges Auftreten auf dem Weltmarkt durch hohe Produktqualität bei vergleichsweise niedrigen Preisen; zugleich lange Zeit Abschottung des eigenen Marktes gegenüber Importgütern aus dem Ausland;
10) enge Verflechtung von Staat und Privatwirtschaft unter Lenkung des Ministeriums für Internationalen Handel und Industrie (MITI).

Wirtschaftsgroßmacht auf engem Raum

Japan gehört zu den führenden Industriestaaten der Erde. Das Land ist nach dem Zweiten Weltkrieg zur zweitgrößten Wirtschaftsmacht nach den USA und vor Deutschland aufgestiegen.
Die Industrie konzentriert sich zu etwa 80 % im pazifischen Industriegürtel, v. a. um die Ballungszentren ↑Tokio, ↑Nagoya, ↑Ōsaka oder ↑Kōbe. Bestimmend sind die Zweige der Metallverarbeitung, darunter die elektrotechnische und elektronische Industrie mit dem Bau von elektronischen Teilen, Computern, Erzeugnissen der Unterhaltungselektronik und Industrierobotern sowie mit Werkzeugmaschinen-, Fahrzeug- und Schiffbau. Im Schiffbau war Japan seit 1956 führend in der Welt (die Stellung wurde inzwischen von Süd-Korea eingenommen), im Automobilbau, außer bei Nutzfahrzeugen, seit 1979 – Konkurrenten sind hier die USA und Deutschland. In der Produktion von synthetischem Kautschuk nimmt es ebenso wie in der Erzeugung von Eisen und Stahl den zweiten Platz ein. In der chemischen Industrie zählt Japan zu den vier größten Produzenten chemischer Grundstoffe. Hauptantriebskraft des Aufschwungs war der Export. Mit offensiver Taktik und wettbewerbsfähigen Produkten ist es Japan gelungen, in vielen Bereichen den Weltmarkt zu erobern. Heute liegt Japan nach den USA und Deutschland als Welthandelsnation auf dem dritten Rang und hat – trotz der notwendigen Rohstoffimporte – eine deutlich positive Handelsbilanz. International bedeutend ist auch das japanische Bank-, Börsen- und Versicherungswesen: ↑Tokio ist nach New York und London drittwichtigster internationaler Finanzplatz.
In jüngerer Zeit mehren sich jedoch Anzeichen, dass das japanische Wirtschaftswunder an seine Grenzen stößt. Einen bedeutenden Einschnitt brachte gegen Ende der 1990er-Jahre die sog. Asienkrise, die von hoher Staatsverschuldung, Zusammenbrüchen überschuldeter Banken und Firmen ausgelöst wurde. ■

Vom günstigen Businesshotel für Geschäftsreisende über die bizarren Schlafröhren in den Capsule Hotels bis hin zum echt kitschigen Love Hotel für frisch Vermählte – Erklärungen, Preise und Adresslinks gibt es unter: de.travel.yahoo.com/t/japan/accomodation/index.html
Japan ist sowohl ein modernes als auch ein sehr traditionelles Land. Versucht einmal, in der Schulklasse Begriffe zu sammeln, die ihr sofort mit Japan verbindet. Weit auseinander Liegendes dürfte dabei rauskommen: Kimono und Karaoke, Essstäbchen und Playstation 2.

www.wissen.swr-online.de/sf/begleit/bg0032/bg_ja00.htm
www.japanlink.de
www.uni-duisburg.de/FB5/VWL/OAWI/WIPO/index.html

COULMAS, FLORIAN: *Die Kultur Japans.* München (Beck) 2003. ■ *Japan, hg. von* HELMUT RUPPERT. Seelze (Friedrich) 1998 (Geographie heute 158). ■ KEVENHÖRSTER, PAUL u. a.: *Japan.* Wiesbaden (Leske + Budrich) 2003. ■ POHL, MANFRED: *Japan.* München (Beck) 2002.

◀ Fortsetzung von S. 181 regenreicheren Steilanstieg das Hochland von J. Es ist größtenteils aus vulkanischen Gesteinen aufgebaut und zw. 2 000 und 2 500 m hoch. An seinem Westrand liegt der Nabi Schuaib, mit 3 760 m die höchste Erhebung Arabiens. Weiter nach O senkt sich das Hochland zur Großen Arabischen Wüste, der Rub al-Chali, ab.

An der ebenfalls schwülheißen Küste am Golf von Aden breiten sich z. T. Lavafelder mit aufgesetzten Vulkankegeln aus. Mit einer markanten Bruchstufe erhebt sich aus dieser Küstenebene die Arabische Tafel. Das von über 300 m tiefen steilen Wadis zerschnittene Kalksteinplateau geht im N in die Große Arabische Wüste über.

Bevölkerung: Den Hauptteil der Bevölkerung bilden Araber. An der Küste zum Golf von Aden siedeln Inder und Somal, ein ostäthiopisches Volk. Als Siedlungsformen finden sich neben geschlossenen Dörfern in der Tihama mehrstöckige Wohntürme im westlichen Randgebirge und bis zu acht Stockwerke hohe, aus Lehmziegeln erbaute, oft mit weißen Ornamenten geschmückte Häuser in den städtischen Siedlungen. Etwa 5 % der Bevölkerung sind Nomaden.

Jemen

(amtlich arabisch Al-Djumhurijja al-Jamanijja, dt. Republik Jemen)
Fläche: 527 968 km²
Einwohner: 18,601 Mio.
Hauptstadt: Sanaa
Verwaltungsgliederung: 17 Provinzen
Amtssprache: Arabisch
Währung: 1 Jemen-Rial (Y. Rl) = 100 Fils
Zeitzone: MEZ + 2 Stunden
Kfz-Kennzeichen: ADN

Die Analphabetenquote liegt bei 50 %. Lediglich im S des Landes besteht Schulpflicht vom 8. bis 15. Lebensjahr. Der Islam ist Staatsreligion. Im südlichen J. sind 3 % der Bevölkerung Hindus.

Wirtschaft und Verkehr: Bedeutendster Wirtschaftszweig ist die Landwirtschaft. Angebaut werden v. a. Hirse, Weizen, Gerste, Sesam, Mais, Hülsenfrüchte, Weintrauben, Gemüse und Tabak. Auf entsalzten Böden der Tihamaebene findet sich Baumwollanbau. Statt Kaffee werden vermehrt Kathsträucher gepflanzt: Ihre Blätter werden gekaut und setzen dabei beruhigende Stoffe frei. Der Konsum der weichen Droge ist äußerst weit verbreitet.

Die Beduinen halten Ziegen, Schafe, Rinder und Kamele. Im Roten Meer und im Golf von Aden werden Fischfang und Perlenfischerei betrieben.

Größte Industriebetriebe sind die Erdölraffinerie in Aden und Textilfabriken in Sanaa. Es dominiert das traditionelle Handwerk mit Schmieden, Gerbereien und Lederverarbeitung. Seit 1984 wird Erdöl gefördert.

Das Straßennetz konzentriert sich auf die Küstenregionen. Al-Ahmadi bei Hodeida am Roten Meer und Aden im S sind die wichtigsten Überseehäfen. Internationale Flughäfen haben Sanaa, Taiz, Hodeida und Aden.

Staat und Politik: Nach der Verfassung vom 28. 9. 1994 ist J. eine islamische Präsidialrepublik. An der Spitze von Staat und Exekutive steht der für sieben Jahre direkt gewählte Staatspräsident.

Bis 1990 waren der südliche und der nördliche Landesteil politisch eigenständig. Das Königreich im **Nordjemen** wurde 1962 nach einem Militärputsch durch die Arabische Republik J. abgelöst. Der **Südjemen** – ehemals britische Kronkolonie – wurde 1967 nach einem Umsturz in einen kommunistischen Einheitsstaat umgewandelt, auf dessen Grundlage 1970 die Demokratische Volksrepublik J. entstand. Nach offenen Feindseligkeiten 1970/71 wurden Ver-

J

einigungsverhandlungen aufgenommen, die am 22.5. 1990 zum Zusammenschluss beider Staaten führten.

Jena: kreisfreie Stadt im O des Bundeslandes Thüringen. J. liegt in einem breiten Taleinschnitt der Saale zw. Muschelkalkhängen. Es hat 100 500 Einwohner.

Neben der 1548 gegründeten Friedrich-Schiller-Universität gibt es eine Fachhochschule und mehrere Forschungsinstitute. J. ist Sitz des Technologiekonzerns Jenoptik AG, der feinwerktechnisch-optisch-elektronische Maschinen, Geräte und Apparaturen herstellt, der Jenaer Glaswerke GmbH sowie der Carl Zeiss Jena GmbH.

Jenissei: Strom im sibirischen Teil Russlands. Mit der Angara ist der Fluss 4 092 km lang. Der J. entsteht aus den Quellflüssen Großer und Kleiner Jenissei in Tuwinien und mündet in die Karasee. Sein Einzugsgebiet umfasst 2,58 Mio. km^2.

Der J. ist bis in das Minussinsker Becken schiffbar, bis Igarka sogar für Seeschiffe zugänglich. Ab Krasnojarsk ist der Fluss eine wichtige Verkehrsader, da er etwa fünf Monate eisfrei ist. Wasserkraftwerke finden sich bei Krasnojarsk und Sajan-Schuschenskoje.

Jerusalem (arabisch El-Kuds): seit 1950 Hauptstadt des Staates Israel und bis 1967, als Israel den zu Jordanien gehörenden Ostteil besetzte, eine geteilte Stadt. J. liegt im Bergland von Judäa in 700 bis 850 m Höhe. Es hat 692 300 Einwohner.

J. ist das Regierungs-, Kultur- und religiöse Zentrum des Landes. Hier befinden sich zahlreiche Kultstätten und Heiligtümer der Juden, Christen und Muslime. J. ist Sitz der israelischen Akademie der Wissenschaften und der Hebräischen Universität J. sowie der Kunst- und Musikhochschule.

Die Altstadt ist von einer gewaltigen Mauer aus dem 16. Jh. umgeben, als J. Teil des Osmanischen Reiches war. Die Stadt ist seit dem Mittelalter in vier Quartiere aufgeteilt: Das Viertel der Muslime liegt im O, das der Christen im NW, das Armenierviertel im SW und das Judenviertel im S. Fast der gesamte Ostteil der Altstadt wird vom Tempelberg eingenommen. Hier befinden sich die beiden bedeutendsten islamischen heiligen Stätten: der Felsendom und die Al-Aksa-Moschee. Unter den zahlreichen christlichen Stätten sind die Grabeskirche und die Via Dolorosa die wichtigsten. Für die Juden ist die über 400 m lange Klagemauer ein Heiligtum. Außerhalb der Altstadt liegt im W der Hügel des Gedenkens (Har Hazikaron) mit der Gedenkstätte Yad Vashem, dem Erinnerungsmal für die Ermordeten des Holocaust.

Johannesburg: Stadt in der Republik Südafrika. J. ist Hauptstadt der Provinz Gauteng und liegt auf den südlichen Ausläufern des Witwatersrands in 1 750 m Höhe. Die eigentliche Stadt hat rd. 712 500 Einwohner, als Großraum mit fast 2 Mio. Menschen ist sie der bedeutendste Siedlungs- und Wirtschaftsraum von Südafrika.

J. besitzt Diamantenschleifereien, Maschinenbau, Textil-, Nahrungsmittel-, Leder- und chemische Industrie. Außerdem ist die Stadt Börsen- und Messestandort. J. hat zwei Universitäten und mehrere Forschungsinstitute. Als Verkehrsknotenpunkt besitzt J. mehrere Flughäfen, darunter Jan Smuts, den größten Flughafen Südafrikas. Im SW liegt Soweto, die Wohnsiedlung für Schwarze, die 1976 Schauplatz schwerster Kämpfe zw. Schwarzen und Polizeitruppen des Apartheidstaates war.

Jordanien: Staat in Vorderasien. J. grenzt im W an Israel, im N an Syrien, im äußersten NO an Irak und im O sowie im S an Saudi-Arabien. Die Südwestspitze stößt an den Golf von Akaba des Roten Meeres.

Landesnatur: Etwa neun Zehntel des Landes sind Wüste oder Wüstensteppe. J. hat Anteil an der Ostflanke des Jordangrabens mit dem ↑Toten Meer. Östlich davon erhebt sich das Ostjordanische Bergland bis zu einer Höhe von 1 745 m. Im N überwiegen leicht wellige Ebenen, im S bizarr geschnittene Sandsteinplateaus. Nach O geht das Bergland in die eintönigen Tafelländer der Syrischen Wüste über.

Die Sommer sind im ganzen Land trocken und heiß, die Winter mild. In den höheren Lagen des Berglandes sind Schneefälle und Frost möglich. Nur der Rand im nördlichen Abschnitt des Ostjordanischen Berglandes erhält so viel Niederschlag, dass Feldbau ohne Bewässerung möglich ist. Die wasserarmen Kalkplateaus der Bergländer sind magere Weideflächen oder tragen Gehölz- und Gestrüppformationen.

Bevölkerung: Die Bevölkerung besteht überwiegend aus Arabern. Daneben gibt es tscherkessische, armenische, kurdische und turkmenische Minderheiten. Von staatstragender Bedeutung sind auch heute noch die Beduinen, von denen nur knapp 5 % noch als Nomaden leben. Amman ist der größte Ballungsraum. 2003 lebten in J. 150 000 palästinensische Flüchtlinge.

Jordanien

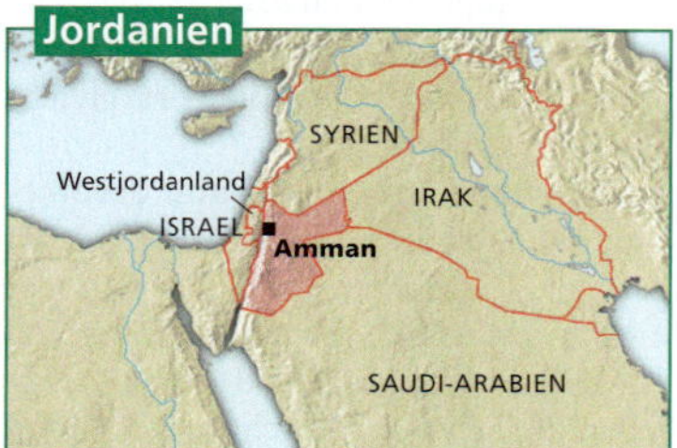

(amtlich arabisch Al-Mamlaka al-Urdunnijja al-Haschimjja, dt. Haschemitisches Königreich Jordanien)
Fläche: 89 342 km²
Einwohner: 5,171 Mio.
Hauptstadt: Amman
Verwaltungsgliederung: 12 Gouvernorate
Amtssprache: Arabisch
Währung: 1 Jordan-Dinar (JD.) = 1 000 Fils (FLS)
Zeitzone: OEZ
Kfz-Kennzeichen: JOR

Allgemeine Schulpflicht besteht vom 6. bis 15. Lebensjahr. Die Analphabetenquote liegt bei etwa 20 %. Rd. 95 % der Bevölkerung gehören dem Islam an, über 4 % sind Christen.

Jordanien: Trockentäler wie das Wadi Rum sind charakteristisch für die Wüsten und Wüstensteppen des Königreichs.

Wirtschaft und Verkehr: Landwirtschaft ist meist nur mithilfe künstlicher Bewässerung möglich. Angebaut werden im Jordangraben Gemüse, Weizen, Melonen, Bananen und Zitrusfrüchte, im mittleren Teil des Ostjordanischen Berglandes v. a. Getreide, Linsen, Wicken, Tabak, Oliven, Feigen und Granatäpfel. Lebensgrundlage der Halb- und Vollnomaden ist die Haltung von Schafen, Ziegen, Rindern und Kamelen. Fischerei wird im Golf von Akaba betrieben.

Wichtigster Wirtschaftszweig ist der Phosphatabbau. Wichtigste Industriebetriebe sind eine Superphosphatfabrik, ein Zementwerk und eine Erdölraffinerie, gefolgt von Bekleidungs-, Nahrungsmittel- und Schuhindustrie.

Das Eisenbahnnetz ist nur noch für den Phosphattransport zur Hafenstadt Akaba von Bedeutung. Internationale Flughäfen sind in Amman und Akaba.

Staat und Politik: Nach der Verfassung aus dem Jahr 1952 ist J. eine konstitutionelle Erbmonarchie. Staatsoberhaupt und Oberbefehlshaber der Streitkräfte ist der König.

Auf das 1967 an Israel gefallene Westjordanien wurde 1974 zugunsten der Pa-

K

lästinenser verzichtet. 1994 schlossen Israel und J. einen Friedensvertrag.

Jugoslawien: ↑Serbien und Montenegro

K

K2 (Chogori): mit 8 607 m nach dem Mount ↑Everest der zweithöchste Berg der Erde. Er liegt in Kaschmir und ist Teil des Gebirges Karakorum. 1856 wurde er als zweiter Karakorum-Gipfel überhaupt vermessen und erhielt deshalb seinen Namen. 1861 wurde er inoffiziell in **Mount Godwin-Austen** umbenannt, nach dem britischen Soldaten und Topografen HENRY HAVERSHAM GODWIN-AUSTEN (1834–1923).

Kabul: Hauptstadt von Afghanistan. K. liegt in 1 795 m Höhe am Fluss Kabul in einem von Gebirgen umgebenen, bewässerten Hochbecken. Die Stadt hat 2,734 Mio. Einwohner.

K. ist Universitätsstadt. Hauptindustriezweige sind u. a. Textil-, Metall- und Lederindustrie. K. hat einen internationalen Flughafen. Rd. 70 % der Stadt wurden während des Bürgerkriegs zerstört.

Kairo: Hauptstadt von Ägypten. K., das auf Arabisch **Misr el-Kahira** heißt, liegt am Beginn des Nildeltas. Mit 9,87 Mio. Einwohnern ist es die größte Stadt Afrikas und der arabischen Welt. In der städtischen Agglomeration leben rd. 16 Mio. Menschen.

K. ist politischer, geistiger und wirtschaftlicher Mittelpunkt des Landes und des gesamten Nahen Ostens. Mit über 500 Moscheen ist es eine geistige Hochburg des Islam. Neben fünf Universitäten beherbergt es zahlreiche Forschungsinstitute. Touristen werden u. a. vom Ägyptischen Museum angezogen. Als Knotenpunkt des ägyptischen Verkehrsnetzes ist es Sitz von Erdöl und Metall verarbeitender Industrie sowie Nahrungsmittel-, Textil- und Druckindustrie. K. besitzt einen Nilhafen und einen internationalen Flughafen.

Die Altstadt bildet ein einzigartiges Ensemble islamischer Baukunst. Sie wurde zum UNESCO-Weltkulturerbe erklärt. Neben zahlreichen Moscheen gehören auch die zw. 1171 und 1176 erbauten Befestigungstore sowie die Zitadelle von 1179 zu den architektonischen Höhepunkten.

Kalahari: abflusslose Beckenlandschaft im südlichen Afrika. Die K. erstreckt sich auf rd. 1 Mio. km². Sie liegt in 800 bis 1 200 m Höhe und wird begrenzt von den Flüssen ↑Sambesi, Limpopo und ↑Oranje sowie dem südwestafrikanischen Hochland. Der größte Teil gehört zu Botswana, der S zur Republik Südafrika, der W zu Namibia.

Die Niederschläge steigen von weniger als 250 mm im S auf über 650 mm im N. Wegen des sandigen Untergrundes herrscht äußerste Wasserarmut. Das nur episodisch fließende Wasser hat zur Bildung großer Salzpfannen geführt. Im S sind mächtige Dünenwälle entstanden. Im N versiegt das Wasser des Okawango im großen Sumpfgebiet des gleichnamigen Beckens.

Kalifornien: drittgrößter und bevölkerungsstärkster Bundesstaat der USA. K. liegt am Pazifischen Ozean und grenzt im S an Mexiko. Auf einer Fläche von 424 002 km² leben 35,484 Mio. Menschen. Neben fast 8 % Schwarzen gibt es starke Minderheiten von Nachkommen mexikanischer, chinesischer und japanischer Einwanderer. Hauptstadt ist Sacramento, die größten Städte sind ↑Los Angeles und ↑San Francisco.

K. hat Anteil an den Küstenketten, dem Kalifornischen Längstal, der Sierra Nevada, der Cascade Range und dem Großen Becken. Das Klima ist gemäßigt bis subtropisch mit von N nach S abnehmenden Niederschlägen. Jenseits der Küstenketten liegen Trockengebiete. Nahezu der gesamte Staat ist durch Erdbeben gefährdet, insbesondere entlang der ↑San Andreas Fault.

In K. wird intensiv Landwirtschaft betrieben. Von großer Bedeutung ist der

Südfrucht- und Gemüsebau im Kalifornischen Längstal mithilfe künstlicher Bewässerung. Daneben finden sich Vieh- und Geflügelzucht sowie Fischerei. Die reichen Vorkommen an Bodenschätzen umfassen u. a. Erdöl, Erdgas, Borsalze, Quecksilber, Magnesit, Wolfram und – stark zurückgegangen – Gold. Die Industrie ist hoch entwickelt. Neben Luftfahrt-, Raumfahrt-, Elektronik- und Computerindustrie im Silicon Valley finden sich Fahrzeugbau, Nahrungsmittelindustrie und Hüttenwerke. Die Stanford University in Palo Alto ist führend im Hightechbereich. Sitz der Filmindustrie ist Hollywood. Anziehungspunkte des Fremdenverkehrs sind neben der Filmstadt v. a. Disneyland, San Francisco, die Nationalparks und Badestrände.

Kalimạntan: ↑Borneo.

Kalkụtta (indisch Kolkata): Hauptstadt des indischen Bundesstaates West Bengal. K. liegt am Hugli, einem Mündungsarm des ↑Ganges, und hat 4,581 Mio. Einwohner. In der Agglomeration Großkalkutta, der größten Stadtregion von Indien, leben 15,4 Mio. Menschen. Neben mehreren Universitäten und Hochschulen ist K. Sitz wissenschaftlicher Institute und Gesellschaften. Hauptindustriezweig ist die chemische Industrie. Daneben finden sich Schwer-, Maschinen-, Fertigwaren-, Jute-, Baumwoll- und Seidenindustrie. K. hat einen Überseehafen und einen internationalen Flughafen in Dum Dum.

Kambọdscha: Staat in Südostasien. K. liegt im südlichen Hinterindien. Es grenzt im W und NW an Thailand, im NO an Laos, im O und SO an Vietnam und im SW an den Golf von Thailand.

Landesnatur: Das Kernland wird von dem fruchtbaren Mekong- und Tonle-Sap-Becken gebildet. Es wird im W, N und O von Randgebirgen begrenzt, die bis zu 1 500 m aufragen. Im S bildet das Mekongdelta den Abschluss. Im SW verläuft die flache und buchtenreiche Küste des Golfs von Thailand. In dessen Nähe steigt das Kardamomgebirge bis 1 744 m an. Im flachen Landesinneren liegt der See Tonle Sap. Seine Fläche unterliegt starken jahreszeitlichen Schwankungen. Bei Hochwasser ist er mit dem Mekong verbunden.

Das Klima ist tropisch mit einer Regenzeit zw. Juni und November. Etwa die Hälfte des Landes wird von Regenwald oder lichtem Monsunwald bedeckt. An der Küste kommt Mangrove vor.

Kambodscha

(amtlich Khmer: Preah Reach Ana Pak Kampuchea, dt. Königreich Kambodscha)
Fläche: 181 035 km²
Einwohner: 12,487 Mio.
Hauptstadt: Phnom Penh
Verwaltungsgliederung: 24 Provinzen
Amtssprache: Khmer
Währung: 1 Riel (CR) = 10 Kak = 100 Sen
Zeitzone: MEZ + 6 Stunden
Kfz-Kennzeichen: K

Bevölkerung: Schätzungsweise 85 bis 93 % der Bevölkerung sind Khmer. Andere ethnische Gruppen, die vor 1975 etwa 15 % der Bevölkerung ausmachten, wurden während des Bürgerkriegs umgebracht, vertrieben oder in den NW zwangsweise umgesiedelt. Rd. 300 000 Flüchtlinge konnten sich ins benachbarte Thailand retten.

Vom sechsten bis elften Lebensjahr besteht Schulpflicht. Der Hinajana-Buddhismus ist heute Staatsreligion. Nur Minderheiten gehören dem Islam und dem Christentum an.

Wirtschaft und Verkehr: In dem ausgeprägten Agrarland arbeiten rd. 74 % der Erwerbstätigen in der Landwirtschaft. Auf rd. 70 % der Ackerfläche wird Reis kul-

K

tiviert. Daneben gibt es Kautschukpflanzungen sowie Anbau von Mais, Zuckerrohr, Maniok, Bananen, Tabak und Pfeffer. Der Reichtum an Edelhölzern wie Teak, Mahagoni und Ebenholz in den Randgebirgen wird nur z. T. genutzt, da die Gebiete unzureichend erschlossen sind. Neben dem Fischfang im Tonle Sap wird auch Küstenfischerei betrieben. Die wenigen Bodenschätze sind auf Eisenerzlager im N, Gold und Edelsteine beschränkt. Außerdem werden Phosphat und Meersalz gewonnen. Vorwiegend in Kleinbetrieben werden Textilien, Geräte und Werkzeuge hergestellt sowie Agrarprodukte verarbeitet.

Das Verkehrswesen befindet sich in einem sehr schlechten Zustand. Hauptverbindungswege sind eine das Land durchziehende Fernstraße und die 612 km lange Eisenbahnlinie. Sie führt zum einzigen Seehafen Kompong Som. Die Binnenschifffahrt auf dem Mekong ist für den Güterverkehr der wichtigste Verkehrsträger. Ein internationaler Flughafen liegt bei ↑Phnom Penh.

Staat und Politik: Nach der Verfassung vom 21. 9. 1993 ist das Land eine konstitutionelle Monarchie mit Mehrparteiensystem. Staatsoberhaupt, Oberbefehlshaber der Streitkräfte sowie Vorsitzender des Nationalen Verteidigungsrats ist der auf Lebenszeit vom Thronrat gewählte König.

1975 errichteten die kommunistisch orientierten Roten Khmer ein Terrorregime, dem bis zu seinem Sturz 1979 etwa 2 Mio. Menschen zum Opfer fielen. Der folgende Bürgerkrieg endete am 23. 10. 1991 mit der Unterzeichnung eines Friedensabkommens durch die Konfliktparteien. Im April 1999 wurde K. in die ↑ASEAN aufgenommen. Seit 1955 ist es Mitglied der UNO.

Kamerun: Staat im W Zentralafrikas. K. grenzt im SW an den Golf von Guinea, im W an Nigeria, im NO an Tschad, im O an die Zentralafrikanische Republik und im S an die Republiken Kongo, Gabun und Äquatorial-Guinea.

Landesnatur: K. erstreckt sich von der flachen Küstenregion am Golf von Guinea über das Westkameruner Bergland und das Hochland von Adamaua zum abflusslosen Tschadbecken mit dem ↑Tschadsee im N. Im S schließt sich das Südkameruner Hochland an, das sich im SO zum Kongobecken senkt. Der höchste Berg des Landes ist der 4 070 m hohe Kamerunberg. Hauptflüsse sind Logone, oberer Benue und Sanaga. Das Klima ist im S tropisch. Hier fallen jährlich rd. 4 000 mm Niederschlag. Die Niederschlagsmengen nehmen nach N rasch ab. Der äußerste N ist ein Trockengebiet mit extrem schwankenden Temperaturen.

Etwa 52 % der Landesfläche sind bewaldet. In der Küstenregion herrscht dichter Regenwald vor. Landeinwärts schließen sich Feucht- und Trockensavanne an. Im N liegen ausgedehnte Grasfluren, das sog. Kameruner Grasland.

Bevölkerung: In K. leben über 200 ethnische Gruppen. Im S und SW finden sich vorwiegend Bantuvölker. Im Regenwald leben noch etwa 10 000 Pygmäen. Der N ist von Sudanvölkern und Fulbe besiedelt. Rd. 50 % der Bevölkerung leben in Städten.

Kamerun

(amtlich frz. République du Cameroun, engl. Republic of Cameroon)
Fläche: 475 442 km²
Einwohner: 15,769 Mio.
Hauptstadt: Yaoundé
Verwaltungsgliederung: 10 Provinzen
Amtssprachen: Französisch und (regional) Englisch
Währung: 1 CFA-Franc = 100 Centimes
Zeitzone: MEZ
Kfz-Kennzeichen: TC

Vom 6. bis 14. Lebensjahr besteht allgemeine Schulpflicht. Neben staatlichen gibt es viele private Schulen. Dennoch liegt die Analphabetenquote bei 46 %. Über 53 % der Bevölkerung sind Christen, 23 % Muslime. Etwa 20 % sind Anhänger traditioneller afrikanischer Religionen.

Wirtschaft und Verkehr: Wichtigster Wirtschaftssektor ist der Agrarbereich. Er beschäftigt knapp 60 % der Erwerbstätigen. Etwa ein Drittel der Landesfläche wird landwirtschaftlich genutzt. Zur Eigenversorgung werden v. a. Hirse, Mais, Reis, Maniok und Jamswurzeln angebaut. Für den Export bestimmt sind Kakao, Kaffee, Baumwolle, Bananen, Erdnüsse, Palmöl, Zuckerrohr und Kautschuk sowie Holz und Holzerzeugnisse. Auf dem Adamauahochland werden Rinder und Pferde, im S Schweine, Schafe, Ziegen und Hühner gehalten. Küsten-, Fluss- und Hochseefischerei können den Bedarf an Fisch nicht decken.

Der Bergbau ist wenig entwickelt, es werden v. a. Eisen-, Zinn- und Titanerze, Gold und Bauxit abgebaut. Seit 1977 wird vor der Küste Erdöl gefördert. Größte Industrieunternehmen sind das Aluminiumwerk in Édéa und die Erdölraffinerie in Limbe. Wichtigste Handelspartner sind Frankreich, Spanien, Italien und Deutschland.

Das Straßennetz umfasst 67 000 km. Es wird von dem 1 104 km langen Eisenbahnnetz ergänzt. Wichtigster Überseehafen ist Douala, bedeutendster Holzexporthafen Kribi. Internationale Flughäfen liegen bei Douala, Yaoundé, Garoua und Bafoussam.

Staat und Politik: Nach der Verfassung von 1972 ist K. eine Präsidialrepublik. Staatsoberhaupt und Oberbefehlshaber der Streitkräfte ist der mit großen Machtbefugnissen ausgestattete Staatspräsident. Er wird für fünf Jahre direkt gewählt.

Am 1. 1. 1960 wurde die unabhängige Republik K. ausgerufen. Sie wurde am 1. 10. 1961 in Bundesrepublik K., diese am 20. 5. 1972 in Vereinigte Republik K. umbenannt. Der heutige Name existiert seit 1984. Seit 1995 ist K. Mitglied des Commonwealth. Außerdem gehört es der OAU und seit 1960 der UNO an.

Kanada: Bundesstaat in Nordamerika. K. grenzt im O an den Atlantischen Ozean, im S und NW an die USA und im W an den Pazifischen Ozean. Der Kanadisch-Arktische Archipel liegt im Nordpolarmeer.

Kanada

(amtlich engl. und frz. Canada)
Fläche: 9 984 670 km²
Einwohner: 31,362 Mio.
Hauptstadt: Ottawa
Verwaltungsgliederung: 10 Provinzen und 3 Territorien
Amtssprachen: Englisch und Französisch
Währung: 1 Kanadischer Dollar (kan$) = 100 Cents (c)
Zeitzone: MEZ (von O nach W) – 4,5 bis – 9 Stunden
Kfz-Kennzeichen: CDN

Landesnatur

K. umfasst den N des nordamerikanischen Kontinents außer ↑Alaska. Das *Relief* wird von mehreren naturgeografischen Räumen geprägt. Fast die Hälfte des Landes nimmt der Kanadische Schild ein. Er erstreckt sich kreisförmig um die ↑Hudsonbai. Im SO liegen die hügeligen Ausläufer der ↑Appalachen. Die Ebenen am ↑Sankt-Lorenz-Strom und im Gebiet der ↑Großen Seen sind Teil des Zentralen Tieflands Nordamerikas. Westlich des Kanadischen Schildes erstreckt sich das Prärietafelland der Großen Ebenen oder ↑Great Plains. Es steigt in weiträumigen Stufen von 300 m im O

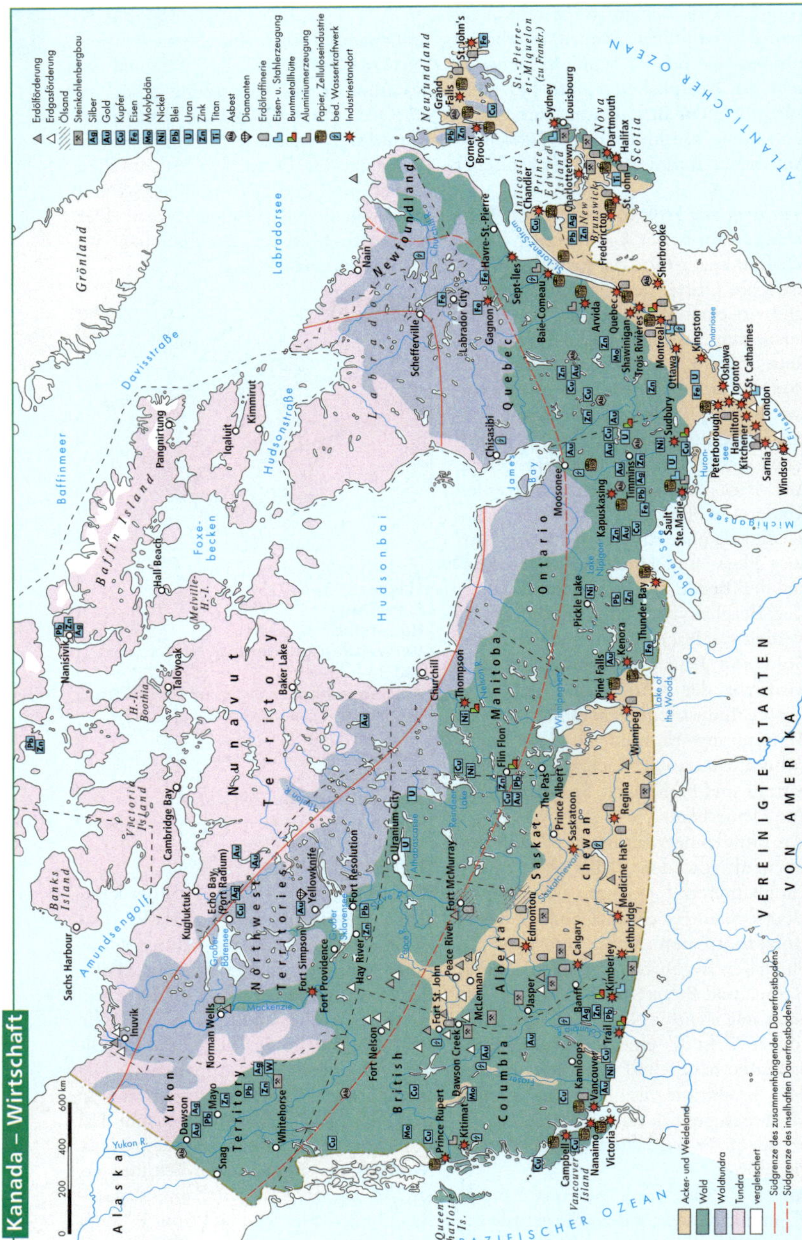
Kanada – Wirtschaft
0 200 400 600 km
Erdölförderung
Erdgasförderung
Ölsand
Steinkohlenbergbau
Ag Silber
Au Gold
Cu Kupfer
Fe Eisen
Mo Molybdän
Ni Nickel
Pb Blei
U Uran
Zn Zink
Ti Titan
Asbest
Diamanten
Erdölraffinerie
Eisen- u. Stahlerzeugung
Buntmetallhütte
Aluminiumerzeugung
Papier, Zelluloseindustrie
bed. Wasserkraftwerk
Industriestandort
Acker- und Weideland
Wald
Waldtundra
Tundra
vergletschert
Südgrenze des zusammenhängenden Dauerfrostbodens
Südgrenze des inselhaften Dauerfrostbodens

bis zur Vorgebirgszone der ↑Rocky Mountains im W auf 1 500 m an. Der W des Landes wird vom kanadischen Teil der ↑Kordilleren eingenommen. Die Ketten erreichen 3 000 bis 4 000 m Höhe. Höchste Erhebung ist der Mount Logan mit 5 951 m. Die Plateaus liegen meist in einer Höhe von 1 000 bis 2 000 m. Nördlich des kanadischen Festlands erstreckt sich der Kanadisch-Arktische Archipel. Der flache Teil im S erreicht nur eine Höhe bis 400 m. Im N ragen die Inseln bis 2 900 m auf.
7,6 % der Gesamtfläche sind von *Seen* bedeckt. Der Große Bärensee, der Große Sklavensee und der Winnipegsee gehören zu den größten Seen der Erde. An den Großen Seen hat K. einen Anteil von 36 %. Wichtigste *Flüsse* sind Nelson River, Churchill River und Mackenzie River. Der Sankt-Lorenz-Strom ist der bedeutendste Wasserweg des Landes.
K. hat überwiegend kontinentales *Klima* mit langen, kalten Wintern und warmen, im Landesinneren heißen Sommern. Der Kanadisch-Arktische Archipel und das nordöstliche Festland liegen in der arktischen Klimaregion. Der zentrale und der westliche N gehören zur subarktischen Klimaregion. Im SO ist das Klima gemäßigt. Im W schützen die Kordilleren die Küstengebiete vor arktischen Kaltlufteinbrüchen. Westwinde bringen hier hohe Niederschläge. Im Windschatten der Gebirge herrscht dagegen große Trockenheit.
Die *Vegetation* ist dem Klima entsprechend unterschiedlich ausgeprägt. An die Tundra im hohen N schließt sich südlich ein breiter Nadelwaldgürtel an. Östlich der Rocky Mountains grenzt an den Waldgürtel ein breiter Steppengürtel, die Prärie. An der Westküste gibt es Regenwälder mit Zedern, Douglasfichten und Hemlocktannen.

■ Bevölkerung

Den größten *Bevölkerungsanteil* stellen die Anglokanadier mit rd. 40 % und die Frankokanadier mit rd. 25 %. Der Anteil der Ethnien aus außereuropäischen Ländern liegt bei fast 10 %. Die rd. 560 000 Indianer leben über ganz K. verstreut. Die etwa 30 000 Inuit (Eskimo) siedeln v. a. im N des Landes, insbesondere in Nunavut, einem Territorium mit Selbstverwaltung. Die meisten Einwohner leben in einem Streifen entlang der Grenze zu den USA. Fast 65 % davon haben sich im S der Provinzen ↑Quebec und Ontario niedergelassen. Bevorzugt werden v. a. die Großstädte ↑Vancouver, ↑Montreal und Toronto.
Das von amerikanischen Vorbildern beeinflusste *Bildungswesen* untersteht den Provinzen. Allgemeine Schulpflicht besteht meist vom 6. oder 7. bis 15. oder 16. Lebensjahr. Vorherrschende *Religion* ist das Christentum. Rd. 44 % der Bevölkerung sind Katholiken und 29 % Protestanten. 4 % gehören der anglikanischen und 1,5 % der orthodoxen Kirche an. Der Anteil der Juden liegt bei etwa 1 %.

■ Wirtschaft und Verkehr

Die natürlichen Reichtümer des Landes sind Bodenschätze, Energiequellen, fruchtbare Böden im Präriegebiet und Wälder. Jedoch ist die Erschließung der nördlichen Gebiete schwierig. Die Ballungsräume im S haben untereinander nur wenige Verbindungen. Sie sind stark mit den benachbarten Wirtschaftsräumen der USA verflochten, die auch der wichtigste Handelspartner sind. Beide Länder schlossen 1988 ein Freihandelsabkommen. Es wurde im Jahr 1994 durch die Nordamerikanische Freihandelszone (↑NAFTA) zw. K., den USA und Mexiko erweitert.
Die *Landwirtschaft* nutzt lediglich 7,5 % der Gesamtfläche. Sie beschäftigt nur noch 3 % aller Erwerbstätigen. Wichtigste Ackerbaugebiete sind die Prärieprovinzen Manitoba, Saskatchewan und Alberta. Auf sie entfallen 96 % des Weizen-, 84 % des Hafer- sowie 73 % des Gersteanbaus. Auch Ölsaaten wie Raps, Leinsaat und Sonnenblumen werden fast ausschließlich hier kultiviert. Obst und

Gemüse werden v. a. in den atlantischen Provinzen angebaut, Tabak besonders in Ontario. Rd. 50 % der landwirtschaftlichen Erträge erbringen Vieh- und Milchwirtschaft.
Die *Forstwirtschaft* ist ein weiterer wichtiger Wirtschaftszweig. Etwa 36 % der Landfläche sind mit Wald bedeckt, aber nur die Hälfte davon ist wirtschaftlich nutzbar. In der Produktion von Holzschliff und Zellstoff steht K. an erster Stelle der Welterzeugung.
Die *Pelztierzucht* konzentriert sich auf Nerze und Füchse. Vor den Küsten von Neufundland und Labrador werden Sattelrobben gejagt. Die *Fischerei* arbeitet v. a. für den Export. Gefangen werden u. a. Schellfisch, Hering, Dorsch, Makrele im Atlantik und Lachs im Pazifik.
K. hat große Vorkommen an *Bodenschätzen.* In der Provinz Alberta werden v. a. Erdöl, Erdgas und Kohle gefördert. Ontario ist besonders reich an Nickel, Kupfer, Eisen und Gold. In British Columbia kommen u. a. Zink und Molybdän, in Quebec Eisen, Kupfer und Asbest vor. In den Northwest Territories werden seit 1998 Diamanten gefördert. Die großen Vorkommen von Ölsanden in Alberta werden seit 1978 genutzt. Weitere Erdöl- und Erdgaslagerstätten gibt es in der kanadischen Arktis. Außerdem verfügt das Land über ein riesiges Wasserkraftpotenzial.
Die *Industrie* beschäftigt rd. ein Viertel aller Erwerbstätigen. Bedeutendster Zweig ist die Zellstoff- und Papierherstellung. Als Wachstumsindustrien gelten chemische Industrie, Kfz- und Flugzeugbau, Kunststoffverarbeitung sowie elektronische Industrie. Zunehmende Bedeutung erlangen Industrien des Hightechbereichs. Wichtig sind außerdem Nahrungsmittel- sowie Eisen- und Stahlindustrie. K. gehört zu den wichtigsten Aluminiumproduzenten – der außerordentlich energieintensive Herstellungsprozess ist wegen des Stroms aus Wasserkraft in K. relativ kostengünstig.
Das *Verkehrsnetz* ist unterschiedlich dicht ausgebaut. Eisenbahn und Autostraßen konzentrieren sich auf den S. Die Gesamtlänge der Eisenbahnstrecken beträgt rd. 96 000 km. Wichtigste Straßenverbindung ist der Transcanada Highway. Er ist 7 871 km lang und verbindet die Ost- und die Westküste. Insgesamt umfasst das Straßennetz mehr als 1,409 Mio. km. Große Bedeutung hat die Schifffahrt, besonders auf den Großen Seen und dem Sankt-Lorenz-Seeweg. Die größten Häfen sind Vancouver, Sept-Îles, Port Cartier, Halifax, Saint John und Montreal. Die größten Flughäfen haben Montreal, Vancouver, Toronto, Calgary und Edmonton.

Staat und Politik

Nach der Verfassung von 1982 ist K. eine bundesstaatlich geordnete parlamentarische Monarchie im Commonwealth. Staatsoberhaupt ist der britische Monarch. Er wird im Land vertreten durch den Generalgouverneur, der auf Vorschlag der kanadischen Regierung ernannt wird.
Im 18. Jh. entstanden zwei nach Bevölkerung, Kultur und Religion verschiedene Siedlungskerne: das vorwiegend englische Oberkanada und das französische Unterkanada. Dieser Umstand hat bis heute großen Einfluss auf das politische und kulturelle Leben. So gibt es in der mehrheitlich von Frankokanadiern bewohnten Provinz Quebec eine starke Autonomiebewegung. Nachdem 1995 ein zweites Referendum zur Lösung der Provinz aus dem Staatsverband gescheitert war, erhielt Quebec im Jahr 1996 einen Sonderstatus als eigenständige Gesellschaft.
1945 war K. Gründungsmitglied der UNO und 1949 der NATO. Es gehört der OAS und der WTO an. 1960 trat es der OECD bei.

Kanal, Der: ↑ Ärmelkanal.

Kanalinseln (engl. Channel Islands, frz. Îles Normandes): Gruppe von Inseln, Eilanden und Felsen vor der Küste Nordfrankreichs im ↑ Ärmelkanal. Die

K. umfassen insgesamt eine Fläche von 194 km² und haben 150 000 Einwohner. Zu Frankreich gehören nur die Roches Douvres und die Îles Chausey, alle anderen Inseln unterstehen der britischen Krone. Sie sind im eigentlichen Sinn nicht Teil von Großbritannien und gehören auch nicht zur EU. Das Selbstverwaltungsgebiet **Jersey** besteht aus den Inseln Jersey, Les Ecréhou und Les Minquiers, das Selbstverwaltungsgebiet **Guernsey** aus den Inseln Guernsey, Alderney, Sark, Brechou, Herm, Jethou und Lihou. Hauptorte sind Saint Hélier auf Jersey und Saint Peter Port auf Guernsey. Amtssprache ist Englisch, auf Jersey Französisch.

Bei mildem Klima wird Gemüse-, Obst- und Gartenbau betrieben. Einheimische Rinderrassen liefern hohe Milcherträge. Eine wichtige Rolle spielt der Fremdenverkehr. In jüngerer Zeit haben sich die K. zu einem internationalen Finanzzentrum entwickelt.

Kanarische Inseln: Teneriffa ist die größte der Kanarischen Inseln. Sie liegt 300 km westlich von Afrika. Ausgedehnte Bananenplantagen befinden sich an der Nordküste und im Südwesten der Insel.

Kanarische Inseln: Gruppe von sieben größeren und sechs kleineren Inseln im Atlantischen Ozean vor der Nordwestküste Afrikas. Die Kanaren, wie die Inselgruppe auch bezeichnet wird, umfassen 7 447 km² und haben rd. 1,694 Mio. Einwohner. Die K. I. bilden eine autonome spanische Region mit zwei Provinzen. Zu der Provinz Santa Cruz de Tenerife gehören die Inseln Teneriffa, La Palma, Gomera und Hierro, die Provinz Las Palmas besteht aus Gran Canaria, Lanzarote und Fuerteventura. Die beiden östlichen Inseln, Lanzarote und Fuerteventura, sitzen dem afrikanischen Festlandsockel auf, die übrigen Inseln erheben sich aus 3 000 m Meerestiefe. Die Oberflächenformen sind häufig vom Vulkanismus geprägt. Höchste Erhebung ist der Pico de Teide auf Teneriffa mit 3 718 m.

Das Klima ist ozeanisch-subtropisch. Fast ständig weht der trockene Nordostpassat, der nur von kurzen Winterregen unterbrochen wird. Die K. I. sind dank des beständigen milden Klimas ein begehrtes Reiseziel, der Tourismus ist wichtigster Wirtschaftszweig. Die Häfen Las Palmas und Santa Cruz de Tenerife sind Stützpunkte der Atlantikschifffahrt. Angebaut werden Mais, Gerste, Weizen und Hülsenfrüchte. An der Küste wird Fischfang betrieben. Exportiert werden neben landwirtschaftlichen Erzeugnissen auch Stickereien und Spitzen. Auf Teneriffa arbeiten eine Erdölraffinerie und eine Kunstdüngerfabrik.

Kap Hoorn: die Südspitze Südamerikas. K. H. liegt auf 55° 59' südlicher Breite auf einer Insel Feuerlands, die zu Chile gehört. Es wurde 1616 von dem Niederländer WILLEM CORNELISZOON SCHOUTEN (1567–1625) entdeckt, der es nach seiner Vaterstadt Hoorn benannte. Zurzeit der Segelschifffahrt war K. H. wegen seiner Klippen und der schweren Stürme gefürchtet. Außerdem gibt es an über 300 Tagen im Jahr Nebel.

Kapstadt (engl. Cape Town, afrikaans Kaapstad): Hauptstadt der Provinz West-

Kap der Republik Südafrika und Sitz des südafrikanischen Parlaments. K. hat 987 000 Einwohner. In der Agglomeration leben 2,68 Mio. Menschen. Ihr Kerngebiet wird überragt von dem 1 086 m hohen Tafelberg.
Als kulturelles Zentrum ist K. Sitz von zwei Universitäten, Forschungsinstituten, Museen und Bibliotheken. Die Stadt ist bedeutendes Verkehrs- und Industriezentrum mit einem wichtigen Hafen und einem internationalen Flughafen. Hauptindustriezweige sind Textil-, Nahrungsmittel- und petrochemische Industrie sowie Werften.
Die Festung Castle of Good Hope (1666–79 ist das älteste erhaltene Bauwerk Südafrikas. Im regelmäßig angelegten Stadtkern sind Bauten im niederländischen Kolonialstil, dem sog. kapholländischen Stil, erhalten.
Kạp Vẹrde: Inselstaat im Atlantischen Ozean vor der Westküste Afrikas. K. V. umfasst die Kapverdischen Inseln oder Kapverden, zehn größere Inseln, die sich in die beiden Gruppen Barlavento mit Santo Antão, São Vicente, Santa Luzia, São Nicolau, Sal, Boa Vista und Sotavento mit São Tiago, Fogo, Maio sowie Brava gliedern.

Kap Verde

(amtlich portugiesisch República de Cabo Verde)
Fläche: 4 033 km²
Einwohner: 458 000
Hauptstadt: Praia
Amtssprache: Portugiesisch
Währung: 1 Kap-Verde-Escudo (KEsc) = 100 Centavos (CTS)
Zeitzone: MEZ – 3 Stunden
Kfz-Kennzeichen: CV

Landesnatur: Die Inseln sind vulkanischen Ursprungs. Die westlichen Inseln weisen über 100 m hohe Steilküsten auf. Auf den östlichen Inseln sind größere Flächen mit Dünensand oder Salzsümpfen bedeckt. Höchste Erhebung mit 2 829 m ist der noch tätige Vulkan Pico de Cano auf Fogo. Das Klima wird überwiegend vom trockenen Nordostpassat bestimmt. Nur von Ende Juli bis Anfang November fallen Niederschläge. Es herrscht Halbwüstenvegetation vor.
Bevölkerung: Rd. 71 % der Bevölkerung sind Kreolen, 28 % Schwarze und 1 % Weiße. Fast die Hälfte der Einwohner lebt auf São Tiago. Größte Stadt, wichtigster Hafen und Wirtschaftszentrum ist Mindelo auf São Vicente.
Schulpflicht besteht vom siebten bis zwölften Lebensjahr. Die Analphabetenquote liegt bei rd. 35 %. Etwa 94 % der Bevölkerung sind Katholiken.
Wirtschaft und Verkehr: Führend sind Land- und Forstwirtschaft sowie Fischerei. Angebaut werden v. a. Mais, Bohnen, Maniok und Kartoffeln. Für den Export sind Bananen, Kaffee, Orangen und Zuckerrohr bestimmt. Die Viehhaltung beschränkt sich auf Ziegen, Schweine und Rinder. Die Fischerei konzentriert sich v. a. auf Thunfisch und Hummer. Haupthandelspartner sind Portugal und die Niederlande. Der Fremdenverkehr gewinnt immer mehr an Bedeutung.
Der Verkehr zw. den Inseln erfolgt durch Linienflugzeuge und Motorboote. Überseehäfen gibt es in Mindelo auf São Vicente und Praia auf São Tiago. Der internationale Flughafen Espargos liegt auf der Insel Sal.
Staat und Politik: Nach der Verfassung vom 25. 9. 1992 ist K. V. eine Republik mit Mehrparteiensystem. Staatsoberhaupt ist der auf fünf Jahre direkt gewählte Präsident.
Karakụmkanal: ↑ Amudarja.
Karịbik: die Inselwelt Mittelamerikas und der sie umgebende Meeresraum. Im

weiteren Sinn gehören zur K. auch die Küstengebiete des angrenzenden Festlandes, von der zentralamerikanischen Landbrücke über Kolumbien und Venezuela bis Guyana.

Die Inselwelt besteht im Wesentlichen aus den Karibischen oder ↑Westindischen Inseln. Sie erstrecken sich in einem weit geschwungenen Bogen zw. der nordamerikanischen Halbinsel Florida und der Nordostküste Südamerikas. Sie trennen das Karibische Meer und den Golf von Mexiko vom Atlantischen Ozean ab. Die Inseln werden in Große ↑Antillen, Kleine Antillen und Bahamainseln gegliedert. Die Großen Antillen umfassen die Inseln Kuba, Hispaniola mit Haiti und der Dominikanischen Republik, Jamaika sowie Puerto Rico. Zu den Kleinen Antillen gehören die Inseln über dem Winde – Virgin Islands bis Trinidad – und die Inseln unter dem Winde – Aruba bis zur Isla de Margarita vor der Küste Venezuelas. Ferner zählen zur karibischen Inselwelt einige kleinere Inseln und Felsriffe zw. den Großen Antillen und Zentralamerika.

Das Karibische Meer bildet den Südteil des Amerikanischen Mittelmeeres. Im N und O ist es fast vollständig umschlossen von den Inselgruppen der Großen und Kleinen Antillen sowie der Bahamas. Im S wird es von Südamerika und Panama und im W von Zentralamerika begrenzt. Im äußersten NW ist das Meer durch die Straße von Yucatán, eine etwa 190 km breite Passage zw. Kuba und der Halbinsel von Yucatán, mit dem Golf von Mexiko verbunden.

Das **Karibische Meer** umfasst ein Fläche von 2,64 Mio. km². Seine mittlere Tiefe liegt bei 2 174 m, die größte Tiefe mit 7 680 m erreicht es im Caymangraben. Der Nordäquatorialstrom transportiert relativ warmes Wasser in das Karibische Meer. Seine mittleren Temperaturen betragen 26 bis 27 °C im Februar und 29 bis 30 °C im August. Es herrscht ein tropisches bis subtropisches Klima mit häufig auftretenden Wirbelstürmen.

Karibische Gemeinschaft: ↑CARICOM.

Karibische Inseln: ↑Westindische Inseln.

Karibischer Gemeinsamer Markt: ↑CARICOM.

Karlsruhe: Stadt im Bundesland Baden-Württemberg. K. liegt in der Oberrheinischen Tiefebene zw. den Ausläufern des nördlichen Schwarzwaldes und dem Rhein. Es liegt 116 m hoch und hat 281 300 Einwohner.

K. ist Sitz zahlreicher Bundesbehörden, u. a. des Bundesverfassungsgerichts und des Bundesgerichtshofs. Neben der Universität beherbergt es weitere Hochschulen, Akademien und Forschungszentren, v. a. das Zentrum für Kunst und Medientechnologie (ZKM) mit Museen. Basis der wirtschaftlichen Entwicklung ist seine günstige Verkehrslage. Wichtige Industriezweige sind neben Maschinen- und Fahrzeugbau elektrotechnische, feinmechanisch-optische, pharmazeutische und chemische Industrie.

Mittelpunkt der strahlenförmigen Stadtanlage ist der Turm des Schlosses von 1715. Klassizistische Bauwerke sind u. a. das Markgräfliche Palais und das Rathaus. Die zw. 1853 und 1857 entstandene Orangerie ist ein frühes Beispiel der Glasarchitektur.

Kärnten: südlichstes Bundesland Österreichs. Auf einer Fläche von 9 536 km² leben 558 300 Menschen. Landeshauptstadt ist ↑Klagenfurt. K. umfasst den Einzugsbereich der oberen Drau mit ihren Nebenflüssen. Zw. Drau und Gail liegen die Gailtaler Alpen. Im S grenzt es an Slowenien und Italien.

K. nimmt die weite Beckenlandschaft zw. Karawanken und Karnischen Alpen im S, Hohen Tauern im SW, Gurk- und Seetaler Alpen sowie Packalpe im N und der Koralpe im O ein. Es gliedert sich in das gebirgige Oberkärnten und das meist flachwellige Unterkärnten. Dort liegt das Klagenfurter Becken, das größte inneralpine Becken der Ostalpen. In K. liegen Wörther, Ossiacher, Millstätter

K

und Weißensee sowie etwa 200 kleinere Seen. Die Bevölkerung ist zu 95% deutschsprachig. Südlich der Drau und im Untergailtal wohnen Slowenen.
Der Ackerbau ist auf Unterkärnten und die großen Täler beschränkt. Angebaut werden v. a. Mais, Gerste, Hafer, Weizen, Kartoffeln und Obst. Bedeutender ist die Viehzucht. Auf dem Waldreichtum beruht eine umfangreiche Holz verarbeitende Industrie. Der Bergbau liefert v. a. Magnesit, Blei-, Zink- und Lithiumerze. Die Wasserkraftwerke an der Drau produzieren rd. ein Drittel des österreichischen Stroms. Schwerpunkte der Industrie sind Metallverarbeitung, Elektrotechnik und Elektronik, Nahrungsmittel- und chemische Industrie, Papiererzeugung und Holzverarbeitung. Wichtigste Industriezentren sind Klagenfurt, Villach, Spittal an der Drau, der Raum Sankt Veit an der Glan-Althofen und das untere Lavanttal. Verkehrsknotenpunkt ist Villach u. a. mit der nach S führenden Tauernautobahn. Mittelpunkte des bedeutenden Fremdenverkehrs sind die Kärntner Seen und die Hohen Tauern.

Karpaten: Gebirgszug im südöstlichen Mitteleuropa. Die K. erstrecken sich in einem 1 300 km langen und 50 bis 150 km breiten Bogen von der Donau bei ↑Bratislava bis zum Banater Gebirge in Rumänien und umschließen das Ungarische Tiefland. Weite Becken und tief einschneidende Täler gliedern den Gebirgszug in die **Westkarpaten** mit der 2 655 m hohen Gerlsdorfer Spitze als höchster Erhebung, die **Waldkarpaten**, die **Ostkarpaten** und die **Südkarpaten**. Die K. haben überwiegend Mittelgebirgscharakter. Das Klima ist gemäßigt kontinental mit strengen Wintern und warmen Sommern. In der Gipfelregion erreichen die Niederschläge bis 2 000 mm jährlich. Wald bedeckt weite Teile. Er besteht in den tieferen Lagen v. a. aus Buchen und Fichten, in den höheren aus Tannen und Lärchen. Die Waldgrenze liegt bei 1 500 bis 1 900 m.

Kasachstan: Staat in Mittelasien. K. grenzt im NW, N und NO an Russland, im SO an China, im S an Kirgistan, Usbekistan und Turkmenistan und im W an das ↑Kaspische Meer.

Kasachstan

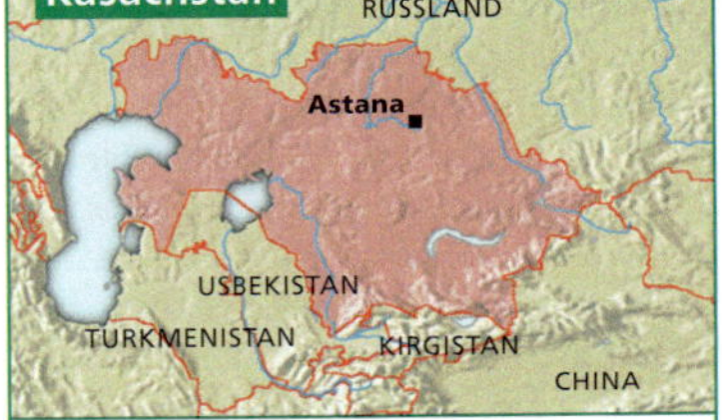

(amtlich kasachisch Qazaqstan Respublikasy, dt. Republik Kasachstan)
Fläche: 2 717 300 km²
Einwohner: 14,875 Mio.
Hauptstadt: Astana
Verwaltungsgliederung: 15 Regionen
Amtssprache: Kasachisch
Währung: 1 Tenge (T) = 100 Tiin
Zeitzone: MEZ + 3 Stunden
Kfz-Kennzeichen: KZ

Landesnatur: K. erstreckt sich vom Tiefland der unteren ↑Wolga und dem Kaspischen Meer im W über 3 000 km bis zum ↑Altai im O und vom Westsibirischen Tiefland im N über 1 700 km bis zum ↑Aralsee, zur Kysylkum und zum ↑Tienschan im S. Es besteht überwiegend aus Ebenen und niedrigen Plateaus. Größere Höhen erreichen im NW die Mugodscharberge mit 657 m, im zentralen Teil die Kasachische Schwelle mit 1 566 m und die Nördliche Hungersteppe sowie die Hochgebirgskette des Tienschan mit 4 973 m. Wichtige Binnengewässer neben dem Kaspischen Meer und dem Aralsee sind der ↑Balchasch- und der Saissansee.
Das Klima ist extrem kontinental und trocken. Auf kalte und schneearme Winter folgen nach kurzem Frühjahr lange, heiße und trockene Sommer. Die jährlichen Niederschlagsmengen nehmen von N nach S von 400 mm auf weniger als 100 mm ab. In den Hochgebirgen steigen sie regional auf rd. 1 000 mm an.

Starke Winde in den Steppen und Wüsten führen zu einer beträchtlichen Bodenerosion.

An die Waldsteppe im äußersten N schließt sich die echte Steppenzone an, die etwa ein Drittel der Landesfläche bedeckt. Sie geht in Halbwüste und schließlich in Vollwüste über, die die größte Fläche von K. einnimmt.

Bevölkerung: Die größte Volksgruppe bilden die Kasachen mit 53 % und die Russen mit 30 %. Einen geringeren Anteil an der Bevölkerung stellen u. a. Ukrainer, Deutsche, Usbeken und Tataren. Die Zahl der Deutschen ging durch die Auswanderung vieler Spätaussiedler nach Deutschland stark zurück. Die Bevölkerungsverteilung ist sehr unterschiedlich. Weite Teile des Landes sind kaum oder gar nicht bewohnt. In Städten lebt mehr als die Hälfte der Bevölkerung.

In K. besteht eine zehnjährige Grundschulpflicht. Die Kasachen, Tataren, Uiguren u. a. turksprachige Völker gehören dem Islam, die Russen der russisch-orthodoxen Kirche an.

Wirtschaft und Verkehr: Etwa 22 % der Beschäftigten sind in der Landwirtschaft tätig. Nur ein Viertel der Gesamtfläche kann landwirtschaftlich genutzt werden. Im Bereich der Wüstensteppen dominiert die Zucht von Schafen, Kamelen und Ziegen. Im N werden außerdem Rinder, Pferde und Geflügel gehalten. Der Schwerpunkt des Ackerbaus liegt beim Weizenanbau. Daneben werden Futterpflanzen, Sonnenblumen, Zuckerrüben, Baumwolle, Tabak, Gemüse und Flachs kultiviert.

K. ist reich an Bodenschätzen. Bedeutend ist die Förderung von Kohle, Erdöl, Erdgas, Kupfer-, Zinn-, Blei-, Zink- und Eisenerzen. Außerdem werden Chrom, Mangan, Bauxit, Gold, Silber und Phosphorite abgebaut. Die umfangreiche Schwerindustrie umfasst Eisen- und Buntmetallerzverhüttung, ein Aluminiumwerk, Land- und Schwermaschinenbau, Rüstungsindustrie, Erdölverarbeitung und chemische Industrie. Das in sowjetischer Zeit errichtete Raumfahrtzentrum bei Baikonur wurde 1994 von Russland für 20 Jahre gepachtet. An Irtysch, ↑Syrdarja und Ili entstanden Wasserkraftwerke. Traditionelle Branchen sind die Nahrungsmittel-, Textil- und Lederindustrie. Wichtigste Handelspartner sind Russland, China und die mittelasiatischen Republiken.

Das Eisenbahnnetz von 14 400 km Länge wird von rd. 115 000 km Straßen ergänzt. Schifffahrt wird v. a. auf dem Kaspischen Meer, ↑Balchaschsee, ↑Ural und Irtysch betrieben. Wichtigster Hafen ist Atyrau am Kaspischen Meer. Den bedeutendsten internationalen Flughafen hat Almaty.

Staat und Politik: Seit In-Kraft-Treten der neuen Verfassung am 5. 9. 1995 ist das Land eine Präsidialrepublik. Staatsoberhaupt ist der auf sieben Jahre direkt gewählte Präsident.

Am 25. 10. 1990 erklärte K. seine Souveränität innerhalb der UdSSR und proklamierte am 16. 12. 1991 seine Unabhängigkeit. Am 21. 12. 1991 schloss sich das Land der GUS an. Seit 1994 ist K. Mitglied der NATO-Initiative Partnerschaft für den Frieden. Zusammen mit Kirgistan, Russland und Weißrussland wurde am 29. 3. 1996 die Bildung einer Gemeinschaft Integrierter Staaten vereinbart. Seit 1992 ist K. Mitglied der UNO. 1997 wurde der Regierungssitz von Almaty (früher Alma Ata) nach Akmola (heute Astana) verlegt.

Kạspisches Meer: mit heute etwa 400 000 km² größter See der Erde. Anteil am K. M. haben Aserbaidschan, Russland, Kasachstan, Turkmenistan und Iran. Das K. M. füllte wiederholt die Kaspische Senke, das rd. 200 000 km² große, wüstenhafte Tiefland am Nordufer. Bis 1971 sank sein Wasserspiegel infolge der Verdunstung sowie durch Wasserbauten an der ↑Wolga beträchtlich. Die Wolga war einst der bedeutendste Wasserbringer für das K. M. – ihr Anteil an der Wasserzufuhr betrug über 60 %.

K

Bedingt durch geologisch-tektonische Prozesse steigt der Wasserspiegel seit 1977 wieder an. Heute liegt er im Durchschnitt bei 28 m unter dem Meeresspiegel. Der Salzgehalt des Wassers steigt von 1 ‰ an der Wolgamündung über 14 ‰ im S bis auf 300 ‰ am Ostufer in der Bucht Kara-Bogas-Gol.
Das K. M. ist mit der Ostsee, dem Weißen Meer und dem ↑ Schwarzen Meer durch ein ausgedehntes Netz von Binnenwasserstraßen verbunden. Die Schifffahrt ist durch heftige Südoststürme häufig gefährdet. In den Wintermonaten sind außerdem die nördlichen Teile von Eis bedeckt. Die größten Häfen sind Krasnowodsk in Turkmenistan, Baku in Aserbaidschan und Makhachkala in Russland. Der Fischfang, besonders auf den für die Gewinnung von Kaviar bedeutenden Stör, ging infolge der Umweltbelastung zurück.
Die Zugehörigkeit der Erdölvorkommen, die seit den 1940er-Jahren auch in größerer Entfernung vom Ufer ausgebeutet werden, ist umstritten. Russland, Aserbaidschan und Kasachstan einigten sich 2003 über die Abgrenzung von Interessen im Nord- und Mittelteil des K. M. Für die südlichen Anliegerstaaten Turkmenistan und Iran konnte noch kein Interessenausgleich getroffen werden.

Kassel: Die Orangerie in der Karlsaue. Sie wurde 1701 bis 1711 für Landgraf Karl erbaut und im Zweiten Weltkrieg beschädigt. Die Fassade wurde rekonstruiert, die umgestalteten Innenräume beherbergen heute das Museum für Astronomie und Technikgeschichte sowie das Planetarium.

Kassel: kreisfreie Stadt im Bundesland Hessen. K. hat 194 100 Einwohner und liegt im vom Nordhessischen Bergland umrahmten Kasseler Becken beiderseits der Fulda.
K. ist die einzige Großstadt Nordhessens. Es ist Sitz des Bundessozialgerichts und des Hessischen Verwaltungsgerichtshofes. 1970 wurde die Gesamthochschule-Universität gegründet. Alle vier Jahre findet in K. die Kunstausstellung documenta statt. Die Industrie umfasst Fahrzeug- und Maschinenbau, Nahrungsmittel-, chemische und Elektroindustrie. Im Stadtteil Wilhelmshöhe liegen in einem Landschaftspark das gleichnamige Schloss und das oktogonale »Riesenschloss« von 1718 mit der Statue des Herkules, dem Wahrzeichen der Stadt.

Katalonien: Region und historische Landschaft im NO Spaniens. K. ist 31 930 km² groß und umfasst die Provinzen Girona, Barcelona, Lleida und Tarragona. Es hat 6,343 Mio. Einwohner. K. reicht vom Kamm der Pyrenäen über das Becken des ↑ Ebro und über das Katalonische Randgebirge bis zur Mittelmeerküste.
Neben Wein, v. a. für die Herstellung von Schaumwein, werden u. a. Oliven, Mandeln, Haselnüsse und Feigen angebaut. Wirtschaftlich bedeutend ist die Rinderhaltung. Hauptindustriezweige sind Textil-, Chemie-, Druck-, Papier-, Elektro- und Metall verarbeitende Industrie, die v. a. im Küstengebiet um Barcelona und Tarragona angesiedelt sind. Eine wichtige Rolle spielt auch der Tourismus. Kultureller und wirtschaftlicher Mittelpunkt ist Barcelona.
Das Katalanische ist eine eigene Sprache und die Katalanen legen Wert auf ihre kulturelle Selbstständigkeit. Seit 1979 ist K. eine autonome Region.

Kạtar: Staat in Vorderasien. K. liegt auf der gleichnamigen Halbinsel im Persischen Golf. Die Grenze zu Saudi-Arabien im S ist nicht genau festgelegt.
Landesnatur: Von den Salzsümpfen und Dünen im S steigt das Land leicht nach N zu einer flachen Kalksteinebene an. Sie ist nur von wenigen Oasen durchsetzt. Es herrschen hohe Temperaturen und eine hohe Luftfeuchtigkeit.
Bevölkerung: Die einheimische Bevölkerung besteht zum größten Teil aus Arabern. Knapp 80 % der Einwohner sind Ausländer, v. a. Inder, Pakistaner, sonstige Araber und Iraner. Es besteht keine Schulpflicht, jedoch gibt es ein breites kostenloses Bildungsangebot. Staatsreligion ist der sunnitische Islam.
Wirtschaft und Verkehr: An der Westküste sowie in einem Offshore-Feld bei der Insel Halul werden Erdöl und Erdgas gefördert. Die Erdgasvorkommen im North-Dome-Feld werden zu den größten der Welt gerechnet. In Umm Said entstand ein bedeutender Schwerindustriekomplex mit Erdölraffinerie, Erdgasaufbereitung, Stahlwerk, Werft, Zement- und Düngemittelproduktion sowie Hafenanlagen. Wirtschaftlich wenig bedeutend sind Oasenwirtschaft, Viehhaltung und Fischerei. In zwei Meerwasserentsalzungsanlagen wird Trinkwasser gewonnen. Wichtigster Handelspartner ist Japan. Doha hat einen internationalen Flughafen.
Staat und Politik: Nach der Verfassung von 2003 ist K. eine konstitutionelle Monarchie (Emirat). Staatsoberhaupt und Oberbefehlshaber ist der Emir.
Seit der Unabhängigkeit von Großbritannien 1971 gehört K. zur UNO und zur Arabischen Liga. Außerdem ist es Mitglied in der WTO und der OPEC. 1991 beteiligte sich das Land am 2. Golfkrieg aufseiten der antiirakischen Koalition.

Katar

(amtlich arabisch Daulat al-Qatar, dt. Staat Katar)
Fläche: 11 437 km²
Einwohner: 610 000
Hauptstadt: Doha
Amtssprache: Arabisch
Währung: 1 Katar-Riyal (QR) = 100 Dirham
Zeitzone: MEZ + 3 Stunden
Kfz-Kennzeichen: Q

Kaukasus: Gebirgszug zw. dem ↑Schwarzen Meer und dem ↑Kaspischen Meer. Das über 1 110 km lange und bis 180 km breite Hochgebirge wird auch als Großer K. bezeichnet. Sein höchster Berg ist der Elbrus mit 5 642 m. Die Hauptachse des Großen K. ist von W nach O in verschiedene Gebirgszüge gegliedert. Der Schwarzmeer- oder Pontische K. ist zw. 600 und 1 200 m hoch. An der Küste herrscht mediterrane Vegetation vor, in den höheren Lagen finden sich v. a. Laubwälder. Der westliche Hochgebirgskaukasus steigt im vergletscherten Dombaj-Ulgen bereits bis auf 4 046 m an. Die höchsten Berge mit über 5 000 m liegen im zentralen Hochgebirgskaukasus, der stark vergletschert ist. Der sich anschließende Dagestanische K. oder östliche Hochgebirgskaukasus erreicht noch vielfach Höhen über 4 000 m. Der Kaspische K. schließlich läuft mit einer durchschnittlichen Höhe von 500 bis 1 000 m zur Halbinsel Apscheron hin aus. Dem geologischen Bau nach gehört der K. zu den Gebirgen der tertiären Faltung.
Der zentrale Hochgebirgskaukasus ist durch das Suramigebirge mit dem **Kleinen Kaukasus** verbunden. Dieser umfasst die nördlichen Randketten des Ararathochlandes und liegt z. T. in Georgien, z. T. in Aserbaidschan. Obwohl er Höhen bis 3 724 m erreicht, hat er überwiegend Mittelgebirgscharakter.

K

Die rd. 440 000 km^2 große Landbrücke zw. dem Schwarzen und dem Kaspischen Meer, auf der der K. liegt, wird als **Kaukasien** bezeichnet. Es wird im N von der Manytschniederung begrenzt und reicht im S an Türkei und Iran. Politisch haben Russland, Georgien, Aserbaidschan und Armenien Anteil.
Die Region Nord- oder Ziskaukasus umfasst die Nordabdachung des Großen K. und das Kaukasusvorland. Zum Kaukasusvorland gehören die Stawropoler Höhe, die Kubanniederung und der Südteil der Kaspischen Senke. Südlich des Hauptkamms des Großen K. erstreckt sich die Region Transkaukasus. Sie umfasst die Südabdachung des Gebirges, die fruchtbare Niederung der Kolchis, die Kura-Arax-Niederung und das Tiefland von Länkäran. Zu ihr gehören weiter der Kleine K. sowie die armenischen und aserbaidschanischen Anteile am AraratHochland, am Tal des mittleren Arax und am Talyschgebirge.
Zu den kaukasischsprachigen Völkern gehören u. a. die Georgier, Tschetschenen, Tscherkessen und Abchasen. Indogermanische Sprachen sprechen die Armenier, Osseten und Taten. Aserbaidschaner, Karatschaier und Bergtataren sind turksprachig. Mit Ausnahme der orthodoxen Georgier und Armenier sind die Völker Kaukasiens muslimisch.
Fast die gesamte Großregion ist heute von schweren Krisen und Konflikten betroffen – die Völker versuchen seit dem Zusammenbruch der UdSSR, ihren eigenen Weg zu finden. In Dagestan und ↑ Tschetschenien kämpfen Unabhängigkeitsbewegungen gegen Russland, in Georgien verfolgen u. a. die Abchasen Ablösungsbestrebungen und zw. Aserbaidschan und Armenien gab es in den 1990er-Jahren Krieg um Bergkarabach.
In den fruchtbaren Tälern werden Ackerbau und Viehzucht betrieben. Der wichtigste Wirtschaftszweig neben dem Bergbau ist die Erdölförderung.

Kenia: Staat in Ostafrika. K. grenzt im N an die Republik Sudan und an Äthiopien, im O an Somalia, im SO an den Indischen Ozean, im S an Tansania und im W an Uganda.

Kenia

(amtlich Suaheli: Jamhuri ya Kenya, engl. Republic of Kenya)
Fläche: 582 646 km^2
Einwohner: 31,345 Mio.
Hauptstadt: Nairobi
Verwaltungsgliederung: 7 Provinzen und 1 Hauptstadtdistrikt
Amtssprachen: Suaheli, Englisch
Währung: 1 Kenia-Schilling (K. Sh.) = 100 Cents (cts)
Zeitzone: MEZ + 2 Stunden
Kfz-Kennzeichen: EAK

Landesnatur: Von der Küste des Indischen Ozeans steigt das Land nach NW zu weiten Hochflächen an. Sie liegen 1 500 bis 2 000 m hoch und werden von einzelnen erloschenen Vulkanen überragt. Höchste Erhebung ist der Mount ↑ Kenia mit 5 194 m.
Die Küstenebene ist im S schmal und bietet gute Naturhäfen. Nach N wird sie breiter. Den westlichen Teil des Landes durchzieht der Ostafrikanische Graben, der zum ↑ Ostafrikanischen Grabensystem gehört. Hier liegen mehrere abflusslose Seen, der größte in K. ist der ↑ Turkanasee. Im SW hat das Land Anteil am ↑ Victoriasee.
K. liegt beiderseits des Äquators und hat tropisches Klima. Die an der Küste hohen Temperaturen sind im Innern durch die Höhenlage gemildert. An den Aufwölbungen der Grabenzone, an den Luvseiten der Vulkane und im südlichen Küstengebiet fallen reichlich Niederschläge. Sie nehmen nach N und NO hin ab.

Die Gebiete mit hohen Niederschlägen tragen Regenwald und Feuchtsavanne. Ein großer Teil des Hochlandes ist Trocken- und Dornstrauchsavanne, der äußerste N Halbwüste. Infolge des Raubbaus an Holz sind die von Dürre bedrohten trockenen Gebiete auf etwa vier Fünftel der Landesfläche angewachsen. Die wichtigsten Flüsse sind der Tana und der Galana, der am Oberlauf auch als Athi bezeichnet wird.
K. hat mehrere Nationalparks und Wildschutzgebiete. Sie sind reich an afrikanischen Großtieren. Die beiden größten sind der Tsavo National Park und das Marsabit National Reserve. Am bekanntesten ist der Masai Mara Nationalpark im SW.
Bevölkerung: Die etwa 40 ethnischen Gruppen unterscheiden sich sprachlich und kulturell stark voneinander. Hauptgruppen sind die Bantuvölker, zu denen Kikuyu, Luhya, Kamba und Kisii gehören. Daneben gibt es nilotische und hamitonilotische Gruppen wie u.a. Luo, Masai, Kalenjin. Vor der Unabhängigkeit des Landes lebte eine starke weiße Siedlerschicht im klimatisch begünstigten Hochland. Größte Städte sind Nairobi, Mombasa, Kisumu und Nakuru.
Vom 7. bis 15. Lebensjahr besteht Schulpflicht. Obwohl die Einschulungsquote 90 % beträgt, sind rd. 31 % der Bevölkerung Analphabeten. Etwa 73 % der Einwohner gehören christlichen Religionsgemeinschaften an. Rd. 15 % sind Anhänger traditioneller afrikanischer Religionen und 10 % sind Muslime.
Wirtschaft und Verkehr: Trotz einer entwickelten Industrie und bedeutendem Tourismus ist die Landwirtschaft Existenzgrundlage für 75 % der Bevölkerung. Jedoch sind nur 17 % des Landes land- und forstwirtschaftlich nutzbar. Die übrigen Gebiete, besonders im Hochland, sind v.a. Weideland für intensive sowie nomadisierende Viehhaltung und für Wildreservate. Für den Eigenbedarf werden in bäuerlichen Betrieben v.a. Mais, Kartoffeln, Maniok, Weizen, Bananen und Bataten angebaut. Auf Plantagen wachsen v.a. für den Export Kaffee, Tee, Sisal, Südfrüchte, ferner zunehmend Gemüse und Blumen. Im Victoriasee werden auch für den Export Fische gefangen.
In der Industrie dominiert die Verarbeitung landwirtschaftlicher Erzeugnisse. Ferner gibt es Textil-, Zement-, Düngemittel- und Holz verarbeitende Industrie. Bedeutend ist auch die Weiterverarbeitung von importiertem Erdöl. Der Tourismus ist der wichtigste Devisenbringer. Haupthandelspartner sind Großbritannien, die USA und die Vereinigten Arabischen Emirate.

Kenia: Affenbrotbäume sind die imposantesten Pflanzen in den ausgedehnten Savannen; sie können bis zu 1 000 Jahre alt werden.

Nur rd. 15 % des insgesamt 64 000 km langen Straßennetzes sind asphaltiert. Die wichtigste Eisenbahnverbindung führt von Mombasa über Nairobi und Nakuru nach Uganda. Der Haupthafen Mombasa am Indischen Ozean dient auch der Versorgung der Binnenstaaten Uganda, Burundi und Ruanda. Internationale Großflughäfen gibt es in Nairobi und Mombasa.
Staat und Politik: Nach der Verfassung von 1963 ist K. eine Präsidialrepublik. Staatsoberhaupt ist der auf fünf Jahre direkt gewählte Präsident.
Am 12. 12. 1963 erhielt K. von Großbritannien die Unabhängigkeit. Zunächst war es eine Monarchie, seit dem 12. 12. 1964 ist es eine Republik im Common-

K

wealth. Der demokratische Reformprozess wird durch Stammeskonflikte, die Unterdrückung der stark zersplitterten und ethnisch geprägten Opposition, durch Korruption, Gewaltverbrechen und Menschenrechtsverletzungen behindert. Zw. 1991 und 1994 führten ethnische Spannungen zur massenhaften Vertreibung von Kikuyu, Luo und Luhya durch Angehörige der Kalenjin und Masai. 1997 und 1999 kam es erneut zu schweren Unruhen. K. ist Mitglied der OAU und der WTO. Seit 1963 gehört es der UNO an.

Kenia, Mount: erloschener Vulkan in dem nach ihm benannten Staat. Mit 5 199 m ist der M. K. nach dem ↑Kilimandscharo der zweithöchste Berg Afrikas. In den Höhenlagen zw. 1 500 und 3 600 m herrscht tropischer Nebelwald vor, u. a. mit Zedern, Kampfer und Bambus. Oberhalb 3 300 m liegt der Mount-Kenya-Nationalpark. Das 584 km^2 große Naturschutzgebiet, in dem u. a. Klippschliefer und Leoparden leben, gehört zum UNESCO-Weltnaturerbe. Die Gipfelregion ist z. T. vergletschert.

1899 erreichte der britische Geograf HALFORD JOHN MACKINDER (1861–1947) erstmals den Gipfel. In der einheimischen Kikuyu-Sprache heißt der Berg Kirinyaga (Weißer Berg).

Kiel: Hauptstadt des Bundeslandes Schleswig-Holstein. K. hat 233 300 Einwohner. Die Hafenstadt liegt an der Ostsee beiderseits der Kieler Förde und am Nord-Ostsee-Kanal.

K. ist Sitz einer Wasser- und Schifffahrtsdirektion. Neben der 1665 gegründeten Universität gibt es in K. viele Institute und Forschungseinrichtungen, u. a. das Institut für Weltwirtschaft. Neben der bedeutenden Werftindustrie finden sich Maschinenbau, elektrotechnische, feinmechanische und optische Industrie. Seit 1956 ist K. wieder Marinestützpunkt. Ein Anziehungspunkt für Touristen ist die im Juni stattfindende Regattaveranstaltung Kieler Woche.

Kiew: Hauptstadt der Ukraine. Die Stadt erstreckt sich beiderseits des Dnjepr (ukrainisch: Dnipro) und hat 2,611 Mio. Einwohner. Sie ist der kulturelle Mittelpunkt der Ukraine mit einer Universität und zahlreichen Hochschulen. Hauptindustriezweige sind Maschinen-, Apparate-, Präzisionsgeräte- und Fahrzeugbau sowie chemische, pharmazeutische, Textil- und Nahrungsmittelindustrie. Der Flusshafen ist für kleinere Seeschiffe erreichbar. K. besitzt einen internationalen Flughafen.

Die Stadt ist reich an historischen Bauten. Zum UNESCO-Weltkulturerbe gehören die zw. 1037 und 1100 erbaute Sophienkathedrale mit ihrer fünfschiffigen Kreuzkuppelanlage und das 1051 von Antoni dem Heiligen gegründete Kiewer Höhlenkloster. Von K. aus begann um das Jahr 1000 die Christianisierung Russlands.

Kilimandscharo: vulkanischer Gebirgsstock in Ostafrika und mit 5 895 m (Neuvermessung 1999) der höchste Berg des Kontinents. Der »Berg des bösen Geistes«, wie er auf Suhaeli heißt, liegt im NO Tansanias.

Drei Vulkane bilden den Bergstock: der 4 000 m hohe Schira, der 5 270 m hohe Mawensi und der 5 895 m hohe Kibo. Der K. weist ausgeprägte Vegetations- und Bodennutzungsstufen auf. Die Dorn- und Trockensavanne geht in Feuchtsavanne über, die von Nebelwald abgelöst wird. Dann folgen die Höhengraszone, die Fels- und Schutt- sowie die schwindende Gletscherzone.

Die Erstbesteigung gelang 1889 HANS MEYER und LUDWIG PURTSCHELLER. Der 1968 eingerichtete Nationalpark gehört zum UNESCO-Weltnaturerbe.

Kioto: Hauptstadt der Präfektur Kyōto auf der japanischen Insel Honshū. K. hat 1,387 Mio. Einwohner.

Es besitzt 15 Universitäten und weitere Hochschulen. Die Stadt ist ein bedeutender Standort der Elektro- und Elektronik-, chemischen, optischen, Textil-, Nahrungsmittel- und Porzellanindustrie. Eine wichtige Rolle spielt auch der Fremdenverkehr.

Von der Bedeutung der Stadt als Zentrum der japanischen Kultur und des Buddhismus in Japan zeugen die rd. 1 500 buddhistischen Tempelanlagen. Daneben gibt es zahlreiche Shintoschreine und Paläste. Das Straßennetz ist nach dem Vorbild der Hauptstadt der chinesischen Tang-Dynastie, Chang'an (heute Xi'an), rechtwinklig angelegt.

Kirgistan: Staat in Mittelasien. K. grenzt im N an Kasachstan, im SO und O an China, im SW an Tadschikistan und im W an Usbekistan.

Kirgistan

(amtlich kirgisisch Kyrgyz Respublikasy, dt. Kirgisische Republik, auch Kirgisien, Kirgisistan, Kyrgyzstan)
Fläche: 198 500 km²
Einwohner: 5,004 Mio.
Hauptstadt: Bischkek
Verwaltungsgliederung: 7 Regionen und 1 Hauptstadtbezirk
Amtssprachen: Kirgisisch, Russisch
Währung: 1 Kirgistan-Som (K. S.) = 100 Tyin
Zeitzone: MEZ + 4 Stunden
Kfz-Kennzeichen: KS

Landesnatur: Fast ganz K. ist ein Hochgebirgsland. Etwa die Hälfte seines Territoriums liegt zw. 1 000 und 3 000 m Höhe, ein Drittel oberhalb von 3 000 m. Es gehört überwiegend zum erdbebenreichen Gebirgssystem des ↑Tienschan im NO. Dessen höchste Erhebungen sind der Pik Pobeda mit 7 439 m und der Chan-Tengri, der 6 995 m erreicht. Den kleineren Teil nehmen Alai- und Transalaigebirge im SW ein. Hier liegt der 7 134 m hohe Pik Lenin. Die stark vergletscherten Gebirgsketten umschließen mehrere Längstäler und Becken.

Das Klima ist ausgeprägt kontinental und trocken. Höhenstufen sind deutlich erkennbar. In den Becken herrscht kontinentales Klima mit Dauerfrost im Winter und trockenen, heißen Sommern. Die jährliche Niederschlagsmenge bleibt meistens unter 300 mm. Nur die West- und Nordhänge der Gebirge erhalten 800 bis 1 000 mm pro Jahr.

Die Vegetation ist durch das Vorherrschen von Wüsten, Halbwüsten und Steppen gekennzeichnet. Zw. 1 500 und 4 000 m gibt es trockene Bergsteppen. Sie gehen mit zunehmender Höhe in Wiesensteppen, subalpine und alpine Wiesen über. Nur 1 % der Landesfläche ist mit Wald bedeckt. Für den S sind Walnussbaumwälder charakteristisch.

Bevölkerung: Fast zwei Drittel der Einwohner sind Kirgisen, etwa 14 % sind Usbeken und 13 % Russen. Weitere Minderheiten sind u. a. Dunganen, Uiguren, Ukrainer, Tataren und Deutsche. Insbesondere zw. Kirgisen und Usbeken gibt es schwere Konflikte, da Teile der usbekischen Bevölkerung die Angliederung an Usbekistan anstreben.

Es besteht eine zehnjährige Grundschulpflicht. Die turksprachigen Einwohner sind überwiegend Muslime, die nichtturksprachigen überwiegend orthodoxe Christen.

Wirtschaft und Verkehr: Mehr als die Hälfte der Beschäftigten ist in der Landwirtschaft tätig. Nur knapp 50 % der Landesfläche sind landwirtschaftlich nutzbar. Davon sind rd. 85 % Weiden und Wiesen und 10 % Ackerland. Größte Bedeutung haben Schafwollproduktion, Ziegen-, Jak- und Mastrinderhaltung sowie die Seidenraupenzucht. Angebaut werden v. a. Kartoffeln, Zuckerrüben, Baumwolle, Getreide, Tabak, Futterpflanzen, Mohn und Gemüse. Von Bedeutung ist ferner der Obst- und Weinbau.

K. ist arm an Rohstoffen. Zu den wenigen Bodenschätzen, die bergbaulich ge-

K

nutzt werden, gehören Kohle, Erdöl, Erdgas, Quecksilber-, Antimon- und Golderze im Ferganabecken. Daneben wird Marmor abgebaut. Hauptindustriezweige sind Buntmetallerzverhüttung, Maschinenbau, elektrotechnische, Textil-, Nahrungsmittel- und Lederindustrie. 80 % der elektrischen Energie werden durch Wasserkraftwerke an den Hochgebirgsflüssen erzeugt. Am Issykkul und im zentralen Tienschan liegen an Thermal- und Mineralquellen zahlreiche Erholungsorte. Umfangreichere Handelsbeziehungen bestehen mit China, den mittelasiatischen Nachbarrepubliken und mit Russland.
Besonders das Landesinnere ist verkehrsmäßig wenig erschlossen. In den besiedelten Regionen ist das Straßennetz gut ausgebaut. Der Eisenbahnverkehr spielt eine untergeordnete Rolle. Der Flugverkehr ist für die Personenbeförderung, in schwer zugänglichen Gegenden auch für den Gütertransport bedeutsam. Internationale Flughäfen liegen bei Bischkek und Osch.
Staat und Politik: Nach der Verfassung vom 5. 5. 1993 ist K. eine Präsidialrepublik. Staatsoberhaupt ist der mit weitreichenden Befugnissen ausgestattete, für fünf Jahre direkt gewählte Präsident.
Am 15. 12. 1990 erklärte K. seine Souveränität innerhalb der UdSSR, am 31. 8. 1991 seine Unabhängigkeit. Im Dezember 1991 trat K. der GUS bei. Im März 1992 wurde es Mitglied der UNO und unterzeichnete 1994 die NATO-Initiative Partnerschaft für den Frieden. 1994 folgte der Beitritt zur kasachisch-usbekischen Wirtschaftsunion und 1996 zur Gemeinschaft Integrierter Staaten innerhalb der GUS. Außerdem gehört es seit 1998 der WTO an.

Kiribati ['bas]: Inselstaat im südwestlichen Pazifik. K. umfasst die Gilbert- und Phönixinseln, Banaba (Ocean Island) und acht der elf Linieninseln. Die Inseln liegen beiderseits der Datumsgrenze und sind über eine Meeresfläche von insgesamt rd. 5 Mio. km² verteilt.
Landesnatur: Außer der 6 km² großen Insel Banaba sind alle übrigen 32 Inseln Koralleninseln und Atolle. Sie liegen nur 1 bis 3 m über Fluthöhe.

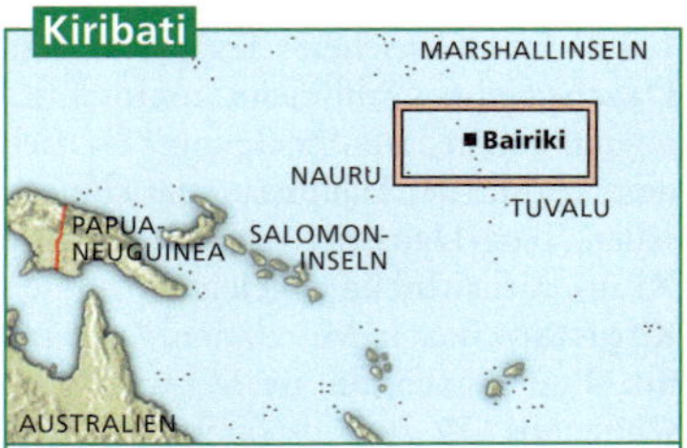

(amtlich gilbertesisch Ribaberikin, engl. Republic of Kiribati)
Fläche: 811 km² (Landfläche 717 km²)
Einwohner: 95 000
Hauptstadt: Bairiki (auf Tarawa)
Amtssprachen: Gilbertesisch, Englisch
Währung: 1 Australischer Dollar/Kiribati ($A/K) = 100 Cents (c)
Zeitzone: MEZ + 11 Stunden (Bairiki)
Kfz-Kennzeichen: KIR

Auf K. herrscht ein tropisch-ozeanisches Klima mit sehr geringen jahreszeitlichen Temperaturschwankungen. Die Regenzeit dauert von Oktober bis März. Verbreitet sind Kokospalme und Schraubenbaum.
Bevölkerung: Fast 99 % der Einwohner sind Mikronesier. Daneben gibt es polynesische, europäische und chinesische Minderheiten. Schulpflicht besteht vom 6. bis 14. Lebensjahr. Die Einwohner sind überwiegend Christen.
Wirtschaft und Verkehr: Die Wirtschaft basiert v. a. auf der Kopraproduktion und der Fischerei. Zur Eigenversorgung werden Taro, Bananen, Papaya und Brotfrüchte kultiviert. Exportiert werden v. a. Fische. Haupthandelspartner sind Australien, Japan und die USA.
Wichtigster Hafen ist Betio. Der internationale Flughafen Bonriki liegt auf Tarawa.
Staat und Politik: Nach der Verfassung von 1979 ist K. eine Präsidialrepublik im Commonwealth. Staatsoberhaupt ist der direkt gewählte Präsident.

Am 12.7. 1979 erhielten die Gilbertinseln unter dem Namen K. die Unabhängigkeit. 1985 schloss sich der Inselstaat der atomwaffenfreien Zone des Südpazifik an. Seit 1999 gehört K. zur UNO.

Klagenfurt: Hauptstadt des österreichischen Bundeslandes Kärnten. Die Stadt liegt im Klagenfurter Becken, östlich des Wörther Sees. Sie hat 90 100 Einwohner. K. ist u.a. Sitz einer Universität für Bildungswissenschaften sowie einer Höheren technischen Lehr- und Versuchsanstalt. Jährlich finden die Klagenfurter Messe und eine Holzmesse statt. Hauptindustriezweige sind Leder-, Holz-, Maschinen- und Elektroindustrie.
Sehenswürdigkeiten in der Altstadt sind u.a. der zw. 1582 und 1591 erbaute Dom, das Landhaus (1574–90), der Lindwurmbrunnen von 1593 und die aus dem 16. Jh. stammenden Laubenhöfe.

Kleine Antillen: ↑Antillen.

Kōbe: Hauptstadt der Präfektur Hyōgo auf der japanischen Insel Honshū. K. hat 1,478 Mio. Einwohner. Die Stadt ist Sitz von zwei Universitäten und mehreren Hochschulen. Der zweitgrößte Seehafen Japans ist ein bedeutendes Handels- und Industriezentrum. Neben Eisen- und Stahlindustrie, Schiff- und Maschinenbau dominiert die Herstellung von Gummiwaren, Metallerzeugnissen, Textilien, Nahrungsmitteln und Getränken (Sake). Die starke wirtschaftliche Stellung wurde durch ein schweres Erdbeben am 17.1. 1995 geschwächt, bei dem rd. 5 500 Menschen starben und weite Teile der Stadt zerstört wurden.
Mehrere buddhistische Tempel und Schreine aus dem 3. (?), 8., 9. und 14. Jh. sowie moderne Bauten prägen das Stadtbild. Zu ihnen gehören z.B. der 108 m hohe Port Tower von 1963 und die zw. 1980 und 1986 erbauten Terrassensiedlungen Rokko I und II.

Kolkata: ↑Kalkutta.

Köln: kreisfreie Stadt in Nordrhein-Westfalen. K. liegt in der Kölner Bucht zu beiden Seiten des Rheins. Die Stadt hat 968 600 Einwohner. K. ist Erzbischofssitz und bedeutendes kulturelles Zentrum. Neben der Universität gibt es die Deutsche Sporthochschule, eine Kunsthochschule für Medien und eine Hochschule für Musik sowie zahlreiche Forschungsinstitute. Als Medienzentrum ist es Sitz von Rundfunk- und Fernsehanstalten. Bekannte Museen sind u.a. das Museum Ludwig, das Wallraf-Richartz-, und das Römisch-Germanische Museum.
K. ist ein bedeutendes Industrie- und Handelszentrum mit Börse und Fachmessen. Dominierende Industriezweige sind Fahrzeug- und Maschinenbau, elektrotechnische, chemische, pharmazeutische, Textil- und Nahrungsmittelindustrie. Acht Rheinbrücken machen die Stadt zu einem Bahn- und Straßenknotenpunkt. K. hat eine U-Bahn, einen bedeutenden Binnenhafen und den internationalen Flughafen Köln-Bonn.

Köln: Mitten im Zentrum der Stadt zwischen Einkaufszone, Bahnhof, Rhein und Museen liegt der Dom. 632 Jahre vergingen bis zur Fertigstellung der Kathedrale.

Wahrzeichen der Stadt ist der gotische Dom. Er wurde 1248 begonnen und 1880 endgültig fertig gestellt. Aus römischer Zeit sind u.a. Teile der Stadtmauer von um 50 n. Chr. erhalten. Unter den zahlreichen modernen Gebäuden ist die 1998 eröffnete Kölnarena zu nennen.

K

Kolụmbien: Staat im NW Südamerikas. K. grenzt im W an den Pazifik, im NW an Panama, im N an das Karibische Meer, im NO und O an Venezuela, im SO an Brasilien, im S an Peru und Ecuador. Zu K. gehören auch die rd. 200 km vor der Küste Nicaraguas liegenden Inseln Isla de San Andrés, Isla de Providencia und Cayos de Albuquerque sowie die 2 km^2 große unbewohnte Pazifikinsel Malpelo.

Kolumbien

(amtlich span. República de Colombia)
Fläche: 1 141 748 km^2
Einwohner: 43,733 Mio.
Hauptstadt: Bogotá (Santa Fe de Bogotá)
Verwaltungsgliederung: 32 Departamentos und 1 Hauptstadtdistrikt
Amtssprache: Spanisch
Währung: 1 Kolumbianische Peso (kol$) = 100 Centavos (c, cvs)
Zeitzone: MEZ – 6 Stunden
Kfz-Kennzeichen: CO

Landesnatur: Kernraum des Staates sind die Anden, der südliche Teil der ↑Kordilleren. Sie teilen sich im S in drei Gebirgsketten. Die Ostkordillere mit ausgedehnten Hochbecken liegt zw. 2 500 und 2 800 m hoch. Ihr höchster Gipfel ist der Nevado del Cocuy mit 5 493 m. Die Zentralkordillere wird von jungen, z. T. tätigen Vulkanen gebildet. Sie erreicht im Nevado del Huila 5 500 m. Die Westkordillere steigt im Cumbal bis auf 4 790 m an.

Den tiefen Talfurchen zw. den Gebirgszügen folgen die Hauptströme, u. a. Río Magdalena, Río Cauca und Río Atrato, zum Karibischen Meer. Den O und SO nehmen Tiefländer ein. Im N liegen die Feuchtsavannen. Sie werden auch Llanos genannt. Im S herrscht tropischer Regenwald vor. Aus dem Tiefland an der karibischen Küste erhebt sich der isolierte Gebirgsstock der Sierra Nevada de Santa Marta. Hier liegt der höchste Berg K., der 5 775 m hohe Pico Cristóbal Colón. Im N des pazifischen Küstentieflandes erstreckt sich die Küstenkordillere.

Das Klima ist tropisch. Hohe Niederschlagsmengen erhalten die pazifische Küstenebene, die Westabdachung der Kordilleren und das südöstliche Tiefland. Besonders trocken ist das Küstentiefland im NO. Die Schneegrenze liegt zw. 4 600 und 4 800 m. An der karibischen Küste wachsen Kokospalmen und die typischen Gewächse der Mangrove. In den Waldgebieten finden sich u. a. Mahagoni, Guajakbaum, Eiche, Zeder, Kiefer und Balsabäume.

Bevölkerung: Den überwiegenden Anteil stellen Mischlinge. 20 % sind Weiße und 5 % Schwarze. Weniger als 2 % sind Indianer. 75 % der Bevölkerung leben in Städten. Dabei siedelt weit mehr als die Hälfte der Stadtbevölkerung in inner- und randstädtischen Elendsvierteln, den sog. Tugurios.

Vom siebten bis elften Lebensjahr besteht allgemeine Schulpflicht. Die Analphabetenquote liegt bei rd. 12 %. Über 90 % der Bevölkerung sind Katholiken.

Wirtschaft und Verkehr: Die Landwirtschaft beschäftigt knapp 25 % der Erwerbstätigen. Etwa 44 % der Landesfläche werden landwirtschaftlich genutzt. Wichtigstes Markterzeugnis ist Kaffee. Er wird in Höhen zw. 600 und 1 600 m v. a. in Kleinbetrieben angebaut. Rd. 85 % der Kaffeeernte werden exportiert. Außerdem bauen die Kleinbauern Kartoffeln, Getreide, Hülsenfrüchte, Obst und Gemüse zur Selbstversorgung an. Für den Export werden in Mittel- und Großbetrieben Baumwolle, Zuckerrohr, Bananen, Tabak, Reis und Schnittblumen produziert. Große Bedeutung haben der illegale Anbau von Cannabis- und Kokastrauch sowie die Produktion und der Handel mit Marihuana und Kokain. Schätzungen zufolge werden jährlich 4 bis 5 Mrd. US-$ Gewinn erzielt. Zentren des Drogenhandels sind Medellín und Cali.

Neben bedeutenden Erdöl- und Erdgaslagerstätten besitzt K. die größten Steinkohlenvorkommen Lateinamerikas. Bedeutend sind auch die Vorkommen an Edelmetallen, Smaragden, Eisen-, Nickel-, Kupfererzen und Steinsalz. Hauptindustriezweige sind die Nahrungsmittel-, Textil- und chemische Industrie. Wichtig sind auch die Gummi-, Papier-, petrochemische und elektrotechnische Industrie sowie der Maschinen- und Fahrzeugbau. Der Fremdenverkehr bringt hohe Deviseneinnahmen, ist allerdings durch die Guerillatätigkeit eingeschränkt. Haupthandelspartner sind die USA, Mexiko und die EU.

Wegen der geografischen Bedingungen hat der Luftverkehr große Bedeutung. Das Eisenbahnnetz umfasst mehr als 3 000 km, aber nur etwa 60 % werden genutzt. Das 130 000 km lange Straßennetz ist nur z. T. befestigt. Wichtigste Binnenwasserstraße ist der Río Magdalena. Wichtigste Seehäfen sind Buenaventura am Pazifik, Barranquilla, Cartagena und Santa Marta sowie Puerto Bolívar am Karibischen Meer. Internationale Flughäfen haben u. a. Bogotá, Medellín, Cali, Barranquilla und Cartagena.

Staat und Politik: Nach der Verfassung vom 6. 7. 1991 ist K. eine Präsidialrepublik. Staatsoberhaupt ist der für vier Jahre direkt gewählte Präsident.

Öffentliches und politisches Leben sind von den Auseinandersetzungen zw. Drogenkartellen, Guerilla und Staatsgewalt bestimmt. Seit 1998 verstärkt die politische Führung ihre Anstrengungen um die Befriedung des Landes. U. a. wurden entmilitarisierte Zonen eingerichtet und Verhandlungen mit den großen Guerillaorganisationen aufgenommen.

K. gehörte 1945 zu den Gründungsmitgliedern der UNO.

Komoren: Inselstaat im Indischen Ozean zw. Madagaskar und der Ostküste Afrikas. Er umfasst die Inselgruppe der K. mit den drei Hauptinseln Njazidja, Nzwani, Mwali, außer der französischen Insel Mayotte, und zahlreiche kleinere Inseln.

Komoren

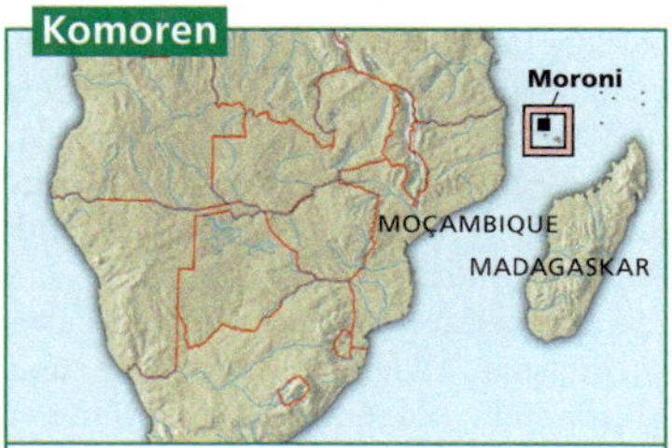

(amtlich komorisch Udzima wa Komori, frz. Union des Comores, dt. Union der Komoren)
Fläche: 1 862 km²
Einwohner: 586 000
Hauptstadt: Moroni
Verwaltungsgliederung: 3 Distrikte
Amtssprachen: Komorisch, Französisch
Währung: 1 Komoren-Franc (FC) = 100 Centimes
Zeitzone: MEZ + 2 Stunden
Kfz-Kennzeichen: COM

Landesnatur: Die gebirgigen Hauptinseln sind vulkanischen Ursprungs. Höchster Berg ist der noch tätige Vulkan Kartala auf Njazidja mit 2 360 m. Das Klima ist tropisch und regenreich. Die Regenzeit liegt zw. November und April. Die höheren Lagen sind von dichtem Regenwald bedeckt.

Bevölkerung: Die Bevölkerung setzt sich aus afrikanischen, indisch-indonesischen, madagassischen und arabischen Einwanderern zusammen. Größte Stadt ist die Hauptstadt Moroni auf Njazidja. Hauptort von Nzwani ist Mutsamudu, der von Mwali ist Fomboni.

Auf den K. besteht eine achtjährige Schulpflicht. Die Analphabetenquote beträgt rd. 45 %. Der sunnitische Islam ist Staatsreligion.

Wirtschaft und Verkehr: Fast 75 % der Bevölkerung leben von der Landwirtschaft. Zur Eigenversorgung werden Maniok, Süßkartoffeln, Reis, Mais und Bananen angebaut. Auf Plantagen werden für den Export v. a. Ylang-Ylang-Bäume, Vanille, Kokospalmen, Gewürznelken, Kakao, Pfeffer und Sisal kultiviert. Bedeutend ist auch die Fischerei. In der wenig entwickelten Industrie überwiegt die Verarbeitung landwirtschaftlicher Produkte. Hauptanziehungspunkte des Tourismus sind Badestrände und Tauchgründe. Wichtigste Handelspartner sind Frankreich, die Vereinigten Staaten und die Republik Südafrika.

Das Straßennetz umfasst 750 km. Die wichtigsten Häfen sind Moroni und Mutsamudu. Ein internationaler Flughafen liegt auf Njazidja.

Staat und Politik: Nach der Verfassung vom 23. 12. 2001 sind die K. eine Bundesrepublik. Das Staatsoberhaupt wird alle vier Jahre von den drei Inseln abwechselnd gewählt.

Am 6. 7. 1975 erklärten die K. ihre Unabhängigkeit von Frankreich. Der Zusammenhalt des Staates ist durch separatistische Bewegungen bedroht. Im August 1997 erklärte sich die Insel Mwali für selbstständig, im Oktober stimmte die Bevölkerung der Insel Nzwani ebenfalls für eine Unabhängigkeit. Beiden Inseln wurde 1999 größere Autonomie zugestanden. 2001 stimmten die Wähler für die staatliche Einheit.

Kọngo (Zaïre): zweitgrößter und wasserreichster Strom Afrikas. Das Einzugsgebiet des 4 374 km langen Flusses umfasst 3,69 Mio. km². Der K. entspringt als Lualaba im Mitumbagebirge, durchbricht die südöstliche Randschwelle des Kongobeckens und durchfließt als breiter Flachlandstrom das Kongobecken. Den Namen K. trägt er ab den Stanleyfällen bei Kisangani . In seinem weiteren Verlauf durchbricht er die Niederguineaschwelle in über 32 Stromschnellen und Wasserfällen und mündet unterhalb von Matadi in den Atlantischen Ozean. Unterhalb von Kinshasa liegen die Livingstonefälle, eine Aneinanderreihung von Katarakten. Das starke Gefälle und die hohe Fließgeschwindigkeit des K. werden zur Energiegewinnung durch Wasserkraftwerke genutzt.

Die Schiffbarkeit des K. beginnt bei Bukama. Die nicht schiffbaren Stromabschnitte werden mithilfe von Eisenbahnlinien umgangen. Mit seinen Nebenflüssen, u. a. Lukuga, Aruwimi, Ubangi, Sanga, Lomami, Busira und Kasai, bildet er rd. 13 000 km Wasserstraßen.

Der K. ist Grenzfluss zw. der Demokratischen Republik K. und der Republik K. sowie zw. der Demokratischen Republik K. und Angola.

Kọngo, Demokratische Republik: Staat in Zentralafrika. Die D. R. K. grenzt im N an die Zentralafrikanische Republik und Sudan, im O an Uganda, Ruanda, Burundi und Tansania, im SO und S an Sambia, im SW an Angola, im W an den Atlantik und die angolanische Exklave Cabinda sowie an die Republik Kongo.

Kongo, Demokratische Republik

(amtlich frz. République Démocratique du Congo)
Fläche: 2 344 885 km²
Einwohner: 51,580 Mio.
Hauptstadt: Kinshasa
Verwaltungsgliederung: 10 Regionen und 1 Hauptstadtdistrikt
Amtssprache: Französisch
Währung: 1 Kongo-Franc (FC) = 100 Centimes
Zeitzone: OEZ und MEZ
Kfz-Kennzeichen: CD

Landesnatur: Die D.R.K. umfasst den größten Teil des Kongobeckens und seine Randschwellen. Im O reicht sie bis in den Zentralafrikanischen Graben mit seinen Randgebirgen und Seen. Ihre höchsten Erhebungen, die Virungavul-

kane und der 5 119 m hohe Ruwenzori, liegen an der Westflanke des Grabens.
Das Klima ist tropisch. Im N und im Zentrum ist es immerfeucht, im S wechselfeucht. Die Jahresniederschläge erreichen im Innern mehr als 2 000 mm. Im S liegen sie zw. 1 200 und 1 400 mm, im O und an der Küste unter 1 000 mm. Der vorherrschende immergrüne Regenwald geht nach N und S in Feuchtsavanne, im SO in Trockensavanne über.
Bevölkerung: Über 70 % der Bevölkerung gehören Bantuvölkern wie den Luba, Kongo und Mongo an. Einen Anteil von knapp 20 % haben die Sudanvölker. Ferner leben im Land Niloten, Hamiten und Hima, im Regenwald außerdem Pygmäen. 30 % der Bevölkerung wohnen in Städten.
Allgemeine Schulpflicht besteht vom siebten bis zwölften Lebensjahr. Die Analphabetenquote beträgt rd. 28 %. Etwa 82 % der Bevölkerung sind Christen, 2 % sind Muslime. Daneben gibt es Anhänger von Naturreligionen.
Wirtschaft und Verkehr: Haupterwerbszweig ist die Landwirtschaft. Die bevorzugte Ackerbauform ist der Wanderhackbau mit Brandrodung. Zur Eigenversorgung werden v. a. Mais, Reis, Maniok, Kochbananen, Süßkartoffeln und Zuckerrohr angebaut. Auf Plantagen gedeihen für den Export Kaffee, Tabak, Tee, Kakao, Kautschuk, Zuckerrohr und Ölpalmen. Wichtig ist außerdem die Fischerei. Trotz großer Waldbestände ist der Holzexport gering. Größte Bedeutung hat der Bergbau, v. a. in der Region Shaba (früher Katanga). Gefördert werden v. a. Kupfererz, Diamanten, Steinkohle, Zinn-, Kobalt-, Zink-, Mangan-, Uran- u. a. Erze, Silber, Gold und Erdöl. Hauptindustriezweige sind neben Hütten- und chemischer Industrie Nahrungsmittel-, Textil- und Holzindustrie. Wichtigste Handelspartner sind Belgien, Frankreich, Deutschland und die USA.
Güter- und Personenverkehr werden v. a über die Eisenbahn und und die Binnenschifffahrt abgewickelt. Weniger bedeutend ist das Straßennetz. Wichtigster Seehafen ist Matadi. Internationale Flughäfen gibt es in Kinshasa, Lubumbashi, Bukavu, Goma und Kisangani.
Staat und Politik: Nach dem Umsturz vom Mai 1997 wurde der bis dahin als **Zaïre** bezeichnete Staat in D. R. K. umbenannt – so hieß das Land bereits von seiner Unabhängigkeit 1960, als es auch der UNO beitrat, bis 1971. Die provisorische Verfassung von 1996 wurde 2003 wiederum durch eine Übergangsverfassung abgelöst, die das Präsidialsystem festschreibt. Das Staatsoberhaupt ist zugleich Regierungschef und Oberbefehlshaber der Streitkräfte.
Der Bürgerkrieg verschiedener Rebellenorganisationen gegen die Zentralgewalt hält an. Mehrere Nachbarländer sind indirekt und direkt in den Konflikt verwickelt, der sich zw. 1998 und 2003 mehrfach zu einem großen afrikanischen Krieg auszuweiten drohte.

Kongo, Republik: Staat in Zentralafrika. K. grenzt im N an Kamerun und die Zentralafrikanische Republik, im O und S an die Demokratische Republik Kongo, im S an die angolanische Exklave Cabinda, im SW an den Atlantik, im W an Gabun.

Kongo, Republik

(amtlich frz. République du Congo)
Fläche: 342 000 km²
Einwohner: 3,657 Mio.
Hauptstadt: Brazzaville
Verwaltungsgliederung: 10 Regionen und 1 Hauptstadtbezirk
Amtssprache: Französisch
Währung: 1 CFA-Franc = 100 Centimes (c)
Zeitzone: MEZ
Kfz-Kennzeichen: RCB

K

Landesnatur: K. liegt im äußersten NW des Kongobeckens und hat im SW Anteil an der Niederguineaschwelle. Im NO gibt es ausgedehnte Sumpfgebiete. Es herrscht äquatoriales Regenklima mit zwei Regenzeiten. Die Jahresniederschlagsmengen liegen zw. 1 400 und 1 900 mm. Im N und in weiten Teilen des Hochlandes herrscht tropischer Regenwald vor. Die Mangrovenvegetation der Küste geht in Feuchtsavanne über.
Bevölkerung: Im K. leben überwiegend Bantuvölker. Den größten Anteil stellen die Kongo mit 52 %, Bateke und Bavili mit 24 % sowie Teke und M'boshi mit je 12 %. In den Wald- und Sumpfgebieten des NO leben Pygmäen. Etwa 66 % der Einwohner leben in Städten.
Vom 6. bis 16. Lebensjahr besteht allgemeine Schulpflicht. Die Analphabetenquote liegt bei rd. 25 %. Die Mehrheit der Bevölkerung sind Christen. Außerdem sind Anhänger afrikanischer Naturreligionen und Muslime vertreten.
Wirtschaft und Verkehr: Seit den 1980er-Jahren wird die Wirtschaft vom Erdöl bestimmt. Bedeutung hat weiterhin die Forstwirtschaft. Nur 1 % des Landes dient dem Ackerbau. Dennoch leben fast 40 % der Bevölkerung von Landwirtschaft und Fischerei. Angebaut werden v. a. Maniok, Mais, Erdnüsse, Jamswurzeln und Kochbananen, für den Export geringe Mengen Kaffee, Kakao und Zuckerrohr. Die Bodenschätze, u. a. Kalisalze, Eisen-, Kupfererz, Gold, Phosphat und Bauxit, werden bisher kaum genutzt. Wichtigste Industrien neben der Erdölverarbeitung sind Nahrungsmittel-, Textil-, Zement- und chemische Industrie sowie Holzverarbeitung. Haupthandelspartner sind Frankreich, die USA, die Niederlande und Italien.
K. ist ein wichtiges Transitland. Das Straßennetz umfasst 12 700 km, das Eisenbahnnetz 1 152 km. Wichtigste Wasserstraße ist der ↑ Kongo mit seinen Nebenflüssen. Internationale Flughäfen befinden sich in Pointe-Noire und Brazzaville.
Staat und Politik: Nach der Verfassung vom 9. 8. 2002 ist K. eine Präsidialrepublik. Staatsoberhaupt ist der für sieben Jahre direkt gewählte Präsident.
Am 15. 8. 1960 wurde K. unabhängige Republik. Die 1991 eingeleiteten demokratischen Reformen wurden 1997 durch einen Bürgerkrieg unterbrochen. 1999 und 2003 schlossen Regierung und Milizen Friedensverträge. K. ist seit 1960 Mitglied der UNO.

Kopenhagen: Hauptstadt von Dänemark. K. liegt am Öresund im O der Insel Seeland und auf Amager. Die Stadt hat 501 700 Einwohner. In der Agglomeration K. leben 1,585 Mio. Menschen.
K. ist Sitz des Obersten Gerichtshofes und des Europäischen Umweltamtes. Neben der 1479 gegründeten Universität gibt es weitere Hochschulen und Akademien. K. ist die wichtigste Handels- und Industriestadt Dänemarks. Hauptindustriezweige sind Werften, Motorenbau, Kabelwerke, Textil-, chemische, Nahrungsmittel-, grafische, Papier- und Porzellanindustrie. Der Hafen ist Ausgangspunkt für Fährverbindungen nach Malmö und Bornholm. Der internationale Flughafen liegt auf Amager. Anziehungspunkte für Touristen sind u. a. der 1843 eröffnete Vergnügungspark Tivoli und die zahlreichen Schlösser. Wahrzeichen der Stadt ist die Bronzefigur der Kleinen Meerjungfrau auf einem Felsen am Hafen.

Kordilleren [kɔrdiˈljeːrən]: Gebirgssystem im W des amerikanischen Doppelkontinents. Die K. erstrecken sich von der Beringstraße im N bis zur Insel ↑ Feuerland im S. Mit über 15 000 km sind sie das längste Faltengebirgssystem der Erde.
Die nordamerikanischen K. bestehen aus mehreren Gebirgszügen, zu denen u. a. ↑ Rocky Mountains, Cascade Range, Coast Range, Sierra Nevada und Sierra Madre gehören. Sie sind durch Becken und Plateaus voneinander getrennt. Ihre höchste Erhebung ist der ↑ Mount McKinley mit 6 198 m in der Alaskakette.

Kordilleren: Mount-McKinley-Nationalpark im Alaskagebirge; der Mount McKinley ist der höchste Gipfel der nordamerikanischen Kordilleren.

Die K. von Südamerika werden als **Anden** bezeichnet. Sie sind 7 500 km lang. Landschaftlich sind die Anden das mannigfaltigste Gebirge der Erde, da sie an fast allen Klimazonen Anteil haben. Sie werden von hohen, z. T. vulkanischen Gipfeln überragt. Der höchste Berg ist der ↑ Aconcagua mit 6 959 m. Die weniger hohe Küstenkordillere ist nach N durch das Große Längstal Chiles vom Hauptkamm getrennt. Dieser teilt sich in die Westkordillere und die Ostkordillere. Zw. ihnen erstreckt sich in rd. 4 000 m Höhe die abflusslose Hochfläche Altiplano. Sie ist geprägt von vielen Salzpfannen und Seen. Hier liegt u. a. der ↑ Titicacasee, der größte Hochlandsee der Erde. Die Schneegrenze steigt von 700 m auf Feuerland bis über 6 000 m am Wendekreis und fällt bis zum Äquator wieder auf 4 700 m.

Die K. bilden eine wichtige Klimascheide und die Hauptwasserscheide zw. dem Pazifischen Ozean und dem Atlantischen Ozean. Nur wenige Bahnlinien und Straßen queren sie. Der Gebirgszug ist reich an Erzen, besonders Kupfer, Zinn, Zink, Blei und Silber, sowie an Salz, Salpeter, Borax, Jod und Erdöl.

Korea (Nord-Korea): Staat in Ostasien. Nord-K. umfasst den Festlandanteil und den N der Halbinsel Korea, grenzt im W an die Koreabucht und entlang den Flüssen Yalu und Tumen an China, an der Tumenmündung an Russland, im O an das Japanische Meer und im S entlang einer Demarkationslinie am 38. Breitengrad an Süd-Korea.

Landesnatur: Das Relief Nord-K. ist bestimmt durch Gebirgsketten, die das Land von NO nach SW durchziehen. Höchster Berg mit 2 744 m ist der Vulkan Paektusan. Der W wird von Tieflandsebenen eingenommen. In den breiten Flusstälern gibt es fruchtbare Schwemmlandböden.

Nord-K. hat ein kontinentales Klima mit heißen Sommern und kalten Wintern. Die Jahresniederschläge liegen bei durchschnittlich 1 000 mm. Sie fallen hauptsächlich in den Sommermonaten. In den ausgedehnten Nadelwäldern findet man v. a. Fichten und Lärchen.

Bevölkerung: Die Bevölkerung besteht fast ausschließlich aus Koreanern. Etwa 61 % wohnen in Städten.

Es besteht eine allgemeine zehnjährige Schulpflicht. Rd. 70 % der Bevölkerung

Korea, Nord-Korea

(amtlich koreanisch Chosŏn Minjujuui In'min Konghwaguk, dt. Demokratische Volksrepublik Korea)
Fläche: 122 762 km²
Einwohner: 22,489 Mio.
Hauptstadt: Pjöngjang
Verwaltungsgliederung: 9 Provinzen und 4 Stadtbezirke
Amtssprache: Koreanisch
Währung: 1 Won = 100 Chon
Zeitzone: MEZ + 8 Stunden
Kfz-Kennzeichen: PRK

sollen nicht religiös sein. Die Anhänger des Schamanismus haben einen Anteil von 15%, die der Chundo-gyo-Religion von 14%. Sie verbindet buddhistische und christliche Elemente. Daneben gibt es Buddhisten und Christen.

Wirtschaft und Verkehr: Die Wirtschaft wird seit 1946 von einer zentralstaatlichen Planungskommission kontrolliert. Forciert wurden v.a. der Ausbau der Schwerindustrie wie Erzverhüttung, Maschinen- und Fahrzeugbau sowie chemische Industrie und Schiffbau. K. besitzt reiche Rohstoffvorkommen. Gefördert werden neben Stein- und Braunkohle, Eisen-, Kupfer-, Wolfram-, Blei-, Zink- u.a. Erzen auch Grafit, Gold, Baryt und Kadmium. Die Konsumgüterindustrie wird erst seit den 1970er-Jahren verstärkt entwickelt.

Intensiviert wurde auch der Ausbau der Landwirtschaft, die etwa 20% der Landesfläche nutzt. Rd. 90% der landwirtschaftlichen Nutzfläche werden von etwa 3 800 Produktionsgenossenschaften bewirtschaftet. Angebaut werden v.a. Reis, Mais, Hirse, Sojabohnen, Gerste, Weizen, Hafer, Kartoffeln, Baumwolle und Tabak. Für den Export bedeutsam sind die Kultivierung der Ginsengwurzel sowie die Seidenraupenzucht.

Seit Beginn der 1990er-Jahre exportiert der Staat Lebensmittel, um den Wegfall der Unterstützungsgelder aus der UdSSR zu kompensieren. Die Versorgung der eigenen Bevölkerung wird vernachlässigt. Mehrere Hunderttausend Menschen sollen verhungert sein.

Die Eisenbahn verfügt als wichtigster Verkehrsträger über ein Streckennetz von 5 045 km. Wichtigste Seehäfen sind Namp'o am Gelben Meer sowie Wŏnsan, Ch'ŏngjin und Hŭngnam am Japanischen Meer. Ein internationaler Flughafen liegt bei Pjöngjang.

Staat und Politik: Nach der Verfassung von 1972 ist Nord-K. eine Volksrepublik. Als Staatsoberhaupt fungiert seit dem 5.9. 1998 der Vorsitzende des neu geschaffenen Nationalen Verteidigungsausschusses. Das Amt des Staatspräsidenten wurde abgeschafft.

Seit 1948 ist Korea gespalten. Am 15.8. konstituierte sich im S die Republik K. und am 9.9. folgte die Proklamation der Demokratischen Volksrepublik K. im N. Nach dem Koreakrieg (1950–53) wurden die Verbindungen zw. Nord- und Süd-K. vollständig abgebrochen. 1990 wurden erste Gespräche über eine friedliche Wiedervereinigung des Landes geführt. Im Dezember 1991 ratifizierten Nord- und Süd-K. einen Vertrag über Aussöhnung, Nichtangriff, Austausch und Kooperation. Mitte Juni 2000 trafen sich die Staatschefs beider Länder zum ersten Mal. Das Bekanntwerden des nordkoreanischen Atomwaffenprogramms 2002 führte zu Verzögerungen im Friedensprozess.

1997 wurde in Nord-K. ein neuer Kalender eingeführt. Er beginnt mit 1912, dem Geburtsjahr des 1994 verstorbenen Staatschefs Kim Il Sung, und wird in »Juche« gezählt.

Korea (Süd-Korea): Staat in Ostasien. Süd-K. umfasst die südlich des 38. Breitengrades liegenden Gebiete auf der Halbinsel Korea sowie rd. 3 500 der Küste vorgelagerte kleine Inseln. Im W grenzt es an das Gelbe Meer, im S an die Koreastraße, im O an das Japanische Meer und im N an Nord-Korea.

Landesnatur: Süd-K. ist überwiegend gebirgig. Parallel zur Ostküste erstreckt sich das T'aebaekgebirge mit den Diamantbergen im S. Es fällt steil zum Japanischen Meer ab und geht in einer Westabdachung in ein Küstentiefland zum Gelben Meer hin über. Die höchste Erhebung ist der Vulkan Hallasan mit 1 950 m auf der Insel Cheju. Zahlreiche Flüsse folgen in Südwestrichtung der Westabdachung.

Das Klima ist kühl-gemäßigt mit kalten, trockenen Wintern und heißen, niederschlagsreichen Sommern. Die jährliche Niederschlagsmenge schwankt zw. etwa 1 400 mm im N und 1 250 mm im S. An der Südküste herrscht subtropisches Kli-

ma. Zwei Drittel des Landes sind von Mischwäldern bedeckt. Sie bestehen v. a. aus Eiche, Ahorn und Buche.
Bevölkerung: Ethnisch besteht die Bevölkerung fast ausschließlich aus Koreanern. Über 80 % der Bevölkerung wohnen in Städten.

Korea, Süd-Korea

(amtlich koreanisch Taehan Minguk, dt. Republik Korea)
Fläche: 99 313 km²
Einwohner: 47,640 Mio.
Hauptstadt: Seoul
Verwaltungsgliederung: 9 Provinzen und 7 Stadtprovinzen
Amtssprache: Koreanisch
Währung: 1 Won (W) = 100 Chon
Zeitzone: MEZ + 8 Stunden
Kfz-Kennzeichen: ROK

Die allgemeine Schulpflicht dauert neun Jahre. Etwa 38 % der Bevölkerung sind Christen, 10 % Anhänger des traditionellen Schamanismus, 23 % Buddhisten, 22 % Konfuzianer und 2 bis 3 % Anhänger der Chundo-gyo-Religion.
Wirtschaft und Verkehr: In der hoch mechanisierten Landwirtschaft dominieren kleinbäuerliche Betriebe. Auf rd. 65 % der landwirtschaftlichen Nutzfläche wird Reis angebaut. Daneben werden u. a. Gerste, Weizen, Mais, Hirse, Hülsenfrüchte, Sojabohnen, Kartoffeln, Tabak, Obst und Ginseng kultiviert. Wichtig ist auch die Seidenraupenzucht. Süd-K. ist eines der führenden Fischfangländer der Welt.
Bedeutendster Wirtschaftszweig ist jedoch die Industrie. Vorherrschend sind chemische, Elektronik-, Textil-, Schuh- und Spielzeugindustrie. Daneben finden sich Eisen- und Stahlerzeugung sowie Maschinenbau. In den 1980er-Jahren entwickelten sich v. a. Schiff- und Automobilbau sowie die Bauwirtschaft. Die Rohstoffvorkommen beschränken sich auf Steinkohle, Eisen-, Wolfram-, Wismut-, Molybdän- u. a. Erze. Die bedeutenden Titanerzvorkommen sind noch ungenutzt. Haupthandelspartner sind die USA, China, Japan, Deutschland und Großbritannien.
Das gut ausgebaute Verkehrsnetz umfasst 6 559 km Eisenbahn und 61 300 km Straßen. 1994 wurde mit dem Bau einer Hochgeschwindigkeitsbahnstrecke zw. Seoul und Pusan begonnen. Wichtige Häfen besitzen außer Pusan noch P'ohang und Inch'ŏn. Internationale Flughäfen liegen bei Seoul und Pusan sowie auf Cheju.
Staat und Politik: Nach der am 25. 2. 1988 in Kraft getretenen Verfassung ist Süd-K. eine Präsidialrepublik. Staatsoberhaupt des Landes ist der auf fünf Jahre direkt gewählte Präsident.
Zur Geschichte ↑Korea (Nord-Korea). Seit 1991 gehört Süd-K. der UNO an.

Korfu (griechisch Kerkyra): zu Griechenland gehörende Insel im Ionischen Meer. K. ist 592 km² groß und hat rd. 105 000 Einwohner. Die nördlichste der größeren Ionischen Inseln ist durch eine seichte Meeresstraße vom Festland getrennt. Der N wird von einem Kalkgebirge beherrscht, das bis 906 m aufsteigt. Im hügeligen S werden Obst- und Gemüseanbau betrieben. Daneben finden sich Ölbaum- und Rebkulturen. Haupteinkommensquelle ist jedoch der Fremdenverkehr.

Korsika: Insel im Mittelmeer. K. hat eine Fläche von 8 680 km² und wird von 264 400 Menschen bewohnt. Die Insel ist politisch eine Region Frankreichs. Hauptstadt ist Ajaccio.
K. ist ein stark zertaltes Gebirgsland. Im Monte Cinto erreicht es eine Höhe von 2 710 m. Der O wird von fruchtbaren, z. T. versumpften Küstenebenen geprägt. Die Westküste ist reich gegliedert. K. hat

Mittelmeerklima. Der größte Teil der Insel wird von Macchie und Wald eingenommen. Wichtigste Wirtschaftszweige sind Landwirtschaft, Schaf- und Ziegenzucht sowie der Fremdenverkehr. In den Küstenzonen gedeihen Wein, Zitrusfrüchte, Olivenbäume und Korkeichen. In höheren Lagen wachsen Edelkastanien und Obstbäume. An der Küste wird Fischerei, v. a. auf Thunfisch und Sardellen, betrieben.

Auf der Insel gibt es starke Autonomiebestrebungen, die sich zeitweise in terroristischen Anschlägen manifestieren.

Kosciusko, Mount [maʊnt kɔzɪ'ʌskəʊ]: höchster Berg Australiens. Der M. K. liegt in den Snowy Mountains der ↑Great Dividing Range, die auch als Australische Alpen bezeichnet werden. Das Relief des 2 230 m hohen Berges ist von Trogtälern, Seen und Moränenzügen geprägt. Er ist das bedeutendste australische Wintersportgebiet. Ein Gebiet von 5 316 km^2 um den M. K. wurde 1944 zum Nationalpark erklärt.

Sein Gipfel wurde 1840 von dem Polen Paul Edmund de Strzelecki bestiegen, der den Berg nach Tadeusz Kosciuszko (1746–1817), einem polnischen Nationalhelden, benannte.

Kosovo: Provinz von Serbien und Montenegro, in der Teilrepublik Serbien. Im SW grenzt sie an Albanien. K. nimmt eine Fläche von 10 887 km^2 ein und hat 2,043 Mio. Einwohner. Hauptstadt ist Priština.

K. ist ein fast allseitig von Gebirgen umschlossenes Gebiet. Kernräume sind die Beckenlandschaften Amselfeld und Metohija. 1991 waren rd. 90 % der Bevölkerung muslimische Albaner und etwa 7 % orthodoxe Serben. Weitere Volksgruppen sind u. a. Montenegriner und Roma. Wichtigster Wirtschaftszweig der wenig entwickelten Region ist die Landwirtschaft mit bedeutendem Weinbau. An Bodenschätzen werden Silber- und Blei-Zink-Erze sowie Braunkohle gefördert. Die Industrie ist auf die größeren Städte beschränkt.

Seit 1981 gibt es anhaltende Unruhen zw. der albanischen Bevölkerung und der serbischen Minderheit. Während die Serben Anspruch auf das Amselfeld erheben, streben die Kosovaren die Eigenstaatlichkeit oder den Anschluss an Albanien an. Die kriegsähnlichen Zustände im März 1998, die mit anhaltender Flucht bzw. Vertreibung der kosovarischen Zivilbevölkerung durch die Serben einhergingen, führten zu einer internationalen Krise. Sie gipfelte in Luftangriffen der NATO, die von März bis Juni 1999 Ziele in Jugoslawien bombardierte. Das am 9. 6. 1999 unterzeichnete Militärisch-Technische Abkommen (MTA) von Kumanovo schreibt die Erhaltung der Multiethnizität fest. Weiterhin wurde vereinbart, dass K. weder geteilt noch unabhängig werden soll. Zur Aufrechterhaltung des Friedens wurde die KFOR (**K**osovo **For**ce), eine UN-Friedenstruppe unter dem Kommando der NATO, sowie die administrativ tätige UNMIK (**U**nited **N**ations Interim Administration **M**ission **i**n **K**osovo) in K. stationiert.

Krakatau: vulkanische Insel in der Sundastraße. K. gehört zu Indonesien und liegt zw. ↑Sumatra und ↑Java. Die Insel ist 15 km^2 groß und 813 m hoch. Sie bildet mit zwei weiteren Inseln die Reste eines ehemaligen 2 000 m hohen Vulkans, der 1883 explodierte. Die dabei ausgeworfene vulkanische Asche stieg in Höhen von 50 bis 80 km auf und rief in der Atmosphäre noch drei Jahre später wahrnehmbare Dämmerungserscheinungen hervor. Beim Einsturz der bei der Eruption entstandenen Caldera bildete sich ein bis über 20 m hoher Tsunami, der die Küsten Westjavas und Südostsumatras verwüstete und 36 000 Opfer forderte.

Krefeld: kreisfreie Stadt in Nordrhein-Westfalen. K. liegt in der Niederrheinischen Bucht und hat 239 200 Einwohner. Der wirtschaftliche und kulturelle Mittelpunkt des linken Niederrheingebiets ist u. a. Sitz des Geologischen Landamtes und limnologische Station der Max-Planck-Gesellschaft. Wichtigste Industriezweige sind Edelstahl-, Maschinen- und chemische Industrie sowie Waggonbau. Die Textil- und Bekleidungsindustrie beruht auf traditioneller Leinen- und Seidenweberei. Der Rheinhafen liegt im Stadtteil Uerdingen.

Kreta: mit 8 261 km² die größte griechische Insel im östlichen Mittelmeer. Als Region umfasst es mit kleinen vorgelagerten Inseln 8 336 km² mit rd. 540 000 Einwohnern.

K. ist überwiegend gebirgig. Die höchste Erhebung ist der Ida mit 2 456 m. Ein Merkmal der Insel sind die vielen Hochebenen und Höhlen. Die Tiefebene Messara ist sehr fruchtbar. Das mediterrane Klima begünstigt den Anbau von Wein, Oliven, Blumen und Obst. Auf der großen Lassithi-Hochebene werden v. a. Kartoffeln, Gemüse und Getreide angebaut. Ziele des Fremdenverkehrs sind neben den Badestränden die archäologischen Stätten der minoischen Kultur wie der Palast von Knossos. Die bedeutendsten Städte, Heraklion, Rethymnon, Chania und Hagios Nikolaos, liegen an der Nordküste. Dort befinden sich auch die wichtigsten Häfen.

Krim: Halbinsel im N des ↑Schwarzen Meeres. Die K. umfasst 25 881 km² und hat 2,158 Mio. Einwohner. Sie gehört als autonome Teilrepublik zur Ukraine. Hauptstadt ist Simferopol. Im N ist die K. durch die Landenge von Perekop mit dem Festland verbunden.

Das Flachland im N steigt nach S zum Krimgebirge auf, das eine Höhe von 1 545 m erreicht. Im Flachland ist das Klima gemäßigt kontinental, an der geschützten Südküste mediterran. Im N werden Weizen, Sonnenblumen, Gemüse und Futterpflanzen angebaut. Die Hochflächen werden als Schafweide genutzt. An den Südhängen und im Küstengebiet werden Wein, Obst und Tabak angebaut sowie Rosenöl gewonnen. Daneben wird Eisenerz abgebaut und Erdöl gefördert. Wichtigste Industriezweige sind Schiff- und Maschinenbau, chemische und Nahrungsmittelindustrie. Sewastopol ist Marinebasis für die ukrainische und die russische Schwarzmeerflotte. Die Südküste ist ein wichtiges Fremdenverkehrsgebiet.

Kroatien: Staat in Südosteuropa. K. grenzt im NW an Slowenien, im N an Ungarn, im O an Serbien und Montenegro, im SO an Bosnien und Herzegowina, im W an das Adriatische Meer und im äußersten S an Montenegro. Zu K. gehören die der Küste vorgelagerten Dalmatinischen Inseln.

Kroatien

(amtlich kroatisch Republika Hrvatska; dt. Republik Kroatien)
Fläche: 56 538 km²
Einwohner: 4,465 Mio.
Hauptstadt: Zagreb
Verwaltungsgliederung: 20 Komitate und 1 Hauptstadtbezirk
Amtssprache: Kroatisch
Währung: 1 Kuna (K) = 100 Lipa (lp)
Zeitzone: MEZ
Kfz-Kennzeichen: HR

Landesnatur: K. gliedert sich in vier Hauptgebiete. Niederkroatien im NO umfasst im Wesentlichen Slawonien mit fruchtbaren Ebenen und das Kroatisch-Slawonische Inselgebirge zw. Drau, Donau und Save. Im SW bildet das Becken von Karlovac mit den umgebenden verkarsteten Plateaus den Übergang zu Hochkroatien. Dies ist eine über 700 m hoch gelegene Beckenlandschaft, die von Gebirgszügen umrahmt wird. Hier liegen die Plitvicer Seen und der 1 753 m hohe Velebit. Im W hat K. großen Anteil an Istrien. Die rd. 1 800 km lange Adriaküste in Dalmatien ist ein beliebtes

K

Touristenziel. Ihr sind etwa 1200 Inseln vorgelagert.
Im Küstenbereich herrscht mediterranes, im Innern gemäßigtes Kontinentalklima. Die höchsten Niederschlagsmengen liegen bei über 3000 mm pro Jahr. Sie fallen an den Westflanken der küstennahen Gebirge. Im Innern ist es trockener mit rd. 650 bis 900 mm Niederschlag pro Jahr. Die natürliche Vegetation besteht im Küstenbereich aus Macchie. In Niederkroatien finden sich einzelne Eichenwälder, sonst herrscht Mischwald vor.
Bevölkerung: In K. leben in der Mehrheit Kroaten. Sie stellen 90% der Bevölkerung. 4,5% sind Serben. Daneben gibt es kleinere Gruppen von Bosniaken, Slowenen, Ungarn, Albanern, Tschechen und Italienern. Durch Vertreibung, Zwangsumsiedlung und den Flüchtlingsstrom aus Bosnien und Herzegowina, Jugoslawien und dem Landesinneren haben sich große Bevölkerungsverschiebungen ergeben.
Schulpflicht besteht vom 6. bis 15. Lebensjahr. Die Kroaten gehören überwiegend der katholischen Kirche an, die Serben der serbisch-orthodoxen. Minderheiten bekennen sich zum Islam u.a. Glaubensgemeinschaften.
Wirtschaft und Verkehr: Die Landwirtschaft ist der wichtigste Wirtschaftszweig und nutzt 40% der Gesamtfläche. Angebaut werden u.a. Mais, Weizen, Kartoffeln, Zuckerrüben und Gemüse. An der Küste werden Wein, Zitrusfrüchte, Öl- und Feigenbäume sowie Tabak kultiviert. Schafzucht findet sich besonders in Hochkroatien.
Hauptindustriezweige sind Maschinen- und Schiffbau, Erdölraffinerien, Metallverarbeitung, ferner chemische, elektrotechnische, Textil- und Nahrungsmittelindustrie sowie Holzverarbeitung. Die geringen Vorkommen an Bodenschätzen beschränken sich auf Bauxit, Erdöl, Erdgas, Braun- und Steinkohle. Der Tourismus ist wieder ein bedeutender Wirtschaftsfaktor. Wichtigste Handelspartner sind Deutschland und Italien.
Das Verkehrsnetz ist gut ausgebaut. Das rd. 27000 km lange Straßennetz wird durch 2700 km Eisenbahnlinien ergänzt. Seehäfen sind Rijeka, Split, Zadar, Pula und Dubrovnik. Internationale Flughäfen haben ↑Zagreb, Split, Pula, Krk, Zadar und Dubrovnik.
Staat und Politik: Nach der Verfassung vom 22.12. 1990 ist K. eine Präsidialrepublik. Staatsoberhaupt ist der für fünf Jahre direkt gewählte Präsident.
Seit 1946 war K. Teilrepublik des wieder errichteten Staates Jugoslawien. Am 26.6. 1991 erklärte K. gleichzeitig mit Slowenien seine Unabhängigkeit. Der 1991 ausgebrochene Bürgerkrieg zw. Kroaten und Serben endete am 3.1. 1992 mit einem Waffenstillstand. Ihm folgte am 21.11. 1995 das Friedensabkommen von Dayton. Am 7.8. 1996 vereinbarten K. und Jugoslawien die gegenseitige Anerkennung. Seit 1992 ist K. Mitglied der OSZE und der UNO. Seit 1996 gehört es dem Europarat an.

Kroatien: Dubrovnik liegt im äußersten Süden des Landes an der Adria. Berühmt ist die Altstadt mit Bauten aus Romanik, Gotik und Renaissance. Sie ist seit dem späten Mittelalter von mächtigen Mauern umgeben.

Kuba: Staat in Mittelamerika. K. liegt im Bereich der ↑Westindischen Inseln. Es umfasst neben der Hauptinsel die Isla de la Juventud sowie zahlreiche kleine Inseln und Korallenriffe.

Landesnatur: Die Hauptinsel Kuba ist 1 200 km lang und zw. 35 und 200 km breit. Sie ist die größte Insel der Großen ↑Antillen und liegt zw. dem Golf von Mexiko, dem Atlantik und dem Karibischen Meer. Sie besteht größtenteils aus flach gewelltem Tiefland. Drei z. T. stark verkarstete Gebirge durchziehen die Insel. Im SO liegt die Sierra Maestra mit dem 1 972 m hohen Pico Turquino. Der S des mittleren Inselteils wird von der bis 1 156 m hohen Sierra del Escambray eingenommen. Die Cordillera de Guaniguanico im W steigt bis auf 728 m an.

Das Klima ist wechselfeucht-randtropisch mit geringen Temperaturschwankungen. Die reichen Niederschläge fallen überwiegend im Sommer. Im Tiefland liegen sie zw. 1 000 und 1 500 mm. Die Gebirge sind dauerfeucht. Häufig gibt es Wirbelstürme. Die ursprüngliche Vegetation bestand aus Savanne und Regenwald. Sie ist weithin von Kulturland verdrängt worden.

Bevölkerung: 37 % der Bevölkerung sind Weiße meist spanischer Herkunft. 11 % sind Schwarze, 51 % bezeichnen sich als Mischlinge. Daneben gibt es eine kleine Anzahl Chinesen. Über 1 Mio. Kubaner verließen das Land nach 1959 und ließen sich in den USA nieder. 75 % der Bevölkerung leben in Städten.

Vom 6. bis 14. Lebensjahr besteht allgemeine Schulpflicht. Die Analphabetenquote liegt bei 3 %. Rd. 56 % der Bevölkerung sind konfessionslos, etwa 42 % sind Christen. Gepflegt werden auch afrokubanische spiritistische Kulte.

Wirtschaft und Verkehr: Nach den 1993 eingeleiteten Reformen in der Landwirtschaft entstanden aus den großen Staatsbetrieben über 3 000 Kooperativen, die mit einer gewissen Autonomie ausgestattet sind. Hauptprodukt der Landwirtschaft ist nach wie vor Zuckerrohr, von dessen Export die gesamte Wirtschaft des Landes stark abhängt. In der südlichen Küstenebene wird Reis angebaut. Von Bedeutung sind ferner Tabak, Mais, Kartoffeln, Bataten, Maniok, Kaffee, Zitrusfrüchte und Gemüse sowie die Viehhaltung. Wegen starker Rodung für den Zuckerrohranbau kann K. nur ein Drittel seines Holzbedarfs selbst decken.

Kuba

(amtlich span. República de Cuba)
Fläche: 110 861 km²
Einwohner: 11,263 Mio.
Hauptstadt: Havanna
Verwaltungsgliederung: 14 Provinzen und das Sonderverwaltungsgebiet Isla de la Juventud
Amtssprache: Spanisch
Währung: 1 Kubanischer Peso (kub$) = 100 Centavos (¢)
Zeitzone: MEZ – 6 Stunden
Kfz-Kennzeichen: C

K. verfügt über bedeutende Vorkommen von Nickel, Kupfer-, Chrom- und Eisenerz sowie Salz. Die Erdölvorkommen wurden bisher erst in geringem Maß erschlossen. Die verstaatlichte Industrie verarbeitet v. a. Zuckerrohr. Aus dessen Rückständen werden u. a. Papier, Kunststoffe und Düngemittel hergestellt. Wichtig sind auch die Textil- und Stahlindustrie, Kfz-Montage, petrochemische Industrie, Tabakverarbeitung sowie Nahrungs- und Genussmittelindustrie. Seit Mitte der 1990er-Jahre ist der Tourismus neben der Landwirtschaft und den Überweisungen der Exilkubaner der Hauptdevisenbringer.

Haupthandelspartner waren bis 1989/90 die Länder des Ostblocks. Seit dem

K

Rückgang des Osthandels versucht K., die Handelsbeziehungen zu Lateinamerika, aber auch Europa und Kanada auszubauen.

Neben den mehr als 4 000 km langen öffentlichen Eisenbahnstrecken dienen weitere 9 600 km dem Zuckerrohrtransport. Bedeutendste Verbindung des gut ausgebauten Straßennetzes ist die Carretera Central. Sie durchzieht die Insel in ihrer ganzen Länge. Wichtigster der 30 Seehäfen ist Havanna. Internationale Flughäfen haben Havanna, Santiago de Cuba, Camagüey und Varadero.

Staat und Politik: Nach der Verfassung von 1976 ist K. eine sozialistische Republik. Staatsoberhaupt ist der mit weitgehenden Machtbefugnissen ausgestattete Vorsitzende des Staatsrates.

Die USA gewährten der Insel zwar 1902 die Unabhängigkeit, behielten sich aber bis 1934 ein Interventionsrecht vor. 1959 proklamierte FIDEL CASTRO RUZ den sozialistischen Staat. Politisch lehnte er sich eng an die Sowjetunion an. Die USA versuchten, den sozialistischen Staat durch Sanktionen und militärische Interventionen (1961, Invasion in der Schweinebucht) zu bekämpfen. Das 1964 verhängte Handelsembargo der USA ist bis heute in Kraft.

Kurdistan – Kurden

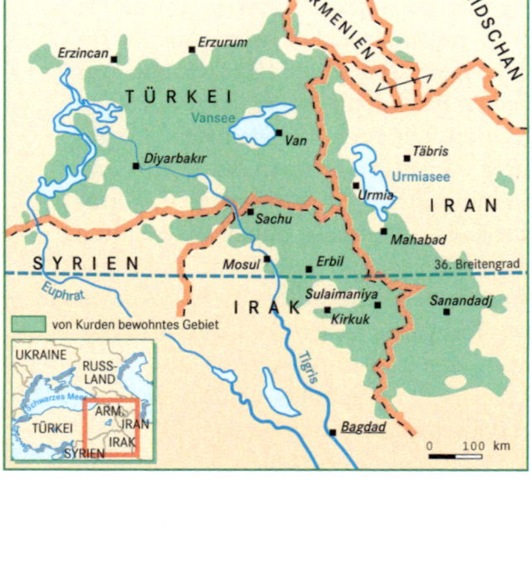

Kurdistan: das von Kurden geschlossen oder überwiegend bewohnte Gebiet in Vorderasien. Es liegt im Grenzbereich von Türkei, Irak und Iran sowie im NO Syriens und im SW Armeniens.

Trotz gemeinsamer (iranischer) Sprache, Geschichte und Kultur konnten die Kurden keinen eigenen Nationalstaat errichten. Von den rd. 23 Mio. Kurden leben etwa 12 Mio. in der Türkei, 5,5 Mio. in Iran, 3,7 Mio. in Irak und 0,5 Mio. in Syrien. 75 bis 80 % der Kurden sind Sunniten, die übrigen Schiiten meist extremer Richtungen. Viele leben vom Ackerbau und von der Schafzucht, einige Gruppen sind Halbnomaden. Wichtigste Städte sind Mosul (Al Mausil) und Kirkuk im Irak, Sanandadj und Saqqiz im Iran sowie Diyarbakır in der Türkei.

Seit 1925 kämpfen die Kurden in der Türkei sowie im Irak und im Iran um die im Vertrag von Sèvres 1920 zugesagte politische Autonomie und Selbstverwaltung. Nach blutigen Aufständen 1988 und 1991 beschloss das kurdische Parlament in Erbil am 5. 10. 1992 die Bildung eines kurdischen Teilstaates innerhalb Iraks. In der Türkei begann die Arbeiterpartei K. (PKK) ab 1984 den bewaffneten Guerillakampf für einen eigenen kurdischen Staat. 1991 wurde den in der Türkei »Bergtürken« genannten Kurden der offizielle Gebrauch ihrer Sprache zugestanden und sie wurden als ethnische Minderheit anerkannt. 1995 konstituierte sich in Den Haag ein kurdisches Exilparlament. Nach der Festnahme ihres Führers ABDULLAH ÖCALAN 1999 gab die PKK den bewaffneten Kampf auf.

Kurilen (japanisch Chishima): Inselbogen zw. Hokkaidō und Kamtschatka. Politisch sind die Inseln Teil des russischen Gebiets ↑Sachalin, gehörten aber bis 1945 zu Japan, das weiterhin Anspruch zumindest auf die südlichen Inseln erhebt. Die K. sind 1 270 km lang und umfassen 15 600 km². Zu ihnen gehören über 30 größere und viele kleine, nur z. T. bewohnte Inseln. Von ihrem vulkanischen Ursprung zeugen noch 39 tätige Vulkane. Häufig treten Erd- und Seebeben auf. Das Klima ist kalt und nebelreich. Haupterwerbszweig der wenigen Bewohner ist der Fischfang.

Kuwait: Staat am Nordwestende des Persischen Golfs. K. grenzt im W und N an Irak, im O an den Persischen Golf und im S an Saudi-Arabien.

Kuwait

(amtlich arabisch Daulat al-Kuwait, dt. Staat Kuwait)
Fläche: 17 818 km²
Einwohner: 2,328 Mio.
Hauptstadt: Kuwait
Verwaltungsgliederung: 5 Provinzen
Amtssprache: Arabisch
Währung: 1 Kuwait-Dinar (KD.) = 1 000 Fils
Zeitzone: MEZ + 2 Stunden
Kfz-Kennzeichen: KWT

Landesnatur: K. liegt inmitten einer wüstenhaften, von Hügelketten durchzogenen Küstenebene. Vor dem Schatt el-Arab befinden sich die Schwemmlandinseln Warbah und Bubian. Das Klima ist heiß, nahezu regenlos, aber schwül. In den Wintermonaten können die Temperaturen unter 0 °C sinken.

Bevölkerung: Weit mehr als die Hälfte der Gesamtbevölkerung sind Ausländer, die in der Erdölförderung tätig sind. Sie stammen überwiegend aus anderen arabischen Ländern bzw. aus Ost- und Südasien. Als Kuwaiti gelten die ausschließlich muslimischen Staatsbürger, deren Familien seit 1920 in K. ansässig sind. Bis auf wenige Beduinen leben fast alle Einwohner in Städten.

Das Schulsystem führt bei völliger Lernmittelfreiheit vom Kindergarten bis zur Universität. Trotzdem sind etwa 21 % der Bevölkerung Analphabeten. Über 95 % bekennen sich zum Islam, rd. 2 % zum Christentum.

Wirtschaft und Verkehr: Der wichtigste Wirtschaftszweig ist die exportorientierte Erdölwirtschaft. K. verfügt mit 13 Mrd. t über 10 % der Erdölreserven der Erde. Bedeutende Industriezweige sind Erdölverarbeitung, Erdgasaufbereitung, petrochemische Industrie, Düngemittelproduktion, Meerwasserentsalzung und Bauindustrie. Nur 1 % der Staatsfläche wird landwirtschaftlich genutzt, v. a. zum Gemüseanbau.

K. verfügt über fünf moderne Häfen und einen internationalen Flughafen bei der Hauptstadt.

Staat und Politik: Nach der Verfassung von 1962 ist K. ein erbliches islamisches Fürstentum (Emirat). Staatsoberhaupt ist der von der herrschenden Dynastie gewählte Emir.

Am 19. 6. 1961 erhielt K. seine Unabhängigkeit von Großbritannien. Im selben Jahr wurde es Mitglied der Arabischen Liga und 1963 der UNO. Die Invasion von K. durch irakische Truppen am 2. 8. 1990 löste den 2. Golfkrieg 1990/91 aus, in dem alliierte Streitkräfte das Land wieder befreiten.

L

Ladogasee: mit 17 700 km² der größte See Europas. Der L. liegt im NW des europäischen Teils von Russland. Er ist im Durchschnitt 51 m und maximal 230 m tief. Bis auf das felsige Nordwestufer herrschen flache, sandige Uferlinien vor. Seine wichtigsten Zuflüsse sind der Wolchow vom Ilmensee, der Vuoksi von der Finnischen Seenplatte und der Swir vom ↑Onegasee. Über die Newa fließt sein Wasser zum Finnischen Meerbusen hin ab. Als Teil des Wolga-Ostsee-Wasserwegs ist der L. von großer Bedeutung für die Binnenschifffahrt. Genutzt wird außerdem sein großer Fischreichtum.

L

Laos: Staat in Südostasien. L. grenzt im N an China, im NO und O an Vietnam, im S an Kambodscha sowie im W an Birma und Thailand.

Laos

(amtlich laotisch Sathalanalath Paxathipatai Paxaxon Lao, dt. Demokratische Volksrepublik Laos)
Fläche: 236 800 km²
Einwohner: 5,530 Mio.
Hauptstadt: Vientiane (Viangchan)
Verwaltungsgliederung: 16 Provinzen, 1 Sonderregion und 1 Hauptstadtpräfektur
Amtssprache: Laotisch
Währung: Kip
Zeitzone: MEZ + 6 Stunden
Kfz-Kennzeichen: LAO

Landesnatur: L. nimmt einen Teil der Halbinsel Hinterindien ein und erstreckt sich von NW nach SO beiderseits des ↑Mekong. Das Land ist größtenteils gebirgig. Seine höchste Erhebung ist der Phou Bia mit 2 817 m. In die Gebirgszüge sind Hochebenen, u. a. das ehemals strategisch wichtige Tranminhplateau (Ebene der Tonkrüge), und Becken eingebettet. Fruchtbare, dicht besiedelte Ebenen finden sich längs des Mekong unterhalb von Vientiane. Im S ragt das Bolovenplateau bis 1 702 m auf.

Das Klima ist tropisch. Die Monsunregen fallen in den Monaten Mai bis September. Die Vegetation ist von Trockenwald geprägt, in feuchteren Höhenlagen wird er von immergrünem tropischem Regenwald abgelöst.

Bevölkerung: Etwa 55 % der Bevölkerung gehören zur Volksgruppe der Lao-Lum, 3 % sind Lao-Tai, 27 % Lao-Theung und 15 % Lao-Sung.

Das Schulsystem befindet sich noch im Aufbau. Die Analphabetenquote ist mit 43 % relativ hoch. Der Hinajana-Buddhismus ist die am weitesten verbreitete Religion. Ihm gehören rd. 60 % der Bevölkerung an.

Wirtschaft und Verkehr: Wichtigster Wirtschaftszweig ist die Landwirtschaft. Die 1978 eingeleitete Kollektivierung führte zur Bildung von 4 000 Genossenschaften. Sie beschäftigen 76 % der in der Landwirtschaft Erwerbstätigen. Hauptanbauprodukt ist Reis. Dann folgen Mais, Bataten, Maniok, Gemüse, Kaffee, Zuckerrohr und Tabak. Der Reichtum an Edelhölzern, v. a. Teak, ist zunehmend vom Raubbau bedroht. Im sog. Goldenen Dreieck wird unter staatlicher Kontrolle Schlafmohn zur Opiumgewinnung angebaut. Die z. T. umfangreichen Bodenschätze werden kaum abgebaut. Das gewaltige Wasserkraftpotenzial wird durch zwei Kraftwerke genutzt. Die Industrie ist wenig entwickelt und beschränkt sich v. a. auf die Weiterverarbeitung von Agrarprodukten.

Wichtigste Verkehrsader des Landes ist der Mekong. Aufgrund von Stromschnellen ist er jedoch nicht durchgehend schiffbar. 1994 wurde bei Tha Naleng die erste Brücke über den Mekong eröffnet. In L. gibt es keine Eisenbahn. Nur rd. die Hälfte des über 14 000 km langen Straßennetzes ist auch in der Regenzeit befahrbar. Ein internationaler Flughafen liegt bei Vientiane.

Staat und Politik: Nach der Verfassung vom 14. 8. 1991 ist L. eine Volksrepublik. Staatsoberhaupt ist der auf fünf Jahre vom Parlament gewählte Präsident.

1954 erhielt L. die volle staatliche Souveränität. In den 1960er-Jahren wurde das Land in den Vietnamkrieg hineingezogen, der 1975 mit einem Sieg der kommunistischen Kräfte endete. Am 2. 12. 1975 erfolgte die Proklamation der Laotischen Demokratischen Volksrepublik. 1995 ratifizierten L., Birma und China die Verträge über die Grenzfestlegung im Dreiländereck. Seit 1955 gehört L. der UNO an. Im Juli 1997 wurde es Mitglied der ASEAN.

Lappland: ursprünglich das Wohngebiet der etwa 60 000 Lappen, die sich selbst als Samek bezeichnen, in Norwegen und Schweden Samen genannt werden und eine finno-ugrische Sprache sprechen. L. gehört politisch zu Norwegen, Schweden, Finnland und Russland. Es senkt sich vom skandinavischen Hochgebirge nach O hin zu niedriger Wald- und Sumpflandschaft. Der N wird von Tundra eingenommen.
Wirtschaftliche Grundlagen der Bewohner sind Waldnutzung, Rentierhaltung und -zucht sowie die reichen Vorkommen an Eisenerz, Kupfer und Nickel.

Las Vegas: Stadt in den USA, die im S des Bundesstaates Nevada am Rand der Mojavewüste liegt. L. V. hat 508 600 Einwohner. Die zahlreichen Kasinos und Luxushotels machen die Stadt zu einem Touristen- und Vergnügungszentrum. Von wirtschaftlicher Bedeutung sind außerdem eine Luftwaffenbasis und weitere Militärstützpunkte in der näheren Umgebung. Darüber hinaus ist L. V. auch ein Handelszentrum für die umliegende Region.

Lateinamerika: Bezeichnung für die Länder Amerikas, die in Sprache und Kultur überwiegend durch die portugiesische bzw. spanische Kolonialzeit geprägt worden sind. Fast alle Staaten Süd- und Mittelamerikas gehören dazu; auch das geografisch zu Nordamerika gehörende Mexiko wird zu L. gezählt.

Lausitz: das Gebiet um die Lausitzer Neiße und die obere ↑Spree. Die L. liegt in den deutschen Bundesländern Brandenburg und Sachsen sowie in Polen. Sie umfasst die historische Markgrafschaft der Niederlausitz im N und der Oberlausitz im S.
Die Niederlausitz gehört dem Norddeutschen Tiefland an und ist durch breite Niederungen, u. a. den Spreewald, geprägt. Lediglich der zur Oberlausitz gehörende S ist gebirgig. Höchste Erhebung mit 793 m ist die Lausche im Lausitzer Gebirge. Die reichen Braunkohlenvorkommen ließen im Gebiet von Lauchhammer, Senftenberg und Spremberg sowie um Hoyerswerda, Weißwasser und Görlitz Industriegebiete entstehen.

Leipzig: kreisfreie Stadt in Sachsen. L. liegt am Zusammenfluss von Parthe, Pleiße und Weißer Elster in der Leipziger Tieflandsbucht. Es hat 494 800 Einwohner. Die Stadt ist Sitz des sächsischen Verfassungsgerichtshofs und Finanzgerichts sowie des 5. Senats des Bundesgerichtshofs. Neben der Universität finden sich weitere Hochschulen und Institute. Zu den bekanntesten Kultureinrichtungen gehören das Gewandhausorchester

Leipzig: Das Alte Rathaus in der Altstadt. In dem Renaissancebau von 1556/57 ist heute das Stadtgeschichtliche Museum untergebracht.

und der Thomanerchor. Wichtigste Gewerbezweige sind u. a. Druckmaschinen-, Werkzeugmaschinen- und medizinisch-technischer Gerätebau, elektrotechnische, elektronische und Textilindustrie sowie das Baugewerbe. Daneben gibt es zahlreiche Druckereien und Verlage. L. ist ein internationales Messezentrum. Es besitzt den größten Kopfbahnhof Europas und einen internationalen Flughafen.
Sehenswürdigkeiten in der Altstadt sind der Markt mit dem Alten Rathaus und der Alten Waage aus dem 16. Jh. sowie die Thomaskirche aus dem 14./15. Jh. und die Nikolaikirche aus dem 14. Jh.

► *Fortsetzung auf S. 240*

Die Erde

A.	ANDORRA
AFGH.	AFGHANISTAN
ALB.	ALBANIEN
ÄQ.	ÄQUATORIALGUINEA
AR.	ARMENIEN
AS.	ASERBAIDSCHAN
B.D.	BANGLADESH
BE.	BELGIEN
B.	BOSNIEN UND HERZEGOWINA
BAHR.	BAHRAIN
BH.	BHUTAN
BULG.	BULGARIEN
BUR.	BURUNDI
DÄN.	DÄNEMARK
DTL.	DEUTSCHLAND
ERI.	ERITREA
G.	GRENADA
G.B.	GUINEA-BISSAU
GEO.	GEORGIEN
GRIECH.	GRIECHENLAND
GROSSBRIT.	GROSSBRITANNIEN UND NORDIRLAND
H.	HAITI
I.	ITALIEN
JORD.	JORDANIEN
KAM.	KAMERUN
KAMB.	KAMBODSCHA
KIR.	KIRGISTAN
KR.	KROATIEN
LI.	LIECHTENSTEIN

LIB.	LIBANON	S.R.	SLOWAKISCHE REPUBLIK
LIT.	LITAUEN	SIM.	SIMBABWE
MAK.	MAKEDONIEN	S.u.M.	SERBIEN UND MONTENEGRO
MON.	MONACO	S.u.P.	SÃO TOMÉ UND PRÍNCIPE
NIED.	NIEDERLANDE	SL.	SLOWENIEN
ÖST.	ÖSTERREICH	SYR.	SYRIEN
R.K.	REPUBLIK KONGO	TAD.	TADSCHIKISTAN
RU.	RUANDA	T.R.	TSCHECHISCHE REPUBLIK
RUM.	RUMÄNIEN	TURKMEN.	TURKMENISTAN
S.M.	SAN MARINO	T.U.T.	TRINIDAD U. TOBAGO
S.	SCHWEIZ	UNG.	UNGARN
		V.	VATIKANSTADT
		V.A.E.	VEREINIGTE ARABISCHE EMIRATE
		VEN.	VENEZUELA
		W.R.	WEISSRUSSLAND
		Z.A.R.	ZENTRALAFRIKANISCHE REPUBLIK
		ZYP.	ZYPERN

Europa

bis 100 000 E.
100 000 - 500 000 E.
500 000 - 1 Mill. E.
über 1 Mill. E.
historischer Ort, Ruine
ROM
Hauptstadt
Staatsgrenze
0
600 km
Europäisches Nordmeer
ISLAND
Reykjavík
Keflavík
Ísafjörður
Horn
Akureyri
Rifstangi
Kaupstaður
Neskaupstaður
Westmänner-inseln
Färöer (dän.)
Shetlandinseln (brit.)
Orkneyinseln
Hebriden
St. Kilda
GROSSBRITANNIEN UND NORDIRLAND
Schottland
Thurso
Inverness
Aberdeen
Glasgow
Dundee
Edinburgh
Newcastle upon Tyne
Carlisle
Middlesbrough
England
Manchester
Leeds
Liverpool
BIRMINGHAM
LONDON
Wales
Cardiff
Oxford
Bristol
Plymouth
Land's End
Southampton
Dover
Belfast
Nordirland
Galway
Dublin
IRLAND
Limerick
Irische See
Anglesey
St. Georgskanal
Ärmelkanal
Str. v. Dover
Kanalinseln (brit.)
Nordsee
Skagerrak
Kattegat
NORWEGEN
Skandinavisches Gebirge
Hammerfest
Tromsø
Vesterålinseln
Harstad
Narvik
Lofotinseln
Bodø
Rana
Namsos
Trondheim
Kristiansund
Ålesund
Lillehammer
Bergen
Oslo
Drammen
Stavanger
Kristiansand
SCHWEDEN
Lappland
Luleå
Skellefteå
Umeå
Östersund
Sundsvall
Söderhamn
Gävle
Uppsala
Karlstad
Örebro
Stockholm
Norrköping
Göteborg
Visby
Gotland
Halmstad
Helsingborg
Malmö
Öland
Åland-inseln
Bottnischer Meerbusen
Ostsee
DÄNEMARK
Ålborg
Århus
Kopenhagen
Odense
Flensburg
Kiel
Rostock
Bornholm (dän.)
Danzig
Klaipėda
Liepāja
Saarema
Hiiumaa
NIEDERL.
Amsterdam
Den Haag
Rotterdam
BELGIEN
Brüssel
Calais
Lille
Luxemburg
LUX.
DEUTSCHLAND
Bremen
HAMBURG
Hannover
BERLIN
Stettin
Dortmund
Köln
Bonn
Erfurt
Leipzig
Dresden
Frankfurt a. M.
Mannheim
Saarbrücken
Karlsruhe
Stuttgart
Straßburg
Basel
Elbe
Rhein
Main
Donau
POLEN
WARSCHAU
Posen
Łódź
Breslau
Beuthen
Sudeten
TSCHECH. REP.
PRAG
Pilsen
Brünn
SLOWAK. REP.
Bratislava
Linz
WIEN
Salzburg
ÖSTERREICH
BUDAPEST
Györ
UNGARN
Pécs
Temesvar
SCHWEIZ
Bern
Vaduz
LIECHT.
Genf
Bernina
Großglockner
ALPEN
Montblanc
4810 m
4049 m
3797 m
FRANKREICH
Le Havre
Caen
Brest
Amiens
PARIS
Rennes
Angers
Tours
Orleans
Nantes
Dijon
Loire
Seine
Limoges
Clermont-Ferrand
Mt. Dore 1886 m
Zentralmassiv
Lyon
St.-Étienne
Bordeaux
Toulouse
Montpellier
Nîmes
Rhône
Marseille
Nizza
Monaco
MONACO
Golf von Biskaya
ATLANTISCHER OZEAN
SPANIEN
A Coruña
Gijón
Oviedo
Santander
Vigo
Orense
León
Bilbao
San Sebastián
Pyrenäen
ANDORRA
Andorra la Vella
Perpignan
Braga
Porto
Valladolid
Salamanca
Duero
Saragossa
MADRID
Tajo
Toledo
Valencia
BARCELONA
Tarragona
PORTUGAL
Lissabon
Setúbal
Évora
Badajoz
Guadiana
Córdoba
Sevilla
Guadalquivir
Granada
Albacete
Murcia
Alicante
Faro
Cádiz
Málaga
Mulhacén 3478 m
Cartagena
Almería
Gibraltar (brit.)
Straße von Gibraltar
Ceuta (span.)
Melilla (span.)
Balearen
Menorca
Mallorca
Ibiza
Palma
ITALIEN
TURIN
MAILAND
Triest
Venedig
Genua
Bologna
Po
Florenz
Livorno
SAN MARINO
Rimini
VATIKAN-STADT
ROM
Pescara
NEAPEL
POMPEJI
Salerno
Foggia
Bari
Brindisi
Tarent
Lecce
Cosenza
Catanzaro
Reggio di Calabria
Messina
Palermo
Ätna 3350 m
Catania
Syrakus
Sizilien
Kap Passero
Valletta
MALTA
Korsika
Bastia
Ajaccio
Sardinien
Sassari
Cagliari
Tyrrhenisches Meer
Adriatisches Meer
Ionisches Meer
Str. Sizilien
MITTELMEER
SLOW.
Ljubljana
Zagreb
KROATIEN
Rijeka
Banja Luka
BOSNIEN U. HERZEG.
Sarajevo
Split
Mostar
Dinarisches Gebirge
BELGRAD
Tirana
ALBANIEN
MAROKKO
Rabat
CASABLANCA
Kénitra
Tanger
Tétouan
Fès
Meknès
Oujda
ALGERIEN
ALGIER
Oran
Tlemcen
Sidi-Bel-Abbès
Mostaganem
El-Asnam
Blida
Bejaïa
Skikda
Constantine
Annaba
Batna
Biskra
Tunis
KARTHAGO
Biserta
Sousse
Kairouan
66°
24°
16°
8°
0°
58°
50°
42°
34°

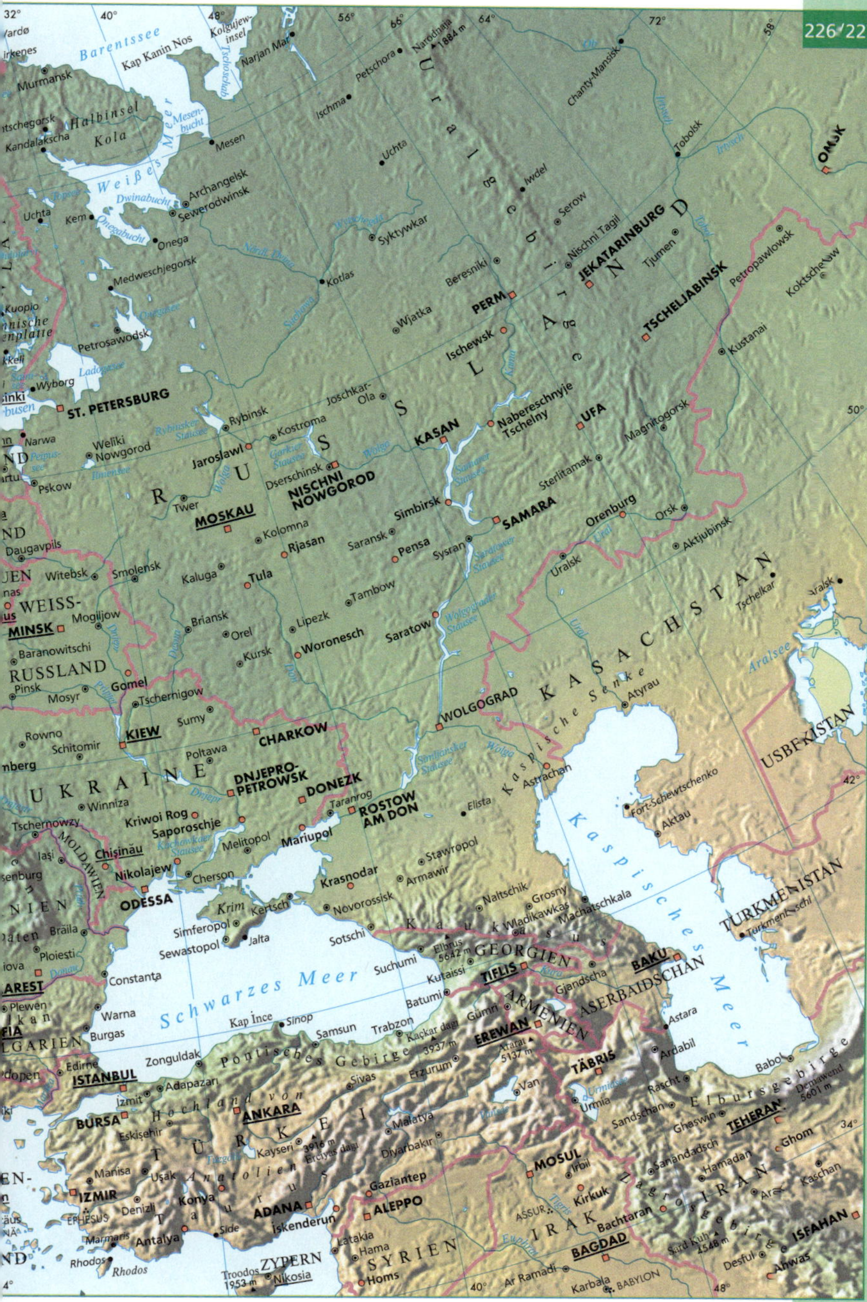
Barentssee
Kap Kanin Nos
Kolgujew-insel
Narjan Mar
Narodnaja 1884 m
Petschora
Ischma
Uchta
Murmansk
Halbinsel Kola
Kandalakscha
Mesen-bucht
Mesen
Weißes Meer
Dwinabucht
Archangelsk
Sewerodwinsk
Onegabucht
Onega
Kem
Uchta
Medweschjegorsk
Kotlas
Syktywkar
Ural gebirge
Iwdel
Serow
Nischni Tagil
JEKATERINBURG
Tjumen
Tobolsk
Chanty-Mansisk
Ob
Irtysch
Tobol
OMSK
Beresniki
PERM
Wjatka
Ischewsk
Kama
TSCHELJABINSK
Petropawlowsk
Koktschetaw
Kustanai
Kuopio
Petrosawodsk
Ladogasee
Wyborg
ST. PETERSBURG
Rybinsk
Rybinsker Stausee
Kostroma
Joschkar-Ola
KASAN
Nabereschnyje Tschelny
UFA
Magnitogorsk
Narwa
Weliki Nowgorod
Ilmensee
Pskow
Jaroslawl
Dserschinsk
NISCHNI NOWGOROD
Wolga
Samaraer Stausee
Sterlitamak
Twer
MOSKAU
Kolomna
Simbirsk
SAMARA
Orenburg
Orsk
Aktjubinsk
Rjasan
Saransk
Pensa
Sysran
Uralsk
Ural
Daugavpils
Witebsk
Smolensk
Kaluga
Tula
Tambow
WEISS-RUSSLAND
MINSK
Mogiljow
Briansk
Orel
Lipezk
Woronesch
Saratow
Wolgograder Stausee
Tschelkar
Aralsk
Aralsee
Baranowitschi
Kursk
Don
Pinsk
Mosyr
Gomel
Tschernigow
Sumy
WOLGOGRAD
KASACHSTAN
Kaspische Senke
Atyrau
USBEKISTAN
Rowno
Schitomir
KIEW
CHARKOW
Poltawa
UKRAINE
DNJEPRO-PETROWSK
DONEZK
Dnjepr
Winniza
Zimljansker Stausee
Astrachan
Fort-Schewtschenko
Aktau
Kriwoi Rog
Saporoschje
Taganrog
ROSTOW AM DON
Elista
Tschernowzy
MOLDAWIEN
Iași
Chișinău
Kachowkaer Stausee
Melitopol
Mariupol
Nikolajew
Cherson
ODESSA
Krasnodar
Stawropol
Armawir
Krim
Kertsch
Novorossisk
Naltschik
Grosny
Wladikawkas
Machatschkala
Kaspisches Meer
TURKMENISTAN
Turkmenbaschi
Brăila
Simferopol
Sewastopol
Jalta
Sotschi
Elbrus 5642 m
GEORGIEN
Ploiești
Constanța
Suchumi
Kutaissi
TIFLIS
Gjandscha
BAKU
ASERBAIDSCHAN
Schwarzes Meer
Batumi
ARMENIEN
Warna
Burgas
Kap İnce
Sinop
Samsun
Trabzon
Kaçkar dağı 3937 m
Gümri
EREWAN
Ararat 5137 m
Astara
Ardabil
Edirne
ISTANBUL
Zonguldak
Pontisches Gebirge
Sivas
Erzurum
TÄBRIS
Babol
Elbursgebirge
Demawend 5601 m
Adapazarı
İzmit
Hochland von Anatolien
ANKARA
Van
Urmia
Rascht
Sandschan
Ghaswin
TEHERAN
BURSA
Eskişehir
TÜRKEI
Kayseri
Erciyes dağı 3916 m
Malatya
Diyarbakır
Sanandadsch
Hamadan
Ghom
Kaschan
Manisa
Uşak
İZMIR
Konya
Taurus
ADANA
Gaziantep
ALEPPO
MOSUL
Irbil
Kirkuk
ASSUR
Tigris
IRAK
IRAN
Arak
Zagrosgebirge
Denizli
EPHESUS
Marmaris
Antalya
Side
İskenderun
Latakia
Hama
SYRIEN
Euphrat
Bachtaran
Sard Kuh 4548 m
ISFAHAN
Rhodos
Troodos 1953 m
ZYPERN
Nikosia
Homs
Ar Ramadi
BAGDAD
Karbala
BABYLON
Desful
Ahwas

NORDPOLARMEER
Beringmeer
Ochotskisches Meer
Japanisches Meer
Ostsibirische See
Laptewsee
Karasee
Barentssee
Kaspisches Meer
Beringstraße
Spitzbergen (norw.)
Franz-Josef-Land
Nowaja Semlja
Sewernaja Semlja
Neusibirische Inseln
Große Ljachowinsel
Wrangel-insel
St. Lawrence Island (USA)
Kamtschatka
Sachalin
Hokkaido
Honshu
Taimyrhalbinsel
Mittelsibirisches Bergland
Tscherskigebirge
Nördlicher Polarkreis
Kasachensteppe
Innere Mongolei
RUSSLAND
KASACHSTAN
MONGOLEI
JAPAN
NORWEGEN
SCHWEDEN
FINNLAND
UKRAINE
USBEKISTAN
NORD-KOREA
SÜDKOREA
MOSKAU
ST. PETERSBURG
Helsinki
Stockholm
Oslo
Riga
MINSK
Tallinn
KASAN
N. NOWGOROD
PERM
JEKATERINBURG
TSCHELJABINSK
UFA
OMSK
NOWOSIBIRSK
Krasnojarsk
Irkutsk
Ulan-Bator
Chabarowsk
Wladiwostok
HARBIN
JILIN
CHANGCHUN
SHENYANG
PEKING
TOKIO
YOKOHAMA
SAPPORO
ÜRÜMQI
ALMATY
Astana
Karaganda
Semipalatinsk
Astrachan
WOLGOGRAD
ROSTOW AM DON
CHARKOW
Woronesch
BAKU
TIFLIS
Jakutsk
Magadan
Norilsk
Murmansk
Archangelsk
Workuta
Tomsk
Barnaul
Bratsk
Tscheremchowo
Nordkap
Hammerfest
Narvik
Trondheim

IRAN
AFGHANISTAN
PAKISTAN
INDIEN
NEPAL
BHUTAN
BANGLADESH
BIRMA
THAILAND
LAOS
KAMBODSCHA
VIETNAM
CHINA
TAIWAN
PHILIPPINEN
MALAYSIA
BRUNEI
INDONESIEN
OST-TIMOR
SRI LANKA
MALEDIVEN
OMAN
VER. ARAB. EMIRATE
SAUDI-ARAB.
Tibet
Kunlun Shan
Himalaja
Dekhan
Borneo
Sumatra
Java
Celebes
Arabisches Meer
Golf von Bengalen
Andamanensee
Golf v. Thailand
Südchinesisches Meer
Ostchinesisches Meer
Sulusee
Celebessee
Javasee
Makassarstr.
Malakkastr.
INDISCHER OZEAN
Ryūkyūinseln
Amami-Inseln
Okinawa
Saki-Inseln
Babuyan-Inseln
Andamanen (ind.)
Nikobaren (ind.)
Lakkadiven (ind.)
Natuna-Inseln (indon.)
Hainan
Luzon
Mindoro
Samar
Leyte
Panay
Negros
Palawan
Mindanao
Talaud
Halmahera
Flores
Sumbawa
Sumba
Timor
Bali
Lombok
Madura
Bangka
Belitung
Siberut
Nias
Kleine Sundainseln
Kap Ca Mau
Mt. Everest 8846 m
Indus
Ganges
Brahmaputra
Mekong
Krishna
Godavari
KABUL
PESHAWAR
Islamabad
RAWALPINDI
LAHORE
FAISALABAD
MULTAN
KARATSCHI
Hyderabad
Quetta
Kandahar
Herat
Gilgit
Srinagar
Amritsar
LUDHIANA
Chandigarh
DELHI
Neu-Delhi
JAIPUR
Agra
LUCKNOW
KANPUR
Allahabad
Varanasi
Patna
Ranchi
Jamshedpur
KALKUTTA
Haora
DHAKA
CHITTAGONG
AHMADABAD
VADODARA
SURAT
INDORE
BHOPAL
Jabalpur
NAGPUR
Raipur
Amravati
BOMBAY
PUNE
Solapur
HYDERABAD
Kolhapur
Belgaum
Hubli
Kurnool
Guntur
Vishakhapatnam
Kakinada
Nellore
MADRAS
BANGALORE
Mangalore
Mysore
Salem
Coimbatore
Madurai
Cochin
Thiruvananthapuram
Jaffna
Trincomalee
Colombo
Kandy
Sri Jayawardanapura
Galle
Male
Cuttack
Kathmandu
Thimphu
Lhasa
Gauhati
Imphal
Shitu
Dêgê
Gar
Hotan
Qiemo
Golmud
Xining
LANZHOU
Baoji
XI'AN
Luoyang
ZHENGZHOU
Xuzhou
HUAINAN
Hefei
NANKING
Wuxi
SCHANGHAI
Suzhou
HANGZHOU
Wenzhou
NANCHANG
WUHAN
Wanxian
Nanchong
CHENGDU
CHONGQING
CHANGSHA
Zhuzhou
Hengyang
FUZHOU
Xiamen
Ganzhou
GUIYANG
KUNMING
Gejiu
Liuzhou
Nanning
KANTON
KOWLOON
VICTORIA
Macau
Hongkong
Zhanjiang
Haikou
Keelung
TAIPEH
Tainan
KAOHSIUNG
Kagoshima
Naha
Myitkyina
Lashio
Mandalay
Myingyan
Akyab
Prome
Henzada
RANGUN
Moulmein
Tavoy
BANGKOK
Vientiane
HANOI
HAIPHONG
Hue
Da Nang
Qui Nhon
Phnom Penh
HO-CHI-MINH-STADT
Long Xuyen
Phuket
George Town
Ipoh
Kota Baharu
KUALA LUMPUR
Melaka
SINGAPUR
Banda Aceh
MEDAN
Pematangsiantar
Pakanbaru
Padang
Telanaipura
PALEMBANG
Bengkulu
Tanjungkarang
JAKARTA
BANDUNG
SEMARANG
SURABAYA
Malang
Kuching
Pontianak
Banjarmasin
Samarinda
Bandar Seri Begawan
Kota Kinabalu
Sandakan
Ujung Pandang
Palu
Gorontalo
Manado
Ternate
Kendari
Butung
Kupang
Dili
Laoag
San Fernando
Tarlac
MANILA
QUEZON CITY
Batangas
Iloilo
Cebu
Cagayan de Oro
Davao
Zamboanga
Bandar Abbas
Kerman
Yazd
Abu Dhabi
Maskat
Sur
Masira
Sukkur
Bahawalpur
Bikaner
Jodhpur
20°
0°
60°
80°
100°
120°
bis 100 000 Ew.
100 000 - 500 000 Ew.
500 000 - 1 Mill. Ew.
über 1 Mill. Ew.
historischer Ort, Ruine
BANGKOK Hauptstadt
Staatsgrenze
0
500
1000 km

Australien

120°
130°
140°
Balikpapan
Borneo
Banjarmasin
Martapura
Laut
Poso
Celebes
Masamba
Parepare
Kendari
Ujung Pandang
Molukkensee
Sulainseln
Obi
Ceramsee
Misool
Buru
Ambon
Ceram
Sorong
Schouten-inseln
Yapen
Fakfak
Jayapura
Vanimo
Bismar
Aitape
Wewak
5033 m
Puncak Jaya
Zentralgebirge
Neuguinea
Mount Hagen
Bandasee
Kai-inseln
Aru-inseln
INDONESIEN
PAPU
Floressee
Wetar
Alor
Dili
Tanimbar-inseln
Fly Riv.
Papuag
Merauke
Daru
Malang
Bali
Lombok
Sumbawa
Ende
Java
Denpasar
Mataram
Flores
OSTTIMOR
Timor
Arafurasee
Sumba
Waingapu
Kupang
Torresstraße
10°
Roti
Kap York
Melville I.
Bathurst I.
Timorsee
Darwin
Arnhemland
Carpentaria-golf
Coen
Groote Eylandt
Katherine
Daly Riv.
Kap-York-Halbinsel
Cooktown
INDISCHER
Roper Riv.
Larrimah
Wyndham
Borroloola
Kap Leveque
Kimberley-plateau
Daly Waters
Mitchell Riv.
Cai
Derby
Halls Creek
Barklytafelland
Normanton
Broome
Fitzroy Riv.
Hooker Creek
Burketown
Flinders Riv.
Northern
Camooweal
Tanami-wüste
Tennant Creek
Mount Isa
20°
Georgina Riv.
Dampier
Port Hedland
Große Sandwüste
Territory
Queensla
Marble Bar
Nordwest-kap
Onslow
Fortescue Riv.
AUSTRALIEN
Boulia
Mt. Meharry
1251 m
Exmouth
1511 m
Mt. Zeil
Longreach
Macdonnell Ranges
Diamantina Riv.
Thomson Riv.
Südlicher Wendekreis
Gibsonwüste
Alice Springs
Barcoo
Simpson-wüste
Carnarvon
Ayers Rock
Birdsville
Großes
Western Australia
Char
Artesisches
Oodnadatta
Meekatharra
Eyre-
Wiluna
Eyresee
Becken
Murchison Riv.
South Australia
becken
Große Victoriawüste
Cunnamull
Laverton
Coober Pedy
Northampton
Mount Magnet
Marree
Geraldton
Leonora
Tarcoola
30°
L. Everard
L. Torrens
Kalgoorlie-Boulder
Rawlinna
Nullarborebene
Coorabie
Woomera
Darling
Broken Hill
Port Augusta
Northam
Merredin
Streaky Bay
L. Gairdner
PERTH
Norseman
Whyalla
Port Pirie
Rockingham
Große Australische Bucht
Narrogin
Esperance
Mildura
Lachlan
Bunbury
Port Lincoln
Gawler
ADELAIDE
Murray
Kap Leeuwin
Albany
Victor Harbor
Känguru-I.
Victo
Bendig
MELBOURNE
Mount Gambier
Geelong
Wils Prom
King I.
bis 100 000 Ew.
100 000 – 500 000 Ew.
500 000 – 1 Mill. Ew.
über 1 Mill. Ew.
historischer Ort, Ruine
Canberra
Hauptstadt
Staatsgrenze
Bundesstaats- oder Territoriumsgrenze
40°
Smithton
OZEAN
Queenstown
Tasmanie
Süd
0
500 km
110°
120°
130°
140°

PAZIFISCHER
OZEAN
Melanesien
Salomoninseln
SALOMON-
INSELN
Lavongai
New Ireland
Rabaul
Kimbe
New Britain
Buka
Bougainville
Arawa
EU GUINEA
Choiseul
Salomonensee
Santa Isabel
New Georgia
Malaita
Honiara
Guadalcanal
D' Entrecasteaux-
inseln
Alotau
Louisiade-
arch.
Rossel I.
Tagula I.
San Cristóbal
Rennell I.
Santa-Cruz-Inseln
Espiritu Santo
Korallensee
Neue
Hebriden
Malekula
VANUATU
Efate
Port Vila
Eromanga
Vanua Levu
Labasa
FIDSCHI
Viti Levu
Lautoka
Suva
Koumac
Hienghene
Neukaledonien
Loyalty-
inseln
Nouméa
Neukaledonien (frz.)
Südlicher Wendekreis
Großes Barriereriff
Bowen
Mackay
Rockhampton
Bundaberg
Fraser I.
Gympie
Roma
Toowoomba
BRISBANE
Gold Coast
Lismore
Grafton
Australische Kordilleren
Armidale
Tamworth
Port Macquarie
Newcastle
SYDNEY
Wollongong
Canberra
Australian Capital
Territory
Kap Howe
Norfolk-I.
(austr.)
Tasmansee
NEUSEELAND
Whangarei
Auckland
Hamilton
Tauranga
Rotorua
Nordinsel
Ruapehu
2797 m
Gisborne
Wanganui
Napier
Palmerston
North
Wellington
Collingwood
Greymouth
Südinsel
Neuseeland Alpen
Kaikoura
Haast
Christchurch
Timaru
Invercargill
Dunedin
Stewart I.
150°
160°
170°
180° w. L.
10°
20°
30°
40°

ATLANTISCHER OZEAN
MITTELMEER
Schwarzes Meer
Kaspisches Meer
Rotes Meer
Pers. Golf
Golf v. Aden
Golf von Guinea
INDISCHER
Äquator
PORTUGAL
Lissabon
Porto
SPANIEN
MADRID
BARCELONA
ANDORRA
Valencia
Sevilla
Córdoba
Málaga
Balearen
Korsika
Ajaccio
Sardinien
Cagliari
ITALIEN
ROM
NEAPEL
Palermo
Sizilien
MALTA
SERBIEN U. MONTENEGRO
ALBANIEN
Tirana
MAKEDONIEN
BULGARIEN
SOFIA
Saloniki
GRIECHENLAND
Athen
Patras
Kreta
Iraklion
Rhodos
TÜRKEI
ISTANBUL
ANKARA
IZMIR
Bursa
Samsun
Sivas
Konya
Adana
Antalya
Erzurum
Van
ZYPERN
Nikosia
GEORGIEN
TIFLIS
ARMENIEN
EREWAN
ASERBAIDSCHAN
BAKU
TURKMENISTAN
SYRIEN
DAMASKUS
Aleppo
LIBANON
Beirut
ISRAEL
Tel Aviv-Jaffa
Jerusalem
JORDANIEN
Amman
IRAK
BAGDAD
Mosul
Basra
Nadjaf
IRAN
TEHERAN
TÄBRIS
ISFAHAN
SCHIRAS
Hamadan
Ghom
Rascht
Abadan
Buschehr
Elbursgeb.
KUWAIT
Kuwait
BAHRAIN
Menama
KATAR
Doha
VEREIN. ARAB. EMIRATE
SAUDI-ARABIEN
RIAD
DJIDDA
Mekka
Medina
At Taif
Dammam
Hofuf
Al Djauf
Wüste Nefud
Rub al Chali
JEMEN
SANAA
Aden
Hodeida
Taiz
Makalla
Dahlak-arch.
Djisan
MAROKKO
Rabat
CASABLANCA
Tanger
Tétouan
Fès
Marrakesch
Agadir
Safi
Hoher Atlas
Str. v. Gibraltar
Madeira (port.)
Funchal
Kanarische Inseln (span.)
Las Palmas d. G. C.
El-Aaiún
Tarfaya
Westsahara
Smara
Dakhla
ALGERIEN
ALGIER
Oran
Annaba
Constantine
Biskra
Sidi-Bel-Abbès
Laghouat
Saharaatlas
Béchar
Beni Abbes
Touggourt
Großer Westl. Erg
Großer Östl. Erg
Tindouf
Eglab
Reggane
In-Salah
Tassili N'Ajjer
Djanet
Ahaggar
Tahat 2918 m
Tamanrasset
TUNESIEN
Tunis
Sfax
Gabès
LIBYEN
Tripolis
Misurata
Bengasi
Tobruk
Surt
Nalut
Ghadamis
Ghat
Adjedabija
Al Ukaila
Saukna
Audjila
Adri
Sebha
Mursuk
Al Djof
Kufra
Nördlicher Wendekreis
Libysche Wüste
Uweinat 1893 m
ÄGYPTEN
KAIRO
GISEH
ALEXANDRIA
Port Said
Suez
As Sallum
Siwa
El-Faijum
Al Bawiti
Bahrija-Oasen
Al Minja
Assiut
Sohag
Kena
Luxor
Idfu
Assuan
Al Kasr
Dachla-Oasen
Hurghada
ABU SIMBEL
Nassersee
Wadi Halfa
Nubische Wüste
MAURETANIEN
Nouakchott
Nouadhibou
Atar
Fdérik
Kiffa
Oualata
Néma
Taoudenni
MALI
Bamako
Timbuktu
Mopti
Kayes
Kidal
NIGER
Niamey
Agadès
Maradi
Tanout
Zinder
Fachi
Bilma
Djado
Aïr
TSCHAD
N'Djamena
Tschadsee
Tibesti
Bardai
Emi Koussi 3415 m
Ennedi
Fada
Abéché
Sarh
Moundou
Am Timan
SUDAN
Khartoum
OMDURMAN
Port Sudan
Dongola
Atbara
Kassala
Wad Medani
Kusti
El-Obeid
An Nahud
Darfur
Jabal Marra 3071 m
El Fasher
Nyala
Kadukli
Malakal
Kodok
Waw
Juba
ERITREA
Asmara
Makale
Ras Dashan 4620 m
Gondar
ÄTHIOPIEN
ADDIS ABEBA
Batu 4307 m
Dire Dawa
Harar
Yabelo
Moyale
DJIBOUTI
Djibouti
SOMALIA
Mogadischu
Berbera
Erigavo
Hafun
Caluula
Garoowe
Eyl
Hobyo
Belet Huen
Baardheere
Merca
Jamaame
El Wak
KENIA
NAIROBI
Mt. Kenya 5199 m
Kisumu
Eldoret
Lodwar
Marsabit
Kilimandscharo 5892 m
UGANDA
Kampala
Gulu
Jinja
RUANDA
Kigali
SENEGAL
DAKAR
GAMBIA
Banjul
GUINEA-BISSAU
Bissau
GUINEA
Conakry
Kindia
Kabala
Labé
Dabola
Kankan
SIERRA LEONE
Freetown
LIBERIA
Monrovia
Greenville
Harper
K. Palmas
ELFENBEINKÜSTE
ABIDJAN
Yamoussoukro
Bouaké
Man
BURKINA FASO
Ouagadougou
Bobo-Dioulasso
Dori
GHANA
Accra
Tamale
Cape Coast
Sekondi-Takoradi
TOGO
Lomé
BENIN
Porto-Novo
NIGERIA
LAGOS
IBADAN
Abuja
Kano
Kaduna
Sokoto
Maiduguri
Ogbomosho
Iwo
Onitsha
Port Harcourt
KAMERUN
Yaoundé
Douala
Garoua
Bouar
Adamaua
ZENTRALAFRIKANISCHE REPUBLIK
Bangui
Berbérati
Bangassou
Bondo
Obo
Yakoma
ÄQUATORIAL-GUINEA
Malabo
Bioko
Principe
SÃO TOMÉ UND PRÍNCIPE
São Tomé
Pagalu (Äquat.)
GABUN
Libreville
Port-Gentil
Lambarene
REP. KONGO
Brazzaville
DEM. REPUBLIK KONGO
Kisangani
Mbandaka
Yangambi
Isiro
Inongo
Bandundu
Lomié
Niger
Benue
Weißer Nil
Blauer Nil
Bahr el Ghasal
Victoriasee
Turkanasee
Euphrat
Tigris

ATLANTISCHER
OZEAN
OZEAN
Ascension (brit.)
Südlicher Wendekreis
LUANDA
Caxito
Malanje
Lobito
Benguela
Huambo
Lubango
Namibe
Cassinga
ANGOLA
Dilolo
Kolwezi
Likasi
Kamina
Lubumbashi
Kitwe
Ndola
Solwezi
Mongo
Kabwe
Lusaka
SAMBIA
Choma
Livingstone
Hwange
Ovamboland
Opuwo
Tsumeb
NAMIBIA
Windhuk
Walfischbai
Ghanzi
BOTSWANA
Kalahari
Tshane
Gaborone
Lüderitz
Keetmanshoop
Gr. Karasberge 2202 m
Namaqualand
Oranje
Tshwane (Pretoria)
JOHANNESBURG
Welkom
SÜD-AFRIKA
Bloemfontein
Maseru
De Aar
Gr. Karru
Swartberge
Drakensberge
Kapstadt
Tafelberg 1086 m
Kap der Guten Hoffnung
Kap Agulhas
Mossel Bay
Port Elizabeth
East London
Durban
Pietermaritzburg
SWASILAND
Mbabane
MAPUTO
Xai-Xai
Inhambane
Polokwane
Messina
Bulawayo
SIMBABWE
HARARE
Bindura
Massangena
Beira
Tete
MALAWI
Lilongwe
Blantyre
Chinde
Quelimane
MOÇAMBIQUE
Nampula
Moçambique
Nacala
Pemba
Lichinga
Songea
Rungwe 3175 m
Mbeya
Kasanga
Iringa
Kilwa Kivinje
Lindi
Mafia
Mitumbagebirge
KOMOREN
Moroni
Mayotte (franz.)
Aldabra-Inseln
Farquhar-Inseln
SEYCHELLE
Str. v. Moçambique
Antsiranana
Mahajanga
Ste-Marie
Maintirano
ANTANANARIVO
Toamasina
Antsirabe
Fianarantsoa
Toliary
Betroka
Taolanaro
MADAGASKAR
10°
20°
30°
40°
50°
60°
Nördliches Somalibecken
SEYCHELLEN
Victoria
Mahé
Amiranten
Alphonse Inseln
Providence-Inseln
Farquhar-Inseln
Agalega-Inseln (Mauritius)
Maskarenenrücken
Antsiranana
MADAGASKAR
Tromelin (franz.)
Ste-Marie
Toamasina
Maskarenenbecken
Cargados-Carajos Inseln (Mauritius)
MAURITIUS
Maskarenen
St.-Denis
Pt. Louis
Réunion (franz.)
bis 100 000 Ew.
100 000 – 500 000 Ew.
500 000 – 1 Mill. Ew.
über 1 Mill. Ew.
historischer Ort, Ruine
Tunis
Hauptstadt
Staatsgrenze
0
500
1000 km
Nördlicher Wendekreis
Dakhla
Westsahara
Fdérik
Nouadhibou
Atar
MAURETANIEN
Nouakchott
KAP VERDE
São Vicente
São Nicolau
Sal
Sta Luzia
Boa Vista
São Tiago
Fogo
Maio
Bravo
Praia
Kiffa
Senegal
SENEGAL
Kap Vert
DAKAR
Kayes
MALI
GAMBIA
Banjul
GUINEA-BISSAU
Bissau
Labé
Dabola
GUINEA
Kindia
Kap-Verde-Becken

Nordamerika

PAZIFISCHER
OZEAN
ATLANTISCHER
OZEAN
VEREINIGTE STAATEN VON AMERIKA
MEXIKO
Golf von Mexiko
Golf von Campeche
Golf von Kalifornien
Golf von Tehuantepec
Karibisches Meer
Große Antillen
Yucatánstraße
Nördlicher Wendekreis
KUBA
HAVANNA
JAMAIKA
Kingston
HAITI
Port-au-Prince
Hispaniola
BAHAMAS
Nassau
Turks- u. Caicos-In. (brit.)
BELIZE
Belmopan
GUATEMALA
HONDURAS
Tegucigalpa
EL SALVADOR
San Salvador
NICARAGUA
Managua
Nicaragua-see
COSTA RICA
San José
PANAMA
Panama
KOLUMBIEN
BARRANQUILLA
Cartagena
MEDELLÍN
CALI
NEW YORK
Washington
CHICAGO
DETROIT
HOUSTON
DALLAS
LOS ANGELES
SAN DIEGO
San Francisco
CIUDAD JUÁREZ
MONTERREY
GUADALAJARA
LEÓN
MEXIKO
PUEBLA
Acapulco de Juárez
I. Clarión
I. Socorro
Islas Revillagigedo (mex.)
I. de Guadelupe (mex.)
Clipperton (frz.)
20°
120°
100°
80°
HAITI
DOMINIKAN. REP.
SANTO DOMINGO
Puerto Rico (USA)
San Juan
Jungferninseln (USA u. brit.)
ANTIGUA UND BARBUDA
SAINT KITTS UND NEVIS
Guadeloupe (frz.)
DOMINICA
Martinique (frz.)
SAINT LUCIA
BARBADOS
SAINT VINCENT A. THE GRENADINES
GRENADA
TRINIDAD UND TOBAGO
Aruba (nied.)
Curaçao
Bonaire
Niederl. Antillen
bis 100 000 Ew.
100 000 – 500 000 Ew.
500 000 – 1 Mill. Ew.
über 1 Mill. Ew.
historischer Ort, Ruine
Ottawa
Hauptstadt
Atlanta
Hauptstadt des Bundesstaates oder der Provinz
Staatsgrenze
Grenze des Bundesstaates oder der Provinz
0
500
1000 km

Südamerika

ATLANTISCHER OZEAN
Äquator
Karibisches Meer
SAINT LUCIA
BARBADOS
SAINT VINCENT AND THE GRENADINES
GRENADA
TRINIDAD UND TOBAGO
Tobago
Trinidad
Port of Spain
Kleine Antillen
Inseln unter dem Winde
Niederländ. Antillen
Aruba (niederl.)
Curaçao
Bonaire
Margarita
Orinoco-delta
PANAMA
Panama
Colón
David
G. v. Panama
pta Naranjas
Kap Corrientes
KOLUMBIEN
BARRANQUILLA
Santa Marta
Cartagena
Montería
MEDELLÍN
Manizales
Armenia
CALI
Buenaventura
Nev. de Huila 5500 m
Popayán
Neiva
BOGOTÁ
Tunja
Bucaramanga
Cúcuta
San Cristóbal
Pasto
Tumaco
Mitú
Leticia
Río Magdalena
Río Meta
Halbinsel Guajira
pta Gallinas
G. v. Venezuela
Maracaibo-see
MARACAIBO
Barquisimeto
VALENCIA
CARACAS
VENEZUELA
Barcelona
Cumaná
Maturín
El Tigre
Ciudad Bolívar
Ciudad Guayana
Puerto Ayacucho
San Carlos de Río Negro
Orinoco
GUYANA
Georgetown
Boa Vista
Bergland von Guayana
Roraima
SURINAM
Paramaribo
Brokopondo
Wilhelmina-Geb.
Französisch-Guayana
Cayenne
Inini
Amapá
Macapá
I. Caviana
I. Mexiana
I. de Marajó
Marajóbai
ECUADOR
QUITO
Ambato
Chimborazo 6267 m
Cuenca
GUAYAQUIL
G. v. Guayaquil
Machala
Manta
Portoviejo
pta Galera
PERU
Talara
Piura
pta Aguja
Chiclayo
Trujillo
Chimbote
Cajamarca
Nev. de Huascarán 6768 m
Huánuco
Huacho
Callao
LIMA
Cerro de Pasco
Huancayo
Huancavelica
Ayacucho
Chincheros
Ica
Pisco
Cuzco
Sicuani
Juliaca
Puno
Arequipa
Pucallpa
Iquitos
Río Marañón
Río Putumayo
Río Japurá
Amazonas
Río Negro
Río Branco
Río Juruá
Río Purus
Río Madeira
Río Tapajós
Río Xingu
Río Tocantins
Río Araguaia
Río Guaporé
Río Mamoré
Río Arinos
Río São Francisco
BOLIVIEN
Illampu (Ancohuma) 6427 m
Illimani 6438 m
La Paz
Oruro
Cochabamba
Sucre
Potosí
Trinidad
Santa Cruz de la Sierra
Riberalta
Guajará-Mirim
Puerto Maldonado
Santa Ana
Roboré
ALTIPLANO
Tacna
Arica
Pisagua
BRASILIEN
Amazonas
Acre
Rondônia
Pará
Mato Grosso
Goiás
Tocantins
Bahia
Minas Gerais
Maranhão
Piauí
Ceará
Pernambuco
Paraíba
Alagoas
Sergipe
Rio Grande do Norte
MANAUS
Manicoré
Humaitá
Porto Velho
Lábrea
Tefé
Abunã
Ji-Paraná
Rio Branco
Cruzeiro do Sul
Santarém
Altamira
Itaituba
Alta Floresta
Sinop
Serra do Cachimbo
Chapada dos Parecis
Cuiabá
Corumbá
Campo Grande
Mato Grosso
São Paulo
Hochland von Mato Grosso
Brasilianisches Bergland
Serra dos Carajás
Serra dos Gradaús
Marabá
Tucuruí
Araguaína
Imperatriz
Serra do Gurupi
Palmas
Porto Nacional
BELÉM
Bragança
São Luís
Santa Inês
Coroatá
Parnaíba
Sobral
Teresina
Floriano
FORTALEZA
Mossoró
Kap São Roque
Natal
João Pessoa
Campina Grande
Olinda
RECIFE
Garanhuns
Maceió
Aracaju
Alagoinhas
SALVADOR
Feira de Santana
Ilhéus
Itambé
Petrolina
Sobradinho-Stausee
Serra do Piauí
Chap. Diamantina
Montes Claros
Araçuaí
Governador Valadares
Caravelas
Espírito
BELO HORIZONTE
BRASÍLIA
Distrito Federal
Goiânia
Anápolis
Uberlândia
Uberaba

PAZIFISCHER OZEAN
ATLANTISCHER OZEAN
Südl. Wendekreis
Antofagasta
Taltal
Catalina
Llullaillaco 6723 m
Ojos del Salado 6880 m
Copiapó
Tinogasta
Huasco
Vallenar
La Serena
Coquimbo
Ovalle
Aconcagua 6959 m
Viña del Mar
Valparaíso
SANTIAGO DE CHILE
Rancagua
Talca
Chillán
Talcahuano
Concepción
Temuco
Valdivia
Osorno
Puerto Montt
Ancud
Castro
Chiloé
Puerto Aisén
Golfo de Penas
I. Wellington
Puerto Natales
Punta Arenas
I. Sta Inés
Ushuaia
Kap Hoorn
I. de los Estados
Kap San Diego
Feuerland
Magellanstraße
El Turbio
Rio Gallegos
Bahía Grande
Puerto Santa Cruz
Falklandinseln (brit.)
Westfalkland
Stanley
Ostfalkland
Südgeorgien (brit.)
Puerto Deseado
Kap Tres Puntas
Las Heras
Sarmiento
Comodoro Rivadavia
San-Jorge-Golf
Las Plumas
Rawson
Esquel
San-Matías-Golf
Viedma
Bahía Blanca
Kap Corrientes
Mar del Plata
Tandil
Azul
Santa Rosa
Neuquén
Zapala
San Rafael
Mendoza
San Juan
San Luis
La Rioja
Catamarca
Santiago del Estero
San Miguel de Tucumán
Salta
San Salvador de Jujuy
Embarcación
Formosa
Resistencia
Corrientes
Posadas
Asunción
CÓRDOBA
Santa Fe
Paraná
Rosario
BUENOS AIRES
Morón
La Plata
Río de la Plata
MONTEVIDEO
URUGUAY
Concordia
Salto
Paysandú
Bagé
Pelotas
Lagoa dos Patos
Lagoa Mirim
Lagoa Mangueira
Rio Grande
PORTO ALEGRE
Rio Grande do Sul
Santa Maria
Passo Fundo
Santa Catarina
Florianópolis
Paranaguá
CURITIBA
Paraná
Sorocaba
Santos
Santo André
RIO DE JANEIRO
NOVA IGUAÇU
Pilcomayo
Río Salado
Río Colorado
Río Negro
Río Chubut
Río Chico
Uruguay
Mar Chiquita
Sierra de Córdoba
bis 100 000 Ew.
100 000 – 500 000 Ew.
500 000 – 1 Mill. Ew.
über 1 Mill. Ew.
historischer Ort, Ruine
QUITO
Hauptstadt
Natal
Hauptstadt des Bundesstaates
Staatsgrenze
Grenze des Bundesstaates
0
500 km
30°
40°
50°
90°
80°
70°
60°
20°

Arktis

PAZIFISCHER OZEAN
Beringmeer
Aleuten
Halbinsel Alaska
Kodiak
Golf von Alaska
Nunviak
Bethel
St. Lorenz Island (USA)
Kap Prince of Wales
Nome
Seward
Anchorage
Alexander-Archipel
Juneau
Skagway
Whitehorse
Dawson
Watson Lake
Fairbanks
Alaska (USA)
Alaskakette
Kuskokwim Mountains
Brookskette
Fort Yukon
K. Lisburne
Point Hope
Umiat
Prudhoe Bay
Pt. Barrow
Barrow
Beringstr.
Norman Wells
Inuvik
Deline
Großer Bärensee
Yellowknife
Kap Bathurst
Beaufortsee
Amundsengolf
Kugluktuk
Banks I.
Victoria I.
Cambridge Bay
Queen Elizabeth Islands
Prc. of Wales I.
Parry
Nördlicher Magnetpol
Spence Bay
A. Heiberg I.
Devon I.
Artic Bay
Ellesmere I.
Repulse Bay
Foxebecken
Prc. Charles I.
Baffinland
Baffinmeer
Qaanaaq
Lincolnsee
McKinleysee
Upernavik
Qeqertarsuaq
Illulissat
Davisstraße
Grönland (dän.)
Nuuk
Narsarsuaq
Tasiilaq
Ittoqqortoormiit
Grönlandsee
Jan Mayen
Dänemarkstraße
Horn
Reykjavík
ISLAND
Seyðisfjörður
Nordmeer
Nördlicher Polarkreis
Europäisches Nordpolarmeer
Nordpol
NORDPOLARMEER
Wrangel-I.
Kap Schelagski
Pewek
Ostsibirische See
Packeisgrenze
Anadyr
Iultin
Ambartschik
Chonulach
Korjakengebirge
Kolymagebirge
Karaginskij-I.
Kamtschatka
Bering-I.
Petropawlowsk-Kamtschatski
Kamenskoje
Magadan
Ochotskisches Meer
Sachalin
Schantar-I.
Ochotsk
Dschugdschurgeb.
Kurun-Urjach
Kurilen
Tscherskigebirge
Werchojansker Gebirge
Jakutsk
Lena
Kasatschje
Große Ljachowinsel
Neusibirische Inseln
Laptewsee
Tixi
Schigansk
Olenjok
Nordwik
Taimyrsee
Chatanga
Taimyrhalbinsel
Sewernaja Semlja
Norilsk
Jenissei
Dickson
Frantz-Josef-Land
Kap Schelanija
Weiße I.
Nowaja Semlja
Karasee
Salechard
Ob
Workuta
Spitzbergen (norw.)
Südkap
Barentssee
Kolgujew-I.
Petschora
Nordkap
Hammerfest
Murmansk
Kandalakscha
Weißes Meer
Syktywkar
Archangelsk
Wjatka
Petrosawodsk
Onegasee
Wologda
NISCHNI NOWGOROD
MOSKAU
Tula
ST. PETERSBURG
Helsinki
Tallinn
Weliki Nowgorod
ESTLAND
Stockholm
LETTLAND
Riga
LITAUEN
WEISSRUSSLAND
Vilnius
MINSK
zu RUSSL.
Königsberg
WARSCHAU
POLEN
UKRAINE
Chişinău
ODESSA
MOLDAWIEN
Oslo
NORWEGEN
SCHWEDEN
FINNLAND
Skandinavisches Geb.
Norwegische See
Färöer (dän.)
Shetland-In. (brit.)
Orkney-In.
Hebriden
GROSSBRITANNIEN UND NORDIRLAND
Glasgow
Edinburgh
IRLAND
Dublin
DÄNEMARK
Kopenhagen
BERLIN
DEUTSCHLAND
Amsterdam
NIED.
KANADA
RUSSLAND
bis 100 000 Ew.
100 000 – 500 000 Ew.
500 000 – 1 Mill. Ew.
über 1 Mill. Ew.
Riga Hauptstadt
Staatsgrenze
0
1000 km
160°
180°
140°
120°
100°
80°
60°
40°
20°
0°
70°

Antarktis

ATLANTISCHER OZEAN
INDISCHER OZEAN
PAZIFISCHER OZEAN
Südgeorgien
Südantillenmeer
Süd-Orkney-In.
Süd-Shetland-In.
Packeisgrenze
Sanae 8.1.1960 (südafr.)
Neumayer-Station 31.3.1992 (dt.)
Kap Norvegia
Dakshin Gangotri (ind.)
Nowolasarewskaja 1961 (russ.)
Asuka (jap.)
Syowa (jap.)
Molodjoschnaja 8.1.1962 (russ.)
Kap Davis
Königin-Maud-Land
Enderbyland
Coatsland
Halley (brit.)
Weddellmeer
Antarktische Halbinsel
Palmer Archipel
Palmer 1965 (amer.)
Faraday (brit.)
Larsen-Schelfeis
General Belgrano II (argent.)
San Martin (argent.)
Adelaide I.
Rothera (brit.)
Mawson 13.2.1954 (austr.)
MacRobertson-Land
Prinz-Charles-Geb.
Kap Darnley
Amery-Schelfeis
Palmerland
Filchner-Ronne-Schelfeis
Berkner I.
Alexander I.
Charcot I.
Pensacolagebirge
Polarplateau
Amerikanisches Hochland
Davis 20.1.1957 (austr.)
West-Schelfeis
Prinzessin-Elisabeth-Land
Königin-Mary-Küste
Bellingshausenmeer
Ellsworthhochland
Mt. Vinson 5140 m
Südpol
Amundsen-Scott-Station 24.1.1957 (amer.)
Transantarktisches Gebirge
Peter-I.-I.
Mt. Takahe 3486 m
Mirny 13.2.1956 (russ.)
Thurston I.
Walgreenküste
Königin-Maud-Kette
Mt. Kirkpatrick
Mt. Markham 4350 m
Amundsenmeer
Mt. Sidley 4181 m
Marie-Byrd-Land
Wilkesland
Knoxküste
Casey (austr.)
Ross-Schelfeis
Siple I.
Getz-Schelfeis
Mc Murdo 20.12.1955 (amer.)
Roosevelt I.
Kap Poinsett
Sabrinaküste
Kap Colbeck
Scott Base 14.1.1957 (neuseel.)
Victorialand
Rossmeer
Banzareküste
Adelieküste
Dumont d'Urville 12.1.1956 (franz.)
Oatesküste
George-V.-Küste
Kap Adare
Leningradskaja 25.2.1971 (russ.)
Südlicher Magnetpol
Balleny Is.
Sturge I.
Buckle I.
Young I.
Scott I.
Südlicher Polarkreis
Macquarie Is
Campbell I.
Auckland I.
Tasmanien
AUSTRALIEN
0°
20°
40°
60°
80°
100°
120°
140°
160°
180°
70°
50°
ständig besetzte Forschungsstation mit Gründungsdatum
1 Bellingshausen (russ.)
2 Teniente Rodolfo Marsh (chil.)
3 Great Wall (chin.)
4 Jubany (argent.)
5 Arctowski (poln.)
6 Capitán Arturo Prat 6.2.1947 (chil.)
7 Esperanza (argent.)
8 General Bernardo O'Higgins 1948 (chil.)
9 Marambio (argent.)
0
1000 km

L

Lena: Strom in Russland. Die L. durchfließt Nordostsibirien und ist 4 400 km lang. Sie entwässert ein Gebiet von 2,49 Mio. km². Der Fluss entspringt im Baikalgebirge und mündet in einem großen Delta in die Laptewsee im Nordpolarmeer. Der Flusspegel unterliegt während des Jahres erheblichen Schwankungen. Im Oberlauf kann der Wasserstand bis zu 8 m, im Unterlauf bis zu 28 m ansteigen. Sechs bis sieben Monate pro Jahr ist der Strom von Eis bedeckt. Die L. ist von Ust-Kut bis Tixi schiffbar. Größte Stadt an der L. ist Jakutsk.

Lesotho: Staat in Südafrika. L. ist vollständig von der Republik Südafrika umgeben.

Lesotho

(amtlich Sotho: Muso oa Lesotho, engl. Kingdom of Lesotho, dt. Königreich Lesotho)
Fläche: 30 355 km²
Einwohner: 1,777 Mio.
Hauptstadt: Maseru
Verwaltungsgliederung: 10 Distrikte
Amtssprachen: Sotho und Englisch
Währung: 1 Loti (M; Plural: Maloti) = 100 Lisente (s)
Zeitzone: MEZ + 1 Stunde
Kfz-Kennzeichen: LS

Landesnatur: L. ist ein überwiegend mehr als 2 000 m über dem Meeresspiegel gelegenes Hochland. Im O steigt es in den Drakensbergen bis über 3 000 m an. Höchste Erhebung ist der Thabana Ntlenyana mit 3 482 m. Das Land wird vom ↑ Oranje und seinen Nebenflüssen in bis zu 800 m tiefe Täler zerschnitten. Der Hochfläche ist im W ein 1 000 bis 1 500 m hohes Vorland vorgelagert. Es herrscht gemäßigtes subtropisches Klima. Die jährlichen Niederschlagsmengen bewegen sich zw. 1 000 mm im O und 750 mm im W. Im Bergland können die Niederschläge im Winter als Schnee fallen. Die Vegetation ist von Grasländern und Torfmooren geprägt.

Bevölkerung: Sie gehört fast ausschließlich dem Bantuvolk der Sotho an. Zahlreiche Lesother leben als Wanderarbeiter in der Republik Südafrika.

Allgemeine Schulpflicht besteht vom sechsten bis zwölften Lebensjahr. Die Analphabetenquote beträgt rd. 15 %. Etwa 75 % der Bevölkerung sind Christen. Die Übrigen sind Anhänger traditioneller afrikanischer Religionen.

Wirtschaft und Verkehr: Lediglich 10 % der Landesfläche sind agrarisch nutzbar. Kultiviert werden v. a. Weizen, Mais, Hirse, Hülsenfrüchte und Gemüse. Von Bedeutung ist auch die Haltung von Wollschafen, Angoraziegen und Rindern. Die Industrie beschränkt sich bislang auf Verarbeitungsindustrie und Dienstleistungen. Haupthandelspartner ist die Republik Südafrika. Mit dem Nachbarn verwirklicht L. auch das Lesotho-Hochland-Projekt: Über riesige Tunnel und Leitungen wird Wasser aus L. in das nördliche Südafrika geführt, außerdem liefert ein 1997 fertig gestelltes Wasserkraftwerk Energie an den Nachbarn und versorgt das eigene Land mit allem benötigten Strom.

Die Eisenbahn besteht lediglich aus einem 1,6 km langen Anschluss an das südafrikanische Netz. Das Straßennetz umfasst 7 100 km. Ein internationaler Flughafen liegt bei Maseru.

Staat und Politik: Nach der Verfassung von 1993 ist L. eine konstitutionelle Monarchie im Commonwealth. Staatsoberhaupt ist der König.

Seit 1868 war das Gebiet des heutigen L. als Basutoland britisches Protektorat. 1964 erhielt es innere Autonomie und wurde 1966 unabhängig. L. ist seit 1966 Mitglied der UNO. Außerdem gehört es der OAU und der WTO an.

L

Lettland: Staat in Nordosteuropa. L. grenzt im W an die Ostsee, im N an die Rigaer Bucht und an Estland, im O an Russland, im SO an Weißrussland und im S an Litauen.

Lettland

(lettisch Latvija, amtlich Latvijas Republika)
Fläche: 64 589 km²
Einwohner: 2,338 Mio.
Hauptstadt: Riga
Verwaltungsgliederung: 26 Distrikte und 7 Stadtverwaltungen
Amtssprache: Lettisch
Währung: 1 Lats (Ls) = 100 Santims (s)
Zeitzone: OEZ
Kfz-Kennzeichen: LV

Landesnatur: L. liegt im NW der von Gletschern überformten Osteuropäischen Ebene. Neben Grundmoränen bestimmen Endmoränenzüge mit kuppigen Höhen und zahlreichen eingelagerten Seen die Oberfläche. Im W zergliedern auf der Halbinsel Kurland breite Schmelzwassertäler die Kurländischen Höhen. Diese sind bis 184 m hoch. Östlich der zentrallettischen und der Semgaller Ebene erreichen die Livländischen Höhen 312 m. Im SO liegen die bis 289 m hohen Lettgallischen Höhen. Entlang der Ostseeküste erstreckt sich eine 10 bis 40 km breite Küstenebene. L. verfügt über ein dichtes Flussnetz. Wichtigster Fluss des Landes ist die im Unterlauf schiffbare Düna.

Das Klima ist ozeanisch geprägt. Es hat relativ milde Winter und kühle Sommer. Die mittleren Jahresniederschläge liegen an der Küste und in den Niederungen zw. 550 und 600 mm, in den Höhenlagen bei 700 bis 800 mm. Knapp 40 % der Landesfläche sind mit Wald bedeckt. Er besteht überwiegend aus Kiefern und Fichten. In den Niederungen sind Laubwälder v.a. aus Birken und Erlen verbreitet. Die einst vermoorten Wiesen wurden größtenteils wieder in Grünland verwandelt.

Bevölkerung: Die Letten sind mit knapp 58 % die größte Volksgruppe, gefolgt von den Russen, die weniger als ein Drittel der Bevölkerung ausmachen. Weißrussen, Ukrainer, Polen und Litauer sind weitere Minderheiten. Rd. 60 % der Einwohner leben in Städten. Neben der Hauptstadt ↑Riga sind Daugavpils und Liepava weitere Großstädte.

Etwa 55 % der Bevölkerung sind Mitglieder lutherischer Kirchen. 24 % sind katholisch und 9 % russisch-orthodox.

Wirtschaft und Verkehr: Im Mittelpunkt der Landwirtschaft steht die Rinder- und Schweinehaltung. Angebaut werden Futterpflanzen, Getreide, Kartoffeln, Flachs, Gemüse und Zuckerrüben. Holz und Holzprodukte werden überwiegend exportiert. Von Bedeutung ist auch die Hochseefischerei. Außer Torf, Kalkstein, Ton und Sanden besitzt L. keine Bodenschätze.

Wichtigste Industriezweige sind der Landmaschinen-, Diesel- und Elektromotoren-, Elektrogeräte- und Fahrzeugbau. Ferner gibt es chemisch-pharmazeutische, Möbel-, Papier-, Nahrungsmittel-, Leder- und die traditionsreiche Textilindustrie. Die wichtigsten Industriezentren sind Riga, Daugavpils und Liepava. Haupthandelspartner sind Russland, Deutschland, Finnland, Schweden und die baltischen Nachbarn.

Das Verkehrsnetz ist relativ gut ausgebaut. Das Straßennetz umfasst etwa 60 000 km. Das Eisenbahnnetz ist 2 413 km lang. Die Unterläufe von Düna und Kurländischer Aa werden als Wasserwege genutzt. Wichtigster Hochseehafen ist Ventspils. Hier werden v.a. russisches Erdöl sowie Getreide und Stückgut umgeschlagen. Internationale Flughäfen gibt es bei Riga und Jelgava.

Staat und Politik: L. ist eine parlamentarische Republik. Seit dem 6. 7. 1993 gilt die Vorkriegsverfassung von 1922 mit den Änderungen von 1997. Staatsoberhaupt ist der vom Parlament auf vier Jahre gewählte Präsident.
1918 wurde L. erstmals unabhängige Republik. Der Staat bestand bis zur Okkupation durch die UdSSR 1940. Die Lettische SSR erklärte am 4. 5. 1990 ihre Unabhängigkeit, die am 21. 8. 1991 in Kraft trat.
L. ist seit 1991 Mitglied der UNO. Am 1. 5. 2004 trat L. der EU bei. Außerdem gehört das Land der OSZE und der WTO an.

Leverkusen: kreisfreie Stadt in Nordrhein-Westfalen. L. liegt am rechten Ufer des Niederrheins. Es hat 160 300 Einwohner. Die Stadt beherbergt mit der Kekulé-Bibliothek die größte wissenschaftliche Bibliothek für Chemie. L. ist Sitz und Hauptbetriebsstätte des Chemiekonzerns Bayer AG. Daneben gibt es in der Stadt Maschinen- und Autozubehörbau sowie Kunststoffverarbeitung.
In L.-Schlebusch befindet sich in einem weitläufigen Park Schloss Morsbroich aus dem 18./19. Jh. mit einem Museum für moderne Kunst.

Libanon: Staat an der Ostküste des Mittelmeeres in Vorderasien. Das Land grenzt im N und O an Syrien und im S an Israel.
Landesnatur: L. gliedert sich von W nach O in vier küstenparallele Landschaften: in den schmalen, dicht besiedelten Küstenstreifen, das Libanongebirge, die Beka und den Antilibanon.
Der Küstenstreifen ist der Kernraum des Landes. Hier wird intensiver Bewässerungslandbau betrieben. Die Westseite des Libanongebirges erhält genügend Winterregen und wird ebenfalls intensiv genutzt. Libanonzedern sind nur noch in geringen Beständen erhalten. Die höheren, verkarsteten Bergrücken und Hochflächen sind dürftige Weidegebiete. Nach O fällt das Libanongebirge steil zum tektonischen Graben der Beka ab. Hier reichen die Niederschläge nur im Südteil für Regenfeldbau. Im N werden lediglich in Bewässerungsoasen reiche Ernten erzielt. Die landwirtschaftliche Nutzung im sehr trockenen Antilibanon beschränkt sich auf Oasen am Fuß der Berge.
Bevölkerung: Das wichtigste Unterscheidungsmerkmal der libanesischen Bevölkerung ist die Religionszugehörigkeit. Sie ist der bestimmende Faktor im kulturellen und politischen Leben des Landes. Den größten Anteil stellen die sunnitischen und schiitischen Muslime sowie die Drusen. Unter den Christen sind die mit Rom unierten Maroniten die größte Gruppe. Daneben sind v. a. die griechisch-orthodoxe, die melchitische und die beiden armenischen Kirchen vertreten. Die Zahl der in L. registrierten Palästinenser beläuft sich auf 403 000. Etwa 90 % der Bevölkerung leben in Städten.

Libanon

(amtlich arabisch Al-Djumhurijja al-Lubnanijja, dt. Libanesische Republik)
Fläche: 10 452 km²
Einwohner: 4,441 Mio.
Hauptstadt: Beirut
Verwaltungsgliederung: 5 Provinzen
Amtssprache: Arabisch
Währung: 1 Libanesisches Pfund (L£) = 100 Piastres (P.L.)
Zeitzone: OEZ
Kfz-Kennzeichen: RL

Es besteht keine Schulpflicht. Der Abschluss der fünfjährigen Grundschule berechtigt zum Besuch weiterführender Schulen.
Wirtschaft und Verkehr: Nach dem Ausbruch des Bürgerkriegs 1975 wurden

Wirtschafts- und Infrastruktur weitgehend zerstört. ↑Beirut verlor seine Rolle als wichtigstes Finanz-, Handels- und Dienstleistungszentrum des Nahen Ostens. Erst seit 1993 ist wieder ein nennenswertes Wirtschaftswachstum zu verzeichnen. Vor dem Bürgerkrieg waren Textil-, Nahrungsmittel- und Holzindustrie die wichtigsten Industriezweige. Zwei, nun seit Jahren stillgelegte, Raffinerien verarbeiteten Erdöl aus Saudi-Arabien und dem Irak. Rd. ein Viertel des Staatsgebiets kann landwirtschaftlich genutzt werden. Etwa die Hälfte davon liegt in der Beka. Bedeutend ist der Obstbau. Kultiviert werden v.a. Zitrusfrüchte, Tafeläpfel und Weintrauben. Der vor dem Bürgerkriegsbeginn 1975 bedeutende Tourismus kommt nur langsam wieder in Gang.

Das Eisenbahnnetz ist nur 417 km lang und seit dem Bürgerkrieg stillgelegt. Das Straßennetz ist gut ausgebaut. 1992 nahm der Hafen von Beirut seinen Betrieb wieder auf. Dort liegt auch ein internationaler Flughafen.

Staat und Politik: Nach der Verfassung von 1926 ist L. eine parlamentarische Republik. Staatsoberhaupt ist der vom Parlament auf sechs Jahre gewählte Präsident. 1945 war L. eines der Gründungsmitglieder der UNO.

Die Spannungen zw. Christen und Muslimen führten im April 1975 zum Bürgerkrieg, der sich mit dem Nahostkonflikt verband. Auf Druck Syriens wurde der Bürgerkrieg 1991 mit einem Friedensabkommen offiziell beendet. Den S den Landes hielt Israel seit 1978 besetzt. Am 25.5. 2000 zog sich die israelische Armee jedoch aus dieser sog. Sicherheitszone zurück.

Seit dem libanesisch-syrischen Sicherheitsabkommen vom September 1991 bestimmte Syrien weitgehend die Linien der libanesischen Politik.

Liberia: Staat in Westafrika. L. grenzt im SW an den Atlantik, im NW an Sierra Leone, im N an Guinea und im O an die Republik Elfenbeinküste.

Landesnatur: Die 570 km lange Küste, die auch Pfefferküste genannt wurde, ist nur schwer zugänglich. An sie schließt sich eine 10 bis 50 km breite Küstenebene an. Sie wird von Mangrovesümpfen dominiert. Dahinter erhebt sich ein Plateau- und Hügelland, das Höhen zw. 200 und 400 m erreicht. Es wird im N von Mittelgebirgen überragt. Sie haben im 1 384 m hohen Nimba ihre größte Höhe.

Liberia

(amtlich engl. Republic of Liberia)
Fläche: 111 369 km²
Einwohner: 3,295 Mio.
Hauptstadt: Monrovia
Verwaltungsgliederung: 15 Bezirke
Amtssprache: Englisch
Währung: 1 Liberianischer Dollar (Lib$) = 100 Cents (c)
Zeitzone: WEZ
Kfz-Kennzeichen: LB

Das Klima ist subäquatorial. Im äußersten S gibt es zwei Regenzeiten, ansonsten eine. Das Land ist überwiegend mit tropischem Regenwald bedeckt.

Bevölkerung: Die Bevölkerungsmehrheit stellen 16 ethnische Gruppen von Sudaniden, vorwiegend Kpelle. Einen Anteil von nur 3% haben die Nachkommen der 1822 eingewanderten ehemaligen Sklaven aus den Südstaaten der USA. Sie sind dennoch die staatstragende Schicht. Allgemeine Schulpflicht besteht vom 6. bis 16. Lebensjahr. Die Analphabetenquote ist mit 62% sehr hoch. Rd. 70% der Bevölkerung gehören Naturreligionen an. 20% sind Muslime, etwa 10% Christen.

Wirtschaft und Verkehr: Durch den jahrelangen Bürgerkrieg wurden Wirtschaft

L

und Infrastruktur stark zerstört. Wichtigster Wirtschaftszweig ist die Landwirtschaft. Für den Eigenbedarf werden u.a. Reis, Maniok, Bataten, Jamswurzeln, Bananen, Zitrusfrüchte und Zuckerrohr angebaut. Größte Bedeutung für den Export hat neben Kaffee, Kakao und Ölpalmen der Kautschuk. Die Viehhaltung ist wegen der Tsetsefliege eingeschränkt. Zunehmend spielt die Fischerei eine Rolle. Die Forstwirtschaft verfügt über große Reserven an wertvollen Tropenhölzern.

Zweitgrößter Wirtschaftsfaktor ist der Bergbau. Im Mittelpunkt stehen der Eisenerzabbau sowie die Gewinnung von Diamanten und Gold. Hauptindustriezweige sind Eisenerzaufbereitung und Kautschukverarbeitung. Durch den Bürgerkrieg, Diamantenschmuggel und Waffenhandel sind internationale Handelsbeziehungen stark eingeschränkt. Aufgrund der niedrigen Registrierkosten fahren viele Tanker unter der liberianischen Flagge.

Die drei Eisenbahnlinien dienen fast ausschließlich dem Erztransport. Das Straßennetz umfasst nur 6100 km. Die wichtigsten Häfen sind Monrovia, Buchanan, Greenville und Hasper. Ein internationaler Flughafen liegt bei Monrovia.

Staat und Politik: Nach der 1986 in Kraft getretenen Verfassung ist L. eine Präsidialrepublik. Staatsoberhaupt ist der für sechs Jahre direkt gewählte Präsident.

Die Rivalität zw. Afro- und Amerikoliberianern führte 1990 zum Bürgerkrieg. Er wurde erst im August 2003 durch ein Friedensabkommen offiziell beendet.

Libyen: Staat in Nordafrika. L. grenzt im N an das Mittelmeer, im O an Ägypten, im SO an die Republik Sudan, im S an Tschad und Niger sowie im W an Algerien und Tunesien.

Landesnatur: L. erstreckt sich von der rd. 2 000 km langen Mittelmeerküste beiderseits der Großen Syrte südwärts bis weit in die ↑Sahara. An den Küstenstreifen schließt sich im NW ein Bergland an. Es steigt steil bis auf 968 m an. Südlich davon liegt ein Schichtstufen- und Plateauhochland. Es leitet in eine Schuttwüste über, der sich im S der Fessan anschließt. Im SW folgen die Ausläufer des Tassili.

Libyen

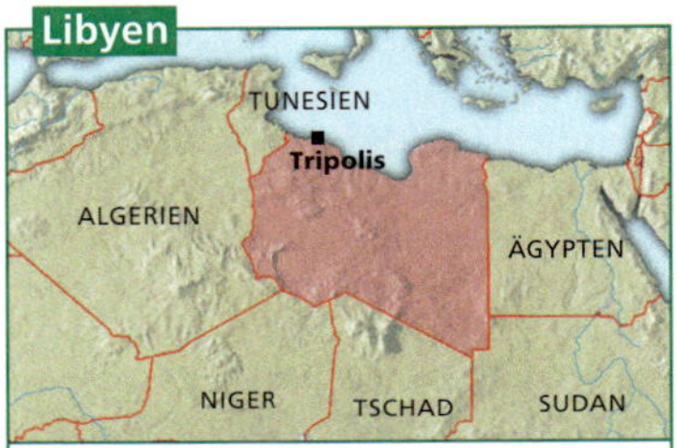

(amtlich arabisch Al-Djumhurijja al-Arabijja al-Libijja ash-Shabijja al-Ishtirakijja,dt. Sozialistische Libysch-Arabische Volksrepublik)
Fläche: 1 759 540 km²
Einwohner: 5,448 Mio.
Hauptstadt: Tripolis
Verwaltungsgliederung: 13 Bezirke
Amtssprache: Arabisch
Währung: 1 Libyscher Dinar (LD.) = 1 000 Dirham
Zeitzone: OEZ
Kfz-Kennzeichen: LAR

Unmittelbar am Golf der Großen Syrte liegt eine durch Hochflächen, Berge und Täler stark gegliederte Landschaft. Sie ist sehr reich an Erdöl. Im östlichen, Cyrenaika genannten Teil folgt auf den Küstenstreifen ein bis 876 m hoher Gebirgszug. Er geht nach S in die Libysche Wüste über. Die Ausläufer des ↑Tibesti im S steigen bis auf 2 285 m an. 90 % des Landes sind Wüste.

Der Küstenstreifen hat mediterranes Klima mit Winterregen. Im Landesinneren herrscht Wüstenklima mit z. T. völlig ausbleibenden Niederschlägen und extremen Temperaturen.

Bevölkerung: 34 % der Bevölkerung sind Araber und 30 % arabisierte Berber. Die noch in traditionellen Stammesgesellschaften lebenden Berber haben einen Anteil von 25 %. Sie bewohnen den N und einige Oasengebiete. Im Fessan nomadisieren die Tuareg sowie die Tubu. Dort leben ferner negride Stämme.

Schulpflicht besteht vom 6. bis 15. Lebensjahr. Die Analphabetenquote liegt bei etwa 24 %. Fast die gesamte Bevölkerung bekennt sich zum Islam, der Staatsreligion ist. Eine Minderheit sind Christen.

Wirtschaft und Verkehr: Lediglich 2 % der Landesfläche können landwirtschaftlich genutzt werden. Hauptanbauprodukte sind Weizen, Gerste, Gemüse, Kartoffeln, Orangen, Oliven, Mandeln, Datteln und Weintrauben. V. a. die Nomaden halten Schafe, Ziegen, Kamele und Pferde. Rinder und Geflügel werden in staatlichen Betrieben gezüchtet.

Wichtigster Wirtschaftsfaktor ist die Erdölwirtschaft. Seit 1961 werden die großen Ölvorkommen im Syrtebecken gefördert. Außerdem werden Eisenerz, Kali- und Steinsalz, Kalk, Gips, Phosphat und Schwefel gewonnen. Die wichtigsten Industriezweige sind Erdölraffinerien und Erdgasverflüssigungsanlagen sowie ein Stahl- und Eisenhüttenwerk. Industriebereiche wie chemische, Baustoff-, Nahrungsmittel-, Textil-, Schuh- und Möbelindustrie werden erst aufgebaut. Wichtigste Handelspartner sind Italien, Deutschland und Spanien.

L. hat keine Eisenbahn. Das 19 300 km lange Straßennetz ist entlang der Küste besonders gut ausgebaut. L. hat die drittgrößte Handelsflotte in Afrika. Haupthäfen sind Tripolis, Tobruk, Bengasi, Misurata und die Erdölhäfen an der Großen Syrte. Internationale Flughäfen liegen bei Tripolis und Bengasi.

Staat und Politik: Nach der Verfassung von 1977 (1994 geändert) ist L. eine islamische sozialistische Volksrepublik. Staatsoberhaupt ist de facto der vom Allgemeinen Volkskongress (AKV) gewählte Führer der Revolution.

1953 wurde L. Mitglied der Arabischen Liga und trat 1955 der UNO bei. Außerdem gehört es der OAU und der OPEC an. Seit dem Putsch vom 1. 9. 1969 liegt die politische Macht in den Händen des Militärs. Die bewaffneten Auseinandersetzungen mit dem Nachbarland Tschad wurden 1989 in einem Friedensvertrag beigelegt. 1994 zog sich L. aus dem zum

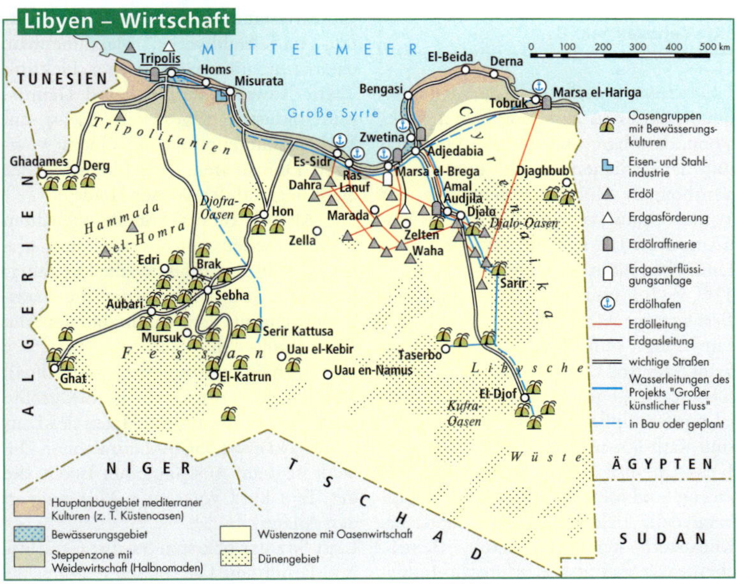

L

Tschad gehörenden Aouzou-Grenzstreifen zurück. Das Verhältnis zur westlichen Welt blieb bis 2003 angespannt, da L. international operierende Terroristen unterstützt hatte.

Libysche Wüste: ↑Sahara.

Liechtenstein: Staat in Mitteleuropa. L. liegt in den nördlichen Alpen rechts des Alpenrheins. Es erstreckt sich zw. der Schweiz und Österreich.

Liechtenstein

(amtlich Fürstentum Liechtenstein)
Fläche: 160 km²
Einwohner: 32 800
Hauptstadt: Vaduz
Amtssprache: Deutsch
Währung: 1 Schweizer Franken (sfr) = 100 Rappen (Rp)/Centimes (c)
Zeitzone: MEZ
Kfz-Kennzeichen: FL

Landesnatur: L. umfasst den äußersten W des Rätikons in den Nördlichen Kalkalpen, das obere und mittlere Saminatal und den östlichen Teil des unteren Alpenrheintals. Höchste Erhebung ist der Vorder-Grauspitz mit 2 599 m. Das Klima ist mild. Die mittlere Temperatur im Januar beträgt in der Hauptstadt Vaduz −1 °C, im Juli sind es 17 °C.

Bevölkerung: Mehr als ein Drittel der Einwohner sind Ausländer, vor allem Schweizer und Österreicher sowie Deutsche und Italiener. Es besteht eine neunjährige Schulpflicht. 76 % der Einwohner sind Katholiken.

Wirtschaft und Verkehr: Hauptindustriezweige sind Metallverarbeitung und Apparatebau, elektrotechnische, optische, Kunststoff-, keramische, Holz-, Textil-, chemische und pharmazeutische Industrie. In der Landwirtschaft dominiert die auf Milchwirtschaft ausgerichtete Viehhaltung. Ferner werden u. a. Obst, Wein und Gemüse angebaut. Infolge niedriger Steuern ist L. Sitz vieler ausländischer Unternehmen und Banken. Bedeutende Erlöse bringt außerdem der Verkauf von Briefmarken.

Das sehr gut ausgebaute Straßennetz hat eine Länge von 250 km. Die Eisenbahnlinie von Buchs nach Feldkirch wird von der österreichischen Bundesbahn betrieben.

Staat und Politik: Nach der Verfassung von 1921 ist L. eine konstitutionelle Erbmonarchie. Staatsoberhaupt ist der Fürst. Der seit 1866 selbstständige Staat schloss 1923 einen Zollvertrag mit der Schweiz. 1978 trat L. dem Europarat bei. Seit 1990 ist es Mitglied der UNO und seit 1991 der EFTA.

Linz: Landeshauptstadt von Oberösterreich. Es erstreckt sich beiderseits der Donau und hat 183 500 Einwohner. In L. gibt es eine Universität und weitere Hochschulen. Es ist Sitz zahlreicher Landesbehörden. An dem bedeutenden Industriestandort haben sich u. a. Hütten- und Stahlwerke, Maschinenbau, chemische, pharmazeutische, Elektro-, Textil- sowie Nahrungs- und Genussmittelindustrie angesiedelt. L. ist ein Verkehrsknotenpunkt mit einem wichtigen Donauhafen. Der Flughafen der Stadt liegt auf der Welser Heide.

Die Altstadt ist v. a. von Barockbauten geprägt. Sehenswürdigkeiten sind u. a. das Rathaus von 1658/59, die Dreifaltigkeitssäule von 1723, ferner die Stadtpfarrkirche aus dem 13. Jh. und der Alte Dom (1669–78).

Lissabon (portugiesisch Lisboa): Hauptstadt Portugals. L. ist die größte Stadt und der wichtigste Hafen des Landes. Es hat etwa 556 800 Einwohner. Die Stadt liegt am Ausgang einer Bucht, die der Tejo kurz vor seiner Mündung in den Atlantik bildet.

L. ist Sitz der obersten Staats-, Gerichts- u. a. Behörden. Die älteste seiner sechs

Lissabon: Die verwinkelten Gassen der Alfama, der Altstadt, stammen aus westgotischer und maurischer Zeit. Sie reichen von der Uferstraße des Tejo bis hinauf zum Kastell São Jorge.

Universitäten wurde bereits 1290 gegründet. Daneben gibt es weitere Hochschulen und Akademien. Die Industrie umfasst Schiff- und Waggonbau, Stahl- und Erdölverarbeitung, Elektrotechnik, Herstellung von Textilien, Chemikalien, Bier, Zucker, Keramik, Eisenwaren und Pharmazeutika. Der Hafen verfügt über Trockendocks für 300 000-t-Tanker und ein Containerterminal. Der internationale Flughafen liegt in L.-Portela. 1998 fand in L. die Weltausstellung EXPO statt.

1755 wurde L. durch ein Erdbeben größtenteils zerstört. Die wieder aufgebaute Unterstadt (Cidade Baixa) ist das Geschäfts- und Bankenzentrum. Im anschließenden Viertel Chiado wütete 1988 ein Großbrand. Unterhalb des maurischen Kastells São Jorge erstreckt sich die Altstadt (Alfama). Ein Wahrzeichen L. ist der Elevador, ein turmartiger Aufzug, der die Unterstadt mit dem Bairro Alto verbindet. Weitere bekannte Gebäude sind das ehemalige Hieronymitenkloster (1502–72) sowie der zw. 1515 und 1521 errichtete Torre de Belém.

Litauen: Staat in Nordosteuropa. L. grenzt im W an die Ostsee, im N an Lettland, im O und SO an Weißrussland, im S an Polen und im SW an Russland.

Landesnatur: L. liegt im NW der eiszeitlich geformten Osteuropäischen Ebene. Die Oberfläche wird durch Grund- und Endmoränen bestimmt. Im W erheben sich die Schamaitischen Höhen. Sie erreichen eine Höhe von 234 m. Der SO wird vom seenreichen Baltischen Landrücken eingenommen. Er steigt in L. bis auf 292 m an. Hier finden sich auch die größten Flüsse des Landes, Memel und Neris. Sie durchschneiden das Gebiet in tiefen, windungsreichen Tälern. Im zentralen Teil liegt die z. T. versumpfte, moorige Mittellitauische Tiefebene. Der knapp 100 km lange und 15 bis 20 km breite Küstenstreifen geht im S in die z. T. sumpfige Niederung an der unteren Memel über. Vor der südlichen Küste hat L. Anteil am Kurischen Haff und an der Kurischen Nehrung.

(litauisch Lietuva, amtlich Lietuvos Respublika, dt. Republik Litauen)
Fläche: 65 301 km²
Einwohner: 3,469 Mio.
Hauptstadt: Vilnius
Verwaltungsgliederung: 10 Bezirke
Amtssprache: Litauisch
Währung: 1 Litas (LTL) = 100 Centai (ct)
Zeitzone: OEZ
Kfz-Kennzeichen: LT

Das Klima ist im W durch maritimen Einfluss gemäßigt. Im mittleren und östlichen Teil nehmen die kontinentalen Züge zu. Die Niederschlagsmenge erreicht im Jahresdurchschnitt an der Küs-

L

te etwa 700 mm, in den östlichen Regionen 550 mm.
Etwa 30 % der Landesfläche sind bewaldet. Vorherrschende Baumarten sind Kiefern, Fichten, Birken und Erlen. Die größten zusammenhängenden Waldgebiete liegen im SO. 17 % des Territoriums sind versumpfte Wiesen und knapp 3 % Moore.
Bevölkerung: Mehr als vier Fünftel der Einwohner sind Litauer, 7 % Polen, 6 % Russen und je 1 % Weißrussen und Ukrainer. Rd. 67 % der Bevölkerung wohnen in Städten. Allein ↑Vilnius und Kaunas vereinen ein Viertel der Bevölkerung in sich.
Die Schulpflicht beträgt in L. neun Jahre. Drei Viertel der Gläubigen gehören der römisch-katholischen Kirche an.
Wirtschaft und Verkehr: In der Landwirtschaft steht die Mastschweine-, Milchrinder- und Geflügelhaltung im Vordergrund. Hauptanbauprodukte sind Getreide, Futterpflanzen, Kartoffeln, Zuckerrüben, Flachs und Gemüse. Neben Binnen- und Küstenfischerei wird v. a. Hochseefischerei betrieben.
L. ist arm an Rohstoffen. In größerem Umfang sind Torf- und Bernsteinvorkommen vorhanden. Die einst bestimmende Nahrungsmittel- und Textilindustrie wurde nach 1950 von Werkzeugmaschinen-, Elektromotoren-, Elektrogerätebau und Schiffbau vedrängt. Bedeutung haben außerdem chemische, Holz- und Papierindustrie sowie die Bernsteinverarbeitung. Wichtigste Industriestandorte sind Vilnius, Kaunas, Alytus und Jurbarkas. Eine lange Tradition hat der Fremdenverkehr, v. a. an der Kurischen Nehrung. Haupthandelspartner sind Russland, die Ukraine, Weißrussland, Deutschland, Lettland und Polen.
Das Verkehrsnetz ist relativ dicht ausgebaut. Das Binnenwasserstraßennetz ist 788 km lang. Schiffsverkehr ist auf Memel und Neris sowie den 61 Trakaiseen westlich von Vilnius möglich. Einziger Hochseehafen ist Klaipėda. Er ist seit 1986 mit Sassnitz-Mukran auf ↑Rügen durch eine Eisenbahnfähre verbunden. Internationale Flughäfen gibt es in Vilnius und Šiauliai.
Staat und Politik: Nach der Verfassung vom 25. 10. 1992 ist L. eine Präsidialrepublik. Staatsoberhaupt ist der für fünf Jahre direkt gewählte Präsident.
L. war bereits von 1918 bis 1940 souverän. Bis zur erneuten Unabhängigkeitserklärung am 11. 3. 1990 gehörte es zur UdSSR. Die Unabhängigkeit wurde am 6. 9. 1991 durch den Staatsrat der UdSSR anerkannt. Seit 1991 ist L. Mitglied von UNO und OSZE. 1998 wurden Verhandlungen mit der EU aufgenommen, der L. am 1. 5. 2004 beitrat.

Ljublj<u>a</u>na (dt. Laibach): Hauptstadt der Republik Slowenien. L. liegt oberhalb der Mündung der Ljubljanica in die Save. Es hat 264 300 Einwohner. L. ist Sitz einer 1595 gegründeten Universität, der Slowenischen Akademie der Wissenschaften und Künste sowie des Instituts für Kernforschung. Wichtigste Industriezweige sind u. a. Maschinenbau, chemisch-pharmazeutische, elektrotechnische und Textilindustrie. L. ist ein Eisenbahnknotenpunkt und hat einen Flughafen.

Loire [lwa:r] mit 1 020 km längster Fluss Frankreichs. Ihr Einzugsgebiet umfasst eine Fläche von 115 120 km². Sie entspringt am Westabhang der Cevennen und mündet in einem 48 km langen Trichter bei Saint-Nazaire in den Atlantischen Ozean. Wichtige Nebenflüsse sind Allier, Cher, Indre, Vienne und Maine. Durch Kanäle ist sie mit der Seine, der Saône und mit Brest verbunden. Bis zur Maine-Mündung ist die L. für Schiffe bis 1,50 m Tiefgang befahrbar.
Das Loiretal wird landwirtschaftlich intensiv genutzt. Von besonderer Bedeutung ist der Weinanbau. Außerdem ist es eines der wichtigsten französischen Fremdenverkehrsgebiete. Hauptanziehungspunkte sind die berühmten Renaissanceschlösser wie Chambord, Blois Amboise und Chenonceaux.

Lomé-Staaten: ↑AKP-Staaten.

London: Hauptstadt des Vereinigten Königreichs von Großbritannien und Nordirland. L. liegt im S Englands. Mit einer Einwohnerzahl von 7,375 Mio. und einer Fläche von 1 580 km^2 (Greater L.) ist es eine der größten Städte der Erde. L. umfasst die City of L., den alten Stadtkern, und 32 L. Boroughs, die Stadtbezirke.

L. liegt im Londoner Becken auf beiden Ufern der Themse. Es ist Sitz der zentralen Gerichtshöfe und Behörden. Älteste Universität ist die University of L. Sie wurde 1836 gegründet. Außerdem gibt es mehrere Kunsthochschulen, Hochschulen für Musik und Theater sowie Technische Hochschulen. Bekannte Museen sind u. a. British Museum, Tate Gallery, Victoria and Albert Museum und das Wachsfigurenkabinett der Madame Tussaud. Opernhäuser und Theater haben Weltgeltung. 1997 wurde das 1613 abgebrannte Globe Theatre, in dem Shakespeare seine Dramen aufführte, wieder aufgebaut.

Die City of L. ist der Mittelpunkt des Banken-, Versicherungs- und Börsenwesens. In der westlich benachbarten City of Westminster konzentrieren sich v. a. Zentralverwaltungen nationaler und internationaler Konzerne. Die Industrie umfasst u. a. Druck-, Elektro-, Zement-, Papier- und Autoindustrie. Daneben haben sich Spezialmaschinenbau, Fahrzeug-, Flugzeug- und Instrumentenbau, elektrotechnische und elektronische sowie petrochemische, chemische und pharmazeutische Industrie angesiedelt. Hauptverkehrsmittel sind U-Bahn, Omnibusse und Taxis. Der Eisenbahnverkehr verfügt über acht große Fernbahnhöfe. Der Hafen verlagerte sich themseabwärts über die Stadtgrenze hinaus. Internationale Flughäfen sind Heathrow, Gatwick, Stansted und City Airport.

Zu den Hauptanziehungspunkten der Stadt gehören u. a. der Tower (1077–97), Westminster Hall (1097–99), Westminster Abbey (um 1245) und die Pfarrkirche Saint Margaret (1480–1523). Nach dem großen Brand von 1666 wurde u. a. Saint Paul's Cathedral (1675–1711) errichtet. Im Stil der Neugotik ist der Neubau des Parlamentsgebäudes gehalten. Königliche Residenz ist der Buckinghampalast.

London: Die Tower Bridge über die Themse, seit 1894 für den Verkehr geöffnet, wurde so konstruiert, dass auch Schiffe mit hohen Masten und Aufbauten den Londoner Hafen erreichen können.

Los Angeles: mit 3,799 Mio. Einwohnern nach New York die größte Stadt der USA. Im Großraum L. A. wohnen mehr als 16 Mio. Menschen. Die Stadt liegt in der kalifornischen Küstenebene zw. den San Gabriel Mountains und dem Pazifischen Ozean in einer erdbebengefährdeten Zone. Neben mehreren Universitäten gibt es zahlreiche Colleges und eine Kunsthochschule. Das Simon Wiesenthal Center beherbergt das Museum of the Holocaust.

L. A. ist die größte Industriestadt westlich des ↑Mississippi. Im Stadtteil Hollywood befindet sich das Zentrum der Filmindustrie der USA. Die Stadt ist weltgrößter Standort der Flugzeug- und Raumfahrtindustrie. Weitere Industriezweige sind Kraftwagenmontage, Petrochemie, Maschinenbau und Elektrotechnik/Elektronik. L. A. ist auch ein bedeutendes Finanz- und Handelszentrum der

L

USA. Es ist Endpunkt von drei transkontinentalen Eisenbahnlinien und mehreren Autobahnen. Sie werden ergänzt durch große Schifffahrtsunternehmen und drei Großflughäfen.
Älteste Kirche ist die Old Mission Church. Sie wurde zw. 1814 und 1822 erbaut. Zu den architektonisch bedeutendsten Gebäuden zählen u. a. Community Church (1961), Civic Center (1960 und 1968), Music Center (1964), United California Bank Building (1973/74), Crystal Cathedral (1980), Museum of Contemporary Art (1981–86) und das 1996 eröffnete Skirball-Museum. Das Getty-Center wurde 1997 fertig gestellt. Es liegt auf einem Höhenzug am Südrand der Santa Monica Mountains.

Lübeck (Hansestadt L.): kreisfreie Stadt in Schleswig-Holstein. L. liegt an der unteren Trave und Lübecker Bucht. Mit dem Stadtteil Travemünde reicht es bis an die Ostsee. L. hat 213 300 Einwohner. Die Stadt ist Sitz verschiedener Hochschulen und der Norddeutschen Orgelschule. Der Hafen an der Ostsee ist durch den Elbe-L.-Kanal mit der Nordsee verbunden. Die Wirtschaft wird bestimmt von Werften, Holz verarbeitender, chemischer, keramischer und Arzneimittelindustrie. Weitere Bereiche sind Maschinenbau, Verpackungsindustrie, Fischverarbeitungs-, Bekleidungs- und Süßwarenindustrie. Bekanntestes Produkt ist das Lübecker Marzipan.
Die Altstadt ist eine Hauptstätte der deutschen Backsteingotik. Wahrzeichen ist das 1478 vollendete Holstentor. Bis auf einen Zeitraum von drei Jahren war L. zw. 1806 und 1937 selbstständig.

Ludwigshafen: kreisfreie Stadt in Rheinland-Pfalz. L. liegt gegenüber von ↑Mannheim am linken Rheinufer. Es hat 162 400 Einwohner. L. ist Standort mehrerer Fachhochschulen. Neben Theater und Konzerthaus ist das 1978 eröffnete Wilhelm-Hack-Museum ein Kulturträger der Stadt. L. ist der größte linksrheinische Binnenhafen. Wichtigste Industriezweige sind chemische Industrie und Maschinenbau. L. ist u. a. Sitz der BASF AG.
Bedeutende Bauten sind Friedenskirche (1932), Friedrich-Ebert-Halle (1962–65), BASF-Hochhaus (1955–57) und das Rathaus-Center (1979).

Lüneburger Heide: Geestlandschaft im Norddeutschen Tiefland. Die L. H. erstreckt sich zw. den Urstromtälern von Elbe im N und Aller im S. Sie umfasst eine rd. 7 400 km² große, in NW-SO-Richtung verlaufende Grundmoränenplatte. Diese ist geprägt von Sanderflächen sowie Hochmooren und wird von mehreren Endmoränenzügen überragt. Die ursprünglichen Wälder v. a. aus Eichen und Birken wurden weitgehend abgeholzt. Ab dem 18. Jh. wurden die offenen Heidegebiete mit Kiefern aufgeforstet oder in Ackerland umgewandelt. Die Wirtschaft ist v. a. von der Landwirtschaft bestimmt. Bodenschätze sind Kiese, Sande und Torf sowie Kieselgur und Erdöl. Bedeutend ist auch der Fremdenverkehr. 1920 wurde der Naturschutzpark L. H. gegründet, 1963 der Naturpark Südheide.

Lüneburger Heide: Heidekraut, Kiefern, Wacholder, Heidel- und Preiselbeeren gedeihen auf den sandigen Böden. Charakteristisch sind Heidschnucken- und Bienenzucht. Teile der Region werden aber auch ackerbaulich genutzt.

Luxemburg: Staat in Westeuropa. L. grenzt im O an Deutschland, im W an Belgien und im S an Frankreich.

Luxemburg

(amtlich frz. Grand-Duché de Luxembourg, luxemburgisch Groussherzogtum Lëtzebuerg, dt. Großherzogtum Luxemburg)
Fläche: 2 586 km²
Einwohner: 444 000
Hauptstadt: Luxemburg
Verwaltungsgliederung: 12 Kantone
Amtssprachen: Französisch, Luxemburgisch, Deutsch
Währung: 1 Euro (EUR, €) = 100 Cents (c)
Zeitzone: MEZ
Kfz-Kennzeichen: L

Landesnatur: Der nördliche Teil des Landes gehört zu den Ardennen. Er wird Ösling oder Eisslek genannt und ist von ausgedehnten Wäldern bedeckt. Daneben gibt es Grünflächen und Heiden. Das Gebiet steigt bis auf 559 m an. Der größere und niedrigere südliche Teil wird als Gutland bezeichnet. Es gehört zum lothringischen Schichtstufenland. Das Gebiet ist fruchtbar und hat wertvolle Eisenerze. Hauptflüsse des Landes sind Sauer und ↑Mosel. Das Klima gehört zum maritim-kontinentalen Übergangstyp.
Bevölkerung: Fast ein Drittel der Einwohner sind Ausländer. Die meisten sind Portugiesen, Franzosen, Belgier und Deutsche, die in L. arbeiten. 90 % der Bevölkerung leben in Städten.
Allgemeine Schulpflicht besteht vom 7. bis 15. Lebensjahr. Fast 90 % der Bevölkerung sind katholisch.
Wirtschaft und Verkehr: Grundlage der Wirtschaft ist heute der Dienstleistungssektor. Seit den 1980er-Jahren entwickelte sich L. zu einem der international führenden Banken- und Finanzplätze.
In der Landwirtschaft überwiegt die Rinder- und Schweinezucht. Daher werden v. a. Futtergetreide u. a. -früchte angebaut. Wichtigste Sonderkultur ist der Weinbau im Moseltal. 35 % der Landesfläche werden von Wald eingenommen.
Die Bedeutung der Eisen- und Stahlindustrie ging seit den 1970er-Jahren zurück. An ihre Stelle traten zunehmend Kunststoff-, Kunstfaser- und Arzneimittelfabriken, Maschinen- und Fahrzeugbau, Nahrungsmittel-, Textil- und keramische Industrie. Deutschland und die anderen Nachbarländer sind die wichtigsten Handelspartner. Mit den Niederlanden und Belgien ist der Staat in eine Zoll- und Wirtschaftsunion eingebunden (Benelux).
Ein dichtes Eisenbahn- und Straßennetz erschließt das Land. Schiffbare Wasserstraße ist die Mosel mit dem Binnenhafen Mertert. Nahe der Hauptstadt liegt der internationale Flughafen Findel.
Staat und Politik: Nach der Verfassung von 1868 ist L. eine konstitutionelle Erbmonarchie. Staatsoberhaupt ist der Großherzog.
1945 wurde L. Mitglied der UNO. Nach Aufgabe der Neutralitätsverpflichtung schloss sich L. 1949 der NATO und dem Europarat an. Im Jahr 1951 war es Gründungsmitglied der Montanunion und im Jahr 1957 der EWG.

M

Macau (Macao, chinesisch Aomen): Sonderverwaltungszone an der Südküste Chinas, rd. 65 km westlich von ↑Hongkong. M. umfasst eine Fläche von 23,8 km² und hat 435 200 Einwohner. Bis zum 20. 12. 1999 war M. eine portugiesische Kolonie. Amtssprachen sind Portugiesisch, Englisch und Chinesisch. M. verwendet als Zahlungsmittel weiter den Pataca (Pat.) = 100 Avos (Avs.).

M

Die Stadt M. liegt auf einer rd. 10 km² großen Halbinsel, der die Inseln Taipa (6,2 km²) und Coloane (7,6 km²) vorgelagert sind. Die Wirtschaft wird vom Fremdenverkehr (Spielkasinos, Hunderennen, Grand-Prix-Rennen), Handel (v. a. Transit- und Goldhandel) sowie Betrieben der Textil- und Bekleidungsindustrie und der Nahrungs- und Genussmittelindustrie bestimmt. Außerdem ist die Hochseefischerei bedeutend. M. ist durch Fährverkehr und Hubschrauber mit Hongkong verbunden.

Madagaskar: Inselstaat im W des Indischen Ozeans. M. umfasst die gleichnamige Insel, die die viertgrößte der Welt ist, und einige Nebeninseln. Von der Ostküste Afrikas ist M. durch den 400 km breiten Kanal von Moçambique getrennt.

Madagaskar

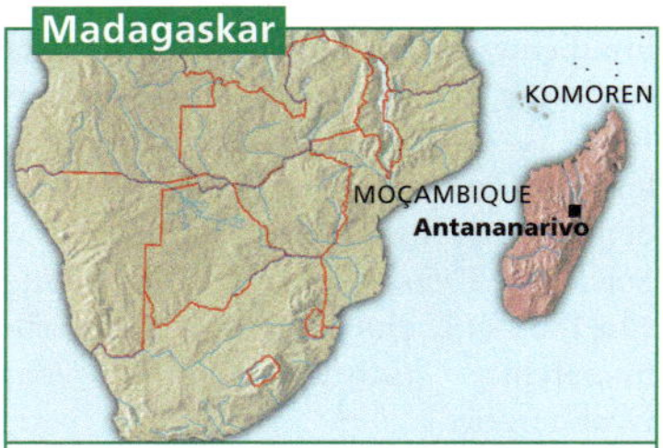

(amtlich malagasy Repoblikan'i Madagasikara, frz. République de Madagascar)
Fläche: 587 041 km²
Einwohner: 16,437 Mio.
Hauptstadt: Antananarivo
Verwaltungsgliederung: 6 Provinzen
Amtssprachen: Malagasy, Französisch
Währung: 1 Madagascar-Franc (FMG) = 100 Centimes (c)
Zeitzone: MEZ + 2 Stunden
Kfz-Kennzeichen: RM

Landesnatur: Die 1 580 km lange und bis 580 km breite Insel M. ist überwiegend ein gebirgiges Hochland. Es fällt nach O steil, nach W allmählich zur Küste ab. Die Ostküste ist eine fast gerade Ausgleichsküste mit zahlreichen Lagunen. Die westliche Küstenebene ist stärker gegliedert. Alle Küsten werden weithin von Korallenriffen begleitet. Auf eine schmale Küstenebene folgt der Steilanstieg zum Hochland, das Höhen zw. 800 und 1 600 m einnimmt und von vulkanischen Massiven überragt wird. Die höchste Erhebung ist der Maromokotro (2 876 m) im Tsaratananamassiv.

Das Klima ist tropisch, jedoch durch Höhe und Lage zum Südostpassat stark differenziert. Die Ostseite hat ganzjährig Niederschläge, wobei rd. 3 000 mm niedergehen. Der im Regenschatten liegende Hauptteil von M. hat eine winterliche Trockenzeit, die von April bis Oktober dauert, und eine sommerliche Regenzeit. Der SW ist Trockengebiet mit weniger als 300 mm Regen pro Jahr.

Die natürliche Pflanzen- und Tierwelt ist eine Besonderheit. Es gibt außerordentlich viele endemische Arten, also solche, die ihren natürlichen Verbreitungsraum nur auf M. haben. M. hat sich vor vielen Millionen Jahren vom afrikanischen Festland getrennt. Die Größe der Insel hat ein so vielfältiges Ökosystem hervorgebracht, dass sich eigenständige Arten entwickeln konnten.

Der im O, an der Nordküste und in höheren Gebirgslagen gewachsene tropische Regenwald wurde durch Brandrodung und Wanderfeldbau auf ein Zehntel seiner einstigen Größe reduziert. Im Hochland sind Savannen verbreitet, im SW findet sich Dornstrauchsavanne.

Bevölkerung: Rd. 99 % sind Madagassen, ein Mischvolk aus malaiischen und negriden Völkern, das in eine Vielzahl von Ethnien gegliedert ist. Komorer, Franzosen, Inder und Chinesen sind Minderheiten. Die Bevölkerungsdichte ist im klimatisch begünstigten Hochland und an einigen Punkten der Ostküste am größten. Die ländliche Bevölkerung überwiegt, nur ein knappes Drittel der Madagassen lebt in Städten. Schulpflicht besteht vom 7. bis 15. Lebensjahr. Die Analphabetenquote liegt unter 20 %. Knapp die Hälfte der Bevölkerung gehört Naturreligionen an, die andere Hälfte sind Christen bzw. Muslime, mit 5 % eine kleine Minderheit.

Wirtschaft und Verkehr: Die ökonomische Grundlage bildet die Landwirtschaft, die drei Viertel der Erwerbstätigen überwiegend in Familienbetrieben beschäftigt. Angebaut werden Reis, Mais, Kartoffeln, Maniok, Zuckerrohr und Gemüse, für den Export ferner Kaffee, Vanille, Gewürznelken, Pfeffer, Erdnüsse, Tabak und Sisal. 50 % des Ausfuhrwertes entfallen auf diese Agrarprodukte. Der Waldbestand ist nach Übernutzung stark reduziert. Von den Bodenschätzen werden Chromerze, Grafit, Glimmer, Phosphate und Edelsteine abgebaut. Die Vorkommen von Bauxit, Eisenerz und Kohle werden bisher wenig genutzt.

Die Industrie verarbeitet v. a. landwirtschaftliche Erzeugnisse. Daneben gibt es Betriebe der Textil-, Leder-, Baustoff-, Metall-, Papier- und chemischen Industrie sowie eine Erdölraffinerie. Haupthandelspartner sind Frankreich, USA, Deutschland und Japan.

Das Verkehrsnetz erschließt die dichter besiedelten Regionen gut. Neben den Straßen und den beiden Eisenbahnlinien hat die Küsten- und Lagunenschifffahrt große Bedeutung, v. a. auf dem 700 km langen Pangalaneskanal entlang der Ostküste. Größte Seehäfen sind Toamasina und Mahajanga. Internationale Flughäfen haben Antananarivo und Mahajanga.

Staat und Politik: Seit der Unabhängigkeit von Frankreich 1960 gehört M. zur UNO. Nach der Verfassung von 1992 ist es eine Präsidialrepublik. Staatsoberhaupt ist der mit weitgehenden Kompetenzen ausgestattete, direkt gewählte Präsident, der die Regierung unter Führung des Ministerpräsidenten ernennt.

Madeira [portugiesisch »Holz«]: Inselgruppe im östlichen Atlantischen Ozean vor der Nordwestküste Afrikas. Die Inselgruppe umfasst die Hauptinsel M. sowie Porto Santo und einige kleinere, unbewohnte Eilande. M. gehört zu Portugal und bildet den 795 km^2 großen Distrikt Funchal – benannt nach dem Hauptort auf M. – mit 242 600 Einwohnern.

Die Insel M. ist ein junger, 1 861 m hoher Schildvulkan mit stark zerschnittenen Rändern und steiler Kliffküste. Die Südflanke der Insel ist trocken, die Nordabdachung und die Höhenregionen sind immerfeucht – durch ein komplexes Bewässerungssystem (Levadas) wird Wasser von den feuchten in die trockenen Regionen transportiert. In dem milden Klima wird intensiver Anbau von Zuckerrohr, Weizen, Bananen, Blumen, Gemüse, Obst und Wein betrieben. Bedeutend sind ferner die Rinderzucht, der Fischfang, die Herstellung von Stickereien und der Fremdenverkehr.

Madrid: Hauptstadt von Spanien. M. liegt im Zentrum der Iberischen Halbinsel in einer Höhe von 650 m. Es hat 3,017 Mio. Einwohner. Im Großraum M. leben ca. 5 Mio. Menschen. Neben dem Sitz der Regierungsbehörden ist M. Königsresidenz, Sitz eines Erzbischofs und es hat vier Universitäten. Mit seinen Museen wie dem berühmten Prado, dem Centro de Arte Reina Sofia und der Sammlung Thyssen-Bornemisza und historischen Bauten (u. a. der Königspalast) sowie seinen Plätzen (Puerta del Sol, Plaza España u. a.) und Parkanlagen (Buen Retiro) ist M. eine der meist besuchten Städte Europas.

M. ist außerdem das wichtigste wirtschaftliche Zentrum Spaniens. Bedeutend sind v. a. Baugewerbe, Metall verarbeitende, chemische, elektrotechnische und Nahrungsmittel produzierende Industrien. Die Stadt hat einen internationalen Flughafen und ist der zentrale Knotenpunkt der Eisenbahnen der Iberischen Halbinsel.

Magdeburg: Hauptstadt des Bundeslandes Sachsen-Anhalt. M. liegt an der mittleren Elbe, am Ostrand der **Magdeburger Börde**, einer weiten, sehr fruchtbaren Beckenlandschaft. Seit 1990 ist die Einwohnerzahl infolge Abwanderung von über 280 000 auf (2003) 228 200 zurückgegangen. Der Grund ist die schwierige wirtschaftliche Lage nach Schließung zahlreicher Betriebe der che-

M

mischen und der Schwerindustrie. Seit 1993 hat M. eine Universität.
M. ist ein wichtiger Verkehrsknotenpunkt des deutschen Eisenbahnnetzes. Es hat einen Binnenhafen am Schnittpunkt von Elbe, Elbe-Havel- und Mittellandkanal. Die 1945 durch Luftangriffe stark zerstörte Innenstadt wurde aufwändig restauriert, insbesondere die bedeutenden Kirchen wie der Magdeburger Dom (1209 ff).

Main: mit 524 km der längste Nebenfluss des Rheins. Die beiden Quellflüsse sind der im ↑Fichtelgebirge entspringende Weiße Main und der von der ↑Fränkischen Alb kommende Rote Main. Sie vereinigen sich südwestlich von Kulmbach. Als **Obermain** umfließt er den N der Fränkischen Alb und nimmt von Bamberg an den Weg zw. Steigerwald und Hassbergen. Vom Schweinfurter Becken bis etwa Gemünden bildet er das **Maindreieck**, an dem Würzburg liegt, und trennt hierauf im **Mainviereck** von Lohr bis Aschaffenburg den ↑Spessart vom ↑Odenwald. Als **Untermain** durchfließt er den N des Oberrheinischen Tieflands, passiert ↑Frankfurt am Main und mündet bei Mainz in den Rhein. Von der Mündung aufwärts bis nach Bamberg ist der M. Teil des ↑Rhein-Main-Donau-Großschifffahrtsweges.

Mainz: Hauptstadt des Bundeslandes Rheinland-Pfalz. M. liegt am linken Rheinufer gegenüber der Einmündung des ↑Main und hat 186 100 Einwohner. Mit den Betrieben der Glaserzeugung, der chemischen, der elektronischen und elektrotechnischen Industrie, des Maschinenbaus und der Feinmechanik sowie Wein- und Sektkellereien ist M. eine bedeutende Industriestadt. Das Zweite Deutsche Fernsehen (ZDF) hat in M. seinen Sitz und macht die Stadt zu einem wichtigen Medienstandort. Daneben hat M. eine Universität und ist u.a. Sitz der Max-Planck-Institute für Chemie und für Polymerforschung.
In Zweiten Weltkrieg wurde M. stark zerstört und in der Nachkriegszeit aufwändig restauriert. Beispiele sind der Dom (11. Jh.) und das kurfürstliche Schloss (17. Jh.).

Makedonien: Binnenstaat in Südosteuropa. M. liegt auf der Balkanhalbinsel. Es grenzt im N an Serbien und Montenegro, im O an Bulgarien, im S an Griechenland und im W an Albanien.

Makedonien

(amtlich makedonisch Republika Makedonija, dt. auch Mazedonien)
Fläche: 25 713 km^2
Einwohner: 2,038 Mio.
Hauptstadt: Skopje
Amtssprache: Makedonisch
Währung: 1 Denar (Den) = 100 Deni
Zeitzone: MEZ
Kfz-Kennzeichen: MK

Landesnatur: M. ist ein zw. den Gebirgssystemen der Dinariden im W und der Rhodopen im O liegendes Gebirgsland. Höchste Erhebungen sind der Korab mit 2 764 m und die im NW anschließende Šar Planina mit 2 747 m. Zw. den Gebirgszügen liegen weite Becken und das Tal des Vardar, der als Axios in Griechenland in das Mittelmeer mündet. Im SW liegen der Ohridsee und der Prespasee, durch die die Grenzen gegen Albanien bzw. gegen Albanien und Griechenland verlaufen.
Das Klima ist kontinental mit heißen, trockenen Sommern, im S mediterran beeinflusst. In den Beckenlandschaften fallen meist weniger als 500 mm Niederschlag im Jahr. Über ein Drittel der Fläche von M. ist bewaldet. Die natürliche Steppe der Beckenlandschaften wurde weitgehend in Ackerland umgewandelt.

Bevölkerung: Trotz seiner geringen Größe ist M. ein Vielvölkerstaat. Knapp zwei Drittel der Einwohner sind Makedonier, ein Viertel Albaner, 4 % Türken, 3 % Roma sowie 2 % Serben. Kroaten, Montenegriner, Bulgaren u. a. bilden weitere Minderheiten. Insbesondere mit der albanischen Minderheit im W gibt es Konflikte, da die Albaner Autonomie fordern. Von 1993 an waren UN-Friedenstruppen, später NATO-Kontingente in M. stationiert, um einen Bürgerkrieg zu verhindern. Seit 2003 beobachtet eine EU-Mission die Lage.
Es besteht Schulpflicht vom 8. bis 16. Lebensjahr. Rd. 10 % der Bevölkerung sind Analphabeten. Zwei Drittel der Gläubigen sind Christen, überwiegend Mitglieder der makedonischen orthodoxen Kirche. Mehr als 30 % sind Muslime, v. a. die Albaner.
Wirtschaft und Verkehr: Wichtigster Wirtschaftszweig ist die Landwirtschaft. Ein Viertel des Landes ist Ackerland, ein weiteres Viertel nehmen Wiesen und Weiden ein. In den fruchtbaren Beckenlandschaften werden Weizen, Mais, Roggen, Tabak, Kartoffeln, Zuckerrüben, Baumwolle, Reis und Mohn angebaut, z. T. im Bewässerungsfeldbau. Bedeutung haben auch Obst- und Weinbau sowie extensive Schafzucht, Rinder- und Geflügelhaltung.
M. ist reich an Bodenschätzen. Abgebaut werden u. a. Braunkohle, Eisen-, Kupfer-, Blei-, Zink-, Chrom-, Antimon- und Molybdänerz. Neben der Tabak-, Textil- und Nahrungsmittelindustrie sind besonders die Metall verarbeitende und die chemische Industrie vertreten.
Exportiert werden v. a. Agrarprodukte und Erze. M. ist mit seinem Eisenbahnnetz und seinen Straßen Transitland vom nördlichen Europa nach Griechenland. Internationale Flughäfen gibt es in Skopje und Ohrid.
Staat und Politik: 1991 löste sich M. von Jugoslawien, konnte aber erst zwei Jahre später in die UNO eintreten, da Griechenland aufgrund von latenten Territorialstreitigkeiten den Beitritt blockierte. Der Konflikt wurde 1993 beigelegt, ein ähnlicher Streit mit Bulgarien 1999. Nach der Verfassung aus dem Jahr 1991 ist M. eine Republik. Staatsoberhaupt ist der direkt gewählte Präsident. Die Regierung führt der dem Parlament verantwortliche Ministerpräsident.

Malawi: Binnenstaat im südlichen Ostafrika. M. grenzt im N und NO an Tansania, im O, S und SW an Moçambique sowie im W an Sambia.

Malawi

(amtlich engl. Republic of Malawi, Chichewa: Mfuko la Malawi)
Fläche: 118 484 km²
Einwohner: 10,743 Mio.
Hauptstadt: Lilongwe
Verwaltungsgliederung: 3 Regionen
Amtssprachen: Englisch, Chichewa
Währung: 1 Malawi-Kwacha (MK) = 100 Tambala (t)
Zeitzone: MEZ + 1 Stunde
Kfz-Kennzeichen: MW

Landesnatur: M. erstreckt sich von N nach S über rd. 840 km westlich und südlich des im Ostafrikanischen Graben (↑ Ostafrikanisches Grabensystem) gelegenen ↑ Malawisees. Überwiegend besteht das Land aus zw. 1 200 und 1 400 m hoch gelegenen Ebenen, die von bis zu 3 000 m hohen Gebirgsmassiven überragt werden.
Das tropische Klima wird durch die Höhenlage und die große Wasserfläche des Malawisees beeinflusst. In der von November bis April dauernden Regenzeit gehen im Hochland 800 bis 1 300 mm, in den Gebirgen bis 3 000 mm Regen nieder. Die Vegetation besteht überwiegend aus Trockenwald.

M

Bevölkerung: Bis auf etwa 10 000 Asiaten, v. a. Inder, und rd. 7 000 Europäer besteht die Bevölkerung aus Angehörigen von Bantuvölkern, u. a. Chewa, Nyanja, Lomwe, Ngoni, Sena und Yao. Die Bevölkerung lebt überwiegend auf dem Land, nur 15 % in Städten.
Es besteht keine allgemeine Schulpflicht. Die Analphabetenquote beträgt etwa 44 %. Etwa 80 % der Einwohner sind Christen und rd. 13 % Muslime. Daneben werden Riten verschiedener Naturreligionen gepflegt.
Wirtschaft und Verkehr: Haupterwerbszweig ist die Landwirtschaft. Für den Eigenbedarf werden v. a. Mais, Maniok, Hülsenfrüchte, Kartoffeln und Gemüse angebaut. Tabak, Tee, Zuckerrohr und Erdnüsse sind die wichtigsten Exportartikel. Die Viehwirtschaft ist besonders im N wichtig.
Rd. ein Drittel der Landesfläche ist bewaldet und die Forstwirtschaft hat deshalb eine besondere Bedeutung. Auf dem Malawisee wird Fischerei betrieben. Daneben wird Kohle abgebaut.
Die Industrie beschränkt sich vorwiegend auf die Verarbeitung der agrarischen Ausgangsstoffe. Haupthandelspartner sind Großbritannien u. a. EU-Länder sowie die Republik Südafrika.
Das Verkehrsnetz erschließt das Land nur unzureichend. Bei Lilongwe liegt ein internationaler Flughafen.
Staat und Politik: 1964 wurde M. von Großbritannien unabhängig und trat der UNO bei. Nach der Verfassung von 1995 ist es eine Präsidialrepublik mit Mehrparteiensystem. Staatsoberhaupt und Regierungschef ist der für fünf Jahre direkt gewählte Präsident.

Malawisee (Njassasee): nach dem ↑Victoriasee und dem ↑Tanganjikasee mit 30 800 km² der drittgrößte See in Afrika. Der M. liegt im Njassagraben, dem südlichen Teil des ↑Ostafrikanischen Grabensystems in einer Höhe von 472 m. Anrainer sind Malawi, Tansania und Moçambique. Der 550 km lange See ist bis zu 706 m tief und sehr fischreich.

Malaysia: Bundesstaat in Südostasien. M. umfasst den Südteil der Malaiischen Halbinsel einschließlich der vorgelagerten Inseln und grenzt im N an Thailand sowie im S an Singapur. Außerdem gehören die Gliedstaaten Sarawak und Sabah, die den N der Insel ↑Borneo einnehmen, zu M., das hier an Indonesien und Brunei grenzt.

Malaysia

(amtlich Bahasa Malaysia: Persekutuan Tanah Malaysia, dt. Malaysische Föderation)
Fläche: 329 758 km²
Einwohner: 24,305 Mio.
Hauptstadt: Kuala Lumpur
Regierungssitz: Putrajaya (seit 1999)
Verwaltungsgliederung: 13 Gliedstaaten, 2 Bundesterritorien
Amtssprache: Bahasa Malaysia
Währung: 1 Malaysischer Ringgit (RM) = 100 Sen (c)
Zeitzone: MEZ + 6 Stunden
Kfz-Kennzeichen: MAL

Landesnatur: Etwa 60 % der Fläche sind gebirgig. Daneben prägen ausgedehnte Sumpf- und Flussebenen das Land. Sabah besitzt mit dem 4 101 m hohen Kinabalu den höchsten Berg Südostasiens. Das Klima ist tropisch. Die mittlere Temperatur beträgt 27 °C. Der Jahresniederschlag liegt in den Gebirgen bei 6 000 mm, im Tiefland zw. 2 500 und 3 000 mm. Im NO machen sich Monsunwinde besonders bemerkbar. Hier ist es im Winter, wenn der Nordwestmonsun weht, verhältnismäßig trocken.
Rund 60 % der Landesfläche sind bewaldet, wobei der tropische Regenwald überwiegt. Im NO dominieren regenfeuchte Wälder.

Bevölkerung: Rd. 65 % der Einwohner sind Malaien, 26 % Chinesen und 8 % Inder bzw. Pakistaner. Die zu den Indonesiern zählenden Malaien, größtenteils erst in den letzten Jahrhunderten aus Indonesien eingewandert, erheben seit der Unabhängigkeit den politischen Führungsanspruch. Sie werden durch die Regierung systematisch gefördert und im öffentlichen Dienst bevorzugt eingestellt. In den Städten dominieren noch die Chinesen.
81 % der Gesamtbevölkerung leben im W auf rd. 40 % der Staatsfläche. Bes. dicht besiedelt ist die Westküste der Malaiischen Halbinsel.
Es herrscht neunjährige allgemeine Schulpflicht. Die Schulsysteme sind für die verschiedenen ethnischen Gruppen unterschiedlich. Die Analphabetenquote beträgt etwa 15 %. Dem Islam gehören 61 % der Bevölkerung an, fast ausschließlich der sunnitischen Richtung. 9 % sind Christen, die sich v. a. in Sabah und Sarawak konzentrieren. Die Inder sind überwiegend Hindus, die Chinesen Konfuzianer, Daoisten oder Buddhisten.
Wirtschaft und Verkehr: M. ist trotz der massiven Einbrüche infolge der Asienkrise 1997/98 eines der sich am schnellsten entwickelnden Länder Asiens und wird zu den jungen ↑Tigerstaaten gerechnet. Die verarbeitende Industrie – Elektronik, Chemie, Holz- und Bauwirtschaft, Fahrzeugbau – ist der dynamischste Wirtschaftszweig. Hauptindustriestandorte sind der Raum um Kuala Lumpur und George Town auf Pinang. Eines der größten Industrieunternehmen ist das Stahlwerk in Prai. Entwicklungsschwerpunkte liegen in der Exportorientierung von Industriebetrieben mit ausländischer Beteiligung, wie z. B. die Kfz-Herstellung mit japanischer Hilfe.
Weniger als 15 % der Gesamtfläche werden landwirtschaftlich genutzt, wobei 35 % der kultivierten Fläche auf Plantagen entfallen. M. ist in der Kautschuk-, Palmöl- und Pfefferproduktion führend in der Welt. Exportorientiert sind auch Kokospalmen-, Kakao- und Ananaskulturen. Der Inlandsbedarf an Lebensmitteln kann nicht völlig im Land gedeckt werden, insbesondere Reis muss eingeführt werden. Die Holzgewinnung hat sich in den letzten Jahren vervielfacht. Wegen des Raubbaus an den Regenwäldern musste ein Exportverbot für eine Reihe von Holzarten ausgesprochen werden. Bedeutung hat auch die Fischerei. Die wichtigsten Bodenschätze sind Zinnerz im W sowie Erdöl und Erdgas auf Borneo sowie in Offshore-Bohrungen. Abgebaut werden ferner Bauxit, Kupfer- und Eisenerz.
Haupthandelsgüter sind Erzeugnisse der Elektronik- und Elektroindustrie, Holz, Kautschuk, Textilien, Erdöl und Erdgas. Japan, Singapur und die USA sind die wichtigsten Handelspartner. Wachsende wirtschaftliche Bedeutung hat der Fremdenverkehr.
Straße und Schiene erschließen den W besonders gut. Auf Borneo, insbesondere in Sarawak, hat die Flussschifffahrt große Bedeutung. Wichtigste Hochseehäfen sind Kelang, George Town, Johor Baharu, Kuantan, Bintulu und Kota Kinabalu. Internationale Flughäfen haben Kuala Lumpur, George Town, Kota Kinabalu, Johor Baharu und Kuching.
Staat und Politik: Der Malaiische Bund wurde 1957 von Großbritannien in die Unabhängigkeit entlassen und trat der UNO bei. Seit 1964 hat M. seine heutige Gestalt, nachdem Singapur aus dem Bund ausgetreten ist. 1967 gehörte M. zu den ↑ASEAN-Gründungsmitgliedern.
Nach der Verfassung von 1963, die 1994 novelliert wurde, ist M. eine parlamentarische Wahlmonarchie. Staatsoberhaupt und oberster Inhaber der Exekutive ist der von den erblichen Fürsten auf fünf Jahre aus ihrer Mitte gewählte König. Er ernennt das Kabinett unter Vorsitz des Ministerpräsidenten, das dem vom Volk gewählten Parlament verantwortlich ist und die eigentliche Regierung stellt.
Malediven: Inselstaat im Indischen Ozean, der die gleichnamige, südwest-

lich des indischen Subkontinents gelegene Inselgruppe umfasst.
Landesnatur: Die dem untermeerisch verlaufenden Maledivenrücken aufsitzende Inselgruppe besteht aus 20 Atollen mit rd. 2 000 Koralleninseln und Eilanden. Sie verteilen sich über ein Seegebiet von 760 km Länge und 130 km Breite beiderseits des Äquators. Die Inseln ragen selten mehr als 2,5 m aus dem Wasser. 220 Inseln sind bewohnt.

Malediven

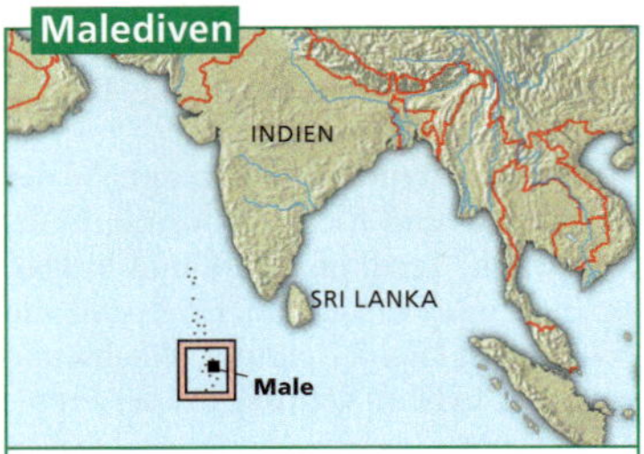

(amtlich Divehi: Divehi Rajje ge Jumhuriyya, dt. Republik Malediven)
Fläche: 298 km²
Einwohner: 287 000
Hauptstadt: Male
Amtssprache: Divehi
Währung: 1 Rufiyaa (Rf) = 100 Laari (L)
Zeitzone: MEZ + 4 Stunden
Kfz-Kennzeichen: MV

Es herrscht tropisches Monsunklima mit Südwest- und Nordostmonsun. Bei hoher relativer Luftfeuchtigkeit liegt die mittlere Temperatur bei 30° C. Pro Jahr fallen 1 900 mm Niederschlag.
Bevölkerung: Die Malediver sind ein Mischvolk arabisch-indischer und malaiischer Abstammung. Sie sprechen die dem Altsinghalesischen verwandte Sprache Divehi.
Die M. sind sehr dicht besiedelt. Mehr als ein Viertel der Bevölkerung lebt in der Hauptstadt Male. Der Islam ist Staatsreligion. Die Analphabetenquote ist mit 7 % niedrig.
Wirtschaft und Verkehr: Traditionelle Wirtschaftsgrundlage ist der Fischfang, insbesondere auf Thunfisch und Bonito. Der daraus hergestellte Trockenfisch wird v. a. nach Japan ausgeführt. Die Landwirtschaft kultiviert insbesondere Kokospalmen, Bataten, Maniok und Kürbisse.
Es gibt kaum Industrie. Der Tourismus ist der wichtigste Erwerbszweig. Schiffsverbindungen bestehen zw. den größten Inseln sowie nach Colombo auf Sri Lanka. Der größte Seehafen ist Male. Internationaler Flughafen ist Hulule.
Staat und Politik: Nach der Verfassung von 1968 sind die M. eine Präsidialrepublik. Staatsoberhaupt und Regierungschef ist der auf fünf Jahre direkt gewählte Präsident. Die M. sind seit der Unabhängigkeit von Großbritannien 1965 Mitglied der UNO.

Mali: Staat in Westafrika. M. grenzt im NW an Mauretanien, im NO an Algerien, im O und SO an Niger, im S an Burkina Faso, die Republik Elfenbeinküste sowie Guinea und im W an Senegal.
Landesnatur: M. erstreckt sich von der Oberguineaschwelle im S über das Nigerbecken im ↑Sahel bis in die zentrale ↑Sahara im N. Weite Ebenen und flache Becken kennzeichnen das Landschaftsbild. Im NO erhebt sich das wüstenhafte Bergland Adrar des Iforas bis in eine Höhe von 1 000 m. Zw. Ségou und Timbuktu bildet der ↑Niger, der wichtigste Fluss des Landes, ein riesiges Binnendelta von rd. 40 000 km² Größe.
M. hat Anteil an mehreren Klima- und Vegetationszonen: von der Feuchtsavanne im S über Trocken- und Dornsavannen bis zur extrem ariden Wüste im N. Die Jahresniederschläge variieren von 1 100 mm im S – das Gros fällt in der Regenzeit, die von Juni bis Oktober andauert – bis 120 mm am Saharарand. Mehrjährige Dürreperioden, die weite Teile des Landes erfassen, sind häufig und schädigen die Landwirtschaft nachhaltig.
Bevölkerung: Die sudaniden Völker und Stämme bilden die Mehrheit. Die größten Gruppen sind Bambara, Malinke, Soninke, Senufo, Songhai und Dogon, die überwiegend als sesshafte Bauern im S leben; Fulbe und Mauren siedeln v. a. in

der Mitte des Landes. Die nomadisch lebenden Tuareg konzentrieren sich im N. Infolge häufiger Dürren wanderten viele Nomaden nach S in die Städte ab. Dennoch ist die städtische Bevölkerung mit einem Anteil von 31 % zahlenmäßig gering. Bamako, die Hauptstadt, ist die einzige Großstadt des Landes.

Mali

(amtlich frz. République du Mali)
Fläche: 1 240 192 km²
Einwohner: 11,374 Mio.
Hauptstadt: Bamako
Verwaltungsgliederung: 8 Regionen, 1 Hauptstadtdistrikt
Amtssprache: Französisch
Währung: 1 CFA-Franc = 100 Centimes (c)
Zeitzone: MEZ – 1 Stunde
Kfz-Kennzeichen: RMM

Schulpflicht besteht vom 6. bis 15. Lebensjahr. Trotzdem ist die Analphabetenquote mit fast 70 % sehr hoch. Rd. 80 % der Bevölkerung bekennen sich zum Islam, wobei die sunnitische Richtung vorherrscht. 18 % sind in den traditionellen Naturreligionen verwurzelt, nur wenig mehr als 1 % sind Christen.

Wirtschaft und Verkehr: M. ist eines der ärmsten Länder Afrikas. Haupterwerbszweig ist die Landwirtschaft. Im S und SW des Landes sowie längs des Niger bis Timbuktu werden Hirse, Maniok und Mais angebaut. Im Überflutungsgebiet des Niger und mit Bewässerung ist Reisanbau möglich. Für den Export werden Baumwolle, Erdnüsse und Zuckerrohr kultiviert. Im mittleren und nördlichen M. betreiben Nomaden und Halbnomaden Viehhaltung. Die Flussfischerei ist bedeutend, Trocken- und Räucherfisch sind wichtige Ausfuhrgüter. In der Sahara wird bei Taoudenni Salz gewonnen. Die Industrie verarbeitet v. a. die landwirtschaftlichen Erzeugnisse. Knapp 50 % des Exports sind Agrarprodukte. Einen wachsenden Anteil macht das abgebaute Gold aus. Haupthandelspartner sind Frankreich u. a. EU-Länder, China und die Republik Elfenbeinküste. Über die Bahnlinie Bamako–Dakar ist M. mit den Seehäfen am Atlantischen Ozean verbunden. Bedeutung hat die Schifffahrt auf Senegal und Niger, die allerdings nicht ganzjährig schiffbar sind. Das Straßennetz erschließt nur wenige Regionen hinreichend, die Straßen sind zudem meist unbefestigt. Bei Bamako gibt es einen internationalen Flughafen.

Staat und Politik: Seit der Unabhängigkeit von Frankreich 1960 gehört M. zur UNO. Nach der Verfassung von 1992 ist es eine Präsidialrepublik mit Mehrparteiensystem. Staatsoberhaupt ist der auf fünf Jahre direkt gewählte Präsident. Die Regierung wird vom Ministerpräsidenten geführt, der dem Parlament verantwortlich ist.

Malta: Inselstaat im zentralen Mittelmeer. Er umfasst neben der gleichnamigen, 246 km² großen Hauptinsel die Inseln Gozo und Comino sowie die beiden unbewohnten Inseln Cominotto und Filfla.

Landesnatur: Die Inseln sind Reste einer Landbrücke zw. Sizilien und Nordafrika. Die Insel M. steigt von NO nach SW bis auf 253 m an und fällt steil mit einer Kliffküste zum Meer ab. Der größte Teil ist verkarstet. Nur im N und NW finden sich Becken, die landwirtschaftlich genutzt werden. Die Flachlandküste im NO und SO ist durch mehrere Buchten stark gegliedert. Von der Hauptinsel M. ist die Insel Gozo durch einen 5 km breiten Meeresarm, in dem Comino liegt, getrennt.

Das Klima ist mediterran mit trockenheißen Sommern und milden, regenreichen Wintern.

Bevölkerung: Die Malteser sind ein mediterranes Mischvolk mit arabisch gepräg-

M

ter Sprache. Etwa 5% der Einwohner sind Briten oder Italiener.
Mehr als 90% der Bevölkerung leben in Städten. Es herrscht allgemeine Schulpflicht vom 5. bis 16. Lebensjahr. 96% der Bevölkerung sind katholisch.

Malta

(amtlich Maltesisch: Repubblika ta' Malta, engl. Republic of Malta)
Fläche: 316 km²
Einwohner: 397 000
Hauptstadt: Valletta
Amtssprachen: Maltesisch, Englisch
Währung: 1 Maltesische Lira (Lm) = 100 Cents (c)
Zeitzone: MEZ
Kfz-Kennzeichen: M

Wirtschaft und Verkehr: Wichtigster Wirtschaftszweig ist das Dienstleistungsgewerbe, wichtigste Einnahmequelle der Fremdenverkehr. Das größte Unternehmen ist die Werft in Valletta, gefolgt von Betrieben des Maschinenbaus, der chemischen, der Nahrungsmittel- und der Textilindustrie. Die Landwirtschaft spielt kaum eine Rolle. Die Fischerei beschränkt sich auf küstennahe Gewässer.
Wichtigste Handelspartner sind die EU-Länder und die USA. Das Straßennetz ist gut ausgebaut. Der Hafen von Valletta kann von Schiffen jeder Größenordnung angelaufen werden. Südlich von Valletta liegt der internationale Flughafen Luqa.
Staat und Politik: Großbritannien hat M. 1964 in die Unabhängigkeit entlassen. Seitdem gehört das Land zur UNO. Am 1.5.2004 trat M. der EU bei.
Nach der Verfassung von 1974 ist M. eine parlamentarische Republik im Commonwealth. Staatsoberhaupt ist der auf fünf Jahre vom Parlament gewählte Präsident. Die Regierung führt der Ministerpräsident, der die Mehrheit im gewählten Parlament benötigt.

Manila: Hauptstadt der Philippinen. M. liegt an der ausgedehnten Bucht von Manila im W der Insel Luzon beiderseits des Pasig. Es hat 1,581 Mio. Einwohner. Im Großraum leben mehr als 8 Mio. Menschen.
Die Stadt ist ein vielseitiger Industriestandort. 35% aller philippinischen Betriebe haben hier ihren Sitz. Außerdem hat M. einen wichtigen Hafen und den einzigen internationalen Flughafen des Staates. Mit seinen Museen und Universitäten ist es auch im kulturellen Bereich führend.
Ältestes Viertel ist der Stadtteil Intramuros mit der 1945 zerstörten und anschließend erneuerten Kathedrale (1751 ff.) und der Kirche San Agustín (1599–1605). Nördlich des Pasig liegen die Geschäftsviertel San Nicolas, Bindondo, Quiapo und das Hafenviertel.

Mannheim: kreisfreie Stadt in Baden-Württemberg. M. liegt in der Oberrheinebene im Mündungswinkel zw. Rhein und Neckar. Es hat 308 800 Einwohner und bildet mit dem auf der rechten Rheinseite gelegenen ↑Ludwigshafen das Zentrum des Ballungsraumes Rhein-Neckar. Die Industrie umfasst u.a. Maschinen- und Fahrzeugbau, Eisen verarbeitende, elektrotechnische, feinmechanische, optische, chemische, Textil-, Holz-, Baustoff-, Steingut-, Papier- und Düngemittelindustrie. Außerdem ist M. ein wichtiger Verkehrsknotenpunkt und hat einen bedeutenden Binnenhafen.
Die Stadt hat eine Universität, die Hochschule für Musik und Darstellende Kunst, eine Popakademie sowie verschiedene Fachhochschulen.
Im Zweiten Weltkrieg wurde M. stark zerstört. Beim Wiederaufbau wurde das Rechteckschema der in 144 Quadrate eingeteilten Altstadt – durch Buchstaben und Ziffern statt Straßennamen bezeichnet – beibehalten. Das der Adressierung

dienende System stammt aus der Zeit, als M. Residenz der Kurfürsten von der Pfalz war (1720–78).

Marianen: Inselgruppe Mikronesiens im nordwestlichen Pazifischen Ozean. Die M. sind teils vulkanischen Ursprungs, teils Koralleninseln. Sie gliedern sich in die **Nordmarianen**, die aus 16 Inseln mit 457 km² Fläche bestehen und 69 200 Einwohner haben, sowie die südlicher liegende Insel **Guam** mit 549 km² und 154 800 Einwohnern.

Von den Nordmarianen sind Saipan (120 km²), Tinian (102 km²), Rota (85 km²), Pagan (48 km²), Anatahan (32 km²) und Agrihan (30 km²) bewohnt. Das Klima ist tropisch, der Fremdenverkehr bedeutend.

Die M. sind seit dem Ende des Zweiten Weltkriegs eng mit den USA verbunden. Die Nordmarianen genießen als Commonwealth of the Northern Mariana Islands weitgehende Unabhängigkeit, Guam eingeschränkte Autonomie als wichtiger amerikanischer Stützpunkt.

Östlich und südlich der M. verläuft der **Marianengraben.** In der Witjastiefe I ist der Meeresgraben 10 924 m tief und damit die tiefste Stelle der Erdoberfläche.

Marokko: Staat in Nordwestafrika. Er grenzt im W an den Atlantischen Ozean, im N an das Mittelmeer, im O und SO an Algerien und im S an ↑ Westsahara. Die beiden Hafenstädte Ceuta und Melilla sind seit dem ausgehenden Mittelalter in spanischem Besitz.

Landesnatur: M. erstreckt sich von der Straße von Gibraltar im N bis südlich des Wadi Draa. Es hat eine 475 km lange Steilküste am Mittelmeer und einen 1 550 km langen flachen Küstensaum am Atlantik. Der größte Teil des Landes wird vom Gebirgssystem des ↑ Atlas eingenommen. Im Djebel Toubkal im Antiatlas liegt mit 4 165 m der höchste Punkt des Landes.

Nach SO schließt sich die ↑ Sahara an. Im O leiten Hochflächen nach Algerien über. Im NW fällt ein Tafelland, die Meseta, stufenweise zur Küstenebene ab.

Das mediterrane Klima bringt Winterregen, der in den Höhenlagen in Schnee übergeht. Nach S erfolgt der Übergang zum kontinentalen Wüstenklima der Sahara. Die jährlich niedergehende Regenmenge nimmt von rd. 1 000 mm im N auf weniger als 100 mm im S ab. Wälder sind besonders im N verbreitet. Nach S nimmt der Anteil an Dornstrauchgewächsen zu, bis in der Sahara auch diese nicht mehr vorkommen.

Marokko

(arabisch Al-Mamlaka al-Maghribijja, dt. Königreich Marokko)
Fläche: 458 730 km²
Einwohner: 29,641 Mio.
Hauptstadt: Rabat
Verwaltungsgliederung: 16 Regionen
Amtssprache: Arabisch
Währung: 1 Dirham (DH) = 100 Centimes (C)
Zeitzone: MEZ – 1 Stunde
Kfz-Kennzeichen: MA

Bevölkerung: Die zu 99 % muslimische Bevölkerung besteht zu 20 % aus Arabern, die v. a. in den Ebenen und im Küstengebiet leben. 36 % sind Berber und 40 % gelten als arabisierte Berber. Die Berber, die Sprache und Brauchtum weitgehend bewahrt haben, siedeln v. a. in den Gebirgen. Im S leben negride Nachkommen früherer Sklaven oder Soldaten aus der Sudanzone. Juden und Europäer sind kleinere Minderheiten. Etwa 1,5 Mio. Marokkaner leben im Ausland, davon 80 000 in Deutschland.

Etwas mehr als die Hälfte der Marokkaner lebt in Städten. Allgemeine Schulpflicht herrscht vom 7. bis 13. Lebensjahr. Trotzdem sind fast die Hälfte der Einwohner über 15 Jahren Analphabeten.

M

Wirtschaft und Verkehr: Die wichtigsten Bereiche sind Landwirtschaft, Phosphatbergbau und Tourismus. Die Landwirtschaft, die rd. 40 % der Erwerbstätigen beschäftigt, erbringt knapp 30 % der Exporterlöse.
Für die Eigenversorgung werden v. a. Getreide, Oliven, Obst, Kartoffeln, Zuckerrüben und Zuckerrohr angebaut. Zitrusfrüchte, Gemüse und Wein sind besonders für den Export bestimmt. Alfagras wird als Rohstoff zur Papiererzeugung und für Flechtwerk kultiviert. Rd. 830 000 ha des Kulturlandes werden bewässert. Rinder-, Schaf-, Ziegen- und Geflügelhaltung sowie Fischerei im Atlantischen Ozean sind sehr ertragreich.

Marokko: Die Kasba Aït Benhaddou im Atlasgebirge ist ein im alten Baustil der Berber errichtetes Dorf. Es gehört seit 1987 zum UNESCO-Weltkulturerbe. Die Wohnburgen mit den glatten Außenwänden, Türmen und kleinen Fenstern wirken wie Festungen.

Die Forstwirtschaft nutzt 12 % der Landesfläche, wobei v. a. Korkeichen zur Korkerzeugung genutzt werden: Hier liegt M. weltweit an dritter Stelle.
Das Land ist reich an Bodenschätzen. Gefördert werden v. a. Phosphate – auch hier ist M. der drittgrößte Förderer – Blei-, Mangan-, Zink-, Kobalt-, Kupfer- und Eisenerze sowie Steinkohle, Erdöl und Erdgas.
Die wichtigsten Industriezweige sind Metall- und Kunststoffverarbeitung, chemische, Nahrungsmittel-, Textil- und Lederindustrie. Das traditionelle Handwerk wie die Teppichherstellung ist rückläufig. Ausgeführt werden v. a. Rohstoffe, besonders Phosphate, landwirtschaftliche Produkte und Fischkonserven, insbesondere Sardinen. Haupthandelspartner sind die EU-Länder, die USA, Kanada, Japan und Saudi-Arabien. Der Fremdenverkehr erbringt ein Drittel der Devisenerlöse. Reiseziele sind u. a. antike Ruinenstätten, die vier Königsstädte Rabat, Fès, Marrakesch und Meknès, die Oasen der Sahara und die Sandstrände am Atlantik.
Das Verkehrsnetz erschließt die dichter besiedelten Regionen gut. Die Haupthäfen liegen an der Atlantikküste: Casablanca, Safi, Mohammedia, Agadir und Tanger. Internationale Flughäfen haben u. a. Casablanca, Rabat, Tanger, Marrakesch.
Staat und Politik: Seit der Unabhängigkeit von Frankreich 1956 ist M. Mitglied der UNO. Nach der durch ein Referendum gebilligten Verfassung von 1992 ist M. eine konstitutionelle Monarchie. Staatsoberhaupt, oberster Inhaber der Exekutive und Oberbefehlshaber der Streitkräfte ist der mit umfassenden Vollmachten ausgestattete König.
1976 okkupierte M. zusammen mit Mauretanien die ↑ Westsahara, nachdem die spanischen Kolonialtruppen abgezogen waren. 1979 gliederte M. auch den mauretanischen Teil ein. Seit Mitte der 1990er-Jahre vermitteln die USA im Konflikt zw. M. und der Frente POLISARIO, die für die Unabhängigkeit Westsaharas kämpft.

Marshallinseln: Staat im westlichen Pazifischen Ozean. Er umfasst die gleichnamige Inselgruppe, die sich in zwei Atollreihen gliedert und über rd.

1 200 km Länge erstreckt. Das zu den M. gehörende Seegebiet nimmt eine Fläche von über 1,3 Mio. km² ein.

Marshallinseln

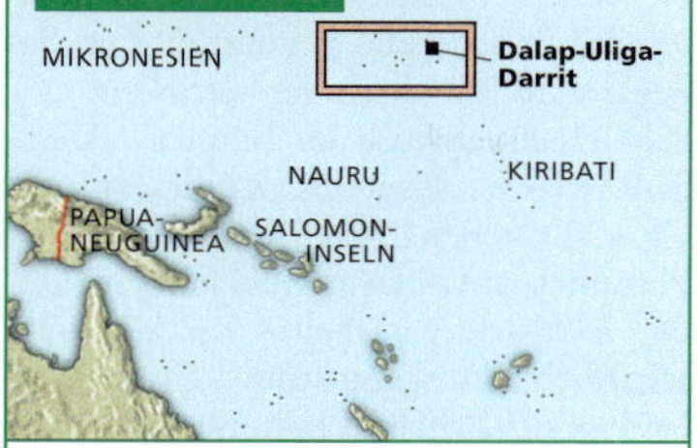

(amtlich marshallesisch Majöl, engl. Republic of the Marshall Islands)
Fläche: 181 km²
Einwohner: 53 000
Hauptstadt: Dalap-Uliga-Darrit (auf Majuro)
Amtssprachen: Marshallesisch, Englisch
Währung: 1 US-Dollar (US-$) = 100 Cents (c)
Zeitzone: MEZ + 11 Stunden
Kfz-Kennzeichen: MH

Landesnatur: Die Ratakgruppe ist die östliche Atollreihe, die aus 16 Atollen und Einzelinseln besteht, darunter das 30 km² große Hauptatoll Majuro mit der Hauptstadt Dalap-Uliga-Darrit. Die Ralikgruppe im W umfasst 18 Inseln, darunter Jaluit (17 km²), Kwajalein (29 km²), Bikini (6 km²) und Eniwetok (27 km²). Die Atolle ragen nur wenige Meter aus dem Meer. Das Klima ist tropisch, Wirbelstürme treten häufig auf.
Bevölkerung: Rd. 97 % der Bewohner sind Mikronesier. Polynesier und Bürger der USA sind Minderheiten. Die meisten Einwohner sind Katholiken. Allgemeine Schulpflicht besteht vom 6. bis zum 14. Lebensjahr.
Wirtschaft und Verkehr: Hauptbereiche der Wirtschaft sind Land- und Forstwirtschaft sowie Fischerei. Es gibt ausgedehnte Kokospalmen- und Bananenpflanzungen, kultiviert werden ferner Brotfruchtbäume und Maniok. Schweine, Geflügel und Rinder werden gezüchtet. Auf dem Ailinglaplap-Atoll wird Phosphat abgebaut. Die wichtigsten Arbeitgeber sind die öffentliche Verwaltung und das Militär der USA, das auf Kwajalein einen Stützpunkt hat. Weitere Einnahmen bringt die Registrierung von Schiffen anderer Länder (»Billigflaggen«). Haupthandelspartner sind die USA und Japan. Auf Majuro befindet sich ein internationaler Flughafen.
Staat und Politik: Nach der Verfassung von 1979 sind die Marshallinseln eine Republik. Staatsoberhaupt und Regierungschef ist der vom Parlament gewählte Präsident. Bis 1990 waren die M. von den USA abhängig, seitdem sind sie souverän. Im Jahr 1991 trat das Land der UNO bei.

Martinique [marti'nik]: Insel der Kleinen ↑Antillen. M. ist ein französisches Übersee-Département mit einer Fläche von 1 106 km² und 381 427 Einwohnern, überwiegend Schwarze und Mulatten. Die Hauptstadt ist Fort-de-France. Im N erhebt sich der Vulkan Montagne Pelée auf 1 397 m. Bei seinem verheerenden Ausbruch 1902 fanden 40 000 Menschen durch eine Glutwolke den Tod. Neben der Landwirtschaft ist der Fremdenverkehr die wichtigste Einnahmequelle.

Mauretanien: Staat in Westafrika. M. grenzt im W an den Atlantischen Ozean, im NW an Westsahara, im NO an Algerien, im O und S an Mali und im SW an Senegal.
Landesnatur: M. gehört überwiegend zur westlichen ↑Sahara, der S zur Dornsavanne des ↑Sahel. Östlich einer ausgedehnten Küstenebene steigt das Land in mehreren Steilstufen zu Hochebenen an. Sie erreichen etwa 500 m und werden von einzelnen Inselbergen mit einer Höhe von bis zu 915 m überragt. Die Hochebenen senken sich nach NO zum Becken von El-Djouf ab, das ein großes Dünengebiet ist.
Wüstenklima mit hohen Tagestemperaturen prägt weite Teile des Landes. Nur im SW gehen 200 bis 500 mm Regen pro Jahr nieder, überwiegend im Sommer. Der Senegal ist der einzige Fluss,

der durch M. fließt und ganzjährig Wasser führt.

Bevölkerung: Rd. 80 % der Einwohner sind Mauren, die traditionell als Nomaden leben. 20 % sind Schwarzafrikaner, u. a. Wolof, Tukulor, Soninke und Bambara, die überwiegend als Feldbauern im S siedeln.

Mauretanien

(amtlich arabisch Al-Djumhurijja al-Islamijja al-Muritanijja, dt. Islamische Republik Mauretanien)
Fläche: 1 030 700 km²
Einwohner: 2,785 Mio.
Hauptstadt: Nouakchott
Verwaltungsgliederung: 12 Regionen, 1 Hauptstadtdistrikt
Amtssprache: Arabisch
Währung: 1 Ouguiya (UM) = 5 Khoums (KH)
Zeitzone: MEZ – 1 Stunde
Kfz-Kennzeichen: RIM

Infolge von Dürreperioden ist der Anteil der Nomaden an der Gesamtbevölkerung drastisch zurückgegangen. Waren es 1967 noch 85 %, wurden um 2000 nur noch 10 % ermittelt. Entsprechend hat die städtische Bevölkerung zugenommen und beträgt nun 60 %.

Grundschulpflicht besteht vom sechsten bis elften Lebensjahr. Die Analphabetenquote liegt trotzdem bei 62 %. Staatsreligion ist der Islam sunnitischer Richtung.

Wirtschaft und Verkehr: Die Landwirtschaft ist Existenzgrundlage für mehr als die Hälfte der Erwerbstätigen und dient fast ausschließlich der Selbstversorgung. Im Überschwemmungsgebiet des Senegal werden v. a. Hirse, Hülsenfrüchte und Erdnüsse angebaut, in den Oasen im N dominieren Dattelpalmen.

Sehr bedeutend ist die Viehhaltung, die im N noch immer überwiegend von Nomaden betrieben wird. Rinder, Schafe, Ziegen und Kamele bilden große Herden. Der Fischreichtum vor der Küste wird zunehmend genutzt und im Senegal wird Flussfischerei betrieben.

Sehr ertragreich ist der Bergbau. Abgebaut werden Eisenerz, Kupfererz und Gips. Daneben sind Vorkommen an Phosphat und Schwefel bekannt.

Die Industrie verarbeitet v. a. landwirtschaftliche Ausgangsstoffe. Fisch bzw. landwirtschaftliche Produkte und Bergbauerzeugnisse haben jeweils etwa 50 % Anteil am Ausfuhrwert. Haupthandelspartner ist Frankreich.

Das Straßennetz ist schlecht ausgebaut. Die Eisenbahnlinie zum Exporthafen Point-Central bei Nouadhibou dient v. a. dem Erztransport ab Zouérate. Küstenhäfen und internationale Flughäfen haben Nouadhibou und Nouakchott.

Staat und Politik: Seit 1961, ein Jahr nachdem Frankreich das Land in die Unabhängigkeit entlassen hat, gehört M. zur UNO. Nach der Verfassung von 1991 ist es eine Präsidialrepublik mit Mehrparteiensystem. Staatsoberhaupt ist der mit großen Vollmachten ausgestattete, direkt gewählte Präsident, der auch die Regierung unter dem Vorsitz des Premierministers ernennt.

Mauritius: Inselstaat im Indischen Ozean. Er umfasst die zu den Maskarenen gehörenden Inseln M. und Rodriguez sowie die kleinen, entfernt liegenden Cargados-Carajos- und Agalegainseln.

Landesnatur: Die Insel M. besteht aus bis zu 600 m hoch gelegenen Ebenen, die von Vulkanen überragt werden. Der höchste Berg ist der Piton de la Rivière Noire mit 826 m. Vor der zerklüfteten Küste liegen Korallenriffe. Rodriguez ist ebenfalls vulkanischen Ursprungs. Die anderen Inseln sind Atolle.

Das Klima ist tropisch, beeinflusst vom SO-Passat. Auf der Windseite im O fallen pro Jahr 1 500 bis 4 000 mm Niederschlag, im W sind es um 800 mm. Tropische Wirbelstürme sind häufig. Der Regenwald ist weitgehend abgeholzt.

Bevölkerung: 53 % der Einwohner sind indischer Herkunft. Es sind die Nachkommen der im 19. Jh. nach M. eingewanderten Plantagenarbeiter. Etwa 40 % sind Kreolen, Abkömmlinge von Europäern und Schwarzafrikanern. Europäer und Chinesen sind kleinere Minderheiten.

Es gibt keine allgemeine Schulpflicht, jedoch liegt die Einschulungsquote bei über 90 % und die Analphabetenquote unter 10 %. Die Hälfte der Bevölkerung sind Hindus, 30 % Christen – vorwiegend Katholiken – und etwa 17 % sind Anhänger des Islam.

Wirtschaft und Verkehr: Auf 70 % der Anbaufläche wird Zuckerrohr kultiviert. Weitere wichtige Exportgüter des Agrarbereiches sind Tee, Obst, Gemüse und Blumen. Daneben werden Rotwild gehalten und Garnelen gezüchtet.

Port Louis ist der wichtigste Industriestandort mit Betrieben der Textil-, elektronischen und feinmechanischen Industrie. Der Fremdenverkehr zählt zu den Wachstumsbranchen. Haupthandelspartner sind Großbritannien, Frankreich, die USA und Südafrika. Das Straßennetz auf der Hauptinsel ist gut ausgebaut. Ein Überseehafen liegt bei Port Louis, ein internationaler Flughafen bei Plaisance.

Mauritius

(amtlich engl. Republic of Mauritius)
Fläche: 2 040 km²
Einwohner: 1,212 Mio.
Hauptstadt: Port Louis
Amtssprache: Englisch
Währung: 1 Mauritius-Rupie (MR) = 100 Cents (c)
Zeitzone: MEZ + 2 Stunden
Kfz-Kennzeichen: MS

Staat und Politik: Seit der Unabhängigkeit von Großbritannien 1968 ist M. Mitglied der UNO und laut Verfassung von 1992 eine Republik im Commonwealth. Staatsoberhaupt ist der Präsident. Die Regierung führt der vom Parlament gewählte Ministerpräsident.

McKinley, Mount: mit 6 198 m der höchste Gipfel Nordamerikas. Er liegt im Süden Alaskas, in der Alaskakette, die zu den ↑Kordilleren gehört. Bei den indianischen Völkern heißt der nach dem US-amerikanischen Präsidenten WILLIAM MCKINLEY (1843–1901) benannte Berg Denali, »der Hohe«. Der indianische Name wurde dem um den M. M. liegenden Nationalpark gegeben.

Mead, Lake: ↑Colorado.

Mecklenburg-Vorpommern: Land im NO der Bundesrepublik Deutschland. M.-V. grenzt im N an die Ostsee, im W an Schleswig-Holstein, im SW an Niedersachsen, im S an Brandenburg und im O an Polen. Es hat eine Fläche von 23 173 km² und 1,732 Mio. Einwohner. Die Hauptstadt ist Schwerin.

Landesnatur: M.-V. liegt im Norddeutschen Tiefland. Die Gesamtlänge der Küste beträgt 1 470 km, davon sind 340 km zur Ostsee gekehrte Außenküste. 1 130 km entfallen auf den Binnenküstenverlauf, hervorgerufen durch viele Nehrungen, Bodden und Haffs. Große Inseln sind – geordnet von W nach O – Poel, Hiddensee, Umman, ↑Rügen und Usedom, deren östlicher Teil zu Polen gehört.

Der überwiegende Teil des Landes wird von leicht welligen Grundmoränen geprägt. In der Mecklenburgischen Seenplatte erheben sich einige Endmoränen, die bis zu 179 m erreichen und Teil des Baltischen Landrückens sind. Die ↑Müritz ist der größte See.

Das Klima ist gemäßigt-ozeanisch, weist aber mit den warmen Sommern und verhältnismäßig kalten Wintern sowie einem Jahresniederschlag von regional nur 500 mm kontinentale Züge auf. Im dünenreichen Küstenland bestimmen Strandgräser und lichter Kiefernwald die Vegetation. Im Landesinnern ist neben dem dominierenden Kulturland auch Laubmischwald verbreitet. Etwa ein Fünftel der Fläche ist bewaldet, 13 % sind von Mooren bedeckt.

Bevölkerung: M.-V. ist mit nur 75 Ew. pro km^2 das Bundesland mit der geringsten Besiedlungsdichte. ↑Rostock und Schwerin sind die einzigen Großstädte. Die latent seit 1950 vorhandenen Abwanderungstendenzen haben sich nach der Einheit Deutschlands 1990 massiv verstärkt, insbesondere aus wirtschaftlichen Gründen. Allein zw. 1989 und 2004 wurde ein Bevölkerungsschwund von 240 000 Personen verzeichnet.

Etwa ein Viertel der Bevölkerung bekennt sich zu einer Religion. Der überwiegende Teil gehört protestantischen Kirchen an.

Wirtschaft und Verkehr: Wichtigste Wirtschaftszweige sind die Landwirtschaft und die darauf aufbauende Nahrungsmittelindustrie. Die Hauptgebiete des Ackerbaus liegen im Bereich der fruchtbaren Grundmoränen, die M.-V. in breitem Band von NW nach SO durchziehen. Angebaut werden v. a. Weizen, Ölfrüchte, Futtermittel und Zuckerrüben. Bedeutend ist die Schweinezucht. Auf den südlich anschließenden Endmoränengebieten und Sanderflächen mit weniger fruchtbaren Böden werden v. a. Roggen und Kartoffeln angebaut. In den Flussniederungen im N und NO sowie an der Elbe im SW und auch im Küstenbereich herrscht Rinderzucht vor. Die zahlreichen mecklenburgischen Seen begünstigen die Binnenfischerei.

Neben der Werftindustrie sind die Metall verarbeitende und die Elektroindustrie, der Maschinen- und Fahrzeugbau sowie die Fischverarbeitung bedeutend. Allgemein sind die Betriebe in der Krise. Durch Rationalisierung und Unternehmensschließungen hat sich die Zahl der Arbeitsplätze zw. 1989 und dem Ende der 1990er-Jahre um 40 % verringert. Die Arbeitslosenquote liegt bei 21,5 %.

Die Ostseeküste mit der Halbinsel Fischland-Darß-Zingst und den Inseln Rügen, Hiddensee und Usedom ist ein wichtiges Urlaubsgebiet. Erholungsgebiete liegen auch im Bereich der Mecklenburgischen Seenplatte.

Das Verkehrsnetz ist für deutsche Verhältnisse ungenügend ausgebaut, die Hochseehäfen sind unzureichend mit dem Hinterland verbunden.

Staat und Politik: M.-V. existierte in der DDR von 1949 bis zur Auflösung der Länder 1952. Am 3. 1. 1990 wurde es neu gebildet und trat am 3. 10. 1990 der Bundesrepublik Deutschland bei. Nach der am 23. 5. 1993 in Kraft getretenen Verfassung liegt die Legislative beim Landtag, der sich aus 71 für vier Jahre gewählten Abgeordneten zusammensetzt. Der Landtag wählt den Ministerpräsidenten, der die Regierung führt.

Medina [»Stadt des Propheten«]: Oasenstadt im W von Saudi-Arabien. M. hat laut Schätzungen zw. 350 000 und 500 000 Einwohner. Nach ↑Mekka ist es der bedeutendste islamische Wallfahrtsort. In der Großen Moschee befinden sich die Gräber des Religionsstifters MOHAMMED und seiner Tochter FATIMA.

Mekka: Stadt im W Saudi-Arabiens. Die Einwohnerzahl wird zw. 630 000 und 1,5 Mio. Einwohner geschätzt. Als Geburtsort MOHAMMEDS ist M. der wichtigste Wallfahrtsort des Islam. Im Hof der zw. 775 und 785 errichteten, seitdem mehrfach ausgebauten Hauptmoschee befindet sich die Kaaba, das zentrale Heiligtum der Muslime. Jeder Gläubige muss laut der Schrift mindestens einmal im Leben dieses schwarze, würfelförmige Gebäude mit dem in die Mauer eingearbeiteten Meteoriten besuchen. M. hat mehrere islamische Hochschulen. Für Nichtmuslime ist das Betreten der meisten Bereiche der Stadt und ihrer Umgebung verboten.

M

Mekong: rd. 4 500 km langer Strom in China und Südostasien. Der M. entspringt auf dem Hochland von Tibet, durchfließt die südchinesische Provinz Yunnan, bildet die Grenze von Birma und Thailand gegen Laos, durchfließt Kambodscha und mündet mit einem über 70 000 km^2 großen Delta im südlichen Vietnam in das Südchinesische Meer. Der Wasserstand schwankt zw. Winter und Sommer sehr stark, in manchen Jahren beträgt die Differenz 15 m. Die bei starken Niederschlägen durch den M. ausgelösten Überschwemmungen werden durch Rückstau im See Tonle Sap gemildert. An seinen Ufern wird intensiver Reisanbau betrieben.

Melbourne: Hauptstadt des australischen Bundesstaates Victoria und mit 3,489 Mio. Einwohnern nach Sydney die bevölkerungsreichste Stadt Australiens. M. liegt im SO des Landes, an der Mündung des Yarra ins Meer. Die Stadt hat drei Universitäten und ist Sitz eines anglikanischen und eines katholischen Erzbischofs.

Wirtschaftlich bedeutend sind die Betriebe der Schwermaschinen-, Bekleidungs-, Schuh-, chemischen und Nahrungsmittelindustrie, des Fahrzeugbaus und die Erdölraffinerie. Der Hafen ist der zweitgrößte Australiens. M. hat einen internationalen Flughafen.

Die City der 1835 gegründeten Stadt hat einen schachbrettartigen Grundriss. Mit den Bauten aus dem späten 18. Jh. und dem 19. Jh. gilt M. als die am stärksten englisch geprägte Stadt Australiens.

Mercosur, Kunstwort für **Mer**cado **Com**ún del Cono **Sur** (Gemeinsamer Markt im südlichen Lateinamerika): Die am 26. 3. 1991 durch den Vertrag von Asunción gegründete regionale Wirtschaftsorganisation in Lateinamerika trat am 1. 1. 1995 in Kraft. Ihre Ziele sind die Bildung eines gemeinsamen Marktes durch stufenweisen Abbau von Zöllen (seit 1. 1. 2000 besteht eine Zollunion) und die Koordination der Wirtschaftspolitik ihrer Mitgliedsstaaten. Dem M. gehören Argentinien, Brasilien, Paraguay und Uruguay an. Assoziierungsabkommen bestehen mit Bolivien (seit 7. 12. 1995) und Chile (seit 25. 6. 1996). Der Sitz der Organisation ist Montevideo.

Mexiko: Staat in Mittelamerika. M. grenzt im O an den Golf von Mexiko und im W an den Pazifischen Ozean. Im N besteht eine Landgrenze zu den USA, im SO gegen Belize und Guatemala. Außer zahlreichen küstennahen Inseln gehören zu M. noch die 264 km^2 große Isla de Guadalupe und die 830 km^2 Fläche umfassenden Islas Revillagigedo im Pazifischen Ozean.

Mexiko

(span. México, amtlich span. Estados Unidos Mexicanos, dt. Vereinigte Mexikanische Staaten)
Fläche: 1 953 162 km^2
Einwohner: 100,819 Mio.
Hauptstadt: Mexiko
Verwaltungsgliederung: 31 Bundesstaaten, 1 Hauptstadtdistrikt
Amtssprache: Spanisch
Währung: 1 Mexikanischer Peso (mex$) = 100 Centavos (c)
Zeitzone: MEZ –7 Stunden
Kfz-Kennzeichen: MEX

Landesnatur

Auf dem Staatsgebiet von M. vollzieht sich in klimatischer wie in geologischer Hinsicht der Übergang zw. dem nordamerikanischen Kontinent und der zentralamerikanischen Landbrücke bzw. Südamerika. Das Gebiet von der Grenze im N bis zum 200 km breiten Isthmus von Tehuantepec wird im Allgemeinen noch zu Nordamerika gerechnet. Das *Relief* wird hier vom Mexikanischen

M

Hochlandblock mit seinen Randgebirgen geprägt. Im W verläuft die bis 3 150 m ansteigende Sierra Madre Occidental, im O die Sierra Madre Oriental, die 4 056 m erreicht. Im S wird diese Landschaft durch die transkontinentale Vulkanzone der Cordillera Neovolcánica begrenzt. Hier liegen mit dem 5 286 m hohen Ixtaccíhuatl, dem 5 452 m erreichenden Popocatépetl und schließlich dem Citlaltépetl mit 5 700 m die höchsten Berge des Landes.
Jenseits des Vulkanriegels liegt die Senke des Río Balsas, das Gran Valle del Sur. Weiter südlich erhebt sich das zu Zentralamerika zählende Gebirgsland von Chiapas. Nördlich ragt die Halbinsel Yucatán weit in den Golf hinein.
Tiefland hat M. nur entlang seiner Küsten, wobei die Küstenebene im O deutlich breiter ist als im W. Auch der O der Halbinsel Yucatán ist Tiefland.
Im NW ragt die schmale, gebirgige Halbinsel Niederkalifornien (Baja California) in den Pazifischen Ozean hinein. Sie verläuft parallel zur eigentlichen Pazifikküste von M., wodurch eine lange, schmale Bucht entsteht.
Der längste *Fluss* ist der in den USA entspringende, insgesamt 3 034 km lange Río Grande del Norte, der über weite Strecken der Grenzfluss gegen die Vereinigten Staaten ist.
Das *Klima* ist überwiegend tropisch bis subtropisch. Im N dominiert trockenes, kontinental geprägtes Klima mit großen Temperaturschwankungen am Tag und zw. den Jahreszeiten. Die Sommer sind hier heiß mit Tagestemperaturen um 40 °C, die Winter mit 14 °C verhältnismäßig kühl. Stürme mit kalten Winden, die Nortes, treten regelmäßig auf. Im S ist es mit Schwankungen der mittleren Monatstemperatur von 5 °C gleichmäßig warm bis heiß mit stellenweise reichen Niederschlägen. Die tatsächlichen Temperaturen und die Vegetation hängen von der Höhe ab. Bis 800 m liegen die mittleren Monatstemperaturen beispielsweise zw. 25 °C und 30 °C, zw. 1 700 und 4 000 m sinkt der Durchschnitt auf 17 °C bis 13 °C.
In der *Pflanzenwelt* herrschen Steppen und Dornstrauch- sowie Sukkulentenformationen mit Kakteen, Agaven und Yucca vor. Tropische Regenwälder gibt es nur an den sehr feuchten Gebirgshängen im S. In trockeneren Lagen sind Buschwald und Savanne, in höheren Lagen Laub- und Nadelwälder bestimmend. Die Baumgrenze liegt bei etwa 4 400 m.

Bevölkerung

Die *ethnische Gliederung* M. beruht mehr auf kulturellen als auf streng völkerkundlichen Merkmalen. Etwa 75 % der Mexikaner sind Mestizen, bei denen diejenigen mit vorherrschend europäischem Erbteil (meist aus Spanien) überwiegen. Zu den Indianern bzw. Indígenas, die insgesamt rd. 14 % ausmachen, gehören Azteken, Maya, Otomi, Zapoteken, Mixteken, Totonaken und Tarasken als größte Gruppen. Der Anteil der Weißen, der Schwarzen und der Mulatten an der Gesamtbevölkerung ist sehr gering und geht ständig zurück. Viele Indianer fühlen sich von der Bundesregierung bzw. den gesellschaftlich dominierenden Mestizen diskriminiert. Teilweise eskalierten diese Konflikte wie in der jüngsten Vergangenheit in Chiapas, wo von 1994 bis 2003 die Zapatisten für die Belange der Indianer kämpften. Für rd. 30 Gemeinden wurden Autonomierechte erstritten.
M. ist nach Brasilien das bevölkerungsreichste Land Lateinamerikas und hat mit 1,8 % ein hohes jährliches *Bevölkerungswachstum*. Viele Mexikaner, insbesondere solche aus der großen Gruppe der Armen, versuchen auszuwandern, bevorzugt in die USA. Da die Regierung in Washington die mexikanische Einwanderung begrenzen will, gelangen viele Menschen nur illegal in die Vereinigten Staaten.
Die *Bevölkerungsverteilung* ist sehr ungleichmäßig. In der Zentralregion leben

M

auf rd. 14 % der Landesfläche mehr als 50 % aller Einwohner. Der Anteil der städtischen Bevölkerung nimmt durch Landflucht ständig zu und liegt bei rd. 75 %. Neben der Stadt ↑Mexiko gibt es neun Millionenstädte.

Allgemeine *Schulpflicht* besteht vom sechsten bis zwölften Lebensjahr. Nur ungefähr ein Drittel der Kinder geht so lange zur Schule. Das Schulwesen ist teils staatlich, teils privat. Die Trennung von Kirche und Staat schließt die Einrichtung konfessioneller Schulen aus. Die Analphabetenquote liegt bei 10 %.

Bei den *Religionen* dominiert der Katholizismus, dem 90 % der Bevölkerung angehören. Daneben haben sich traditionelle religiöse Vorstellungen und Riten der Indianer in vielfältiger Form erhalten.

Wirtschaft und Verkehr

M. zählt zu den wirtschaftlich stärksten Ländern Lateinamerikas, hat aber noch immer Probleme wegen der extrem hohen Auslandsschulden, die in den 1980er-Jahren einmal zum Staatsbankrott geführt haben. Die fortgesetzte Reprivatisierung staatlicher Industrieunternehmen, erhöhte Auslandsinvestitionen und die besseren Handelsbedingungen durch die ↑NAFTA sollen die wirtschaftliche Entwicklung weiter fördern.

Der *Bergbau* ist stark entwickelt. Im Golfküstenbereich liegen große Erdöl- und Erdgasfelder. Beim Erdöl ist M. der viertgrößte Förderer und gehört beim Erdgas zu den zehn wichtigsten der Welt. Abgebaut werden außerdem u. a. Silber-, Wismut-, Quecksilber-, Gold-, Blei-, Zink-, Antimon-, Kadmium-, Kupfer-, Mangan- und Eisenerze sowie Kohle, Schwefel und Phosphate.

Die *Industrie* ist breit gefächert. Größtes Industriezentrum ist die Hauptstadt, gefolgt von Guadalajara, Puebla und Monterrey. Über 80 % der Konsumgüter werden im Land hergestellt. Eine wichtige Rolle spielt die entlang der Grenze gegen die USA angesiedelte Industrie: Hier nutzen US-Betriebe das niedrige Lohnniveau in Mexiko.

M

In der *Landwirtschaft* arbeiten rd. 18 % der Erwerbstätigen. Etwa die Hälfte der Gesamtfläche wird landwirtschaftlich genutzt. Ackerbau ist vielfach nur mithilfe von Bewässerung möglich. Im S des zentralen Hochlands und in der Cordillera Volcánica wird Regenfeldbau betrieben. Der Großgrundbesitz ist seit dem Ende der Revolution 1917 stark zurückgegangen. Allerdings überwiegen nun wirtschaftlich nicht besonders effiziente Kleinbetriebe, die oft nur für die Selbstversorgung arbeiten.
Grundnahrungsmittel sind Mais, Bohnen, Weizen, Gemüse und Obst, jedoch müssen Lebensmittel zusätzlich eingeführt werden. Exportorientiert ist der Anbau von Kaffee, Baumwolle, Tomaten, Südfrüchten, Gemüse und Tabak. Neben Rindern, Schweinen, Schafen und Ziegen werden v. a. Hühner gehalten. Bedeutend ist das Imkerwesen: M. ist weltweit der viertgrößte Produzent von Bienenhonig.
Die wichtigsten *Handelspartner* sind die USA, die EU-Staaten, Japan und die Staaten Lateinamerikas.

Mexiko: Als größte Kirche in Lateinamerika ist die Renaissance-Kathedrale auf der Plaza de la Constitución im Herzen der Altstadt bekannt. Sie wurde zwischen 1573 und 1667 erbaut.

Der *Tourismus* ist eine Wachstumsbranche. Hauptanziehungspunkte sind neben den Badeorten an Atlantik und Pazifik v. a. die archäologischen Stätten der altindianischen Kulturen.

Beim *Verkehr* spielt der Kraftverkehr die bedeutendste Rolle. Das Straßennetz ist gut ausgebaut. Die wichtigste Verbindung ist der 3 500 km lange mexikanische Anteil an der transkontinentalen Carretera Panamericana. Neben der Eisenbahn ist auch der Inlandsflugverkehr bedeutend. Es gibt 32 internationale Flughäfen und an beiden Meeresküsten eine Vielzahl großer Hafenstädte.
Staat und Politik: M. gehörte 1945 zu den Gründungsmitgliedern der UNO. Seit 1994 ist es Mitglied der NAFTA. Das Jahr 2000 wurde zu einem Wendejahr, als die Partei der Institutionalisierten Revolution (PRI) erstmals seit 80 Jahren die Parlaments- bzw. Präsidentschaftswahlen verlor.
Nach der Verfassung von 1917 ist M. eine präsidiale Bundesrepublik. Staatsoberhaupt und Regierungschef ist der mit weitgehenden Vollmachten ausgestattete Präsident, der auf sechs Jahre direkt gewählt wird.

Mexiko (amtlich span. Ciudad de México): Hauptstadt und mit 8,591 Mio. Einwohnern die größte Stadt Mexikos. In der Agglomeration leben offiziell etwa 18 Mio. Menschen, nach inoffiziellen Angaben sind es aber mehr als 20 Mio. Die Zuwanderung mittelloser Familien vom Lande hält seit Jahrzehnten an und hat zur Entstehung und großflächigen Ausdehnung von Elendsvierteln geführt.
M. liegt in einem Becken des zentralen Hochlandes in einer Höhe von rd. 2 240 m. Die Stadt ist das Kultur- und Wirtschaftszentrum des Landes. Neben der Nationaluniversität gibt es acht weitere Universitäten sowie viele bedeutende Museen und Kunstsammlungen. M. ist Sitz eines katholischen Erzbischofs. Die Industrie ist breit gefächert und umfasst alle bedeutenden Sparten. Die Stadt hat einen internationalen Flughafen.
Häufig treten Erdbeben auf, die katastrophale Auswirkungen haben können, zuletzt 1985. Außerdem leidet die Stadt sehr unter Smog, der zu zwei Dritteln

vom Autoverkehr verursacht wird. M. entstand an der Stelle des 1521 von den spanischen Eroberern zerstörten Tenochtitlán, der rd. 250 000 Einwohner zählenden Hauptstadt des Aztekenreiches. Der unter dem Namen Zócalo bekannte Platz der Verfassung liegt über einem früheren See mit den berühmten schwimmenden Gärten der Azteken, an dessen Ufern die großen Tempel und Paläste standen. Heute erheben sich hier die Kathedrale (1573 ff.), der Nationalpalast (1523 ff.) und das Rathaus (17./18. Jh.). Neben Sakralbauten aus vielen Epochen ist M. aber auch reich an Bauten moderner Architektur, etwa dem Olympiastadion, in dem 1968 die Sommerspiele abgehalten wurden und das 80 000 Menschen Platz bietet.

Mezzogiorno [-'dʒɔrno], [italienisch »Mittag«, »Süden«]: Bezeichnung für die im Vergleich zum N wirtschaftlich schwächeren Regionen Süditaliens, v. a. Apulien, Basilicata und Kalabrien sowie die Inseln ↑ Sizilien und ↑ Sardinien.

Im 20. Jh. wurden Italiens Mitte und der N zu bedeutenden europäischen Industrieregionen. Der auch gesellschaftlich und bildungspolitisch erstarrte S mit seinen Überresten an Feudalstrukturen wie der Halbpacht blieb industriell deutlich zurück, sodass sich in Italien ein starkes N-S-Gefälle entwickelte. Viele Italiener verließen den M. und wanderten nach Übersee, v. a. in die USA, aus oder gingen in den N Italiens.

Mithilfe von Gesetzen, Reformen und Behörden wie dem Ministerium für den Mezzogiorno sollen Industrieansiedlung, Intensivierung und Spezialisierung in der Landwirtschaft, Bildungs- und Bevölkerungspolitik verbessert werden. Im politischen Bereich bedroht das N-S-Gefälle latent die Einheit Italiens, was insbesondere die Gründung der Lega Nord 1991 verdeutlichte. Diese Partei fordert die Ablösung der reicheren Landesteile von Süditalien.

Miami [maɪ'æmɪ]: Stadt an der Ostküste von ↑ Florida. M. hat 362 500 Einwohner, in der Agglomeration leben mehr als 2 Mio. Menschen. Die Stadt ist seit dem Sieg der sozialistischen Revolution auf Kuba 1959 das Zentrum der Exilkubaner und darüber hinaus wegen des nahezu tropischen Klimas und der kleinstädtischen Atmosphäre bei Bürgern der USA als Alterssitz sehr beliebt. Es gibt zwei Universitäten, bedeutende Einrichtungen der Meeresforschung, einen großen Hafen, einen internationalen Flughafen und viele Industriebetriebe, die meisten aus dem Hightechbereich. Über die Biscaynebay ist M. durch Schnellstraßen mit dem Seebad und Winterkurort **Miami Beach** verbunden.

Mikronesien: Inselstaat im westlichen Pazifik. M. besteht aus 607 Inseln.

Mikronesien

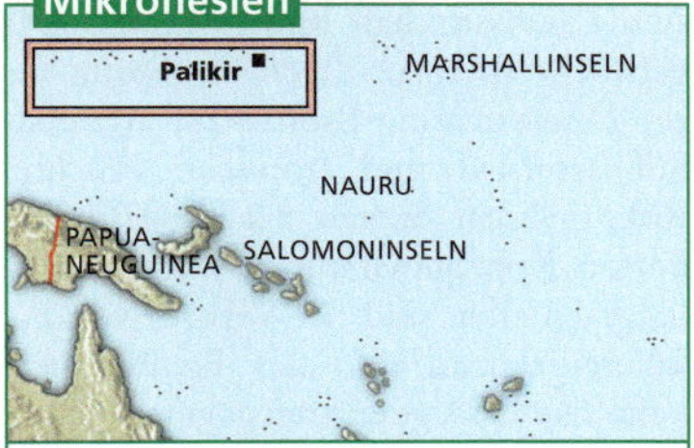

(amtlich engl. Federated States of Micronesia, dt. Föderierte Staaten von Mikronesien)
Fläche: 701 km²
Einwohner: 122 000
Hauptstadt: Kolonia; Regierungssitz ist Palikir (beide auf Pohnpei)
Verwaltungsgliederung: 4 Gliedstaaten
Amtssprache: Englisch
Währung: 1 US-Dollar (US-$) = 100 Cents (c)
Zeitzone: Kosrae und Pohnpei: MEZ + 10 Stunden; Chuuk und Yap: MEZ + 9 Stunden
Kfz-Kennzeichen: FSM

Landesnatur: M. setzt sich aus vier Inselgruppen zusammen, die zugleich die vier Gliedstaaten bilden: Zu den Ostkarolinen gehören Kosrae mit fünf Inseln, Pohnpei (früher Ponape) mit 163 und Chuuk (Truk) mit 294 Inseln; zu den Westkarolinen westlich des Palau- und Yapgrabens gehört das 145 Inseln um-

M

fassende Yap. Es sind teils hohe, von Korallenriffen umgebene Vulkaninseln, teils flache Koralleninseln.
Das Klima ist tropisch-ozeanisch. Pro Jahr fallen zw. 3 000 und 5 000 mm Regen. Auf den vulkanischen Inseln dominieren Wald- und Grasvegetation, auf den Koralleninseln Kokos- und Schraubenpalmen.
Bevölkerung: Über 95 % der Einwohner sind Mikronesier. Polynesier, Asiaten und Europäer sind Minderheiten. Die größte Stadt ist mit 15 000 Einwohnern Weno auf Chuuk. Vom 6. bis 14. Lebensjahr besteht Schulpflicht. Fast ein Fünftel der Bevölkerung sind Analphabeten. Die meisten Einwohner sind Christen, etwa je zur Hälfte katholischer bzw. protestantischer Konfession.
Wirtschaft und Verkehr: Die Hauptzweige sind Landwirtschaft und Fischerei. Angebaut werden zur Eigenversorgung Taro, Jamswurzeln, Brotfrucht, Maniok, Süßkartoffeln und tropische Früchte. Kokospalmen dienen der exportorientierten Kopragewinnung. Weitere Einnahmequellen sind der Verkauf von Fischereilizenzen und der Fremdenverkehr. Die USA gewähren gegen militärische Nutzungsrechte Finanzhilfen und sind neben Japan Haupthandelspartner.
Das Straßensystem ist auf den großen Inseln ausreichend ausgebaut. Hauptverkehrsmittel sind Boote und Schiffe. Internationale Flughäfen bestehen auf Pohnpei, Chuuk, Yap und Kosrae.
Staat und Politik: Nach der Verfassung von 1979 ist M. eine föderative Präsidialrepublik. Staatsoberhaupt und Regierungschef ist der für vier Jahre vom Parlament ernannte Präsident.
Die USA entließen das seit 1947 von ihnen als Treuhandgebiet verwaltete M. 1986 in die Unabhängigkeit. Die UNO bestätigte 1990 das Ende des Treuhandstatus und nahm M. 1991 auf.

Minsk: Hauptstadt von Weißrussland und mit 1,699 Mio. Einwohnern größte Stadt des Landes. M. liegt am östlichen Rand des weißrussischen Landrückens in einer Höhe von etwa 230 m. Die Stadt hat eine Universität, einen internationalen Flughafen und ist das wichtigste Industriezentrum Weißrusslands. M., das Anfang des 11. Jh. entstanden war, wurde sehr oft durch Kriege zerstört, zuletzt im Zweiten Weltkrieg. Nach 1945 entstand es neu als eine großzügig angelegte Stadt.

Mississippi: mit 3 778 km der längste Strom der USA. Zusammen mit dem ↑ Missouri bildet der M. eines der längsten Flusssysteme der Erde. Der M. entspringt westlich des Oberen Sees nahe der Grenze gegen Kanada in den USA. Ab Cairo tritt er in das Mississippitiefland ein, das er als Dammfluss durchquert – der hier bis zu 1 370 m breite Strom fließt durch Ablagerung von Sedimenten in einem deutlich erhobenen Flussbett. Südlich von New Orleans mündet der M. in einem breiten Delta, das er ständig erweitert, in den Golf von Mexiko.
Auf seinem Weg nimmt er zahlreiche große Flüsse auf, neben dem Missouri u. a. den Ohio, den Arkansas und den Illinois. Insgesamt entwässert der M. ein Drittel der USA. Die Seeschifffahrt reicht flussaufwärts bis Baton Rouge, die Flussschifffahrt bis Minneapolis-Saint Paul. Der M. hat außerdem Anschluss an den Intracoastal Waterway und über den Illinois Waterway an das Gebiet der Großen Seen.

Missouri: mit 3 725 km der zweitlängste Strom in den USA nach dem ↑ Mississippi, dessen wichtigster Nebenfluss er ist. Der M. entsteht in Montana aus den drei Quellflüssen Gallatin, Jefferson und Madison. Rund 30 km nördlich von Saint Louis mündet er in den Mississippi. Er wird an vielen Stellen aufgestaut und seine Wasserkraft dient der Energiegewinnung.

Mittelamerika: der über 750 000 km² umfassende und über 63 Mio. Einwohner zählende Großraum zw. den Kontinenten ↑ Nordamerika und ↑ Südamerika. Er gliedert sich in die Festlandsbrücke ↑Zentralamerika und die Inselwelt der ↑Westindischen Inseln. Im N bilden die Bahamas die Grenze gegen Nordamerika. Im S endet M. an der Atratosenke im Grenzraum von Panama und Kolumbien.

Naturraum: Zentralamerika wird von den Faltengebirgszügen der ↑Kordilleren durchzogen, die zum Pazifischen Ozean steil abfallen und zum Karibischen Meer hin in Hügelland übergehen, an das sich z. T. sumpfiges Schwemmland und schließlich großenteils flache Ausgleichsküsten mit Strandseen anschließen. Zw. der nördlichen und der südlichen Kette der Kordilleren liegen ausgedehnte Hochflächen und weite Becken. In der Nicaraguasenke liegen mit dem Nicaraguasee (8 030 km²) und dem Managuasee (1 040 km²) die beiden größten Seen. Der höchste Berg von M. ist der Tajumulco (4 210 m), ein Vulkan im südlichen Guatemala. Entlang der pazifischen Seite Zentralamerikas verläuft eine tektonische Schwächezone, die durch häufige Erdbeben und ausgedehnten, z. T. noch tätigen Vulkanismus gekennzeichnet ist.

M. hat tropisches Klima, das z. T. durch die Höhenlage und durch den Einfluss der Meere abgemildert wird. Die größten Niederschläge fallen auf den Inseln und der karibischen Seite Zentralamerikas (bis 6 000 mm pro Jahr). Die inneren Täler und Hochbecken im Windschatten der Gebirge sind z. T. recht trocken (um 600 mm Niederschlag). Schwere Wirbelstürme mit Starkregen, der häufig zu Erdrutschen führt, sind häufig. Dem Hurrikan Mitch beispielsweise fielen im November 1998 rd. 10 000 Menschen zum Opfer; er verwüstete weite Teile von Honduras und Nicaragua.

Die feuchtheißen Tiefländer werden von immergrünen Regenwäldern eingenommen. An der pazifischen Küste herrschen regengrüne Savannenwälder und Dornbusch vor. In 800 m Höhe geht der Regenwald in Bergwald über. Oberhalb von 1 500 m wachsen Eichenmischwälder und Kiefern; Laubwälder gedeihen noch bis in Höhen von 3 200 m.

Mittelamerika: Luftaufnahme einer Küstenlandschaft in Costa Rica.

Bevölkerung: Nur noch in Guatemala haben die ursprünglichen Bewohner, die Indianer, größeren Anteil an der Bevölkerung. Meist gehören sie zu den Maya. Die Kariben, die Indianer der Inselwelt, sind während der Landnahme der Europäer im 18. Jh. fast ausgerottet worden. In Guatemala und auf Dominica leben heute noch etwa 25 000 Nachfahren. In Costa Rica überwiegen die Weißen, auf Haiti, Dominica und einigen weiteren Inselstaaten die Schwarzen, in den anderen Staaten herrscht Mischlingsbevölkerung vor. Mestizen leben v. a. im Hochland, Mulatten und Zambos im heißen Küstentiefland und auf den Inseln. Der jährliche Bevölkerungszuwachs ist mit über 2,5 % sehr hoch. Der Katholizismus ist die dominierende Religion, häufig vermischt mit indianischen oder afrikanischen Kulten (Haiti: Wodu).

Wirtschaft und Verkehr: Die Staaten sind wenig entwickelt, der Agrarsektor dominiert. Wichtigste Exportprodukte sind

M

Mittelamerika

Land	Fläche in km²	Einwohner in 1 000	Hauptstadt
Antigua und Barbuda	442	69	Saint John's
Bahamas	13 878	314	Nassau
Barbados	430	269	Bridgetown
Belize	22 965	253	Belmopan
Costa Rica	51 100	3 942	San José
Dominica	751	72	Roseau
Dominikanische Republik	48 442	8 613	Santo Domingo
El Salvador	21 041	6 417	San Salvador
Grenada	344	102	Saint George's
Guatemala	108 889	11 992	Guatemala
Haiti	27 750	8 286	Port-au-Prince
Honduras	112 088	6 797	Tegucigalpa
Jamaika	10 990	2 617	Kingston
Kuba	110 860	11 263	Havanna
Nicaragua	120 255	5 342	Managua
Panama	75 517	2 940	Panama
Saint Kitts und Nevis	262	46	Basseterre
Saint Lucia	616	160	Castries
Saint Vincent and the Grenadines	389	117	Kingstown
Trinidad und Tobago	5 128	1 304	Port of Spain

Kaffee, Zuckerrohr, Bananen, Kakao, Kokosnüsse, Tabak, Kautschuk, Hölzer und Baumwolle. Für den Eigenbedarf werden v. a. Mais, Bohnen und Reis angebaut. Das Verkehrssystem ist meist schlecht ausgebaut. Auf dem Festland gibt es eine Reihe von Eisenbahnstrecken, die die karibische mit der pazifischen Küste verbinden. Der Pan-American-Highway ist eine durchgängige N-S-Verbindung. Der Panamakanal verbindet Atlantik und Pazifik und ist eine der wichtigsten Schifffahrtsstraßen der Welt.

Mittelatlantischer Rücken: ↑Atlantischer Ozean.

Mittelmeer (Mittelländisches Meer, Europäisches Mittelmeer): das 3,02 Mio. km² große Nebenmeer des Atlantischen Ozeans zw. Südeuropa, Vorderasien und Nordafrika. Es ist über die Straße von ↑Gibraltar mit dem Atlantischen Ozean sowie über den ↑Suezkanal und das ↑Rote Meer mit dem Indischen Ozean verbunden.

Zum M. gehören die Teilmeere Adriatisches Meer, Ägäisches Meer, Marmarameer und ↑Schwarzes Meer. Ferner lässt sich das M. in das **östliche Mittelmeer** und das **westliche Mittelmeer** gliedern, die durch die Straße von Tunis und die Straße von Messina miteinander verbunden sind.

Im Durchschnitt hat das M. eine Tiefe von 1 450 m. Die tiefste Stelle liegt mit 5 121 m im östlichen M. westlich der Peloponnes. Das Wasser des M. hat einen hohen Salzgehalt. Im W sind es 36,3 ‰ und im O 39,1 ‰. Der Wasserspiegel liegt im Vergleich zu dem der Nachbarmeere etwas tiefer; dadurch entstehen sowohl in der Straße von Gibraltar als auch in den Dardanellen und im ↑Bosporus ein ins M. gerichteter Ausgleichsstrom an der Oberfläche und ein entgegengesetzt fließender Tiefenstrom. Die Strömungen und die Gezeiten des M. sind im Allgemeinen schwach.

Das Klima im Mittelmeergebiet ist so prägnant, dass man unter **Mittelmeerklima** (Etesienklima) einen auch anderswo zu findenden Typus versteht: ein Klima, das durch Winterregen und Sommertrockenheit bei Temperaturmitteln von 13 bis 22 °C geprägt wird.

Das Oberflächenwasser des M. ist relativ nährstoffarm und daher auch nicht besonders fischreich. Am wichtigsten ist Küstenfischerei auf Thunfisch, Sardelle, Sardine, Languste, Tintenfisch, Austern und Schwämme.

Das M. ist eines der am stärksten verunreinigten Meeresgebiete weltweit. Hervorgerufen wird die Verschmutzung u. a. durch die Einleitung von ungereinigten Abwässern aus Industrien und Städten sowie von der Müllverklappung und dem Durchspülen von Öltanks auf dem offenen Meer. Der Schiffsverkehr ist sehr dicht. Der Suezkanal ist einer der bedeutendsten Schifffahrtswege der Welt und auch der Handel der Mittelmeerländer bringt ein enormes Verkehrsvolumen.

Mobutu-Sese-Seko-See: ↑Albertsee.

Moçambique [mosam'bɪk, portugiesisch musam'bikə]: Staat in Südostafrika. M. grenzt im O an den Indischen Ozean, im S an Swasiland, im SW an die Republik Südafrika, im W an Simbabwe, im NW an Sambia sowie an Malawi und im N an Tansania.

Landesnatur: Entlang der fast 2 800 km langen Küste erstreckt sich das 200 bis 400 km weit ins Landesinnere reichende Küstentiefland. Im N und im W steigt das Relief zu ausgedehnten Hochländern an, die rd. 1 000 m erreichen und von Inselbergen überragt werden. Höchste Erhebung ist der Monte Binga mit 2 436 m. Der wichtigste Fluss ist der ↑Sambesi. Das Klima ist im N und im zentralen Teil tropisch und steht unter dem Einfluss des Monsun. Im SO ist es subtropisch und wird vom Südostpassat bestimmt. Im Küstentiefland fallen zw. 800 und 1 500 mm Regen pro Jahr. Im Landesinnern gehen die Niederschläge auf 400 mm zurück. Es überwiegen Trockensavannen mit z. T. ausgedehnten Wäldern, entlang der Flüsse Feuchtsavannen mit Galeriewäldern, an der Küste und an den Flussmündungen Mangrove.

Moçambique

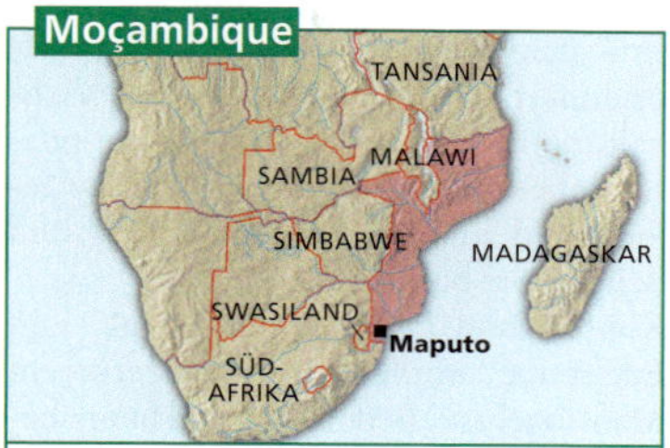

(amtlich portugiesisch República de Moçambique, dt. auch Mosambik)
Fläche: 801 590 km²
Einwohner: 18,438 Mio.
Hauptstadt: Maputo
Verwaltungsgliederung: 10 Provinzen, 1 Hauptstadtbezirk
Amtssprache: Portugiesisch
Währung: 1 Metical (MT) = 100 Centavos (CT)
Zeitzone: MEZ + 1 Stunde
Kfz-Kennzeichen: MOC

Bevölkerung: 98 % der Einwohner gehören zu den Bantuvölkern, wobei Makua mit einem Anteil von rd. 50 % an der Bevölkerung und Tsonga mit etwa einem Viertel die größten Gruppen sind. Die meisten Europäer haben das Land bei Ausbruch des Bürgerkriegs 1974 verlassen. Als 1992 der Waffenstillstand geschlossen und 1994 Wahlen abgehalten werden konnten, stellte die Rückwanderung von fast 5 Mio. Binnenflüchtlingen in ihre Heimatorte und die Rückkehr von 1,7 Mio. Flüchtlingen aus den Nachbarländern M. vor große Probleme.

Es besteht siebenjährige Schulpflicht. Unterrichtssprache ist Portugiesisch. 60 % der Bevölkerung sind Analphabe-

M

ten. Etwa 70 % gehören Naturreligionen an, rd. 30 % sind Christen und 23 % Muslime.

Wirtschaft und Verkehr: Durch den 17-jährigen Bürgerkrieg ist die Wirtschaft stark geschädigt, zeigt aber wieder ein merkliches Wachstum. Wichtigster Zweig ist die Landwirtschaft. Für den Eigenbedarf werden besonders Mais, Maniok, Hülsenfrüchte, Hirse, Reis und Bataten angebaut. Zuckerrohr, Sisal, Cashewnüsse, Tee, Baumwolle, Kokospalmen und Zitrusfrüchte werden überwiegend exportorientiert auf Plantagen kultiviert. Viehhaltung ist wegen der Tsetsefliege relativ unbedeutend. Fischerei (v. a. Garnelen) wird für die Eigenversorgung und den Export betrieben.

Kupfer- und Eisenerz sowie Gold und Edelsteine werden noch in geringem Maß abgebaut. Bedeutend sind heute besonders die Förderung von Steinkohle und Bauxit sowie von Erdgas.

Im produzierenden Sektor sind Nahrungsmittel- und Textilindustrie sowie Metallproduktion und eine Erdölraffinerie wichtig. Haupthandelspartner sind die EU-Länder, USA, Republik Südafrika und Japan.

M. ist ein wichtiges Transitland mit einem gut ausgebauten Eisenbahn- und Fernstraßennetz. Große Häfen und internationale Flughäfen haben Maputo und Beira.

Staat und Politik: Seit der Unabhängigkeit von Portugal 1975 ist M. Mitglied der UNO. Im Bürgerkrieg standen sich die marxistisch orientierte FRELIMO (**Fr**ente de **Li**bertacão de **Mo**çambique) und die antikommunistische RENAMO (**Re**sistência **Na**cional **Mo**çambicana) gegenüber. Beide Gruppierungen arbeiten seit 1992 als politische Parteien. Die ersten freien Wahlen 1994 gewann die FRELIMO.

Nach der Verfassung von 1990 ist M. eine Präsidialrepublik und gehört seit 1995 als bislang einziges nicht englischsprachiges Mitglied zum britischen Commonwealth. Staatsoberhaupt ist der mit weitgehenden Vollmachten ausgestattete, direkt gewählte Präsident, der die Regierung ernennt.

Moldawien: Staat im SO Europas. M. grenzt im N, O und S an die Ukraine und im W an Rumänien. Den Bewohnern der Region am ↑Dnjestr, dem sog. Transnistrien, wurde 1992 Autonomie gewährt. Im SW des Landes besteht das autonome Gebiet Gagausien.

Moldawien

(moldawisch Moldova, amtlich Republica Moldova, dt. auch Moldau)
Fläche: 33 740 km²
Einwohner: 4,255 Mio.
Hauptstadt: Chişinău
Verwaltungsgliederung: 32 Distrikte, 3 Munizipien, 2 autonome Gebiete
Amtssprache: Moldawisch (Rumänisch)
Währung: 1 Moldau-Leu (MDL) = 100 Bani
Zeitzone: MEZ + 1 Stunde
Kfz-Kennzeichen: MD

Landesnatur: M. nimmt den überwiegenden Teil der historischen Landschaft Bessarabien ein. Es umfasst das wellige, von Schluchten zertalte Hügelland zw. Pruth im W und Dnjestr im O sowie einen schmalen Landstreifen links des Dnjestr, der das Gebiet Transnistrien bildet. Im Bereich der Zentralmoldawischen Platte erheben sich die meist von Eichenwäldern bedeckten Höhen der 492 m hohen Kodren (Kodry). Im N erstreckt sich die Nordmoldawische Platte, im S die Südmoldawische Ebene und die Ebene Bessarabiens mit der Budschaksteppe. Das Klima ist gemäßigt kontinental mit kurzen, schneearmen Wintern und langen, warmen und trockenen Sommern. Die Jahresniederschläge liegen zw. 350 und 550 mm.

Bevölkerung: Rd. zwei Drittel der Einwohner sind Moldawier, die ethnisch mit den Rumänen identisch sind. Jeweils rd. 13 % entfallen auf Russen und Ukrainer. Die größte der weiteren Minderheiten sind die zu den Turkvölkern zählenden Gagausen mit knapp 4 %.

Zw. den Moldawiern einerseits und Russen, Ukrainern und Gagausen andererseits bestehen große ethnische Spannungen. Die Ukrainer siedeln v. a. im O und S, die Russen östlich des Dnjestr und in ↑ Chişinău, die Gagausen in Gagausien. 1991/92 kam es zu einem Bürgerkrieg, als sich Transnistrien ablösen wollte.

Knapp 50 % der Bevölkerung leben in Städten. Die Gläubigen gehören hauptsächlich zur orthodoxen, eine Minderheit zur römisch-katholischen Kirche. Es besteht eine zehnjährige Grundschulpflicht.

Wirtschaft und Verkehr: Die durch Böden und Klima begünstigte Landwirtschaft ist der Hauptwirtschaftszweig, in dem genossenschaftlich organisierte Betriebe bestimmend sind. Dagegen ist der Viehbestand großenteils seit 1989/90 wieder in Privatbesitz überführt worden. Größte Bedeutung hat der Wein- und Obstbau. Daneben werden Winterweizen, Sonnenblumen, Tabak, Zuckerrüben und Gemüse kultiviert.

Im industriellen Bereich arbeitet nur noch eine Minderheit von Arbeitern in Staatsbetrieben. Die große Abhängigkeit von Rohstoffzulieferungen aus Russland und die weitgehende Autonomie des stark industrialisierten Transnistrien wirken sich hemmend auf die weitere ökonomische Entwicklung aus. Vorherrschender Industriezweig ist die Nahrungsmittelindustrie, gefolgt vom Maschinen- und Gerätebau sowie der Textilindustrie.

Wichtigste Handelspartner sind die Ukraine, Russland, Rumänien, Deutschland und Weißrussland. Das Verkehrsnetz ist v. a. in Transnistrien gut ausgebaut. Chişinău hat einen internationalen Flughafen.

Staat und Politik: Im Jahr 1991 hat sich M. von der UdSSR gelöst und trat der GUS sowie 1992 der UNO bei. Nach der Verfassung von 1994 ist M. eine Republik. Staatsoberhaupt ist der alle fünf Jahre direkt gewählte Präsident. Die Regierung wird vom Ministerpräsidenten geführt, den das Parlament wählt.

Monaco: Staat in Europa. M. ist nach Vatikanstadt das kleinste Land der Welt. Es grenzt an das Mittelmeer und wird landseitig vom französischen Département Alpes-Maritimes umschlossen.

Landesnatur: M. liegt an einer Bucht des Ligurischen Meeres im Schutz der Seealpen. Im W steigt das Relief bis auf 163 m an. Das Klima ist mild. Es gibt keine natürliche Vegetation, aber viele Parks mit mediterranen Pflanzen.

Bevölkerung: Nur etwa ein Fünftel der Einwohner sind echte Monegassen, die das Monegassische, einen provenzalisch-ligurischen Mischdialekt, beherrschen. Fast ein Drittel der Bevölkerung sind Franzosen, 20 % Italiener.

Von Europas Staaten hat M. die höchste Bevölkerungsdichte. Es besteht allgemeine Schulpflicht vom 7. bis zum 16. Lebensjahr. Über 90 % der Bevölkerung sind katholischen Glaubens.

Monaco

(amtlich frz. Principauté de Monaco, dt. Fürstentum Monaco)
Fläche: 1,95 km²
Einwohner: 32 000
Hauptstadt: Monaco-Ville
Amtssprache: Französisch
Währung: 1 Euro (EUR, €) = 100 Cents (c)
Zeitzone: MEZ
Kfz-Kennzeichen: MC

M

Wirtschaft und Verkehr: M. ging 1865 mit Frankreich eine Zoll- und 1925 eine Währungsunion ein. Das verarbeitende Gewerbe umfasst v.a. Konsumgüter-, Nahrungs- und Genussmittelindustrie sowie Werften. Es herrscht nahezu Steuerfreiheit und das Bankgeheimnis hat einen hohen Wert. Entsprechend groß ist die Zahl der Briefkastenfirmen und der Konten bei den Banken.

Der Staat finanziert sich durch die Gewinne aus dem Spielkasino, Rundfunkeinnahmen, einigen Steuern, dem Zollausgleich mit Frankreich und dem Briefmarkenverkauf.

Über eine 1,6 km lange Eisenbahnstrecke ist M. an das französische Eisenbahnnetz angeschlossen. Das Straßennetz ist dicht. Der Tourismus ist bedeutend. M. besitzt u.a. ein Schloss, das berühmte Ozeanografische Museum und einen botanischen Garten, der zu den bestsortierten der Welt gehört.

Staat und Politik: Nach der Verfassung von 1962 ist M. eine konstitutionelle Erbmonarchie. Staatsoberhaupt und oberster Inhaber der Exekutive ist der Fürst. Frankreich vertritt M. außenpolitisch. Seit 1993 gehört es zur UNO.

Mönchengladbach: kreisfreie Stadt in Nordrhein-Westfalen mit 263 100 Einwohnern. Die im südwestlichen Niederrheingebiet liegende Stadt entstand im 10. Jh. aus einer Benediktinerabtei und bis heute ist ihre Innenstadt von zahlreichen Sakralbauten geprägt. Beispiele sind die gotische Kirche Sankt Vitus (1228–39) und die spätgotische Basilika Mariä Himmelfahrt (1469–1533). Die Industrie umfasst insbesondere Unternehmen des Maschinen- und Motorenbaus und der Elektronikindustrie.

Mongolei: Staat in Zentralasien. Er grenzt im N an Russland, im O, S und W an China.

Landesnatur: Die M. ist ein Hochland, das im NW und W von den Gebirgsketten des ↑Altai und im N von denen des Changaigebirges überragt wird. Der höchste Punkt liegt im Mongolischen Altai, der 4 374 m erreicht. Zwischen den Bergketten liegen weite, wüstenhafte Becken. Der O ist ein flachwelliges Hochplateau. Südlich der Gebirgszone schließt sich das Trockengebiet der ↑Gobi an.

Das Klima ist extrem kontinental mit großen Temperaturschwankungen zw. den Jahreszeiten und während des Tagesverlaufs. Es fallen geringe Niederschläge, meist während der Sommermonate. Den größten Teil des Landes nehmen Steppen ein. Die Gebirge sind z.T. von Wald bedeckt. Hauptfluss ist die insgesamt 1 024 km lange Selenga, die in Sibirien in den ↑Baikalsee mündet.

Mongolei

(amtlich mongolisch Mongol Uls, dt. Mongolische Republik)
Fläche: 1 566 500 km^2
Einwohner: 2,449 Mio.
Hauptstadt: Ulan-Bator
Verwaltungsgliederung: 21 Provinzen und die Hauptstadt
Amtssprache: Mongolisch
Währung: 1 Tugrik (Tug.) = 100 Mongo
Zeitzone: MEZ + 7 Stunden
Kfz-Kennzeichen: MGL

Bevölkerung: 94 % der Einwohner sind Mongolen. Etwa 4 % entfallen auf Angehörige von Turkvölkern, v.a. Kasachen. Chinesen und Russen sind weitere ethnische Minderheiten. Im N, der ackerbaulich nutzbar ist, leben etwa 10 bis 20 Einwohner pro km^2, in der Gobi kommt auf 10 km^2 ein Einwohner.

Der Übergang von der nomadisierenden zur kollektiven Viehhaltung, der 1960 abgeschlossen war, hatte die Anlage von Dauersiedlungen zur Folge. Knapp 60 % der Bevölkerung leben in Städten.

Allgemeine Schulpflicht besteht vom 8. bis 15. Lebensjahr. Für Kinder nomadisierender Eltern gibt es Internate. Traditionell vorherrschend ist der lamaistische Buddhismus. Seit 1990 wurden viele der einst mehr als 700 lamaistischen Klöster wieder errichtet. Die turksprachigen Bewohner sind überwiegend sunnitische Muslime.

Wirtschaft und Verkehr: Mit der Umstellung der Zentralverwaltungswirtschaft auf die freie Marktwirtschaft sind schwer wiegende ökonomische Probleme verbunden. Strukturbestimmender Zweig ist noch immer die Landwirtschaft, insbesondere die Viehwirtschaft. Gehalten werden Rinder, Pferde, Schafe, Kaschmirziegen, Kamele und Yaks sowie – v. a. in Staatsgütern – auch Schweine und Geflügel. Intensiver Ackerbau ist nur im N, in den z. T. terrassierten Flusstälern, möglich. Angebaut werden Getreide, Kartoffeln, Futterpflanzen und Gemüse. Die reichen Bodenschätze sind wenig erschlossen. Seit 1995 wird die Erdölförderung forciert. Im produzierenden Sektor sind Betriebe der Nahrungsmittel-, Textil-, Leder- und Baustoffindustrie sowie der Holzverarbeitung bestimmend. Wichtigste Ausfuhrgüter sind Schlachttiere, Leder- und Strickwaren, Teppiche, Häute, Kupfer- und Molybdänerzkonzentrate, Kohle und Zinn.

Die Transmongolische Eisenbahn ist an die Transsibirische Eisenbahn angeschlossen und führt nach SO an die chinesische Grenze mit Anschluss an Peking. Das Straßennetz besteht größtenteils aus Steppenpisten. Bei Ulan-Bator liegt ein internationaler Flughafen.

Staat und Politik: Nach der UdSSR war die Mongolei 1924 der zweite kommunistische Staat der Welt. 1961 wurde das Land in die UNO aufgenommen, 1962 trat es dem 1991 wieder aufgelösten COMECON bei. Mit der 1992 in Kraft getretenen Verfassung wandelte sich die Volksrepublik in eine Republik mit Mehrparteiensystem um. Staatsoberhaupt ist der auf vier Jahre direkt gewählte Präsident. Die Regierung unter Führung des Ministerpräsidenten wird vom Parlament gewählt.

Mongolischer Altai: ↑Altai.

Montblanc (frz. Mont Blanc, italienisch Monte Bianco): mit 4 810 m höchster Berg Europas. Er liegt in den Savoyer Alpen, an der Grenze zw. Frankreich und Italien. Der Gipfel gehört zu Frankreich. Als vergletschertes Massiv mit steilen Felsnadeln nimmt er den Raum zw. den tiefen Längstälern der Arve und der Dora Baltea ein. In 4 362 m Höhe liegt das 1895 fertig gestellte Observatorium Vallot, Seilbahnen führen bis auf 3 800 m. Der M. wurde 1786 durch MICHEL-GABRIEL PACCARD und JACQUES BALMAT erstmals bestiegen.

Der **Montblanc-Tunnel** (1959–65) ist mit 11,6 km einer der längsten Straßentunnel der Welt. Er war von 1999 bis 2002 nach einer Brandkatastrophe gesperrt.

Montreal [mɔntrɪˈɔːl]: nach Toronto die zweitgrößte Stadt Kanadas. In der Agglomeration M. leben 3,426 Mio. Menschen. Die Stadt liegt in der Provinz ↑Quebec, auf einer Insel zw. einem Mündungsarm des Ottawa River und dem ↑Sankt-Lorenz-Strom. Die meisten Einwohner sind französischer Abstammung. M. ist Sitz eines katholischen Erzbischofs und eines anglikanischen Bischofs. Es gibt vier Universitäten.

Mit der breit gefächerten Industrie ist M. der wirtschaftliche Mittelpunkt Kanadas. Der Hafen ist über den Sankt-Lorenz-Strom für Schiffe aller Größen zu erreichen. Es gibt zwei internationale Flughäfen. Neben ehemaligen Schlössern ist insbesondere die Kirche Oratoire Saint-Joseph (1924–67) bekannt. In ihr ist der Vorgängerbau integriert, eine der wichtigsten Wallfahrtsstätten Nordamerikas.

Mosel: linker Nebenfluss des Rheins. Die 545 km lange M. entspringt in Frankreich in den südlichen Vogesen, durchfließt Lothringen und bildet auf 34 km die Grenze zw. Luxemburg und

M

Deutschland. In einem Engtal windet sie sich durch das Rheinische Schiefergebirge und mündet bei Koblenz, am sog. Deutschen Eck in den Rhein.
Die größten Nebenflüsse sind Meurthe, Ruwer und Saar von rechts sowie Orne, Sauer, Kyll, Lieser und Alf von links. Im Oberlauf bestehen Kanalverbindungen zur Saône, dem Oberrhein, Marne, Maas und Saar. Die Moselregion ist ein bedeutendes Weinbaugebiet.

Moskau: Hauptstadt von Russland und mit 8,305 Mio. Einwohnern größte Stadt des Landes. M. liegt beiderseits der Moskwa. Es ist Sitz des russisch-orthodoxen Patriarchen. Die Russische Akademie der Wissenschaften, die Lomonossow-Universität, die Universität der Völkerfreundschaft Patrice Lumumba sowie 40 weitere Universitäten machen M. zum wichtigsten Bildungszentrum

Moskau: Mittelpunkt der russischen Metropole ist der 28 ha große Kreml. Die Befestigungsanlage an der Moskwa umfasst Paläste und Sakralbauten sowie die beiden Kathedralen Mariä-Verkündigung und Mariä-Himmelfahrt mit ihren goldenen Turmkuppeln.

Russlands. Zahlreiche Museen, Galerien, Sammlungen und Theater, darunter das weltberühmte Bolschoi-Theater, unterstreichen die Sonderstellung im kulturellen Bereich. Mit neun Kopfbahnhöfen, drei Flusshäfen, der Kanalanbindung an die ↑Wolga und dem internationalen Flughafen Scheremetjewo ist M. der Verkehrsknotenpunkt Russlands. Außerdem ist es die bedeutendste Industriestadt des Landes.
Im Zentrum der Stadt erheben sich zahlreiche Wolkenkratzer, viele im sog. Zuckerbäckerstil, und historische Gebäude, insbesondere Kirchen und Klöster. Kern ist der weltberühmte Kreml mit dem Roten Platz. Das höchste Gebäude ist mit 540 m der Fernsehturm in Ostankino. Viel besucht ist auch die Moskauer U-Bahn, die in den 1920er-Jahren entstand, mit ihren überaus prunkvoll gestalteten Stationen.

Mumbai: ↑Bombay.

München: Hauptstadt des Bundeslandes Bayern. M. liegt an der Isar in rd. 530 m Höhe im Alpenvorland. Mit 1,235 Mio. Einwohnern ist es nach Berlin und Hamburg die drittgrößte Stadt Deutschlands. In M. residiert der Erzbischof von M. und Freising. Mit der Max-Planck-Gesellschaft, der Ludwig-Maximilians-Universität, der Technischen Universität, der Ukrainischen Universität, der Hochschule der Bundeswehr sowie einigen weiteren Hochschulen ist M. eines der Bildungszentren in Deutschland. Wichtige kulturelle Institutionen sind die zahlreichen Museen – z. B. die Bayerische Staatsgemäldesammlung in der Alten und der Neuen Pinakothek, das Bayerische Nationalmuseum und das Deutsche Museum –, die Bayerische Staatsoper und das Bayerische Staatsschauspiel sowie zahlreiche weitere Theater. Mehrere Rundfunk- und Fernsehanstalten, Filmstudios und zahlreiche Verlage machen M. auch zu einem Medienzentrum.
M. ist außerdem Sitz mehrerer Hightechfirmen, darunter viele Filialen amerikanischer Computer- und Softwarekonzerne, sowie bedeutend im Maschinen- und Fahrzeugbau, in der feinmechanischen, chemischen, optischen sowie der Nahrungs- und Genussmittelindustrie. Im Erdinger Moss liegt der internationale Flughafen München II.
M. ist reich an Kirchen und anderen historischen Gebäuden. Das Wahrzeichen ist die Frauenkirche (15. Jh.) mit den zwei überkuppelten Türmen. Im 19. Jh.

München: Die Staatskanzlei auf dem Gelände des ehemaligen bayerischen Armeemuseums erhielt nach ihrem Umbau zwei Seitenflügel aus einer Stahl- und Glaskonstruktion. Das Reiterstandbild vor dem historischen Kuppelgebäude stellt Herzog Otto von Wittelsbach dar.

entstanden gefördert durch die Könige LUDWIG I. und MAXIMILIAN II. die beiden nach diesen Herrschern benannten Prachtstraßen. Ein weltberühmtes Markenzeichen der Stadt ist außerdem das Oktoberfest.

Münster: kreisfreie Stadt in Nordrhein-Westfalen. M. liegt in der Mitte des Münsterlandes an der Aa, die hier zum Aasee gestaut ist. Die Stadt hat 268 900 Einwohner. Mit der Westfälischen Wilhelms-Universität, der Fachhochschule, der Philosophisch-Theologischen Hochschule sowie Museen und Theatern ist M. ein Bildungs- und Kulturzentrum. Wichtigste Arbeitgeber sind Verwaltung und Dienstleistung. Daneben gibt es v. a. Betriebe des Maschinenbaus sowie der chemischen und pharmazeutischen Industrie.

Die im Zweiten Weltkrieg nahezu vollständig zerstörte Altstadt wurde zum größten Teil wieder rekonstruiert. Bekannte Gebäude sind das gotische Rathaus (14. Jh.), der doppeltürmige Dom (1225–64), das barocke Universitätsgebäude und die Hallenkirche Sankt Lamberti (1375–1450).

Müritz: nach dem ↑Bodensee der mit 115 km² größte See Deutschlands. Die M. liegt in Mecklenburg-Vorpommern und ist Teil der Mecklenburgischen Seenplatte. Sie wird von der oberen Elde durchflossen und ist bis zu 31 m tief. Das Ostufer ist Naturschutzgebiet. Seit 1990 bildet die M. mit einigen anderen Seen den **Müritz-Nationalpark**.

Murray: mit 2 570 km nach dem ↑Darling der längste Fluss Australiens. Der wasserreichere M. hat mit 1,1 Mio. km² auch das größte Einzugsgebiet. Er entspringt in den Snowy Mountains in der ↑Great Dividing Range und mündet durch den Lake Alexandrina in den O der Großen Australischen Bucht des Indischen Ozeans.

Myanmar: ↑Birma.

N

NAFTA, Abk. für **N**orth **A**merican **F**ree-**T**rade **A**rea: am 1. 1. 1994 in Kraft getretene Freihandelszone zw. den USA, Kanada und Mexiko. Durch die Abschaffung von Handelshemmnissen für Waren und Dienstleistungen – z. B. Zölle, Quoten, Einfuhrlizenzen – soll die Freihandelszone für gewerbliche Güter und Dienstleistungen sowie den Kapitalverkehr innerhalb von 15 Jahren verwirklicht werden. Falls die Durchsetzung gelingt, wäre die NAFTA nach der ↑EU die größte Freihandelszone der Welt.

Geschaffen durch das North American Free-Trade Agreement vom 18. 12. 1992, ersetzte die NAFTA das amerikanisch-kanadische Freihandelsabkommen von 1989. Eine Besonderheit ist der asymmetrische Zollabbau zw. Mexiko und den beiden nordamerikanischen Staaten wegen des starken Wirtschaftsgefälles zw. beiden Regionen. Das Abkommen sieht ferner eine Liberalisierung der Dienstleistungsmärkte, die Erleichterung von Investitionen, die Einführung einheitlicher Regelungen zum Schutz des geistigen Eigentums und ein gegenseitiges Mitspracherecht bei der Formulierung von Normen vor.

Nagasaki: Hauptstadt der japanischen Präfektur N. und wichtigster Hafen der

Westküste von Kyūshū. N. hat 423 200 Einwohner. Die Stadt ist Sitz einer Universität. Wichtigste Industriezweige sind Schiffbau, Stahl- und Textilindustrie, Maschinenbau sowie Fisch verarbeitende Industrie. Im Heiwa- oder Friedenspark befindet sich das Atombombenmuseum, das an den Abwurf der zweiten Nuklearwaffe der USA am 9. 8. 1945 erinnert. Der Atombombenangriff forderte mindestens 75 000 Tote.
Bedeutende historische Anlagen in N. sind u. a. der Suwa-Schrein aus dem 16. Jh., der »Rote Tempel« aus dem 17. Jh. und Japans älteste Steinbogenbrücke Megane-Bashi (17. Jh.).

Nagoya: Hauptstadt der japanischen Präfektur Aichi. N. liegt auf Honshū an der Isebucht. Es ist mit 2,110 Mio. Einwohnern die viertgrößte Stadt Japans. In N. gibt es mehrere Universitäten u. a. Hochschulen, außerdem ein Planetarium und das meteorologische Observatorium. Hauptindustriezweige sind Maschinen- und Fahrzeugbau, Stahl-, Textil- und Porzellanindustrie. Der drittgrößte Hafen Japans ist auch ein Zentrum des Schiffbaus. N. hat eine U-Bahn und einen Flughafen.
Die Burganlage wurde zw. 1612 und 1614 errichtet. Nach ihrer Zerstörung im Zweiten Weltkrieg wurde sie 1959 als Museum wieder aufgebaut.

Namib: ausgedehnte Wüste entlang der Küste Namibias. Die N. ist etwa 1 500 km lang und 80 bis 130 km breit. Es ist eine extrem regenlose Wüste mit nur 10 bis 20 mm Niederschlag im Jahr. Der Küstenstreifen zeichnet sich durch hohe Luftfeuchtigkeit mit etwa 200 Nebeltagen im Jahr und geringen Temperaturschwankungen aus. Ursache für die Nebelbildung ist der kalte Benguelastrom vor der Küste Afrikas. Weite Teile der N. sind vegetationslos. Im Gebiet zw. Lüderitz und Swakopmund gibt es bis zu 300 m hohe Dünen.
In der Nähe von Oranjemund werden in einem Sperrgebiet Diamanten gefördert. Bei Rössing wird Uranerz abgebaut.

Namibia: Staat in Südwestafrika. N. grenzt im N an Angola, im NO (mit dem Caprizipfel weit hineinreichend) an Sambia, im O an Botswana, im SO und S an die Republik Südafrika und im W an den Atlantik. Die einstige 1 124 km² große südafrikanische Enklave Walfischbai gehört seit 1994 zu Namibia.

Namibia

(amtlich engl. Republic of Namibia)
Fläche: 824 292 km²
Einwohner: 1,985 Mio.
Hauptstadt: Windhuk
Verwaltungsgliederung: 13 Regionen
Amtssprache: Englisch
Währung: 1 Namibia-Dollar (N$) = 100 Cents (c)
Zeitzone: OEZ
Kfz-Kennzeichen: NAM

Landesnatur: N. gliedert sich in drei Großräume. An der Küste erstreckt sich die Wüste ↑Namib. Sie wird im O begrenzt durch die Große Randstufe, die steil zu den zentralen Hochländern in 1 000 bis 2 000 m Höhe ansteigt, die von Bergländern überragt werden. Höchste Erhebung ist der Brandberg mit 2 610 m. Die Hochländer dachen sich im O zur abflusslosen Beckenlandschaft der ↑Kalahari mit der Etoschapfanne ab.
Das Klima ist trocken-randtropisch mit großen tages- und jahreszeitlichen Temperaturschwankungen. Nur der äußerste NO erhält ausreichende Niederschläge von 600 mm pro Jahr. Dornstrauchsavanne überwiegt im O und im Zentrum. Der N und NO wird von Trockensavanne beherrscht. Im äußersten S und an der Küste finden sich Wüsten und Halbwüsten. Die Flora und Fauna wird in mehreren Nationalparks geschützt. Eines der

reichsten Wildschutzgebiete Afrikas ist der Etoscha-Nationalpark.
Bevölkerung: In N. leben elf verschiedene ethnische Gruppen. Den größten Anteil stellen Bantuvölker, besonders die im N lebenden Ambo oder Ovambo mit 47 %. Daneben gibt es Herero, zu denen auch die Himba zählen, Kavango, Tswana, Bergdama und Nama. Die Buschleute gelten als Ureinwohner des Landes. Im Raum Rehoboth leben die Rehobother Baster, ein um 1870 aus dem südlichen Afrika eingewandertes Mischvolk aus Nama und Buren, das Autonomie beansprucht. Etwa 6 % der Bevölkerung sind Weiße. Davon sind 30 % deutscher Abstammung – N. war von 1884 bis 1918 deutsche Kolonie.
Schulpflicht besteht vom 7. bis 16. Lebensjahr. Die Analphabetenrate beträgt fast 20 %. Rd. 60 % der Einwohner sind Protestanten, weitere 20 % Katholiken.
Wirtschaft und Verkehr: Die Wirtschaft ist weitgehend von der Republik Südafrika abhängig, mit der eine Zoll- und Währungsunion besteht. Hauptwirtschaftszweig ist der Bergbau. Gefördert werden Diamanten, Gold, Uran, Kupfer, Blei, Zink und Silber.
Von der Landwirtschaft leben über 40 % der Erwerbstätigen. Ackerbau ist nur auf 1 % der Landesfläche möglich. Zur Eigenversorgung werden v.a. Weizen, Mais, Sonnenblumen, Hirse und Gemüse angebaut. Bedeutend sind auch die Haltung von Rinder, Schafen und Ziegen sowie die Fischerei.
Die Industrie ist noch wenig entwickelt. Wichtigste Zweige sind Erzverhüttung, Fisch- und Fleischverarbeitung, Metall-, Textil- und Lederindustrie sowie Salzgewinnung. Exportiert werden v.a. Diamanten, Uran, Kupfer, Blei u.a. Bergbauprodukte, Rinder, Karakulfelle sowie Fisch und Fischprodukte. Wichtigste Handelspartner sind neben der Republik Südafrika Großbritannien, Deutschland und die USA.
N. ist verkehrsmäßig gut erschlossen. Walfischbai verfügt über einen Tiefwasserhafen. Ein internationaler Flughafen befindet sich in Windhuk.
Staat und Politik: Nach Jahrzehnte langen Bürgerkriegen zw. namibischen Freiheitskämpfern – v.a. der SWAPO (**S**outh **W**est **A**frican **P**eople's **O**rganization) – und der Republik Südafrika, wurde N. am 21.3. 1990 unabhängig und Mitglied der UNO und der OAU. Nach der Verfassung von 1990 ist es eine Präsidialrepublik. Staatsoberhaupt, Oberbefehlshaber der Streitkräfte und Regierungschef ist der auf fünf Jahre direkt gewählte Präsident.

Namibia: Die Wüste Namib entlang der Atlantikküste gab dem Land seinen Namen. Die durch den Wind entstandenen Sanddünen sind zum Teil mehr als 300 m hoch.

Nauru: Inselstaat im westlichen Pazifischen Ozean, südlich des Äquators. N. besteht aus der zu Mikronesien gerechneten Insel Nauru.
Landesnatur: N. ist eine ovale, von Riffen gesäumte, bis 65 m hohe Koralleninsel. Der Korallenkalk des Untergrundes wird von Phosphatablagerungen überdeckt. Sie sind aus einer Anhäufung von Vogelexkrementen, dem sog. Guano, entstanden. Im Innern der Insel liegt die

N

flache Buadalagune, ein Trinkwasserreservoir. Auf dem 150 bis 300 m breiten Küstenstreifen gibt es Bestände von Kokospalmen und Schraubenbäumen. N. hat tropisches Klima mit einer Regenzeit von November bis Februar.

Nauru

(amtlich nauruisch Naoero, engl. Republic of Nauru)
Fläche: 21,3 km²
Einwohner: 13 000
Hauptstadt: Yaren
Amtssprachen: Nauruisch, Englisch
Währung: 1 Australischer Dollar ($A) = 100 Cents (c)
Zeitzone: MEZ + 10 ½ Stunden
Kfz-Kennzeichen: NAU

Bevölkerung: Die knappe Mehrzahl der Einwohner sind Nauruer, ein mikronesisch-polynesisch-melanesisches Mischvolk. Außerdem leben Chinesen, Europäer sowie Gastarbeiter, u. a. aus Kiribati und Tuvalu, auf der Insel.

Es besteht allgemeine Schulpflicht vom 7. bis zum 17. Lebensjahr. Rd. 90 % der Bevölkerung sind Christen. Daneben gibt es Buddhisten und weitere Religionsgemeinschaften.

Wirtschaft und Verkehr: Die wirtschaftlichen Aktivitäten konzentrierten sich bislang auf den Phosphatabbau. Da die Phosphatvorräte inzwischen nahezu erschöpft sind, ist N. auf die Einnahmen aus Immobilien in anderen Ländern des pazifischen Raumes und aus Wertpapieren sowie dem Verkauf von Briefmarken angewiesen.

Die Eisenbahnlinie diente dem Phosphattransport. Um die Insel führt eine 19 km lange Küstenstraße. Da N. keinen Hafen besitzt, müssen Schiffe im Tiefwasser vor der Küste ankern. Ein internationaler Flughafen liegt in der Nähe der Hauptstadt.

Staat und Politik: Nach der Verfassung von 1968 ist N. eine parlamentarische Republik im Commonwealth. Staatsoberhaupt und Regierungschef ist der vom Parlament auf drei Jahre gewählte Präsident.

Am 31. 1. 1968 erhielt N. seine Unabhängigkeit von Großbritannien, Neuseeland und Australien, die das Territorium gemeinsam verwaltet hatten, und gehört seitdem zur UNO.

Naxos: die größte der Kykladeninseln. N. gehört zu Griechenland. Die Insel hat eine Fläche von 428 km² mit rd. 14 000 Einwohnern. Sie steigt bis 1 001 m über dem Meeresspiegel an. Der westliche Teil ist sehr fruchtbar. Hier werden Wein, Ölbäume, Südfrüchte und Gemüse angebaut. Im O werden seit dem Altertum Schmirgel und Marmor abgebaut. Der Fremdenverkehr konzentriert sich v. a. auf den Hauptort Naxos. Er hat 3 700 Einwohner.

Nefud: ↑Arabien.

Nepal: Binnenstaat in Asien. N. liegt im ↑Himalaja. Es grenzt im N an das zu China gehörende Tibet, im W, S und O an Indien.

Landesnatur: N. gliedert sich in vier Zonen. Im Hohen Himalaja liegen die höchsten Berge der Erde, u. a. Mount ↑Everest und Kangchendzönga. Das Gebirge wird von tief eingeschnittenen Flusstälern gegliedert. Der Vorderhimalaja besteht aus dem fruchtbaren Nepaltal u. a. Hochtälern. Hier herrscht subtropisches Klima. Im S schließen sich die Vorberge des Himalaja an. Davor liegt die Schwemmlandebene des Terai.

N. steht unter dem Einfluss des sommerlichen Südostmonsuns, der 80 bis 90 % des Jahresniederschlags bringt, und des trockenen, winterlichen Nordwestmonsuns.

Bevölkerung: In N. finden sich sowohl tibetobirmanische als auch indoarische Völker. Die herrschende Schicht bilden

die Nepali sprechenden Gurkha. Das bekannteste Bergvolk sind die Sherpa, das viele Bergführer hervorbringt.
Allgemeine Grundschulpflicht besteht vom sechsten bis elften Lebensjahr. Der Primarschulunterricht ist unentgeltlich. Die Analphabetenquote liegt bei 65 %. Der Hinduismus ist Staatsreligion. Ihm gehören rd. 80 % der Bevölkerung an. Etwa 11 % sind Buddhisten und rd. 4 % Muslime.
Wirtschaft und Verkehr: Der Großteil der Erwerbstätigen arbeitet in der Landwirtschaft. Die wichtigsten Anbaugebiete liegen im Terai und im Mittelgebirgsraum. Buchweizen, Kartoffeln und Gerste werden bis zur Anbaugrenze bei 4 000 m Höhe kultiviert. Die wichtigsten Exportkulturen sind Jute, Zuckerrohr, Ingwer, Hülsenfrüchte, Heilkräuter und Tabak. Im Terai werden Wasserbüffel als Zugtiere, Milch- und Fleischlieferanten gehalten. Auf den Hochweiden im N findet man neben Schafen und Ziegen auch Jaks.
Außer Glimmerschiefer und Kalkstein werden die vorhandenen Bodenschätze an Gold, verschiedenen Erzen, Kohle und Schwefel kaum ausgebeutet. Die Industrie ist nur wenig entwickelt. Vorherrschend ist v. a. die Verarbeitung landwirtschaftlicher Produkte. Daneben gibt es ein Eisenwalzwerk sowie eine Zement- und eine Kunstdüngerfabrik.
Der stark zunehmende Trekking-Tourismus führt zu großen Umweltbelastungen v. a. im Kathmandutal, am Mount Everest und dem Annapurna.
Im Grenzgebiet gibt es zwei Stichbahnen zum indischen Eisenbahnnetz. Große Teile des Straßennetzes sind nur während der Sommermonate befahrbar. Daneben gibt es Maultierpfade. Sie werden v. a. für den Gütertransport genutzt, für den auch die 42 km lange Lastenseilbahn zw. Hitaura und Kathmandu von Bedeutung ist. Ein internationaler Flughafen befindet sich in Kathmandu.
Staat und Politik: Nach der Verfassung von 1990 ist N. eine konstitutionelle Monarchie mit Mehrparteiensystem. Staatsoberhaupt ist der König. Seit 1955 ist N. Mitglied der UNO. Seit 1996 kämpfen in West-N. maoistische Guerillas gegen die Regierung

Nepal

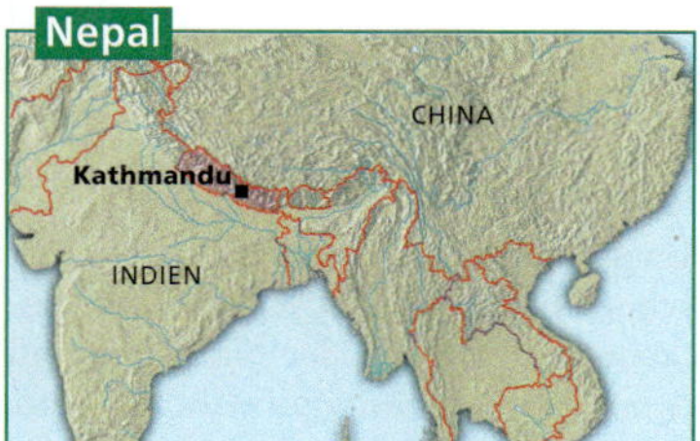

(amtlich Nepali: Nepal Adhirajya, dt. Königreich Nepal)
Fläche: 147 181 km²
Einwohner: 24,125 Mio.
Hauptstadt: Kathmandu
Verwaltungsgliederung: 14 Regionen
Amtssprache: Nepali
Währung: 1 Nepalesische Rupie (NR) = 100 Paisa (P.)
Zeitzone: MEZ + 4¾ Stunden
Kfz-Kennzeichen: NEP

Neuguinea: nach Grönland die zweitgrößte Insel der Erde. N. liegt nördlich von Australien. Die Insel ist 2 100 km lang und fast 800 km breit. Auf einer Fläche von 771 900 km² leben etwa 4,5 Mio. Menschen. Die größte Bevölkerungsgruppe sind die Papua. Der Westteil der Insel gehört als Papua zu Indonesien, der Ostteil zu Papua-Neuguinea.
N. wird von mehreren parallelen Gebirgsketten durchzogen. Höchster Berg ist der Gunung Jaya mit 5 033 m. Er liegt im Zentralgebirge, das durch eine Senke vom Küstengebirge getrennt ist. Die Senke wird von Mamberamo, Sepik und Ramu durchflossen. Im S breitet sich eine weite Ebene aus, die z. T. als sumpfiges Schwemmland von den Flüssen Digul und Fly River gebildet wird.
Das Klima ist feucht-tropisch. Die jährliche Niederschlagsmenge schwankt je nach Gebiet zw. 760 und 5 840 mm. Zwei Drittel der Insel sind mit tropischem Regenwald bedeckt, der bis in Höhen von 2 000 m reicht. An den Küs-

ten und in Sumpfgebieten dominiert Mangrove.

Die Wirtschaft N. ist wenig entwickelt. Die Mehrheit der Bevölkerung lebt als Selbstversorger von der Landwirtschaft, der Jagd und dem Fischfang. Angebaut werden u.a. Bananen, Mais, Maniok, Sago und Yamswurzeln. In einigen Plantagen werden Kakao, Kaffee und Kopra für den Export kultiviert. Seit 1984 wird die Gold- und Kupfererzlagerstätte Ok Tedi im NW von Papua-Neuguinea ausgebeutet.

Neukaledonien: frz. Überseeterritorium im SW des Pazifischen Ozeans. N. umfasst die östlich von Australien gelegene Insel N. sowie zahlreiche kleinere Inseln. Es hat eine Fläche von 19 103 km² und 209 200 Einwohner. Die größte Bevölkerungsgruppe mit einem Anteil von 44 % sind die Melanesier, die sich auf N. als Kanaken bezeichnen. 34 % der Einwohner sind Europäer. Hauptstadt ist Nouméa.

Die 410 km lange gebirgige Hauptinsel N. ist von einem Korallenriff umgeben. Höchster Berg ist der Mont Panié mit 1 628 m. Die Nebeninseln sind überwiegend Koralleninseln. Das Klima ist tropisch. Für die Selbstversorgung werden Mais, Bataten, Jamswurzel und Gemüse angebaut, für den Export Kaffee und Kokospalmen. Außerdem wird Viehweidewirtschaft betrieben. Wichtigster Wirtschaftszweig ist der Nickelerzbergbau. Daneben werden Mangan- und Chromerz sowie Jade abgebaut.

Neuseeland: Staat im SW des Pazifischen Ozeans. N. umfasst die südöstlich von Australien gelegenen beiden Hauptinseln Nordinsel und Südinsel sowie benachbarte kleinere Inseln. Überseeische Territorien sind die Tokelauinseln sowie in der Antarktis die Ross Dependency. Assoziierte Gebiete mit Selbstverwaltung sind Niue und die Cookinseln.

Landesnatur: Die beiden Hauptinseln sind voneinander durch die rd. 35 km breite Cookstraße getrennt. Die Nordinsel ist 114 597 km² groß. Sie hat zahlreiche z.T. noch tätige Vulkane, die von Geysiren und heißen Quellen umgeben sind. Der höchste Vulkan ist der Ruapehu mit 2 797 m. Die Südinsel nimmt eine Fläche von 151 757 km² ein. Sie wird von den teilweise vergletscherten Neuseeländischen Alpen durchzogen. Höchste Erhebung ist der Mount Cook mit 3 764 m. Das Gebirge fällt nach W steil zur Tasmansee ab. Nach O dacht es sich zu weiten Ebenen ab. Im S sind tiefe Fjorde in die Berge eingeschnitten.

Neuseeland

(amtlich engl. New Zealand, Maori: Aotearoa)
Fläche: 270 534 km²
Einwohner: 3,939 Mio.
Hauptstadt: Wellington
Verwaltungsgliederung: 16 Regionen und 3 Außengebiete
Amtssprache: Englisch, Maori
Währung: 1 Neuseeland-Dollar (NZ$) = 100 Cents (c)
Zeitzone: MEZ +11 Stunden
Kfz-Kennzeichen: NZ

N. hat ozeanisches Klima mit geringen Temperaturschwankungen und reichlichen Niederschlägen. Selbst in den trockeneren Regionen der Nordinsel sind es noch rd. 1 200 mm pro Jahr. Die vorherrschende Vegetationsform sind Grasfluren. Wälder bedecken noch knapp 20 % des Landes. 19 % der Landesfläche stehen als Nationalparks und Küstenreservate unter Schutz.

Bevölkerung: 80 % der Bevölkerung sind europäischer, v.a. britischer Abstammung. 13 % gehören zu den Ureinwohnern, den Maori, 4 % zu anderen polynesischen Gruppen. Daneben gibt es u.a. Chinesen und Inder. Trotz rechtlicher

Gleichstellung mit den Weißen sind die Maori benachteiligt und haben z. B. eine schlechtere Ausbildung.
Vom 7. bis 16. Lebensjahr besteht allgemeine Schulpflicht. Die Mehrheit der Bevölkerung sind Christen verschiedener Konfessionen.
Wirtschaft und Verkehr: Große Bedeutung hat die Landwirtschaft. An erster Stelle stehen Schaf- und Rinderzucht. Sie dienen der Woll-, Fleisch- und Milcherzeugung. Angebaut werden neben Futterpflanzen v. a. Weizen, Gerste, Kartoffeln, Gemüse und Obst, besonders Kiwis. Fischfang und -verarbeitung haben an Bedeutung gewonnen.
N. hat wenig Bodenschätze. Abgebaut werden v. a. Kohle, Eisensande und Gold. Daneben werden Erdöl und Erdgas gefördert. Stark entwickelt haben sich der Dienstleistungssektor und die verarbeitende Industrie. Neben der führenden Nahrungsmittelindustrie findet man ferner Holz verarbeitende Industrie, Maschinen-, Kfz- und Flugzeugbau, Aluminiumverhüttung, Stahlerzeugung, Elektro-, Bekleidungs-, Schuh-, chemische und pharmazeutische Industrie. Der Tourismus ist in steigendem Maß an den Deviseneinnahmen beteiligt. Wichtigste Exportgüter sind Fleisch, Wolle, Milchprodukte, Obst und Gemüse, Häute, Felle, Papier und Aluminium. Haupthandelspartner sind Australien, Japan, die USA und Großbritannien.
Die Verkehrsverbindungen sind auch in abgelegenen Gebieten gut ausgebaut. Hochsee- und Küstenschifffahrt spielen für den Gütertransport eine große Rolle. Die wichtigsten Häfen haben auf der Nordinsel Auckland und ↑ Wellington, auf der Südinsel Lyttelton. Internationale Flughäfen gibt es in Auckland, Wellington und Christchurch.
Staat und Politik: N. ist eine parlamentarische Monarchie im Commonwealth. Staatsoberhaupt ist der britische Monarch. Er wird durch einen Generalgouverneur vertreten. Eine geschriebene Verfassung existiert nicht. Das Verfassungsrecht basiert auf Traditionen und Präzedenzfällen. Im Jahr 1907 wurde N. Dominion im britischen Commonwealth und erhielt 1931 durch das Westminsterstatut seine Unabhängigkeit. Als Gründungsmitglied gehört N. seit 1945 der UNO an.
In einem Abkommen vom Mai 1995 gab die Regierung in Wellington erstmals in der Geschichte erobertes Land, das sich in Staatsbesitz befand, an die Maori zurück. Im September 1997 einigten sich Regierung und Vertreter der Maori über Entschädigungsmodalitäten gegenüber den Ureinwohnern.

New York: größte Stadt der USA. N. Y. liegt im gleichnamigen Bundesstaat an der Ostküste. Mit 8,084 Mio. Einwohnern ist N. Y. eine der größten Städte der Erde. In der Bevölkerung sind nahezu alle ethnischen und religiösen Gruppen vertreten. In N. Y. leben u. a. rd. 1,8 Mio. Schwarze, etwa 1,4 Mio. Hispanos und rd. 1,2 Mio. Juden.

New York: Blick über die Upper Bay auf Ellis Island und die Skyline von Manhattan (aufgenommen nach den Anschlägen vom 11. September 2001).

N

N. Y. liegt an der buchtenreichen Mündung des Hudson River auf mehreren Inseln und dem Festland. Das Stadtgebiet umfasst 781 km². Es ist in fünf Bezirke bzw. Counties des gleichnamigen Staates eingeteilt.

Den Kern bildet **Manhattan** auf der gleichnamigen Insel. Seine Skyline ist eines der Wahrzeichen der Stadt. Im S von Manhattan befinden sich u. a. das Banken- und Börsenzentrum Wallstreet, das UNO-Gebäude, das Empire State Building (1931) sowie das Rockefeller Center (1931–40). Im N liegt der 350 ha große Central Park. Hauptverkehrsader ist der 30 km lange Broadway. Zahlreiche Brücken verbinden Manhattan mit den Nachbarstadtteilen Brooklyn, Queens, Bronx und dem jenseits des Hudson liegenden New Jersey. Vor der Südspitze liegen die Inseln Liberty Island mit der 1886 errichteten Freiheitsstatue, Ellis Island und Governor's Island in der Inneren Bucht (Upper Bay). Letztere ist durch eine 2 km breite Enge zw. den Inseln Long Island und Staten Island mit der Äußeren Bucht (Lower Bay) und dem Ozean verbunden.

Bedeutendste Universitäten sind die City University of N. Y. und die Columbia University. Zu den größten Museen gehören das Metropolitan Museum of Art, das Museum of Modern Art, das Guggenheim-Museum und das American Museum of Natural History. Bedeutendstes Theater ist die Metropolitan Opera. Hauptindustriezweige sind das Bekleidungsgewerbe, Druck-, elektrotechnische und chemische Industrie sowie Fahrzeugbau. Die meisten Hafenanlagen an der 930 km langen Waterfront werden nicht mehr genutzt. Der größte Teil des Frachtverkehrs wird über die Containerverladeanlagen des in New Jersey gelegenen Teils des Port of New York abgewickelt. Großflughäfen sind La Guardia und Newark sowie J. F. Kennedy International Airport in Queens.

Niagarafälle: Wasserfälle an der Grenze zw. Kanada und den USA. Die »donnernden Wasser« werden vom Niagara River gebildet. Er verbindet Erie- und Ontariosee. Die N. bestehen aus zwei Wasserfällen. Am kanadischen Ufer liegen die Hufeisenfälle (englisch Horseshoe Falls). Sie sind 790 m breit und 49 m hoch. Über sie fließt der größte Teil des Wassers, nämlich 6 000 m³/s. Am rechten Ufer liegen die Amerikanischen Fälle (englisch American Falls). Sie sind 350 m breit und 51 m hoch. Die Wasserkraft wird zur Stromerzeugung genutzt. Die N. sind jährlich das Ziel von Millionen Touristen.

Nicaragua: Staat in Zentralamerika. N. grenzt im N an Honduras und im S an Costa Rica.

Nicaragua

(amtlich span. República de Nicaragua)
Fläche: 120 254 km²
Einwohner: 5,342 Mio.
Hauptstadt: Managua
Verwaltungsgliederung: 15 Departamentos und 2 autonome Regionen
Amtssprache: Spanisch
Währung: 1 Córdoba (C$) = 100 Centavos (c, cts)
Zeitzone: MEZ – 7 Stunden
Kfz-Kennzeichen: NIC

Landesnatur: N. liegt zw. dem Karibischen Meer und dem Pazifischen Ozean. Das Innere ist größtenteils Bergland, das bis 2 100 m Höhe ansteigt. Hier finden sich z. T. noch tätige Vulkane. Erdbeben sind häufig. Entlang der pazifischen Küste verläuft von der Fonsecabucht nach SO eine Senke mit dem Managuasee und dem Nicaraguasee. Der Nicaraguasee ist mit 8 264 km² der größte See Zentralamerikas. In ihm liegen über 400 Inseln. Die größte Insel, Ometepe, besteht aus

dem 1610 m hohen aktiven Vulkan Concepción und dem 1394 m hohen erloschenen Vulkan Maderas. Im O des Landes erstreckt sich ein ausgedehntes, wenig erschlossenes Tiefland mit der Mosquitoküste.
Das Klima ist tropisch. Die Regenzeit dauert von Mai bis Oktober. Die Temperaturen werden von der jeweiligen Höhenlage bestimmt. An der Karibikküste und an den Osthängen der Hochländer stehen dichte Regenwälder.
Bevölkerung: 69 % der Bevölkerung sind Mestizen und 14 % Weiße. Die Schwarzen haben einen Anteil von 9 %, die Indianer von 4 %. In Städten leben knapp 60 % der Bevölkerung.
Allgemeine Schulpflicht besteht vom 8. bis 13. Lebensjahr. Die Analphabetenquote beträgt 30 %. Rd. 90 % der Bevölkerung gehören der katholischen Kirche an, über 5 % protestantischen Kirchen.
Wirtschaft und Verkehr: Seit Mitte der 1980er-Jahre befindet sich N. in einer schweren Wirtschaftskrise. Die Ursachen liegen v. a. im langjährigen Bürgerkrieg zw. der linksgerichteten sandinistischen Regierung und den u. a. von den USA unterstützten rechtsgerichteten Contra-Rebellen, der zur Einstellung der Wirtschaftshilfe durch die USA führte und 1985 zu einem Handelsembargo. Schwerste wirtschaftliche Schäden verursachte Ende Oktober/Anfang November 1998 der Hurrikan Mitch, der weite Teile des Landes verwüstete.
Führender Wirtschaftszweig ist die Landwirtschaft. Im pazifischen Küstenland werden Baumwolle, Zuckerrohr und Bananen kultiviert. Im zentralen Bergland gibt es Kaffeeplantagen. An der karibischen Küste gedeihen Reis, Bananen, Zuckerrohr und Kakaobäume. Bei der Viehhaltung dominiert die Rinderzucht. Die wertvollen Holzbestände, u. a. Mahagoni, Zedern und Rosenholz, sind durch jahrelangen Raubbau weitgehend erschöpft. Im Karibischen Meer werden vorwiegend für den Export Krabben und Langusten gefischt.
Die reichen Bodenschätze sind erst wenig erschlossen. Abgebaut werden Gold, Silber und Kupfererze. Die Industrie verarbeitet v. a. landwirtschaftliche Erzeugnisse. Daneben werden Textilien, Leder-, Metallwaren und Arzneimittel hergestellt. Wichtige Ausfuhrprodukte sind Kaffee, Baumwolle, Fleisch, Zucker, Holz, Garnelen und Langusten sowie Bananen und Edelmetalle.
Das Land ist verkehrsmäßig nur unzureichend erschlossen. Das Straßennetz ist in schlechtem Zustand, die Eisenbahn wurde 1994 stillgelegt. Die wichtigsten Häfen am Pazifik sind Corinto, Puerto Sandino und San Juan del Sur, am Karibischen Meer El Bluff und Puerto Cabezas. Einen internationalen Flughafen gibt es bei Managua.
Staat und Politik: Nach der Verfassung von 1987 ist N. eine Präsidialrepublik. Staatsoberhaupt, Regierungschef und Oberbefehlshaber der Streitkräfte ist der auf fünf Jahre direkt gewählte Präsident. Die Sandinisten, die 1979 an die Macht gekommen waren, unterlagen in freien Wahlen 1990. Den nachfolgenden Regierungen gelang die Beendigung des Bürgerkrieges.

Niederlande: Staat in Westeuropa. Die N. grenzen im W und N an die Nordsee, im O an Deutschland und im S an Belgien. Zum Hoheitsgebiet der N. gehören außerdem die ↑ Niederländischen Antillen einschließlich der Insel Aruba.
Landesnatur: In den N. setzt sich das Norddeutsche Tiefland fort. Die Küste ist von Dünen gesäumt. Sie sind im Bereich der Westfriesischen Inseln durch das Wattenmeer vom Festland getrennt. Die Länge der Küste beträgt rd. 800 km. Landeinwärts liegen eingedeichte See- und Flussmarschen und die flachwellige, sandig-moorige Geest. Sie erreicht eine Höhe von 110 m. Nahezu die Hälfte des Landes liegt unter dem Meeresspiegel. Im äußersten SO haben die N. Anteil an der Lössbörde und an der Mittelgebirgszone. Hier liegt der 321 m hohe Vaalserberg, der höchste Punkt des Landes.

N

Zur Landgewinnung wurde die Zuidersee 1932 durch einen Damm von der Nordsee abgeschlossen. Seit Beginn der 1980er-Jahre ist ein großer Teil des ehemaligen Binnenmeeres durch das Deltaplan-Projekt trockengelegt worden. Der Rest der Zuiderzee ist heute ein Süßwassersee, das IJsselmeer. Hauptflüsse des Landes sind der Rhein und die Maas. Ihr Mündungsgebiet ist in zahlreiche Inseln aufgelöst und wird durch die Deltawerke vor dem Eindringen des Nordseewassers geschützt. Das Klima ist gemäßigt maritim. Es herrschen Westwinde vor. Die mittleren Niederschläge betragen 620 bis 850 mm. Die natürliche Vegetation ist kaum erhalten. Der ursprüngliche Birken-Eichen-Wald ist nur noch in kleinen Resten vorhanden.

Niederlande

(amtlich niederländisch Koninkrijk der Nederlanden, dt. Königreich der Niederlande)
Fläche: 41 526 km^2
Einwohner: 16,144 Mio.
Hauptstadt: Amsterdam
Regierungssitz: Den Haag
Verwaltungsgliederung: 12 Provinzen
Amtssprache: Niederländisch
Währung: 1 Euro (EURO, €) = 100 Cents (c)
Zeitzone: MEZ
Kfz-Kennzeichen: NL

Bevölkerung: Die Bevölkerung besteht zum größten Teil aus Niederländern. Minderheiten bilden die seit 1949 eingewanderten Indonesier und indonesischen Mischlinge, Einwanderer aus Surinam, Marokkaner, Türken und Deutsche. Mit fast 390 Ew./km^2 sind die N. einer der am dichtesten besiedelten Flächenstaaten der Welt. 90 % der Bevölkerung leben in Städten. Die größten Städte sind ↑ Amsterdam, Rotterdam, ↑ Den Haag und Utrecht.
Vom 6. bis 18. Lebensjahr besteht allgemeine Schulpflicht. Weniger als zwei Drittel der Einwohner sind Christen. Davon gehören 33 % der katholischen Kirche und 21 % reformierten Kirchen an. 6 % sind Anhänger verschiedener anderer Religionsgemeinschaften.
Wirtschaft und Verkehr: Die Landwirtschaft hat eine hohe Produktivität und ist stark exportorientiert. Rd. 24 % der Landesfläche sind Ackerland, 29 % Wiesen und Weiden und 8 % Wald. Intensive Viehhaltung ist auf Friesland und die nördlichen Landesteile konzentriert. Im O überwiegen Gemüseanbau und Blumenzucht. Der Anbau unter Glas bzw. Folie hat stark zugenommen. Zuckerrüben, Weizen und Ölfrüchte werden v. a. im SW und NO kultiviert. Die Fischwirtschaft wird als Hochsee-, Küsten- und IJsselmeerfischerei betrieben.
Die Industriestruktur hat sich seit den 1980er-Jahren stark verändert. Werftindustrie, Textilverarbeitung und Bekleidungsgewerbe haben an Bedeutung verloren. Zu den wichtigsten Zweigen wurden chemische Industrie, Kunststoffverarbeitung sowie Gas- und Erdölindustrie. Bei der Erdgasförderung liegen die N. an zweiter Stelle in Europa, bei der Erdölförderung an fünfter Stelle. Zentrum von Erdölraffinerien und chemischer Industrie ist der Rotterdamer Hafen, insbesondere der Europoort, der zu den größten Häfen der Welt zählt.
Große Bedeutung haben auch Nahrungs- und Genussmittelindustrie, Stahlproduktion, Metallverarbeitung, Kraftfahrzeug-, elektrotechnische und elektronische Industrie. Die wichtigste Industrieprovinz ist Nordbrabant. Eindhoven, Rotterdam und Amsterdam sind die bedeutendsten Industriestädte. Haupthandelspartner sind Deutschland u. a. EU-Länder sowie die USA.
Das Verkehrsnetz ist sehr gut ausgebaut. Eisenbahn und Straße erschließen das Land außerordentlich engmaschig. Gro-

N

ße Bedeutung haben die Binnenwasserstraßen. Wichtigste Seehäfen sind Rotterdam und Amsterdam. Dem Transport von Erdgas, Erdöl und Erdölprodukten dient ein ausgedehntes Pipelinesystem, das bis Italien reicht. Internationale Flughäfen sind in Schiphol bei Amsterdam und Zestienhoven bei Rotterdam.
Staat und Politik: Nach der Verfassung von 1815 sind die N. eine konstitutionelle Erbmonarchie mit parlamentarischem Regierungssystem. Staatsoberhaupt ist der Monarch.
Seit dem 1. 1. 1960 sind die N. mit Belgien und Luxemburg als Benelux-Länder in einer Wirtschaftsunion verbunden. Das Land gehört zur EU und zur Eurozone. Ferner waren die N. Gründungsmitglied der UNO 1945 sowie von Europarat und NATO 1949.
Niederländische Antillen: autonomer Teil der Niederlande. Die N.A. liegen im Bereich der Westindischen Inseln. Sie umfassen die Inseln Curaçao und Bonaire, die der Küste Venezuelas vorgelagert sind, sowie Sint Eustatius, Saba und den Südteil von Sint Maarten. Sie erstrecken sich auf einer Fläche von 800 km^2 und haben 215 000 Einwohner. Hauptstadt ist Willemstad auf Curaçao. Die Bevölkerung besteht vorwiegend aus Schwarzen und Mulatten. 80 % sind Katholiken, die übrigen Protestanten.
Die Wirtschaft basiert auf Erdöl, das von Venezuela importiert und auf Curaçao raffiniert wird. Daneben gibt es petrochemische, Farben- und Textilindustrie sowie Zigarettenfabriken. Wichtig sind der Fremdenverkehr und Offshorebanking. Der Haupthafen Willemstad gehört zu den bedeutendsten Freihäfen.
Niederösterreich: Bundesland Österreichs. Auf einer Fläche von 19 178 km^2 leben 1,551 Mio. Menschen. Landeshauptstadt ist Sankt Pölten. N. erstreckt sich beiderseits der Donau zw. der Ennsmündung im W und der Marchmündung im O. Es grenzt im N und NO an die Tschechische und an die Slowakische Republik, im SO an das Burgenland, im

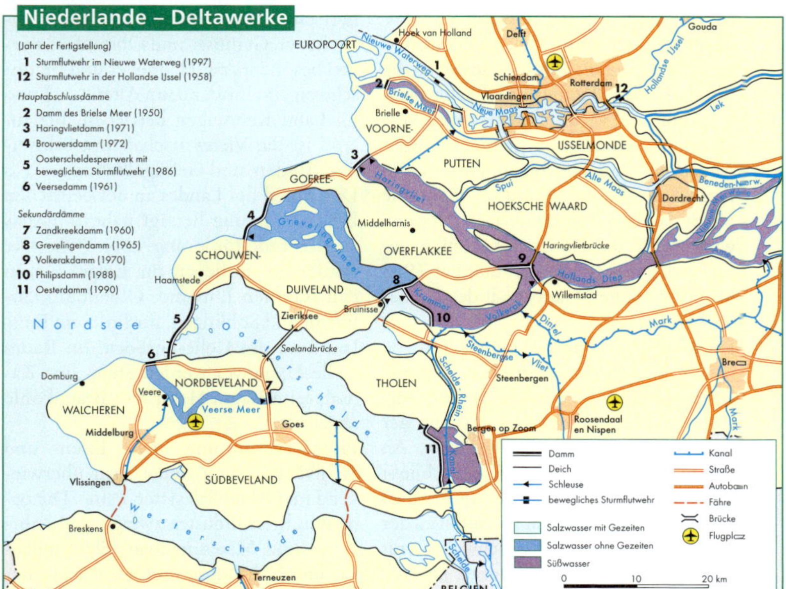

N

S an die Steiermark und im W an Oberösterreich. N. hat Anteil an den Alpen im S, dem Alpenvorland bis zur Donau, dem Wiener Becken und Marchfeld im O sowie am Böhmischen Massiv mit dem Waldviertel im NW.
N. hat die größte Ackerfläche unter den österreichischen Bundesländern. Angebaut werden v.a. Getreide, Hackfrüchte und Futterpflanzen. In der Wachau, im Weinviertel und am Fuß des Wienerwaldes wird Weinbau betrieben. Von Bedeutung sind auch Gemüse- und Obstbau sowie die Almwirtschaft mit Fleisch- und Milcherzeugung. Die Industrie ist besonders dicht um Wien und im S des Wiener Beckens angesiedelt. In den Alpen gibt es Holz- und Papierindustrie. Wasserkraftwerke dienen der Energiegewinnung. Marchfeld und Weinviertel verfügen über Erdöl- und Erdgasvorkommen, chemische, Metall verarbeitende sowie Textil- und Nahrungsmittelindustrie.
Seit 1920 ist Wien nicht mehr Teil von N., sondern ein eigenes Bundesland.
Niedersachsen: Bundesland im NW der Bundesrepublik Deutschland. N. grenzt im N an die Nordsee sowie an die Bundesländer Hamburg und Schleswig-Holstein, im O an Mecklenburg-Vorpommern, Brandenburg und Sachsen-Anhalt, im S an Thüringen, Hessen und Nordrhein-Westfalen und im W an die Niederlande. Der Stadtstaat Bremen wird von N. umschlossen. Es umfasst eine Fläche von 47 618 km^2 und hat 7,993 Mio. Einwohner. Hauptstadt des Landes ist ↑Hannover.
Landesnatur: Der überwiegende Teil von N. gehört zum Norddeutschen Tiefland. Im S geht das Tiefland in die Lössbördenzone über, die den Gebirgssaum der folgenden Mittelgebirge begleitet. An den Marschensaum an der Küste schließt sich das Wattenmeer mit den Ostfriesischen Inseln an. Im S hat N. Anteil an der mitteldeutschen Gebirgsschwelle mit Solling, Ith, Hils, Sieben Berge, Deister, Hildesheimer Wald, Elm und Süntel. Höchste Erhebung ist der Wurmberg im ↑Harz mit 971 m.
Hauptflüsse sind ↑Ems, ↑Weser und ↑Elbe. Sie sind durch Kanäle untereinander verbunden. Das Klima wird im N durch die Nordsee geprägt. Im SO weist es kontinentalere Züge auf. Durchschnittlich fallen 600 bis 800 mm Jahresniederschlag, lediglich im Harz werden regional über 1 200 mm erreicht.
Bevölkerung: Die Einwohner sind überwiegend Niedersachsen und Friesen. Zwei Drittel der Bevölkerung sind evangelisch, knapp 20 % katholisch. Größte Städte sind neben der Hauptstadt Hannover ↑Braunschweig, ↑Osnabrück, Oldenburg (Oldenburg), Wolfsburg, Göttingen, Hildesheim und Salzgitter.
Wirtschaft und Verkehr: Die Landwirtschaft nutzt 57 % der Landesfläche, rd. 20 % sind mit Wald bestanden. In der Braunschweig-Hildesheimer Lössbörde werden Weizen und Zuckerrüben angebaut, auf den wenig fruchtbaren Geestplatten v.a. Roggen, Hafer und Kartoffeln. In den Fluss- und Küstenmarschen herrscht Grünlandwirtschaft mit Viehzucht vor. Gemüse- und Obstanbau werden besonders zw. Hannover und Braunschweig, im Emsland, im Alten Land und im Land Kehdingen betrieben. Bedeutend ist die Viehwirtschaft mit Schweine-, Rinder- und Geflügelhaltung.
Der Anteil des Landes an der deutschen Erdgasförderung beträgt nahezu 100 %, an der Erdölförderung über 70 %. Die Fördergebiete liegen für Erdgas v.a. in den Räumen Emsland, Oldenburg, Sulingen und Söhlingen, für Erdöl im Emsland und um Celle-Gifhorn. Im Raum Celle-Hannover werden Stein- und Kalisalze, im Raum Helmstedt Braunkohle abgebaut.
Eisenerzverhüttung sowie Eisen- und Stahlverarbeitung findet man überwiegend im Gebiet Salzgitter-Peine. Die bedeutendsten Industriezweige sind Fahrzeug- und Maschinenbau, Elektrotechnik und Nahrungsmittelindustrie, ferner Textil- und feinmechanisch-optische In-

dustrie. An der Küste dominieren Schiffbau, chemische und petrochemische Industrie sowie Fischverarbeitung. Der Fremdenverkehr spielt eine große Rolle in den Nordseebädern, der ↑Lüneburger Heide und im Harz.

Neben einem gut ausgebauten Straßen- und Eisenbahnnetz gibt es auch ein beachtliches Netz von Binnenwasserstraßen. Dortmund-Ems-Kanal, Elbeseitenkanal, Mittellandkanal und Küstenkanal sind für Schiffe bis 1 350 t befahrbar. Wichtige Binnenhäfen sind Salzgitter, Emden, Oldenburg (Oldenburg), Brake und Nordenham, die wichtigsten Seehäfen Wilhelmshaven, Brake und Nordenham. Der internationale Flughafen Hannover hat überregionale Bedeutung.

Staat und Politik: N. wurde durch die britische Militärregierung am 1. 11. 1946 aus der ehemaligen preußischen Provinz Hannover sowie den Ländern Braunschweig, Oldenburg und Schaumburg-Lippe gebildet. 1947 kamen Teile des Landes Bremen hinzu. Nach der Verfassung vom 13. 5. 1993 liegt die Legislative beim Landtag, der sich aus 183 für vier Jahre gewählten Abgeordneten zusammensetzt. Der Landtag wählt den Ministerpräsidenten, der die Regierung beruft. Die neue Verfassung sieht Volksentscheide vor und bestimmt u. a. Arbeit, Wohnen, Umweltschutz und Gleichberechtigung zu Staatszielen.

Niger: Binnenstaat in Westafrika. Das Land grenzt im N an Algerien und Libyen, im O an Tschad, im S an Nigeria, im SW an Benin und Burkina Faso und im W an Mali.

Landesnatur: N. erstreckt sich vom Mittellauf des Flusses ↑Niger im SW über den ↑Sahel bis in die ↑Sahara nach NO. Den größten Teil des Landes nehmen weite Ebenen ein. Aus ihnen ragt in der Sahara das Gebirge Aïr mit Höhen bis 2 310 m heraus. Im äußersten N liegen Plateaus in 500 bis 1 000 m Höhe. Im SO hat N. Anteil am Tschadsee.

Es herrscht semi- bis vollarides Klima. Zw. Mai und Oktober gibt es eine Regenzeit. Die Trockensavanne im S geht nach N in Dornstrauchsavanne und Halbwüste über.

Bevölkerung: Die größten ethnischen Gruppen bilden die Hausa mit rd. 54 % der Bevölkerung, ferner Djerma und Songhai mit zusammen 22 %. Hellhäutige Fulbe leben v. a. im Sahel, die Tuareg in der Sahara. Wegen der lang anhaltenden Dürre zw. 1969 und 1974 mussten die Nomaden nach S ausweichen. 21 % der Bevölkerung leben in Städten.

Allgemeine Schulpflicht herrscht vom 7. bis 16. Lebensjahr. Dennoch beträgt die Analphabetenquote 72 %. 95 % der Bevölkerung sind Muslime. Außerdem sind traditionelle Religionen verbreitet.

Niger

(amtlich frz. République du Niger)
Fläche: 1 267 000 km²
Einwohner: 11,425 Mio.
Hauptstadt: Niamey
Verwaltungsgliederung: 8 Départements
Amtssprache: Französisch
Währung: 1 CFA-Franc = 100 Centimes
Zeitzone: MEZ
Kfz-Kennzeichen: RN

Wirtschaft und Verkehr: Die Wirtschaft basiert auf der Landwirtschaft und dem Uranerzabbau, der im Jahr 1971 begann. Abgesehen von Oasen sind die Anbaugebiete auf den S beschränkt. Kultiviert werden v. a. Hirse als Grundnahrungsmittel, Maniok, Bataten, Reis und Hülsenfrüchte. Für den Export werden Erdnüsse und Gemüse angebaut. Im Sahel werden v. a. Rinder, Schafe und Ziegen gehalten. Fischfang wird im Niger und ↑Tschadsee betrieben.

Uranerz, Zinnerz, Kohle, Eisenerz und Phosphat werden abgebaut. Hauptindus-

triezweige sind Textil-, Nahrungsmittel- und Holzindustrie, wichtigste Handelspartner Frankreich und Nigeria.
N. hat keine Eisenbahn. Das Straßennetz erschließt das Land hinreichend, allerdings ist es in schlechtem Zustand. Ein wichtiger Verkehrsweg ist der Niger. Er ist jedoch von Niamey bis Gaya-Malauville nur von September bis März schiffbar. Niamey und Agadès haben internationale Flughäfen.
Staat und Politik: Nach der am 18. 7. 1999 gebilligten Verfassung ist N. eine Präsidialrepublik. Staatsoberhaupt und Oberbefehlshaber der Streitkräfte ist der auf fünf Jahre direkt gewählte und mit weitgehenden exekutiven Befugnissen ausgestattete Präsident.
Am 3. 8. 1960 wurde die Unabhängigkeit von Frankreich proklamiert. N. ist Mitglied der OAU und der UNO.
Die seit 1990 anhaltenden Kämpfe zw. der Regierung und den Tuareg endeten im Oktober 1994 mit einem Waffenstillstand. Ihm folgte im April 1995 ein Friedensvertrag.
Niger: drittgrößter Strom Afrikas. Der N. ist 4 160 km lang. Er entspringt in Südguinea nahe der Grenze zu Sierra Leone und durchfließt Guinea, Mali, Niger und Nigeria. In Mali bildet er ein etwa 40 000 km² großes Binnendelta. In Nigeria nimmt er den Benue auf und mündet in einem rd. 25 000 km² großen Delta in den Golf von Guinea. Der N. und seine Nebenflüsse entwässern ein Gebiet von 2,1 Mio. km².
Unterhalb von Ségou (Mali) wurden Staudämme zur Bewässerung gebaut. Bei Hochwasser ist der N. z. T. schiffbar. Im Delta liegen die Hochseehäfen Burutu, Warri und Port Harcourt.
Nigeria: Bundesstaat in Westafrika. N. grenzt im S an den Golf von Guinea, im W an Benin, im N an Niger, im äußersten NO an Tschad sowie im O und SO an Kamerun.
Landesnatur: Die an Lagunen und Sümpfen reiche Küstenebene erweitert sich im Nigerdelta zu einem 100 km breiten Sumpfgebiet. An die Ebene schließen sich bis 600 m hohe Plateaus und Hügelländer an. Nach N folgt eine Senkungszone, die 80 bis 160 km breit ist und der die Flüsse ↑ Niger und Benue folgen. Sie geht in die nordnigerianische Plateaulandschaft über, die im Hochland von Bauchi 1 780 m erreicht. Im NW und NO finden sich ausgedehnte Ebenen. Die höchste Erhebung des Landes ist der Dimlang (Vogel Peak) mit 2 042 m.

(amtlich engl. Federal Republic of Nigeria)
Fläche: 923 768 km²
Einwohner: 132,785 Mio.
Hauptstadt: Abuja
Verwaltungsgliederung: 36 Bundesstaaten und 1 Hauptstadtterritorium
Amtssprache: Englisch
Währung: 1 Naira (N) = 100 Kobo (k)
Zeitzone: MEZ
Kfz-Kennzeichen: WAN

N. hat tropisches Klima. Die Regenzeit dauert im S von April bis November, in der Mitte von April bis Oktober und im N von Mai bis Oktober. An die Mangroven der Küste schließt sich landeinwärts tropischer Regenwald an. Er geht nach N in Feucht-, Trocken- und Dornstrauchsavanne über.
Bevölkerung: N. ist der bevölkerungsreichste Staat Afrikas mit einer Vielzahl von Völkern. Die größten Gruppen bilden im N die Hausa mit einem Anteil von 21 %, die Fulbe mit 10 % und die Kanuri. Im SW stellen die Yoruba, die in großen stadtähnlichen Siedlungen leben, 21 % der Bevölkerung und im SO die Ibo 18 %. Lagos ist mit mehr als 13 Mio. Einwohnern die zweitgrößte und am schnellsten wachsende Stadt Afrikas.

Die Voraussetzungen für die bestehende allgemeine Schulpflicht vom siebten bis zwölften Lebensjahr sind noch nicht überall gegeben. Die Analphabetenquote liegt deshalb bei knapp 50 %. Etwa 50 % der Nigerianer sind Muslime und 45 % Christen. Ferner gibt es Anhänger von Naturreligionen.

Wirtschaft und Verkehr: Rd. 75 % der Landesfläche sind für Ackerbau, Viehzucht und Forstwirtschaft geeignet. In der Landwirtschaft sind Kleinbetriebe und Wanderfeldbau vorherrschend. Angebaut werden Jamswurzeln, Mais, Hirse, Reis, Maniok und Bananen. Für den Export werden besonders Kakao, Palmkerne und Palmkernöl, Erdnüsse, Kautschuk, Kokosnüsse, Tabak und Baumwolle produziert. Die Fulbe treiben als Nomaden im nördlichen Savannengebiet Viehwirtschaft. Der Wald wird v. a. zur Brennholzgewinnung genutzt. Der Fischfang ist noch wenig entwickelt.

N. ist der größte Erdölproduzent Afrikas. Hauptwirtschaftszweig ist deshalb die Erdölförderung. Daneben werden Erdgas, Zinn, Columbit, Steinkohle, Eisenerz u. a. Bodenschätze abgebaut. Die Industrie ist vielseitig. Wichtigste Bereiche sind Nahrungs- und Genussmittelindustrie, Textil-, pharmazeutische und elektrotechnische Industrie, Zement-, Düngemittel- und Hüttenwerke, Kraftfahrzeugmontage sowie Erdöl verarbeitende Industrie. Haupthandelspartner sind Großbritannien, Deutschland und die USA.

Bis auf den N ist das Verkehrsnetz gut ausgebaut. Wichtigste Häfen sind Lagos und Port Harcourt mit dem Erdölhafen

Nigeria – Wirtschaft

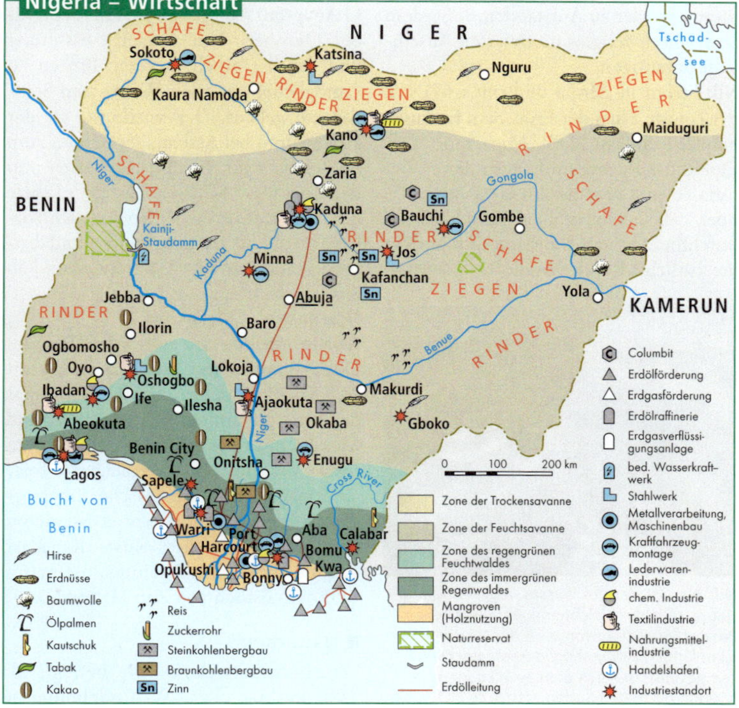

Bonny. Internationale Flughäfen haben Lagos, Kano, Port Harcourt und Abuja.
Staat und Politik: Seit 1979 ist N. eine Präsidialrepublik im Commonwealth. Mit der Verabschiedung der neuen Verfassung am 5. 5. 1999 wurden die verfassungsmäßigen Organe wieder eingesetzt. Staatsoberhaupt und Regierungschef ist der für vier Jahre direkt gewählte Präsident.
1960 erhielt N. die Unabhängigkeit von Großbritannien und am 30. 5. 1963 wurde die Republik N. ausgerufen. Seit 1999 ist das Land wieder Mitglied des Commonwealth, nachdem es 1995 suspendiert worden war. Ferner gehört es der OAU und der OPEC an. Seit 1960 ist N. Mitglied der UNO.
Ausländische Konzerne, v. a. die Erdölfirmen, haben sehr großen Einfluss auf Wirtschaft und Politik. Wegen der enormen sozialen Unterschiede kommt es immer wieder zu Aufständen, außerdem zu ethnisch-religiös motivierten Auseinandersetzungen.

Nil: Strom in Afrika und mit 6 671 km der längste Fluss der Erde. Sein Einzugsbereich umfasst 2,87 Mio. km². Der Quellfluss Kagera mündet in den ↑Victoriasee und verlässt ihn als Victoria-N. über die Owenfälle. Anschließend durchfließt er den Kiogasee, durchbricht die östliche Randschwelle des Zentralafrikanischen Grabens und fließt in den ↑Albertsee. Der Albert-N., der ab der Grenze zw. Uganda und Sudan Berg-N. genannt wird, erreicht im südlichen Sudan das Sumpfgebiet des Sudd, das er als Weißer N. verlässt. Bei Khartum vereinigt er sich mit dem Blauen N., seinem wasserreichsten Zufluss.
Nach Einmündung des Atbara fließt der N. die letzten 2 700 km als Fremdlingsfluss durch die Nubische Wüste sowie durch die Arabische Wüste. Sein Flussbett bildet ein bis 20 km breites und bis zu 350 m eingetieftes Kastental mit insgesamt sechs Stromschnellen. Sie werden auch Katarakte genannt. Der N. mündet nördlich von ↑Kairo mit den beiden Hauptmündungsarmen Rosette und Damiette sowie dem 24 000 km² großen Delta in das Mittelmeer.
Die Wasserführung des N. ist im Jahresverlauf unterschiedlich. Das Hochwasser (↑Ägypten) dauert von Juni bis September/Oktober. Um Dauerbewässerung und damit jährlich mehrere Ernten zu ermöglichen, wurden Wehre und Staudämme gebaut. Der wichtigste ist der Hochdamm bei Assuan, der den N. zum Nassersee staut. In ihm lagert sich nun der fruchtbare Schlamm ab. Dies führte u. a. zum Rückgang der Bodenfruchtbarkeit. Der N. ist zw. dem vierten und dritten Katarakt, auf dem Nassersee und ab Assuan schiffbar.

Nil: Am Ostufer des Flusses liegt Assuan, die Hauptstadt der gleichnamigen ägyptischen Provinz. Südlich davon wird der Nil durch den 5 km langen Assuanhochdamm zum Nassersee gestaut, der sich über eine Länge von 550 km bis in den Sudan erstreckt.

Njassasee: ↑Malawisee.

Nordamerika: der nördliche Teil des Doppelkontinents Amerika und mit 21,5 Mio. km² der drittgrößte Kontinent der Erde. Er umfasst Kanada, USA und Mexiko mit über 420 Mio. Einwohnern sowie die im NO vorgelagerte Insel ↑Grönland, das französische Überseedépartement Saint-Pierre-et-Miquelon (vor der südöstlichen Küste Kanadas) und die britischen Bermudainseln (rd. 1 000 km östlich von Kap Hatteras).

Naturraum

Die N-S-Erstreckung N. beträgt rd. 7 000 km und die O-W-Ausdehnung ist im N mit 5 500 km am größten. Auf den Kanadisch-Arktischen Archipel, die Inselwelt des N und das zu Dänemark gehörende Grönland entfallen 16,7 % der Gesamtfläche von N. Im O wird die Landmasse vom Atlantischen Ozean, im N vom Nordpolarmeer und im W vom Pazifischen Ozean begrenzt. Im S gilt die mexikanische Südgrenze als Grenze des Kontinents gegen ↑ Mittelamerika. Unter physisch-geografischen Aspekten wird jedoch vielfach der Isthmus von Tehuantepec als Südgrenze genannt, also eine innerhalb Mexikos liegende Landenge. Aus kultureller Sicht wird Mexiko sogar häufig gänzlich ausgeklammert, da es zu ↑ Lateinamerika gezählt wird.

Das *Relief* von N. wird im W von den küstenparallel verlaufenden, bis 1 700 km breiten Ketten der ↑ Kordilleren geprägt. Sie schließen große Hochlandbecken (u. a. Großes Becken, im ↑ Death Valley mit –86 m tiefster Punkt N.) und Plateaus sowie die ↑ Rocky Mountains ein. Höchster Berg N. ist der Mount ↑ McKinley in der Alaskakette mit 6 198 m. Auf der Ostseite des Kontinents zieht das alte, stark abgetragene Gebirge der ↑ Appalachen von NO nach SW. Dazwischen erstrecken sich zw. dem Nordpolarmeer und dem Golf von Mexiko ausgedehnte Tiefländer: im W das Tafelland der Inneren Ebenen (↑ Great Plains), im NO der Kanadische Schild, der sich von allen Seiten zur ↑ Hudsonbai hin senkt, südlich davon das Mississippibecken. Im SO und S an Atlantik- und Golfküste sind junge Schwemmlandebenen aufgeschüttet.

Die *Küsten* sind im N Fjord- und Schärenküsten, im NO meist niedere Felsküsten, im SO und S überwiegend flache Anschwemmungsküsten. Die Gebirgsküsten des W sind im N von vielen Inseln und Fjorden gegliedert, nach S fast ungegliedert. Der längste *Fluss* ist der ↑ Mississippi (3 778 km), gefolgt vom ↑ Missouri. Zusammen mit dem Ohio entwässern sie rd. 15 % von N. zum Golf von Mexiko. Im N ist der Mackenzie (1 903 km) der größte Fluss, der in das Nordpolarmeer mündet. Der ↑ Sankt-Lorenz-Strom ist der Abfluss der ↑ Großen Seen (größte zusammenhängende Süßwasserfläche der Erde) zum Atlantik. Im W sind der ↑ Colorado und der ↑ Columbia die längsten Flüsse.

N. hat Anteil an fast allen *Klimazonen* der Erde. Der N mit ↑ Alaska und dem Kanadisch-Arktischen Archipel hat Polarklima. Die Ostseite ist im N feucht-kühl, im S (↑ Florida) sub- bis randtropisch; die Westküste hat warmgemäßigtes Klima. Das Binnenland hat Kontinentalklima mit heißen Sommern und kalten Wintern. Da ein breitenkreisparalleles Gebirge fehlt, können sich Hitzewellen vom Golf von Mexiko weit nach N ausbreiten und umgekehrt Kaltluftströme ungehindert von der Hudsonbai und vom Nordpolarmeer nach S vordringen. Die extremen Temperaturschwankungen begünstigen das Entstehen von Blizzards, Hurrikanen und Tornados.

Die *Vegetationszonen* folgen den Abstufungen des Klimas. Auf eine Tundrazone im hohen N folgt ein breiter Waldgürtel, der zunächst aus Nadelhölzern, Erlen und Birken besteht und im S in Laubwald übergeht. Im NW befindet sich der letzte temperierte Regenwald der Erde. Im Innern breiten sich weite Grassteppen (Prärien) und Wüsten aus. Die immergrünen Wälder in den südlichen atlantischen Küstenebenen und am Golf von Mexiko sind im äußersten S mit Palmen gemischt.

■ Bevölkerung

Die ursprüngliche Bevölkerung (Indianer, Inuit bzw. Eskimos) wurde v. a. in den heutigen USA und Kanada größtenteils von den europäischen Eroberern ausgerottet oder ging an eingeschleppten Krankheiten zugrunde. In diesen beiden Ländern leben noch rund 1,7 Mio. Indianer, vorwiegend in Reservationen. In Kanada wurde den Inuit 1998/99 ein eigenes Territorium zugesprochen (Nunavut). In Mexiko leben fast 14 Mio. Indí-

N

genas (Indianer des lateinamerikanischen Kulturkreises). Teilweise vermischte sich die Ursprungsbevölkerung mit den Einwanderern – in Mexiko sind drei Viertel der Einwohner Mestizen, Nachfahren von Eltern europäischer und indianischer Eltern. Aus Afrika wurden Schwarze zur Sklavenarbeit nach N. verschleppt, deren Nachkommen heute überwiegend in den USA und Kanada leben (mehr als 30 Mio.).

Nachkommen der *Einwanderer* stellen heute den größten Teil der Bevölkerung von N., wobei die Einwanderung aus Europa zahlenmäßig die bedeutendste war. Daneben sind viele Millionen Menschen aus Asien und in jüngerer Zeit aus Mittel- und Südamerika eingewandert.

Die *Hauptsprachen* sind Englisch, Spanisch und Französisch. Indianische Sprachen spielen kaum noch eine Rolle. Auch bei den *Religionen* hat die indianische Tradition, von wenigen Ausnahmen in den Reservationen abgesehen, jede Bedeutung verloren. Die größte Religionsgemeinschaft sind die Katholiken mit rd. 160 Mio. Mitgliedern. Sie prägen v.a. Mexiko, die französischsprachigen Gebiete Kanadas und die Ballungsräume spanischsprachiger Einwanderer v.a. im W und S der USA.

Die durchschnittliche *Bevölkerungsdichte* ist, verglichen mit den westeuropäischen Industriestaaten, sehr gering; auf der Ostseite von N. gibt es jedoch ebenso wie vereinzelt im W (z.B. ↑Los Angeles) und im mexikanischen Hochland (Stadt ↑Mexiko) äußerst dicht besiedelte Ballungsgebiete.

Der *Lebensstandard* ist in den USA und Kanada außerordentlich hoch – wobei es allerdings v.a. in den USA sehr starke soziale Verwerfungen gibt –, in Mexiko hingegen bewegt er sich auf deutlich niedrigerem Niveau. Das Ungleichgewicht teilt den Kontinent und führt zu Spannungen: Die USA sind bestrebt, die Einwanderung aus Mexiko zu minimieren und haben die Grenze stark befestigt.

Nordamerika

Land	Fläche in km²	Einwohner in 1 000	Hauptstadt
Kanada	9 984 670	31 362	Ottawa
Mexiko	1 964 375	100 819	Mexiko
USA	9 809 155	288 369	Washington (D. C.)

■ Wirtschaft und Verkehr

Die USA und Kanada zählen zu den wirtschaftlich bedeutendsten Ländern der Welt; im Vergleich fällt Mexiko stark ab. Grundlage für die überwiegend günstige wirtschaftliche Entwicklung N. ist sein Reichtum an Bodenschätzen: Nahezu alle Ausgangsstoffe für die Industrie sind in N. vorhanden und die Landwirtschaft genießt ebenfalls exzellente Rahmenbedingungen. Die drei Staaten sind in der ↑NAFTA zusammengeschlossen. Das *Verkehrsnetz* ist hervorragend ausgebaut. Ein geschlossenes Eisenbahnnetz überzieht N. mit Ausnahme der arktischen Gebiete. Bereits 1869 wurde mit der transkontinentalen Eisenbahn die erste O-W-Verbindung fertig gestellt. Von S nach N verläuft über den Mississippi, den Illinois, die Großen Seen und den Sankt-Lorenz-Strom eine natürliche, transkontinentale Wasserstraße. Das Straßennetz gehört zu den besten der Welt und das Flugzeug gehört in Kanada und den USA bereits zu den Massenverkehrsmitteln.

■ Geschichte

Vorgeschichte: Die erste Einwanderung von Menschen erfolgte vor mindestens 25 000 Jahren. Jüngere Untersuchungen gehen sogar von früheren Einwande-

Nordamerika: Die Rocky Mountains, klare Seen und Wildnis prägen Wyoming. Als erster Nationalpark der Welt wurde hier 1872 der Yellowstone National Park eröffnet.

rungsschüben aus. Sie kamen über die damals bestehende Landverbindung zw. dem nordöstlichen Asien und Alaska; der Vorgang wiederholte sich mehrfach bis 8000 v. Chr. Ab 9500 v. Chr., mit dem ersten Auftreten von Projektilspitzen, werden bestimmte Kulturgruppen unterschieden. Künstliche Erdhügel, Bodenbau und Keramik sind Kennzeichen der Waldlandtradition (etwa ab 1000 v. Chr., Kerngebiet mittleres Ohiotal) mit Hopewellkultur (300 v. Chr.–400 n. Chr.) und Mississippikultur (700–1550). In den trockenen Gebieten des Great Basin entwickelte sich um 8000 v. Chr. die Desert Culture, ausgerichtet auf saisonales Wandern und das Sammeln von Samen und Knollen. Sie bestimmte auch den SW. Während ihrer Endphase (2000–200 v. Chr.) kamen erste Kulturpflanzen (Mais, Kürbisse, Bohnen) aus Mexiko in den SW. Die Anasazitradition (ab 100 v. Chr. in den Plateaugebieten des nördlichen New Mexico, nördlichen Arizona, südöstlichen Utah und südwestlichen Colorado) sog im Lauf der Zeit die anderen Kulturen auf. Ihre größte Ausdehnung erreichte sie zw. 1100 und 1300. Danach wurden viele der stadtähnlichen Siedlungen (Pueblos) im N aufgegeben.

Entdeckungsgeschichte: Die ersten Entdecker Amerikas in geschichtlicher Zeit waren Normannen oder Wikinger. Ausgehend von Island, fand Erich der Rote 982 Grönland; sein Sohn Leif Eriksson segelte um das Jahr 1000 bis in die Gegend von ↑Boston. Die nordamerikanische Festlandküste fand dann erstmals Giovanni Caboto 1497. Mit den Fahrten des Franzosen Jacques Cartier (1534–41) war die O-Küste von N. weitgehend bekannt. Die Eroberung des Aztekenreiches durch Hernando Cortés (1519–21) leitete die Inbesitznahme des nordamerikanischen Kontinents durch die Europäer und die Vertreibung bzw. Ermordung der indianischen Bevölkerung ein. 1513 hatte Vasco Núñez de Balboa den Isthmus von Panama überschritten und damit den Pazifik entdeckt und für Spanien in Besitz genommen; 1610 entdeckte Henry Hudson bei seiner dritten und letzten Expedition die nach ihm benannte Bai. In den Jahren 1732 bis 1820 erkundeten russische Seefahrer die Westküste von Alaska bis ↑San Francisco.

An der Kolonisation von N. waren neben Spanien, Großbritannien und Frankreich auch die Niederlande, Schweden und Russland beteiligt.

N

Kolonialzeit: Bis zur Mitte des 18. Jh. etablierten sich im S und SW Spanien, im N und westlich des Mississippi Frankreich und in den restlichen Gebieten (außer Alaska, das bis 1867 zu Russland gehörte) Großbritannien als führende Mächte. Frankreich wurde im Siebenjährigen Krieg von Großbritannien (1756–63) besiegt und musste seine Gebiete in N. abtreten. Aller Besitz östlich des Mississippi und der N fielen an die britische Krone. Die Gebiete westlich des Mississippi kamen zunächst an Spanien, das sie seinerseits 1800 wieder an Frankreich abtreten musste. 1803 verkaufte Frankreich das Territorium Louisiana an die USA, den jungen aus 13 ehemals britischen Kolonien bestehenden Staat, die im Amerikanischen Unabhängigkeitskrieg (1775–83) ihre Souveränität von Großbritannien erkämpft hatten. Mexiko löste sich zw. 1810 und 1822 von Spanien, und Kanada errang in einem langwierigen, aber friedlichen Prozess seine Unabhängigkeit von Großbritannien, die 1931 im Statut von Westminster festgeschrieben wurde.

Neueste Zeit: N. ist – insbesondere aufgrund der militärischen wie wirtschaftlichen Macht der USA – zu Beginn des 20. Jh. zu einer der führenden Regionen der Welt aufgestiegen. Die USA sind heute die einzige Supermacht der Welt. Mexiko hat große Probleme wirtschaftlicher wie gesellschaftlicher (z. B. Aufstände der entrechteten Indios) und politischer Natur (labile Demokratie). Kanada ist zwar wohlhabend, wird aber durch den Separatismus in ↑Quebec (Frankokanadier) in seiner Einheit bedroht und muss jederzeit mit einem erneuten Aufflammen eines frankokanadischen Terrorismus wie in den 1970er-Jahren rechnen.

Nordirland: Landesteil von Großbritannien und N., der den Nordostteil der Insel Irland mit 13 576 km² und 1,685 Mio. Einwohnern umfasst. Die hügelige Landschaft flacht sich zum großen Seebecken des 396 km² großen Lough Neagh im Innern ab. Hauptflüsse sind der Upper und der Lower Bann, der Foyle und der Blackwater. Der höchste Berg ist der Slieve Donard (852 m) in den Mourne Mountains im Südosten.

Hafer- und Kartoffelanbau prägen den Ackerbau. Sehr bedeutend ist die Rinderzucht, da in weiten Teilen N. aufgrund des milden ozeanischen Klimas eine ganzjährige Freilandhaltung möglich ist. Textilien, Konserven, Tabakwaren und Kunstfasern sind wichtige Industrieprodukte. Daneben sind Schiffbau und Elektrotechnik bedeutend. Hauptstadt und Wirtschaftszentrum ist ↑Belfast.

Geschichte: Durch den Government of Ireland Act (23. 12. 1920) wurden die mehrheitlich protestantischen Grafschaften der Provinz Ulster (Londonderry, Antrim, Tyrone, Fermanagh, Armagh und Down) vom übrigen, mehrheitlich katholischen Irland getrennt. N. erhielt im Rahmen einer Union mit Großbritannien die Autonomie. Der Konflikt zw. Protestanten und Katholiken prägte jahrzehntelang die Geschichte der Region. Untergrundorganisationen – v. a. die katholische Irish Republican Army (IRA) und die protestantische Ulster Defence Association (UDA) – versuchten mit terroristischen Mitteln, ihre Ziele zu erreichen. 1993/94 begann ein vorsichtiger Dialog, der Ende der 1990er-Jahre den Charakter eines Friedensprozesses annahm.

Nördlinger Ries: ↑Fränkische Alb.

Nordrhein-Westfalen: Bundesland im NW der Bundesrepublik. N.-W. grenzt im N und NO an Niedersachsen, im O an Hessen, im S an Rheinland-Pfalz und im W an Belgien und die Niederlande. Es hat eine Fläche von 34 083 km². Im bevölkerungsreichsten Land Deutschlands leben 18,08 Mio. Menschen. Hauptstadt ist ↑Düsseldorf.

Landesnatur: N.-W. hat Anteil am Norddeutschen Tiefland und am Mittelgebirgsland. Das eiszeitlich überprägte Tiefland greift in der Niederrheinischen Bucht und in der Westfälischen Bucht tief in die Mittelgebirge ein. Das Mittelgebirgsland gehört zum ↑Rheinischen Schiefergebirge mit Eifel und Hohem Venn auf linksrheinischer sowie Sauerland, Bergischem Land, Rothaargebirge, Siegerland, Siebengebirge und einem Teil des Westerwaldes auf rechtsrheinischer Seite. Lipper Bergland, Wiehengebirge und Teutoburger Wald gehören zum Weserbergland. Der größte Teil N.-W. gehört zum Stromgebiet des Rheins. Das Klima wird von maritimen Einflüssen bestimmt.

Bevölkerung: Die Bevölkerung besteht v.a. aus Rheinländern und Westfalen. Hinzu kamen um die Jahrhundertwende Ansiedler aus dem O, u.a. Schlesier, Ostpreußen und Polen. Ab Mitte des 20. Jh. kamen viele Gastarbeiter nach N.-W., von denen heute viele deutsche Staatsbürger sind. 49 % der Bevölkerung sind katholisch und 35 % evangelisch. Wichtige Städte neben Düsseldorf sind ↑Köln, ↑Essen, ↑Dortmund, ↑Duisburg und ↑Bonn.

Wirtschaft und Verkehr: Räumlicher Schwerpunkt ist der Wirtschaftsraum Rhein-Ruhr. Nach dem Niedergang der Eisen- und Stahlindustrie im ↑Ruhrgebiet in den 1960er-Jahren erlangte das Rheinland um Köln und Düsseldorf zentrale Bedeutung. Weitere Industriezentren sind das Aachener Gebiet, das Niederrheingebiet, der Münsterländer Textilbezirk, Ostwestfalen-Lippe, Siegerland und Bergisches Land. Am Niederrhein werden Steinsalz und Kali, im Sauerland Schwefelkies gewonnen. Sole- und Schwefelquellen ließen Kurzentren u.a. in Bad Salzuflen, Bad Oeynhausen, Bad Sassendorf und Aachen entstehen.

Mehr als 50 % der Fläche werden landwirtschaftlich genutzt. Angebaut werden in den Lössgebieten am Rand der Mittelgebirge Roggen, Weizen und Zuckerrüben, auf den Sand- und Lehmböden des Tieflands v.a. Kartoffeln und Futterpflanzen sowie am Rand des Vorgebirges Gemüse und Obst. Die Viehwirtschaft ist bedeutend. Der Wald nimmt ein Viertel der Fläche ein. Der Fremdenverkehr spielt eine Rolle im Sauerland, Bergischen Land, Siebengebirge, in der Eifel und im Teutoburger Wald.

N.-W. ist durch das Eisenbahn- und Autobahnnetz gut erschlossen. Wichtigste Wasserstraßen sind der Rhein, der Rhein-Herne-Kanal, der Dortmund-Ems-Kanal, der Wesel-Datteln- und der Datteln-Hamm-Kanal sowie der Mittellandkanal. Wichtigster Binnenhafen ist Duisburg. Internationale Flughäfen gibt es in Düsseldorf und Köln-Bonn.

Staat und Politik: Das Land N.-W. wurde durch die britische Militärregierung am 23.8. 1946 aus der preußischen Provinz Westfalen und dem nördlichen Teil der preußischen Rheinprovinz gebildet. Am 21.1. 1947 wurde das Land Lippe-Detmold eingegliedert. Nach der Verfassung von 1950 liegt die Legislative beim Landtag, der aus 231 für fünf Jahre gewählten Abgeordneten besteht. Er bestimmt den Ministerpräsidenten, der die Regierung führt. Die Verfassung enthält einen Grundrechtekatalog und sieht vor, einzelne Gesetze durch Volksbegehren und -entscheid zu beschließen.

Nordsee: Nebenmeer des ↑Atlantischen Ozeans. Die N. erstreckt sich zw. dem europäischen Festland, den Britischen Inseln und Skandinavien. Sie ist mit dem Atlantik durch die Straße von Dover und den ↑Ärmelkanal im SW sowie einen breiten Durchgang im N östlich der Shetlandinseln verbunden. Zur ↑Ostsee gelangt man durch Skagerrak und Kattegat. Der südlichste, trichterförmige Teil der N. ist die Hoofden. Die südöstlichste Bucht ist die Deutsche Bucht mit Jadebusen sowie Weser- und Elbemündung.

Die N. ist rd. 580 000 km^2 groß. Sie ist ein flaches Schelfmeer, das 200 m Tiefe nicht überschreitet. Südlich der Linie Scarborough–Göteborg liegt ihr Boden nirgends tiefer als 60 m, in der Doggerbank ist sie noch flacher. Eine Ausnahme bildet die Norwegische Rinne. Sie er-

reicht eine Tiefe von 725 m. Im Ganzen sinkt der Boden der N. von S nach N ab. Er ist mit Sand und Schlick bedeckt. Vereinzelt finden sich Steingründe und anstehendes Gestein.
Die Wasserzirkulation wird stark durch die Gezeiten beeinflusst, v. a. im Wattenmeer. Der mittlere Springtidenhub erreicht in der inneren Deutschen Bucht 4 m, in der Straße von Dover 5 m und an der englischen Küste 6 m. In die ↑ Weser dringt die Gezeitenwelle 67 km, in die ↑ Elbe 148 km weit ein. Sturmfluten richten an den Küsten oft große Verheerungen an. Sie treten am häufigsten im Winter auf.

Nordsee – Erdöl und Erdgas

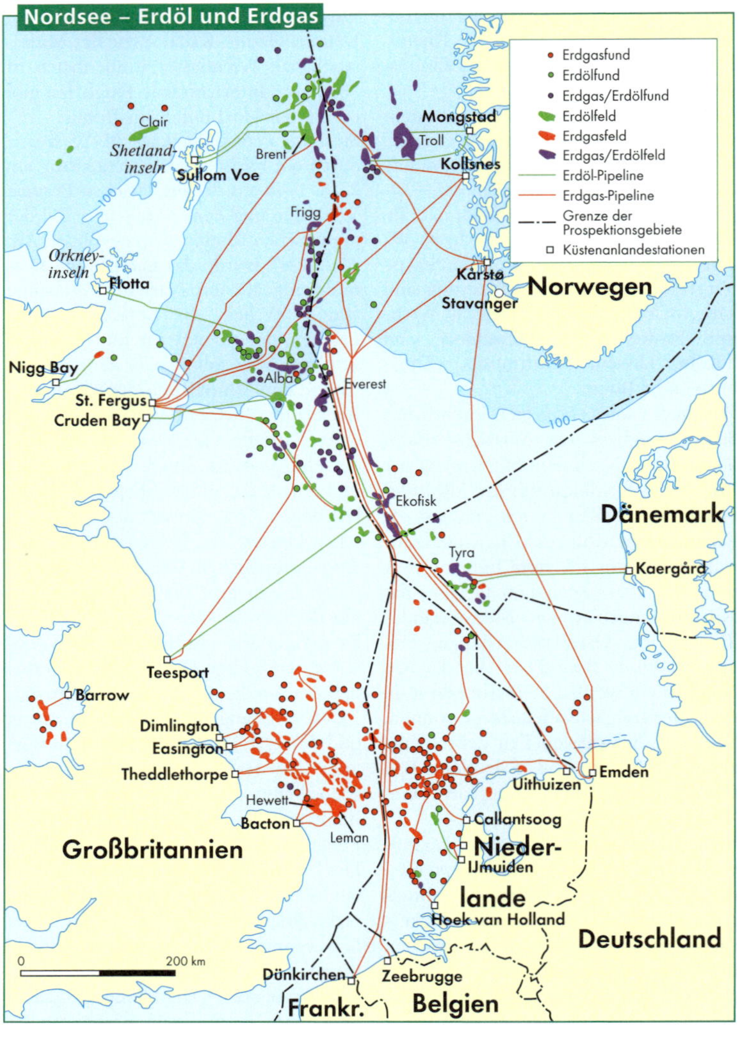

Die N. ist ein bedeutendes Fischereigebiet für Hering, Schellfisch, Kabeljau und Scholle. Hauptfanggebiete sind die Doggerbank, der Fladengrund und die norwegischen Küstengewässer. Die wichtigsten Häfen an dem verkehrsreichen Meer sind London, Antwerpen, Rotterdam, Amsterdam, Hamburg und Bremen. Seit den 1960er-Jahren beuten v.a. Norwegen und Großbritannien die großen Erdöl- und Erdgaslager aus.

Die N. gehört zu den stark belasteten Meeresgebieten. 1984, 1987, 1990, 1995 und 2002 fanden Nordseeschutzkonferenzen der acht Anliegerstaaten Norwegen, Schweden, Dänemark, Deutschland, die Niederlande, Belgien, Frankreich und Großbritannien statt.

Nọrwegen: Staat in Nordeuropa. N. grenzt im S an die Nordsee, im W an das Europäische Nordmeer und im N an die Barentssee. Landgrenzen bestehen mit Russland, Finnland und Schweden. Zu N. gehören auch ↑Spitzbergen (Svalbard) und Jan Mayen. Außenbesitzungen sind die Bouvetinsel und die Peter-I.-Insel. In der Antarktis beansprucht N. Königin-Maud-Land.

Landesnatur: N. liegt im W der Skandinavischen Halbinsel. Die N-S-Ausdehnung beträgt 1752 km, die größte O-W-Ausdehnung 430 km. Ein Drittel des Staatsgebiets liegt nördlich des Polarkreises. Die Küstenlänge beträgt mit Einbeziehung der Buchten und Fjorde rd. 21000 km. Das Landesinnere wird durch weite Hochflächen bestimmt. Im W liegt das zentralnorwegische Gebirge, das nach W steil und nach O schwach abfällt. Dort befinden sich die höchsten Erhebungen des Landes, der Glittertind mit 2470 m und der Galdhøppig mit 2469 m. Die Küsten mit zahlreichen vorgelagerten Inseln sind durch Fjorde stark gegliedert.

Das Klima weist ausgeprägte Unterschiede auf. Der W steht unter dem Einfluss des Norwegischen Stroms, einer warmen Meeresströmung im Europäischen Nordmeer. Der O ist kontinental beeinflusst. ↑Oslo hat in seiner geschützten Lage am Oslofjord mit 17,3 °C das höchste Julimittel Skandinaviens. Die Luvseite der Gebirge ist niederschlagsreich. In Bergen fallen beispielsweise 1960 mm Jahresniederschlag, in Oslo nur 740 mm. Plateaugletscher bedecken insgesamt 3900 km² des Landes. Mittel- und Nordnorwegen gehören zum Nadelwaldgürtel. An der Skagerrakküste sind noch mitteleuropäische Laubwälder zu finden.

Norwegen

(amtlich norwegisch Kongeriket Norge, dt. Königreich Norwegen)
Fläche: 323758 km²
Einwohner: 4,538 Mio.
Hauptstadt: Oslo
Verwaltungsgliederung: 19 Provinzen
Amtssprache: Norwegisch
Währung: 1 Norwegische Krone (nkr) = 100 Ore (O)
Zeitzone: MEZ
Kfz-Kennzeichen: N

Bevölkerung: Neben den Norwegern leben als Minderheiten Lappen (Samen) und Finnen im Land, auf Spitzbergen im Nordmeer auch Russen. Bevorzugte Siedlungsräume sind die Küstenplattform, große Täler, Terrassen in den Fjorden sowie die flacheren Gebiete an der Küste oder im Landesinnern.

Es besteht eine neunjährige Schulpflicht. 87 % der Bevölkerung gehören der evangelisch-lutherischen Staatskirche an.

Wirtschaft und Verkehr: Nur rd. 3 % des Staatsgebiets werden landwirtschaftlich genutzt. Angebaut werden v.a. Futtergerste, Hafer, Kartoffeln und Weizen. Bedeutender ist die Viehzucht. Im N werden Pelztiere, besonders Blaufüchse

N

und Nerze, gezüchtet. Der Wald nimmt 26 % der Landesfläche ein. Er wird stark forstwirtschaftlich genutzt. Im Fischfang gehört N. zu den führenden Ländern. Von besonderer Bedeutung ist die Erdgas- und Erdölförderung in der Nordsee. Ferner werden im N Eisenerze und auf Spitzbergen Steinkohle abgebaut. Daneben gibt es zahlreiche kleinere Vorkommen von Buntmetallerzen wie Titan, Kupfer, Zink und Pyrit. Die Nutzung der reichen Wasserkräfte fördert v.a. die Elektrometallurgie und elektrochemische Industrie. Vertreten sind außerdem petrochemische, Elektronik-, Metall-, Maschinen- und Werftindustrie sowie Fisch- und Holzverarbeitung. Der Fremdenverkehr ist v.a. an der Westküste verbreitet. Haupthandelspartner sind Schweden, Großbritannien und Deutschland.

Norwegen: Blick auf den Hafen von Bergen. Die mehr als 900 Jahre alte zweitgrößte Stadt Norwegens liegt am Inneren Byfjord.

Große Bedeutung hat die Seeschifffahrt. Mit 20,9 Mio. BRT besitzt N. die achtgrößte Handelsflotte der Erde. Größte Häfen sind Tønsberg und Oslo, ferner Fredrikstad, Haugesund, Mo i Rana, Kristiansand, Stavanger, Bergen und Trondheim. Fährschiffe verkehren nach Großbritannien, Dänemark und Deutschland. Die Küstenschifffahrt wickelt rd. 80 % des Frachtaufkommens ab. Das Eisenbahnnetz ist 4 023 km lang, das Straßennetz 90 174 km. Beide sind v.a. im S gut ausgebaut. Internationale Flughäfen befinden sich in Oslo, Bergen und Stavanger.

Staat und Politik: Nach der Verfassung von 1814 ist N. eine konstitutionelle Erbmonarchie. Staatsoberhaupt ist der König. Zw. 1814 und 1905 bildeten N. und Schweden eine Union. Sie wurde durch das norwegische Parlament per Beschluss aufgelöst. N. gehört zu den Gründungsmitgliedern der UNO. 1949 trat es der NATO und dem Europarat bei. Ferner gehört N. der OECD, OSZE und WTO an. Es ist seit 1992 Mitglied des EWR und assoziiertes Mitglied der WEU. Seit 1973 ist N. der EU durch einen Freihandelsvertrag verbunden.

Nürnberg: kreisfreie Stadt in Bayern. N. liegt an der Pegnitz und ist im W mit Fürth zusammengewachsen. Die Stadt hat 493 400 Einwohner. N. ist u.a. Sitz der Bundesagentur für Arbeit sowie der Bundesfinanzdirektion und beherbergt einige Fachbereiche der Universität Erlangen-N. Das bedeutendste Museum ist das Germanische Nationalmuseum.

Wichtigster Industriezweig ist die Elektrotechnik. Daneben gibt es Maschinen- und Fahrzeugbau, Druck-, chemische und Metallwarenindustrie. Ein bekanntes Produkt der Nahrungs- und Genussmittelindustrie sind Lebkuchen. Ferner ist N. ein Zentrum der Spielwarenindustrie mit international bedeutender Spielwarenmesse. Ein besonderer Anziehungspunkt ist der um 1640 bis 1650 entstandene »Christkindlesmarkt«. 1972 wurde der Hafen am ↑Rhein-Main-Donau-Großschifffahrtsweg eröffnet. Nördlich der Stadt liegt der Flughafen.

Das Stadtbild wird u.a. von einem Burgkomplex aus dem 12. Jh. geprägt. Sehenswert sind auch die vielen mittelalterlichen Bauwerke. Zw. 1927 und 1938 wurden in N. die Reichsparteitage der NSDAP abgehalten. 1945 bis 1949 war die Stadt Schauplatz der Nürnberger Prozesse.

O

O

Ob: mit 3 650 km der Hauptstrom Westsibiriens. Mit dem linken Quellfluss Katun misst der O. 4 338 km, mit dem linken Nebenfluss Irtysch 5 410 km. Der rechte Quellfluss ist der Bija, der sich mit dem Katun bei Bisk vereint. Sein Einzugsgebiet umfasst 2,99 Mio. km². Der O. ist ein typischer Flachlandfluss. Mit geringer Fließgeschwindigkeit durchquert der Strom sein 20 bis 60 km breites Tal, das bei Hochwasser häufig überschwemmt wird. An 155 Tagen im Jahr ist er bis zu seiner Mündung in den Obbusen, einen Meeresarm der Karasee,

Oberhausen: kreisfreie Stadt im ↑Ruhrgebiet in Nordrhein-Westfalen. O. liegt nördlich der Ruhr und beiderseits von Emscher und Rhein-Herne-Kanal. Die Stadt hat 220 900 Einwohner. Der einst bedeutende Steinkohlenbergbau wurde 1992 eingestellt. Stark entwickelt sind noch immer Maschinen-, Fahrzeug- und Kraftwerksbau, chemische und Stahlindustrie. Das 1996 eröffnete Einkaufs- und Freizeitzentrum CentrO ist eines der modernsten Europas. Europaweit bekannt sind auch die seit 1955 stattfindenden Internationalen Kurzfilmtage.

Oberösterreich: österreichisches Bundesland. O. grenzt im NW an Deutschland, im N an die Tschechische Republik, im O an Niederösterreich, im S an die Steiermark und im SW an das Bundesland Salzburg. Auf einer Fläche von 11 982 km² leben 1,382 Mio. Einwohner. Landeshauptstadt ist ↑Linz.

Mit dem nördlich der Donau gelegenen Mühlviertel hat O. Anteil am Böhmischen Massiv und im äußersten N am südlichen ↑Böhmerwald. Hier liegt mit dem 1 378 m hohen Plöckenstein der höchste Berg. Im S schließt sich das fruchtbare, reich besiedelte Alpenvorland mit dem Inn-, Hausruck- und Traunviertel an. Die Gebirge im S gehören zu den Nördlichen Kalkalpen. Große Alpenrandseen sind Traun-, Atter- und Mondsee im Salzkammergut.

O. entwickelte sich vom traditionellen Agrarland zum bedeutendsten Industriegebiet in Österreich. Um Kremsmünster werden Erdöl und Erdgas gefördert, im Hausruck- und im Innviertel wird Braunkohle abgebaut und im Salzkammergut Salzgewinnung betrieben. An Donau, Inn und Enns arbeiten viele Wasserkraftwerke. Zentrum der Industrie ist der Großraum Linz. Besonders stark entwickelt sind der Maschinen- und Anlagenbau, Stahlerzeugung und chemische Industrie sowie der Fahrzeugbau in Steyr. Für den Ackerbau werden 25 % der Fläche genutzt. 23 % sind Wiesen und Weiden, weitere 37 % Wald. Der Fremdenverkehr ist v. a. im Salzkammergut und in den Gebirgsregionen bedeutend.

Odenwald: Mittelgebirge zw. Kraichgau und Main. Am O. haben die Bundesländer Baden-Württemberg, Bayern und Hessen Anteil.

Der **Vordere Odenwald**, der an der klimatisch begünstigten Bergstraße gegen die Oberrheinebene abfällt, hat zahlreiche Kuppen und Rücken. Er ist zu einem Drittel bewaldet – überwiegend mit Laubmischwald – und erreicht in der Neunkircher Höhe 605 m. Die Hochfläche des **Hinteren Odenwalds** trägt Nadelwald und wenig ertragreiches Ackerland auf Buntsandsteinböden. Hier liegt mit dem 626 m hohen Katzenbuckel der höchste Berg, ein erloschener Vulkan. Südlich vom Durchbruchstal des Neckars liegt der **Kleine Odenwald**, der im Königstuhl 568 m erreicht.

Wichtige Wirtschaftszweige sind neben der Land- und Forstwirtschaft mit Weinbau der Steinbruch und die Steinindustrie sowie mit wachsender Bedeutung der Fremdenverkehr. Der Naturpark Bergstraße-Odenwald umfasst den größten Teil des Gebirges.

Oder (tschechisch und polnisch Odra): Strom in Mitteleuropa. Die O. entspringt im Odergebirge in der Tschechischen Republik, bildet auf 162 km die Grenze zw. Polen und Deutschland und mündet nach insgesamt 910 km bei Swinemünde in die Ostsee. Sie ist auf 733 km schiffbar und durch Kanäle mit dem Oberschlesischen Industriegebiet, mit der ↑Weichsel sowie über Oder-Spree-Kanal und Oder-Havel-Kanal mit Berlin verbunden.

OECD, Abk. für **O**rganization for **E**conomic **C**ooperation and **D**evelopment: Die Organisation für wirtschaftliche Zusammenarbeit und Entwicklung ist ein Instrument der westlichen Industrieländer zur Koordinierung der Wirtschafts- und Währungspolitik der Mitgliedsstaaten sowie für Aufgaben in Bereichen wie Umwelt, Energie, Verkehr, Finanzmärkte, Arbeit und Soziales.

Gegründet am 14. 12. 1960 durch das Pariser Abkommen, trat die OECD als Nachfolgeorganisation der 1948 gegründeten Organisation für europäische wirtschaftliche Zusammenarbeit (OEEC) am 30. 9. 1961 in Kraft. Ihr Sitz ist Paris. Neben allen Mitgliedern der EU und der EFTA gehören der Organisation Australien, Japan, Kanada, Neuseeland, die Türkei und die USA an. Auch einige Reform- und Schwellenländer sind mittlerweile Mitglieder, darunter Mexiko, Süd-Korea, die Tschechische Republik, Polen und Ungarn.

Okawạngo: Fluss im südlichen Afrika. Er entspringt in Angola auf dem Hochland von Bihé. Im Mittellauf bildet er z. T. die Grenze zw. Angola und Namibia. Nach rd. 1 800 km versiegt er in Botswana am Nordrand der ↑Kalahari in einem großen Binnendelta im Okawangobecken. Bei Hochflut erreicht ein Deltaarm den Ngamisee. Das weithin versumpfte Okawangobecken ist eines der größten Wildreservate Afrikas.

Oma̲n: Staat im O der Arabischen Halbinsel. O. grenzt im SW an Jemen, im W mit einer nicht genau definierten Grenze an Saudi-Arabien, im NW an die Vereinigten Arabischen Emirate, im NO an den Golf von Oman und im O an das Arabische Meer. Zu O. gehören die Kuria-Muria-Inseln und Kap Musandam, die Nordspitze der in die Straße von Hormus vorspringenden Halbinsel.

(amtlich arabisch Saltanat Oman, dt. Sultanat Oman)
Fläche: 309 500 km²
Einwohner: 2,538 Mio.
Hauptstadt: Maskat
Verwaltungsgliederung: 8 Regionen
Amtssprache: Arabisch
Währung: 1 Rial Omani (R.O.) = 1 000 Baizas (Bz.)
Zeitzone: MEZ + 3 Stunden
Kfz-Kennzeichen: OM

Landesnatur: Die Küstenebene Al-Batina am Golf von Oman steigt zu einem Bergland an, das im Djebel al-Achdar 3 107 m erreicht. Nach SW geht es in die Große Arabische Sandwüste, die Rub al-Chali über. Im äußersten S, in der Provinz Dhofar, erheben sich die Karaberge bis auf 1 680 m.

Es herrscht randtropisches Klima. Das Binnenland ist heiß und trocken, die Küstengebiete sind schwül mit einer relativen Luftfeuchtigkeit um 75 %. Die Niederschläge liegen durchweg unter 500 mm pro Jahr. Maskat zählt mit einem Januarmittel von 22 °C und durchschnittlichen 34° C im Juni zu den heißesten Städten der Erde.

Im Gebirge wachsen laubabwerfende und immergrüne Bäume. Besonderheiten sind der Weihrauchbaum, der Myrrhenstrauch u. a. Balsampflanzen in Dhofar.

Bevölkerung: 88 % sind Araber. Überwiegend im Küstenraum leben Südasiaten

und Afrikaner mit einem Anteil von jeweils rd. 2 %. Etwa 670 000 Einwohner sind ausländische Arbeitskräfte.
Zur städtischen Bevölkerung gehören 86 % der Einwohner. Das übrige Sechstel lebt nomadisch. Es gibt keine allgemeine Schulpflicht, jedoch werden 80 % der Kinder eingeschult, wobei es signifikant mehr Jungen als Mädchen sind. Die Analphabetenquote beträgt rd. 30 %.
Der Islam ist Staatsreligion. Mehr als 50 % der Bevölkerung sind Ibaditen, Angehörige eine islamischen Sekte. Ein Drittel sind Sunniten. Minderheiten bilden Hindus, Christen und Juden.
Wirtschaft und Verkehr: Wichtigster Produktionszweig und Haupteinnahmequelle mit einem Anteil am Exportwert von 90 % sind die Erdöl- und Erdgasförderung. Daneben werden Kupfer, Chrom, Silber und Gold abgebaut. Wichtigste Handelspartner sind die Vereinigten Arabischen Emirate und Japan. In den Oasen werden v. a. für den Export Datteln, Granatäpfel, Zitrusfrüchte und Tabak kultiviert. Das Straßennetz ist weitmaschig. Modern ausgebaute Häfen sind Matrah, Mina al-Fahal und Raysut. Internationale Flughäfen haben Maskat und Salal.
Staat und Politik: O., bis 1970 Maskat und Oman, war nie Kolonie, stand aber seit dem 19. Jh. unter britischem Einfluss. Bis 1978 unterhielt Großbritannien Militärstützpunkte. Seit 1971 ist O. Mitglied der UNO. Staatsoberhaupt und Regierungschef ist der absolut herrschende Sultan. Seit 1996 besitzt O. eine Verfassung.

Onẹgasee: mit 9 720 km² nach dem ↑Ladogasee der zweitgrößte See Europas. Er liegt in Karelien, im NW Russlands. Der bis zu 127 m tiefe O. ist von November bis Mitte Mai mit Eis bedeckt. Es gibt 58 Zuflüsse, mit dem Swir aber nur einen Abfluss, der Wasser zum Ladogasee transportiert. In den O. mündet am Nordufer der Weißmeer-Ostsee-Kanal, durch den See führt der Wolga-Ostsee-Wasserweg.

OPEC, Abk. für **O**rganization of the **Pe**troleum **E**xporting **C**ountries: Die Organisation der Erdöl exportierenden Länder wurde 1960 gegründet, um die Position der Mitgliedsländer – damals Irak, Iran, Kuwait, Saudi-Arabien und Venezuela – gegen die mächtigen Ölkonzerne zu stärken. Bis 1965 war Genf Sitz der OPEC, seitdem ist es Wien. Beigetreten sind bisher Algerien, Indonesien, Katar, Libyen, Nigeria und die Vereinigten Arabischen Emirate.
Von der OPEC zu unterscheiden ist die im Jahr 1968 gegründete Organisation der arabischen Erdöl exportierenden Staaten **(OAPEC)** mit Sitz in Kuwait, wenngleich viele Länder in beiden Organisationen Mitglied sind.

Oman: Auf diesem Tiermarkt werden die Rinder, die an den Hängen der Karaberge weiden, verkauft. Sie sind Statussymbol und wichtigste Einkommensquelle der hier lebenden Omanis.

Orạnje: Strom im südlichen Afrika. Er entspringt im N Lesothos in den Drakensbergen in einer Höhe von 3 160 m, fließt in nordwestlicher und westlicher Richtung durch Südafrika, bildet die Grenze zw. der südafrikanischen Provinz Nord-Kap und Namibia und mündet nach 2 250 km in den Atlantischen Ozean. Er ist nicht schiffbar. Größter Nebenfluss ist der 1 251 km lange Vaal. Durch das 1966 begonnene Oranje-Fluss-Projekt soll der O. stärker für Bewässerung,

Trinkwasserversorgung und Energieerzeugung genutzt werden.

Orinoco: mit 2 140 km Länge und einem Einzugsgebiet von 1,17 Mio. km^2 einer der Hauptströme Südamerikas. Er entspringt als Paraguá im SO Venezuelas in der Sierra Parima im Bergland von Guayana. Nach dem Austritt aus dem Hochland umfließt er dieses in einem großen, nach NO offenen Bogen. Unterhalb der Mündung des Río Apure beginnt der ostwärts gerichtete Unterlauf des Orinocos in den Savannen der Llanos. Er mündet in einem etwa 30 000 km^2 großen Delta in den Atlantischen Ozean.

Insgesamt sind rd. 1 930 km des O. schiffbar. Über den Río Casiquiare, eine Abzweigung des O., und den Río Negro ist er mit dem ↑Amazonas verbunden.

Ōsaka: mit 2,484 Mio. Einwohnern die drittgrößte Stadt Japans. Ō. liegt im mittleren Abschnitt der Südküste von Honshū an der Mündung des Yodogawa in die Ōsakabucht der Japanischen Inlandsee. Die Stadt hat fünf Universitäten, ist Sitz eines Erzbischofs und war 1970 Veranstaltungsort einer Weltausstellung. Ō. ist der Mittelpunkt des Industriegebietes Hanshin und das zweitwichtigste Wirtschaftszentrum Japans. Auf einer künstlichen Insel, die durch eine Eisenbahn- und eine Straßenbrücke mit Honshū verbunden ist, liegt der internationale Flughafen Kansai.

Bekannte Gebäude sind die 1931 rekonstruierte Ōsakaburg aus dem 17. Jh. und die vielen Häuser aus der Edozeit (17.–19. Jh.). Aus der neuesten Zeit sind u. a. der Sony Tower (1976), das Ethnologische Museum (1977) sowie das Sky Building zu erwähnen.

Oslo: Haupt- und Residenzstadt Norwegens. O. liegt im SO des Landes an der innersten Bucht des Oslofjords und hat 521 900 Einwohner. Mit Universität, theologischer Fakultät, Architektur-, Sport-, Musik-, veterinärmedizinischer Hochschule und der Akademie der Wissenschaften ist es das Bildungszentrum Norwegens und nimmt mit seinen Theatern und Museen auch in der Kultur eine bedeutende Rolle ein. Das Nobel-Institut in O. bestimmt alljährlich den Friedensnobelpreisträger.

Wichtigste Industriezweige sind Elektrotechnik, grafisches Gewerbe, Nahrungsmittelindustrie und Schiffbau. O. hat einen Personen- und einen Handelshafen. Fornebu ist der internationale Flughafen. Wahrzeichen der an architektonische Glanzpunkten reichen Stadt ist das Rathaus (1931–50).

Osnabrück: kreisfreie Stadt in Niedersachsen. O. liegt im Hügelland, das von den Ausläufern des Wiehengebirges im N und des Teutoburger Waldes im SO gebildet wird. Die Stadt hat 164 600 Einwohner. Es gibt eine Universität, eine Fachhochschule und eine katholische Fachhochschule.

Bedeutend sind Fahrzeug- und Werkzeugmaschinenbau, Kabelmetallherstellung, Papier- und Stahlindustrie. Durch einen Stichkanal ist der Stadthafen an den Mittellandkanal angeschlossen. Im Zweiten Weltkrieg erlitt besonders der Stadtkern schwere Schäden. Wiederhergestellt wurden u. a. der Dom (1218–77), das Rathaus (1487–1512), die Stadtwaage (1532) und das Schloss (1667–75).

Ostafrikanisches Grabensystem (Rift Valley): Bruchsystem im O Afrikas, das sich bis nach Vorderasien erstreckt und durch zahlreiche große Seen geprägt wird, die die Senken einnehmen. Südlichster Teil ist der Njassagraben mit dem ↑Malawisee. Nach N schließt sich der Zentralafrikanische Graben mit der Seenkette von ↑Tanganjikasee bis ↑Albertsee an, der schließlich in den Ostafrikanischen Graben übergeht, dessen nördlicher Abschluss durch den Turkanasee markiert wird. Der schmale Äthiopische Graben bildet die weitere Fortsetzung, der sich zum Danakiltiefland erweitert, wo er sich in den Graben des Golfes von Aden und den des Roten Meeres teilt und sich im Jordangraben fortsetzt. Die Gesamtlänge des Systems

O

Ostafrikanisches Grabensystem
SYRIEN
MITTEL-MEER
LIBANON
Beirut
ISRAEL
JORDANIEN
IRAK
IRAN
Kairo
Suez
Akaba
KUWAIT
Persischer Golf
BAHRAIN
KUWAIT
V. A. E.
Nil
ÄGYPTEN
Rotes Meer
SAUDI-ARABIEN
Nasser-see
Djidda
A
ERITREA
Hodeida
JEMEN
SUDAN
Ras Dashan 4620 m
Afarsenke
Aden
Golf von Aden
Tanasee
Weißer Nil
Blauer Nil
DJIBOUTI
B
Addis Abeba
ÄTHIOPIEN
Batu 4307 m
SOMALIA
Turkana-see
DEM. REP. KONGO
UGANDA
KENIA
Baringosee
C
Mt. Kenya 5199 m
Victoria-see
RUANDA
BURUNDI
TANSANIA
Kilimandscharo 5892 m
INDISCHER OZEAN
Vulkan
tektonische Bewegung
0
500
1000 km

O

beträgt rd. 6000 km. Der größte Höhenunterschied zw. Grabensohle und Horst beträgt 4 800 m.
Die Störungszone ist äußerst aktiv. Zahlreiche Vulkane liegen in dem Gebiet, an dem sich die afrikanische Landmasse nach der Theorie der Plattentektonik teilt. Es gibt häufig Erdbeben, allerdings nur sehr selten schwere oder verheerende Großbeben. Menschheitsgeschichtlich ist diese Region äußerst bedeutend, da alle Hinweise dafür sprechen, dass sich im südlichen Teil des Grabensystems die Wiege der Menschheit befand.

Osterinsel (polynesisch Rapa Nui: »Großer Stein«): zu Chile gehörende Insel im Südpazifik. Die O. ist ein bis auf 511 m aufragender, übermeerischer Teil des Ostpazifischen Rückens. Sie hat eine Fläche von 163 km² und 2 800 Einwohner. Einzige Orte sind Hangaroa und Mangareva.
Es herrscht subtropisch-ozeanisches Klima. Die Insel ist überwiegend mit Gräsern bedeckt. Es werden Viehhaltung, Ackerbau und Fischfang betrieben. Der Tourismus spielt eine bedeutsame Rolle. Der Flughafen wurde von der NASA als Notlandebahn für das Space-Shuttle ausgebaut.
Anziehungspunkt für Touristen ist v. a. der Rapa-Nui-Nationalpark mit den berühmten monumentalen Figuren aus Tuffstein, die in langen Reihen stehen. Diese Moai genannten, zw. 2 und 8 m hohen Steinmetzarbeiten sind wahrscheinlich Ahnenbilder polynesischer Einwanderer, die in zwei Wellen, um 400 und um 1350, auf die O. kamen. Die O. ist die einzige polynesische Insel, auf der man eine Schrift kannte. Sie konnte bisher nur teilweise entziffert werden.
Am Ostersonntag 1722 wurde die Insel durch eine niederländische Expedition entdeckt. 1862 verschleppten Peruaner zahlreiche Bewohner zum Guanoabbau nach Südamerika. 1888 wurde die O. von Chile annektiert.

Österreich: siehe S. 312.

Osteuropäisches Tiefland: mit einer Fläche von 4 bis 5 Mio. km² das größte Flachland Europas und eines der größten der Welt. Das O. T. wird im O vom ↑Ural, im SO vom ↑Kaukasus, im S vom Jailagebirge auf der ↑Krim und im SW von den ↑Karpaten begrenzt. Im N bildet die Halbinsel Kola den Abschluss. Nach W geht das O. T. in das mitteleuropäische Tiefland über, das sich bis in die Niederlande erstreckt.
Die höchste Erhebung bilden mit 343 m die Waldaihöhen nordwestlich von Moskau. Die tiefste Stelle ist die Kaspische Senke mit –28 m.
Das Klima nimmt von W nach O und von N nach S zunehmend kontinentale Züge an. Im südlichen Bereich hat sich außerordentlich fruchtbare Schwarzerde gebildet. Im N und im O macht Permafrostboden einen einträglichen Ackerbau unmöglich. Im S herrscht Steppenvegetation vor, in der Mitte und im O Nadelwald, der bereits zur Taiga gehört, im N erfolgt der Übergang zur Tundra.

Ọstsee (Baltisches Meer): kleines und flaches Nebenmeer des Atlantiks, von dem die O. durch die Skandinavische Halbinsel und Jütland getrennt wird. Über Skagerrak und Kattegat ist sie mit der Nordsee verbunden. Anrainerstaaten sind Dänemark, Schweden, Deutschland, Finnland, Russland, Estland, Lettland, Litauen und Polen.
Die O. gliedert sich in Kattegat, Beltsee, Arkonasee, Bornholmsee, Gotlandsee, Rigaer Bucht und Finnischen Meerbusen, Ålandsmeer, Schärenmeer und Bottnischen Meerbusen. Sie bedeckt eine Fläche von 390 000 km². Die mittlere Tiefe liegt bei 55 m, die maximale Tiefe ist das Landsorttief nördlich von Gotland mit 459 m.
Der Salzgehalt liegt bei nur etwa 8 ‰ im Oberflächenwasser, bedingt durch den starken Zufluss aus Binnengewässern und dem geringen Wassertausch mit dem Weltmeer. Die von der Nordsee eindringenden Gezeiten sind sehr gering. Der Wasserstand wird meist durch

unperiodisch durch Wind erzeugte Schwankungen beherrscht. Dabei kann es in den flachen Gebieten in der westlichen O. sowie im Inneren des Finnischen und Bottnischen Meerbusens zu Sturmfluten kommen.
Der Ertrag des Fischfangs ist mäßig. Gefangen werden insbesondere Hering, Dorsch, Lachs, Sprotte, Scholle, Flunder und Aal. Die O. gehört zu den am stärksten verschmutzten Meeren der Erde. Die Anrainer sind Industriestaaten und bis in die 1970er-Jahre – und z. T. darüber hinaus – gab es kaum Einschränkungen der Einleitungen.

Osttimor: Staat auf der Insel Timor, der größten der Kleinen Sundainseln im Osten des Malaiischen Archipels. O. nimmt die Osthälfte der 33 600 km² großen Insel Timor ein, der übrige Teil gehört als Provinz Nusa Tenggara Timur zu Indonesien. Zu O. gehört die Exklave Oecussi Ambeno im indonesischen Teil.
Landesnatur: O. wird von Bergketten durchzogen, die im Ramelaunmassiv 2 960 m erreichen. Das Klima ist tropisch und wird von Monsunwinden geprägt. Im Winter fallen die meisten Niederschläge. Die Menge beträgt etwa 1 200 mm. Die ursprüngliche Waldvegetation ist bis auf einige lichte Monsunwälder durch Savannen ersetzt.
Bevölkerung: Die Bevölkerung besteht aus zwölf verschiedenen ethnischen Gruppen, deren Sprachen zu den austronesischen bzw. zu den Papuasprachen gehören. Viele der zw. 1976 und 1999 eingewanderten Indonesier haben das Land verlassen. 94 % der Bevölkerung sind Christen, von denen die meisten der katholischen Kirche angehören. Auf dem Land gibt es noch Anhänger traditioneller Naturreligionen. Unterrichtssprache ist Portugiesisch. Fast 60 % der Einwohner sind Analphabeten.
Wirtschaft und Verkehr: Die meisten Einwohner leben von Landwirtschaft oder Fischfang. Für den Export wird Kaffee angebaut. Die Sandelholzbestände sind durch Abholzung nahezu erschöpft. Außer Hochseefischerei werden Garnelen gezüchtet. Die Erdöl- und Erdgasvorkommen zw. der Südküste O. und Nordküste Australiens sollen von O. und Australien gemeinsam ausgebeutet werden. Die Exklave Oecussi Ambeno ist durch eine Fähre mit Dili verbunden. Bei der Hafenstadt Dili und bei Bacau liegen zwei internationale Flughäfen.

Osttimor

(amtlich Tétum Timor Loro Sa'e, portugiesisch República Democrática de Timor Leste)
Fläche: 14 874 km²
Einwohner: 780 000
Hauptstadt: Dili
Verwaltungsgliederung: 13 Distrikte
Amtssprache: Tétum, Portugiesisch
Währung: 1 US-Dollar (US-$) = 100 Cents (c, ¢) und 1 Rupiah (Rp.) = 100 Sen (S)
Zeitzone: MEZ + 7 Stunden
Kfz-Kennzeichen: TLS

Staat und Politik: Nach der Verfassung vom 22. 3. 2002 ist O. eine Präsidialrepublik. Staatsoberhaupt und Oberbefehlshaber der Streitkräfte ist der auf fünf Jahre direkt gewählte Präsident.
O. stand seit dem 16. Jh. unter portugiesischer Kolonialverwaltung. Als Portugal 1975 seine Kolonien aufgab, annektierte Indonesien das Gebiet. Bei der Invasion, und »ethnischen Säuberungen« kamen rd. 200 000 Menschen ums Leben. 1999 sprachen sich etwa 80 % der Bevölkerung für die Unabhängigkeit O. aus. Daraufhin verschärfte sich der Terror des indonesischen Militärs. Unter internationalem Druck stimmte Indonesien der Stationierung einer UN-Friedenstruppe zu. Am 20. 5. 2002 erhielt O. die Unabhängigkeit und ist damit der jüngste Staat der Erde.

► *Fortsetzung auf S. 315*

Der Name Österreich reicht ins Frühmittelalter zurück: Das Gebiet lag damals im O des Frankenreichs. Als Zentrum des Habsburger Reiches gehörte Österreich dann vom ausgehenden Mittelalter bis ins 20. Jh. zu den europäischen Großmächten. Heute ist das Land ein leistungsfähiges Industrieland mit einer wichtigen Brückenfunktion nicht nur zw. Nord und Süd, sondern auch zw. Ost und West.

Österreich

(amtlich Republik Österreich)
Fläche: 83 858 km²
Einwohner: 8,048 Mio.
Hauptstadt: Wien
Verwaltungsgliederung: 9 Bundesländer
Amtssprache: Deutsch
Währung: 1 Euro (EUR, €) = 100 Cents (c)
Zeitzone: MEZ
Kfz-Kennzeichen: A

»Land am Berge und am Strome...«

So beginnt die österreichische Bundeshymne. Sie bringt zum Ausdruck, dass das Land nicht nur gebirgig ist, sondern auch flache und tiefer liegende Landschaften hat. Österreich ist ein Alpen- und ein Donaustaat.
Das Land erstreckt sich von W nach O zw. Bodensee und Neusiedler See über rd. 570 km. Man kann es in drei Großräume gliedern.
Etwa zwei Drittel des Landes liegen in den ↑Alpen. Getrennt durch Längstalzüge gliedern sich die österreichischen Alpen in drei Teilräume: die Nördlichen Kalkalpen mit zahlreichen Alpenrandseen, die z. T. vergletscherten Zentralalpen, in denen mit dem 3 798 m hohen Großglockner der höchste Berg des Landes liegt, und schließlich die Südalpen, zu denen u. a. die Karnischen Alpen und Karawanken gehören. Nördlich der Alpen breitet sich bis zur ↑Donau das Alpenvorland aus mit dem hügeligen Innviertel und dem Hausruck, einem Mittelgebirge.
Nördlich der Donau liegen Hügel- und Bergländer. Im Mühl- und Waldviertel hat Österreich Anteil am Böhmischen Massiv, das niedrigere Weinviertel leitet über zum Karpatenvorland.
Die östlichen und südöstlichen Teile sind geprägt durch Beckenlandschaften: Im O liegt das Wiener Becken, das Gebiet um den Neusiedler See zählt zum Kleinen Ungarischen Tiefland und das Grazer Becken gehört geologisch zum Pannonischen Becken.
Die naturräumlichen Verhältnisse spiegeln sich in der Bevölkerungsverteilung: Die Gebirgsregionen sind nur linienhaft entlang der Täler besiedelt, 70 % der Gesamtbevölkerung Österreichs siedelt in Gebieten unterhalb von 500 m. Die Donau durchquert das Land auf einer Länge von 350 km. Ihr dicht bevölkertes und landwirtschaftlich intensiv genutztes Tal ist eine wichtige W-O-Achse.
Klimatisch liegt Österreich im Übergangsbereich vom ozeanischen zum kontinentalen Klima. Feuchte Westwinde sind bestimmend und bringen den meisten Regionen Niederschläge von 1 000 bis 1 500 mm pro Jahr. Im Alpenbereich werden z. T. 3 000 mm erreicht. Im Wiener Becken und ähnlich geschützten Lagen sind es 500 bis 600 mm.

Wirtschaftsräumliche Gliederung

Österreich ist heute ein leistungsfähiges Industrieland. Die regionale Wirtschaftsstruktur wird durch die unterschiedlichen geografischen Gegebenheiten bestimmt.
Rund 44 % der Fläche werden landwirtschaftlich genutzt. Im Alpenraum und im Alpenvorland sind Viehzucht und Milchwirtschaft vorherrschend. Acker-

bau wird besonders im Gebiet nördlich der Donau, im ↑Burgenland und in der Südsteiermark betrieben. Angebaut werden v.a. Weizen, Gerste, Mais, Kartoffeln und Zuckerrüben. In den klimatisch begünstigten Lagen – insbesondere im O und im Donautal – werden Wein und Obst angebaut.

In der österreichischen Landwirtschaft hat sich in den letzten Jahrzehnten ein tief greifender Strukturwandel vollzogen, der sich durch den Beitritt des Landes zur EU noch beschleunigt hat. Die Zahl der Kleinbetriebe sowie die Almwirtschaft gingen deutlich zurück, der Wein- und Obstbau sowie der biologische Landbau wurden verstärkt.

Die Industriegebiete konzentrieren sich um die großen Städte, besonders im Raum ↑Wien, im oberösterreichischen Alpenvorland, im steierischen Mur- und Mürztal, im Grazer Becken und Unterinntal. Da der Abbau von einheimischen Bodenschätzen weithin unrentabel geworden ist, werden zwei Drittel des Bedarfs an mineralischen Rohstoffen eingeführt. Die Industriestruktur ist vielseitig, die wichtigsten Zweige sind die Nahrungs- und Genussmittelindustrie, der Maschinen- und Fahrzeugbau, die Metall- und Erdölverarbeitung sowie in zunehmendem Maß die Elektro- und die Elektronikindustrie.

Österreich ist ein wichtiges Transitland. Dies gilt besonders für den N-S-Verkehr über die Alpen, seit der Öffnung der Grenzen zum ehemaligen Ostblock gewinnt aber auch der O-W-Verkehr an Bedeutung. Daraus ergeben sich stetig wachsende verkehrstechnische Probleme sowie erhebliche Umweltbelastungen. Die Regierung ist bemüht, größere Teile des Schwerverkehrs von der Straße auf die Schiene zu verlagern. Langfristig soll hierfür der Brennerbasistunnel gebaut werden.

■ Tourismus: ein Devisenbringer

Österreich ist aufgrund seiner Landschaften, seiner Kultur und seiner guten Infrastruktur zu einem bedeutenden Ziel für Touristen aus aller Welt geworden. Das Land wird jährlich von rd. 20 Mio. Auslandsgästen besucht – rd. die Hälfte kommt aus Deutschland – und liegt damit beim Fremdenverkehrsaufkommen weltweit an fünfter Stelle.

Der Tourismus hat ein großes wirtschaftliches Gewicht für Österreich. Er trägt mit umgerechnet mehr als 20 Mrd. US-$ nahezu 10 % zum Bruttoinlandsprodukt bei, was auch angesichts der

Österreich – Wirtschaft

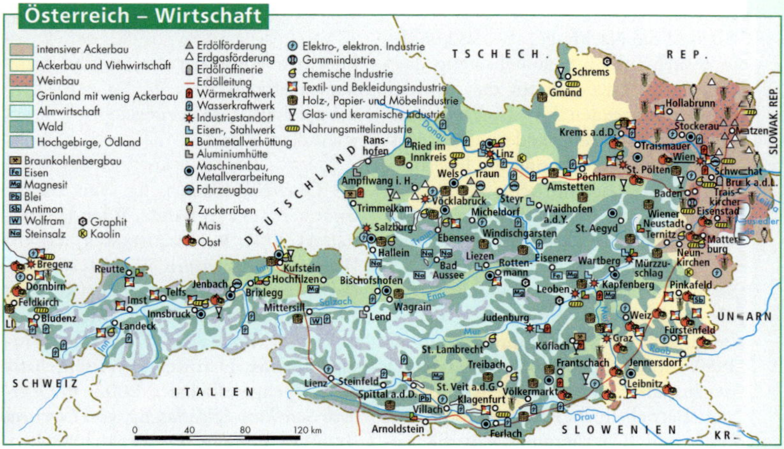

deutlich negativen Handelsbilanz ökonomisch wichtig ist. Die meistbesuchten Bundesländer sind ↑Tirol, ↑Salzburg und ↑Kärnten sowie die Städte Wien und ↑Innsbruck.

Die Bezirkshauptstadt Kitzbühel am Fuß des Hahnenkamms (1655 m) und des Kitzbüheler Horns (1996 m) ist als Wintersport- und Alpenkurort international bekannt.

Die große Bedeutung des Fremdenverkehrs für Österreich wird aber nicht nur positiv gesehen. Waldrodung und andere Erschließungsmaßnahmen, die rege Bautätigkeit für Unterkünfte oder Skipisten u. a. haben erhebliche ökologische Schäden verursacht. Der Tourismus erfasst zudem nicht alle Landesteile, sondern besonders den W des Landes und verstärkt somit die regionalen Unterschiede.

Auch ist die Nachfrage, also das konkrete Besuchsaufkommen nicht stetig, da es z.B. von der Konjunktur und von den sich verändernden Urlaubsgewohnheiten in den Herkunftsländern der Touristen abhängt – damit sind die Investitionen in Österreich nur schwer zu planen und mit hohen Risiken behaftet. Unterschiedliche Entwicklungen gibt es auch zw. den reinen Wintersport- und den Sommerurlaubsgebieten. Während z.B. die Nachfrage im Winter nach wie vor steigt, geht sie in der Sommersaison seit 1980 zurück. In nur wenigen Gebieten ist ganzjährig Saison, was dazu führt, dass viele Betriebe nicht ausgelastet sind. Das Gast- und Beherbergungsgewerbe versucht deshalb, den Aufenthalt mit verbessertem Angebot und erhöhtem Werbeaufwand attraktiver zu machen.

■ Eine neue Rolle in Europa

Mit der Öffnung der Ostgrenzen 1989 und dem Zusammenbruch des Kommunismus ist der Brückenfunktion Österreichs zw. W und O eine verstärkte Bedeutung zugekommen. Diese Entwicklung gab dem Land nicht nur politisch sondern auch wirtschaftlich neue Impulse. Gleiches gilt für den Beitritt Österreichs zur EU 1995. Der Zugang zum größten Binnenmarkt der Welt bindet das Land enger in die europäische Wirtschaft ein, es muss sich aber auch stärker der internationalen Konkurrenz stellen. Damit wurde ein neuer Modernisierungsschub ausgelöst. Ein Rückschlag bei der Integration in die EU war der Wahlerfolg der rechtsorientierten Freiheitlichen Partei Österreichs bei den Wahlen 1999 und die Regierungsbildung von FPÖ und Österreichischer Volkspartei (ÖVP) 2000. ■

Informationen über Österreich vermittelt »Österreich Information«, Postfach 1231, 82019 Taufkirchen bei München (www.austria-tourism.at). Telefonisch werden bundesweit unter 089/66670100 Informationen gegeben.

Informative Internetadressen sind auch:
www.austria.gv.at
www.aeiou.at/aeiou.encyclop
www.oesterreich.at

Österreich-Lexikon, hg. von Ernst Bruckmüller, 3 Bände. Wien (Brandstätter) 2004. ■ Holzheimer, Gerd: *Wenn alle Strick' reißen, häng ich mich auf. Ein Österreich-Lexikon.* Leipzig (Reclam) 1997. ■ Lichtenberger, Elisabeth: *Österreich. Geographie, Geschichte, Wirtschaft, Politik.* Darmstadt (Wissenschaftliche Buchgesellschaft) ²2002. ■ *Österreich Satelliten-Bildatlas,* hg. von Lothar Beckel. Stuttgart (Geocenter) 2004.

Ozeanien: im engeren Sinn die Inseln und Inselgruppen des Pazifischen Ozeans, die zw. Amerika, den Philippinen und Australien liegen. Im weiteren Sinn zählen zu O. auch Australien selbst sowie Neuseeland.

Naturraum

Ohne die australische Landmasse besteht O. aus rd. 7 500 größeren Inseln. Sie besitzen eine Landmasse von 1,3 Mio. km², die sich über ein Meeresgebiet von rd. 70 Mio. km² verteilt. Überwiegend handelt es sich um Vulkaninseln, die häufig durch Saumriffe geschützt sind, Koralleninseln und Atolle. Die meisten Inseln ragen nur wenige Meter aus dem Wasser. Die bedeutendsten Ausnahmen sind ↑Neuguinea und die beiden Hauptinseln Neuseelands.
Das Klima ist tropisch-maritim, durch kühlende Seewinde gemildert; die aus NO und SO kommenden Passate bringen ganzjährig Niederschläge.

Bevölkerung

Etwa 2 100 der Inseln sind bewohnt. Auf ihnen leben ca. 13,5 Mio. Menschen (ohne Australien). Nach der ethnischen Zugehörigkeit der Bevölkerung unterteilt man O. traditionell in **Melanesien** mit Neuguinea, dem Bismarckarchipel, den Salomoninseln, ↑Neukaledonien, den Loyaltyinseln, den Neuen Hebriden und den Fidschiinseln, **Mikronesien** mit den Karolinen, Marianen, Marshall-, Gilbertinseln und Nauru sowie **Polynesien** mit den Samoa-, Tonga-, Tokelau-, Phönix-, Ellice- und den Cookinseln, den Line Islands, den Inseln ↑Französisch-Polynesiens, den Îles Wallis und Îles de Horn, der Inselgruppe von ↑Hawaii und der ↑Osterinsel.

Wirtschaft und Verkehr

Von den größeren und westlich geprägten Staaten Neuseeland und Australien abgesehen, sind die Staaten O. wenig entwickelt. Fischerei und Landwirtschaft dominieren, es gibt kaum Bodenschätze und andere Industrien, als solche der Nahrungs- und Genussmittelbranchen. Der Fremdenverkehr ist für viele der Staaten bereits eine wichtige Einnahmequelle und wird stetig ausgebaut. Bei den Verkehrsmitteln sind naturgemäß Schiffe und Flugzeuge bestimmend. Es gibt eine Fülle von Linienver-

Ozeanien

Land	Fläche in km²	Einwohner in 1 000	Hauptstadt
Australien	7 682 300	19 663	Canberra
Fidschi	18 333	823	Suva
Kiribati	811	95	Bairiki
Marshallinseln	181	53	Dalap-Uliga-Darrit
Mikronesien	701	122	Palikir
Nauru	21,3	13	Yaren
Neuseeland	270 534	3 939	Wellington
Palau	488	20	Koror
Papua-Neuguinea	462 840	5 378	Port Moresby
Salomoninseln	27 556	443	Honiara
Samoa	2 831	176	Apia
Tonga	748	101	Nuku'alofa
Tuvalu	26	11	Funaluti
Vanuatu	12 190	206	Port Vila

P

bindungen zw. den einzelnen Staaten bzw. deren Inseln.

Geschichte

Die Frühgeschichte O. ist weitgehend unbekannt. Angenommen wird, dass es um 10 000 v. Chr. und nochmals einige Jahrtausende später Einwanderungsbewegungen aus dem asiatischen Raum gegeben hat. Ob ozeanische Völker ihrerseits bis zur Westküste Südamerikas vorgedrungen sind, um diese zu besiedeln und/oder mit dort bereits lebenden Menschen Handel zu treiben, ist nicht letztgültig geklärt.
1513 entdeckte VASCO NÚÑEZ DE BALBOA (um 1475–1519) den Pazifischen Ozean, den er »Südsee« nannte. Unter den Seefahrern, die O. danach erschlossen, ist JAMES COOK (1728–79) besonders hervorzuheben.
Mit dem niederländischen Souveränitätsanspruch auf West-Neuguinea 1828 und der Errichtung des französischen Protektorats über die zentralpolynesischen Inseln ↑Tahiti, die Gesellschaftsinseln und die Tuamotu-Gruppe ab 1842 begann das koloniale Zeitalter in O. Mit Ausnahme von Tonga, das lediglich britisches Protektorat wurde, gingen die traditionellen Königreiche unter.
Im Zweiten Weltkrieg war O. Kriegsschauplatz. Mit der Unabhängigkeit von Westsamoa begann 1962 die Entkolonialisierung. Es folgten u. a. Nauru 1968, Fidschi 1970, Papua-Neuguinea 1975, die Salomoninseln sowie Tuvalu 1978 und Kiribati 1979. 1990 endete die UN-Treuhandschaft über die Marianen – mit Ausnahme von Guam –, die Marshallinseln und Mikronesien.

P

Pakistan

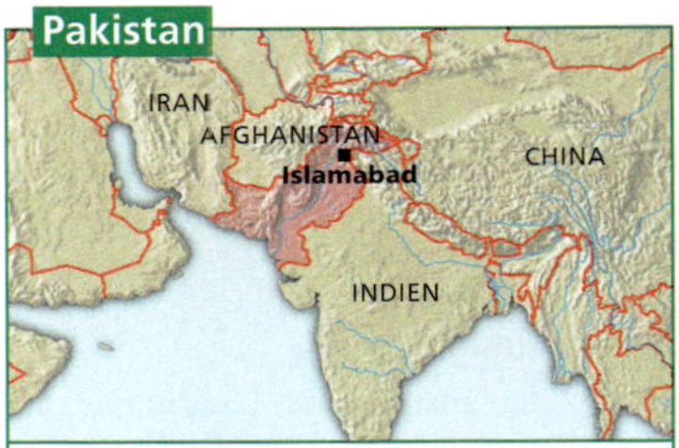

(amtlich Urdu: Islami Jumhuriya-e Pakistan, dt. Islamische Republik Pakistan)
Fläche: 796 095 km^2
Einwohner: 144,902 Mio.
Hauptstadt: Islamabad
Verwaltungsgliederung: 4 Provinzen, Bundeshauptstadt und die bundesstaatlich verwalteten Stammesgebiete
Amtssprache: Urdu
Währung: 1 Pakistanische Rupie (pR) = 100 Paisa (Ps)
Zeitzone: MEZ + 4 Stunden
Kfz-Kennzeichen: PK

Pakistan: Staat in Südasien. P. grenzt im SW an Iran, im W, NW und N an Afghanistan und China, im O sowie SO an Indien und im S an das Arabische Meer. Die Zugehörigkeit des Gebiets Jammu and Kashmir ist zw. P. und Indien umstritten.
Landesnatur: P. hat im N Anteil am ↑Hindukusch, der im Tirich Mir bis auf 7 690 m aufsteigt. Im Kaschmir und den angrenzenden Gebieten ragt P. in den ↑Himalaja hinein und im Karakorum liegt mit dem 8 610 m hohen ↑K2 der höchste Berg des Landes. Im O erstreckt sich die weite wüstenhafte Ebene Thar. Die Stromaufschüttungsebene des Indus und seiner großen Nebenflüsse im zu P. gehörenden Teil des Pandschab nimmt ein Drittel der Landesfläche ein und bildet den eigentlichen Lebensraum des Landes. Etwa 2 200 km des 3 200 km langen Indus fließen durch Pakistan.
Das Klima ist subtropisch-kontinental und steht, v. a. im O, unter Monsuneinfluss. Die jährlichen Niederschläge sind mit weniger als 500 mm gering – Regenfeldbau ist nur am Himalajarand möglich. Mit Ausnahme der Gebirgswälder wird P. v. a. von Steppen oder wüstenhaften Landstrichen geprägt.
Bevölkerung: Die vier Hauptbevölkerungsgruppen sind die Pandschabi, die Sindhi, Belutschen und Pathanen. Bis auf

die Pathanen, die mit den afghanischen Paschtunen identisch sind und deren Paschtu zu den ostiranischen Sprachen zählt, sprechen sie indoarische Sprachen. In den Provinzen Sind und Punjab, das heißt in den Bewässerungsgebieten des Industieflands, leben rd. 80 % der Gesamtbevölkerung.

Besondere Probleme sind die hohe Geburtenrate, die starke Abwanderung von Akademikern und Facharbeitern in die Erdölländer Vorderasiens sowie die als Flüchtlinge ins Land gekommenen rd. 600 000 aus Bangladesh stammenden Bihari. Dazu kamen als Folge des 1978 ausgebrochenen Afghanistankrieges weitere etwa 1,5 Mio. Flüchtlinge, meist Pathanen. Karatschi und Lahore sind große Millionenstädte. Das wenig entwickelte staatliche Bildungssystem ermöglicht einen kostenfreien Besuch der fünfjährigen Primarschule. Dennoch liegt die Analphabetenquote bei rd. 60 %. Der Islam ist Staatsreligion. Zu ihm bekennen sich 97 % der Bevölkerung, wobei die Sunniten einen Anteil von 90 % haben.

Wirtschaft und Verkehr: Wichtigster Zweig ist die Landwirtschaft, die rd. ein Viertel des Bruttoinlandsproduktes erbringt. Überwiegend wird Bewässerungsfeldbau betrieben – in der Indusebene erstreckt sich das größte künstliche Bewässerungssystem der Erde. Hauptanbauprodukte sind Weizen, der etwa 60 % der Anbaufläche einnimmt, Baumwolle, Reis und Zuckerrohr. In Belutschistan und den nordwestlichen Grenzgebieten werden von den Nomaden Rinder, Schafe, Ziegen und Kamele gehalten.

Der größte Teil des Holzeinschlags dient der Brennholzversorgung. Binnen- und Küstenfischerei sind für die Eiweißversorgung der Bevölkerung wesentlich, doch noch ungenügend entwickelt. Auch die Bodenschätze werden nur unvollkommen genutzt: Bis auf die reichen Erdgasvorkommen und kleinere Erdölfelder liegen weitere Bodenschätze brach, darunter Kohle, Uranerz sowie Kupfer- und Eisenerz.

Das 1972 bei Karatschi in Betrieb genommene Kernkraftwerk dient erst in zweiter Linie als Energieerzeuger, wesentlicher war die Lieferung waffenfähigen Urans – 1998 führte P. seine ersten Atomtests durch.

In der verarbeitenden Industrie herrschen Handwerks- und Kleinbetriebe vor, größere Werke gibt es nur im Bereich der Textil-, Schuh-, Metall-, chemischen und Nahrungsmittelindustrie.

Hauptverkehrsträger ist die Eisenbahn. Nur etwa die Hälfte der Straßen sind Allwetterstraßen. Eine besonders wichtige Strecke ist die 1978 eingeweihte, 800 km lange Karakorumstraße, die P. mit Sinkiang in China verbindet. Größter Seehafen ist Karatschi. Internationale Flughäfen gibt es in Karatschi, Lahore, Islamabad, Quetta und Peshawar.

Staat und Politik: Nach der Verfassung von 1973, die zuletzt 2003 revidiert wurde, ist P. eine föderative islamische Republik mit Mehrparteiensystem. Staatsoberhaupt und Oberbefehlshaber der Streitkräfte ist der Präsident, der Muslim sein muss. Seine Befugnisse wurden durch Verfassungsänderungen eingeschränkt. Das Kabinett unter Vorsitz des Premierministers ist der Nationalversammlung verantwortlich. Seit einem Putsch im Oktober 1999 wird das Land de facto vom Militär regiert.

P. entstand 1947 bei der Auflösung der britischen Kronkolonie Indien. Es umfasste bis 1971 auch das heutige Bangladesh. Mit dem hinduistisch geprägten Indien gibt es massive Konflikte, die mehrfach in Kriege mündeten (1947/48, 1965/66, 1971). Insbesondere der Streit um Jammu and Kashmir führte häufig zu Gefechten, zuletzt 1999. Die Konfliktlage hat seit 1998 an Brisanz gewonnen, da seitdem beide Mächte Atomwaffen besitzen. Auch in den Afghanistankrieg war P. verstrickt: Die von 1996 bis 2001 in Afghanistan dominierenden extrem fundamentalistischen Taliban-Milizen waren Afghanistanflüchtlinge, die in P. ausgebildet worden waren.

P

Palästina [»Land der Philister«] (arabisch Filastin): historische Landschaft in Vorderasien, in der jüdischen Tradition das **Gelobte Land**, in der christlichen Tradition das **Heilige Land**. Unter der Bezeichnung wird heute das Gebiet zw. dem Mittelmeer im W und dem Jordangraben bis zum Toten Meer im O sowie zw. dem Libanongebirge im N bis zum Negev im S verstanden. Kernraum sind die drei historischen Landschaften Judäa, Samaria und Galiläa.

In P. liegen viele heilige Stätten des Christentums, des Judentums und des Islam. Während des Mittelalters war P. zwischen Christen und Muslimen umstritten. Im 20. Jh. verlagerte sich der Konflikt auf Juden und Muslime, v.a. nach Gründung des Staates ↑Israel 1948.

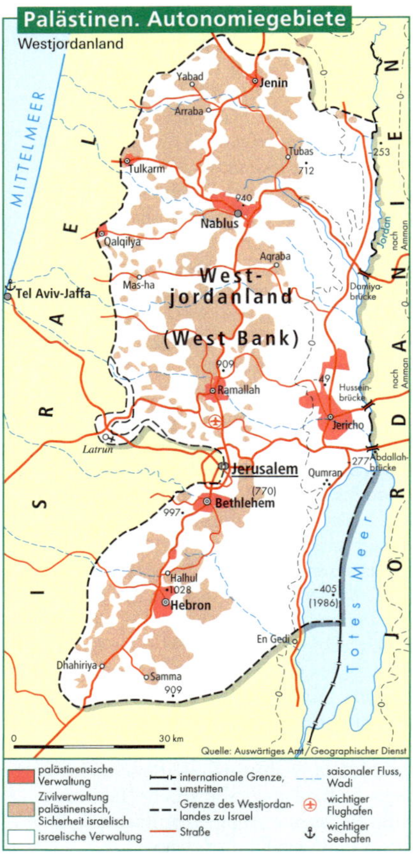

Palästinensische Autonomiegebiete: seit dem am 4. 5. 1994 zw. dem Staat ↑Israel und der Palästinensischen Befreiungsorganisation (PLO) geschlossenen Abkommen über die palästinensische Teilautonomie ein teilautonomes Gebiet, das den vor der israelischen Besetzung unter ägyptischer Oberhoheit stehenden Gazastreifen (365 km²) und Teile des Westjordanlandes (5 655 km²) umfasst. Das insgesamt 6 020 km² große Gebiet hat 3,6 Mio. Einwohner und besitzt seit 2002 eine Verfassung. Verwaltungszentrum ist Ramallah im Westjordanland. Aktivitäten palästinensischer Terrorgruppen und israelische Antiterrormaßnahmen gefährden seit Bestehen der P.A. die demokratische und wirtschaftliche Entwicklung des Gebietes.

Palau: Staat im W des Pazifischen Ozeans nördlich von Indonesien, der aus den Palauinseln, der westlichsten Inselgruppe der Karolinen, besteht.

Landesnatur: Von den rd. 350 Inseln sind elf bewohnt. Babelthuap ist mit einer Fläche von rd. 400 km² die Hauptinsel. Die Inseln liegen fast alle innerhalb eines in N-S-Richtung verlaufenden, über 110 km langen Barriereriffs, das eine 1 267 km² große Lagune umschließt. Sie sind vulkanischen Ursprungs und haben z.T. Korallenaufbauten. Das Klima ist tropisch. An den Küsten bestimmt Mangrove, im Innern Grasland bzw. Regenwald die Vegetation.

Bevölkerung: Rd. 85 % der Einwohner sind Mikronesier und 10 % gehören zu den Filipinos. Die nächstgrößere Minderheit sind die Chinesen mit einem Anteil von 1 %. Es gibt eine achtjährige Schulpflicht. Knapp 70 % der Bevölkerung gehören traditionellen christlichen Kirchen, 25 % der »Modekngei-Kirche« an, die christliche Glaubensvorstellungen mit traditionellen mikronesischen verknüpft.

Palau

(auch Belau, amtlich palauisch Belu'u era Belau, engl. Republic of Palau)
Fläche: 488 km²
Einwohner: 20 000
Hauptstadt: Koror
Verwaltungsgliederung: 16 Einzelstaaten
Amtssprache: Palauisch und Englisch
Währung: US-Dollar
Zeitzone: MEZ + 8 Stunden
Kfz-Kennzeichen: PAL

Wirtschaft und Verkehr: Auch nach der Entlassung in die Selbstständigkeit bestehen enge wirtschaftliche Beziehungen zu den USA. Landwirtschaft und Fischerei dienen der Selbstversorgung. Wichtige Anbauprodukte sind Kokosnüsse, Maniok, Bananen und Süßkartoffeln. An ausländische Fangflotten wurden Fischereilizenzen vergeben.
Der Tourismus ist eine wichtige Devisenquelle, obwohl Verkehrsinfrastruktur und Übernachtungsmöglichkeiten noch nicht internationalen Standard haben. Der einzige Hafen befindet sich auf der Insel Malakil. Auf Babelthuap liegt der internationale Flughafen.
Staat und Politik: Seit 1994 ist P. unabhängig. Mit den USA besteht ein Assoziierungsabkommen, das u. a. die Wahrnehmung von Verteidigung und außenpolitischer Vertretung durch die USA regelt. Nach der 1993 geänderten Verfassung von 1981 ist P. eine Präsidialrepublik. Staatsoberhaupt und Regierungschef ist der direkt gewählte Präsident.
Pamir [türkisch »kalte Steppenweide«]: Hochgebirge in Zentralasien. Im P., der auch als »Dach der Welt« bezeichnet wird, laufen große Gebirgssysteme zusammen: ↑Tienschan, ↑Alai, Transalai, Kunlun Shan, Karakorum und ↑Hindukusch. Der P. gehört zum größten Teil zu Tadschikistan, der O zu China, der S zu Afghanistan und der N zu Kirgistan. Der höchste Berg ist mit 7 495 m der Ismoil (früher Pik Kommunismus).
Das innere Hochland ist in breite Becken, die sog. Pamire, gegliedert. Der innere und östliche P. ist eine Hochgebirgswüste mit sehr trockenem Höhenklima. Insgesamt sind 10 000 km² vergletschert. In den großen Randtälern leben nomadische Volksstämme, die auf den kargen Hochweiden Wanderviehzucht betreiben.
Pampa [Ketschua »Ebene«]: ebene Großlandschaft in Südamerika, die überwiegend zu Argentinien gehört. Die P. erstreckt sich von N nach S etwa von 30 bis 39° s. Br. und reicht von O nach W vom unteren ↑Paraná bis zum Rand der ↑Anden. Die ursprünglich baum- und strauchlose Grasebene ist heute die landwirtschaftliche Kernlandschaft Argentiniens. Neben extensiver Rinder-, Pferde- und Schafhaltung werden Weizen und Mais in großen Einheiten angebaut.
Panama: Staat im S der zentralamerikanischen Landbrücke. P. grenzt im S an

Panama

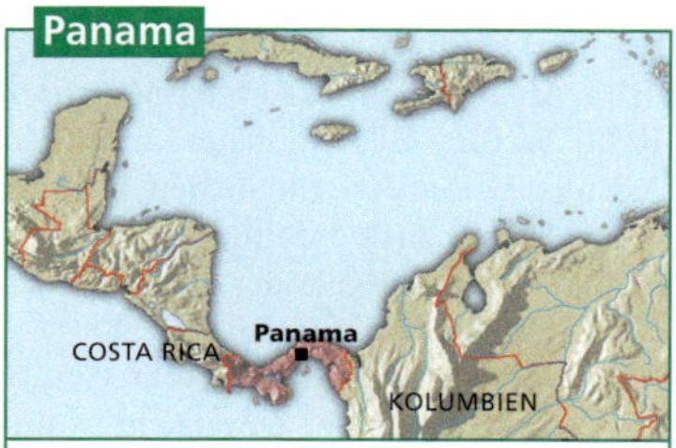

(amtlich span. República de Panamá)
Fläche: 75 517 km²
Einwohner: 2,94 Mio.
Hauptstadt: Panama
Verwaltungsgliederung: 9 Provinzen, 3 autonome Indianerreservate
Amtssprache: Spanisch
Währung: 1 Balboa (B/.) = 100 Centésimos (c, cts)
Zeitzone: MEZ – 7 Stunden
Kfz-Kennzeichen: PA

P

den Pazifischen Ozean, im N an das Karibische Meer, im W an Costa Rica und im O an Kolumbien.

Landesnatur: An der schmalsten Stelle ist P. 55 km breit. Im S erstreckt sich ein großes Tiefland, ansonsten dominieren bewaldete Hügel und Berge. Im erloschenen Vulkan Chiriquí werden 3 475 m erreicht. Das Klima ist tropisch mit hohen Niederschlagsmengen.

Bevölkerung: Etwa zwei Drittel sind Mestizen, rd. 13 % Schwarze oder Mulatten, 10 % Weiße, 8 % Indianer und 2 % Asiaten. Die unterschiedlichen Ethnien grenzen sich auch räumlich verhältnismäßig scharf voneinander ab, insbesondere Mestizen und Schwarze.

Allgemeine Schulpflicht besteht vom 6. bis 15. Lebensjahr, der Unterricht ist unentgeltlich. Die Analphabetenrate liegt bei 8 %. Vier Fünftel der Bevölkerung sind katholisch, weitere 10 % gehören protestantischen Kirchen an. Minderheiten sind Muslime, Angehörige der Bahai-Religion sowie von Naturreligionen.

Wirtschaft und Verkehr: Handel- und Dienstleistungssektor sind die dominierenden Wirtschaftsbereiche. Die 1948 gegründete Freizone von Colón ist der größte Waren- und Kapitalumschlagsplatz von Lateinamerika. Der 1914 eröffnete, 80 km lange **Panamakanal** und die zugehörige Kanalzone sind seit 2000, als die USA ihre Rechte abgaben, wieder alleiniger Besitz des Staates. Neben den Einnahmen aus dem atlantisch-pazifischen Schiffsverkehr – der Kanal wird jährlich von 14 000 Schiffen genutzt – ist die 1982 fertig gestellte Transisthmuspipeline von Puerto Armuelles der bedeutendste Devisenbringer. Außerdem ist das Geschäft mit der Billigflagge sehr einträglich – die meisten Handelsschiffe unter panamaischer Flagge gehören ausländischen Reedereien. Darüber hinaus entwickelte sich P. in den 1990er-Jahren zu einem internationalen Bank- und Finanzzentrum.

Angebaut werden für den Inlandsbedarf Reis, Mais, Maniok, Bataten und Bohnen; für den Auslandsmarkt bestimmt sind v. a. Bananen, aber auch Kaffee, Kakao und Zuckerrohr. Viehzucht wird v. a. in den Savannen und Höhengebieten der pazifischen Provinz betrieben. Ohne geregelte Forstwirtschaft werden die artenreichen tropischen Laubwälder genutzt, die rd. 50 % der Landesfläche bedecken. Die Industrie ist wenig entwickelt und hauptsächlich auf die Produktion von Konsumgütern für den Inlandsbedarf ausgerichtet.

Eisenbahn- und auch Straßennetz sind gut entwickelt. Wichtigste Strecken sind die Schnellstraße Panama(-Stadt)–Colón und die Carretera Interamericana, der Panamerican Highway. Die wichtigsten Häfen sind Cristóbal und Balboa. Der internationale Flughafen liegt 27 km nördlich der Hauptstadt.

Staat und Politik: Nach der Verfassung von 1972, die zuletzt 1994 revidiert wurde, ist P. eine Präsidialrepublik. Staatsoberhaupt und Regierungschef ist der auf fünf Jahre direkt gewählte Präsident. Das seit 1903 nominell unabhängige Land gehört seit 1945 zur UNO, ist aber bis heute eng an die USA gebunden. Zuletzt griff die Supermacht 1989 in die inneren Angelegenheiten ein und besetzte das Land nach einem Militärputsch.

Papua-Neuguinea: Staat im westlichen Pazifischen Ozean. P.-N. umfasst den Ostteil der Insel ↑Neuguinea, den Bismarckarchipel, den Louisiadearchipel, die D'Entrecasteauxinseln, die nördlichen Salomoninseln Buka und Bougainville sowie zahlreiche kleine Inseln und Atolle. Im W Neuguineas besteht gegen Indonesien die einzige Landgrenze.

Landesnatur: Das Zentralgebirge, das die Insel Neuguinea von W nach O durchzieht, besitzt ausgedehnte Hochländer. Es erreicht im Mount Wilhelm im Bismarckgebirge eine Höhe von 4 509 m. Im SW erstreckt sich ein bis 450 km breites Küstentiefland. Das nördliche Tiefland liegt zw. dem Zentralgebirge und dem Küstengebirge.

Die meisten Inseln sind vulkanischen Ursprungs. Starke Erdbeben und Seebeben sind häufig, viele Küsten sind durch Tsunamis gefährdet.

Es herrscht tropisches Regenklima. In der zentralen Gebirgsregion werden über 6 000 mm Jahresniederschlag verzeichnet. Tropischer Regenwald, Sumpfwälder, Savannen und Grasländer bedecken das Land.

Bevölkerung: Die Mehrheit der Bevölkerung besteht aus Papua, die sich in über 750 Ethnien verschiedener Sprachgruppen gliedern. Sie leben nahezu ausschließlich im unwegsamen Bergland Neuguineas. Viele Ethnien stehen auf neolithischer Kulturstufe.

In Küstennähe und auf den Inseln leben insbesondere Melanesier, ferner Minderheiten von Mikronesiern, Polynesiern und Europäern. Es besteht keine allgemeine Schulpflicht. Mehr als 90 % der Bevölkerung sind Christen.

Wirtschaft und Verkehr: Fast 75 % der Bevölkerung leben von der Landwirtschaft. In Kleinbetrieben – auch Wanderfeldbau mit Brandrodung ist noch häufig vertreten – und auf Plantagen werden v. a. Bananen, Kokos- und Ölpalmen, Bataten, Zuckerrohr, Taro, Jamswurzeln, Kaffee, Kakao, Kautschuk und Tee angebaut. Wälder bedecken 70 % der Landesfläche, und Holz wird sowohl für den Eigenbedarf wie für den Export geschlagen. Große Bedeutung hat der Abbau von Kupfer und Gold, ferner von Silber. Vorkommen von Chrom, Nickel, Kobalt, Blei, Zink, Bauxit und Erdöl werden erst z. T. genutzt. Die Industrie ist wenig entwickelt.

Es gibt keine Eisenbahn; Hauptverkehrsträger sind Flugzeuge und Schiffe – das Straßennetz ist lückenhaft. Tiefwasserhäfen haben Port Moresby, Rabaul und Madang. Ein internationaler Flughafen liegt bei Port Moresby.

Staat und Politik: Nach der Verfassung von 1975, die 1991 geändert wurde, ist P.-N. eine parlamentarische Monarchie im Commonwealth. Staatsoberhaupt ist der britische Monarch, vertreten durch einen Generalgouverneur. An der Spitze der Regierung steht der vom Parlament gewählte Premierminister.

Das Land wurde erst 1975 von Australien unabhängig und Mitglied der UNO.

Papua-Neuguinea

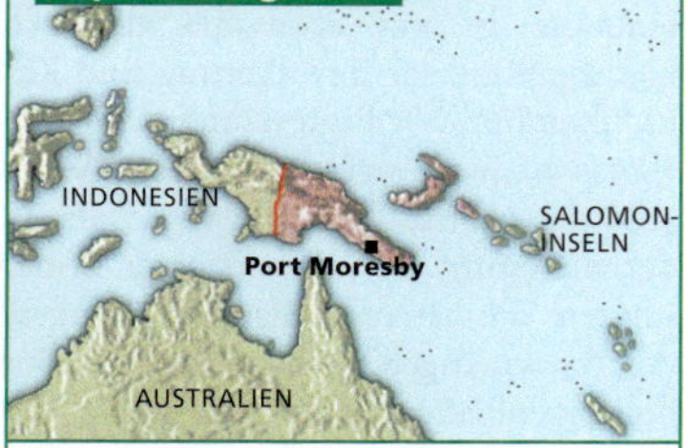

(amtlich engl. Independent State of Papua New Guinea, Pidgin English: Papua Niugini, dt. Unabhängiger Staat von Papua-Neuguinea)
Fläche: 462 840 km²
Einwohner: 5,378 Mio.
Hauptstadt: Port Moresby
Verwaltungsgliederung: 19 Provinzen, 1 Hauptstadtdistrikt
Amtssprache: Englisch, Neumelanesisch, Hiri Motu (beides Pidginsprachen)
Währung: 1 Kina (K) = 100 Toea (t)
Zeitzone: MEZ + 9 Stunden
Kfz-Kennzeichen: PNG

P

Im Jahr 2001 schlossen Separatisten auf der Insel Bougainville einen Friedensvertrag mit der Zentralregierung, nachdem der in den 1980er-Jahren ausgebrochene Bürgerkrieg rd. 15 000 Todesopfer gefordert hatte.

Paraguay [indianisch »Papageienfluss«]: Fluss in Südamerika. Er ist ein rechter und mit 2 500 km Länge der bedeutendste Nebenfluss des ↑Paraná. Der P. entspringt im brasilianischen Bundesstaat Mato Grosso, durchfließt das Pantanal, ein sumpfiges Schwemmland, und mündet oberhalb von Corrientes. Er ist bis Corumbá für größere Schiffe befahrbar.

Paraguay: Binnenstaat in Südamerika. P. grenzt im NW und N an Bolivien, im O an Brasilien und im S sowie im W an Argentinien.

Paraguay

(amtlich span. República del Paraguay, Guaraní: Tetâ Paraguay)
Fläche: 406 752 km²
Einwohner: 5,51 Mio.
Hauptstadt: Asunción
Verwaltungsgliederung: 17 Departamentos und 1 Hauptstadtbezirk
Amtssprache: Spanisch, Guaraní
Währung: 1 Guaraní (G) = 100 Céntimos (cts)
Zeitzone: MEZ – 5 Stunden
Kfz-Kennzeichen: PY

Landesnatur: P. besitzt überwiegend Flachlandcharakter. Es wird vom Fluss ↑Paraguay in zwei Großeinheiten geteilt. Östlich des Stroms erstreckt sich ein subtropisches Tafel- und Bergland, reich an Niederschlägen, mit immergrünen Wäldern. Es bricht in einer Stufe zur fruchtbaren, weniger feuchten Paraná-Paraguay-Senke ab, in deren südlichem Teil sich weite Sumpf- und Überschwemmungsgebiete erstrecken. Im W breitet sich die eintönige, trockenheiße Aufschüttungsebene des ↑Gran Chaco aus, deren Vegetation vorwiegend aus Savannen, Quebrachowäldern und Dornbuschformationen besteht. Von forstwirtschaftlicher Bedeutung ist die Gewinnung von Tannin und ätherischen Ölen.

Bevölkerung: Über 90 % der Einwohner sind Mestizen und etwa 3 % Indianer – die meisten Guaraní. Die übrige Bevölkerung ist überwiegend europäischer oder asiatischer Herkunft. Hauptlebensraum ist die Ostregion. Allein im Gebiet um die Hauptstadt Asunción leben drei von vier Einwohnern. In der dünn besiedelten Westregion leben nur 3 % der Gesamtbevölkerung, v. a. Indianer und Mennoniten, eine Religionsgemeinschaft, deren Angehörige Nachfahren deutscher oder schweizerischer Einwanderer sind.

Die allgemeine Schulpflicht vom 7. bis zum 14. Lebensjahr kann nicht überall durchgesetzt werden. Die Analphabetenquote ist mit etwa 8 % dennoch niedrig. 90 % der Bevölkerung sind Katholiken und 6 % Protestanten.

Wirtschaft und Verkehr: Wichtigster Wirtschaftszweig ist die Landwirtschaft, in der wiederum die Viehwirtschaft, insbesondere die extensive Rinderhaltung in den Savannengebieten, führend ist. Für den Eigenbedarf werden u. a. Mais, Maniok und Bataten angebaut, für den Export Baumwolle, Sojabohnen und Erdnüsse. Trotz erfolgreicher Landreformen in jüngerer Vergangenheit bewirtschaften Großbetriebe noch immer rd. 80 % der landwirtschaftlichen Nutzfläche.

Eisen-, Mangan- und Kupfererze sind nachgewiesen, werden aber noch kaum ausgebeutet. In Zusammenarbeit mit Brasilien wurde 1991 das Großkraftwerk Itaipú am ↑Paraná fertig gestellt, mit 12 600 MW eines der leistungsfähigsten Wasserkraftwerke der Welt. Die Industrie verarbeitet in erster Linie landwirtschaftliche Erzeugnisse und Holz. Wichtigste Verkehrsträger für den Außenhandel sind die Flüsse Paraguay und Paraná. Asunción ist der bedeutendste Binnenhafen. Außerdem besitzt P. Freihafenrechte in Buenos Aires, Santos, Paranaguá und Antofagasta. Die einzige bedeutende Eisenbahnstrecke ist die staatliche Verbindung von Asunción nach Encarnación. Nur 10 % der Straßen sind asphaltiert. Neben dem internationalen Flughafen in Asunción gibt es einen zweiten bei Ciudad del Este.

Staat und Politik: Das Land gehörte 1945 zu den Gründungsmitgliedern der UNO und 1991 zu denen des ↑Mercosur. Nach der Verfassung von 1992 ist P. eine Präsidialrepublik. Staatsoberhaupt und Regierungschef ist der auf fünf Jahre direkt gewählte Präsident.

Paraná: 3 700 km langer Strom in Südamerika. Der P. entsteht aus den Quellflüssen Rio Paranaíba und Rio Grande in Südostbrasilien, die sich unter 20° s. Br. zum P. vereinigen. Er nimmt im weiteren Verlauf den ↑Paraguay auf und mündet in Argentinien mit einem bis zu 70 km breiten Delta in den Río de la Plata. Bis Santa Fe ist der P. von Seeschiffen befahrbar. Das Wasserkraftwerk Itaipú von 1991 ist mit 12 600 MW – die auf 14 000 MW gesteigert werden sollen – eines der leistungsfähigsten Wasserkraftwerke der Welt.

Paris: Hauptstadt und größte Stadt Frankreichs. P. erstreckt sich auf 105 km² und hat 2,116 Mio. Einwohner. Die Stadt liegt beiderseits der ↑Seine im Pariser Becken, das von z. T. steil abfallenden Plateaus umgeben ist. Die großen Wälder dienen als Erholungsgebiete. Um P. hat sich der bedeutendste Ballungsraum Frankreichs entwickelt; die Region P. hat rd. 10 Mio. Einwohner.

Neben den obersten Staatsbehörden haben viele internationale Organisationen wie UNESCO und ↑OECD in P. ihren Sitz. Auch die ranghöchste wissenschaftliche Einrichtung des Landes, das Institut de France mit der Académie française, und die Bibliothèque Nationale sind hier angesiedelt. Neben der ältesten französischen Universität, der Sorbonne, gibt es weitere Hochschulen und Forschungsinstitute. Bedeutende Kunstmuseen sind u. a. Louvre, Musée d'Orsay, Musée National d'Art moderne und Musée Cluny. Berühmte Theater sind die Comédie-Française und die Opéra Garnier. 1990 wurde die Bastille-Oper eingeweiht.

Paris: Im Westen der französischen Metropole entstand ab den 1960er-Jahren die 80 ha große Satellitenstadt La Défense mit Bürohochhäusern und Spiegelfassaden.

Die französische Wirtschaftsmetropole ist auch im europäischen Bank- und Börsenwesen führend. Hauptindustriezweige sind u. a. Metall-, Auto-, Luftfahrt- und elektrotechnische Industrie. P. ist das europäische Modezentrum und Mittelpunkt der französischen Filmindustrie. Ein wichtiger Wirtschaftsfaktor ist auch der Fremdenverkehr. Mit sechs internationalen Bahnhöfen und dem größten Binnenhafen Frankreichs ist P. ein Verkehrsknotenpunkt. Das Streckennetz der Untergrundbahn (Métro) ist

P

über 200 km lang. Internationale Flughäfen sind Charles de Gaulle bei Roissy-en-France, Orly und Le Bourget.
Im historischen Zentrum auf der Île de la Cité steht u.a. die Kathedrale Notre-Dame de P., deren Bau 1163 begonnen wurde. Älteste der über 30 Seinebrücken ist der Pont Neuf. Die Quais mit ihren historischen Bauten zw. Pont de Sully und Pont d'Iéna wurden von der UNESCO zum Weltkulturerbe erklärt. Der Louvre ist der Ausgangspunkt der Hauptachse der Stadt. Sie führt heute über Tuileriengarten, Place de la Concorde (1755–75), Champs-Elysées, Place Charles de Gaulle mit dem Arc de Triomphe (1806–36) bis zur Bürostadt La Défense mit dem Hochhaus La Grande Arche (1989). Zu den bekanntesten Stadtvierteln (Quartiers) am rechten Seineufer gehört das Künstlerviertel Montmartre mit der Basilika Sacré-Cœur aus dem 19. Jh. Am linken Seineufer liegt u.a. das Quartier Latin mit den Universitätsbauten und dem Panthéon (1764–90). Ferner befinden sich dort der Eiffelturm, der Invalidendom (1677–1706) mit der Grabstätte Napoleons I., das Palais du Luxembourg mit Gartenanlagen (1615–25) und das Künstlerviertel Montparnasse.

Pazifischer Ozean (Pazifik, Stiller Ozean, Großer Ozean): mit 166,2 Mio. km² (einschließlich der Nebenmeere 181,3 Mio. km²) das größte der drei Weltmeere. Der P.O. nimmt die Hälfte der Wasserfläche der Erde ein und mehr als ein Drittel der Gesamtfläche des Planeten. Er erstreckt sich zw. Asien und Australien im W und Amerika im O und ist reich an Inseln und Inselketten, darunter so große Archipele wie das Malaiische Archipel. Die größte Erstreckung von N nach S nimmt fast 15000 km ein, von O nach W sind es über 20000 km.
Die mittlere Tiefe beträgt 4280 m. Im Marianengraben, in der Witjastiefe, liegt die mit 10924 m tiefste Meeresstelle der Erde. Die größten Nebenmeere sind das Australasiatische Mittelmeer und die Philippinensee sowie die Randmeere Bering-, Ochotskisches, Japanisches, Ostchinesisches und Gelbes Meer, Korallen- und Tasmansee, Golf von Kalifornien und Golf von Alaska. Die mittlere Wassertemperatur beträgt im Bereich des thermischen Äquators 29 °C, im Beringmeer 1 °C und im Bereich von 60° s. Br. 5 °C. Der Salzgehalt liegt zw. 36,9‰ am südlichen bzw. 35,9‰ am nördlichen Wendekreis und 29 bis 33‰ im Ochotskischen Meer.
Nahezu der gesamte P.O. ist von einer Kette tätiger bzw. jüngst erloschener Vulkane umgeben. Häufig sind Erd- und Seebeben, besonders im Bereich der Tiefseegräben am Ostrand vieler Inselketten. Dabei treten manchmal die gefürchteten Tsunamis auf, Flutwellen mit einer langen Frequenz und enormer Zerstörungskraft.
Untermeerische Rücken und quer dazu verlaufende Schwellen gliedern den gesamten P.O. in submarine Großbecken. Dazu gehören Philippinen-, Marianen-, Nord-, Mittel- und Ostpazifisches Becken. Den Rücken und Schwellen sowie dem Beckengrund sitzen zahlreiche Vulkane auf.
Insgesamt liegen im P.O. etwa 10000 größere Inseln mit einer Landfläche von 3,6 Mio. km². Die Mischungsgebiete kalter und warmer Strömungen sind pflanzen- und fischreich. Der Grund des P.O. ist reich an Manganknollen u.a. Naturschätzen. Wachsende Bedeutung haben der Fremdenverkehr sowie der Schiffs- und Luftverkehr. Die pazifische Region gilt mit ihren Schwellenländern als aufstrebendes Gebiet in der Welt. Ende der 1990er-Jahre wurden erstmals mehr Waren und Güter von den USA in die pazifischen Staaten verbracht als über den Atlantischen Ozean nach Europa.

Peking (chinesisch Beijing): Hauptstadt der Volksrepublik China. P. liegt am nördlichen Rand der Großen Ebene. Der Großraum P. hat rd. 10,84 Mio. Einwohner. Die Stadt ist Sitz der obersten Verwaltungs-, Justiz- und Militärbehörden.

Peking: Blick vom Platz des Himmlischen Friedens auf die Halle der Höchsten Harmonie in der Verbotenen Stadt. Den Südeingang zum Kaiserpalast schmückt ein Porträt des »Großen Vorsitzenden« Mao Zedong.

Mit ihren Akademien, Universitäten, Hoch- und Fachschulen, den Forschungsinstituten und Museen ist sie im Bereich Bildung und Kultur der Mittelpunkt Chinas.

Seit 1949 vollzieht sich eine starke industrielle Entwicklung: Es entstanden Porzellan-, Textil-, Maschinen-, Werkzeug-, Elektronik-, chemische, petrochemische, Eisen- und Stahlindustrie. Seitdem ist P. um ein Drittel seiner bisherigen Fläche gewachsen und erreicht nun eine Ausdehnung von 17 km^2. Im NW entstand ein neues Hochschulviertel, im O ein neues Industriegebiet. Der Hafen Tong Xian liegt am nördlichen Endpunkt des Kaiserkanals. P. hat einen internationalen Flughafen und eine U-Bahn.

Die im 12. Jh. v. Chr. entstandene Siedlung wurde im 10. Jh. Kaiserstadt. Der Grundriss der alten Stadt ist sehr regelmäßig. Die von einer 6 m hohen Mauer mit elf mächtigen Toren umgebene, fast quadratische Innere oder Mandschustadt im N enthält die ehemalige Kaiserstadt, diese wiederum die von einer roten Mauer umschlossene einstige Verbotene oder Rote Stadt mit dem ehemaligen Kaiserpalast. In ihm befindet sich die größte Sammlung chinesischer Kunst. Die Altstadt – aber auch das moderne P. – sind reich an berühmten Bauwerken.

Perth: Hauptstadt des Bundesstaates Western Australia und mit 1,397 Mio. Einwohnern in der Agglomeration die viertgrößte Stadt Australiens. P. liegt oberhalb der Mündung des Swan River in den Indischen Ozean. Es ist Sitz eines katholischen und eines anglikanischen Erzbischofs, hat zwei Universitäten und eine Technische Hochschule.

P. ist das Handels-, Finanz- und wichtigste Industriezentrum des Bundesstaates und Endpunkt der transkontinentalen Eisenbahn, die P. mit Sydney verbindet. In Fremantle liegen ein Hafen und ein internationaler Flughafen.

Peru: Staat im W Südamerikas. P. grenzt im N an Ecuador und Kolumbien, im O an Brasilien, im SO an Bolivien, im S an Chile und im W an den Pazifischen Ozean.

Landesnatur: P. gliedert sich in drei Großlandschaften: die flache, 50 bis 140 km breite Küstenzone am Pazifischen Ozean, die als Costa bezeichnet wird, das von Hochbecken durchzogene Gebirgsland der Anden, die Sierra, und das östliche, feuchtheiße, besonders im Amazonasbecken weithin unerschlossene Waldland Oriente, dessen Gebirgsflanken Montaña und dessen Ebenen Selva genannt werden. Der höchste Berg ist der Huascarán mit 6 768 m.

In den Anden entspringen zahlreiche wasserreiche Flüsse, unter ihnen mit dem Maranón und dem Ucayali die beiden bedeutendsten Quellflüsse des ↑Amazonas. Im SO, im Altiplano, dem

P

zentralen Hochland von P., hat das Land Anteil am ↑ Titicacasee.
Das tropische Klima wird an der Küste von dem kühlen Humboldtstrom beeinflusst. Trotzdem ist es sehr trocken und die Küstenebene ist mit ihren Kakteen und Dornsträuchern weitgehend eine Wüstenlandschaft, die allenfalls von Flussoasen durchbrochen wird. In Lima, das in der Küstenebene liegt, beträgt das Januarmittel 22 °C, im Juli werden durchschnittlich 15 °C erreicht.

Peru

(amtlich span. República del Perú, Ketschua: Peruw)
Fläche: 1 285 216 km²
Einwohner: 26,749 Mio.
Hauptstadt: Lima
Verwaltungsgliederung: 24 Departamentos und 1 Provincia Constitucional
Amtssprache: Spanisch, Ketschua, Aimara
Währung: 1 Neuer Sol (S/.) = 100 Céntimos
Zeitzone: MEZ – 6 Stunden
Kfz-Kennzeichen: PE

Bevölkerung: Fast die Hälfte der Einwohner sind Indianer. Die meisten sind Ketschua, eine durch die gleichnamige Sprachgruppe definierte Volksgruppe, die im Inkareich die staatstragende Schicht bildete. Ein Drittel der Peruaner sind Mestizen, weitere 12 % Weiße. Daneben gibt es Chinesen, Japaner und Schwarze.
Etwa 50 % der Bevölkerung leben in der Costa, 39 % in der Sierra und 10 % in der Selva. Im Ballungsraum Lima wohnen rd. 27 % der Gesamtbevölkerung. Das jährliche Bevölkerungswachstum ist mit 2 % hoch. Trotz Schulpflicht vom 7. bis 15. Lebensjahr besucht ein Viertel der Kinder keine Schule und die Analphabetenquote liegt bei rd. 10 %. Der Katholizismus war bis 1980 Staatsreligion, der 90 % der Bevölkerung angehören.
Wirtschaft und Verkehr: P. ist außerordentlich reich an Bodenschätzen. Neben Erdöl, Kupfer, Blei und Silber werden Eisen-, Zinkerz, Gold, Wismut, Molybdän, Wolfram, Zinn und Quecksilber gefördert. Sie sind die wichtigsten Exportgüter und Devisenbringer. Der Reichtum und die Erträge der seit Mitte der 1990er-Jahre wieder wachsenden Wirtschaft kommen aber überwiegend nur einer kleinen Elite zugute.
In den Tälern der Costa werden Baumwolle, Zuckerrohr, Reis, Mais, Gemüse, Tabak und Wein angebaut. Auf den Hochflächen der Anden dominiert die Viehhaltung, in den Tälern wird Ackerbau betrieben. Hier befinden sich viele der illegalen Kokafelder – der Umsatz aus dem Kokainanbau übertrifft die Einkünfte aus dem Export. Fischfang und -verarbeitung zählen zu den Hauptwirtschaftszweigen des Landes. Der nährstoffreiche Humboldtstrom vor der peruanischen Küste bedingt den Fischreichtum der Gewässer. Die Fanggründe sind aber sehr empfindlich: In Jahren, in denen das El-Niño-Phänomen auftritt, bleiben gute Fänge aus.
Wichtigste Industriezweige sind die Textil-, Nahrungsmittel-, Chemie- und Metallindustrie mit den Hauptstandorten Lima-Callao, Chimbote, Chiclayo und Trujillo. Hauptanziehungspunkte des Tourismus sind die Stätten des ehemaligen Inkareiches, v. a. Cuzco und Machu Picchu, sowie die Hauptstadt Lima.
Die Eisenbahn führt mit vielen Stichbahnen von den Pazifikhäfen in die Hochgebirgstäler. Das Straßensystem ist nur z. T. modern ausgebaut. Besonders wichtig sind die Carretera Panamericana, von der ein 3 400 km langes Teilstück entlang der Küste von N nach S führt, und die 800 km lange Transandenstraße.

Die wichtigsten Handelshäfen am Pazifik sind Callao, Trujillo, Chimbote, Matarani und Ilo. Binnenschifffahrt wird auf dem Titicacasee betrieben und über die Flüsse des Amazonassystems besteht eine Verbindung zum Atlantischen Ozean. Internationale Flughäfen haben Lima, Iquitos, Cuzco und Arequipa.

Staat und Politik: P. war 1945 Gründungsmitglied der UNO. Nach der Verfassung von 1993 ist es eine Präsidialrepublik. Staatsoberhaupt und Regierungschef ist der mit weitgehenden Vollmachten ausgestattete, direkt gewählte Präsident.

Pfälzerwald: vorwiegend aus Buntsandstein bestehendes Mittelgebirge in Rheinland-Pfalz, das den gleichnamigen 1 799 km² großen Naturpark bildet. Der P. erreicht in der Kalmit 673 m.

Der P. reicht vom Pfälzer Gebrüch im N bis ins ↑Elsass hinein. Im O bricht er mit der Haardt zum Oberrheinischen Tiefland ab, im W wird er durch die Hochfläche des Westrich begrenzt. Das Bergland ist weitgehend von Mischwald bedeckt und dünn besiedelt.

Philadelphia: Stadt im SO von Pennsylvania, USA. P. hat 1,492 Mio. Einwohner, im Großraum leben fast 6 Mio. Menschen. Die Stadt ist ein bedeutendes Wirtschafts- und Kulturzentrum. Sie ist Sitz eines katholischen und eines uniert-ukrainischen Erzbischofs; die 1740 gegründete University of Pennsylvania ist eine der ältesten in Nordamerika. Daneben gibt es drei weitere Universitäten und einige Fachhochschulen. Das berühmteste Museum ist das Philadelphia Museum of Art. Die 1790 gegründete Effektenbörse ist die älteste der USA.

Bei der Industrie dominieren Elektromaschinen- und Schiffbau, Textil- und chemische Industrie sowie die Verhüttung. Über den Hafen am Delaware River hat P. Zugang zum Atlantik.

P. wurde 1682 von WILLIAM PENN als Hauptstadt seiner Quäkerkolonie gegründet. Einer der berühmten Bauten der Stadt ist die aus dem 18. Jh. stammende Independence Hall mit der Friedensglocke, in der am 4. 7. 1776 die Unabhängigkeit der 13 nordamerikanischen Kolonien von Großbritannien erklärt wurde. Zw. 1790 und 1800 residierte die Bundesregierung in der Stadt.

Philippinen: Staat und Inselgruppe in Südostasien, die den nördlichen Teil des Malaiischen Archipels umfasst.

Landesnatur: Die P. bestehen aus über 7 100 Inseln, die sich in drei Gruppen gliedern lassen: die größte Insel Luzon zusammen mit Mindoro und Masbate im N, Mindanao mit den Suluinseln im S und die Inselwelt der Visayas mit den sechs Hauptinseln Panay, Negros, Cebu, Bohol, Samar und Leyte in ihrer Mitte. Eine eigene Einheit bildet außerdem die weit im W liegende und in das Südchinesische Meer hineinreichende Inselgruppe von Palawan.

(amtlich Filipino: Republika ng Pilipinas, engl. Republic of the Philippines)
Fläche: 300 000 km²
Einwohner: 79,944 Mio.
Hauptstadt: Manila
Verwaltungsgliederung: 15 Regionen und 1 autonomes Gebiet
Amtssprache: Filipino, Englisch
Währung: 1 Philippinischer Peso (p) = 100 Centavos (c)
Zeitzone: MEZ + 7 Stunden
Kfz-Kennzeichen: RP

Es gibt mehr als ein Dutzend tätige Vulkane auf den Inseln, darunter der 1991 wieder ausgebrochene Pinatubo. Erdbeben sind häufig. Die tektonische Tätigkeit resultiert aus dem Zusammenprall der Eurasischen Platte mit der Philippinenplatte unter dem Archipel. Die

Grenze der Platten markiert der **Philippinengraben**, der mit einer Tiefe von 10 540 m nach dem Marianengraben (↑ Marianen) zweittiefste Meeresgraben. Die Inseln sind überwiegend gebirgig. Der höchste Berg ist mit 2 954 m der Mount Apo auf Mindanao. Rd. ein Drittel der Landesfläche entfällt auf Tiefland. Das tropische Klima ist durchweg maritim und steht unter Monsuneinfluss. Taifune sind häufig.

Bevölkerung: Die größte Bevölkerungsgruppe sind die Angehörigen jungindonesischer Völker mit einem Anteil von rd. 40 %. Etwa ein Drittel sind Polynesier und Indonesier, 10 % Altindonesier. Etwa 10 % sind ethnische Chinesen und 5 % Inder.

Das Bevölkerungswachstum ist mit 2,3 % sehr hoch. Die allgemeine Schulpflicht beträgt vier Jahre, der Unterricht erfolgt unentgeltlich. Die Analphabetenquote beträgt nur noch 5 %.

Die P. sind das einzige christlich geprägte Land in Ostasien. Etwa 82 % der Bevölkerung gehören der katholischen Kirche an, über 6 % der Philippinischen Unabhängigen Kirche. Weitere 4 % sind Protestanten und etwa 5 % Muslime, darunter die Moros im S, die Autonomie anstreben.

Wirtschaft und Verkehr: Die P. sind überwiegend ein Agrarland. Etwa 30 % der Gesamtfläche der Inseln werden landwirtschaftlich genutzt. Hauptnahrungsmittel ist Reis, daneben werden u. a. Mais, Bataten, Maniok und Gemüse angebaut. Exportkulturen sind Zuckerrohr und Kokospalmen – die P. sind der größte Kopraerzeuger der Welt –, außerdem Kaffee, Ananas, Tabak, Kautschuk und Manilahanf. Nach wie vor dominiert der Großgrundbesitz, der auf die spanische Kolonialzeit zurückgeht.

Der Raubbau an tropischen Hölzern erbrachte jahrelang hohe Exporteinnahmen, verursachte aber auch erhebliche ökologische Schäden. Der Waldbestand verringerte sich auf 18 % der Gesamtfläche des Staates. Um weitere Schäden zu begrenzen, wurde 1986 und 1989 der Export von Rundholz bzw. Nutzholz eingeschränkt. Umfangreich ist die Küstenfischerei.

Die reichen Vorkommen an Kupfer-, Nickel-, Eisen-, Chromerz, Kohle, Gold, Silber, Quecksilber, Asbest, Gips, Marmor und Salz werden erst wenig genutzt. Positive Wachstumsimpulse erhielt in den letzten Jahren die verarbeitende Industrie durch eine reformierte Industriepolitik und das Engagement ausländischer Investoren. Auf der Halbinsel Bataan in der Manilabucht wurde eine Freihandelszone geschaffen. Neben der Nahrungs- und Genussmittelindustrie haben sich v. a. die elektronische und die Bekleidungsindustrie zu einem bedeutenden Exportzweig entwickelt.

Bahnlinien gibt es auf Luzon und Panay, doch spielt der Eisenbahnverkehr im Vergleich zum Straßenverkehr eine untergeordnete Rolle. Insbesondere auf Luzon ist das Straßennetz gut ausgebaut. Der rd. 2 000 km lange Pan-Philippine-Highway verläuft von Aparri in Nordluzon bis nach Davao in Südmindanao. Von besonderer Bedeutung sind Küstenschifffahrt und Flugverkehr. Wichtigste Häfen sind ↑ Manila, Cebu, Iloilo und Zamboanga. Den wichtigsten internationalen Flughafen hat Manila.

Staat und Politik: Nach der Verfassung von 1987 sind die P. eine präsidiale Republik. Staatsoberhaupt und Regierungschef ist der direkt gewählte Präsident.

Seit der Unabhängigkeit von den USA, die das Land von 1898 bis 1946 kontrollierten, gehören die P. zur UNO. Es gibt starke separatistische Kräfte, neben den Moro auf Mindanao u. a die islamistisch orientierte Abu Sayyaf auf Jolo und Basilan, die 2000 durch eine Geiselnahme von Europäern bekannt wurde. Außerdem führen seit Jahrzehnten die verbotenen Maoisten einen Guerillakrieg gegen die Zentralregierung.

Phnom Penh [pnɔm 'pɛn]: Hauptstadt von Kambodscha. P. P. liegt am ↑ Mekong und hat 999 800 Einwohner. Die

Stadt ist Sitz einer Universität und eines Technikums. Sie ist der wichtigste Industriestandort Kambodschas und hat einen Hafen, der auch für kleinere Seeschiffe erreichbar ist, sowie einen internationalen Flughafen.

Am Fluss Tonle Sap steht der Königspalast, der Anfang des 20. Jh. errichtet wurde. Seit 1434 residierten die Khmerkönige in der Stadt. Während der Schreckensherrschaft der Roten Khmer von 1975 bis 1979 wurde P. P. zwangsgeräumt und teilweise zerstört.

Plitvicer Seen ['plitvitsər-]: Seenkette am Nordfuß der Kleinen Kapela, einer 130 km langen Gebirgskette in Kroatien. Die 16 auf unterschiedlichen Stufen aneinander gereihten Seen werden durch Kalktuffdämme voneinander getrennt. Über die Dämme fließt das Wasser in Stromschnellen oder Fällen hinweg. Der 200 km² große Nationalpark Plitvicer Seen gehört zum UNESCO-Welterbe.

Po: Strom in Oberitalien. Er ist mit 652 km der längste Fluss Italiens. Der P. entspringt am Nordfuß des Monviso in den Cottischen Alpen in einer Höhe von 2 020 m und erreicht bei Saluzzo die **Poebene** (Pianura Paduana), eine rd. 50 000 km² umfassende, sehr fruchtbare Landschaft zw. Alpen und Apennin. Hier werden Reis, Weizen und Zuckerrüben angebaut, außerdem gibt es ausgedehnte Obstkulturen.

Bei Ferrara zweigt der P. mehrere Nebenarme ab und mündet in einem Delta, das infolge der reichen Sinkstoffe immer weiter in das Adriatische Meer hinauswächst – pro Jahr kommen rd. 50 ha Land hinzu. Der Unterlauf ist von Dämmen eingefasst, die das Strombett über die Ebene erhöht haben.

Im Frühjahr und Herbst führt der P. v. a. durch seine Alpenzuflüsse Hochwasser, das in manchen Jahren zu schweren Überschwemmungen führt, zuletzt 2000. Die Schifffahrt ist unbedeutend. Kanäle verbinden den P. über Etsch und Brenta mit Chioggia und Venedig.

Polargebiete: siehe S. 330.

Polen: Staat im O Mitteleuropas. P. grenzt im W an Deutschland, im N an die Ostsee, im NO an das russische Gebiet Kaliningrad (Königsberg) und an Litauen, im O an Weißrussland und die Ukraine und im S an die Slowakische Republik sowie an die Tschechische Republik.

Polen

(amtlich polnisch Rzeczpospolita Polska, dt. Republik Polen)
Fläche: 312 685 km²
Einwohner: 38,626 Mio.
Hauptstadt: Warschau
Verwaltungsgliederung: 16 Woiwodschaften (seit 1. 1. 1999)
Amtssprache: Polnisch
Währung: 1 Złoty (Zł) = 100 Groszy (Gr)
Zeitzone: MEZ
Kfz-Kennzeichen: PL

Landesnatur: P. ist größtenteils ein Tiefland, mehr als 71 % seines Territoriums liegen unter 200 m. Es ist von eiszeitlichen Ablagerungen bedeckt und durch vorwiegend ostwestlich verlaufende Niederungen, die eiszeitlichen Urstromtälern folgen, gegliedert. Im N liegt der Baltische Landrücken, eine Jungmoränenlandschaft mit Pommerscher und Masurischer Seenplatte. In Mittelpolen schließt sich eine Altmoränenlandschaft an, die von flachen Hügeln geprägt wird. Nach S erstrecken sich die z. T. lössbedeckten Tafeln und Stufenlandschaften des polnischen Mittelgebirges, das östlich der ↑Weichsel aus dem Lubliner Hügelland und Roztocze, westlich davon aus dem Kleinpolnischen Berg- und Hügelland besteht. Das Becken von Sandomierz und das oberschlesische Becken trennen das Bergland vom Gebirgsgürtel

► Fortsetzung auf S. 332

Die Polargebiete umfassen die um die Pole der Erde liegenden Land- und Meeresregionen. Wegen der flach zur Erdoberfläche einfallenden Sonnenstrahlen wird es dort nie in unserem Sinne Sommer, sondern die Jahreszeiten werden dadurch definiert, ob es überhaupt Licht gibt: durch Polartag und Polarnacht. Der Wechsel zw. ewigem Tag und ewiger Nacht beeinflusst die Gebiete im N und im S der Erde bis zu den Polarkreisen, die auf 66° 32' 51'' n. Br. und s. Br. liegen. In den Polargebieten befinden sich auch die geografischen Pole, die Projektionspunkte der gedachten Drehachse der Erde, und die ihre Position ändernden magnetischen Pole.

Arktis

Der Bereich um den Nordpol wird vom Meeresbecken des bis 5 000 m tiefen Nordpolarmeeres, von vielen Inseln und von den Nordküsten Amerikas, Europas und Asiens eingenommen. Am Nordpol herrscht eine Jahresdurchschnittstemperatur von –18 °C.

Im Zentrum der Arktis liegt eine schwimmende Eisdecke. Dieses Meereis wird im Winter bis zu 2 m dick und schiebt sich stellenweise als Packeis bis zu 25 m Dicke zusammen. An der Oberfläche entsteht so ein ständig wechselndes, wirres Eisrelief, an dessen Rändern sich Treibeisflächen ablösen. In Ausnahmefällen kann es auch zu temporärer Eisfreiheit kommen, zuletzt im Sommer 2000 für einige Tage.

↑Grönland ist weithin von einem großen Eisschild bedeckt, der das eigentliche Relief verbirgt. Dieses Inlandeis türmt sich bis 3 400 m zu einem Hochgebirge auf. Stellenweise reicht es an den Rändern bis unter den Meeresspiegel. Dort brechen von den Gletschern riesige Eisberge ab, die von Meeresströmungen nach S verfrachtet werden, wo sie allmählich abschmelzen. Sie stellen eine erhebliche Gefährdung des Schiffsverkehrs im stark befahrenen Nordatlantik dar.

Auch die übrigen Nordpolargebiete sind vom ganzjährig kalten Klima geprägt. Rings um das Nordpolarmeer liegen Dauerfrostgebiete mit nahezu vegetationslosen Felsschuttflächen. Im N von ↑Alaska, Kanada, ↑Skandinavien und Russland schließen sich südwärts die baumlosen Tundren an, in denen Flechten, Moose, niedrige Rhododendron- und Wacholderbüsche oder Kriechweiden und Krüppelbirken ein karges Auskommen finden. Klimatisch gilt die 10°-Juli-Isotherme als Grenze der Arktis. Ihr Verlauf zeigt, dass der warme Golfstrom im Nordatlantik die kalte Zone weit polwärts drängt.

Die Tierwelt der Arktis ist artenarm. Charakteristisch sind Eisbär, Polarfuchs und Polarhase, in der Tundra auch das Rentier, in den Küstengewässern Robben und Seehunde.

Antarktis

Der Südpol befindet sich in der Mitte einer großen Landmasse – die Antarktika ist einer der Kontinente und die Landfläche ist mit fast 12,4 Mio. km² größer als diejenige Europas. Das Land wird fast völlig von einer bis über 4 000 m mächtigen Inlandeisdecke bedeckt. Im Eis der Antarktis sind etwa 80 % der Süßwasservorräte der Erde gebunden.

An den Rändern ragen hohe Gebirge aus dieser Eisdecke auf, z. B. das 4 100 km lange Transantarktische Gebirge. Die höchste Erhebung ist das Vinsonmassiv mit bis zu 5 140 m. Es gibt auch zahlreiche tätige Vulkane wie den 3 794 m hohen Mount Erebus auf der Rossinsel. Zwischen den Gebirgen fließt das Eis in Form von Gletschern ab, einige schieben sich bis in die umgebenden Ozeane. Nur wenige Küsten sind im Sommer eisfrei, die meisten werden von einem breiten Schelfeisgürtel gesäumt. Am Rand lösen sich Eisberge und -platten ab, die im Atlantik weit nach N driften.

Das Klima ist durch sehr kalte Winter geprägt. Die Sommer sind kühl, aber kurz und die Niederschlagsmengen im

Durch »Kalben« von Gletschern oder Inlandeis oder durch Übereinanderschieben von Eisschollen entstehen Eisberge.

Allgemeinen sehr niedrig. Die Jahresdurchschnittstemperatur beträgt an der Südpolarstation -50 °C, an der Küste -11,5 °C. Das Temperaturminimum liegt bei -89 °C.

Der antarktische Kontinent ist damit die lebensfeindlichste Großregion der Erde. An den eisfreien Stellen können allenfalls Flechten, Moose und Algen sowie einige Insekten und Würmer leben. Man spricht deshalb auch von einer »Kältewüste«. Im Gegensatz dazu ist das Meer ein reicher Lebensraum für angepasste Arten, darunter Wale, viele Fischarten, Robben und Krill. Im Küstenbereich nisten auch viele Seevögel, der charakteristische Vogel ist der Pinguin.

■ Nutzung und Gefährdung

Die polaren Landschaften sind ein äußerst labiles ökologisches System. Die extremen klimatischen Bedingungen verlangsamen alle Lebensvorgänge, sodass es viele Jahre dauert, bis die Natur Eingriffe überwinden kann.

Die in der Antarktis gefundenen oder vermuteten Bodenschätze können heute noch nicht wirtschaftlich ausgebeutet werden. Durch den Antarktisvertrag von 1959 ist der Kontinent ein internationaler Gemeinschaftsraum zur ausschließlich friedlichen Nutzung. Der Abbau von Bodenschätzen ist vorerst untersagt. Ebenfalls verboten sind der kommerzielle Walfang und der Robbenschlag.

Auch die Kohlen- und Erzlager in der Arktis werden bislang kaum genutzt. Anders ist es mit Erdöl und Erdgas: Insbesondere in Alaska und in Russland werden beide Energieträger im großen Maßstab gefördert. Es gibt zwar internationale Vereinbarungen zur Nutzung und zum Umweltschutz, doch sie können ökologische Katastrophen – wie die Havarie des Supertankers »Exxon Valdez« 1989 – nicht verhindern.

Eine Gefährdung stellt auch die zunehmende Erwärmung der Erde dar. Ein Abschmelzen des Polareises würde zu einer katastrophalen Erhöhung des Meeresspiegels und Überschwemmungen großer Landflächen führen. Zahlreiche Forschungsstationen beobachten deshalb die Eis- und Klimaveränderungen in den Polregionen. – Karte siehe S. 238. ■

Gute Informationen bieten die Internetadressen:
www.antarktis-station.de
www.greenland-guide.gl/de
www.awi-bremerhaven.de

McGonigal, David und Woodworth, Lynn: *Die Welt der Antarktis und der Arktis.* Bielefeld (Delius Klasing) 2003. ■ Wüthrich, Christoph und Thannheiser, Dietbert: *Die Polargebiete.* Braunschweig (Westermann) 2002. ■ Brauner, Ralf und Jakobi, Niels: *Meer & Eis. Leben und Forschung im Eis.* Hamburg (DSV) 2001.

P

◄ *Fortsetzung von S. 329* der ↑Sudeten und ↑Karpaten. Die höchsten Zonen sind Riesengebirge und Hohe Tatra mit der 2 499 m hohen Meeraugspitze (polnisch Rysy).

Die Küste ist im O durch Nehrungen (Frische Nehrung), Halbinseln (Hela) und dem Frischen Haff stark gegliedert. Längste Flüsse sind Weichsel und Oder. Größter See ist mit 106 km^2 der Spirdingsee auf der Masurischen Seenplatte. P. besitzt ein Übergangsklima, das von SW nach NO zunehmend kontinentaler wird. Liegen die Jahresniederschläge im W bei 700 mm, so sinkt der Wert im O auf 550 mm. Die mittlere Januartemperatur in Warschau liegt bei –3,5 °C; im Juli werden im Schnitt 19,2 °C erreicht. Etwa ein Drittel P. ist bewaldet. Nadelwälder dominieren, nur im Westen und entlang der großen Flüsse prägen Laubwälder die Vegetation.

Bevölkerung: Zu knapp 99 % setzt sich die Bevölkerung aus P. zusammen. Unter den Minderheiten sind die Polendeutschen die größte Gruppe, gefolgt von Ukrainern und Weißrussen. Die Bevölkerungsdichte beträgt etwa 124 Ew. pro

km^2. Der Anteil der städtischen Bevölkerung liegt bei rund 65 %. Großstädte mit über 500 000 Einwohnern sind Warschau, Lodz (Łodź), Krakau (Kraków), Breslau (Wrocław) und Posen (Poznań). Am dichtesten sind die zentral- und südpolnischen, am schwächsten die nordostpolnischen Woiwodschaften besiedelt. 90 % der Staatsbürger sind Katholiken.

Wirtschaft und Verkehr: P. erlebte nach dem Zweiten Weltkrieg einen tief greifenden Wandel vom Agrar- zum Industrieland. Die nach sowjetischem Vorbild etablierte Planwirtschaft brachte das Land jedoch in eine schwere Krise, die in den 1980er-Jahren zu großen sozialen Unruhen führte. 1988 siegte die Demokratiebewegung und im Oktober 1989 wurde der Übergang zur privaten Marktwirtschaft eingeleitet. Auch diese Veränderung ist mit erheblichen wirtschaftlichen und sozialen Problemen verbunden, u. a. mit hoher Auslandsverschuldung und Arbeitslosigkeit.

In der Landwirtschaft, die auch unter der sozialistischen Herrschaft zu 80 % in privater Hand war, herrschen Kleinbetriebe vor. Angebaut werden v. a. Roggen, Kartoffeln, Futterpflanzen und Weizen, ferner Zuckerrüben, Raps und Gemüse. Bedeutend sind Rinder-, Schweine-, und Geflügelhaltung, v. a. Gänse für den Export. Auch die Pferdezucht hat große Bedeutung, da die Tiere als Arbeitskräfte in der Landwirtschaft nach wie vor eine große Rolle spielen.

Der Bergbau ist volkswirtschaftlich außerordentlich wichtig. In Oberschlesien wird seit Jahrhunderten Steinkohle abgebaut. In Südwestpolen und im Großraum Lodz wird Braunkohle gefördert, deren Verstromung in umweltbelastenden Großkraftwerken umstritten ist. In Niederschlesien wird Kupfererz abgebaut und verhüttet. Ferner werden Blei-, Zink- und Eisenerze sowie Schwefel, Salz, im Karpatenvorland Erdgas und -öl gefördert.

Die wichtigsten Zweige der verarbeitenden Industrie sind Maschinen-, Fahrzeug- und Schiffbau, letzter stark rückläufig. Ferner haben die Nahrungsmittel-, Baustoff-, Holz- und Papier- sowie die Textilindustrie mit dem Zentrum Lodz große Bedeutung. Exportiert werden Maschinen und Transportmittel, Chemikalien, besonders Schwefel, Steinkohle, Koks, Elektrizität, Kupfer sowie Textilien und Bekleidung. Haupthandelspartner sind die EU-Staaten (mit Deutschland an erster Stelle), die Ukraine, Russland, die Tschechische Republik und die Slowakische Republik.

Hauptverkehrsträger ist die staatliche Eisenbahn. Das Straßennetz ist gut ausgebaut und das Binnenwasserstraßennetz mit Oder, Weichsel, Warthe und Gleiwitzkanal leistungsfähig. Die wichtigsten Hochseehäfen haben Stettin mit dem Außenhafen Swinemünde, Danzig und Gdynia. Warschau verfügt über einen internationalen Flughafen.

Hauptanziehungspunkte des Fremdenverkehrs sind die Hohe Tatra, die Beskiden und die Sudeten, besonders das Riesengebirge, die Ostseeküste und die Masurischen Seen sowie Warschau, die alte Königsstadt Krakau, der Wallfahrtsort Tschenstochau, Breslau u. a. Städte. Viele Heilquellen führten zur Entstehung von Kurorten in den Sudeten.

Staat und Politik: Nach der am 16. 10. 1997 in Kraft getretenen Verfassung ist P. eine parlamentarische Republik. Das politische System orientiert sich am französischen Vorbild. Staatsoberhaupt ist der Präsident, der für fünf Jahre direkt gewählt wird und dessen Stellung durch besondere Befugnisse in der Außen- und Sicherheitspolitik und im Staatsnotstand gekennzeichnet ist.

Das Parlament besteht aus zwei Kammern, dem Sejm genannten Abgeordnetenhaus mit 460 auf vier Jahre gewählten Mitgliedern, und dem Senat mit 100 Senatoren, die in den Woiwodschaften für vier Jahre gewählt werden. Die Regierung bildet ein Ministerrat, dem der Ministerpräsident vorsteht. P. gehörte 1945 zu den Gründungsmitgliedern der

P

UNO und war von 1949 bis 1991 Mitglied des RGW. Ein 1990 mit Deutschland geschlossener Vertrag regelte den Verlauf der gemeinsamen Grenze. 1991 trat P. dem Europarat bei, 1994 stellte das Land den Antrag auf Aufnahme in die EU und ist seit dem 1. 5. 2004 EU-Mitglied. P. gehört seit 1999 zur NATO.

Poopósee (Lago de Poopó): mit 2 600 km² einer der großen, hoch gelegenen Seen in den Anden. Der P. gehört vollständig zu Bolivien und liegt in einer Höhe von 3 690 m. Er ist fast 100 km lang, bis 50 km breit, aber nur etwa 3 m tief. Sein stark salzhaltiges Wasser kommt über den 300 km langen Desaguadero aus dem ↑ Titicacasee.

Popocatépetl: Vulkan am Rand des Hochlands von Mexiko. Der P. liegt rd. 70 km südöstlich der Stadt ↑ Mexiko und erreicht eine Höhe von 5 452 m. Die Spitze des klassisch geformten Stratovulkans ist häufig mit Schnee bedeckt. Im Dezember 2000 brach der P. nach 500-jähriger Ruhephase aus.

Im Bergmassiv des P. gründeten die Franziskaner, Dominikaner und Augustiner Anfang des 16. Jh. Klöster. Sie entwickelten sich zu Ausgangsbasen für die Errichtung von Missionsstationen im ganzen Land. 14 repräsentative Anlagen gehören heute zum Weltkulturerbe der UNESCO.

Pọrtugal: Staat im SW Europas. P. umfasst den Westteil der Iberischen Halbinsel, grenzt an den Atlantischen Ozean und Spanien. Zu P. gehören ferner die ↑ Azoren und ↑ Madeira.

Landesnatur: Im N und O hat P. Anteil am inneren Hochland der Iberischen Halbinsel. Das höchste Gebirge ist die Serra da Estrêla (1 991 m) im Portugiesischen Scheidegebirge – nur der 2 345 m hohe Alto de Pico auf der Azoreninsel Pico ist noch höher. An der Küste und im S herrscht Tiefland vor, das nur von wenigen kleineren Gebirgen durchzogen wird. Südportugal ist in die Landschaftsräume Alentejo und Algarve unterteilt.

Die Hauptflüsse Tejo (↑ Tajo) – mit 1 008 km der längste Fluss der Iberischen Halbinsel –, Douro, Guadiana und Minho kommen in engen Tälern vom spanischen Hochland und sind nur im Unterlauf schiffbar.

Das Klima ist im N mild und feucht. Bis zu 2 500 mm Niederschlag fallen im nordwestlichen Bergland pro Jahr, nach O und zum subtropischen sommerheißen S nimmt er bis auf 400 mm im jährlichen Schnitt ab. Die jahreszeitlichen und episodischen Schwankungen in der Wasserführung der Flüsse zählen zu den höchsten der Erde. Die jährliche Durchschnittstemperatur steigt von 10 °C im N auf 18 °C im S.

Die nördlichen Gebirge sind reich an Wäldern, in denen v. a. Eichen und Kastanien wachsen. Im S dominieren immergrüne Buschheiden, Korkeichen- und Olivenhaine.

Bevölkerung: Die Bevölkerung besteht fast ausschließlich aus Portugiesen. Durchschnittlich leben auf einem Quadratkilometer fast 110 Menschen. Dicht besiedelt ist der rund 50 km breite Küs-

Portugal

(amtlich portugiesisch República Portuguesa)
Fläche: 92 389 km²
Einwohner: 10,177 Mio.
Hauptstadt: Lissabon
Verwaltungsgliederung: 18 Distrikte und 2 autonome Regionen (Azoren, Madeira)
Amtssprache: Portugiesisch
Währung: 1 Euro (EUR, €) = 100 Cents (c)
Zeitzone: WEZ
Kfz-Kennzeichen: P

tenstreifen von der Nordgrenze bis ↑Lissabon. Zwei Drittel der Bevölkerung leben in Städten. Großstädte sind Lissabon und Porto. Trotz einer hohen Geburtenrate nimmt die Bevölkerung wegen der starken Auswanderung kaum zu. Hauptaufnahmeland der Emigranten ist Frankreich – Paris ist nach der Zahl der dort lebenden Portugiesen die zweitgrößte portugiesische Stadt.

Die Schulpflicht beträgt acht Jahre und dauert vom 7. bis zum 14. Lebensjahr. Neun von zehn Portugiesen sind Katholiken. Protestanten, Muslime und Juden sind Minderheiten.

Wirtschaft und Verkehr: Die Landwirtschaft nutzt knapp 50% der Landesfläche. Angebaut werden v.a. Weizen bzw. Mais im feuchten NW und Gerste sowie Roggen im Gebirge. Ferner sind Wein, Oliven und Baumwolle bedeutend. In der Viehwirtschaft überwiegt die Schafhaltung, ferner werden Schweine, Rinder und Ziegen gehalten. Ein Drittel von P. ist bewaldet. Korkeichen liefern über die Hälfte der Welterzeugung an Kork. Aufforstung und Bewässerung werden gefördert. An Bodenschätzen werden Wolfram-, Eisen-, Kupfer- und Manganerz sowie Gold, Zinn und etwas Kohle gewonnen. Außerdem sind bedeutende Uranlager bekannt.

Seit dem Beitritt zur EG 1986 ging der Ausbau der Schuh-, Leder- und Textilindustrie rasch voran. Bedeutend sind weiterhin die chemische Industrie, die Papiererzeugung, Stahl- und Kfz-Industrie sowie die Fertigung von Textilmaschinen und Hausgeräten. Eine große wirtschaftliche Rolle spielt die Seefischerei, die seit 1977 eine 200-Meilen-Zone beansprucht und befischt.

Ausfuhrprodukte sind Textilrohstoffe und -erzeugnisse, Maschinen und Apparate, Kork, Wein (v.a. auch Portwein), Fischkonserven sowie Holz. Eine wichtige Einnahmequelle ist der Fremdenverkehr, der sich auf die Algarveküste, den Raum Lissabon und Madeira konzentriert. Haupthandelspartner sind Spanien, Deutschland, Frankreich, Italien und Großbritannien.

Die Verkehrsinfrastruktur ist weitgehend auf die Küste orientiert und weist deutliche Lücken auf. Bedeutende Häfen haben Lissabon, Porto, Setúbal, Aveiro und Sines. Internationale Flughäfen liegen in Lissabon, Porto, Faro, Funchal auf Madeira und Santa Maria auf den Azoren. – Siehe auch ↑Spanien (Wirtschaftskarte).

Portugal: Die Algarve, die südlichste Provinz Portugals, ist aufgrund ihrer Strände und Badebuchten sowie des mediterranen Klimas ein beliebtes Touristenziel.

Staat und Politik: Nach der Verfassung von 1976 ist P. eine parlamentarisch-demokratische Republik. Staatsoberhaupt ist der auf fünf Jahre direkt gewählte Präsident. Er ernennt den Ministerpräsidenten und auf dessen Vorschlag die übrigen Mitglieder des Kabinetts, das sowohl dem Präsidenten als auch dem Parlament verantwortlich ist. Der Staatsrat, der aus zehn Mitgliedern besteht, fungiert als Beratungsorgan des Präsidenten. Das Parlament, die Nationalversammlung, umfasst 230 Abgeordnete, die für vier Jahre gewählt werden.

P. gehörte 1949 zu den Gründungsmitgliedern der NATO und wurde 1955 in die UNO aufgenommen. Nach der durch die Nelkenrevolution 1974 been-

Q

deten Diktatur vollzog das Land rasch die wirtschaftliche Westintegration. 1986 wurde P. Mitglied der EG und gehört zu den Ländern der Eurozone. 1999 trat es mit ↑Macau, das an China zurückfiel, seine letzte Kolonie ab.

Puerto Rico: Über der auf einer Insel gelegenen Altstadt von Puerto Ricos Hauptstadt San Juan erhebt sich die im 16. und 18. Jh. errichtete Festung Castillo de San Felipe del Morro.

Prag (tschechisch Praha): Hauptstadt der Tschechischen Republik. P. liegt auf fünf Hügeln beiderseits der Moldau und bildet verwaltungsmäßig eine eigene Region mit 496 km² und 1,179 Mio. Einwohnern. Die Stadt ist Sitz eines katholischen Erzbischofs und Wissenschaftszentrum des Landes mit der Karls-Universität, die 1348 als erste Universität Mitteleuropas gegründet wurde. Es gibt zahlreiche Museen, 22 ständige Theater, zwei Opernhäuser und im Stadtteil Barrandov Filmateliers.

P. ist wichtigstes Industrie- und Handelszentrum des Landes mit chemischer, Gummi-, Maschinen-, Fahrzeug-, Bekleidungs-, Papier-, elektrotechnischer, elektronischer Industrie sowie Verkehrszentrum mit dem internationale Flughafen Ruzyne und Flusshafen.

P. war seit dem Hochmittelalter eine der bedeutendsten Städte Europas und im 14. Jh. Kaiserresidenz. Die Stadt ist reich an berühmten Bauten, darunter der Hradschin, die Prager Burg, die ab dem 10. Jh. errichtet wurde und in der heute der Staatspräsident residiert. Unterhalb der Burg liegt die Kleinseite, ein Stadtteil, der über die 1399 fertig gestellte Karlsbrücke mit der Altstadt verbunden ist, die zum Weltkulturerbe der UNESCO gehört. Die Neustadt mit Karlsplatz und Wenzelsplatz entstand ab 1348.

Preßburg: ↑Bratislava.

Pretoria: ↑Tshwane

Puerto Rico: mit den USA assoziierter Staat im Bereich der Westindischen Inseln. P. R. umfasst die gleichnamige Insel sowie die Isla Mona, die Isla Vieques und die Isla Culebra mit zusammen 8 959 km² Fläche und 3,809 Mio. Einwohnern. Hauptstadt ist San Juan mit 422 000 Einwohnern. Die Puertoricaner sind überwiegend Nachkommen von Mischehen zw. Spaniern und ehemaligen Sklaven aus Schwarzafrika. 1967 sprach sich die Bevölkerung mehrheitlich für die vorläufige Beibehaltung des Status als mit den USA assoziierter Staat aus.

In der Landwirtschaft überwiegt Großgrundbesitz. In den Plantagen werden für den Export Zuckerrohr, Kaffee, Tabak und Ananas angebaut. Neben der traditionellen Nahrungsmittelindustrie entwickelten sich, auch begünstigt durch bis 1977 gezahlte Niedriglöhne und die sehr niedrigen Steuern, besonders die elektronische Industrie, die Petrochemie und die pharmazeutische Industrie sowie der Maschinen- und Apparatebau. Von wachsender Bedeutung ist der Fremdenverkehr.

Nördlich von P.R. erstreckt sich der **Puerto-Rico-Graben.** In diesem Tiefseegraben liegt mit 9 219 m die tiefste Stelle des Atlantischen Ozeans.

Q

Quebec [kve'bɛk, engl. kwɪ'bek]: Hauptstadt der gleichnamigen Provinz im O Kanadas. In der Metropolitan Area Q. leben (1999) 682 800 Menschen. Die Stadt liegt am an dieser Stelle rd. 1 200 m breiten ↑Sankt-Lorenz-Strom und besteht aus einer Oberstadt, die auf einer

den Fluss um 60 bis 110 m überragenden Felshochfläche liegt, und einer Unterstadt am Nordfuß. Q. ist ein bedeutender Hafen und eines der wichtigsten Industriezentren Kanadas.
Mit der 1852 gegründeten katholischen Laval-Universität und einem katholischen Erzbischof ist Q. Zentrum der Frankokanadier. Die Stadt ist im Stil der französischen Städte des 18. Jh. erbaut und reich an architektonischen Sehenswürdigkeiten, u. a. der Stadtmauer, der zw. 1820 und 1850 erbauten Zitadelle und der Kirche Notre-Dame des Victoires (1688).

R

Regensburg: kreisfreie Stadt in Bayern. R. liegt an der Mündung von Regen und Naab in die Donau und hat 128 000 Einwohner. Die Lage am ↑Rhein-Main-Donau-Großschifffahrtsweg hat die wirtschaftliche Entwicklung gefördert. In der Industrie dominieren Betriebe des Automobil-, Maschinen- und Schiffbaus sowie der elektrotechnischen, chemischen, Textil- und Nahrungsmittelindustrie. Es gibt eine Universität und eine Fachhochschule.
Die bereits in römischer Zeit existierende Siedlung war im Mittelalter eine bedeutende Stadt, mehrfach Residenz von Herzögen sowie Königen und von 1663 bis 1806 Tagungsort des Immerwährenden Reichstags. Entsprechend zahlreich sind die historischen Bauwerke. Besonders erwähnenswert sind der Dom und die Steinerne Brücke aus dem Hochmittelalter sowie das Alte Rathaus (14.–18. Jh.) mit dem Reichssaal.

Réunion [rey'njɔ]: Insel der Maskarenen und französisches Überseedépartement im Indischen Ozean. R. ist 2 512 km² groß und hat 706 300 Einwohner. Hauptstadt ist Saint-Denis. Die Bewohner von R. sind überwiegend Kreolen und zu 90 % katholisch. R. ist vulkanischen Ursprungs und erreicht im Piton des Neiges 3 069 m. Das Klima ist tropisch. Die exportorientierte Landwirtschaft (Zuckerrohr, Tabak, Vanille und Riechstoffpflanzen) ist der wichtigste Wirtschaftszweig.

Reval: ↑Tallinn.

Reykjavík ['rɛjkjavi:k] (isländisch »Rauchbucht«): Hauptstadt und Haupthafen Islands. R. liegt innerhalb der stets eisfreien Bucht Faxaflói an der Westküste der Insel und hat 113 300 Einwohner. Es ist Sitz von Regierung, Parlament sowie Oberstem Gerichtshof und mit der Landesbibliothek, dem Landesarchiv, seinen Museen, wissenschaftlichen Instituten und der 1911 gegründeten Universität Kulturzentrum des Landes. Außerdem ist R. die wichtigste Industrie- und Handelsstadt. In der Industrie dominieren Fischverarbeitung, Werften, Elektro-, Möbel-, Leder- und Textilindustrie sowie die Automontage und die Aluminiumverhüttung. R. hat einen internationalen Flughafen. Die Stadt wird mit geothermischer Energie beheizt.

Rhein (frz. Rhin, niederländisch Rijn): der längste und wasserreichste Fluss Deutschlands und einer der wichtigsten Europas. Der R. ist 1 320 km lang und hat ein Einzugsgebiet von 252 000 km². Neben Deutschland sind die Schweiz, Liechtenstein, Frankreich, Österreich und die Niederlande Anliegerstaaten.
Verlauf: Der R. entsteht in den Alpen im schweizerischen Kanton Graubünden aus Vorderrhein und Hinterrhein. Beide vereinigen sich bei Reichenau zum **Alpenrhein**, der unterhalb von Rheineck in den ↑Bodensee mündet und diesen bei Konstanz wieder verlässt. Bei Schaffhausen überwindet er die Felsenstufe des Jura im rd. 20 m hohen Rheinfall und fließt in westliche Richtung als **Hochrhein** bis Basel, von da als **Oberrhein** durch das Oberrheinische Tiefland nach N, wendet sich zw. Mainz und Bingen nach W und durchbricht dann in nordwestlicher Richtung das Rheinische Schiefergebirge. Bis er Bonn erreicht, wird der R. **Mittelrhein** genannt, ab da

heißt er **Niederrhein**. Hinter der Stadt Emmerich verlässt der R. Deutschland und verzweigt sich auf niederländischem Gebiet.
Zusammen mit der Maas bildet der R. das ausgedehnte **Rhein-Maas-Delta**. Hauptmündungsarm ist der Waal, der nach Vereinigung mit der Maas Merwede, Noord und Nieuwe Maas genannt wird und als Nieuwe Waterweg in die Nordsee mündet. Der nördliche Arm (Pannerdenscher Kanal), von dem vor Arnheim die IJssel zum IJsselmeer abzweigt, fließt als Neder-Rijn und Lek weiter und mündet in die Nieuwe Maas. Die Mündungsarme des Rhein-Maas-Deltas wurden südlich des Nieuwe Waterweg von der Nordsee abgeriegelt (Deltawerke).
Wasserstraße, Schifffahrt und Ökologie: Der R. ist die Hauptader eines ausgedehnten mitteleuropäischen Wasserstraßennetzes. Von den Nebenflüssen sind der Main, der seit der Eröffnung des ↑Rhein-Main-Donau-Großschifffahrtswegs 1992 mit der Donau Verbindung hat, Mosel und Neckar für die Schifffahrt erschlossen. Der R. ist durch Kanäle mit Rhone, Marne, Nordsee und dem mitteldeutschen Flussnetz sowie mit den Städten Amsterdam und Antwerpen verbunden. Auch der Personenverkehr ist bedeutend, v.a. der Ausflugs- und Erholungsverkehr.
Im Bereich des Hochrheins und des Rheinseitenkanals wird das Gefälle des R. durch zahlreiche Staustufen zur Energiegewinnung genutzt. Das ökologische Gleichgewicht des R. wird durch Abwässereinleitung, Betriebswasserentnahme sowie Trinkwassergewinnung – rd. 5 Mio. m^3 pro Tag – belastet. Eine deutliche Reduzierung der Gewässerbelastung gegenüber den 1960er- und 1970er-Jahren ist auf den intensiven Kläranlagenbau zurückzuführen. Problematisch sind weiterhin die sog. diffusen Gewässerbelastungen durch Nährstoffe wie Nitrat und Pflanzenschutzmittel aus der Landwirtschaft.
Nach den extremen Hochwassern während der 1990er-Jahre wurde ein »Aktionsplan Hochwasser« bis zum Jahr 2020 aufgestellt, um unter Berücksichtigung der ökologischen Verbesserung des R. und seiner Auen, künftigen Hochwassern vorzubeugen, u.a. durch Abbau einiger Regulierungsanlagen, die sich als kontraproduktiv erwiesen haben.

Rhein: Burg Katz oberhalb von Sankt Goarshausen am rechten Rheinufer. Die ehemalige Zollburg wurde 1371 errichtet, von Napoleon gesprengt und ab 1896 wieder aufgebaut. Dahinter erhebt sich der 132 m hohe Schieferfelsen Lorelei.

Rheinisches Schiefergebirge: der westliche Teil der deutschen Mittelgebirgsschwelle. Das R.S. erstreckt sich beiderseits des Mittelrheins mit durchschnittlichen Höhen von 500 bis 650 m. Höchste Berge sind der Große Feldberg mit 879 m und der Kahle Asten mit 841 m. Tiefe Täler, geschnitten von Rhein, Mosel, Nahe, Lahn und Sieg,

gliedern das R.S.: Linksrheinisch liegen Hunsrück, Eifel, Hohes Venn und die anschließenden Ardennen, rechtsrheinisch Taunus, Westerwald mit Siebengebirge, Bergisches Land, Sauerland mit Rothaargebirge und Kellerwald.
Das atlantisch beeinflusste Klima begünstigt an den Südhängen den Weinbau, in den geschützten Tälern Obst- und Gemüseanbau. Eine wichtige Verkehrsleitlinie ist das enge Rheintal.

Rheinland-Pfalz: Bundesland im W der Bundesrepublik Deutschland. R.-P. hat eine Größe von 19 847 km² und 4,059 Mio. Einwohner. Die Hauptstadt ist ↑Mainz. Das Land grenzt im N an Nordrhein-Westfalen, im O an Hessen und Baden-Württemberg, im S an Frankreich und das Saarland sowie im W an Luxemburg und Belgien.
Landesnatur: Mittelgebirge und der Rhein prägen den vielgestaltigen landschaftlichen Aufbau von R.-P.. Im N liegt das ↑Rheinische Schiefergebirge, das mit dem größten Teil der Eifel, des Hunsrücks, des Westerwaldes und des Hintertaunus nach R.-P. hineinragt. Der S umfasst das Nordpfälzer Bergland, den Westrich, den waldreichen ↑Pfälzerwald, dessen östlicher Gebirgsrand, die Haardt, zum Oberrheinischen Tiefland mit Oberrheingraben und Rheinhessischem Hügelland abfällt. Die bedeutendsten Flüsse sind Rhein, Mosel und Lahn. Wald nimmt 40 % der Fläche ein.
Bevölkerung: R.-P. liegt im Bereich der mittel- und rheinfränkischen Mundarten. Die Bevölkerung ist zu rd. 55 % katholisch und zu 38 % evangelisch. Den relativ dünn besiedelten Landschaften der Mittelgebirge stehen die Ballungsräume von ↑Ludwigshafen am Rhein, Mainz, Kaiserslautern, Koblenz und Trier gegenüber; dicht besiedelt sind auch das Rhein- und z. T. das Moseltal.
Wirtschaft: Die Wirtschaft konzentriert sich hauptsächlich auf das Rhein-Main-Gebiet, den Rhein-Neckar-Raum sowie das Mittelrheinische Becken. Der umsatzstärkste Industriezweig ist die chemische Industrie mit Schwerpunkt in Ludwigshafen am Rhein. Es folgen der Straßenfahrzeugbau, das Nahrungs- und Genussmittelgewerbe, die Bereiche Maschinenbau, Büromaschinen, EDV, die Kunststoffwarenherstellung, die Eisen-, Blech- und Metallwarenindustrie sowie die elektrotechnische, die Eisen erzeugende Industrie und die der Steine und Erden. Regionale Schwerpunkte haben die Schuhindustrie mit dem Raum Pirmasens, die Feinkeramik im Westerwald und das Edelsteingewerbe im Raum Idar-Oberstein.
R.-P. hat wenig Bodenschätze, ist aber reich an nutzbaren Steinen und Erden und besitzt zahlreiche Mineralquellen. Die Landwirtschaft nutzt rd. ein Drittel der Landesfläche, davon dienen 60 % als Ackerland. Die größte Anbaufläche nimmt Getreide ein. Wichtigste Sonderkultur ist der Weinbau. Etwa 70 % der deutschen Weinernte werden in R.-P. erzeugt. Die Viehwirtschaft hat geringe Bedeutung.
R.-P. hat Anteil an einer der wichtigsten Eisenbahnverbindungen Deutschlands, der am Mittel- und Oberrhein verlaufenden Strecke Ruhrgebiet–Alpen. Das Pfälzer Gebrüch ist eine bedeutende Verkehrsleitlinie für den O-W-Verkehr. Zahlreiche Autobahnen erschließen das Land. Binnenschifffahrt wird auf Rhein, Mosel und Saar betrieben.
Staat und Politik: Die französische Militärregierung bildete 1946 durch Verordnung aus der ehemaligen bayerischen Pfalz, Rheinhessen, Teilen der preußischen Rheinprovinz und der Provinz Hessen-Nassau das Land R.-P. Nach der Verfassung vom 18. 5. 1947 liegt die Legislative beim Landtag, der sich aus 101 Abgeordneten, die für fünf Jahre gewählt werden, zusammensetzt. Der Landtag wählt den Ministerpräsidenten, der die Regierung anführt. Die Verfassung des Landes räumt die Möglichkeit von Volksentscheiden sowie ein Misstrauensvotum des Parlaments gegen einzelne Minister ein.

R

Rhein-Main-Donau-Großschifffahrtsweg (Europakanal): rd. 3 500 km lange Binnenwasserstraße, die die Nordsee mit dem Schwarzen Meer verbindet. Nach Ausbau von Rhein und unterem Main wurde ab 1926 der Main oberhalb von Aschaffenburg bis Bamberg ausgebaut. 1960 begann der Bau des Main-Donau-Kanals, der den Main bei Bamberg mit der Donau bei Kelheim verbindet. Der 72 km lange Nordabschnitt des Kanals Bamberg–Nürnberg wurde 1972 vollendet. Die anschließende Kanalstrecke erreicht östlich von Hilpoltstein die europäische Hauptwasserscheide zw. Rhein und Donau und mit 406 m den höchsten Punkt im deutschen Wasserstraßennetz. Südlich der Wasserscheide führt der Main-Donau-Kanal durch Sulztal, Ottmaringer Tal und Altmühltal zur Donau.

Rhodos: mit 1 398 km² die größte Insel des Dodekanes. R. liegt vor der südwestlichen Küste Kleinasiens, gehört aber zu Griechenland. Auf der Insel leben etwa 88 000 Menschen. Hauptort ist Rhodos an der Nordspitze der Insel.

R. ist hügelig bis gebirgig – im Ataviros werden 1 215 m erreicht. Es gibt viele Ölbaume und Rebenkulturen. Außerdem werden Zitrus- u. a. Früchte angebaut. Wichtigste Einnahmequelle ist der Fremdenverkehr.

Rhön: Mittelgebirge mit Basaltkuppen und -decken zw. Werra, Fulda und Fränkischer Saale, in Bayern, Hessen und Thüringen. Höchster Teil der R. ist die **Hohe Rhön**, eine wellige Hochfläche mit Wiesen und Hochmooren. Die Wasserkuppe ist mit 950 m der höchste Berg. Nach N und W schließt sich die **Kuppenrhön** oder **Vorderrhön** an, im S die **Südrhön**, ein stark bewaldetes, von nur wenigen Basaltbergen überhöhtes Buntsandsteingebiet. Wichtigste Erwerbszweige sind die Landwirtschaft, besonders die Viehzucht, und der Fremdenverkehr, u. a. der Wintersport.

Rhone (frz. Rhône, Oberlauf Rotten): mit 812 km nach der ↑Loire der zweitlängste, wasserreichste Strom Frankreichs. Die Rhone entspringt im schweizerischen Kanton Wallis aus dem Rhonegletscher, durchfließt den Genfer See, erreicht unterhalb von Genf französisches Gebiet, wendet sich bei Lyon nach S und mündet in zwei Hauptarmen in den Golfe du Lion. Zw. den Armen erstreckt sich die Camargue.

Das Einzugsgebiet der R. beträgt 99 000 km². Neben zahlreichen Staustufen und Wasserkraftwerken wurden von der R. zur Bewässerung viele Kanäle abgezweigt. Ab Lyon ist der Fluss schiffbar und durch Kanäle mit dem ↑Rhein, der ↑Seine, der Loire und dem Hafen von Marseille verbunden. Südlich von Lyon werden in der meist weiten Talebene und an den Hängen v. a. Wein, Obst und Gemüse angebaut.

Rift Valley: ↑Ostafrikanisches Grabensystem.

Riga: Hauptstadt von Lettland. R. liegt an der Mündung der Düna in die Rigaer Bucht der Ostsee. Die Stadt hat 764 300 Einwohner. Sie ist Sitz eines katholischen Erzbischofs und hat eine Technische Hochschule sowie fünf weitere Hochschulen. In der Wirtschaft dominieren Betriebe der Textil-, Nahrungsmittel- und Holzindustrie, des Maschinen- und Fahrzeugbaus sowie der chemischen Industrie. R. hat einen Hochsee- und Fischereihafen sowie einen internationalen Flughafen.

Der im Zweiten Weltkrieg stark zerstörte Stadtkern rechts der Düna wurde weitgehend wieder aufgebaut. Zu den architektonischen Besonderheiten zählen die Dom- oder Marienkirche, ein aus dem 13. Jh. stammender Backsteinbau, die im 15. Jh. umgebaute Sankt-Petri-Kirche, das Schwarzhäupterhaus von 1330, im Renaissancestil umgebaut, sowie das mehrfach umgestaltete Schloss des Deutschen Ordens.

Rio de Janeiro [portugiesisch »Januarfluss«]: Hauptstadt des gleichnamigen Küstenstaates und mit 5,851 Mio. Einwohnern nach ↑São Paulo die zweitgrößte Stadt Brasiliens. Der Großraum

R. hat mehr als 10 Mio. Einwohner. R. liegt an der Guanabarabucht, wird von Gebirgszügen umrahmt und grenzt mit den Wohnvororten an den Atlantischen Ozean. Die Stadt ist Sitz eines katholischen Erzbischofs und ein bedeutendes Kulturzentrum mit mehreren Universitäten, Hochschulen, Bibliotheken, Museen und Archiven. Wahrzeichen ist der 395 m hohe Zuckerhut, der Pão de Açúcar, auf dessen Gipfel eine Drahtseilbahn führt. Der westlich von ihm liegende Corcovado ist 704 m hoch und trägt eine 38 m hohe Christusstatue, die ein weiteres Wahrzeichen der Stadt ist.

R. besitzt einen der besten Naturhäfen der Welt und ist neben Santos der wichtigste Hafen Brasiliens. Daneben ist der internationale Flughafen von großer Bedeutung. Nach São Paulo ist R. das zweitwichtigste Handels-, Finanz- und Industriezentrum Brasiliens. Die Einnahmen aus dem Fremdenverkehr wachsen stetig, wobei die Badestrände – u. a. die Copacabana – und der berühmte Straßenkarneval die Hauptanziehungspunkte sind.

Mindestens 2 Mio. Menschen leben in Elendsvierteln, den sog. Favelas, die überwiegend an den erdrutschgefährdeten Steilhängen errichtet wurden. Bei starken Regenfällen kommt es hier zu Muren, die oft Hunderte von Menschenleben fordern.

Seit 1763 war R. Sitz des portugiesischen Vizekönigs, von 1808 bis 1821 Residenz des vor den Franzosen geflüchteten portugiesischen Königs. 1822 wurde es Hauptstadt des unabhängigen Brasilien, bis im Jahr 1960 ↑ Brasília diese Funktion übernahm.

Rocky Mountains (Kurzbezeichnung Rockies, dt. Felsengebirge): der östliche Teil der nordamerikanischen ↑ Kordilleren. Die R. M. haben eine N-S-Ausdehnung von rd. 4 500 km und reichen von Nordalaska über Kanada bis in den S der USA. Das Faltengebirge steigt bis auf über 4 000 m an und erreicht im Mount Elbert 4 399 m. Nach O fällt es steil zu den ↑ Great Plains ab, im W liegen die großen intermontanen Becken und Plateaus, u. a. das Große Becken, das Colorado- und das Columbiaplateau.

Die R. M. sind reich an Bodenschätzen: Kupfer, Eisen, Silber, Gold, Blei, Zink, Molybdän, Beryllium, Uran, Erdöl, Erdgas, Kohle und Ölschiefer werden gefördert. Der Fremdenverkehr ist sehr bedeutend, und es gibt zahlreiche Nationalparks, darunter der berühmte Yellowstone National Park.

Im N sind die Berge reich bewaldet. Nach S nehmen die Niederschläge stark ab und die Wälder gehen in Steppen und im intramontanen Bereich schließlich in Wüsten über. Der Kamm der R. M. ist die nordamerikanische Hauptwasser-

Rio de Janeiro: Blick auf die nächtliche Stadt mit dem angestrahlten 395 m hohen Pão de Açúcar, dem Zuckerhut, in der Guanabarabucht.

R

scheide zw. dem Atlantischen Ozean und dem Pazifischen Ozean. Die Flüsse sind vielfach zur Energieerzeugung und Bewässerung gestaut.

Rom: Hauptstadt von Italien. R. liegt im westlichen Mittelitalien am Tiber, 20 km von der Küste entfernt, und hat 2,541 Mio. Einwohner. Es ist Sitz der Regierung, des Parlaments und des Papstes, der in ↑Vatikanstadt residiert.

Rom: Das viergeschossige römische Kolosseum, das größte Amphitheater der Antike, bot mehr als 50 000 Zuschauern Platz.

R. ist das politische und kulturelle Zentrum Italiens. Es gibt zwei staatliche Universitäten, von denen die älteste 1303 gegründet wurde, eine private Universität und mehrere Hochschulen sowie Akademien bzw. Institute. Die Nationalbibliothek, die Vatikanische Bibliothek und das Archiv sowie die Bibliotheca Hertziana zählen zu den bestsortierten Bibliotheken der Welt.

Im produzierenden Sektor dominieren Maschinenbau, grafisches Gewerbe, Erdölraffinerie, chemische, elektronische, Bekleidungs- und Nahrungsmittelindustrie. Außerdem ist R. Italiens wichtigster Medienstandort, ein Modezentrum von Weltrang und Schauplatz vieler internationaler Fachmessen. Im Eisenbahn- und Luftverkehr ist R. zentraler Knotenpunkt Italiens. Es gibt zwei Flughäfen, darunter der internationale Flughafen Leonardo da Vinci in Fiumicino. Als Seehäfen dienen neben Civitavecchia auch Fiumicino und Anzio.

R. ist eine der bekanntesten und am meisten besuchten Städte der Welt. Sie war in der Antike die Hauptstadt des Römischen Reiches und ab dem 3. Jh. Mittelpunkt der griechisch-römischen Kultur. Aus dieser Zeit sind u. a. das Kolosseum, mehrere Triumphbögen und die Engelsburg, das Grabmal von Kaiser HADRIAN (76–138), erhalten geblieben. Im Mittelalter stieg R. ab etwa 800 zur bedeutenden Stadt auf, als es Krönungsort der fränkischen bzw. später der römisch-deutschen Kaiser durch den Papst wurde. Aus dieser Epoche sind ebenfalls sehr viele Bauwerke und Kunstschätze erhalten, die zum besonderen Rang von R. beitragen.

Rostock (Hansestadt Rostock): kreisfreie Stadt in Mecklenburg-Vorpommern. R. liegt an der Mündung der Warnow in die Ostsee und hat 198 300 Einwohner. Die Stadt hat eine 1419 gegründete Universität, eine Hochschule für Musik und Theater sowie eine Reihe weiterer Forschungsinstitute.

R. ist die wichtigste Hafenstadt an der ostdeutschen Ostseeküste und das größte Wirtschaftszentrum von Mecklenburg-Vorpommern. Die Schiffsindustrie ist bedeutend, ebenso der Maschinen- und Anlagenbau.

Neben dem Hochsee- und Fährhafen am Breitling, einer Erweiterung der Unterwarnow, besteht im Stadtzentrum der Stadthafen. Der Stadtteil Warnemünde an der Küste ist Seebad.

Anziehungspunkt für Touristen ist u. a. die Altstadt mit ihren Bauwerken der Backsteingotik: Dazu zählen die Marienkirche (13.–15. Jh.), die Nikolaikirche (13.–15. Jh.), die Petrikirche (14. Jh.), das ehemalige Zisterzienserinnenkloster (1270 ff.) mit der Heilig-Kreuz-Kirche (14. Jh.) sowie das Rathaus (13.–15. Jh.) mit barocker Fassade.

Rotes Meer (arabisch Bahr el-Ahmar): lang gestrecktes Nebenmeer des Indischen Ozeans zw. der Arabischen Halbinsel und dem afrikanischen Kontinent. Die geologische Senke steht in Verbin-

dung mit dem ↑Ostafrikanischen Grabensystem. Die Halbinsel Sinai teilt das nördliche R.M. in den Golf von Suez und den Golf von Akaba.
Das R.M. umfasst eine Fläche von 438 000 km² und ist durch die Meerenge Bab el-Mandeb mit dem Golf von Aden und durch den ↑Suezkanal mit dem Mittelmeer verbunden. Die mittlere Tiefe beträgt 538 m, die größte Tiefe 2 604 m.
Den Namen verdankt das R.M. einem zeitweise auftretenden Cyanobakterium mit roten Pigmenten, welches das ansonsten tiefblaue Wasser rötlich schimmern lässt.
Seit der Eröffnung des Suezkanals 1869 ist das R.M. für den Seeverkehr zw. Europa und Indien, Ostasien und Australien von großer Bedeutung.

Ruạnda: Binnenstaat in Ostafrika. R. grenzt im N an Uganda, im O an Tansania, im S an Burundi und im W an die Demokratische Republik Kongo.
Landesnatur: R. liegt auf einem in Schollen zerbrochenen Hochlandblock, der im W in einer Stufe zum Zentralafrikanischen Graben mit dem Kiwusee abbricht und sich nach O zur stark versumpften Senke des Kagera abdacht. Im NW erhebt sich die Kette der Virungavulkane, die im Karisimbi auf 4 507 m ansteigt. Das wechselhafte tropische Klima ist durch die Höhenlage gemildert.
Bevölkerung: 1991 gehörten rd. 85 % der Einwohner zu den Ackerbau treibenden Hutu, einem Bantuvolk, 14 % zu den Vieh züchtenden Tutsi, einem Himavolk, und etwa 1 % gehörten den zu den Pygmäen zählenden Twa an. Die drei Ethnien stehen sich seit Jahrhunderten in offener Feindschaft gegenüber. Im Jahr 1994 fielen rd. 800 000 Tutsi einem Genozid zum Opfer.
Typisch für das dicht besiedelte Land ist die Streusiedlung. Allgemeine Schulpflicht besteht vom 7. bis 15. Lebensjahr. Die Analphabetenrate liegt bei rd. 35 %. 75 % der Bevölkerung gehören christlichen Kirchen an, rd. 10 % sind Muslime und etwa 25 % sind Anhänger traditioneller afrikanischer Religionen.
Wirtschaft und Verkehr: Es dominiert die Landwirtschaft und hier die Subsistenzwirtschaft. Angebaut werden v.a. Mais, Maniok, Jamswurzeln, Hirse, Bohnen, Bataten und Kochbananen. Für den Export sind Kaffee, Tee und Pyrethrum, ein aus Chrysanthemen gewonnenes Insektizid, wichtig. In der Viehwirtschaft dominiert die Rinderhaltung.
Geförderte Bodenschätze sind Zinn, Wolfram, Gold, Beryll und Columbit. Die bedeutenden Methanvorkommen im Kiwusee werden bisher wenig genutzt. Die Industrie verarbeitet v.a. landwirtschaftliche Produkte.
Es gibt keine Eisenbahn und das Straßennetz ist in schlechtem Zustand. Internationale Flughäfen haben Kigali und Kamembe.
Staat und Politik: Seit der Unabhängigkeit 1962 gehört das Land zur UNO und wurde mehrmals von schweren Kämpfen zw. Hutu und Tutsi erschüttert. Gegen führende Hutu, die am Genozid von 1994 beteiligt waren, wurde vor einem UN-Kriegsverbrechertribunal in Arusha in Tansania Anklage erhoben.

Ruanda

(Rwanda, amtlich frz. République Rwandaise, engl. Republic of Rwanda, Kinyaruanda: Republika y'u Rwanda)
Fläche: 26 338 km²
Einwohner: 8,163 Mio.
Hauptstadt: Kigali
Verwaltungsgliederung: 12 Präfekturen
Amtssprache: Französisch, Englisch und Kinyaruanda
Währung: 1 Ruanda-Franc (F.Rw) = 100 Centimes
Zeitzone: OEZ
Kfz-Kennzeichen: RWA

R. ist nach der Verfassung von 2003 eine Präsidialrepublik. Staatsoberhaupt ist der alle sieben Jahre direkt gewählte Präsident.

Rügen: mit 926 km² die größte deutsche Insel in der Ostsee. R. gehört zu Mecklenburg-Vorpommern und ist im S durch den Greifswalder Bodden, im SW durch den Strelasund vom Festland bei Stralsund getrennt, mit dem es seit 1936 durch den Rügendamm verbunden ist. Die Insel wird im O von Kreidesteilküsten geprägt, die durch Nehrungen verbunden sind und Halbinseln bilden: Wittow mit Kap Arkona und Jasmund mit dem 160,9 m hohen Piekberg. Vor der Westküste liegt die Insel Hiddensee. Neben Landwirtschaft, Fischerei und Kreidegewinnung ist der Fremdenverkehr für die rd. 87 000 Einwohner die wichtigste Erwerbsquelle. Von den Fährhäfen Sassnitz und Mukran bestehen Verbindungen nach Schweden und Litauen.

Ruhrgebiet: (bergbaulich Ruhr-Revier): einer der bedeutendsten deutschen Industriebezirke und Hauptteil des Wirtschaftsraumes Rhein-Ruhr. Sein Kerngebiet erstreckt sich als breites Band aneinander gereihter Städte vom linksrheinischen Teil ↑Duisburgs bis ↑Dortmund. Mit seinen Randgebieten reicht das R. von nahe der niederländischen Grenze bis Hamm, im N über die Lippe und im S teilweise über die Ruhr hinaus. In den Grenzen des Regionalverbandes Ruhr (RVR) umfasst das R. (einschließlich des südlich anschließenden Ennepe-Ruhr-Kreises) mit 4 435 km² 13 % der Fläche und mit rd. 5,3 Mio. Einwohnern knapp 30 % der Bevölkerung von Nordrhein-Westfalen.

Wirtschaft und Verkehr: Die wirtschaftliche Bedeutung des R. beruhte auf den Steinkohlevorräten. An den Bergbau schließt sich eine große Anzahl von Industrien an, besonders Eisen- und Stahlindustrie sowie chemische Industrie. Die Krise in der Montanindustrie in den 1970er-Jahren erforderte einen Strukturwandel. Nach Zahl der Beschäftigten und nach Umsatz haben andere Branchengruppen, v. a. Maschinen- und Fahrzeugbau, Elektrotechnik, Feinmechanik, Chemie, Petrochemie, Glaserzeugung sowie Elektronik, den Bergbau und die Eisen schaffende Industrie inzwischen überholt. Es entstanden zudem zahlreiche Einrichtungen des Dienstleistungsbereichs.

Kein anderes Gebiet Europas wird durch Eisenbahntrassen, Straßen und Wasserwege so dicht erschlossen. Der Rhein, der Wesel-Datteln-, Datteln-Hamm-, Rhein-Herne- und Dortmund-Ems-Kanal verbinden das R. mit vielen bedeutenden europäischen Wirtschaftsräumen und v. a. mit den nordwesteuropäischen Seehäfen. Das volkstümlich »Kohlenpott« genannte R. gilt heute als das Industriegebiet mit den meisten Grünflächen. 41 % der Gesamtfläche des Ruhrgebiets werden landwirtschaftlich genutzt, 18 % sind Waldflächen.

Rumänien: Staat in Südosteuropa. R. grenzt im N an die Ukraine, im O an Moldawien, im SO ans Schwarze Meer, im S an Bulgarien, im SW an Serbien und Montenegro und im W an Ungarn.

Landesnatur: R. wird in weitem Bogen von den ↑Karpaten durchzogen. Der höchste Berg ist der Moldoveanu mit 2 544 m. Der Karpatenbogen und das Westsiebenbürgische Gebirge umschließen das Siebenbürgische Hochland. Im W hat R. Anteil am Banat und dem Großen Ungarischen Tiefland. Am Außenrand der Karpaten liegen das lössbedeckte Tiefland der Kleinen und Großen Walachei, das im S bis zur ↑Donau reicht, und das Hügelland der Moldau, das sich im O bis zum Pruth erstreckt. Östlich der unteren Donau erhebt sich das Tafelland der Dobrudscha.

Rumänien

(amtlich rumänisch România)
Fläche: 238 391 km²
Einwohner: 22,3 Mio.
Hauptstadt: Bukarest
Verwaltungsgliederung: 41 Bezirke, 1 Hauptstadtbezirk
Amtssprache: Rumänisch
Währung: 1 Leu (l) = 100 Bani
Zeitzone: OEZ
Kfz-Kennzeichen: RO

Haupt- und zum großen Teil Grenzfluss ist der Unterlauf der Donau. Das Klima ist überwiegend kontinental mit mediterranen Einflüssen an der Schwarzmeerküste. In ↑Bukarest liegt die mittlere Julitemperatur bei 24 °C, die mittlere Januartemperatur bei –2,5 °C.

Bevölkerung: 90 % der Einwohner sind Rumänen. Mit rd. 7 % sind die Ungarn die größte Minderheit, die sich v. a. im O Siebenbürgens konzentriert. Mehr als 2 % sind Roma und 0,3 % Deutsche; letztere leben v. a. in Siebenbürgen und im Banat. Die Landbevölkerung und die nationalen Minderheiten sind während des sozialistischen Regimes in besonderer Weise unterdrückt worden. Unter NICOLAE CEAUÇESCU, der von 1965 bis 1989 de facto Alleinherrscher war, wurden z. B. 8 000 Dörfer zerstört, da der Diktator eine städtischere Infrastruktur herbeizwingen wollte.

Schulpflicht besteht vom 7. bis 16. Lebensjahr. Kinder der ethnischen Minderheiten erhalten teilweise Unterricht in der Muttersprache in speziellen Klassen oder Schulen. 87 % der Bevölkerung gehören der rumänisch-orthodoxen Kirche an. Daneben gibt es Anhänger anderer christlicher Konfessionen sowie Juden und Muslime.

Wirtschaft und Verkehr: Das einstige Agrarland R. wurde nach dem Zweiten Weltkrieg unter sozialistischen Vorzeichen forciert industrialisiert, wobei Grundstoff- und Schwerindustrie überproportional bevorzugt, Konsumgüterindustrie und Landwirtschaft hingegen vernachlässigt wurden. Anfang der 1980er-Jahre geriet das Land in eine schwere Wirtschaftskrise mit drastischer Verschlechterung des Lebensstandards. Die nach der Revolution von 1989 begonnenen Wirtschaftsreformen und der Umbau von der Plan- zur Marktwirtschaft gehen immer noch langsam voran – R. gehört zu den ärmsten Ländern Europas. Ein besonderes Hemmnis ist die außerordentlich starke Umweltverschmutzung weiter Regionen.

In der Landwirtschaft, die 62 % der Gesamtfläche nutzt, werden v. a. Weizen, Mais, Zuckerrüben, Sonnenblumen, Kartoffeln und Gemüse angebaut. Bedeutung haben auch der Obst- und der Weinbau sowie die Viehwirtschaft mit Rinder-, Schaf- und Schweinehaltung. Fischerei wird v. a. im Donaudelta betrieben. Die Forstwirtschaft nutzt 27 % der Landesfläche.

R. ist reich an Bodenschätzen: Erdöl und Erdgas werden gefördert, Braun- und Steinkohle, Eisenerz, Bauxit, Mangan, Uran u. a. Erze werden abgebaut. Umfangreiche Goldlagerstätten werden

► *Fortsetzung auf S. 351*

Mit 17,1 Mio. km² ist Russland das größte Land der Welt. Es ist nahezu doppelt so groß wie China und 48-mal größer als Deutschland. Seine W-O-Ausdehnung beträgt 9 000 km und umfasst elf Zeitzonen, von N nach S überspannt es bis zu 4 000 km.

Russland

(russisch Rossija, amtlich russisch Rossijskaja Federazija, dt. Russische Föderation, auch Russländische Föderation)
Fläche: 17 075 400 km²
Einwohner: 144,071 Mio.
Hauptstadt: Moskau (Moskwa)
Verwaltungsgliederung: 21 Republiken, 6 Regionen, 49 Gebiete, 2 bundesunmittelbare Städte, 1 autonomes Gebiet, 10 autonome Kreise
Amtssprache: Russisch
Währung: 1 Rubel (Rbl) = 100 Kopeken
Zeitzone: MEZ + 2 bis + 11 Stunden (von Westen nach Osten)
Kfz-Kennzeichen: RUS

Amtlich heißt der Staat Russische Föderation und war früher das Kernland der Sowjetunion. Russland vereinte 60 % der Industrie und 50 % der landwirtschaftlichen Produktion der UdSSR auf sich. Seit etwa 1970 stagnierte die Entwicklung, der weitere wirtschaftliche und politische Verfall führte 1991 zum Zusammenbruch der UdSSR (↑ GUS).
Die Folgen dieses Zerfalls haben Russland in eine schwere Krise gestürzt. Dennoch gibt es hervorragende Rahmenbedingungen für eine Trendwende, die nicht zuletzt im natürlichen Reichtum begründet sind.

Gewaltiges und reiches Russland

Russland liegt auf zwei Kontinenten: Etwa ein Viertel des Landes gehört zum östlichen Europa, der größere Teil – östlich des ↑ Ural und südlich der Manytsch-Niederung – liegt in Nordasien. Das Land nimmt etwa 11 % der Landmasse der Erde ein.
Riesige Reliefeinheiten bedingen die unermessliche Weite des Landes. Das Grundmuster bilden ausgedehnte Tief- und Tafelländer, umgeben von großen Gebirgsketten. Von W nach O kann man grob sechs *Großräume* unterscheiden.
Das Osteuropäische Tiefland reicht von der Westgrenze bis zum Ural und von Karelien bis zum Kaukasus und wird von der ↑ Wolga durchflossen. Niedrige Höhenrücken sind die einzigen Erhebungen. Das Uralgebirge hat nur im S Hochgebirgscharakter. Mit seinen Längs- und Quertälern trennt es Europa von Asien, stellt aber keine Landschaftsschranke dar. Zwischen Ural und Jenissej liegt das Westsibirische Tiefland, eine flache und niedrige Ebene. Im Frühling verursachen die langsam fließenden Ströme Ob, Irtysch und Jenissej ausgedehnte Überschwemmungen. Nach O schließt sich das Mittelsibirische Bergland an. Es besteht aus 400 bis 1 000 m hohen, nach O abfallenden und stark zergliederten Plateaus. Das Nordsibirische Bergland ist durch Hochgebirge gekennzeichnet. Die Halbinsel Kamtschatka mit ihren 28 aktiven Vulkanen ist Teil des zirkumpazifischen Gürtels. Im S wird Russland von weiteren Faltengebirgen abgeschlossen. Höchster Berg ist der ↑ Elbrus mit 5 462 m, der im Kaukasus im SW liegt.
Das charakteristische Merkmal des *Klimas* ist die Kontinentalität. Wegen der Meerferne und der Offenheit nach N sind die Temperaturunterschiede zw. Sommer und Winter sehr groß. Als Folge der sehr kalten, lang anhaltenden und schneearmen Winter herrscht auf knapp der Hälfte der Landesfläche Dauerfrostboden. Insbesondere im N und O ist der Boden bis in Tiefen von mehreren hundert Metern gefroren. Das Oberflächenwasser kann deshalb nicht versickern, so dass es zu Versumpfung kommt.

Da im Landesinnern große Gebirge fehlen, sind die Klima-, Vegetations- und Bodenzonen annähernd breitenkreisparallel angeordnet. Russland erstreckt sich vom Bereich des arktischen (Nordsibirien) bis zu dem des subtropischen Klimas (Schwarzmeerküste). Der größte Teil des Landes gehört zur gemäßigten Klimazone. Im arktischen N ist die Tundra mit Flechten, Moosen und vereinzelten Krüppelbäumen verbreitet. Nach S schließt sich mit der Taiga die boreale Nadelwaldzone mit den typischen Lärchen, Kiefern, Fichten und Birken an. Die sibirische Taiga ist das größte Waldgebiet der Erde. Der Bereich des Laub-Mischwalds ist auf eine keilförmige Zone in der osteuropäischen Ebene beschränkt. Die südlichen Waldsteppen und Steppen sind wegen fruchtbarer Böden – darunter ist ein breiter Gürtel mit Tschernosem, der Schwarzerde, dem fruchtbarsten Boden überhaupt – intensiv landwirtschaftlich nutzbar.

■ Gunst und Ungunst der Naturausstattung

Die ungeheure Weite und Vielfalt des Raums stellt ein enormes Potenzial dar. Zugleich bietet sie einen außergewöhnlichen Reichtum an Bodenschätzen, v. a. in ↑Sibirien, der Schatzkammer Russlands. Das Land besitzt die ergiebigsten Eisenerz- und Steinkohlevorkommen der Welt, die überwiegend im Tagebau abbaubar sind, hat 32 % der globalen Erdgas- und 16 % der Erdölvorkommen und ist reich an Bunt- und Edelmetallen. Ein Problem sind die große Umweltverschmutzung und die enorm hohen Explorations- und Erschließungskosten. Um die Orte der Förderung, der Verarbeitung und des Verbrauchs miteinander zu verbinden, müssen riesige Strecken bewältigt werden. Dabei setzt das Klima dem Verkehr enge Grenzen. Der kostengünstige Schiffstransport ist wegen der bis zu neun Monate dauernden Gewässervereisung erheblich eingeschränkt. Der Landverkehr wird durch den Dauerfrostboden und die extremen Witterungsverhältnisse stark behindert. Auch die durch Sibirien verlaufende Transsibirische Eisenbahn sowie die weiter nördlich liegende Baikal-Amur-Magistrale reichen für die wirtschaftlichen Erfordernisse nicht aus.

Für die Landwirtschaft bestehen ebenfalls klimatische Hemmnisse. Das geeignete Anbaugebiet ist auf ein Dreieck beschränkt, dessen spitzer Winkel nach Westsibirien hineinragt und das im N von winterlicher Kälte und im S von sommerlicher Trockenheit begrenzt wird. Insgesamt ist die Naturausstattung nur im zentralen und südlichen Bereich des europäischen Russland günstig.

■ Innere Konflikte

Nach der Bevölkerungszahl steht Russland an sechster Stelle in der Welt. Die räumliche Verteilung der Bevölkerung ist sehr unterschiedlich: Sie liegt im europäischen Teil bei 40 Ew./km^2 und sinkt im asiatischen Teil auf 3 Ew./km^2. Obwohl die Russen mehr als 80 % der Einwohner stellen, ist das Land mit über 100 anerkannten nationalen Minderheiten ein Vielvölkerstaat. Die ethnische Vielfalt hat viele Konflikte zur Folge, da nicht wenige Völker an der Peripherie selbstständig werden wollen bzw. den Anschluss an Nachbarstaaten suchen (z. B. ↑Tschetschenien).

Mit dem Ende der UdSSR kam es in Russland zu tief greifenden politischen und wirtschaftlichen Reformen. Die Wirtschaftslage hat sich jedoch weiter verschlechtert. Die Liberalisierung und schrittweise Privatisierung der Betriebe erhöhte zwar v. a. in den Städten das Warenangebot, aber die Stabilisierung der Preise ist bisher nicht gelungen. Die hohe Inflation drückte den Lebensstandard des überwiegenden Teils der Bevölkerung bis weit unter das Niveau zu Zeiten der UdSSR. Arbeitslosigkeit und Armut sind die Folgen. Zugleich ist eine kleine Gruppe von Geschäftsleuten zu großem Reichtum und Einfluss gelangt. Eine russische Mafia hat das Machtvakuum genutzt, um Teile der Wirtschaft zu unterwandern.

Landwirtschaft in der Krise

Klimatisch bedingt umfasst die landwirtschaftliche Nutzfläche Russlands nur 12 % der Landesfläche – zum Vergleich: In Deutschland sind es etwa 55 %. In der UdSSR war durch die Kollektivierung der Landwirtschaft das selbstständige Bauerntum gänzlich beseitigt worden. Seit 1992 kann Land wieder zur individuellen Bewirtschaftung überlassen

Russland – Wirtschaft

werden, früher staatliche Kooperativen, Kolchosen und Sowchosen werden nun genossenschaftlich oder privat geführt. Selbst in klimatisch günstigen Gebieten arbeiten diese Großbetriebe mit vergleichsweise geringen Hektarerträgen, da es u. a. an Kapital fehlt. Auch die Ernteverluste sind groß, weil die Lagerhaltung mangelhaft ist. Unter marktwirtschaftlichen Bedingungen ist die Produktion gegenüber 1990 um etwa 30 % gesunken.

Die wichtigsten Anbauprodukte sind Getreide und Kartoffeln. Etwa die Hälf-

te des Getreidebedarf muss importiert werden. Wertmäßig hat die Viehzucht größere Bedeutung als der Pflanzenbau.

Industrie im Umschwung

Die politischen und wirtschaftlichen Probleme Russlands wirken sich auch in der Industrie aus. Die Industrieproduktion ist nach 1990 um etwa die Hälfte zurückgegangen. Viele Werke sind veraltet, die hergestellten Waren entsprechen

Mit dem Sturm auf das Winterpalais in St. Petersburg begann 1917 die Oktoberrevolution. Heute beherbergt der frühere Zarenpalast aus dem 18. Jh. einen Teil der Kunstsammlung der Eremitage.

nicht den Qualitätsvorstellungen, wie sie im globalen Maßstab gelten. Insbesondere die großen Staatsbetriebe können nicht rentabel arbeiten. Eine durchgreifende Privatisierung konnte bisher kaum stattfinden; dazu fehlt es an Kapital, an Technologie und an Erfahrung mit der Marktwirtschaft. Das Ausland hält sich wegen der finanz- und wirtschaftspolitischen Unsicherheiten bisher mit Investitionen zurück.
Potenziell ist Russland aber ein bedeutendes Industrieland. Etwa 23 % der Beschäftigten arbeiten in der Industrie, die ein knappes Drittel des BIP erwirtschaftet. Insbesondere in den Bereichen Grundstoffe, Luft- und Raumfahrt sowie Rüstung gibt es leistungsfähige Produktionsstätten. Dagegen sind die Betriebe der Konsumgüterherstellung ausgesprochen rückständig. Neben den alten Hauptindustriestädten wie Moskau, Sankt Petersburg oder Wolgograd entwickelten sich nach 1945 neue Industriestandorte, u. a. im Ural, im Kusnezker Kohlenbecken, im Bereich Kursk und in Sibirien.
Zu den bedeutenden Industriezweigen gehört die Verhüttungsindustrie. Sie konzentriert sich auf die Gebiete, in denen entweder Erz oder Kohle abgebaut wird, d. h. auf die Regionen Kursk, das Uralgebirge und Sibirien. Die Metall verarbeitende Industrie ist meist räumlich damit verbunden, außerdem gibt es große Werke um Moskau, Sankt Petersburg und an der Wolga. Die chemische Industrie konzentriert sich entlang der Transsibirischen Eisenbahn, aber auch längs der Wolga. Textilien und Nahrungsmittel werden v. a. im europäischen Teil Russlands hergestellt.
Russland ist ein bedeutendes Exportland für Energieträger. Sie machen 41 % der Exporte aus, v. a. Erdgas. Daneben werden große Mengen an Metallen und Metallerzeugnissen ausgeführt. Bei der Einfuhr dominieren Maschinen und Anlagen sowie Lebensmittel und landwirtschaftliche Erzeugnisse. Haupthandelspartner sind die Länder der GUS, Deutschland, China und die USA.

Gute Informationen und Links versprechen die Internetadressen:
www.russlandinfo.de
www.aktuell.ru
www.russlandonline.ru

STADELBAUER, JÖRG: *Die Nachfolgestaaten der Sowjetunion.* Darmstadt (Wissenschaftliche Buchgesellschaft) 1996. ▪ *Russland im Wachstumsrausch.* Geografische Rundschau, Heft 12/2003. Braunschweig (Westermann) 2003. ▪ *Russland.* Inormationen zur politischen Bildung, Heft 281. Bonn (Franzis) 2003. ▪ WAGENSOHN, TANJA: *Russland nach dem Ende der Sowjetunion.* Regensburg (Pustet) 2001.

◀ *Fortsetzung von S. 345* zurzeit erschlossen. Wichtigste Industriezweige sind Erdölverarbeitung, Metallurgie, Maschinenbau, chemische Industrie, Nahrungsmittel-, Textil- und Bekleidungsindustrie. Der Fremdenverkehr ist v. a. an der Schwarzmeerküste und in den Karpaten bedeutend.
Exportiert werden Textilien, Maschinen, Transportmittel, Brennstoffe und Nahrungsmittel. Haupthandelspartner sind die Länder der GUS, Italien und Deutschland. Wichtigster Verkehrsträger ist die Eisenbahn, gefolgt von der Straße und der Binnenschifffahrt auf der Donau. Größter Seehafen am Schwarzen Meer ist Constanţa. Internationale Flughäfen haben Bukarest und Constanţa.
Staat und Politik: R. war 1945 Gründungsmitglied der UNO und von 1955 bis 1991 Mitglied des Warschauer Paktes. Nach der Verfassung von 1991 ist R. eine Republik mit Mehrparteiensystem. Staatsoberhaupt ist der mit weitgehenden Vollmachten ausgestattete Präsident, der auf fünf Jahre direkt gewählt wird. Die ehemaligen Kommunisten haben nach wie vor eine starke Stellung in der Politik und in jüngster Zeit entstand eine starke nationalistische, anti-ungarische und antisemitische Rechte.
Russland: siehe S. 346.

S

Saarland: Land im W der Bundesrepublik Deutschland. Das S. grenzt im N und O an Rheinland-Pfalz, im S und W an Frankreich und im NW an Luxemburg. Es hat eine Fläche von 2 569 km² und 1,061 Mio. Einwohner. Hauptstadt ist Saarbrücken mit 182 500 Einwohnern.
Landesnatur: Das S. umfasst v. a. das wellige Saar-Nahe-Bergland südlich vom Hunsrück. Im Schwarzwälder Hochwald, einem Teil des Hunsrücks, sind die Weißkircher Höhe und der Dollberg mit 695 m die höchsten Erhebungen. Im Raum von Homburg ragt das Pfälzer Gebrüch in das S. hinein. Im äußersten S liegt die hügelige Muschelkalkhochfläche des fruchtbaren Bliesgaus, im W der fruchtbare Saargau. Hauptfluss ist die Saar, dazu ihre Nebenflüsse Blies, Prims und Nied.
Bevölkerung: Die Bevölkerung spricht im S überwiegend rheinfränkisch-pfälzisch, im N moselfränkisch. Dicht besiedelt ist der S des Landes, insbesondere die Region Saarbrücken-Dillingen-Neunkirchen ist ein Ballungsraum. Rd. 70 % der Bevölkerung sind katholisch, 22 % evangelisch.
Wirtschaft und Verkehr: Während früher die Montanindustrie vorherrschte, ist das S. heute eine Industrieregion mit einer vielfältigen Branchenstruktur. Hinzu kommt die Lage im Zentrum Europas mit traditionell engen Handelsbeziehungen zu Frankreich.
Landwirtschaftlich genutzt wird rd. ein Viertel der Fläche. Der Anbau von Getreide, Gemüse, Obst und Reben sowie die Rinder-, Schweine- und Geflügelzucht sind bestimmend. Von den Bodenschätzen hatte ausschließlich die Steinkohle Bedeutung, deren Förderung in den 1950er-Jahren einen Höchststand erreicht hatte, die seit Ende der 1990er-Jahre aber kaum noch volkswirtschaftlich relevant war. Die Förderung soll im ersten Jahrzehnt des 21. Jh. enden.
Die Eisen- und Stahlindustrie hatte sich auf der Basis der einheimischen Kohle und der eingeführten lothringischen Minette entwickelt. Die Krisen in der Montanindustrie haben seit den 1960er-Jahren zu Stilllegungen und Konzentrationen geführt sowie den Strukturwandel gefördert. Nach 1960 wurden daher zahlreiche neue Betriebe der Metallverarbeitung, chemischen, Kunststoff-, Elektro-, Gummi- und Textilindustrie, des Fahrzeugbaus sowie das größte Fertighauswerk Europas angesiedelt.
Das S. verfügt über eine gute Verkehrsinfrastruktur. Die wichtigsten Straßenverbindungen laufen in und bei Saarbrü-

cken zusammen. Die Autobahn Mannheim–Saarbrücken–Paris ist die wichtigste Fernstraße. Dazu kommt die Autobahnverbindung in das Rhein-Ruhr-Gebiet. Wichtigste elektrifizierte Bahnlinie ist die Verbindung Metz–Saarbrücken–Mannheim. Die Saar ist mit dem französischen Kanalnetz verbunden. Der wichtigste Hafen ist Saarbrücken. Ein internationaler Flughafen ist in Saarbrücken-Ensheim.

Staat und Politik: Nach dem Zweiten Weltkrieg stand das S. unter französischer Besatzungsherrschaft. Sein Status war auch nach der Gründung der Bundesrepublik Deutschland 1949 ungeklärt. Nachdem die Bevölkerung 1955 in einer Volksabstimmung das Saarstatut abgelehnt hatte, das einen »europäischen Status« für das S. vorsah, wurde das S. gemäß dem deutsch-französischen Saarvertrag von 1956 mit Wirkung zum 1. 1. 1957 als Bundesland der Bundesrepublik Deutschland eingegliedert.

Nach der Verfassung vom 15. 12. 1947 liegt die Legislative beim Landtag, der sich aus 51 für fünf Jahre gewählten Abgeordneten zusammensetzt. Die Regierung unter Vorsitz des vom Landtag gewählten Ministerpräsidenten ist dem Parlament verantwortlich. Die Verfassung sieht die Möglichkeit von Volksentscheiden vor.

Sachalịn: mit 76 400 km² die größte Insel des russischen Fernen Ostens. Vom Festland wird S. durch den Tatarensund, von der japanischen Insel Hokkaido durch die La-Pérouse-Straße getrennt. Auf der Insel leben rd. 700 000 Menschen. Hauptort ist Juschno-Sachalinsk.

S. wird vom Westsachaliner und Ostsachaliner Gebirge durchzogen. Höchster Berg ist der Lopatin mit 1 609 m. Der N ist Flachland. Bei rauem Monsunklima bedecken Wälder rd. zwei Drittel der Fläche sowie Tundra den N. Es werden Erdöl, Erdgas und Stein- und Braunkohle gefördert. Andere Wirtschaftszweige sind Fischfang und -verarbeitung, Holz-, Zellstoff- und Papierindustrie.

Sạchsen: Bundesland mit dem Status eines Freistaates im O der Bundesrepublik Deutschland. Es grenzt im SW an Bayern, im W an Thüringen, im NW an Sachsen-Anhalt, im NO an Brandenburg, im O an Polen und im S an die Tschechische Republik. S. hat eine Fläche von 18 413 km² und 4,321 Mio. Einwohner. Hauptstadt des Landes ist ↑ Dresden.

Landesnatur: S. liegt im Übergangsbereich der Norddeutschen Tiefebene, die den N bestimmt, zum Mittelgebirgsland im S und gehört – vom äußersten O abgesehen – zum Einzugsbereich der ↑ Elbe, die S. von SO nach NW durchquert. Westlich der Elbe greift im NW die Leipziger Tieflandsbucht weit nach S aus, zw. Mulde und Elbe erstreckt sich der südöstliche Teil der Dübener Heide. Im S hat S. Anteil am Elstergebirge, am ↑ Erzgebirge mit dem 1 214 m hohen Fichtelberg, der höchsten Erhebung, am ↑ Elbsandsteingebirge mit dem Nationalpark Sächsische Schweiz beiderseits der tief eingeschnittenen Elbe sowie im äußersten O am Lausitzer Gebirge, dem westlichsten Glied der ↑ Sudeten. Dem Mittelgebirgsland vorgelagert ist das Mittelsächsische Hügelland, das durch tiefe Täler gegliedert wird, mit der flachen Einsenkung des Erzgebirgsbeckens, in dessen Mittelpunkt ↑ Chemnitz liegt. Den östlichen Teil S. um die obere ↑ Spree bildet die Oberlausitz (↑ Lausitz).

Bevölkerung: S. gehört mit 236 Einwohnern pro km² zu den dichter besiedelten Bundesländern. Neben der deutschstämmigen Bevölkerung lebt im O von S. in der Oberlausitz um Hoyerswerda, Bautzen, Kamenz, Niesky und Weißwasser die nationale Minderheit der Sorben.

Verbreitetste Konfession ist der Protestantismus. Die Sorben sind überwiegend Katholiken.

Wirtschaft und Verkehr: S. ist ein Bundesland mit bedeutender Industrie. Der bereits im Mittelalter entwickelte Bergbau im Erzgebirge, die Stein- und Braunkohlevorkommen und die günstige geografische Lage in der Mitte Europas gaben der handwerklichen und industriellen Produktion starke Impulse, die von einer bedeutenden Landwirtschaft gestützt wurden.

Als Teil der DDR war S. nach 1989 ebenso von den Problemen der Umstellung von der Plan- auf die freie Marktwirtschaft betroffen, wie die anderen neuen Bundesländer, die 1990 der Bundesrepublik Deutschland beitraten. Viele Betriebe mussten schließen, ganze Industriezweige wie der Fahrzeugbau und die Textilindustrie gerieten in eine schwere Krise. Schwerwiegende Altlasten bilden die enormen Umweltverschmutzungen durch den Uranerzbergbau im Erzgebirge und den Braunkohlentagebau bei Borna-Espenhain südlich und um Delitzsch, nördlich von ↑Leipzig, um Hoyerswerda-Weißwasser und zw. Görlitz und Zittau.

Heute befindet sich etwa ein Drittel des wirtschaftlichen Potenzials der neuen Bundesländer in S. Neben Maschinenbau, elektrotechnischer und elektronischer, Papier-, optischer, feinwerktechnischer und keramischer Industrie, v.a. im Elbtal, sind Braunkohleindustrien, Textil- und Bekleidungsindustrie, Druckereien sowie Spielwarenherstellung und Uhrenindustrie bestimmend.

Lössablagerungen im Vorland der Mittelgebirge, in der Leipziger Tieflandsbucht, im Gebiet der Lommatzscher Pflege, im Elbtalkessel sowie in der Oberlausitz westlich und südlich von Bautzen ermöglichen ertragreichen Ackerbau, insbesondere von Weizen, Zuckerrüben und Gemüse. Daneben wird v.a. im Elbtalkessel und um Leisnig Obstanbau und zw. Radebeul und Meißen Weinbau betrieben. Auf den im Nordsächsischen Tiefland vorherrschenden sandigen Böden sowie in den höheren Lagen des Mittelgebirgsvorlandes werden Roggen, Kartoffeln und Futterpflanzen angebaut, in den oberen Gebirgslagen wird Rinderzucht betrieben.

S. wird von einem dichten Verkehrsnetz durchzogen. Größte Bahnknotenpunkte sind Leipzig, Chemnitz und Dresden. Binnenschifffahrt wird auf der Elbe betrieben, wichtige Häfen haben Dresden, Riesa und Torgau. Internationale Flughäfen gibt es bei Leipzig und Dresden.

Sachsen: Über dem tief eingeschnittenen Elbtal ragen die bizarren Felsen des Elbsandsteingebirges auf.

Staat und Politik: Im Mittelalter bildete sich das Herzogtum S., das später Königreich wurde. Nach dem Zweiten Weltkrieg entstand das Land S. 1947 neu, wurde aber in der DDR 1952 wieder aufgelöst. 1990 neugegründet, trat es der Bundesrepublik Deutschland im Rahmen der Wiedervereinigung bei.

Nach der Verfassung vom 27.5. 1992 liegt die Legislative beim Landtag, der aus 120 für fünf Jahre gewählten Abgeordneten besteht. Träger der Exekutive ist die Landesregierung, die der vom Landtag gewählte Ministerpräsident führt. Die Verfassung des Landes fixiert die Möglichkeit von Volksbegehren und -entscheiden.

Sạchsen-Ạnhalt: Bundesland im O der Bundesrepublik Deutschland. Es grenzt im NO und O an Brandenburg, im SO an Sachsen, im SW an Thüringen und im W sowie NW an Niedersachsen. S.-A. nimmt eine Fläche von 20 445 km² ein und hat 2,523 Mio. Einwohner. Hauptstadt ist ↑Magdeburg.

S

Landesnatur: S.-A. wird im südlichen Teil von der deutschen Mittelgebirgsschwelle geprägt. Der größere nördliche Teil gehört zum Norddeutschen Tiefland. Er wird von der ↑Elbe in einer breiten Niederung durchzogen. Den äußersten N nimmt die Altmark ein, die nach NO zum Niederungsgebiet der Wische an der Elbe, nach SW zur Wiesenniederung des Drömling abfällt und im S vom unfruchtbaren Endmoränengebiet der Letzlinger Heide abgeschlossen wird. Den mittleren Teil bilden die fruchtbare Magdeburger Börde und das westlich angrenzende nördliche Harzvorland, östlich der Elbe der westliche Teil des waldreichen Flämings.
Der südliche Landesteil umfasst den östlichen ↑Harz mit dem Brockenmassiv, das 1 142 m erreicht, und den östlichen Teil der südlich vorgelagerten Goldenen Aue sowie das östliche und südöstliche Harzvorland. Im O reicht die Leipziger Tieflandsbucht und zw. Mulde und Elbe die Dübener Heide von Sachsen nach S.-A. hinein. Der äußerste S gehört zu den Randgebieten des Thüringer Beckens.
Bevölkerung: Mit rd. 125 Ew./km^2 gehört S.-A. zu den schwach besiedelten Bundesländern, wobei der landwirtschaftlich geprägte N bedeutend weniger bevölkert ist als der industriereichere südliche Teil. Verbreitetste Konfession ist der Protestantismus.
Wirtschaft und Verkehr: Die Landwirtschaft dominiert in der Magdeburger Börde mit Weizen-, Zuckerrüben-, Gemüseanbau sowie Rinder- und Schweinemast und im nördlichen, östlichen und südlichen Harzvorland, insbesondere in der Goldenen Aue. Im N und O herrschen mittlere und leichte Böden vor, die für Kartoffel- und Roggenanbau genutzt werden. Im Harz und z. T. in der Elbniederung ist Grünlandwirtschaft verbreitet, am Harzrand und am Süßen See bei Eisleben der Obstbau, im Tal von Saale und Unstrut der Weinbau.
Große Bedeutung haben die Braunkohlevorkommen nördlich von Zeitz sowie bei Bitterfeld und Gräfenhainichen. Kali- und Steinsalzförderung gibt es in Bernburg und Zielitz. Der Kupferschieferbergbau bei Sangerhausen wurde 1991 eingestellt. Die chemische Industrie bei Merseburg (Saale), in Schkopau, Bitterfeld, Wolfen und Wittenberg zog ebenso wie die im Tagebau betriebene Braunkohlenförderung und die darauf basierende Elektrizitätsgewinnung weiträumige Umweltschäden nach sich. Die Produktionsanlagen wurden daher stillgelegt oder kostenaufwändig saniert.
Ein wichtiger Industriezweig ist weiterhin der Maschinen-, v. a. der Schwermaschinenbau in Magdeburg. Industriestandorte sind außerdem ↑Halle (Saale), Dessau, Zerbst, Köthen (Anhalt), Aschersleben, Zeitz, Staßfurt sowie Wernigerode. Der Harz, die Dübener Heide, das Saale-Unstrut-Gebiet und der Fläming sind beliebte Erholungsgebiete. Wichtigste Eisenbahnknotenpunkte in S.-A. sind Halle (Saale) und Magdeburg. Das Land wird von der Autobahn Hannover–Berlin im mittleren und München–Berlin im östlichen Teil durchzogen. Binnenschifffahrt erfolgt auf Elbe und Saale. Mittelland- und Elbe-Havel-Kanal verbinden die Elbe mit dem Ruhrgebiet und Berlin. Größter Binnenhafen ist Magdeburg.
Staat und Politik: S.-A. ging 1945/46 aus der Vereinigung der Provinzen Magdeburg und Halle-Merseburg, des Freistaats Anhalt und Teilen des ehemaligen Landes Braunschweig hervor. Im Jahr 1952 wurde es wie die anderen Länder in der DDR aufgelöst und erstand erst 1989/90 neu.
Nach der Verfassung vom 15.7. 1992 liegt die Legislative beim Landtag, der sich aus 115 für vier Jahre gewählten Abgeordneten zusammensetzt. Die Landesregierung führt der Ministerpräsident, der vom Landtag gewählt wird. Als plebiszitäre Elemente schreibt die Verfassung Volksinitiative, -begehren und -entscheid fest.

Sahara ['za:hara, za'ha:ra]: mit rd. 9 Mio. km^2 die größte Wüste der Erde. Die S. erstreckt sich in Nordafrika vom Atlantik im W über mehr als 6 000 km zum Roten Meer im O, vom Mittelmeer und dem Südrand des ↑Atlas im N über rd. 2 000 km (mit der Übergangszone ↑Sahel) bis zum Sudan im S.

Naturraum: Die S. ist über weite Flächen ein 200 bis 500 m hoch gelegenes Tafelland mit weiten Becken und Senken (Kattarasenke bis 137 m u. M.), das im Innern von den Gebirgsmassiven Hoggar (bis 3 000 m) und ↑Tibesti (bis 3 400 m) überragt wird. Nach S schließen sich bis 1 800 m hohe Bergländer an. Die **Libysche Wüste** im NO erreicht im Djebel Uweinat 1 892 m; östlich des Nils steigt die Landschaft auf 2 500 m an.

Der kristalline Untergrund, der in Gebirgen und Schwellen zutage tritt, wird von Sedimenten überlagert und von Basaltschloten durchstoßen. Auf den Hochflächen sind Felswüsten (Hammada) verbreitet, in den tiefer liegenden Gebieten Geröll-(Reg) und Kieswüsten (Serir). Nur rd. 10 % der Fläche nehmen Sandwüsten (Erg, Edeien), z. T. mit aufgewehten Dünen, ein. Salzsümpfe und -pfannen (Schott, Sebcha) sind für abflusslose Becken typisch.

Das Klima der S. ist extrem trocken und sehr heiß mit großen tageszeitlichen Temperaturschwankungen. Gefürchtet sind die heißen, oft sandbeladenen Stürme (Samum, Chamsin, Gibli). Einziger Dauerfluss ist der ↑Nil, der die S. von S nach N als Fremdlingsfluss durchfließt. Die Trockenflussbetten (Wadis) führen nur nach gelegentlichen heftigen Regengüssen Wasser. Die S. hat keinen oder nur spärlichen Pflanzenwuchs – Oasen ausgenommen. Auf eine ehemals dichte Vegetation und reiche Tierwelt weisen prähistorische Felszeichnungen, v. a. im Tibesti und Tassili, hin. Die fortschreitende Ausdehnung der S. (Desertifikation) besonders nach S hin ist z. T. durch Eingriffe des Menschen verursacht (Übernutzung).

Bevölkerung und Wirtschaft: In der S. leben, wenn man die Niloase außer Acht lässt, rd. 2 Mio. Menschen (Berber, v. a. Tuareg, Araber und negride Gruppen). Etwa 60 % sind sesshafte Oasenbauern, die übrigen Nomaden oder Halbnomaden. Große wirtschaftliche Bedeutung haben Erdöl und Erdgas in Algerien (Hassi Messaoud, Hassi Rmel, Edjeleh), in Libyen (Hinterland der Großen Syrte) und in Ägypten (Libysche Wüste). Ferner werden Eisenerze (Mauretanien), Phosphate (Westsahara) und Uranerze (Niger) abgebaut.

Sahara: Trotz des technischen Fortschritts und der Motorisierung gehören Kamele auch heute noch zu den zuverlässigsten Transportmitteln in der größten Wüste der Erde.

Weite Teile der S. sind von fruchtbaren Böden bedeckt. Immer wieder gibt es daher Pläne, durch Bewässerung Teile der S. landwirtschaftlich zu nutzen, so in Libyen und in ↑Ägypten. Wasser ist vorhanden: Tief unter dem Wüstenboden gibt es große Wasservorräte.

Geschichte: Griechen und Karthagern war nur der nördliche Rand der S. näher bekannt. Die Römer drangen in den Fessan und nilaufwärts in den Sudan vor. Arabische Reisende gelangten u. a. bis zum Senegal. Die europäische Erforschung der S. begann im 19. Jh.; die letzten unerforschten Gebiete wurden erst nach dem Zweiten Weltkrieg mithilfe von Luftaufnahmen erkundet.

Sahel: siehe S. 356.

Saint Kitts und Nevis: Staat im Bereich der Westindischen Inseln. Er umfasst die

► *Fortsetzung auf S. 358*

Der Sahel ist ein Landschaftsgürtel am Südrand der ↑Sahara. Das Wort kommt aus dem Arabischen und bedeutet »Ufer«. In dieser trockenen Übergangszone zw. der Wüste und der feuchteren Savanne kommt es immer wieder zu Dürren, die zu schrecklichen Hungerkatastrophen führen. Die Dürren stehen in Zusammenhang mit einer Ausweitung der Wüste, die sowohl auf natürliche Ursachen als auch auf vom Menschen ausgelöste Prozesse zurückzuführen ist.

Das Ökosystem Sahel

Die Sahelzone liegt in Nordafrika in einem etwa 500 km breiten Bereich zw. Sahara und der Landschaft ↑Sudan. Anteil am Sahel haben v.a. die Staaten Senegal, Mauretanien, Mali, Burkina Faso, Niger, Tschad, Sudan und Äthiopien.
In dieser Trockenzone fallen nur etwa 150 bis 500 mm Regen pro Jahr. Die Temperaturen sind ganzjährig hoch. Die Regenzeit liegt zw. Mai/Juni und September/Oktober, an der Saharagrenze gibt es in vielen Regionen nur eine Regenzeit im Juli/August. Die Regenzeiten werden von der Nordwärtswanderung der Innertropischen Konvergenz (ITC) ausgelöst, die zw. den Wendekreisen mit ein bis zwei Monaten Abstand den Sonnenhöchstständen folgt.
Charakteristisch für den Sahel ist die extreme Niederschlagsunsicherheit. Die Wanderung der tropischen Regenfronten unterliegt zeitlich und räumlich erheblichen Schwankungen. Die angegebenen Niederschlagsmengen sind also nur langjährige Durchschnittswerte, es gibt auch Perioden, in denen nahezu kein Regen fällt.
Die natürliche Vegetation dieser semiariden Zone ist an die acht- bis zehnmonatige Trockenzeit angepasst. Sie wird von spärlichen Gräsern, Sträuchern und Dornbüschen geprägt. Man bezeichnet den Kernbereich deshalb auch als Dorn- oder Dornstrauchsavanne. Nach N geht sie in die Halbwüste, nach S in die Trockensavanne mit hohen Grasfluren und lichtem Baumbestand über.
Bei den geringen Niederschlagsmengen können keine Dauerflüsse entstehen. Die wenigen großen Flüsse wie ↑Senegal, ↑Niger oder ↑Nil erhalten ihr Wasser aus feuchteren tropischen Gebieten und verlieren in der Sahelzone viel Wasser durch Verdunstung. Vorhandene Seen können in Dürreperioden austrocknen, ebenso Flussbetten und Senken, die nach der Regenzeit für einige Zeit Wasser führen. Hier findet man auch in der Trockenzeit oberflächennahes Grundwasser. In der Tiefe gibt es zudem große fossile Grundwasservorräte, die aber nicht von heutigen Niederschlägen ergänzt werden, sondern aus vergangenen Erdzeitaltern stammen.

Die Nutzungsmöglichkeiten

Der Sahel ist überwiegend nur als Weideland für eine extensive Viehhaltung geeignet. Da sich die Grasbestände entsprechend der jährlichen Niederschlagssituation unterschiedlich entwickeln, ist eine große Mobilität notwendig. So kommt es zu einer nomadischen Vieh-

Sahel

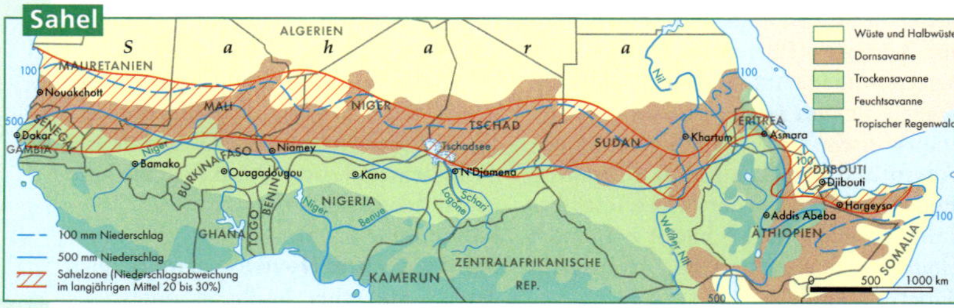

haltung mit Schafen, Ziegen und Rindern. Sie ist weithin auf Selbstversorgung – ergänzt durch Tauschwirtschaft – angelegt. Traditionell erfolgte die Wasserversorgung der Tiere aus dem oberflächennahen Grundwasser. Die Größe der Herden war aufgrund der Futtermittel- und Wasserknappheit stark beschränkt. In Dürrejahren versuchten die Nomaden, nach S in die feuchtere Trockensavanne auszuweichen, was allerdings zu Konflikten mit den dortigen Ackerbauern führte.

Durch die Anlage von Tiefbrunnen, die das Wasser aus über 100 m Tiefe mit Motorpumpen fördern, konnten die Herden erheblich vergrößert werden. Es waren nun auch nicht mehr so weite Wanderungen erforderlich. Viele Nomaden wurden deshalb zu Halbnomaden: Nur ein Teil der Familie zog noch mit der Herde, die anderen betrieben etwas Hirseanbau. Die verbesserten Lebensbedingungen führten zu einem Zuwachs der Bevölkerung. Heute leben etwa 20 Mio. Nomaden im Sahel.

In der Folge kam es zu einer erheblichen Überweidung der Brunnenumgebungen. Gräser, Sträucher und Bäume konnten nicht mit der gleichen Geschwindigkeit nachwachsen, wie sie durch Abweiden und Brennholzbeschaffung verbraucht wurden.

Ein mehrjähriges Ausbleiben der Niederschläge, wie es für den Sahel charakteristisch ist, kann dann eine große Hungerkatastrophe auslösen – wie es in den Jahren 1969–73, 1983–85 und 1989/90 geschah. Dort, wo durchschnittlich mindestens 400 mm Niederschlag fallen, gibt es in Senken und größeren Talgebieten auch ackerbauliche Nutzung. Insbesondere Hirse wird kultiviert, da das Getreide sehr anspruchslos ist. Der Ertrag reicht aber in der Regel nicht zur Versorgung aus, sodass die meisten Familien ihre Lebensgrundlage mit Rinderhaltung verbessern. Auch diese Bauern sind von Trockenjahren schwer betroffen.

■ Desertifikation: Wüsten wachsen

Weltweit dehnen sich die Wüsten aus. Dieses Vordringen in aride oder semiaride Räume bezeichnet man als Desertifikation, (von lat. desertificare = »verwüsten«). Sie beruht auf einem komplexen Zusammenwirken natürlicher und anthropogener Faktoren. Ursache ist die zu starke Nutzung der Wüstenrandgebiete durch Mensch und Tier. Die Zunahme der Bevölkerung geht einher mit vermehrter Viehhaltung und Bodennutzung, mit der Zerstörung der natürlichen Vegetation, mit Raubbau am Boden und an den Wasserreserven. In Afrika sind 400 Mio. Menschen von der Desertifikation betroffen. Ihre Bekämpfung ist in einer UN-Konvention zum Schutz der globalen Umwelt verankert. Sie soll zu einer Landnutzung führen, die an die naturgegebenen Beschränkungen angepasst ist. Eine Verringerung der Bevölkerung oder der Viehbestände ist allerdings nur zu erreichen, wenn den Menschen andere Lebensperspektiven gegeben werden. Viele Projekte blieben erfolglos, weil sie die traditionellen Denk- und Lebensweisen der Bevölkerung zu wenig berücksichtigten. ■

Nützliche Informationen vermitteln die Internetadressen:
www.oecd.org/sah
www.gtz.de/lamin
www.unesco.org/oss

Degradation – Desertifikation. Petermanns Geographische Mitteilungen, Heft 2001/4. Gotha (Klett-Perthes) 2001. ■ HAMMER, THOMAS: *Nachhaltige Entwicklung im Lebensraum Sahel.* Hamburg (Lit) 1999. ■ MENSCHING, H. G.: *Desertifikation. Ein weltweites Problem der ökologischen Verwüstung in den Trockengebieten der Erde.* Darmstadt [2]1998. ■ *Westafrika und Sahel.* Braunschweig (Westermann) 2000. (Geographische Rundschau, Heft 52. 11).

S

◀ *Fortsetzung von S. 355* Inseln Saint Kitts (früher Saint Christopher) und Nevis der Kleinen ↑Antillen.
Landesnatur: Die Insel Saint Kitts ist 169 km² groß, Nevis misst 93 km². Beide gehören zum inneren, vulkanischen Bogen der Inseln über dem Winde. Höchste Erhebung ist mit 1 156 m der Vulkan Mount Liamuiga.
Das tropische Klima steht unter dem Einfluss des Passats. Die Gebirgshänge sind von immergrünem Regen- und Bergnebelwald bedeckt. Die Ebenen werden landwirtschaftlich genutzt.
Bevölkerung: Die meisten Einwohner sind Nachfahren schwarzer Sklaven aus Afrika. Aufgrund der britischen Kolonialherrschaft dominieren protestantische und anglikanische Kirchen. Schulpflicht herrscht vom 5. bis 14. Lebensjahr.
Wirtschaft und Verkehr: Haupterwerbsquelle ist die Landwirtschaft. Angebaut werden v. a. Zuckerrohr – Zucker ist Hauptexportprodukt –, auf Nevis außerdem Baumwolle, Kokospalmen und Erdnüsse. Die Industrie verarbeitet die Ausgangsstoffe aus der Landwirtschaft. Seit 1961 wurde v. a. auf Saint Kitts der Fremdenverkehr entwickelt. Auf beiden Inseln, die durch Fährlinien verbunden sind, gibt es ein hinreichend ausgebautes Straßennetz. Basseterre besitzt seit 1981 einen Tiefwasserhafen und einen internationalen Flughafen. Nevis hat einen Flughafen an der Nordküste.
Staat und Politik: Seit der Unabhängigkeit von Großbritannien 1983 ist das Land parlamentarische Monarchie im Commonwealth und Mitglied der UNO. Staatsoberhaupt ist der britische Monarch. Die Regierungsgewalt liegt beim Premierminister, der dem frei gewählten Parlament verantwortlich ist.

Saint Kitts und Nevis

(Saint Christopher und Nevis, amtlich engl. Federation of Saint Kitts and Nevis)
Fläche: 262 km²
Einwohner: 46 000
Hauptstadt: Basseterre
Amtssprache: Englisch
Währung: 1 Ostkaribischer Dollar (EC$) = 100 Cents
Zeitzone: MEZ – 5 Stunden
Kfz-Kennzeichen: KN

Saint Lucia [snt'lu:ʃə]: Staat im Bereich der Westindischen Inseln. S. L. umfasst die gleichnamige Insel der Kleinen ↑Antillen.
Landesnatur: Die Insel ist vulkanischen Ursprungs. Der Mount Gimie ist mit 950 m der höchste Berg. Tropischer Regenwald, der früher weite Teile der Insel bedeckte, ist nur noch in Höhenlagen erhalten.
Bevölkerung: Die Bewohner sind überwiegend Schwarze und Mulatten – Nachkommen afrikanischer Sklaven. Fast 80 % der Bevölkerung sind Katholiken. Neben Englisch wird ein Kreolisch auf französischer Grundlage gesprochen. Die Schulpflicht dauert zehn Jahre. Etwa 18 % der Einwohner sind Analphabeten.
Wirtschaft und Verkehr: Haupterzeugnisse der Landwirtschaft sind Bananen, Ka-

Saint Lucia

Fläche: 616 km²
Einwohner: 160 000
Hauptstadt: Castries
Amtssprache: Englisch
Währung: 1 Ostkaribischer Dollar (EC$) = 100 Cents
Zeitzone: MEZ – 5 Stunden
Kfz-Kennzeichen: WL

kao, Kokosnüsse – aus denen Kopra und Kokosöl gewonnen werden – sowie Zitrusfrüchte. Der früher dominierende Zuckerrohranbau wurde 1963 aufgegeben. Die Viehzucht ist bedeutend.
Der Tourismus hat sich zum wichtigsten Devisenbringer entwickelt. Die Errichtung zollfreier Zonen begünstigte die Entwicklung der Textil- und elektronischen Industrie. Die Insel hat zwei Tiefwasserhäfen: in Castries und in Vieux-Fort an der Südspitze der Insel. S. L. hat einen internationalen Flughafen.
Staat und Politik: Seit der Unabhängigkeit von Großbritannien 1979 gehört das Land zur UNO. S. L. ist eine parlamentarische Monarchie im Commonwealth. Staatsoberhaupt ist der britische Monarch. Die Regierung wird vom Premierminister geführt, der dem Parlament verantwortlich ist.
Saint Vincent und die Grenadinen: Staat im Bereich der Westindischen Inseln. Er umfasst Saint Vincent und die nördlichen Grenadinen. Diese Inseln gehören zu den Kleinen ↑ Antillen.
Landesnatur: Die Hauptinsel ist gebirgig. Der aktive Vulkan Soufrière erreicht 1 234 m. Katastrophale Ausbrüche gab es 1821 und 1902; der letzte ereignete sich 1979. Das Bergland der Hauptinsel ist dicht bewaldet. Auch die 32 Inseln der Grenadinen sind gebirgig und wie die Hauptinsel reich an Buchten.
Bevölkerung: 85 % der Bevölkerung sind Schwarze oder Mulatten. Sie sind Nachfahren der aus Afrika stammenden Sklaven. Inder und Europäer sind die größten Minderheiten. Bei den Religionen überwiegen die Anglikaner und Methodisten. Auf einigen Inseln wird noch ein Kreolisch auf französischer Grundlage gesprochen – im 18. Jh. dominierten die Franzosen zeitweise die ↑ Karibik.
Wirtschaft und Verkehr: Die Landwirtschaft erbringt mit Bananen, Kokosnüssen und Gewürzen den größten Teil der Ausfuhrerlöse. Eine traditionelle Kultur ist Pfeilwurz, deren weltweit größter Exporteur das Land ist: Aus Pfeilwurz wird u. a. Marantastärke für Kindernahrung und Medikamente gewonnen.
Eine zunehmende Bedeutung hat der Fremdenverkehr, insbesondere auf den Grenadinen. Haupthafen und -flughafen ist Kingstown.

Saint Vincent u. d. Grenadinen

Fläche: 389 km²
Einwohner: 117 000
Hauptstadt: Kingstown
Amtssprache: Englisch
Währung: 1 Ostkaribischer Dollar (EC$) = 100 Cents
Zeitzone: MEZ – 5 Stunden
Kfz-Kennzeichen: WV

Staat und Politik: Großbritannien entließ das Land 1979 in die Unabhängigkeit. Im selben Jahr trat es als parlamentarische Monarchie im Commonwealth der UNO bei. Staatsoberhaupt ist der britische Monarch. Der Premierminister führt die Regierung und ist dem Parlament verantwortlich.
Salomonen: Staat im westlichen Pazifik. Er umfasst die meisten Salomoninseln südöstlich von Bougainville sowie Ontong Java, die Santa-Cruz-Inseln, die Duff Islands und Reef Islands.
Landesnatur: Die 922 Inseln erstrecken sich als doppelte Inselkette von NW nach SO über 1 450 km. Die Hauptinseln Guadalcanal, San Cristóbal, Santa Isabel, Malaita, New Georgia und Choiseul sind vulkanischen Ursprungs und gebirgig, auf Guadalcanal bis 2 447 m hoch. Sie werden von Koralleninseln und Atollen flankiert.
Es herrscht tropisches Regenklima. Die Vegetation wird von tropischem Regenwald und Mangrove bestimmt.

Bevölkerung: Die Bewohner sind überwiegend Melanesier und sprechen neben rd. 90 melanesischen Sprachen als Umgangssprache ein Pidginenglisch. Es besteht keine allgemeine Schulpflicht, doch besuchen zwei Drittel der Kinder eine Primarschule. Die Analphabetenquote ist mit rd. 35 % hoch. Etwa 95 % der Einwohner gehören christlichen Kirchen an, aber auch viele traditionelle Kulte werden ausgeübt.

Wirtschaft und Verkehr: Wichtigste Wirtschaftszweige sind Fischfang, Landwirtschaft und Holznutzung. Zur Eigenversorgung werden v. a. Jamswurzel und Taro angebaut. Exportorientiert wirtschaften die Kokos- und Ölpalmen-Plantagen. Auf Guadalcanal werden Gold und Kupfer abgebaut.

Das Straßennetz erschließt die Hauptinseln hinreichend und zw. den Inseln gibt es regelmäßigen Schiffsverkehr. Haupthafen und internationaler Flughafen befinden sich in Honiara.

Salomonen

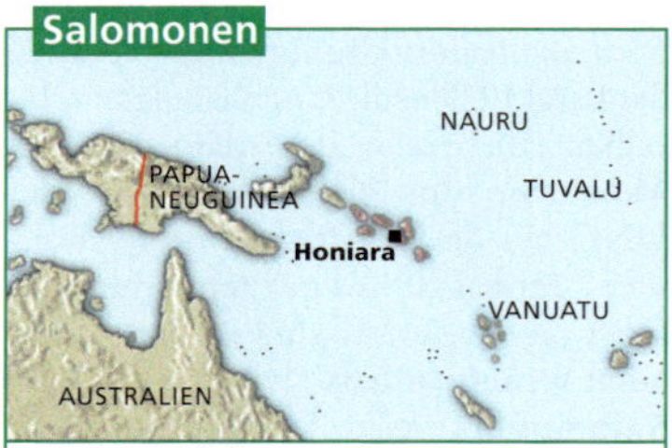

(amtlich engl. Solomon Islands)
Fläche: 27 556 km²
Einwohner: 443 000
Hauptstadt: Honiara
Verwaltungsgliederung: 9 Provinzen und die Hauptstadt
Amtssprache: Englisch
Währung: 1 Salomonen-Dollar (SI$) = 100 Cents (¢)
Zeitzone: MEZ + 10 Stunden
Kfz-Kennzeichen: SOL

Staat und Politik: Seit der Unabhängigkeit von Großbritannien 1978 sind die S. Mitglied der UNO. Das Land ist eine parlamentarische Monarchie im Commonwealth. Staatsoberhaupt ist der britische Monarch. Die Regierung des Landes führt der vom Parlament bestimmte Premierminister. 1999 kam es auf Guadalcanal zu ethnischen Konflikten.

Salzburg: Das Zentrum der Hauptstadt mit Kollegienkirche, Franziskanerkirche und dem Dom. Die Festung Hohensalzburg (hinten rechts) wurde 1077 bis 1147 errichtet.

Salzburg: österreichisches Bundesland mit gleichnamiger Hauptstadt. Das Bundesland hat eine Ausdehnung von 7 154 km² und 517 500 Einwohner. Neben der Stadt Salzburg gehören zu S. die Bezirke Hallein, Salzburg-Umgebung, Sankt Johann im Pongau, Tamsweg und Zell am See. Das Land grenzt im N an Deutschland und erstreckt sich vom nördlichen Alpenrand nach S über die Kalkalpen und die Tallandschaften der Salzach bis auf den Kamm der Hohen Tauern mit Venediger-, Glockner-, Sonnblick- und Ankogelgruppe und über den W der Niederen Tauern in das obere Murtal. Im NW ragt S. in das Alpenvorland hinein, im O hat es Anteil am Salzkammergut. Höchster Berg ist der Hochkönig mit 2 941 m.

Hauptsiedlungsgebiet ist das Alpenvorland mit dem Kernraum Salzburg/Hallein, wo 60 % der Bevölkerung leben. Die Land- und Forstwirtschaft nutzt 56 % der Fläche, überwiegend als Weideland. S. ist v. a. ein Viehzuchtgebiet; insbesondere Rinder und Pferde werden gehalten. Auf Milch- und Fleischerzeugung entfallen 80 % des landwirtschaftlichen Produktionswertes.

Die wichtigsten Industriezweige sind die Nahrungsmittel-, Metall-, chemische, Holz-, Textil- und Bekleidungsindustrie. Bei Mittersill wird Wolfram, bei Hallein Steinsalz abgebaut. Große Bedeutung hat der Fremdenverkehr. Ziele sind neben der Stadt Salzburg Hohe Tauern, Radstädter Tauern, Kitzbüheler Alpen und das seenreiche Salzkammergut.

Sambesi: mit 2 660 km längster Fluss im südlichen Afrika. Er hat ein Einzugsgebiet von rd. 1,33 Mio. km². Der S. entspringt auf der Lundaschwelle im NW von Sambia in 1 200 m Höhe, bildet bei Maramba die ↑ Victoriafälle und mündet bei Chinde in einem 20 000 km² großen Delta in den Indischen Ozean. Wichtigste Nebenflüsse sind der Cuando von rechts sowie Kafue, Luangwa und Shire von links. Es gibt mehrere Stauwerke, die bedeutendsten sind der Karibadamm in Sambia und der Cabora-Bassa-Damm in Moçambique.

Sambia: Staat im südlichen Afrika. S. grenzt im N an die Demokratische Republik Kongo, im NO an Tansania, im O an Malawi, im SO an Moçambique, im S an Simbabwe, Botswana und Namibia sowie im W an Angola.

Landesnatur: S. umfasst die teils bewaldeten, 1 100 bis 1 500 m hoch gelegenen Rumpfflächen der zentralen und östlichen Lundaschwelle, die von Inselbergen überragt werden. Der NO mit dem ↑ Tanganjikasee liegt im Bereich des ↑ Ostafrikanischen Grabensystems und hat ein bewegteres Relief. Hier wird mit 2 164 m die größte Höhe erreicht.

Die Landschaft wird vom ↑ Sambesi und seinen Nebenflüssen durchzogen. Sie bilden an vielen Stellen Sümpfe bzw. flache Seen. Das tropische Hochlandklima ist mäßig warm und feucht. Ein Laub abwerfender Trockenwald bedeckt weite Teile des Landes.

Bevölkerung: In S. gibt es über 70 ethnische Gruppen. Die größten sind die Bantustämme, v. a. Bemba, Tonga, Lozi, Nyanja. Daneben leben etwa 40 000 Europäer und 10 000 Inder sowie Flüchtlinge aus Angola in S. 40 % der Einwohner wohnen in Städten.

Allgemeine Schulpflicht besteht vom 8. bis 15. Lebensjahr. Die Analphabetenquote liegt bei 25 %. Fast 75 % der Bevölkerung bekennen sich zu christlichen Konfessionen, aber auch traditionelle Stammesreligionen werden vielfach weiter gepflegt.

Wirtschaft und Verkehr: Landwirtschaft und Bergbau sind die wichtigsten Wirtschaftszweige. Für die Eigenversorgung werden besonders Mais, Hirse, Maniok, Gemüse und Weizen angebaut. Überwiegend in Großfarmen werden für den Export Tabak, Erdnüsse, Baumwolle und Zuckerrohr kultiviert. Von Bedeutung sind außerdem Viehhaltung, Fischerei und Forstwirtschaft.

Wichtigster Devisenbringer ist der Kupferbergbau mit Kobalt als bedeutendstem Nebenprodukt der Kupferverhüttung. Außerdem werden Zink, Blei, Silber und Steinkohle gefördert. Energie wird hauptsächlich durch Wasserkraftwerke am Kafue und Sambesi erzeugt. S. hat eine vielseitige Industrie, besonders Erzverhüttung, Nahrungsmittel-, Textil-, chemische, pharmazeutische und Metallindustrie. Hauptanziehungspunkte für die Touristen sind die Natio-

Sambia

(amtlich engl. Republic of Zambia)
Fläche: 752 614 km²
Einwohner: 10,244 Mio.
Hauptstadt: Lusaka
Verwaltungsgliederung: 9 Provinzen
Amtssprache: Englisch
Währung: 1 Kwacha (K) = 100 Ngwee (N)
Zeitzone: OEZ
Kfz-Kennzeichen: Z

nalparks und die ↑Victoriafälle des Sambesi.
Haupthandelspartner sind Japan, die Republik Südafrika, Großbritannien und Deutschland. Das Eisenbahnnetz ist gut ausgebaut. Besonders wichtig ist die Tansambahn, die zur Verschiffung der Exportgüter die Verbindung zum Hafen von Daressalam in Tansania herstellt. Das Straßennetz ist nur z. T. befestigt. Internationale Flughäfen haben Lusaka, Ndola und Maramba.
Staat und Politik: Seit der Unabhängigkeit von Großbritannien 1964 gehört das Land zur UNO. Nach der Verfassung von 1991 (1996 revidiert) ist S. eine Präsidialrepublik im Commonwealth mit Mehrparteiensystem. Staatsoberhaupt und Regierungschef ist der auf fünf Jahre direkt gewählte Präsident.

Samoa: Staat im südwestlichen Pazifischen Ozean, nordöstlich von Neuseeland. S. umfasst den westlichen Teil der Samoainseln mit den Inseln Savaii (1 708 km²) und Upolu (1 118 km²) sowie Manono, Apolima und fünf unbewohnten Eilanden. Die östlichen Teile der Samoainseln (insgesamt 195 km²) gehören als **Amerikanisch-Samoa** zu den USA und besitzen innere Autonomie.
Landesnatur: Die z. T. von Korallenriffen gesäumten Hauptinseln sind vulkanischen Ursprungs und erreichen auf Savaii Höhen bis 1 858 m. Das Klima ist tropisch und feucht mit häufigen Wirbelstürmen. Das gebirgige Innere ist von dichtem tropischem Regenwald bewachsen. Die Küsten säumen Kokospalmen.
Bevölkerung: Rd. 90 % sind Polynesier, die übrigen Einwohner sind polynesisch-europäische Mischlinge oder gehören der chinesischen Minderheit an. Über 95 % bekennen sich zu christlichen Konfessionen, überwiegend protestantischen Kirchen. 72 % der Bevölkerung leben auf Upolu. Es besteht allgemeine Schulpflicht.
Wirtschaft und Verkehr: Haupterwerbszweige sind Landwirtschaft, Forstwirtschaft und Fischerei. Zur Eigenversorgung werden Mais, Hülsenfrüchte, Süßkartoffeln, Brotfrüchte und Taro angebaut. Exportiert werden Bananen, Kakao und Kokoserzeugnisse, v. a. Öl und Kopra. Haupthandelspartner sind Neuseeland, Australien, Japan und die USA. Eine zunehmend wichtigere Rolle spielt der Fremdenverkehr.
Die Hauptinseln sind durch Küstenstraßen erschlossen. Zw. den Inseln herrscht reger Schiffs- und Flugverkehr. Wichtigster Hafen und internationaler Flughafen ist Apia auf Upolu.
Staat und Politik: Nach der Verfassung von 1962 ist S. eine parlamentarische Monarchie im Commonwealth. Das Staatsoberhaupt wird vom Parlament auf fünf Jahre gewählt; de facto ist der Monarch aber König auf Lebenszeit. Seit 1976 gehört S. zur UNO.

Samoa

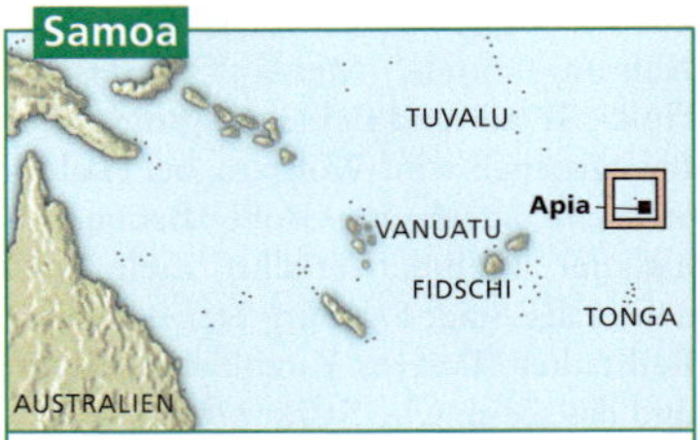

(bis 1997 Westsamoa, amtlich samoanisch Malo Tuto'atasi o Samoa i Sisifo, engl. Independent State of Samoa)
Fläche: 2 831 km²
Einwohner: 176 000
Hauptstadt: Apia
Amtssprache: Englisch und Samoanisch
Währung: 1 Tala (WS$) = 100 Sene (s)
Zeitzone: MEZ + 12 Stunden
Kfz-Kennzeichen: WS

Sanaa (Sana): Hauptstadt von Jemen und mit 1,410 Mio. Einwohnern die bevölkerungsreichste Stadt des Landes. S. liegt in einem fruchtbaren Hochtal in einer Höhe von rd. 2 350 m. Es gibt eine Universität und eine islamische theologische Hochschule. Die Industrie ist wenig entwickelt. Bedeutend sind v. a. Handwerk und Fremdenverkehr – S. hat einen internationalen Flughafen.

Die von hohen Mauern umgebene Stadt, aus Altstadt, Gartenstadt mit Residenzviertel und ehemaligem Judenviertel bestehend, hat prächtige Bauwerke, z. B. die Große Moschee al-Kabir (ab 7. Jh.) und die berühmten, fünf- bis neungeschossigen, aus Steinquadern oder Lehmziegeln erbauten Wohnhäuser mit ihren reich verzierten Fassaden.

San Francisco: Stadt im Bundesstaat Kalifornien, USA. S. F. liegt auf einer bis 283 m hohen, 50 km langen und 10 km breiten Landzunge zw. dem Pazifik und der bis 20 km breiten San Francisco Bay, südlich der beide verbindenden Meeresstraße Golden Gate. Die Stadt hat 764 000 Einwohner, im Großraum leben mehr als 6 Mio. Menschen.

San Francisco: Blick über die Bucht von San Francisco; im Vordergrund die 1937 fertig gestellte Golden Gate Bridge.

San Andreas Fault (San-Andreas-Störung): tektonische Verwerfungszone im Bundesstaat ↑Kalifornien, USA. Sie zieht sich vom Nordende des Golfs von Kalifornien über 1 100 km in nordwestlicher Richtung bis nördlich von ↑San Francisco. Sie ist eine der Störungslinien in diesem Raum, die durch den Aufeinanderprall der Nordamerikanischen Platte und der Pazifischen Platte entstanden. Die S. A. F. ist in der Landschaft, insbesondere auf Luftaufnahmen deutlich zu sehen. Jährlich treten Verschiebungen von durchschnittlich 5 cm auf. Ruckartige Verschiebungen lösen Erdbeben aus. Pro Jahr gibt es Aberhunderte leichter Beben. Das letzte große fand 1994 statt und tötete in ↑Los Angeles 40 Menschen. Die S. A. F. gehört zu den gefährlichsten Störungszonen der Welt, da ein katastrophales von ihr ausgehendes Beben als überfällig gilt und wahrscheinlich einen der kalifornischen Verdichtungsräume treffen wird.

S. F. ist Sitz eines katholischen Erzbischofs, hat vier Universitäten und bedeutende Museen, u. a. das San Francisco Museum of Modern Art. Es ist der wichtigste Finanz- und Handelsplatz an der Westküste der USA. Die Industrie ist breit gefächert. Besonders wichtig sind Werften, Erdölraffinerien, Kraftfahrzeugbau, Luft- und Raumfahrtindustrie. Der Fremdenverkehr ist bedeutend, Hauptanziehungspunkte sind das Fischereihafengelände Fisherman's Wharf und die Gefängnisinsel Alcatraz sowie die über die Meeresstraße Golden Gate führende, 1937 erbaute gleichnamige Hängebrücke mit einer Stützweite von 1 280 m. Berühmt ist auch die Cable Car, mit deren Hilfe die großen Steigungen im Stadtgebiet überwunden werden, die aber nur noch für Touristen in Betrieb ist. S. F. hat einen der größten internationalen Flughäfen im W der USA.

1906 zerstörte ein Erdbeben mit nachfolgenden Bränden die Stadt vollständig.

S

Sankt-Lorenz-Strom: Strom im östlichen Nordamerika. Der eigentliche Fluss ist 1287 km lang, zusammen mit dem Saint Louis River und der Durchquerung der ↑Großen Seen ergibt sich eine Gesamtlänge von 4023 km. Bis oberhalb von ↑Montreal bildet der S.-L.-S. die Grenze zw. den USA und Kanada und fließt dann auf kanadischem Boden.

Nach seinem Ausfluss aus dem Ontariosee bildet er mehrfach von Kanälen umgangene Stromschnellen und -inseln. Bei ↑Quebec beginnt der lange Mündungstrichter, der sich bis auf 150 km verbreitert und dann in den Sankt-Lorenz-Golf übergeht. Der Strom ist verkehrstechnisch und wirtschaftlich von höchster Bedeutung, da er das Gebiet der Großen Seen mit dem Atlantik verbindet. Er kann ohne Probleme von größeren Seeschiffen befahren werden.

Sankt Petersburg (russisch Sankt-Peterburg, 1924–91 Leningrad): russische Gebietshauptstadt im Newadelta am Finnischen Meerbusen. Mit 4,628 Mio. Einwohnern ist es nach ↑Moskau zweitgrößte Stadt des Landes und nimmt nach der Hauptstadt auch in Kultur und Wirtschaft den zweiten Rang ein.

Es gibt mehrere Universitäten und Hochschulen, Forschungsinstitute und wissenschaftliche Einrichtungen. Weltberühmt sind das Museum Eremitage und die Saltykow-Schtschedrin-Bibliothek sowie eine Reihe Theater, darunter das Puschkin-Theater.

S. P. wurde 1703 von Zar PETER I., dem Großen, als neue Hauptstadt gegründet. Die Innenstadt mit ihren vielen barocken und klassizistischen Gebäuden gilt als schönste Russlands. Das Stadtbild ist großzügig und wird von zahlreichen Kanälen und Brücken geprägt, die daran erinnern, dass sich die Stadt auf rd. 40 Inseln erstreckt.

In der Industrie dominieren Schiffbau, Maschinen- und Fahrzeugbau sowie Textil-, chemische, optische und Nahrungsmittelindustrie. Der Hafen ist der wichtigste für den russischen Überseehandel. Er ist durch Flüsse und Kanäle mit dem ↑Kaspischen Meer und dem Weißen Meer verbunden.

San Marino: Republik in Europa, auf der Apenninhalbinsel südwestlich von Rimini gelegen. S. M. wird allseits von italienischem Staatsgebiet umgeben.

Landesnatur: Das sich auf der Ostabdachung des Etruskischen ↑Apennins von N nach S über 12 km erstreckende Land wird vom Rücken des steil nach N abfallenden, 756 m hohen Monte Titano durchzogen. An seinem Gipfel liegen die

Sankt-Lorenz-Seeweg

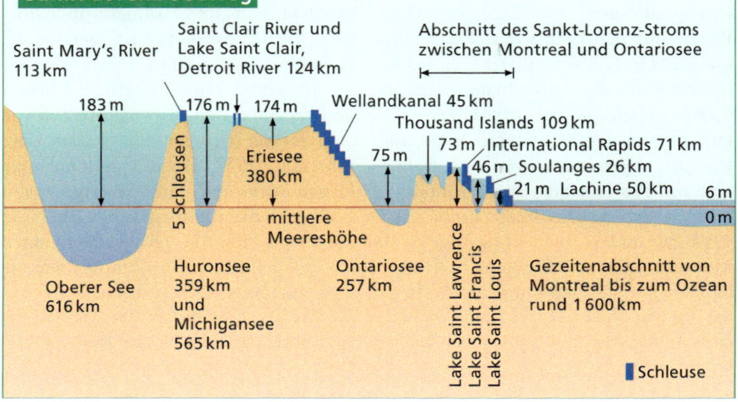

alten Befestigungsanlagen Guaita, Fratta oder Cesta sowie Montale. Klima und Vegetation entsprechen denen der umliegenden Landschaften Italiens.

San Marino

(amtlich italienisch Repubblica di San Marino)
Fläche: 60,6 km²
Einwohner: 27 700
Hauptstadt: San Marino
Amtssprache: Italienisch
Währung: 1 Euro (EUR, €) = 100 Cents (c)
Zeitzone: MEZ
Kfz-Kennzeichen: RSM

Bevölkerung: 80 % der Bevölkerung sind Sanmarinesen, die ihrerseits italienischen Ursprungs sind. Italiener bilden die größte Minderheit; rd. 13 000 Staatsbürger leben im Ausland. Etwa 95 % der Einwohner sind Katholiken.
Wirtschaft und Verkehr: Die Grundlagen der Wirtschaft sind der Fremdenverkehr und der Verkauf von Briefmarken. In der Landwirtschaft sind Getreide- und Weinbau sowie Rinderzucht bestimmend. Die Industrie ist wenig entwickelt. S. M. hat seit 1862 mit Italien eine Zoll- und Währungsunion.
Das Straßennetz erschließt das kleine Land gut. Die Hauptstadt San Marino ist mit der Adriastadt Rimini über die Strada Panorama sowie über eine Seilbahn nach Borgo Maggiore verbunden. Im Sommer besteht ein Hubschrauber-Liniendienst nach Rimini.
Staat und Politik: S. M. ist eine souveräne parlamentarische Republik und von allen heute noch existierenden Staaten hat es die älteste (1253) demokratische Verfassung. Die heutige Verfassung beruht auf dem 1939 und 1971 revidierten Statut von 1600. Als Staatsoberhaupt agieren zwei aus den Reihen des Parlaments auf sechs Monate gewählte Regierende Kapitäne. 1992 trat S. M. der UNO bei.

São Paulo: Hauptstadt des gleichnamigen Bundesstaates und mit 10,406 Mio. Einwohnern die größte Stadt Brasiliens. Die Einwohnerzahl im Großraum wird auf mehr als 17 Mio. geschätzt. S. P. liegt in einem Becken des Rio Tiete nahe der Küste des Atlantischen Ozeans.
Die Stadt ist Sitz eines Erzbischofs, hat mehrere Universitäten, Hochschulen, Museen und wissenschaftliche Institute. Sie ist das Zentrum des globalen Kaffeehandels und die führende Industriestadt Brasiliens mit Kraftfahrzeug-, chemischer, elektronischer, Metall-, Textil-, Nahrungs- und Genussmittel-, Maschinen- und Papierindustrie. Es gibt eine U-Bahn und zwei internationale Flughäfen. Keine andere Stadt Südamerikas wächst so schnell wie S. P. Die Industriekonzentration hat zu einer starken Binnenwanderung im Land, zur Entstehung ausgedehnter Elendsviertel und extremer Umweltverschmutzung geführt.

São Tomé und Príncipe: Inselstaat in Westafrika. Er umfasst die im Golf von Guinea gelegene, 836 km² große Insel São Tomé sowie die nordöstlich davon gelegene Insel Príncipe (128 km²).
Landesnatur: Beide Inseln sind vulkanischen Ursprungs. Die Hauptinsel São Tomé erreicht 2 024 m, Príncipe 948 m. Das Klima ist tropisch feucht. Vorherrschend ist tropischer Regenwald, in höheren Lagen tropischer Bergwald.
Bevölkerung: Die Foros genannte einheimische Bevölkerung setzt sich aus Bantu und Mischlingen zusammen. Allgemeine Schulpflicht besteht vom achten bis zwölften Lebensjahr. Die Analphabetenquote liegt bei ca. 35 %. Die Bevölkerung ist zu rd. 77 % katholisch.
Wirtschaft und Verkehr: In der Landwirtschaft ist Plantagenanbau vorherrschend, der exportorientiert Kakao, Kaffee,

S

Kokos- und Ölpalmen kultiviert. Für den Eigenbedarf werden v.a. Maniok, Bataten und Jamswurzel angebaut. Die Industrie verarbeitet die Ausgangsstoffe des Agrarsektors sowie Holz, ferner gibt es Textilindustrie.

São Tomé und Príncipe

(amtlich portugiesisch República Democrática de São Tomé e Príncipe)
Fläche: 1 001 km²
Einwohner: 154 000
Hauptstadt: São Tomé
Amtssprache: Portugiesisch
Währung: 1 Dobra (Db) = 100 Céntimos
Zeitzone: MEZ
Kfz-Kennzeichen: STP

Das Straßennetz ist gut ausgebaut. Bei São Tomé liegen der Haupthafen und der internationale Flughafen. Einen weiteren Hafen besitzt Santo António, der Hauptort von Príncipe.

Staat und Politik: Seit seiner Unabhängigkeit von Portugal 1975 ist das Land Mitglied der UNO. Nach der Verfassung von 1990 ist es eine Republik. Staatsoberhaupt ist der auf fünf Jahre direkt gewählte Präsident. Er ernennt und entlässt die Regierung unter Vorsitz des Ministerpräsidenten.

Sarajevo: Hauptstadt von Bosnien und Herzegowina. S. liegt am Ostrand des Beckens von Sarajevo an der Miljacka und hat 552 000 Einwohner. Es ist Sitz eines orthodoxen Metropoliten, eines katholischen Erzbischofs und des Oberhaupts der bosnischen und herzegowinischen Muslime. S. hat eine Universität, eine islamische Hochschule, Museen, Theater und die Nationalbibliothek. In der Wirtschaft sind Maschinenbau, Textil-, Tabak- und Nahrungsmittelindustrie bestimmend. Es gibt einen internationalen Flughafen.

S. wurde während des Bosnienkrieges von 1992 bis 1995 belagert. Es kamen rd. 10 000 Einwohner ums Leben, die Stadt wurde z.T. zerstört. Die Altstadt wird von Moscheen und der orthodoxen Erzengelkirche (16./18. Jh.) geprägt.

Sardinien: mit 23 813 km² nach ↑ Sizilien die zweitgrößte Insel Italiens und des Mittelmeeres. S. hat 1,6 Mio. Einwohner. Hauptstadt ist Cagliari mit 162 900 Einwohnern.

S. ist buchtenreich und gebirgig. Höchster Berg ist der Gennargentu mit 1 834 m. Im Landesinnern erstrecken sich weite vulkanische Hochflächen. S. hat typisches Winterregenklima mit heißen und trockenen Sommern.

Die Bevölkerung nimmt trotz anhaltender Auswanderung zum italienischen Festland langsam zu. Die Wirtschaft erhielt u.a. durch Bodenreform, Talsperrenbau – der Omodeo- und der Coghinasstausee sind die größten Italiens – sowie durch Industrieansiedlung kräftige Impulse. Der Bergbau, v.a. Zink, Blei und Braunkohle, hat dagegen erheblich an Bedeutung verloren. In der Landwirtschaft ist die Viehwirtschaft, v.a. die Haltung von Schafen und Ziegen, bedeutend sowie die Fischerei. Der Fremdenverkehr wird ausgebaut.

Saudi-Arabien: Staat auf der Arabischen Halbinsel (↑ Arabien). S.-A. grenzt im W an das ↑ Rote Meer, im N an Jordanien, Irak und Kuwait, im O an den Persischen Golf, im SO an Katar und die Vereinigten Arabischen Emirate und im S an Oman sowie an Jemen. Der Grenzverlauf ist z.T. umstritten bzw. nicht präzise definiert worden – daher schwanken die Flächenangaben.

Landesnatur: S.-A. umfasst den größten Teil Arabiens. Es ist ein Hochland, überwiegend aus kristallinen Hügelländern und jungen Lavadecken bestehend, das vom Persischen Golf langsam nach W ansteigt und mit gebirgsartigem Rand zum Vorland des ↑ Roten Meeres abfällt.

Bedingt durch das trockenheiße Klima nehmen Wüsten und Wüstensteppen 99 % der Staatsfläche ein. Die größte Wüste ist die ↑Große Arabische Wüste, die Rub al-Chali. Nur im Bereich von Trockentälern (Wadis) und am Fuß von Bergstufen können sich durch Quellen und Grundwasser Oasen bilden.

Bevölkerung: Die Bevölkerung ist infolge der Landesnatur auf wenige städtische Zentren und Oasen konzentriert. Etwa ein Drittel sind Nomaden oder Halbnomaden. Nahezu alle Einwohner sind Araber. Mehr als ein Viertel sind Gastarbeiter, die überwiegend aus den Nachbarländern kommen, aber auch aus Indien und von den Philippinen.

Saudi-Arabien

(amtlich arabisch Al-Mamlaka al-Arabijja as-Saudijja, dt. Königreich Saudi-Arabien)
Fläche: 2 150 000 km² (nach amtlichen Angaben 2,24 Mio. km²)
Einwohner: 21,886 Mio.
Hauptstadt: Riad
Verwaltungsgliederung: 13 Provinzen
Amtssprache: Arabisch
Währung: 1 Saudi Riyal (S. Rl.) = 20 Qirshes = 100 Hallalas
Zeitzone: MEZ + 2 Stunden
Kfz-Kennzeichen: KSA

Es besteht keine allgemeine Schulpflicht. Die Analphabetenrate beträgt etwa 25 %. Die Bevölkerung bekennt sich zum Islam. Die meisten Menschen sind Sunniten, die v. a. der strenggläubigen Bewegung der Wahhabiten angehören. Die schiitischen Islamiten sind die größte Minderheit.

Wirtschaft und Verkehr: Fast 88 % der Exporterlöse resultieren aus Erdöl; S.-A. ist der größte Erdölexporteur der Welt. Etwa ein Viertel der bekannten Erdölvorkommen liegen in S.-A., das außerdem über große Erdgasreserven verfügt. Die Erdöleinnahmen werden u. a. für Sozialleistungen, Entwicklungshilfe und die Industrieförderung verwendet. Bei Jubail am Persischen Golf und Janbo am Roten Meer entstanden Industriezentren mit Grundstoff- und Verarbeitungsindustrien.

Der zweite wichtige Wirtschaftssektor ist der Pilgerverkehr zu den heiligen Stätten des Islam in ↑Mekka und ↑Medina. Landwirtschaft ist nur bei künstlicher Bewässerung möglich.

Haupthandelspartner sind Japan, USA, Großbritannien und Deutschland sowie Süd-Korea und Singapur. Die wichtigsten Orte sind durch befestigte Straßen verbunden. Seehäfen sind Djidda und Damman, Erdölhäfen Janbo, Jubail und Ras Tanura. Internationale Flughäfen haben Dharan, Djidda und Riad.

Staat und Politik: Der 1932 gegründete Staat ist eine absolute Monarchie. Staatsoberhaupt, oberster Inhaber der Exekutive und Legislative sowie nominell geistliches Oberhaupt ist der König. 1945 war S.-A. Gründungsmitglied der UNO und 1960 der ↑OPEC. Im 2. Golfkrieg war es ein Kernstaat der antiirakischen Koalition und der US-Luftwaffenstützpunkt in Dharan eine Drehscheibe der Operationen.

Schanghai (Shanghai): Stadt in Ostchina, im Delta des ↑Jangtsekiang an seinem rechten Mündungsarm Huangpu Jiang gelegen. Das regierungsunmittelbar verwaltete Stadtgebiet von S. hat eine Fläche von 6 300 km² und 16,74 Mio. Einwohner. In der eigentlichen Stadt wohnen rd. 13 Mio. Menschen.

S. ist ein Bildungszentrum mit zahlreichen Universitäten und Hochschulen, Instituten, einem Observatorium sowie Museen und Theatern. Bis 1949 lag der ökonomische Schwerpunkt auf dem Handel, seitdem ist S. mehr und mehr zur Industriestadt geworden. Bei der Eisen- und Stahlindustrie, Metallverarbeitung, elektrotechnischen, elektronischen, Textil- und chemischen Industrie gehört S. zu den führenden Standorten Chinas. Der Hafen, der Seeschiffe aufnehmen kann, ist mit Anlagen über eine Länge von 80 km der größte Chinas. Außerdem gibt es einen internationalen Flughafen und eine U-Bahn.

Der große Aufschwung begann 1984, als S. zur »offenen Stadt« für Auslandsinvestitionen erklärt, eine Freihandelszone geschaffen und die Börse wiedereröffnet wurde. 1990 entstand die Sonderwirtschaftszone Pudong mit einem 1999 eröffneten Zentralflughafen, der durch eine Transrapidstrecke mit S. verbunden ist.

Schlesien (polnisch Śląsk, tschechisch Slezko): historische Landschaft beiderseits der mittleren und oberen ↑Oder. S. umfasst die Ostabdachung der ↑Sudeten. Ihnen vorgelagert sind die Sudetenvorberge, die fruchtbaren Flussebenen an der Oder und ihren Nebenflüssen und die Hügelketten des Nordschlesischen Landrückens mit Katzengebirge und Dalkauer Hügeln. Im SO geht der Nordschlesische Landrücken südlich der Malapane in die Oberschlesische Platte über, zu der die Tarnowitzer Höhen mit dem Annaberg gehören.

Der Streit um den Besitz von S. zw. Deutschen, Polen und Tschechen begann im Mittelalter. Im 20. Jh. erreichte die Auseinandersetzung ihren Höhepunkt: S. war seit 1900 zu einer hochindustrialisierten Region geworden. Nach dem Ersten Weltkrieg wurde S. zw. Deutschland, der Tschechoslowakei und Polen geteilt, 1939 okkupierte das Deutsche Reich die Gebiete, die an Polen gefallen waren. Nach dem Zweiten Weltkrieg wurde S. größtenteils unter polnische Verwaltung gestellt. Deutschland akzeptierte den Besitzstand 1990 im Deutsch-Polnischen Grenzvertrag.

Schleswig-Holstein: nördlichstes Land der Bundesrepublik Deutschland. Es grenzt im N an Dänemark, im O an die Ostsee und an Mecklenburg-Vorpommern, im S an Hamburg und Niedersachsen und im W an die Nordsee. S.-H. hat eine Größe von 15 763 km² und 2,823 Mio. Einwohner. Die Hauptstadt ↑Kiel ist mit 233 300 Einwohnern die größte Stadt.

Landesnatur: S.-H. umfasst den südlichen Teil Jütlands sowie die der Halbinsel vorgelagerten Inseln: Fehmarn in der Ostsee sowie die Nordfriesischen Inseln und ↑Helgoland in der Nordsee. Es gehört zum Norddeutschen Tiefland mit fruchtbarer Grundmoränenlandschaft im O, Marschland im W und sandiger Geest in der Mitte. Die höchste Erhebung ist der Bungsberg mit 168 m.

Die Ostseeküste ist durch Buchten, die sog. Förden, reich gegliedert. Der Nordseeküste vorgelagert ist das Watt, aus dem die Nordfriesischen Inseln, die Marschinseln und die ↑Halligen herausragen. Klimatisch liegt S.-H. im Bereich vorherrschender Westwindlagen mit ausgeprägt ozeanischem Kli-

Schleswig-Holstein: Mit rund 30 km² ist der Große Plöner See im Naturpark Holsteinische Schweiz das größte Gewässer des Bundeslandes. Das Schloss Plön in der gleichnamigen Kreisstadt entstand in seiner heutigen Form zwischen 1633 und 1636.

ma. Im Spätherbst bzw. im Winter kommt es häufig zu Sturmfluten.
Bevölkerung: Die Einwohner des Festlandes sind überwiegend sächsischer bzw. niedersächsischer Herkunft. An den Küsten im W und auf den Inseln siedeln die Nordfriesen, die ihre Sprache z.T. noch pflegen. Im N um Flensburg lebt eine dänische Minderheit. Diese gewachsene Struktur wurde nach dem Zweiten Weltkrieg durch den Zuzug Vertriebener verändert, die rd. ein Viertel der Bevölkerung ausmachten.
Rd. drei Viertel der Einwohner sind evangelisch, ein Fünftel ist katholisch. Die Bevölkerungsdichte liegt mit 179 Ew./km^2 deutlich unter dem Bundesdurchschnitt von 231. Ballungsgebiete sind an der Ostseeküste um Lübeck, Kiel und Flensburg sowie bei Hamburg und um Neumünster, Rendsburg, Itzehoe, Husum und Heide.
Wirtschaft: S.-H., früher ein überwiegend agrarisch geprägtes Land, weist heute eine breit gefächerte Wirtschaftsstruktur auf. Die Landwirtschaft nutzt 68% der Fläche, davon etwa 55% als Ackerland und 45% als Dauergrünland. Viehwirtschaft herrscht in den Marschen im W vor, im SO werden v.a. Ölfrüchte, Getreide und Kartoffeln angebaut. In Dithmarschen und auf Fehmarn ist Gemüseanbau verbreitet, in den Elbmarschen daneben auch Obstanbau. Nur 9% der Fläche sind Wald.
Wichtige Branchen sind u.a. Nahrungs- und Genussmittelindustrie, Schiff- und Maschinenbau, Elektrotechnik, Baustoff- und optische Industrie. Zu den wirtschaftlich genutzten Bodenschätzen gehören Salzlager, Erdöl, das bei Heide und vor der Küste gefördert wird, und Kreide. An den Küsten sind Fischerei und Fisch verarbeitende Industrie verbreitet. Hauptfischereihafen ist Kiel.
Hauptanziehungspunkte im Fremdenverkehr sind Sylt und Helgoland, die Ostseeküste und die Holsteinische Seenplatte. S.-H. hat eine lange Schifffahrtstradition. Der Hafen Brunsbüttel an der Unterelbe hat sich zu einem wichtigen Güterumschlagplatz entwickelt. Wichtige Ostseehäfen sind Lübeck, Puttgarden und Kiel. Der Nord-Ostsee-Kanal ist eine der meistbefahrenen künstlichen Wasserstraßen der Erde.
Staat und Politik: S.-H. entstand 1946 aus der gleichnamigen preußischen Provinz, Nach der Verfassung vom 13.12. 1949 liegt die Legislative beim Landtag, der sich aus 89 Abgeordneten, die für vier Jahre gewählt werden, zusammensetzt. Der Landtag wählt den Ministerpräsidenten, der die Regierung führt. Die Verfassung fixiert als plebiszitäre Elemente Volksinitiative, -begehren und -entscheid. Die Dänen genießen besondere Minderheitenrechte. So gilt für ihre Vertreter bei Wahlen nicht die Fünfprozentklausel.

Schwäbische Alb (in der Geologie Schwäbischer Jura): Mittelgebirge in Südwestdeutschland. Die S.A. ist eine Schichtstufe des Schwäbisch-Fränkischen Schichtstufenlandes und liegt zw. Hochrhein und Nördlinger Ries. Die höchste Erhebung ist der Lemberg im SW mit 1015m. Der steilen Nordwestabdachung sind Vorberge vorgelagert. Die S.A. ist in ihren tieferen Lagen landwirtschaftlich nutzbar. Die mittleren Höhen nimmt meist Nadelwald ein, und die oberen Lagen sind überwiegend raue Hochflächen mit zahlreichen Tropfsteinhöhlen und anderen Karsterscheinungen. Aus bodenständigem Gewerbe entwickelte sich Textil- und feinmechanische Industrie.

Schwarzafrika: die überwiegend von negriden – also »schwarzen« – Völkern bewohnten Gebiete Afrikas südlich der ↑Sahara.

Schwarzes Meer: östliches Nebenmeer des Europäischen Mittelmeers, mit dem es durch ↑Bosporus, Marmarameer und Dardanellen verbunden ist. Es nimmt eine Fläche von 423000 km^2 ein. Die mittlere Tiefe beträgt 1270m, die größte Tiefe 2245m. Ein Seitenbecken des S.M., abgetrennt durch die ↑Krim, ist das **Asowsche Meer**. Anliegerstaaten sind Bulgarien, Rumänien, Russland, Ukraine, Georgien und die Türkei.

In das Meer münden u.a. ↑Donau, ↑Dnjestr, ↑Dnjepr und ↑Don. Die mittleren Wasseroberflächentemperaturen betragen im Sommer 22 bis 24 °C und fallen im Winter von 8 °C im S auf 0 °C im N ab. Der Oberflächensalzgehalt liegt meist zw. 16 und 18 ‰. Der Verschmutzungsgrad ist wegen der relativen Abgeschlossenheit und der Einleitung ungeklärter Abwässer hoch.

Das S. M. ist für den Seeverkehr von großer Bedeutung. Es gibt zahlreiche Seebäder, z. B. Goldstrand in Bulgarien, Mamaia in Rumänien, Jalta in der Ukraine und Sotschi in Russland. Seit 1952 besteht durch den Wolga-Don-Kanal über die ↑Wolga eine Verbindung mit dem Kaspischen Meer, der Ostsee und dem Weißen Meer.

Schwarzwald: süddeutsches Mittelgebirge, das zw. Hochrhein im S und Kraichgau im N liegt. Der S. ist etwa 160 km lang und im S 60 km, im N 22 km breit. Das Gebirge fällt nach S und W steil ab, nach O geht es allmählich in das Schwäbisch-Fränkische Schichtstufenland über. Die höchste Erhebung ist der Feldberg mit 1 493 m.

Die höchsten Regionen zeigen Spuren der Eiszeit. Es entstanden Karseen wie der Feldsee oder der Mummelsee und durch Endmoränen aufgestaute Seen wie Titisee und Schluchsee. Entwässert wird der S. durch Nebenflüsse des Oberrheins und des Neckars. In der Landwirtschaft ist die Viehzucht bedeutend, ferner Getreide-, Wein- und Obstbau sowie Waldwirtschaft. Die Industrie ist v. a. in den Randgebieten stark entwickelt. Traditionelle Zweige sind Holz verarbeitende und feinmechanische Industrie (Uhren, Musikinstrumente). Große Bedeutung hat der Fremdenverkehr.

Schweden: Staat in Nordeuropa, grenzt im SW an das Skagerrak (Nordsee), das Kattegat (im Allgemeinen zur Ostsee gerechnet) und den Sund, im S und O an die offene Ostsee und den Bottnischen Meerbusen, im NO an Finnland, im W an Norwegen.

Landesnatur: S. erstreckt sich über 1 500 km von N nach S und 200 km von W nach O. Die Küstenlänge beträgt etwa 6 700 km. Nordschweden senkt sich vom skandinavischen Zentralgebirge, den Skanden, die im Kebnekajse 2 111 m erreichen, als flachwellige Hochfläche allmählich zur Ostsee ab. Südlich des Siljansees schließt sich die Mittelschwedische Senke an, in der der Mälar- und der Vättersee sowie der ↑Vänersee liegen, der mit 5 585 km² drittgrößte See Europas. Die Senke wird nach S von der flachwelligen Hochfläche Smålands begrenzt. Dieses zu Südschweden gehörige Bergland (Taberg, 343 m) und die anschließende Moränenlandschaft der Halbinsel Schonen leiten nach Mitteleuropa über. Der gesamten Ostküste sind neben den großen Inseln Öland und Gotland Schären vorgelagert.

Schweden

(amtlich Konungariket Sverige, dt. Königreich Schweden)
Fläche: 449 964 km²
Einwohner: 8,924 Mio.
Hauptstadt: Stockholm
Verwaltungsgliederung: 21 Bezirke
Amtssprache: Schwedisch
Währung: 1 Schwedische Krone (skr) = 100 Öre (ö)
Zeitzone: MEZ
Kfz-Kennzeichen: S

Infolge der großen N-S-Erstreckung hat S. Anteil an vielen Klimazonen – von der mitteleuropäischen Westwindzone im S bis zum subpolaren Klima im N. Durch den Gebirgswall der Skanden liegt

Nordschweden im Lee der nordatlantischen Westwinddrift und im Einflussbereich der Hochdruckzonen über Innerrussland und hat daher ausgesprochen kontinentales Klima; der warme, trockene Sommer ermöglicht noch am Polarkreis Temperaturen von 30 °C. Die langen, schneereichen Winter weisen absolute Minima von −40 °C im N und zw. −20 °C und −30 °C im S auf. Der Bottnische Meerbusen ist häufig mehr als fünf Monate vereist. Eisfreie Häfen gibt es nur im S und W. Die Niederschlagsmengen nehmen von O nach W zu: von rund 400 mm an der Ostsee bis über 2000 mm in den Skanden.

Bevölkerung: Die Bevölkerung besteht überwiegend aus Schweden; nur im sehr dünn bevölkerten N leben Lappen (Samen) und Finnen. Am dichtesten besiedelt ist der S des Landes, v. a. Schonen und die Mittelschwedische Senke. Vier von fünf Schweden leben laut Statistik in Städten, wobei allerdings viele Orte mit 200 Einwohnern als Städte gelten.

Es besteht allgemeine Schulpflicht. Pflichtschule ist die neunjährige Grundschule (7.–16. Lebensjahr). Die Evangelisch-Lutherische Kirche von S. ist Staatskirche; 85 % der Bevölkerung gehören ihr an.

Wirtschaft und Verkehr: Die Landwirtschaft nutzt 8,7 % der Landfläche, 80 % davon als Ackerland und für Dauerkulturen. Schwerpunkt ist der S, wo v. a. Weizen und Zuckerrüben angebaut werden. In den anderen Landesteilen dominieren Gerste, Hafer, Kartoffeln und Roggen. Die Viehzucht ist bedeutend: Im S und in der Mitte werden vorwiegend Rinder und Schweine gehalten, im N ist die Rentierzucht eine Besonderheit der Lappen. Die Waldnutzung (rd. 60 % des Landes sind Wald) ist v. a. im N ausgeprägt; der Holzeinschlag von jährlich rund 50 Mio. m^3 wird zur Hälfte von der Papierindustrie verarbeitet.

S. verfügt über bedeutende Eisenerz- (Kiruna, Bergslagen, Gällivare), Kupfer- und Bleierzvorkommen (Skelleftefeld), Zink-, Schwefelkies-, Gold- und Silbervorkommen sowie über große Uranerzreserven. Die reichen Wasserkraftreserven im N des Landes werden weitgehend zur Energiegewinnung genutzt. Rund 50 % der Energie des Landes werden von Wasserkraftwerken erzeugt.

Die wichtigsten Industriezweige sind Metallindustrie (mit Eisen- und Stahlwerken), Schiff-, Maschinen- und Fahrzeugbau, Holzindustrie (Papier-, Zellstoff- und Möbelfabriken), chemische, pharmazeutische, Textil- und Nahrungsmittelindustrie. Wegen des begrenzten Binnenmarktes ist die Industrie stark vom Export abhängig. Ein expandierender Wirtschaftszweig ist der Tourismus. Haupthandelspartner sind Deutschland, Großbritannien, die USA, Norwegen, Dänemark und Finnland. Die wichtigsten Exportgüter sind Maschinen und Anlagen, elektrotechnische und elektronische Geräte, Kraftfahrzeuge, Schiffe, Eisen, Stahl, Chemikalien, Papier, Pappe, Holzwaren und Zellulose.

Das Eisenbahnnetz hat eine Länge von 11 481 km, davon sind 7 527 km elektrifiziert. Das Straßennetz hat eine Länge von 212 402 km. Die Tunnel- und Straßenverbindung über den Øresund wurde 2000 fertig gestellt. Wichtige Häfen sind bei Göteborg, Luleå, Helsingborg, Stockholm, Malmö und Nynäshamn (Erdölhafen). Internationale Flughäfen befinden sich bei Stockholm, Göteborg und Malmö.

Staat und Politik: Nach der Verfassung von 1975 ist S. eine konstitutionelle Monarchie mit parlamentarischem Regierungssystem. Der König als Staatsoberhaupt hat nur noch repräsentative Funktionen. Der Reichstag, das Parlament, hat 349 Abgeordnete, die alle vier Jahre gewählt werden. Die Regierung unter Vorsitz des Ministerpräsidenten (vom Reichstag gewählt) ist dem Parlament verantwortlich.

Seit dem 19. Jh. ist S. neutral. 1946 trat es der UNO bei. 1960 gehörte es zu den Gründungsmitgliedern der EFTA. 1995

S

wechselte es zur EU, gehört aber nicht zur Eurozone.

Schweiz: siehe S. 374.

Seattle [sɪ'ætl]: Stadt im Bundesstaat Washington, USA. S. liegt zw. dem Pugetsund und dem Washingtonsee. Mit 570 426 Einwohnern ist es die größte Stadt im NW der USA. Es ist Sitz eines Erzbischofs und der University of Washington sowie zweier anderer Universitäten, zahlreicher Kunstgalerien und Museen.
S. ist der Handelsmittelpunkt und Sitz aller Unternehmungen der Alaskaschifffahrt und -fischerei. In der Industrie sind Luft- und Raumfahrtindustrie, Maschinen-, Elektrogerätebau, Papierindustrie und Schiffswerften bestimmend. Herausragendes Unternehmen ist der Softwarekonzern Microsoft.

Seine [sɛn]: Fluss in Nordfrankreich. Die S. entspringt auf dem Plateau von Langres, durchfließt das Pariser Becken und mündet nach 776 km in einem Trichter bei Le Havre in den ↑ Ärmelkanal. Sie wird unterhalb von Troyes schiffbar und hat durch ihre Kanalverbindungen mit allen französischen Flusssystemen große Bedeutung für den Verkehr. Bis Rouen können sie Seeschiffe mit einem Tiefgang bis 9,50 m befahren. Die wichtigsten Nebenflüsse sind von links Yonne und Eure, von rechts Aube, Marne und Oise.

Senegal: Staat in Westafrika. S. grenzt im W an den Atlantischen Ozean, im N und NO an Mauretanien, im O an Mali und im S an Guinea sowie Guinea-Bissau. S. umschließt im südlichen Landesteil den Staat Gambia, der sich beiderseits des Flusses Gambia erstreckt.
Landesnatur: Die Großlandschaften ↑ Sudan und ↑ Sahel prägen das Land. S. umfasst den Großteil des Küstentieflandes an den Flüssen Senegal und Gambia, das landeinwärts bis 40 m ansteigt. Im SO reichen die bis 400 m hohen Ausläufer des Tafelgebirgslandes Fouta-Djalon nach S. hinein. Die rd. 500 km lange Küste ist flach und z. T. versumpft.
Der S. hat randtropisches Klima mit einer langen sommerlichen Regenzeit. Nach N nehmen die Niederschläge ab. Im S wächst Feuchtwald, nördlich folgt Feuchtsavanne, im Innern Trocken-, im N Dornstrauchsavanne.

Senegal

(amtlich frz. République du Sénégal)
Fläche: 196 192 km²
Einwohner: 10,007 Mio.
Hauptstadt: Dakar
Verwaltungsgliederung: 10 Regionen
Amtssprache: Französisch
Währung: 1 CFA-Franc = 100 Centimes (c)
Zeitzone: WEZ
Kfz-Kennzeichen: SN

Bevölkerung: In S. leben überwiegend sudanide Völker. Die größte ethnische Gruppe sind die Wolof, deren Sprache auch die Umgangssprache im S. ist. Serer, Fulbe und Tukulor sind weitere sudanide Völker, daneben lebt eine Minderheit von Nichtafrikanern, v. a. Franzosen und Libanesen, im Land.
Dakar ist Millionenstadt, Thiès, Kaolack, Rufisque, Ziguinchor und Saint-Louis haben mehr als 100 000 Einwohner. Es besteht allgemeine Schulpflicht. Die Analphabetenquote liegt bei rd. 65 %. Fast 95 % der Bevölkerung sind Muslime, die übrigen Christen und Anhänger von Naturreligionen.
Wirtschaft und Verkehr: Haupterwerbszweig ist die Landwirtschaft. Ackerbau und Weidewirtschaft nutzen rd. die Hälfte der Landesfläche. Angebaut werden für den Export v. a. Erdnüsse und Baumwolle sowie Hirse, Zuckerrohr, Reis, Mais, Maniok, Gemüse und Früchte für den Eigenbedarf. Im N und NO

halten Nomaden Rinder, Schafe und Ziegen. Große Bedeutung haben Küstenfischerei und Phosphatbergbau. Wichtigste Industriezweige sind Nahrungsmittel-, Textil-, Metall- und chemische Industrie. Der Fremdenverkehr spielt besonders an der Küste und in den fünf Nationalparks eine Rolle.
Eisenbahn und Straße erschließen das Land hinreichend. Wichtigste Seehäfen sind Dakar, Saint-Louis, Kaolack und Ziguinchor. Der internationale Flughafen Yoff liegt bei Dakar.
Staat und Politik: Seit der Unabhängigkeit von Frankreich 1960 gehört S. zur UNO. Seit 1963 ist S. eine Präsidialrepublik. Staatsoberhaupt ist nach der Verfassung von 2001 der auf fünf Jahre direkt gewählte Präsident. Nach Jahrzehnten autoritärer Regierungen gelang 2000 auf demokratischem Weg ein Machtwechsel. Ein Problem sind die Separatisten in der Casamance-Region im S des Landes.

Serbien und Montenegro

(amtlich serbisch Srbija i Crna Gora)
Fläche: 102 173 km²
Einwohner: 8,160 Mio.
Regierungssitz: Belgrad
Verwaltungsgliederung: 2 Teilrepubliken
Amtssprache: Serbisch
Währung: 1 Neuer Dinar (N. Din) = 100 Para (in Serbien); 1 Euro (EUR, €) = 100 Cent (in Montenegro)
Zeitzone: MEZ
Kfz-Kennzeichen: SCG

Sẹrbien und Montenẹgro: Staatenbund auf der Balkanhalbinsel, der aus den Teilrepubliken Serbien einschließlich der autonomen Provinzen ↑Kosovo und Wojwodina sowie Montenegro besteht. Das Land grenzt im N an Ungarn, im O an Rumänien und Bulgarien, im S an Makedonien, Albanien und das Adriatische Meer, im W an Bosnien und Herzegowina sowie an Kroatien.
Landesnatur: S. u. M. hat im N Anteil am Großen Ungarischen Tiefland mit der Batschka, Sirmien und dem westlichen Teil des Banats. Südlich von Save und Donau liegen das fruchtbare Hügelland der Sumadija, das Kopaonikgebirge, das Serbische Erzgebirge und andere Gebirgszüge. Östlich der Morava-Vardar Furche verlaufen die Ausläufer des Westbalkan. Dazwischen liegen weite Beckenlandschaften wie das Amselfeld in Kosovo und Metohija. Im S hat S. u. M. Anteil am Karsthochland des Dinarischen Gebirges, wo sich die 2 656 m hohe Đaravica erhebt, mit der schmalen montenegrinischen Küste am Adriatischen Meer und an der Grenze zu Albanien am Skutarisee. Hauptflüsse des Landes sind Donau, Save, Theiß und Morava. Das gemäßigt kontinentale Klima mit heißen Sommern und kalten Wintern trägt im S mediterrane Züge. Die Niederschläge liegen in der Wojwodina zw. 500 und 700 mm jährlich und steigen in den Gebirgsregionen im O bis 1 000 mm, im SW bis 2 000 mm jährlich an.
Bevölkerung: In dem Vielvölkerstaat bilden die Serben mit 62 % die Mehrheit, 5 % sind Montenegriner. Die größten Minderheiten stellen die Albaner im Kosovo mit fast 17 % und die Ungarn in der Wojwodina mit mehr als 3 %. Diese Angaben beruhen auf der Volkszählung von 1991. Allgemeine Schulpflicht besteht vom 7. bis 14. Lebensjahr. Die Mehrheit der Bevölkerung gehört der serbisch-orthodoxen Kirche an bzw. fühlt sich ihr verbunden. Die Kosovo-Albaner sind mehrheitlich Muslime, eine kleine Zahl katholische Christen.
Wirtschaft und Verkehr: Wichtige Wirtschaftszweige sind Land- und Forstwirtschaft. Die Hauptanbaugebiete liegen v. a. im N und in den Flussniederungen.

► *Fortsetzung auf S. 377*

Die Schweiz gehört zu den kleinen Staaten in Europa. Nach der Verfassung ist sie ein Bund aus 20 Kantonen und sechs Halbkantonen, die über eigene Verfassungen und weitreichende Autonomie verfügen. Vom Urkanton Schwyz ist der Name des Staates abgeleitet. Die konstante außenpolitische Neutralität der Schweiz ermöglichte politische Stabilität und trug zum wirtschaftlichen Reichtum des Landes bei.

Schweiz

(frz. Suisse, italienisch Svizzera, bündnerromanisch Svizzra, amtliche Namen: Schweizerische Eidgenossenschaft, Confédération Suisse, Confederazione Svizzera, Confederaziun Svizzra)
Fläche: 41 285 km²
Einwohner: 7,29 Mio.
Hauptstadt: Bern
Verwaltungsgliederung: 26 Kantone
Amtssprachen: Deutsch, Französisch, Italienisch, Bündnerromanisch (Rumantsch Grischun)
Währung: 1 Schweizer Franken (sfr) = 100 Rappen (Rp)/Centimes (c)
Zeitzone: MEZ
Kfz-Kennzeichen: CH

Nicht nur ein Alpenstaat

Die Schweiz liegt im Gebiet der zentralen ↑ Alpen und deren nördlichem Vorland. Landschaftlich gliedert sie sich in Jura, Mittelland und Alpen.
Der größte Teil des Landes – rd. 65 % der Fläche – gehört zu den Alpen. Sie werden von der großen Längstalzone Rhonetal-Rheintal in einen nördlichen und in einen südlichen Alpenzug gegliedert. Hier in den Zentralalpen erreichen die Alpen ihre höchsten Höhen. Etwa 30 Gipfel ragen über 4 000 m auf, einzelne Massive sind großflächig vergletschert. Mit dem Großen Aletschgletscher, der rd. 87 km² bedeckt, liegt der größte Alpengletscher in der Schweiz. Im südlichen Alpenzug liegt mit der 4 637 m hohen Dufourspitze des Monte Rosa der höchste Punkt des Landes.
Das Sankt-Gotthard-Massiv ist das Quellgebiet zahlreicher Flüsse: Rhein, Reuß, Aare, Rhone und Tessin entspringen hier. Das Hochtal Inn, das Engadin in Graubünden, wird durch den Inn zur Donau entwässert.
Der schweizerische Anteil am Jura erstreckt sich in einem weiten Bogen an der Nordgrenze des Landes. Er hat den Charakter eines Mittelgebirges und umfasst den Kettenjura sowie Teile des Platten- und Tafeljuras.
Das Schweizer Mittelland gehört zum Alpenvorland und nimmt etwa 23 % der Landesfläche ein. Es erstreckt sich zw. Jura und Alpen sowie Bodensee und Genfer See. Die Landschaft ist ein 400 bis 1 000 m hohes Hügelland und wird von vielen Flusstälern zerschnitten.
Das Klima ist stark differenziert. Im S machen sich mediterrane Einflüsse bemerkbar, im N dominiert kühl gemäßigtes Klima und im Jura sind die Winter mit bis zu –40° C besonders kalt.
Die Schweiz ist reich an Seen. Sie hat Anteil an den beiden größten nördlichen Vorlandseen, dem Bodensee und dem Genfer See, sowie an den oberitalienischen Seen Lago Maggiore und Luganer See. Ferner besitzt die Schweiz zahlreiche Alpenrandseen wie den Vierwaldstätter See oder den Zürichsee.

Wirtschaftlich erfolgreich

Die Schweiz zählt zu den führenden Industrienationen. Das ist auf den ersten Blick erstaunlich, denn die natürlichen Voraussetzungen dafür sind nicht besonders günstig: Weite Teile des Landes, insbesondere Teile der Alpen, sind nicht wirtschaftlich zu nutzen, die Binnenlage ermöglicht nur über den Rhein einen Zugang zum Meer, es gibt kaum Bodenschätze und die Absatzmöglichkeiten im

Land sind begrenzt. Diese Nachteile werden aber durch die Verkehrslage und -ausstattung der Schweiz als »Drehscheibe Europas« ausgeglichen, die die Basis für die erfolgreiche Entwicklung von Handel, Handwerk und Industrie waren. Heute verfügt die Schweiz über eine breit gefächerte und moderne Industrie. Die Unternehmen haben sich auf die Herstellung hochwertiger Qualitätsprodukte konzentriert und sind damit auf dem Weltmarkt sehr erfolgreich. Als Beispiele können die Uhrenindustrie, die besonders im Jura angesiedelt ist, die pharmazeutische Industrie in der Region ↑Basel oder die Nahrungs- und Genussmittelindustrie gelten. Auch der Maschinen- und Apparatebau und die Metallverarbeitung sind bedeutend und ebenfalls stark exportorientiert. Der Energiebedarf wird zu zwei Dritteln durch Wasserkraftwerke gedeckt; der Niederschlagsreichtum, das gebirgige Relief und die Flüsse bieten dafür günstige Voraussetzungen.

Der wirtschaftlich wichtigste Sektor ist aber der Dienstleistungsbereich. Die Schweiz zählt zu den bedeutendsten Finanzzentren der Welt. Viele schweizerische Geldinstitute und Versicherungsunternehmen haben internationalen Rang und erzielen einen Großteil ihrer Einkünfte durch das Auslandsgeschäft. Dies ist mit der großen politischen Stabilität der Schweiz, aber auch mit dem Bankgeheimnis zu erklären.

Eine bedeutsame Stellung hat auch der Fremdenverkehr. Mit fast 80 Mio. Übernachtungen pro Jahr ist er ein wichtiger Wirtschaftsfaktor. Viele Orte haben ganzjährig Saison.

Für die Landwirtschaft sind die Bedingungen durch Relief und Klima weniger günstig. Der wichtigste Sektor ist die Milchwirtschaft, die viele Produkte für den Export herstellt. Sie hat sich von den traditionellen Gebieten in den Alpen in das Mittelland ausgedehnt.

Die Schweiz ist in den europaweiten Verkehrsfluss einbezogen und hat als kürzeste N-S-Verbindung durch die Alpen eine wichtige Transitfunktion. Dieser Verkehr benutzt v.a. die Alpentunnel, z.B. am Sankt Gotthard oder am Simplon. Das vollständig elektrifizierte Eisenbahnnetz und das hervorragende

Schweiz – Wirtschaft

Straßennetz bieten auch für den Binnenverkehr eine ausgezeichnete Verkehrserschließung. Ein zunehmendes Problem ist jedoch der sprunghafte Anstieg des Güterverkehrs in den letzten Jahrzehnten, der Kapazitätsgrenzen aufzeigt. Mit neuen Schienen- und Tunnelprojekten wird versucht, insbesondere den die Umwelt belastenden Straßenverkehr zu verringern oder zu verlagern.

Blick über die Reuß auf die Altstadt von Luzern; im Vordergrund die 1994 nach einem Brand rekonstruierte Kapellbrücke – sie entstand im 14. Jahrhundert als Teil der Stadtbefestigung.

Modell für Europa?

Die landschaftliche, wirtschaftliche und kulturelle Vielfalt ist ein Wesensmerkmal der Schweiz. Der Staat vereint Angehörige verschiedener Völker und Sprachen. Es gibt vier Amtssprachen: Etwa zwei Drittel der Bevölkerung sprechen Deutsch (Schweizerdeutsch), im westlichen Landesteil dominiert das Französische, das etwa 20 % Sprecher hat, im Kanton Tessin wird überwiegend Italienisch gesprochen. Auch das von den Rätoromanen gesprochene Bündnerromanisch – eine altromanische Sprache – ist anerkannt, obwohl es von weniger als 1 % der Bevölkerung benutzt wird, insbesondere in Graubünden. Dieses gleichberechtigte Nebeneinander der Sprachgruppen ist einerseits eine Folge großer gegenseitiger Toleranz, andererseits Ausdruck einer starken kulturellen und politischen Ausrichtung auf die Regionen. Die Kantone verfügen über eine weitgehende, fast staatsähnliche Souveränität, der Bundesstaat hat nur wenige Aufgabenfelder, darunter die Außenpolitik. Auch die Gemeinden sind sehr unabhängig. In der Schweiz werden außerdem viele politische Fragen durch Bürgerabstimmungen entschieden. Diese lose Vereinigung relativ unabhängiger Teilstaaten und die basisdemokratischen Elemente werden häufig als ein Modell für ein künftiges vereinigtes Europa dargestellt.

Umso überraschender erscheint, dass die Schweiz nicht zur ↑EU und zur ↑UNO gehört. 1992 lehnte das Volk den Beitritt zum Europäischen Wirtschaftsraum (EWR) ab.

Die Schweiz steht jedoch nicht abseits: Sie ist wirtschaftlich stark mit Europa und der Welt verflochten, ist Mitglied der ↑EFTA und des Europarats und beteiligt sich an vielen internationalen Organisationen. ■

Eine reichhaltige Palette an Informationen rund um die Schweiz, an Veranstaltungshinweisen und Reisetipps inklusive Lastminute-Angeboten bietet »Schweiz Tourismus« im Internet unter de.myswitzerland.com an.

Gute Informationen bieten außerdem die Internetadressen:
www.zahlenspiegel.ch
www.admin.ch
www.dhs.ch

BURRI, KLAUS: *Schweiz. Geografische Betrachtungen.* Luzern (Interkantonale Lehrmittelzentrale) [2]2002. ■ KÜNG, THOMAS: *Gebrauchsanweisung für die Schweiz.* München (Piper) 2002. ■ ODERMATT, ANDRE und WACHTER, DANIEL: *Schweiz. Eine moderne Geographie.* Zürich (Verlag Neue Zürcher Zeitung) 2004.

◀ Fortsetzung von S. 373 Angebaut werden Weizen, Mais, Zuckerrüben, Kartoffeln, Roggen, Sonnenblumen, Tabak, Hanf und Gemüse. In der Viehwirtschaft spielt die Haltung von Rindern, Schweinen und Schafen eine Rolle. Wein- und Obstbau finden sich v. a. in Montenegro und Kosovo.

S. u. M. ist reich an Bodenschätzen, u. a. Braunkohle, Bauxit, Eisen-, Kupfer-, Blei- und Zinkerz. Erdöl und Erdgas werden in der Saveniederung und nahe Belgrad gefördert.

Durch Kriegshandlungen und durch die Luftangriffe der NATO von März bis Juni 1999 sowie durch Wirtschaftssanktionen wurde die nach dem Auseinanderbrechen Jugoslawiens ohnehin in Mitleidenschaft gezogene Wirtschaft weiter geschwächt. Wichtige Industriezweige sind NE-Verhüttung, Stahlindustrie, Maschinen- und Fahrzeugbau, chemische, Textil- Möbel-, Nahrungsmittel- und Tabakindustrie. Von Bedeutung ist die Energieerzeugung durch Wasserkraftwerke. Der Fremdenverkehr ging nach 1990 stark zurück. Haupthandelspartner sind Deutschland, Russland, Italien und die Schweiz.

S. u. M. ist ein Durchgangsland mit einem gut ausgebauten Verkehrsnetz. Die wichtigste Fernstraße ist der Autoput Ljubljana – Zagreb – Belgrad – Skopje zur makedonisch-griechischen Grenze, die bedeutendste nationale Eisenbahnlinie seit 1976 die Strecke von Belgrad zum Fähr- und Industriehafen Bar. Der größte Binnenschifffahrtsweg ist die Donau. Internationale Flughäfen befinden sich in Belgrad, Niš und Podgorica, der Hauptstadt Montenegros.

Staat und Politik: S. u. M. ist als Rechtsnachfolger der ehemaligen Bundesrepublik Jugoslawien seit dem 4. 2. 2003 eine lockere Staatenunion. Wojwodina und Kosovo werden als autonome Provinzen bezeichnet, sind es aber de facto noch nicht. Die Föderation hat keine gemeinsame Hauptstadt, nur einen gemeinsamen Regierungssitz. Staatsoberhaupt ist der vom Parlament für vier Jahre gewählte Präsident. Die Legislative liegt beim Einkammerparlament mit 126 Abgeordneten, davon 91 für Serbien und 35 für Montenegro. Beide Teilrepubliken verfügen über eigene Verfassungen und unterschiedliche Währungen.

Zw. 1989 und 1991/92 zerfiel der seit 1918 bestehende jugoslawische Staat, als sich einzelne Teilrepubliken zu selbstständigen Staaten erklärten. Serbien und Montenegro schlossen sich 1992 zunächst zu einem neuen jugoslawischen Staat, der Bundesrepublik Jugoslawien, zusammen. In die Balkankriege war Jugoslawien politisch wie militärisch verstrickt. Die nationalen Gegensätze im Kosovo führten 1998 zu einem Bürgerkrieg. Die Vertreibung der albanischstämmigen Bevölkerung veranlasste die NATO 1999 zu Luftangriffen gegen Serbien. Die Wirtschaftssanktionen gegen Jugoslawien wurden 2000 nach dem Wahlsieg der Opposition, der mit der Hoffnung auf eine Demokratisierung verbunden war, wieder aufgehoben.

Serengẹti: Savanne in Nordtansania, im Hochland östlich des ↑ Victoriasees. Die S. ist das Kerngebiet des wildreichen **Serengeti-Nationalparks**. Das fast 15 000 km² große Schutzgebiet wurde bereits 1941 eingerichtet und ist seit 1981 Teil des UNESCO-Weltnaturerbes. Die Region liegt in der Wanderzone vieler Tiere. Nahezu alle typischen afrikanischen Savannentiere kommen vor. In Deutschland wurde die Serengeti durch BERNHARD GRZIMEK (1909–87) bekannt, der sich um den Schutz dieser Region bemühte.

Seychẹllen: Inselstaat im Indischen Ozean. Er umfasst die Seychellen mit 32 Inseln sowie die Amiranten, die Aldabra- und Farquhar-Inseln, Assumption, Astove, Cosmoledo, Providence, Curieuse, Cerf, Coëtivi und Plate.

Landesnatur: Die insgesamt mehr als 100 Inseln liegen etwa 1 000 km östlich der Küste Kenias. Die großen Inseln bestehen aus Granit, haben schroffe Steilküs-

S

Seychellen: Den schroff aufragenden Bergen der größeren Inseln sind von Granitblöcken unterteilte Palmenstrände vorgelagert.

ten und ein bewegtes Relief. Sie sind Reste einer kontinentalen Scholle, die beim Auseinanderbrechen des Urkontinents Gondwana isoliert wurde. Die übrigen Inseln sind niedrige Koralleninseln. Die größte Insel ist Mahé mit 148 km². Hier liegt mit 912 m der höchste Punkt des Landes.
Das Klima ist tropisch-ozeanisch mit gleichbleibend hohen Temperaturen und hoher Luftfeuchtigkeit. Die niederschlagsreiche Zeit fällt auf Dezember bis

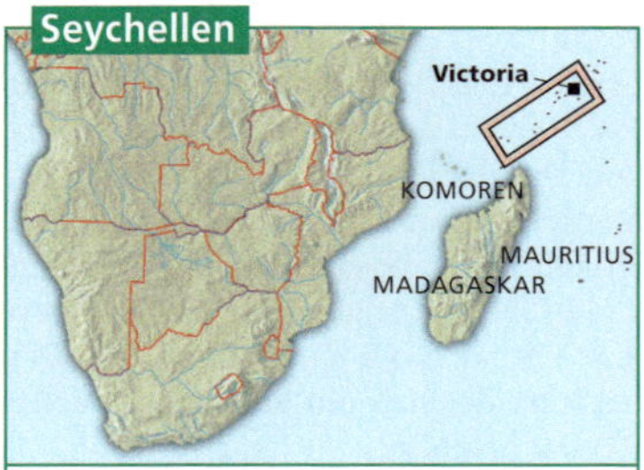

(Seschellen, engl. und frz. Seychelles, amtlich kreolisch Repiblik Sesel)
Fläche: 454 km²
Einwohner: 84 000
Hauptstadt: Victoria
Amtssprache: Englisch, Französisch, Kreolisch
Währung: 1 Seychellen-Rupie (SR) = 100 Cents (c)
Zeitzone: MEZ + 3 Stunden
Kfz-Kennzeichen: SY

März während des Nordwestmonsuns.
Bevölkerung: Die Bewohner sind zu 89 % Kreolen, Nachkommen französischer Siedler, ehemaliger afrikanischer Sklaven, von Seeräubern und Zuwanderern aus Mauritius, Indien und China. 80 % der Bevölkerung leben auf Mahé. Allgemeine Schulpflicht besteht vom 7. bis 15. Lebensjahr. Knapp 90 % der Einwohner sind Katholiken, rd. 8 % Protestanten.
Wirtschaft und Verkehr: Haupterwerbszweig ist der Fremdenverkehr, gefolgt von Hochseefischerei und Ackerbau. Kokospalmen-, Zimt-, Vanille- und Teepflanzungen arbeiten exportorientiert. Für den Eigenbedarf werden Bataten, Maniok, Jamswurzel und Gemüse angebaut. Guanoabbau wird auf den Amiranten betrieben. Die Industrie verarbeitet v. a. die landwirtschaftlichen Produkte. Haupthandelspartner sind die USA.
Die wichtigsten Verkehrsträger sind Schiff und Flugzeug. Auf Mahé gibt es einen internationalen Flughafen und bei Victoria einen Überseehafen.
Staat und Politik: Das 1976 von Großbritannien unabhängig gewordene Land ist Mitglied der UNO und eine Präsidialrepublik im Commonwealth. Staatsoberhaupt und Regierungschef ist der alle fünf Jahre direkt gewählte Präsident.

's-Gravenhage [sxra:vən'ha:xə]: ↑Den Haag.

Sibirien: Landschaftsraum in Nordasien, der den größten Teil des asiatischen Territoriums von Russland und den N von Kasachstan umfasst. S. ist mit einer Größe von rd. 10 Mio. km^2 fast so groß wie Europa, hat aber nur etwa 25 Mio. Einwohner. Es erstreckt sich vom ↑ Ural im W bis zu den Gebirgen der pazifischen Wasserscheide im O über 7 000 km und von der Küste des Nordpolarmeers im N zur Kasachischen Schwelle und den Grenzen zur Mongolei und zu China im S über 3 500 km.

Relief: Zw. Ural und ↑ Jenissei breitet sich das Westsibirische Tiefland aus, dem sich nach O zw. Jenissei und ↑ Lena das Mittelsibirische Bergland anschließt. Zwischen ihm und dem Byrrangagebirge auf der Halbinsel Taimyr liegt das Nordsibirische Tiefland. Östlich der Lena erstreckt sich das bis 3 147 m aufragende Nordsibirische Gebirgsland. Im N folgen vermoorte, von Seen durchsetzte Ebenen wie die Jana-Indigirka-Tiefebene oder die Kolymatiefebene.

Die Gebirge Südsibiriens bilden mit ↑ Altai, Sajangebirge, Tannu-Ola, Tuwabergland und den Bergländern Baikaliens und Transbaikaliens eine hohe Barriere, die S. von Zentralasien trennt. Die größten Flüsse sind ↑ Ob (mit Irtysch), Jenissei (mit Angara), Lena, Aldan, Kolyma und Indigirka. Sie münden in das Nordpolarmeer und sind im S fünf, im N acht Monate zugefroren. Eine Besonderheit ist der ↑ Baikalsee, der tiefste und wasserreichste See der Erde.

S. hat Anteil an der gemäßigten und an der subpolaren *Klimazone.* Charakteristisch ist eine extreme Kontinentalität, die sich von W nach O verstärkt. Die mittlere Jahrestemperatur liegt nahezu in ganz Sibirien unter 0 °C, im NO sogar bei –18 °C. Die Temperaturspanne ist enorm: In Oimjakon liegt der extreme Tiefwert bei –71 °C, das Temperaturmaximum bei 33 °C. Dauerfrostböden sind in ganz Ostsibirien sowie in Westsibirien nördlich des 62. Breitengrads verbreitet, also bei 60 % der Fläche von S.

Die *Vegetationszonen* verlaufen annähernd breitenparallel. Von N nach S folgen Tundra, Taiga, Waldsteppe und Steppe. Östlich des Altai treten Waldsteppe und Steppe nur noch inselhaft auf. Am ↑ Amur und am Ussuri kommen Mischwälder vor.

Bevölkerung: Die Bevölkerung ist äußerst ungleichmäßig verteilt. Am dichtesten ist der S von Westsibirien entlang der Transsibirischen Eisenbahn besiedelt. Zwei Drittel der Bevölkerung wohnen in Städten, deren größte Nowosibirsk, Omsk, Krasnojarsk, Irkutsk, Barnaul und Nowokusnezk sind. Neben den ethnischen Russen gibt es eine Vielzahl anderer Völker, u. a. Samojeden, Burjaten, Jakuten, Tungusen, Tschuktschen, Korjaken und Kasachen.

Wirtschaft und Verkehr: Nach 1945 wurde S. intensiver erschlossen. Die Ausbeutung der Naturschätze führte zu beträchtlichen Umweltschäden. Hauptwirtschaftszweig ist die Förderung fossiler Brennstoffe und ihre Verarbeitung in der petrochemischen Industrie und in Wärmekraftwerken zur Gewinnung elektrischer Energie. Diese, ergänzt durch Strom aus den Wasserkraftwerken, bilden zusammen mit den reichen Erzvorkommen die Grundlage für die Eisen-, Bunt- und Leichtmetallurgie und den Maschinenbau. Dazu kommen die Holz- sowie in den Ballungsgebieten die Nahrungsmittel- und Konsumgüterindustrie. Von enormer Bedeutung sind die Vorkommen an Gold und Diamanten. Die ungünstigen natürlichen Verhältnisse lassen nur im S in größerem Umfang Ackerbau und Viehzucht zu.

Neben der Transsibirischen Eisenbahn sind die Baikal-Amur-Magistrale (BAM) sowie die Süd-, Mittel- und Nordsibirische Eisenbahn die wichtigsten Verkehrswege. Weite Gebiete sind nur auf dem Luftweg erreichbar. Von den Erdöl- und Erdgasfördergebieten führen Pipelines zu den Verarbeitungs- und Verbrauchszentren in Russland, Kasachstan und den europäischen Staaten.

S

Sierra Leone: Staat in Westafrika. S. L. grenzt im W und SW an den Atlantischen Ozean, im N und O an Guinea und im SO an Liberia.
Landesnatur: Die westliche Landeshälfte ist eine etwa 150 m hohe Rumpfflächenlandschaft mit einzelnen Inselbergen, der die 40 km breite Küstenniederung mit Mangroven vorgelagert ist. Auf der gebirgigeren Halbinsel Sierra Leone liegt die Hauptstadt Freetown. Dem mittleren Küstenabschnitt vorgelagert ist die Insel Sherbro. Die Plateaulandschaft im O gehört zum Guineahochland, das u. a. von den bis 1 950 m hohen Loma Mountains überragt wird.
Das Klima ist randtropisch mit einer Regenzeit, die von Juni bis September/Oktober dauert. Der Regenwald im S ist größtenteils gerodet. Im nördlichen Binnenland herrscht Savanne vor.

Sierra Leone

(amtlich engl. Republic of Sierra Leone)
Fläche: 71 740 km²
Einwohner: 5,235 Mio.
Hauptstadt: Freetown
Amtssprache: Englisch
Währung: 1 Leone (Le) = 100 Cents (c)
Zeitzone: WEZ
Kfz-Kennzeichen: WAL

Bevölkerung: Die größten der 17 ethnischen Gruppen sind die Mende mit einem Anteil von 34 % und die Temne mit 32 %. Rd. 2 % sind Nachkommen ehemaliger Sklaven, die aus Indien, Kanada und anderen britischen Kolonien eingewandert sind. Die Immigration begann 1787, als britische Philanthropen Freetown für befreite Sklaven gründeten. Mehr als 60 % der Bevölkerung sind Analphabeten. Rd. 40 % sind Muslime und 8 % Christen, viele sind Anhänger von Naturreligionen.
Wirtschaft und Verkehr: Hauptzweige der durch Bürgerkriege zerrütteten Wirtschaft sind Landwirtschaft und Bergbau. Für die Eigenversorgung werden v. a. Reis, Manick, Hirse und Mais, für den Export Kaffee, Kakao und Ölpalmen angebaut.
S. L. verfügt über reiche Bodenschätze; neben Bauxit, Eisenerz, Titanerz und Gold werden v. a. Diamanten abgebaut, die aber laut einem Beschluss der UNO von 2000 nicht mehr gekauft werden dürfen, da der Erlös den 1991 ausgebrochenen Bürgerkrieg finanziert. Die verarbeitende Industrie ist um Freetown konzentriert, v. a. Erdölraffinerie, Nahrungsmittel-, Holz- und Textilindustrie. Das Verkehrssystem ist in sehr schlechtem Zustand. Haupthäfen sind Freetown und Pepel. Der internationale Flughafen Lungi liegt bei Freetown.
Staat und Politik: Nach der Verfassung von 1991 ist S. L. eine Präsidialrepublik im Commonwealth. Staatsoberhaupt ist der Präsident. Seit der Unabhängigkeit von Großbritannien 1961 kommt es immer wieder zu Putschen und Bürgerkriegen. Seit 1999 bemühen sich Blauhelme mit mäßigem Erfolg um eine Befriedung. Unter ihrem Schutz fanden 2002 Parlamentswahlen statt.

Simbabwe: Binnenstaat in Südostafrika. S. grenzt im N an Sambia, im NO und O an Moçambique, im S an die Republik Südafrika und im SW sowie im W an Botswana.
Landesnatur: Den größten Teil von S. nimmt ein Binnenhochland ein. Zw. Bulawayo, der zweitgrößten Stadt, und der Hauptstadt Harare erstrecken sich die über 1 200 m hoch gelegenen Rumpfflächen des Hochvelds, dessen westlicher Teil, das Matabeleland, sich allmählich bis auf 500 m zum Kalaharibecken senkt. Nach N, S und SO fällt die Hochebene zum Lowveld ab, das Höhen zw. 400 und 800 m einnimmt. Der O wird von

S

Simbabwe

(amtlich engl. Republic of Zimbabwe, früher Südrhodesien)
Fläche: 390 757 km²
Einwohner: 13,001 Mio.
Hauptstadt: Harare
Verwaltungsgliederung: 8 Provinzen
Amtssprache: Englisch
Währung: 1 Simbabwe-Dollar (Z.$) = 100 Cents (c)
Zeitzone: OEZ
Kfz-Kennzeichen: ZW

der Randschwelle beherrscht, die im Inyangani 2 592 m erreicht. Im NO fließt der ↑Sambesi, der an der Grenze zu Sambia die ↑Victoriafälle bildet.
S. hat randtropisches Klima mit Sommerregen, das im Hochveld und Randgebirge durch die Höhe gemäßigt wird. Vorherrschend sind Feucht- und Trockensavannen, im östlichen Randgebirge immergrüner Bergwald und Grasfluren.
Bevölkerung: Rd. 95 % der Bevölkerung gehören zu Bantuvölkern. Die größten Ethnien sind die Shona mit 77 % und die Ndebele mit 17 %. Weniger als 1 % der Einwohner sind Europäer.
Etwa 36 % der Bevölkerung leben in Städten. Es besteht siebenjährige Schulpflicht. Die Einschulungsquote liegt bei rd. 95 %, die Analphabetenquote bei 10 %. Etwa 58 % der Bevölkerung sind Christen, die übrigen meist Anhänger von Naturreligionen, Minderheiten sind Muslime und Hindus. Aids ist eine große Bedrohung.
Wirtschaft und Verkehr: S. verfügt über eine leistungsfähige Wirtschaft. Hauptstützen sind Landwirtschaft, Bergbau und Industrie. Auf Großfarmen, die nur noch zu 3 % in europäischem Besitz sind, werden Zuckerrohr, Weizen, Zitrusfrüchte, Tee, Tabak und Baumwolle angebaut und es wird Rinderzucht betrieben. Die Farmen produzieren v. a. für den Export. Mittel- und Kleinbauern betreiben Anbau v. a. zur Selbstversorgung: Weizen, Hirse, Bohnen, Erdnüsse und Reis sind die wichtigsten Kulturen. Die Landfrage führt immer wieder zu Konflikten, zuletzt 2000, als »weiße« Farmen durch schwarze Landlose besetzt wurden.
Abgebaut werden rd. 70 Erzminerale, darunter Gold, Eisen-, Chrom-, Kupfer- und Nickelerz. Im W gibt es bei Hwange Steinkohleabbau. Wichtigste Industriezweige sind Erzverhüttung, Maschinenbau, Nahrungsmittel-, Tabak-, chemische, Textil- und Holzindustrie. Industriezentren sind Harare und Bulawayo. Anziehungspunkte für den rückläufigen Fremdenverkehr sind die Victoriafälle, der Karibasee, das Bergland im NO, die 26 Nationalparks und Wildreservate sowie das historische Simbabwe. Haupthandelspartner sind die Republik Südafrika, Großbritannien, Deutschland und die USA. Das Verkehrsnetz ist gut ausgebaut. Internationale Flughäfen haben Harare und Bulawayo.
Staat und Politik: Nach der Verfassung von 1980 ist S. eine Präsidialrepublik im Commonwealth. Staatsoberhaupt und Regierungschef ist der auf sechs Jahre direkt gewählte Präsident.
Das Land wurde 1980 endgültig unabhängig und gehört seitdem zur UNO. Es ist auch Mitglied der OAU.

Singapur (altindisch »Löwenstadt«): Stadtstaat in Südostasien. S. besteht aus der rd. 600 km² großen Hauptinsel sowie 54 kleineren Inseln, die vor der Südspitze der Malaiischen Halbinsel liegen.
Landesnatur: Die bis auf 177 m ansteigende Hauptinsel ist durch einen Brückendamm mit Straße, Bahnlinie und Fernwasserleitung mit dem Festland verbunden. Durch Neulandgewinnung wird die Fläche der Insel ständig vergrößert. Das Klima ist tropisch mit hohen

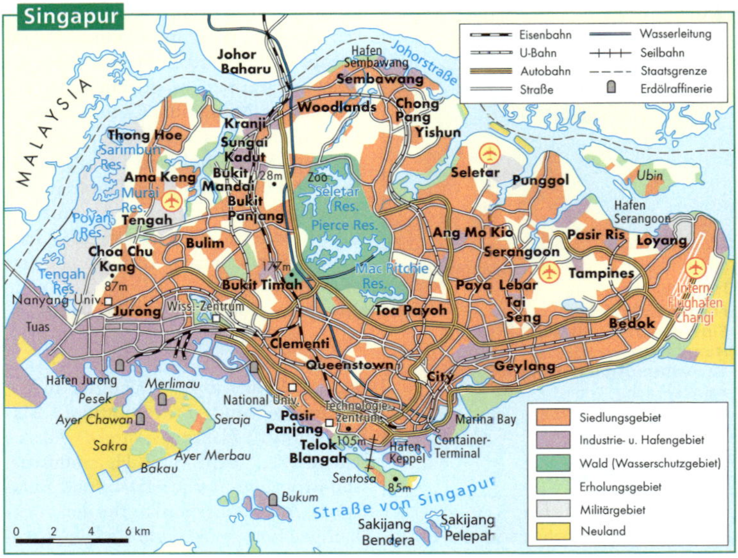

Niederschlägen, die v.a. in der monsunalen Regenzeit von November bis Januar niedergehen.

Bevölkerung: Mehr als drei Viertel der Einwohner sind Chinesen, die sich überwiegend zu Buddhismus oder Daoismus bekennen. Rd. 14 % sind Malaien, die meisten von ihnen sind Muslime. Überwiegend hinduistisch geprägt sind die Inder, die fast 8 % ausmachen. Insgesamt sind 12 % der Bevölkerung Christen. Die Bevölkerungsdichte liegt in einigen Stadtbezirken bei über 200 000 Ew./km^2. Das Sozialsystem gilt als das beste in Asien. Es besteht zwar keine Schulpflicht, aber nahezu alle Kinder besuchen die Schule. Die sechsjährige Primarschule ist kostenlos.

Wirtschaft und Verkehr: Aufgrund der Lage am Schnittpunkt wichtiger Schifffahrts- und Flugrouten entwickelte sich S. zu einem bedeutenden Verkehrs-, Handels-, Finanz- und Dienstleistungszentrum. Mit seinen hohen Wachstumsraten, die allerdings während der Asienkrise 1997/98 Einbußen erlitten, zählt S. zu den sog. ↑Tigerstaaten. S. ist mit fünf Erdölraffinerien das größte Raffineriezentrum Asiens. Bedeutend sind darüber hinaus optische und Elektronikindustrie, Schiff-, Maschinen- und Fahrzeugbau sowie Textil- und Bekleidungsindustrie.

Die Landwirtschaft spielt nur eine untergeordnete Rolle. Haupthandelspartner sind Japan, die USA, Malaysia, China, Thailand und Taiwan. Über 30 % des Erlöses gehen auf Reexporte zurück. Das Straßennetz ist hervorragend ausgebaut. Seit 1987 gibt es eine U-Bahn. S. ist weltweit der wichtigste Hafen im Containerumschlag. Internationale Flughäfen sind Changi und Paya Lebar.

Staat und Politik: Das seit 1965 unabhängige S. ist eine Republik im britischen Commonwealth. Es gilt die mehrfach geänderte Verfassung von 1959. Staatsoberhaupt ist der mit exekutiven Befugnissen ausgestattete Präsident, der auf sechs Jahre direkt gewählt ist. Die demokratische Verfassung wird durch die starke Medienkontrolle der Aktionspartei des Volkes (People's Action Party, PAP) unterminiert. Die PAP hat bisher

Singapur

(amtlich engl. Republic of Singapore, chinesisch Xinjiapo Gongheguo, malaiisch Republik Singapura, Tamil: Singapore Kudiyarasu)
Fläche: 683 km²
Einwohner: 4,164 Mio.
Hauptstadt: Singapur
Amtssprache: Chinesisch, Englisch, Malaiisch, Tamil
Währung: 1 Singapur-Dollar (S$) = 100 Cents (c)
Zeitzone: MEZ + 6 Stunden
Kfz-Kennzeichen: SGP

alle Wahlen in S. gewonnen und stellt fast alle Abgeordneten.

Sizilien: mit 25 426 km² die größte Insel Italiens und des Mittelmeers. S. hat 4,866 Mio. Einwohner. Hauptstadt ist Palermo mit rd. 682 900 Einwohnern.
Die Insel wird vom Festland durch die Straße von Messina getrennt. Auf eine schmale Küstenebene folgen Gebirge. Der höchste Berg ist mit 3 349 m der noch tätige Vulkan ↑Ätna. S. hat heiße, trockene Sommer und milde Winter, in denen zeitweise heftige Niederschläge fallen. Die Flüsse trocknen im Sommer vielfach aus. Wald und Macchie sind überwiegend von Kulturland verdrängt. Im wasserarmen inneren Hügelland wird extensive Landwirtschaft betrieben, v. a. Weizen- und Bohnenanbau sowie Weidewirtschaft. Die Küstenlandschaften werden intensiv bebaut. Insbesondere im Bewässerungsfeldbau gedeihen Zitrusfrüchte, Oliven, Wein, Mandeln und Baumwolle. Außer der Küstenfischerei auf Sardellen und Thunfische wird Hochseefischerei betrieben. Neben Asphalt und Marmor werden auch Erdgas und Erdöl abgebaut und verarbeitet.
Der Fremdenverkehr hat sehr hohe Bedeutung, da S. strukturschwach ist und weiterhin der Großgrundbesitz mit seinen negativen Auswirkungen auf die soziale Lage der Kleinpächter dominiert. Als Folge sind viele Sizilianer nach Norditalien abgewandert.

Skandinavien: rd. 750 000 km² große Halbinsel in Nordeuropa. Bei einer Breite von 300 bis 700 km erstreckt sich S. über 1 800 km von den subpolaren bis in die gemäßigten Breiten. Norwegen und Schweden nehmen den Großteil der Halbinsel ein. Außerdem hat Finnland Anteil an S. und im weiteren Sinn wird auch Dänemark hinzugerechnet.

Skopje: Hauptstadt von Makedonien. S. liegt am Vardar und hat 467 300 Einwohner. Die Stadt ist Sitz eines orthodoxen Metropoliten und eines katholischen Bischofs. Seit 1949 ist S. Universitätsstadt. Die Industrie wird vorwiegend von Betrieben der Metallerzeugung und -verarbeitung, von Maschinenbau und chemischen Industrien bestimmt. S. hat einen internationalen Flughafen.
1963 wurden weite Teile der Stadt durch ein Erdbeben zerstört. Von der Altstadt sind die aus dem 17./18. Jh. stammende Erlöserkirche, mehrere Moscheen, das türkische Bad und die um 1550 entstandene Karawanserei erhalten.

Slowakische Republik: Staat in Mitteleuropa. Die S. R. grenzt im W an die Tschechische Republik, im N an Polen, im O an die Ukraine, im S an Ungarn und im SW an Österreich.
Landesnatur: Den überwiegenden Teil der S. R. nehmen die waldreichen Westkarpaten ein, die durch Becken und breite Täler in einzelne Gebirgszüge und Bergmassive aufgelöst werden: Kleine ↑Karpaten und Weiße Karpaten, Westbeskiden mit Dukla- und Jablunkapass, die Niedere Tatra und das Slowakische Erzgebirge sowie das Hochgebirge der Hohen Tatra mit der Gerlsdorfer Spitze, die mit 2 655 m der höchste Gipfel der

S. R. ist. Größere Tieflandgebiete breiten sich nur in der Donautiefebene im SW am Unterlauf von Waag und Hron sowie am Mittel- und Unterlauf von Ondava und Laborec im SO aus. Das Klima ist gemäßigt kontinental.

Slowakische Republik

(amtlich slowakisch Slovenská Republika, Kurzform Slowakei)
Fläche: 49 034 km^2
Einwohner: 5,379 Mio.
Hauptstadt: Bratislava (Preßburg)
Verwaltungsgliederung: 8 Bezirke
Amtssprache: Slowakisch
Währung: 1 Slowakische Krone (Sk) = 100 Heller (h)
Zeitzone: MEZ
Kfz-Kennzeichen: SK

Bevölkerung: Fast 86 % der Einwohner sind Slowaken, rd. 10 % Ungarn, die v. a. an der Südgrenze siedeln. Sinti und Roma, Tschechen, Ukrainer und Russen sind weitere Minderheiten. Täler und Beckenlandschaften sind die am dichtesten besiedelten Regionen. Etwa 60 % der Bevölkerung leben in Städten.
Allgemeine Schulpflicht besteht vom 7. bis 16. Lebensjahr. Knapp 70 % der Einwohner sind katholisch, rd. 10 % Atheisten. Bedeutende religiöse Minderheiten sind die Angehörigen der orthodoxen Kirche, der mit Rom unierten slowakisch-katholischen Kirche des byzantinischen Ritus sowie verschiedene protestantische Kirchen.
Wirtschaft und Verkehr: Seit 1990 ist das bis dahin zentralistisch geleitete Wirtschaftssystem durch die schrittweise Einführung marktwirtschaftlicher Prinzipien einem umfassenden Strukturwandel unterworfen. Viele früher stark entwickelte Bereiche wie die chemische Industrie und der Maschinenbau sind besonders von den Umstellungsproblemen betroffen. Weitere wichtige Industriezweige sind Holzverarbeitung und Papierindustrie auf der Basis der Forstwirtschaft sowie Textil-, Glas- und Keramikindustrie. Bedeutendster Industriestandort ist ↑Bratislava als bisheriges Zentrum der petrochemischen Industrie. Der Bergbau mit Zentrum im Slowakischen Erzgebirge fördert besonders Buntmetall- und Eisenerze. Ferner wird Braunkohle abgebaut.
Die Stromerzeugung erfolgt v. a. auf der Basis von Braunkohle und Wasserkraft sowie durch Kernenergie, insbesondere in den Meilern von Jaslovské Bohunice und dem außerordentlich umstrittenen Mochovce. Bei Gabčíkovo wurde außerdem 1992 ein aus ökologischen Gründen stark kritisiertes Wasserkraftwerk in Betrieb genommen.
In der Landwirtschaft wird Ackerbau nur in den Tieflandgebieten im SW und SO betrieben, wo v. a. Mais, Weizen, Zuckerrüben, Gemüse und Obst, in klimatisch begünstigten Gebieten auch Wein und Tabak angebaut werden. In den Gebirgsbereichen dominieren Rinder- und Schafzucht. Der Fremdenverkehr hat wachsende Bedeutung.
Das Verkehrsnetz ist überwiegend gut ausgebaut. Schifffahrt wird auf der Donau betrieben. Einen internationalen Flughafen hat Bratislava.
Staat und Politik: Bis 1993 gehörte die S. R. zur Tschechoslowakischen Republik. Dann wurde das Land erstmals in seiner Geschichte unabhängig und gehört seitdem zur UNO. Die S. R. trat am 29. 3. 2004 der NATO und am 1. 5. 2004 der EU bei. Laut Verfassung von 1992 ist die S. R. eine Republik mit Mehrparteiensystem. Staatsoberhaupt ist der vom Parlament auf fünf Jahre gewählte Präsident, der über ein Vetorecht gegen Gesetzesbeschlüsse verfügt. Die Legislative liegt beim Nationalrat mit 150 Abgeord-

neten. Die Regierung wird vom Ministerpräsidenten geführt, den der Präsident ernennt, der aber das Vertrauen des Nationalrats benötigt.

Slowenien: Staat im S Mitteleuropas. S. grenzt im N an Österreich, im NO an Ungarn, im O und S an Kroatien sowie im W an Italien und mit einem 42 km langen Küstenstreifen an die Adria.

Landesnatur: S. ist überwiegend ein Gebirgsland. Es hat Anteil an den Südlichen Kalkalpen mit den Karawanken im N und den Julischen Alpen mit dem 2 864 m hohen Triglav im NW, die in das Karstgebiet von Innerkrain übergehen. Der SO (Unterkrain) ist ein fruchtbares Hügelland. Das Tal der Save, dem wichtigsten Strom, ist Hauptleitlinie für Siedlung und Verkehr. Das Klima ist feuchtgemäßigt und im W mediterran.

Slowenien

(slowenisch Slovenija, amtlich Republika Slovenija)
Fläche: 20 253 km²
Einwohner: 1,964 Mio.
Hauptstadt: Ljubljana
Amtssprache: Slowenisch
Währung: 1 Tolar (SIT) = 100 Stotinov
Zeitzone: MEZ
Kfz-Kennzeichen: SLO

Bevölkerung: Etwa 84 % der Bevölkerung sind Slowenen. Bedeutendste Minderheiten sind Kroaten, Serben, Ungarn und Italiener. Etwa die Hälfte der Einwohner lebt in Städten. Es besteht eine achtjährige Grundschulpflicht. Rd. 60 % der Bevölkerung sind Anhänger der katholischen Kirche.

Wirtschaft und Verkehr: Von den Nachfolgestaaten Jugoslawiens ist kein anderes Land so gut entwickelt und relativ wohlhabend wie S., insbesondere aufgrund der leistungsfähigen Industrie. Deren Grundlage ist der Bergbau der v. a. Eisen-, Blei-, Zink-, Kupfer-, Quecksilbererze, Braunkohle und Erdöl fördert. Wichtigste Industriezweige sind Maschinenbau, Metallerzeugung und -verarbeitung, Textil-, Holz-, elektrotechnische und chemische Industrie.

In der Landwirtschaft überwiegen Wiesen und Weiden, die v. a. für die Rinderzucht genutzt werden. Angebaut werden vorwiegend Weizen, Mais, Hopfen, Kartoffeln und Zuckerrüben. Bedeutend sind ferner der Obst- und Weinbau sowie die Forstwirtschaft – 45 % der Landesfläche sind bewaldet. Stetig steigende Bedeutung hat der Tourismus.

Ausfuhrgüter sind v. a. Maschinen, Pharmazeutika, Kosmetika, Nahrungsmittel, Bekleidung und Elektromotoren. Haupthandelspartner sind Deutschland, Italien, Frankreich und Österreich.

S. ist als Durchgangsland verkehrsmäßig gut erschlossen. Seehafen ist Koper. Internationale Flughäfen gibt es bei Ljubljana und Maribor.

Staat und Politik: S. erklärte 1991 sein Ausscheiden aus dem jugoslawischen Staatsverband. Die Unabhängigkeitserklärung zog nur marginale Kämpfe nach sich. Seit 1992, als auch Jugoslawien die Souveränität anerkannte, ist S. Mitglied der UNO. Es trat am 23.3. 2003 der NATO bei und ist seit dem 1.5. 2004 EU-Mitglied.

Nach der Verfassung von 1991 ist S. eine Republik. Staatsoberhaupt ist der alle fünf Jahre direkt gewählte Präsident. Die Regierung unter Führung des Ministerpräsidenten ist dem Parlament verantwortlich.

Sofia: Hauptstadt von Bulgarien. S. liegt an der Isker, am Fuß der 2 290 m hohen Witoscha. Die Stadt hat 1,096 Mio. Einwohner. In S. residieren der bulgarisch-orthodoxe Patriarch und ein katholischer Exarch. Es gibt eine Universität, mehrere wissenschaftliche Institute und Hoch-

schulen. Museen, Staatsoper, Theater und die Philharmonie machen S. zum kulturellen Mittelpunkt Bulgariens. Es ist auch der wichtigste Industriestandort mit Maschinen-, Fahrzeug-, Waggonbau, Nahrungsmittel-, elektrotechnischer, elektronischer, chemischer, Textil-, Lederwaren- und Tabakindustrie.
S. hat einen internationalen Flughafen und ist ein bedeutendes Fremdenverkehrsziel. Insbesondere die Kirchenbauten sind bemerkenswert, darunter die Kirche von Bojana (1259), die Sophienkirche aus dem 5. Jh. und die Schwarze Moschee von 1527.

Somalia: Staat im NO Afrikas. S. grenzt im N an den Golf von Aden, im O und SO an den Indischen Ozean, im SW an Kenia, im W an Äthiopien und im NW an Djibouti.

Somalia

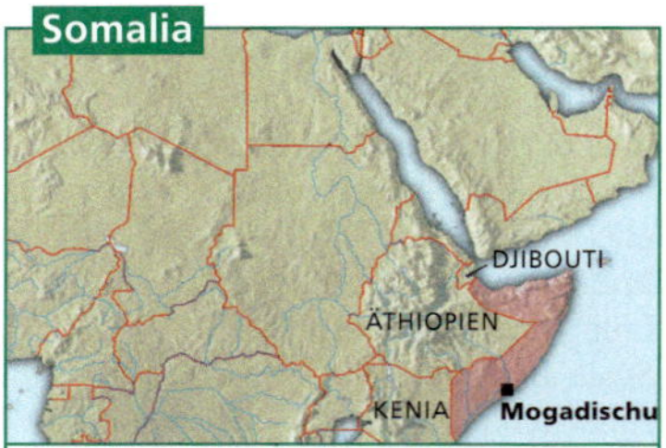

(amtlich Somali: Jamhuuriyadda Dimuqraadiga Soomaaliya, dt. Demokratische Republik Somalia)
Fläche: 637 657 km²
Einwohner: 9,319 Mio.
Hauptstadt: Mogadischu
Verwaltungsgliederung: 18 Provinzen
Amtssprache: Somali
Währung: 1 Somalia-Schilling (So.Sh.) = 100 Centesimi (Cnt.)
Zeitzone: MEZ + 2 Stunden
Kfz-Kennzeichen: SP

Landesnatur: Der nördliche Landesteil, die Somalihalbinsel, ist eine steil gestellte Scholle, die im Surud Ad 2 408 m erreicht. Sie fällt nach N steil, nach SO allmählich ab und geht in ein Küstentiefland über. Südsomalia ist eine Rumpfebene in etwa 500 m Höhe, an die sich südlich die weite Aufschüttungsebene der beiden einzigen Dauerflüsse Juba und Webe Shebele, die aus dem Äthiopischen Hochland kommen, anschließt. Der südlichen Küste ist eine Kette von Korallenriffen vorgelagert.
S. hat monsunales Klima mit Sommerniederschlägen im S und Winterniederschlägen im N. Im S erstreckt sich vorwiegend Trockensavanne, im N dominiert Halbwüste.
Bevölkerung: Rd. 95 % der Bevölkerung sind Somal, daneben gibt es negride, arabische, asiatische und europäische Minderheiten. Wegen des Bürgerkriegs leben zahlreiche Somali als Flüchtlinge in benachbarten Ländern. Die Mehrzahl der Bevölkerung lebt als Nomaden oder Halbnomaden. Nur etwa 28 % der Einwohner leben in städtischen Siedlungen. Allgemeine Schulpflicht besteht vom 6. bis 14. Lebensjahr, wird aber kaum eingehalten. Die Analphabetenquote liegt bei 76 %. Der Islam ist Staatsreligion. Die Sunniten dominieren.
Wirtschaft und Verkehr: S. ist eines der ärmsten Länder der Erde. Durch Dürreperioden und Bürgerkrieg verschlechterte sich die wirtschaftliche Situation drastisch. Die Mehrzahl der Bevölkerung lebt von der Landwirtschaft, deren wichtigster Zweig die nomadische Viehhaltung ist, insbesondere von Ziegen, Schafen, Kamelen und Rindern. In den Flusstälern werden u. a. Bananen, Zuckerrohr, Baumwolle, Mais, Hirse, Maniok und Gemüse angebaut, überwiegend im Bewässerungsfeldbau. Fischerei wird nur für den Eigenbedarf betrieben. Die Industrie ist kaum entwickelt. Neben der Nahrungsmittelindustrie hat lediglich die Erdölraffinierung Bedeutung. Ausgeführt werden Vieh, Bananen, Häute und Felle. Haupthandelspartner sind Italien, die USA und Deutschland.
Das Verkehrsnetz ist unzureichend ausgebaut. Es gibt keine Eisenbahn; das Straßennetz ist in sehr schlechtem Zustand. Haupthäfen sind Mogadischu, Berbera, Kismaayo und Marka. Einen internationalen Flughafen hat Mogadischu.

Staat und Politik: Der unabhängige Staat entstand 1960 aus der Vereinigung der ehemaligen Kolonien Britisch-Somaliland und Italienisch-Somaliland und trat der UNO bei. Politische Stabilität erreichte S. nie, seit dem Umsturz 1991 gab es de facto keinen Staat mehr – Clanführer kämpften miteinander um die Macht. Im N existiert ebenfalls seit 1991 die **Republik Somaliland**, die zunehmend Anerkennung findet. Eine Intervention der UNO mit Blauhelmsoldaten zw. 1992 und 1994 scheiterte. Seit Oktober 2002 laufen Friedensverhandlungen im kenianischen Nairobi.

Spanien: Staat in Südwesteuropa auf der Iberischen Halbinsel, grenzt im NO an Frankreich und Andorra, im W an Portugal. Zu S. gehören die ↑Balearen, die ↑Kanarischen Inseln und Gebiete in Nordafrika (Ceuta, Melilla u. a.).

(amtlich span. Reino de España, dt. Königreich Spanien)
Fläche: 504 782 km^2
Einwohner: 40,917 Mio.
Hauptstadt: Madrid
Verwaltungsgliederung: 17 autonome Regionen
Amtssprache: Spanisch (regional Baskisch, Galicisch, Katalanisch)
Währung: 1 Euro (EUR, €) = 100 Cents (c)
Zeitzone: MEZ
Kfz-Kennzeichen: E

Landesnatur: Das Gebiet des festländischen S. nimmt über vier Fünftel der Iberischen Halbinsel ein. Den Kernraum bildet die Hochfläche der Meseta. Sie wird vom Kastilischen Scheidegebirge (in der Sierra de Gredos 2 592 m) unterteilt: Die Nordmeseta (durchschnittlich 800 m hoch) setzt sich nach Portugal fort, die Südmeseta (durchschnittlich 650 m hoch) fällt nach W ab. Fast allseits ist die Meseta von Randgebirgen umgeben, die meerwärts nur schmalen Küstentiefländern Raum geben. Die Gebirgsumrahmung bildet im N das Kantabrische Gebirge, das nach W in das Bergland Nordgaliciens übergeht. Im O liegt das Iberische Randgebirge und im S die Sierra Morena bzw. die Betische Kordillere; der hier aufragende Mulhacén ist mit 3 478 m der höchste Berg des spanischen Festlandes. Höher ist nur noch der Pico de Teide auf Teneriffa (3 718 m). Zwischen Sierra Morena und Betischer Kordillere liegt das breite, zum Atlantik offene Guadalquivirbecken. Im NO des Landes erstreckt sich zw. Iberischem Randgebirge und Pyrenäen, deren Hauptkamm die Grenze gegen Frankreich bildet, das durch das Katalonische Bergland gegen das Mittelmeer abgeschlossene Ebrobecken. Die Küstenlänge (ohne Inseln) beträgt 3 144 km, davon 1 663 km am Mittelmeer.

Ein immerfeuchter Klimabereich ist der Nordsaum der Iberischen Halbinsel, Westwinde bringen ganzjährige Niederschläge; die Temperaturen sind durch die Meeresnähe sehr ausgeglichen. In der Meseta sind die Temperaturgegensätze zw. Sommer und Winter ausgeprägt: ↑Madrid hat ein Julimittel von 24° C, im Januar sind 10° C Durchschnitt. Tagsüber reichen die Sommertemperaturen häufig bis an die 40 °C, die Nächte im Winter bringen Frost bis zu –10 °C. Die Jahressumme der Niederschläge liegt zw. 250 mm (Almería) und über 2000 mm in den Küstenbergländern oder zentralen Gebirgen.

Der längste Fluss des Landes ist der ↑Tajo (1 008 km), der sich nach Portugal fortsetzt und in den Atlantik mündet. Der ↑Ebro (910 km) mündet als einziger großer Fluss ins Mittelmeer.

Über der für die Tiefländer typischen Ölbaum- und Macchie-Garrigue-Stufe

S

Spanien: Die Alhambra in Granada. Der maurische Palast- und Festungskomplex, ein Meisterwerk islamischer Baukunst in Europa, entstand im 13./14. Jahrhundert. Dahinter erheben sich die schneebedeckten Gipfel der Sierra Nevada.

mit immergrünen Eichen folgt oft ein Nadel-(Kiefern) oder Laubwald (Buchen). Die Hochzonen haben karge Grasfluren und Zwergwacholderbestände. Ein küstenparalleler Streifen im SO (zw. Almería und Alicante) hat Halbwüstencharakter.

Bevölkerung: Über 72 % machen den kastilisch sprechenden Bevölkerungsanteil aus (vorwiegend Kastilier, Asturier, Aragonier und Andalusier). Basken (2,3 %; mit eigener vorindogermanischer Sprache), Katalanen (16 %; mit eigener romanischer Schrift- und Literatursprache) und in geringerem Maß auch die den Portugiesen nahe stehenden Galicier (8 %; eigenes romanisches Idiom) nehmen in Volkskultur und Sprache eine Sonderstellung ein.

Die Bevölkerungsdichte beträgt 81 Ew. pro km^2. Am dichtesten besiedelt sind die Hauptstadtregion, die Provinz Barcelona und die baskischen Provinzen Vizcaya und Guipúzcoa. Die geringste Siedlungsdichte haben die Regionen Kastilien-La Mancha, Aragonien und Extremadura.

Es besteht allgemeine Schulpflicht vom 7. bis 16. Lebensjahr. Wesentlichen Anteil am Schulwesen besitzen private und kirchliche Einrichtungen. 98 % der Bevölkerung gehören der römisch-katholischen Kirche an.

Wirtschaft und Verkehr: Die landwirtschaftliche Nutzfläche macht rund 60 % der Gesamtfläche aus; davon sind rd. 50 % Ackerland, 15 % tragen Dauerkulturen (v. a. Wein und Oliven) und ein Drittel entfällt auf Wiesen und Weiden. Die Hochflächen sind das Hauptgebiet des Getreide- und Weinbaus, im S auch der Olivenkulturen – S. ist der größte Olivenölerzeuger der Welt. Im NW werden auch Kartoffeln und Mais angebaut, in den östlichen und südöstlichen Randzonen u. a. Obst, Gemüse, Reis, Baumwolle, Tabak, Zitronen, Mandeln und Nüsse. Auf dem Hochland ist die Schafzucht bedeutend. Die Fischerei (Sardinen, Thunfisch) spielt eine große Rolle; die wichtigsten Fischerhäfen liegen an der galicischen Küste. Hier werden auch Muscheln und Austern gezüchtet. Durch Jahrtausende währenden Raubbau ist der Waldbestand zu einem großen Teil vernichtet worden; geschlossene Waldgebiete gibt es nur noch im N und NW. Heute wird jedoch planmäßig Aufforstung betrieben.

Wichtige Bodenschätze sind Stein- und Braunkohle, Eisenerz, Schwefelkies, Kupfererz, Blei, Quecksilber (eine der höchsten Produktionsraten der Welt), Uranerz, Erdöl, Erdgas, Stein- und Meersalz.

Die wichtigsten Industriezweige sind Eisen- und Stahlerzeugung, Metallverarbeitung, Bergbau, Maschinen-, Fahrzeug-, Schiffbau, Aluminium-, Elektro-, Nahrungsmittel- (Fisch-, Obstkonserven, Wein, Olivenöl), Textil- und Schuhindustrie. Ausgeführt werden v.a. Maschinen, elektrotechnische Erzeugnisse, Fahrzeuge, Eisen und Stahl, Aluminium, Chemikalien und landwirtschaftliche Produkte. Haupthandelspartner sind die EU-Länder und die USA. Das Handelsbilanzdefizit kann durch die seit Jahrzehnten stetig wachsenden Einnahmen aus dem Fremdenverkehr und die Geldüberweisungen der im Ausland beschäftigten Spanier z. T. ausgeglichen werden.

Der Eisenbahnverkehr wird von einer staatlichen Gesellschaft (14 268 km Streckennetz, vorwiegend Breitspur) und verschiedenen Privatgesellschaften betrieben. Drei Viertel des Straßennetzes von 663 795 km Länge sind befestigte Straßen (10 317 km Autobahnen und vierspurige Straßen). Die Küsten- und Hochseeschifffahrt spielen eine wichtige Rolle; Haupthäfen besitzen Barcelona, Bilbao, Valencia, Gijón, Sevilla, Avilés und Las Palmas. Wichtige internationale Flughäfen sind bei Madrid (Barajas), Barcelona und Palma de Mallorca.

Staat und Politik: Nach der Verfassung von 1978 (1992 revidiert) ist S. eine Erbmonarchie mit parlamentarisch-demokratischem Regierungssystem. Staatsoberhaupt und Oberbefehlshaber der Streitkräfte ist der König. Er hat das Recht, das Parlament einzuberufen und aufzulösen sowie Wahlen anzusetzen. Er schlägt den Kandidaten für das Amt des Ministerpräsidenten vor, der im Ab-

Spanien und Portugal – Wirtschaft

S

geordnetenhaus aber eine Mehrheit braucht, und ernennt auf Vorschlag des Ministerpräsidenten die Mitglieder des Kabinetts, das dem Abgeordnetenhaus verantwortlich ist. Das Zweikammerparlament besteht aus Abgeordnetenhaus (350 Abgeordnete, auf vier Jahre gewählt) und Senat als Kammer der territorialen Vertretung (255 Mitglieder). Konflikte mit Separatisten gibt es im ↑Baskenland, aber auch in ↑Katalonien und Galicien treten Spannungen auf. Bis zum Ende der Franco-Diktatur 1975 blieb S. relativ isoliert in Europa, gehörte aber seit 1955 zur UNO. 1982 wurde S. in die NATO und 1986 in die EG aufgenommen. S. gehört zur Eurozone.

Spẹssart: Mittelgebirge zw. ↑Vogelsberg und ↑Rhön sowie ↑Odenwald, mit dem es eine tektonische Einheit bildet. Als Grenze zw. S. und Odenwald gilt das Durchbruchstal des Mains, das sog. Mainviereck. Während im niedrigeren, geringer bewaldeten und dichter besiedelten **Vorspessart** der kristalline Kern bloßgelegt ist, ist der dicht bewaldete **Hohe Spessart** von Buntsandstein bedeckt. Hier liegt mit dem 585 m hohen Geiersberg die höchste Erhebung.

Spịtzbergen: Inselgruppe im Nordpolarmeer. S. hat eine Fläche von rd. 63 000 km² und bildet zusammen mit der Bäreninsel die norwegische Außenbesitzung Svalbard. Dort leben 2 616 Menschen. Hauptort ist Longyearbyen mit rd. 1 000 Einwohnern.

S. besteht v. a. aus den Inseln Westspitzbergen, Nordostland, Edge-Insel und der Barentsinsel. Die Inseln haben im W alpinen Charakter mit starker Vergletscherung. Im Innern und im O herrschen von Einzelbergen überragte eisbedeckte Hochflächen vor. Etwa 60 % des Landes sind vergletschert. Der Boden taut im kurzen Sommer nur 50 bis 100 cm tief auf. Das arktische Klima wird durch den Nordatlantischen Strom etwas gemildert, der nebelreiches, wechselhaftes Wetter bei geringen Niederschlägen bringt.

Seit einem Beschluss des Völkerbunds von 1925 gehört S. zu Norwegen. Andere Staaten haben aber das Recht, die Steinkohlelager auszubeuten. Davon macht nur Russland Gebrauch – etwa ein Drittel der Einwohner sind Russen, die in Grubensiedlungen leben.

Spree: linker und bedeutendster Zufluss der Havel. Sie ist 382 km lang und über rd. 150 km schiffbar. Die S. entspringt im Lausitzer Bergland, fließt, sich vielfach aufspaltend, durch den **Spreewald**, den Nauendorfer See, den Schwieloch- sowie den Großen Müggelsee und mündet bei Spandau. Der Unterlauf ist auf einer kurzen Strecke Teil des Oder-Spree-Kanals. Im Niederlausitzer Braunkohlengebiet wurde die S. wegen der Tagebaue streckenweise verlegt. Zur Energiegewinnung und Wasserregulierung im Spreewald, der ein Biosphärenreservat und Siedlungsgebiet der Sorben ist, wurden zahlreiche Talsperren errichtet.

Sri̯ Lạnka [»glückliches Lanka«]: Inselstaat in Südasien. S. L. umfasst die Insel Ceylon und 23 kleine Inseln im Indischen Ozean, die der Halbinsel Vorderindien vorgelagert sind.

Landesnatur: Zwischen der Hauptinsel und dem indischen Festland liegt die seichte Palkstraße, in der sich die Inseln der Adamsbrücke befinden. Die Küstenlinie wird durch viele Lagunen geprägt. Im N ist die Küstenebene fast 170 km breit. Im südlichen Teil erhebt sich ein nach S steil abfallendes Hochgebirge, das im Pidurutalagala 2 524 m hoch ist.

Das Klima ist tropisch mit Jahresmitteltemperaturen um 26 °C und wird von den südostasiatischen Monsunen beeinflusst. Der SW ist besonders regenreich. Der im Regenschatten des Gebirges liegende NO ist vergleichsweise trocken. Der S und der SO des Landes waren Ende 2004 von der Flutwelle im Indischen Ozean besonders stark betroffen. Etwa 40 000 Menschen starben.

Bevölkerung: Etwa vier von fünf Einwohnern sind buddhistische Singhalesen, jeder Zehnte gehört zu den überwiegend

Sri Lanka

(bis 1972 Ceylon, amtlich singhalesisch Sri Lanka Prajatantrika Samajavadi Janarajaya; Tamil: Ilangai Jananayaka Socialisa Kudiarasu, dt. Demokratische Sozialistische Republik Sri Lanka)
Fläche: 65 610 km²
Einwohner: 18,968 Mio.
Hauptstadt: Colombo
Regierungssitz: Sri Jayawardhenepura
Verwaltungsgliederung: 9 Provinzen
Amtssprache: Singhalesisch und Tamil
Währung: 1 Sri-Lanka-Rupie (S.L.Re.) = 100 Sri-Lanka-Cents (S.L.Cts.)
Zeitzone: MEZ + 4 $^{1}/_{2}$ Stunden
Kfz-Kennzeichen: CL

hinduistischen Tamilen. Rd. 8% sind sog. Moors – Muslime, Nachkommen von Arabern. Im inneren Gebirgsland leben die Wedda, ein sehr altes Volk, das bereits vor Jahrtausenden den indischen Subkontinent besiedelte.
Die Besiedlungsdichte ist mit knapp 290 Ew./km² etwa ein Viertel höher als in Deutschland. Hauptsiedlungsgebiet ist der regenreiche SW. Allgemeine Schulpflicht besteht vom 6. bis 15. Lebensjahr. Der Unterricht ist unentgeltlich.
Wirtschaft und Verkehr: Grundlage der durch den seit 1983 anhaltenden Bürgerkrieg geschwächten Wirtschaft bilden die seit 1975 zum Großteil verstaatlichten Plantagen, deren Hauptprodukte Tee, Kautschuk und Kokosnüsse fast die Hälfte der Exporteinnahmen erbringen. S.L. ist nach Indien und China der drittgrößte Teeproduzent der Welt, in der Kautschukerzeugung steht es an achter Stelle. Der Fischfang ist für einen Inselstaat nur wenig entwickelt. Im Bergbau werden Grafit, Kaolin, Titanrohstoffe, Edel- und Halbedelsteine gewonnen. Die großen Wasserressourcen des rd. 330 km langen Mahaweli werden durch Kraftwerkssysteme, die beständig erweitert werden, genutzt. Zu den größten Industrieunternehmen des Landes zählen eine Erdölraffinerie, ein Stahlwerk und eine Reifenfabrik. Große Bedeutung besitzen auch das traditionelle Handwerk sowie der Fremdenverkehr.
Das Verkehrsnetz ist relativ gut ausgebaut. Eine Fährverbindung besteht über die Adamsbrücke mit Indien. Mittelpunkt des internationalen Flugverkehrs und Haupthafen ist Colombo.
Staat und Politik: Nach der Verfassung von 1978 ist S.L. eine Präsidialrepublik im Commonwealth. Staatsoberhaupt und oberster Inhaber der Exekutive ist der auf sechs Jahre direkt gewählte Präsident, der den Premierminister und die übrigen Mitglieder des Kabinetts bestimmt. S.L. wurde 1948 von Großbritannien unabhängig und trat 1955 der UNO bei. Seit im 3. Jh. v. Chr. die Singhalesen zum Buddhismus konvertierten, existiert der Gegensatz zu den hinduistisch geprägten Tamilen. Nach der Unabhängigkeit des Staates eskalierte der Konflikt mehrfach und von 1983 bis 2002 herrschte offener Bürgerkrieg zw. der singhalesischen Zentralregierung und den **L**iberation **T**igers of **T**amil **E**elam (LTTE), einer tamilischen Guerillaorganisation. Friedensverhandlungen kommen nur schleppend voran.
Steiermark: Bundesland im SO Österreichs. Die S. ist 16 392 km² groß und hat 1,183 Mio. Einwohner. Die Hauptstadt ist ↑Graz. S. grenzt im S an Slowenien, im O an das Burgenland, im NO an Niederösterreich, im NW an Oberösterreich, im W an das Bundesland Salzburg und im SW an Kärnten.
Die S. liegt zum überwiegenden Teil in den Ostalpen. Sie gliedert sich in Ober- und Mittelsteiermark. Die Unter- oder Südsteiermark gehört heute zu Slowenien. In der Obersteiermark liegt in den Nördlichen Kalkalpen die höchste Erhebung, der Dachstein mit 2 995 m. Süd-

S

lich des Ennstales liegen die Niederen Tauern und die Eisenerzer Alpen, südlich der oberen Mur die Gurktaler Alpen, südlich der Mur-Mürz-Furche das Steirische Randgebirge. Die Mittelsteiermark besteht aus dessen Abdachung, dem Grazer Bergland, sowie dem nach O anschließenden Joglland. Der SO des Landes wird von Oststeirischem Hügelland, Grazer Becken und dem östlichen Teil des Weststeirischen Hügellandes geprägt.
Klimatisch liegt die S. im Übergangsbereich vom Gebirgsklima zu kontinentalem Klima. Hauptfluss ist die Mur, wichtiger Wirtschafts- und Siedlungsraum die Mur-Mürz-Furche.
Im Alpenvorland herrscht Landwirtschaft vor. Getreide, Gemüse, Wein- und Obstbau sind bestimmende Kulturen, aber die größte Bedeutung hat die Viehzucht mit Futterpflanzenanbau. Es werden Eisenerz, Magnesit und Grafit sowie Braunkohle abgebaut und z. T. direkt verarbeitet. Auf dem Holzreichtum fußt eine bedeutende Papier- und Holzindustrie, ferner sind Maschinenbau, Elektro- und Nahrungsmittelindustrie bedeutend. Stark ausgeprägt ist der Fremdenverkehr.

Stiller Ozean: ↑ Pazifischer Ozean.

Stockholm: Haupt- und Residenzstadt von Schweden. S. liegt auf etwa 25 Inseln und Halbinseln sowie weiteren Schären zw. Mälarsee und Ostsee. Es hat 761 700 Einwohner. Neben Regierungs- und Verwaltungsbehörden hat auch die Nobelstiftung hier ihren Sitz. Es gibt eine Universität und zahlreiche weitere Hochschulen. Berühmte Museen sind das Freilichtmuseum Skansen und das Wasamuseum. S. ist die wichtigste Industriestadt Schwedens. Bestimmend sind Maschinenbau, Papier-, Druck-, Nahrungsmittel-, Textil-, Bekleidungs- und chemische Industrie.
Mit seinen Schiffsverbindungen, dem internationalen Flughafen Arlanda und seinen Fernstraßen und Eisenbahnverbindungen ist S. ein wichtiger Verkehrsknotenpunkt. Aufgrund der Architektur in der Altstadt und der reizvollen Lage ist S. einer der touristischen Hauptanziehungspunkte Skandinaviens.

Stuttgart: Hauptstadt des Bundeslandes Baden-Württemberg. S. liegt in einem nach NO zum Neckar geöffneten Talkessel in einer Höhe von rd. 245 m und hat 588 500 Einwohner. Die Stadt ist Sitz der Landesregierung sowie vieler Landes-, Bundes- u. a. Behörden sowie Zweitsitz des katholischen Bischofs von Stuttgart-Rottenburg. Es gibt drei Universitäten, mehrere Hochschulen und bedeutende Museen, u. a. die Neue Staatsgalerie.
Führend in der Industrie sind Fahrzeugbau – DaimlerChrysler hat hier seinen Hauptsitz – und die Elektrotechnik sowie die elektronische Industrie, daneben Maschinenbau, Feinmechanik und Optik, Papierverarbeitung, Textil- und Bekleidungs-, Nahrungs- und Genussmittelindustrie. Es gibt zahlreiche Druckereien und Verlage. In Leinfelden-Echterdingen liegt der internationale Flughafen und am kanalisierten Neckar gibt es einen Hafen. Das am Neckar gelegene Bad Cannstatt ist ein bedeutendes Mineralbad. Trotz schwerer Kriegszerstörungen ist die Altstadt eindrucksvoll und zieht viele Touristen an.

Südafrikanische Republik: siehe Südafrika S. 394.

Südamerika: mit 17,6 Mio. km² der viertgrößte Kontinent der Erde (inkl. Inseln); das entspricht 11,8 % der Landfläche der Erde. S. ist der südliche Teil des Doppelkontinents Amerika und wird mit ↑ Nordamerika durch die Land- und Inselbrücke ↑ Mittelamerika verbunden. Die Grenze von S. zu Mittelamerika ist die Niederung des Flusses Atrato an der Grenze zw. Kolumbien und Panama.

Naturraum

Das südamerikanische Festland hat eine N-S-Ausdehnung von über 7 600 km und die W-O-Erstreckung beträgt fast 5 000 km. Zu S. werden auch zahlreiche,

Südamerika

Land	Fläche in km²	Einwohner in 1 000	Hauptstadt
Argentinien	2 780 403	36 480	Buenos Aires
Bolivien	1 098 581	8 809	Sucre
Brasilien	8 547 404	174 485	Brasília
Chile	756 096	15 589	Santiago
Ecuador	272 045	12 818	Quito
Guyana	214 969	766	Georgetown
Kolumbien	1 141 748	43 733	Bogotá
Paraguay	406 752	5 510	Asunción
Peru	1 285 216	26 749	Lima
Surinam	163 265	433	Paramaribo
Uruguay	175 016	3 361	Montevideo
Venezuela	912 050	25 090	Caracas

z.T. weit entfernt liegende Inseln gerechnet (z.B. ↑Osterinsel, ↑Galápagosinseln, ↑Falklandinseln). Die *Küste* im W ist wenig gegliedert. Im N und O wird sie von den Mündungstrichtern der großen Flüsse tief eingeschnitten. Im SW und S löst sich die kontinentale Landmasse in viele tausend Inseln auf (↑Feuerland).

Auf der Westseite des Kontinents wird das *Relief* von den Anden geprägt. Dieser zu den ↑Kordilleren gehörende Hochgebirgszug erreicht im ↑Aconcagua 6 959 m. Im O überwiegen Mittelgebirge und Tafelländer (Bergland von Guayana, Brasilianisches Bergland, Patagonisches Tafelland), zw. denen sich ausgedehnte Tiefländer erstrecken.

Die *Hauptströme* des Kontinents sind der ↑Amazonas, mit rd. 6 500 km nach dem ↑Nil der längste Fluss der Welt, der ↑Paraná, der ↑Paraguay und der ↑Orinoco, die zum Atlantischen Ozean fließen. In den Pazifischen Ozean münden nur kurze, über ein kleines Einzugsgebiet von zusammen 7 % verfügende Flüsse – der Kamm der Anden, der S. weit im W durchzieht, ist die kontinentale Wasserscheide. In den Anden finden sich die größten *Seen*, darunter der ↑Titicacasee und der ↑Poopósee.

Das *Klima* ist in weiten Teilen tropisch. Der S hat Anteil am gemäßigten, Feuerland am subpolaren Klima. Im Bereich der Anden wird das Klima wesentlich stärker von der Höhenlage als vom Breitengrad bestimmt. Viele andine Regionen besitzen ein gemäßigtes bzw. kühlgemäßigtes Klima mit geringen jährlichen Temperaturschwankungen. Die Westküste von S. erhält im N extrem hohe Niederschlagsmengen. An der Pazifikküste Kolumbiens sind es regional mehr als 5 000 mm pro Jahr. In der Mitte hat sich unter dem Einfluss des kalten Humboldtstroms eine Küstenwüste, die Atacama, gebildet. Östlich der Anden dominieren im feuchtheißen äquatorialen Tiefland (↑Amazonien) tropische Regenwälder die *Vegetation*. In den Tafel- und Bergländern sind Savannen (Feucht- und Trockensavannen), lichte Trockenwälder und Buschland, im Argentinischen Tiefland Grassteppen (↑Pampa), in Ostpatagonien Trocken- und Wüstensteppen, in Westpatagonien immergrüne Wälder verbreitet.

Bevölkerung

Mit mehr als 300 Mio. Einwohnern hat S. rd. 5 % Anteil an der Weltbevölkerung. Restgruppen der ursprünglichen

▶ *Fortsetzung auf S. 396*

Südafrika bezeichnet nicht nur den südlichen Teil des »schwarzen Kontinents«, sondern auch den dortigen Staat. Er ist das wirtschaftlich erfolgreichste Land Afrikas. Allerdings war es Jahrzehnte lang wegen seiner Politik der Rassentrennung, der Apartheid, international isoliert. 1994 wurde diese rassistische Politik beendet.

Südafrika

(amtlich engl. Republic of South Africa; Afrikaans: Republiek van Suid-Afrika; Tswana: Republiki Ya Afrika Borwa; Zulu: Iriphabliki Yaseningizimu Afrika u. a.)
Fläche: 1 219 090 km²
Einwohner: 45,345 Mio.
Hauptstadt: Tshwane (früher Pretoria)
Verwaltungsgliederung: 9 Provinzen
Amtssprachen: Englisch, Afrikaans, Tswana, Zulu, Xhosa, Nord-Sotho, Süd-Sotho, Tsonga, Swasi, Ndebele, Venda
Währung: 1 Rand (R) = 100 Cents (c)
Zeitzone: OEZ
Kfz-Kennzeichen: ZA

Der Naturraum

Der Staat Südafrika grenzt im N an Namibia und Botswana, im NO an Simbabwe, Moçambique und Swasiland. Meerwärts ist es vom Indischen und vom Atlantischen Ozean umgeben. Inmitten des Staatsgebiets liegt das selbstständige Königreich Lesotho.

Das Land gliedert sich in drei Großräume. An die fast 3 000 km lange, wenig gegliederte Küste schließt sich ein schmales Küstentiefland (Lowveld) an. Dahinter erheben sich die Berge der Großen Randstufe. Die größten Höhen erreichen die parallel zum Indischen Ozean verlaufenden Drakensberge. Der Champagne Castle ist mit 3 376 m der höchste Berg Südafrikas. Den größten Teil des Landes nimmt das weite innere Hochland ein, das im Hochveld 1 200 bis 1 800 m erreicht. Es senkt sich als Hochfläche nach N zum Kalaharibecken ab. Der Hauptfluss ↑Oranje entspringt in den Drakensbergen und mündet nach 2 250 km in den Atlantik.

Das Klima Südafrikas ist weitgehend randtropisch. An der Westküste wird es vom kalten Benguelastrom, an der Ostküste vom warmen Moçambiquestrom beeinflusst. Landeinwärts in den Drakensbergen bringen die feuchten Passatwinde im Sommer höhere Niederschläge, die nach N und W bis zur Küstenwüste ↑Namib am Atlantik immer mehr abnehmen. In der Kapregion herrscht Mittelmeerklima. Die Vegetationszonen verteilen sich entsprechend.

Die Apartheid

Die Nachkommen europäischer Siedler verstehen sich als »weiße Afrikaner«. Diese Minderheit von etwa 10 % hat eine leistungsfähige Wirtschaft und für sich einen hohen Lebensstandard aufgebaut – auf Kosten der farbigen Majorität, die sich v. a. aus Schwarzen und eingewanderten Indern zusammensetzt.

Apartheidsgesetze führten zu einer strengen Trennung der Bürger Südafrikas nach Rassen. Lange Zeit waren gemischtrassige Ehen verboten. Auch die Wohngebiete waren getrennt. Für die große Zahl der Schwarzen wurden im O und N des Landes sog. Homelands eingerichtet, in denen menschenunwürdige Lebensbedingungen herrschten.

Rings um die Großstädte wurden Townships angelegt für die schwarzen Arbeiter, die nicht täglich in ihr Homeland zurückkehren konnten. Sie waren die Keimzelle für den Widerstand der Schwarzen.

Nach 30 Jahren bürgerkriegsähnlicher Zustände und nach einem Wirtschaftsembargo der USA und der EU begannen 1990 erste Schritte zur Aufhebung der Apartheid. 1997 trat eine neue Verfassung in Kraft, wonach alle Bevölkerungsgruppen nun gleichberechtigt sind. Doch nach wie vor lebt etwa ein Viertel der Bevölkerung – fast ausschließlich Schwarze – unter der Armutsgrenze.

■ Schwellenland Südafrika

Südafrika hat eine ertragreiche Landwirtschaft, die allerdings weithin auf Bewässerung angewiesen ist. Angebaut werden v. a. Mais, Weizen, Äpfel, Süd- und Zitrusfrüchte, Wein, Gemüse, Zuckerrohr und Baumwolle. Große Bedeutung hat auch die Viehwirtschaft.
Südafrika ist das am stärksten industrialisierte Land Afrikas und wird zu den Schwellenländern gezählt. Die wirtschaftliche Prosperität beruht v. a. auf dem Reichtum an mineralischen Rohstoffen, besonders an Gold, Steinkohle, Eisen-, Mangan- und Chromerz, Diamanten und Uran. Industrie- und Wirtschaftszentrum ist das Bergbaugebiet am Witwatersrand um ↑Johannesburg. ■

In Supermärkten kann man sich einen guten Überblick über südafrikanische Produkte verschaffen. Gute Internetadressen sind:
www.southafrica.net
www.anc.org.za/sanet.html

HAGEMANN, ALBRECHT: *Kleine Geschichte Südafrikas.* München (Beck) 2001. ■ HALBACH, AXEL J. und RÖHM, THOMAS: *Das neue Südafrika.* (Weltforum-Verlag) 1998 ■ *Südliches Afrika.* Gotha (Klett-Perthes) 2002 (Petermanns Geographische Mitteilungen; 2002, 3). ■ WIESE, BERND: *Südafrika mit Lesotho und Swasiland.* Gotha (Klett-Perthes) 1999.

Südafrika – Wirtschaft

S

◀ Fortsetzung von S. 393 indianischen Bewohner (Indígenas) leben unvermischt fast nur noch im mittleren und nördlichen Andenhochland und im Amazonasgebiet. Schwarze (Nachkommen der eingeführten Sklaven) und Mulatten leben v.a. in Brasilien und den tropischen Küstengebieten. Seit dem 19. Jh. wanderten zahlreiche Europäer (besonders Spanier, Italiener, Deutsche, Polen) und Asiaten (Japaner, Inder) ein.

Die Kolonialzeit hat bei den *Sprachen* tiefe Spuren hinterlassen. Amtssprache ist in Brasilien Portugiesisch, in den übrigen Staaten Spanisch; Ausnahmen sind Guyana (Englisch), Surinam (Niederländisch) und Französisch-Guayana (Französisch). In jüngerer Zeit hat die Bedeutung der indianischen Sprachen zugenommen. In einigen Ländern sind sie als weitere Amtssprachen akzeptiert (z.B. Ketschua und Aimara in Peru).

Südamerika: Manaus am Ufer des Río Negro; zu den Sehenswürdigkeiten der Hauptstadt des brasilianischen Bundesstaates Amazonas gehört das 1896 eingeweihte Opernhaus.

Der überwiegende Teil der heutigen Südamerikaner sind *Mischlinge.* Als Mestizen werden Mischlinge europider und indianischer Elternteile bezeichnet. Zambos (männlich) bzw. Zambas (weiblich) haben negrid-indianische Vorfahren und Mulatten sind aus negrid-europiden Verbindungen hervorgegangen.

Die *Bevölkerungsverteilung* ist bei einer durchschnittlichen Bevölkerungsdichte von 21 Ew./km² sehr ungleich. Obgleich es noch weite, wenig oder gar nicht besiedelte Gebiete gibt, ist die Anziehungskraft der Ballungsräume und die damit ständig zunehmende Verstädterung immer noch groß. Es gibt heute 29 Millionenstädte, davon allein 13 in Brasilien. Die meisten großen Bevölkerungszentren liegen am Meer oder in Meeresnähe.

Bei den *Religionen* dominiert mit einem Anteil von 90% der Katholizismus. Die meisten Protestanten leben in Chile und Brasilien, die meisten Juden in Brasilien und Argentinien. Weitere bedeutende Minderheiten sind Muslime, Buddhisten und Hindus. Die altindianischen Religionen werden nur noch bei den isoliert lebenden Völkern in den Anden und in Amazonien praktiziert. Daneben spielen synkretistische Religionen – also die Verschmelzung traditioneller Religionen und Weltsichten mit anderen Religionen, v.a. dem Katholizismus – eine große Rolle, insbesondere in Brasilien.

Der *Lebensstandard* hat sich in den letzten Jahrzehnten deutlich verbessert. In den meisten Staaten haben v.a. die Gesundheitsversorgung und die Bildungssysteme große Fortschritte gemacht.

Hungersnöte hat es in S. seit langer Zeit nicht mehr gegeben. Dennoch lebt die Masse der Bevölkerung noch immer in armen Verhältnissen, z. T. am Rande des Existenzminimums. Dies trifft besonders auf die städtische Bevölkerung zu. Die Landflucht hat sich in den letzten Jahrzehnten verstärkt: In der Hoffnung auf bessere Lebensbedingungen und sozialen Aufstieg strömen die Menschen in die großen Metropolen, die unkontrolliert wachsen und deren ältere Siedlungskerne häufig von Slums (in Brasilien Favelas genannt) umgeben sind. Eine tiefere Ursache der schwierigen sozialen Verhältnisse in S. ist die traditionell extreme Ungleichheit bei den Besitzverhältnissen. In fast allen Ländern befindet sich ein Großteil des Vermögens in der Hand einer dünnen Gesellschaftsschicht, die trotz aller Demokratisierungserfolge auch die politische Macht besitzt.

Wirtschaft und Verkehr

S. ist Großerzeuger von *landwirtschaftlichen Rohstoffen* und Nahrungsmitteln (Kaffee, Getreide, Zuckerrohr, Fleisch, Wolle) und hat bedeutende *Bodenschätze*: Erdöl, Kupfer, Zinn, Wolfram, Antimon, Bauxit, Eisen, Mangan, Blei und Salpeter. Viele südamerikanische Länder haben sich zu Schwellenländern entwickelt: Eine breite Palette an *Industrien* ist entstanden, deren Produkte aber in der Regel auf dem Weltmarkt nicht konkurrenzfähig sind. Hauptprobleme sind der Mangel an hoch qualifizierten Fachkräften und der Kapitalmangel – wegen der schwachen Währungen und der z. T. instabilen politischen Verhältnisse finden die Länder S. international nur relativ wenige Kapitalanleger.
Das *Verkehrsnetz* ist in einigen Regionen (z. B. im SO Brasiliens oder in den Ballungsräumen in Chile, Ecuador und Kolumbien) gut ausgebaut. Neben Straße und Schiene haben die Fluss- und die Küstenschifffahrt große Bedeutung für den Transport von Passagieren und Gütern. In Brasilien und Argentinien ist auch das Flugzeug ein gängiges Verkehrsmittel, um große Entfernungen zu überwinden. Ein kontinentales Verkehrsnetz hat sich nicht herausgebildet, da die natürlichen Bedingungen – unwegsame Urwälder und der Kamm der Anden – schwierig sind. Die Erschließungsprobleme beim Bau überregionaler Verbindungsstrecken sowie deren ökologische Folgelasten hat das Transamazônica-Projekt gezeigt, der 1970 begonnene Bau einer 5 600 km langen Fernstraße von der nordbrasilianischen Atlantikküste bis zur peruanischen Grenze am Andenanstieg.

Geschichte

Vorgeschichte: S. ist seit mindestens 30 000 v. Chr. besiedelt, neue Forschungsmethoden und Fundorte weisen allerdings auf frühere Daten hin (Siedlungsspuren im NO Brasiliens um 50 000 v. Chr.). Der N war stark den Einflüssen Mesoamerikas (heutiges ↑Mittelamerika und Mexiko) ausgesetzt. Die ältesten Keramiken (um 3000 v. Chr.) wurden in Ecuador und Kolumbien gefunden, seit 1500 v. Chr. war im nördlichen S. (Peru) die Metallbearbeitung bekannt und gelangte vermutlich von hier aus erst nach Mesoamerika. Im zentralen Andengebiet begannen Anbau und Tierhaltung (Lamas, Meerschweinchen) um 6000 v. Chr., an der Küste mindestens 2000 Jahre später. Der älteste Hinweis auf den Kartoffelanbau fällt gleichfalls in diese Periode. Im tropischen Tiefland taucht Keramik um 3000 v. Chr. auf. Der äußerste S des Kontinents war bis zur Entdeckung durch die Europäer von nomadisierenden Jägern bewohnt.
Hochkulturen: Die bedeutendsten Reiche entstanden im W (Peru: Paracaskultur ab ca. 800 v. Chr., Nazcakultur um 200 n. Chr.; Bolivien: Mochekultur um 200, Tiahuanacokultur um 300). Herausragende Bedeutung hatte das Reich der Inka (ab 1200). Es umfasste um 1500 nahezu den gesamten Andenraum und

S

reichte im O in das tropische Tiefland hinein. Damit war es das größte Reich des alten Amerika. Die Spanier und Portugiesen vernichteten die Hochkulturen binnen weniger Jahrzehnte nach der Entdeckung der Neuen Welt 1492.

Kolonisierung: Im Vertrag von Tordesillas (1494) grenzten Spanien und Portugal ihre Interessensphären voneinander ab. Die spanische und die portugiesische Sprache und Kultur verdrängten oder überlagerten die altamerikanischen Traditionen. Im Lauf der Jahrhunderte entstand daraus ein eigener Kulturkreis, der unter dem Namen ↑Lateinamerika zusammengefasst wird. Im Bereich der ↑Westindischen Inseln sowie in Guayana setzten sich seit dem 17. Jh. auch die Interessen anderer europäischer Großmächte durch: 1621 Gründung der Holländisch-Westindischen Kompanie, 1664 der Französisch-Westindischen Kompanie.

Kolonialzeit: Durch die Eroberungen und ihre Folgen (z.B. eingeschleppte Krankheiten) wurde die indianische Bevölkerung sehr stark dezimiert; als Arbeitskräfte wurden aus Afrika schwarze Sklaven nach S. verschleppt. 1524 richtete die spanische Krone die erste Verwaltungsbehörde für das spanische Amerika ein, 1535 entsandte Karl V. einen Vizekönig nach Neuspanien, das große Teile Nordamerikas, Mittelamerika (ohne Panama) und Venezuela umfasste (Hauptstadt Mexiko). Zu dem 1543 gegründeten Vizekönigreich Peru gehörte der übrige spanische Herrschaftsbereich in S. (Hauptstadt Lima). 1549 begannen die Portugiesen in Brasilien mit dem Aufbau einer Verwaltung und besiedelten das Land. Im 18. Jh. wurden zwei weitere spanische Vizekönigreiche gebildet: Neugranada (1717/39, Hauptstadt Bogotá) umfasste die heutigen Länder Ecuador, Kolumbien, Panama, Venezuela; Río de la Plata (1776, Hauptstadt Buenos Aires) verwaltete die Gebiete der heutigen Länder Argentinien, Uruguay, Paraguay und Bolivien.

Unabhängigkeit: Die ersten Erhebungen in den Kolonien in der Folge der Französischen Revolution blieben erfolglos (Ausnahme war Haiti 1794), erst die Änderung der Herrschaftsstrukturen in Spanien und Portugal nach den Napoleonischen Kriegen machte die Bildung selbstständiger Staaten möglich. Durch Aufstände und Befreiungskriege ab 1810, aber auch durch Verhandlungen entstanden bis zur Mitte des 19. Jh. die meisten der heutigen Staaten. 1948 wurde die OAS (**O**rganization of **A**merican **S**tates) gegründet. Sie trägt mit dazu bei, das Verhältnis der lateinamerikanischen Staaten zu den USA zu verbessern, das seit Ende des 19. Jh. durch die Interventionspolitik der USA stark belastet ist. Die Diktaturen, die oft mit Unterstützung der USA in vielen Ländern Lateinamerikas herrschten, wurden zwar seit den 1970er-Jahren abgelöst oder zu demokratischen Zugeständnissen gezwungen, doch verhindern Korruption, Missachtung der Menschenrechte, Guerillatätigkeit, Drogenhandel und die damit zusammenhängenden wirtschaftlichen und sozialen Probleme eine Demokratisierung. Seit Mitte der 1980er-Jahre verstärkten die Länder ihre regionale Zusammenarbeit, um der Lösung dieser Probleme näher zu kommen. Beispiele sind die Rio-Gruppe (29. 11. 1987; vormals »Gruppe der Acht«), eine dem allgemeinem Austausch dienende Organisation von Argentinien, Bolivien, Brasilien, Chile, Kolumbien, Ecuador, Jamaika, Mexiko, Panama, Paraguay, Peru, Uruguay und Venezuela sowie die Zollunion ↑Mercosur.

Sudan: Staat im NO Afrikas. S. grenzt im N an Ägypten, im NO an das Rote Meer, im O an Eritrea und Äthiopien, im S an Kenia, Uganda und die Demokratische Republik Kongo, im SW an die Zentralafrikanische Republik, im W an Tschad und im NW an Libyen.

Landesnatur: S. umfasst den Ostteil der Sudanzone und hat im N Anteil an der Libyschen Wüste. Im NO erstreckt sich

S

die Nubische Wüste. Die flache Beckenlandschaft wird von ↑Nil, Weißem Nil und Bahr el-Ghasal durchflossen und von Randgebirgen eingefasst: im NO gegen das ↑Rote Meer durch die Red Sea Hills, im SO durch das Äthiopische Hochland, im S durch die Imatong Mountains mit dem 3 187 m hohen Kinyeti. Im zentralen Bergland von Kordofan liegen außerdem die Nubaberge (bis 1 450 m). Den S nimmt die Überschwemmungs- und Sumpflandschaft des Sudd ein.

S. hat tropisches und randtropisches Klima mit einer Regenzeit. Im N herrscht Wüstenklima. Vollwüste nimmt etwa 25 % der Landesfläche ein.

Sudan

(amtlich arabisch El-Djumhurijja es-Sudan, dt. Republik Sudan)
Fläche: 2 505 813 km²
Einwohner: 32,791 Mio.
Hauptstadt: Khartoum
Verwaltungsgliederung: 26 Provinzen
Amtssprache: Arabisch
Währung: 1 Sudanesisches Pfund (sud£) = 100 Piastres (PT.)
Zeitzone: OEZ
Kfz-Kennzeichen: SUD

Bevölkerung: Es gibt offiziell 527 ethnische Gruppen, die mehr als 100 Sprachen sprechen. Im N siedeln muslimisch orientierte Sudanaraber. Im S leben christlich geprägte oder Naturreligionen verbundene Südsudanesen, u. a. Dinka, Nuba und Nuer sowie Nubier und Kuschiten. Zw. diesen beiden Bevölkerungsgruppen, die jeweils etwa 50 % der Gesamtbevölkerung ausmachen, besteht ein ethnisch-religiöser sowie politisch-wirtschaftlicher Gegensatz. Politisch und wirtschaftlich führend sind die Sudanaraber, die die im S lebenden, überwiegend schwarzafrikanischen Völker unterdrücken. In der Region Darfur im W führten Kämpfe zw. Befreiungsbewegungen und von der Regierung unterstützten Milizen 2003/2004 zu einem Flüchtlingsdrama. Der Konflikt löste mehrfach Bürgerkriege aus.

Die Wüstengebiete im N sind fast menschenleer, im Gebiet Khartoum und in der Zentralregion leben dagegen fast 30 % der Gesamtbevölkerung auf nur 6,5 % der Gesamtfläche. Es besteht allgemeine Schulpflicht, die auf dem Land nur z. T. realisiert wird. Die Analphabetenquote liegt bei ca. 45 %.

Wirtschaft und Verkehr: Fast zwei Drittel der Erwerbstätigen sind in der Landwirtschaft beschäftigt. Ackerbau kann nur auf rd. 5 % der Landesfläche betrieben werden. Es überwiegt der Bewässerungsfeldbau, im S ist auch Regenfeldbau möglich. Hauptanbauprodukt ist Baumwolle, die v. a. für den Export kultiviert wird. Für den Eigenbedarf werden v. a. Hirse, Weizen, Erdnüsse, Sesam und Gemüse angebaut. Viehweidewirtschaft von Rindern, Schafen, Ziegen und Kamelen wird von Nomaden betrieben. Der Wald nimmt nur 1 % der Landesfläche ein. Das Holz dient vorwiegend als Brennholz.

Weltwirtschaftliche Bedeutung hat die Gewinnung von Gummiarabikum. In geringem Maß werden Chrom-, Manganerz, Gold und Glimmer abgebaut. Die Vorkommen von Erdöl und Erdgas werden seit 1999 genutzt.

Die Industrie ist wenig entwickelt und konzentriert sich um Khartoum und in der Zentralregion. Haupthandelspartner von S. sind die EU-Länder, Ägypten und Saudi-Arabien.

Der S. ist verkehrstechnisch wenig erschlossen. Binnenschifffahrt ist streckenweise auf dem Nil und auf seinen Nebenflüssen möglich. Wichtigster Seehafen ist Port Sudan. Internationale

S

Flughäfen haben Khartoum, Port Sudan und Wadi Halfa.

Staat und Politik: Seit der Unabhängigkeit von Frankreich 1956 gehört das Land der UNO an. Nach der Verfassung von 1998 ist S. eine islamische Republik. Staatsoberhaupt und Regierungschef ist der Präsident. Seit dem Militärputsch 1989 herrscht de facto die Armee. Gespannt sind die Beziehungen zu Tschad, wo sich rd. 70 000 Flüchtlinge aus Darfur aufhalten.

Sudan (Sudanzone): Großlandschaft im nördlichen Afrika, zw. der ↑Sahara im N und dem tropischen Regenwald im S. Der S. erstreckt sich vom Senegalbecken im W über 5 500 km bis zum Äthiopischen Hochland im O.

Bergzüge gliedern den Raum in den Westsudan mit dem Nigerbecken, den Mittelsudan mit dem Tschadbecken und den Ostsudan mit dem Weißnilbecken. Pflanzen- und Tierwelt entsprechen der fast breitenparallelen Anordnung der Klimazonen, von der Dornbuschsavanne im Grenzbereich zum ↑Sahel im N über die Trockensavanne bis zur Feuchtsavanne im Grenzbereich zum tropischen Regenwald.

Am S. haben die Staaten Senegal, Guinea, Mali, Burkina Faso, Nigeria, Niger, Tschad und die Republik Sudan Anteil. Die ethnisch zersplitterte einheimische negride Bauernbevölkerung hat sich mit Hirtenvölkern aus dem N vermischt, vorwiegend Berber, Araber und Äthiopide. Die dominierende Religion ist seit dem 12./13. Jh. der Islam. Zw. dem 12. und dem 16. Jh. bestanden im S. zahlreiche Großreiche.

Südtirol (italienisch Alto Adige): südlich des Brenners gelegener Teil der ehemaligen Grafschaft ↑Tirol, der der italienischen Provinz Bozen innerhalb der autonomen Region Trentino-Südtirol entspricht. S. hat eine Größe von 7 400 km^2 und 461 600 Einwohner. Den Nordsaum bilden die Südabdachungen der Ötztaler Alpen und der Zillertaler Alpen, die Westgrenze die Ortler- und Adamello-Presanella-Gruppen, die zu den Zentralalpen gehören. Im O und S hat das Gebiet Anteil an den Dolomiten. Der überwiegende Teil der ländlichen Bevölkerung spricht Deutsch, in den größeren Städten – Bozen, Meran, Brixen und Leifers – ist die Mehrheit italienischsprachig. Ladinische Volksgruppen leben im Grödner Tal und im Gadertal. Hauptsiedlungs- und Wirtschaftsgebiet sowie Hauptverkehrswege sind die Täler von Etsch und Eisack. In höheren Lagen wird v.a. Viehwirtschaft, in den Tälern exportorientierter Wein- und Obstanbau betrieben. Metall- und Fahrzeugindustrie gibt es um Bozen und Meran. Sehr wichtig ist der Fremdenverkehr.

Nach dem Ersten Weltkrieg fiel das bis dahin zu Österreich gehörende S. an Italien. 1939 wurden viele Deutsche auf der Basis des deutsch-italienischen Umsiedlungsvertrags ausgesiedelt. In der Nachkriegszeit wurde der z.T. mit Gewalt ausgetragene Konflikt zw. Deutschen und Italienern durch den Südtirolpakt von 1969 entschärft, der für die deutschstämmige Bevölkerung weitgehende Autonomierechte fixierte.

Suezkanal (Sueskanal): schleusenlose Großschifffahrtsstraße zw. dem Mittelmeer und dem ↑Roten Meer durch die Landenge von Suez in Ägypten. Dabei werden der Timsahsee sowie der Große Bittersee und der Kleine Bittersee einbezogen. Der S. beginnt bei Port Said im N und endet nach 195 km bei Suez. Er ist 19,5 bis 20 m tief und 160 bis 190 m breit. Jährlich passieren rd. 20 000 Schiffe den Wasserweg.

1869 wurde der S. eröffnet und ist seitdem die kürzeste Schiffsverbindung zw. Asien und Europa. Von 1882 bis 1954 waren britische Truppen hier stationiert. Während der Suezkrise 1956 versuchten Großbritannien und Frankreich durch eine Militärintervention vergeblich, die Kanalzone zu besetzen. 1967 schloss Ägypten den Kanal nach Ausbruch des 3. Nahostkrieges für acht Jahre.

Sulawesi: ↑Celebes.

S

Sumatra: zu Indonesien gehörende Insel des Malaiischen Archipels und nach ↑Borneo mit 425 000 km² die zweitgrößte der Großen Sundainseln. S. hat 43,31 Mio. Einwohner.
Den W durchzieht ein lang gestrecktes Gebirge mit zahlreichen Vulkanen. Der höchste ist der Kerinci mit 3 805 m. Im O liegt eine weite Schwemmlandebene. Das Klima ist tropisch mit sehr großen Niederschlagsmengen. Die Vegetation besteht nur noch z. T. aus Regenwald.
Die Bevölkerung setzt sich aus christlichen Batak, islamischen Minangkabau u. a. Völkern zusammen. Es gibt mehrere separatistische Bewegungen, die durch Guerillakrieg ihre Loslösung von Indonesien erreichen wollen. Neben Erdöl werden Zinn und Bauxit gefördert. Reis, Tabak, Kaffee, Sisalagave und Ölpalmen sind wichtige Kulturpflanzen.
Der durch das Seebeben vom 26. 12. 2004 ausgelöste Tsunami verwüstete den Noden der Insel und kostete rd. 240 000 Menschenleben.

Surinam: Staat im NO Südamerikas. S. grenzt im N an den Atlantischen Ozean, im W an Guyana, im S an Brasilien und im O an Französisch-Guayana.
Landesnatur: S. liegt im Bereich der Nordabdachung des Berglandes von Guayana, das seine größte Höhe im Juliana Top mit 1 280 m im Zentrum des Landes erreicht. Das im N anschließende Hügelland leitet zur mit Sümpfen und Strandwällen durchsetzten Küstenebene über, die durch Anwendung des niederländischen Poldersystems zum Hauptagrargebiet wurde. Das Klima ist tropisch mit einer langen Regenzeit im Sommer und einer kürzeren im Winter.
Bevölkerung: Ungefähr jeder zweite Surinamer wohnt in der Hauptstadt Paramaribo und auch der überwiegende Teil der anderen Hälfte siedelt im Küstentiefland. Neben den Nachkommen der ursprünglichen indianischen Bewohner, die rd. 3 % Anteil haben, besteht die Bevölkerung zu etwa 35 % aus Kreolen, zu 10 % aus Marons, den Nachkommen geflüchteter schwarzer Sklaven, zu 16 % aus Javanern und zu 33 % aus Indern sowie kleineren Minderheiten. Schätzungsweise die Hälfte der in S. geborenen Bevölkerung lebt heute in den Niederlanden.
Es besteht allgemeine Schulpflicht vom siebten bis zwölften Lebensjahr, die auch weitgehend wahrgenommen wird. 40 % der Bevölkerung gehören christlichen Kirchen an, 26 % sind Anhänger des Hinduismus, 19 % Muslime. Verbreitet

S

sind ferner der Buddhismus sowie traditionelle afrikanische und indianische Religionen.

Wirtschaft und Verkehr: Bauxit, das rd. 70 % der Devisen einbringt, wird seit 1915 im östlichen Hügelland abgebaut. Förderung und Verarbeitung liegen in den Händen von Firmen aus den Niederlanden und den USA. Seit Inbetriebnahme des Kraftwerks am Brokopondostausee des Flusses Suriname 1964 kann die Weiterverarbeitung zu Aluminium z. T. im Land selbst geschehen.
Die Agrarflächen sind fast ganz auf die Küstenebene beschränkt. Hauptsächlich werden Reis, Bananen und Zitrusfrüchte angebaut. Die Holzwirtschaft kann auf reiche Vorräte zurückgreifen, da rd. 90 % des Landes bewaldet sind.
Das Verkehrssystem ist nur in der Küstenebene relativ dicht. Wichtigster Hafen ist Paramaribo. 50 km südlich der Hauptstadt liegt der internationale Flughafen Zanderij.

Staat und Politik: Seit der Unabhängigkeit Niederländisch-Guayanas von den Niederlanden 1975 gehört S. zur UNO. Es ist nach der Verfassung von 1987 eine Präsidialrepublik. Staatsoberhaupt ist der vom Parlament auf fünf Jahre gewählte Präsident. Der Vizepräsident ist als Regierungschef dem Präsidenten verantwortlich.

(amtlich niederländisch Republiek van Suriname)
Fläche: 163 265 km²
Einwohner: 433 000
Hauptstadt: Paramaribo
Verwaltungsgliederung: 9 Distrikte und Hauptstadtdistrikt
Amtssprache: Niederländisch
Währung: 1 Suriname-Gulden = 100 Cent
Zeitzone: MEZ – 4 ½ Stunden
Kfz-Kennzeichen: SME

Swasiland: Binnenstaat im südlichen Afrika. S. wird im N, W, S und SO von der Republik Südafrika umgeben und grenzt im NO an Moçambique.

(Ngwane, engl. Swaziland, amtlich engl. Kingdom of Swaziland, Swasi: Umbuso we Swatini; dt. Königreich Swasiland)
Fläche: 17 364 km²
Einwohner: 1,088 Mio.
Hauptstadt: Mbabane
Amtssprache: Englisch, Swasi
Währung: 1 Lilangeni (E, Plural: Emalangeni) = 100 Cents (c)
Zeitzone: OEZ
Kfz-Kennzeichen: SD

Landesnatur: S. liegt auf der Ostabdachung der Großen Randstufe des südafrikanischen Binnenhochlands, dem Hochveld. Es gliedert sich in vier Landschaften: das bewaldete Bergland des Hochvelds mit Höhen zw. 1 000 und 1 800 m, das fruchtbare Middelveld zw. 500 und 1 000 m, das 150 bis 500 m hoch gelegene östliche Lowveld mit Trockensavanne und die 500 bis 800 m hohe Lebombo Range im Grenzraum zu Moçambique.
Das Klima ist subtropisch. In den Berggebieten wird es abgemildert. Hier fallen die meisten Niederschläge.

Bevölkerung: Über 97 % sind Swasi, ein den Bantu zugehöriges Volk. Zulu, Tsonga und Europäer sind Minderheiten. Es gibt keine allgemeine Schulpflicht – die Analphabetenquote beträgt rd. 20 %. Fast 80 % der Bevölkerung sind Christen. Daneben werden traditionelle Religionen gepflegt. Ein Drittel der Swasi ist mit HIV infiziert oder an Aids erkrankt.

Wirtschaft und Verkehr: Wirtschaftsbestimmend ist die enge Verbindung mit der Republik Südafrika. Hauptzweig ist die Landwirtschaft, die 73 % der Landesfläche nutzt. Zur Eigenversorgung dienen v. a. die Viehzucht sowie der Anbau von Mais und Hirse. Für den Export werden auf Plantagen im Bewässerungsfeldbau v. a. Zuckerrohr, Zitrusfrüchte, Ananas und Baumwolle kultiviert. Wichtige Bodenschätze sind Asbest, Diamanten und Kohle.

In der Industrie dominiert die Verarbeitung von landwirtschaftlichen Produkten und Holz, ferner gibt es Betriebe der Textil-, Metall verarbeitenden und chemischen Industrie.

Die Eisenbahn hat Anschluss zur Küste Südafrikas mit den Häfen Durban und Richards Bay sowie nach Maputo in Moçambique. Matsapa ist ein internationaler Flughafen.

Staat und Politik: Seit der Unabhängigkeit von Großbritannien 1968 gehört das Land zur UNO. Die Verfassung wurde 1973 vom König außer Kraft gesetzt. Offiziell eine parlamentarische Monarchie im Commonwealth, ist S. de facto eine nahezu absolute Monarchie, in der alle Macht vom König ausgeübt wird.

Sydney: Hauptstadt von New South Wales und mit rd. 4,155 Mio. Einwohnern die größte Stadt Australiens. S. liegt an der pazifischen Küste und ist eine Kultur- und Bildungsmetropole: Hier haben ein anglikanischer und ein katholischer Erzbischof, drei Universitäten, Fachhochschulen, Institute und Akademien sowie Theater, Museen und die Oper ihren Sitz. S. ist außerdem der wichtigste Hafen sowie das bedeutendste Banken- und Industriezentrum Australiens. Die in ↑Perth beginnende transkontinentale Eisenbahn hat hier ihren Endpunkt. Es gibt eine U-Bahn und einen internationalen Flughafen.

In der Altstadt sind zahlreiche Bauten des 19. Jh. im viktorianischen Stil erhalten. Berühmte moderne Bauten sind u. a. das State Theatre (1929), das Gebäude der University of New South Wales (1962) und das 1957 nach Plänen von Jörn Utzon erbaute und 1973 eröffnete Opernhaus, das das Wahrzeichen von S. ist. 2000 war die Stadt der Austragungsort der XXVII. Olympischen Sommerspiele.

Sydney: Auf einer künstlichen Halbinsel im Hafen steht das 1973 eröffnete Opernhaus. Entworfen wurde das Gebäude von dem dänischen Architekten Jörn Utzon.

Syrdarja: Fluss in Mittelasien. Mit dem Quellfluss Naryn ist der S. 3 019 km lang. Anrainer des S. sind Usbekistan, Tadschikistan und Kasachstan. Er entsteht im Ferganabecken aus der Vereinigung von Naryn und Karadarja und durchfließt wüstenhafte Gebiete, u. a. am Rand der Südlichen Hungersteppe und der Kysylkum. Wegen der Wasserentnahme für die Bewässerung mündet der Fluss nur noch in niederschlagsreichen Jahren als Rinnsal in den ↑ Aralsee, der langsam austrocknet.

Syrien: Staat in Vorderasien. Das Land grenzt im N an die Türkei, im O und SO an Irak, im S an Jordanien, im SW an Israel und im W an Libanon sowie an das Mittelmeer.

Syrien

(amtlich arabisch Al-Djumhurijja al-Arabijja as-Surijja, dt. Arabische Republik Syrien)
Fläche: 185 180 km²
Einwohner: 16,986 Mio.
Hauptstadt: Damaskus
Verwaltungsgliederung: 13 Provinzen, 1 Hauptstadtdistrikt
Amtssprache: Arabisch
Währung: 1 Syrisches Pfund (syr£) = 100 Piastres (PS)
Zeitzone: MEZ + 2 Stunden
Kfz-Kennzeichen: SYR

Landesnatur: An den 175 km langen Küstenabschnitt am Mittelmeer schließt sich eine 50 km breite Gebirgszone an. Diese fällt zum Syrischen Graben mit dem insgesamt 570 km langen Orontes als Hauptfluss ab. Nach O steigt das Relief zum Antilibanon und zum Hermon bis auf 2 814 m an. Jenseits der Gebirge folgen mit Lavafeldern bedeckte Tafelländer mit Höhenzügen. Im S liegt der vulkanische, bis auf 1 800 m ansteigende Djebel Drus.

Das Landesinnere ist heiß und trocken. Hier dominieren Wüstensteppe und Wüste. Nur am ↑ Euphrat, der S. auf 676 km durchfließt, ist Ackerbau lohnenswert. Baumwuchs und landwirtschaftliche Nutzung sind daneben auf die westlichen Gebirgszüge beschränkt.

Bevölkerung: Etwa 90 % der Einwohner sind Arabisch sprechende Syrer. Wichtigste Minderheiten sind die Kurden mit etwa 6 % und die Armenier mit rd. 2 %. Außerdem leben etwa 476 000 palästinensische Flüchtlinge in S. Die städtische Bevölkerung beläuft sich auf mehr als 50 %. Nomadismus bzw. Halbnomadismus ist noch weit verbreitet.

Schulpflicht besteht vom siebten bis zwölften Lebensjahr. Die Analphabetenquote liegt bei etwa 30 %. Rd. 90 % der Bevölkerung sind Muslime, die meisten von ihnen Sunniten der hanafitischen oder schafiitischen Richtung. Besondere Bedeutung haben die Alawiten, eine islamische Sekte, der nahezu alle Führungspersonen in Politik und Wirtschaft angehören.

Wirtschaft und Verkehr: Die Landwirtschaft ist trotz forcierter Industrialisierung noch immer von sehr großer Bedeutung: Sie erbringt etwa 25 % des Bruttoinlandproduktes. Seit den Agrarreformen von 1958 und 1980 sind privates und genossenschaftliches Eigentum vorherrschend. Hauptanbaukulturen sind Weizen und die zum Export angebaute Baumwolle, dank künstlicher Bewässerung, die u. a. durch den Assadstausee am Euphrat, ermöglicht wird. Daneben sind Baumkulturen bedeutend, u. a. Aprikosen – hier ist S. der drittgrößte Erzeuger der Welt – und Feigen. Der gesamte zentrale Teil von S. kann nur durch die Weidewirtschaft der Nomaden genutzt werden.

Die bedeutendsten Bodenschätze sind Erdöl, Erdgas und Phosphat. Traditionelle Industriezweige sind die Nahrungsmittel- und die Textilindustrie. Hinzu

kommen chemische Industrie, der Maschinen- und Fahrzeugbau sowie die Zement- und Düngemittelproduktion. Das Kunsthandwerk hat eine lange Tradition und ist weltbekannt. Die Industrie konzentriert sich v.a. in Aleppo, ↑Damaskus, Hama und Homs.
Das Eisenbahn- und das Straßennetz verbinden die großen Städte und die Hauptregionen miteinander. Der zentrale Teil ist kaum erschlossen. Haupthäfen am Mittelmeer sind Latakia, Banias und Tartous. Damaskus hat einen internationalen Flughafen.
Staat und Politik: Nach der Verfassung von 1973 ist S. eine Präsidialrepublik. Staatsoberhaupt, Oberbefehlshaber der Streitkräfte und Inhaber der Exekutivgewalt ist der mit weitgehenden Vollmachten ausgestattete Präsident, der auf sieben Jahre direkt gewählt wird. De facto hat Hafis al-Assad (1930–2000) eine Dynastie begründet. Als er starb, übernahm sein Sohn Baschar al-Assad (*1965) das Präsidentenamt.
S. gehört seit 1945 zur UNO und wurde 1946 vollständig unabhängig von Frankreich. Ebenfalls seit 1945 gehört S. zur Arabischen Liga. Im Nahostkonflikt spielt es eine zentrale Rolle, da es seit dem Ausscheiden Ägyptens aus der antiisraelischen Koalition 1978/79 die bedeutendste arabische Militärmacht im Raum ist und als Schutzmacht des Libanon fungierte.

T

Tadschikistan: Staat im SO Mittelasiens. Es grenzt im W und NW an Usbekistan, im N an Kirgistan, im O an China und im S an Afghanistan. Die östliche Landeshälfte bildet die Autonome Republik Bergbadachschan.
Landesnatur: T. ist weitgehend ein Hochgebirgsland. Der gesamte O gehört zum ↑Pamir. Er ist im westlichen Teil stark vergletschert und ragt bis 7 495 m hoch auf. Die Randgebiete gehören zum

Tadschikistan

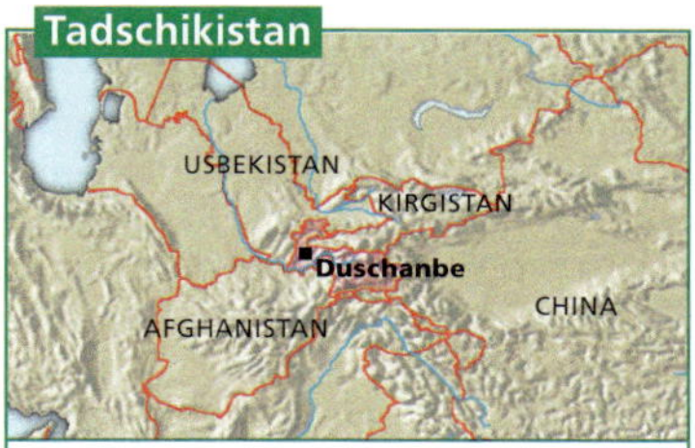

(amtlich tadschikisch Respublikai Todschikiston)
Fläche: 143 100 km²
Einwohner: 6,265 Mio.
Hauptstadt: Duschanbe
Verwaltungsgliederung: 3 Regionen, der Hauptstadtbezirk und die Autonome Republik Bergbadachschan
Amtssprache: Tadschikisch
Währung: 1 Somoni (TJS) = 100 Diram
Zeitzone: MEZ + 4 Stunden
Kfz-Kennzeichen: TJ

↑Altai. Nach W folgen die bis 5 621 m hohe Turkestankette und die Serawschankette, die 5 489 m erreicht. Südlich davon liegt das Hissargebirge. Es steigt bis auf 4 643 m an. Die Südabdachung dieser Gebirgszüge wird von Nebenflüssen des ↑Amudarja in ein abwechslungsreiches Bergland mit Höhen von 600 bis 2 000 m gegliedert. Im N hat T. Anteil am Ferganabecken. Nördlich davon ragt das bis 3 769 m hohe Kuramingebirge auf, das zum ↑Tienschan gehört.
Es herrscht Kontinentalklima mit großen jahres- und tageszeitlichen Unterschieden. Den meisten Niederschlag mit rd. 1 600 mm pro Jahr erhalten die Südhänge des Hissargebirges. Niederschlagsarm sind dagegen die unteren Ebenen, die Gebirgskessel und -täler sowie der östliche Pamir. Bis in 600 m Höhe reicht die Wüsten- und Halbwüstenzone. In der Vorgebirgszone schließt sich daran bis in 1 200 m Höhe Wüsten- und Trockensteppe an. Ihr folgen Steppen- und lichter Waldgürtel sowie Hochgebirgswiesen und -steppen.
Bevölkerung: Den Hauptteil stellen Tadschiken mit 80 % und Usbeken mit 15 %

Ferner leben in T. Russen, Tataren, Kirgisen, Ukrainer und Deutsche.
Dominierende Religion ist der sunnitische Islam. Zu ihm bekennen sich nominell über 80 % der Bevölkerung. Die etwa 2,5 % Christen gehören überwiegend der orthodoxen Kirche an.
Wirtschaft und Verkehr: Knapp 30 % der Landesfläche werden landwirtschaftlich genutzt, rd. 15 % als Ackerland, der weitaus größte Teil als extensives Weideland. Größte Bedeutung hat die in Monokultur angebaute Baumwolle. Ihre Anbaufläche wurde in den letzten Jahrzehnten auf Kosten des Getreideanbaus erweitert. Der Verlust von Ackerland durch Bodenversalzung infolge unsachgemäßer Bewässerung und Bodenerosion ist groß. Der Anbau von Getreide, Tabak, Flachs, Jute, Gemüse, Gewürz- und Ölpflanzen sowie von Obst und Wein spielt eine untergeordnete Rolle. In den östlichen Gebirgsregionen dominiert die Viehhaltung u. a. von Yaks und Karakulschafen. Eine beachtliche Bedeutung hat die Seidenraupenzucht.
Wichtigste Industriezweige sind die Aufbereitung von Baumwolle, Seide und Wolle sowie Teppichknüpferei und Nahrungsmittelindustrie. Nach 1940 entstanden Buntmetallerzverhüttung, Aluminiumerzeugung, Maschinenbau, Metallverarbeitung und chemische Industrie. T. besitzt reiche Vorkommen an Uranerz und Gold. Exportiert werden u. a. Baumwolle, Buntmetalle und Erzeugnisse der Leichtindustrie. Haupthandelspartner sind neben Russland Iran, Usbekistan und die Türkei.
Das Verkehrsnetz ist nur wenig ausgebaut. Auf Pjandsch, Amudarja und Wachsch ist streckenweise Schifffahrt möglich. Ein internationaler Flughafen liegt bei Duschanbe.
Staat und Politik: Nach der Verfassung vom 6. 11. 1994 ist T. eine Präsidialrepublik. Staatsoberhaupt ist der auf fünf Jahre direkt gewählte Präsident.
1929 wurde T. als Tadschikische SSR eine eigenständige Republik der UdSSR. Am 24. 8. 1990 erklärte sich T. für souverän innerhalb der Union und proklamierte am 9. 9. 1991 seine Unabhängigkeit. Im Dezember 1991 trat T. der ↑GUS bei. Der seit 1992 andauernde Bürgerkrieg zw. der Regierung und religiösen Oppositionsgruppen in den Bergregionen wurde am 27. 6. 1997 durch ein Friedensabkommen vorläufig beendet. Seit 1992 ist T. Mitglied von UNO und OSZE.

Tahịti: zu ↑Französisch-Polynesien gehörende Insel im Pazifischen Ozean. T. ist mit einer Fläche von 1 042 km² die größte der Gesellschaftsinseln. Es hat ca. 116 000 Einwohner. Hauptort ist Papeete mit einem internationalen Flughafen. T. ist aus zwei Vulkaninseln zusammengewachsen, die durch den 1,6 km breiten Isthmus von Taravao verbunden sind. Höchster Berg ist der erloschene Vulkan Orohena mit einer Höhe von 2 237 m. Die Insel ist stark zerklüftet. Das Klima ist warmgemäßigt. Ergiebige Niederschläge begünstigen eine üppige Vegetation. Das Innere ist dicht bewaldet und unbewohnt. In den Küstenebenen werden v. a. Kokospalmen, Bananen, Knollenfrüchte, Zuckerrohr und Vanille angebaut. Der Fremdenverkehr nimmt ständig an Bedeutung zu.

Taiwan: Staat in Ostasien. T. umfasst die vom chinesischen Festland durch die Formosastraße getrennte Hauptinsel T., die früher Formosa hieß, mehrere kleine Inseln , u. a. die Pescadores, sowie die der Ostküste Chinas unmittelbar vorgelagerten Inseln Quemoy und Matsu. T. erhebt wie auch andere asiatische Staaten Ansprüche auf die Spratlyinseln.
Landesnatur: Der O der Insel T. wird von einer bewaldeten Hochgebirgskette eingenommen. Sie erreicht im Yü Shan 3 997 m. Der Gebirgszug geht nach W in ein Hügel- und Terrassenland über, dem sich eine fruchtbare Ebene anschließt. Nach O bricht das Gebirge zum Taitunggraben ab. Er ist von einem schmalen Küstengebirge begrenzt. Die Insel ist stark erdbebengefährdet.

T. hat subtropisches bis tropisches Monsunklima mit heißen Sommern. Die Jahresniederschläge liegen im N bei über 3 000 mm, im SW bei 1 800 mm. Häufig treten Taifune auf. Über 50 % der Hauptinsel sind von Wald bedeckt.

Taiwan

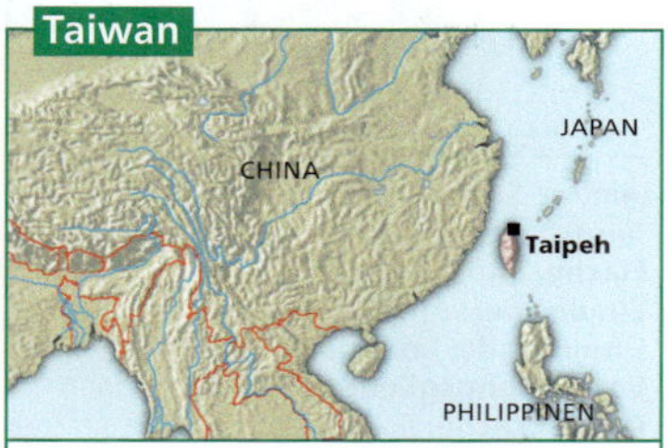

(chinesisch Chung-hua Min-kuo, dt. Republik China)
Fläche: 36 006 km²
Einwohner: 22,521 Mio.
Hauptstadt: Taipeh
Verwaltungsgliederung: 16 Landkreise und 7 Stadtkreise
Amtssprache: Chinesisch
Währung: 1 Neuer Taiwan-Dollar (NT$) = 100 Cents (¢)
Zeitzone: MEZ + 7 Stunden
Kfz-Kennzeichen: RC

Bevölkerung: Die Bevölkerung besteht überwiegend aus Chinesen. Im Gebirge siedeln Nachkommen der austronesischen Urbevölkerung. Über 90 % der Bevölkerung leben in Städten.
Vom 7. bis 15. Lebensjahr herrscht Schulpflicht. Die Einwohner sind mehrheitlich Konfuzianisten. Daneben sind Daoismus und Buddhismus bedeutend.
Wirtschaft und Verkehr: Nach Japan und der Volksrepublik China ist T. heute der wichtigste Industriestaat Ostasiens. Aufgrund der Armut an Bodenschätzen ist die Industrie stark von importierten Rohstoffen abhängig. Die führenden Branchen im verarbeitenden Gewerbe sind neben der Nahrungsmittel-, Textil- und Bekleidungsindustrie v. a. die exportorientierte Elektro- und Elektronikindustrie, die petrochemische und metallurgische Industrie sowie der Schiff- und Maschinenbau.
Nur 25 % der Landesfläche können landwirtschaftlich genutzt werden. Angebaut werden insbesondere Reis, Champignons, Spargel, Tee, Zuckerrohr, Bananen und Ananas.
T. hat ein sehr gut ausgebautes Verkehrsnetz. Haupthäfen sind Kaohsiung, Keelung, Hualien, Taichung und Suao. Internationale Flughäfen gibt es in Taoyüan bei Taipeh und Kaohsiung.
Staat und Politik: Nach der Verfassung von 1947 ist T. eine Republik. Staatsoberhaupt ist der für vier Jahre direkt gewählte Präsident.
Am 1. 3. 1950 wurde auf T. die »Republik China« (Nationalchina) ausgerufen. Ein Jahr zuvor war die Kuomintang-Regierung durch kommunistische Truppen vom chinesischen Festland vertrieben worden und auf die Insel geflüchtet. Sowohl T. als auch die Volksrepublik China erheben den Anspruch auf Alleinvertretung aller Chinesen. 1971 verlor T. seinen Sitz in der Generalversammlung und im Sicherheitsrat der UNO an die Volksrepublik China.
Mehrfach drohte die Volksrepublik mit der Besetzung von T., das von Peking als »abtrünnige Provinz« angesehen wird. Die USA sind de facto Schutzmacht von T. und halten die Volksrepublik von einer Invasion ab.

Tajo ['taxo] (portugiesisch Tejo): mit 1 007 km längster Strom der Iberischen Halbinsel. Der T. entspringt an der Grenze von Neukastilien und Aragonien in Spanien. Er durchfließt das Land auf einer Länge von 828 km. Der Strom mündet mit breitem Trichter bei der portugiesischen Hauptstadt ↑Lissabon in den Atlantik. Zahlreiche Staudämme dienen der Stromerzeugung und der Bewässerung von fruchtbarem Agrarland.

Tallinn (dt. Reval): Hauptstadt von Estland. T. liegt an einer Bucht des Finnischen Meerbusens und hat 397 200 Einwohner. Es ist Sitz der Estnischen Akademie der Wissenschaften, mehrerer Hochschulen und eines Konservatoriums. Hauptindustriezweige sind

T

Schiff- und Maschinenbau, elektrotechnische, Textil-, Papier-, chemische, pharmazeutische und Nahrungsmittelindustrie sowie das Druckereigewerbe. T. ist der Verkehrsknotenpunkt Estlands mit Fischereihafen, Hochseehafen und internationalem Flughafen. Beherrscht wird die Stadt vom Domberg mit Befestigungsanlagen des 13. Jh. und dem Dom. Anziehungspunkte in der Altstadt sind u. a. die Pfarrkirche Sankt Nikolaus (um 1280), die Heiliggeistkirche aus dem 14. Jh. und das Schwarzhäupterhaus (15./16. Jh.).

Tanganjikasee: See im Zentralafrikanischen Graben. Anteil am T. haben Tansania im O, Sambia im S, Burundi im N und die Demokratische Republik Kongo im W. Der See liegt 773 m über dem Meeresspiegel. Er ist 670 km lang, 22 bis 80 km breit und umfasst eine Fläche von 34 000 km². Seine tiefste Stelle liegt bei 1 435 m. Der T. ist mit mehr als 140 Fischarten sehr fischreich. Sein einziger Abfluss ist der Lukuga, der in den ↑Kongo mündet. Die wichtigsten Häfen sind Kigoma, Kalemie und Bujumbura.

Tansania: Staat in Ostafrika. T. umfasst den Festlandteil Tanganjika sowie die Inseln Sansibar, Pemba und Mafia. Es grenzt im NW an Burundi und Ruanda, im N an Uganda, im NO an Kenia, im O an den Indischen Ozean, im S an Moçambique, im SW an Malawi und Sambia sowie im W an die Demokratische Republik Kongo.

Landesnatur: T. ist weitgehend ein Hochland zw. 1 000 und 1 500 m. Es wird durch Bruchstufen des ↑Ostafrikanischen Grabensystems und von meist erloschenen Vulkanmassiven gegliedert. Höchster Berg ist der ↑Kilimandscharo mit 5 892 m, der auch der höchste Gipfel Afrikas ist. Dem Hochland ist eine Küstenebene vorgelagert, die sich nach SW erweitert. Aus der Ebene ragen im N die Usambaraberge mit bis zu 2 230 m und im Zentrum die bis 2 652 m hohen Uluguruberge auf. T. hat Anteil am Victoria-, Tanganjika- und Malawisee.

Tansania

(amtlich Suaheli: Jamhuri ya Muungano wa Tanzania, dt. Vereinigte Republik Tansania)
Fläche: 945 087 km²
Einwohner: 35,181 Mio.
Hauptstadt: Dodoma
Verwaltungsgliederung: 26 Regionen
Amtssprache: Suaheli, Englisch
Währung: 1 Tansania-Schilling (T. Sh.) = 100 Cents (Ct.)
Zeitzone: MEZ + 2 Stunden
Kfz-Kennzeichen: EAT

Die Insel Sansibar ist mit einer Fläche von 1 660 km² die größte der dem Festland vorgelagerten Inseln. Sie besteht aus Korallenkalk, der 120 m erreicht. Im fruchtbaren W werden Gewürznelken, Reis und Kokospalmen angebaut.

An der Küste herrscht feuchtheißes tropisches Klima, nach W kühleres tropisches Hochlandklima. Die Vegetationszonen reichen von Trocken-, Dornbusch- und Feuchtsavanne bis zu immergrünem Bergwald. Die Nationalparks ↑Serengeti und Kilimandscharo sowie das Naturschutzgebiet Ngorongoro und das Wildreservat Selous erklärte die UNESCO zum Weltnaturerbe.

Bevölkerung: Rd. 90 % der Bevölkerung gehören zu den etwa 120 ethnischen Gruppen der Bantu. Größte Völker sind Sukuma und Nyamwezi. Ferner leben in T. Masai, Tutsi, Araber, Inder, Pakistani und Europäer.

Es besteht allgemeine Schulpflicht vom 8. bis 14. Lebensjahr. Die Analphabetenquote beträgt bei Erwachsenen rd. 15 %. Etwa 19 % der Bevölkerung sind Anhänger traditioneller Stammesreligionen; 46 % sind Christen und 35 % Muslime.

Wirtschaft und Verkehr: Wichtigster Wirt-

schaftszweig ist die Landwirtschaft. Überwiegend in bäuerlichen Kleinbetrieben werden zur Eigenversorgung v. a. Maniok, Mais, Reis, Hirse und Bananen angebaut. Meist auf Plantagen für den Export gedeihen Baumwolle, Kaffee, Sisal, Cashewnüsse, Tabak, Tee und Pyrethrum. Sansibar und Pemba liefern 15 % der Weltproduktion an Gewürznelken.
Die zahlreichen Bodenschätze werden bisher wenig genutzt. In kleinen Mengen werden Gold, Zinn, Salz und Edelsteine abgebaut. Zu den wenigen Großbetrieben gehören eine Erdölraffinerie, Zementwerke sowie Dünger- und Textilfabriken.
Von Bedeutung ist der Tourismus zu den Nationalparks und den historischen Stätten der Suahelikultur. Hauptexportgüter sind Kaffee und Cashewnüsse, ferner Tabak, Gewürznelken, Baumwolle und Sisal. Wichtigste Handelspartner sind Großbritannien, Deutschland und Japan. Das Verkehrsnetz umfasst 2 721 km Eisenbahnlinien und 88 200 km meist unbefestigte Straßen. Haupthäfen sind Daressalam, Tanga und Mtwara. Internationale Flughäfen gibt es in Daressalam, bei Arusha und auf Sansibar.
Staat und Politik: Nach der Verfassung von 1977 ist T. eine föderative Präsidialrepublik im Commonwealth. Staatsoberhaupt ist der auf fünf Jahre direkt gewählte Präsident.
T. ist seit 1961 Mitglied der UNO. 1964 schloss sich die Republik Tanganjika mit Sansibar und Pemba zur Vereinigten Republik von Tansania zusammen.

Tarimbecken: Senkungsfeld zw. den Bergketten des ↑Tienschan im N, des ↑Pamir im W sowie des Kunlun Shan und Altun Shan im S. Das T. gehört zur Uigurischen Autonomen Region Sinkiang in China. Es hat eine durchschnittliche Höhe von 1 000 m und nimmt eine Fläche von rd. 975 000 km² ein. Fast ein Drittel entfällt auf die Sandwüste Takla-Makan. Im T. herrscht kontinentales Klima mit extremer Trockenheit. Die aus den Gebirgen kommenden Flüsse versickern an den Rändern oder enden in der Takla-Makan in Salzseen oder Salzsümpfen. Lediglich der Tarim durchfließt die Senke vollständig.
Die Einwohner sind überwiegend Nomaden. Ackerbau ist nur in den Randoasen möglich. Wichtigste Oasen sind Kaschgar, Hotan und Yarkand, über die einst die Seidenstraße verlief. An der tiefsten Stelle, der 780 m hoch gelegenen Salztonebene Lop Nur, befindet sich das Kernwaffenversuchsgelände Chinas.

Tasmanien: Gliedstaat des Australischen Bundes. T. umfasst die 64 880 km² große Insel Tasmanien sowie benachbarte Inseln. Es ist durch die Bass-Straße vom Festland getrennt. Auf einer Fläche von 67 800 km² leben 473 500 Menschen. Sie sind fast ausschließlich Nachkommen britischer Kolonisten. Die Ureinwohner, die Tasmanier, sind ausgestorben. Hauptstadt und wichtigster Hafen ist Hobart.
T. hat fruchtbare, grasbestandene Hochländer, bewaldete Gebirge und steile Küsten. Höchster Berg ist Mount Ossa mit 1 617 m. Dem Erhalt der Naturlandschaften dienen 14 Nationalparks und mehrere Naturschutzgebiete.
1642 wurde die Insel von ABEL JANSZOON TASMAN entdeckt. Sie hieß bis Mitte des 19. Jh. Van-Diemen's Land.

Taunus: südöstlicher Teil des Rheinischen Schiefergebirges. Der T. liegt zw. unterem Main und Rhein im S, dem Mittelrheintal im W, dem Lahntal im N und der fruchtbaren Wetterau im O. Vom Hochtaunus fällt er nach S steil ab und flacht nach N allmählich ab. Höchste Erhebungen sind Großer Feldberg und Kleiner Feldberg mit 879 m bzw. 826 m. Während am Südhang das Klima den Obstbau begünstigt, ist der Hochtaunus eine Waldlandschaft. Die Hochfläche des Hintertaunus nimmt den größten Teil ein. Sie ist von den zur Lahn entwässernden Flüssen zerschnitten und in breite Riedel zerlegt. Große Flächen sind mit Wald bestanden, in die landwirtschaftliche Nutzflächen eingestreut

T

sind. Bekannte Heilbäder sind ↑Wiesbaden, Bad Soden am T., Bad Homburg v. d. Höhe und Bad Nauheim.

Taurus: südliches und südöstliches Randgebirgssystem Anatoliens in der Türkei. Der T. steigt steil aus dem Mittelmeer auf und sinkt nach dem inneren Hochland sanft ab. Das System besteht aus dem bis über 3 000 m hohen Westtaurus, der auch Lykischer T. genannt wird. Der Ostteil des Mitteltaurus wird als Kilikischer T. bezeichnet. Höchster Gipfel ist der Demirkazık Tepesi mit 3 756 m. In diesem Gebiet liegt auch die **Kilikische Pforte**, der wichtigste Durchlass mit Straße und Eisenbahnlinie. In den anschließenden Gebirgszügen des Äußeren und Inneren Osttaurus findet sich der höchste Gipfel des gesamten T., der 4 168 m hohe Buzul Dagı.

Teheran: Hauptstadt von Iran. T. liegt am Südabfall des Elburs. Es hat 6,759 Mio. Einwohner. T. ist politischer, kultureller und wirtschaftlicher Mittelpunkt Irans mit Sitz mehrerer Universitäten u. a. Hochschulen, Museen und Kulturinstitute. Die Stadt ist der weltweit größte Teppichhandelsplatz. Wichtigste Industriezweige sind Konsumgüter-, Maschinen- und Kraftfahrzeugindustrie. Ferner gibt es eine Erdölraffinerie. T. hat zwei internationale Flughäfen.

Das Stadtbild ist von Moscheen geprägt. Aus dem 19. Jh. stammen u. a. Khomeini-Moschee und Sepah-Salar-Moschee. Der Golestanpalast aus dem 18./19. Jh. ist heute ein Museum.

Tejo ['tɛʒu]: ↑Tajo.

Tel Aviv-Jaffa: zweitgrößte Stadt Israels nach Jerusalem. T. A.-J. liegt an der Mittelmeerküste. Die Stadt besteht aus Jaffa im S und Tel Aviv im N, die 1950 vereinigt wurden. Sie hat 364 300 Einwohner.

Der wirtschaftliche und kulturelle Mittelpunkt des Landes ist Sitz von zwei Universitäten und einer Musikakademie. Ferner finden sich Bibliotheken, Theater, Oper und Museen. Die Stadt ist eine bedeutende Diamantenbörse. In einem Umkreis von 25 km sind etwa 23 % aller Industriebetriebe Israels konzentriert. Wichtigste Zweige sind elektronische, Leder- und Textilindustrie. T. A.-J. hat einen internationalen Flughafen. Bekannteste Bauwerke im Stadtteil Jaffa sind die Große Moschee von 1810 und das Franziskanerkloster Sankt Peter von 1654. Der im Altertum bedeutende Hafen ist einer der ältesten der Welt.

Thailand: Staat in Südostasien. T. liegt in Hinterindien und grenzt im O an Laos, im SO an Kambodscha, im S an den Golf von T. und an Malaysia, im SW an die Andamanensee sowie im W und N an Birma.

Landesnatur: Kerngebiet ist die fruchtbare Schwemmlandebene des Menam. Im O und NO schließt sich das Koratplateau an. Die Gebirgsketten im NW umschließen lang gezogene Becken. Die Gebirgszüge setzen sich entlang der Westgrenze von T. nach S auf der Malaiischen Halbinsel fort. Sie hat im Isthmus von Kra ihre schmalste Stelle. Das südöstlich von ↑Bangkok gelegene Bergland erreicht eine Höhe von 1 633 m.

Thailand

(amtlich Thai: Prathet Thai oder Muang Thai, dt. Königreich Thailand, früher auch Siam)
Fläche: 513 115 km²
Einwohner: 61,613 Mio.
Hauptstadt: Bangkok
Verwaltungsgliederung: 5 Regionen mit 75 Provinzen
Amtssprache: Thai
Währung: 1 Baht (B) = 100 Stangs (St., Stg.)
Zeitzone: MEZ + 6 Stunden
Kfz-Kennzeichen: THA

T

Thailand: Schwimmender Markt auf einem der berühmten »Klongs« von Bangkok. Die meisten dieser Entwässerungskanäle wurden inzwischen zugeschüttet.

T. hat tropisches Monsunklima, überwiegend mit winterlicher Trockenzeit und sommerlicher Regenzeit. 60 % des Landes sind von tropischen Regen- und Bergwäldern sowie Laub abwerfendem Monsunwald bedeckt. An den Küsten gibt es Mangrovensümpfe.

Bevölkerung: Über 85 % der Einwohner sind Angehörige von Taivölkern. In der Mitte und im S siedeln die Thai, im N und NO die Lao und ebenfalls im N die Shan. Im äußersten S lebt eine Minderheitengruppe von rd. 1,8 Mio. muslimischen Malaien. Im SO sind Khmer und Vietnamesen beheimatet. Im Grenzgebiet zw. T., Birma und Laos, dem so genannten Goldenen Dreieck, leben rd. 500 000 Angehörige von Bergvölkern z. T. vom Schlafmohnanbau, Grundlage zahlreicher Opiate und Ausgangsstoff für Heroin. An und vor der Küste im S siedeln Semang und Moken, ebenfalls im S die Yumbri. Etwa 6 Mio. Chinesen wohnen v. a. in den Städten.

Allgemeine Schulpflicht besteht vom 7. bis 13. Lebensjahr. Etwa 95 % der Bevölkerung bekennen sich zum Therawada-(Hinajana-)Buddhismus. Minderheiten bilden die Anhänger des Konfuzianismus und des Islam sowie Christen.

Wirtschaft und Verkehr: Die exportorientierte Industrie ist traditionell auf die Verarbeitung von Agrarerzeugnissen ausgerichtet. Größter Devisenbringer sind Bekleidungsindustrie und die Elektronik. Weitere Industriezweige sind Erdölraffinierung, Nahrungsmittel- und petrochemische Industrie. Der Zinnerzabbau ist mit knapp 10 % der Weltförderung bedeutend. Ferner werden Braunkohle, Wolfram-, Antimon-, Zink- und Eisenerz abgebaut sowie Erdgas und Erdöl gefördert. Außerdem werden Edelsteine gewonnen.

37 % der Landesfläche werden landwirtschaftlich genutzt. Es überwiegen Kleinwirtschaften neben z. T. ausländischen Großplantagen. T. ist einer der führenden Reisexporteure Asiens. Weitere wichtige Produkte sind Ananas, Kautschuk, Zuckerrohr, Maniok, Tapioka und Sojabohnen. Bedeutend ist auch die Seidenraupenzucht. Für die Forstwirtschaft sind Holzarten wie Teak und

T

Yang wichtig. Teak darf jedoch nicht mehr als Rohholz exportiert werden. Der Fremdenverkehr ist einer der Hauptdevisenbringer. Anziehungspunkte sind außer Bangkok die historischen Stätten im N, die Bergvölker sowie Badeorte. Der Tsunami vom 26. 12. 2004 traf die touristische Infrastruktur an der Südwestküste stark. Wichtigster Verkehrsträger in der Menamebene ist die Binnenschifffahrt. Daneben verfügt T. über ein gut ausgebautes Eisenbahn- und Straßennetz. Größter Hafen und internationaler Flughafen ist Bangkok.
Staat und Politik: T. ist eine konstitutionelle Monarchie. Staatsoberhaupt ist der König. Seine Person gilt als sakrosankt.
Durch kluge Handels- und Außenpolitik mit den europäischen Großmächten und den USA konnte T. als einziges Land Südostasiens im 19. Jh. seine staatliche Unabhängigkeit wahren. 1932 wurde T. eine konstitutionelle Monarchie. Seit 1946 gehört es der UNO an. Ferner ist das Land Mitglied von ↑ASEAN.

Thüringen: Bundesland und Freistaat der Bundesrepublik Deutschland. T. grenzt im W an Hessen, im NW an Niedersachsen, im N an Sachsen-Anhalt, im NO und O an Sachsen sowie im S an Bayern. Es hat 2,373 Mio. Einwohner und eine Fläche von 16 172 km². Seine Hauptstadt ist ↑Erfurt.
Landesnatur: T. liegt im Bereich der Deutschen Mittelgebirgsschwelle. Der zentrale und nordwestliche Teil wird vom fruchtbaren Thüringer Becken eingenommen. Es wird u. a. von der Unstrut durchflossen. Muschelkalkhöhenzüge wie Hainich, Dün, Hainleite, Oberes Eichsfeld, Schmücke und Finne bilden seine Ränder. Südlich davon erstrecken sich der ↑Thüringer Wald mit dem 982 m hohen Großen Beerberg und das Thüringer Schiefergebirge. Die Werrasenke liegt zw. Thüringer Wald und Vorderrhön, Hoher ↑Rhön und Grabfeld im SW. Im N gehören Teile des ↑Harzes, der Kyffhäuser sowie der Westteil der Goldenen Aue zu T. Im äußersten NW liegt das Untere Eichsfeld. Der O wird von der Ostthüringisch-Vogtländischen Hochfläche mit den Flüssen Saale und Weißer Elster eingenommen. Ein kleines Gebiet im NO liegt in der Leipziger Tieflandsbucht.
Das ozeanisch geprägte Klima wird durch die Vielseitigkeit des Reliefs modifiziert. Klimatisch begünstigt sind das Thüringer Becken, die Orla- und Werrasenke sowie das Unstrut- und Saaletal. Rau und niederschlagsreich ist das Klima im Thüringer Wald. T. gehört mit einem Waldanteil von fast 30 % zu den waldreichen deutschen Bundesländern.

Thüringen: Zu den ältesten Fachwerkhäusern Eisenachs gehört das Lutherhaus, in dem der Kirchenreformer und Bibelübersetzer Martin Luther gewohnt hat.

Bevölkerung: Mit etwa 148 Einwohnern/km² zählt T. zu den schwächer besiedelten Bundesländern. Größte Städte neben der Hauptstadt Erfurt sind ↑Jena, ↑Weimar, Gera, Suhl und Eisenach.
Etwa 30 % der Bevölkerung gehören der evangelischen Kirche an, rd. 9 % der katholischen Kirche.
Wirtschaft: Wichtigste Bereiche sind die industrielle Produktion, die Landwirtschaft sowie der Fremdenverkehr. Gemessen am Umsatz haben die Nahrungs- und Genussmittelindustrie die größte Bedeutung, gefolgt vom Straßenfahrzeugbau, der Glasindustrie, der Porzel-

lanherstellung und dem Maschinenbau. Wichtig sind ferner Kleineisen- und Werkzeugproduktion, elektronische Industrie und Gerätebau mit Jena als Zentrum des wissenschaftlichen Präzisionsgerätebaus sowie die Produktion von Pharmazeutika, Zement, Stahl, Chemiefasern und die Druckereien in Pößneck, Gotha und Altenburg.
T. besitzt Vorkommen an Kalisalz und reichhaltige Baurohstoffe wie Porphyr, Basalt, Kalk- und Sandstein. Von dem bis 1990 umfangreichen Kalibergbau blieb nur ein Kalischacht in Betrieb. Der Kaliabbau in den übrigen Gebieten wurde wie der Uranerzbergbau, die Gewinnung von Braunkohle und der Erzbergbau eingestellt. Im Gebiet Probstzella-Lehesten-Wurzbach befinden sich die größten Schieferbrüche Europas.
Hauptgebiete des Ackerbaus sind das Thüringer Becken, die Orlasenke, die Goldene Aue und das Gebiet südlich von Altenburg. Angebaut werden v. a. Zuckerrüben, Weizen und Gerste. Die Randgebiete des Thüringer Beckens werden für den Kartoffel-, Hafer- und Roggenanbau genutzt. Im Unteren Eichsfeld und Werragebiet ist zusätzlich der Tabakanbau verbreitet. In den Waldgebieten sind Grünlandnutzung und Forstwirtschaft vorherrschend. In den Flusstälern und am Rand des Kyffhäusers findet man umfangreichen Obst- und Gemüseanbau vor. Um Erfurt sind Gemüseanbau und Blumenzucht verbreitet. Bedeutende Fremdenverkehrsgebiete sind Thüringer Wald, Thüringer Schiefergebirge und Südharz.
Die zentrale Lage macht T. zu einem wichtigen Durchgangsland. Nach der deutschen Wiedervereinigung wurden die zum Teil unterbrochenen Eisenbahn-, Autobahn- und Straßenverbindungen nach Hessen und Bayern wieder neu geknüpft. Begonnen wurde u. a. der Bau der Südharzautobahn Halle (Saale)–Göttingen und der Thüringer-Wald-Autobahn Erfurt–Schweinfurt/Suhl–Lichtenfels. Wichtigster Eisenbahnknotenpunkt ist Erfurt. Dort befindet sich auch ein Flughafen.
Staat und Politik: Nach der am 25. 10. 1993 verabschiedeten Verfassung liegt die Legislative beim Landtag, der sich aus 88 Abgeordneten zusammensetzt, die für fünf Jahre gewählt werden. Der Landtag wählt den Ministerpräsidenten, der die Regierung führt. Die Verfassung wurde 1994 in Kraft gesetzt. Sie fixiert als plebiszitäre Elemente Volksbegehren und -entscheid.

Thüringer Wald: schmales waldreiches Mittelgebirge im SW des deutschen Bundeslandes Thüringen. Über eine Länge von 75 km erstreckt sich der T. W. von Hörschel im NW nach SO und geht auf der Linie Gehren–Schleusingen in das Thüringer Schiefergebirge über. Höchste Erhebungen sind Großer Beerberg mit 982 m, Schneekopf mit 978 m, Großer Finsterberg mit 944 m und Großer Inselsberg mit 916 m. Zahlreiche Flüsse haben sich tief eingeschnitten und den T. W. stark zergliedert. Über seinen Kamm verläuft der Rennsteig.
Von Bedeutung sind Forstwirtschaft, die industrielle Herstellung von Porzellan, Glaswaren, Uhren, Spielzeug und Waffen sowie der Fremdenverkehr. Östlich von Suhl befindet sich im Vessertal ein Biosphärenreservat.

Tibesti: Gebirge in der östlichen ↑Sahara. Der T. liegt im N der Republik Tschad. Das Gebirge ist eine stark zerklüftete Vulkanlandschaft. Im Emi Koussi, der höchsten Erhebung der Sahara, erreicht es 3 415 m. In den Trockentälern finden sich Oasen mit Dattelpalmen. Der T. ist das Wohngebiet der Tubu. Zentraler Ort ist die Oase Bardai. In diesem Gebiet zeugen Felszeichnungen von einer frühen Besiedlung.

Tibet (chinesisch Xizang, tibetisch Bodjul): autonomes Gebiet in Westchina. T. umfasst 1 228 400 km^2 und hat 2,62 Mio. Einwohner. Hauptstadt ist Lhasa.
T. ist das größte Hochland der Erde. Es liegt im südlichen Innerasien zw. den Gebirgsketten des Kunlun Shan im N,

T

des ↑Himalaja im W und S und der osttibetischen Randgebirge im O. Durchschnittlich liegt es 4 500 m hoch. Gebirgsketten meist nur geringer relativer Höhe gliedern das Hochland in zahlreiche schuttgefüllte Becken mit abflusslosen Seen. Der Transhimalaja scheidet die nördlichen Kältesteppen vom klimabegünstigten südtibetischen Längstal mit den Oberläufen des Indus und ↑Brahmaputra. Im NO befinden sich die Becken des Qaidamsumpfes und des Sees Qinghai Hu.

T. hat trockenes Höhenklima mit starken jährlichen und täglichen Temperaturschwankungen. Die Schneegrenze liegt zw. 4 000 und 6 100 m. Die baumlosen Wüstensteppen des Hochlands gehen oft in Wüste über. Die tiefen Schluchten der Randgebirge sind dicht bewaldet.

Die Bevölkerung besteht größtenteils aus Tibetern. Im NO wohnen nomadische Tanguten, im SO andere Volksstämme. Die Zahl der Chinesen nimmt jedoch zu. Vorherrschende Religion ist der Lamaismus.

Die weit verstreuten Hochlandnomaden halten Schafe, Yaks, Ziegen und Pferde. Nur im S und SO erlaubt der Monsuneinfluss stellenweise den Anbau von Gerste, Bohnen, Erbsen, Weizen, Reis, Hirse, Raps und Aprikosen. Der Reisanbau erfolgt bei künstlicher Bewässerung. Es gibt Betriebe der Textil-, Zement-, Papier- und chemischen Industrie. Ausgeführt werden Wollwaren, Filz, Pelze, Moschus und Salz. Handelsstraßen aus Indien, China, Turkmenistan und der Mongolei treffen sich in den dichter besiedelten Tälern bei Lhasa, Shigatse und Gyangzê. Flugverbindungen bestehen zw. Lhasa, Chongqing und Lanzhou.

Zw. 1723 und 1911 war T. chinesisches Protektorat. 1914 wurden Teile Osttibets China zugesprochen, der größte Teil von T. war de facto bis 1950 unabhängig. Nach der Errichtung der VR China 1949 erhob China erneut Anspruch auf das Land. Am 9. 11. 1950 besetzte die chinesische Volksbefreiungsarmee Lhasa. Am 23. 5. 1951 erhielt T. innerhalb des Staatsverbandes der VR China innere Autonomie. Der Dalai-Lama sollte Staatsoberhaupt und, gemeinsam mit dem Pantschen-Lama, geistliches Oberhaupt und Mitglied der chinesischen Zentralregierung sein. Nach der Niederschlagung von Aufständen floh der Dalai-Lama 1959 nach Indien ins Exil. Rd. 80 000 Tibeter flüchteten nach Indien, Nepal, Bhutan, Sikkim und Europa. Am 9. 9. 1965 wurde dem etwa um die Hälfte seines Territoriums reduzierten T. offiziell der Status einer Autonomen Region der VR China eingeräumt. Bis auf 13 wurden in den folgenden Jahren alle lamaistischen Klöster und Tempel zerstört. Seit 1979 lässt die chinesische Führung eine begrenzte Wiederbelebung der einheimischen Traditionen zu.

Tienschan ['tjɛn-]: Gebirgssystem in Mittelasien. Der T. (»Himmelsgebirge«) ist Teil von China, Kirgistan, Usbekistan, Tadschikistan und Kasachstan. Er erstreckt sich über rd. 2 500 km zw. der Sandwüste Kysylkum im W bis zur ↑Gobi im O. Höchster Berg ist der Pik Pobeda mit 7 439 m. Die Gebirgsketten sind stark vergletschert.

Tigerstaaten (Tigerländer): eine Gruppe von asiatischen Schwellenländern, denen es mit einer exportorientierten Wirtschaftsstrategie gelang, den Sprung von agrarisch strukturierten zu Industrieländern zu schaffen. Zu den »kleinen Tigern« gehörten ursprünglich Südkorea, Taiwan, Hongkong und Singapur. Später kamen Indonesien, Malaysia, die Philippinen und Thailand hinzu, die als »junge Tiger« bezeichnet werden.

Tigris: (arabisch Didjla, türkisch Dicle), wasserreichster Fluss Vorderasiens. Der etwa 1 950 km lange T. entspringt im mittleren Osttaurus in der Türkei, umfließt mit dem ↑Euphrat das mesopotamische Tiefland in Irak und vereinigt sich mit ihm bei Al Kurnah zum Schatt el-Arab, der in den Persischen Golf mündet. Staudammbauten in der Türkei und in Irak regulieren die Wasserführung des

Tigris und seiner Nebenflüsse (Hochwasser von März bis Mai). Mit dem Euphrat ist er seit 1988 in der Höhe von Bagdad durch den Thartharkanal verbunden.

Tirana: Hauptstadt Albaniens. T. hat 343 300 Einwohner. Die Stadt ist Sitz der Akademie der Wissenschaften, einer Universität u. a. Hochschulen. Sie beherbergt Museen, die Nationalbibliothek und das Nationaltheater. Wichtigste Industriezweige sind chemische, Zement-, Porzellan-, Holz-, Leder-, Schuh- und Lebensmittelindustrie. In T. gibt es einen internationalen Flughafen. In der orientalisch geprägten Altstadt liegt u. a. die Moschee Etehem-beg von 1797.

Tirol: drittgrößtes Bundesland von Österreich. T. setzt sich nach der Abtretung Südtirols an Italien 1919 aus den räumlich getrennten Teilen Nordtirol und Osttirol zusammen. Es umfasst 12 648 km² und hat 679 700 Einwohner. Seine Hauptstadt ist ↑ Innsbruck. Es ist in die Stadt Innsbruck (mit eigenem Statut) sowie die Bezirke Imst, Innsbruck, Kitzbühel, Kufstein, Landeck, Lienz, Reutte und Schwaz gegliedert.

Nordtirol hat Anteil an den Nördlichen Kalkalpen. Sie werden gequert vom 1 209 m hohen Fernpass, vom 1 185 m hohen Seefelder Sattel und vom 941 m hohen Achenpass. Südlich vom Inntal ragen die östlichen Rätischen Alpen, die Ötztaler, Stubaier und Zillertaler Alpen bis über 3 000 m auf. Kauner-, Pitz-, Ötz-, Stubai- und Zillertal führen nach N. Osttirol umfasst den Südabhang der Hohen Tauern, Defereggengebirge, Lienzer Dolomiten, Schobergruppe sowie das Becken der Drau um Lienz.

T. besitzt ein kühles, durch das Relief stark modifiziertes Gebirgsklima. In den Gipfellagen fallen bis 2 000 mm, im Inntal 800 bis 1 000 mm Niederschlag jährlich. Hauptsiedlungsgebiet ist das Inntal. Bedeutung hat die Landwirtschaft mit Ackerbau und überwiegend Grünlandwirtschaft. Hauptzweig ist die Viehzucht mit Fleisch- und Milcherzeugung. Wichtigste Industriezweige sind Eisen- und Metallindustrie, Glas-, Textil-, chemische und pharmazeutische Industrie. Im Fremdenverkehr steht T. an der Spitze aller österreichischen Bundesländer. T. ist Transitland im Eisenbahn- wie im Kraftfahrzeugverkehr. Die Arlbergstraße verbindet es mit ↑ Vorarlberg. Der wichtigste Alpenpass ist der **Brenner**, dessen Verkehrswege das österreichische Inntal im N mit dem italienischen Etschtal im S verbinden. Einen internationalen Flughafen gibt es in Innsbruck.

Titicacasee: mit einer Fläche von 8 300 km² größter Hochlandsee der Erde und größter See Südamerikas. Der T. liegt beiderseits der Grenze zw. Peru und Bolivien in einer Höhe von 3 812 m. Er ist 190 km lang, im Mittel 50 km breit und bis 281 m tief. Einziger wichtiger Abfluss ist der Desaguadero, der in den ↑ Poopósee mündet.

Zahlreiche Inseln und Halbinseln gliedern den fischreichen See. In der fruchtbaren Umgebung finden sich Terrassenkulturen. Der T. ist das Zentrum der Aimara. Auf sie geht möglicherweise die Kultur von Tiahuanaco zurück. In den Sümpfen am Westufer lebt auf schwimmenden Schilfinseln das Fischervolk der Uru-Indianer.

Togo: Staat in Westafrika. T. grenzt im S an den Golf von Guinea, im W an Ghana, im N an Burkina Faso und im O an Benin.

Landesnatur: Von der Atlantikküste erstreckt sich T. etwa 600 km weit als maximal 140 km breiter Gebietsstreifen nach N. Auf flachwellige Ebenen und Plateaus mit 200 bis 500 m Höhe folgen das rd. 1 000 m hohe Togo-Atakora-Gebirge und die Otiebene. Hauptflüsse sind Mono und Oti. Das Klima ist randtropisch mit zwei Regenzeiten im S und einer im N. Die Niederschläge steigen von 900 mm an der Küste auf 1 400 bis 1 700 mm im Innern. Im N fallen rd. 1 100 mm jährlich. Die vorherrschenden Vegetationszonen sind im S Feucht-, im N Trockensavannen.

T

Bevölkerung: In T. leben über 40 Ethnien. Die größten Gruppen sind die Ewe mit 45 % und die Kabre im N mit 35 %. Allgemeine Schulpflicht herrscht vom siebten bis zwölften Lebensjahr. Die Analphabetenquote ist mit rd. 57 % hoch. Über 50 % der Bevölkerung sind Anhänger von verschiedenen Naturreligionen, rd. 30 % sind Christen und weitere 20 % Muslime.

(amtlich frz. République Togolaise)
Fläche: 56 785 km^2
Einwohner: 4,76 Mio.
Hauptstadt: Lomé
Verwaltungsgliederung: 5 Regionen
Amtssprache: Französisch
Währung: 1 CFA-Franc = 100 Centimes
Zeitzone: WEZ
Kfz-Kennzeichen: RT

Wirtschaft und Verkehr: Haupterwerbszweig ist die Landwirtschaft, in der rd. 60 % der Erwerbstätigen beschäftigt sind. Angebaut werden v. a. Maniok, Jamswurzel, Mais, Hirse, Öl- und Kokospalmen. Für den Export werden Baumwolle, Kaffee und Kakao kultiviert. Im Togo-Atakora-Gebirge und im N ist die Haltung von Schafen und Ziegen verbreitet. Wichtigste Bodenschätze sind Eisenerz, Bauxit und Dolomit. Abgebaut werden v. a. Phosphat und Marmor. Hauptindustriezweige sind Nahrungsmittel-, Textil- und Holz verarbeitende Industrie. Exportiert werden besonders Phosphate, Baumwolle, Kaffee, Kakao und Ölfrüchte. Haupthandelspartner sind Frankreich u. a. EU-Länder.
Das Verkehrsnetz umfasst 568 km Eisenbahnlinien und rd. 7 500 km Straßen. Wichtigster Überseehafen und internationaler Flughafen ist Lomé.
Staat und Politik: Am 27. 4. 1960 wurde das zuvor aus einem französischen und einem britischen Teil bestehende T. unabhängig und Mitglied der UNO. Nach der Verfassung von 1993 ist T. eine Präsidialrepublik. Staatsoberhaupt ist der direkt gewählte Präsident.

Tokio (bis 1868 Edo): Hauptstadt von Japan. Die »Osthauptstadt« liegt auf Honshū, am Rand der Kantōebene an der inneren Tokiobucht. Sie hat 8,026 Mio. Einwohner. In der Agglomeration Groß-T. leben 12,23 Mio. Menschen. T. ist Kern eines Ballungsraums mit mehr als 28 Mio. Einwohnern. Die Stadt ist nahezu übergangslos mit Kawasaki/Yokohama im S und Funabashi/Chiba im O zusammengewachsen.
T. ist Sitz von Parlament und Regierung. Seit 1869 befindet sich hier die Residenz des Kaisers (Tenno). Die Stadt besitzt zahlreiche Universitäten und Hochschulen und ist Sitz der Akademie der Wissenschaften. Bedeutende kulturelle Einrichtungen sind das Nationaltheater und mehrere private Bühnen sowie Museen, Galerien und Bibliotheken. T. ist die größte Industriestadt Japans mit Elektronikindustrie, Flugzeug-, Schiff- und Kraftfahrzeugbau, Metallwaren-, feinmechanischer, chemischer, optischer, pharmazeutischer und Druckindustrie. Ferner ist es die bedeutendste Handelsstadt und das Finanzzentrum des Landes. Der Fischereihafen ist der größte Japans. Außerdem ist die Stadt der Hauptverkehrsknotenpunkt des Landes. T. besitzt seit den 1960er-Jahren ein U-Bahnsystem. Der internationale Flughafen befindet sich seit 1978 in Narita.
Das Erdbeben 1923 und die Bombenangriffe des Zweiten Weltkriegs haben die meisten alten Gebäude vernichtet. Shinto-Schreine und buddhistische Tempel gehören zu den wenigen erhaltenen historischen Bauten und Anlagen. Bedeutende Werke zeitgenössischer Architektur sind das Nationalmuseum für

Westliche Kunst (1959) nach Le Corbusier sowie Bauten von Kenzō Tange, Maekawa Kunio, Maki Fumihiko und Toyo Itō.

Tọnga: Staat im südlichen Pazifik. T. umfasst die rd. 170 Tongainseln östlich der Fidschiinseln. Es erstreckt sich über ein Meeresgebiet von etwa 700 000 km². *Landesnatur:* Die Tongainseln bestehen aus der Vava'u-, Haapai- und Tongatapugruppe. Größte Insel mit 257 km² ist Tongatapu. Die Inselgruppen erstrecken sich in zwei annähernd parallelen Reihen in N-S-Richtung auf über 800 km Länge. Hohe Vulkaninseln bilden die westliche Inselreihe. Sie sind z. T. mit Regenwald bedeckt. Die östliche Reihe besteht aus niedrigen, z. T. auch gehobenen Koralleninseln mit Kokospalmen. T. hat randtropisches Regenklima. Zw. Dezember und April fallen Niederschläge von 1 500 bis 3 000 mm.

Tonga

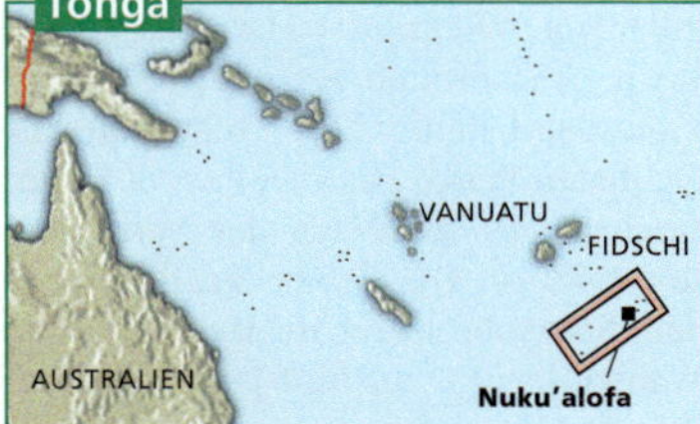

(amtlich tongaisch Pule'anga Fakatu'i'o Tonga, engl. Kingdom of Tonga)
Fläche: 748 km²
Einwohner: 101 000
Hauptstadt: Nuku'alofa (auf Tongatapu)
Amtssprachen: Tongaisch und Englisch
Währung: 1 Pa'anga (T$) = 100 Seniti (s)
Zeitzone: MEZ + 12 Stunden
Kfz-Kennzeichen: TO

Bevölkerung: 98 % der Einwohner sind Polynesier. Zwei Drittel der Bevölkerung leben auf Tongatapu, über 20 % in der Hauptstadt. Nur 36 Inseln sind ständig bewohnt. Allgemeine Schulpflicht besteht vom 6. bis 14. Lebensjahr. Die vorherrschende Religion ist das Christentum. 44 % der Christen sind Methodisten.

Wirtschaft und Verkehr: Lebensgrundlage ist die Landwirtschaft. Für den Eigenbedarf werden v. a. Maniok, Taro, Bataten, Jamswurzel, Melonen und Mais angebaut. Zum Export bestimmt sind Kokosnüsse, Bananen, Vanille, Kaffee und Pfeffer. In Kleinbetrieben werden v. a. Agrarprodukte verarbeitet. Eine wichtige Rolle spielt der Fremdenverkehr mit jährlich rd. 40 000 ausländischen Besuchern. Haupthandelspartner sind Neuseeland, Australien und die USA.

Wichtigster Verkehrsträger ist noch immer die Schifffahrt. Das Straßennetz umfasst nur 680 km. In Nuku'alofa gibt es einen Überseehafen und in Fua'amotu einen internationalen Flughafen.

Staat und Politik: Nach der Verfassung von 1875 ist T. eine konstitutionelle Erbmonarchie im Commonwealth. Staatsoberhaupt ist der König.

Die Tongainseln wurden 1615/16 von Niederländern entdeckt. JAMES COOK erkundete sie 1777 und nannte sie Freundschaftsinseln. T. erlangte am 4. 6. 1970 die Unabhängigkeit.

Totes Meer (arabisch Al-Bahr al-Maijit, hebräisch Yam-Hammelah): abflussloser Salzsee im Jordangraben zw. Israel und Jordanien. Das T. M. ist 80 km lang, bis zu 18 km breit und umfasst eine Fläche von 1 020 km². Die Halbinsel Lisan und feste Salzablagerungen schufen zwei Teilseen. Die Höhe des Wasserspiegels liegt rd. 400 m unter dem Meeresspiegel. Die tiefste Stelle von 829 m unter dem Meeresspiegel ist zugleich die tiefste Depression der Erde. Das Wasser ist wegen der starken Verdunstung und der geringen Süßwasserzufuhr durch den Jordan, den wichtigsten Zufluss, extrem salzhaltig. Deshalb beschränkt sich das Leben im T. M. auf anaerobe Bakterien, Nitro- und Schwefelbakterien sowie Zellulose abbauende Bakterien.

Am Südufer werden in großen Verdunstungsbecken Kali- und Bromsalze gewonnen. Außerdem wird das hypertonische Wasser des T. M. auf israelischer Seite auch für therapeutische Zwecke

T

genutzt. In Sanatorien wird u. a. die Schuppenflechte therapiert.

Transnistrien: ↑ Dnjestr.

Trinidad und Tobago: Staat vor der NO-Küste Südamerikas. Er umfasst die Inseln Trinidad und Tobago sowie sechs kleinere Inseln.

Trinidad und Tobago

(amtlich engl. Republic of Trinidad and Tobago)
Fläche: 5 128 km²
Einwohner: 1,304 Mio.
Hauptstadt: Port of Spain
Verwaltungsgliederung: 2 Städte mit Selbstverwaltungsrecht, 12 Verwaltungsbezirke und Tobago
Amtssprache: Englisch
Währung: 1 Trinidad-Tobago-Dollar (TT$) = 100 Cents (cts)
Zeitzone: MEZ – 5 Stunden
Kfz-Kennzeichen: TT

Landesnatur: Die 4 827 km² große Insel Trinidad liegt auf dem Schelf vor der NO-Küste Südamerikas. Sie wird von drei von W nach O verlaufenden Gebirgen durchzogen, die bis auf 940 m ansteigen. Im N überwiegt tropischer Regenwald, in den übrigen Gebieten Savannen und Kulturland. Im SW liegt der Asphaltsee Pitch Lake.

Das 303 km² große Tobago liegt nordöstlich von Trinidad. Es wird von einem bewaldeten Gebirge durchzogen. Den SW nehmen niedrige Kalkplateaus ein.

Bevölkerung: Auf Tobago leben v. a. Menschen afrikanischer Abstammung. Die Bevölkerung Trinidads ist von großer ethnischer Vielfalt. Jeweils 40 % sind Schwarze und Inder, 18 % Mulatten u. a. Mischlinge und 0,4 % Chinesen. Nur wenige sind europäischer Herkunft. Schulpflicht besteht vom sechsten bis zum zwölften Lebensjahr. Die Analphabetenquote ist mit rd. 2 % sehr niedrig. Über 60 % der Bevölkerung sind Christen. Zum Hinduismus bekennen sich 25 % und zum Islam 6 %.

Wirtschaft und Verkehr: Führende Zweige sind die Förderung und Verarbeitung von Erdöl. Die petrochemische Industrie basiert auf umfangreichen Erdgasvorkommen. Sie sind auch die Energiebasis für ein Eisen- und Stahlwerk. In dem 40 ha großen Asphaltsee Pitch Lake besitzt T. u. T. das bedeutendste natürliche Asphaltvorkommen der Erde. Die Landwirtschaft produziert v. a. für den Export. Ausgeführt werden hauptsächlich Zucker, Kakao, Zitrusfrüchte, Bananen, Reis und Mais. Der Fremdenverkehr konzentriert sich v. a. auf Tobago.

Das Straßennetz ist auf Trinidad gut ausgebaut, auf Tobago dagegen wenig entwickelt. Das Eisenbahnnetz ist seit 1968 stillgelegt. Wichtigster Hafen ist Port of Spain. Scarborough hat seit 1991 einen Tiefwasserhafen. Der internationale Flughafen Piarco liegt bei Port of Spain.

Staat und Politik: Nach der Verfassung von 1976 ist T. u. T. eine Präsidialrepublik. Staatsoberhaupt ist der von einem Wahlkollegium auf fünf Jahre gewählte Präsident.

1962 erhielt T. u. T. die Unabhängigkeit von Großbritannien und trat der UNO bei. 1976 wurde es Republik im Rahmen des britischen Commonwealth.

Tschad: Binnenstaat in Zentralafrika. T. grenzt im N an Libyen, im O an die Republik Sudan, im S an die Zentralafrikanische Republik, im SW an Kamerun und Nigeria sowie im W an Niger.

Landesnatur: Der nördliche Landesteil liegt in der ↑ Sahara. Nach N wird er vom ↑ Tibesti begrenzt, der mit 3 415 m die höchste Erhebung des Landes aufweist. Nach S schließen sich die Dornstrauch- und Trockensavannen, an den Flüssen auch Überschwemmungssavannen und Galeriewälder, des ↑ Sahel und des ↑ Sudan an. Im äußersten S folgen

T

Tschad

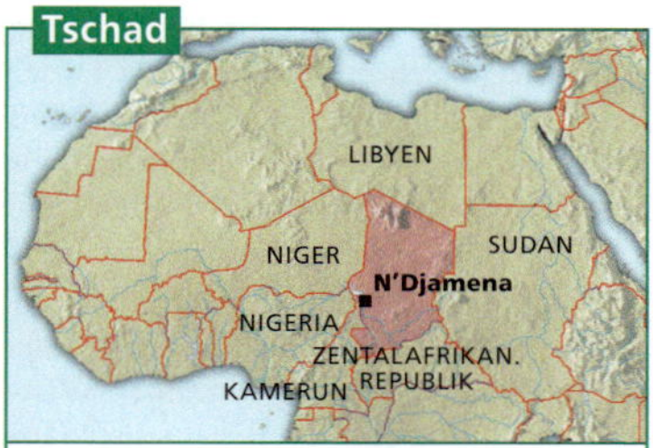

(amtlich arabisch Djumhurijjat Taschat, frz. République du Tchad)
Fläche: 1 284 000 km²
Einwohner: 8,341 Mio.
Hauptstadt: N'Djamena
Verwaltungsgliederung: 14 Präfekturen
Amtssprachen: Arabisch und Französisch
Währung: 1 CFA-Franc = 100 Centimes (c)
Zeitzone: MEZ
Kfz-Kennzeichen: TCD

Trockenwälder. T. umfasst den östlichen Teil des Tschadbeckens mit dem größten Teil des ↑Tschadsees. Hauptflüsse sind Schari und Logone. Im S herrscht randtropisches Klima mit mehr als 1 100 mm Niederschlag im Jahr. Der N ist von Wüstenklima mit nur sporadischen Niederschlägen und großen täglichen Temperaturunterschieden geprägt.
Bevölkerung: Im nördlichen und mittleren Teil leben Sudanaraber u. a. islamische Gruppen v. a. als Händler und Viehzüchter. Sie stellen zusammen rd. 38 % der Gesamtbevölkerung. Im S siedeln Sara, Mbum und Massa als Ackerbauern. Sie haben einen Anteil von 34 %. Zw. beiden Gruppen bestehen Konflikte. Im Grenzgebiet zu ↑Sudan leben Sudanesen aus der Bürgerkriegsprovinz Darfur in Flüchtlingslagern.
Allgemeine Schulpflicht besteht vom siebten bis zwölften Lebensjahr. Die Analphabetenquote ist mit rd. 50 % sehr hoch. Die Mehrzahl der Bevölkerung sind Muslime. Sie siedeln überwiegend im N. Daneben gibt es Anhänger traditioneller Naturreligionen und Christen, die v. a. im S leben.
Wirtschaft und Verkehr: Rd. 75 % der Bevölkerung leben von Ackerbau und Weidewirtschaft. Gehalten werden v. a. Rinder, Schafe, Ziegen und Kamele. Zur Eigenversorgung werden Hirse, Jamswurzeln, Maniok, Erdnüsse, Reis, Bataten und Bohnen angebaut. Für den Export werden v. a. Baumwolle, Zuckerrohr und Tabak kultiviert. Fischerei wird besonders im Tschadsee betrieben. Seit 2003 wird im S des Landes Erdöl gefördert. Die wenig entwickelte Textil-, Nahrungsmittel- und Tabakindustrie verarbeitet einheimische Produkte. Exportiert werden u. a. Baumwolle, Lebendvieh und Häute. Wichtigste Handelspartner sind Frankreich, Kamerun und Nigeria.
Der T. ist verkehrsmäßig wenig erschlossen. Es gibt keine Eisenbahn und nur rd. 33 400 km Straßen und Pisten. Die Binnenschifffahrt auf dem Tschadsee sowie auf Schari und Logone ist nur in der Regenzeit möglich. Ein internationaler Flughafen liegt bei N'Djamena.
Staat und Politik: Nach der Verfassung von 1996 ist der T. eine Präsidialrepublik. Staatsoberhaupt ist der auf fünf Jahre direkt gewählte Präsident.
1958 wurde der T. eine autonome Republik der Französischen Gemeinschaft, in der er auch nach Erlangung der Unabhängigkeit 1960 verblieb. Der seit Mitte der 1960er-Jahre andauernde Bürgerkrieg flammt trotz der Friendensverträge von 1989 und 2003 immer wieder auf.

Tschadsee: inselreicher, abflussloser See im zentralen Afrika. Anrainerstaaten sind Tschad, Niger, Nigeria und Kamerun. Die Größe des 3 bis 7 m tiefen Sees variiert je nach den klimatischen Verhältnissen zw. 12 000 und 26 000 km². Zurzeit schrumpft der See sehr stark. Hauptzufluss des T. ist der Schari. Er liefert knapp 90 % der jährlichen Wasserzufuhr. 10 % stammen aus Niederschlägen, die von Jahr zu Jahr sehr unterschiedlich ausfallen können. Das Wasser ist süß, enthält jedoch beachtliche Mengen Natron. Fossile Natronlager werden am Ostufer abgebaut.

T

Tschechische Republik: Staat in Mitteleuropa. Die T. R. grenzt im W und NW an Deutschland, im N und NO an Polen, im SO an die Slowakische Republik und im S an Österreich.
Landesnatur: Das Böhmische Becken bildet den zentralen Landesteil. Es wird von Moldau und Elbe entwässert und ist von kleinen Mittelgebirgen durchsetzt. An seinen Rändern liegen waldreiche Mittelgebirge: im SW der ↑Böhmerwald, im NW das ↑Erzgebirge und im NO die ↑Sudeten. Hier befindet sich auch der höchste Punkt des Landes, die 1602 m hohe Schneekoppe. Die flachwelligen Höhenzüge der Böhmisch-Mährischen Höhe im SO trennen das Böhmische Becken von der fruchtbaren Marchsenke. Sie wird im O von den Westkarpaten begrenzt und geht nach SO in das Donautiefland über.
Das Klima ist im W durch ozeanischen Einfluss mild, im O gemäßigt kontinental. Die Gebirgsumrahmung schützt die sommerwarmen, wintermilden Beckenlandschaften vor Kaltlufteinbrüchen. Kälteste und auch niederschlagsreichste Gebiete sind die Kämme der böhmischen Randgebirge.
Bevölkerung: 94 % der Bevölkerung sind Tschechen und 2 % Slowaken. Polen und Deutsche sind die größten weiteren Minderheiten. Vom 7. bis 15. Lebensjahr besteht eine neunjährige Schulpflicht. Rd. 27 % der Bevölkerung gehören zur katholischen Kirche, weitere 60 % sind nicht religiös gebunden. Minderheiten bilden die Tschechoslowakische Hussitische Kirche, die Evangelische Kirche der Böhmischen Brüder und die orthodoxe Kirche.
Wirtschaft und Verkehr: Führender Wirtschaftszweig ist eine energieintensive Industrie, die auf Stein- und Braunkohlenbergbau basiert. Vorherrschend sind Roheisen-, Stahl- und Walzstahlerzeugung, Schwer- und Präzisionsmaschinenbau sowie Fahrzeugbau, gefolgt von der chemischen Industrie. Ferner finden sich Baustoff-, elektrotechnische, Glas-, Keramik-, Nahrungs- und Genussmittelindustrie. Weltbekannt sind die Bierbrauereien in Pilsen, Budweis und Prag. Exportiert werden v. a. Maschinen, Eisen und Stahl, chemische Erzeugnisse, Fahrzeuge, Kohle, Genussmittel und Schuhe. Haupthandelspartner sind Deutschland, die Slowakei, Russland, Österreich, Polen und Italien.
In der Landwirtschaft werden Weizen, Gerste, Roggen, Zuckerrüben und Kartoffeln, ferner Flachs, Hülsenfrüchte, Gemüse, Obst, Wein und Hopfen erzeugt. In der Viehwirtschaft stehen Rinder-, Schweine- und Geflügelhaltung im Vordergrund. Im Gebirge ist auch Schaf-

Tschechische Republik: Die Hauptstadt Prag liegt beiderseits der Moldau. Die berühmte Karlsbrücke verbindet die Altstadt mit der Kleinseite.

Tschechische Republik

(amtlich tschechisch Česká Republika, dt. Tschechische Republik, Tschechien)
Fläche: 78 866 km²
Einwohner: 10,210 Mio.
Hauptstadt: Prag
Verwaltungsgliederung: 14 Bezirke
Amtssprache: Tschechisch
Währung: 1 Tschechische Krone (Kč) = 100 Heller (h)
Zeitzone: MEZ
Kfz-Kennzeichen: CZ

haltung verbreitet. Zahlreiche Erholungsgebiete mit Kurorten und Bädern ziehen Touristen an.
Die Eisenbahn ist mit einem Streckennetz von 9 421 km wichtigster Verkehrsträger. Sie wird ergänzt durch 55 400 km Straßen. Nur wenige sind als Autobahnen ausgebaut. Eine der wichtigsten Verbindungen verläuft von N über ↑Prag nach Brünn und weiter nach ↑Bratislava in der Slowakei. Der Binnenstaat verfügt über eine eigene Handelsflotte. Ein internationaler Flughafen liegt in Prag.
Staat und Politik: Nach der am 1. 1. 1993 in Kraft getretenen Verfassung ist die T. R. eine demokratische Republik mit parlamentarischem Regierungssystem. Staatsoberhaupt ist der vom Parlament auf fünf Jahre gewählte Präsident.
Nach 1945 bildete die T. R. zusammen mit der heutigen Slowakischen Republik die Tschechoslowakei (ČSSR). Sie wurde am 1. 1. 1969 als Tschechische Sozialistische Republik in einen Föderativstaat umgewandelt, in dem beide Teile als Nationalstaaten offiziell gleichberechtigt waren. Am 1. 1. 1993 wurde die ČSFR aufgelöst und die beiden Teilrepubliken wurden selbstständige Staaten. Seit 1993 ist die T. R. Mitglied von Europarat, OSZE und UNO. 1995 trat das Land der OECD und 1999 der NATO bei. Seit 1. 5. 2004 ist es Mitglied der EU.

Tschetschenien: 1992 aus der Republik der Tschetschenen und Inguschen hervorgegangene Teilrepublik der Russischen Föderation im östlichen Kaukasien. T. umfasst 15 700 km² und hat 1,088 Mio. Einwohner. 75 % der Bevölkerung sind Tschetschenen, 20 % Russen, 1 % Armenier bzw. Ukrainer und 3 % Angehörige anderer kaukasischer Völker. Die Hauptstadt ist Grosnyj.
T. erstreckt sich von der Nordabdachung des ↑Kaukasus über die fruchtbare Tschetschenische Ebene bis zur nördlich des Terek liegenden Trockensteppe des Terek-Kuma-Tieflandes. Angebaut werden u. a. Obst, Wein, Getreide, Gemüse und Zuckerrohr. In der Nähe der Hauptstadt wird Erdöl gefördert. Durch T. führen die Fernstraße und Bahnlinie von Aserbaidschan/ Dagestan nach Russland und die 1 411 km lange Erdölleitung von Baku nach Noworossisk.
1991 erklärte T. seine Unabhängigkeit. Die mit der Entsendung russischer Truppen 1994 ausbrechenden blutigen Kämpfe wurden 1996 mit einem Waffenstillstand beendet, dem am 12. 5. 1997 ein Friedensvertrag folgte. 1999 brach der russisch-tschetschenische Konflikt wieder offen aus, als Russland erneut militärisch intervenierte.

Tshwane (früher Pretoria): Hauptstadt der Republik Südafrika. T. liegt am Fuß der Magalisberg-Kette und hat 525 600 Einwohner. Im Großraum leben mehr als 1 Mio. Menschen. Die Stadt ist Sitz eines katholischen Erzbischofs und eines anglikanischen Bischofs. Mit ihren zwei Universitäten, Forschungsinstituten, der Staatsbibliothek und Theatern ist T. das Bildungs- und Kulturzentrum des Landes. In der Industrie sind Stahl- und Walzwerke, Auto-, elektrotechnische und Nahrungsmittelindustrie bestimmend. Die 1855 als Gartenstadt gegründete Metropole hat einen internationalen Flughafen.

Tunesien: Staat in Nordafrika. T grenzt im N und NO an das Mittelmeer, im SO an Libyen sowie im SW und W an Algerien.

Landesnatur: T. erstreckt sich vom Mittelmeer bis in die Sahara. Die über 1 000 km lange Küste ist im N meist steil, im O reich an Lagunen. Sie ist durch die Golfe von Tunis, Hammamet und Gabès gegliedert. Ihr vorgelagert sind die Insel Djerba und die Kerkennagruppe. Der N besteht v. a. aus Bergland. Es wird von den Ausläufern des Tell- und des Saharaatlas gebildet. Südlich davon erstrecken sich die zentralen Steppenlandschaften sowie die Salztonebenen und Salzseen des Schott. Der wüstenhafte S besteht aus den Dünengebieten des Östlichen Großen Erg. Nach SO hat T. Anteil an der Küstenebene Djeffara.

Tunesien

(amtlich arabisch Al-Djumhurijja at-Tunisijja)
Fläche: 163 610 km²
Einwohner: 9,781 Mio.
Hauptstadt: Tunis
Verwaltungsgliederung: 24 Gouvernorate
Amtssprache: Arabisch
Währung: 1 Tunesischer Dinar (tD) = 1 000 Millimes
Zeitzone: MEZ
Kfz-Kennzeichen: TN

Im N herrscht mediterranes Klima mit Winterregen. Die Niederschläge betragen im Bergland bis über 1 500 mm. Der S hat Wüstenklima mit nur episodischen Niederschlägen. An der Küste findet sich eine typisch mediterrane Vegetation. Für die fruchtbaren Regionen im N sind Weinberge, Korkeichen, Kiefern und Wacholder charakteristisch. Der S ist von Steppenvegetation geprägt.

Bevölkerung: Rd. 98 % der Bevölkerung sind Araber und arabisierte Berber. Allgemeine Schulpflicht besteht vom 7. bis 14. Lebensjahr. Der Islam ist Staatsreligion. Zu ihm bekennen sich rd. 99 % der Bevölkerung.

Wirtschaft und Verkehr: Etwa 50 % der Landesfläche werden landwirtschaftlich genutzt. Davon sind 12 % über Stauwerke bewässert. Im N gedeihen Getreide, Zitrusfrüchte u. a. Obst, Gemüse und Reben, in der Zentralregion Getreide, Oliven und Datteln. Im S ist nur in Oasen Anbau möglich, ansonsten herrscht Weidewirtschaft vor. Genutzt werden auch Alfagras für die Papier- und Zellstoffindustrie sowie Kork.

Weitere bedeutende Bereiche sind Erdöl- und Phosphatförderung, Tourismus und verarbeitende Industrie. Von den reichen Bodenschätzen werden u. a. Phosphate, Erdgas und Erdöl, ferner Eisen-, Blei- und Zinkerz abgebaut. Wichtigste Industriezweige sind die Textil-, Leder-, Elektroindustrie, ferner Nahrungsmittel-, chemische Industrie, Erdölraffinerie, Eisen- und Stahlverarbeitung und Kraftfahrzeugmontage. Der Fremdenverkehr ist ein bedeutender Devisenbringer. Exportiert werden Phosphate, Erdöl, Olivenöl, Zitrusfrüchte, Wein, Textilien und Lederwaren. Haupthandelspartner sind Frankreich, Italien und Deutschland.

Eisenbahn und Straßensystem erschließen das Land hinreichend und sind in relativ gutem Zustand. Wichtigste Häfen sind Tunis-La Goulette, Sfax, Biserta, Sousse, La Skhirra und Gabès. Internationale Flughäfen gibt es in Tunis, Djerba, Monastir, Sfax und Tozeur.

Staat und Politik: Nach der Verfassung von 1959 ist T. eine Präsidialrepublik. Staatsoberhaupt ist der auf fünf Jahre direkt gewählte Präsident.

1956 wurde T. von Frankreich unabhängig, ein Jahr später erklärte das Parlament T. zur Republik. Es ist seit 1956

Mitglied der UNO und seit 1958 der Arabischen Liga.

Turkanasee: abflussloser, schwach salziger See im NW Kenias. Seine Nordspitze gehört zu Äthiopien. Der T. liegt 427 m hoch. Er ist 300 km lang, zw. 8 000 und 8 600 km² groß und bis 73 m tief. Der See gilt als sehr fischreich. Das Gebiet des T. ist durch zahlreiche Hominidenfunde bekannt geworden. Die drei Nationalparks um den See wurden zum UNESCO-Weltkulturerbe erklärt. Die hier lebenden Turkana oder Elgume sind Hirtennomaden und Fischer.

Türkei: siehe S. 424.

Turkmenistan: Staat im SW Mittelasiens. T. grenzt im W an das ↑Kaspische Meer, im NW an Kasachstan, im N und O an Usbekistan, im S an Afghanistan und im SW an Iran.

Landesnatur: T. erstreckt sich zw. Kaspischem Meer im W und ↑Amudarja im O und SO. Es wird überwiegend vom Tiefland von Turan eingenommen und besteht größtenteils aus der Wüste Karakum. Das Land liegt 100 bis 200 m hoch, in den Niederungen am Kaspischen Meer fällt das Relief bis 81 m unter den Meeresspiegel. Im SW hat T. Anteil am Kopet Dag. Der Gebirgszug steigt im Rise bis auf 2 942 m an. Im N breitet sich das Ust-Urt-Plateau aus. Im SO ragen Ausläufer des Hissar-Alai-Systems in das Land hinein. Sie erreichen bis 3 139 m Höhe.

Das Klima ist extrem kontinental mit heißen, trockenen Sommern und relativ milden Wintern. Die jährlichen Niederschläge liegen bei 75 bis 150 mm im Tiefland und bis 400 mm im südlichen Bergland. In der Karakum gibt es nur spärliche Vegetation. An den Flüssen sind Galeriewälder zu finden, das Gebirge ist von Steppen geprägt.

Bevölkerung: Sie besteht v.a. aus Turkmenen. Ferner gibt es Usbeken, Russen, Kasachen, Tataren, Ukrainer, Aserbaidschaner, Armenier und Belutschen. 45 % der Bewohner leben in Städten. Die allgemeine Schulpflicht beträgt acht bis zehn Jahre. Die dominierende Religion ist der sunnitische Islam, dem über 90 % der Bevölkerung zugerechnet werden. Eine schiitische Minderheit gibt es unter den über 30 000 Aserbaidschanern. Der Anteil der Christen beträgt etwa 4 %. Sie gehören zur russisch-orthodoxen, armenischen, katholischen, wenige zur evangelischen Kirche.

Turkmenistan

(auch Turkmenien, amtlich turkmenisch Turkmenostan Respublikasy)
Fläche: 488 100 km²
Einwohner: 4,793 Mio.
Hauptstadt: Aschchabad (turkmenisch Ašgabad)
Verwaltungsgliederung: 5 Regionen
Amtssprache: Turkmenisch
Währung: 1 Turkmenistan-Manat (TMM) = 100 Tenge
Zeitzone: MEZ + 3 Stunden
Kfz-Kennzeichen: TM

Wirtschaft und Verkehr: Etwa zwei Drittel der Landesfläche werden landwirtschaftlich genutzt. Davon entfallen 3 % auf Ackerland und 96 % auf Weideland. Der Ackerbau ist auf Bewässerung angewiesen. Angebaut wird v. a. Baumwolle. Die Erträge aus Getreide-, Gemüse- und Obstanbau decken nicht den Nahrungsbedarf der Bevölkerung. Wichtigster Bereich nach dem Baumwollanbau ist die Viehwirtschaft mit Karakulschafzucht und Kamelhaltung. Bedeutung hat auch die Seidenraupenzucht.

T. besitzt umfangreiche Vorkommen an Erdgas und Erdöl, die in großem Umfang genutzt werden. Über zwei Drittel des Erdöls werden in den Lagerstätten Kotur-Tepe und Barsa-Helmes gefördert.

► Fortsetzung auf S. 427

Mit ihren europäischen Anteilen (Ostthrakien) bildet die Türkei, die überwiegend in Asien liegt, eine Brücke zw. zwei Kontinenten.
Der Name des Landes stammt von den Turkvölkern Innerasiens, die im Mittelalter nach Kleinasien eingewandert sind. Eines dieser Völker begründete das Osmanische Reich, das im 15./16. Jh. seine größte Macht und Ausdehnung hatte. Es war die beherrschende Seemacht im östlichen Mittelmeer und kontrollierte weite Teile Südosteuropas.

(türkisch Türkiye, amtlich Türkiye Cumhuriyeti, dt. Republik Türkei)
Fläche: 779 452 km²
Einwohner: 69,626 Mio.
Hauptstadt: Ankara
Verwaltungsgliederung: 81 Provinzen
Amtssprache: Türkisch
Währung: 1 Türkisches Pfund/Türkische Lira (TL.) = 100 Kuruş (krş.)
Zeitzone: MEZ + 1 Stunde
Kfz-Kennzeichen: TR

Landesnatur

Die Türkei grenzt im N an das Schwarze Meer und im W sowie im SW an das Mittelmeer. Die das Schwarze Meer und das Mittelmeer verbindende Wasserstraße Bosporus-Marmarameer-Dardanellen trennt die europäische von der asiatischen Türkei, deren Kern Anatolien ist. In Ostthrakien grenzt das Land an Griechenland und Bulgarien. Anatolien hat im NO Georgien und Armenien als Nachbarn, im O Iran sowie im S Irak und Syrien.
Die kleinasiatische Halbinsel ist weitgehend Gebirgsland. Inneranatolien ist ein 900 bis 1 200 m hohes steppenhaftes, von Salzseen, Sümpfen und Bergzügen durchsetztes Hochland. Es wird von Gebirgen – dem Pontischen Gebirge im N, dem ↑Taurus im S und dem Westanatolischen Bergland im W – nach außen zum Meer hin abgeschlossen. Diese randlichen Hochgebirge gehören zum System der europäischen Faltengebirge, die sich seit dem Tertiär gebildet haben. Die tektonische Unruhe macht sich heute noch in starken Erdbeben bemerkbar, die oft verheerende Schäden verursachen – 1999 starben bei einem Beben im äußersten W Anatoliens rd. 18 000 Menschen.
In Ostanatolien treten diese randlichen Bergketten eng aneinander und bilden ein von tiefen Tälern zerschnittenes unzugängliches Gebirgsland vulkanischen Ursprungs. Hier befindet sich mit dem 3 700 km² großen Vansee auch der größte See und mit dem 5 137 m hohen Ararat der höchste Berg des Landes. Der äußerste SO ist ein weites, durch die Täler von ↑Euphrat und ↑Tigris zerschnittenes Plateau, das sich nach S in die Syrische Wüste fortsetzt. Im W geht Anatolien in die ägäische Küstenregion mit weit ins Land greifenden Buchten über.
Thrakien und Inneranatolien haben ein kontinentales Klima mit heißen, trockenen Sommern und kalten, in Ostanatolien auch schneereichen Wintern. Dagegen hat die Schwarzmeerküste zu allen Jahreszeiten ausreichende Niederschläge und gemäßigte Temperaturen. Die westliche Küstenregion Anatoliens und der Südfuß des Taurus gehören zum mittelmeerischen Klimabereich mit milden, feuchten Wintern und heißen, trockenen Sommern.

Bevölkerung und Konflikte

Nahezu 99 % der Einwohner sind Muslime. Etwa 70 % der Bevölkerung sind Türken, weitere 20 % gehören zum Volk der Kurden. Diese Minderheit lebt v. a. im SO Anatoliens und stellt dort den größten Bevölkerungsanteil. Weil ihre

Forderungen nach Unabhängigkeit bisher kaum erfüllt wurden, kam es seit Jahrzehnten immer wieder zu teils militärischen Auseinandersetzungen zw. Kurden und Türken.

Am dichtesten besiedelt sind die Küstenzonen. Am Marmarameer liegen die Metropolen ↑Istanbul und Bursa, an der Westküste liegt Izmir und an der Südküste sind Antalya und Adana Großstädte. Die Hauptstadt ↑Ankara im gebirgigen Innern des Landes ist mit 3,2 Mio. Einwohnern nach Istanbul, wo fast 9 Mio. Menschen leben, die zweitgrößte Stadt des Landes.

Wegen der schlechten Lebensbedingungen auf dem Land gibt es eine starke Abwanderung in die Städte. Heute wohnen mehr als 75 % der türkischen Bevölkerung in Städten, 1945 waren es nur 25 %. Allein im Großraum Istanbul lebt mehr als ein Zehntel der türkischen Gesamtbevölkerung. Dagegen sind der SO des Landes und das ostanatolische Hochland sehr dünn besiedelt.

Der Lebensstandard ist verglichen mit den Ländern der EU deutlich niedriger, im Verhältnis zu den Nicht-EU-Ländern Südosteuropas höher. Wegen der ungünstigen wirtschaftlichen Verhältnisse und der hohen Arbeitslosigkeit haben nach dem Zweiten Weltkrieg viele Türken ihre Heimat verlassen, um im Ausland eine Arbeit aufzunehmen.

Allein in Deutschland leben fast 2 Mio. Menschen mit türkischer Staatsangehörigkeit, z. T. in der dritten Generation.

■ Wirtschaftlich ein Schwellenland

Es besteht ein starkes W-O-Gefälle zw. dem industriell entwickelten W und dem strukturschwachen, v. a. agrarisch ausgerichteten O des Landes.

Nur ein Fünftel des Landes ist aufgrund der Trockenheit bzw. des Reliefs landwirtschaftlich nutzbar. Dennoch ist die Landwirtschaft mit 45 % der Beschäftigten der wichtigste Erwerbszweig. Im inneranatolischen Hochland wird v. a. Getreide angebaut, daneben werden Schafe und Ziegen gehalten. Die wichtigsten landwirtschaftlichen Ausfuhrprodukte sind Baumwolle, frische und getrocknete Früchte, Haselnüsse – hier ist

Türkei – Wirtschaft

die Türkei weltgrößter Erzeuger und Exporteur – und Tabak. Weintrauben, Oliven und Feigen sind Anbauprodukte, bei denen die Türkei ebenfalls zu den größten Erzeugerländern gehört.
Das 1965 beschlossene Südostanatolien-Projekt sieht am Oberlauf von Euphrat und Tigris den Bau von 22 großen und 200 kleineren Staudämmen sowie 19 Wasserkraftwerken vor. Teile davon sind bereits verwirklicht – so wurde 1992 der Atatürk-Staudamm eingeweiht. Durch das Projekt sollen die Bewässerungsflächen erheblich ausgeweitet werden. Syrien und Irak protestieren gegen die Pläne, weil dadurch das für sie notwendige Wasser zurückgehalten wird.

Viele Touristen zieht es zu den Kalksinterterrassen von Pamukkale in Westanatolien. Sie entstanden durch Ablagerungen aus kalkreichem warmem Quellwasser.

Die Türkei ist reich an Bodenschätzen. In Anatolien gibt es Braunkohlen-, Steinkohlen- und Eisenerzabbau verbunden mit Eisen- und Stahlindustrie. Das Land gehört zu den bedeutenden Chromerzlieferanten. Exportiert werden außerdem Antimon, Quecksilber, Mangan und Kupfer. Im SO des Landes wird Erdöl gefördert, es deckt 60 % des Bedarfs.
Die Industrialisierung hat bedeutende Fortschritte gemacht. Der hohe Anteil von Staatsbetrieben wird seit 1986 durch Privatisierung zurückgedrängt. Führender Zweig ist die Textilindustrie, es folgen Fahrzeug-, Landmaschinen- und Schiffbau sowie die Zement- und die chemische Industrie.
Ein bedeutender und wachsender Wirtschaftsfaktor ist der Tourismus. Er konzentriert sich überwiegend auf die West- und Südküste.

■ Auf dem Weg nach Europa

Die Türkei strebt an, Vollmitglied der Europäischen Union zu werden. Dagegen gibt es erhebliche Widerstände in Europa. Die relativ schwach entwickelte Wirtschaft, die großen sozialen Probleme, die Agitation islamischer Fundamentalisten und eine Reihe innenpolitischer Positionen der türkischen Regierung insbesondere zur Kurdenfrage, zur Todesstrafe (inzwischen abgeschafft) und zur Achtung der Menschenrechte machen einen EU-Beitritt problematisch. Dennoch ist die Verflechtung mit Europa eng. Die Türkei ist z. B. NATO-Mitglied und ihre wichtigsten Handelspartner sind die EU-Staaten. ■

In vielen deutschen Großstädten gibt es Wohnviertel, die überwiegend von türkischstämmigen Menschen bewohnt werden. Hier lassen sich Kultur und Lebensgewohnheiten ohne lange Reisen kennenlernen.
Interessante Einsichten verspricht eine Diskussion über den Begriff »Heimat« in Schulklassen mit türkischstämmigen Schüler/innen.
Informative Internetadressen sind:
www.kultur.gov.tr
www.ahk.de/bueros/t/tuerkei/wirtschaftsinfos.html
www.turkey.org/intro.html

Akkaya, Çigdem u. a.: *Länderbericht Türkei.* Darmstadt (Primus) 1998. ■ Hütteroth, Wolf-Dieter und Höhfeld, Volker: *Türkei. Geographie, Geschichte, Wirtschaft, Politik.* Darmstadt (WBG) 2002. ■ Seufert, Günter und Kubaseck, Christopher: *Die Türkei. Politik, Geschichte, Kultur.* München (Beck) 2004.

◀ *Fortsetzung von S. 423* Unter Mithilfe ausländischer Unternehmen werden weitere Erdöl- und Erdgaslagerstätten im Festlandssockel des südlichen Kaspischen Meeres sowie im Festlandsbereich erschlossen. Die Förderung anderer Bodenschätze wie Natriumsulfat, Schwefel, Baryt und Bentonit sowie von Gold sind von untergeordneter Bedeutung. Hauptindustriezweige sind traditionell die Textil- und Nahrungsmittelindustrie. Ferner finden sich petrochemische, chemische und Baustoffindustrie sowie Metallverarbeitung und Maschinenbau. Exportiert werden neben Erdöl und Erdgas v. a. Baumwolle, Naturseide, Karakulfelle, Teppiche, Häute und chemische Rohstoffe. Haupthandelspartner sind Russland u. a. Staaten der ↑GUS, Türkei und Iran.

Das Eisenbahnnetz und das Straßensystem verbinden die wichtigsten Regionen gut miteinander. Hinzu kommen rd. 700 km Wasserstraßen auf dem Amudarja und dem Karakumkanal. Wichtigster Hafen ist Turkmenbaschi. Ein internationaler Flughafen liegt bei Aschchabad.

Staat und Politik: Nach der Verfassung vom 18. 5. 1992 ist T. eine Präsidialrepublik. Staatsoberhaupt ist der auf fünf Jahre direkt gewählte Präsident.

Von 1918 bis 1924 war T. Bestandteil der Turkestanischen ASSR, anschließend der neu gebildeten Turkmenischen SSR. 1990 erklärte T. seine Souveränität innerhalb der UdSSR und am 27. 10. 1991 seine Unabhängigkeit. Im Dezember 1991 trat es der GUS bei. 1992 wurde es Mitglied von UNO und OSZE.

Tuvạlu: Inselstaat im südwestlichen Pazifik. Er umfasst neun Atolle (Nanumea, Nanumanga, Niutao, Nui, Vaitupu, Nukufetau, Funafuti, Nukulaelae, Niulakita) der Ellice-Inseln, die 4 000 km nordöstlich von Australien liegen.

Landesnatur: Die Inselgruppe erstreckt sich in einer rund 590 km langen Kette über ein 1,3 Mio. km² großes Meeresgebiet hinweg von NW nach SO. Die Atolle bestehen aus Korallenkalken und überragen den Meeresspiegel um höchstens 5 m. Wegen des waasserdurchlässigen Untergrunds gibt es keine Süßgewässer.

Das Klima ist tropisch-maritim. Die Durchschnittstemperatur liegt bei 27° C und der mittlere Niederschlag erreicht zwischen 3 000 und 4 000 mm.

Die Vegetation besteht vorwiegend aus Kokospalmen sowie Brotfrucht- und Schraubenbäumen.

Tuvalu

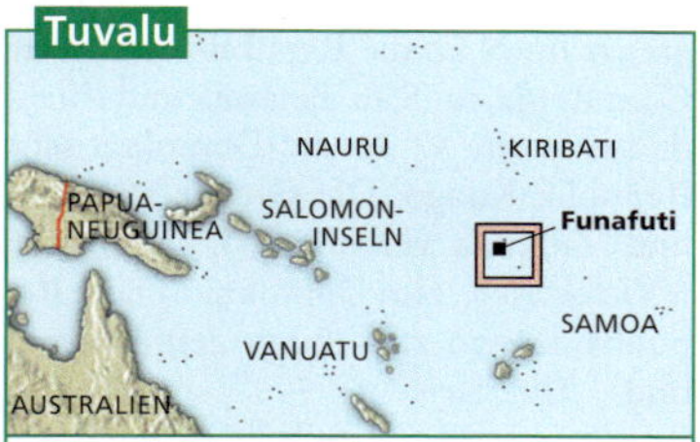

Fläche: 26 km²
Einwohner: 11 000
Hauptstadt: Funafuti
Amtssprachen: Englisch, Tuvaluisch
Währung: 1 Australischer Dollar ($A) = 100 Cents
Zeitzone: MEZ + 11 Stunden
Kfz-Kennzeichen: TUV

Bevölkerung: 96 % der Einwohner sind Polynesier. Lediglich auf Nui gibt es eine mikronesische Minderheit. Die Bevölkerungsdichte ist mit 423 Ew. pro km² sehr hoch. Fast alle Einwohner sind protestantische Christen.

Wirtschaft und Verkehr: Selbstversorgung ist vorherrschend. Taro- und Gemüseanbau, Kopragewinnung, Schweine- und Geflügelhaltung sowie Fischerei sind ihre wichtigsten Zweige. Devisen kommen durch den Verkauf von Kopra, Fischen und Briefmarken sowie etwas Fremdenverkehr ins Land.

Ein Viertel der Erwerbstätigen arbeitet im Ausland, v. a. im Phosphatabbau auf Nauru oder als Seeleute auf ausländischen Schiffen.

Der wichtigste Hafen und der internationale Flughafen liegen auf Funafuti.

Staat und Politik: Nach der Verfassung von 1978 ist T. eine konstitutionelle Monarchie im Commonwealth. Staatsoberhaupt ist der britische Monarch, vertreten durch einen einheimischen Generalgouverneur. Der Regierung steht der Premierminister vor, der dem zweiköpfigen Parlament verantwortlich ist.

U

Uganda: Binnenstaat in Ostafrika. U. grenzt im N an die Republik Sudan, im O an Kenia, im S an Tansania und Ruanda sowie im W an die Demokratische Republik Kongo. Die Grenze zu Kenia und Tansania verläuft z.T. durch den ↑Victoriasee, zur Demokratischen Republik Kongo z.T. durch den Edward- und ↑Albertsee.

Landesnatur: U. ist Teil des Ostafrikanischen Hochlands. Es liegt zw. 1 000 und 1 500 m hoch und wird vom ↑Ostafrikanischen Grabensystem durchzogen. Nach W steigt es zu den Randschwellen des Zentralafrikanischen Grabens an. Höchste Erhebung ist der Ruwenzori mit 5 119 m. Nach O wird es von dem 4 321 m hohen Vulkan Mount Elgon

Uganda

(amtlich engl. Republic of Uganda, Suaheli: Jamhuri ya Uganda)
Fläche: 241 038 km²
Einwohner: 24,60 Mio.
Hauptstadt: Kampala
Verwaltungsgliederung: 56 Distrikte
Amtssprachen: Englisch, Suaheli
Währung: 1 Uganda-Schilling (U. Sh.)
Zeitzone: MEZ + 2 Stunden
Kfz-Kennzeichen: EAU

überragt. Im äußersten SW liegen die tätigen Virungavulkane. Rd. 40 000 km^2 des Landes nehmen Binnengewässer wie der Kiogasee ein. Ferner hat U. Anteil an Victoria-, Edward- und Albertsee.

Das tropische Klima ist durch die Höhenlage gemildert. Die ganzjährig fallenden Niederschläge liegen zw. 1 000 und 1 500 mm. Stärker ausgeprägte Regenzeiten gibt es von März bis Mai und September bis November. Vorherrschende Vegetationsform ist die Savanne. Die Gebirge sind bewaldet.

Bevölkerung: In U. leben mehr als 40 verschiedene Völker. Den größten Anteil haben die besonders im S und W siedelnden Bantustämme wie Ganda, Nkole oder Banyankore und Soga. Im N leben Völker der Niloten und im NO der Hamito-Niloten.

Es gibt keine allgemeine Schulpflicht. Die Analphabetenquote liegt bei 33 %. Rd. zwei Drittel der Bevölkerung sind Christen und 5 % Muslime. Ferner gibt es Anhänger von Naturreligionen.

U. ist einer der besonders schwer von AIDS betroffenen Staaten. Insbesondere die ländlichen Gebiete werden von der Seuche regelrecht entvölkert.

Wirtschaft und Verkehr: Etwa 80 % der Bevölkerung leben von der Landwirtschaft. 25 % der Landesfläche werden als Ackerland genutzt. Für den Eigenbedarf werden v.a. Kochbananen, Mais, Hirse, Bataten, Maniok und Hülsenfrüchte angebaut. Für den Export werden Kaffee, Baumwolle, Tee und Tabak kultiviert. Wichtig sind auch die Haltung von Rindern, Schafen und Ziegen sowie Forstwirtschaft und Binnenfischerei. Gefördert werden geringe Mengen an Kupfer- und Chromerz. Wichtigste Industriezweige sind Tabakverarbeitung, Nahrungsmittel-, Textil-, Holz-, chemische, Metall- und Baustoffindustrie. Exportiert werden Kaffee, Baumwolle, Tabak und Tee. Haupthandelspartner sind Kenia, Großbritannien und Deutschland.

Die wichtigste Eisenbahnlinie führt von Kampala zum Exporthafen Mombasa in

Kenia. Auf dem Victoriasee verkehren zwei Eisenbahnfähren. Das Straßennetz ist grobmaschig und die Straßen sind in schlechtem Zustand. Ein internationaler Flughafen liegt in Entebbe bei Kampala.
Staat und Politik: Nach der am 8. 10. 1995 in Kraft getretenen Verfassung ist U. eine Präsidialrepublik im Commonwealth. Staatsoberhaupt ist der auf fünf Jahre direkt gewählte Präsident. U. erlangte am 9. 10. 1962 die Unabhängigkeit von Großbritannien, wurde Mitglied der UNO und 1963 Republik.

Ukrai̲ne: Staat in Osteuropa. Die U. grenzt im N an Weißrussland, im NO und O an Russland, im S an das Asowsche Meer und an das Schwarze Meer, im SW an Rumänien, Moldawien und Ungarn und im W an die Slowakische Republik sowie an Polen.

Ukraine

(amtlich ukrainisch Ukraïna)
Fläche: 603 700 km²
Einwohner: 48,717 Mio.
Hauptstadt: Kiew (ukrainisch: Kijiw)
Verwaltungsgliederung: 24 Regionen, 2 Stadtbezirke und Autonome Republik Krim
Amtssprache: Ukrainisch
Währung: 1 Hrywnja (Griwna, UAH) = 100 Kopijki
Zeitzone: OEZ
Kfz-Kennzeichen: UA

Landesnatur: Die U. umfasst den SW des Osteuropäischen Tieflandes. Die flachen Niederungen am ↑Dnjepr (ukrainisch Dnipro), an der Schwarzmeerniederung und in Polesien im NW werden von mehreren ebenen Landplatten überragt, die 200 bis 400 m hoch liegen. Der höchste Berg des Landes ist die Gowerla mit 2 061 m und liegt in den Waldkarpaten. Das Krimgebirge im S erreicht eine Höhe von 1 545 m.
Mit Ausnahme eines Gebietsstreifens im N ist die Ukraine weithin mit Löss bedeckt. Hauptflüsse sind der Dnjepr, ↑Dnjestr und der Südliche Bug.
Das Klima ist gemäßigt kontinental, an der Südküste der ↑Krim herrscht subtropisches Feuchtklima. Die Jahresniederschläge erreichen in den Ebenen 700 mm im NW und 300 mm im S. In den Gebirgen und in weiten Regionen der Krim werden mehr als 1 000 mm Regen pro Jahr verzeichnet.
Der nördliche Teil der U. liegt in der Mischwaldzone, der mittlere und südliche Teil in der Waldsteppen- und Steppenzone mit fruchtbaren Schwarzerdeböden, die heute weitgehend Ackerland sind. Die ursprüngliche Steppenflora und -fauna ist nur noch in Naturschutzgebieten wie Askanija Nowa erhalten. Wald bedeckt etwa 15 % des Landes.
Bevölkerung: Mehr als drei Viertel der Bevölkerung sind Ukrainer. Russen sind mit einem Anteil von 17 % die bedeutendste Minderheit. In Gebieten mit geschlossener russischer Besiedlung ist auch Russisch Amtssprache. In der Republik Krim stellen die Russen mit 62 % ebenfalls die Mehrheit. Dort leben inzwischen auch wieder mehr als 200 000 der nach dem Zweiten Weltkrieg vertriebenen Krimtataren.
Rd. 70 % der Menschen leben in Städten. Allein ↑Kiew vereint 5 % der Bevölkerung in sich. Nahezu unbesiedelt ist heute ein weiter Landstrich um **Tschernobyl** (ukrainisch Chornobyl), wo 1986 der bisher schwerste Unfall in einem Kernkraftwerk geschah. Es besteht Schulpflicht vom 6. bis 17. Lebensjahr. Dominierende Glaubensgemeinschaft ist die ukrainisch-orthodoxe Kirche, gefolgt von der katholischen Kirche, der mehr als 5 Mio. Ukrainer angehören.
Wirtschaft und Verkehr: Dank reicher Rohstoffvorkommen und fruchtbarer Böden verfügt die U. über eine bedeu-

tende Industrie und Landwirtschaft. Der Aufbau einer selbstständigen, marktwirtschaftlich orientierten Wirtschaft ist dennoch schwierig. Zudem sind durch hohe Schadstoffemissionen der Industrie und v.a. infolge des Reaktorunglücks von Tschernobyl weite Teile der U. ökologisch schwer belastet.

In der Landwirtschaft herrschen Weizen- und Zuckerrübenanbau vor, außerdem werden Sonnenblumen, Mais, Kartoffeln, Futterpflanzen, Flachs, Gemüse und Tabak kultiviert. An der Schwarzmeerküste dominieren Obst- und Weinbau. Bedeutend sind auch Rinder-, Schweine- sowie Schafzucht und Geflügelhaltung.

Die Steinkohlenlagerstätten in der U., besonders im Donez-Steinkohlenbecken, gehören zu den bedeutendsten der Welt, außerdem gibt es reiche Eisenerzlager, Manganerze, Erdöl, Erdgas, Uran-, Blei-, Zinkerz, Salz, Grafit und Gips.

Die wichtigsten Industriebereiche sind Metallurgie, Schiff-, Maschinen-, Fahrzeug- und Apparatebau, Kohleverarbeitung und chemische Industrie. Auch die Nahrungsmittel-, Textil-, Leder-, elektrotechnische und elektronische Industrie sind bedeutend. Neben Kohle- und Kernkraftwerken haben die Wasserkraftwerke am Dnjepr großen Anteil an der Energieerzeugung.

Ausgeführt werden v.a. Kohle, Eisenerze, metallurgische Erzeugnisse, Nahrungsmittel, Schwermaschinen, Fahrzeuge, elektrotechnische und elektronische Geräte. Eingeführt werden Konsumgüter, Textilien, Erdöl und -gas sowie Industrieeinrichtungen. Die wichtigsten Handelspartner sind Russland sowie andere GUS-Staaten, China, Deutschland, Polen und Italien.

Die Ukraine verfügt über ein relativ dichtes Verkehrsnetz: Das Eisenbahnnetz, das Straßennetz und die Binnenwasserstraßen sind gut ausgebaut. Die wichtigsten Seehäfen sind Odessa, Iljitschowsk, Cherson, Ismail, Mariupol und Kertsch. Borispol bei Kiew hat einen internationalen Flughafen.

Staat und Politik: Nach der Verfassung von 1996 ist die U. eine souveräne Republik mit Präsidialsystem. Staatsoberhaupt ist der mit weitgehenden Vollmachten ausgestattete Präsident, der auf fünf Jahre direkt gewählt wird. Das Land, das einer der Nachfolgestaaten der UdSSR ist, hatte bei der UNO ebenso wie Weißrussland einen Sonderstatus: Seit 1945 ist es eigenständiges Mitglied. Nach der Überstellung der auf ukrainischem Gebiet stationierten Kernwaffen an Russland und einer Einigung über die Schwarzmeerflotte sowie den Stützpunkt Sewastopol Ende der 1990er-Jahre ist das vormals problematische Verhältnis zu Russland entspannter.

Ulm: kreisfreie Stadt in Baden-Württemberg. U. liegt am linken Ufer der Donau, gegenüber dem bayerischen Neu-Ulm. Es hat 119 200 Einwohner. U. ist Sitz einer Universität und Fachhochschule. Wichtigste Industriezweige sind Fahrzeugbau, Elektro-, Metall-, Textil- und Bekleidungsindustrie. Seit 1988 entsteht ein Science-Park.

Die Altstadt wurde 1944 stark zerstört. Wieder aufgebaut sind u.a. das repräsentative gotische Rathaus aus dem 14. bis 16. Jh., das Kornhaus von 1594, das Schwörhaus von 1612/13 und der Löwenbau im Zeughaussaal von 1665/67. Berühmtestes Bauwerk ist das Ulmer Münster. 1377 wurde mit dem Bau der 124 m langen Kirche begonnen. Der 161 m hohe Turm mit dem durchbrochenen Helm wurde zw. 1844 und 1890 errichtet und ist der höchste Kirchturm Deutschlands. Gegenüber der Kirche steht das 1989 bis 1993 von RICHARD A. MEIER erbaute umstrittene weiße Stadthaus.

Uluru: ↑ Ayers Rock.

Ungarn: Binnenstaat im SO Mitteleuropas. U. grenzt im N an die Slowakische Republik, im NO an die Ukraine, im O an Rumänien, im S an Serbien und Montenegro sowie an Kroatien und Slowenien und im W an Österreich.

Ungarn: Weidende Rinder an einem alten Ziehbrunnen im Tiefland.

Landesnatur: U. liegt im Pannonischen Becken. Es umfasst das Ungarische Tiefland, das von ↑Donau und Theiß, den Hauptflüssen des Landes, durchzogen wird. Die steppenartige Puszta ist bis auf wenige Reste verschwunden. Das Ungarische Mittelgebirge teilt die Ebene in das Kleine Ungarische Tiefland (Kisalföld) im NW und das Große Ungarische Tiefland (Alföld) im O und S.

Im SW zw. Donau und Drau erhebt sich das Transdanubische Hügelland mit dem bis 682 m hohen Mecsekgebirge. Im Grenzraum zu Österreich hat U. Anteil an den Ausläufern der Alpen. Höchster Berg ist der Kékes mit 1015 m. Größte Seen sind der Plattensee (Balaton) und der Velencer See. Zu U. gehört außerdem der Südteil des flachen Neusiedler Sees.

Das Klima ist gemäßigt-kontinental, mit atlantischen und subtropisch-mediterranen Einflüssen. Die mittleren Jahresniederschläge liegen zw. 500 und 800 mm. Rund 16 % der Fläche sind bewaldet.

Bevölkerung: Über 90 % sind Ungarn, die sich selbst als Magyaren bezeichnen. Die größten Minderheiten sind Ungarndeutsche, Slowaken (0,9 %), Kroaten (0,8 %) und Sinti und Roma.

65 % der Bevölkerung wohnen in Städten, allein rd. 20 % in ↑Budapest. Etwa 5 Mio. Ungarn leben im Ausland. Allgemeine Schulpflicht besteht vom 7. bis 16. Lebensjahr. Die Angehörigen der nationalen Minderheiten haben das Recht auf Unterricht in der Muttersprache. Rd. zwei Drittel der Bevölkerung sind Katholiken und etwa ein Viertel sind Protestanten.

Wirtschaft und Verkehr: Mit dem Übergang zur Marktwirtschaft seit 1989 befindet sich die gesamte Wirtschaft in der Umstrukturierung. Die Erfolge sind seit Ende der 1990er-Jahre unübersehbar: steigende Wachstumsraten, sinkende Inflation und Arbeitslosigkeit.

Die Landwirtschaft ist sehr leistungsfähig. Angebaut werden v. a. Weizen und Mais, ferner Gerste, Kartoffeln, Zuckerrüben, Gemüse – Tomaten, Paprika, Zwiebeln –, Obst und Wein. Die Haltung von Rindern, Schweinen, Schafen und Geflügel ist von großer Bedeutung. Forstwirtschaft ist ebenso nachrangig wie die Fischerei, abgesehen vom Fischfang im Plattensee.

U. ist arm an Bodenschätzen, abgesehen von Bauxit und in geringen Mengen Stein- und Braunkohle, Eisenerz, Kupfererz, Mangan, Erdöl und Erdgas. Die Industrie konzentriert sich im Raum Budapest. Die wichtigsten Bereiche sind Maschinen- und Fahrzeugbau, Nahrungsmittel-, chemische, metallurgische, Textil-, Bekleidungs-, Baustoff-, Leder-, Holz- und Papierindustrie.

Der Tourismus ist ein wichtiger Devisenbringer. Haupthandelspartner sind Deutschland u.a. EU-Länder sowie Staaten der ↑GUS.

Das Eisenbahnnetz und das Straßensystem sind hervorragend ausgebaut. Die wichtigsten Schifffahrtswege sind Donau und Theiß. Ein internationaler Flughafen ist Budapest-Ferihegy.

Staat und Politik: Das Land gehörte zum Ostblock, nahm aber eine Sonderrolle ein. 1956 wurde der ungarische Volksaufstand von der UdSSR unterdrückt, ab 1987 entstanden jedoch neben der sozialistischen auch andere Parteien und 1989 öffnete U. als erstes Ostblockland den Eisernen Vorhang. Seit 1999 ist U. Mitglied der NATO und wurde am 1. 5. 2004 in die EU aufgenommen. Seit 1955 gehört U. zur UNO.

Die Verfassung aus dem Jahr 1949 ist – mehrfach revidiert – noch immer in Kraft. U. ist eine Republik. Staatsoberhaupt ist der auf fünf Jahre vom Parlament gewählte Präsident.

Ungarn

(ungarisch Magyarország, amtlich Magyar Köztársaság; dt. Ungarische Republik)
Fläche: 93 030 km²
Einwohner: 10,159 Mio.
Hauptstadt: Budapest
Verwaltungsgliederung: 19 Bezirke und die Hauptstadt
Amtssprache: Ungarisch
Währung: 1 Forint (Ft) = 100 Fillér (f)
Zeitzone: MEZ
Kfz-Kennzeichen: H

UNO, Abkürzung für **U**nited **N**ations **O**rganization: Die Organisation der Vereinten Nationen ist eine Staatenverbindung zur Sicherung des Weltfriedens und zur Förderung der internationalen Zusammenarbeit. Die UNO ging 1945 aus dem Anti-Hitler-Pakt der westlichen Kriegsalliierten hervor und wurde zur Nachfolgeorganisation des Völkerbundes. Ihr Hauptsitz ist New York, daneben Genf und Wien. Spezialorgane und Sonderorganisationen haben ihren Sitz an verschiedenen Orten. Arbeitssprachen sind Englisch und Französisch, offizielle Sprachen daneben Russisch, Spanisch, Chinesisch und Arabisch.

Ziele und Mittel

Ziele der UNO sind die *Erhaltung des Weltfriedens* und der internationalen Sicherheit, die friedliche Schlichtung aller Streitigkeiten, die freundschaftliche Zusammenarbeit der Mitglieder sowie der Schutz der Menschenrechte. Sie bekennt sich zu den Grundsätzen Gleichheit der Staaten, Vertragstreue, Verzicht auf Gewaltanwendung in internationalen Beziehungen und Selbstbestimmungsrecht der Völker.

Der UNO gehören (2005) 191 Mitgliedsstaaten an, das heißt alle Staaten außer Taiwan und Vatikanstadt. Nach ihrer Charta steht die Aufnahme in die UNO allen friedliebenden Staaten offen, die für sich die Pflichten der Satzung anerkennen. Über die Aufnahme beschließt die Generalversammlung. Ausschluss und Suspendierung eines Mitglieds sind möglich wie zuletzt im Falle Jugolawiens.

Besondere Aufmerksamkeit widmet die UNO dem *Schutz der Menschenrechte.* Außerdem tritt sie für die Verfolgung von Kriegsverbrechen ein, arbeitet an der Fortentwicklung des Völkerrechts und kümmert sich um die Lage der Flüchtlinge. Die erforderlichen Maßnahmen zur Friedenssicherung und

Konfliktverhütung haben, besonders durch das Ende des Kalten Krieges, die UNO vor neue Aufgaben gestellt. Generalsekretär KOFI ANNAN schlug daher 1997 ein Reformprogramm zur Erneuerung der UNO vor, um den Anforderungen des 21. Jh. besser gerecht werden zu können.

Zur Beendigung eines Konfliktes oder zum Schutz der Menschenrechte kann die UNO auch *militärische Kräfte* einsetzen oder Staaten oder Bündnisse beauftragen wie etwa im 2. Golfkrieg 1990/91 oder z. T. in den Konflikten Ex-Jugoslawiens. Friedenssichernde Aufgaben haben die Blauhelmsoldaten der UNO.

Hauptorgane der UNO und ihre Aufgaben

In der *Generalversammlung*, auch Vollversammlung, treten sämtliche Mitglieder mindestens einmal im Jahr zusammen. Jedes Land hat eine Stimme. Die Versammlung kann über alle durch die Charta erfassten Gegenstände beraten und über alle Fragen verhandeln, die Zuständigkeit und Funktionen anderer UN-Organe betreffen.

Der *Sicherheitsrat* trägt die Hauptverantwortung für die Einleitung und Durchführung von Verfahren zur friedlichen Beilegung internationaler Streitigkeiten. Im Rahmen der Charta sind die Mitglieder seinen Entscheidungen unterworfen. Es gibt fünf ständige Mitglieder: USA, Russland, Frankreich, Großbritannien und VR China, die ein Vetorecht besitzen. Daneben gibt es zehn nichtständige Mitglieder, die im zweijährigen Turnus wechseln: fünf von ihnen werden aus den Staaten Asiens, Afrikas und des Nahen Ostens gewählt, zwei aus westlichen Ländern, zwei aus Lateinamerika und eins aus Osteuropa.

Das *Sekretariat* ist das Verwaltungsorgan der UN. Es steht unter Leitung des Generalsekretärs, des höchsten Verwaltungsbeamten der UN. Dieser wird von der Generalversammlung für fünf Jahre gewählt. Er kann Fälle der Friedensbedrohung vor den Sicherheitsrat bringen, fasst im Rahmen seiner Zuständigkeit Entschlüsse im eigenen Ermessen und hat eigene diplomatische Handlungsmöglichkeiten.

Der *Wirtschafts- und Sozialrat* (ECOSOC) soll den wirtschaftlichen und sozialen Fortschritt sowie die umfassende friedliche Zusammenarbeit der Staaten auf allen Gebieten fördern und den Menschenrechten zur Geltung verhelfen. Jährlich werden 18 seiner 54 Mitglieder von der Generalversammlung für drei Jahre gewählt.

Der *Treuhandrat* hat als verantwortliches Organ für das Treuhandsystem und die Gebiete ohne Selbstregulierung (Mandatsgebiete) nach der Unabhängigkeit des letzten Treuhandgebietes – Palau – 1994 seine Tätigkeit suspendiert.

Dem *Internationalen Gerichtshof* in Den Haag gehören 15 von Generalversammlung und Sicherheitsrat auf jeweils neun Jahre gewählte Richter an. Er kann nur von Staaten angerufen werden.

Ural: Mittelgebirge in Russland, dessen Südausläufer bis nach Kasachstan reicht. Der U. gilt als Teil der Grenze zw. Europa und Asien. Er erstreckt sich von der Karasee über 2 000 km weit nach S, ist 40 bis 150 km breit und in der Narodnaja bis 1 895 m hoch. Von N nach S wird der U. in fünf Abschnitte gegliedert: Polarer, Subpolarer, Nördlicher, Mittlerer und Südlicher Ural. Der Polare und der Subpolare U. sind von Tundra und Waldtundra bedeckt. Im Südlichen U. herrschen Steppen vor. Die Hochlagen weisen Gebirgstundra auf.

Der U. ist reich an Erzen, Salzen und Asbest. In der westlichen Vortiefe gibt es Erdöl- und Erdgasvorkommen. Der Mittlere U. und Teile des Südlichen U. sind wichtige russische Industriegebiete mit Schwer- und Rüstungsindustrie.

Im Südlichen U. entspringt der **Fluss Ural**. Er ist 2 428 km lang und mündet ins ↑ Kaspische Meer. Von Orsk an markiert der U. die Grenze zw. Europa und Asien. Ab Uralsk ist er schiffbar.

U

Uruguay: Staat im SO Südamerikas. U. liegt zw. dem Atlantik im SO, dem Río de la Plata im S, dem Río Uruguay im W sowie Brasilien im N und NW. Der Río U. bildet die Grenze zu Argentinien.
Landesnatur: U. erstreckt sich nördlich des Río de la Plata als flachwelliges, weites Hügelland in 100 bis 150 m Höhe. Die von N nach S oder O nach W verlaufenden, einzelnen Höhenrücken werden Cuchillas genannt. Das Hügelland wird durch die zum Río Uruguay fließenden Flüsse gegliedert. Wichtigster Strom ist der Río Negro. Die höchste Erhebung mit 501 m findet sich in der Sierra de las Ánimas im SO. Die Atlantikküste im SO ist flach und z. T. sumpfig. Charakteristisch sind Strandseen wie die Laguna Merín.

Uruguay

(amtlich span. República Oriental del Uruguay)
Fläche: 175 016 km²
Einwohner: 3,361 Mio.
Hauptstadt: Montevideo
Verwaltungsgliederung: 19 Departamentos
Amtssprache: Spanisch
Währung: 1 Uruguayischer Peso (urug$) = 100 Centésimos (cts)
Zeitzone: MEZ – 4 Stunden
Kfz-Kennzeichen: ROU

Es herrscht ein warmgemäßigtes, subtropisches Klima. Temperatur und Niederschläge unterliegen jedoch starken Schwankungen. Im S liegt die Niederschlagsmenge bei rd. 950 mm, im N zw. 1 100 und 1 200 mm. In den Wintermonaten kann es zu Kaltlufteinbrüchen aus dem S kommen. Sie werden als Pamperos bezeichnet. Die Vegetation ist geprägt von den weiten, heute baumarmen oder baumlosen Grasflächen der Campos, die als Weide genutzt werden.
Bevölkerung: Um 1830 starben die letzten Indígenas aus. Rd. 90 % der Bevölkerung sind europäischer, v. a. spanischer und italienischer, Abstammung. Ferner gibt es Mestizen und Mulatten.
Vom 7. bis 14. Lebensjahr besteht allgemeine Schulpflicht. Etwa 75 % der Bevölkerung sind katholisch. Protestanten und Juden sind religiöse Minderheiten.
Wirtschaft und Verkehr: U. ist ein Agrarstaat bei vorherrschendem Großgrundbesitz. Die traditionell auf Fleisch- und Wollerzeugnisse orientierte Zucht von Rindern, Schafen und Pferden wird in extensiver Weidewirtschaft betrieben. Sie beansprucht 77 % der landwirtschaftlichen Nutzfläche. Wichtige Anbauprodukte sind Reis, Weizen, Gerste, Zuckerrohr, Zuckerrüben, Mais und Sorghum. Infolge staatlicher Förderung zeigt die Fischerei wachsende Erträge.
Schwerpunkt der Industrie ist die Verarbeitung landwirtschaftlicher Rohstoffe, v. a. von Fleisch. Daneben gibt es Textil-, Zement- und chemische Industrie sowie Montage von Elektrogeräten und Kraftfahrzeugen. Bodenschätze gibt es kaum. Die Wasserkraftwerke von Salto Grande und El Palmar liefern zwei Drittel der Energie. Wachsende Bedeutung gewinnt der Tourismus. Die bedeutendsten Handelspartner sind Brasilien, Argentinien, die USA und Deutschland.
Das gut entwickelte Verkehrsnetz ist auf die Hauptstadt ausgerichtet. Wichtigste Binnenschifffahrtswege sind der Río de la Plata und der Río Uruguay. Bedeutendster Seehafen ist Montevideo. Internationaler Flughafen ist Carrasco.
Staat und Politik: Nach der Verfassung aus dem Jahr 1967 ist U. eine Präsidialrepublik. Staatsoberhaupt und Regierungschef ist der auf fünf Jahre direkt gewählte Präsident.
Seit 1828 ist das Land unabhängig. U. gehört zu den Gründungsmitgliedern des ↑Mercosur und der UNO.

U

USA: siehe S. 436.

Usbekistan: Staat im nördlichen und mittleren Teil Mittelasiens. U. grenzt im W und N an Kasachstan, im NO und O an Kirgistan, im O und SO an Tadschikistan, im S an Afghanistan sowie im S und SW an Turkmenistan. Das Gebiet im NW am ↑Aralsee nimmt die Teilrepublik Karakalpakien ein.

Usbekistan

(amtlich usbekisch Özbekiston Jumhuriyati, dt. Republik Usbekistan)
Fläche: 447 400 km^2
Einwohner: 25,271 Mio.
Hauptstadt: Taschkent
Verwaltungsgliederung: 12 Regionen und Autonome Republik Karakalpakien
Amtssprache: Usbekisch
Währung: 1 Usbekistan-Sum (U.S.) = 100 Tijin
Zeitzone: MEZ + 4 Stunden
Kfz-Kennzeichen: UZ

Landesnatur: U. liegt zum größten Teil im Zwischenstromland von ↑Amudarja und ↑Syrdarja in der Mitte des Tieflands von Turan. Es wird überwiegend vom Plateau der Sandwüste Kysylkum eingenommen. Westlich des Aralsees erstreckt sich das wüstenhafte Ust-Urt-Plateau. Südlich des Aralsees liegen das Delta des unteren Amudarja und die einst fruchtbare Oase Choresm.

Im O geht das Tiefland von Turan allmählich in ein flaches Vorgebirgsland mit der bewässerten Oase von Taschkent und der bewässerten Südlichen Hungersteppe über. Im O und SO begrenzen Hochgebirge das Land. Die Ausläufer des Hissar-Alai-Systems im S steigen bis auf 4 643 m an. Die Ausläufer des westlichen ↑Tienschan im N erreichen bis 4 299 m. Sie umschließen mehrere Gebirgssenken und -täler, darunter das Ferganabecken am oberen Syrdarja, das größtenteils zu U. gehört.

Das Klima ist geprägt durch trockene, sehr heiße und lange Sommer sowie milde und schneearme Winter. Der Winter dauert im S bis zu zwei, im N bis zu fünf Monate. Der mittlere Jahresniederschlag liegt im Tiefland von Turan zw. 60 und 150 mm. An den Luvseiten der Hochgebirgszone fallen zw. 400 mm und regional 1 000 mm. In der Kysylkum wachsen vereinzelt Saxaul- und Akazienbüsche sowie Sträucher, v. a. Wermut. Die Gebirge sind von Krautsteppen bedeckt. Ein dichter Waldgürtel fehlt.

Bevölkerung: Sie setzt sich zu 80 % aus Usbeken, zu je 5 % aus Russen und Tadschiken sowie aus Kasachen, Karakalpaken und Tataren sowie weiteren kleinen Minderheiten zusammen.

Es besteht eine neunjährige Schulpflicht. Die Analphabetenrate ist mit inoffiziell 12 % für ein Land der ehemaligen UdSSR sehr hoch. Vorherrschende Religion ist der Islam. 90 % der Bevölkerung sind sunnitische Muslime.

Wirtschaft und Verkehr: U. ist im Kern ein Agrarland, obwohl nur knapp 10 % der Landesfläche landwirtschaftlich nutzbar sind. Rd. 90 % der Anbauflächen müssen bewässert werden. Der monokulturartig betriebene Anbau von Baumwolle führte zu großen ökologischen Schäden. Für den Eigenbedarf werden Weizen, Gerste, Reis, Mais, Melonen und Hülsenfrüchte sowie Weintrauben und Obst angebaut. Die Viehzucht konzentriert sich auf die Haltung von Schafen, u. a. Karakulschafe, Rindern und Ziegen sowie Geflügel.

Ein wichtiger Wirtschaftszweig ist die Förderung von Erdgas und Erdöl. Bei der Goldgewinnung und Uranerzförderung steht U. auf vorderen Plätzen. Bedeutung hat auch der Abbau von Braunkohle und Buntmetallerzen.

Hauptzweige der verarbeitenden Industrie sind seit Jahrzehnten die Textil- und

▶ *Fortsetzung auf S. 441*

Die Vereinigten Staaten von Amerika sind seit Beginn des 20. Jh. der bedeutendste Industriestaat der Welt. Mit einem Anteil von weniger als 5 % an der Weltbevölkerung und fast 7 % an der Landfläche erbringt das Land ein Viertel des Weltsozialprodukts und ist im Welthandel führend. Die wirtschaftliche Überlegenheit ist auch die Basis für die überragende politische Bedeutung.

USA

(amtlich engl. United States of America, Kurzform USA, dt. Vereinigte Staaten von Amerika)
Fläche: 9 809 155 km^2
Einwohner: 288,369 Mio.
Hauptstadt: Washington (D.C.)
Verwaltungsgliederung: 50 Bundesstaaten und der District of Columbia mit der Bundeshauptstadt
Amtssprache: Englisch
Währung: 1 US-Dollar (US-$) = 100 Cents (c, ¢)
Zeitzone: MEZ (von O nach W) – 6 bis – 10 Stunden
Kfz-Kennzeichen: USA

Der Raum im Überblick

Der zusammenhängende Staatsraum umfasst den mittleren Teil des nordamerikanischen Festlands und grenzt im N an Kanada, im S an Mexiko. Außerhalb dieses Gebietes liegen die Bundesstaaten ↑Alaska und ↑Hawaii sowie einige Inseln im Atlantischen und im Pazifischen Ozean, die zu den USA gehören oder mit ihnen assoziiert sind wie ↑Puerto Rico. Die O-W-Erstreckung beträgt rd. 4 500 km, die N-S-Erstreckung etwa 2 700 km.
Die vier Großlandschaften der USA sind längenkreisparallel angeordnet. Der W wird von den ↑*Kordilleren* durchzogen. Die beiden Hauptstränge, die ↑Rocky Mountains und das Pazifische Gebirgssystem, umschließen große hochgelegene Beckenlandschaften. Das Pazifische Gebirgssystem gliedert sich im S auf, zw. Coast Range und Sierra Nevada liegt das Kalifornische Längstal. Östlich der Rocky Mountains senken sich die zu den *Inneren Ebenen* gehörenden ↑Great Plains hinab zum Zentralen Tiefland, das südlich der Großen Seen in das Mississippitiefland übergeht. Die Ebenen werden im O von den ↑*Appalachen* begrenzt. Das Piedmontplateau führt hinunter zur buchtenreichen, im S versumpften *atlantischen Küstenebene.* Diese verbreitert sich südwärts zur Halbinsel ↑Florida und geht über in die Golfküstenebene mit dem Mississippidelta.
Der Breitenlage entsprechend ist das Klima überwiegend gemäßigt. ↑Kalifornien und Florida gehören zum subtropischen, der äußerste S Floridas zum tropischen Bereich. Im Landesinnern herrscht kontinentales Klima mit sehr heißen Sommern und sehr kalten Wintern. Plötzliche Temperaturänderungen sind charakteristisch: Wegen des Fehlens von W-O-Gebirgsbarrieren kann Polarluft aus dem N oder tropische Warmluft aus dem S ungehindert eindringen. Die höchsten Niederschläge fallen im äußersten NW, die niedrigsten in den wüstenhaften Becken der Kordilleren.
Die Vegetation ist vielseitig. Der O ist von Natur aus ein Waldland. Nach W gehen die Wälder mit zunehmender Trockenheit zunächst in baumarme Grasflächen über, die sog. Prärien. Westlich der Great Plains gibt es auch wüstenhafte Gebiete. Am Pazifik wachsen v. a. immergrüne Hartlaubgewächse und Nadelhölzer. Im NW liegt der letzte temperierte Regenwald der Erde.

Gunst und Ungunst der Naturausstattung

Zu den positiven Faktoren gehört v. a. die Vielfalt des Naturpotenzials. Die

Größe des Landes und das im Vergleich zu anderen Großregionen wie ↑Sibirien ausgewogene Klima haben zur Ausbildung hoch spezialisierter, sich ergänzender Wirtschaftsräume geführt. Der Reichtum an Wald, Wasser und Bodenschätzen ist nahezu unerschöpflich.

Ungünstig ist der große Anteil an verhältnismäßig trockenen Gebieten, die nur mithilfe von Bewässerung landwirtschaftlich nutzbar sind. Dürreperioden treten v.a. im Bereich der klimatischen Trockengrenze auf, die etwa entlang des 100. Längenkreises verläuft. Zudem besteht die Gefahr heftiger Wetterwechsel mit Kaltlufteinbrüchen, Hochwassern und Wirbelstürmen, insbesondere Tornados und Hurrikanen. Auch die Lage der Kordilleren macht Probleme, da diese Gebirgskette die Wirtschafts- und Bevölkerungszentren an den Küsten voneinander trennt. Im pazifischen Küstenbereich besteht erhebliche Erdbebengefahr. Hier stoßen die Amerikanische Platte und die Pazifische Platte der Erdkruste aneinander (↑San Andreas Fault).

Überwiegend im Westen liegen die mehr als 50 Nationalparks des Landes. Im Arches-Nationalpark im Südosten von Utah gibt es etwa 200 durch Erosion entstandene Natursteinbögen und Felsmonumente.

Industrialisierte Landwirtschaft

Die USA machen durch moderne Techniken die Nachteile mehr als wett. Zwar trägt die Landwirtschaft selbst nur knapp 2 % zum BIP bei, aber die Erzeugung und industrielle Weiterverarbeitung von Nahrungsmitteln ist ein Wirtschaftsbereich, der etwa 21 Mio. Erwerbstätige beschäftigt. Zudem sind Agrargüter für den Export bedeutend.

Die landwirtschaftliche Nutzfläche umfasst rd. 190 Mio. ha Ackerland, 2 Mio. ha Dauerkulturen und 241 Mio. ha Wiesen und Weiden – zusammen fast die Hälfte der Landesfläche. Insgesamt werden fast 20 Mio. ha Land künstlich bewässert. Die traditionelle Familienfarm hat zwar im Getreideanbau und in der Schweine- und Milchviehhaltung noch größere Marktanteile, aber zunehmend wird die landwirtschaftliche Erzeugung und Verarbeitung von agrarindustriellen Unternehmen getragen.

Die früher relativ einheitlichen Landwirtschaftszonen, die sog. Belts, mit jeweils einem dominierenden Hauptprodukt sind vielfältiger geworden. Den höchsten Produktionswert bringt die Landwirtschaft im Gebiet östlich des 100. Längenkreises mit Regenfeldbau und ausgeprägter Viehwirtschaft. Obst-, Gemüse- und andere Sonderkulturen sind im klimatisch günstigen Kalifornien, im Golfküstenbereich und in Florida sowie um die Stadtregionen an der Ostküste und im Bereich der Großen Seen konzentriert.

Die USA sind ein bedeutender Agrarexporteur. Bei der Ausfuhr dominieren Futtergetreide, Soja und Weizen, aber auch Gemüse, Früchte, Baumwolle und Tabak. Die meisten Exporte gehen nach Ostasien, Kanada, Mexiko, in die ↑GUS-Staaten und in die ↑EU.

Bodenschätze und Industrie

Die USA gehören zu den wichtigsten Bergbauländern der Erde. In der Förderung von Erdgas, Erdöl, Steinkohle, Kupfer-, Bleierz und Silber, bei Gold und bei Eisenerz nehmen die USA führende Positionen ein und das Land hat die größten Kohlevorkommen. Wegen des hohen Eigenbedarfs sind allerdings bei mineralischen Rohstoffen auch Importe notwendig.

Die Hälfte des Industriepotenzials konzentriert sich auf den N und NO der

Vereinigte Staaten von Amerika – Landnutzung und Bergbau

USA. Umfangreiche Steinkohlenvorkommen sowie reiche Eisenerzlagerstätten trugen zur Entwicklung der Eisen- und Stahlindustrie mit ihren Schwerpunkten um Pittsburgh und am Südufer der Großen Seen bei. Führende Industriestädte sind dort ↑Chicago, ↑Detroit und Cleveland. Neben der Grundstoffhat hier die Produktionsgüterindustrie, z.B. der Fahrzeugbau, ebenso ihren Schwerpunkt wie die Herstellung von Konsumgütern.

Seit den 1970er-Jahren haben sich aufgrund billigerer Arbeitskräfte, preiswer-

ter Energie und hoher Subventionen im S und im W weitere Industrieregionen entwickelt. Schwerpunkte, v.a. im Bereich der Golfküste, sind die Chemie- und Erdölindustrie, die energieintensive Aluminiumherstellung sowie der Schiff- und Flugzeugbau. Daneben gibt es auch viele Betriebe der Nahrungs- und Genussmittelherstellung, z.B. Tabakverarbeitung. Im W hat Kalifornien ein stetig überdurchschnittliches Wirtschaftswachstum. Hier gehören die Nahrungsmittel- sowie die Luft- und Raumfahrtindustrie zu den führenden Branchen. Eine immer wichtiger werdende Rolle hat daneben – wie auch im Bereich der Golfküste – die Elektronikindustrie. Im Silicon Valley liegt das Zentrum einer Vielzahl von Hightech-Unternehmen von globalem Rang.

Die Industrie der USA steht vor erheblichen Strukturveränderungen. Sie betreffen u.a. die Rüstungsindustrie, die angesichts der Abrüstung verstärkt auf die Produktion ziviler Güter ausweichen muss, aber auch die Computer-, Automobil- und Flugzeugindustrie, die mittlerweile gegen starke Konkurrenz auf dem Weltmarkt ankämpfen müssen. Im Fahrzeugbau hat sich v.a. Japan, gefolgt von Deutschland als ernsthafter Konkurrent etabliert.

■ Stadtland USA

Die USA nehmen nach China und Indien auf der Rangliste der bevölkerungsreichsten Staaten den dritten Platz ein. Das Land ist das klassische Einwanderungsland: Allein seit 1820 sind mehr als 55 Mio. Menschen in die USA gekommen, v.a. europäische Siedler und Zuwanderer aus ostasiatischen Ländern und Lateinamerika, aber auch Sklaven aus Schwarzafrika. Heute sind 75 % der Bevölkerung Weiße, 12 % Schwarze, 13 % Hispanics und 4 % Asiaten. Die Indianer, die im 18. und 19. Jh. systematisch vertrieben oder ermordet worden waren, haben nur noch einen Anteil von weniger als 1 %.

Drei Viertel der Amerikaner leben in Städten. Die Bezeichnung »Stadtland USA« verdanken die USA den großen Agglomerationen, den Gürtel- und Haufenstädten, die sich über Hunderte von Kilometern, z.B. von Baltimore über ↑New York nach ↑Boston ausdehnen. In den Stadtzentren konzentrieren sich die öffentlichen und privaten Dienstleistungen, andere Bereiche der Innenstädte haben oft Slumcharakter mit hoher Bevölkerungsdichte. Sozial besser Gestellte leben in den Vorstädten, die durch Schnellstraßen mit den Arbeitsplätzen in der Stadt verbunden sind.

Die Städte spiegeln die sozialen Probleme der USA wider: große Gegensätze zw. arm und reich, weit verbreitete Armut und Obdachlosigkeit, hohe Kriminalitätsraten und frappierende Ausbildungsmängel. Von solchen Problemen sind die farbigen Minderheiten viel stärker betroffen als die Weißen. ■

Informationen zu den USA und dem deutsch-amerikanischen Verhältnis geben die »Amerika-Häuser«, die auch Austauschprogramme unterstützen (www.amerikahaus.de). Weitere Internetadressen sind:
www.USA.de
www.usinfo.state.gov
nationalatlas.gov

KLOHN, WERNER und WINDHORST, HANS-WILHELM: *Bevölkerung und Siedlung in den USA.* Vechta (Vechtaer Druckerei und Verlag) ²2002. ■ KLOHN, WERNER und WINDHORST, HANS-WILHELM: *Die Landwirtschaft der USA.* Vechta (Vechtaer Druckerei und Verlag) ³2000. ■ SCHNEIDER-SLIVA, RITA: *USA. Geographie, Geschichte, Wirtschaft, Politik* 2 Bände. Darmstadt (WBG) 2005. ■ *USA.* Braunschweig (Westermann) 2001 (Geographische Rundschau; 53,1). ■ *USA. Geschichte, Wirtschaft, Gesellschaft.* Informationen zur politischen Bildung, H. 268. Bonn (Franzis) ²2004.

◀ *Fortsetzung von S. 435* die Bekleidungsindustrie, Maschinen- und Fahrzeugbau, elektrotechnische, Nahrungsmittel- und chemische Industrie. Ausgeführt werden Baumwolle, Erdgas, Karakulfelle, Naturseide, Mineraldünger, Zement, Kohle und Landmaschinen. Wichtigste Handelspartner sind Russland, Kasachstan, Tadschikistan, Turkmenistan u. a. GUS-Republiken sowie Großbritannien, Belgien, Deutschland, die Türkei, die Schweiz und die VR China.
Hauptverkehrsmittel ist die Eisenbahn. Das Straßennetz erschließt die dichter besiedelten Gebiete gut. Der wichtigste internationale Flughafen befindet sich in Taschkent.
Staat und Politik: Nach der Verfassung vom 8. 12. 1992 ist U. eine Präsidialrepublik. Staatsoberhaupt ist der auf sieben Jahre direkt gewählte Präsident. 1924 wurde die Usbekische SSR gebildet, die seit 1925 zur UdSSR gehörte. Am 20. 6. 1990 erklärte U. seine Souveränität, am 31. 8. 1991 seine Unabhängigkeit. Es gehört der GUS an. Seit 1992 ist es Mitglied von OSZE und UNO und schloss sich 1994 dem NATO-Programm Partnerschaft für den Frieden an.

V

Vancouver: größte Stadt der Provinz British Columbia und drittgrößte Kanadas. In der reizvoll zwischen der Küstenkordillere und dem Pazifischen Ozean gelegenen Stadt leben 1,987 Mio. Menschen. V. ist Sitz von zwei Universitäten und anderen Hochschulen. Als Endpunkt transkontinentaler Eisenbahnlinien und des Trans-Canada-Highway ist V. ein wichtiges Handels-, Finanz- und Verkehrszentrum und ei-ner der bedeutendsten Häfen an der nordamerikanischen Pazifikküste. Ferner hat es einen internationalen Flughafen. Hauptindustriezweige sind Sägewerke, Zucker- und Ölraffinerien, Fischkonserven-, Maschinen- und Metallindustrie.

Vanuatu

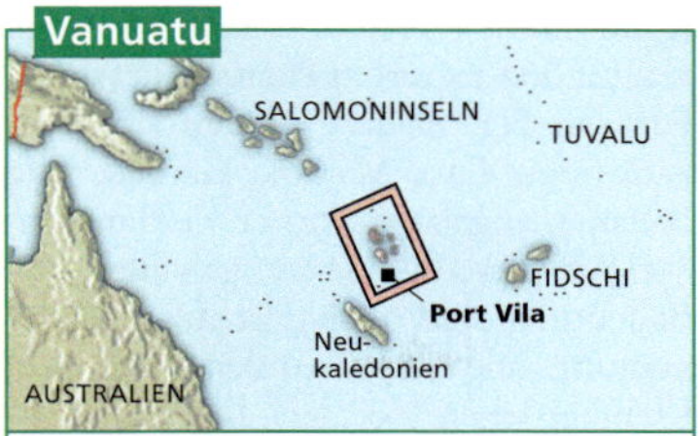

(amtlich Bislama: Ripablik blong Vanuatu, engl. Republic of Vanuatu, frz. République de Vanuatu)
Fläche: 12 190 km²
Einwohner: 206 000
Hauptstadt: Port Vila (auf Efate)
Amtssprachen: Bislama (ein Pidginenglisch), Englisch und Französisch
Währung: Vatu (VT)
Zeitzone: MEZ + 10 Stunden
Kfz-Kennzeichen: VU

Vanuatu: Staat im südwestlichen pazifischen Ozean. V. liegt westlich von Fidschi und umfasst die Inseln der Neuen Hebriden.
Landesnatur: Die Neuen Hebriden bestehen aus zwei Inselketten von 12 Haupt- und mehr als 60 Nebeninseln. Sie erstrecken sich über rd. 800 km in NW-SO-Richtung. Dazu gehören die Banks- und Torresinseln im NW. Größte Inseln sind Espiritu Santo, Malekula, Erromanga und Efate. Die meisten Inseln sind vulkanischen Ursprungs mit teilweise noch aktiven Vulkanen.
Es herrscht tropisches Klima. Die Niederschläge sind im N höher als im S. Die nördlichen Inseln sind mit tropischem Regenwald bestanden, auf den südlichen dominieren Trockenwälder und Savannen.
Bevölkerung: Über 90 % der Bevölkerung sind Melanesier. Daneben gibt es Polynesier, Mikronesier, Europäer und Chinesen. Größte Städte sind Port Vila und Luganville auf Espiritu Santo. Es besteht keine allgemeine Schulpflicht. Die meisten Bewohner sind Christen.
Wirtschaft und Verkehr: Hauptwirtschaftszweig ist die Landwirtschaft. Sie beschäftigt rd. 60 % der Erwerbstätigen.

Kokosnüsse, Kakao und Kaffee werden v. a. für den Export in Plantagen erzeugt. Für den Eigenbedarf werden v. a. Süßkartoffeln, Taro, Maniok, Gemüse und Bananen angebaut. Ferner werden Rinder, Schweine und Schafe gehalten. Von Bedeutung sind auch Fischfang, Holznutzung und der Fremdenverkehr. In Kleinbetrieben werden die landwirtschaftlichen Produkte verarbeitet. Haupthandelspartner sind Australien, Japan und die Niederlande.

Auf den Inseln gibt es 1 070 km Straßen. Seehäfen sind Port Vila und Luganville. Internationale Flughäfen liegen auf Efate und Espiritu Santo.

Staat und Politik: Nach der Verfassung von 1980 ist V. eine parlamentarische Republik im Commonwealth. Staatsoberhaupt ist der auf fünf Jahre indirekt gewählte Präsident.

Am 30. 7. 1980 wurden die Neuen Hebriden als V. unabhängig und 1981 Mitglied der UNO.

Vatikanstadt: mit 0,44 km² der kleinste Staat der Welt. V. liegt am rechten Ufer des Tibers und wird vollständig von der Stadt ↑ Rom umschlossen. Es hat rd. 900 Einwohner. Das Bürgerrecht ist i. d. R. an den Wohnsitz im Vatikan und an eine Funktion im Kirchenstaat gekoppelt.

Vatikanstadt

(amtlich italienisch Stato della Città del Vaticano, dt. Staat der Vatikanstadt)
Fläche: 0,44 km²
Einwohner: 900
Amtssprachen: Italienisch und Lateinisch
Währung: Euro (EUR, €)
= 100 Cents (c)
Zeitzone: MEZ
Kfz-Kennzeichen: V

Landesnatur: Die Grenze wird an drei Seiten durch Befestigungsmauern aus dem 16./17. Jh. gebildet. V. umfasst den Vatikan, die Peterskirche, die päpstlichen Gärten und den Petersplatz. Ferner gehören mehrere auf italienischem Staatsgebiet in Rom gelegene, exterritoriale Kirchen und Gebäude dazu, u. a. San Giovanni in Laterano, Santa Maria Maggiore, San Paolo fuori le mura, Lateran, Palazzo della Cancelleria sowie der päpstliche Sommerpalast und die Villa Barberini in Castel Gandolfo in den Albaner Bergen.

Wirtschaft und Verkehr: Die V. unterhält wissenschaftliche Einrichtungen, eine Bank, eine Rundfunkanstalt, ein Post- und Telegrafenamt sowie einen Verlag mit Druckerei. Außerdem ist sie an mehreren Industrieunternehmen beteiligt und verfügt über beträchtlichen Immobilienbesitz. Der Fremdenverkehr ist bedeutend. Ein eigener Bahnhof verbindet die V. mit dem Schienennetz der italienischen Staatsbahnen.

Staat und Politik: Nach dem Staatsgrundgesetz von 1929 ist die V. eine Wahlmonarchie. Staatsoberhaupt ist der Papst. Er übt seine Vollmachten über die Römische Kurie aus, die als Hauptverwaltung der Gesamtkirche fungiert. Die meisten weltlichen Funktionen delegiert der Papst an den Kardinalstaatssekretär. Diplomatische Beziehungen bestehen zu 173 Staaten. Die V. gehört nicht zur UNO.

Venezuela: Staat im N Südamerikas. V. grenzt im N an das Karibische Meer und den offenen Atlantischen Ozean, im W an Kolumbien, im S an Brasilien und im O an Guyana.

Landesnatur: V. erstreckt sich vom Tiefland des Maracaibobeckens im NW über die Kordillere von Mérida und das Tiefland des ↑ Orinoco mit seinen Überschwemmungssavannen, den sog. Llanos, bis zum Bergland von Guayana im SO, das von Tafelbergen (Tepuis) überragt wird. Im äußersten S hat es Anteil an ↑ Amazonien. Der höchste Berg des

Landes ist der Pico Bolívar mit 5 007 m. Das tropische Klima bringt hohe Temperaturen, die in den Höhenlagen allerdings gemildert sind. Die Niederschläge sind ebenfalls hoch, v. a. an den Hängen der Kordilleren und im Bergland von Guayana. Der durchschnittliche Jahresniederschlag liegt zw. 550 und 840 mm.

Venezuela

(amtlich span. República Bolivariana de Venezuela, dt. Bolivarische Republik Venezuela)
Fläche: 912 050 km²
Einwohner: 25,090 Mio.
Hauptstadt: Caracas
Verwaltungsgliederung: 23 Bundesstaaten, der Distrito Federal um die Hauptstadt und die Dependencias Federales
Amtssprache: Spanisch
Währung: 1 Bolívar (Bs., B.) = 100 Céntimos (c, cts)
Zeitzone: MEZ – 5 Stunden
Kfz-Kennzeichen: YV

Bevölkerung: Die meisten Bewohner sind Mischlinge. Die etwa 9 % Schwarzen leben v. a. im karibischen Küstengebiet. Der Anteil der Weißen liegt bei rd. 20 %. Nur 2 % der Bevölkerung gehören Indianerstämmen an. Sie leben im äußersten NW, im Orinocodelta und im Bergland von Guayana.

Vom 8. bis 13. Lebensjahr besteht allgemeine Schulpflicht. Rd. 90 % der Bevölkerung sind katholisch.

Wirtschaft und Verkehr: Die Wirtschaft des ehemals agrarisch ausgerichteten Staates hat sich unter dem Einfluss des Erdöls stark gewandelt. V. ist das Land mit den viertgrößten nachgewiesenen Erdölreserven der Erde. 75 % des gesamten Erdöls werden im Maracaibobecken gefördert. Lagerstätten gibt es außerdem im Orinocogebiet, in dem sich auch bedeutende Ölsandvorkommen befinden. Gewachsen ist auch die wirtschaftliche Bedeutung der Erdgasförderung. Zweitwichtigstes Bergbauprodukt ist Eisenerz, das zu 65 % exportiert wird. Weiterhin werden Manganerz, Gold, Diamanten und Bauxit gewonnen. Außerdem verfügt V. über Vorkommen an Nickel, Kupfer-, Blei- und Zinkerzen. Wichtige Industriezweige sind die Nahrungs- und Genussmittel-, petrochemische Industrie, Eisen-, Stahl- und Aluminiumerzeugung sowie die Textilindustrie.

Die landwirtschaftliche Produktion konnte in den letzten Jahren durch Vergrößerung der Anbauflächen gesteigert werden. Es werden v. a. Mais, Reis, Baumwolle, Zuckerrohr, Bohnen, Maniok und Sesam sowie Gemüse angebaut. Geerntet werden auch tropische Früchte wie Bananen, Ananas und Orangen sowie Kaffee. Haupthandelspartner sind die USA, Deutschland, die Niederländischen Antillen und Kolumbien.

Das Land wird von einem weitmaschigen Straßennetz durchzogen. Autobahnen verbinden die Großstädte Caracas und Valencia. Der untere Orinoco ist für Seeschiffe bis Ciudad Bolívar schiffbar. Wichtigste Seehäfen sind La Guaira, Puerto Cabello und Maracaibo. Der binnenländische Flugverkehr ist gut ausgebaut. Wichtigster internationaler Flughafen ist Simón Bolívar bei Caracas.

Staat und Politik: Nach der Verfassung von 1961 ist V. eine Präsidialrepublik. Staatsoberhaupt und Regierungschef ist der Präsident. Am 1. 1. 2000 trat eine neue Verfassung in Kraft, in der u. a. die Amtszeit des Präsidenten von bisher fünf auf sechs Jahre verlängert und der Einfluss des Militärs gestärkt wird.

1829/30 wurde V. selbstständig. Bis weit ins 20. Jh. hinein prägten Bürgerkrieg und Diktaturen das Land. Seit den 1920er-Jahren profitierte V. von seinen Erdölvorkommen und entwickelte sich auf dieser Grundlage zu einem der mo-

V

dernsten lateinamerikanischen Staaten. V. ist Mitglied der UNO und der WTO. Seit 1974 gehört es der Andengemeinschaft (CAN) an.

Vereinigte Arabische Emirate, Abk. VAE: Föderation von sieben Scheichtümern (Emiraten) ↑Arabiens. Die VAE grenzen im N an den Persischen Golf, im NO an den Golf von Oman, im O an Oman, im S und W an Saudi-Arabien und im NW an Katar. Die Landesgrenzen sind außer jener im NO nicht genau festgelegt.

Landesnatur: Das Territorium umfasst den früher Piratenküste genannten Küstenabschnitt im S des Persischen Golfs, der über weite Strecken von Sandbänken, Korallenriffen und Wattengebieten gesäumt wird. Der Küste sind Inseln und Perlausterbänke vorgelagert. An den Küstenabschnitt schließen sich meist flache Sandwüsten mit zahlreichen, tief ins Landesinnere reichenden Salztonebenen an. Im O reicht das Land über die Ausläufer des Omangebirges bis an den Golf von Oman.

Das subtropische Klima ist trocken und heiß, im Sommer schwül. Die Niederschläge sind äußerst gering, Regen ist am ehesten im Winter zu erwarten. Es gibt kaum Vegetation, lediglich die Küste wird von Mangrove gesäumt.

Bevölkerung: Nur knapp ein Viertel der Einwohner sind einheimische Araber. Von ihnen leben etwa 10 % als Nomaden. Der Großteil der Bewohner sind Gastarbeiter, meist ungelernte Arbeiter aus Pakistan, Indien und den Philippinen sowie hoch qualifizierte Fachkräfte aus den arabischen Nachbarstaaten, den USA, Europa und Japan. Allgemeine Schulpflicht besteht vom siebten bis zwölften Lebensjahr, der Unterricht ist gebührenfrei. Dennoch liegt die Analphabetenquote über 20 %. Vorherrschende Religion ist der Islam.

Wirtschaft und Verkehr: Die VAE haben eines der höchsten Pro-Kopf-Einkommen der Welt und hohe Währungsreserven. Dies beruht auf den großen Vorkommen an Erdöl und Erdgas, wobei allein auf das Emirat Abu Dhabi 80 % der Erdölförderung entfallen.

Abu Dhabi und Dubai bilden die Hauptzentren der industriellen Entwicklung. Schwerpunkte sind die Erdöl und Erdgas

Vereinigte Arabische Emirate – Erdöl

Vereinigte Arabische Emirate

(amtlich arabisch Al-Imarat al-Arabijja al-Muttahida, engl. United Arab Emirates, Abk. UAE)
Fläche: 83 600 km²
Einwohner: 3,218 Mio.
Hauptstadt: Abu Dhabi
Verwaltungsgliederung: 7 Emirate
Amtssprache: Arabisch
Währung: 1 Dirham (Dh.) = 100 Fils
Zeitzone: MEZ + 3 Stunden
Kfz-Kennzeichen: UAE

verarbeitende Industrie, Raffinerien, Gasverflüssigungsanlagen, eine Aluminiumhütte, ein Flüssiggaswerk in Jebel Ali und Meerwasserentsalzungsanlagen. Dubai besitzt den einzigen natürlichen Hafen an diesem Küstenabschnitt und entwickelte sich zu einem bedeutenden Handelszentrum am östlichen Persischen Golf mit hohen Import- und Reexportwerten und zum größten Goldumschlagplatz im Nahen Osten. Die VAE sind heute ein regionales Finanzzentrum. Der Tourismus ist zu einem wichtigen Wirtschaftsfaktor geworden.
Ein leistungsfähiges Straßennetz verbindet die Hauptorte. Dem Rohöltransport dienen Unterwasserpipelines im Umkreis der Insel Das. Hochseehäfen besitzen neben Dubai auch Abu Dhabi und Sharja. Internationale Flughäfen befinden sich in Abu Dhabi, Al-Ain, Dubai, Sharja, Ras al-Khaima und Fujaira.
Staat und Politik: Seit der Unabhängigkeit von Großbritannien 1971 ist das Land Mitglied der UNO. Die VAE bilden eine bundesstaatliche Föderation von sieben autonomen Emiraten. Die Verfassung von 1971 hatte bis zur Annahme 1996 den Status eines Provisoriums. Staatsoberhaupt ist der Präsident, der vom Obersten Rat auf fünf Jahre gewählt wird. Dem Rat gehören die Herrscher der sieben Emirate an. Abu Dhabi und Dubai haben im Rat Vetorecht.

Vereinigte Staaten von Amerika: ↑USA.

Vesuv: Vulkan bei Neapel und der einzige aktive Vulkan auf dem europäischen Festland. Zurzeit ist der V. rd. 1 281 m hoch. Die Gipfelhöhe verändert sich bei jedem Ausbruch – die größte bekannte Höhe (1 322 m) erreichte der V. zw. 1872 und 1906. Er ist eine typischer Schichtvulkan aus Laven und Tuffen. Der heutige Kegel baut sich über der Ruine eines älteren Vulkans von 4 km Durchmesser auf. Im N liegt der alte, 1 132 m hohe Kegel Monte Somma, an dessen Flanke sich in 608 m Höhe ein Observatorium befindet.
Die unteren Hänge des Vulkans sind sehr fruchtbar; hier wird Obst- und Weinbau betrieben. Die letzten größeren Ausbrüche fanden 1906 und 1944 statt. Der berühmteste und verheerendste Ausbruch war 79 n. Chr.: Die römischen Städte Herculaneum, Pompeji und Stabiae wurden dabei vernichtet.

Victoriafälle [in einer Bantusprache Mosi-oa-Tunya: »donnernder Rauch«]: Wasserfälle des ↑Sambesi bei Livingstone, an der Grenze von Sambia zu Simbabwe. Der 1 700 m breite Strom stürzt hier 110 m tief in eine nur 50 m breite Schlucht. Dabei steigen Gischt und Dunstwolken bis auf 500 m auf.
Die V. wurden 1855 von dem Afrikaforscher DAVID LIVINGSTONE entdeckt.

Victoriasee: mit 68 000 km² der größte See Afrikas und nach dem Kaspischen Meer und dem Oberen See der drittgrößte der Erde. Er liegt in einer Höhe von 1 134 m, ist bis 85 m tief und reich an Inseln, von denen das zu Tansania gehörende Ukerewe mit 700 km² die größte ist. Wichtigster Zufluss ist der Kagera, sein Abfluss der Victorianil. Anteil am V. haben Uganda, Kenia und Tansania. Der Fischfang ist bedeutend mit Exporten bis nach Europa. Der britische Afrikaforscher JOHN HANNING SPEKE (1827–64) entdeckte den V. 1858 und benannte ihn nach der britischen Königin VIKTORIA.

Vietnạm: Staat in Südostasien. V. liegt an der Ost- und Südostküste Hinterindiens. Es grenzt im N an China, im W an Laos und Kambodscha und im S und O an den Golf von Thailand bzw. an das Südchinesische Meer. V. erhebt Ansprüche auf die Paracel- und Spratlyinseln.

Landesnatur: Im N liegt **Tongking** mit dem von Hochländern umgebenen fruchtbaren Delta des Roten Flusses als Zentrallandschaft mit ↑Hanoi und dem Hafen Haiphong. Die Mitte nimmt **Annam** mit der nach O steil zu schmalen Küstenebenen abfallenden Annamitischen Kordillere ein, die im Ngoc Linh 2 598 m hoch ist. In Annam liegen die alte Kaiserstadt Huê und der Hafen Da Nang. **Cochinchina** im S ist sumpfreiches Tiefland beiderseits des Deltas des Mekong mit Ho-Chi-Minh-Stadt, dem früheren Saigon, als städtischem Zentrum.

Das überwiegend feuchtheiße, im N subtropische, im S tropische, in Lagen über 1 500 m kühlere Klima wird vom Monsun geprägt. Tropische Regenwälder reichen bis 1 300 m, darüber folgen Misch- und Laubwälder. Große Überschwemmungen und alljährliche Taifune richten schwere Schäden an.

Bevölkerung: Die fast ausschließlich in den Tieflandsgebieten lebenden Vietnamesen machen etwa 87 % der Gesamtbevölkerung aus. In den agrarischen Gunsträumen des Tongking- und Mekongdeltas im N und S mit dominierendem Nassreisanbau übersteigen die Bevölkerungsdichten 1 000 Ew./km² z. T. erheblich.

Die menschenarmen Berg- und Gebirgsländer werden von rd. 60 Minderheiten bewohnt, v. a. von Taivölkern, Miao, Muong, Yao und Dao. Im südvietnamesischen Siedlungsgebiet leben Cham, Khmer und Chinesen. Der Bevölkerungszuwachs ist mit knapp 2 % hoch, der Urbanisierungsgrad mit rd. 25 % gering.

Es besteht Schulpflicht vom siebten bis elften Lebensjahr. Die meisten Menschen sind Buddhisten, daneben sind Konfuzianismus und Daoismus, im S auch Katholizismus und Caodaismus – eine 1926 von LE-VAN-TRUNG begründete Religion – verbreitet.

Vietnam

(amtlich Công Hòa Xã Hôi Chu Nghĩa Viêt Nam, dt. Sozialistische Republik Vietnam)
Fläche: 331 114 km²
Einwohner: 80,424 Mio.
Hauptstadt: Hanoi
Verwaltungsgliederung: 59 Provinzen und fünf der Regierung direkt unterstehende Stadtbezirke
Amtssprache: Vietnamesisch
Währung: 1 Dong (D) = 10 Hào = 100 Xu
Zeitzone: MEZ + 7 Stunden
Kfz-Kennzeichen: VN

Wirtschaft und Verkehr: V. ist ein Agrarstaat mit einer v. a. auf der Verarbeitung von Agrarprodukten und Bodenschätzen basierenden Industrie. Nach dem Pro-Kopf-Einkommen zählt der Staat zu den ärmsten Ländern der Welt.

Die Landwirtschaft beschäftigt etwa 63 % aller Erwerbstätigen. Auf rd. 80 % der landwirtschaftlichen Nutzfläche, v. a. im Mekongdelta, wird Reis angebaut. Für den Export werden Tee, Ananas, Tabak, Zuckerrohr, Kaffee, Kautschuk und Baumwolle kultiviert. Stark ausgeweitet wurde die exportorientierte Zucht von Fischen und Meeresfrüchten in Aquakulturen.

Gefördert werden v. a. Stein- und Braunkohle, Eisen-, Wolfram-, Chrom- und

Zinnerz sowie seit 1984 Erdöl und Erdgas im Schelfbereich. Sie werden überwiegend in der Industrie im N verarbeitet. Weitere starke Zweige sind dort Maschinenbau, chemische und Zementindustrie, während im S Nahrungsmittel-, Textil- und Elektroindustrie vorherrschen.

Haupthandelspartner sind Singapur, Japan, China und Frankreich. Das Straßennetz ist v. a. im S dicht. Die Hauptverkehrsader bildet zusammen mit der parallel verlaufenden Küstenstraße die 1 730 km lange Eisenbahnverbindung zw. Hanoi und Ho-Chi-Minh-Stadt. Die wichtigsten Überseehäfen sind Haiphong, Ho-Chi-Minh-Stadt und Da Nang. Internationale Flughäfen haben Hanoi und Ho-Chi-Minh-Stadt.

Staat und Politik: Nach der Verfassung vom 15. 4. 1992 ist Vietnam eine sozialistische Volksrepublik. Das neue Grundgesetz fixiert Wirtschaftsliberalisierung, zugleich aber die Beibehaltung des Machtmonopols der Kommunistischen Partei. Staatsoberhaupt ist der Präsident, der von der Nationalversammlung für fünf Jahre gewählt wird.

1946 brach der Vietnamkrieg aus, wobei die kommunistisch orientierten Aufständischen zunächst die alte Kolonialmacht Frankreich besiegten. 1954 wurde V. in einen kommunistischen Nordstaat und einen westlich orientierten, aber ebenfalls undemokratischen Südstaat geteilt. 1964 begann die amerikanische Phase des Vietnamkriegs, die 1973 mit dem Abzug aller Truppen der USA aus dem S endete. 1975 kapitulierte der Südstaat, 1976 folgte die offizielle Wiedervereinigung und 1977 die Aufnahme in die UNO. 1995 trat V. der ASEAN bei.

Vilnius (dt. Wilna): Hauptstadt von Litauen, an der Wilija gelegen. V. hat 543 000 Einwohner und ist der kulturelle und wirtschaftliche Mittelpunkt Litauens. Es ist katholischer und russisch-orthodoxer Erzbischofssitz, hat eine Universität sowie verschiedene Hochschulen, Akademien und Institute. Etwa ein Viertel der industriellen Produktion des Landes entfällt auf Betriebe in V., v. a. im Maschinen- und Gerätebau, in der elektrotechnischen, Leicht- und Lebensmittelindustrie.

V. hat einen internationalen Flughafen und ist besonders mit seiner Altstadt ein Anziehungspunkt für Touristen. Erhalten sind u. a. Reste der Oberen (14./15. Jh.) und Alten (Unteren) Burg, z. B. der Gediminturm aus dem 13. Jh.. Es gibt zahlreiche spätgotische Backsteinkirchen und klassizistische Bauten.

Vogelsberg: Mittelgebirge in Hessen. Der V. ist ein im Taufstein 774 m hoher, erloschener und weitgehend abgetragener Vulkan über einem Sockel von Buntsandstein. Mit rund 2 500 km² ist er das größte geschlossene Basaltvorkommen in Deutschland. Es werden Wald- und Viehwirtschaft und in den Tälern Ackerbau betrieben und es gibt kleinere Industriestädte. Der Fremdenverkehr ist eine wichtige Verdienstmöglichkeit.

Vorarlberg: westlichstes Bundesland von Österreich. V. ist 2 601 km² groß und hat 353 700 Einwohner. Es grenzt im S und W an die Schweiz sowie an Liechtenstein, im N an Deutschland und im O an das Bundesland Tirol. Die Hauptstadt ist Bregenz.

V. erstreckt sich vom Alpenrhein und südöstlichen Bodensee nördlich des Ill- und Klostertals über den Bregenzer Wald bis auf den Arlberg, südlich davon bis zur Verwallgruppe, zum Kamm des Rätikons und der Silvretta.

Die Bevölkerung ist mit den Niederalemannen verwandt, die Walser sprechen Höchstalemannisch. V. hat schon seit mehr als hundert Jahren ein hohes Bevölkerungswachstum, hauptsächlich durch Einwanderung, zu verzeichnen. Im Rheintal und im unteren Illtal erstreckt sich ein fast geschlossenes Siedlungsband von Bregenz über Dornbirn und Feldkirch bis Bludenz.

Wichtigste Wirtschaftszweige sind Viehzucht, v. a. Milchwirtschaft, Ackerbau sowie Obstbau in der Rheinebene

W

und die Textil- und Bekleidungsindustrie. Bedeutung haben ferner Metallverarbeitung, Nahrungsmittel- und Elektroindustrie sowie die Elektrizitätsgewinnung aus Wasserkraft und der Fremdenverkehr.
V. ist Transitland. Die Arlbergbahn und die Arlbergstraße verbinden V. mit Tirol. Die wichtige W-O-Verbindung ist die Silvretta-Hochalpenstraße.

W

Warschau (polnisch Warszawa): Hauptstadt von Polen. W. nimmt beiderseits der ↑Weichsel eine Fläche von 495 km² ein und hat 1,672 Mio. Einwohner. Es ist Sitz des Präsidenten, der Regierung, des Parlaments, eines katholischen Erzbischofs und Bischofs, einer Universität und verschiedener Hochschulen sowie zahlreicher wissenschaftlicher und kultureller Einrichtungen. W. ist das wichtigste polnische Wirtschafts- und Industriezentrum mit elektrotechnischer, elektronischer, Maschinenbau- und pharmazeutischer Industrie, Automobil- und Traktorenbau sowie Nahrungsmittelindustrie. 1995 eröffnete die erste U-Bahnlinie. Im SW liegt der internationale Flughafen Okęcie.
Die im Zweiten Weltkrieg weitgehend zerstörte Stadt wurde nach 1945 unter modernen städtebaulichen Gesichtspunkten wieder aufgebaut, historische Bauten wurden vorbildlich rekonstruiert. Die Altstadt ist mit Stadtmauern aus dem 14./15. Jh. umgeben. Zu den bedeutendsten Baudenkmälern der Innenstadt gehören der Schlossplatz mit der Barocksäule König Sigismunds III. (1643/44) und dem Königsschloss, einer ursprünglich gotischen Burg, sowie der rechteckige Alte Markt mit rekonstruierten Renaissance- und Barockhäusern und der Neue Markt mit ebenfalls erneuerten Häusern des 18. und 19. Jahrhunderts.

Washington D. C. ['wɔʃɪŋtən] (Abk. für **D**istrict of **C**olumbia): Bundeshauptstadt der USA und zugleich Bundesdistrikt. W. liegt am Fluss Potomac, nimmt eine Fläche von 177 km² ein und hat 563 400 Einwohner. Der Anteil von Schwarzen an der Bevölkerung ist mit rd. zwei Dritteln außerordentlich hoch. Im Großraum W. leben mehr als 4,9 Mio. Menschen.
W. ist Sitz eines Erzbischofs, mehrerer Universitäten und anderer führender Bildungsstätten. Dazu gehören die Smithsonian Institution, die National Gallery of Art, das National Museum of Natural History, das National Air and Space Museum und die Library of Congress. Internationaler Flughafen ist der Washington Dulles International Airport. Es gibt eine U-Bahn. Besonders

Washington D.C.: Auf dem Capitol Hill wurde 1793 bis 1824 das Kapitol errichtet. Die Kuppel des Kongressgebäudes ist der Kuppel des Petersdoms in Rom nachgebildet.

wichtig für die Wirtschaft der Kernstadt ist der Dienstleistungssektor. Im Großraum W. gibt es Industrien aller Sparten. Außerordentlich bedeutend ist auch der Fremdenverkehr. Das Zentrum von W. entstand nach dem 1791 im Auftrag von GEORGE WASHINGTON entworfenen Plan des Franzosen PIERRE CHARLES L'ENFANT am linken Ufer des Potomac. Die größtenteils im Schachbrettmuster angelegten Straßen werden durch breite Diagonalsysteme, die Avenues, durchbrochen, die auf Mittelpunkte wie Kapitol (ab 1793, Sitz des Parlaments), und Weißes Haus (ab 1792, Sitz des Präsidenten) zustreben. Später einbezogene Akzente sind das Washington Monument (1848–55 und 1876–88), das Lincoln Memorial (1915–22) sowie das Jefferson Memorial (1939–43).

Weichsel (polnisch Wisła): Hauptstrom Polens. Die W. entspringt in den Westbeskiden, durchfließt Krakau und das Becken von Sandomierz, durchschneidet in einem tiefen Tal das Mittelpolnische Kreidehochland, fließt dann nach Warschau, durchbricht unterhalb von Thorn den Baltischen Landrücken, erreicht bei Gniew ihr Mündungsdelta, die Weichsel-Nogat-Niederung, und mündet bei Danzig-Neufahrwasser nach 1 047 km in die Danziger Bucht. Ihr Hauptmündungsarm ist jedoch der 1896 erbaute Durchstich bei Swibno. Die wegen unregelmäßiger Wasserführung, Sandbänken und Eisgang ungünstigen Schifffahrtsbedingungen wurden durch den Bau von zahlreichen Staustufen und Talsperren verbessert.

Weimar: Kreisstadt an der Ilm im Bundesland Thüringen. W. hat 62 700 Einwohner. Es gibt mehrere Hochschulen und die Bauhaus-Universität. Die Stadt ist Sitz der Stiftung Weimarer Klassik, der Goethe-Gesellschaft in Weimar und der Deutschen Shakespeare-Gesellschaft. Ihr wichtiger kultureller Rang wird außerdem durch das Deutsche Nationaltheater untermauert, vor dem sich das berühmte Goethe-und-Schiller-Denkmal (1857) von ERNST RIETSCHEL befindet.

Der Fremdenverkehr ist von herausragender Bedeutung. Zu den zahlreichen berühmten Gebäuden gehören die Herderkirche (ab 1498) mit dem Cranach-Altar (1555), das ehemalige großherzogliche Residenzschloss (1789–1803), das Goethehaus am Frauenplan, das Schillerhaus und das Lucas-Cranach-Haus (1549).

Weißrussland: Binnenstaat in Osteuropa. W. grenzt im N und O an Russland, im SO und S an die Ukraine, im W an Polen und im NW an Litauen sowie Lettland.

(Belorussland, Belarussland, weißrussisch Belarus, amtlich Respublika Belarus)
Fläche: 207 595 km²
Einwohner: 9,925 Mio.
Hauptstadt: Minsk
Verwaltungsgliederung: 6 Regionen, 1 Hauptstadtbezirk
Amtssprachen: Weißrussisch, Russisch,
Währung: 1 Belarus-Rubel (BYR) = 100 Kopeken
Zeitzone: OEZ
Kfz-Kennzeichen: BY

Landesnatur: W. liegt zum größten Teil im Bereich des ↑ Osteuropäischen Tieflandes. Das Relief wurde von den Eiszeiten geprägt. Die Polozker Niederung im äußersten N ist stark versumpft und reich an Seen. Nach S folgen weitere, von Moränenzügen unterbrochene Ebenen, die von der Höhenzone des Weißrussischen Landrückens, der bis 346 m ansteigt, begrenzt werden. Im S dehnt sich die flache Sumpfregion Polesien aus. Das Klima ist im W maritim, im O zu-

nehmend kontinentaler. Rund ein Drittel der Fläche ist von Wald bedeckt, mehr als ein Fünftel ist Moor.
W. ist sehr reich an Oberflächenwasser. Es gibt rd. 10 000 Binnenseen, 130 Staubecken und Tausende von Flüssen bzw. Wasserläufen. Die größten sind der ↑Dnjepr, sein Nebenfluss Beresina und die in W. entspringende Memel.
Bis heute spürbar sind die Nachwirkungen der Reaktorkatastrophe von Tschernobyl 1986. Etwa die Hälfte des Territoriums der Republik wurde kontaminiert. Bislang wurden etwa 120 000 Menschen aus hoch belasteten Gebieten evakuiert.
Bevölkerung: Rd. 80 % sind Weißrussen und 11 % Russen. Polen und Ukrainer sind weitere Minderheiten.
Fast drei Viertel der Einwohner leben in Städten. Am dichtesten besiedelt sind die nördlichen, westlichen und östlichen Landesteile, am geringsten Polesien.
Die Schulpflicht umfasst zehn Jahre, beginnend mit dem siebten Lebensjahr. Eine herausgehobene Stellung im öffentlichen Leben nimmt die orthodoxe Kirche ein, die als Repräsentantin weißrussischer nationaler Identität staatlich gefördert wird und der die amtliche Religionsstatistik rd. 72 % der Bevölkerung zurechnet. Über 10 % der Bevölkerung gehören der katholischen Kirche an.
Wirtschaft und Verkehr: Die Umstrukturierung zur Marktwirtschaft vollzieht sich langsam und mit Rückschlägen. Seit Mai 1995 besteht mit Russland eine Zollunion, weitere Bemühungen um einen Verbund beider Staaten sind im Gang. Ohne russische Hilfe wäre der Wirtschaftsabschwung noch stärker ausgefallen. In der Landwirtschaft dominieren weiterhin die aus der Sowjetzeit stammenden Kolchosen und Sowchosen. Durch den Reaktorunfall von Tschernobyl ist etwa ein Viertel der landwirtschaftlichen Nutzfläche noch auf lange Zeit kontaminiert und der landwirtschaftlichen Nutzung somit weitgehend entzogen. Angebaut werden v. a. Kartoffeln, Getreide, Zuckerrüben und Gemüse. Im N wird v. a. Flachs angebaut, im S auch Hanf. Führend ist die Viehhaltung, besonders von Rindern und Schweinen.
Es gibt kaum Bodenschätze. Der hohe Anteil von Torf bei der Energieerzeugung führt zu starken Umweltbelastungen. Der Aufbau einer Industrie begann erst in den 1950er- und 1960er-Jahren. Sie verfügt über ein relativ gut ausgebautes verarbeitendes Gewerbe, ist aber stark von Rohstoff- und Energieimporten abhängig. Wichtigste Zweige sind der Maschinen-, Fahrzeug- und Gerätebau, die chemische Industrie einschließlich Erdölverarbeitung sowie die Nahrungsmittelindustrie und Lederverarbeitung. Haupthandelspartner sind Russland, die Ukraine, Deutschland, Polen, Litauen und die USA. W. ist ein wichtiges Transitland im Eisenbahn- und Straßenverkehr. Das Binnenwasserstraßennetz umfasst 2 500 km. Ein internationaler Flughafen liegt bei ↑Minsk. Durch das Land führen wichtige russische Exportleitungen für Erdöl und Erdgas.
Staat und Politik: Nach dem Ersten Weltkrieg war W. 1918/19 erstmals unabhängig. Von 1922 bis 1991 gehörte das Land zur UdSSR. Bei der UNO hatte es auch in dieser Zeit – ebenso wie die Ukraine – einen eigenen Sitz und gehörte 1945 zu den Gründungsmitgliedern. Seit 1991 ist es unabhängig und Mitglied der ↑GUS. Die derzeitige politische Führung strebt einen erneuten Zusammenschluss mit Russland an.
Nach der Verfassung von 1994 ist W. eine Präsidialrepublik mit Mehrparteiensystem. De facto hat das Staatsoberhaupt, der Präsident, aber nahezu diktatorische Macht.

Wellington: Hauptstadt von Neuseeland. W. liegt am Südende der Nordinsel an der Cookstraße und hat 165 900 Einwohner. Die Stadt ist Sitz eines katholischen Erzbischofs, hat eine Universität, zahlreiche weitere Bildungs- und Forschungseinrichtungen und ist mit seinen Museen – z. B. dem Nationalmuseum

»Te Papa« – und der Oper auch das kulturelle Zentrum.
Zusammen mit Lower Hutt und Upper Hutt bildet W. einen bedeutenden Industriestandort mit Werften, Maschinen- und Fahrzeugbau, chemischer und Textilindustrie. Es gibt einen Handelshafen, eine Eisenbahnfähre nach Picton auf der Südinsel und einen internationalen Flughafen. Wahrzeichen der Stadt ist die Cable Car zum Kelburn Hill.

Weser: Fluss in Mittel- und Norddeutschland. Die W. entsteht bei Hann. Münden aus Werra und Fulda, durchfließt als Oberweser bis zur Westfälischen Pforte das **Weserbergland**, als Mittelweser das Norddeutsche Tiefland und mündet als Unterweser nach 440 km bei Bremerhaven in die Nordsee. Nebenflüsse von links sind Diemel, Werre, Aue, Hunte und von rechts Aller und Wümme. Die W. ist auf ganzer Länge schiffbar. Ab Bremen ist sie für Seeschiffe befahrbar und ab Minden kanalisiert. Der dort kreuzende Mittellandkanal verbindet die W. mit Rhein und Elbe.

Westerwald: zw. Lahn und Sieg gelegener Teil des ↑Rheinischen Schiefergebirges. Der W. gliedert sich in den vom Mittelrhein aufsteigenden Vorderen Westerwald um Montabaur, den Oberen Westerwald mit Höhen zw. 350 und 550 m und den Hohen Westerwald mit dem Fuchskauten, der 656 m erreicht. Bei rauem, niederschlagsreichem Klima und schweren Böden überwiegt die Feldgraswirtschaft. Wirtschaftlich bedeutend sind Basalt- und Bimsabbau, Tonförderung (Grundlage der Keramikindustrie) sowie der Fremdenverkehr.

Westindische Inseln (Westindien, Karibische Inseln): Inselbogen in der ↑Karibik, bildet mit ↑Zentralamerika den Großraum ↑Mittelamerika.

Westsahara (bis 1976 Spanisch-Sahara): Gebiet an der Nordwestküste Afrikas und in der westlichen ↑Sahara. W. grenzt im N an Marokko, im äußersten NO an Algerien sowie im O und im S an Mauretanien. Es nimmt eine Fläche von 252 120 km² ein und hat 283 000 Einwohner. Hauptort ist El-Aaiún.
Das Territorium ist ein trockenes Randgebiet der Sahara. Der größte Teil der Bevölkerung sind Nomaden, die Ziegen, Kamele und Schafe züchten. Es gibt nur wenige Oasen, in denen Datteln, Gerste und Weizen angebaut werden. Zunehmende Bedeutung gewinnt die Fischerei. Wichtigster Wirtschaftsfaktor ist der Phosphatabbau bei Bou Craa.
W. ist zurzeit von Marokko besetzt und wird von diesem als Teil Marokkos verwaltet. Gegen die Besetzung kämpft die Frente POLISARIO. Seit 1982 gehört W. der OAU an. Eine von der UNO mehrmals vermittelte Abstimmung in W. über die staatliche Zukunft wird von Marokko verhindert.

Wien: Bundeshauptstadt und zugleich kleinstes Bundesland Österreichs. W. liegt an der Donau in einer Höhe von rd.

Wien: Eine Toreinfahrt der Hofburg; der Gebäudekomplex entstand aus einer mittelalterlichen Burg. Die ehemalige Kaiserresidenz, heute u. a. Amtssitz des österreichischen Bundespräsidenten, umfasst 18 Trakte, 19 Höfe und mehr als 2 500 Räume.

W

171 m. Es hat eine Fläche von 415 km^2 und 1,551 Mio. Einwohner. Die Stadt umschließt das exterritoriale Gebiet der UN-City am linken Donauufer.
W. liegt am Fuß des Wienerwaldes, reicht südöstlich in das Wiener Becken hinein und greift auf dem linken Donauufer in das westliche Marchfeld über. Es ist das politische, wirtschaftliche, kulturelle und administrative Zentrum des Landes mit Sitz der Bundesregierung und des Parlaments sowie der Wiener Landesregierung. Zahlreiche internationale Organisationen sind in W. ansässig, z. B. die Internationale Atomenergie-Behörde und die ↑OPEC. Auch ein katholischer Erzbischof, ein evangelischer Bischof und ein griechisch-orthodoxer Metropolit residieren in der Stadt. Daneben gibt es mehrere Universitäten, Hochschulen, Akademien und Institute. Weltberühmte Kulturstätten sind die Staatsoper und das Burgtheater.
Die Hauptstadt ist das wichtigste Industriezentrum Österreichs. Besonders bedeutend sind Maschinen- und Stahlbau, Metall verarbeitende, Nahrungs- und Genussmittel-, Elektro-, chemische, Textil- und Holzindustrie. Es gibt einen internationalen Flughafen in Schwechat, mehrere Donauhäfen und eine U-Bahn. Sehr bedeutend ist der Fremdenverkehr. Die alte Reichshauptstadt und Residenz der Habsburger ist reich an historischen Bauten von Weltrang. Beispiele sind der Stephansdom (ab 14. Jh.), die Karlskirche (ab 18. Jh.) und die Hofburg (ab 12. Jh.).

Wiesbaden: Hauptstadt des Landes Hessen. Die kreisfreie Stadt hat 271 600 Einwohner und liegt zw. dem Südosthang des westlichen ↑Taunus und dem Rhein in einer Höhe von rd. 115 m. W. ist Sitz des Statistischen Bundesamtes, des Bundeskriminalamtes, des Bundesinstituts für Bevölkerungsforschung, der Gesellschaft für deutsche Sprache und zahlreicher weiterer Behörden, Institute und Vereinigungen.
Die Industrie konzentriert sich v. a. auf dem Rheinufergelände der südlichen Vororte: Chemische, pharmazeutische, elektronische und elektrotechnische Industrie, Zementwerke, Maschinenbau, Nahrungs- und Genussmittel-, Textil- und Kunststoff verarbeitende Industrie sind bestimmend. Die 27 heißen Mineralquellen, die W. schon in römischer Zeit zum Kurort gemacht haben, werden gegen Rheuma, Gicht sowie Erkrankungen der Atmungsorgane angewendet.

Wiesbaden: Zu den Sehenswürdigkeiten der hessischen Landeshauptstadt gehören der Kurpark und das Spielkasino im ehemaligen Weinhaus des Kurhauses.

Wolga: mit 3 531 km längster Fluss Europas. Das Einzugsgebiet ist 1,36 Mio. km^2 groß. Die W. entspringt in den russischen Waldaihöhen und mündet ins Kaspische Meer. Zwischen der Okamündung und Wolgograd erstreckt sich rechtsseitig das bis 375 m hohe Bergufer, dem linksseitig das flache Wiesenufer gegenüberliegt.
Die W. nimmt etwa 200 Nebenflüsse auf, darunter von rechts Oka, Sura, Swijaga und von links Kama, Samara, Wetluga und Mologa. Von der unteren W. zweigt der Nebenarm Achtuba ab. Das etwa 19 000 km^2 große Wolgadelta beginnt 46 km nördlich von Astrachan und hat mehr als 800 Wasserarme.
Die W. ist von Rschew an auf 3 256 km schiffbar und die wichtigste Binnenwasserstraße Russlands. Durch Kanäle ist sie mit Ostsee, Weißem, Asowschem und Schwarzem Meer sowie mit Moskau verbunden. An ihrem Flusslauf liegen

acht Staustufen mit großen Stauseen und Wasserkraftwerken. Größter Stausee ist der Samaraer Stausee mit 6 450 km².

WTO, Abk. für **W**orld **T**rade **O**rganization: Die Welthandelsorganisation ist eine Sonderorganisation der UNO. Sie wurde am 15.4. 1994 in Marrakesch durch Unterzeichnung des am 15.12. 1993 vereinbarten GATT-Abkommens der Uruguay-Runde gegründet. Die WTO trat am 1. 1. 1995 in Kraft und löste am 1. 1. 1996 das Allgemeine Zoll- und Handelsabkommen GATT endgültig ab. Sitz der WTO ist Genf.

Die WTO bildet einen umfassenden vertraglichen und institutionellen Rahmen für die Stärkung der globalen wirtschaftlichen Kooperation und die Gestaltung der weltweiten Handelsbeziehungen. Wichtigste Prinzipien für die Gewährleistung eines freien Welthandels sind Reziprozität (Wechselseitigkeit), Liberalisierung d.h. der Abbau von Zöllen und nichttarifären Handelshemmnissen, und Nichtdiskriminierung. Die WTO wendet die Meistbegünstigung strikter an, institutionalisiert ein verbindliches Streitschlichtungsverfahren und etabliert ein System regelmäßiger Verhandlungen. Erste multilaterale Liberalisierungsabkommen wurden 1997 bzw. 1999 für die Bereiche Informationstechnologien, Telekommunikations- und Finanzdienstleistungen erreicht.

Oberstes Organ ist die Ministerkonferenz; zwischen den Tagungen übernimmt der Allgemeine Rat deren Funktionen. 2005 gehörten der WTO 147 Staaten und die Europäische Gemeinschaft an. Russland steht in Verhandlungen über eine Aufnahme.

Wuppertal: kreisfreie Stadt in Nordrhein-Westfalen. W. erstreckt sich über 17 km im tief ins Bergische Land eingeschnittenen Tal der Wupper und hat 363 500 Einwohner. Es ist Sitz der Bergischen Universität/Gesamthochschule sowie mehrerer Hochschulen und Institute. Eine Besonderheit ist die 13,3 km lange Schwebebahn, die seit 1901 in Betrieb ist.

Die industrielle Entwicklung wurde im 19. Jh. durch die Textilindustrie geprägt, heute v. a. von Chemie, Maschinenbau und Elektrotechnik. Im Zweiten Weltkrieg wurden fast alle historischen Bauten zerstört. Erhalten sind u. a. die klassizistische Laurentiuskirche (1825–35), das Alte Rathaus (1828–42), in dem sich das Von-der-Heydt-Museum befindet, und das Friedrich-Engels-Haus.

X

Xi'an [çi-] (Sian, Hsian, im Altertum Chang'an): Hauptstadt der chinesischen Provinz Shaanxi. X. liegt im Zentrum der Wei-He-Ebene und hat 3,123 Mio. Einwohner. Es gibt zwei Universitäten und mehrere Fachhochschulen. In der Wirtschaft sind Maschinenbau, Textil-, Metall-, chemische, elektronische und pharmazeutische Industrie bestimmend. X. ist eine der ältesten Städte Chinas und Ausgangspunkt der Seidenstraße. Bereits im 11. Jh. v. Chr. lag nahe der heutigen Stadt die Metropole der Zhou-Dynastie und 221 v. Chr. wurde X. die erste Hauptstadt des Kaiserreiches. Es gibt zahlreiche historische Baudenkmäler, u. a. der Glockenturm aus der Zeit der Tang-Dynastie (618–907) und die sog. Kleine-Wildgans-Pagode (706). Weltberühmt ist das 40 km nordöstlich von X. gefundene Mausoleum des Kaisers Qin Shi Huangdi (259–210) mit einer Armee lebensgroßer Terrakottafiguren.

Z

Zagreb: Hauptstadt von Kroatien. Z. liegt an der oberen Save und hat 779 100 Einwohner. Es ist Sitz eines katholischen und eines orthodoxen Erzbischofs, hat eine Universität sowie verschiedene Akademien und Hochschulen. Die Industrie wird von Metall-, Textil-, elektro-

Z

technischer und chemischer Industrie bestimmt.
Die Altstadt mit dem Stephansdom, der ursprünglich aus dem 13. Jh. stammt, der Franziskanerkirche (13. Jh.), weiteren Kirchen und zahlreichen Barockpalais sowie klassizistischen Bauten geht auf zwei Siedlungskerne zurück. Z. hat einen internationalen Flughafen.

Zaire: ↑Kongo, Demokratische Republik.

Zentralafrikanische Republik: Binnenstaat in Zentralafrika. Die Z.R. grenzt im NW an Tschad, im NO an die Republik Sudan, im S an die Demokratische Republik Kongo sowie die Republik Kongo und im W an Kamerun.
Landesnatur: Die Z.R. liegt im Bereich der flachwelligen Asandeschwelle, deren 500 bis 1 000 m erreichende Hochflächen das Tschad- vom Kongobecken trennen. Inselbergmassive steigen im NO im Bongomassiv auf 1 360 m, im NW in den Ausläufern des Adamaua auf 1 420 m an.
Das Klima ist wechselfeucht-tropisch mit einer Haupt- und einer Nebenregenzeit. Die Niederschläge nehmen von SW von 1 500 mm nach NO bis unter 900 mm ab. Die Vegetation wechselt von Regenwald zu Trockensavanne.
Bevölkerung: Sie besteht überwiegend aus Sudangruppen. Die größten sind die Banda im NO mit 29 % sowie die Mbaya und die Mandja im W mit rd. 25 %. Im S leben Bantu, im Regenwald des SW Pygmäen und im O Niloten. Die nationale Verkehrssprache Sango hat sich seit dem 19. Jh. entwickelt.
Allgemeine Schulpflicht besteht vom 6. bis 14. Lebensjahr. Die Analphabetenquote liegt bei fast 60 %. Die Mehrheit der Bevölkerung sind Anhänger traditioneller Naturreligionen, ein Drittel sind Christen, etwa 10 % Muslime.
Wirtschaft und Verkehr: Hauptzweig ist die Landwirtschaft, die v. a. der Selbstversorgung dient. In Kleinbetrieben werden besonders Maniok, Jamswurzel, Mais, Hirse, Erdnüsse und Reis angebaut, in Plantagen für den Export Kaffee, Baumwolle und Tabak. Rinderhaltung und die Nutzung der Wälder nehmen zu.
Große Bedeutung hat der Abbau von Diamanten sowie von Gold. Die Vorkommen von Uran-, Eisen-, Kupfer-, Zinn-, Chromerz und Erdöl werden noch nicht genutzt.
Die Industrie ist wenig entwickelt. Wichtigste Zweige sind Textil-, Leder-, Nahrungs- und Genussmittel- sowie Holzindustrie.
Haupthandelspartner sind Frankreich u. a. EU-Länder, Kamerun und Japan. Das Straßennetz ist schlecht ausgebaut. Auf dem Ubangi wird Binnenschifffahrt zum Kongo nach Brazzaville in der Republik Kongo betrieben. Internationale Flughäfen haben Mpoko bei Bangui und Berbérati.

Zentralafrikanische Republik

(amtlich frz. République Centrafricaine)
Fläche: 622 984 km²
Einwohner: 3,82 Mio.
Hauptstadt: Bangui
Verwaltungsgliederung: 14 Präfekturen, 2 Wirtschaftspräfekturen, Hauptstadtbezirk
Amtssprache: Französisch
Währung: 1 CFA-Franc = 100 Centimes
Zeitzone: MEZ
Kfz-Kennzeichen: RCA

Staat und Politik: Seit der Unabhängigkeit von Frankreich 1960 gehört das Land zur UNO. Nach der Verfassung von 1995 (zurzeit außer Kraft) ist die Z.R. eine Präsidialrepublik mit Mehrparteiensystem. Staatsoberhaupt ist der auf sechs Jahre direkt gewählte Präsident. Aufgrund von Unruhen waren von

1998 bis 2000 UNO-Blauhelmsoldaten in der Z. R. stationiert. Seit einem Putsch von 2003 ist das Militär an der Macht.

Zentralamerika: die Festlandsbrücke zw. Nordamerika und Südamerika mit den Staaten Belize, Guatemala, El Salvador, Honduras, Nicaragua, Costa Rica und Panama. Nach anderer Definition wird auch Mexiko hinzu gezählt. Z. ist Teil des Großraums ↑Mittelamerika.

Zugspitze: mit 2 962 m höchster Berg Deutschlands. Die Z. liegt im Wettersteingebirge in Bayern, an der Grenze zu Österreich. Am Westrand des Berges liegt das Zugspitzplatt mit dem Schneeferner, einem als Sommerskigebiet beliebten Gletscher, und dem Schneefernerhaus, heute eine Umweltforschungsstation. Der Westgipfel trägt das Münchner Haus des Alpenvereins sowie eine Wetterwarte und eine astrophysikalische Messstation. Die bayerische Zugspitzbahn, eine elektrische Zahnradbahn, verbindet Garmisch-Partenkirchen mit dem Gletscherbahnhof auf dem Zugspitzplatt, von dort führt eine Seilschwebebahn zum Gipfel. Eine Großkabinenseilbahn fährt vom Eibsee unmittelbar zur Bergstation. Die Tiroler Zugspitzbahn, eine Kabinenseilbahn, verbindet Ehrwald in Österreich mit dem Gipfel.

Zürich: Hauptstadt des gleichnamigen Kantons und größte Stadt der Schweiz. Z. liegt am Ausfluss der Limmat aus dem Zürichsee und hat 342 500 Einwohner. Es gibt eine Universität und mehrere Hochschulen sowie ein Opernhaus und ein Schauspielhaus, die beide Weltruhm haben. Z. ist bedeutendster Bank-, Versicherungs- und Handelsplatz der Schweiz und Fremdenverkehrszentrum. Anziehungspunkte sind Theater und Oper sowie die von vielen historischen Gebäuden geprägte Altstadt.

Außerdem ist Z. das wichtigste Industriezentrum der Schweiz. Es dominieren Betriebe des Maschinenbaus, der Textil- und Elektroindustrie sowie der grafischen Industrie. In Zürich-Kloten gibt es einen internationalen Flughafen.

Zypern: Inselstaat im östlichen Mittelmeer. De facto ist Zypern geteilt in ein griechisch-zypriotisches Gebiet mit 5 896 km² und mehr als 600 000 Einwohnern im S und ein türkisch-zypriotisches Gebiet, die Türkische Republik Nordzypern, mit 3 355 km² und 160 000 Einwohnern.

Zypern

(Cypern, amtlich neugriechisch Kypriaki Dimokratia, türkisch Kıbrıs Cumhuriyeti, dt. Republik Zypern)
Fläche: 9 251 km²
Einwohner: 765 000
Hauptstadt: Nikosia
Verwaltungsgliederung: 4 Bezirke im Südteil, 2 im Nordteil
Amtssprachen: Neugriechisch bzw. Türkisch
Währung: 1 Zypernpfund (Z£) = 100 Cents (c); im türkisch besetzten Teil: 1 Türkisches Pfund/Türkische Lira (TL.) = 100 Kurus (krs.)
Zeitzone: MEZ + 1 Stunde
Kfz-Kennzeichen: CY

Landesnatur: Z. ist nach ↑Sizilien und ↑Sardinien die drittgrößte Mittelmeerinsel. Im N erhebt sich hinter einer schmalen Küstenebene steil die Nord- oder Kyreniakette, die im Kyparisso 1 024 m erreicht. Südlich davon erstreckt sich eine weite Ebene, die Mesaoria, an die sich das Troodosgebirge anschließt. Hier liegt mit dem 1 951 m hohen Olympos der höchste Berg des Landes. Nach W, S und O geht das Gebirge allmählich in unterschiedlich breite Küstenebenen über.

Z. hat typisch mediterranes Klima mit heißen, trockenen Sommern und milden, feuchten Wintern. Durchschnitt-

Z

lich fallen 480 mm Niederschlag im Jahr, im Troodos regional 1 000 mm.
Bevölkerung: Etwa 80 % sind Griechen, die überwiegend der orthodoxen Kirche angehören. Rd. 18 % sind muslimische Türken. Ferner leben auf Z. u. a. Armenier und Maroniten.
Aus dem kulturell und historisch begründeten Gegensatz erwuchs die politische Krise, die 1963 zum Bürgerkrieg und 1974 zur Teilung führte. Damit einher ging die Umsiedlung von Türken vom Südteil in den N und umgekehrt von Griechen aus dem Nordteil in den S. Im N leben heute fast keine Griechen mehr, im Südteil gibt es aber noch immer eine türkische Minderheit.

Zypern: Der Jungfrau Maria zu Ehren wurde Ende des 12. Jh. das griechisch-orthodoxe Kloster Machairas in den Bergwäldern des nördlichen Troodosgebirges errichtet.

Wirtschaft und Verkehr: Im griechisch-zypriotischen Teil konnten die durch die Ereignisse von 1974 entstandenen wirtschaftlichen Verluste und Disproportionen schnell überwunden werden. Bei einer niedrigen Inflationsrate ist die ökonomische Leistungsfähigkeit höher als die der gesamten Insel vor 1974. Getreide- und Kartoffelanbau erfolgen in der Mesaoria, die aber künstlich bewässert werden muss. Daneben gibt es ausgedehnte Zitruskulturen und Rebflächen.
Die Industrie ist der Hauptwirtschaftszweig mit Textil-, Schuh-, Nahrungsmittel- und Getränkeherstellung sowie dem Bauwesen. Im internationalen Schiffsregister steht das Land an dritter Stelle. Größter Devisenbringer ist der sich ständig ausweitende Tourismus.
Der türkisch-zypriotische Teil ist ohne Wirtschaftshilfe der Türkei kaum lebensfähig, obwohl die landwirtschaftlich wertvollsten Anbaugebiete und die wichtigsten Industrieschwerpunkte nach der faktischen Teilung des Landes zum Nordteil kamen. Es fehlt an Facharbeitern und an einer gut funktionierenden, effektiven Verwaltung sowie an Kapital. Hauptanbau- und Hauptexportprodukte sind Zitrusfrüchte. Daneben werden Tabak und Gemüse angebaut. Die vorhandene Kapazität der Industriestandorte wird nicht genutzt.
Das ursprünglich gute Straßennetz wurde durch die Teilung zerschnitten. Der vor der Teilung als Haupthafen von Z. geltende Hafen von Famagusta dient nur noch dem türkisch-zypriotischen Teil. Für den griechisch-zypriotischen Teil wurden Limassol und Larnaka als Tiefwasserhäfen ausgebaut. Seit 1990/91 sind sie Freihäfen. Da der internationale Flughafen von Nikosia auf der Demarkationslinie liegt, kann er derzeit nur von den UN benutzt werden. Im S wurde der Militärflughafen von Larnaka zum internationalen Flughafen ausgebaut, 1983 der von Pafos eröffnet. Im N wurden östlich von Nikosia der Flughafen Ercan und 1986 der von Geçitkala eingerichtet.
Staat und Politik: Nach der formal noch gültigen Verfassung von 1960 ist Z. eine Präsidialrepublik mit zwei sich selbst verwaltenden Volksgruppen. De facto besteht Z. jedoch aus zwei politisch, wirtschaftlich und verwaltungsmäßig getrennten Teilen: der griechisch-zypriotischen Republik, die Z. in der UNO vertritt, und dem türkisch-zypriotischen Nordteil, in dem 1983 die nur von der Türkei anerkannte Türkische Republik Nordzypern gegründet wurde. Trotz der Teilung ist Zypern seit dem 1. 5. 2004 EU-Mitglied.

Die höchsten Berge

	Berg	Gebirge	Höhe (in m)	Land	Erstbesteigung
1	Mount Everest	Himalaja	8 850	China (Tibet) / Nepal	1953
2	K 2	Karakorum	8 607	China / Pakistan	1954
3	Kangchendzönga	Himalaja	8 586	Indien / Nepal	1955
4	Lhotse	Himalaja	8 516	China (Tibet) / Nepal	1956
5	Makalu	Himalaja	8 463	China (Tibet) / Nepal	1955
6	Cho Oyu	Himalaja	8 201	China (Tibet) / Nepal	1954
7	Dhaulagiri	Himalaja	8 167	Nepal	1960
8	Manaslu	Himalaja	8 163	Nepal	1956
9	Nanga Parbat	Himalaja	8 126	Pakistan	1953
10	Annapurna I	Himalaja	8 091	Nepal	1950
11	Gasherbrum I (Hidden Peak)	Karakorum	8 068	Pakistan	1958
12	Broad Peak	Karakorum	8 047	Pakistan	1957
13	Gasherbrum II	Karakorum	8 035	Pakistan	1956
14	Xixabangma	Himalaja	8 012	China (Tibet)	1964

Die höchsten Häuser

	Name	Höhe (in m)	Stadt	Land	Fertigstellung
1	Taipeh 101	508 m	Taipeh	Taiwan	2004
2	Petronas Tower	452 m	Kuala Lumpur	Malaysia	1998
3	Sears Tower	442 m	Chicago	USA	1974
4	Jin Mao Building	421 m	Shanghai	China	1998
5	Two International Finance Centre	415 m	Hongkong	China	2003
6	CITIC Plaza	391 m	Guangzhou	China	1997
7	Shun Hing Square	384 m	Shenzhen	China	1996
8	Empire State Building	381 m	New York	USA	1931
9	Central Plaza	374 m	Hongkong	China	1992
10	Bank of China	369 m	Hongkong	China	1989
11	Emirates Tower One	355 m	Dubai	Vereinigte Arabische Emirate	2000
12	The Centre	350 m	Hongkong	China	1998
13	Tuntex & Chein-Tai („T & C") Tower	348 m	Kaohsiung	Taiwan	1998
14	Aon Center	346 m	Chicago	USA	1973
15	John Hancock	344 m	Chicago	USA	1969

Die größten Seen

	See	Lage	Fläche (in km²)	Seespiegel*	Tiefe (in m)	Abfluss
1	Kaspisches Meer	Westasien	etwa 400 000	-28	etwa 1 030	ohne Abfluss
2	Oberer See	Nordamerika	82 414	184	405	Saint Mary's River
3	Victoriasee	Ostafrika	68 000	1 134	85	Victorianil
4	Huronsee	Nordamerika	59 596	176	229	Saint Clair River
5	Michigansee	Nordamerika	58 016	177	281	Straits of Mackinac
6	Tanganjikasee	Ostafrika	34 000	773	1 435	Lukuga
7	Baikalsee	Südsibirien	31 500	455	1 637	Angara
8	Großer Bärensee	Nordamerika	31 153	156	413	Great Bear River
9	Malawisee	Südostafrika	30 800	472	706	Shire
10	Aralsee	Mittelasien	28 500**	40	etwa 10	ohne Abfluss

*in Meter über dem Meeresspiegel **1975: 54 400

Die größten Inseln

	Insel	Fläche (in km²)*	Lage	gehört zu
1	Grönland	2 175 600	Nordatlantik	Dänemark
2	Neuguinea	771 900	asiatisch-ozeanischer Grenzraum	Papua-Neuguinea, Indonesien
3	Borneo	754 770	Südostasien	Indonesien, Malaysia, Brunei
4	Madagaskar	587 041	westlicher Indischer Ozean	Madagaskar
5	Baffin Island	507 541	kanadisch-arktischer Archipel	Kanada
6	Sumatra	425 000	Südostasien	Indonesien
7	Honshū	231 090	Ostasien	Japan
8	Großbritannien	229 957	Westeuropa	Großbritannien und Nordirland
9	Victoria Island	217 290	kanadisch-arktischer Archipel	Kanada
10	Ellesmere Island	196 236	kanadisch-arktischer Archipel	Kanada
11	Celebes	189 216	Südostasien	Indonesien
12	Neuseeland, Südinsel	151 757	Südpazifik	Neuseeland
13	Java	132 187	Südostasien	Indonesien
14	Neuseeland, Nordinsel	114 597	Südpazifik	Neuseeland
15	Neufundland	108 860	Nordatlantik	Kanada
16	Kuba	105 007	Karibik	Kuba
17	Luzon	104 688	Südostasien	Philippinen
18	Island	103 000	Nordatlantik	Island

Die größten Inseln

	Insel	Fläche (in km²)*	Lage	gehört zu
19	Mindanao	94 630	Südostasien	Philippinen
20	Irland	84 403	Westeuropa	Großbritannien und Nordirland, Irland
21	Hokkaidō	78 523	Ostasien	Japan
22	Sachalin	76 400	Nordwestpazifik	Russland
23	Hispaniola	76 192	Karibik	Dominikanische Republik, Haiti
24	Banks Island	70 028	kanadisch-arktischer Archipel	Kanada
25	Ceylon	65 610	Südasien	Sri Lanka
26	Tasmanien	64 880	Südpazifik/StillerOzean	Australien
27	Devon Island	55 247	kanadisch-arktischer Archipel	Kanada
28	Nowaja Semlja, Nordinsel	48 904	Nordpolarmeer	Russland
29	Marajó, Ilha de	48 000	Amazonasmündungs-trichter	Brasilien
30	Feuerland, Hauptinsel	47 000	Südatlantik/Südpazifik	Chile, Argentinien
31	Alexander-I.-Insel	43 200	Antarktis	-
32	Axel Heiberg Island	43 178	kanadisch-arktischer Archipel	Kanada
33	Melville Island	42 149	kanadisch-arktischer Archipel	Kanada
34	Kyūshū	42 163	Ostasien	Japan
35	Southampton Island	41 214	Hudsonbai	Kanada

*(z.T. mit Nebeninseln)

Die längsten Flüsse

	Fluss	Kontinent	Länge in km	Einzugsgebiet in 1 000 km²	Einmündungs-gewässer
1	Nil (mit Kagera)	Afrika	6 671	2 870	Mittelmeer
2	Amazonas	Südamerika	6 000	7 000	Atlantischer Ozean
3	Mississippi (mit Missouri)	Nordamerika	6 021	3 221	Atlantischer Ozean
4	Jangtsekiang	Asien	6 000	1 827	Ostchinesisches Meer
5	Ob (mit Irtysch)	Asien	5 410	2 990	Nordpolarmeer
6	Hwangho	Asien	4 845	771	Gelbes Meer
7	Mekong	Asien	4 500	810	Südchinesisches Meer
8	Amur (mit Argun)	Asien	4 440	1 845	Ochotskisches Meer
9	Lena	Asien	4 400	2 490	Nordpolarmeer
10	Kongo	Afrika	4 374	3 690	Atlantischer Ozean

Bedeutende aktive Vulkane

	Vulkan	Lage	Höhe in m	Ausbruch
1	Cotopaxi	Ecuador	5397	1928
2	Popocatépetl	Mexiko	5452	2000
3	Nevado del Ruiz	Kolumbien	5321	1985
4	Kljutschewskaja	Kamtschatka	4850	1994
5	Mauna Loa	Hawaii	4169	1984
6	Colima	Mexiko	3900	2004
7	Erebus	Antarktis	3794	ständig
8	Fudschijama	Japan	3776	1707
9	Teide, Pico de	Teneriffa	3718	1909
10	Semeru	Indonesien	3676	2004
11	Korjakskaja	Kamtschatka	3476	1956
12	Nyiragongo	Demokratische Republik Kongo	3470	2003
13	Ätna	Italien	3349	2001
14	Lassen Peak	USA, Kalifornien	3187	1921
15	Agung	Bali	3142	1963
16	Besymjanny	Kamtschatka	3103	1995
17	Merapi	Java	2911	2000
18	Paricutín	Mexiko	2575	1952
19	Saint Helens	USA, Washington	2530	1991
20	Mayon	Indonesien	2416	1984
21	Katmai	Alaska	2135	1912
22	Tristan da Cunha	Südlicher Atlantik	2060	1961
23	Lamington	Neuguinea	1785	1951
24	Pinatubo	Philippinen	1760	1992
25	Kelud	Indonesien	1731	1990
26	Grimsvatn	Island	1725	2004
27	Hekla	Island	1491	2000
28	Soufrière	Guadeloupe	1467	1977
29	Pelée, Montagne	Martinique	1463	1902
30	Unzen	Japan	1349	1995
31	Vesuv	Italien	1281	1944
32	Kilauea	Hawaii	1247	ständig
33	Soufrière	Saint Vincent	1234	1979
34	Taal	Philippinen	1225	1977
35	Sakuraijama	Japan	1125	1914
36	Stromboli	Italien	926	ständig
37	Krakatau	Indonesien	813	1997

Talgletscher

Gletscher*	Lage	Länge (in km)	Fläche (in km²)
Hubbard-Gletscher	Alaska	122	3 400
Malaspina-Gletscher	Alaska	113	2 200
Fedtschenko-Gletscher	Pamir, Tadschikistan	77	652
Columbia-Gletscher	Alaska	61	1 100
Biafo-Gletscher	Alaska	59	544
Baltoro-Gletscher	Karakorum, Pakistan	57	754
Skeidararjökul	Island	50	1 300
Moreno-Gletscher	Argentinien	30	257
Großer Aletsch-Gletscher	Wallis, Schweiz	25	87
Khumbu-Gletscher	Himalaja, Nepal	18	34
Gorner-Gletscher	Wallis, Schweiz	14	69
Mer de Glace	Montblancgruppe, Frankreich	12	33
Franz-Josef-Gletscher	Neuseeland	10	33
Nigardsbreen	Norwegen	10	48
Abramow-Gletscher	Kirgistan	9	26

*(z.T. mit Nebengletschern)

Die größten Städte

	Stadt (Ballungsraum)	Land	Einwohner 2000 (in Millionen)	UN-Prognose für 2015
1	Tokio	Japan	26,4	27,2
2	Mexiko	Mexiko	18,1	20,4
3	São Paulo	Brasilien	18,0	21,2
4	New York	USA	16,7	17,9
5	Bombay	Indien	16,1	22,6
6	Lagos	Nigeria	13,4	16,0
7	Los Angeles	USA	13,2	14,5
8	Kalkutta	Indien	13,1	16,7
9	Schanghai	China	12,9	13,6
10	Dhaka	Bangladesh	12,5	22,8
11	Delhi	Indien	12,4	20,9
12	Buenos Aires	Argentinien	12,0	13,2
13	Jakarta	Indonesien	11,0	17,3
14	Peking	China	10,8	11,7
15	Rio de Janeiro	Brasilien	10,7	11,5
16	Manila	Philippinen	10,0	12,6
17	Karatschi	Pakistan	9,9	16,2
18	Kairo	Ägypten	9,5	11,5

Allgemeines

Harenberg Aktuell 2006. Das Lexikon der Gegenwart von A-Z. Dortmund (Meyers Lexikonverlag) 2005.

Diemels Welt-Lexikon und Reisehandbuch 2000. München (Dietl & Meluhn) 1999.

Diercke Länderlexikon. Naturraum, Geschichte, Bevölkerung, Wirtschaft, Kultur, Landschaften und Städte, bearbeitet von Gabriele Intemann u. a. Braunschweig (Westermann) ²2004.

Der Fischer Weltalmanach 2006. Frankfurt am Main (Fischer) 2005. Mit CD-ROM.

Handbuch der Dritten Welt, herausgegeben von Dieter Nohlen und Franz Nuscheler, 8 Bände. Bonn (Dietz) ³1993–95.

Harenberg-Länderlexikon. Alle 192 Staaten der Welt auf einen Blick, bearbeitet von Nils Havemann u. a. Dortmund (Harenberg) ³2002.

Illustriertes Länderlexikon. Umwelt, Wirtschaft, Kultur, Politik, herausgegeben von Graham Batemann und Victoria Egan. Neuausgabe Augsburg (Bechtermünz) 1999.

Kleiner Weltalmanach 2002. Basisdaten zu Staat, Bevölkerung, Wirtschaft, Landschaft und Klima, herausgegeben von Werner Wirth. Gotha (Klett-Perthes) 2001.

Länderlexikon – Die Welt 2005. München (ADAC) 2004.

Meyers Großes Länderlexikon. Mannheim (Meyers Lexikonverlag) 2004.

Weltjahrbuch 2001. Die Staaten der Erde. Zahlen, Daten, Analysen. Hamburg (Spiegel-Buchverlag) 2000. Mit CD-ROM.

Atlanten

Illustrierter Weltatlas. Ostfildern (Falk) 2003.

Die Welt. Ostfildern (RV Reise- und Verkehrsverlag) 2001.

Diercke Drei Universalatlas, Braunschweig (Westermann) 2005.

Kidron, Michael und Segal, Ronald: Der Fischer-Atlas zur Lage der Welt. Frankfurt am Main (Fischer) 1997.

Knaurs Großer Weltatlas. Neuausgabe München (Droemer) 2004.

Mason, Anthony: Atlas der großen Entdeckungen. Niedernhausen (Bassermann) 1998.

Meyers Großer Weltatlas. Mannheim (Meyers Lexikonverlag) ⁸2004. Mit CD-ROM.

Meyers Neuer Weltatlas. Mannheim (Meyers Lexikonverlag) ⁵2001.

Meyers Universalatlas mit Länderlexikon. Mannheim (Meyers Lexikonverlag) 2004.

Reader's Digest Illustrierter Weltatlas, bearbeitet von Olaf Rappold u. a. Stuttgart (Das Beste) ²2001.

Rogers, Alisdair: Der illustrierte Weltatlas. Menschen, Orte, Natur, Landwirtschaft und Industrie. Köln (Könemann) 2000.

Einzelne Kontinente

Böhler, Katja und Hoeren, Jürgen: Afrika. Freiburg (Herder) 2003.

Guérivière, Jean de la: Die Entdeckung Afrikas. München (Knesebeck) 2004.

Roloff, Rolf: Europa, Amerika und Asien zwischen Globalisierung und Regionalisierung. Paderborn (Schöningh) 2001.

Zentralasien. Hg. von Udo Steinbach. München (Beck) 2005.

Politisches Lexikon Asien, Australien, Pazifik. Hg. von Werner Draguhn. München (Beck) ²1989.

Coulmas, Florian und Stalpers, Judith: Das neue Asien. Ein Kontinent findet zu sich selbst. Zürich (Verlag Neue Zürcher Zeitung) 1998.

Europa. Ein Kontinent in Luftbildern. Berlin (RV-Verlag) ²1998.

Göbel, Peter und Storkebaum, Werner: Westermann-Lexikon Europa. Braunschweig (Westermann) 1995.

Handbuch Afrika. In 3 Bänden. Herausgegeben von Walter Schicho. Frankfurt (Brandes & Apsel) 1999–2004.

Hofmeister, Burkhard und Lutz, Wilhelm: Australien & Neuseeland. Dortmund (Harenberg) 1999.

Lamping, Heinrich: Australien. Gotha (Klett-Perthes) ^{2}1999.

Länder, Völker, Kontinente, herausgegeben von Gustav Fochler-Hauke, Band 3: Sowjetunion – Asien – Australien und Ozeanien – Arktis und Antarktis – Die Meere. Neuausgabe Gütersloh (Bertelsmann) 1996.

Lateinamerika-Jahrbuch 2004, herausgegeben von Klaus Bodemer u. a. Frankfurt am Main (Vervuert) 2004.

Satellitenbildatlas Europa. Das neue Bild der Alten Welt, herausgegeben von Lothar Beckel und Franz Zwittkovits. Neuausgabe München (RV-Verlag) 1997.

Schneider, Christoph und Dämgen, Ingo: Knaurs Länderlexikon. Die Staaten der EU. Daten, Fakten, Trends. München (Knaur) 1999.

Südostasien-Handbuch. Geschichte, Gesellschaft, Politik, Wirtschaft, Kultur, herausgegeben von Bernhard Dahm und Roderich Ptak. München (Beck) 1999.

Südostasien. Entwicklungsländer im Aufbruch ins pazifische Zeitalter, herausgegeben von Hans-Henje Hild und Winfried Kunz. Berlin (Cornelsen) 1999.

CD-ROM

Basiswissen Schule Geographie. Herausgegeben von Konrad Billwitz u. a. Mannheim, Berlin (Bibliographisches Institut; PAETEC) 2002. Buch und CD-ROM.

Der 3D-Weltatlas. Digital, detailliert, datenreich. München (United Soft Media Verlag) 2003.

Der Brockhaus multimedial 2005. Mannheim (Bibliographisches Institut) 2004.

Diercke Quiz Geographie 2.0 Braunschweig (Westermann) 2004.

Der neue 3D-Weltatlas 2005. Mönchengladbach (rondomedia) 2004.

Kennst du die Welt? Quiz-Spaß für die ganze Familie. Stuttgart (Klett-Heureka) 2003.

Urban, Albert: Länderlexikon 2000. Poing (Franzis) 1999.

Internet

www.schuelerlexikon.de
Informationsportal für Schülerinnen und Schüler für alle Fächer.

www.cia.gov./cia/publications/factbook
Englischsprachige Informationen und Karten zu allen Bereichen aller Länder.

www.erdkunde-online.de
Informationen, Grafiken, Statistiken, Nationalhymnen aller Staaten auf über 1500 Seiten.

www.britannica.com/
Ausführliche englischsprachige Informationen und Karten zu allen Staaten.

web.worldbank.org/WBSITE/EXTERNAL/COUNTRIES/O„page PK: 180619~theSitePK: 136917,00.html
Englischsprachige Informationen und Statistiken zu allen Staaten.

oddens.geog.uu.nl/index.php
Mehr als 10 500 Links zu Karten aller Art von allen Ländern.

www.epo.de/register/laender.html
Aktuelle Informationen und ausführliche Linkliste zu allen Entwicklungsländern.

www.auswaertiges-amt.de/www/de/laenderinfos/index_html
Informationen zu Politik und Wirtschaft aller Länder.

Abk.	Abkürzung	N	Norden
bzw.	beziehungsweise	n. Chr.	nach Christus
ca.	circa	O	Osten
dt.	deutsch	rd.	rund
d. h.	das heißt	S	Süden
engl.	englisch	S.	Seite
EU	Europäische Union	sog.	so genannt
EWG	Europäische Wirtschaftsgemeinschaft	span.	spanisch
		t	Tonne
Ew.	Einwohner	Tab.	Tabelle
frz.	französisch	u. a.	und andere, unter anderem
hg.	herausgegeben	usw.	und so weiter
i. A.	im Allgemeinen	v. a.	vor allem
i. d. R.	in der Regel	v. Chr.	vor Christus
Jh.	Jahrhundert	vgl.	vergleiche
km	Kilometer	W	Westen
m	Meter	z. B.	zum Beispiel
Mio.	Million	z. T.	zum Teil
mm	Millimeter	zw.	zwischen
Mrd.	Milliarde		

Bibliographisches Institut & F. A. Brockhaus, Mannheim: 336. – Corbis, London und Düsseldorf: 37, 42, 287. – GEOSPACE; Austria, 2000, Original Data: Eurimage: 45. – MEV Verlag, Augsburg: 9, 15, 23, 24, 26, 34, 40, 46, 48, 56, 62, 66, 76, 80, 88, 92, 97, 102, 103, 106, 118, 125, 130, 137, 140, 144, 147, 154, 156, 164, 167, 176, 187, 195, 200, 203, 207, 213, 218, 223, 247, 249, 250, 262, 270, 273, 280, 281, 283, 296, 299, 304, 307, 314, 323, 325, 331, 335, 338, 341, 342, 350, 353, 355, 360, 363, 368, 376, 378, 388, 396, 403, 411, 412, 420, 426, 431, 437, 448, 451, 452, 456.

Weitere grafische Darstellungen, Karten und Zeichnungen:
Bibliographisches Institut & F. A. Brockhaus, Mannheim.